U0853498

公共行政与公共管理
经　典　译　丛

"十三五"国家重点出版物出版规划项目

PUBLIC ADMINISTRATION AND PUBLIC MANAGEMENT CLASSICS

公共行政与公共管理经典译丛

行政伦理学手册

（第二版）

[美] 特里·L. 库珀（Terry L.Cooper）/ 主编

熊节春 / 译

熊节春　熊碧霞 / 校

HANDBOOK OF ADMINISTRATIVE ETHICS

(SECOND EDITION)

中国人民大学出版社

·北京·

“公共行政与公共管理经典译丛”编辑委员会

学术顾问 威廉·N. 邓恩　H. 乔治·弗雷德里克森
尼古拉斯·亨利　马克·霍哲
戴维·H. 罗森布鲁姆　爱伦·鲁宾
全钟燮　金判锡

主　　编 张成福

策　　划 刘　晶

编　　委（以姓氏笔画为序）

丁　煌　马　骏　王佩亨　王浦劬
毛寿龙　任宗哲　刘国材　刘俊生
孙柏瑛　杨开峰　吴爱明　陈庆云
陈振明　竺乾威　周志忍　高培勇
郭小聪　彭和平　董礼胜　董克用
程远忠　谢　明　蓝志勇　潘小娟
薛　澜　薄贵利

总　序

在当今社会，政府行政体系与市场体系成为控制社会、影响社会的最大的两股力量。理论研究和实践经验表明，政府公共行政与公共管理体系在创造和提升国家竞争优势方面具有不可替代的作用。一个民主的、负责任的、有能力的、高效率的、透明的政府行政管理体系，无论是对经济的发展还是对整个社会的可持续发展都是不可或缺的。

公共行政与公共管理作为一门学科，诞生于20世纪初发达的资本主义国家，现已有上百年的历史。在中国，公共行政与公共管理仍是一个正在发展中的新兴学科，公共行政与公共管理的教育也处在探索和发展阶段。我国公共行政与公共管理教育和学科的发展与繁荣，固然取决于多方面的努力，但一个重要的方面在于，我们要以开放的态度，了解、研究、学习和借鉴国外发达国家研究和实践的成果。另一方面，我国正在进行大规模的政府行政改革，致力于建立与社会主义市场经济相适应的公共行政与公共管理体制，这同样需要了解、研究、学习和借鉴发达国家在公共行政与公共管理方面的经验和教训。因此，无论是从我国公共行政与公共管理教育发展和学科建设的需要来看，还是从我国政府改革实践层面的需要来看，全面系统地引进公共行政与公共管理经典著作都是时代赋予我们的职责。

出于上述几方面的考虑，我们于世纪之交开启了大型丛书“公共行政与公共管理经典译丛”的翻译出版工作。自2001年9月本译丛首部著作《公共管理导论》出版以来，十几年间出版著作逾百种，影响了国内公共行政与公共管理领域无数的学习者和研究者，也得到了学界的广泛认可，先后被评为“十五”“十一五”“十二五”“十三五”国家重点图书出版规划项目，成为国内公共行政与公共管理出版领域的知名品牌。

本译丛主要选取国际公共行政与公共管理学界代表性人物的代表性作品，并持续介绍学科发展的最新研究成果。总的来看，本译丛体现了三个特点：第一，系统性，基本涵盖了公共行政与公共管理学科的主要研究领域。第二，权威性，所选著作均是国外公共行政与公共管理大师或极具影响力的学者的代表作。第三，前沿性，反映了公共行政与公共管理研究领域最新的理论和学术主张。

在半个多世纪以前，公共行政大师罗伯特·达尔（Robert Dahl）在《公共行政学的三个问题》中曾这样讲道：“从某一个国家的行政环境归纳出来的概论，不能立刻予以普遍化，或应用到另一个不同环境的行政管理上去。一个理论是否适用于另一个不同的场合，必须先把那个特殊场合加以研究之后才可以判定。”的确，在公共行政与公共管理领域，事实上并不存在放之四海而皆准的行政准则。立足于对中国特殊行政生态的了解，以开放的思想对待国际的经验，通过比较、鉴别和有选择的吸收，来发展中国自己的公共行政与公共管理理论，并积极致力于实践，探索具有中国特色的公共行政体制与公共管理模式，是中国公共行政与公共管理学科发展的现实选择。

本译丛的组织策划工作始于1999年底，我们成立了由国内外数十位知名专家学者组成的编辑委员会。当年 10 月，美国公共行政学会时任会长，同时也是本译丛编委的马克·霍哲教授访问中国行政管理学会，两国学会签署了交流合作协议，其中一项协议就是美国公共行政与公共管理领域著作在中国的翻译出版。2001 年，中国行政管理学会时任会长郭济先生率团参加美国公共行政学会第 61 届年会，其间，两国学会签署了新的合作协议，并再次提及已经启动的美国公共行政与公共管理领域知名学者代表作品在中国的翻译出版。可以说，本译丛是中美两国行政管理（公共行政）学会与公共管理学术界的交流合作在新阶段的重要成果。

在译丛的组织策划和翻译出版过程中，中国人民大学政府管理与改革研究中心、国务院发展研究中心东方公共管理综合研究所给予了大力的支持和帮助。我国的一些留美学者和国内外有关方面的专家学者参与了外文原著的推荐工作。中国人民大学、北京大学、清华大学、中山大学、复旦大学、厦门大学、武汉大学等高校许多该领域的专家学者参与了本译丛的翻译工作。在此，谨向他们表示敬意和衷心的感谢。

“公共行政与公共管理经典译丛”编辑委员会

译者前言

道德在治理国家过程中的作用有其存在的必要性和重要性：首先，从我国历史经验和现实要求来看，有其存在的必要性和重要性。子曰："为政以德，譬如北辰，居其所而众星共之。"子曰："道之以政，齐之以刑，民免而无耻；道之以德，齐之以礼，有耻且格。"孟子曰："徒善不足以为政，徒法不能以自行。"由此，"德主刑辅"成为传统中国的治理之道，其成功经验显示，治理国家离不开道德的作用，以"德"治国能够取得更好的治理效果。2014 年 10 月 23 日，党的十八届四中全会通过的《中共中央关于全面推进依法治国若干重大问题的决定》把"以德治国"与"依法治国"相结合提升为国家治理战略。因此，在我国，治理国家必须把"行善政"与"行法令"相结合，必须把"以德治国"与"依法治国"相结合，使其各得其所、相辅相成、相得益彰，通过这种"德法共治"的手段和方式，最终实现国家"善治"的理想。其次，从西方公共管理的学理与范式的发展演变过程来看，也有其存在的必要性和重要性。西方原有的政治-行政二分法的学理假定与预设在当今西方社会中已经式微，许多西方学者都普遍认为其太过理想化或者只是一种神话，特别是在当下西方社会中的实际行政过程中更是不可能的，也是没有必要的。由此，西方在经历了 20 世纪八九十年代的新公共管理改革运动之后，国家治理的范式也已经发生了转移，由传统的"公共行政范式"转变为"公共管理范式"，传统公共行政范式那种"匿名式"的、只强调"服从与程序"的行政被认为是僵化的和过时的，已经不能满足当今西方社会新的需要，传统公共行政范式已被认为应该被“公共管理范式”所取代，公共管理范式强调“责任”，公务员或行政人员不再是匿名的，也应该承担“政治责任”和“道德责任”。再次，从中外公共管理的实务层面来看，更有其存在的必要性和重要性。如今，公务员或行政人员必须面对越来越复杂化、多元化和动态化的“风险社会”，由此，从理论与逻辑上，他们都需要“行政自由裁量权”，以便应对这种纷繁复杂的状况，同时，在现有法律框架下，他们实际上也享有非常大的行政自由裁量权，而这些大量的行政自由裁量权如何才能得到合理的发挥和运用，这需要充分发挥道德的主控作用，这样才能使公务员或行政人员能够根据具体情况做出符合当时情景的合理判断与选择。最后，对公务员或行政人员的腐败行为的防治，也需要发挥道德的作用。虽然法律和制度可以用来防治腐败，但法律和制度本身各有其局限，需要发挥道德的作用来补充、完善和提升其防治的广度和深度，最终实现“不敢腐、不能腐、不想腐”的标本兼治的目标。此外，与公司治理不一样，国家治理本质上是个“良心”活，出于公德并符合公德是其必然要求。

本手册（第二版）是由来自全球数十位著名的行政伦理学方面的专家学者围绕着几乎所有行政伦理学所涉及的各个主要论题而共同撰写的专题论文集。本手册包含七大部分，共 33 章。各章的作者都首先全面回顾了他们各自论题下的几乎所有相关文献，并尽可能客观地描述它们，然后，在每章的后面，都是作者的评价性意见、作者自己观点的陈述和作者对进一步的研究工作所提出的意见和建议。本手册的主要目的是协助求学者和学生为了他们自己的学术研究能够寻求并接触到作为一种学习或研究领域的行政伦理学，为他们提供一种对目前行政伦理学的研究和理论发展所取得的成就的总览。

因此，本手册具有如下几个方面的特征：第一，结构的全面性。从结构上来看，本手册的结构非常全面，主要根据影响公务员或行政人员做出负责任的决策与行为的四个因素（个体道德素质、组织制度、组织文化和社会期待）来收集和编排本手册的内容，其中包括：有关公务员或行政人员个体道德素质的研究成果，有关公务员或行政人员个体所在组织制度对其做出负责任的决策与行为产生影响的研究成果，有关公务员或行政人员个体所在组织文化对其做出负责任的决策与行为产生影响的研究成果，有关公务员或行政人员个体所在环境（包括政治的、经济的、文化的、社会的和历史的）对其做出负责任的决策与行为产生影响的研究成果。这四个方面的研究成果包含了行政伦理学所要研究的三个层次：一是“微观”的公务员或行政人员个体道德素质层次。公务员或行政人员的德道状况与水平直接影响到公务员或行政人员的行政决策与行政行为，这是行政伦理学研究的出发点、立足点和基础，其内容具体体现在本手册的第 5 篇（共 4 章），涉及公务员或行政人员个体的道德心理发展状况、道德抉择的知识与技巧、道德价值观与信仰和道德品质与品行。二是“中观”的组织制度与组织文化层次。马克思说，人的本质“在其现实性上，它是一切社会关系的总和”。罗尔斯说，我们之所以成为现在这个样子甚至我们所期望的那个样子，都深受我们所在的社会制度的影响，公务员或行政人员的行政决策与行为必然深受其所在的组织制度与组织文化的影响，甚至是决定性的影响。20 世纪的思想家、政治理论家汉娜・阿伦特也有相关论述与论证。1961 年耶鲁大学心理学助理教授斯坦利・米尔格兰姆所做的心理学实验和 1971 年夏天斯坦福大学心理学教授菲利普・津巴多所做的模拟监狱实验都证明了组织制度与组织文化对其中的个体所产生的深刻影响，因此，有关组织制度与组织文化对公务员或行政人员行政决策和行政行为的影响必然成为行政伦理学研究的重要组成部分，其内容具体体现在本手册的第 3 篇和第 4 篇（共 11 章），涉及组织制度和组织文化的各个方面。三是“宏观”的外部环境层次。这涉及作为行政伦理学思想来源的哲学思想（第 2 篇，共 6 章），另外，通过国别比较（美国、英国、法国、加拿大、澳大利亚、津巴布韦等国家）来显示外部环境（包括一个国家的政治的、经济的、文化的、社会的和历史的）对公务员或行政人员的行政伦理行为产生的影响（第 6、7 篇，共 8 章）。第二，内容的丰富性。本书名为《行政伦理学手册》，顾名思义，本书是收录有关行政伦理学方面的专业知识的工具书，是一种便于浏览、翻检的有关行政伦理学的参考书。因此，本手册汇集了行政伦理学所需要经常查考的资料。所以，本手册的内容非常丰富，涉及行政伦理学的方方面面，为读者了解行政伦理学提供了普遍性、全面性和一般性的专业知识架构。第三，论述的权威性。本手册 33 章的所有作者都是行政伦理学方面的知名学者，几乎囊括了全球行政伦理方面的著名学者。他们围绕各自所擅长的研究主题全面回顾了他们各自研究主题下的所有相关权威文献，并尽可能客观描述和总结各自研究主题下的已经发表的成果，这充分体现了本手册在行政伦理学专业知识方面的权威性。第四，研究的可追溯性和可拓展性。本手册这方面的特征首先体现在各章的参考文献部分，各章作者都分列出了与本章主题相关的极其丰富、全面和权威的参考文献；其次体现在每章正文内容的结尾部分，几乎每一章正文内容的结尾部分都是本章作者就本章主题做进一步研究所提出的意见和建议。这两个方面为相关主题研究的可追溯性和可拓展性提供了可靠和必要的文献查考和参考条件，为对相关主题研究感兴趣的读者提供了启发性的有益参考意见和建议。

因为本手册包罗万象，这对我的翻译工作来说是个很大的挑战，我虽然力求译文能在内容和形式上忠于原著，但疏漏之处在所难免，还望各位读者多多指教。

我要感谢中国人民大学出版社政治与公共管理出版分社副社长朱海燕老师和于晨、朱晓霞编辑，她们的专业、热情和耐心令我敬佩和感动。我还要感谢南昌大学公共管理学院的领导和同事们给予我在学院工作上的关怀、帮助、鼓励和支持。最后，我要感谢我的家人对我翻译工作的理解、支持和照顾。

熊节春

2019 年 10 月

于南昌大学公共管理学院

前 言

开始认真把伦理学作为公共行政的一个研究领域来发展只有约 30 年。在这期间，越来越多学者已经把他们的注意力和智力努力转移到这一主题上来。紧迫感越来越强的公共行政从业人员也表示需要概念的澄清、理论的分析和应对涉及伦理问题的实用技术。自从 1994 年这本手册的第一版出版以来，行政伦理学的研究已取得了重要的进展。世界各地的正在从事这一主题研究的学术队伍已相当壮大，文献正在成倍增加，机构也已涌现以支持这些努力成果。 iii

本手册的目的是提供一种对目前行政伦理学的研究和理论发展所取得的成就的总览。各章的作者都被要求全面回顾和反映他们同意讨论的已开始主题的所有文献。这些总览的主要目的是协助求学者和学生为了他们自己的学术研究能够寻求并接触到作为一种学习或研究领域的行政伦理学。作者还想为公共行政从业人员提供一个知识背景，这样他们可以在一个更广泛和更丰富的背景中更好地理解他们面对的实际伦理问题。在有些领域，行政伦理方面的大量研究工作已经完成，而在其他一些领域，与行政角色有关的这些主题才仅仅开始被探讨。在后一种情况中，作者被要求评述来自如社会学、心理学和哲学这样的其他领域的文献，并要总结出其对行政伦理的意义。

各章的作者被要求避免简单地推进自己的观点和散碎的基本结构。相反，首先他们被告知要尽可能客观地描述组成这一研究领域的各个主要论题下的已经发表的成果。作者的评价性意见、自己观点的陈述和进一步研究工作的建议通常都被保留在每章后面。“导论”包含了该书的7个部分、共33章的更详细的描述。新的章节已被添加到第一版没有的
iv 议题上。第一版中有一章已被一个新的作者彻底改写了，其他的大部分章都有不同的修订，有些涉及广泛的变化和更新，进行小的修订的章只有少数。

致　谢

本次第二版从邀请章节作者到修改他们的章节，再到最终出版的筹备工作已经过了两年多的时间。在此期间，许多人的贡献使它结出硕果。我必须首先向初版的学者们表达我深深的感激之情，他们在忙碌的生活中抽空重写章节。进行了好几年的修订工作并不总是最受欢迎的工作。然而，他们非常友好、好合作、慷慨，并对我的建议与要求做出了回应。这一版本的新作者与合著者带来了新的思考和研究成果，反映了行政伦理学研究的持续增长。所有这些人都有成熟和良好的意识，知道什么时候抵制编辑的干预，并维护作者的权利，但他们总是愿意考虑编辑的建议。就像第一版一样，他们能够在最后期限前完成的自律与能力已经证明了那些人是错误的——他们告诉我，这种大范围的努力将会拖得比我预想的要长得多，耗尽我所有的耐心与善意，把朋友变成敌人。我在阅读他们的章节和与他们交换意见时学到了很多。他们对行政伦理学的兴趣和他们在这些章节中所展示出的洞察力和知识是公共行政这一子领域快速发展的最佳证据。甚至在最近的15年前，也不可能找到数十位学者来撰写本文所涉及的专业主题，当然也找不到他们在这项工作中所表现出的素养。

我想对第一版的两位作者杰弗里·S. 卢克和莉·E. 格罗斯尼克的去世表达我的遗憾。他们的贡献在本版中通过他们各自的合作者的帮助得以延续，他们各自的合作者带着对他们的尊重和赞赏承担起了对这两位优秀学者的工作成果进行更新的责任。我们都会在心中想念他们。

接下来，我要感谢黛安·E. 尤德，感谢她专业地处理许多有关出版原稿准备的细节。在审查原稿章节以便符合出版商的指导原则、与作者交流和管理原稿与出版商的交接中，她提供了宝贵的帮助。除了有效执行这些编辑职责外，尤德还担任了修订后的一章的主要作者。尤德是一位有前途的学者，她不仅展示了她在智力上对这个版本做出贡献的能力，而且还表现出了推动思想从书面文字通过编辑过程到出版所需要的耐心、坚韧、仔细与周到。

感谢杰克·拉宾邀请我编辑第二版。得知我们在第一版中的工作已经被发现值得继续和进一步发展，我很受鼓舞。

马塞尔·德克公司的制作编辑佩吉·福斯一直是一个非常通情达理的、友好的、乐于助人的合作伙伴。她的亲切态度和通过最后期限温馨提示容忍我拖延的意愿使任务变得更容易管理和愉快。

v 最后，和往常一样，我对我的妻子梅甘和我的女儿切尔西表示自己最真挚的感谢和爱。我的女儿切尔西忍受了我在压力大的时候的坏脾气。当我已不在她们身边

并在我的电脑旁度过了太多夜晚时，她们的理解超出了任何合理的期望。她们一次又一次地经历了我的局限和缺陷，并且不管怎样仍然爱着我。

特里·L. 库珀

导　论

第二版沿袭了第一版的基本结构，分成 7 个主要部分，包括：作为一个研究领域的行政伦理学、行政伦理学中的哲学视角、行政伦理学的背景、德行的维持：外部控制、德行的维持：内部控制、美国社会的行政伦理和其他文化中的行政伦理。这些内容被编成了 33 章，它们的作者涵盖了大部分行政伦理学方面的重要学者。有些案例是由新招募的合著者协助或负责修订的。第二版中有 7 章是全新的（其中 2 章完全由新的作者进行了重新编写，其他 5 章涉及了新的主题），还有 21 章进行了充分的、有些还是非常广泛的修订，只有第一版中的 5 章没有或很少有修订内容。

第 1 篇“作为一个研究领域的行政伦理学”，以我的“作为一个研究领域的行政伦理学在美国的兴起”作为第 1 章，正如标题所显示的那样，本章内容主要集中在美国学术成就上，尽管结束部分超出了这部分内容。在本章，我回溯了从 19 世纪末到现在的重要公共行政文献中的伦理关涉，重点在重要的论著、《公共行政评论》和《行政与社会》期刊上的文章以及美国公共行政学会全国研讨会伦理学分会上的内容。本章涵盖了重要的研究领域以及有关的学术会议陈述、出版的论文、新期刊的发行和与行政伦理学有关的制度发展的最新资讯。

第 2 章“行政伦理学的研究与知识”由 H. 乔治·弗雷德里克森和杰里米·戴维·沃林撰写，关涉的是行政伦理的实验法研究。他们适当采用了“实验法的”一词相对宽泛的含义——在方法上既包含了严格意义上的实证主义方法，也包含了后实证主义方法，如个案研究、事件报道和深度描写。弗雷德里克森和沃林最后给出了生产行政伦理学知识最
xvi 有用的方法建议。新的大量说明各种研究行政伦理方法的参考文献的增加使本章获得更新。

黛安·E. 尤德和凯瑟琳·G. 登哈特在第 3 章调查了公共行政与公共事务中的伦理学教育，其中包括了许多在第一版就出现的实验研究。她们述评了自 20 世纪 80 年代以来出现在研究生项目中的伦理课程，证明了已达成的有关伦理学教育重要性的一般性的共识，探讨了教学方法和教学项目，并且评述了近年来的实验研究。本章进行了大量的修订。

由阿普里尔·哈耶卡-伊金斯撰写的第 4 章的主题是：在职伦理培训。她描述了公共部门伦理培训演进的背景，调查了伦理培训项目的范围，述评了不同级别政府正在提供的各种伦理培训，分析了伦理培训的成效，并试图通过调查在职培训中的每一主题的相关问题，总结出能够学习借鉴的有关伦理培训的东西。被修订的这一章广泛参考了新的研究成果。

第 2 篇“行政伦理学中的哲学视角”，包括了 6 章。在第 5 章“哲学在行政伦理学中的运用”中，查尔斯·J. 福克斯开始就指出行政伦理学家没有直接运用正式的纯理论哲学。因为一直认为行政伦理学没有普遍可以接受的分类，所以，他就根据最近的哲学分类创立了一个。福克斯把公共行政伦理学文献分成基础主义学的目的论（结果主义的）反思和义务论（责任为中心的）的哲学定位。接着他转向了当前反基础主义哲学的挑战及其在行政伦理学文献中的体现，最为明显之一就是社群主义。整个这一章，福克斯都在提醒读者更加有力地运用哲学可能带来潜在的、有用的、精练的效果。这一章保留了第一版的原有格式。

在第 6 章“行政与美德伦理——所有的事情中，先选择成为好人，而后选择成为技术专家”中，戴维·K. 哈特一开始就认为，虽然在伦理学研究中有着悠久关注历史的、被理解为品格的美德在公共行政伦理学中已被广泛忽视，但现在正成为一个感兴趣的主题。接着，哈特通过追溯其来自从托马斯·阿奎那到文艺复兴再到启蒙运动的包含着公民责任的希腊罗马思想的历史根源来补充美德伦理传统上的背景知识。这一传统被 20 世纪的科学至上主义所打破，仅是最近才卷土重来并仅在 20 世纪 70 年代以后才在公共行政伦理中开始显现。然后，哈特在对各种各样的美德含义进行了述评的同时，论述了把美德与技术功能联系起来具有的意义。最后，他在本章得出了美德伦理对于“有美德的行政人员”具有的意义。这一章保留了第一版的原有格式。

在第 7 章，道格拉斯·F. 摩根的主题是伦理学与公共利益。摩根一开始就集中在公共行政文献中最为古老的基本概念即公共利益上，并追述了这一术语的起源，接着，他把对公共利益的设定分为四种普遍能接受的类别，这些公共利益的设定都使得我们很难超越个体利益来界定集体利益。最后，摩根回溯了美国自建国时代以来对公共利益这一概念使用的历史。被修订的这一章收录最新的参考文献，广泛增加了探讨政府再造、新公共管理运动、后现代性的挑战和社会资本运动的最新评论内容。

第 8 章和第 9 章介绍了行政伦理学两种主要的哲学视角。拉尔夫·克拉克·钱德勒在第 8 章从义务论的视角分析了行政伦理学的义务论方法，这些方法都以责任

原则为中心。他用他的道德命令概述了18世纪哲学家伊曼努尔·康德的思想，此后，当代最主要的义务论学者被标名为“新康德主义者”。钱德勒把第二种义务论学派界定为伦理与文化的相对主义，这派主张人们有责任遵守符合特定文化要求的原则。钱德勒把第三种义务论学派界定为“泛爱主义”，涉及爱“他人”的责任。最后，钱德勒得出结论认为义务论思想能够帮助公共组织维持对他们组织使命的忠诚，但最终的善的结果也同样重要。本章好几个部分都进行了重要的延伸和拓展，其中就包括杰里米·边沁和“泛爱主义”，本章还增加了新的对克林顿-莱温斯基丑闻的讨论。

第9章为“行政伦理学的目的论方法”。杰拉尔德·M. 波普斯对目的论伦理学或后果主义的伦理学提出了一般的总的看法。波普斯解释说，相比于义务论伦理学，目的论方法不与责任原则有关而是与人们行为结果的善有关。这些结果与非道德的东西有关，例如，收入、卫生保健、教育或者安全。在述评一些概念（例如，行为目的论、规则目的论）上的区分之后，波普斯用了大量篇幅来讨论这一方法的主要体现——功利主义，这是许多公共行政思想的中心。接着，他探讨了公共行政人员沿着目的论路线进行思考的总的倾向。与钱德勒一样，波普斯得出一种结论认为大多数行政人员把义务论和目的论的方法结合起来运用。这章进行了大幅的重写，现在包含了有关功利主义和克林顿丑闻的资料。

第10章“我们能够成为什么样的人的梦想——建国价值观、宣誓和具有美德的美国人”是由戴维·K. 哈特编写的新加入第二版的内容。本章反对以“文化主义”为特征的后现代主义的方法，支持美国建国价值观的基础地位。他把这种地位特称为“原教旨主义”。这一章充满了争议性和煽动性，是为建国一代成员之间通过广泛协商而来的建国价值观辩护的，而不是为少数精英的且普遍有效的思想进行辩护。然而，本章安排了一个需要优化的、在我们之间进行辩论的案例。

第3篇涉及的是行政伦理学的背景，特别是公共管理实践的组织背景和公共场域背景。第11章是由蒙哥马利·V. 沃特和凯瑟琳·G. 登哈特编写的“组织结构——社会价值观的一种反映和个体伦理的一种背景”，是关于这一主题的全新的一章。沃特和登哈特承认其他作者都认同组织结构是形成行政行为的一个重要的因素。然而，他们坚持认为，组织结构对行为的影响不是单向的，赞成对作为社会价值观反映的组织结构应做更复杂的理解。作为一种社会的工具，组织结构的确影响到个别行政行为，但是反过来，也受在组织中行使的个人自由裁量权的影响。沃特和登哈特围绕着三个概念（范式结构、组织制度和组织形式）阐述这一观点。

在第12章“政府伦理与组织文化”中，莉·E. 格罗斯尼克和帕梅拉·A. 吉布森为组织文化的重要性阐述了一个初始的案例，然后述评了各种用于理解和作为分析目的的组织文化这一概念的方法。他们重点在组织文化的伦理维度，接着考察文化与伦理行为之间的冲突。本章最后部分审视了公共行政文献中组织文化所起的作用，行政伦理书籍和文章中的组织文化的作用以及在行政伦理研究中组织文化这一概念的使用。本章已被大幅修订，具有了许多新的参考文献、插图和一个重要的、有关政府改革文献的讨论。

柯蒂斯·文特雷斯在第13章“公共伦理与行政和政策的关系”一开始就对

行政伦理与公共伦理做了区分，主张要发展行政伦理，后者是一个更广泛和更适当的角度。文特雷斯接着就公共行政研究中惊人缺乏对“公共”一词含义的关注提出了一些看法，后又继续到解决这一重要课题的文献回顾上。他发现这些资料可分成四类：古典主义的、新古典主义的、结果主义的和组织的。他最后对这四个思想流派提出有价值的评价意见，表明了他赞同古典主义的、新古典主义的和结果主义的相应的观点，对组织的视角持保留意见。在这一修订章中，文特雷斯极大地补充了他的论据，主要参考了最近的后现代主义与公共管理相关的文献资料。

第 14 章是一个新增的内容，由盖伊·B. 亚当斯编撰，题为“行政伦理与职业化的妄想——公共服务伦理的历史背景”。首先，亚当斯对与行政伦理有关的学术成就现状进行了评价。其次，探讨了职业化与行政伦理学之间的关系。最后，他探讨了在现代社会中一种实现职业化的新方法的可能。

第 4 篇“德行的维持：外部控制”探讨了各种用来奖励渴望要的行为的法律的和组织的手段。在第 15 章，杰里米·F. 普兰特分析了伦理守则。在开始讨论了守则及其实例的一般性质之后，普兰特探讨了与守则有关的主题，述评了与这一主题相关的研究和文献，并对几个行政伦理守则的实例进行了讨论，包括得到最充分发展的公共部门守则之一的实际案例即国际城市管理协会的详细处理情况。他总结了自己对守则的长处和局限性的批判性的评价。在这章，普兰特引用了大量新的关于守则的文献，在适当的地方插入了新的评论。

第 16 章“从行为守则到伦理守则——以美国公共行政学会为例”是詹姆斯·S. 鲍曼为第二版做出的新贡献。鲍曼认为，守则可能从对某一更具反思性的职业伦理定位的遵从演化而来。接着，他从这个角度用他自己近年来进行的经验研究对美国公共行政学会的守则进行了调研。

第 17 章“公共组织中的伦理管理——是什么、为什么以及如何做?”由唐纳德·C. 门泽尔编撰，是第二版新加的一章。门泽尔提出了“伦理管理”这一概念，作为当前理解伦理与管理角色、与组织文化一体化的方法。首先他解决了在组织内进行的伦理维度的管理的重要性，审视了伦理和绩效之间的联系。然后，门泽尔转到讨论伦理管理的正式和非正式的战略。

第 18 章由罗伯特·罗伯茨编撰，关注的是联邦伦理管理与公众信任。这一新章探讨历史上出现在联邦政府行政机构内的公共诚信组织和进程，述评了目前已在运转的联邦伦理项目。罗伯茨的结论是，这些新制度已有效地减少了利益冲突的矛盾的数量。

保罗·C. 莱特在第 19 章“联邦监察官与问责路径”一开始就介绍了 1978 年把监察官引入联邦政府的背景和一个简短的立法史。接着，他述评了问责制的定义和 1978 年的《监察官法案》，发现其中隐含了问责的含义。这一章的剩余部分涉及了监察官的监督作用和各种各样的监督形式。本章被新的参考文献和新的发展所更新。

第 20 章“举报人保护与司法制度”由朱迪思·A. 特鲁尔森撰写。在本章，她侧重于联邦一级举报人可用的渠道和保护他们免受报复与排斥的方法，也包括在州一级和私营部门的一个简短讨论。最后，她认为，由于目前对举报人免受来自敌对的上司和同事的侵害的保护还不够，他们为了生存已不得不制定超出法律之外的策略。特鲁尔森介绍了一个案例，用于说明通过深思熟虑的计划而来的所有可利用的策略的重要性。在她的结论性意见中，特鲁尔森认为如果要想减轻举报人的痛苦的任何企图获得成功的话，就有必要改变组织文化。特鲁尔森重组了这一章，延伸了几个部分，补充了最新的判例和参考文献。

"应对行政腐败"是由杰拉尔德·E. 凯登撰写的第 21 章。在感叹缺乏关注腐败（"公共伦理"的反面），并确定其在公共行政文献中不受欢迎的一些原因之后，凯登提供了一个可行的定义并讨论其对公共和私营部门的意义。接着，他评述了一些要打破似乎围绕在这一主题的禁忌的努力。作者又转向讨论任何反腐败政策及其在任何机构的反腐败项目中的成功实施所必须包括的关键要素。除了具体的法律和程序外，凯登强调整个政府中作为反腐败措施的支撑基础的公共问责文化的重要性。接着，他评述了现代行政国家中弊端有可能发生的 10 个领域。作者的结论是简短的有关腐败蔓延及其破坏被感染政府的效力的趋势意见。本章已明显扩大，列入新的发展材料和新的文献。

第 5 篇"德行的维持：内部控制"用了 4 章内容来讨论思考伦理问题的过程和特征，解决伦理决策、价值观本质和个人的性格特征问题。由黛布拉·W. 斯图尔特、诺曼·W. 斯普林霍尔和戴维·谢弗撰写的第 22 章涉及的是公共行政中的道德发展问题。在为心理学理论和研究中的道德发展研究设置历史背景之后，作者们把重点放在劳伦斯·科尔伯格开创性的工作上。他们总结了他在道德认知发展上的研究发现和他确定的道德认知发展上通常的六个阶段。斯图尔特和她的合作者对研究进行了评述，这一研究证明了一个人思考伦理问题的思维方式与一个人的行为举止之间存在联系，并描述和评价了一种专为公共行政角色而设计的工具。"斯图尔特-斯普林霍尔管理调查"就是建立在科尔伯格的框架之上的。他们调研报告了他们的一些发现，讨论了他们设计的工具的有用性。斯图尔特和斯普林霍尔最后总结了他们的工作对公共行政的作用和意义。本章已被广泛修订，包括由作者们在波兰和俄罗斯进行的研究以及许多新的研究文献。

由丹尼斯·P. 维特默撰写的第 23 章"伦理决策"，强调从行为和规范两个角度探讨行政人员的个体决策。维特默对构成伦理情境的元素和情境中的伦理维度进行了概念分析。他先是通过分析在文献中发现的几个概念模型来评述各种行为视角的方法，然后报告了来自测试这些模型获得的实验结果。接着，维特默分析了规范性视角的方法，这一方法规定了应该如何进行伦理决策，并讨论了行政伦理学家对此的看法，认为这与传统的哲学思想有更多的关系。维特默增添了许多新的来自实证研究（第一版已经刊出）的参考文献。

在题为"价值观与伦理"的第 24 章中，哈罗德·F. 戈特纳先是解释了价值观是如何成为伦理两难中的一个基本要素，然后评述了价值观的各种定义，接着检视了心理学、社会学和哲学是如何对待这一概念的。戈特纳分析了在公共行政中伦理与价值观之间的相互作用，其重点是五种以界定公共利益为中心的价值观：政治的、经济的、社会的、官僚科层的和职业的。然后他关注了公共行政人员的职能和他们是如何被价值观所影响的。戈特纳的最后结论认为如果要维持民主政府必然要有价值观的支撑。戈特纳为本章已经更新了许多新的参考文献，包括了有关社群主义和社会资本的资料。

在第25章“公共服务中的品格与品行——历史视角的述评”中，杰弗里·S. 卢克和戴维·W. 哈特评述心理学和哲学上对品格的定义以及最近出现在行政伦理学文献中的观点。在哲学阵营中，卢克概述了亚里士多德、孔子、康德、穆勒、杜威和塔夫茨的观点。在心理学方面，他评述了弗洛伊德、弗洛姆、哈维格斯特、佩克和科尔伯格所做的工作。对我们所有人来说都遗憾的是，第一版之后，卢克就去世了。戴维·W. 哈特更新了本章，并已重写了导论和结论。本章最后得出一个结论：公共服务需要“高尚”品格。

第6篇是关于美国社会的行政伦理，涉及与美国公共行政中的政治和社会背景相关的4个论题。安妮卡·玛丽娜·斯克兰顿（原是戴维森）和莫莉·J. 兰尼在第26章讨论了行政伦理中的性别差异。他们集中在已居主导地位的新兴的女性伦理视角上，这是一种完全不同于男性的视角。这种模式的伦理视角反映了亲缘关系、爱心、社会关系、合作和关心他人等价值观。斯克兰顿和兰尼认为，虽然其植根于女性的经验，但它不是女人专有的一个视角，男人也可以采用。他们首先介绍了个人道德推理的关爱模式，并把它与更传统的“正义”的方法对比。在论说这一主题的过程中，斯克兰顿和兰尼围绕道德行为的四个组成部分来安排本章结构。为了评估在何种程度上妇女的实际行为始终与女性视角一致，他们评述了大量的实证研究结果。现在这一章包括大量有关理论分析、说明性案例和实证研究的新材料。

由卡米拉·斯蒂弗斯撰写的第27章“公共行政中的公民身份伦理”一开始就区分了作为地位的公民身份和作为实践的公民身份。然后她像西方传统哲学一样确定和讨论公民的主要组成要素，随后是公共行政中的公民视角的论说，接着是一个反映在公共行政文献中的公民身份伦理的主要特征的概述。斯蒂弗斯要人们注意公民身份与组织价值观之间的紧张关系。她就进一步发展公民伦理提出了建议。斯蒂弗斯增加新的参考文献并讨论了政府再造运动和20世纪90年代公民异化的增长。

由约翰·P. 伯克撰写的第28章“行政伦理与民主理论”一开始就陈述了行政伦理与民主理论的关系以及有关前者可能给后者造成问题的看法。接着作者评述了众多民主理论中的一系列选择，得出了每一种选择对行政人员的民主责任所具有的含义。最后伯克给出了若干有关个体伦理、行政伦理和民主理论之间关系中仍需进一步解决的问题的看法。修订的这一章提供了最新的参考文献和一些特定观点的进一步发展的情况。

迈克尔·奥尼尔在第29章中分析了非营利组织管理中的伦理维度。在这一修订章中，奥尼尔强调了美国社会的三种权力部门的不同组织之间差异的显著性。这导致他概述了非营利组织的鲜明特征及其对非营利组织管理的伦理标准的意义。最后作者发表评论说，作为一个研究领域，非营利组织伦理还是一个不发展的状态，这个主题亟须进一步研究。

由小理查德·D. 怀特编撰的题为“军事伦理”的第30章是对本手册的一个新贡献。怀特一开始就主张军事伦理是独特的，因为它涉及何时要发动战争和战争要如何来发动。在评述了开始于公元前5世纪的正义战争理论到结束于最近学术界的军事伦理学的历史之后，怀特评述当代官方的军事伦理学说文献。最后他批评了职业军事伦理，主张需要一种军事伦理守则。

第7篇“其他文化中的行政伦理”是为了提醒读者作为公共行政更宽泛领域的行政伦理学，在一定程度上是公共行政发生的背景的反映。虽然这部分的3章没能够为巨大序列的世界文化提供足够的代表性，但它们为读者提供了具有启发性的超越美国社会的扫视。

约翰·A. 罗尔在第31章“宪政与行政伦理——加拿大、法国、英国和美国的比较研究”中提供了唯一真正的比较研究。罗尔选择比较的共同点是在其中的每个国家的宪政与公共行政伦理之间的关系。他假定了美国基本情况后，依次转到讨论其他3个国家，并一直适时适地与美国进行比较。作者最后总结了研究中出现的重要的比较点。本章保留了原版的形式。

在第32章“非洲社会中的行政伦理——以津巴布韦为例”的开始，乔纳森·N. 莫约把殖民主义和新殖民主义设定为整个非洲的公共行政和行政伦理的背景，但认为行政伦理被放在本大陆快速变化的政治经历的背景中才能获得最好的理解。莫约断言，在非洲行政伦理中，客观责任（从外部强加给自己的）已居于主导地位而超越了主观责任（义务的情感），这导致了一种“法律与命令”取向。然后，作者转向本章的重点：津巴布韦被作为“强制义务是行政伦理的唯一来源”的一个案例。他在本章最后讨论了在津巴布韦和整个非洲发展行政伦理的障碍。这一章没有修订。

由约翰·G. 尤尔编撰的第33章“澳大利亚的公共服务伦理”，已根据不断变化的政体价值和不断发展的民族认同被广泛修订。尤尔讨论了主要的学术研究呈现的三种伦理学视角。以此为背景，他探讨了“事实是”“理应是”“作为良好管理”的伦理。最后，尤尔评述了对澳大利亚政府的伦理进行评述的文献，讨论了问责伦理。

目　录

第1篇　作为一个研究领域的行政伦理学

第2篇 行政伦理学中的哲学视角

第3篇　行政伦理学的背景

第4篇 德行的维持：外部控制

第 5 篇 德行的维持：内部控制

第 6 篇 美国社会的行政伦理

第 7 篇 其他文化中的行政伦理

第1篇

作为一个研究领域的行政伦理学

第 *1* 章

作为一个研究领域的行政伦理学在美国的兴起

特里·L.库珀
美国加利福尼亚州洛杉矶南加利福尼亚大学

人们可能有理由认为，至少从 1940 年《公共行政评论》(*Public Administration Review*，PAR) 成立以来 (尼格罗和理查森，1990)，行政伦理学就一直是一个被持续关注的话题。有人甚至断言，自从美国建国时期以来，行政伦理学就已经受到从业者和学者的关注 (理查森和尼格罗，1987)。然而，本章将坚持认为，作为一个具有学术探究子领域标志的持续性学术事业的行政伦理学研究不早于 20 世纪 70 年代。虽然自 1940 年以来，就像尼格罗和理查森已证明的那样，《公共行政评论》上已经有不少文章以某种方式涉及了行政伦理学，但是直到过去了 30 年，人们才找到有点像近似系统地和发展地对这一主题的涉及。即使在接下来的这些年，行政伦理学研究缺乏对一些作为一个发展中的子领域达到完全成熟所必需的元素的足够重视。整个 20 世纪 90 年代这一研究领域继续快速发展，这反映在文献的出版、研讨会上的论述和新机构的成立上。行政伦理学的实证研究已有所扩大，但仍然代表着该领域的研究需要非常多的发展。 *1*

这里假定成为一个研究领域的首要判断依据是一批持续关注这一主题的学者的存在，至少其中有些人认为他们自己是专家。第二个判断依据是在书籍、主要期刊和研讨会的分会上出版的致力于推进理论的连续不断的资料。这种连续文献应集中于：批判性分析、反思和建立在彼此著作的基础上，研究与分析方法的发展上，对具体议题、问题和测试特定理论的实证研究上以及把理论和研究结果集合成为综合性架构上。第三个判断依据是在大学职业课程中学术课程的设立。

本章的重点将会集中在从19世纪末期到20世纪90年代初的行政伦理学文献上，因为它为公共行政中一个成熟研究领域的发展做出了贡献。本章将研究在书
2 籍、PAR论文、《行政与社会》(*Administration & Society*，A&S) 和美国公共行政学会①全国研讨会分会上对这一主题的论及。这里没有对全面性的臆断。本章不是对伦理学文献做一个详尽的评述，而是对在作为一个公认的课题研究、理论建构、学术出版和职业教育的行政伦理学的兴起过程中有着里程碑意义的代表性作品的思考。自从《行政伦理学手册》第一版出版以来，许多文章经常出现在已成为重要领域的其他刊物上，其包括《公共诚信》《行政理论与实践》《公共行政研究和理论杂志》《美国公共行政评论》。

首先，通过一些经典文献来回顾从19世纪末到20世纪30年代中期作为一门学科研究的早期公共行政。这是为了说明在那个时代忽视了行政伦理学的研究。其次，对为以行政伦理学为中心的研究领域奠定基础的从20世纪30年代末到20世纪60年代的大量文献进行分析。最后，从20世纪70年代到20世纪90年代初的资料将被涉及认为是代表着现在能够被理解为一个研究领域的实际兴起。从20世纪80年代初至20世纪90年代初的大量最近著作将比先前的著作更简单被讨论，因为它数量过于庞大而无法详细分析并且在本手册中的其他地方将被充分论及。在本章中，最新的文献将毫无明显例外不会被分析，因为它被在后续章节的修订中论及。

1.1 作为一个研究领域的早期公共行政

范·莱珀 (1983) 就令人信服地指出，美国公共行政的研究时间先于伍德罗·威尔逊的那篇著名的论文 (1887)。他提议把多尔曼·伊顿 (1880) 对比在美国人头脑中的应用还早7年的英国公务员制度的研究作为一个更合适的起点②。虽然任何这样的详述都有点武断，但是这里将把伊顿的研究视为起点。

根据对伊顿作品的分析，很显然，他认为公务员制度改革根本上是一种伦理行为。在感叹"建构公共权力机制的长期实践"的同时，他坚持认为这样的实践"已使英格兰民族对这一主题的道德意识无效和麻木，以至改革已经变得十倍的困难；由于类似原因，正如美国这个国家的道德意识也已对仅仅是为了党派目的的征税评估与安置职位的不道德变得迟钝"(第23-24页)。伊顿看到了从由"腐败和专横的国王"任命职位到作为在"正义与自由"(第357页) 方面进步的以品格与能力为基础的功绩标准的转变。公务员制度不仅仅被理解为从事公共事务的方法，而且被理解为"一个国家政治的道德品质和正义的表达与试验"(第358页)。

① 被涉及的书籍将不包括用一章或者小部分专注于行政伦理的一般性文本，四部经典除外，作为该领域广泛意见内的关注事项，它们被引用用来说明历史上伦理的兴起。

② 范·莱珀主要集中于伊顿的研究上，把它作为"我们公共就业现代制度"的开端（第482页）。

在伊顿的作品中，对国家的道德意识与品质以及把公正和自由确定为决定性原则的强调显然不同于成为威尔逊文章中心的对效率和使政府更加公事公办的强调(1887)。在《行政学研究》一文中，威尔逊证明了美国进步主义改革运动的假设即效率为好政府标志和科学行政方法的形成是实现它的途径。此外，他的作品显示了 3
支撑美国宪法的联邦主义者人性哲学假设的连续性。公共事务中不能指望通过教育和理性而取得的人类本性的改善而产生合乎伦理的行为；职权和组织上对自由裁量权的约束被认为是好政府的主要保证。

虽然进步主义者关心不平等对待是基于意愿支持政治机器的公民的不公平，但他们更被这些非正式政府的低效率所困扰。单凭进步主义者文献中所给予的对效率和科学方法的关注，人们产生这样的印象即在政党操纵的政府中更严重的缺陷被认为是效率低下，而不是正义或自由的缺乏。对进步主义者来说，合乎伦理的行为是公务人员公正和科学地执行政治领导层所采取的政策的有效率的行为。

虽然在公共行政伦理的重点方面，伊顿与威尔逊之间有不同，但两人都倾向于同样考虑实现道德操守的手段。这是一个涉及基于与工作相关的功绩标准，而不是基于与政治老板的关系的公职选拔以及基于绩效而不是基于以政治好处的公职晋升的某种程序上的改革问题。那么就难怪找不到伊顿或威尔逊对行政伦理学进行研究的倡导。如果人们假定除有效率的政府之外合乎伦理的行为也可以通过建立基于功绩的公务员制度来实现的话，那么适当的研究重点就是如何完成这些变革，而不是公共服务伦理规范内容或针对那些公职人员的职业伦理培训。合乎道德的行为构成不是一个有很大争议的问题，而仅仅是如何确保它的问题。

同样的一般倾向也反映在古德诺的《政治与行政：政府之研究》(1900) 一书中。他的重点是受欢迎的政府和有效率的行政。古德诺没有直接涉及行政伦理学，在索引中也没有如“伦理”“道德”“公共利益”“共同利益”这样的术语。“责任”是唯一被采用并由此可以推断出的一个行政伦理的概念。古德诺对政治老板问题的涉及（第 168-198 页）明确了公共行政人员只负责由选举官员决定的政策的执行。在现代国家中，行政人员没有被承认有不可避免的自由裁量权和必然随之而来的决策职能。人们通过受“合理积聚与集中”职权控制的公务员制度实现合乎伦理的行政；来自上面的这种对行政行为的约束使政府更负责任。

威洛比的《公共行政的原则：专论美国国家和州政府》(1927) 教科书继续沿用类似的路线。人们发现其同样集中在效率和作为实现这一目标的手段的一般科学行政原则的寻求上。公务员功绩制度被看作一个道德结构，其将导致合乎伦理的公共行政。伦理学不被视为涉及独立体系的知识与分析技术的个人的职业技能。相反，它被归入作为以一定科学为基础的安排、程序和规则产物的组织与人事的理论。

在威洛比的书中简短的一节中，他的确诉诸伦理学语言来论证公正的人事制度的重要性。他把这样的一种制度描述为一种“向所有公民提供平等进入公职的机会、所有做需要同等程度智力和能力的工作的员工同工同酬、平等的晋升机会、同 4
样有利的工作条件和平等享有退休津贴以及对员工进行平等的工作要求”（第 230 页）。没有这些条件，确保忠诚、团队精神和积极工作——他视所有这一切为效率所必不可少的——将是不可能的。然而，威洛比再次把组织效率描述为制度的特性和必要条件。后来威洛比在书中的确提到如诚实这样的品格特征的重要性，但他指出很难评估这些属性，因此明显认为对组织提供的外部控制来说它们是次要的。

1.2 为作为公共行政一个研究领域的伦理学奠定基础

在威洛比的书出版差不多 10 年后，随着约翰·高斯、伦纳德·怀特和马歇尔· 迪莫克合著的《公共行政学前沿》(1936) 的出版，人们可以看到占主导地位的共识中应力裂纹的出现，为行政伦理学的更大意义做好了铺垫。在“公共行政的范围和意义”一章中（第 1-12 页），迪莫克告诫不要“在政治与行政的形式化分离方面走得太远”(第 3 页)。他指出，研究人员很快发现“地点、时间、当地传统和目标上的重要差异需要他们给予充分的考虑”(第 4 页)，从而敏锐地对行政科学的可能性提出怀疑。

约翰·高斯在“公共行政中的责任”（高斯等，1936：26-44）一章中声称公共行政人员行使相当大的自由裁量权并提出了自由裁量判断应对谁负责和对什么负责的问题，作为对问题的回答，高斯介绍了从他那个时代的文学期刊的辩论中借用来的术语——内在制约。作为一种与现代政府而不是与民选官员问责更相关的责任形式，高斯认为“内在制约”包括个体公务员“根据他们职业的理想标准”而认同的义务（第 39-40 页)。根据这种观点，伦理学上的反思和规范性判断似乎已经只有一步之遥。

迪莫克在“现代行政中自由裁量权的作用”（高斯等，1936：45-65）一章中进一步强化了高斯的、比以前已获准的更多行政自由裁量权存在的立场。他不仅观察到“行政官员的自由裁量权相对于法院和立法机关的自由裁量权已经增长，而且预计它还将继续增加”(第 45 页，第 64 页)。

在“公共行政的标准和目标”(高斯等，1936：116-133）的最后一章中，迪莫克批评进步主义公共行政核心价值——效率——的正确性。他指出，对美国政府的最高赞誉就是要表明它是有效率的。此外，他还宣称：“可以毫不夸张地说，特别是在过去的 50 年，美国公民已养成一种对‘效率’一词不折不扣的崇拜态度。”(第 116 页)

然而，在迪莫克看来，这是完全不加批判的做法并且效率已经成为一个“口号”(高斯等，1936：116)。然后，他转而提出对公共行政来说，标准和价值观为
5 什么是重要的问题，最后对更广泛行政哲学的需求进行了简单评述，其中包括“除诚实、热情和谦逊之外，还有忠诚的美德和其他所有品格属性以及有助于有效率的和令人满意的服务的操行”(第 132 页)。

迪莫克集中研究个体行政人员品格上的对行政哲学的倡导连同对有效率组织适当性的批评、他和高斯对行政人员自由裁量权的伸张、高斯“内在制约”的重要性和迪莫克对政治与行政分离的担忧，所有这一切都反映了行政思想中渐进的但确定的结构性转变，这使伦理学早晚受到重大关注成为几乎是不可避免的事。

卡尔·弗里德里希与赫尔曼·芬纳在 1935 年至 1941 年进行的辩论进一步将注意力集中在由职业价值观、标准和作为替代或补充的伦理所代表的内部控制上和政治上级和他们所制定法律的外部控制上。弗里德里希坚持在现代复杂组织中外部控制在维持负责任的行政行为上的不足，并呼吁培养一种由高斯所倡导的“内在制约”形式，然而，芬纳指出了在面对人类理性化倾向时内部控制的缺点，并重申通过法律、规则和制裁对行政人员进行政治控制的必要性（弗里德里希，1935；芬纳，1936）①。到 1940 年，人们在由弗里茨·莫尔斯坦·马克斯②主编的《新民主中的公共行政》一书中，可以看出弗里德里希-芬纳二分法的合成。具体来说，在由马克斯撰写的“行政责任”（马克斯，1940：218－251）一章中，他认为立法控制已不再足够确保责任了（第 237 页）。尽管他认为外部控制连同司法限制一起仍然需要作为负责任行为的基础，但是马克斯提出了一个大胆的、远远超出了法律控制的解决方法：

> 行政责任的中心是由理想和职业规则塑造的义务的一个统一观念，是官员身上表现出来的牺牲个人喜好来执行立法机关的政策，并把他的精力和他的创造性冲动投入他的任务中的一种坚定决心，是一种尊重人民和其切身利益的清醒意识。行政责任源自真诚的服务态度。在这种态度的形成过程中，官员的伦理观虽然是一个很重要的因素，但只是其中的一个因素。（马克斯，1940：251）

在这里，人们可以清楚地看到伴随着更多传统政治监督和法律控制手段而来的伦理作用的兴起。在马克斯看来，行政伦理学涉及对职责的理解，其中包含理想和职业的要素、个人利益服从全体公民的利益以及公仆角色的义务。

特格韦尔发表在 1940 年的《公共行政评论》第一卷上的文章通过把重点集中在作为评估纽约市规划委员会一个适当的主要标准的“普遍利益”这一概念上而引起新的共鸣。在早期，“效率”将会成为一个更可能的候选项。为了使其有用，关于这一概念的意义，特格韦尔似乎假定有充分的普遍一致，虽然他自己的论述一方面证明个人利益和私人利益之间只有一个总量的区别，另一方面证明了更大的城市利益。没有真正观念上或理论上的发展，只是一般的应用。

就绝大部分而言，在被编辑成册的马克斯的书本之后 20 世纪 40 年代的文献是处在这样一个时期，在此期间，相同的主题和抱怨大量出现、被重新审视和融会贯通。人们看到行政伦理学研究很少的系统发展，只是对在行政角色旧的陈述中的缺陷的重申、伦理新作用的倡导和有关在发展职业伦理中所应接收指示的一些不成熟建议。 6

例如，列维坦（1942）加入日渐高涨的齐声反对太严格和太明确的公务员中立

---

① 这些是两个他们争论的说明性例子。全面审视所引用争论，参见 1998 年库珀的第 136－140 页和第 153－156 页。

② 在本书中，华莱士·塞尔的“政治中立”（第 202－217 页）一章，继续由迪莫克（高斯等，1936）开始的对政治中立的攻击。塞尔研究了 1939 年的《哈奇法案》，并通过提出它实际上是剥夺公务员的公民身份和公民权利来质疑其假设。每当政治中立被质疑时，转向把伦理作为一种塑造和限制行政人员行为的手段的可能性就会出现。

观念的队伍中。在肯定限制政党对行政任命的直接影响和行政人员参与党派活动的需要的同时，他坚持要求全体公民的行政忠诚和献身于民主。他提倡对整个公务员队伍进行公民身份和美国民主传统教育。从这个意义上说，公共行政人员对政治承诺负有责任。

同样，考德威尔（1943）通过将托马斯·杰弗逊的历史反思作为先例来质疑行政中立和肯定公务员政治责任。他发现杰弗逊认为行政人员对宪法的责任比对他们对立法机关的责任具有优先性。为了解决正在出现的行政国家具有的问题特性受民主控制，他用这样的先例来论证行政人员必须永远记住他们是“人民的公仆，而不是他们的主人”（第253页）。他总结说：

> 只要人们保留有社会责任感和对个人自由的热爱，并且只要公共人员受制于服务观念和杰弗逊所例证的自我约束，美国对当代国家中行政职能的膨胀就没有什么可害怕的。（考德威尔，1943：253）

这一趋势的突出例外是以利思（1943）反复批评这种旧共识、呼吁人们关注自由裁量权行使并重申公共行政政治性和价值性性质的文章为标志的。在那里，利思通过把哲学作为研究焦点，明显把行政自由裁量权与更加重视职业伦理的需要联系起来。实际上，他创始了行政伦理学研究方法的概念性纲要。

在证明行政自由裁量权不仅是立法模糊性的结果，而且是现代工业社会中的积极主动的需要的同时，利思指出需要行使自由裁量权的智慧。他发现侧重于限制自由裁量方法的消极做法有不当之处，并呼吁更加重视伦理。然而，利思说得很清楚，他对伦理准则不是特别感兴趣，因为它们倾向于为“行政人员自己的行为制定标准”（第11页）。他关注的是影响如公民、部门、企业和下属这样的其他人的行政决策。他把这些称为政策决定，虽然它们可能仅是行政工作过程中的自由决定①。

然后，利思以此作为行政伦理学的哲学基础。他解释说，集中在人们如何把行为的一般标准与具体标准联系起来的哲学家的重点完全符合行政人员从一般立法到特别行动的需要以及从具体行为到预示着它们的一般原则。接着，利思讨论了可能会被行政人员采用的两种哲学的伦理学方法——一方面，对一定价值观和原则的职责；另一方面，对一个人行为所造成后果的功利性关注②。

利思把他的哲学的伦理学论点与一种比以前提出的更复杂的自由裁量权类型学结合起来。这些是技术性自由裁量权、社会规划中的自由裁量权和协调政治冲突中
7 的自由裁量权。他的结论是断言“伦理学的古典方法”对所有三种形式的自由裁量权都应该是有帮助的。在“技术性定义的规则与一个固定标准”的“相容性测试”方面，在澄清和阐述可能是社会规划所固有的模糊性标准方面，以及在“标准有争议的地方使辩论合理化”方面，它们将是有益的（利思，1943：23）。

在第二次世界大战之后，人们还能看到，作为一个研究领域的伦理学在以利思的文章为代表的进步之外，几乎没有什么真正的发展。阿普尔比在《公共行政评

① 现在，我们一般把这些自由裁量行为看作与有关政策建议、执行或解释的决定相对的行政决定。

② 在哲学术语中，这些被称为“义务论”和“目的论”的伦理方法。

论》中的一篇题为《走向更好公共行政》(1947) 的文章中和一本叫《大民主》(1949) 的书中，研究了公共行政的政治性质、“创造实现道德目的机会的公共行政”的参与性 (1947：95)、支持民主价值观的公共行政义务、回应全体公民 [官员是“特别负责任的公民”(1947：99)] 的公共行政职责以及集中在公共利益上的公共行政中心。与往常一样，阿普尔比说得好，或许比他的前辈说得更好，但在这些作品中，没有任何直接促进了作为一个研究领域的行政伦理学发展的东西。有人可能会回应说，阿普尔比对这些思想有说服力地且以集成方式的表述巩固了行政伦理学的基础。这很可能是一个有根据的观察意见，但这些新增文献的意义更在于促进了公共行政政治理论的发展，而不是在于推进了伦理学的研究。

怀特的《公共行政研究导论》第三版 (1948) 在红色的“伦理准则”的标题下，根据外部控制理论专门涉及了伦理 (第 485 页)。他把准则主要作为“为了吸引有利的公众关注和帮助提高声望”(第 485 页) 所需职业化的一个基本要素来讨论。他把美国国际城市市政官协会 (the International City Managers' Association，ICMA) 所采用的准则作为一个典型的例子。怀特承认这样的准则不是完全适合处理行政人员的全方位的伦理关注，并列举了产生于对准则不是非常有利的组织背景下的复杂情况。他通过承认“我们缺乏对公务员伦理的全面研究，但一个这种有趣的可能性主题不久无疑会被探索”来结束他对伦理的简单论述。这似乎是第一个明确承认行政伦理学是值得“全面研究”的，但直到那一刻，没有任何相当于这样的一种努力。

然而，呼吁关注行政伦理学的更大气势和作为公共行政中的一种研究领域的伦理学发展新的动力，随着马克斯的文章《行政伦理与法治》(1949) 的发表，开始在第二年发展起来①。马克斯从观察行政行为对“有意识或无意识的自我利益”和“个人的判断力和洞察力的成熟度”的依赖开始。行政判断对公共政策影响的重要性对马克斯来说意味着这些是不够的。因为它们可能“不被说成是源于由公共服务职业所订立的任何共同协议”，所以他断言，需要一种更加“连贯一致的行政伦理学”(第 1120-1121 页)。马克斯不理解这种协议缺乏意味着没有达成这样一个共识的基础；存在着“甚至产生于纯粹个人对反复出现在公务员的职业经验中的道德问题的反应”的“相当程度的一致性”。问题是“与其他职业相比，……公共管理付出较少的努力在普遍行为准则的性质方面制订出某些东西”(第 1121-1122 页)。马 8
克斯通过引用怀特有关这一课题缺乏全面研究的陈述来引起对评估行政伦理学现状的支持。

接着，马克斯开始通过断言“公共行政的最高任务是……作为实现政治秩序目的的一种有效工具”(马克斯，1949：1127) 来勾画出一种公共行政伦理理论。这不是一种简单的政治-行政二分法的复兴，而是一种更广泛和更深入的认识，即“行政道德……从政府机器被要求将其转化为社会现实的政治意识形态中获取其内在逻辑”。他继续说，所有行政伦理学的核心在于滋养政治制度的思想。因此，在美国，公共管理道德是与根植于美国传统中平等的平民政府观念分不开 (第 1127-

① 把这篇文章包括进来是在本章开头就宣称重点在《公共行政评论》和《行政与社会》的一个例外。作为标志性文章是很有道理的，这篇文章不能被排除在简单基于它出现的地点的审核之外。

1128 页）。对马克斯来说，这意味着行政人员在他们职业活动的过程中，不能自由地按照他们自己的个人价值观，而必须是“有意识的民主共同体的代理人”和“引导自己的行动促进一个致力于共同利益的自由社会的健康成长”（第 1128 页）。

这种公共行政伦理学方法的普遍明确表述期望赞成在过去的 20 年中提出的政体价值、建国思想和公民身份。它既不同于从利思早期宣传的把哲学作为这一领域主要规范的来源，也不同于在新公共行政专注于某种特别的哲学伦理——罗尔斯的社会公平——把行政伦理建立在民主政治理论，更具体地说是美国的政治传统的基础上。

马克斯通过把“公民的冷漠”与公众认为职业化公共行政已消除了对积极公民身份的需要相联系来从事这一主题的研究。他坚持认为，寻求各种激发公民参与公共管理的方法是如前所述的伦理衍生物即根据责任行政官员注定是要促进“一个自由社会的健康成长”（第 1131 页）的必然结果。马克斯认为这一点需要全面定位“朝向于长远观念的普遍利益”（第 1132 页）。

拒绝芬纳所倡导的更精细的外部控制的同时，马克斯坚持认为“比强迫行政官员做到精确界定的控制要求绝对更重要的是，他们接受对他们自己和对公众说明他们行动的公共特性的伦理义务。也就是说，他们必须为任何带来普遍利益的每次行动的失败负责任”（第 1134-1135 页）。此外，有耐心地参与建立公众共识的过程是公共行政人员的职责所在。他认为“民主过程需要时间——建立相互信任的时间、确定共同点的时间、收集适当被抑制的相关性以及得出一个共同结论的时间”。马克斯认识到在“预算压力”下耗时过程创立的紧张状态，但坚持其在行政人员伦理义务中的根本性（第 1141 页）。

当塞尔在《公共行政评论》出版的第一个 10 年末回顾价值观的作用时，他（1951）强化了马克斯所提出的观点。他总结说，这一领域已从 1940 年的焦点集中在成为一门不同于价值观的科学上转到 1950 年的“价值观在公共生活中不可缺少
9 的功能现在受到各方承认”的状况（塞尔，1951：9）。此外，塞尔指出：“这表明在行政研究方面的基本探求是一种政府理论而不是行政科学。”（第 9 页）

第二年，阿普尔比和利思带来了由其编撰的完全致力于行政伦理学的前两卷。阿普尔比的《道德与民主政府中的行政》（1952）一书试图对民主价值观与官僚机构进行集成。在阐述了赞成民主政府道德的论点后，阿普尔比坚决主张组织内部的科层体制代表着使行政回应民意的责任结构。它代表着一种被设计为维持对民主达成的政策负责的信息流。在承认官僚机构并不总是以这种方式运作的同时，阿普尔比讨论了导致它们误入歧途的非正常机制，并提出了处理这些问题的各种改革。

如果没有其他动机只是试图解决官僚机构和民主之间的紧张关系，阿普尔比的书是重要的一本。无论如何，书中对把民主价值观优先性作为行政伦理学基础的信奉发扬光大了由马克斯明确阐述的本身就代表着重大贡献的立场。此外，阿普尔比的书卷明白无误地把行政伦理与组织背景联系在一起，这是后来的作者有时会忘记的一种重要的关联。此外，它明确区分了公共管理与私人管理。它的缺点是它只停留在组织结构上并且没有涉及值得注意的面临着特定伦理决策的个体行政人员的

境况。

利思同一年（1952）的《政策决策的伦理：提出协商问题的艺术》一书通过给予阿普尔比在《伦理与行政自由裁量权》（1943）一文中首次提出的观点一个详细论述，从而弥补了他作品中的缺陷。虽然它没有涉及组织背景，像阿普尔比一样，也没有区分公共部门的行政和私营部门的行政，但是它的确为分析和解决个体行政人员的伦理问题制定了一套系统的方法，阿普尔比没有做这个。

利思总结了一系列的人们可以运用在伦理决策上的哲学观点，其中包括功利主义、决疑论、古典希腊思想（柏拉图和亚里士多德）、康德哲学以及斯多葛主义者、霍布斯、巴特勒、黑格尔、马克思、杜威和语言分析家的思想。然后，他通过案例说明这些不同的哲学方法如何可能被运用。这些书卷的最大不足是利思不是采用特定的管理理论，甚至更具体的公共管理理论，而是从有利于各有关当事人的角度来观察这些案例。

在 20 世纪 50 年代的余下岁月里，行政伦理学很少受到关注。在两篇直接涉及这一主题的文章中，根据赫尔曼·芬纳早期观点的精神，其强调的主要是外部控制。虽然只是猜想，人们可能会以为这种强调是对这些年发生在联邦政府中的一系列丑闻的一个可预见的反应。美国人通常似乎诉诸法律、法规和其他形式的外部控制的强制实行——快速修复，以应对严重和明显的丑闻。

莫尼潘尼（1953）提出了一种为公共行政制定伦理准则的论点并提到美国参议院委员会正在进行中的一些努力。虽然他承认，如果要实现一致顺应，“转变”必须“从内部开始”，莫尼潘尼用来实现这种“转变”的方法主要是通过管理的大量外部控制导向（第 186 页）。没有关注内在职业标准和伦理的培养，将其作为确保 10
遵守这种准则的一种手段。

伍德（1955）主张一种甚至更加机械的在上级手中的控制导向。明确拒绝太漫长的培养职业标准的方法之后，伍德倡导一种短期的解决方案——“系统运用行政调查研究工具”。这些将是“向执行人员提供他的员工的个人信息的参谋策略设置”（第 3 页）。这些机制的价值将是揭露内部不法行为并维护代理机构的声誉。伍德似乎没有认识到这种单元设置的有害可能性。

1962 年戈伦别夫斯基再次提出阿普尔比 10 年前最早涉及的伦理与组织背景之间关系的关注。在《作为一个道德问题的组织》（1962）一文中，他从注意到“组织一直被认为是一个技术问题……”开始，从而坚持认为“对组织作为道德问题的忽视不能被容忍，因为隐含在组织中的人与人之间的关系不只是具有技术层面”（第 51 页）。为了规范的目的，戈伦别夫斯基通过倡导“犹太教和基督教共有的价值观”作为组织领导能力和组织成员之间关系的道德试金石而将注意力转移到宗教上，而不是求助于西方哲学传统或美国的政治遗产。与传统的从顶层进行控制、把员工看作受限制对象的等级组织理论相反，这种观点要求工作是“心理上接受的，一般不具威胁性”，允许“员工发展自己的才能”，提供“自决的空间”，允许员工“影响他们工作的环境”，并且不相信“正式组织……是唯一和最终的行为裁决者，但是其本身要服从于外部的道德秩序”（第 52-53 页）。

在随后的《人类、管理与道德：走向新的组织伦理》（1965）一书中，这些主题得到进一步发展与阐述。在本书中，戈伦别夫斯基全面应对了组织社会中被作者如威廉·怀特在《组织人》(1956) 一书中和肯尼思·博尔丁在《组织革命》(1953) 一书中已经确定并讨论过的个人自由问题。他继续声称犹太教和基督教的价值观是要被采用作为组织的指导标准的乐观主义和个人自由的来源。

当西方的价值观因对美国社会蓬勃发展的多样性来说太有限而正在被严厉地批评不久，戈伦别夫斯基集中于把犹太教和基督教的价值观作为行政伦理学的规范性基础似乎过于狭隘。也许它们被这样认为以后，它们才从来没有成为公共行政伦理的主要主题。然而，他对组织背景的道德重要性的关注是一个显著和持久的贡献。

斯蒂芬·贝利发表在《公共行政评论》上的一篇题为《伦理和公共服务》(1964) 的文章促进了对早期由弗里德里希提倡的内部控制的第一次全面发展的强调。贝利为道德行为确定了三种必要的精神态度和三种必需的道德品质从而集中在行政人员个人的性格特征上。在作为一个研究领域的行政伦理学发展过程中，这种新的策略得到广泛的支持和引用。然而，它直到有关主要被理解为性格特征的美德的文献出现很久以后才成为一个主要的主题。

1.3 作为公共行政一个研究领域的伦理学的兴起

11 经过几年的沉寂之后，源源不断的有关行政伦理学的出版物开始出现并几乎没有中断地逐步发展到现在的数量和深度。在此潮流中的第一篇文章是由斯科特和哈特合写的 (1973)。他们对许多组织研究背后的实证主义假设发表了正面的强烈批评，反映了类似戈伦别夫斯基那样的关注。他们认为，事实与价值分离的实证主义和其强调只对能够观察到的进行研究导致了一种“对纯粹哲学思考的忽视”，造成了一场“行政危机”(斯科特和哈特，1973：415)。这种不情愿从传统哲学视角对待行政和实践行政的组织已导致“纯粹哲学方向的缺乏”。研究已被缩减到仅仅是“解决迷惑”，从而让控制组织和支配员工的生活的精英保持神秘，他们的价值观不受审视以及其权力的使用未被暴露。

就像早前的戈伦别夫斯基一样，斯科特和哈特提请注意伦理与公共行政组织背景的不可分割性。然而，他们力促回归到纯粹哲学思考，而不是倡导犹太教和基督教所共有的价值观作为公共行政的规范目的。

在第二年，为了回应尼克松政府的一系列丑闻，沃尔多遵循与斯科特和哈特一致的路径。在《反思公共道德》(1974) 一文中，沃尔多转向政治哲学和历史来分析“水门事件”①。这篇文章的重点是公共与私人道德之间的关系，因为它们随着时间和政体的变化而变化。沃尔多坚持认为，虽然这些关系一直是可追溯到古希腊和罗马的政治理论中的连续不变的主题，但是美国“自觉的公共行政在其早期的几十年里回避了道德问题。要解决的问题被看作一种科学技术问题：有效实现行政范

① 这篇文章是发表在1969年就已经创立的《行政与社会》杂志上的首次专门论述伦理的文章。

围之外的代理人给定的目的”(第 275 页)。

尽管听起来是一种充满希望的注解，但是，沃尔多指出：“一段时间以来，道德的考虑正蔓延到公共行政的文献中。”注意到一些文献资料是植根于政治理论和某些哲学理论时，沃尔多暗指斯科特和哈特的文章提倡回归到形而上学。他最后呼吁制定出“属于公共利益理念性质的可操作和涵盖全球的某种东西”(沃尔多，1974：281)。

在同一年，《公共行政评论》出版了由弗雷德里克森主编由 6 篇行政伦理学方面的文章组成的《社会公平与公共行政的专题论文集》。社会公平，通常是由约翰·罗尔斯 (1971) 所倡导的那种，已经成为 20 世纪 60 年代中后期出现的被松散定义为“新公共行政”运动的中心伦理概念。这部专题论文集包括把社会公平运用到人事管理 (麦格雷戈，1974)、社会服务生产力 (奇特伍德，1974)、财政联邦制 (波特和波特，1974) 和社会服务供给中的统计数据的使用上 (怀特和盖茨，1974)。然而，最直接促进作为一个研究领域的行政伦理学发展的两篇文章是：迈克尔·哈蒙 (1974) 的《社会公平与组织人：动机与组织民主》和戴维·K. 哈特 (1974) 的《社会公平、正义与公平的行政人员》。

在哈特和哈蒙的这些文章中，罗尔斯对新公共行政的影响是明显的。两篇文章 12
都赞成为适合于公共行政实践而被罗尔斯概念化的社会公平的集中相关性。从本质上讲，哈特总结了罗尔斯的两个正义原则，形成了运用它们作为一种行政道德体系基础的合理性根据，并阐述了它们对行政的影响。更特别的是，哈特从罗尔斯的原则中抽取出他所认为的是组织民主的规则。

新公共行政致力于罗尔斯的社会公平的力量就在于它的特异性和在行政实践中的应用。这是第一次真正超越了往往越来越少而成了具有很少操作性价值的、概括性话语的、空泛的公共利益或共同利益。在此期《公共行政评论》和其他地方，罗尔斯的两个正义原则被用来为特定的政策规定进行论证，从而为行政伦理学的现实意义提供证据，并对发展它作为一个研究领域的可能性建立了信心。社会公平最终没有被公共行政领域中的其他人所采纳作为行政伦理学的中心原则。然而，在 1974 年《公共行政评论》上的专题论文集中对社会公平的广泛论述和应用，除了提供实用和理性的地位外，还提供了先前没有被行政伦理学喜欢的合法性。

此期《公共行政评论》上的另一篇文章像沃尔多同年在《行政与社会》上的文章一样回应了“水门事件”。在《公共行政人员的伦理准则：服从游戏规则》(1974) 一文中，乔治·格拉汉姆提出了他认为是联邦行政行为的普遍接受的准则。这些“游戏规则”体现了一种植根于官僚政治责任本质的道德体系，这让人联想到艾波比 (1952) 对这一主题的论述。

虽然有关新公共行政的意义和影响力的辩论一直在持续，但是当人们审视过去百年中行政伦理学的历史时，似乎很清楚这次运动对公共行政中的一个主要集中在伦理上的研究领域的出现做出了重要贡献。它代表着一批学者第一次聚集在一个普遍共享的伦理观念的周围——社会公平——通常是以约翰·罗尔斯的研究工作为基础 (弗雷德里克森，1976)。

虽然是一种相对短暂的运动，但是通过会议论文、书籍章节和期刊文章，新公共行政创造了一场还在进行的辩论，使得作为行政伦理学中心的社会公平的可行性得以以可持续的方式被探索①。结果是曾经有争议性的建议即社会公平在公共行政人员的角色义务中占有一席之地，得到普遍接受。社会公平作为该领域的核心价值是不持续的，但已经和其他的伦理原则一道获得了它的地位。

罗尔在他的文章《公共行政课程中的伦理学研究》（1976）中承认新公共行政的贡献，但他的课程设置在不同的方向。承认“水门事件”丑闻刺激了行政伦理学的发展的同时，他也告诫不要对这些事件赞扬太多。他为这个警告提出的其他理由之一就是我们不应该“忽略了新公共行政为道德反思奠定的坚实学术基础，在我们知道水门大厦超过任何优雅的公寓大楼之前”（第 398 页）。

13 罗尔（1976）论及公共行政课程中伦理学的文章是第一篇在《公共行政评论》上完全致力于行政伦理学教学的文章，正因为如此，它代表了一个信号即行政伦理学的研究已经达到了一个新的发展阶段。它既反映了在公共行政教育课程中提供论及伦理课程的兴趣增长，也鼓励了这样的活动。

在这篇文章以及在他后来的书中，罗尔通过把行政自由裁量权这一事实作为他的出发点而与新公共行政分道扬镳，就像在他面前的其他人一样，要求更加重视伦理学。在很快拒绝把政治哲学作为行政伦理学的规范性基础后，因为它“太苛刻，要求成为伦理学课程的一部分”，以及人本主义心理学，因为它太倾向于个人，罗尔求助于历史作为他的规范性参考点。他主张着眼于美国政治传统中的“政体价值”（第 399 页）②。这些都要在公共行政人员要宣誓拥护的美国宪法和美国最高法院对它的解释中找到。他的结论是，美国政体价值包括但不限于自由、平等和财产。

在同一期的《公共行政评论》上，像罗尔文章一样的是另一篇考德威尔题为《时代新秩序：美国公共行政的遗产》的历史导向的文章（1976）。考德威尔同罗尔一样认为，行政伦理学的试金石在于美国宪法传统。在考德威尔看来，宪法包含了一系列的“前提”，似乎心照不宣地构成了美国公共生活中的道德要求（第 481 页）。它们发展成一种“公民信仰”，其“植根于 17 世纪和 18 世纪流行的伦理学和神学观念”（第 481 页）。考德威尔在这种政治信仰的前提下提炼出了 10 个命题，其中包括了巩固宪法和它实际应用的核心学说。它们与罗尔的政体价值不一致，但是范围更广。

在接下来一期的《公共行政评论》上，韦克菲尔德（1976）对官僚主义用组织的集体责任来搪塞的倾向进行了批判。相反，她认为，如果公共利益要坚持，腐败要预防和民主的政府要保存，行政人员必须感觉到个人责任，必须为他们的行为负有个人的法律责任和对公众负责。

另外，在 1976 年，第一家职业标准与伦理委员会由美国公共行政学会（AS-

---

① 对于这种材料的感觉参见玛连尼（1971）关于 1968 年原明诺布鲁克会议的和 PAR（1989）有关的于 1988 年举行的明诺布鲁克会议的特刊。

② 在对哈特（1974）强调行政哲学的要求，特别是约翰·罗尔斯的正义理论表示同情时，罗尔坚持认为这样的做法在公共行政职业教育中的可行性需要太多的哲学背景。

PA）成立。它的首要任务就是撰写伦理准则，但该委员会对准则的重要性有分歧，并花了一些时间讨论应该做什么。最终的决定不是制定准则，至少不是首要业务。相反，委员会选择准备了一本由默廷斯（1979）编辑题为《职业标准与伦理：公共行政人员的业务手册》的小册子。这一出版物提出了一系列有关道德行为的主题，紧随其后的是任何公共行政人员都应该反思并准备向他或她的同事、政治上司或公众做出回答的自我诊断式问题。

虽然这本小册子出奇地流行，在 ASPA 成员和学生之间引起了相当多的讨论和辩论，但是该委员会的成立本身对公共行政中作为一个研究领域的伦理学的发展来说，可能更重要。它使正在进行的审议过程制度化，首先集中在手册上和随后的修订版上，然后，集中在为 ASPA 制定的伦理准则上。委员会也起到为感兴趣的学者和从业者定期提供熟悉彼此和他们的研究的机会。它也在 ASPA 内部成为一种为 ASPA 全国会议安排伦理学分会的机制。

起源于由罗尔 1976 年发表于《公共行政评论》上的文章中所提出的主题，后来进一步在《官僚伦理学》第一版（1978）中得到发展，并补充了重要的最高法院案例，在案例讨论中讨论了政体价值。小册子迅速成为有关公共行政伦理学规范 14
性基础的讨论与辩论的焦点，因为它是过去 13 年中已经出现的、唯一充分地提出的规定性建议[①]。它被广泛采用在课堂上，并在以后的有关伦理的文章和书籍中经常被引用。人们把行政伦理思考方向从利思（1952）、斯科特和哈特（1973）、哈特（1974）所推荐的那种哲学和新公共行政转向到美国历史上归功于罗尔。

罗尔于 1980 年通过《行政与社会》上的一篇题为《高级行政人员制度伦理：管理培训的建议》的文章，再次热情参与伦理辩论。争议围绕着最近创建的高级行政人员制度（SES）展开，将其从公务员制度中移除，将在多大程度上会被政治化。罗尔描述了管理培训的方法，其为他早期赞成以政体价值为中心的观点的扩展。在这件作品中，他侧重于认为对 SES 来说是极其重要的宪政制度义务的三个方面：就职宣誓的含义、制度上的文化和对“某一特定总统政治远见”的适当回应（第 212 页）。

弗莱什曼、利伯曼和摩尔（1981）的《公共职责：政府官员的道德义务》一书是由哈佛大学肯尼迪学院政治研究所主办，由公共官员道德义务学院研究小组来操作执行的为期两年的研讨会的产物。它对政府伦理进行了多方面的论述，既涉及行政责任也涉及政治责任。本书 11 章的作者通常避免对旨在使政府更符合伦理的具体政策和项目进行论证，而是设法澄清和应用伦理概念，并制定出获得伦理结论的流程。编辑们宣称他们“放弃极端的律法主义观”，为了确保在公共生活中的合乎道德的行为（第 viii 页），其过于依赖法律和法规。这本书的根本前提是要政府官员自觉为他们决策的伦理维度负责，全面负担证明他们的行动是为了公共而非私人目的。

---

① 唯一已出版的其他书籍是提倡犹太教-基督教的伦理的戈伦别夫斯基的 1965 年的书，主张官僚伦理的阿普尔比的 1952 年卷本，以及规定哲学方法但不是特殊哲学观点的利思的 1952 年的著作。

法律和道德之间的关系也是福斯特的《法律、道德和公务员》(1981) 一文关注的中心。20 世纪 70 年代末和 80 年代初，由于道德立法开始在各级政府中激增，福斯特与弗莱什曼、利伯曼和摩尔共同反对过度依赖这些机制。他坚持认为一心专注于合法性往往侵蚀了道德反思和破坏了处理伦理问题的能力。过分依赖法律往往使思考减少到法律所要求的道德上的最少。培养伦理上的反思更可能导致美德。

到 1982 年为止，ASPA 的职业标准和伦理小册子的广泛使用已提出了足够的健全和完善它的建议，以保证修订版本：由默廷斯和黑尼根主编的《80 年代职业标准和伦理的运用：公共行政人员学习指南手册》。它增加了新的章节，进一步发展了一些旧的章节，并附加了在课堂上使用的建议。

此外，在 1982 年，斯科特在《巴纳德论精英责任的性质》一文中对行政的伦理正统发起了精心准备的挑战。在尖锐批评巴纳德的《行政人员的职责》(1938) 的过程中，斯科特质疑管理者向下属灌输道德的正确性。他主要关心的是要被植入
15 的道德当然总是被导向组织好的方面。事实上，斯科特看到了一个美国式极权主义的不祥之兆①。

第一版的《负责任的行政人员》也于 1982 年出版了 (库珀，1982)。与罗尔赞成政体价值作为行政伦理的规范性基础的书不同，这本书主要侧重于描述性分析。它试图说明公共行政人员所面临的各种伦理问题，并解释他们是如何在行政实践中出现的。与罗尔相类似，它把行政自由裁量权的事实作为出发点并主张行政人员对其行使负责。它强调个体行政人员所面临的利益冲突、角色冲突和责任冲突等问题，并提出解决这些问题的决策模型。它也承认并简要讨论行政组织背景中所固有的、合乎道德行为的障碍。为了提供相关性和实践性的内容，书中大量使用了来自行政生活的案例。

虽然《负责任的行政人员》一书在倾向上主要是描述性的，但是它确实有一些规定性的尺度。在论证解决道德困境的特定决策模型的同时，这本书有方法论上的规定性。此外，在表达了偏好的同时，它建议公共行政的规范性基础要在于行政人员的公民义务中，但这个角度未被充分展开。

在 20 世纪 80 年代初，在与 ASPA 全国委员会达成一项直到它已分发到各成员获取意见和修改建议才能表决通过的协议之时，ASPA 职业标准与伦理委员会最后才开始制定伦理准则。这至多是一个坎坷的过程。该委员会完成草案，没想到草案被全国委员会拒绝了，并替换为了另一个文件。草稿发出是为了征求意见，并产生了相当大的来自 ASPA 成员和全国各地方分会的反响。

在《美国公共行政中的道德推理问题：伦理准则案例》(1983) 一文中，钱德勒论及了在制定一个统一的准则方面的困难。在这篇有洞察力的文章中，钱德勒回顾了支持和反对伦理准则的主张，对沉默从事道德推理和政治上解决伦理事

---

① 巴纳德的书并不包括在这一章中，因为他主要从私营部门的角度来写的。不过，利用他的一些有关责任性质在概念上的区别，在公共行政伦理中利用内部不成文的“守则”的功能，甚至是采用他对行政部门对民主的公共服务价值观来说的道德功能的分析，而不要接受他的成问题的假设性质即对企业管理精英的需要，这些都是有可能的。

务冲突的倾向进行了反思，并提出了自己赞成立足于道德哲学并毫无顾忌道德修辞法的准则的主张。钱德勒的文章丰富了对伦理准则的论争，阐明了 ASPA 采用一种伦理准则的艰难，但并没有对很大程度上是政治妥协产物的结果产生重要影响。

1984 年 ASPA 采用了带有 1985 年要遵循的一套实施指南的一种伦理准则。虽然不是优秀的文件，但是它将导致在 ASPA 成员之间就它的意义、修改建议和是否应该有某种执行机制产生持续不断的争论。另外，伦理准则的创立及其进一步的采用有助于使作为一种重要而有用的研究领域的行政伦理学制度化和合法化。不过，鲍曼（1990）在《政府伦理：对公共行政人员的一次全国性调查》一文中提出伦理准则被采用的 5 年之后的发现，441 名有回应的 ASPA 成员中只有 10%的人表示他们“相当熟悉”它（第 348 页），只有 57%的人有些熟悉这一伦理准则。这一 ASPA 伦理准则于 1994 年进行了修订，形成了对行为模式更简洁而明确的陈述。然后，鲍曼（1997）对 ASPA 成员进行了后续研究，结果发现 79%的成员表示熟悉伦理准则，并且对伦理准则理解的程度显著上升了。 16

从 20 世纪 80 年代初至 90 年代初，行政伦理文献开始迅速增长。在这 10 年中，至少有 11 本直接、专门和意味深长地论述公共行政伦理的新的或先前版本的修订版的书籍印刷出版，更不用说那些涉及政治伦理、道德哲学、政治哲学、伦理立法、道德发展心理学和对公共行政具有重要意义的商业伦理。此外，从 1983 年到 1992 年底期间（本书第一版①所涵盖的时间），能够找到至少 35 篇发表在 PAR 和 A&S 上的专门论述行政伦理的文章或在具有更广泛主题的书籍中找到相关的章节。自那时起，不计其数的其他文章和书籍的章节出版，但本章的限制不容许对这些有价值的补充文献单个进行评论。在后续的一章或多章，更近期的这种工作的大部分被处理得更长。

通过评述出现在 1970—1998 年的 10 种公共行政期刊中的根据实证性方法和概念性方法来划分的文章，门泽尔和卡森（1999）对论述行政伦理的期刊文献的趋势提供了总的看法②。图 1-1 显示了门泽尔的调查结果，清楚地证实了本章的观点即本研究领域的起源能够被发现在 20 世纪 70 年代中期，并且自那时以来文献已戏剧性地扩展了。在他研究的 28 年间，文章总数已以加速度增加，从几篇到 120 多篇。在此期间，概念性的文章连续性增多；大概 1990 年之后，实证性文章也显著增加③。

---

① 已经有超过 35 篇文章，因为在这两个期刊上有些已经涉及了价值观或如公共利益这样的宽泛概念，这些明确与行政伦理相关，这是很容易有争议的。但是，明确不要做这样的连接。此外，还有一些其他的文章部分地致力于伦理的讨论，但也有一些其他的重点。本章的选择采取了保守的路线，错误地遗漏了一些东西，目的是要集中在那些有自觉地论及行政伦理的文献上。

② 这些期刊包括了《公共行政评论》《公共行政季刊》《美国公共行政评论》《行政与社会》《公共生产力与管理评论》《国际公共行政杂志》《公共行政研究和理论杂志》《公共诚信年鉴》《公共事务教育杂志》《州与地方政府评论》。

③ 门泽尔和卡森（1999）对第 242-248 页中的实证性文章进行了表格式的审核和评估。

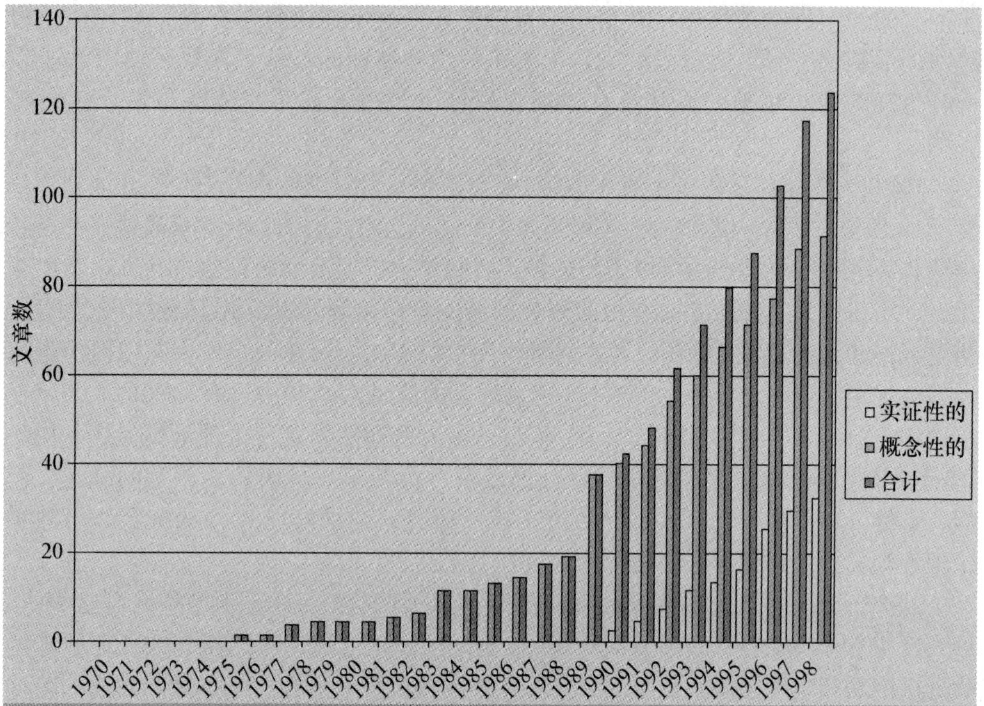

图 1-1　1970—1998 年伦理学文章的累计数

1.4　综合性文本

1989 年罗尔的《官僚伦理学》第二版再版，有一个新的序言和正文做了些修
17 改。1986 年库珀的《负责任的行政人员》第二版出版了，1990 年第三版出版，并在 1998 年第四版出版。第二版包括一个新的扩展了的前言和结论性的规定，但正文没有改变。第三版进行了较大的修订，将 1986 年的序言放到正文中，更新了信息和参考文献，增加了强调组织环境重要性的新材料，并提供了一些新的案例分析。第四版是第三版的较大幅度的修订版，有一些新的案例材料，确认了后现代思想，并且有新的说明性材料。

新的综合性文本出现在 20 世纪 80 年代末和 90 年代初。它们是登哈特的《公共服务伦理学：解决公共组织中的道德两难》(1988)、戈特纳的《公共管理者伦理学》(1991)、刘易斯的《公共服务中的伦理挑战》(1991) 以及鲍曼的《公共管理中的伦理学前沿：为解决伦理两难寻求新的策略》(1991) 的修订版。登哈特的书多次尝试重述行政伦理学的综合性框架，并提出了一个自己的综合性框架，涉及用新的和创造性的方法分析先前的努力成果。戈特纳的书是以通过与公务员管理人员的面谈而创立案例为基础的，但包括参考了行政伦理学现有文献的相关参考文献。这两本书都非常重视组织背景，把这作为行政人员试图合乎伦理地去思考和行动有困难的背景。刘易斯的书是这三种唯一作者文本中最注重实际的，有众多的技术和“如何做”的建议，以鼓励合乎伦理的决策和创造有利于合乎伦理的行动的组织环境。

鲍曼主编的书提供了 13 章，有广泛的、系列的重点。有趣的是，其中有 6 章涉及组织背景的特定方面，而其他 7 章各式各样，包括哲学的、心理学的、法律的和历史的材料。

当人们细读这些最初的综合性文本时，有几种观点与本章的中心有关。作者们反映了对组织对伦理行为的影响的关注，自从 20 世纪 70 年代末以来，这种关注已经正在增长。也有频繁尝试把自己的工作在某种程度上定向于民主理论、哲学传统和美国与美国公共行政两者的历史。人们意识到作者们论及的和与他们自己的工作有关的行政伦理学思想和文献的新兴。自从这些首批文本出版以来，其他文本已出版，在本手册的后面章节将有涉及。

1.5　行政伦理学中的持续主题

在过去 20 年的行政伦理学文献中，有 7 个明显的主题：公民身份和民主理论、美德伦理学、建国思想和宪政传统、伦理学教育、组织背景、哲学的理论与视角以及认知性道德发展。这些主题的每一个都往往倾向于上升到对具体论述这一主题的全面看法，并进而迅速与其他主题交织在一起。这里的讨论将集中在直接并具体地为每个主题奠定了基础的开创性著作。后续的著作在接下来的章节中论述。

A. 公民身份和民主理论

现在回想起来，公民身份和民主理论将在行政伦理学中凸显起来似乎是不可避免的。由于政治-行政二分法开始衰弱下来，行政应如何与政治过程相连的问题被 18
讨论。特别是莱维坦（1942）、阿普尔比（1947，1949，1952）和马克斯（1949）开始把公共行政人员的义务与民主国家中的民主政治理论和公民身份联结起来。然而，民主理念的义务和要求直到 20 世纪 80 年代中期才成为一个主要焦点。第一次具体涉及并出版的是弗雷德里克森的文章《公共行政中公民精神的恢复》（1982），在文章中，他感叹公共行政和公民之间已形成的距离。他呼吁公民美德重建并将其作为公共行政的中心价值观。

1983 年，弗雷德里克森在纽约组织召开了一次主题为“公民身份与公共服务的全国会议”的邀请会①。45 位学者和从业者听取了 11 篇论及公共行政实践中的公民身份作用的意义的论文报告，并相互对话和辩论。这些论文后来发表在 PAR 的专刊（题为《公民身份与公共行政》，1984）上。

虽然所有的论文可能会通常被理解为论述公共行政中的公民伦理，但其中有 4

---

①　此次会议于 1983 年 4 月 16 日至 18 日在纽约市举行，由 ASPA、查尔斯·F. 凯特林基金会和国家公共管理学院主办。

篇尤其聚焦行政伦理。这些论文是高斯鲁普的《公民、公民资格、公民精神：2000年的新焦点》、哈特的《具有美德的公民、值得尊敬的官僚和“公共”的行政》、库珀的《公共行政中的公民身份与职业主义》和钱德勒的《作为公民代表的公共行政人员：新世纪的新角色》。这 4 篇文章论述了在现代美国社会中衰减了的公民角色、公共行政人员帮助恢复公民身份到更重要地位的义务以及公共行政人员自身作为公民的道德义务。

库珀随后出版了另外两篇短文，从公民身份角度直接论述行政伦理。1984 年，他的题为《匮乏时代的公共行政：公民身份对公共行政人员伦理的作用》一文出现在由杰克·拉宾和詹姆斯·鲍曼主编的《政治与行政：伍德罗·威尔逊与公共行政》一书中。其中的论点是，在美国传统中，公民身份的标准为行政伦理规范提供了最适当的规范性基础。1991 年，库珀对这篇论文的论点和《公共行政评论》上文章的观点进行了发挥，形成一本书——《公共行政的公民身份伦理》，评述了美国公民身份的法律和伦理传统并认为非正式的伦理传统为公共行政伦理学提供了最好的规范性定位。

随着时间的推移，对公民身份和民主理论的关注往往与文献中的其他主题融合在一起。它常常与建国思想、美德、法律和道德之间的关系和组织背景的问题联系在一起。例如，汤普森（1992）在《政府伦理悖论》一文中主张政府伦理官员应把他们的责任看得比伦理立法文件所要求的责任更大。他坚持认为，他们应该明白他们有教育的责任，以帮助行政人员看到他们对政府的民主进程的责任。

此外，伯克（1986）的《官僚政治的责任》体现了民主理论和组织结构的联结。在该卷中，他试图论述行政人员的道德与政治责任之间的关系。他表示关切的是，对纯粹道德问题给予排他性或压倒一切的关注可能近乎忽视行政人员的体制义
19 务，也可能未能维护公共组织为之服务的更大的民主程序的完整性。

登哈特的《理想的管理：伦理的政治视角》（1989）一文提出了一种类似伯克的主张。她谈到民主与官僚政治理想之间的关系，建议行政伦理应该在更大的政治伦理框架内发展起来。从这个角度看，行政人员的政治活动只有“在追求民主理想的过程中”才能够被合理化（第 187 页）。

B. 美德伦理学

在 20 世纪 80 年代中期，听起来有些陈旧的术语——“美德”开始重新进入公共行政伦理学的词汇中。它已经成为一个重要的主题，通常被认为是“品性”的代名词。出现在文献中的第一篇需要考虑的这种文章是弗雷德里克森和哈特的《公共服务与仁慈的爱国主义》（1985）。在这篇文章中，作者从过去 10 年的文献中对有关伦理原则推理的强调转到解决伦理两难问题，以及将重点转移到可能使人倾向做正确事情的个人品性特征上。他们研究的特定个人品性特征是“仁慈”，他们把它定义为“广泛的、非工具性的爱他人”（第 547 页）。

平科夫斯的《窘境与美德》（1986）一文的发表促进了对美德伦理学的初步兴趣。文中平科夫斯对伦理学家把有关原则的推理用来解决伦理两难作为当务之急做

出了正面抨击，并构建了一种有说服力的论点，其专注于把品性作为一种更可靠的确保道德操守的方法。

1987 年库珀发表了《科层、美德与公共行政的实践：规范伦理学的视角》一文，该文提倡使用麦金太尔的“实践”观念来概念化行政人员的规范性身份，而不是采用“职业性的”这一观念。在此架构中，公共行政人员的美德为抵制腐败的公共行政的内在善提供了重要保护。

1988 年和 1989 年出现了两篇有见地的围绕着虚构品性而形成的文章。在《尊敬的间谍大师：约翰·勒卡雷与间谍的品性》一文中，多贝尔（1988）使用约翰·勒卡雷笔下的乔治·斯迈利这一人物来研究对品性特征的强调，例如角色冲突与诚信难以维持的阴影笼罩下的间谍领域中的道德判断和忠诚。哈蒙（1989）把注意力集中在福雷斯特笔下的霍雷肖·霍恩布洛尔这一人物来论证责任并不总是要求相同的行动，也不是通过对一组特定原则的一心一意的承诺来履行责任。相反，在某种情况下需要什么往往是含混不清的。哈蒙坚持认为美德经常会遇到对抗性美德，因此需要一种持续的“有关下一步做什么的反思性商讨”（第 286 页）。

哈特在《在全体公民中的美德伙伴关系：公共服务和公民人文主义》（1989）一文中认为，建国思想最好被认为是“借用以美德为中心的公民人文主义范式，使用随之而来的‘品格伦理学’”（第 101 页）。一旦某一特定主题已经上升到突出地位，主要主题就相互交织在文献中，这篇文章就是一个很好的例子。然而，这篇文章的重要意义在于研究和发展公民人文主义传统对行政美德伦理的意义。它与建国思想的一致性被提出是采用它作为一种规范性角度的理由。

乔斯（1990）的《重新审视的行政责任：道德共识和道德自律》一文反对试图 20
在所有公民中就社会公平等概念建立一种道德共识，因其是徒劳的。相反，他为公共行政人员选择了道德自律以实现负责任的行政。他坚持说：“这根本上就是道德判断与品性的问题。”（第 239 页）

多贝尔（1990）在《公共服务中的诚信》一文中提出了三种基本的义务。其中包括政体问责、个人责任和审慎。他坚持认为，对公共行政中的道德操守来说，这些义务中没有任何一种是足够的，但是人们的行动和生活中维持的所有三种义务在一起的“紧张状态同时保持一定的一致性”最终将实现公共诚信。这与亚里士多德所理解的美德或品性是基本一致的，它强调人们一生中品性的平衡，而不是一系列所需特性。

库珀和赖特（1992）在其编辑成卷的论文集《典范的公共行政人员：政府的品格与领导力》中，展现了 14 位学者对 11 位公共行政人员的品性研究。每一种这样的研究都试图衡量公共行政中某一从业者的品性并作为美德的典范为他或她建立案例。此卷的目的是为美德概念的可行性和实用性提供实证检验以及为该领域确定实际的行为榜样。

为了在公共行政中形成对美德典范的持续性论述，《公共诚信》杂志邀请了作者提交对特定公共行政人员的品性进行研究的文章。这些与库珀和赖特展现的那些非常相似。该系列文章可以为培养对作为行政伦理学某一方面的美德的兴趣提供一个机会，完善与品性研究相关的概念并鼓励考虑多种分析技术。

C. 建国思想和宪政传统

正如公民身份和民主理论最终将形成行政伦理学基础的一部分现在似乎是不可避免一样，似乎可预测的国父们的价值观与美国宪法的原则将发挥类似的作用。当行政不再可能与政治分开时，为行政伦理学奠定基础的一个合理选择就是政体本身。1943 年考德威尔就求助于杰弗逊来支撑他的论点即公共行政人员应当认为他们对宪法的根本责任优先于他们对立法机构的责任。后来罗尔（1976，1978）通过政体价值概念更进一步发展了这一思想。

然而，把行政伦理学与更广泛的建国思想联系在一起出现在后来的文献中。理查森和尼格罗（1987）的《行政伦理学与建国思想：宪法修正、荣誉与教育》一文，在参考的文献中是第一个这样论及的[1]。它试图确定重新出现的美德观念对国父们的重要性。这是为了反驳这样的观点即宪法制定者只关注创建对他们认为是人性特征的强烈自我利益的机械约束。理查森和尼格罗认为，他们的历史分析显示，“严重依赖宪法修正、荣誉和教育之间的互动来培养出将服务于政体具有美德的公共官员”（第 374 页）。

哈特和史密斯（1988）按照相似的脉络提出了他们的观点。在《声望、声望价值与公共服务》一文中，他们认为，与流行学者的意见相反，国父们表达了“对公职人员内在品质的深切关注”（第 133 页）。他们提出名声好的人对声望和声望价值
21 的渴望将会成为一种重要的“政治权力混乱和腐败的解毒剂”（第 133 页）。换句话说，受人尊重的愿望将鼓励公共官员自我行为体面。

理查森和尼格罗（1991）在《美国宪法与行政伦理学》一文中重新回顾他们对建国价值观的反思。文中他们对早期在建国思想中强调的美德中心性和具有美德的领导人的自然的高贵品质进行了调和。在承认国父们认识到了自我利益的力量和派系斗争的倾向之后，作者得出的结论是建国思想渴望美德但不希望共和国政府的安全依赖于它。宪法的结构安排为此提供了安全基础。

D. 伦理学教育

在本章开头就提出的行政伦理学作为一个研究领域的标准之一是行政伦理课程的存在。虽然这样的课程在近几年已在增多，但在参考的文献中很少有论及伦理学教育的。即便如此，在这里还是把它包括进来，因为在本手册由尤德和登哈特撰写的第 3 章有被评述的有关这一主题的其他资料。

无论是在 PAR 上或是在 A&S 上，论述伦理学教育的第一篇文章是先前讨论过的罗尔（1976）的《公共行政课程中的伦理学研究》一文。第二篇是哈耶卡-伊金斯（1988）的题为《公共行政中教授伦理学》的一文。作者基于使用邮寄问卷的

---

[1] 这是一个主题相互混合的最好的实例，开始出现后，这种相互混合是在一个特定主题在行政伦理文献方面取得了声望之后不久就开始了。在此建国思想与美德是相联结的。

实证研究，试图确定有多少行政伦理学方面的课程被提供和由哪些机构提供。哈耶卡-伊金斯还涉及了根据所强调的精神（官僚政治的或民主的）来分类的课程内容、学习目标以及伦理决策方法等问题。

在参考的文献中其他唯一论及伦理学教育的文章是马里尼（1992）的《公共行政伦理学探索中的文献利用：以安提歌尼为例》。在这篇文章中，作者展示了采用如希腊索夫克勒斯创作的悲剧这样的文献资料的丰富可能性来说明和再现作为行政伦理学中心的两难困境。

E. 组织背景

与阿普尔比（1952）、戈伦别夫斯基（1962，1965）和斯科特（1982）的前期研究相呼应，对有关官僚机构对伦理思想和行为的影响的关注已定期出现在更多近期的书和文章中。综合性文本中有五种已充分论述了行政伦理学的组织设置（库珀，1982，1986，1990，1998；登哈特，1988；戈特纳，1991；刘易斯，1991；鲍曼，1991）。此外，已经有至少 6 篇新的文章和戈伦别夫斯基的文章（1962）的再版，以及是他 1965 年版的书的 1989 年的修订版[①]。

在两种参考期刊中的任何一种期刊中，专门论述组织和职业价值观之间的冲突的第一篇文章是贝尔的《职业价值观与组织决策》(1985)。在这篇文章中，他分析了植根于公共财政理论由美国住房与城市发展部（HUD）、美国管理和预算办公室(OMB) 职业人士所持有的价值观被组织利益所取代的现象。

乔斯、汤普金斯和海斯（1989）在《难缠人的赞歌：对忠诚的举报者的描 22
述》一文中，陈述了他们对举报人的实证研究结果。它是基于一个由公共服务中的 161 个抱怨有关组织的不当行为的个人组成的样本。在印证了普遍的印象之后，他们在那些做出回应的人中，发现了“激烈报复的证据”(第 558 页)。这些人所持有的对绝对道德标准的信仰往往使他们比其他人更不容易受到组织化社会的影响。

有关官僚组织的仁慈（古德塞尔，1985）或恶意（胡默尔，1987）的相反意见促使哈特维希（1990）在《官僚机构恶意与仁慈的悖论》一文中评述了这一主题方面的文献。他的结论是“官僚机构”这一概念已经失去了意义上的特定性，导致概念上的混淆并使对特定组织的善或恶的评估各不相同。

在《公共部门中的信任：个人与组织的决定因素》一文中，卡内瓦莱和韦克斯勒（1992）调查了一家大型国有机构的各级员工，以便确定与公共组织中的信任形成有关的最重要的因素。基于来自 1 279 名员工的调查回复，他们的结论是监督关系和工作安全与信任是最紧密相关的。

1992 年，来自戈伦别夫斯基《作为道德问题的组织》（1962）一文的摘选再版，紧跟其后的是来自《组织是个道德问题：作为现在与未来序幕的过去》一文中作者的新评论、罗伯特·B. 登哈特的题为《作为组织问题的道德》一文中的回应，

① 没有为戈伦别夫斯基修订版提供进一步的讨论，因为它基本上与他的早期版本是相同的。

以及来自从业者朱厄尔·斯科特的《过去的成功，未来的挑战》一文中的回应。戈伦别夫斯基表示，虽然强调犹太教-基督教的价值观在 1962 年是普遍接受的，但是在 1965 年《人类、管理与道德》一书出版之后，既基于宗教理由又基于实证主义者的反对，它开始受到批评。作者似乎相信，到了 1992 年，这种宗教术语已不再是一个问题。他的结论是现在比 30 年前存在更多为在组织中实现这些价值观的技术和配套支持的条件。

登哈特（1992）把 1962 年的原文章和 3 年后出版的书描述为“经典”，因为它们对实证主义价值中立理念的挑战和对组织道德层面的明确。他把对实证主义的批评建立在历史角度的基础之上，并提出组织理论已经超越了哲学角度的限制。然而，在肯定了戈伦别夫斯基确定的“犹太教-基督教价值观的同时，登哈特希望他没有使用过那种称号，特别是因为它们大多数仅仅是应用行为科学研究结果的重述”（第 104 页）。更重要的是，登哈特批评戈伦别夫斯基，因为戈伦别夫斯基认为组织价值观的有效性依赖于使组织经济有效地实现其目标。相反，登哈特认为：“这样做有效时，组织及其成员不一定是合乎道德的；这样做合乎道德时，组织及其成员一定是有效率的。”（第 105 页）

同样，斯科特（1992）虽然对戈伦别夫斯基关于组织问题是道德问题的洞察力表示赞赏，但也关注犹太教-基督教价值观的确定。承认甚至最近 30 年前犹太教-基督教的价值观在美国社会中占主导地位的同时，他认为，1992 年“工作场所中的价值观“应该进行调整，以适应和整合理念，与来自背景不是建立在犹太教-基督教的道德与伦理信念的工人的经验和信念更加一致”（第 107 页）。

23 在一篇结论类似贝尔（1985）的文章中，菲奥雷、布伦克和迈耶（1992）研究了动物园管理人员的职业伦理与企业目标之间的关系。根据来自 330 名动物园管理人员的调查回应，他们的结论是“经济目标的压力会减少对职业伦理的支持，而对各种非经济目标增加的兴趣提高了支持职业伦理的水平”。这一发现的含义是，更加强调经济动机，政府机构若出现私有化，可能会减少对职业伦理的忠诚。

F. 哲学的理论与视角

有关适当的哲学方法、方法论的方向和关键概念的问题是这里要评论的两种期刊上的 5 篇文章的主题。论述这些基本问题的更多文章的缺失意味着未来需要作为一个研究领域的行政伦理学。

菲舍尔（1988）在《公共行政学中的伦理话语》一文中，既批评了公共行政学早期的实证主义的方法，又批评了更近期伦理话语中的后实证主义的方法。特别是，他拒绝了哈特的注重社会公平和罗尔使用政体价值作为行政伦理学的规范性基础。相反，他建议公共行政中的伦理话语应植根于分析哲学，尤其是有关日常事务中规范性话语的性质与规则研究的普通语言方法的变种（第 16 页）。

在《庸人之中的可敬官僚：对“公共行政学中的伦理话语”一文的回复》一文中，哈特（1983）对菲舍尔对他使用社会公平的批评进行了反驳。他的回复是基于两点：一是“分析哲学命令起源的基本社会价值观共识”的假设，二是哈特的信念即公共行政人员有责任服务于美国政体价值（第 44 页）。

汤普森（1985）在《行政伦理学的可能性》一文中讨论了两种主要反对行政伦理学作为合法研究和行动的领域的意见。这些意见是：行政人员应该是他们上级的中立性服务人员，道德判断的对象应是作为一个整体的组织，没有任何行政人员当他或她的行为仅仅是整体的一部分时应该为整体承担道德上的责任。他驳斥了这两种主张，并得出结论即行政伦理是可能的。

符合公共利益是朗（1990）的《公共行政与政策分析的公共利益概念的注意事项》一文的重点。在最近的行政伦理学文献中，公共利益的概念一直不是很显眼，但在这篇文章中，朗尝试使其意义焕发出新的生命力。责备实证主义模糊了这个概念的意义的同时，朗坚持认为“公众共同关心的后果是一种公共利益”（第 171 页）。然后，他赞成“根据共同的价值观”预测和评估后果（第 170 页）。

在《公共行政中伦理的理论基础：理解道德行为的方法》一文中，由于实证主义已经成为伦理分析的基础，斯图尔特（1991）试图超越伦理学，为伦理分析建立认知基础。她研究的焦点是基于维特根斯坦日常语言哲学的“良好的理由”的方法和美德伦理学。她得出结论：两者对于用不同方式和适当对待行政伦理学来说都是必要的。

G. 认知性道德发展

自从本手册的第一版出版以来，植根于劳伦斯·科尔伯格研究成果的研究在行政伦理学中已成为一个重大主题。构成该领域正在进行的最令人印象深刻的实证研究主体的黛布拉·斯图尔特、诺曼·斯普林霍尔与其他合作者一起的研究成果，代表着认知性道德发展理论的系统应用和发展。他们的研究是使用围绕着由科尔伯格提出的六个层次的框架而建构的斯图尔特-斯普林霍尔管理调查（SSMS）调查行政人员思考有关伦理问题的方法。就像科尔伯格的研究一样，斯图尔特和斯普林霍尔的研究也是跨文化的，现已包括了在波兰和俄罗斯的研究。他们的研究在随后一章中以更长篇幅进行回顾和总结。 24

重要的是要注意，虽然有些人可能认为吉利根（1982）已使科尔伯格的研究失效，但这似乎没有成为事实。吉利根指出科尔伯格的研究有男性偏见的缺陷，因为其原则性思维的方向定位。她认为，妇女倾向于从关怀关系而不是如公正这样的原则角度来思考伦理问题。然而，自从受到吉利根的攻击以来，许多使用科尔伯格的理论进行的研究表明，妇女在她们的思维中，至少像男人一样为原则性的。在《公共伦理、道德发展与科尔伯格持久的遗产》一文中，理查德·怀特（1999）极好地概述了科尔伯格的思想和研究，评述了对他的研究的攻击，对他的研究进行了辩护以及认为认知性道德发展研究对行政伦理学来说是潜在的、富有成效的成果。

1.6 有关行政伦理的会议报告

作为一个研究领域的行政伦理发展的一个迹象是在讨论会分会上它已被论及的

程度。ASPA 全美会议是历史最悠久的行政伦理已经被广泛和全面讨论的职业协会会议，但最近也有三次集中在这一主题的全美专场会议，表明了其不断增长的重要性。由于讨论在这些会议上的每篇论文报告的具体主题远超出本章的范围，对这些只是进行一个粗略的评述就足够了。

第一次 ASPA 全美会议是在 1940 年，但直到 1952 年在华盛顿特区的会议中才有涉及行政伦理的会议议程①。会议由路易斯·布朗洛任主持并且总的标题为“公共服务中的伦理”。接下来的会议是在 1959 年（一场分会）、1963 年（一场分会）、1971 年（两场分会）、1974 年（一场分会）和 1975 年（一场分会）举行。

与在 20 世纪 70 年代中期新公共行政影响下的伦理学文献大量增加相一致，1976 年 ASPA 在芝加哥的学术会议是第一次有两场以上的伦理学分会。在那里，分会数量跃升至五个专场讨论会。次年分会数量回落到两个专场讨论会，但 1976 年至 1992 年的整个统计数量曲线形态是稳步向上移动的。自 1976 年以来，每年已经有数量上非常大的波动，部分反映了特定 ASPA 会长的重点关注，但在过去的 18 年（1982—1999）的小组分会平均数每年比四个专场讨论会多一点，1986 年（十场分会）和 1990 年（十场分会）年达到顶峰。因此，行政伦理学似
25 乎已经和更多传统的主题一起在 ASPA 全美会议上取得应有的地位。这些小组分会中的每一个都包括了几篇论文报告，通常 3～5 篇。此外，在过去的 5～10 年中，伦理学已经超越了对专门致力于该主题的专场讨论会的限制，并能够被发现在许多其他论及如环境政策、反歧视行动及财务管理这样的不同主题的专场讨论会上。因此，完全可以说，在 ASPA 讨论会上，个人论文报告的数量已从 1940 年的约 4 篇增加到在过去的 10 年中平均每年超过 20 篇（见表 1-1）。这反映了自从 ASPA 讨论会开始以来，在研究、理论发展和学者与从业者应用实验方面的显著增长。

表 1-1　　ASPA 全美会议上的伦理学分会

年份	地点	标题	会议召集人
1952	华盛顿哥伦比亚特区	公共服务中的伦理	布朗洛
1959	华盛顿哥伦比亚特区	适合行政的伦理	利思
1963	华盛顿哥伦比亚特区	伦理与行政	利思
1971	丹佛	适合公共服务的教育：危机时代的价值重设	尼格罗、舒米克
1974	雪城	职业的与个体的伦理：来自“水门事件”的教训	格雷厄姆
1975	芝加哥	国家伦理法的施行	沃德

① 我想要对格伦·钱伯斯表达深深的感谢之情，因为在研究涉及 ASPA 全美会议有关行政伦理的会议报告方面，他给了我得力和慷慨的帮助。他认真阅读了所有从 1940 年至 1992 年的会议计划，以便找到每次专注于伦理的会议。我承认在这一主题上有可能存在有其他会议，这些其他会议在计划中没有被足够清楚地说出来，以至于不能够把它们辨别出来，但这种方法的确提供了一种普遍的对频率的评估测量。

续前表

年份	地点	标题	会议召集人
1976	华盛顿哥伦比亚特区	职业标准与伦理 伦理准则 遵照良心行事 适合政治执行人员的伦理标准 解决伦理问题：大学如何给予协助	弗莱彻 格雷厄姆 哈尔滕施泰因 米切尔 斯图尔特
1977	亚特兰大	公共服务中的伦理问题 适合公共行政的伦理	罗尔 吉布森
1978	凤凰城	伦理的实践应用思考 课程中的伦理与价值观 社会平等战略 举报人	弗洛雷斯塔诺 罗尔 福斯特 菲茨杰拉德
1979	巴尔的摩	个人价值观与职业伦理 保持反腐败机构的清廉 腐败、欺诈和公共财政	钱德勒 鲁夫 怀特
1980	旧金山	维持负责任的行为 行政伦理：它们在哪里？ 伦理准则的执行 公共行政中的伦理与价值观 举报腐败 伦理标准的比较：公共与私人	库珀 迈耶 德威迪 克拉克 洛曼 米勒
1981	底特律	组织中的价值观/伦理 行政责任：内部/外部目标 公共责任伦理的教学	韦恩 鲍曼 德威迪
1982	檀香山	政府行为中的伦理和利益冲突 伦理关注：欺诈、浪费和陋习 民选官员不道德的要求 在公共行政中教授伦理 伦理与政府间的管理 职业标准与伦理	加拉斯 布兰登 弗利格尔 鲍恩 库珀 加拉斯
1983	纽约	公共行政中的伦理话语 职业协会进行的伦理准则实验	费希尔 钱德勒
1984	丹佛	技术与伦理 伦理与游说 举报	巴尔克 吉布斯 埃文斯
1985	印第安纳波利斯	公共行政职业：需要一种更高的标准吗？ 持异议与举报 组织精神与个人伦理	拉宾 多伊格 卡特伦
1986	加利福尼亚州阿纳海姆	伦理与公共政策 年轻职业人士的伦理问题 适合公共服务的单项伦理准则 公共部门中的忠诚问题 ASPA 伦理准则的应用 公共行政与正义 异议渠道 伦理问题与伦理教育 有关伦理的学科状态 公共行政学中的伦理	伯格森 考克斯 齐克 S. 福克斯 卡斯 波普斯 特库姆塞 登哈特 罗尔 卡斯

27

续前表

年份	地点	标题	会议召集人
1987	波士顿	伦理学理论：NASA 与挑战者号 伦理的全美对话 伦理、民主和公共行政的教授	海西希 布兰尼根 布什
1988	波特兰	适合真实社会中的行政人员的实践伦理 伦理与政治义务 管理公共事业中的伦理 实践中的伦理：教育的意义 道德领导：退出、发言和忠诚 在公共行政中教授伦理	博蒙特 施奈德 专门小组 卡特伦 李 登哈特
1989	迈阿密	协会保护主义 VS. 职业伦理 行政神学 政府与企业间的伦理 政府中的伦理 伦理两难：少数派/妇女的视角 异议精神的制度化	福克斯 德威迪 胡克 会议 温 特鲁尔森
1990	洛杉矶	公共事业中的伦理决策 联邦机构的伦理培训 公共服务中的伦理战略 员工发展中的伦理 地方政府伦理法 美德就够了吗? 实施政府委托强制执行的伦理培训 伦理改革的议程 来自作战最前线的教训 伦理与效率	哈耶卡-伊金斯 吉尔曼 李 肖莫温 麦卡洛 李 帕夫拉克 登哈特 贝茨 温
1991	华盛顿哥伦比亚特区	管理城区中的伦理两难 举报 伦理决策：理论与实践	温 特鲁尔森 李
1992	芝加哥	地方政府中的伦理态度/行为 有关腐败的民意 伦理与组织设计/文化/合法性 价值观冲突与个体/组织的执行 城市与乡村中的伦理与管理	门泽尔 马利克 登哈特 胡克 门泽尔
1993	旧金山	原则中的伦理 实践中的伦理	克利里 克利里
1994	堪萨斯城	道德两难与必要性：政府彩票程序 公共利益是什么?	维齐 瑟麦尔
1995	圣安东尼奥市	国际伦理与变革 我们对基本价值观的信奉足够强大吗?	伯克 安吉洛
1996	亚特兰大	企业化公共管理的职业与伦理的资格证明 论网络世界的伦理维度 伦理差异	威特默 门泽尔 格里菲斯

续前表

年份	地点	标题	会议召集人
1997	费城	伦理管理 伦理挑战 作者迎接批评——绝对诚信追求：腐败控制如何不使政府失效 促进公共服务中的伦理行为	鲍曼 门泽尔 索恩伯格 刘易斯
1998	西雅图	即将来临的下个千年的伦理问题 伦理研究评估 21 世纪中的新理论、新伦理和新知识的建构 通过伦理培训和前摄性方法参与改变行政人员的伦理行为	刘易斯 柯林斯 米勒 福特
1999	奥兰多	混乱状态：卫生保健中的文化与伦理 价值观的灌输：管理伦理 践行伦理：教学实践与应用标准	基尔霍夫 韦斯特 库珀

此外，最近几年集中于伦理的专门讨论会议为行政伦理学论文报告与讨论提供额外的场所，并为在该领域研究的增长提供了补充证据。直到 20 世纪 80 年代末，举行一次完全致力于行政伦理学的全国性会议将已是可以想象的了。

1989 年第一次全美行政伦理学会议在华盛顿哥伦比亚特区举行，其标题为“政府中的伦理：一个错综复杂的网络”。会议由贝亚德·卡特伦主持、ASPA 主办，并获得其他 9 个组织的支持。会议超过了为期 3 天的会期，其中包括约 700 名与会者，他们中的许多人是从业人员。这些人当中有超过 200 名积极参与报告论文、主持会议或推动专题讨论会。本次会议清楚地表明行政伦理学兴趣的增加和积极参与其发展的人数的巨大增长。

后续的第一次全美“政府伦理学研究会议”于 1991 年在犹他州帕克城举行，会议由乔治·弗雷德里克森组织。这是一次较小的邀请会，其邀请的重点是对行政伦理学的实证研究感兴趣的学者和从业者。这是一个为期两天的会议，有约 70 位参与者，其中大部分是学者。20 篇关于经验研究项目和方法的论文被提交并讨论，这些论文被提前准备并邮寄了出去。本次会议的意义是，作为一个领域的行政伦理学研究取得了超越发展理论和概念以测试这些思想的重要进步并已开始走向成熟，但还有很多实证研究有待进行。

1995 年，“公共行政学术界中的伦理与价值观全美研讨会”在佛罗里达州坦帕举行。由唐·门泽尔和詹姆斯·鲍曼组织的本次会议是第一个专注于学术环境的集会。约 130 人参加了会议，其中包括学者、学生和从业者。主题包括公共行政学中伦理学的教授与研究、不同行政伦理学的指导方法以及学者与从业者之间的关系。会议论文选集出版成书，名为《在公共行政项目中教授伦理学与价值观》，由鲍曼和门泽尔（1998）主编。

从 20 世纪 90 年代中期到现在，世界各地论述公共行政伦理学的会议数量已大幅度增长到不胜枚举了。这些包括在澳大利亚、荷兰和耶路撒冷举行的会议。在 2000 年，行政伦理学国际会议在波特兰市、俄勒冈州和渥太华举行。

这种在会议关注与活动上的增加的意义是，它意味在过去 20 年来世界各地专注于行政伦理学研究的兴趣和认真努力的水平不断提高。公共行政中的伦理已经从很 28

大程度上被忽略转到在越来越多国家中的数百名学者和实际工作者正投入他们工作中的相当部分致力于促进它。

1.7 职业教育标准

在发展作为一个研究领域的行政伦理学过程中剩余的最薄弱要素之一是缺乏来自美国公共行政与公共事务学院联合会（NASPAA）强有力的伦理学课程标准。NASPAA 是美国公共政策、公共行政、公共事务以及非营利组织管理方面的 245 个硕士学位项目的国家认证协会。目前，涉及伦理学的唯一标准是根据有关共同课程组成部分的第 4.21 节的 MPA 学位标准："共同课程的组成部分应当加强学生的价值观、知识和技能以便行为合乎伦理并有效地管理公共服务机构。"这一标准的实施甚至主要是留给实地考察团队和他们审查认可的单独课程计划。其结果是
29 MPA 课程中给予伦理学的关注有很大的差别，并且很少涉及有关伦理的必修课。更多的时候，符合标准表明伦理学被视为和核心课程中的其他主题一样被对待。

进行了好几次加强 NASPAA 标准的努力以便要求完全致力于伦理学的课程，但无济于事。就像 1998 年在爱达荷州博伊西举行的 NASPAA 全国会议一样，如此要求的建议被彻底地挫败了。这个特殊的决定讽刺的是博伊西会议以对 NASPAA 的模拟审讯为开始，模拟审讯中，协会被发现犯有忽视行政伦理学的罪。据推测，那些因对伦理学不适当关注而投票赞成起诉 NASPAA 当中的许多人随后投票反对需要一门课程。

就像反对需要一门课程的人所主张的那样，虽然 MPA 课程计划满足要求已非常紧张，而且可能难以找到老师教一门必修课是事实，但事实仍然是，在面对这些问题时，学术机构优先考虑的事项不包括伦理学。伦理是很重要的，伦理学很重要却可以在几种不同的课程中以零散的方式得到充分的体现，这种观点似乎与我们教授其他我们认为重要的学科（例如，公共财政、公共政策、人力资源管理和公共管理）的方式不一样。虽然伦理渗透到这些所有公共行政领域中是事实，但是并不意味着，如果没有只可能在一门单独的课程才有集中而连贯的论述，伦理学能够被充分教授。

1.8 行政伦理学期刊

1996 年 ASPA 与州政府理事会（CSG）出版了第一期由詹姆斯·鲍曼主编的《公共诚信年鉴》。完全集中在行政伦理学上的这本年鉴的目的是要吸引有思想的从业者和学者。从这个意义上说，它是属于应用伦理学领域的，目的是在期刊文献方面填补一项空白。以前没有完全致力于这一研究领域的期刊，并且在 20 世纪 90 年代末伦理学研究数量的不断增加使人越来越觉得伦理学期刊是必要的。1997 年《公共诚信年鉴》再次出版，但 1998 年高质量的论文投稿数量保证其转换成题为《公共诚信》的季刊。美国国际城市管理协会（the International City/County Management

Association，ICMA)① 把 ASPA 和 CSG 联合起来赞助这项新的出版。《公共诚信》提出了一个雄心勃勃的和广泛包容的领域，其中包括理论和实践两方面。这个新成立的关于行政伦理学的季刊是研究领域成熟的重大里程碑。

1.9　新的伦理学组织

虽然 NASPAA 似乎并没有对作为一个研究领域的行政伦理学发展给予很大的支持，但 ASPA 现已成立了伦理学部，一个有其自己的规章制度、会议、奖励和活动的永久性 ASPA 分部。1997 年由唐·门泽尔和詹姆斯·鲍曼组织，1998 年伦理学部在西雅图举办的 ASPA 全美会议上举行了第一次会议。仅仅 3 年内伦理学部以非凡的速度就已经发展到 350 个成员，成为 ASPA 最大的分部之一。伦理学部维护网站，为其成员运作电子邮件系统，并发布非常职业的和内容充实的电子通讯《今日伦理》，由卡 30
罗尔·尤尔凯维奇作为其创始主编。此外，伦理学部已试图通过每年给伦理与公共行政方面最好的学生论文和公共行政期刊上最好的学术文章颁奖来奖励行政伦理学方面的学术工作。伦理学部的每一个成员收到订阅的杂志《公共诚信》，其费用包含在会费中。

1.10　结论

似乎很清楚，在过去 10 年中，公共行政伦理学是一个相对较新但精力充沛的、不断扩展和有前途的研究领域，有其成熟的明显标志。由于 20 世纪 30 年代中后期，有关行政角色性质的共识开始发生了变化，从政治与行政相分离假设到承认公共行政工作不可避免的政治性质，价值观与伦理的作用开始出现在文献中。又过了 40 年后，行政伦理学才获得了“起飞”的势头，作为一个领域，慢慢自我调适，适应了从价值中立到承诺某种形式的职业伦理的转变。

明确什么是构成这些道德承诺的内涵仍有争议，但争议一定继续可能是毫无疑问的。上面讨论的主题反映了学者正试图促进这一进程的不同方式。围绕这些主题和将要出现的其他主题的争议完全可能是我们能够预期最多的。协会和政府机构将采用伦理准则以使规范和行为具体化，但日常伦理决策过程是如此复杂和微妙，以至明确的规范性伦理共识可能永远无法实现。如果确有任何共识出现，那它可能会是围绕这些主题在不同环境下的不同重要性的松散的和不断发展的共识。

什么将会保持这种势头？作为一个研究领域的行政伦理学继续发展需要的将是什么？以下似乎是必不可少的：

(1) 对美国的政治传统、公民身份和民主思想的**历史研究**是必需的。似乎有一

---

① ICMA 是两种协会组织的简称：一个是“the International City Manager's Association”（美国国际城市市政官协会）的简称，另一个是“the International City/County Management Association”（美国国际城市管理协会），以下统一使用 ICMA。——译者注

种新兴的但仍无定形的有关有必要使公共行政伦理学根植于美国政体价值的共识。既然行政人员不可避免的是政治动物，根植于美国经验，其中可以形成一种规范性行政伦理学的规范性政治理论看来是一个重要的关注焦点。要成为任何对公共行政领域来说有真正价值的东西，我们必须能够使从业者参与行为方面的讨论，讨论理所当然的是在美国政治传统中进行。

（2）对行政伦理领域的**实证研究**也将是必要的，因为它是目前的实际实践状态[①]。1991 年在帕克城举行的会议是一个充满希望的迹象，表明实证研究工作正在进行。现在从门泽尔的文章图（图 1－1）中看得很清楚，在公共行政期刊上以实证为基础论述伦理的出版物的数量已经明显以越来越快的速度增加。概念性的文章仍然大大超过那些以实证为基础的文章，但这将可能总如伦理学一样是一个必然有大量规范性的研究领域。伦理学家和方法论学者需要更多的交流并进行将进一步阐明促进或阻碍公共组织中的伦理反思和行为的因素的项目合作。

31 （3）**研究的报告和对话的场所**也是必要的。由门泽尔和卡森（1999）审核的期刊显著增加了不少论述伦理的文章，并且一种新的行政伦理学方面的职业期刊《公共诚信》现在可用。拥有两种途径应该是促进行政伦理学研究的主要动力。例如，为生物医学伦理进步做出贡献的因素之一是如《黑斯廷斯中心报告》这样的职业期刊的存在，除了那些以更为一般性的医疗期刊出现的刊物之外，其为该领域的研究文章提供了定期和专门的场地。不断在更为一般的公共行政期刊上发表伦理学方面的文章吸引更广泛的受众，以防止这一主题成为一些专家彼此对话的深奥领域，这将是同样重要的。

此外，除了 ASPA 全美会议之外的某种形式的会议组织是需要的。这可能是在 1989 年、1991 年和 1995 年召开的专场会议在一段时间内就足够了，但最终行政伦理学的学者和从业者需要定期会议，这是思想和研究结果可能受到详细审查和辩论的可以预见的场所。ASPA 伦理学部似乎是最有可能成为为这种会议提供体制上的连续性的候补者。由于本章正在为本手册的第二版进行修订，伦理学部就要宣布题为“2000 年伦理学：新千年的伦理维度”会议将要于 2000 年 5 月 18—19 日与波特兰州立大学共同主办。它将被标榜为“第三届公共部门伦理学大会”，显然是要与帕克城和坦帕会议形成历史连续性。1989 年在华盛顿哥伦比亚特区的会议比其他 3 次这样的会议有更多的从业者参会。

参考文献

请从中国人民大学出版社官网（www.crup.com.cn）下载，或者用微信扫描下方二维码获取。

① “实证的”在这里不是有意要建议实证主义的社会科学哲学，也不是要承诺定量方法。相反，它是在其原来希腊语（*empeiros*）意义上来用的，指的是以经验为基础的研究。这很可能包括全方位调查经验世界性质的定性与定量的方法。

第 2 章

行政伦理学的研究与知识

H. 乔治 · 弗雷德里克森
杰里米 · 戴维 · 沃林
美国堪萨斯州劳伦斯堪萨斯大学

2.1 导论

伦理学是一个理念、价值观和品行的世界。行政学是一个决 37
策和行动的世界。伦理要探求对与错，而行政必须把工作做好。伦理是抽象的，而行政实践是绝对的具体。伦理能怎样教导行政？行政能怎样教导伦理？行政理念——秩序、效率、经济、生产力——能怎样帮助界定伦理，而伦理理念——对与错——能怎样帮助界定行政？

答案之一就是研究。特里 · L. 库珀（1991：2）提醒我们："参考书被指向主导了行政伦理的大量规范性研究著作以及需要'超越'对法规的关注而转到更系统的实证研究上来。……我们还没有掌握这两种处理行政伦理的方法之间的关系。"行政伦理的规范性和哲学文献在数量和质量上无论以何种标准都是令人印象深刻的。实地实证研究行政伦理的行为，特别是在公共管理方面，是比较不常见的。结果是，当实证研究与公共行政伦理中的规范性探讨相比较时，文献更少。

在 1991 年的夏天，美国公共行政学会公共行政研究分会与公共行政伦理学网络联合主办政府伦理研究全国研讨会。此次会议第一次把主要的哲学和规范伦理学学者与实证研究学者聚集到一起。会议准备好了 32 篇论文，它们中的大部分为实证伦理学研究报告（弗雷德里克森，1993）。这表明人们有越来越多的对实证角度的兴趣并且人们越来越认识到行政伦理方面的一个精心打造的和可证实的知识基础将是对哲学和规范性角度的补充。

然而，存在“实证研究方法上的要求确保其不相关的嫌疑……也许最根本的问题是探寻能够被测量的东西可能会导致实证研究人员使大量规范性概念减少并因此贬低道德话语”（乔斯，1993：1）。按照这样的说法，行政伦理学的实证研究将会
38 “偏离道德主题”（乔斯，1993）。这种怀疑特别与实证研究采用定量分析的各种形式有关。然而，这种可以论证的情况是即使是最具规范性的伦理学学者也会采用基于个人经验、案例分析和故事等经验主义的形式。由此可见，如果研究被宽泛地定义为包括认识视角的所有范围，那么实际上所有行政伦理领域的学问都与研究相关。对于行政伦理的学者和研究人员来说，存在认识论和方法论两方面的问题。

在受社会科学的实证主义或行为科学的攻击后，研究人员都只是在最近才涉及行政中的伦理主题。本章的第一部分将对在实证主义者派别中的伦理学研究的方法、分析单位和角度进行评述。然而，伦理学研究既是非常老练的又是非常没有经验的。使用传统的历史、榜样、逻辑和对话方法来研究行政伦理是非常老练的；依靠新的后现代或后实证主义的案例分析、故事和深度描述方法来研究行政伦理学是非常没有经验的。本章的第二部分描述这种研究的风格。本章的第三部分特别处理伦理学在行政中的应用问题，并提出了一个旨在解释伦理学与行政学如何相互界定的研究议程。

在本章，政府行政中的伦理特别有争议。这不是因为与商业或医学伦理相比有更多和更好的对政府行政伦理的研究。事实上，对政府行政伦理的研究更少。集中在政府伦理上的原因在于政府行使权力的角色或能力，包括以国家名义被合法化的行政权力。当对与错的问题由国家来回答并由公共行政组织来执行时，伦理学研究的对象就不再是抽象概念或哲学，而是权力的专断应用问题。在这样的背景下，伦理问题是至关重要的、紧急的和现实的。

价值观是公共行政的灵魂（库珀，1990）。公共行政的研究与实践从来没有被视为只是与技术或管理有关。把政府的工作一方面分裂为价值观表达的政治和政策制定，另一方面分裂为单纯技术和价值中立执行政策的行政的企图没有成功。价值观存在于既定政府的每一个角落。那些研究行政的人研究价值观，并且那些从事行政的人从事价值分配（沃尔多，1948）。

政府行政价值观中最常使用的是政治或政策价值观。例如，谁应该占据选举职位和谁应该行使获得国家认可的权力这样的政治价值观与公共行政相连，因为官僚和公务员往往有广泛的自由裁量权。例如，在开支 A 计划与开支 B 计划之间进行选择这样的政策价值观受行政人员的影响。这些政治与政策的价值观和偏好往往与伦理学问题有关。例如，如果一个警察局以需要保护的邻近地区没有这种保护而其他邻近地区却被保护这样的一种方式来安排轮班和警力时，这就有一个政策伦理问题。像这样的政策伦理问题很少成为公共行政研究中的重点。

如个人遵纪守法、诚实守信，遵守职业伦理准则、个人品德，信奉宪法原则（特别是《人权法案》）和“政体价值”这样的价值观念最常描述公共行政中伦理学

研究的特性（登哈特，1988；库珀，1990；罗尔，1986；鲍曼，1991；刘易斯， 39
1991；卢伊和库珀，1997；斯图尔特等，1997）。本章将着重研究行政伦理学这一视角。

2.2　行政伦理学研究与现代社会科学

和几乎所有行政研究的其他方面一样，公共行政实地研究的主要方法是实证主义的、理性主义的和经验主义的方法。这种行政伦理学研究的方法正在兴起，但仍比解释-演绎性地论及伦理更少见。在实证主义看来，知识是建立在自然现象和它们的属性上的。这些属性和它们之间的关系可以观察到或源自生理感官。在实证主义者看来，在自然界和社会中都存在可识别和可描述的有序和无序的模式。经验主义的观点是对世界的认识可以或应该通过感官经验来获得。对理性主义者来说，唯有理性可以提供事物存在和本质的知识。理性也被用来描述现实是一个统一的、连贯的和可解释的系统这样的观点。实证主义、理性主义和经验主义合起来就形成了指导当代科学研究的认识论或知识论。什么才算知识？什么东西是可知的？什么都可以被称为是确定的吗？对于所有这些问题，实证主义的、理性主义的、经验主义的认识论都用“是的”来回答。当自然或社会现象的有序模式被观察到、被描述出和被验证，才可能说这是知识。这种知识不同于信仰、价值观或偏爱。在逻辑实证主义看来，价值观与事实是不同的，这是公共行政和伦理学研究的实证主义一个极为重要的方面。最后，在行政或组织理性（有些人会说是工具理性）中，有可识别的现象（变量）之间关系的模式，这些模式表示行动 A 将产生结果 B。从这个方面来看，个人或组织的理性是以目标为导向（通常是给定的或先入为主的）的行为。

在实证主义的体系中，有五种主要方法被用在行政伦理学研究中。这些方法中的第一种也是最古老的一个是使用自我报告问卷或调查表。实验是第二种主要的方法，通常涉及向答复者介绍假想的道德两难问题。第三种方法是访谈。第四种方法是使用犯罪、伦理热线的数据资料、举报人的报告和其他数据资料。最后一种方法是使用案例研究。下面描述这些方法中的每一种。

这些方法的共同之处是：

> 研究人员并没有直接审视表现，而是分析组织成员所持有的如情感、主张、感受、倾向或价值观这样的相关变量。评估伦理表现的难度和复杂性已经似乎促使研究人员征求组织成员有关伦理表现的意见而不是直接分析行为或结果。（盖特伍德和卡罗尔，1991：668）

伦理行为并不像伦理观点或态度的替代指标那么多地正在被研究。

A. 调查法

在行政伦理学的研究中，自填式调查问卷的使用可能是最常见的方法。这种方 40

法通常被称为调查法，通过邮寄问卷或更多通过电话逐步采集数据。在电话形式中，数据采集者通常是从一种标准的工具开始工作。虽然自填式调查问卷与电话形式的调查研究之间有一些差异，但对本章的目的来说差异并不重要。

与调查研究相关的、范围广泛的方法学议题包括：取样方法、防止问题的措辞暗示着答案的问题预先测试，包括二元式的、李克特量表和开放式的等这样的可替代式回答表格。有时候，采用焦点小组来预先测试调查工具、熟悉项目理论并指导进一步的研究。一般来说，对方法学的关注源于研究人员想要科学和客观的愿望。他们花费大量的时间和精力精炼问题，精调样本，并尽一切努力做到科学和呈现出可靠的、可证实的和可重复的调查结果。

以这种方式收集到的数据通常使用多元统计分析。对集中趋势标准度量、标准差和统计显著性检验等方法均被运用。特别流行的是使用李克特量表或其他的多点尺度来描述变量和通过多元线性回归分析的手段来描述这些变量之间的关联。

在方法论上，行政伦理学的调查研究与社会科学或政策分析等其他领域的调查研究几乎没有什么区别。不同的当然是主题。

为了阐明基于行政伦理学领域中的调查研究范围内的结果和知识，要考虑以下内容：

（1）在政府中，对腐败的态度变化很大程度上取决于腐败的性质。人们以涉及谁和做了什么为基础来判断腐败的严重程度（马利克，1993）。在对腐败的界定中和对它的态度中存在不同层级的严重性。腐败在一定程度上是由情境决定的。“对一个公民、学者或公职人员来说可能是腐败的现象，对另一个人来说只是政治，对第三个人来说或许是自由裁量权。”（彼得斯和韦尔奇，1978：974）如年龄、社会经济地位、居住地（城市或农村，州或地方）、政治意识形态、性别和政治经验这样的因素似乎都影响到对待政府中腐败现象的态度（马利克，1993）。

（2）公民和专业人员（医生）有不同的伦理。但是，这些差异在程度上比在种类上更多，或大或小依赖特殊的伦理议题（器官移植、医疗保健的获取和平等对待等）（欧沃曼和福斯，1993）。

（3）一个政府（城市）的伦理氛围影响工作人员的价值观。具有强烈伦理氛围的城市发现伦理与高组织绩效（效率、效益、经济）是兼容的。同样，官僚环境与崇高伦理价值观也是可以并存的（门泽尔，1993）。此外，“公共管理者比私营部门管理人员明显更少考虑他们组织的伦理氛围”（威特默和柯西，1996：568）。

（4）军官与国会议员对战争合法性和对民族国家的最终制裁的态度稍微有些不
41 同。军官往往比国会议员更赞成战争作为国际事务中的一个合法的政策工具。然而，国会议员比军官更倾向于冒战争的风险（玉城·霍华德等，1993）。

（5）研究已阐述了管理人员对有关各种组织的利益相关者的优先性的观点、被感知到的管理人员对个人原则做出让步的压力、约束不道德行为的影响（波斯纳和施密特，1984，1992）以及经济与道德命令之间的权衡（英格兰，1975；阿尔达格和杰克逊，1977）。

公共管理人员（ASPA 成员）极其重视作为在工作场所的一套统一工作标准的伦理守则（90%）。然而，受访者表示伦理守则必须受到高层管理人员的拥护，以便证明其在员工之中是有效的。事实上，“管理人员的正面或负面示范影响是巨大的”（鲍曼和威廉斯，1997：520）。

公民、政治家和官僚（科罗拉多州）在他们坚持官僚政治精神（问责、经济、竞争力）或民主精神（同情、公共利益、个人权利）到何种程度上是有分歧的。例如，公众比官僚或国家立法者更高度重视官僚政治规范。正如预期的那样，政治家比官僚和公民都更坚持上述民主理想。然而，在所有三种团体中，官僚政治规范更被看重。此外，研究发现官僚身上所象征的层级价值观显示了与传统的中立能力、问责、守信官僚政治价值观的一致性（高斯，1996）。同样，中国香港中层和高层管理人员的样本显示了中立、组织责任、尊重法律以及尊重规则和规范的官僚政治价值观的强烈传统倾向（卢伊和库珀，1997）。

使用调查技术的行政伦理学研究提供了大量丰富多样的知识（盖特伍德和卡罗尔，1991）。这种方法的优点是数据采集精度、统计分析的精度和测试统计意义的情境变量的控制能力、态度变量的控制能力、复制能力以及促进知识的聚集。建立在调查技术之上的伦理学研究有四个主要缺点：第一，来自调查研究的结果只是及时的点滴了解；第二，它们所代表的是对行政伦理学的意见与态度而不是行为；第三，它们掩盖了意见的原因；第四，它们没有考虑基于不同偶发事件的细微差异。

B. 实验法

在行政伦理学研究的实验方法中，受试者被给予要解决的假设性问题或被放置在假设性的情形下。实际的数据采集技术是自填式问卷、访谈、研究人员对受试者的观察。实验法仅仅是调查法的应用、访谈法或配有需要解决假设性问题或两难的观察法。

通常情况下，实验研究使用场景或“简短假设性的情形，使研究人员获得对伦理主张与可能的伦理行为之间差异的一定程度的测量”（盖特伍德和卡罗尔，1991：669）。

丹尼斯·威特默（1992：451）最近的研究具有例证性。他挑选出 156 名来自公共行政学术课程、工商管理和工程学的受验者。这些受验者处理 42

> 一种涉及不公平和不诚实地利用信息以削弱竞争对手的投标的伦理案例。在从一位前雇员那里获得一份竞争对手的投标副本之后，一名工作人员（在一份备忘录中）要求提供指导，以便进行可能削弱竞争对手的拟议修订。一种将减少利润盈余但提高被授予合同机会的折中方案被提出。除非该单位产生新的收入，否则就要通过实施裁员，这使得情况变得更加复杂。这种情形被认为是一个“伦理的”情形，主要是因为它涉及对他人以及对诚实与公平的规范或标准的潜在伤害。

为了研究，每个受访者扮演副总裁的角色，填写包括年龄、性别、教育程度等广泛背景的表格，参加道德敏感性测试和雷斯特的定义问题测试。威特默发现，在道德敏感性测试方面排名较高的人更可能拒绝这名工作人员的建议。

黛布拉·斯图尔特和诺曼·斯普林霍尔（1993）也使用场景做了实验研究。他们的兴趣是在测试劳伦斯·科尔伯格的道德发展阶段理论上（第一阶段关注服从和处罚，第二阶段关注单个事例中的合作和互惠，第三阶段关注持久的个人关系，第四阶段关注法律和职责，第五阶段有原则的推理）。斯图尔特和斯普林霍尔给受访者呈现行政决策三个领域中的两难：随着反歧视行动与任免权而来的升职两难、具有利益冲突问题的采购两难以及具有与数据文件完整性相关问题的数据库管理两难。他们测量了对这些假设性困境的不同反应，并把这些反应与道德发展阶段连接起来。

有两个主要的发现。第一，在道德推理水平上最大变异性源自问题情境的内容。“如果内容是熟悉的、有相当多的讨论和对问题的分析，那么就存在更高阶段道德推理的更大可能性。与此相反也是真实的。在不熟悉、几乎没有讨论或审核的情况下，个人极有可能利用更少民主而更多利己的理由。”第二，通常的人口因素和组织背景对公共官员的道德理由几乎没有影响。如果斯图尔特和斯普林霍尔是正确的话，那么对伦理守则、规则与规定、监察长以及伦理官员的关注在提升我们的道德推理方面将不被视为像详细考虑道德问题并仔细处理替代方案一样有效。

斯图尔特及其同事们（1997）把斯图尔特-斯普林霍尔管理调查应用到了波兰的行政人员和民选官员身上。对上述的三种场景进行了修改，以便适应波兰文化。最初的重点小组显示有原则的推理比遵守法律或承担责任更重要。相比之下，在充分研究的过程中，在他们对法律和责任的安排方面，受访者类似于美国人。虽然年龄、角色、教育以及个人历史上的特点没有被发现在行政人员与民选官员之间产生显著的差异，但是女性管理者更倾向于选择有原则的推理而不是法律和责任（斯图
43 尔特等，1997）。此外，在雷斯特的定义问题测试（DIT，一种被用于测量科尔伯格道德发展水平的工具）方面，已发现女性（海岸警卫队）的得分显著高于男性（怀特，1999）。

最有名的，也是在很多方面最重要的，与行政伦理相关的实验研究来自社会心理学领域。这种研究涉及的是学生而不是行政人员，在实验方法方面其经常成为案例。以下两次对学生进行行政伦理实验（以及许多复制实验）的结果格外引人注目。在著名的斯坦福监狱实验中，哈尼等（1973）付费给一组学生花费两个星期来扮演囚犯与看守的角色。在很短的时间内，囚犯反叛并企图接管“监狱”。当这些失败时，他们逐渐变得消极、心情低落，并开始经历严重的情绪障碍，如无法控制一阵阵地哭泣或尖叫。看守将逐渐变得更加残酷。他们骚扰囚犯和诋毁他们，并指派给他们毫无意义的、重复的任务。6 天后，实验被迫中止。在社会心理学方面，这种实验和后续复制实验成为社会角色与规范力量的证据。即使当不好的事情发生时，置身于团体之外也是非常困难的。

斯坦利·米尔格拉姆实验（1965，1974）测试了人们为什么服从命令。在这些实验中，受试者被分成两组：被告知他们将被测试学习行为与惩罚之间关系的那些人和被假定为要试图学习并且如果他们没有这样做就要被惩罚的那些人。前面那一组人相信，当学习者犯了错误时，他们操作一台机器电击学习者。另外那一组即学习者其实并没有受到电击，他们故意犯学习错误并假装被电击。前面那一组人认为

错误和电击是真实的。在实验中，电量随着学习错误增加而增加。电量从 15 伏到 450 伏。随着电量增加，学习者大声叫喊，最终敲击墙壁，最后变得沉默。在实验的早期阶段，前面那一组人被告知请继续。随着错误增多，他们被告知他们继续是至关重要的。最后，他们被告知没有其他选择，他们必须继续。通常来说，这个实验无论什么时候进行，前面那一组人中，65%的人会一直把电压增到 450 伏，同时相信他们对受验者实施了严重身体伤害。该组研究被拿来说明人们倾向于按照他们被要求的那样去做以及人们倾向于服从命令，即便它伤害了他人。这些信息通过问卷调查或访谈很可能永远不会获得。

实验方法的优势和弱点包括与调查和访谈技巧相关的那些优势和弱点。最致命的弱点是这种研究的替代性质，因为实际的道德两难是很少像假设性场景一样整齐。在职业生涯危险境地中，道德上正确与否的风险在实验的情境中是不存在的。不过，实验方法使行政伦理研究更进一步迈向可以证明的个人道德推理知识。此外，研究人员声称思想与行动之间存在着一种知行合一的关系（布拉西，1980）。

C. 访谈法

面对面的访谈（电话访谈在这里不予考虑）是一般性伦理领域研究的基石，特别是行政伦理学方面研究的基石。访谈使研究者能够从一个共同的工具开始并且扩 44
大到某些具体要点上，能够澄清问题，并能够容纳不适合整齐的“是/否”的回答和意见、李克特量表或其他测量回应的模型。访谈使研究者能够更充分地考虑背景、时间、社会、政治或经济因素的变量。也许最重要的是，访谈在确定意见、回答或行动的理由方面是特别有用的。当结合自我控制式的问卷调查时，访谈极大丰富了已知的有关行政伦理学的内容。

在行政伦理学领域，经常持有的信念是人们应公平而平等地被对待。珍妮弗·霍克希尔德（1981）对人们怎样看待平等的广泛研究是基于与有代表性公民的广泛而深入的访谈的。根据这些访谈，霍克希尔德得出的结论是，人们视主题而定对平等有相互矛盾的观点。对平等的意见并非如此多地基于收入水平、年龄、性别或政治意识形态。它们是基于要考虑的生活领域以及在每个领域中平等的定义应该是什么的。

在社会（家里、家庭、学校、社区）领域，人们持有强烈的、大致平等分享的想法，其中会包括平等对待孩子、配偶，为家庭而做的平等牺牲，学校与社区的平等待遇。例如，当对承诺平等分享存在偏离时，通常是向残疾儿童提供更多。关于平等问题，如果人们觉得他们已经普遍能够控制自己的命运，他们就比较满意。如果不满意，他们就是痛苦的和不愉快的。这些研究结果大致符合汤姆·R. 泰勒的研究结果（1990），他研究了人们为什么遵守法律。他的研究是基于使用一套调查问卷的电话访谈。他发现人们更有可能服从法律，如果他们认为法律及其执行是公平的。

在经济领域，紧随霍克希尔德的研究，平等应当是基于努力和工具，而不是平等分享。

在政治领域，人们认为政治和公民权利应该是公平的，特别是在从富人到穷人的再分配方面。人们对付费政府与接受政府服务方面的不平等有很深的怨恨。

在霍克希尔德发现的所有矛盾心理中，人们认识到他们的意见有时不一致，他们因为不知道要责怪谁而感到愤怒，因为不知道如何把事情做好而感到无助。当技术熟练的社会科学家为了探究详细的态度和意见并使研究人员能够描述一个主题的细微之处而使用这种方法时，这种研究足以证明访谈方法的能力。

斯特瑞特（1996）与12个公共部门雇员进行了个人访谈，以便确定可能造成违反道德行为的因素。样本代表了典型的政府雇员，包括平等的性别组合、广泛的年龄和来自各级政府和不同机构类型（城市政府，军队，高等教育）的雇员。研究发现了三种共同的主题。首先，受访者暗示，紧张的工作负荷可能通过提供报复动机而造成不道德行为。其次，因为可能促使不道德的行为，与薪酬满意度相关的问题经常被提到。最后，受访者认为，年龄与种族特点可能与“不同的道德标准”相一致（斯特瑞特，1996：47）。具体来说，年轻的雇员和少数族裔受访者被认为更加倾向于从事他们会判断是不道德的行为。

45 劳伦斯·约瑟夫（1988）使用假设性的例子和场景对58个芝加哥城市领导者和企业领导者进行了深入访谈。他发现了对政府腐败的不同程度的宽容依赖于腐败行为的性质和所涉及个人的责任。公职人员的贿赂或敲诈被认为是最腐败的，而利益冲突或“小”贿赂被认为是次要的腐败。涉及竞选捐款和政治庇护的案例是最少有可能被认为是腐败的。从毒贩那里拿钱的警察官员比拿钱加快发放酒牌的城市雇员更腐败。法官比警察被认为要用更高的标准来要求。民选的官员比任命的官员或功绩制公务员被认为要用更高的标准来要求。

道格拉斯·F. 摩根和亨利·D. 卡斯（1993）的研究工作与公共行政人员伦理的关联更紧密。他们深度、多次、长期访谈了3个市、县的管理者和来自很大地方司法管辖区的部门负责人。摩根和卡斯使用了一种名为“焦点小组”（focus group）的技术，在这种“焦点小组”中，访谈者与受访者就特定主题进行互动，这种互动作为一个开放的对话，而不是研究人员对受访者提出问题。

他们认为这种技术是一种道德论述，并且把公共管理者描述为已经通过道德发展的两个阶段，而到第三个阶段。在第一阶段，管理者最初是致力于导致有效政府的中立理性的行为，但他们发现有效而经济的行政存在重大障碍。管理者觉得“让事情运转起来”是一种道德上的义务，这样才会有有效的政府。当他们不断使用中立能力、效率和经济这样的语言时，实际上他们在调解冲突，缓和公众的热情，阻止鲁莽的行动，修改考虑不周的计划。在第二阶段，为了让事情运转起来，公共管理者使自己深深卷入调解冲突的共同价值观中，如一方面是经济发展，另一方面是环保。他们成为竞争的利益集团和冲突的世界中的“利益的平衡者”和“共识的促进者”。在第三阶段，公共管理者自由地调用公共利益或共同利益这样的语言。他们以熟知过去的方式塑造了现在，但着眼于未来……作为更大公共利益的孤独守护者”（摩根和卡斯，1993：184）。

一旦公共管理者已经达到了第三阶段，他们就要经历“角色转换的伦理危机”。在一个民主国家中，为了代表公民，政策是由那些当选者制定的。这种政策是要由公职人员来执行的。被任命的公共管理者去考虑公共利益并使政府向这种利益方向移动，这在道德上是错误的吗？或者，正如摩根和卡斯所提问的那样，如果他们不这样做，这在道德上是错误的吗？如果民选官员有单一狭隘的利益，倾向于从短时期看，那么高级城市公务员只是使得政府无效果、低效率以及对未来毫无准备，这在道德上是错误的吗？对摩根和卡斯来说，只要公共管理者愿意承担对决策和政策实施重大干预的道德责任，角色转换的道德危机就能得到解决。在这样的情况下，摩根和卡斯（1993：187）认为，公共管理者必须具备"一种道德框架，使他们能够清楚表达与我们的宪法制度相一致的道德要求的复杂顺序"。

摩根和卡斯的例子也说明了访谈研究相对容易地有利于解释和理论发展。但其有四个缺点：第一，重复访谈是一个严重的问题，因为每次访谈都是一个独特的经验事件；第二，核实是个问题（磁带录音对访谈有帮助）；第三，研究人员在设置 46
问题和解释回答方面存在偏见可能性；第四，样本量小。

D. 数据分析法

就像在现代生活中的大多数方面一样，有行政伦理许多方面的数据。例如，有政府雇员和职业协会的道德守则信息编辑物，有联邦政府中指定伦理官员和监察官的背景信息，有范围广泛的州道德法律的编辑物，有关于被报告的举报发生率的信息等。

布鲁尔和塞尔登（1998）利用存档的调查数据，这些调查数据是功绩制保护委员会为了探究联邦政府中的举报人是否展现了公共服务动机（PSM）所建立的。PSM 是"一种动态的行为概念，其锚定在人们所展现的行为类型上，而不是他们所工作的部门上"（布鲁尔和塞尔登，1998：416）。由于调查数据在研究人员研究之前就被生成，研究人员为了研究在原始数据的原有结构周围创建了索引和变量。布鲁尔和塞尔登对确定目睹了非法活动并报告这种违反活动的员工与那些选择不报告这种作为 PSM 证据的违反活动的人之间的差异感兴趣。研究人员发现了有关工作安全变量的显著差异并且考虑了公共利益。换句话说，与没有报告的员工相比，举报人赋予工作安全性较低的价值和赋予公共利益更高的价值。此外，举报人是"更高绩效者和成就者，他们报告了更高水平的工作承诺和工作满意度"（布鲁尔和塞尔登，1998：431）。

在对州伦理立法的研究中，古德曼、赫尔普和路德维希（1996）研究了 43 个州这样的立法。除了对州立法的内容进行分析之外，研究人员还采用了人口普查的数据和与州立法机构有关的数据。结果表明在伦理立法通过方面各州之间的差异很大。在解释这种差异的变量中，重要的是制度化水平和各州的政治文化。研究人员的结论是"伦理立法是伦理丑闻过程的函数"（古德曼等，1996：55）。

也许有关政府伦理最有趣的数据是被收集的有关因违反伦理法律而被指控和定罪的政府官员的信息。霍尔布鲁克和迈耶（1993）对美国州政府中的腐败现象进行了研究。他们把腐败狭隘地定义为非法活动谋取私利。他们对腐败的测量是每一个州在 10 年间每 100 名民选官员中政府官员腐败的数量，这些政府腐败官员因违反了社会的腐败法律而在联邦法院被定罪。他们将这种有说服力的方法作为一个国家测量政治腐败水平的很好的替代品。他们使用这种测量作为因变量来考查如教育水平、犯罪率、移民率和城市人口比例这样的变量的影响。他们发现城市化的确导致更多的政治腐败，而更多的教育和移民却减少了腐败。然后，他们考查了许多政治变量对政治腐败水平的影响，并且发现了更高水平的政党竞争对腐败是一种威慑。对官僚机构的若干措施也进行了考查，结果发现公共部门雇员的数量和赌博被逮捕的数量与政治腐败呈正相关。

47 在霍尔布鲁克-迈耶的研究中，最有趣的是发现在政治腐败的起诉中使用了党派定位和种族定位。没有证据表明，在卡特时期联邦检察官为了起诉可能出现的政治腐败案件而以共和党的各州为目标。但是，有统计上的显著证据表明，在里根时期对腐败官员的起诉在民主党的各州比在共和党的各州更加密集。在卡特时期和里根时期，黑人政府官员以明显高于白人政府官员的比率被起诉。

霍尔布鲁克和迈耶对各州公共行政的数量与质量的测量与政治腐败水平之间的关系不大。

行政伦理研究的数据分析法的优点是精确、科学的客观性和可重复性，其缺点与数据的确代表和不代表什么有关。例如，在霍尔布鲁克和迈耶的研究中，所有因违反腐败法律被定罪的那些人被集中在因变量上。我们特别感兴趣的是公务员、民选官员和政治委任官员的腐败程度的不同，因为假定这些不同类型的政府官员有重要的差异。遗憾的是，该数据没被以这种方式分列。研究人员经常同情那些收集和整理数据的人。

E. 案例研究法

在行政伦理学的社会科学方法中也许最古老的方法是个案研究。在公共政策与行政方面的最早案例书籍是由哈罗德·斯坦因编辑并于 1948 年出版的，其中包括 3 个有关责任的案例。现在的公共行政文献有丰富的案例，其中许多议题与伦理相关。理查德·斯蒂尔曼的文本《公共行政学：概念与案例》(1992) 包括了许多在该领域最知名的案例研究。更特别切题的是由艾米·古特曼和丹尼斯·汤普森编辑的《伦理与政治：案例与评论》(1984)。它含有超过 12 个案例，许多案例涉及的都是当时最有趣的伦理挑战，如使用原子弹的决定、核反应堆的安全、公众是否应为肾透析付款以及是否应该有对堕胎的公共开支。

在案例研究法中，假定学者是客观的。正因为如此，经过广泛的研究并经常带有精心制作的脚注的案例研究都以简单明了的风格编写。一般来说，有意把研究人员的偏见或观点引入报告中是不能接受的。那么案例读起来就像不事雕琢的历史与故事讲述的混合物。由于案例的主题本身几乎都是令人感兴趣的，案例也往往很有趣。它们是有趣的，不是因为它们至少在某种程度上包含了深入或全面的解释，这是要留给读者的。

虽然案例研究肯定不是数据的定量分析或来自问卷调查或实验的信息的编辑，仍然要强调事实、客观和社会科学的实证主义准则。使用这种方法的研究人员坚持他们案例的可靠性和准确性。

案例研究方法的优点是丰富的细节和传达了发生了什么与为什么会发生之间的重要关联的语言能力。对读者来说，案例当然是行政伦理学的最有趣的研究形态。案例研究法有三个主要的缺点。首先，案例具有相对短的适用期。第二次世界大战 48
结束后的政府铝厂的出售当时是非常引人注目的。今天它就不那么引人注目了。另一方面，有关"挑战者号"宇宙飞船事故和人类研究中使用流产胎儿组织的案例现在是非常引人注目的。其次，案件是特别的、独立的知识碎片，为了测试或证明理论的目的很难配合在一起。即使做到这一点，仍然有特定案例为什么被选择的问题。最后，总是存在学者在研究和写作案例中的假定客观性的问题。没有两位学者会用完全相同的方式报告同一案例。案例复现几乎是不可能的。

詹姆斯·L. 佩里（1993）在他对联邦政府机构中举报的研究中最近完成了一次案例研究法的创新使用。在他的研究中，案例的确是仅用如举报人的职位、提出要求的性质、是否存在报复、事件持续了多久以及此事是如何解决这样的无修饰的细节所做的一个简短概要。他只研究那些合法的案例，为此存在一些真实索赔的证据。这些案例占了不到一半的索赔案。在这些被证实的真实索赔中，每一种类别中，100 多个索赔案中只有一个"N"。他发现大多数的举报人属于政府中较低的非管理层级。他们中只有 1/3 的人遇到过报复，但是 1/3 的人是匿名的，通过电话进行举报。那些不匿名的人受到了更多报复。2/3 的案件是在一年之内解决。基于这项研究，佩里发现，"在现有的制度规则下，举报在纠正特定的滥用和促进组织变革方面发挥着非常有限的作用"（1993：22）。

在研究 1989 年的《政府伦理改革法案》过程中，罗伯茨和多斯（1992）对在联邦政府中的伦理控制的逐步变化做出了评论，包括有价之物的非等价交换、官员行为的禁令、薪金补贴的禁令和有偿信息源的禁令。这些改革的实施形成了一个复杂规范网络，这种规范网络提供了一个复杂的不合理联邦礼品接收规范以保护公众对政府诚信信任名义如何形成的突出例子（罗伯茨和多斯，1992：266）。此外，罗伯茨和多斯发现布什总统"制定平衡了联邦政府三个部门的……标准"的目标未被完成（1992：267）。国会、政府道德办公室和司法机构都制定了不同的政策。

总之，罗伯茨和多斯认为，对外部控制的依赖没有提高公众对公共（政府）诚信的信任。他们断言："对现代利益冲突的监管最终已经演变成一种高风险的政治游戏，其中参与者把远超其价值的约束的象征性价值看作一种实际上重建公众对政府信任的工具。"（罗伯茨和多斯，1992：268）

为了探讨私有化问题，利泽斯（1997）对一个匿名的儿童福利服务机构进行了案例研究。该案例探讨了公共机构与非营利承包商之间的关系。这种关系是由一名儿童保护官员来协调的，这名儿童保护官员最终因其承包关系起诉了这一机构。利泽斯（1997）指出："由（儿童保护）带来的法律问题的症结所在是，国家部门是否要让私人机构根据法定要求在 24 小时内向国家审查人员报告私人机构护理中的所有对儿童身体、性，或其他虐待的投诉。"（第 401 页）家庭法院主张该机构不能代表权威来向非营利性组织解释成文法。最后，该非营利性组织被关闭。利泽斯声 49
称："该案例演示了在一个政府安排服务而执行留在私人手中的世界上公众问责如

何能够被减少。”（第 405 页）研究人员发现该机构和非营利性组织似乎要抵制公众控制。利泽斯的结论是“公众问责在民主公共管理中必须得到保证，而不是被动地留在私人管理员手中”（第 407 页）。

虽然这种对行政伦理研究方法的方法论调查已经把每一种方法作为单独的和独特的方法来对待，但是通常的情况是研究是多方法的。一些主张多方法途径的倡导者（韦布等，1966；吉克，1979）表示在具体发现上的理论信心就会增强，当这样的发现通过使用一种以上的方法得到证明时。最常见的组合方法包括在一个单一的研究中，同时使用自填式问卷调查、访谈和可获得数据。它也是标准的使用印刷或出版的材料和广泛的访谈、案例研究的准备。

本章的下一部分将是一个考虑后实证主义伦理学的研究。

2.3 行政伦理学的后实证主义方法

正如上文所述，行政伦理学研究的后实证主义方法比实证主义-理性主义-经验主义的方法既更古老又更新近。这两种方法也有不同的哲学基础。在哈蒙和迈耶（1986）之后，这两种不同的社会科学思想是“客观主义的”与“主观主义的”。行政伦理研究的实证主义-理性主义-经验主义的方法是客观主义的。后实证主义方法是主观主义的。差异与对立的认识论、知识论和什么应该算作知识的观点有关。客观主义的视角是“外在于个体认知的社会世界是一个由坚固的、有形的和相对不变的结构组成的真实世界。无论我们是否标注和认识到这些结构……它们仍然是经验的实体存在”（伯勒尔和摩根，1979：4）。从主观主义的角度来看，社会结构（如法律、法规、组织、政府）“不独立存在于人的意识之外”（哈蒙和迈耶，1986：287）。根据这种观点，“‘在外面那里’不存在客观真理等待我们去发现。相反，所有的‘现实’都是社会建构的”（凯利和梅纳德-穆迪，1993：5）。

在方法论方面，客观主义者以“系统的科学实验报告和技术为研究基础。它集中体现在自然科学中被采用的方式和方法上，其侧重于按照科学严谨的原则检验假设的过程。它忙于建构科学实验和使用定量技术分析数据”（伯勒尔和摩根，1979：6-7）。另一方面，主观的方法论“强调通过研究主体自己主观的参照系来更深入地了解社会经验。这……不必要排除后者对普遍化的兴趣。它‘强调在调查过程中让人的主观意识展现其性质和特点的重要性’”（哈蒙和迈耶，1986：290；伯勒尔和摩根，1979：6-7）。

50 主观视角否认价值无涉的社会科学的可能性，并反而赞成以价值为中心的社会科学。因为价值观是伦理的核心，所以研究方法上的这种不同是尤为重要的。对后实证主义者来说，所有分析就是解释，而不是对事实的一种历史的客观观察。事实上，对后实证主义者来说，事实与价值（逻辑实证主义）是无法辨别的。我们所说的价值观改变了对观察资料的解释，因而我们所说的事实体现了我们的价值观。换句话说，“实证主义者的调查报告的事实‘是特定概念安排和理论预设的不可避免的人造物’”。（凯利和梅纳德-穆迪，1993：7；詹

宁斯，1987：1439）

后实证主义或主观的行政伦理学的研究方法包括历史方法、自然式探究或人种志方法和故事方法。与往往重点在伦理意见、态度和观点上的行政伦理学的客观研究不同，后实证主义方法往往要考虑实际的伦理行为。因为这种行为往往与实际事件或故事相连，研究的目的是描述事件，同时说明或解释它为什么会发生和行政行为为什么是或不是合乎道德的。这种研究几乎总是叙述性的，使用语言文字作为描述事件或行为的符号。在实证主义的研究中数字经常被作为代表现实的符号。

A. 历史方法

历史方法不同于案例研究法，因为历史研究者不仅要描述事件，而且要说明它们为什么发生。此外，历史学家特别是传记历史学家要发现研究的这些人的特性并要说明他们的行为。历史既是事实又是事实的解释。历史的伟大力量是它把读者放置在背景中并了解单个人物、人物之间互动、影响行为的环境和事件以及所有行为中的大多数的能力。历史直接而详细解释了伦理行为问题，不像许多其他方法更适合研究态度、看法和其他行为的替代者。

一些行政伦理学研究的历史方法最好的例子是以传记的形式出现的。罗伯特·A. 卡罗对罗伯特·摩西（1974）和林登·约翰逊（1982，1990）的详细研究就是细节与内容的丰富性和个性发展的非同寻常的例子。这些研究基本上是玩弄权术的说法，“一个伟大的人不能是一个很好的人”。卡罗的研究工作因对他的研究对象的道德批判而著名。历史/传记相反的一个例子是戴维·麦卡洛对哈里·杜鲁门的研究（1992），尤其是对杜鲁门总统的诚实、正直和道德的展现。另一种使用传记的伦理方法是所谓的典范技术。通过这种方法，具有高尚道德声誉的行政人员被事先选定、被研究，并且作为道德最优的例子被提供给读者（库珀和怀特，1992）。

在历史的背景下，对重大伦理问题唯一的最好的记述被发现在理查德·E. 诺伊施塔特和欧内斯特·R. 梅的《考虑时间：决策者的历史借鉴》（1986）一书中。几乎每一个美国 20 世纪中后期重要的国家政策问题都被放置在历史背景下。作者们把古巴导弹危机、朝鲜战争、越南战争以及猪湾事件既当作政策又当作伦理事件的分析是卓越非凡的。他们对许多那个时代的重大政策的领导人（勃列日涅 *51* 夫、林登·约翰逊、马丁·路德·金、马尔科姆·艾克斯、赫尔穆特·施密特、吉米·卡特、哈罗德·麦克米伦、哈里·杜鲁门、约翰·肯尼迪、艾森豪威尔、弗朗西斯·帕金斯、乔治·马歇尔和玛丽·安德森）提供了一种令人兴奋的伦理背景研究。

B. 自然式探究或人种志方法

社会科学方法论的自然式探究或人种志（描述性的人类学）方法是后实证主义哲学中的根本方法（林肯和古帕，1985）。这种方法降低了普遍化和因果关系决定的重要性，并且认为研究要客观的属性和价值无涉不仅是不可能的，也是不可取的。这种方法要求研究者不应在组织之外而应在组织之内研究，价值观应被详细说明并被捍卫，关键是研究者和研究对象之间建立信任关系，在描述现象中被研究者构建的现实应更少考虑因果关系的假设，更多考虑事件“同时发生的相互塑造”。

这种方法在现代最好的例子被发现在罗伯特·贝拉等（1985）著的《心灵的习性：美国人生活中的个人主义和公共责任》一书中。在他们的研究中，他们形成了一个有凝聚力的、高度互动的研究团队，从事对数量有限的研究对象的“积极访谈”。研究人员逐渐与研究对象足够熟悉（反之亦然）以至于感觉不仅能转述他们的话语，而且也能解释它们的含义。他们对社会理论的发展感兴趣，还对构成“美国人的心灵习性”的决定性的习俗、意识、文化和生活的日常习惯感兴趣。他们发现美国人是被分离和分散的、个人主义的、忙于追求个人抱负和消费主义的。然而，他们并没有发现他们的生活是满意的——一种富裕的贫穷。他们在教育和自我修养中寻求更大的生活意义。根据贝拉等人的看法，美国人一直无法重建曾是这片土地上早期定居者特点的共同体与共同利益感。从广义上讲，他们发现了一种个人与自私的伦理观，而不是一种共同体或公共伦理观。这些研究者的报告混合了历史、人文学科（特别是文学）、他们的研究对象的话语、对这些话的解释及其可能的含义以及在他们所谓的“作为公共哲学的社会科学”背景下的所有的一切。在这种方法中，研究人员不仅要为准确陈述现实负责，而且要为社会的价值观和问题负责。对贝拉等人来说，社会科学家有责任准确地描述社会和改善社会。

自然式探究的另一种方法是观察者参与法。帕特里克·多贝尔被任命为一个县伦理委员会的没有薪水的成员。他也是行政伦理学领域中的一位研究学者。多贝尔提供了一个伦理作为一种政治武器使用的详细的、有点令人沮丧的报告（1993）。他指出，伦理和伦理准则的采纳可能有广泛的公众支持，但没有具体的赞助者或利益集团的支持。政治上对伦理的关注不是受忠诚于伦理原则的驱动，而是受周期性丑闻和腐败的驱动。被媒体表现出的对伦理的关注也是一样。

通过使用自然式探究方法，研究者并不担心干预正在进行或者变得不明显的行政/政治进程。这种方法适合于观察、描述和评价行为。为了有效，这种形式的研
52 究需要被观察者与观察者/参与者之间的高度信任。也许同样重要的是，它要求研究者与那些阅读研究结果的人之间的信任。

C. 故事方法

后实证主义研究中的故事方法是与“意义建构”相关联的，与组织的逻辑实证主义决策方法相反（韦克，1979；哈蒙和迈耶，1986；梅纳德-穆迪和凯利，1992）。在这种方法中，决定和政策不是被界定为理性的行为而是事后的诠释（琳，1987）、故事（斯通，1988）和根据（邓恩，1982）。凯利和梅纳德-穆迪（1993：1）提出“政策本身在很大程度上是象征性的，一种表达潜在公众关切的方法，而不是已经存在的公众需求，政策制定的艺术主要在于表达那些没有完全表达清楚的恐惧与希望，并使它们具体体现在有关它们的来源和它们所代表的选择的有说服力的故事中”（赖希，1987）。

一个好的方法学上的故事方法的例子来自约翰·范·马楠（1978：297）和他对年轻警察是如何被社会化的研究。

> 新手对听到警察工作实际上是什么样子的热烈渴望导致了完全数不清时间的战斗故事……被许多教员自由讲述……通过近身观察和倾听警察的故事和风格，个人接触到组织历史的一部分，其详述了某些人格特征、过去的事件、职位和新手最终被要求认识到的暗含关系，并且该部门的历史主要通过战斗故事被传播。

这种学习和社会化过程延续在警察职业生涯初期。“通过观察、倾听和模仿”（范·马楠，1978：298），新警察学会如何处理警务工作面临的挑战：“醉汉、危险、法院、层级制度和模棱两可。”（帕伦博和梅纳德-穆迪，1991：89）组织的故事可能像决定组织中个人行为的其他任何因素一样有影响。它们混合事实、价值观、神话、传说、历史和有用的经验法则。

梅纳德-穆迪与凯利对故事的研究尤其是与行政伦理学的主题有关（1992）。他们的主题是公共行政人员讲述有关公务员或职业官僚与如州议员、市长或州长这样的民选官员之间关系的故事。在这些故事中，“民选官员通常是消极的：他们总是愿意帮助有势力的选举人并且更经常被描绘成腐败而不是负责任的。当选的官员往往是粗暴无礼而自大的：他们假定政府工作人员是被聘用来照他们的命令办事的”（梅纳德-穆迪和凯利，1992：30）。这些故事中的职业公务员“表现为理性、勤奋、内行、关注公众和政策的正确实施。这些故事把较低级别的官员描述为远非立法政治，依靠他们的上司来保持其独立性”（梅纳德-穆迪和凯利，1992：30）。

当然，这些故事中的人都是自私自利的。这很可能是民选官员讲的故事会负面
刻画职业官僚的特征。然而，这些故事通常被人相信并经常被用来作为行为指南。 53

在梅纳德-穆迪和凯利的研究中，有五个有关举报的故事（1992：31）。“这些故事给未来举报人传递的唯一信息是‘不要’。不仅有对上司需求顺从和惩罚持不同政见者，而且也排斥向媒体或民选官员传递信息的同僚。”以故事方法为基础的这些研究举报结果与使用其他方法研究举报的其他研究结果之间存在相当大的一致性（佩里，1993；尼尔和米塞利，1986；格雷厄姆，1986）。

故事方法作为观察组织文化和官僚政治行为的手段是特别有价值的。虽然它们都是程式化的、夸张的和利己的，但故事方法能够使研究人员了解态度和信念如何影响人的行为和行为如何影响态度和信念这种特别困难的问题。这是一个意义建构的过程。对于行政伦理学的学生来说，故事在有关群体一致性与做正确的事的问题方面的信息特别翔实。

行政伦理学的后实证主义研究方法以及随之而来的认识论和方法论没有像实证主义、理性主义和经验主义的视角一样得到很好的发展和接受，尤其是在学术界。它的重要性越来越大，这主要是因为它说明行政人员实际行为的能力更多补偿了它缺乏科学的严谨性。

2.4 研究与行政伦理学：若干结论

本章一开始就声明伦理学是抽象概念、理念和价值观的世界，而行政学是一个具体、应用和实践的世界。研究被提议为一种由伦理到实践和由实践到伦理的进程。它是通过研究来增长伦理问题、伦理态度和伦理行为的知识的。本章的大部分一直致力于发展行政伦理学中可替代的理论前提和描述不同的研究方法。本章的其余部分将讨论行政伦理学中我们需要知道的主题。

在行政伦理学中我们需要知道四个类别：价值观、标准或规范、背景和行为。表 2-1 根据本章前面部分中所描述的、促进知识发展的能力的各种研究方法总结了这些类别的知识。

表 2-1　　特定类别的行政伦理学知识最有用的研究方法

研究中使用的方法		价值观	标准或规范	背景	行为
实证主义方法	调查法	+	+		
	实验法		+		+
	访谈法	+			
	数据分析法		+	+	
	案例研究法		+	+	+
后实证主义方法	历史方法	+	+	+	
	自然式探究或人种志方法	+		+	+
	故事方法			+	+

A. 价值观

价值是欲求作为手段或目的的任何对象或品质，如生命、正义、平等、诚信、效率和自由。价值可能是个人、团体、社区冲突的、有层次的或爱恨交织的和不定性的对象。价值观是信仰、观点或态度。用来建构价值观知识最有用的研究方法是调查法、访谈法、历史方法和人种志方法。正如本章前面各节中所描述的那样，有相当多的论及如城市管理者、立法者或警察这样特定个人价值观的文献。有关组织价值观的知识很少被了解到，人们不能采访组织。然而，如赫伯特·考夫曼的《护
54 林员》(1960) 这样的案例研究有效地描述了美国林务局的价值观或文化。调查和访谈是最有用的用来评估个人价值观的工具，但案例研究法、历史方法和人种志方法是研究组织价值观的最好方法。

B. 标准或规范

标准或规范被定义为约束团体成员和服务于引导、控制或调节适当的和可以接

受的举止的正确行动的原则。标准或规范是组织、团体或政府价值观的明文化。法律、法规、伦理规范和规则都是标准或规范的典型例子。通过法律和制定规则可能是政府处理伦理问题最常见的方法。近年来，政府伦理法律委员会一直积极从事对伦理法律和法规特别是对州和地方政府伦理法律和法规的编组和比较工作。专业和政府的伦理准则也得到了广泛的研究（刘易斯，1991）。调查法、历史方法和案例研究法都已成为那些对伦理标准和规范感兴趣的人的方法选择。特别是在进步时代，许多政府的法律、政策和常规被制定出来以便减少政府腐败（弗雷德里克森，1993）。这些法律和政策包括严格的采购和承包规定、审计要求、利益禁令的冲突、会议公开法和阳光法案等。虽然州和地方政府在其应用这样的法律和法规方面有变化，但是为了确定这样的要求实际上是否导致了更多符合伦理的行为，把有这样要求的管辖区域与没有这样要求的管辖区域进行比较的研究很少（斯塔克，1993）。有一些证据表明，在腐败增加的地方这样的法律法规不到位（恩里克斯，1986；米切尔，1999）。

处理伦理的现代组织方法可能最好被描述为执行。如监察长、机构指定的伦理官员或个人与家庭披露形式的执法机构和公职现在被广泛使用。这为研究人员特别 55
是那些使用多种方法的人提供了一个把旨在防止腐败的法律和法规的有效性与公职、机构和政策的有效性进行比较的机会。最近出现的就是保罗·莱特对联邦监察长的研究（1993）。

C. 背景

伦理标准和行为总是处在其背景中，而背景往往是行为的一个有力的决定因素。背景最好通过案例研究法、历史方法、自然式探究或人种志方法来研究。由于背景是独特的，所以背景比较是困难的。不过，从广义上说，比如企业、政府、行政或政治这样的背景是用来比较价值观、标准和行为上的差异的有用方法。通过丹麦和德国的职业公务员制度来比较分析犹太人就是一个恰当的例子（弗雷德里克森和哈特，1985）。

在定量研究中背景变量通常用于控制如城市与农村或男与女这样的因素。这些是有用的，有时甚至是影响结果的重要决定性因素。

背景是行政伦理学研究中最有趣的因素之一，因为它给予个人和事件以质地、色彩和深度。对于伦理学学生来说，知识渊博地涉及背景能够使伦理议题或事件更生动或有趣。

D. 行为

这是一个悖论即伦理学研究比行政行为提供了更多有关伦理的价值观、标准或规范和背景事项方面的信息。虽然研究行政行为是研究伦理的真正原因，但这也是伦理学要研究、衡量和解释的最困难部分。四类行政伦理知识中，我们知道最少的是行为。这部分是因为最流行的是实证主义研究方法，这些方法在研究行为方面是最有效的。

后实证主义方法加上案例研究法和实验法具有相当大的希望。伦理学研究方面的最大机遇都与行为有关。这表明对那些将会从事行政伦理学研究的人的方法学教育应包括对人种志、案例研究、历史和实验等技术的训练。

参考文献

请从中国人民大学出版社官网（www. crup. com. cn）下载，或者用微信扫描下方二维码获取。

第3章

公共行政与公共事务中的伦理学教育

——毕业生为工作场所中的道德两难做好准备

黛安·E.尤德
美国加利福尼亚州洛杉矶南加利福尼亚大学
凯瑟琳·G.登哈特
美国特拉华州纽瓦克特拉华大学

3.1 导论

在《行政伦理学手册》第一版中，卡特伦和登哈特（1994）主张："进一步发展对伦理学教育目标的共同理解，为对伦理学教育感兴趣的教师提供更多的培训机会，在课程方面，伦理学覆盖范围更大和更好协调。"（第60页）尽管有了这些结论，卡特伦和登哈特还指出："今天的公共服务伦理教育领域比过去几十年来更兴旺发达、更充满活力。"（1994：60） 59

如今，同样的结论仍然有效。在研究了过去8年在公共行政与公共事务中的伦理学教育工作后，我们发现：（1）对伦理学教育的重要性和必要性的普遍一致意见在这一领域普遍存在，虽然它尚未牢牢盘踞在课程中；（2）对最佳类型的、独立存在的资料或教学方法没有共识存在；（3）证明了教学方法成功和伦理学教育有效性的一些研究成果。换句话说，情况越改变，它们就越保持不变。就像本章将要展现的一样，在公共行政与公共事务中的伦理学教育是合理的并不断增加，教育工作者也正在尝试不同的教学方法。然而，尽管有了这些进步，几乎没有证据证明受毕业生课程中的受伦理学影响的公共行政者更善于处理工作场所中的道德两难问题。因此，问题仍然是：伦理学教育对公共行政专业毕业生的道德行为或态度有影响吗？

本章首先简要回顾了伦理学教育在公共行政课程中的兴起，证明了目前在该领
60 域达成的伦理学教育重要性的共识，探讨教学方法和计划，并评述了过去 8 年所做实证工作。以未来 10 年的意义和挑战来结束本章。

3.2　公共行政与公共事务中伦理学教育的历史①

就专业教育中的伦理学达成共识对公共行政来说一直是很困难的事。部分困难是公共行政与“专业”这一概念的牵强关系。因为公共行政包括了很多专业人士——医生、工程师、会计师、律师或在行政和公共职位上实践他们特定专业的人——公共管理的实践不符合通常具有统一理论和知识体系、表明知识的入学考试和可执行伦理守则的专业标准。不过，公共行政与公共事务学院自 1914 年以来就颁发了研究生学位（莉拉，1981）。

直到 19 世纪末，伦理学依然被认为是高等教育机构（IHE）课程组成不可分割的一部分。作为包括公共行政学的学科/专业化的学术领域，伦理学被归属到哲学系和宗教学院。早期的公共行政学院没有正式教授伦理学，伦理学是通过公共行政讨论中的普遍民主精神被介绍给学生的。事实上，公共行政的研究被看作是民主方面的和道德上的。这种民主精神也在那些教授公共行政学的教师的领导能力和学术成就中被仿效。然而，由于科学管理和公共政策的理性分析工具要求公共行政课程，民主精神如不被取代，也将黯然失色。公共行政的伦理维度随着被纳入其中伦理问题和道德审视一起让位给经济学、统计学、管理学和政策分析（德维韦迪，1987；莉拉，1981）。

然而，在 20 世纪 40 年代，“有证据表明，对行政伦理和公共行政民主精神的大量而重要的关注仍然存在”（卡特伦和登哈特，1994：50）。不过，在 20 世纪 50 年代，专注于管理、政策分析和理性（行政科学）的行政伦理再次黯然失色。科学和技术替代了作为公共行政教育中心的规范和价值观，但在 20 世纪 60 年代中期，学者们开始把这种变化看成一种损失。10 年后，应用伦理学课程找到它们进入公共行政课程的方法，虽然很多人把这样一种伦理学方法看作这一学科理性分析要旨的延伸。莉拉写道：“具有讽刺意味的是，在公共政策学院的源于反对经济和数学分析的伦理学运动要采取与科学方法相同类型的方法来对待道德问题。”（1981：12）

伦理学教育和民主精神在 20 世纪 60 年代后期和 20 世纪 70 年代共同获得重生。新公共行政寻求公共行政分析性和规范性要素之间的平衡，社会公平成为新的中心（弗雷德里克森，1971）。弗雷德里克森要求公共行政与公共事务课程应把公职人员塑造成变革主体的形象。因此，在 20 世纪 70 年代，如社会公平和正义这样的价值凸显成为教育公共行政人员的中心，因为组织和制度的控制机制被视为不可

---

① 为了获得对伦理学教育历史更加彻底的讨论，请参阅《行政伦理学手册》第一版中的卡特伦和登哈特的这一章，这部分主要是从这一章中抽取的。

能会产生这样的结果（D. K. 哈特，1974；哈蒙，1974）。专业教育的规范性要素被视为“预防不道德行为的第一线”（韦克菲尔德，1976：666）。然而，课程的变化是缓慢的和不确定的，因此，即使是在倡导把伦理学纳入课程中的时候，几十年被忽视的传统依然创造了该领域的道德文盲（德维韦迪，1987）。20 世纪 80 年代末的研究表明：大多数研究生课程没有系统地涉及伦理学问题，其中有关伦理学目标上的混乱与分歧以及伦理学应该如何教的问题盛行（丹尼斯，1987；李和皮尤，1987）。 61

然而，1989 年，美国公共行政与公共事务学院联合会[1]主要解决了公共行政与公共事务毕业生中是否应该教授伦理学的问题。在这一年，经修订的 NASPAA 新课程标准实施后，明确了伦理学涵盖在课程中是必要的。在这一年，NASPAA 课程指南 3.21 条款标准的部分为：“公共课程组成内容应当**提高学生的价值观、知识和技能，以使其行为符合道德并有效率**。”（强调是后加的）以 1989 年至 1991 年期间被使用的自我学习报告指南的语言的形式，这个标准变成了一条更明确的要求[2]：

> IV. C. 3　课程中的伦理学。以一般和具体的课程来特别说明课程设置是如何提高学生的价值观、知识和技能的，以使其行为符合道德：a. 在公共管理中并且也适合在第三部门组织中；b. 在应用定量分析技术中；c. 用来理解公共政策和组织环境。

尽管语言明确，但在 20 世纪 80 年代末，只有少数学校要求伦理学教育。卡特伦和登哈特（1994）检阅了在 1989 年至 1991 年期间提交给 NASPAA 的 39 个自我学习报告，发现“课程数目显著增加”（第 52 页）。然而，只有 49%的学校提供了伦理学课程，只有 18%的学校要求有一门。

3.3　20 世纪 90 年代的伦理学教育

20 世纪 90 年代，在公共行政与公共事务课程表中，讲授的伦理学课程数目普遍增多。门泽尔（1997a）[3] 1995 年对授予公共管理硕士学位（MPA）的 NASPAA 会员学校进行了一项研究。他的调查表明：

> 证据表明，在过去的 25 年，MPA 项目稳固转向把伦理学教学与课程表中的课程相结合……20 世纪 70 年代，有十几所学校增加了伦理学课程，在 20 世纪 80 年代初期和中期，另有 10 所学校把伦理学添加到课程表中……在 20 世纪 80 年代末和 90 年代，被采用的伦理学曲线急剧上升……到了 20 世纪 90 年

---

① NASPAA 是公共行政与公共事务方面的专业教学计划的评审机构。除了课程指南之外，它对专业教学计划也提供了重要的支援服务。NASPAA 地址：华盛顿西北区 G 大街 1120 号 730 号房，邮编：20005。

② 在认可或重新认可的过程中，自学是第一步。跟着计划的自学是 NASPAA 的一种对资格的审查和一种实地考察。

③ 参见门泽尔，1997b；鲍曼和门泽尔，1998。

代中期，78 所作为 NASPAA 会员的 MPA 学位授予学校提供了伦理学课程。（第 225 页）

有趣的是，门泽尔指出，没有发现组织结构（一个独立的公共行政与公共事务学院、系或由其政治学系授予公共管理学位的学术机构）与伦理学教育之间有统计学上的重要关系（1997b）。对于为什么越来越多伦理课程被提供，门泽尔没有披露受访者给出的理由，虽然他提到 NASPAA 的伦理学标准。到 1997 年，NASPAA
62 已采用“任务驱动”的课程指南，而不是“一刀切”的课程指南。不过，这些课程指南仍然宣称“公共课程组成内容应当提高学生的价值观、知识和技能，以使其行为符合道德并有效率”（现在的标准 4.21），而且《自我学习报告指南》继续要求学校具体解释伦理学课程如何促进道德行为。

我们认为，除了那个标准外，伦理学课程增加的另一个推动力可能是民主精神的复兴和公共行政的规范性职能。同时，其他社会趋势可能与公共行政与公共事务中伦理学教育重要性的日益增加相关联。首先，正如弗雷德里克森所指出的那样：“大多数政府改革运动的规范性标准和哲学的指引都在大学，所以今天的伦理学运动也一样。事实上，几乎每一个较重要大学都有一个伦理学或人类价值的研究机构或中心。”（1993：4）换句话说，20 世纪 90 年代，在公共行政中，对伦理关注的增加仅仅是一种追随当代社会科学的更广泛意义上的教育现象。斯奈德（1999）有同样的主张。她指出，在现代高等教育机构（IHE）中的变化“通常追随了更大社会中的变化。在美国高等教育的历史上，任何特定的‘创造运动’最终发展成为美国政界和公民社会中更大‘力量聚集’的结果”（第 1 页）。

我们认为，在美国政界和公民社会中的这些变化往往体现了“家庭价值观”的复兴、公共服务中腐败的确认以及越来越多的对政府官员的不信任。然而，一些商业学者引用了对伦理教学的批评，其中就包括把伦理学课程作为对商业丑闻“治标不治本的应对”或“膝跳式反应”而取消（麦克唐纳德和唐利维，1995）。这一点很好，也是一种警告以防止因行业中普遍真实的和感受到的丑闻而把伦理学推进到公共行政的最前沿。

课程的变化也反映了一种意识即公共服务的倡导没有排除亚当斯和巴尔弗所认为的“行政之恶”（1998）。这样的恶是一种固有的人性，他们把它描述为“人类明知故犯地给他人造成痛苦和折磨他人的那些实例”（1998：xix）。他们还认为，如果在不知道他们在做什么的情况下，有些人可能从事罪恶行径。因此，为了防止行政之恶，亚当斯和巴尔弗建议公共行政“树立和培养一种对公共机构、职权行使和一般文化的批判性反思态度”（1998：xxix）。他们进一步赞成公共伦理的重建：

> 公共行政的公共伦理将要求行政人员重视公共政策的经济和社会后果及其正确和忠实地执行。公共行政人员不能合乎道德地执行对任何人的幸福都明显有害的政策。（1998：180）

我们建议，这种态度的培养和对不断增加的对政府官员的不信任的反应能够而且应该从公共行政人员的伦理学教育开始，同样体现在所教授的伦理学课程数量的增加上。虽然门泽尔的数据只包括 MPA 项目，其他对公共行政与公共事务的研究生学位项目和课程的审视显示了对需要伦理学教育以及缺乏对这一需要的适当反应取得的一致同意。布鲁尔等人（1998）的工作表明：在博士项目中，伦理学不是作为一个实质性领域而被提供，没有共同的核心课程可确定，并且哲学不是公共行政学生使用的重要外部学科或领域之一。在审查公共行政专业博士学位（DPA）时，63
米克和约翰逊（1998）没有提及伦理学被要求在 DPA 的课程中。这种缺陷被他们的说法所打断，他们认为 DPA“必须包含对可以提出更好问题并找到更好答案的心灵品质内化的赞赏，使其作为一条重要的主线”（第 58 页），这指的是“反思的从业者”。

其他研究人员为同样的需要抱怨。在为公共政策分析与管理协会（APPAM）所做的主席演说中，斯托克斯认为伦理分析能力位居当今公共行政中所需技能前五位。他说：“学生需要清晰思考巨大资源受到威胁的伦理两难的能力，以便与他们对公共目的的忠诚相匹配，伦理两难可能很容易出现于长期密切的关系中。”（1996：166－167）在确定公共政策项目的需求中，狄龙和斯蒂尔曼（1999）指出，教育工作者需要认识到政策分析的规范性基础，因此需要对公共政策的学生进行伦理学培训。他们对公共政策项目的关注之一是“伦理和价值观的疏忽”。他们认为：

> 政策本质上是一种规范的做法，这就是为什么伦理学是公共政策研究的中心。被评论过的前十大公众政策项目中只有两个（佐治亚大学和哈佛大学）要求伦理学课程。我们需要为那些为公众利益辩护的人阐明和巩固行为准则。在这样做的过程中，我们需要训练我们的学生以便他们应对价值观的复杂性，并给他们提供评估和澄清价值观的工具。（狄龙和斯蒂尔曼，1999：4）

其他人也已以同一个思路进行论证主张，虽然不太明确。索莫斯（1993）对教授美德进行了一般性反思。她指出：“道德相对主义”正在扼杀任何学生之间的伦理思考或灵敏度。她说，目前美国高等教育机构中的伦理学教育方法反映了“对社会政策问题的过分强调”而忽略私人道德。更具体地说，在沙尔为 APPAM 所做的主席演说中，她以类推来说明公共服务就像舍恩的“沼泽”，组成沼泽的是“重要的、复杂的和凌乱的抵制技术分析的问题”（1995：203）。她这样的问题的例子包括实现经济平等和社会正义、成功处理种族主义以及其他抗拒技术与理性的规则和政策分析与管理手段的问题。沙尔指出：“反思性实践”即在伦理培训中所学到的技能是学生必须学会的，以便处理“沼泽”问题。

著名的公共政策与管理研究生项目的毕业生也认识到伦理学教育的本质特征。在《新公共服务》一书中，莱特（1999）采访报道了在过去 20 年里从这些项目中毕业的 1 000 人。这些毕业生中的 82％报告说遵守道德标准对事业上的成功已是非常重要的，但只有 48％的人认为他们的研究生课程在教授这种技能方面是非常有帮助的。在这项研究中，在含有 13 项技能的表单中，34％的差距是最大的差距。

仅仅确定伦理学教育的需要就引出了一个问题：虽然现在更多的学校提供伦

理学方面的要求，但多少学校要求伦理学课程呢？门泽尔 1995 年的调查结果显示，4 所学校中只有 1 所提供了作为必修课的伦理学课程（1997a，1997b）。事实是回应了有效问卷的 134 所学校中有 78 所表示他们的项目中提供了伦理学课程，并且 40%的受访者表示他们把伦理学结合到课程中去了，但只有 25%学校
64 要求伦理学课程。门泽尔的研究表明，更大而不是更小的项目中有可能提供伦理学课程，虽然项目大小与伦理学课程要求之间不存在相关性。他也指出，NASPAA 的合格鉴定没有给项目开设或提供伦理学课程提供什么动机（门泽尔，1997b）①。

一些项目在入门课程或核心课程方面涉及伦理学。例如，为了审查 MPA 项目中入门课程的内容，沙克特（1993）联络了所有 NASPAA 列出的颁发 MPA 学位的机构。她发现，伦理学像管理学一样成为一个“热门话题”，但课程中用来介绍伦理学的材料不存在连贯性。不过，一些学者怀疑伦理学已经被牢牢地安置在公共行政与公共事务课程中。鲍曼引证他与门泽尔合作取得的自我成果（例如，鲍曼和门泽尔，1998），认为“很少有证据表明，教职员工对课程中伦理学重要性达成了共识”（第 29 页）。他继续说：

> 那么，课程中伦理学的现状——最多——是一种不确定的状况。通过善意的忽视和产生于对专业知识的贫乏了解的自卑情结，它显然已经被边缘化。因此，很多学生可能在管理学方面具有研究生教育水平的观念，但在伦理学方面是小学教育水平的观念……拥有硕士学位的公共管理专业人员的专业知识主要仅仅由拥有的技术技能组成。（鲍曼，1998：29）

鲍曼甚至走得更远，以至于怀疑“伦理学应该能被教授的问题真正是否‘很大程度上被解决’或是简单地被掩饰过去”（1998：29）。他不是唯一问这样一个问题的学者。杰克逊（1993）报告说，一些批评者不知道究竟为什么伦理学能够被挑出来，因为伦理学渗透到每一个学科中。也有人怀疑伦理学可教。例如，基利里、帕斯克莱拉和沃奇诺（1995）就问公共行政人员能否“被培训做出在伦理上是正确的决策来”（第 19 页）。他们回答他们自己的问题：

> 毫无疑问，如果我们自己只关心什么是合法的问题，那么伦理学可教……除非仅仅根据不遵循客观的法律和法规来界定“违反道德”，这种教育是很重要的也才是实际的。一旦我们承认伦理学教育得超出“对什么是合法”这一问题的关注时，我们似乎涉及的是道德发展的领域，真正道德信念转变的领域……然而我们的观点是当遵循谁的道德原则的问题成为合法性的和必要性的问题时，该问题就不应该单是否决超越单纯的法律教育的伦理学教育。（1995：19－20）

对伦理学教学的反对部分源于对教授或灌输价值观的抵制。虽然美国高等教育机构的历史使命包括伦理培训，但是，詹宁斯、纳尔逊和帕伦斯（1994）

① NASPAA 以使命为导向的指导方针是明确的，没有规定任何具体的课程或在任何科目事项上强制花费的时间。

认为：

> （今天）大多数教师是赞成“文化左派”并且觉得价值观语言……是“文化右派”的语言。因此，即使教师接受一套价值观，他们也警惕明确的价值观语言的合法化，从而害怕向他们所认为是有害的道德议程提供帮助和支持。(1994：11)

可能是与认为给学生灌输价值观是错误的批评者相对立，派珀、金泰尔和帕克斯（1993）研究了给商学院学生的价值观教授，认为：

> 当然，商业教育必须是智力和精神两方面的努力——一种涉及一个人的人
> 格价值、激发一个人的想象力和意义感，并激励一个人的责任感和一个人的领 65
> 导和创造欲望的努力。（第 4 页）

在上面的引述中，我们可以很容易地用“公共行政”取代“商业”。在分析了 3 本有关伦理学与公共行政与公共事务中的教育的书之后，D. K. 哈特（1999）认为，尽管伦理学教育仍“受攻击”，但从业者、学者和学生都同意学校需要教授伦理学。他说问题是“伦理学教育漫无目的，因此，我们就从当代意识形态中获取我们的线索”（第 72 页）。他感叹缺乏一个共同的伦理学教育的道德基础：“再一次，似乎是向往一个共同的价值观。”（第 72 页）

不过，如果我们承认教授价值观是一种完整的伦理学教育所固有的或不可避免的一部分，那么许多批评者认为，研究生院（并且甚至是学院）给平均为 20～30 多岁的学生教授价值观为时已晚。根据派珀、金泰尔和帕克斯的看法，批评者认为，“这些学生的价值观已完全形成且不可改变”（1993：5）。派珀、金泰尔和帕克斯反驳说：

> 我们断然反对这种断言。这些学生处在他们理解有关……领导力和伦理两难问题的妥善解决的一个关键发展阶段……这是一个质询和反思的时期；要培养确认伦理两难存在的足够力量和老练，想象可能是什么以及明确认识到可避免和不可避免的危害，延长的时间是必要的。（第 5 页）

帕克斯（1993）还提出了研究生院中的伦理学教育正当的理由：

> （研究）强有力显示道德发展可以持续到成年，并且在专业的学校教育条件下，特别戏剧性的变化可能发生在年轻成年人身上。当然，成人道德与伦理的发展出现在各种正式和非正式的环境中，但现在有充分的证据表明，至少在整个正规教育期间，伦理意识和承诺能够继续发生改变。这些研究结果完全不同于传统信念。（第 13 页）

我们能够有一定程度的信心这么说，伦理学教育能够对个人的道德意识和道德推理与判断产生积极的影响，即使是在人们 20 多岁和 30 多岁时，所以伦理学仍然是课程的一个重要组成部分。我们的任务是阐明教授伦理学的目标和最佳方法，然后看这些方法是否会在公共行政人员道德行为方面发挥作用。

3.4 澄清伦理学教育的目标

公共行政与公共事务中伦理学教育的目标保持着多样化，范围从一般到具体。例如，法默尔（1998）探讨了公共行政中的伦理学教育。他坚持认为：“伦理学研究必须是哲学的而不是操作性的——好像伦理学仅仅是一个单纯的技术问题。”（第34页）他还告诫不要他所说的伦理学教育中的“近视”，并指出，传授狭隘、简单的伦理学方法的倾向会使学生处理更大校外道德两难的受益减少。他说：

> 采用这种方法减少了更多哲学方法所能够提供的实实在在的好处。在一定
> 66 程度上，公共行政伦理忽略了哲学方面，并过于集中在寻求像核心价值观这样的基础和支撑点上，这样的方法在道德上是短视的，并且我们有一个我们能够称为“支撑点近视”的缺陷。（1998：33）

詹宁斯、纳尔逊和帕伦斯（1994）强调伦理学教育的其他目标：培养分析能力、介绍伦理学理论、提高道德推理能力、灌输有限范围内的基本价值观和培养人格。尽管对伦理学教育的总体目标（即使那些认为道德观和价值观根本不应该被教授的）似乎有一个普遍共识，但单个教师在他们的伦理学教育目标方面各不相同。

在丹尼斯（1987）看来，最经常提到的公共行政中的伦理学教育目标是：（a）要培养出知道如何做出道德判断的学生（43%）和（b）要培养出知道如何做出道德判断并且知道谁的行为是合乎道德的学生（32%）。卡特伦和登哈特（1994）提醒我们，这种类型的伦理学教育不仅仅是有关行政人员**不**应该做什么。他们写道：“合乎道德的行为不仅来源于**知道**什么是正确的，而且来源于有**做**正确事情的人格力量。”（第54页，原文强调）

卡特伦和登哈特（1994）也注意到其他可能被视为伦理学教育的目标。这些包括：建设容忍意见不定和分歧的能力，传播民主价值观知识和公共行政人员在美国宪法框架下运作的义务，增进切实理解对行政人员的约束和期望（例如，有关伦理守则、利益冲突法规和组织规范与规则的知识），培养通过影响组织的文化和官僚制规范来管理道德的技能和由领导者来树立道德行为模范（登哈特，1988）。

门泽尔（1997b）对伦理学教育的研究强调，在被调查的伦理学教师中，其在目标上的差异很大。教师的前五大目标（按顺序）包括：

（1）培养伦理争议和问题意识；

（2）鼓励公共服务中的道德操守；

（3）建设伦理决策中的分析能力；

（4）培养公共服务中的道德义务和个人责任的心态；

（5）激发道德想象力（1997b）。

目标略有不同于所有门泽尔所调查的受访者，他们前五名的目标（按顺序）是这样的：

(1) 培养公共服务中的道德操守；

(2) 培养伦理争议和问题意识；

(3) 培养道德义务和个人责任的心态；

(4) 获得更多有关公共行政中伦理标准的知识；

(5) 建设伦理决策中的分析能力 (1997b)。

有趣的是，教师和所有受访者都把熟悉西方道德哲学的传统、获取道德准则知识、最少化组织腐败和培养品德排在最次要教育目标之中 (门泽尔，1997b)。

目标上的这种多样性表明在公共行政与公共事务中的伦理学教育目标上的共识仍然难以理解。事实上，一些混乱部分源于 NASPAA 的标准——“公共课程的组成内容应当提高学生的**价值观、知识和技能**，以使其行为符合道德”(特别强调)。卡特伦和登哈特 (1988，1994) 通过把 NASPAA 的三个关键标准——价值观、知识和技能——变成以行动为导向的目标声明对这一目标进行了阐明。他们把“知识”解释为**教育**的结果，把“技能”解释为**培训**的结果，把“价值观”解释为**社会化**的结果。然后，通过利用这些行动声明，他们在一份被伦理学教育工作组[①]、约瑟夫森研究所政府伦理中心、美国公共行政学会职业道德委员会以及美国国家公共行政学院委员会认可的声明中，提出了下面这些伦理学教育目标： 67

(1) 教育学生理解 (a) 美国宪法历史上隐性的和显性的民主价值观 (自由、平等等)、(b) 政府在处理社会价值观冲突中的职能以及 (c) 公共政策辩论的伦理和哲学基础。

(2) 培训学生 (a) 注意和认识伦理问题、(b) 掌握和完善道德推理的适当方法，以及 (c) 对道德情境的细微差别和不确定性敏感。

(3) 使学生社会化—— (a) 赞成公共服务作为一种高尚事业和公众委托——应忠诚于对最高标准的荣誉和个人诚信，(b) 重视决策的伦理向度就像他们重视政治的、法律的和管理的向度一样，以及 (c) 承担公共服务的多种的有时是相互冲突的义务 (卡特伦和登哈特，1988：4)。

在回应有关价值观是否应该被教授的更主要的争论 (也在上一节讨论了) 时，卡特伦和登哈特博士 (1994) 警告说：

> 社会化目标可能造成最大的误解和分歧。有些人认为伦理学教育不能改变成年人的价值观或行为，而其他人把这样做的企图看作灌输，因而令人反感。但伦理学教育的目标不是能够证明学生会按伦理行事，也没有向他们灌输了一套新的价值观。相反，它是要树立和加强专业规范和价值观，同时努力完善和提高个人反思和判断的能力。(第 55 页)

他们警告说，如果道德的基础没有解决，学生没有被教授识别伦理两难，那么“新的专业成员可能会过于依赖如组织忠诚、未受道德判断节制的技术能力这样的价值观或被动地服从权威 (卡特伦和登哈特，1994：55)。我们补充说，如果对新

① 工作组由在支持和完善公共行政与公共事务中的伦理学教育方面有共同兴趣的学者和实践者组成。要获得完整的名单，参阅卡特伦和登哈特，1994：55。

的行政人员来说，重要的是技术能力和组织忠诚度，那么教授决策技术和道德准则就足够了。然而，在专业中，决策具有社会公正、资源分配和其他公平意义，公共行政人员必须用处理决策的不确定性和社会后果的能力以及做出困难决策并贯彻实施的实力武装起来。话虽这么说，必须解决伦理学如何最好地和公共行政与公共事务课程融为一体的问题。

3.5 将伦理学纳入课程中

当卡特伦和登哈特（1994）研究了将伦理学纳入专业教育中的各种方法时，他
68 们指出，该领域倾向于把教授一门独立的伦理课与把伦理学结合到各课程中看成一种“非此即彼”的建议，尽管他们提倡要利用这两种方法所提供的最佳部分。他们指出，NASPAA 责成学校提高学生“在管理公共组织过程中，在管理第三部门组织过程中，在运用定量分析技术的过程中，行为符合道德的”能力，同时，了解公共政策与组织环境要朝向一体化而相互支持。然而，他们认为，“一门单独的必修课提供……学生一个确定道德问题、精炼道德推理技能以及帮助学生理解不同伦理方法的理论基础的机会”。

在 20 世纪 90 年代，要么/要么的争论还在继续，跨学科课程的集成和独立的课程这两种倡导都存在。回忆门泽尔的数据显示，60%的学校提供了一门伦理课程，而 40%的学校把伦理学整合到学科课程中（1997a，1997b）。门泽尔的数据还显示，71%的“公共行政/公共事务专业学校”提供了一门伦理学课程。对于公共行政/公共事务系来说，只有 59%的系提供了一门课程，对于在政治科学系中授予 MPA 学位的学校来说，只有 53%的系提供了一门伦理学课程（1997b）。在那些回应说他们要么是正式地要么是非正式地（有或者没有独立的伦理学课程）集成了伦理学的人中，受访者主要描述了一个非正式的方法，包括其他课程材料背景范围内的伦理。

卡特伦和登哈特（1994）使用 NASPAA 自我研究报告分析了伦理学课程的覆盖范围。根据他们自己的评价方案，定级 18%的计划为好或非常好的覆盖（例如，认真而细致的规划），定级 23%的计划为适当的覆盖，以及定级 59%的计划为差或非常差的覆盖。不过，他们指出，“总体而言，公共行政计划中的伦理覆盖范围是在不断扩大”（第 57 页），并主张更好地培训和支持教师扩大覆盖范围。

作为一门独立的课程和在核心课程中整合伦理学这两者都主张的也是鲍曼（1998）。他说，尽管引入或要求一门独立的课程是困难的，但整合是不够的：

> 希求把伦理学结合到整个课程中去，而不是一门单独的课程，创建人遇到了几个关键性问题：教师主要进行了技术培训，关注的也是技术培训，专业缺乏具体课程的伦理模块。其结果是，很少有（如果有的话）课程描述和大纲中的重点，只是偶尔在课堂上讨论，并可能是作为学期结束时一个简短的附加。（1998：30）

鲍曼确定了三种相结合的项目：罗得岛州伦理学项目、犹他大学的项目和丹佛大学的项目，尽管他没有在这篇单独的文章中详细描述这些项目（1998）。下面简要讨论一下这些项目。

A. 独立的课程教学

门泽尔（1997b）询问了被用于教授伦理学的教学方法。被用在公共行政与公共事务中伦理学教学中的前五大技术是：小组讨论、案例分析、决策情景、研究论文和讲座，其次是角色扮演、自我评估、视频与电影、对话嘉宾、情景模拟、小说 69
与电影、传记、实地考察，最后是 PC 多媒体材料。

在包括公共行政的许多领域的伦理学教育中，案例分析方法是非常普遍的。基利里、帕斯克莱拉和沃奇诺（1995）喜欢这种教授方法，因为他们觉得这种教学方法有利于促进批判性思维技能、协作和迫使行政人员审查他们的价值观。他们还指出，案例分析方法并不需要在道德指导原则上达成“几乎所有其他教授伦理学的策略”都要求的共识。由于不需要道德共识，案例分析的方法允许学生身上代表的价值多样性。

有人建议，行政伦理学也能够在文科课程和文学的帮助下被教授。埃德蒙森（1995）提出理由说：“文科毕竟能够提供生活经验。假设性案例分析当然试图做到这一点，但它们所提供的经验往往减少了学生的智力参与。”（第 228 页）除了“自由化”的伦理学课程使用文学作品外，他还认为，“公共行政研究生课程管理者可以考虑作为研究生学习准入先决条件的文科课程的数量”（第 228 页）。

另一个包含文学的倡导来自理查森和阿德金斯（1997）。他们提出理由说：

> 在合适的小说作品中，正确陈述的、戏剧性的相互作用能够以几乎超过所有其他方法的方式，激发学生的兴趣并使学生沉浸在其中。在行政伦理学的具体案例中，存在着容忍过分探讨如荣誉、性格、法律、行政自由裁量权、规范、政治权力，甚至人性（如嫉妒、愤怒和仇恨这样的激情）更为基础组成部分可能自然而然发挥的作用这样的主题的著作。（第 202 页）

另一种方法涉及像里佐（1998）所建议那样的虚构故事。她批评案例分析的方法，她说：“不管这个案例写得有多么的好，在这些材料中，学生很少能找到他们自己的问题或者他们应该预见到的工作场所的道德两难。”（第 2 页）她建议“学生把分析虚构和非虚构的案例作为编写他们自己以问题为中心的方案的前身”（第 2 页）。她说，在她的经验中，“学生通常会选择与他们工作经验共同的道德窘境，并把它变成一个叙述性故事”（第 2 页）。她警告一些学生说，不要把案例编写成只有一个正确的答案或一个最好的方法来解决问题，并建议学生在心里应该有多种解决方案。这样，“学生表现出他们自己将一般的道德原则应用到他们进行选择的良心和操行中的能力水平……（并）最有效地把伦理学理论与实践结合在一起”（第 6 页）。我们认为，这样一种方法可能对年纪大、更有经验的学生起很好的作用，但可能不利于年轻学生或那些对作为一种职业的公共行政不熟悉的人。

莱彻（1998）建议教授“行为伦理学”。他提出一种“以实践为导向的教学法”，在这种方法中，“‘合乎道德地工作’是通过行为伦理学取得的实践上的成就”（第 42 页）。“行为伦理学”最重要的部分是反思性质疑。莱彻的教学法实践上的任务包括：应用和采纳伦理准则、使境况具有准则适用的特征、细化公共服务承诺并管理个人的资源和时间。

教授伦理学的另一种方法是使用道德准则（普兰特，1998）。普兰特指出：“当
70 被结合到指导道德推理和现代治理所特有的道德两难方面时，道德准则能够有多大的效用。”（第 163 页）他认为准则是有价值的学习工具，因为它们是“真实的”和“表达公共价值观的尝试”。

有些人认为，伦理意识可以由展示更加具体伦理观念的特定类型课程来培养。利兰（1995）暗示，减少偏见的课程超越了大多数伦理学课程教授的典型“伦理意识”。她认为，这样的课程教导学生“要成为符合伦理的和有道德的领袖”，因为它会“发现那些限制公共部门管理者服务于更大公共利益的态度和价值观”（第 41 页），克服“任何可能会限制他/她为公共利益而工作的能力的偏见”（第 42 页）。当然，这是一种可以补充其他伦理学教育的方法，然而，公共行政与公共事务院系不应该完全依赖于这样一种特定的主题来教授更广泛的伦理价值观和技术。

事实上，登哈特（1997）建议公共行政与公共事务学院应该从更广泛的政治角度探讨伦理学。她写道：“从政治角度探讨伦理学，允许行政人员通过训练政治判断力和参与政策制定过程来追求民主理想。”（第 1091 页）她还指出，这样的一个角度将“强调结果而不是过程……塑造和指导个人直接责任，而不是为中央权威制定正式的组织结构和工具……（并）允许行政人员有足够能力和自由裁量权在政治环境中负责任地行动，而不是依靠控制和标准化”（第 1099 页）。迈耶和塞德尔（1998）在他们对在硕士学位项目中作为一种教授伦理学途径的约翰·霍普金斯大学公民身份课程的描述中重复了这种观点。

B. 伦理学的集成

哈耶卡-伊金斯（1998）把课程交叉集成称为“课程注入”，并解释为“一个内容适当的信息被无缝地嵌入现有的学术课程中，从而传达到它们本该在的学生身上的策略”（霍培尔和沃兹沃思，1992：46）。关于“我们社会的道德滑坡”，李斯曼提出了一种伦理学集成的理论框架（1996：1）。他认为，由于对如诚实、公正和自主这样的基本价值观取得一致意见，通过一个可选的服务学习（社区服务）组件，伦理学能够被集成到案例分析中。他写道：“把伦理学集成到教室课堂的首要目标是要帮助学生发展自己的能力，以便对伦理问题进行批判性思维。第二个目标……通过把伦理学纳入课程表中来促进道德成长。”（1996：67）他主张通过案例分析来促进思考具体问题，并提供学生可以用来练习决策的道德两难事例。

并不像它听起来一样容易，沃尔顿、斯特恩斯和克雷斯皮（1997）认为，为了

集成有效，三个目标必须完成：(1) 在该领域中的伦理争议和伦理问题意识必须得到提高，(2) 分析决策技能必须得到建设，以及 (3) 道德责任和个人责任的心态必须加以培育。为将伦理学集成到政策分析的课程中，沃尔顿、斯特恩斯和克雷斯皮 (1997) 提供了一个“三管齐下”的策略，其包括了解基本的道德哲学，通过一 71
种“各方义务矩阵”并应用这种矩阵来分析伦理问题。

C. 建立联合的途径

哈耶卡-伊金斯 (1998) 为伦理学课程设立以及伦理学与其他课程全面结合提供了一个综合模型，虽然她并没有为实际学习计划提出具体详情。她的六步骤的模型包括：

(1) 在学术部门确定关键的利益相关者；

(2) 举行战略会议，以便论证这一学习计划的必要性，获得承诺并激发想法；

(3) 进行需求评估；

(4) 制订课程灌输计划，包括设计课程模块、列出附加说明的资料书目、收集案例分析、任命伦理学教师、交叉培训和技能培训；

(5) 培养教师能力；

(6) 评估计划。

在他们获得美国教育部门支持的“罗得岛州伦理学项目”中，基利里、帕斯克莱拉和沃奇诺 (1998) 发现，在召集教师和州机关领导人来讨论伦理学和伦理学教育方面很少有障碍。该项目的目的是使教师为教授由三家高等教育机构合办的 MPA 核心课程中的伦理学做好准备。他们举行了为期 6 天的、由全国伦理学专家主持的、11 名 MPA 教师和许多州机构领导人参加的讲习班。教师们提供“理论测试”，而实践者验证“事实测试”。最重要的项目成果包括：核心伦理学课程在 MPA 项目中的制度化、教授和学习伦理学的工作模式的建立、案例选集的出版和伦理学与公共服务私人慈善家捐赠中心的成立。

最有趣的整合计划之一被发现在犹他大学的 MPA 项目中，它使用一个“伦理学矩阵”：“建构伦理学在 MPA 核心课程内容中的作用、促进这种作用的发展和持续性并能方便看到和审查这些课程之间关系中的伦理学作用。”(尼尔森和范·胡克，1998：37) 这种矩阵开始于 1976 年，被集中在 MPA 学生在他们课程作业结束时参加的伦理学研讨会上。此次研讨会的目的是整合所有有关伦理学课程作业，并且把学生的理论和实践经验与实质性的研究和论文写作计划和口头报告联系起来。通过穿插有关个人与群体、法律与法规责任、行政自由裁量权与问责和操行的主题 (尼尔森和范·胡克，1998：46-49)，伦理学也成为 MPA 项目的其他课程的一个组成部分。该矩阵获得年度教师静修所、教师与实践者的伦理学研讨会和利用该大学哲学与政治学系的资源的教师的支持。

厄扎尔 (1998) 提出，伦理学整合可以通过设计以成果为中心的课程来实现，将注意力集中于可以纳入所有课程的学习成果。例如，一些适用于公共部门伦理学

72 的成果可能包括：对价值观和理想的认识、推理和反思技能、道德判断的履行以及动机与信念（厄扎尔，1998：90－95）。通过下面的做法可以开发出以成果为中心的学习方式：(a) 询问学生毕业后需要做到什么，(b) 制定评估学生学习成果的方法，以及 (c) 为每种成果设计适当的教学策略。

其他伦理学整合实例提供了类似的描述。整合并不局限于公共行政。例如，通过把伦理学整合到工商管理硕士（MBA）课程中（威特默等，1998），丹佛大学也调整了其 MBA 项目。

D. 谁在教授伦理学？

近 10 年前，门泽尔（1991）想知道公共行政与公共事务是否有合适的教师来教授伦理学。他问："有没有既是哲学上经验丰富的（知识渊博的和敏锐的思辨者）又是以实践为导向性的（能够理解和适应行政人员面临的问题）的老师？"（第 10 页）他进一步质疑："普通教师如何有效地给普遍的公共行政学生教授伦理学？"（第 10 页）他自答说，"在道德哲学、公共行政和公共政策方面真正有准备的学者太少了"（第 10 页）。

门泽尔的研究涉及谁在教授伦理学课程（1997b）。他的数据显示，主要是由公共行政与公共事务专职教师教授伦理学课程，有大量的兼职教师补充。然而，他警告说，谁正在教授伦理学的人口统计数据显示了种族－性别－民族的因素："调查发现，每四个伦理学教师中不到一个是女性，几乎没有一个是非白人。"（第 523 页）他的数据还显示，那些教授伦理学人中的 90%是"出于他们自己的个人兴趣而被吸引到教授伦理学上"（第 523 页）。伦理学老师列举的其他原因是被要求教这门课程和满足 NASPAA 要求，但 55%的受访者表示，他们教授伦理学是因为他们的研究兴趣。

在伦理学教育方面，教师的培养仍然是一个需要关注的领域。鲍曼和门泽尔（1998）指出，教师的培养和招聘需要做"更多的工作"。他们建议，综合性大学和如美国公共行政学会和美国政治科学学会这样的职业协会可以提供培养教师能力的场所和研讨会。具体来说，美国公共行政学会的伦理学分会可以提供培训材料和场所。

分析完伦理学教育中使用的一些教学策略，我们现在转向有效性的问题。

3.6 伦理学教育有影响吗？

在公共行政与公共事务中论述伦理学教育文献中的一个严重空白涉及有效性①。

---

① 正如麦克唐纳和唐利维（1995）所指出的那样，在商学院论述伦理学教学的文献中，也存在差距。麦克唐纳和唐利维对一些已经完成的有效性研究进行了评论。例如，像其他学者一样，卡尔森和伯克（1988）把在高等教育机构中的伦理教学与"学生对伦理两难的思考演进"联系起来。但是，这样的研究无法确定工作场所的相互关系。

在迈因策尔（1991）赞成教授“通俗伦理学”或“我们社会中的普通人能够理解的、涉及没有完全表达清楚的行为指南的反思模式”（第 11 页）的论证中，他指出教授伦理学的困难在于没有与以后生活中的道德行为相关联。他指出：

> 伦理学是最难教授的部分，因为我们几乎从不能够合理假定我们已经成功实现了我们的目标：对学生将如何在他们实际的公共行政责任内行动产生影 73
> 响。我们能够教授**关于**善良的知识，但我们不知道我们能够教授善良。（第 3 页，原文强调）

后来，他的结论是：

> 无法一生都陪伴学生，老师可能只希望已经加强了他们自我身上拥有一种自我独立判断元素的意识。一个人的自我部分滋生一种与甚至是与如法规、既定的政策、等级命令、专业标准、广泛认可、放心的习惯、体面的自我利益、爱的需要或可敬的激情这样的行为指南相一致的行动的怀疑。（迈因策尔，1991：21）

1995 年门泽尔通过向随机选择的 NASPAA 会员学校之中的 4 所学校的校友邮寄调查表的方式对 NASPAA 会员学校进行了调查并以此为基础。他调查校友的目的是要看看伦理学教育是否起作用（1997a，1998）。他的研究结果显示，74％的受访者遇到工作场所的道德两难。然而，只有“43％的受访者表示，他们的研究生伦理学教育的经验帮助了他们，而 31％的受访者表示没有。每 4 个之中只有一个表示他们不确定”（1997a：227）。那些说他们的伦理学教育产生了影响的人对价值观强化进行了评论：“许多受访者表示，他们的伦理学教育特别是体现在他们参与过的伦理课程中的伦理学教育并没有用新的或不同的价值观取代旧的或现有的价值观，但澄清和强化了那些他们带到他们学习课程上价值观。”（门泽尔，1997a：227）其他人对伦理学推理方面的课如何帮助他们全面思考工作场所中的道德两难进行了评论。那些觉得他们的伦理学教育并没有帮助他们面对职场的道德两难的人支持伦理学教育批评者，这些批评者说价值观很早就被学会并且不能被教授。正如门泽尔所说：

> 在那些说他们所接受的伦理学教育并没有帮助他们处理道德两难的人之中，一些人认为他们的道德体系已由家庭教养塑造成型，当他们面临着两难时，这种家庭教养是好还是坏是最重要的。（1997a：227）

门泽尔（1997a）还问校友确定影响他们的“道德观念与行为”的因素。家庭、朋友、教会和与同事的互动在重要性方面位列前四。其他影响主要涉及学校和职业协会。有趣的是，“伦理学课程中对道德标准和价值观的讨论”在整体重要性方面排名第四，其次是“MPA 课程中对作为一个整体的道德标准和价值观的讨论”。门泽尔认为，“总而言之，这些研究结果表明完成伦理学教学的正式课程是有价值的，即使受访者认为非教育方面的影响更重要”（1997a：228）。此外，有些教学技术——案例研究和决策情景——看来好像提高了校友解决道德两难的“自我报告的能力”（门泽尔，1998）。其他常用的技术（例如演讲、小组讨论等）不是很重要。

在 1995 年与 1997 年，赖斯、尼尔森和范·胡克（1998）给犹他大学的 MPA 毕业生寄去了意见调查表，以便研究 MPA 项目中伦理学教育的有效性。据他们所说，“有 68.1％的受访者积极评价他们在此专题领域的‘收益’，64.3％的受访者回答说，他们发现在他们的职业生涯中该领域很重要”（第 52 页）。然而，20％的受
74 访者是不能确定的，约 10％的受访者是否定的。一些受访者（12.5％）认为，他们参与的伦理研讨会“帮助学生获得了对进行伦理决策的有关基本结构的了解”（第 53 页）。其他好处包括提高了人们对伦理决策或案件与问题的意识（8.33％），同时研讨会“增强了学生对公共行政人员面临的伦理约束和挑战的了解（7.41％）”（第 53 页）。然而，12.04％的受访者表示，伦理研讨会“没有——或可能没有——使学生更合乎道德规范”。

这些研究成为受欢迎的成果，填补了伦理学教育有效性方面的空白。结果大多是令人鼓舞的，但不足以概括宣称公共行政与公共事务专业学位课程伦理学教育是一个鼓舞人心的成功，并主张强制把作为必修的伦理学培训包含在这些课程中。不过，我们确信研究显示伦理学教育——作为一门独立的课程和通过课程交叉集成——有助于使公共行政与公共事务毕业生为他们可能面临的工作场所中的道德两难做好准备。

3.7 结论与启示

在他们对公共行政中伦理学的研究中，卡特伦和登哈特（1994）最后对教育目标、课程内容与课程整合战略的多样性进行了解释。他们认为，多样性

> 体现了从与公共管理教育有关的伦理学多向度进行选择的必要性……其次，它反映了需要定制与整套课程和计划融为一体的伦理学教育方法……最后，当然，它代表着那些对在课程要包含什么进行选择的教育背景和倾向。（第 59 页）

我们同意多样性仍然是适当的，但是，我们最后把重点放在对进一步完善公共行政与公共事务学院中的伦理学教育目标的需要上和对了解这样的教育是否对工作场所中公共行政人员可能面临的道德两难发挥作用的需要上。当然，在实证研究方面的差距需要更多像门泽尔（1997a，1997b）一样的研究来弥补。在我们能够使工作场所的道德决策与伦理学教育相互关联之前，即使公共行政与公共事务学院以最有效的方式来结合和教授伦理学，也不能担保行政人员将练习所学到的知识和行为合乎道德。此外，如果教育心理学的研究表明研究生不能教授道德价值观，那么伦理学教育应该在早期阶段或至少是公共行政与公共事务或公共政策项目本科阶段解决。

我们也建议伦理学课程或综合了伦理学的课程可以把可能会提高对工作场所特定类型的道德两难的敏感性的具体道德行为和价值观（例如，偏见的减少）作为课

程目标，而不是千篇一律的伦理学教育。此外，我们建议继续强调民主价值观，而且建议公共行政与公共事务学院要求学生参加一些文科培训或预备知识，以便提高他们提出尖锐的问题的能力，并艰难通过社会生活的道德泥沼。最后，为了跟上课程改革和创新的节奏，公共行政与公共事务教师必须被鼓励去教授和灌输伦理学，并且必须在伦理学教育方面获得更好的培训。

参考文献

请从中国人民大学出版社官网（www.crup.com.cn）下载，或者用微信扫描下方二维码获取。

第 *4* 章

在职伦理培训

阿普里尔·哈耶卡-伊金斯
美国加利福尼亚州斯坦尼斯洛斯加利福尼亚州立大学

4.1　导论

79 目前伦理培训的做法已被比作埃菲尔铁塔，从三个方面才能最好地被理解。第一，要把握好埃菲尔铁塔的复杂工程结构，就必须近距离观察，以便研究它的基础架构的“具体细节”。就在职伦理培训来说，一些倡导者认为，公共管理者必须了解他们行为的法律依据，并遵守具有约束力的法规。第二，要理解这座纪念塔的高度和宽度，必须从埃菲尔铁塔的顶部看，以便欣赏其全景的辉煌。同样地，一些伦理培训支持者认为，在职伦理培训要有效率，必须赋予其崇高的伦理标准和激发行政人员为善的道德推理过程（布洛克，1991）。第三，埃菲尔铁塔需要从远处看，以便获得它如何与其周围环境相适应的整体视野。一些伦理培训支持者声称，整个组织必须提供一个环境，在此环境中，个人道德得以培养。他们断言，没有一个整体的视野，个人的道德操守就会有问题。

这篇文章的目的就是要通过五个问题来探讨公共部门中的在职伦理培训的现状：(1) 理解当今公共部门中的在职伦理培训演变的背景是什么？(2) 涉及目标、内容和方法的伦理培训计划的当前范围是什么？(3) 在联邦政府、州政府、地方政府和职业层面的公共服务的伦理培训计划是什么？(4) 在职伦理培训的效果如何以及什么样的方案因为对这一领域来说是有效的而正在被提倡？（5）通过研究这些问题，能够收集到有关在职伦理培训什么样的知识？

来自在职伦理培训文献中的四个主题将要在这一章讨论。第一，在在职伦理培训中，目前存在四种竞争性的方法，在满足公共服务从业者的需求方面，每种方法都有一定的实用性。第二，每种伦理培训的方法都代表着一种具有长处和不足的特定模式，这些长处和不足在为公共部门机构设计和实施方案时需要考虑。第三，笔者认为，如果理论家和实践者都认识到，在决定在什么样的条件下哪种类型的伦理培训效果最好时，需要一种情境的视角，公共部门中的伦理培训才能最好地推进。遗憾的是，假设往往被设定为，必须有一个最好的方式来促进公共服务的道德行 80
为，但是，在职伦理培训不仅取决于什么是“应该”发生的，而且取决于什么是现实可能的。因此，这种情境观点的基本前提是，理想和现实的融合成为可能。因此，为了设计有效的在职伦理培训计划，影响情境策略的因素将会被人建议。第四，批评现有的在职伦理培训的方法也将被提及，这种批评指向建构了美国社会公共服务性质的中立组成部分的道德二元论。矛盾就存在于试图根据公民德性的标准来教育公共服务机构从业人员。然而，广泛意义上的社会根据公民的商业伦理而运转（文垂斯，1991）。应对作为公民教育的在职伦理培训问题的建议将被提供。

在着手讨论公共部门中的在职伦理培训之前，应澄清“行政伦理”这一术语。凯瑟琳·登哈特（1984：37）已对“公共行政伦理学”做了如下定义：

> 要合乎道德就要求行政人员能够独立参与合理审查和质疑标准的这一过程，行政决策就是根据这些标准而做出的，至少组织中的决策是根据这些标准而被合法地做出的。因为社会价值被更好地理解或社会关切被表达出来，标准的内容可能会随时间而改变。行政人员应该要准备调整决策标准以适应这些变化，始终体现对我们社会核心价值的承诺和对组织目标的认同。行政人员将为所做决策和指导这些决策的道德标准承担个人的、职业的和组织内的责任。

总之，登哈特把公共服务伦理描述为一个过程，在这种过程中，公共管理者发现了涉及机构内部问题的道德标准，独立地评论这些决策标准，并为提出的决策承担个人的和职业的责任。因此，这种定义包含两个方面：一个是作为行政人员指导方针的道德标准方面的内容要件，一个是建立一种确定和评论道德决策以便采取正确行动的方法的过程要件。然而，除了培养道德判断力之外，需要的第二个方面是道德行为，这是具备执行建立在协商进程上的道德决策的道德人格所必需的。寻求过诚实的生活或行动合乎道德，必须伴随着是否要采取道德行为的道德判断力（库珀和赖特，1992）。

“在职伦理培训”是指为了赋予机构中的从业者公共服务伦理而使用的教育方法。教学包括伦理培训中的教育目标、内容和方法，所有这三个方面是争论和新发展的焦点。

4.2 朝向一种在职伦理培训的类型学

要了解在职伦理培训的现状，需要对公共行政伦理的演变做一些序言性的评价。在20世纪早期，由于进步主义改革者，如伍德罗·威尔逊，坚信政治与行政应该保持独立，联邦一级的公共服务伦理的发展被大量地减到最少。在应对早期
81 “政党分赃制”的过程中，中立、公正的公务员制度是一种理想追求。虽然需要具有良好品格的个人，但伦理培训不被认为是公共管理者教育的一个重要部分，因为在执行公共政策过程中公务员被认为有极少的自由裁量权。然而，自第二次世界大战以来，随着政治-行政二分法的逐渐消亡，学者和从业者开始承认公共行政人员在其决策中行使着重要的自由裁量权（罗尔，1989）。

然而，自从卡尔·弗里德里奇（1935）与赫尔曼·芬纳（1972）之间的早期争论以来，关于个人层面上的伦理重点应该是外部的还是内部的论争随之而来（库珀，1998）。论争强调的是应该建立要求服从公共管理者的法律控制，还是在公共行政人员中培养道德判断力，以便根据一些公开承认的职业标准或道德原则做出符合道德的行为。

一方面，包括道德立法和道德守则的外部控制被视为像要求公共管理者至少遵守法律以及最好颂扬他们践行职业道德标准一样是必不可少的。另一方面，当外部控制以公共管理者的法律义务为基础并突出职业理想时，效果主要是反应性的，有时是消极的，因为这样的做法往往传达的是行政人员不应该做什么，而对他们应该做什么大多是口惠而实不至。例如，詹姆斯·克罗希（1997）就主张合规方法是无效的，因为规则从来没有涵盖所有的情况，而主观的解释会引起行为上的广泛变化。罗伯茨和多斯（1992）认为，过度的外部控制降低了个人责任和良好判断力的重要性，要确保公众的信任和公共机构的诚信，个人责任和良好判断力是必要的。因此，合规培训的负面结果可能挫伤积极性，阻碍行政人员对职业的道德理想主义承诺。

与外部控制相反，内部控制创立了一个不同的侧重点。首先，它们由两部分组成：道德判断力（需要行政人员学习崇高的道德标准、职业精神和应用这些标准进行伦理决策的方法）和道德品格（包括发展对根据道德判断力而行动来说是必不可少的美德）。这种方法能够引导公共行政人员在服务公共利益过程中，发挥道德诚信方面的最高潜能，但它也存在问题，因为该领域对于什么样的内容和方法应该被用来产生想要得到的结果，以及这样的结果是否切实能够获得仍然含混不清。

一些理论家集中在道德判断力的发展上。例如，反对合规培训的基利里、帕斯克莱拉和沃奇诺（1995）主张，伦理培训应该提供发展道德判断力的机会，因为这促进了道德能力。其他理论家如登哈特（1994）专注于品格伦理，把它作为确保政府中的道德操守的基础。在培养美德方面，理论家［如库珀和赖特（1992）、理查森和尼格罗（1987）、弗雷德里克森和哈特（1985）］强调公共服务中的道德典范的重要性。他们希望激励公共部门从业者在面对道德冲突或危机时，效仿那些带着

荣誉、勇气、仁慈和诚信而行动的人。

根据这些朝向行政伦理的方向，在职伦理培训的教育目的和预期成果应该是什么——坚持外部控制还是发展内部控制？对这个问题的回应使得组织理论中的官僚组织与民主组织、X 理论管理风格与 Y 理论管理风格之间的经典差异并行（麦格雷 82
戈，1957）。前者中，很明显人类的本性被认为可疑，因此，外部结构和控制必须确保达到所期望的行为。后者中，其假设是，如果教育适当，他们将发展出内部判断，行为不仅是正确的而且是模范性的。这种关于人性基本假设的二分法已弥漫于伦理培训领域和职业领域，并从根本上影响了教育的宗旨和目标。

例如，约翰·罗尔（1989）做了“低阶”（low road）伦理和“高阶”（high road）伦理之间的区分，并批评了这两者。第一种方法被称为“低阶”伦理，因为它强调只遵守正式规则。这种类型的伦理培训重点是在向参与者传授在部门规章下什么样的行为是或不是被允许的练习上。罗尔的结论是，这样的做法是没有希望的、消极的，因为它把伦理降低为远离麻烦和专注于琐事，而忽略了公共服务的重要道德层面。

罗尔把第二种伦理教育方法称为“高阶”伦理（因为它强调社会公平），他试图把它贬低为要么太崇高，要么与行政伦理的基础不相关。来源于与“新公共管理”相关联的政治哲学的社会公平要求太苛刻而不是伦理培训的一部分（马里尼，1971）。当公共管理者集中于职业发展时，期望他们以哲学的严密为基础是不现实的。

罗尔也反对把人本主义心理学作为伦理培训的正当基础，因为它包含了可应用于组织生活的所有规范性理论。就人本主义心理学来说，他提到如亚伯拉罕·马斯洛、罗杰斯和劳伦斯·科尔伯格这样的理论家。虽然他们的理论涉及在社会或组织背景下的个人，但公共服务伦理（前面定义的）有不同于这个视角的单独需要考虑的事项。例如，罗尔指出，人本主义心理学与个人道德有关，但是，它并没有涉及探寻个别公共管理者的具体角色责任，也没有试图区分源于这种行政角色的私人责任和公共责任。

罗尔的批评导致他把基于公共部门雇员面对美国宪法宣誓誓言中的政体价值作为“中间道路”和伦理培训的正当基础。虽然罗尔可能宣称该政体价值比社会公平或自我实现更适合作为公共行政的指导精神，但是需要强调的是，他的目的类似于他反对的“高阶”伦理——其目的是培养那些把道德洞察力看作自己责任的公共管理者的道德敏锐感，目标是个人的道德意识和道德推理的发展。因此，罗尔的评论显示了反映前面讨论了的个人行政伦理两种基本取向的两种伦理培训方法。

A. 合规伦理和诚信伦理

卡萝尔·刘易斯（1991）通过描述她标名为合规伦理和诚信伦理的两种模式的伦理培训来阐述罗尔的两种区分。合规伦理引用涉及法律条令的员工指令或机构规则，以便获得他们的遵守。换句话说，员工不应该做什么。正如刘易斯（1991：9）解释说：“主要是一种规范性的、强制性的、惩罚性的，甚至胁迫性的途径，这种

83 伦理方法旨在促进对最低标准和法律禁止的服从。它是通过控制可接受的风险程度而不是纯度完美无缺的工作而得以强迫的。”在合规伦理或“低阶”伦理中，监督和控制成为管理的责任。

合规伦理的培训大纲强调的是法律条令和机构规范。培训的目的是向参与者传授这些规则的知识，并帮助他们增进对道德法规具体应用于公共行政人员角色的了解以及他们将如何受到影响。介绍的方法有所不同，但通常包括：现场讲座、视频、电影、案例分析、座谈会、小组练习和讨论。与所使用的技术无关，规则遵从将决定培训的目的和内容。

合规伦理培训的例子比比皆是。科迪和理查森（1992）提供了道德指南，其对政府官员规定的行为进行了全面描述，此外还讨论了通过伦理委员会和政府机构而存在的强制机制。内政部出版的《伦理：员工指南》（美国内政部，1998）概述了财务披露和利益冲突方面的法定标准。政府伦理办公室要制定包括出版参考物（如《行政部门雇员道德行为准则》以及有关行为准则的录像带）、财务披露和利益冲突的标准（美国政府伦理办公室，1999）。在州一级政府，州伦理委员会向公共官员和雇员、政治候选人和说客提供伦理法令信息，涉及有关财务信息披露、利益冲突和游说法规（COGEL，1999）。如芝加哥、洛杉矶、西雅图和其他城市都成立了伦理委员会以便执行法律。在以治理政府官员和工作人员的行为为目的的监管政策过程中，这种样本在联邦和地方各级政府中都显示稳步上升，因此，对合规伦理培训使用的大力强调是用于传授伦理法规、它们的应用及其后果知识的教学方法。

诚信伦理企图引起对公共服务精神、伦理标准和价值观的注意，以及创造一种道德推理过程，以便激发模范行动或道德操守。其重点在于促进以自我责任感和道德自律为重要组成部分的道德品格。它依赖于内部的、积极的、主动的和自愿的努力，而不是外部的处罚、控制或诱因。罗尔的“高阶”伦理和“中间道路”伦理的分类就反映了这种倾向。

有关诚信伦理培训的课程将首先着眼于逐渐意识到可能构成这一领域的规范性基础的不同精神和道德标准。其次是鼓励一种像杰克逊（1993）或雷诺兹（1995）和其他人所建议的道德推理方法。一种基本价值——例如由罗尔（1998）所倡导的政体价值，由斯蒂弗斯和金（1998）和博客斯（1998）所倡导的公民身份，由弗雷德里克森（1997）所倡导的社会公平或来自修改后的美国公共行政学会（范·沃尔特，1996）守则的原则——构成了职业伦理标准。这些价值中的任何一种都可能适合成为发展道德敏感性的基础。随后，公共管理者将学习如何将其应用于道德决策过程，以便解决公共工作场所中的道德问题。作为课程的第三个组成部分，可以通过思考道德模范的生活和他们所拥有的品质来探索美德。然而，重点通常是在对道德标准的了解上和对促进道德行为和诚信来说是必要的道德推理上。

84 一个很好的诚信伦理的例子由加罗法洛与吉纳斯（1994）所提供的。他们认为，伦理教育与道德教育之间的微妙平衡应该是首要目标。前者指形成分析和批判性思考伦理问题的过程，而后者的做法着重是在行为标准的灌输和道德行为的培养。在这些规范性的理论家看来，面临的挑战是在保持道德自律的同时，还要增强依德而行的可能性。道德推理过程的发展和精神态度与道德素质的结合优先于灌输具体的标准和规范的行为。

互动教学将被用来传播诚信，就像在罗得岛州伦理项目中所建议的那样（基利里、帕斯克莱拉和沃奇诺，1998），其中，基于公共官员和管理者的实践经验的案例分析成为进行伦理决策的基础。职业价值观和标准为将伦理决策应用到具体案例分析的情景中奠定了基础。道德决策模型已被众多的规范性理论家所建议，如布雷迪和沃勒尔（1996），沃尔顿、斯特恩斯和克雷斯皮（1997），以及其他人。但是使用最广泛的方法之一是由特里·库珀（1998）所提供的。他结合了道德原则的标准、可能产生的后果和考虑价值冲突方面的公开辩护。该模式为公共服务从业者提供了一种道德反思的过程，以便在面临道德困境时应用于权衡他们的客观责任和主观价值观。

刘易斯（1991）指出，合规伦理和诚信伦理两者都实现了某些必要的目标，但是也含有根本性的缺点。为了确保责任，合规伦理培训对公共管理者来说是必要的。这一点对从事公共服务来说非常重要。然而，它易于阻碍他们做出超越最低标准的行为。合法的可能是不对的。诚信伦理培训的目的是鼓励高水平的道德操守，除了避免不道德行为、陋习和腐败的问题发生之外，个人的诚信伦理培训可能超出一些人的能力。

此外，由于合规伦理和诚信伦理的重点只针对个人，组织对伦理行为的重要影响很大程度上被忽视。对这两种方法的批评已对这种微观层面分析的恰当性提出了怀疑。如果伦理培训只针对个人行政人员，那它可能有效吗？如果公共管理者的工作场所不支持或者更糟糕，因而阻碍合乎道德的行为，我们能够期待他们怎样合乎道德呢？我们是不是在通过促进专门面向个人公务员的伦理培训而设定虚假的期望？

B. 融合伦理和集成伦理

为了应对对合规伦理和诚信伦理的批评，刘易斯提倡融合伦理，试图把两者结合成第三种模式——对正式的法律标准的遵守和转化为个人道德责任的道德判断力的培养。就像库珀（1998）所建议的那样，公务员需要了解和回应他们所负有的客观责任和强加的义务，以及他们的主观责任。主观责任体现了立足于个人经验的职业伦理的发展。

这样的伦理培训方法将两种课程结合在一起：（1）要能够负责任和履行客观责任，必须了解法律条令或机构规范和最低标准以及这样的伦理法律将如何适用于实 85
践中。（2）确定伦理标准和价值观，例如，体现在民主精神或职业伦理守则中的那些伦理标准和价值观，教授道德推理过程，这将有助于公职人员运用这些原则来提升他们的道德操守，并将道德模范作为鼓励践行公共服务美德的榜样。前面所讨论的、用于合规伦理和诚信伦理的技术同样可以在这种模式中采用。

融合伦理的一个很好的例子是经由 ICMA 出版的《伦理因素》（凯拉，1988）中的伦理培训计划。作为一本自助手册，其重点包括两个方面：（1）发展建构一种对伦理规范运用于特定职业群体或公共服务从业者群体的知识的互动过程。(2) 发展伦理决策的技能，从而使学习者提高他们在处理模糊的伦理问题方面的道德判断力锐利度。随同实际管理读本《伦理洞察力，伦理行动》（凯拉，1988）一起的领导者指南（霍珀，1998）概述了推动研讨会的教学，并提供了自我评估、练习和案例分析。

在联邦政府层面，格罗斯尼克（1995）建议伦理培训的融合方法。虽然他承认有必要向政府官员和雇员展示法规、规章和它们的法律后果，但他坚持认为，这并不能保证他们会理解道德体系的重要性和实用性。伦理培训不但应该使政府雇员涉及相应的法规和罚则，而且应该使他们适应在公共服务中的职业角色，帮助他们把伦理原则运用到相关的道德问题上，使他们更好地为对困难和不断变化的情况做出合乎伦理的反应做好准备。

特鲁尔森（1991）也支持融合的方法。从合规伦理的角度来看，她承认向公共行政人员传授法律规定的重要性，并提出给所有联邦雇员提供一个伦理出入口简报的系统。但她也警告说，单一的这种方法过于严格，倡导“伦理意识包”，包中包括如“刺激道德想象力、促进对道德问题的认识、发展分析能力、引发道德责任感和激励道德行为”（第 233 页）这些目标。她的培训技术旨在通过帮助公共管理者区分道德和不道德行为，采用体现民主精神的职业道德守则或伦理原则和通过案例分析来应用道德推理的分析方法，以促进负责任的道德操守来提高道德判断力。

此外，特鲁尔森也认为，融合伦理必须合并到机构文化中去。这种观点是对越来越多的这种批评——合规、诚信或融合伦理中的伦理培训针对的只是公共管理中的个人层面的一种回应。因此，第四种模式已经开始在文献中浮现，它可以被称为“集成伦理”。要理解第四种模式需要把伦理培训中最常集中的主要分析单元——个人行政人员——转移到个人行使职能的组织背景上来。许多行政和组织理论家已批评了对个人职业伦理微观上的强调，并坚持认为正确的分析单元是组织或者至少是组织内影响行为至关重要的因素。

自 20 世纪 80 年代以来，对伦理培训的集成模式的强调一直被各种理论家所倡导。例如，博林和登普西（1981）就主张，大多数伦理培训的重点为个人责任，但
86 他们认为重点应放在组织改革上。三种类型的组织变革被倡导：机构规范性准则概念上的澄清，对持不同政见者或举报人的组织保障，涉及所有组织成员的伦理培训。其他规范性理论家已对这一主题进行了拓展。

鲍曼（1990）对 750 个公共行政人员进行一项全国性调查以确定他们对当代政府中的伦理问题的态度。来自受访者对公共管理者的伦理培训的建议就是他的调查发现之一。他指出，大量的受访者建议组织培训和发展战略包括三个方面的要素。第一，机构的使命必须和完成它所需要的活动一同被界定；第二，员工必须参与创建机构的伦理守则；第三，高级机构管理者必须“言行一致”，或通过模范遵守他们希望促进的道德来树立创造一个有道德的组织气候的榜样。

赞同鲍曼的布鲁巴克（1991）警告且反对发生在真空中的伦理培训，主张不道德行为的主要先决条件是情境。在布鲁巴克看来，工作在不良组织气候中的训练有

素的人是不可能产生道德操守的。因此，分析层次必须包括组织和个人两个方面。他对合法性和伦理做了区别，主张应制订包括两个方面的一种组织视野的伦理计划。雇佣中的伦理因素、绩效管理中的伦理因素、伦理培训和伦理计划审核都在其组成要素中。

在雇佣过程中，通过确保政策及程序合乎伦理、建立机构的诚信声誉和要求新雇员通过政府就职宣誓来保证对伦理的承诺，伦理能够被强调。在绩效管理中，伦理因素能够被纳入评估过程，同时管理人员可以被要求评估员工的道德操守。关于伦理培训，布鲁巴克（1991）强调发展伦理敏感性，不是如此多地通过案例分析而是通过讨论出自合规和诚信两种观点的机构的期望。小组练习和讨论优于案例分析的方法，可以将伦理培训转变成智力练习和安慰剂。最后，任何公共机构的伦理计划都应包括定期审查，看看所有的组件是否都正运作良好。要收集病症和传递组织内伦理的重要性，审查应包括对员工进行一项有关他们对机构的伦理氛围和伦理计划的看法的民意调查。

刘易斯（1991）也利用这些组织的发展战略来构建一个全面的组织视野的伦理计划，使培训成为一个重要组成部分。刘易斯和鲍曼一样认为，任何机构的伦理计划必须从最高领导层的承诺和为组织定下基调并形成组织文化的那些人树立楷模开始。这意味着，执行经理必须使伦理在组织中成为一个关键的优先事项，并确保它被融合到每一个方面。在布鲁巴克和鲍曼的基础上，刘易斯的干预策略包括：各级员工参与制订机构伦理守则；在招聘、绩效考核以及激励与约束制度中加入伦理因素；进行机构伦理审核；提供合规和诚信的培训与咨询，以及向管理的中层和上层教授伦理管理技能。

换句话说，这种集成模式开始体现了分析公共机构的“组织发展”（OD）方
法，使伦理成为干预焦点。要考虑贝克哈德（1994：21）提供的组织发展的著名定 87
义：“（组织发展）是一种（1）有计划的、（2）组织范围内的、（3）自上而下管理的、通过（5）利用行为科学知识有计划干预组织的‘过程’以（4）增强组织效能和健康的努力。”

在这种情况下，建立一个整个机构范围内的伦理培训计划的目的是增进作为目标的道德操守。高层领导必须致力于铸就成功，不仅是通过支持该项计划，而且是自己积极参与制订伦理计划，例如率先形成使命陈述和各级机构参与的相应伦理准则，并在组织内因所信奉的道德操守而成为榜样。有计划的干预起因于利用伦理审查而获得的组织氛围诊断结果。融合伦理的组织变革可以发生在所有的管理层级和在现有机构的结构和文化中。因此，伦理培训成为组织范围内“规范性再教育”努力的重要组成部分（钦和贝恩，1994）。

杰拉尔德·加布里斯（1991）呼应了上述观点，论证说，行政伦理的组织发展方法是与他所说的公共管理者在组织实践中采用的“马基雅维利式价值体系”做斗争必不可少的。在行政价值中，与如政体价值或社会公平，或在职业的伦理守则中公开宣称的崇高理想相反，现实中的公共管理者与强调通过狡诈、欺骗和操纵权谋实现生存的马基雅维利式价值结合在一起。这些价值被四种管理措施所恶化，加布里斯确定其为：功能性组织设计、等级权威制度、防御性例行公事和社会化力量。

为了克服这些障碍，公共管理者面临着可能导致更低信任、更少交流、更高风险和更少责任担当的巨大风险。根据组织动力学的当代现实，公共管理者中的行政伦理是自相矛盾。

相反，加布里斯主张组织发展应该作为适当干预以创建“组织再生条件”(1991：218)，这里对行政伦理的践行是必要的。他认为，通过使用组织发展战略，高度信任、高度责任感、低风险和高度开放性更可能发生。与伦理培训集成模式以前的支持者一样，加布里斯要求分析组织氛围和创造再生条件的干预计划。虽然伦理培训没有明确包括在他的讨论中，但是这隐含着要么诚信伦理最适合，要么融合伦理最适合，因为组织发展的基础是积极的人性假设。两种模式都假定，如果伦理培训通过规范性再教育过程培养他们的道德判断力，个人就会诚信而为。

建立在组织发展模式的基础上，波恩切克和门泽尔（1994）确定了他们认为对完成伦理总体设置工作来说是关键的六个组成部分：(1）组织的使命，其中包括带有由（2）建立了伦理对话和（3）提供了伦理培训的（4）伦理工作委员会制定的(5）伦理指导方针的（6）价值观陈述。这与由卡瓦、韦斯特和伯曼（1995）提出的集成伦理相吻合，他们主张发展伦理守则（在强有力道德领导的组织背景下，员工可以用在伦理决策过程中)，并支持在各个层次机构正在进行的伦理培训中，不断进行以伦理关注为中心的交流。

88 特里·库珀（1998）提出了伦理培训集成方法的最终范例。虽然他的规范性行政伦理理论重点集中在个体公共管理人员上和源于明确界定了的角色义务的责任上，但他也坚持认为只有其他三种伦理要素都被考虑到，负责任的行为才能够得以维护：(1）组织结构，它可以支持或阻碍个人的伦理自主；(2）组织文化，它传递了在其中公共管理人员行使职责的实际价值背景；(3）社会期望，它为行政自由裁量权、公众的公职观和公民参与公共规划编制过程清楚地规定了法律边界。告诫不要伦理发展上的“权宜之计”，库珀（1998：258）倡导一种整体分析方法：

> 只有对组织的结构、人事、培训计划、正式的规则和政策、当时的非正式规范、与公民的关系和组织运行所依据法律的相关方面进行全面审查和分析，才会是完全充分的。长期致力于一个建立在这种审查上的组织和人事发展的计划比零星的努力将产生更为重要的成效。

总之，集成伦理的关键在于这样的信念，只在个人层面上而不结合一个组织范围内的全面计划而进行的伦理培训，在实际促进公共管理者的道德操守方面势必会受到严重的限制。只有既专注于组织的正式和非正式的方面，又促进发展对个人的外部和内部控制的伦理培训，才能产生实质性的效果。在过去的 20 年里，越来越多的理论家和实践者一直坚持认为，没有一个整个机构范围内的伦理计划的个人伦理培训是受到严重限制的。

然而，除了规范性理论家这样的观点即伦理培训的集成模式更容易确保道德操守不断增强之外，它也是四种方法之中最难实现的。事实上，任何伦理培训对大多数公共服务从业者来说，根本就是一种奢侈。具有讽刺意味的是，在第二次就修改后的伦理准则对美国公共行政学会成员的调查中，鲍曼（1997）发现，大部分的公共服务从业者根本没有经历过任何伦理培训。他指出，在很多实际发现中，54%的人回应表示他们的组织没有提供任何伦理培训，22%的人表示只是提供了一次，并且只有17%的人表示他们的组织提供连续的伦理培训。尽管公共管理者似乎认识到组织的方法对于支持个人伦理培训的重要性，但在现实中，公共服务机构中的任何类型的伦理培训仍然是不常见的。尽管有越来越多的倡导者，但似乎伦理培训的集成方法仍然是一个难以实现的理想。

我们现已探讨了在公共行政文献中讨论过的公共部门中四种伦理培训。合规、诚信、融合和集成模式的类型学分类展示在表 4-1 中。五种因素有助于区分这四种模式：(1) 分析的**重点**是针对个人还是组织；(2) 方法的主要特征或**特点**是合法的还是合乎规范的；(3) 培训的**结果**是使行政管理者行为在法律上的正确还是在伦理上的正当；(4) 培训**内容**是强调伦理法律、准则和规则还是伦理标准和伦理决策过程；(5) 在**学习方式**上是倾向于以教师为中心的教学法（由专家传授信息）还是 89
以学生为中心的教学法（让参与者深入他们的自我学习中）。

表 4-1　公共部门中伦理培训模式的类型学分类

因素	合规伦理	诚信伦理	融合伦理	集成伦理
重点	个人的	个人的	个人的	个人的和组织的
特点	合法的	合乎规范的	两者融合	两者融合但合乎规范更多
结果	法律上正确的行为	伦理上正当的行为	两者融合	两者融合但伦理理想主义更多
内容	伦理法律、准则和规则	伦理标准和伦理决策过程	两者融合	两者融合但伦理标准和伦理决策程序更多
学习方式	以教师为中心的教学法	以学生为中心的教学法	两者融合	两者融合但以学生为中心的教学法更多

表 4-1 显示了这些方法如何才能最好地被理解为在一个连续系统上的点，其范围从法律上的微观伦理培训延伸到一个规范再造的宏观伦理培训。合规伦理的重点在于个人。合法性是其主要特征，以引导法律上正确的行为作为预期的培训结果。培训的内容需要有伦理法律和机构的准则与规则知识。占主导地位的学习方式是以教师为中心的教学法，因为在大多数情况下，由训练有素的专家通常是法学家把法律知识传授给参与者。

诚信伦理仍集中于个人，但它的主要特点是规范性的或倾向围绕着基于某种道德理想主义的道德标准。培训的预期结果是帮助公共管理者在发展自己以道德上正确的方式进行行为的伦理自主性。为了做到这一点，实现伦理决策的伦理标准和过程成为培训内容的主体。虽然学习方式可能需要如演讲和测试的教学方法，但对培训人员来说，有更多倾向要求创造这样的一个教育过程，使参加者有机会变得对伦理规范和价值观敏锐，并发展在公共服务实践中的应用那些伦理标准的反射能力。

融合伦理试图强调公共行政人员既遵循法律又努力采取人们认为是道德上正当

的行动的必要性。因此，培训就典型地体现了既遵守法律又遵守规范的两种倾向，其把伦理立法知识与更高的职业伦理标准和一些把两者应用到工作场所中产生的困境中的方法结合起来。以教师为中心和以学生为中心的教学法可用于实现这些目标。

严格远离行政人员个人的集成伦理改变了分析重点，改为强调组织与个人之间关系是维持负责任行为必不可少的。虽然法律义务将被纳入培训计划，但更多的重点将放在组织背景中的规范发展，在这种组织背景中，组织结构和组织生态都支持个人以可靠的法律和道德基础而行动。内容往往会遵循融合模式，但是这将体现在行政领导示范带领下演变而来的、在机构内的伦理计划中的一个组成要素。这样的
90 组织发展战略需要高度的道德理想主义和足够成熟，以便全身心投入规范再教育中去。基于这样的人文价值假设的基础，主要采用的学习方式是以学生为中心的教学法，让员工参与并成为实施这一模式的一个重要因素。

这种分类对在职伦理培训来说有什么意义？正如哈特维希（1980—1981）所指出的那样，“X 理论”指导下的具有命令式管理特征的组织氛围倾向于体现为合法性伦理方法，而“Y 理论”指导下的具有参与式管理特征的组织氛围将更倾向于诚信伦理或他所谓的人际伦理。反思我们的分类，似乎自我暗示四个假设：(1) 越官僚化的、封闭的和结构化的机构就会越倾向于在伦理培训中使用合规伦理；(2) 越民主的、灵活的和开放的组织就越有可能会在培训中使用诚信伦理；(3) 混合了官僚和民主成分的模式的组织会试图在培训中使用融合伦理；(4) 由于所需价值假设和机构需要把它看作实现高水平道德操守的最有效方法的忠诚度的原因，集成伦理最不容易被贯彻执行。

总之，本章的这一部分概述了公共部门中源于该领域规范性理论家的四种在职伦理培训方法。合规伦理重点在教授公共管理者个人遵守法律和规则。诚信伦理教导公共管理者要符合职业伦理标准和伦理决策方法以提高道德判断力和增强道德品质。融合伦理试图把这两种方法结合在一起，而集成伦理通过将融合伦理合并为一整个机构范围内的伦理培养计划的一个重要组成部分，把分析单元转向包括个人和组织两个方面。

4.3 当前公共部门中的在职伦理培训工作

本篇文章的下一部分将探讨目前正在公共部门组织中进行的各种伦理培训计划。一些直接或间接地涉及伦理培训及其前提假设的研究不断涌现。虽然研究工作似乎正在萌芽中，可是仍存留巨大差异。联邦、州、地方各级政府以及职业的公共部门的跨部门培训工作将根据以下三个问题被讨论：(1) 什么类型的伦理培训正在做？(2) 培训是如何有效的？(3) 在使用这种类型的伦理培训方法过程中，出现了什么样的问题？

A. 在联邦政府层面

政府伦理办公室（OGE）是基于 1978 年的《政府伦理法案》设立的，也是人事管理办公室的最初组成部分。1989 年 10 月 1 日，作为 1988 年的《重新授权法案》的一部分，OGE 成为一个独立的机构。OGE 的使命是为政府雇员制订高尚的伦理标准，并增强公众对政府业务被公正诚信地进行的信心。具体而言，OGE 负 91
责在行政部门内部行使领导权，以防止发生在政府雇员身上的利益冲突和解决确实发生了的冲突利益。

被任命的主管任期 5 年，负责监督 OGE 内部 4 个部门。法律总顾问与法律政策办公室（OGCLP）为雇员建立并维持了一个统一的政府伦理法律框架，为行政机构制定伦理政策和为利益冲突法律和其他伦理法规提出修改建议。分为 3 个部门的机构计划办公室（OAP）是负责监控，并向执行机构提供伦理培训和教育材料。信息资源管理办公室（OIRM）通过提供支持服务，如电信、光盘的生产和 OGE 网站等来提供和促进 OGE 内的信息技术。最后，行政办公室（OA）向所有 OGE 的正在运行的计划提供基本的支持。

联邦政府的政策要求行政部门雇员每年最少进行一个小时的伦理培训。每个联邦机构需要选择单个雇员作为指定机构伦理官（DAEO），负责确保机构伦理计划（被称为“伦理共同体”）是在 OGE 监督下被设计和实施的。OAP 的计划审查部（PRD）对机构伦理计划进行现场审查，以确定该机构是否有适当的计划。DAEO 负责将报告发送到 PRD 进行计划评估。DAEO 确保在 60 天内对任何不足之处进行修正。

OAP 下辖的第二分部——财务披露部管理 1 000 名总统直接任命人员和 125 位指定机构伦理官的报告系统以确保符合公开和保密的财务信息披露政策。OAP 下辖的第三分部——教育与计划服务部向执行机构提供支持服务：开发教育材料，管理伦理培训课程（关于伦理行为的标准、利益冲突以及财务信息披露法规），就合规问题向这些机构提出建议，举办政府伦理年会，出版《政府伦理快讯》，维护伦理信息中心以及其他职责。

伦理培训期间的一般方法是遵循合规模式。每一场伦理课有三个半小时之久，并且是由来自 OGE 的管理分析师和律师团队进行教学。学习方法结合使用了讲座、录像带、幻灯片和案例分析。课堂内容侧重于究竟什么样的伦理法规适时有效，并因此变革以满足法律上修改的需要。课堂成员主要是由指定机构伦理官、监察长办公室的工作人员和美国律师组成。

通过信息资源和伦理资源图书馆可以获取伦理培训材料，其中包括视频、宣传单、小册子、手册、讨论大纲和基于计算机的培训模块。这包括“光盘”，其中有 7 种伦理培训科目，另外还包括当前伦理法规、行政命令和其他法律材料。一种创新但高度有限的、通过 OGE 可以获得的、满足联邦伦理培训要求的方法的例子是一种被叫作“窘境”的互动视频游戏，科室员工必须评述至少 7 种类型中的 5 种伦理法规。游戏模拟联邦职业生涯，提供 15 个晋升到越来越多责任的工作，要前进移

92 动到一个新的水平，员工就得表现出足够的伦理规则知识，以解决伦理冲突问题。

立法和司法部门已经成立了委员会，他们制定行为准则，即使是在行政部门的领导下，总顾问监督为诸如国防部和国家档案与记录管理局（NARA）等部门制定的以合规为导向的伦理计划。然而，OGE是在联邦政府一级的合规伦理培训模式方面最突出的例子。重点主要集中在行政部门雇员个人获得对他们运用到他们日常工作生活中的准则和规范理解。以教师为中心的教学法正日益成为“高技术”，因为它似乎是满足伦理培训的法律需求的最有效的方法。虽然其他伦理培训方法的实验偶尔可能会发生，观察埃菲尔铁塔的“具体细节”方法似乎是联邦政府一级伦理培训的适当方法。虽然伦理专题研讨会由参与者来评价，门泽尔和卡森（1998）指出，但在联邦层面上，有关提高公共部门雇员道德操守的合规伦理培训有效性的研究还没有。由于公众对政府的低信任度（门泽尔，1995）和伦理法律的不断增多，合规伦理培训就会是明显的反应就不奇怪了，即使这种被动式方法在联邦政府一级似乎仍然是在被最低限度地实施。

B. 在州政府层面

合规伦理也构成了在州政府一级进行伦理培训的基础。根据政府伦理法规理事会（COGEL，1999），所有州都已成立了伦理委员会来处理如下问题：政治活动与选举的行为、政治运动的公共资金筹措、竞选捐款的披露和监管、公共官员和雇员的行为标准、公开任命和公职候选人的个人财务披露、说客的登记、游说活动的监管和披露以及公开的公共会议和记录。

COGEL（1994：1-2）1993年针对COGEL成员的伦理培训进行了一项为期一年的研究。56个机构报告了71项计划。13个机构表示，它们有多种培训计划，而15个机构报告说，它们没有任何培训计划。一些最重要的研究结果总结如下：

> 伦理和选举领域更可能被法律强制要做培训。
>
> 虽然单个计划中的被培训人数变化范围从几十到上千，但中位数徘徊在150～400之间。
>
> 同样，虽然学习单元数从一到几百变化不等，但中位数聚集在3～10之间。
>
> 出席人可能会被规定为选举官员而不是涉及竞选财务或伦理的雇员或说客。
>
> 要求参与培训计划的时间从20分钟到3天不等，但要求的中位数时间为两个小时。
>
> 培训的内容主要包括传递信息和敦促符合法律规定。
>
> 93 几乎所有机构都使用演讲作为主要方法，但超过一半机构把案例分析式讨论或问题解决与演讲结合起来。大部分的伦理培训师结合使用书面材料与录像，但只有少数利用电脑培训。
>
> 大多数机构全年定期反复培训，特别是在选举期间或被要求做的时候。

几乎所有的培训都由机构的工作人员来做，只有少数使用外部顾问作为讲师。

虽然大多数机构认为它们使用的方法是有效的，只有过半方法使用了评估工具。

大多数人不知道每个参加培训的人要花多少钱或将机构预算的百分之多少花在培训上。

与联邦政府一样，这一数据无疑表明，在州政府一级的伦理培训是压倒性地以合规为导向的。偶尔尝试用其他三种模式进行伦理培训。例如，华盛顿州提供了包括融合和集成两种方法的伦理培训计划。具体来说，华盛顿州执行伦理委员会(1999) 指出，学习本州的伦理法律包括：向其他雇员教导伦理法律，教授技巧以帮助雇员解决日常的伦理困境，帮助他人以做出最好的伦理决策，告诉同事如何最好地把伦理整合到工作场所中去，告知伦理是如何好地改善客户服务和成为公共部门机构的一种宝贵资源。从积极方面来看，这当然证明了在州政府一级的道德培训方面的试验正在发生，即使在这个时候只是头痛医头，脚痛医脚。

从消极方面来看，有几个重要的研究项目不仅质疑州伦理委员会在提高公共官员、管理人员和雇员的道德操守方面的效力，也质疑伦理培训在这种建构中所发挥的作用。这些研究表明，伦理培训的作用仍然是含混不清的。罗素·威廉斯 (1996) 研究了佛罗里达州伦理委员会以及把他们的活动与有效实施外部控制的四个标准相比较，这四个标准包括：伦理培训、内部审计、调查和管理控制。佛罗里达州伦理委员会只完成了这些标准中的一个，即调查投诉的工作，但在其他三个方面都失败了。事实上，佛罗里达州伦理委员会很少培训公共官员或管理人员，在 1995 年和刚开始的 1976 年之间他们只举行了一次伦理培训讨论会。威廉斯称，由于只对伦理违例控诉做出反应，委员会往往成为一个政治家用来反对另一个政治家的政治武器。因此，威廉斯 (1996：71) 认为："该委员会显然作为惩罚代理人比作为建设性变革的代理人更有效。"尽管委员会可能已经进行了大量调查，但这不一定必然改善此州的伦理气候。事实上，在威廉斯看来，委员会可能正在产生负面影响。

这个结论似乎与唐纳德·门泽尔 (1996) 进行的研究一致。他对佛罗里达州公民和公职人员之间的投诉过程进行研究。他的结论是这一伦理委员会实际上可能有利于助长公众对政府的不信任。他建议消除伦理委员会监控调查和把这种责任转给地方政府。此外，门泽尔提倡建立伦理监察员办公室，对利益冲突采用显现标准和 *94*
进行贯穿于整个公共教育系统的伦理教育。事实上，人们开始想知道有多少州的伦理委员会在政治上妥协，以及合规伦理培训的存在或不存在是否在制止公共部门中不道德的行为方面有着显著差异。

加利福尼亚州提供了又一个不确定的例子。布洛克 (1991) 指出，当选民通过《112 提案》时，他们要求民选官员和公共管理者进行伦理教育，但对有关培训的内容没有做出任何规定。其结果是，加利福尼亚州立法机关用两种不同的方式处理伦理问题：众议院选择了合规伦理培训模式，而参议院倾向于融合伦理培训模式。约瑟夫森研究所 (1999) 提供了强调法律要求的培训，但核心伦理信仰和它们的应用也被认为是必要的。因此，在加利福尼亚州，公共部门在职伦理培训的合规伦理和诚信伦理被组合成融合模式。

然而，无论何种培训模式，持续的政治化似乎是对更严厉伦理法律的反应。当加利福尼亚州通过《208 提案》时，对政治筹款与花费和游说人员的严格限制被强制推行。然而，作为州政府最高政治腐败监护人，公平政治活动委员会主席抱歉地告诉说客，他认为伦理法律部分是违宪的，并就法律条款提出了一些解决方法（莫兰，1997）。

这些可疑的策略无疑导致要求更严格的外部控制。1998 年 8 月，《萨克拉门托蜜蜂报》报道说：《AB 2179 法案》由加利福尼亚州议会通过并由州长签署了，其延长了必要的伦理培训，不仅要给议会议员也要给议会工作人员和说客以及 2 400 名高层次州政府员工进行伦理培训。伦理培训作为外部控制的一种形式已成为重大事项，但其实际效果——在改善政府伦理气候或政府官员和员工的操行上——仍有待证明。事实上，佛罗里达州和加利福尼亚州的实例似乎表明，有无伦理培训，伦理委员会自身政治化似乎比有效的改革更有可能性。

C. 在地方政府层面

如伯班克、芝加哥、休斯敦、纽约、洛杉矶、西雅图、旧金山、圣何塞、华盛顿哥伦比亚特区这样的大城市甚至一些如加利福尼亚州的丘拉维斯塔这样的小城市都已经成立了自己的伦理委员会。西雅图提供了一个困扰着伦理委员会的问题的活生生例子。在《西雅图时报》的一篇社论中，城市伦理委员会委员伯吉斯等人（1998）力劝市民全力支持委员会。他们声称，必须满足三个条件：委员会有权积极和公正地独立执行伦理法规、必须有足够的执法权力和必须有足够的资金，通过聘请足够的工作人员做适当的工作以便履行其使命。委员会工作的大部分是向咨询伦理法规的市政官员和雇员提供教育、培训和咨询意见。这些委员指出，使用执法权力不常见，因为当他们发现问题时，他们一定通过谈判解决。这篇社论本质内容要求市民支持增加资金，以便继续进行他们的业务。有趣的是，增加资金必须来自市政府，然而，委员会有权调查通过预算的市政府官员。西雅图伦理委员会的问题
95 似乎是要加强把伦理培训（无论合规伦理、集成伦理或融合伦理）变成政府结构内部系统化整体的一部分的必要性。既然这样，如果伦理委员会是切实可行的，重点需要放在自主、执法权力和足够的资金上。或许，如果这些制度安排落实到位，伦理培训就有机会对政府官员、管理人员和工作人员的行为产生积极的影响。

在过去 10 年对地方政府的研究似乎表明，市政当局内的伦理培训的重要性在不断增强，伦理培训变得更有价值。除了标准的合规方法外，利用诚信和融合方法的实验也在进行。有些迹象表明，即使是在有限的基础上，集成的模式也在尝试。

1992 年唐纳德·门泽尔对 700 个地方政府公共管理者的研究表明，很少有人参加伦理培训或认识到他们的行为是受制于州伦理法的。这与伯曼、韦斯特和卡瓦（1994）对地方政府部门和大公司的研究结果相一致，他们探讨了其相似性和差异性。他们报告说，在伦理培训方面，城市政府不会比企业更有可能通过正式途径来实现它们的价值观。公司依靠领导层的模范作用和沟通，但公司没有比城市政府更多可能采用伦理战略来提高它们员工的效率。这样看来，在 20 世纪 90 年代前半

期，伦理意识和伦理培训在地方政府层面并没有突出的地位。

但在 20 世纪 90 年代后半期，这种趋势似乎自身倒转过来了。薇拉·布鲁斯（1998）报告了她的一项关于市级文员全国性调查的研究结果。她声称，受过伦理培训的那些人与没有受过伦理培训的那些人之间存在着明显的态度差异。大约有一半的受访者参加了她描述为具有融合伦理特征的培训课程。培训包括对城市的准则和惯例的适应和持续的旨在伦理行为的价值和证明的在职培训。她断言，伦理培训的确对受训人在涉及与工作有关的伦理决策和行为的能力方面产生影响。伦理培训有助于公共部门雇员更清楚什么是腐败行为，更愿意举报它们。个人诚信以及法律知识得到加强。此外，布鲁斯（1998：247）坚持认为，伦理培训是“责任精神整体的一部分，这种责任精神包括了公民所关注的以及民选与任命官员都要承担的”。她最后建议，有关法律和伦理方面的教育将最有可能对地方公共雇员的行为产生积极的作用。

这些积极的作用也与 1997 年对 5 万人口以上的地方政府行政负责人的调查结论相一致。韦斯特等人（1998）发现，85％的受访者认为伦理具有更高的优先性，58.5％的司法管辖区提供某种形式的伦理培训。此外，63.2％的受访者报告说伦理准则得到了加强。强调伦理也正好与提高生产力和公众信任的自我评估方面的组织振兴相一致。韦斯特等人（1998：5）声明：“虽然我们不要求伦理培训产生这些积极的成果，但我们相信改进政府和提高公众信任的努力通常包括提高职业水平、以客户为导向和其他伦理行为的战略。”

因此，地方一级城市都开始重视伦理和伦理培训。显然，需要做更多有关所有 *96*
类型和在各个层级伦理培训的有效性的研究。然而，在地方政府层面比在州政府或联邦政府层面至少似乎有更多的兴趣尝试不同类型的伦理培训。

D. 在职业协会层面

《兰登书屋词典》(1987：1544) 把“职业”定义为：“一种需要进行某一学科学习的知识或科学的职业（和）从事某一职业或行业的人的团体。”皮尤（1989：1）确定了与“职业”相关的六大特点：“(1) 一种气质（自我意识），(2) 一种理论体系，(3) 一种社会理想，(4) 伦理标准，(5) 实施标准的正式组织，(6) 赞扬杰出领导者的‘名人堂’。”

许多职业人士在卫生保健、法律执行和社会服务等领域服务于公共部门。一个职业所信奉的伦理标准具体体现在它的伦理准则上，而且人们可以合理地得出这样的结论：被职业采用的伦理培训类型将反映在伦理准则的性质中。如果伦理准则赋予禁令和执法机制，那么合规伦理就可能盛行。如果伦理准则主要是鼓舞人心的，那么诚信将是重点，而如果两个方面都体现在伦理准则中，那么可能是融合伦理。由于本章的限制，不可能对所有相关公共部门的职业就它们伦理培训的方法都来进行评论。不过，一个例子就是一直站在本文已探讨的公共服务伦理与培训的最前沿的职业团体 ICMA 已根据不同的接受力利用了所有四种伦理培训模式。

纵观其历史，ICMA 在界定职业的伦理要素方面至今仍在发挥积极作用。特兰特（1988）指出，1924 年 ICMA 就公布了其最初的伦理准则。自一开始就包括《执行程序的指南和规则》的这个伦理准则已经被无数次修改。该伦理准则结合了合规与诚信两方面要素。关于合规伦理，汉考克（1992）指出，ICMA 伦理准则一直是最成功被采用的伦理准则之一，因为管理者受审于同行人。当 ICMA 收到书面投诉时，州实况调查委员会及时启动调查程序并准备一份报告，该报告被转发到 ICMA 职业操守委员会。违者要受到 ICMA 执行局的制裁。因此，合规伦理得到职业强制执行的维护。

关于诚信，伦理准则中还包含要求城市管理者进行自我引导的最高伦理标准。例如，一条指导方针写明："为了激发公众对公共机构的信心和信任，在我们所有公共活动中展现出个人诚信、真实、诚实和毅力的最高标准。"（凯拉，1988：161）另一条是："充满尊重、充满关心、有礼貌和灵敏地服务公众，认识到为公众服务高于为自我服务。"（凯拉，1988：164）

在伦理培训方面，如前面提到的，ICMA 已开发出了一种基于伦理准则的"自救"式方法。这种成套伦理培训材料包括一本被称为《伦理因素》（霍珀，1988）的领导者指南，附带一本文字资料《伦理洞察力，伦理行动》（凯拉，1988）和其最新的读本《伦理优势》（伯曼等，1998）。为了促进城市管理者的负责任行为，该计划提供三套独立的课程用来培训新员工、主管、中层管理人员、高层管理人
97 员以及行政长官。课程内容包括：伦理取向、个人伦理和工作场所中的管理伦理。研讨会期可以进行半天或全天。学习方法包括练习、案例研究、讨论问题和讲义。

虽然看起来 ICMA 采用了强调合规和诚信两方面的伦理培训的融合模式，但 ICMA 培训方面的最新进展导致这个职业团体开始崇尚伦理培训的集成模式，也强调组织伦理的重要性。韦斯特等人（1998：4）强调组织伦理的重要性："要有成效，将来的伦理培训必须专注于组织的法律、行为和政策方面的要求和使用最佳的伦理培训做法。"伦理培训的合规性方面是合法性重点的一部分，诚信伦理培训目的是鼓励高水平的道德操守。然而，融合伦理模式走向集成伦理模式，因为作者们进一步主张政策要与组织的伦理相连。作者们承认伦理培训这方面发展最少："目前，伦理培训没有很好地与具体政策相连，除了在公平对待员工等领域之外。然而，用伦理的方式进行政策的制定和实施正变得越来越重要，并且政策的本质是伦理性的。"（韦斯特等，1998：7）。这种集成伦理模式通过在整个组织中把政策制订作为支持伦理行为的一种手段来集中于组织结构。虽没有提出具体规范性计划，但存在这样的共识即个人的伦理培训必须受到来自组织努力创造一种伦理行为被看重而不是被打击的环境的支持。

因为培训是建立在它们的伦理准则之上，所以合规伦理规则和伦理标准也被包括在其中。培训模式促进了城市管理者个人道德判断力的发展。虽然课程的一部分包括工作场所的伦理氛围，但培训的重点仍然是以个人为导向的。集成模式可能被提倡，但在这方面的努力是实验性的。研究需要引导到实际上正在把伦理结合到组织结构构造和文化中的机构实例上去。

4.4　结论

公共部门中伦理培训的四种方法目前正在被规范性理论家所倡导：合规、诚信、融合和集成伦理模式。在各级政府层面，主要使用合规伦理模式。这可能是因为公共行政最终是以法律为基础。自 20 世纪 70 年代以来，政府和我们社会中丑闻普遍爆发已导致公众要求更多的伦理立法作为对反腐败最明显的补救措施。然而，如果体制机制不到位以确保执行，合规伦理培训方法是否有效地促进了伦理行为，研究（威廉斯，1996；门泽尔，1996）对此产生了疑问。

在地方政府和职业层面，利用诚信、融合和集成伦理模式的实验正在进行中（韦斯特等，1998），特别是在职业层面，更注重诚信和融合的方法正在发生，依赖伦理准则来界定它们的伦理要素以及鼓励会员立志于职业理想的实践（普兰特，1994）。作为最全面的伦理培训方法，集成伦理似乎最难规定，尽管经常被提倡 98
（伯曼等，1994；威特纳和柯西，1996）。研究开始为发现不同于所声称的实际发生的事情提供一些依据。例如，门泽尔（1992，1995，1996）对地方政府和州政府以及涉及伦理教育的研究生院进行了调查，同时，詹姆斯·鲍曼（1990）对美国公共行政学会的成员进行了伦理调查，并与罗素·威廉斯一起进行了随后的调查（1996）。只有少数如州政府层面（COGEL，1994）和市政府层面（布鲁斯，1998）的伦理培训的研究提供了有关谁在做伦理培训的信息；伦理培训师的资格仍然是个未知的领域。总之，对伦理培训有效性的研究才刚刚开始出现，但总体而言，它们仍然各自分立、结果不一。

虽然有关伦理培训的争论出现了一系列问题，但有两个最重要的问题应该得到提及。首要的问题是，应该使用什么方法对公共服务从业者进行伦理上的教育。当诚信、融合和集成伦理方法都有其拥护者时，在实践中，合规伦理模式的使用就成为伦理培训的基础。这是对公共管理者进行伦理教育的唯一方法吗？如果不是，合规伦理模式应该把这一课程推进到何种程度？其他的培训模式应该如何与合规伦理模式结合或分开使用？

规范性理论家往往由于其线性思维而认为有一种方法一定是最好的标准模型。也许依情况而定的伦理培训方法偶遇更多渐进式成功，取决于在培训公共服务从业人员时需要涉及的道德发展水平（内部控制）和在制度环境内部来指导培训的那些人所使用的组织合规或变革（外部控制）的有效性。

关于道德成熟水平，劳伦斯·科尔伯格（1981）声称个人经历一系列的道德发展阶段，其中每个人需要掌握前面的发展阶段。对于什么是对的，前习俗阶段是建立在自我为中心的基础上的。“如果我想要的东西，我能够得到它，那么它就是对的。”在习俗阶段，个人认识到对自己群体或社区的责任感要么是建立在与他人的社会关系基础上，要么是建立在坚持服从法律的基础上。合规伦理适合帮助人们从前三个阶段转到第四个阶段，在这个意义上，伦理培训是试图把公共管理者的道德操守提升到对法律的尊重而不是主要由自身利益推动或出于对团体的忠诚。然而，不断显现的研究似乎在暗示，如果以实际强制机制形式出现的制度上的外部控制没有有效被应用，这些培训几乎没有什么作用。例如，如果那些操纵法律的人没有公平地受到约束，而用惩罚和奖励来为自己的行为承担责任，那么他们将从合规伦理培训中学不到任何东西。

西雅图伦理委员会（伯吉斯等，1998）提醒我们，合规就不能起作用，如果权威机构缺乏法律授权、组织自治和财政资源来执行合规措施就不能成为政治操纵的棋子。因此，一个值得研究的假设是如果合规伦理培训在有效的制度执行的背景下进行，非法或腐败行为的减少更可能发生。换句话说，合规伦理培训要有效，必不可少的是确保适当的外部控制落实到位。这涉及不断反对伦理委员会和公共服务机
99 构的政治化。要达到这一成功实现的程度可能值得怀疑，就像扎亚茨（1996）的研究所建议的那样，他的研究探讨了组织应用内部控制和外部控制的失败。然而，如果合规伦理要有一定的效果，制度上的控制是必要的。

在道德发展的后习俗层次（根据科尔伯格），个人开始形成了道德自律和根据普遍适用的道德原则而行动。对伦理标准的敏感性、应用原则的能力和根据人们理解为是对的而行动的性格品质反映了道德成熟的原则性水平。这是伦理培训诚信模式的目的和意图。在大多数情况下，这已经是研究生伦理学教育的方法。增强道德判断力的尝试已被斯图尔特和斯普林霍尔（1991）研究了，他们发现大多数公共管理研究生会倾向响应符合法律规定的推理，但反对形成原则性层次的推理。门泽尔（1997）调查了被美国公共行政与公共事务学院联合会认证通过的公共行政研究生院。大多数的学校和毕业研究生认为伦理学教育的诚信方法有助于他们在伦理上变得更加敏感，并且提高他们在伦理决策方面的技能，但学生要教育者践行他们所教授的东西。这表明，在培养诚信伦理过程中，教师在课堂组织背景下展现道德推理和诚信能力是一个重要组成部分。也许这两项研究的结合导致了又一个假设：如果指导教师成为展现原则性推理和模范行为的行为榜样，学生的道德判断力将增强。职业道德伦理培训的诚信方法依赖于作为提高道德操守手段的内部控制的发展。因此，对于诚信方法的成功来说，伦理学老师的诚信是不可或缺的。

然而，这一问题必须要问：讲原则的人将如何应对其精神特点是忠诚或自身利益的组织？就像众多的组织理论与发展方面的理论家所建议的那样，只有那些结合了人事关系管理方法的组织才会能够提供支持在诚信伦理培训中教授的内部控制所必要的外部控制。至于合规伦理，我们必须问的问题是：伦理培训有可能影响道德操守吗？就诚信培训来说，内部控制必须包括：具有道德领导走在前列的人性化管理取向，对已转变成为组织的目标、结构、奖励和文化的信任、尊重、参与、问责和胜任力等价值的承诺。

既然公共服务机构中，处于在道德成熟各个层次的个人都存在，那么无论合规还是诚信这两种模式都是不完整的。对于培训职业人士来说，伦理培训的融合方法可能是有效的，但要在组织内成功地实施外部控制和内部控制。需要强制机制来纠正不道德的行为，但同时，讲原则的个人必须通过一个开放、信任的工作气氛而获得支持。否则，伦理培训的融合模式的有效性是值得怀疑的。总之，我们必须诚实地问自己，如果发展公平组织结构和支持性文化的集成模式没有运行实施，伦理培训是否将导致在工作场所中的任何持久的效果。

因此，我们接下来想知道，如果组织没有适当的外部控制以提高道德成熟的水 100
平，专注于个人的伦理培训（不管内容是否包括合规、诚信或融合伦理）是否在成效方面有着严重的局限性。虽然本文作者一直倡导伦理培训的情境式方法，但是看起来有效性潜能最大的集成模式，仍是最难以实施的。

然而，这种困难的根源反映了必须承认的第二个有关在公共部门中的伦理培训问题，也就是说，在我们的社会中，公共领域与私人领域之间存在双重标准。柯蒂斯·文垂斯（1991）和其他人都已主张，政治伦理和行政伦理在公共荣誉与服务的崇高理想与市场精神之间的“道德二元论”之下进行运转。在我们的私人领域，我们生活在建立在竞争的个人主义伦理之上的“公民商业主义”文化中，但在我们的公共领域，我们颂扬“公民德性”文化——我们期望政府官员践行无私地致力于公共利益、社会公平和公民倡议的崇高理想。

为什么我们对把公民商业主义精神作为个人参与公共服务的行为指南感到惊讶？这两种伦理的矛盾在路易斯·祖卡雷洛（1998）为给社区提供志愿公共服务的公民进行的领导力培训计划中得以说明。他指出，这些人都陷入了公民个人主义与公民德性之间持续的紧张关系中。此外，他们还没有接触到研究生或从业者可能会经历的任何形式的伦理学教育或培训。祖卡雷洛（1998：227）观察发现，美国人知道理论上“正确的”答案，但是在实践中，因为与“夸大了的自我利益重要性”联结在一起的、普遍深入的“个人主义”观点，运用它们遇到麻烦。然而，他声称，参与他的研讨会导致参与者形成道德推理并通过开始把他们的态度转变成为公民社会的一部分来调和某些差异。

有关公民伦理需要公开讨论似乎成为未来公共部门伦理培训的前沿。随着公民更多地参与地方一级政府，从公民商业主义文化到公民德性文化的转变是在这个社会中进行道德教育最关键的方向。如布兹韦斯基（1994）、门泽尔（1996）、达格尔（1997）、伯曼和波恩切克（1998）这样的规范理论家和其他理论家正在倡导转向为公民社会而进行的教育。当然，四种伦理培训模式提供了情境式方法，以提高需要进一步发展的公共官员和服务从业者的道德操守，但是一种影响更深远的伦理培训方法要包括在影响和促进在公共服务方面将发挥越来越重要作用的积极公民。金和斯蒂弗斯（1998：204）认为：“不仅美国人对他们政府的感觉，而且美国的未来治理，需要更多参与的、积极的公民以及以公民培养为中心的积极行政。”如果我们要真正在形成公民社会方面取得进步，“伦理培训”这个词需要被转换为“公民教育”。公民、政府官员和公共服务从业者都需要参与集中于培养公民德性的教育过程。

参考文献

请从中国人民大学出版社官网（www.crup.com.cn）下载，或者用微信扫描下方二维码获取。

第2篇

行政伦理学中的哲学视角

第 5 章

哲学在行政伦理学中的运用

查尔斯·J.福克斯
美国得克萨斯州拉伯克得克萨斯理工大学

5.1 导论：哲学与公共行政的疏远

本章进行三项任务：第一，简单地说，在一个高度抽象层面，向可能不熟悉哲学的公共行政专业学生提供一个通向行政伦理学的哲学路线图（下文中的“哲学”多用作指作为一门学科的哲学，一小部分被用作指一般哲学或思想）。第二，利用来自哲学的子学科伦理学中还有影响力的分析学派的范畴，形成公共行政伦理中传统观点的分类。第三，注意到出现在哲学基本范式转向反基础主义的风口浪尖的东西，对围绕着社群主义理想的理论进行了探讨。结束语把反基础主义的批判延伸到潜在的创新以及哲学与像公共行政一样的更实用技术之间的更多互惠交流。 105

伦理研究通常被认为是哲学的一个方面。在能够评估它在行政伦理学中的应用之前，“哲学”的两种含义需要加以区别。一般地，友爱（爱）和智慧（知识/明智）可能会被看作激发所有不平凡的和超越工具性的智力努力动机的激发者。对思想的爱以及它如何帮助解释我们的生活及其存在其中的环境，可能被认为是人类精神组成的持久部分。这种哲学的第一类别很适合行政伦理学，实际上，这本手册整体上就是这种一般哲学的第一类的具体体现。不过，即使是最宽泛的定义，哲学在行政伦理学中也不是占据主导地位的。更少有影响力的是理论哲学，这是本章的重点，这一点会变得清晰。

哲学的第二种含义详细界定了某种专业学科。相应地，理论哲学有不同的类型。在 1970 年底，可以说，西方哲学的分裂使得英美哲学传统与可以分开处理的大陆哲学传统之间的明智分歧变得有意义（主要是法国和德国传统）。虽然这种意义在递减，因为哲学变得越来越“后现代”，现在我们只需要跟随英美哲学的分支
106 追踪哲学对行政伦理的影响。英美专业的哲学已经比一般哲学或大陆哲学思考越来越精致和细化。它被分成各种专业，并且它的实践者用漫长而丰富的传统流传下来的有关各种定义明确论述的守则来跟彼此对话，这些守则是他们相互之间形成的。用最好和最坏的术语来说，他们已经成为学究了，他们的注意力往往被引导到狭窄的范围内，但他们非常聪慧，从他们学科所分配给他们未知领域的内部来看，他们有时也贡献出了令人吃惊的洞见。由此，就像在所有学科一样，通过运用新的、有时是统一的方法，在有历史沉淀和制度化的探究领域，哲学有了几门以不同名称分开的分支，包括：宇宙论、形而上学、本体论、认识论、科学哲学、语言哲学或符号学，对我们来说最重要的是伦理学或道德哲学。

在我们从学科分支的分裂到学科主干的统一的分析进行筛选的过程中，在 20 世纪的前 3/4 时间里，英美哲学一直被称为分析哲学的方法所占据着[①]。因为这一时期公共行政并行发展，分析哲学已在这一后发领域最有影响力。人们可以得出更大的超越韦伯式的观点即公共行政和分析哲学同为工业资本主义和发达现代主义**时代精神**的表现。

但是，只要一说分析哲学一直是最有影响力的，人们就必定赶紧强烈否认其直接影响力。一般说来，哲学家不**做**公共行政研究，公共行政也不直接受哲学教导。卡特伦和登哈特（1988：10）研究了公共事务专业中用于教授研究生的教学大纲，发现 74 个大纲之中有 8 个大纲（11%）是以哲学架构为基础的。而且，这些大纲中的大多数更多是政治理论而不是我们所说的哲学本身。只有两位教授被确认为受过哲学的训练。戈特纳（1991：41）在他对从业者的调查中发现，“当受访者描述了他们的道德困境时，哲学或文化的概念从来没有被任何受访者提及”。“哲学”这个词既没有出现在美国公共行政学会的伦理应用标准的内容表上或工作簿上（莫廷斯和海尼根，1982），也没有出现在美国公共行政学会于 1981 年采用的伦理原则中。

制度上（结构上）的和“精神上”的两个条件促成了这种不幸的相互疏远。即使在学术层面，哲学专家和他们的关注者也很少与公共行政学家互动。哲学通常被认为是（也许是卓越的）人文学科之一。而人文学科通常设在艺术和科学学院。只有 1/3 的公共行政课程会被类似设置，并且是人文学科的部分通常不恰当设在政治学系（亨利，1990）。其他公共行政单位要么独立，要么设在商学院或一般管理学

① “分析哲学”这个术语可能有一种非常具体的含义，只与某一特定学派的道德哲学家（如 G. E. 摩尔、A. J. 艾耶尔、K. 拜尔）有关，通常是情感主义者或规范主义者（格特，1992：39–41）。我从更广泛的意义上使用这个术语，还包括这些哲学家，他们不同意情感主义，尽管如此，这些哲学家通过分析哲学为自身设定了任务。

院。这些制度上的组合安排反映了（且帮助造成）通常是错误的看法，即认为公共行政是一种（仅仅吗?）实用技术，如果不是职业的，最多是一种专业的培训。

这些具体实质性条件被知识的准不可通约性强化了。对于那些花费他们的智力和力量掌握其他术语的人来说，掌握哲学的问题意识以及用来论及它的语言是一种令人畏惧的前景。此外，哲学有它自古典时代以来就有的傲慢光环，声称自己是所有科学之母——语言表达的公断人和正确推理的仲裁者（达米特，1978：478）。当哲学仅为自我获得了“爱智慧”（对知识的爱）的内涵，然后将它呈现为一系列完 107
美逻辑的训练时，就具有把其他艺术降低到相对低等东西的品质了[①]。

由此，当公共行政认真对待伦理学时，伦理学被认为是正确归为其中的哲学只是被精英知识分子小心翼翼地接近。这里存在一个极大的讽刺。而就在公共行政学者指望从哲学获得适合创建行政伦理学的原则这个历史时刻（20 世纪 70 年代）时，前沿哲学家已经转向质疑所有基础（伯恩施坦，1983；约翰逊和图尔敏，1988；麦金太尔，1984）。哲学家正复兴亚里士多德主义或移向后现代主义观点。从那些远古的或后现代主义的观点出发，公共行政学者有充分的正当理由突出向外，从现代治理立场出发来**做**哲学研究。但遗憾的是，哲学家不可能知道公共行政人员恐惧、蔑视或诋毁[②]在哲学的陌生领域进行冒险，因为哲学家们在超出他们的亲戚朋友之外的领域，他们并不总是能够很好沟通，而是相反。

因此，探讨哲学在行政伦理学中运用的百科全书式的一章，可能会是一个无人做过的空白、一系列互不关联的旁白脚注或（现在典型的例子是弗兰克纳 1973 年设立的）本身就是一种哲学上进行说明的运用。如果选择后者的话，那么，哲学学科将被用来罗列安排一系列明确的哲学学科观点和更含蓄的哲学思想方面的努力成果。显而易见，这一直就是哲学的主要效用（布雷迪，1988；詹宁斯，1991；登哈特，1988：27ff；沃尔，1991；威尔伯恩，1984）。

5.2　作为基础主义哲学类型的公共行政伦理

A.　哲学学科上的分类简介

在本节中，我们要使用来自伦理学分析学派的哲学概念对公共行政伦理进行分类。有志于一种比较全面的分类，包括公开的哲学上的立场（例如哈特，1974）和默许的立场，甚至是无意的立场都将被论及。在首先证明硬是在未经其许可的

---

① 正是由于这些原因，约翰·罗尔（1989：65-66）建议提防在他的“高阶”方法中的哲学分歧，他对复杂难懂的哲学事业的深深尊重导致他建议提防浅尝辄止。

② 对一些公共行政学家来说，似乎根本上就需要更多的哲学探究。例如，道尔顿·李（1990）就建议我们现在就开始这项工作，即把我们倡导的、确定了的专业标准灌输给冲着政府职业生涯去的学生。同样，最近一次由美国公共行政学会的公共行政研究分会主办、乔治·弗雷德里克森主持、1991 年 6 月 12—15 日在犹他州帕克城召开的“政府伦理学研究会”，明确排除了专注于哲学学科的和一般哲学的理论化的论文。以植根于当前理论的假设为基础的实证研究被认为是足够的。在较后的会议上，加里·布鲁贝克倡导发展测试，以确保求职者持有正确的道德规范。

情况下把公共行政学者的观点归入许多类别中的合理性之后，本节其余部分致力于“基础主义的”伦理。按它们出现在公共行政中大概的时间顺序，本质上是目的论观点的美国功利主义首先被引以为证，然后细察了各种各样的义务论看法。

正如前面所说，哲学对行政伦理学的直接影响是难以证实的。在专论公共行政伦理的文章和书籍中，有极少数的脚注会引证像 G. E. 摩尔、A. J. 艾耶尔或西奇威克这样的道德哲学家。有时某些像罗尔斯和麦金太尔这样最红的哲学家在公共行政中享有了短暂的名望，但他们一般被宣读为好像他们的论点是自立的，传统的背景被忽略，在这种背景里，他们对他们哲学上的反对者和对话者做出回应。著名哲学家们通常只作为权威原则之源泉而被遵从，而不是作为在对话中发现的同僚（参见卡希尔和奥弗曼，1988：14－15）。还有，当他们的观点因公共行政的拥护而出名时，他们的观点很少被作为特定学派或论说的语境典范。

108 公共行政伦理缺少的是某种批判性讨论和代表很好的热烈的哲学争论的互动。取而代之的是通过激烈争论，创立了过多未经修正的原子论式的观点。因此，从公共行政作者的意向性的角度来看，很少有结合著名哲学流派的尝试，也没有结合哲学原则的尝试。流派和原则（比如社会科学中的特定文献）有其众所周知的（哲学）主题、基本论点和不足之处，那个不在范式之下的不足之处就是争辩和创新的领域。如果没有通过内在于严格讨论中而进行的集中，初学者将会重复错误，前往于已徒劳探索过的死胡同。套用一下 C. D. 布罗德写下的一句傲慢的话：所有好谬论都转到公共行政上，这时它们作为当地公开表示信仰的人的最新发现而死而复生(引自哈特，1988)。对浸透了必然要承担由百年分析哲学来完成的清洗所产生影响的哲学观点的任何人来说，公共行政伦理向后看，只折中集合了很少具有小心求证特征的、古怪的和偶然发现的观点。

本章的前提之一是：公共行政伦理将受益于一种好的哲学的分类，由此议题及其不同观点能够被彼此排列一起。现在，哲学的分类大量存在（要获得对许多已经被提出来的分类的评论和改编，参见：皮尤，1991；沃尔，1991）。当然，迫于我们自己的程式，公共行政伦理方面的每一篇文章都以文献回顾开始，其本身就暗示着分类。然而，这些分类都没有固定（登哈特，1991：91）[①]。每一种分类试图自身成为一种观点，给黑暗天文馆的天花板上简单增加了一个可以说是感觉上与其他没有什么区别的小光点。也许采用来自哲学伦理的分类会证明是较少短命，因为它们一致同意根基的可靠性源于仔细分析了的思想。

虽然有人说观点有许多，哲学给我们提供了一种把它们中的大多数统一归在一种基本目录下的方法。实际上，统一所有公共行政中的伦理思想就是要寻找适当的行为可以被推断或判断出来的普遍或准普遍的规则、标准或原则。它们是“基础主义的”。我们把不是基础主义的观点——我们正是在这个意义上使用这个术语的——放在第三节。

---

① 如果存在一种应坚持的分类，那么它应该就是黑斯廷斯伦理研究中心的布鲁斯·詹宁斯（1991）的分类。我非常感激他的文章。

B. 大多数公共行政伦理学如何是基础主义的

基础主义这个术语有个相对近期的起源，即所谓的后现代主义哲学著作（特别参见：罗蒂，1979；访问二手来源的诠释参见：伯恩施坦，1983，1992）。哲学中的基础主义意味着类似于（并且公共行政学家更熟悉）在科学和逻辑实证主义者的科学哲学中的律则式（nomothetic）解释。一个**律则式的**科学旨在为无限重复的事件和过程建立一种抽象的一般规律（内格尔，1961：547）。这也被称为涵盖解释的法则模型（亨佩尔，1968）。在希腊古典哲学中，被理解为公约或法则的**约定**（nomos）与各种被解释为“成长”、“是”或“事物本质是什么”的**自然**（physis）相对立（柯费尔德，1967）。被列入律则式的或基础主义的是任何采取这种形式的伦理观点：从被公认更高、更一般或抽象的法则、原则或被视为在流变之上和之外的 109
标准，推导出适应实际生活（自然）流变的适当的判断或行为，而不管这些规则是如何衍生的。

第四节将讨论当代哲学的方向，这是对所有基础主义伦理非常重要的反应，这些基本原则有时会被称为“正在消失”的参照物。由于在第四节将会被更加仔细地争论，如海市蜃楼般的基本原则往往就消失于更紧密地接近它们的过程中。

下一节所描述的观点都是基础主义的观点，并且涉及根据被认为体现了道德义务的规则而进行的行为以及对他人行为进行的评判。具有分析法传统的哲学家根据规则是如何获得的，进一步对这样的观点进行分类。通常区分为两种主要的方式：目的论或结果论与义务论（弗兰克纳，1973：14-15）。目的论的观点以结果为导向。对美国治理来说，目的论的典型范例就是功利主义。就我们的计划来说，我们只需要考虑目的论或结果主义者立场的粗略性功利主义分支，认为如果行为被纳入会导致善超恶的总体最大余额的规则下，那么行为在道德上就是应该做的。说得过于直白一点，就是为了正当目的可以不择手段。义务论的观点则开始反过来。规则要么是自我证成的，要么是被某种更高层的自我证成的原则所证成，从这种原则中，更低层命令规则可以被逻辑地推导出来。更低层命令规则是这样的，“永远说实话”，“善待动物”。更高层命令规则是金科玉律命令性的，“对待别人就像你希望别人对待你一样”，或康德的绝对命令：“只按照你能同时意欲它成为一项普遍法则的那个准则去行动。”更高层命令规则往往要么是“因为上帝是这么说的”的实际表达，要么是其世俗的对应物。

同样，在公共行政中的大多数伦理观归为这些分类中的一类或其他某类。大致按它们出现在公共行政中的时间顺序（自 19 世纪 80 年代以来）（参见尼格罗和理查森，1990），我们从功利主义开始。在美国政府制度中，对公共行政来说，功利主义成为权威命令伦理。

C. 作为程序功利主义的权威命令伦理

1. 公共行政的正统模式使伦理成为必要

具体体现了科层等级（韦伯）、效率（泰勒）和政治与行政相分离（威尔逊）原则的经典公共行政模式有道德标准（参见普兰特，1983），尽管其经常是默许的而不是明白表示的。在纯理论道德哲学的语言中，它基本上是一种功利主义的或结果论的理论体系。它至少有一个对善的临时性定义，有一种基本原则，并由此道德标准被期望推导出来，有一种有关个体行政人员所负有义务的理论。

2. 善

作为一种由20世纪初进步主义者（库珀，1991：110-111）有意这样设计的功利主义的理论体系，权威命令伦理遵循“最大数人的最大幸福”这一格言。在产生权威命令伦理的功利主义哲学中，我们用善或者幸福这样的词来表示实际的乐苦之比。请注意，这不是一个有关善的非常明确的实体性观点，它是开放式的。这在逻
110 辑上导致有关它要如何来实现的一种程序性的观点。套用一句话，它是程序性的功利主义，也就是说，如果遵循正确的程序，就实现了最大幸福。

3. 来自“人民”

幸福到底是什么？我们应该把它留给个人来决定。在很大程度上，他们应该免受政府影响，在公民社会中主动追求幸福。只要幸福必须依靠更多的公用安排，那么它必须通过多数规则民主地来实现。善就是：为了促进幸福，我们民主决定所要做的。就像与这种观点发生冲突的奥利弗·诺思最近已发现的那样，这种观点可能产生了相当大的话语权力。当参议员乔治·米切尔在“伊朗门事件”听证会上向诺思解释“美国人民有权犯错”时，借此他真正的意思是：当政策发生变化，不论它可能显现得如何古怪，曾经是错的现在是对的，反过来，过去是对的现在是错的。通过更加坚实的宪法规定，人民无论是现在还是过去都被公认为权威的、至高无上的。没有使他们可以被判断为错的更高标准。

4. 个体行政人员的角色：基线位置

由芬纳（1936，1972）通过这种逻辑无懈可击地推导出作为行政官员的官僚们不能有自己的意志，尽管通过受限的（如《哈奇法案》）政治活动（投票权），他们可能参与意志形成。一旦官僚们跨入了办公室的门，他们就要放弃他们在意志形成中的角色。在那里，作为对安全的回报，他们是执行合法化命令的工作人员，这些命令来自从每个层级的上级，后推到人民代表，再到想象中的准备用他们的投票批准或不批准的专心的人们（正在消失的参照物）。在促进效率（效率本身就是一种附属伦理规范，其依靠确定作为工具的行为其他方面的有效性）的职能角色与道德角色之间有一种整齐的对应关系：两者都要求遵守规则和承担权威性解释规则的上级（道斯，1923；艾波比，1949）。因此，个体的道德选择被限制为选择遵循规则（要做符合道德的事情）或通过辞职或失职（不道德的行为）来违反规则。如果没有这样的科层分级负责，“人民”就会被剥夺表达他们的主权和他们当前所定义的最大多数人的最大幸福的程序。

5. 最近的表现

由于权威命令伦理只是简单地用公共行政经典范式的伦理研究中常见的语言来表达，因而权威命令伦理兼有优势和不足。它的主要优势在于它仍然是官方机构的基本看法这一事实。尽管经典范式破烂不堪，但是它还没有被某种连贯一致的新观

点所取代。作为民选官员、媒体、教科书式政治学和美国公共行政学会（莫廷斯和海尼根，1982：41）的无可争议的观点或基础主义的神话，大多数目前被归类为道德的行为是根据它而得出来的，这并不奇怪。使用他们能够获得的手段，通过法律和颁布法规，政府官员试图通过制定其基本目的是要以确保其他规则被遵守的规则来加强道德行为。有些人已是不符合道德，因为他们没有遵循规则。因此，制裁那些违反规则的人必须更加严格，违反规则的诱惑必须破除。因此，这种伦理的范式案例就是利益冲突。有人就是被如由特殊利益集团所运用的金钱这样有吸引力的力 111
量拉离中立立场。我们通过使这种力量非法（禁止收受礼品）、受谴责（立法伦理委员会）或难以兑现（立法反对被实体单位的直接雇佣，人们通过这种实体单位发挥监管权力的“旋转门”作用）来移除这种力量。

6. 为什么可疑？

像与其他任何一种基础主义观有着一样多（包括一样少的）逻辑力量的道德规范一样，造成公共行政学者到其他地方寻求一种道德规范的权威命令伦理的不足，不是太多出自它的逻辑结构。相反地，作为对我们政府系统以及从事日常业务的代理机构的描述，支持权威命令伦理的“层级节制式民主”的古典范式（雷德福，1969）本身根本就不再可信了。事实上，要不是有古典模型的腐蚀，公共行政学家将根本不会陷入伦理事务中。公共行政中的伦理运动（福克斯和科克伦，1990）主要来自对各级公共行政人员行使自由裁量权（罗尔，1989：37－47）而又不能遵守规则的确认。如果因为成文规则太多（福克斯，1989）或它们过于空泛或它们造成目标被置换（斯图尔特，1988；汤普森，1988），那么成文规则不能确保民主问责制和正确行事，道德必须内化，以便公务人员正确行事［参见：库珀，1990；福克斯和科克伦，1990（关于弗里德里希·芬纳的辩论）］。对自由裁量权的确认和赞美声明（例如瓦姆斯利等，1990），加之由政治-行政二分法经验上的不可能性引起的普遍怀疑［参见罗尔（1989a）对这种虚构的破坏］合起来促成了寻求一个更好的道德命令体系①。

7. 重新审视行政的角色：规避基线逻辑

在受理论驱动的纯理论公共行政与民选及委任的行政从业者团体之间存在一种文化滞后。从理论上讲，纯理论公共行政大都已经放弃了权威命令伦理是其必然结果的正统范式。因此，发展个体行政人员的个人道德的许多努力发生在程序功利主义以外，属于接下来的义务论部分。不过，连在纯理论公共行政中著述权威命令伦理的死亡都不成熟，更不用说由行政从业者团体发展出来的立法策略。就一件事来说，相对于致力于道德规范的研究人员而言，致力于描述的研究人员必须继续扎根于实际上充斥着命令与服从和体制嵌定的领导者和追随者的现实中。针对讲究实际的行政伦理学生，知道正统范式的两种不真实性以及这一范式不再能够合法化的官僚制现实，三大策略已被开发出来：（1）把服从权威命令当作理想，（2）裁员策

① 公共行政发展中的两个分支领域也应加以注意。第一个分支领域是美国公共行政学会中对“创立”追求，以便继承专业主义的衣钵。职业协会有伦理守则，所以我们也需要一个。第二个分支领域是伦理守则是卡特和里根政府时期对官僚主义猛烈抨击的政治回应（菲舍尔和津凯，1989）。

略，以及（3）恢复或改造与公民的联系。这些顺序是根据它们与芬纳所说的基本立场的距离而排列的（见下文第一节）。

a. 把服从权威命令当作理想。策略一是要把行政命令模式当作一种我们应该希求并从我们已堕落的状态再一次为其献身的理想来维持。在公共行政伦理中，这一令人可敬的、获得像洛伊（1979）这样著名政治学家赞同的策略体现在约翰·伯克（1986）被广泛引用的著作中。伯克的著作可分类为作为对莫舍《民主与公共服
112 务》(1982) 经典一书中的公共行政伦理的扩展。两人都认识到正统的问责模式中的问题，承认它存在的例外，然后继续重申它仍是在大众化复杂性社会中维护民主（选举人代表的）唯一可信的可选方案。根据准则：信奉代表着某种善的“公共”决定的民主程序，服从仍然是最重要的规则，以实现善超恶的最大数量盈余。

b. 裁员策略。对不情愿放弃正式命令链的专家来说，达到主权在民的第二个策略是要促进一种双重体制，即一种道德机制上的裁员。在这些观点中，肯定的是外部和内部的伦理问责。策略就是要听从组织的命令（外部的），直至和除非其执行严重冲击了行政人员的良心。然后，超出必需的、辅助性的个人或职业道德机制可能会进入。辅助性的机制可能建立在义务基础上（见第三节以下）。第二种策略的采用者是其广泛运用者库珀（1990）。这一策略采用者的其他例子是：盖伊(1991)、刘易斯（1991)、摩尔（1981)、汤普森（1987）和沃威克（1981)。作者们的重点会在外部的和内部的责任两极系谱之间变化，但与伯克的观点相比，更多的个人自主得到肯定。

从逻辑上归入第二种策略的可能会是体现个体良心的不同设制。这些通常被赫希曼（1970）编目为退出权、发言权和忠诚度，并且包括举报（波克，1981；格雷泽和格雷泽，1989；特鲁森，1986）和“辞职抗议”（维斯班德和弗兰克，1975)。为了加强组织问责制的完整性，同时又回到把拥有主权的人民作为“善”之源，上述设制得到改进。

c. 复兴公民身份。对正统模式大失所望的学者们的第三种策略是重构公共行政与拥有主权的人民之间的关系。该计划可能被称为“去中介化”，因为它提倡公务员与公民之间的直接联系，减少依赖层级节制式民主的层次结构。因此，它距离权威命令的基本逻辑最远，并呼吁积极主动的行政人员主动与公民接触，并让他们参与进来。复兴公民身份可能会要么被视为程序功利主义的最底策略（这就是为什么它被放在这里），要么被视为新亚里士多德社群主义（第四节C目以下）的一种形式。这是一种程序功利主义的形式，因为它简单地用直接或“强”民主机制替换选举人的代议制民主的机制（这种机制可参见巴伯，1984：261-311)。通过这种解释，我们要推进的实际由拥有主权的人民的多数意志决定的非实体性的“善”的目标仍然未被触及。复兴公民身份本身成为人类在共同体内相互界定、发展和完善他们自己的目的论的目标，从这一点上来说，复兴公民身份滑入功利主义的类别。在公共行政伦理中，或许被称为“公民学派”的作者们(亚当斯等，1990；钱德勒，1984；库珀，1991；弗雷德里克森，1982；高思罗普，1984；耶茨，1981）并不总是清楚他们正在跟随道路中可以说是相互矛盾的

哪一分支上。由于这种哲学基质正被覆盖在他们的著作上，可能他们自己都没有把握，也不要求有把握。举例来说，高斯罗普和钱德勒似乎是完全符合程序功利 113
主义，然而库珀要么把两种观点辩证地结合起来，要么在两种观点之间摇摆不定①。

D. 义务论的观点

许多公共行政学者对不是重申就是修补正统模式的各种尝试持怀疑态度。本章作者（福克斯和科克伦，1990）已经在其他地方把其他不同观点的作家分为“自由裁量权派”（但要注意：前面功利主义观点中的策略 b 和 c 也肯定不同程度的自由裁量权）。詹宁斯心中有类似“道德推理逻辑的伦理”的分组（詹宁斯，1991：67）。使“自由裁量权派”成为一体的是它的作者们已经设置的自己与先前民主的正统模式之间的距离。他们使他们的立场更有同情心地立足于行政人员，他们处理的要么是“行政部门”可疑的问题（卡斯，1990；瓦姆斯利等，1990），要么是出于组织人道主义的问题，甚至是对粗鲁的利益集团民主绝望的问题（例如哈特，1988）。如果代议制民主和科层等级管理的机制不能被信任为“好的”，那么它能够被灌输给职业官僚吗？柏拉图式的监护人不是比中立的工作人员更好的选择吗？如果符合伦理的治理不是代表民主问责制循环的正常产出，那它能从哪里出来？尝试建立似是而非的答案导致了作者们寻找其他可以推断出适当行为的基本原则。

当被连接到一个实质性的、道德意义上有约束力的或必须履行的、作为根本的、具有强制性的原则思想上，这些观点可能会被列为义务论②。规范的对错是根据其自身或者是因为更高的法则（然后是那些自我确证的东西），从中它们符合逻辑地被推导出来，而不是因为它们被估算的结果。同样，预见到第四节的反基础主义的观点，这种抽象的自我证成的原则可能被不相信者视为“正在消失的参照物”。有三位作者将有助于说明公共行政中的义务论立场（哈特，1974；K. 登哈特，1988；罗尔，1989a）。

1. 哈特的社会公平

哈特在他精心创作的一篇论文中，就把为被称为“新公共行政”（第 3 页）学科派别提供哲学基础作为自己的任务。在该标签应用到的任何实际职位的范围内，这意味着行政人员应该使用他们少得不能再少的自由裁量权积极主动地促进社会公平。这样主要是靠通过在国家核心内公平处理好存在于公民社会中有利于富者、能言善道者和组织良好者的权力来实现。换句话说，行政人员应该与穷者、不善言辞者和无组织者站在一起。这是对利益集团自由主义最恶劣影响的符合道德的反应

① 特里·库珀的著作被发现在本章形成的三种类别中。20 世纪 70 年代末和 80 年代初，在他第一次编写的教科书（1990）中，裁员策略似乎是底线（第 161 页）。他最近的著作（1991）是更纯粹学术上的理论著作，并且尝试通过社群主义的手段来复兴公民身份。

② 对于在公共行政伦理的应用来说，我们只需要考虑“规则”义务论理论，这些理论是基础主义的理论（法兰克纳，1973：16-17）。

(弗雷德里克森，1971)。为了支持这一立场，哈特提出，我们应该采用1971年罗尔斯的《正义论》中的伦理。罗尔斯的立场是经典的新康德主义，它认为正当的行为可以从一种理论规则中推导出来。在这种情况下，该规则是以一种完全公正无私的方式，从不考虑实际、历史和文化观点的“原初状态”中共同推理出来的。这种公正无私就被实现了，因为参与者不知道社会结构中他们可能适应哪里，他们正在为这种社会结构制定正义原则。罗尔斯巧妙地使社会契约论达到了康德哲学的抽象
114 水平。罗尔斯认为，公正无私的理智会得出结论：除非不平等有利于最少受惠者，社会产品的平等分配才会发生。因此，如果我们的行为可以被解释为有利于最少受惠者，我们的行为才符合道德。哈特认为，从这些原则中，可发展出公职人员义务的道德准则。具有类似基础主义义务论的、建立在正义基础上的观点的人包括波普斯（1991）、弗雷德里克森和哈特（1985）。

2. K.登哈特的普遍道德命令

自利思（1952）以来，作为一种哲学与公共行政最广泛的混合，登哈特的著作近乎卓越。它也提供了一种类型学，然而，除了少数例外，它的参考文献都局限于基本主义伦理，通常被援引来帮助她建立一个现实主义者的抽象王国（普遍道德命令），义务、行为和判断可能具有一定精确性地源自此王国。伦理学中的现实主义意味着一种学说：道德和价值观超越了在持有它们的这些人的观念指望的现实，现实主义者是相对主义者的天敌（自第38页起）。顺便在这里说一下，哲学充满了错综复杂的分类表和如“现实主义”“理想主义”“客观主义”这样的字眼。这些术语会有不同的甚至是相反的含义，这具体取决于它们所出现在的质疑问题和陈述这些术语的学派。因此，这里所被称为登哈特的道德现实主义类似于我们所了解的被称为像柏拉图模式一样的理想主义，在我们大二学生的哲学类课程中，因而被称为“理想是真实的”（不同于科学所要处理的物质的或经验的现实）。她设法找到了一种能够被进行道德决策的行政人员所理解和遵守的普遍道德命令（第38页）（参见罗尔的评述，1989b），虽然她承认它没有确定的实质，但人们对其原则有不同意见，并且它可能只在西方是普遍的。最后，登哈特只是简单地宣称（正在消失的）参照物的存在或她对同一性的信仰。她被驱使下这样的结论，因为她像其他许多人一样（李，1990）相信所有不同选择方案甚至是上文所述功利主义的观点导致了虚无主义（第43页）。“……任何对伦理的讨论必须建立在对道德命令的一定了解之上。”（第38页）这样的观点通常是：除了它可能如何准确预示行政人员的日常生活之外，对“普遍道德命令”的图景描绘也不见了。

3. 罗尔的政体规范

也许推导出一种官僚们能内化的、以取代权威命令伦理的、最有影响力的基础主义伦理的尝试主要与约翰·罗尔的名字有关（1986，1989a；但也参见哈特，1984；尼格罗和理查森，1990；还可参见福克斯和科克伦对差异讨论，1990：260-262）。在过去的15年里，一直是罗尔的项目通过诉诸美国宪法和各种不同的宪法解释来使行政国家和行政自由裁量权合法化。他为伦理所做的努力得出的结论是行政人员应该内化作为美国政体之基的宪法中的原则。非常反对权威命令伦理的罗尔

认为：政府各部门之中，所有举行了“宣誓就职”的人，包括任命和职业行政人员，都与宪法和最高法院对它的解释所提供的这一共同道德原则相连，并建立了独立的关系。

罗尔有关伦理的观点鲜明如下：

> 无论被选举的、政治任命的或因功绩任命的公务人员都举行**宣誓就职**以支持美国宪法。
>
> 宪法所体现的美国政权**基础**可被视为超然的第一原则（正在消失的参照物）。 115
>
> 宪法比任何短暂的选举联盟更重要。
>
> 那么，行政人员效忠的是宪法而不必要是当时负有责任的政治行政部门。

这是一种看似有道理的、避开政治行政分歧的方法。授予宪法优先权的两方面使罗尔的举动在理智上令人信服。第一，这是一种人们很少冒险超越的、最接近的标准；说某事是违宪的是一种使之彻底失败的压制。在美国，极少有观点趋向质疑宪法本身，它是一种功能强大、几乎可自我维持的合法性象征。这意味着前提回溯到超越宪法的情况很少发生，以至于在这种情况下，消失的参照物为 1787 年聚会的一群特殊的人或他们的选民的看法，这些看法很少被调用。第二，从一开始，宪法维持不变**好像**是自然法则一样，更确切地说是一种“所有法律差异背后的基本原理，是减少这些差异达到统一的万无一失的手段”（登特列夫，1965：21；这也是登哈特所意指的普遍的道德命令）。因此，美国人可以把自己算作是其中建立了被编入法律文件和受法律传统支持的立国之本的幸运的少数人之一。就像柏拉图和卢梭这样不同的政治哲学家都推荐这样一种立国之本，以稳定否则会混乱的政治生活。如果不幸运的是它是在对理性力量的信心达到了高潮的启蒙运动鼎盛时期被写入宪法，那么这至少是偶然的。在美国，人们实际上并不需要相信自然法则或理性的力量来获得它的好处。宪法引导、集中和限制我们的报酬到可控制的比例。不是一切都公开拍卖。

罗尔精心论证过的立场结论是一种基础性的、建立在平等、自由和财产的价值基础上的基础主义义务论伦理。按此推理，内化这些规范并为此采取谨慎方法的官僚们将是符合道德的。当价值观之间不可避免的冲突发生时，官僚们应该依靠最高法院判例的方法和“精神”来解决冲突。

从表面上看，罗尔的基本道德也可能被列为程序功利主义的一种形式。唯一的区别是拥有主权的人民在建国的时候很大声地一次性发言了，而且只有一次只有一会儿，而从那时起，《权利法案》之后，修正案被添加上去。这样的解释会错过罗尔所采取的举动，这种举动使建国和它已经创立的（准现实主义和自然法）学术王国非常相似于登哈特所指的普遍的道德命令和契约论者的、脱离实体的思想的学术王国，哈特赞赏这种来自罗尔斯的思想。正是来自这些不同基础领域，义务论的推理链被认为开始预示实践了。

5.3 基础主义伦理的结论

大多数公共行政伦理学家也许感到了权威命令伦理的不足。但是，对现实的生活世界、决策的流变、微观的判断、人与人之间的关系以及日常行政来说，现有的
116 义务论系统是不是更可靠呢？要说明问题，就要想到否定的回答。也许我们中没有人已经想出了一个可行的、有条理的替代品。当代（后现代）哲学可能被理解成要提出这种失败与堂吉诃德式的企图有关，企图找到基础主义伦理学的推算方法，然后找到某一套原则，用这样的一套原则把它装到里面去，要是目标实现，必然的逻辑链就被推导出来——从原则到行动或反过来，从要采取什么行动的问题通过逻辑链回推到合适的原则上去。但是，当这被试过之后，当行政人员尝试从日常生活的流变往回推理到这些原则，在它们能够使他们放弃寻找答案之前，它们就消失了。毫无疑问，对陷入不道德行为的下属是否生气、告诫或是劝告的道德问题，可能被任意放置在决策树的末尾，其中的第一条原则是公平。这种决策树的分枝借助二进制的二元选择很可能似乎得出符合理性的结论。但接下来，公平是什么？为了证明"公平"，就需要更高层次的原则。它应该是罗尔斯主义、拥护美国宪法或是因为所有人生而平等吗？但接下来，罗尔斯、美国宪法和平等凭借什么正确的、不可避免的原则而成立？上帝是这么说的吗？……逻辑上的要求吗？……还是我们把这些原则看作不言自明的？但接下来，我们必须接受神，或者两者并行的、逻辑与信仰宇宙的、本体论的回应。唉！把任何逻辑推进到它的基础上，人们就发现没有全无预设的前提，他们都消失在另一个前提的面前。我们摇摆在无限回归的边缘，参照物消失退居在所有先验原则的炼狱中。

通过社会学知识比要么愚蠢要么无知可能会更容易解释对正在消失的参照物的依赖。知识社会学或知识系谱在公共行政学科上的运用有两种倾向：折中主义和渐进主义。这些都有助于解释以各种各样的基础主义伦理为最后结果的这一学科所具有的吸引力。

基于对正统模式失败的失望，公共行政人员去寻找一种新的伦理。但是，在哪里可以找到呢？由于公共管理一直是不拘一格的，借鉴多个学科，包括政治学、社会学、社会心理学和工商管理，对从其他更为系统性文献中挑选出杂乱的思想、规范和概念没有一点内疚。这种方法冒着把概念错位与概念"变"位混淆的风险（拉莫斯，1981：60-75）。在概念错位方面，当概念被去掉了形成和原本表达的上下文时，概念就完全不同并呈现被歪曲的含义。比如，组织的亚文化及其相对应的伦理原本被认为是某种东西，这种东西的兴起从来自自下而上的、作为人类和解共处方式转到了自上而下的结构命令（英格索尔和亚当斯，1992：第 2 章）。这个概念已经发生了演变，并被错置为另一种管理工具。在伦理方面，从使用伦理来管理组织中，它找到了它的体现（例如帕斯廷，1986）。

公共行政与其他研究领域共有的另一个特点是理智思维上的**渐进主义**。学者不从根本上抛出一整套的概念。相反，他们倾向保持基本结构并且只调整异常的元

素。就本章的目的而言，重要的是要突出在何种程度上公共行政是围绕一种决策模型而被建立的。有很多决策的反复，其包括：输入—吞吐—输出—评估—反馈的系统理论、线性规划和预算的过程（决策模型假定决策是通过看起来很像规则一样的各种步骤来达成的）。因此，对寻找伦理的公共行政学者来说，阻力最小的路径将 117
会是对采取类似于决策模式形式的这些观点的偏爱[①]。这个过程采用了系列道德价值观，并且像更换电池组一样，把这些道德价值观装入旧的躯壳中去。因此，行政伦理的学生认为他们的努力就是要取代了中立机器一样的行政人员的传统模式。他们这样做了，也只有在这个意义上，他们为了其他要内化的规则（一个作者不同于另一个作者）而更换一组外部规则（权威命令）（詹宁斯，1991）。那么，义务论伦理可以被看作问责与控制从服从政治领袖转向到服从道德原则。正在消失的参照物“人民”被各种其他的参照物替代。这两种类型共用基础主义形式，企图超越或与基础主义相对形成下一节的主题。

5.4 公共行政中的反基础主义伦理

如果基础主义伦理不能适应实践者生活世界的流变，人们能在哪里转向呢？20 世纪 70 年代以来的哲学可能指明了道路。哲学当前的两个流派可能会被认定为是反基础主义的：新亚里士多德主义者或社群主义者，而且各种观点都艰难地归类到“后现代主义”的标签下。就像我们将会看到的一样，只有社群主义（广义上的）的替代方案已被公共行政伦理学家充分探讨。这些观点共同持有对基础主义的批判，这种批判被现在看成现代主义自大的、更为遗憾的实例之一。那么，从本节开始，第一，报告对基础主义和现代主义的攻击；第二，讨论看似适当的相对主义的问题；第三，勾勒出新亚里士多德主义、社群主义伦理；第四，紧跟其后的是公共行政典范；第五，简要介绍类似于社群主义却源于心理学和现象学的原始资料的立场。

A. 对现代主义和基础主义的批判

虽然他们使用不同的语言，由新亚里士多德主义者（例如麦金太尔，1984；琼森和图尔明，1988）和后现代主义者（例如拉康，1984；罗蒂，1979；为了可获得的解释，参见伯恩斯坦，1992；波斯特，1989）发动的、对现代主义者的基础主义的批判十分相似，允许一并处理。亚里士多德主义及其附属天主教托马斯主义当然是前现代的（古代和中世纪的）。现代基本上是指从启蒙运动时期开始到 20 世纪 50 年代（为了解释，假设有一个**后**现代的状况）。因为周期重叠，再加上说到“现代”

---

① 例如，考虑到西蒙对政策决策的理性综合方法看似根本的挑战。西蒙表明我们绝不可能满足对可能选项进行全面细查的要求。然后，他用满意取代最大化观念。决策过程的“形式”保持完全一样（哈蒙和迈耶，1986：142）。

这个词也意味着整个**世界观和知识**，其中包括工业化资本主义、科学的胜利和官僚的组织形式，所以不可能提供准确日期。

对现代性批判的基础是对理性自大的批判。显要地充满了牛顿物理学知识的启蒙运动认为世界基本上是和谐的，它就像一个巨大的机械钟。我们不仅能够理解物理存在的大钟，我们也能够理解人类社会并把它安排得像一个和谐的大钟。这是假设：一切都参与到了所有思想都可通达的某一宏伟的理性系统。因此，当人们从现代性精神角度谈及伦理、科学、适当的政府安排或任何其他东西时，人们给自己的
118 思想赋予普遍性的语言形式。每当人们很认真地声明时，人们仿佛是说其思想把超越即时的、情境的，甚至是历史文化的真相表述成现在和所有时间里都是对的真理。这种假设是：因为我们在某种起拱形作用的理性的世界中共享空间，所以我们能够通过这种普遍的理性媒介为彼此和对彼此说话。

在现代理性的铠甲上的漏洞可以表述为看不见的参照物问题。普遍化状态的理性论点都是建立在**印度神仙索**的基础上，没有一种论点是建立在无假设的假定上。追踪任何理性论点到推理的几何链和参照物的可靠性可以说消失了。最后或一开始，人们找到了像“神”“人民”这样的东西。我们认为这些真理是不证自明的或“逻辑上的需要”。这些最初的或起拱形作用的原则中没有任何一种通过了由作为基础的理性思维本身建立的检验。尼采似乎已是正确的（麦金太尔，1984）：如果上帝已死或与理性思维无关，在理性思维中，没有什么可以取代**他**成为阿基米德的(临时的且有条件的生活之外或之上）或神眼中的立足点的基础。这里没有语法的语法。就像大多数公共行政人员所做的那样，如果人们的伦理依赖于达到某种不变的或绝对的可靠本质的推理链，人们就会感到失望。

B. 相对主义的元伦理学问题

对基础主义的批判涉及在这一领域被哲学伦理学家称为后伦理学的方面。后伦理学本质上是一场争论，是在提出聪明方法要证明规范伦理学（做出有关正确与错误的判断）能继续下去的理由的正当性的那些人与阻止这些图谋的那些人之间的一场争论。元伦理学对已找到了自己进入公共行政伦理方法的相对主义的质疑从属于有关基础主义争论（尤其参见登哈特，1988；李，1990）。正如上面所显示的那样，登哈特相信有一种先验的普遍的道德命令，同时李也已赞成用既定专业规范对学生进行教导。争论双方的作者们都非常认真地对待莉拉（1981）在新保守主义杂志《公共利益》上的一篇文章。莉拉抱怨，公共行政伦理运动导致培训了诡辩家，例如，公职人员擅长通过复杂的道德论证合理化他们的行为。他所说的“民主精神”的学生不是被灌输一种道德指南针，相反被交付了道德相对主义的危险。

相对担心它的那些人来说，道德相对主义很快会导致虚无主义。如果价值观是相对于周期、时间和文化，那么这种观点就认为没有标准来判断它们的好或坏、对与错。当然，带有为真理辩解的严格经验标准的逻辑实证主义（尤其参见艾尔，1936）表述了这种类型的相对主义。他们的被称为“情感主义”的观点认为道德话

语没有比“哇”“真是不简单哦”，或“ 唔唔”（满足、愉快之感）。这样的感情爆发具有更多的真理有效性。实用主义者（为了获得有力的论述，参见伯恩斯坦，1983）和后现代主义者比逻辑实证主义更胜一筹，并要求属于那些科学活动的类似地位，实证主义者“的确”相信那些科学活动具有真理有效性。

面对如此异端邪说的基础主义者赶快痛下杀手。他们说，相对主义用另一只手确认了被第一只手所取消的东西，宣称没有普遍原则本身就是一种普遍原则——法宝。这是李的策略。此外，登哈特把相对主义辩解为只是一种被误导的多元主义。只要人们正确看待它，并假定认为这种普遍的道德命令先验存在，即 119
使没有人能直接描述它，其中许多的多元主义可以被结合成为一个整体（普遍的道德命令）。

对于这些观点，富有经验的相对主义者会喊“不公平”。只有一开始就相信共性的人才可能提出这些回避问题实质的论点，同时预先假定什么应该成为探究的对象。如果基础主义者坚持共性以及假定矛盾律的强大本体论地位，它不仅证明了相对主义，因为相对主义没有这样做，而且让这些无法矫正的、自我参照的思维模式（例如普遍主义和相对主义）简直是不可通约的，使两艘黑着灯的船只正通关在一个没有月亮的夜晚上。

从长远来看，对相对主义类型进行区分可能是明智的（参见斯托特，1988：第 4 章）。逻辑实证主义的情感主义（非认知主义）可以被认为是极端的版本。这一章的作者为这样的学说创造了短语“熵相对主义”。熵相对主义的确真正把所有价值观的论述平衡到几乎“无意义”，不应当犯种族灭绝罪就属于像“我喜欢香草冰激凌”同一种类的主张。存在主义现象学家（福克斯，1980）共同认同的其他形式的相对主义、解释学（诠释主义者）（伯恩斯坦，1983）和社群主义（麦金太尔，1984）赞成，并不是所有的价值观都是相等的，价值观是有意义的，而且他们都源自人类社会中永存的东西，而不是源自一种抽象的纯粹理性根源。正是这种后来类型的相对主义预示了被组织在两种评估准则之下的反基础主义者伦理集合：我们要转到的社群主义与后现代主义。

C. 社群主义伦理

要勾勒的综合式观点有好几个名字，所有的都确认了同样的大方向：社群主义、新亚里士多德主义、品格伦理或者美德伦理学。这些名称均指向重要人物之间的一种共同的讨论话语，说出重要人物的名字：查尔斯·泰勒（1985）、麦金太尔（1984）、琼森和图尔明（1988）以及（在较小程度上）迈克尔·沃尔泽（1983）。读者可能对贝拉等人的《心灵的习性》（1985）比较熟悉，其植根于社群主义。社群主义伦理：（1）具有对自我的不同观点（不同于现代主义）；（2）改变了伦理因果关系的核心和方向；（3）产生了目的论的美德或品格伦理；（4）美德或品格伦理转而促进了以实践智慧和“邪恶”问题决疑法为特征的伦理。另外两个部分如下：（5）然后这种观点的困难将会被提出；（6）最后，社群主义伦理的各种版本与脉络将在公共行政伦理的文献中被注意到。

1. 自我

回想一下，“自由裁量权派”的一些成员违背了权威命令伦理所预设的、仅仅是外部的控制，他们支持弗里德里希/芬纳争议中的弗里德里希，并认为他们要尊重有自主权的个体，用内部控制取代外部控制。然而，从社群主义和后现代哲学的立场来看，这种取代只有轻微的修正（边际的渐进变化）。更仔细地来看，所有成功实现的都是从“物质性”外部行为控制（命令）到“理想的”外部行为控制（外部思想的内化）的转变。社群主义（后现代主义）抗议
120 说，这种学说所假定的“自我”几乎不是一个可以认识的自我。这是一个没有文化、没有历史、没有境遇、没有被具体体现的、原子化的个人。这是一个抽象的自我，一种脱离肉体的理性存在物，这种理性存在物在笛卡儿的“我思”……“我思，故我在”之后成为理论上的时尚。而且，要显示关联、思想、理性和意识是通过基础主义者的灯（人性的本质），因为在与这一本质的关系上所有的人都是一样的，心灵可直达的普遍现象是可以确定的。恰恰相反，社群主义遵循亚里士多德的格言，即人是一种社会/政治的动物，其全面发展只可能发生在一个良好有序的共同体（城邦）中。这种更强大的自我通过其过去的共同体经验获得标记，并且没有为抽象的、原子的、有自主权的个人所假定的绝对的自由意志。

2. 共同体的优先性

社群主义者既不从原则也不从原子式的享有主权的个体出发，而是从环境出发。“他们认为人类动因被置于一种具体的道德和政治背景的情境中，并强调共同体目标及其附属物为被置情境中的自我所承担的建构作用。”（登特列夫，1992：180）因此，个人不会承诺好的或坏的行为，就好像在真空中。一旦适当的道德准则生效，个人也不会立刻变好。现代主义模式中源于自主个人的判断意识或行动决定的因果关系现在被社群主义者认为是个人与建构个人的集体历史背景之间辩证互惠的因果关系。事实上，如果没有这种背景，人类个体就只是无法识别的、无价值的东西，不存在可感知的外表。在核心方面的这种转变的一个重要含义是，把共同体提升到如果不是绝对的首要地位，那么至少是平等的首要地位。在现代主义的范式中，个人的自我利益被认为是生活中的原始力量，如魔法般地被市场中这只看不见的手所调节，随后被由正当理由决定的道德义务所调和。与现代主义的范式相反，共同体本身和其他人是人类生活和幸福的前提条件。因此，关注他人、利他主义、忠诚、共同体附属物和其他基于团体的观点不仅仅是对合理性标准的偏离。这样的观点破坏了理性选择理论和占主导地位的经济学各分支（对公共政策的意义，参见斯通，1988）。

3. 美德与品格的目的论

品格和美德内在品质的培养于是就成为伦理的任务。就这一点说来，这些是良好秩序城邦的目标。“……道德是内在的。道德法则……得”在形式上表述为“成为这样”不是“做这样……”。“……真正的道德法则”声明说“讨厌没有”，而不是“杀死没有”（斯蒂芬援引弗兰克纳，1973：63）。亚里士多德和一些新亚里士多德主义者从这里阐明一种复杂的分类非常详细的美德。这些通常采取所谓的“中庸

之道”（golden mean）的形式，例如德性品质中的勇气，就是过度（鲁莽）与其另一面（怯懦）之间的中道。遗憾的是，这样的列表就像《童子军守则》中的一样使自己平凡化（这当然是解释者而不是原创者的一种过错）。更重要的是对品格培养的过程观。一种品格不会突然来自子宫或出现在青春期。就这一点来说，因为人的品格比任何具体行为更重要，不道德的行为可能会成为在品格上有实质性改善的时机，如果该行为是为了获得智慧和共同体中及共同体自身具有的幸福即目的论所谓提升的一部分。

4. 决疑法与实践智慧 121

长期被现代基础主义者嘲笑为与一本畅销礼仪书没有什么两样的决疑法正卷土重来，尤其是在职业伦理方面（如医疗）。决疑法在精神上与习惯法接近，在判例发展的地方，案例就被归入它们之中，例外（就像在衡平法中一样）被注意到，并且根据前者的精神更多精心锻造的判例就形成了（摩根和卡斯，1991：300）。这与其说是推理的，不如说是归纳的。这与其说是机械的，不如说是有机的。这是案例与经验法则之间的一种持续对话（参见琼森和图尔敏，1988：34－35）。它也被称为实践理性，解释成为实践的智慧。由于决疑法不依赖于某种锁步（lock-step）逻辑公式，良好的品格和美德都需要正确地实施它，并且不能保证它不会被滥用。当它被写下来，并且被具体化为要被搜索到一套僵硬的规则以便适用于手头上的事例时，决疑法就庸常化了。

5. 社群主义伦理的问题

当人们开始思考社群主义并得出结论时，四种重叠性问题很快浮出水面。第一，如果现代主义伦理学的一个主要问题是自治个人主义的假设，是对现实境遇中个人的一种抽象，那么与社群主义伦理随行的问题就是假设共同体整个地或大部分是好的，这也是对所有已知共同体的一种抽象。此外，第二，采用某一特定共同体的思潮作为评价立场是考虑到没有先验的其他立场，据此，共同体可以被判定为不公正的或压迫性的。第三，社群主义有极权主义的可能性，因为生活的各个方面事实上都被朝着良序和谐的推力所召集起来。人们充其量可能会发现这是难以忍受的单调沉闷。更糟糕的是由共同体中小题大做者构想出来的、对所有古怪行为所进行的管制，这些管制与目的努力的基本方向是相反的。为了共同体的完整和统一，提供给拥有主权个体的隐私权利和由自由多元主义所开拓的独立空间（例如，工作、休闲、宗教）可能被废止。也请记住，对于在追求公民美德（在杰弗逊看来）过程中的每一个田园乡村共同体的缥缈梦想来说，存在一种对由共同体中年长者（精英）和自命决疑者（在马克·吐温看来）所施加的、同样引人注目的遵从重负的想象。通过用“国家”（我为人人，人人为我）一词取代所有前述句子中“共同体”一词，问题可能会立即被理解。第四，社群主义本质上是一种理想主义的、彩绘玻璃窗的怀旧之情，其作为由先进的和后工业化资本主义无情创建的大众化社会中的一个现实选择不再是可行的。

D. 公共行政中的社群主义伦理

在公共行政方面，没有人在纯粹以上面已被阐明的理想典型形式运用所有四个命题的意义上，采纳或主张社群主义。折中主义也在这一领域占据主导地位。在这方面，最常见的是对原子式的个人主义和由此产生的因果关系中心的转移的批判，因为人类在背景之内形成的洞察力不是社群主义独有的，是与后现代观点共享的，在讨论后现代主义时，所有这些都将被集中在一起。

在公共行政文献中最完整的阐述社群主义本身的是诺顿（1988）。然而，为了
122 相对较少的以便人性化工作的建议，诺顿**使用**了完整的学说，并且允许兴盛时期的个人倡议；合作指挥权的管理安排被建议。虽然生产力和效率可能也受益，但是主要的原因是社群主义的原因：鼓励更好的品格和人的潜能的开发。

对公共行政中的社群主义来说，荣耀应归于库珀（1987，1991）[①]。库珀承认多元主义的现实，从而避免了上述怀旧和极权主义的陷阱。采用科克伦（1982）创新的理论举措，共同体的概念被多元化，并且从所辖地域中解脱出来。因为如此，共同体变得更像是一个电子化增强的、处于交际时代的、关系密切的团体。这允许共同体多元化，共享托克维尔的自愿协会的特点，这些自愿协会被认为是在公民与政府之间的唯一合法的调停机构。通过“合法公民”，库珀认为，最低限度的公民身份与具有权利和自由（以赛亚·伯林爵士有效称为的消极自由）的、原子式的消极个人相一致。在这些协会中，存在着使社群处在功能性社群主义意义上的社会环境中的可能性，在这种社会环境中，培养大量有道德公民的行为可能获得鼓励。鼓励这些社群并与它们辩证地结合起来的将是公民行政人员（兼具公民与行政人员的双重身份），而这种行政人员本身又是在政府中的“专业”社群中得到了伦理上的滋养并被共同培养出来的。这就要求库珀重新找回职业精神的理想；反对门外汉和行业保护主义的推定阴谋是在专业知识、技术和资格审查的掩护下而被非法捏造出来的，必须予以否定，以利于确定专业主义的最佳特征，作为一种在传统中对卓越的倡导（参见福克斯，1992）。麦金太尔（1984）对实践进行的内部善与外部善的区分就适合此目的（库珀，1987）。被这些理论举动所创建的是一张复杂的、重叠共同体协同创造有道德公民的“维恩图”，其中一些有道德的公民也将会是美德意义上有道德的公民行政人员。就像采用巴伯（1984）的强民主和福莱特的“新国家”（1965）一样，这样的一种计划不仅为意志形成做了准备和使治理合法化，而且对社群主义者是最重要的，它还会鼓励人的潜能的充分开发，从目的论上看，这种潜能的充分开发**要求**履行参与社区决策的**义务**，这种决策既严重影响个人又严重影响公共福利（科克伦，1982；引自库珀，1991：160）。可以看出，后现代主义在这里产生了分歧，理由是那些最后必须履行的责任只是另一种宏大叙事——另一种语言力量游戏。

其他公共行政伦理的贡献者很少完全埋头于社群主义的话语中。文垂斯

---

① 要不是他和他的合作者主要是社会学家，并且因此属于和谈论不同的文献传统，或许已经合理地求助于贝拉等人（1985）。

(1991) 似乎在朝着类似库珀 (1991) 的方向努力。他感叹原子式的霍布斯个人主义的影响，承认共同体的相互依存和通过由公共服务所促进的公共学习去认识它、鼓励它的需要。文垂斯以倡导一种公民美德的公共哲学的公布与传播来结束他的分析。摩根和卡斯 (1991) 从两个方面来使用亚里士多德的伦理思想。他们的行政人员小组沿着由实践理性 (实践智慧) 这一术语所描述的思路来推理，在这种过程中，不断平衡“中立能力”“多元政治”“公共利益”。人们或许说这些行政人员使用实践智慧来在不可调和的极端之间找到对话的“中庸之道”。带有病态的两个极端和它们之间的“中庸之道”的任何计划都可能会被认为精神上是亚里士多德主义者的，哈蒙 (1992) 和多布尔的 (1990) 的观点也被归入其中。莉拉的 (1981) 一篇文章似乎是基于某种类型的品格伦理学，在他看来，为钱而干的、自私自利的教 123
授们反复灌输这种品格伦理似乎没有做充足。莉拉的这篇文章已被更频繁地引用，比可能预期的在新保守主义论战练习中被引用的次数还要多。

E. 非亚里士多德主义者的“社群主义”伦理

怀特和麦克斯韦恩 (1983, 1990；还有麦克斯韦恩和怀特，1987) 的变革型组织理论 (哈蒙和迈耶，1986：358-371) 和哈蒙 (1981) 的组织行动理论的伦理意义都需要一个合适的环境。他们被放在这里，因为他们是公共行政主要的反基础主义者 (一种被称为诠释学的观点)，并且他们观点的**形式**和逻辑很接近社群主义，即使他们是站在不同派别的巨人肩膀上开始著述。怀特和麦克斯韦恩把自己看成是荣格主义者 (参见 1983)，他们也一直受伯杰和卢克曼以及民俗学方法论的影响 (参见 1987)，后者这些又是可追溯到现象学家舒茨和他的导师胡塞尔。哈蒙也同样是有影响力的人，除了荣格之外，还要加上实用主义者 G. H. 米德 (为了获得前人的参考书目，请参阅哈蒙，1981：46-48)。

如社群主义者一样，怀特和麦克斯韦恩使首要核心远离原子式的个人或根据别处演绎出的外部真理。更好的是到亚里士多德主义者中去，共同体不仅是人类发展所必需的，而且根据伯杰和卢克曼 (1967) 的看法，现实本身也是通过语言媒介被建构的。对于怀特和麦克斯韦恩来说，重要的是要保持对话。这个过程无疑是基于荣格的精神分析学，由于其复杂性而无法获得总结性解释。只要说一个良好的道德环境是产生一个健康人的同一个环境就够了。惹祸、宣判和处罚实际上可能截断了发展和缩短了成长所必需的人际及自我沟通。失误、错误、判断失误和渎职应该与其说是被原谅，不如说作为个人、团体和最终 (通过具有一种被称为集体无意识的精神境界的辩证法) 人类发展本身被积极处理的场合。这个过程也比被称为决疑法经验法则的表意发展更加从根本上与团体和个人的成熟阶段有关系。最重要的一点是：人们不是在一套规则被学习并且被正确实施的时候就突然有道德的，人们有道德是在共同体中自然发生的。

1986 年哈蒙和迈耶还对怀特和麦克斯韦恩的荣格主义持乐观态度。根据其最近的著作 (1990)，这个判断应该要被改变。现在看到社会陷入了破坏性的“技术主义”。技术主义抑制个人的成长，他们现在只坚持希望为社群主义的真实性保留一块飞地或聚居地。这也让人联想到更传统的亚里士多德主义者的社群主义，其容易受可能已不存在的并且可能永远不存在的过去的影响。

公共行政伦理学文献中，一种相似的对成长、发展和成熟的强调是建立在科尔伯格（1981）的道德发展阶段理论基础之上的斯图尔特的著作（例如斯图尔特和斯普林霍尔，1991；还见本手册第18章），其属于埃里克·埃里克森和皮亚杰的传统。然而，从荣格主义的或现象学的角度来看，发展阶段理论过于简单。

哈蒙的行动理论通过他的分析的基本单元来开始着手共同体，这种分析的基本单元是面对面的偶然相遇，这种面对面的偶然相遇反过来又导致一种交互性伦理。哈蒙想要保持一点点唯意志论的自我，他通过借用来自现象学的意向性（意识从来
124 没有纯粹的，也不是空洞的，它始终是身体或精神的对象的意识）概念来保持（哈蒙，1981：第38页以下；福克斯，1980）。但唯意志论发生在共同体内，因此，通过把唯意志论与米德的社会决定论辩证配对起来，哈蒙的自我既是主动的又是社会的。这种主动的社会的自我发现了**我们**与其他社会活动中的自我在面对面偶然相遇时的相互关系。道德可能在我们的日常生活中被领会到，并在更高层次出之于偶然相遇的真实性和对相遇者的平等尊重。真实性通过共同体孕育更多的真实性，从而完成了社群主义伦理的“初步的”标准。另一方面，反常是减少偶然相遇的数量和质量的体制结构（如科层等级结构）的结果。哈蒙的观点可以被描述为类似于自下而上的罗尔斯主义。社会正义是没有这么多经过深思熟虑，然后被应用的，因为它是通过交互性而形成，**然后**被了解的。行动是在逻辑上和本体论上先于思想，有关行动的反思性思想是为了行动（参见哈蒙，1990）。哈蒙紧密编织的理论的结果是积极的行政人员，其品格和美德不是通过秩序井然的亚里士多德式的古典城邦而是通过相互性得到确保的。

5.5 结论：公共行政伦理的后现代根据

本文取得了一种行政命令伦理怎样被义务论立场取代的发展序列。但是，义务论伦理与前者分享相同的基础主义结构，这种结构越来越被发现有哲学上的不足。如果基础主义不起作用，如果普遍伦理不能被证明是可信的，也许一种更局部的伦理可以被发现。这是社群主义伦理及其相似者所持有的希望。但是，这种希望也可能很快就会被更激进的、后现代主义的反基础主义所破灭。由于后现代主义的观念除了加强反基础主义外，尚未真正深入公共行政伦理中，只有两个来自这个还是新生思想体的额外结论需要注意：(1) 知识创造是一种权力与控制的非法使用的这种观念，以及 (2) 对作为其矫正物的相异性和差异性的赞美①。

---

① 只有非常少的后现代思想是必需的。这些过于简单的、粗线条概括的是福柯（例如1980）与德里达（例如1985）的复合物。非常易于理解的讨论是伯恩斯坦（1992）的讨论。后现代思想的介绍性文集是霍依斯特瑞（1991）的文集。

回想一下对解释主义者的“社群主义”伦理的讨论，人类不仅是社会/政治的动物，而且现实本身就是一种社会建构。后现代的视角继续“解构”这种建构来发现控制和权力迄今隐蔽的、任意的、因而是非法的使用。因为这些现实被称为“元叙事”，促成了欧美高于东方、北方高于南方、白人高于有色人种、男性高于女性、发达地区高于不发达地区以及异性恋高于其他性恋的倾向。元叙事把差异性和排他性边缘化。甚至从这个角度看起来，社群主义像一种基础主义的元叙事。毕竟，社群主义有一种有序的观念——人类幸福的目的论，这就是共同体内部人的潜能全面发展。从而使参与共同体或受那些知道那是最适合你的人的唠叨责骂的**义务**成为必要。也使终极目的、理想的观念成为必要，所有人“天生”就追求它，使有其他计划或爱好之人成为离经叛道之人。离经叛道之人受到蔑视，使人避之唯恐不及，受到放逐，受到关押和监禁，直到他们可以被整合一致或由他们的榜样强迫整合一致，由此大部分人被链锁在一起。因此，这里所有叙述提供的伦理观都是极权主义的。只有名人被允许有令人不可容忍的反常。

矫正就是要采用“不干涉”的行为准则。任何时候不要强加只是双方同意的而 *125*
实际上是武断的道德。赞美他性、差异性和文化多样性。当然，后现代主义深深地自相矛盾。我们能“不干涉”那些人吗？那些人的生活方式不让其他生活方式存在，在这一点上，后现代主义会攻击自相矛盾的法律，把其作为欧美的、以欧洲为中心的、强调男权观点的、白人的强权行为的一部分。

这里公共行政伦理学有不应该不提及的机会。随着哲学放弃了正当理由的仲裁者和语言用法的维护者的角色，我们可以自由地**做**来自我们自身零散质疑的流变中的哲学研究。由于我们的自然重力，其让行政人员接触到了许多事实：有些是快乐的，有些是痛苦的，且太多的是悲惨的，当我们进入 21 世纪时，也许我们的质疑对人类境况给出了独到的见解。我们的哲思可以指导哲学的发展。

参考文献

请从中国人民大学出版社官网（www.crup.com.cn）下载，或者用微信扫描下方二维码获取。

第 *6* 章

行政与美德伦理

——所有的事情中，先选择成为好人，而后选择成为技术专家

戴维·K.哈特
美国犹他州普罗沃杨百翰大学

美德是人类起始的自然本能……，因为在人类意志中有一种天然的对符合理性的善的欲求。（圣托马斯·阿奎那，转引自佩吉斯，1948：598—599）

6.1 美德伦理学的复兴

管理潮流像季节变化一样来来往往：春天时兴允诺要效力，夏天寻求卓越，秋天的终极追求隐藏于全面质量管理中，严冬则求精益管理。然后，新式的管理潮流周期又再次全部重新开始。虽然这对咨询者来说大可获利，但它却给生产线上的管理者和学者造成了困难，他们必须应对这些潮流。当然，其中有一些方法有可取之处，但它们大多数都少能持久，原因很简单，它们忽视了有效管理中最稳定和最重要的要素：管理者的良好品格。

在 20 世纪的最后四分之一时间里，有关组织中的、领导者的、代价昂贵的、道德失灵的普遍性提供的证据表明，我们最关键的问题是在重要的领导职位上——无论是公共的领导职位，还是私人的领导职位、教育的领导职位或宗教的领导职位上都缺乏具有良好品格的人。长久以来，管理的正统观念认为，“好人产

生于好的制度”是不言自明的命题，伦理问题让步于更好的制度设计。

但是，历史清楚地表明，一个公正的社会更多地取决于其公民和领导人的道德诚信，而不是把卑鄙的行动改造成对社会有用的结果的组织设计。制度是重要的，但良好品格更重要。

因此，管理学者和管理从业者越来越重视行政伦理。遗憾的是，文献综述揭示了一个重大的遗漏，除了一些例外，很少有人关注好品格伦理学或者美德伦理学(科伦达，1988)。但是，这种被忽视的东西正在转入复兴，美德伦理学开始受到应有的重视，正如特里·库珀所指出的：“使我们倾向于道德操行的美德或品格特征，132
也正在日益被认为是一项重要的个人属性。”(特里·库珀，1990：162；同时注意特里·库珀和赖特，1992；威尔逊，1991)

按照这种趋势，本章的目的是要论证美德伦理对民主最有利，它影响到国家的每个管理者，无论是来自公共部门还是私营部门。

然而，在进行论证之前，有五个必须注意的事项。第一，在此引用到的作者常持不同立场。因此，当引用被编成具体的观点时，这样的引用并不意味着被引用作者的所有论点都同样可以接受。

第二，管理的正统观念认为，伦理学是轻而易举的事，往往意味着只需要回忆一下童年在家里和在学校院子里学到的道德而已。这是一个严重的误解，因为伦理学是一门最苛求的学科。就伦理学而言，“世上有没有免费的午餐”，这可能是真的。因此，研究行政伦理的那些人至关重要的是要理解普遍传统和道德哲学的意蕴(兰克纳，1973；弗拉斐尔，1981；麦金太尔，1966)，而选择美德伦理学的那些人还必须熟悉特定传统（吉奇，1977；华莱士，1978；富特，1978；布兹韦斯基，1986，1988；库珀曼，1991)。

第三，早期美德理论家认为这一主题宽泛，包含在其对肉体的、智力的、审美的和道德的美德定义中。人类生活的目的是在生活的各个方面成就卓越，而后这些卓越融合成一个独特而高尚的品格：“所以，你可以大胆地宣布，最高的善是灵魂的和谐，哪里有和谐和团结，哪里就必须有美德。”(塞尼卡，转引自巴索尔，1932：121）然而，这章要涉及的是行政伦理，讨论将仅限于对组织行为有着最重要意义的道德美德。

第四，美德伦理学要求道德上忠诚于特定的——往往是跨时空和跨文化的——价值观，而不是更时髦的道德相对主义（布兹韦斯基，1992)。这给许多对情境伦理学更放心的管理学者和实践者带来一个严重的问题：他们的假定是道德应由行政的即时境况决定，因为道德是用来实现组织目标的另一种工具。马基雅维利在《君主论》中给出的消极性建议适用于这种看法：

> 希望在一切事情上都做到善良的人必然要饮恨于如此众多的不善良的人之中。因此，君主为了维护自己，有必要学会自己如何不要善良，并且**根据情形的需要**利用或者不利用这一知识。（马基雅维利，转引自勒纳，1950：56，强调是后加的）

但是，相对主义伦理和情境伦理就清除了民主存在的理由，因为民主是由不可谈判的价值来界定的，例如，在多数人统治的情况下，个人的自由和尊严的权利(哈洛韦尔，1954)。

第五，非常多的自由主义理论家认为，如果某些政治结构安排适当——如有民主的选举、有代议制政府和有保护个人自由的法律——那么，公民的社会需求将会自动得到满足。这是一个错误，正如里根所述：

> 133 自由本身不能保证个人和社会采取明智的行动，西方人已倾向于把自由的行使与人类发展的适当目的分离开来，把主观意志与客观原因分离开来。结果，**自由的社会对作为私人的与公共的福祉基础的道德美德已变得冷漠**。（里根，1988：342，强调是后加的）

牢记这些告诫，让我们转向美德伦理学。这里的基本观点是，这种“特定的知识框架，也被称为‘美德学说’法则，是人类自我认识史上的伟大发现，它已持续成为欧洲精神的重要组成部分”(皮珀，1966)。

6.2 美德伦理学

因为美德伦理学有这样一段漫长而辉煌的历史，所以，如果它要影响当代管理理论和实践，它的倡导者就必须对其有历史感。我赞同威廉·普赖尔和那些“在美德伦理中找到了更好的道德哲学的思维方式的人。我也相信在这一主题上，古代哲学家著作的不朽功绩”(普赖尔，1991)。因为大多数有关美德的重要问题在一开始就被提出来了，所以，有必要熟悉美德在古希腊和罗马的起源。[尽管本章涉及西方的传统，把东西方联系起来也很重要（耶尔利，1990)]。

A. 传统的概述

虽然在亚里士多德之前美德就是哲学家和剧作家的主要关注点（凯西，1990；努斯鲍姆，1986)，但是，他的名字是最经常与美德伦理学的起源相关联的。可以说，亚里士多德的《尼各马可伦理学》是美德伦理学的摇篮，是实践美德伦理学的原始资料（亚里士多德，转引自欧文，1985；谢尔曼，1989；库珀，1986；罗蒂，1980)。因为他没有把美德限制在道德美德中，所以，他的有关美德的著作把读者带进许多领域：理智美德、肉体美德和审美美德。但对于我们的目的而言，关注的应该是与管理者最相关的道德美德的卓越成就。

亚里士多德主张说，他的哲学核心是公民需要关心他们同胞的福利：“因为虽然获取和保护个人利益令人满意，但是获取和保护全民族和城邦利益更好、更神圣(亚里士多德，转引自欧文，1985：3)。在他的著作中，多次正式宣告，具有美德的个人有着爱护共同体的公民天赋。因为这种天赋的确存在，因而，有义务发展这种天赋。因此，从一开始，美德伦理学就一直被标记为超越个人自我利益的道德义务。

曾为政治哲学家的古罗马的斯多葛学派把道德美德和政治义务融合成一种更强大的公民道德观念。艾萨克·克拉姆尼克把这一术语定义为：

> 公民人文主义（美德）把人建构为一种政治存在，其自我实现只有通过参
> 与公共生活和共和国中的积极公民身份才会发生。具有美德的人主要关心的是 *134*
> 公共利益、共和国的利益或公益，而不是私人的或自我的目的。

亚里士多德继续指出："……腐败是公民美德的缺失。"（克拉姆尼克，1982：630）在那个时期的著作中，罗马对启蒙运动的影响是显而易见的。举例来说，在亚当·斯密的著作中，几乎没有几页不提西塞罗。对于那些不断变化的政府形式和性质以及 18 世纪的经济学来说，有关美德对于好社会的必要性方面，西塞罗是最有权威的人士之一（伍德，1988；罗森，1975）。除了西塞罗之外，还要加上塞尼卡、塔西佗、昆体良、萨卢斯特等。完全可以说，古罗马对美德的诠释，对启蒙运动特别是对美国的形成具有重要意义（伍德，1991）。

紧跟古罗马之后，关注美德伦理学的是圣托马斯·阿奎那，他把这一概念移到基督教神学中，并相应地扩大了它的影响力。然而，对现代社会来说，更重要的是文艺复兴时期的知识分子、政治家和文学家对美德伦理学的兴趣（波考克，1975）。当教会与国家陷入对世俗权力和宗教权力的论争时：

> 人们正转向别处讨论道德，最重要的是转向古希腊和罗马的伟大传统。同样重要的是许多领导文艺复兴的人文主义者不是具有中世纪学校传统的专业哲学家或神学家，而是少有的信奉系统哲学思想的诗人、政治家和修辞学家。因此，他们可以更自由地探讨那个时代生活在城市和世俗社会中的意义和价值。（西格尔，1973：477）

他们巩固了道德美德与公民责任的融合，阐述了公民的美德哲学（巴伦，1966；肯尼迪，1980；克里斯特勒，1964）。公民身份成为法宝，对普遍美德必要性的信奉促进了民主进程和制度上的自由。

这种趋势在启蒙运动时期达到了顶峰，因为随着越来越多的政治活动家从公民美德中看到了解决欧洲动荡的方法（罗宾斯，1959），特别是当牧师、政客和记者在争论他们应该远离腐败的欧洲而去哪里的时候，他们发现殖民时期的美国是庇护所。公民美德的主题在革命年代的辩论中是广为人知的（伍德，1991），在费城会议的辩论上，它达到了顶峰，这次会议是出了名的公民人文主义的理论在实践中所能达到的、有史以来的最高点（波考克，1983：239）。

遗憾的是，美德伦理并没有发生转变而进入 19 世纪。在欧洲和美国发生的技术和工业革命——现代企业、行为科学和现代组织产生的背景（斯科特和哈特，1989）——使道德哲学家的注意力转向了其他的思想和理想。对他们来说，现在似乎是圣西门之类的"社会几何学家"有了解决的方法（曼努埃尔，1956），一个简单的、在各个方面都可以量化的道德"科学"的假象开始占主导地位。

20 世纪新型的行政理论家延续了那些路线，因为现代组织巩固了他们的权力，

新科技把政治哲学家吸引到经验主义和定量的方法上来（沃林，1960，1969）。总
135 之，美德遭受冷遇。其被忽视的证据是久负盛名的《百科全书·哲学卷》没有对美德进行更清楚的说明，甚至不把“美德”一词列在其中。

所以，当现代管理的正统范式的捍卫者（库恩，1973）考虑行政伦理时，他们最经常在附属于组织职位的规则道德的框架内这样做，并忽略现任者的品德问题。这是有意的，因为它与管理正统的最重要规则相对应，即组织绝不允许自身依赖于个人。因此，管理人员设计组织的职位时，有意使职位只需要人担当各种功能（克利夫兰，1972：25-26）。职位被如此建构，以便经过必要培训的、能够遵循在工作说明书中确定的职能规则的任何人都可以来填补。同样的对待传递到了伦理学，行政伦理学变成为“规则伦理学”，而不是“品格伦理学”（凯克斯，1988）的代名词。

然而，奇怪的是，在这个各种现代组织完全占主导地位的时期，美德被组织理论家和实践者很少用到或仅是提到而已。现代组织和管理技术主要是资本主义的产物（斯科特和哈特，1989；钱德勒，1972）。有重大影响的资本主义哲学家亚当·斯密就雄辩地坚信美德是他理想中的经济和政治制度中必不可少的组成部分，因为“美德之爱是人性中最崇高的和最好的激情”（史密斯，转引自拉斐尔和麦克菲，1982：309；菲利普森，1983；霍普，1989）。

但是，20 世纪即将结束的时候，作为规则的伦理学的无用和无能已经越来越清晰（斯科特和哈特，1991）。进入这一伦理学虚空时期的是一批新的再次转向美德和美德伦理学的理论家和实践者（布兹韦斯基，1986，1988；平科夫斯，1986；威尔逊，1991）。

有趣的是，公共行政而不是工商行政抢先强化美德理论家的工作。起点在 20 世纪 60 年代末在纽约州北部召开的明诺布鲁克会议上。这次会议成为催化剂，20 世纪 70 年代见证了越来越多的对应用到公共行政中的美德伦理学的兴趣。德怀特·沃尔多和保罗·阿普尔比就是其中的典型代表。其中，其论文、文章、文集和书籍涉及美德伦理学的有乔治·弗雷德里克森、拉尔夫·钱德勒、迈克尔·哈蒙、加利·瓦姆斯利、约翰·罗尔、凯瑟琳·登哈特、特里·库珀和帕特里克·多贝尔。这并不是说他们都是美德伦理学家，而是说他们承认美德在公共行政中的独特重要性。

B. 美德的向度

因为美德伦理学已经这么久不流行了，所以，回顾一下它的一些基本方面将是非常有用的。本章可用的空间只允许一个概述，但手边有一些好书涵盖了美德伦理学的各个方面（华莱士，1978；布兹韦斯基，1986）。

我们首先必须从定义开始。由于美德是启蒙运动的一个重要概念，塞缪尔·约翰逊博士的《英语语言词典》（1755）是一个好的出发点。在那里，美德被定义为“道德的善”和“一种特定的道德卓越”。在那个时期，这样的善和卓越更多的是指人格的品质，而不是指对道德规则的服从。换句话说，美德伦理学当时首先要强调

的是人格的内在品质的发展，其次才是对外在的道德规则的服从。因此，美德伦理学通常与“好品格伦理学”换用（库珀曼，1991）。 136

在我们的时代，《牛津英语词典》把美德定义为：“生活和行为与道德原则的一致性，自愿遵守公认的道德法则或正当行为的标准，道德上不做任何形式的坏事或恶行。”最重要的是要注意到其重点是放在道德“原则”和“自愿遵守”上。在美德伦理学中，原则高于规则，因为当它们被应用到实际情况当中时，前者要求思考和意向性，而不是简单的服从。

在思考原则的过程中，个人运用他们的理智，指导他们的激情，在这一进程中，他们在道德上就进步了。因此，道德思考对于美德的形成至关重要，善是一个做正确的事的内在命令的结果，而不是与道德规则的外在奖励和惩罚相一致的（阿伦特，1971）。出于这个原因，所有组织应该是以原则为导向而不是以规则为导向，以便促进美德品格的最大发展。一位 19 世纪中叶的少数派总统候选人很好地表达了这种想法，他声明他的政纲是：“教给他们正确的原则，让他们管理他们自己。”这就是应用于组织管理中的美德伦理学的本质。

“自愿遵守”这句话也是必要的，因为正如大多数的美德哲学家所公认，美德是不能被强迫的：有美德的男人或女人的好品格必须通过自愿获得。道德生活中的一个公认的常识（事实上正如所有青少年的家长所证实的那样）是个人必须超越他人的指示，要自我学习。换句话说，美德伦理学不会产生于社会工程学。

为了详述上面给出的定义，必须注意的是，大多数美德伦理学家相信只有通过有美德的生活，人才可能成为一个完整的人。在评论圣奥古斯丁时，伊夫·西蒙认为：“美德是好的精神品质，借此我们活得正直……不是追求我们各种各样的占有，而是作为人类而活。”（西蒙，1986：91-92）同样，菲利帕·富特也认为“美德通常是有益的特性，并且确实是一个人为了他自己和他的同伴所需要的特性”（富特，1978：3）。那么，美德伦理学的一个最显著的方面是：为了我们人性的充分实现，美德是必不可少的。

目前美德伦理学家通用的术语是“人性的繁荣兴旺”。这是彼得·吉奇的信仰——人类需要美德，以便实现人类的任何目的——背后的意图，这也意味着我们必须“确定人类的目的和善”（吉奇，1977：13）。美德不只是心理特征和有助于效用最大化或良好的人际关系或实现组织的目标。更确切地说，美德是人类与生俱来的天性的重要方面：实现人类的繁荣兴旺和建立人类的真正共同体的先决条件。

我将分六大类来讨论美德伦理学的基本要素：基本美德、道德品格的卓越、美德人与行动的生活为、道德意向性与自愿性、道德强化与维续和过最好的生活。

1. 基本美德

我们必须从美德的实质内容开始。在道德哲学和政治哲学的历史上出现了大量的道德规定，它们众多的数目导致许多人对其究竟如何达成共识感到绝望。但美德数量很少，而且体现了我们共同的、跨文化的和超现世的人性的重要方面。纷繁不断的美德理论家中有一位已经确定了哪些美德是“基本的”，哪些美德是“派生的”。 137

“分出一组基本美德目的在于得出这样的一组美德：（1）它们不能彼此派生，

(2) 所有其他的美德都能够从它们中派生出来或被表现为它们的形式。”（弗兰克纳，1973：64）对于那些愿意成为具有美德的人来说，在数目众多的道德原则中做出选择的任务就简化为排除的过程：选择的所有辅助性美德都是从中派生出来的那些美德。在数目众多的美德中，只有极少数可以被认为是基本美德。

最早时期，基本美德被认为是审慎、正义、坚韧和节制——人性的繁荣兴旺的必要体现。到了中世纪，考虑到基督教信徒，三种神学美德——信仰、希望和仁爱——被加进来，共形成了七种美德（皮珀，1966；吉奇，1977）。与它们相对立的是七宗罪，即通常被认为的傲慢、嫉妒、懒惰、放纵、贪婪、愤怒和淫欲。

为了便于讨论，并向那些为每一种美德做了大量著述的人表示歉意，表 6-1 只列出了《牛津英语词典》给出的四种基本美德的定义。

表 6-1　《牛津英语词典》关于四种基本美德的定义

审慎	洞察最合适的、明智的或有利行动方案的，特别是涉及举止方面的能力；实践智慧和判断力
正义	公正或正直的品质（道德上），公正处理的原则，行动中这种品质或原则的展现，公正举止，诚信、操行端正
坚韧	道德力量或勇气……忍受痛苦或逆境的不屈勇气
节制	在激怒、激情和欲望等方面控制自己的习惯，理性的自我克制

那么，一个具有美德的人将会呈现出这样的姿态：他或她会深信道德真理的原则（正义），但不会达到狂热或偏狭的程度（节制）。然而，他或她会拒绝在原则上的妥协（坚韧），但又选择使这些原则的接受最大化的战略（审慎）。这样的人也可以被称为“现实的理想主义者”，因为在每一点上，基本美德都要指导现实事务中的行动。

有一个问题变得显而易见，因为基本美德不是完全独立存在的。例如，在西方传统中，正义被假定为有一个源于柏拉图的著作的普遍接受的含义。但是，正义与先前的系列价值标准有关系。因此，纳粹就可以声称，根据他们提出的更高的种族优越的价值标准，他们有一种正义制度，公正地对待了犹太人（遵守了程序）。我们认为，的确我也相信，这样对正义的解释是错误的，而且是恶毒的。但这可能是一个问题，对其他的基本美德都可以提出类似的问题。

面对这一难题，一些美德理论家在基本美德的名单上加上了其竞争者，其中最
138 主要的是“仁爱”。然而，自启蒙运动以来的趋势一直在另一种方向上。例如，弗兰克纳只选择了两种基本美德：

> 然而，许多道德学家，其中有叔本华，已把仁爱与正义作为基本美德，我也会的。在我看来，所有一般的美德（如爱、勇气、节制、诚实、感恩和体贴），至少因为它们是**道德**美德，可从这两个基本美德派生出来。（弗兰克纳，1973：64-65）

为了说明这一简化趋势，我会提出我的解释。我已经把基本美德减少到了两种：实

现（eudaimonism）和仁。它们被选中，第一是因为它们添加了所需的内容，第二是因为四种基本美德可以从它们中派生出来。

因此，最初的基本美德就是“实现”。这是一个最复杂的概念，戴维·诺顿在他的《个人的命运》一书中对此有精彩的讨论（诺顿，1976；凯克斯，1989，1990）。诺顿为马斯洛的需求层次理论（认为自我实现达到顶点）提供了道德哲学根基（马斯洛，1970）。他把自我实现的道德哲学和心理学集合成一个“实现”的现代综述：“从字面上看，‘实现’是与人的……先天潜能和睦相处的、‘活出真我’的条件。”（诺顿，1976：216）

这种“实现”观念认为，所有个人天生就具有独特的潜能，生活的目的就是为了在世上实现它们。这些潜能涉及：一是道德美德，二是我们独特的个人天分。至于道德方面，“实现”不可能包括对自己或对他人的伤害，就像前缀“优秀”或“好”一样清楚。

第二种基本美德是“仁爱”或是对他人的爱。苏格兰启蒙运动的美德哲学家们对“仁爱”观念给予了极大的重视，把它作为他们所有为良好社会建立的规则的不可或缺的部分（罗伯茨，1973；布赖森，1945）。它的范围包括从弗朗西斯·哈奇森的信念——仁爱是**基本美德**——开始（斯科特，1900；詹森，1971），到被人忽视的大卫·休谟对其重要性的极大重视（罗伯茨，1973；布罗德，1930），再到亚当·斯密把仁爱调和为更可行的同情（罗伯茨，1973；莫罗，1969）。此外，人们也不应该忽视 18 世纪的英国牧师，主教约瑟夫·巴特勒对仁爱的辩护（巴特勒，转引自达维尔，1983；佩内鲁姆，1985）。

他们正确地理解了如果没有某种形式的仁爱，他们对良好社会——以及对民主和自由企业制——的渴望就不会实现。后来的哈奇森给出一个有力的论据，即仁爱其实是一种最重要的美德，其他所有的美德都可以从中派生出来。例如，仁爱论者认为，在道德上，人们有义务发挥自己独特的天赋，作为礼物送给所爱的人。

我不会偏离太远，但我的确把“实现”和仁爱列为相互平等，相互不可派生。其他的美德能够从它们中派生出来。例如，正义可能从仁爱中派生，坚韧和节制可从“实现”和仁爱中派生，审慎可从“实现”中派生。这种个人论述的目的并不是说其他人应该接受我的基本美德的观念，相反，表明美德理论家可用的系列可能性已经出现了。最重要的一点是，美德天生就存在，作为每个人内在的潜能，它们奋力争取在个人生活中实现。

大多数美德理论家会认为，考虑到美德的始基性的地位，它是构建任何一种社 139
会的、经济的或政治的制度唯一坚实的伦理基础。我同意他们的看法。至于行政，美德应该是所有的目的、政策和实践的基础。但是，这不是要说治理仅凭美德就足够了。与此相反，人类需要精心设计的制度作为后援。例如，托马斯·潘恩就认定政府的起源为“道德美德统治世界的无能……”（潘恩，转引自福纳，1948：6）。这并不意味着道德美德是不必要的，因为它具有始基性的地位。但是，考虑到人类承诺的变化莫测，智慧意味着后援。

2. 道德品格的卓越

来自《牛津英语词典》的另一种美德定义是：“一种特定的道德卓越，生活或行为中的道德原则影响力的一种特殊表现形式。”在文献中，道德美德几乎总是指持续的努力，为的是在那些好生活不可或缺的领域中实现道德卓越。这些美德是所有人的先天的道德本性的一种难以根除的方面，他们迫切需要在日常生活中的道德行为中实现它们。

如前所述，美德依靠内在命令，而不是根据外在规则和控制。这意味着，一个人要成为有美德的人，他或她必须——有意地、自愿地和持续地——处在成就高尚人格的过程中。出于这个原因，美德伦理学常成为“好品格伦理学”的代名词（托马斯，1989；威尔逊，1991）。虽然也有一些人认为两者之间有一定的差异（库珀曼，1991），但我认为，往日把美德和好品格视为同一个是正确的——讲美德伦理学也就是讲品格伦理学（弗伦奇等，1988）。这意味着，个人生命中的唯一最重要的活动是成就一种道德上的优秀品格。“为什么”的问题的答案是什么使美德伦理学如此独特。

3. 美德人与行动的生活

经典的美德理论家没有“为什么”的问题，因为对他们来说，答案就在与生俱来的人性中。美德的拉丁词根是“vir”或“man”（“男子汉”或“阳刚气概”），美德指的是对一个完整人生来说不可或缺的道德人格的那些方面：一个人不可能是一个完整的人，除非一个人是一个有美德的人（托马斯，1989）。情况既然如此，人类——经常被贴上“经济人”或“工匠人”的标签——被称为“美德人”可能会更正确。

虽然美德理论家在有关一些具体美德上意见不一，但他们大多把自己的思想建立在美德人的真实性上。人性的决定性事实是美德实现的迫切需要就是我们的生命力——成就一种独特的个人特征的内在驱动力，只要你愿意。正如凯西写道：

> 伦理是建立在组成人格的美德基础上的。美德伦理虽不完全但显著地与人格伦理重叠。在人们尊重他人是因其拥有传统美德时，人们不言明地承认和尊重他们的人格。（凯西，1990：vii）

虽然成就美德的迫切需要天生一样存在于我们心里，但它的实现需要在思想上、感情上和行动上付出巨大的努力。既然没有人能实现全部的美德，那么追求是永远不会结束的，道德的进步也从来不可能停止。出于这个原因，美德伦理学
140 建议说快乐来自学会热爱美德生活的**过程**，而不是**成就**的妄想。戴维·诺顿的美德生活的术语为“完整性”，“圆满的美德”，其特点为“过程……通过该过程，多样性被集制成非凡之物……”（诺顿，1976：8）。对他来说，道德的完整性是：

> 自我的可分离的各个方面——显著才能、期望、角色和塑造人生的选择——综合成一个自洽的整体。其次，它意味着“作为完整性的整体性”，以此使它区别类似于狂热和偏执。第三个层面的含义可以被初步描述为一种更极度的诚实，正是这个层面具有显著的通俗用法，例如，就像当报纸要求政治家和商业经理们“诚信”时一样。（诺顿，1991：82-83）

大自然已把所有的迫切需要植入美德中去，伴随着永不休止的努力与磨难的美

德生活是我们的理想家园。再就是，从来没有比在美德中的行动更能充分地体验生活，因为行动是不可或缺的。对于有些哲学家来说，人类生活的最高状态是沉思的生活。但美德理论是以行动为导向的，亚当·斯密完美地抓住了这一点："沉思哲学家的最卓越思索不足以弥补对行动义务的丁点忽视。"（史密斯，转引自拉斐尔和麦克菲，1982：237）

4. 道德意向性与自愿性

然而，美德要得以实现，既要求意向性又要求自愿性，因为它们是我们人性的内涵。第一，人天生就需要理解事情的"原因"；第二，他们天生就需要自由。

意向在道德行为之前需要道德思虑。这意味着理智和激情被有意识地引导到给世界带来好处上，因而，意向性一直是良好品格的标志。但是，因为意向不能被看到也不能被测量，所以它被忽视了："世人经由事件而不是经由意图来下判断，这已成为从古至今的抱怨，也是美德的重大挫折。"（史密斯，转引自拉斐尔和麦克菲，1982：104-105）

美德理论家认为，虽然运气可能颠倒行动，但它不可能影响具有美德的人的意向——从而使意向安全，免受世人变幻莫测的行为的威胁。正如塞尼卡所写："……运气只可以夺走它自己给予的东西，但它不给予美德：因此，它不可能拿走美德。"（塞尼卡，转引自巴索尔，1928：61）

因为大自然为人类设定了自由的目标，所有的道德行为以自愿性来标记。原因很简单：被迫的善行告诉我们关于一个人的品格的唯一事情就是他或她恐惧了。自由对社会有任何意义的唯一情形是个人行善是因为他们想要行善。因此，美德理论必须反对一切形式的道德决定论和道德强制，无论它们是神学的（例如，所有的人都被原罪沾染了）、文化的（所有人都是文化强制的产物，对于这一点他们完全没法控制）或政治的（国家必须强制公民合乎美德）。

因此，富特正确地论证了"心地的意向是美德的组成部分"，心地是不会被强迫的（富特，1978：4）。个人必须**选择**美德。强制意味着美德不会成为个人品格的一部分。此外，他们必须根据他们的信念有意地采取行动，按照旧时的指示是：根据正当的理由做正当的事。良好的品格是自由的道德选择的产物。美德是任何自称要促进人的自由的、经济的、行政的或政治的体制的必要条件。

所有这一切都提出了有关道德错误和不符合美德的目的两个麻烦问题。由于美 *141*
德被认为是跨时空和跨文化的，那么，我们应该想到美德的什么？这是在探寻错误和令人反感的目的的过程中要用到的。这个问题表明**道德智慧**对道德美德是必不可少的。

为了说明这一点，斯坦利·库布里克的黑色喜剧《奇爱博士》（1963）就是围绕着一个道德错误而构造的。一个疯狂的将军向他的机组人员说了谎（美国受到核攻击），并启动他的轰炸机对苏联进行核攻击。美国总统和苏联最高领导人最终把事情解决了，那么，轰炸机要么被召回要么被击落——只能选其一。轰炸机已遭受了战斗损伤，它的无线电通信也断了。有点讽刺的是，机组人员非常勇敢地在修补了的飞机里竭力执行了攻击。遗憾的是，苏联刚刚启动了一个"末日机器"，如果核弹爆炸，它将毁灭世界。因此，当观众在为轰炸机机组人员的勇气而欢呼时，只要机组人员的美德（坚韧）获胜，他们也被将要发生的事情所震惊。

那么，必须十分谨慎，以确保美德永远不会被道德错误所利用。道德智慧（来自仁爱）必须是领导层的最高义务之一，以确保美德指导所有组织的目的和程序的选择。我们不能让可敬下属的美德被道德错误所掠夺。

另一个问题是，美德被用来为道德上令人反感的目的服务。一个很好的朋友曾经用一个问题向我为美德进行的辩护提出挑战："在伏尔加格勒的德国士兵怎么样？"他问，"他们从那冷冰的洞中爬了出来，反复竭力发动反击，或者营救受伤或被困的同志。"在勇气和友谊方面，他们的行为堪称典范，但它是在为纳粹服务。

显然，罪恶的领导者们可以利用公民的美德为在道德上令人反感的目的服务——却只要他们蒙蔽一下那些有美德的公民。另外，罪恶的人有时会勇敢。因为我的朋友是个具有道德智慧的典范，我已认真思考了他的问题，并得出一个结论。尽管那些德国士兵是勇敢的，但他们仍然勇敢地为一个邪恶的政府——这一事实没有向他们隐藏——服务，这使他们的美德失效了。最近的证据表明，这些士兵不会像有些人相信的那样，具有思想自由（巴托夫，1991）。

这就提出了一个美德与追随品质的问题。美德要求追随者总是质疑他们的行动被导向的目的，绝不允许他们的美德被用来服务道德上是错误的动机。

当然，在上面给出的两个例证中，士兵们服从的是他们国家的法律，但真正的美德不应该建立在国家的法律基础上，万一这样的法律违反了美德。当然，例证是戏剧性的，却让我们记住了商界与工会的领袖、教授与主教以及 20 世纪 50 年代捍卫、使用和执行了种族主义与性别歧视法律的公务员。美德伦理学要求所有个人——领导者及其追随者——都根据超越一切社会的、经济的和政治的制度的个人道德来思考和行动。

5. 道德强化与维续

曾经获得的良好品格不存在于真空之中，它需要强化和维续。因此，V. M. 霍普把她的美德理论建立在美德的互惠上：

142 那么，美德的真正好处只会在有美德的人正公平对待另一个在找到同等好处方面意见相合的个人时才出现……美德对他的好处不同于维护他的权利，是作为一种手段以鼓励他人身上的美德，以便他、他们和其他具有美德的人都能够享受未来的道德友谊的好处。（霍普，1989：147）

我同意亚当·斯密的看法，认为合乎美德的行动本身是自足的，其最终要求的只是自我认同（史密斯，转引自拉斐尔和麦克菲，1982：117）。但他也知道，即使我们中最坚强的人也会劳累，不时需要具有美德的人给予的强化。出于这个原因，美德理论家称赞感激之情，这是很容易理解和接受的。因此，这就使一个人的自我勇敢行动能够提振另一个人的疲弱勇气，或是他人的宽宏大量能够激励我们自己的宽宏大量。我们需要道德典范（库珀和赖特，1992）。

但是，还有另一个上面很少提到的方面，这就是定期的精神维续的需要。

举例来说，1992 年的春天，在日内瓦环境会议上，我提交了一篇论文。美国的政治境遇深深地令人沮丧，对我工作的态度产生了相应的影响。但詹姆斯·拉夫洛克博士（盖亚环境哲学的创始人）的演讲和与他的对话使事情发生了回转，不仅使我的精神得到维续，也使我对我工作的定位发生了一个新的转折。这再次凸显了来自美德坚定者道德友谊的振兴作用的极端重要性。

6. 过最好的生活

最后，过具有美德的生活的目的是什么？正如威廉·普赖尔所说：

> 希腊伦理学说用不同的声音对我们说……希腊人试图回答的主要问题不是“什么行为在道德上是普遍正当的”而是“人类要过的最好生活是什么”。（普赖尔，1991：1）

美德论者断言，美德生活能提高人类生活的质量。对于他们来说，美德是人类应该过的生活不可或缺的组成部分。此外，他们对那个“主要问题”的回答冲击了管理正统的核心假定。

正统说首先强调的是组织目标的有效实现和组织结构的良好运作，美德首先强调的是组织内的生活质量。管理正统忽略了好生活的问题——也许，如果它涉及这个问题，贫乏的组织生活会被暴露出来。E. F. 舒马赫对工作的人性化的倡导值得详细引用：

> 毁灭灵魂的、毫无意义的、机械的、单调的和低能的工作是对人性的一种损害，必定不可避免地导致逃避现实或发生侵害，而且再多的面包与马戏（泛指统治者为了笼络人心所施展的一种小恩小惠的手段）也不能弥补已造成的损害——这些都是既没有被否认也没有被承认，但迎合了一个牢不可破的攻守同盟的事实——因为否定它们未免太显荒谬，而承认它们又会声讨现代社会的核心成见是一种反人性的犯罪行为。（舒马赫，1973：35）

美德理论认为，这种情况没有必要存在，坚持把美德作为所有组织的理论和实践的基础就能解决问题。它使好生活成为它的首要关注对象，认为美德是人生的真正目的。因此，亚里士多德写道：“……为什么不说一个幸福的人是这样一 143
种人——他在他的行动中体现他的完满的美德，不是只在某个时候而是在整个一生都提供足够的外在的好处？”（亚里士多德，转引自欧文，1985：26-27）

对于美德理论家来说，这就是人性的繁荣兴旺，“我们的人类观深深地与人性的繁旺观相连”（托马斯，1989：56）。这种繁旺是道德的，因为一个不道德的人不可能繁旺，它要求所有的美德整合成一个完满的人格（碎片化的人格不可能繁荣兴旺）。为人格完满的努力提供基本框架和条件是所有组织的目的。

通往好生活的路径不可能用明确和理性的步骤来描述。这个过程类似于亚当·斯密对正义和仁爱所做的区别：正义要求服从法律——仁爱要求更多。为了说服别人赞成自己的观点，他把正义比作语法规则，仁爱（最高境界）比作写作中的对“崇高”的欣赏（史密斯，转引自拉斐尔和麦克菲，1982：175-176）。严格服从语法规则或文学欣赏力的提升产生不出伟大的作品。

这种对写作的“优雅或崇高”的欣赏，要求的是一种几乎难以形容的对文学美学的欣赏。这可能看上去是难于想象、含混不清的，但所有热爱伟大文学作品的人都理解。同样的原则也适用于道德：人们可能遵守道德准则，并因此值得某种“冷淡的尊重”。但事情在于超越，这类似史密斯称为的“出众的审慎”。他写道：

> 当这种出众的审慎进行到最完美的程度时，必定孕育出艺术、天才和在一切可能的境况下都具有最完美特性的行动习惯与安排。它必定孕育出所有完美的理智和所有完美的道德美德。这是最好的“头脑”与最好的“心脏”的结合。这是最完美的智慧与最完美的美德的结合。（史密斯，转引自拉斐尔和麦克菲，1982：216）

这既总结了美德论的高尚品格又总结了好生活所需的品质。

7. 结论

结论：(1) 所有的个人都天生有成就美德的内在迫切需求；(2) 美德是成为一个完整的人所必需的；(3) 基本美德必须有意地培养；(4) 它们必定出现在有意的、自愿的道德行动中；(5) 它们要求永无休止的道德提升——“使用它或者失去它”。那么，这种个人的美德被显现在品格中而不是服从中，这导致了一种自治个体的共同体。

6.3 美德卓越与职能卓越的统合

美德论者在解释民主时，假定其公民更喜欢有技能有美德的领导人。但是，这也许会导致一个可怕的问题：为了确保同时具有美德和技能的进入重要的领导职务，组织（社会的、经济的和政治的）如何建立？

144 这个过程开始于下面有关选择领导人的建议：总是首先以良好品格为基础进行选择，然后才以具有专门技能为基础进行选择。尽管良好品格对任何职位来说都是最重要的资质，但如果我们想要健康而有力的组织，技能也是必要的。一个人可能有特雷莎修女的品德，但是，仅此还不能使她有资格成为管理和预算办公室的主任。问题描述如下：

功能性的专门技能（F）		A	B
	1	V＋ F＋	V－ F＋
	2	V＋ F－	V－ F－
		美德（V）	

东西向的尺度是量度功能性的专门技能的（用 F 代表），南北向的尺度是量度美德的（用 V 代表）。对于任何组织中的职位来说，等级评定的排名如下：最佳人选将是方格 1A 区的（V＋，F＋），第二将是方格 2A 区的（V＋，F－），第三将是方格 1B 区的（V－，F＋），最差的将是方格 2B 区的（V－，F－）。

将方格 1A 区排名为最好的原因很简单：他们能成为更好的领导者。为了说明问题，我将下列总统分作每个方格区的典范：

方格 1A 区：华盛顿、杰弗逊、林肯、杜鲁门

方格 2A 区：胡佛、卡特

方格 1B 区：林登·约翰逊、尼克松

方格 2B 区：哈丁

由于总统选举是以无限制的方式在美国进行的，我们一直非常幸运，我们选了大量 1A 区的和令人惊讶的少量的 2B 区的。

那么，对我们的社会来说，理想的将是在华盛顿与杰弗逊之间，或者林肯与杜鲁门之间的总统竞选。无论结果如何，所有公民都将成为赢家。同样的道理也适合任何领导职位——机关负责人、CEO 和主任。理想的情况是，担任领导职位的总是限于两个 1A 区之间的选择。组织的问题是如何构建所有组织（公共的和私营的）以确保我们被方格 1A 区的人领导。

该解决方案一开始就像我们关注技术专长的发展一样关注良好品格的发展。一些令人敬佩的人认为，美德不可教，但我坚决不同意。历史是很清楚的，美德可教和可学。我们的问题是，我们已经让这方面的教育渐渐止息了，至于其原因，说来话长。更糟糕的是，管理正统只验证可以测量的东西，我们已经创建了非常不完整的选择标准——教育方面的学术评估测试（SATs）、研究生管理科学入学考试（GMATs）和法学院入学考试（LSATs）等诸如此类考查标准。因此，我们让我们评估良好品格的能力萎缩了。

当个人要被提拔或求得我们的选票时，第一个问题必须是候选人的良好品格方面的问题。伊夫·西蒙相当详细地讨论这一不同之处，并用下面的例子说明他的选择。两个学生正在竞争一个奖学金：一个是“平均智商但具有极强的善良意志”；另一个无疑是才华横溢，“但具有相当软弱的、有点错乱的意志”。 145

> 根据我自己的观察，我倾向于偏爱有坚强意志甚于有聪颖头脑的年轻人。可以这么说，这聪颖的头脑可能完全是他的偶然之得。一个极其聪颖的头脑任由一个不稳定的意志摆布，相当令人不安。被一个遵守纪律的意志所支撑的、平均智力的人，在我看来更有前途。（西蒙，1986：27）

他的选择背后的推理是，从长远来看，具有坚固的良好品格的学生很可能会成为一个优秀的哲学家，而极其聪颖的学生会易受他人意志的影响——可好可坏。美德理论家会说，他的论断适用于生活的各个领域。

经验告诉我们，无论面对什么工作或压力，道德品格都是可靠的。通过把良好品格放在优先位置，我们在两个方面来保护自己。第一，有美德的人将不会寻求他或她没有资格的职位。因此，我们避免了我们在当代组织实践中制造的问题：我们已经创建了好斗者而不是善者（或有技能者）可得到的领导职位。第二，有美德者不会被权宜之计所左右：他们的道德进程会清晰而坚定不移。

当然，对于美德，我们不应该期望太多——圣徒并不多见。正如乔治·奥威尔所写：“大多数人都希望向善，但不是在所有时间里。”（谢尔登，1991：356）但是，我们应该看重有利于美德之人的东西。

6.4 有美德的行政人员

我们最后谈及当今社会现代组织中有美德的行政人员的问题。首先，这样的行政人员必须使美德成为他们品格的中心，让它来指导他们的组织行为。但是，这是不够的，因为有美德的领导者需要——也有责任倡议——有美德的下属。这是一种非常独特的关系，也许是最根本的制衡体系。

举例来说，詹姆斯·麦迪逊在公开场合就这种关系写道：

> 我倾向于伟大的共和原则，为了选择有美德和智慧的人，人们要有美德和理智。在我们之中就没有美德吗？要是没有，我们就是处在一个恶劣的境况中。没有任何理论上的核查——就没有任何形式的政府可以给予我们安全。假定人们身上没有任何美德，任何形式的政府都会确保自由和幸福，这是一个不切实际的想法。如果在共同体中有足够的美德和理智，美德在选人的过程中就得以运用。所以，我们不依赖于他们的美德，或者不信任我们的统治者，但信任要选择他们的人。（麦迪逊，转引自帕多弗，1953：48-49）

麦迪逊对公民美德的盛行并没有很大的信心，但他对它的重要性的信念是坚定的。然而，这里的问题是，追随者能够根据领导人的品质来选择领导人——并且反对暴虐的领导人的理想保证是美德的追随者。

146 麦迪逊知道，在庞大而复杂的组织中总会有太多人要理解的问题和关系。因此，必须在所有成员——领导、同事和追随者——之间有一个充分的信任：他们中没有人会利用自己的专业知识来利用他人。把组织成员联合在一起的共同纽带是美德，因为大家都能理解美德。劳动力的分工，无论是纵向还是横向科层的，总是会被美德调和，这是反对被罗伯特·米歇尔斯生动地描述为“专家的暴政”的唯一保证（米歇尔斯，1915)。

因此，有美德的行政人员会始终意识到促进美德的道德义务——他们自己之间和下属之间。他们必须从不尝试把美德强加于他人，也不施加任何程度的强迫——美德必须是自愿的。相反，他们必须提倡从早期年龄开始的美德教育，并使之与会促进美德的政策、计划和做法同步。最后，他们必须自觉地努力成为指导他们行动的美德典范。让我用大卫·休谟的话来结束本章：

> 一个国家中的普遍美德和善良品行是幸福所必需的，绝不可能来自最精致的哲学格言，甚至是最严厉的宗教戒律，但必定完全出自对青年的美德教育和明智的法律与制度的影响。（休谟，转引自米勒，1985：54-55)

6.5 结论

行政伦理学终于开始得到应有的重视，在这种情况下，美德实现了一个令人印象深刻的复出。但我们仍然看到将美德纳入行政理论和实践还处于早期阶段。最令人印象深刻的是对美德的强化开始在公共行政中流行起来，并且开始出现在工商行政中——扭转了谁借鉴了谁的通常趋势。但是，这是理所应当的，因为公共行政具有很强的政治哲学背景。

此外，无论是作为一名教师还是作为一名顾问，根据我的经验，大多数人都非常乐于接受美德和好品格伦理学。尽管如此，美德对组织生活不会有很多影响，除非领导介入。遗憾的是，索雷尔 1906 年发表的言论在今天和在那个时候一样是正确的："……上级总是认为他们比他们的下属更不需要道德训练……。"（索雷尔，1906：219）

领导者——无论是民选官员、机构负责人、首席执行官，还是大学校长——也经常抗议说，他们"太忙了"，不能花时间去读书或上课。他们往往对自己的伦理义务不以为然，并没有意识到，在所有组织运行所必需的学科门类中，没有哪一门像伦理学一样需要很多的努力。此外，美德伦理学的要求更苛刻，因为它需要个人有意识地围绕着美德去塑造自己的品德。

但最大的障碍是美德伦理学坚持反对管理正统这一事实。首先，美德不会在它的基本原则上允许任何妥协，而管理正统把伦理学视为组织成功的重要手段。其次，美德需要认真研究和深入思考，而管理正统把伦理学降低为老生常谈，即允诺
一种快速和轻易解决伦理问题的方法。最后，美德把人的生活品质放在高于组织成 *147*
功的地位之上，而管理正统则相反。

由于这些原因，接受行政伦理学范式需要取代目前占主导地位的正统的管理范式。范式的转变是不容易的，但它们对发展来说是必不可少的（库恩，1970）。希望深陷多重国内危机的 20 世纪 80 年代普遍失败的管理正统重新认真考虑我们正在做的。"全面质量管理"之父爱德华兹·戴明直言不讳地评价说："美国工业弊病的根本原因……是高层管理人员的管理失败。"（戴明，1986：ix）而且，我要补充的是，是美德管理的失败。

但是，那些不利时期的愚蠢带来了一个对行政伦理学的日益严肃的关注和这样的一种观点——认为伦理学必须是所有管理实践的基础。有人认为在本章的所有伦理学体系中，美德伦理学是最符合我们人性的。

因此，那些信服美德伦理学的人必须说服领导者、实践者和理论家等去认真对待美德。当他们被说服了，然后我们就可以进行更容易的任务——将美德运用于我们的目标、政策和实践中。鉴于所有国家都面临令人束手无策的问题，随着 21 世纪序幕的拉开，我们要更好地遵循美德卓越者西塞罗的意见：

> 但是那些已被大自然赋予管理公共事务能力的人应该放下所有的犹豫，参加到公职的竞争中来，并参与指导政府，因为没有其他办法可以管理政府或使精神的伟大得以显明。（西塞罗，转引自米勒，1913：75）

参考文献

请从中国人民大学出版社官网（www. crup. com. cn）下载，或者用微信扫描下方二维码获取。

第 7 章

公共利益

道格拉斯·F.摩根
美国俄勒冈州波特兰市波特兰州立大学

美国公共行政是实践传统的载体，这些实践传统反映了关于职业公共服务在促进公共利益方面的适当作用的持续争论。然而，在这场争论中，存在“冲突的延续”（麦金太尔，1984：222），其正确理解就是，这对于积极而负责任地参与我们民主治理制度中的职业公共服务来说是非常重要的。下面对这些主要的“冲突的延续”的历史性分析有两个主观目的：一是要说明美国公共行政中有一个充满活力的传统，即公共行政**实践**坚定追求更大的公共利益；二是要说明还原这些叙述对指导行政自由裁量权的行使和维护我们民主政体的健康是非常重要的（摩根和卡斯，1991）。

7.1 导论：公共利益的起源

> 必须用野心来对抗野心。一个人的利益必定与这个人所在地的宪法权利相联系。这可能是对人性的一种反思，即要控制政府的弊端就应该需要如此的设计。但是，除了对人性最大量的反思外，政府本身是什么？如果人人都是天使，就不需要任何政府。如果天使统治人，就既不需要对政府的外部控制也不需要对政府的内部控制。（罗斯特，1961：《联邦党人文集》第 51 篇）

在《联邦党人文集》第51篇中，普布利乌斯的著名评论反映了英国政治论说新体系的胜利，到17世纪末，这种论说之前已有1 500多年的传统。这种新论说开始把个体的私人利益而不是某种目的论的**至善**作为构造一个稳定和繁荣的政治秩序的基本构建部件。在降低标准来衡量政治体制的过程中，“公共利益”成为一个被普遍接受的谈论公共善的方法。

在17世纪40年代英国内战爆发之前，“公共利益”这一术语并没有被广泛使用。相反，在指涉更大政治整体的“善”时，类似“共同善”或“公共福利”等术
152 语被使用。虽然这些术语从未被非常精确地界定过，但它们总是假定从属于更大系列的共同价值的具体个人利益是可取的。有时，这些价值是宗教性的，比如，执行上帝的意志或者更普遍的是道德上合乎德性地生活；有时，这些公共价值是世俗性的，如维护国内的安宁或履行抵御外敌以确保国家安全的个人爱国义务（冈恩，1969；赫希曼，1977）。

在美国南北战争期间，英语词汇发生了巨大的变化，因为各方以促进或者解放人民的私人利益为名，挑战占主导地位的宗教的、经济的和政治的正统观念。这些批评中的多数拒绝了传统观点，即认为可以撇开共同体成员的个人利益来定义共同善。他们不是把共同善看作对私人利益的监督和培养人类德性的道德引导，而是认为共同善**衍生于**而不是**构成**私人利益。这种思想上的转变发生在新正统理论的激进人士看到了私人利益在建设一个稳定的政治秩序中能够发挥有益作用的时候。虽然“利益仍然是一个用来描述邪恶州长的动机时被滥用的术语”，但到17世纪末，“利益”这一术语已成为一个占主导地位的公共话语的核心，以至于“公共利益”取代“共同善”，成为谈论政体善的特有方式（冈恩，1969：36，44；赫希曼，1977：3-66）。

与以前使用的术语（如“共同善”和“公共福利”）不同，“公共利益”缺乏相当的精确度。然而，在17世纪的英国，至少可以确定有两种主要思考公共利益的模式，它的每一种模式在美国公共行政的传统和惯例中都有其对应部分（赫希曼，1977：20-47）。

A. 利益平衡方法

英国斯图亚特王朝复辟期间及之后，对宗教宽容的辩论催生了各种倡导把教派多样性作为确保公共和平的最好办法的宣传小册子。正如杰里米·泰勒博士和牧师查尔斯一世评论说：“如果你迫害异教徒或异端者，他们就团结起来以求共同防御。如果你许可他们的话，他们就分开追求私人利益……”（转引自冈恩，1969：156）。当被应用到君主、牧师和贵族这些传统社会阶层时，这种说法剥夺了这些特殊人物的先赋地位，使他们降低到重要的、但未必高贵的、为了确保公共和平而需要加以平衡的利益集团的地位。

B. 作为促进和保护私人利益的公共利益

由于各方开始认识到自身利益在平衡宗教和政治上的分歧方面可以发挥的重要

影响，他们同样开始看到，在促进民族国家的经济繁荣方面，自身利益的重要性。对慈善、利他主义或某种**至善**的呼吁被遗弃，取而代之的是私人财富获取这种更可靠的理由。正如一位霍布斯的批评者以巧妙的对等方式所做评说那样：“……因为**怕**感冒，我拿了鞋子，因为**怕**，他应当永不会再看到我，他拿我的钱。”（转引自冈恩，1969：214）到 17 世纪末，英国对自由贸易、重商主义和圈地的争论产生了一种普遍的观点，即认为公共经济利益构成并产生于个人对私人经济收益的追求（冈恩，1969：205-265）。这些观点，外加上保护私人利益的宗教上的和政治上的功 153
利主义，为证明公共利益需要保护私人利益创造了条件。

从这些历史起源中，我们继承了具体体现公共利益方面的四个重要假设遗产。第一，如果没有考虑到国民的私人利益，公共利益就不能被界定。第二，公共利益的存在大概是一种虚构创造物，一种工具性的发明，而不像是“高搁于天堂”的或者具有普遍道德地位的东西，如“共同善”和“公共福利”。第三，政府的主要目标是确保统治者和被统治者之间利益适当的一致性，而不是积极主动地培养其国民的智慧和道德。第四，利益没有被看成政府的理想基础，只是一种最好的可能。正如威廉·佩恩所评论说：“利益虽不具有原则上的优点，但具有原则上的可靠性。照一般人的标准，这是可靠的一面。”（转引自冈恩，1969：187）。

这些有关公共利益假设的传统给我们当今的民主制度造成一个主要的困境：我们如何能够在一个几乎完全致力于保护和促进个人自由的社会中呼吁更高尚的、共享的道德责任感？在我们这个“过度多元主义”的时代，单一诉求的利益集团的扩散进一步破坏了我们以一个更大的价值和利益共享的共同体的名义去思考和行动的能力，使得这个问题变得更加困难（莫罗，1987；勒洛夫斯，1991；贝拉等，1986，1991；贝尔，1973；摩根，1994）。

在本章中，我们将沿着历史进程来研究自美国成立以来就已被用来给公共利益赋予意义的主要方法。当我们看到公共利益时，我们怎么样来理解它？什么样的道德价值使人明白和用来指导它的定义？职业的行政人员能够且应该担任什么样的角色，以使这一公共利益得以实现？从美国建国时的辩论开始，我们将探讨联邦党人与反联邦党人有关如何最好地使追求私人利益与公共善相协调的各种理念，进而统一美国各个历史时期内占主导地位的有关公共利益的各种观念。

在回顾这段历史的过程中，就像我们发现的一样，职业行政人员继承了至少三种主要的冲突延续传统：一是有关民主治理要服务的适当**目的**的冲突。虽然公共利益需要保护人的自由几乎是普遍的共识，但是存在相当大的分歧，即这种自由是指仅仅不干涉公民还是指仅仅为他们提供一些最低限度的经济的和社会的平等？二是有关民主治理应采取适当**形式**的冲突。其合法性是应该根据多数主义的标准、各种利益集团之间的竞争还是社群主义的民主传统来判断？三是有关指导政策制定和实施的科学要求和多数主义者的意见要求之间的适当平衡的冲突。正如我们将要看到的一样，在所有这些冲突中，在帮助界定和形成公共利益方面，职业的公共行政人员扮演着一种重要的角色。

7.2 建国论争：作为程序正义的公共利益 VS. 作为实质正义的公共利益

美国公共利益的含义主要在我们有关自治政府[①]含义的建国对话中形成。这场
154 辩论可以很容易地分为两大思想流派。正如我们将在下面的讨论中所看到的一样，其中一派主张，有关公共利益的意见分歧完全与促进实质性的民主价值有关，特别是与条件的平等有关[②]。另一派主张，公共利益主要是有关程序性价值的争论，这些程序性价值应该控制了对共同善的决定。

第一个思想流派把公共利益看作那些希望促进更大平等的人与那些担心这类行动会导致牺牲个人自由的人之间的实质性拉锯战（比尔德，1913；詹森，1940；弗格森，1961；梅因，1960）。第二个思想流派把公共利益看作一种在三种主要民主危险源之间实现程序性和结构性的平衡的企图，这三种主要危险可能会破坏有序自由政体的程序与结构之间的平衡（布朗，1963；布尔斯廷，1953；戴蒙德，1977，1981；哈茨，1955；麦克唐纳，1958；撒奇，1969）：公职人员的权力滥用、多数的无节制专制和政府制定与实施有效公共政策的无能。找到程序性纠正方法以防止这三种民主危险源被认为是有问题的。例如，过多防止篡夺可能会使政府丧失必要的精力以防止政府无能和多数的无节制专制的双重危险。因此，为了促进公共利益，取得适当的程序性平衡被认为是绝对重要的。

A. 作为民主目的的公共利益的实质性论争

自比尔德的《美国宪法的经济解释》出版以来，历史学家们已参与了一个有关我们的宪法在何种程度上反映民主而不是反民主的冲动的长期争论[③]。根据比尔德和他的支持者的看法，宪法源于金融精英遏止由《独立宣言》和《邦联条例》引起的运动中的平等主义潮流的经济压力（比尔德，1913；詹森，1940；弗格森，1961；梅因，1960）。在革命战争时期，小农业和债务人的利益占主导地位，其不断损害被比尔德所称的动产业，例如，金钱、公共证券、制造业和贸易/运输业[④]。

---

① 约翰·罗尔教授提醒我，联邦党人和反联邦党人没有提到“公共利益”。相反，他们使用术语，如公共善、普遍利益，或美国宪法实例中的一般福利。这样做的原因可能与建国一代人倾向于提共同体的集体福祉有关，好像它具有某种客观的状态。当更主观的利益术语被使用时，这种客观品质就趋向消失。支持这个设想是建国一代人倾向保留使用利益这个词用在私人的、通常是局部的意见表达上（特别参见罗斯特，1961：《联邦党人文集》第 10 篇、第 51 篇）。

② 在 20 世纪 60 年代的平等辩论转移到了对公平的表述方式上，作为补偿性政策的捍卫者认为，形式上合法的平等破坏了公正（公平）。

③ 至于对本次争论的卓越评价，参见：戈登·伍德，1973：vii-xv；伦纳德·利维（主编），1969；戈尔德温和沙姆巴拉（主编），1980。

④ 动产被比尔德定义为以土地、金钱、公共证券、奴隶和在商业贸易、制造业和运输业方面的商业投资形式的易变卖的个人财产；非动产被比尔德定义为债务人、自耕农和无财产的工匠和技工。

由于战争的通胀压力和《邦联条例》的缺点，动产业通过形成一个新的、少得多的平均主义的全民政府，合谋阻止民主的经济大潮。根据比尔德和他的支持者的看法，结果一部宪法“本质上是一个建立在私人财产权先在于政府且在道德上是多数群体的民众所不能及的观念上的经济性文件”（比尔德，1913：324）①。

那些反对比尔德的经济解释的人主要有两个反对的理由：（1）他的科学是有缺陷的；（2）他没有认识到争论各方所共享的、更为根本的自由民主共识的意义。

“有缺陷的科学”的观点引起对建国一代所拥有的金融财产的宏观历史分析，以破坏比尔德所做的动产与不动产的简单区分（麦克唐纳，1958；布朗，1963）。这种分析指出：有一个比比尔德（甚至有像埃尔布里奇·格里这样反对宪法的人!）所确定无疑的更广泛的动产所有权；现有的财产资格限制是适度的，并没有严重损害公民投票的能力；有许多激进的民主人士达成了一致，认为《邦联条例》下的一 155
些流行的过激行为和多数派的州宪法需要调和。

对比尔德主义论题最持久的批评来自像丹尼尔·布尔斯廷和路易斯·哈茨这样具有“共识”的历史学家，他们强调美国文化的独特性，没有封建主义，没有僵化的阶级差别，没有很深的思想分歧（布尔斯廷，1953；哈茨，1955）。到了 20 世纪 50 年代末和 60 年代，占主导地位的对建国辩论的解释强调美国革命和宪法中的自由主义的目标。正如汉娜·阿伦特已指出的那样，使美国独立战争不同于所有其他之前和之后的革命的东西是其专注于**宪法自由**。简单地说，美国革命的目的是建立新的对自由来说是安全的国家，而不是实现已经广泛存在的社会和经济的平等（阿伦特，1963：第 4 章）。

自由论者的宪法解释强调消极自由甚过积极自由（伯林，1969）。“消极自由”意味着“自由免受干扰、推来推去、限制和锁定”（赫尔德，1984：124）。自由论者的观点提醒我们：我们政府形式的确立不是为了培养人的美德（无论是道德的或理智的）或促进富人和出身名门的人的进步。这并不意味着，那些具有贵族政治或寡头政治精神的人就不能够培养他们各自的美德。他们被允许这样做，仅是因为自由被消极地界定为保护追求个人利益的价值（戴蒙德，1977：45－49）。这就是自由论者对建国辩论的解释怎样从关于民主目的的对话变成一个有关维护自由手段的辩论。

B. 作为程序性平衡的公共利益论争

为了成功地使自由成为宪法，建国者不得不“调和民主的优势与共和主义审慎的品质……实施一个能兼容保护自由和对有能力政府的需求的民主体制”（戴蒙德，1981：8－9）。虽然许多学者都同意美国宪法中的自由主义目标的首要地位，但在如何能最好地实现民主政府的目的方面，存在很大的意见分歧。如何最好地确保自

① 我要感谢最近从伊利诺伊州斯普林菲尔德的伊利诺伊大学的州立桑格蒙分校退休教授克雷格·布朗，因其提出术语：脆弱的“德性”和肤浅的“能力”。

由的问题变成了以下**哪方面**被认为对民主政府是最危险的：过多的政府、过少的政府或无能的政府。这些危险是建国一代人的日常经验的重要组成部分。他们在革命初期就开始经历了英王乔治的政府过度。很快面临是以沙依起义为代表的多数主义的政府过度。两种经验都不能让建国一代人准备充分，以应付乔治·华盛顿将军的问题，即无力集合打一场胜利战争的必要资源。

1. 英王乔治难题

通过集中大量权力来篡夺权力是殖民者要学习的一个教训。这个教训就体现在每一个新近通过的、把政府权力集中在民选立法机构中的州宪法中（纽约仍然是一个例外，其行政部门保留有强大的权力；撒奇，1969：第2章）。然而，面对着日益关注的多数暴政和无能的政府，源于把“所有权力给人民”的快乐很快结束。

156 2. 沙依起义难题

民选政府的过激行为很快就表明，自己作为国家立法机构屈服于多数派债务人阶层的压力，在面对战争导致的严重通胀时，中止了合同义务。许多人意识到，这种行为破坏了经济增长和发展所必需的长期确定性。到呼吁制宪会议以修改《邦联条例》的时候，有相当大的情绪支持对民众的无限制权力进行控制。这种情绪得到了战时的试图通过一个全能的立法机构来领导对英国的协同战斗的经验的强化。

3. 乔治·华盛顿难题

华盛顿将军持续缺乏获得必要的武器和物资顺利进行战争，表明需要有一个更大范围的统一指挥。在委员会的指挥权威下，要进行协同战斗几乎是不可能的。不仅防范“沙依起义难题”需要加强行政机关，而且改善“乔治·华盛顿难题”也需要加强行政机关。

总之，对建国一代人来说，公共利益是值得怀疑的，因为威胁自由的三大主要危险源中的每一个都不能被纠正，除非使其他两个情况更糟糕。对政府能力的需要、对人民主权的需要和保护少数人权利的需要之间是不可调和的三向紧张关系。对联邦党人来说，太少的中央政府权力和多数暴政是比反联邦党人所恐惧的太多中央权力更为有害于公共利益的。建国者“两难”被以下“建国八福词”所充分表述：

> 太多权力招致篡夺，对此，多数人的统治是一种矫正；
> 太多多数人的统治招致多数人的暴政，对此，权力的分立与制衡是一种矫正；
> 太多权力的分立与制衡招致无能的政府，对此，中央的统一是一种矫正；
> 太多中央的统一招致篡夺。
>
> ——道格拉斯·摩根

C. 建国论争的相关延续

尽管比尔德主义论题中有说服力的见解——建国一代所拥有的有价证券决定了他们的信念和行动——已长期被认为不可信，但他论题中更无说服力的见解还非常有活力。我们继续利用美国革命战争时期的平等主义和人民党人的倾向来证明赞成以更多社会地位的平等和更大公民参与形式的更大范围民主化的当代论点。在过去的 20 年中，这些观点已在公共行政中呈现出的新生命力，因为美国行政过程方面的一些学者和学生都已认为，职业的行政人员应该成为被扩大了社会公平和公民参与的更加积极的代理人（马里尼，1971；亚当斯等，1990；库珀，1991；福克斯和米勒，1994；金和斯蒂弗斯，1998；博克斯，1998）。

虽然一些行政过程方面的学者利用建国初期的实质性平等的传统来指导行政当局的自由裁量权的行使，但其他一些学者利用公共利益的程序方法来支持正被职业的行政人员所担当的类似这样一种的角色。例如，约翰·罗尔就已论证了职业的公共服务已担当了原本由美国参议院来扮演的平衡角色（罗尔，1987，1986）。因为参议院是民选的，所以它不能承担原本由宪法的制定者以及职业官僚设定的调解角色。他已证明这种平衡的作用超越了程序上的考虑，包括了平衡实质性的民主价值，如像自由、财产和平等之类（罗尔，1989）。 157

7.3　联邦党人：作为规范激情的公共利益

联邦党人和反联邦党人给我们展现了两种相互对立的公共利益概念。对联邦党人来说，公共利益主要是规范激情和利益的问题。对反联邦党人来说，公共利益需要培养共和主义德性。虽然联邦党人对品格的构成对公共生活的影响一定不会无动于衷，但他们不相信宪法能够或应该使政府依赖于个人德性的存续或积极培育。对联邦党人来说，减轻制度底层不良民众激情的负面影响，利用公职的结构和职责使顶层雄心勃勃的和合格的领导者可以放心追求自身的利益而无须担心更大的公共善，这样就可以创建健康和长存的民主政体。幸运的是，对自由的朋友们来说，《联邦党人文集》的作者们认为，政治科学像天下其他大多数科学一样，已经充分改善而使这项艰巨的任务成为可能（罗斯特，1961：《联邦党人文集》第 9 篇）。

A.　控制民众激情的不利影响

“新政治科学”更有益的发现之一就是如何创立一个地域辽阔的自由，同时防止多数暴政。在 1787 年之前，所有民主政体已要么成了乌合之众的牺牲品，要么成为由拥有一支强大常备军并快速集权的暴君所统治的国家的牺牲品。麦迪逊认为，通过“扩大活动范围”，这两种命运都可避免。他指的是将利益集团的多样性整合在一个具有更大领土范围的整体内。将十三个殖民地合并成一个共同地理区域将有三方面的优势：首先，更大活动范围（假设开放商业的多样性）将增加利益集团的多样性。其次，更大的活动范围将使任何一个利益集团要把它所拥有的看作和其他利益集团所拥有的是一样的就变得更加困难。最后，纯粹领土的扩大将使专制多数难以采取共同行动。总之，一个更大商业多样性的、开放发展的区域会导致意见不一、教派增加和利益集团构成的分化。历史上第一次，政府可以免受单一统治者的和多数的暴政，在保存一个民主政权的全部本质方面也一样做到。

B. 构建公职职责以使个人利益的有益影响最大化

158 在《联邦党人文集》第51篇中，麦迪逊评述说，“新政治科学”必须发现一种使政府安全而免受权力篡夺的，同时无碍于最好的、最聪明的人愿意作为候选人出现的方法。实现这两个目标的秘诀在于要构建公职职责，以使“一个人的利益（被）……连接到这个人所在地的宪法权利上”。在《联邦党人文集》第72篇中，这个原则的应用被精心精辟地得到说明，其中，普布利乌斯对反对限制重新当选的资格进行了广泛的论证。

> 例外的不良影响之一将会是良好行为诱因的一次减少。当人们意识到与职位相连的好处必须在某一确定时期内被放弃时与当人们被允许抱着希望根据**功绩**而**获得**好处的延续时，对履行一项职责的热情丝毫不减的人会更少……对回报的渴望是人类行为最强烈的动机之一；或者说，人类忠诚的最佳保障是使他们的利益与他们的责任相一致……
>
> 例外的另一种不良影响将会诱惑可耻观念、侵吞公款和在某些情况下的篡夺。一个贪婪的人可能正好符合职位的要求，正在期待他必须无论如何都要放弃他所享有的优势的时期，会感到一种不容易被这样的人所抵制的倾向，其尽可能地充分利用他的机会，并可能不惜诉诸最腐败的权宜之计，在尽可能短的时间里取得尽可能“丰硕”的成果。即使同一个人，可能在他面前有不同的前景，可能满足于他的地位所带来的常规的特殊待遇，甚至可能是不愿冒滥用他的机会带来的后果的危险。他的贪婪可能是他贪婪的一种提防。加上这一点，同一个人可能是空虚或雄心勃勃。并且如果他能期待通过他的善行来延长他的荣誉，他可能会不愿意牺牲他善行的爱好转到获利的爱好。但随着他面前的前景的接近和（原文）不可避免地被毁灭，他的贪婪将有可能战胜他的谨慎、虚荣和野心。（罗斯特，1961：《联邦党人文集》第72篇，437-438）

对联邦党人来说，在一个被适当构建的政府系统中，能被期望的最好的东西是通过更大雄心和荣誉的动机来消除贪婪和虚荣的激情。如果职位的职责和任期被构建用来吸引雄心勃勃的人，那么个人将会被鼓励开展长期的、将有利于公共善的项目。如“新政”“公平交易”“伟大社会”“新边疆”这样的计划给人一个载入史册的荣誉。

C. 联邦党人公共利益观对行政服务的后果

联邦党人的公共利益观为我们提供了一个让人联想到古典罗马传统的公共服务模式。在传统中，荣誉和对共和国的奉献是高尚的召唤，大型的和雄心勃勃的公共企业被鼓励，并且这些大型的行为者地位高贵、受人尊敬（格林，1993）。然而，
159 果断地使联邦党人的视野离开他们的经典祖先的是一种被删减的对公共生活的看

法，其中国家变成一个消极自由而不是积极自由的工具。政府将作为促进和平与繁荣的监管代理，不承担任何培养德性甚至是起码的品格素质（即他们认为政府需要存在）的责任。联邦制的创立者似乎假定了在私营部门中，如家庭、教会和学校等，会培养出品格高尚的个人，并且“美国的民主要寻求和奖励具有公共信任的‘自然贵族品质’。无论这些建国者的期望在那时是否合理或者是否现存都是一个需要严肃思考和探讨的问题……”（戴蒙德，1979：71-72；也参见理查森，1997）。

乔治·华盛顿在任命他的公职人员时采用了联邦党人的公共服务模式。他任命能够成功通过“品格健全测试”的人。这种测试要求个人拥有无可挑剔的个人诚信，并在他们当地社区拥有崇高的地位。通过这种“品格健全测试”，华盛顿寻求委任“会给我们的国民性增添尊严和光彩的……”（转引自怀特，1948：259）公职人员。

7.4　反联邦党人：作为共和国德性的公共利益

自我们建国以来，对过度的个人主义和共同体的丧失的恐惧一直是美国政治的一大主题。然而，在过去的 30 年中，我们目睹了社群主义冲动的戏剧性复苏，文献全集的出版向流行的和长期持有的观念即我们的宪法原则只是起源于洛克派提出了挑战。根据由路易斯·哈茨和他的追随者普及推广的洛克派论文，那些制定美国宪法的人假定：要成功建立一个有序的和能长期生存的自由政治体制，只有自我利益的理性追求才是必要的（哈茨，1955）。这一论文受到越来越多的文献的挑战，这些文献认为，另一种传统强有力地控制了建国一代人的精神头脑（贝林，1967；伍德，1969；波考克，1975；肯德尔和凯里，1970；麦克威廉斯，1973）。这个传统借鉴了古典共和主义和清教徒的圣经传统，提出了“公民身份”这一词汇和概念，创造了“一个与霍布斯-洛克式的个人主义并行的相当发达的社群理论……”（德梅约，1980：3）。这种社群理论富有启发性的原理是公民德性，或“为了共同体利益，个人牺牲他的私人利益的自愿”（伍德，1969：68；库珀，1991，尤其是第 1～3 章）。

在那些为新强调社群主义传统做出贡献的人中，对这是一个重要的贡献（斯托林，1981：3）还是一个次要的贡献（戴蒙德，1977：49－68），是建国一代人的“出轨”（肯德尔和凯里，1970：72）还是在关于它的存在需要什么的方面仅仅被误解了（亚伯勒，1979：85-87，93-95），存在相当大的意见分歧。除去这些解释的细微区别，所有的争议各方都一致认为仅仅建立在或主要建立在促进个人自我利益基础之上的政治体制是不适当的。这样的一种政治体制因为没有一个有说服力的和普遍接受的政治义务理论而被人遗弃（克里斯托，1978：79；博克斯，1998；金和斯蒂弗斯，1998）。

对我们国家的社群主义根源的兴趣的复兴，其源头可追溯到反联邦党人的传统。这一传统有两种版本。强烈版本称，反联邦党人试图回归利用古典共和国的信 160
念，即作为人类，我们全部潜能的完善需要积极参与公共事务和培养这种参与所必需的公民德性。温和版本认为，对共和国德性的承诺主要是作为一种对过度个人主义的矫正，而不是提供一个真正的、严肃的另一选择来替代联邦主义者所青睐的大商业共和国。

A. 反联邦党人传统的温和版本：作为一种对过度的个人主义进行矫正的共和国德性

自由政府的历史和实践已使反联邦党人确信，自由不能维持在像美国这样的辽阔领土上。从一支将被要求保护边疆免受贪婪和嫉妒的外国列强入侵的大常备军中产生的危险是显而易见的。但更重要的是，辽阔的领土不能培养恰当类型的公民德性。为了帕特里克·亨利在弗吉尼亚州的批准公约上所描述的“高贵、有力和辉煌”，而不是在保卫他们的自由方面，人们的精力会被动员起来以便增加他们的贸易和商业。“那些已在追求高贵的、有力的和辉煌的国家遭遇牺牲，也成为自己愚蠢行为的受害者。虽然他们获得那些不实际的祝福，但他们失去了他们的自由”（斯托林，1981：Vol. V，214）。最需要的是一个警觉的气质，而这被认为尤其是存在于那些在“普通环境下”的人和与他们相关联的公司中，根据在纽约的梅兰克顿·史密斯的看法，这些人“倾向于习惯，以便限制他们的激情和欲望”。国家的大量自由民被认为是比大人物“更加温和、更加有道德和更少的野心”（斯托林，1981：Vol. VI，158）。

总之，对于反联邦党人来说，公共利益与健康生活是分不开的。这是在有自由民的境况下培养出来的德性习惯。这种境况培养了至关重要的共和国德性：适度、警惕、勤奋和节俭。但是，这也使得这一问题悬而未决，即为了人类的幸福所有公民积极参与公共生活是否被视为必需。耕地时的辛辛纳图斯就像在弗农山庄时的乔治·华盛顿一样，可以暂时而忠实地抛开他的身份来响应公共服务的号召，但是，为了开发他作为一个人的全部潜能，他参与公共服务是必需的吗？放弃耕地对共和国可能是有用的，这很像杰克逊赞成职位轮换的观点，但是这对辛辛纳图斯来说是必需的吗？赞成共和国德性观点的反联邦党人的温和版本会说“不”，而强烈版本会说“是”。

对于亚历克西·德·托克维尔来说，当他观察到杰克逊时期他在美国各地旅行时的社区生活时，这两个版本的反联邦主义传统中的哪一个被美国人接受是毫无疑问的。托克维尔被大量的“日常小小的自我牺牲的行为”所震惊，这些行为导致每一个美国人“牺牲一些他的私人利益来挽救其他利益”（托克维尔，1969：131）。充满活力的志愿者协会、宗教派别和有组织的自助行为给了他如此深刻的印象，以至于他转而得出这样的结论：“协作科学是科学之母，其余科学的进步取决于它所取得的进步……如果人类要保持文明或变得文明，共同协作的艺术必须按相同比例发展提高，在此，地位的平等就增加了。”（托克维尔，1969：517）因为这种
161 社群主义的冲动起源于追求个人的自我私利，托克维尔把这种共和政体的德性习惯称为“正确理解的自我利益”，以区别于认为德性本身就是目的的贵族政体传统。

B. 反联邦党人传统的强烈版本：作为生活方式的共同体

一种赞成共和国德性的强烈版本断定它主要传承了古典共和主义对杰弗逊传统的解释。根据这一解释，尽管杰弗逊同意洛克自然权利的大部分观点，但他拒绝接受一个与洛克主义的自然状态下相关的社会假设。他接受了古希腊古典的假设，即人类本质上是社会性的动物，全部的德性只能在一个有组织的人类共同体中得到完善（彼得森，1960：94)。只有在这样的共同体中，“用来建立和培养友爱关系的内在的道德本能……”才能发展出它的全部潜能。根据这种杰弗逊主义的解释，追求幸福意味着由一种“公共福祉”的共识而形成的“公共活动”（库珀，1991：82)。

共和国德性的强烈版本相当不符合伯里克利在他著名的“雅典祭文”中所赞美的对公共生活的看法，在伯里克利看来，雅典提供了一个公共舞台，在那里，生活行为和口头话语可能获得人类有能力获得的最伟大的成就。雅典城邦激发“男人要敢于与众不同”（阿伦特，1958：184)，并在这样做的过程中完善其独特的天性。因此，尽管伯里克利和杰弗逊都把人类看作需要参与公共生活的天然社会动物以完善他们的天性，但是对杰弗逊来说，这种参与是避免自私和给别人灌输责任的方法，而不是产生无与伦比的华丽言辞和光辉事迹的方法。

C. 反联邦党人的公共利益观对公共服务的重要意义

反联邦党人给我们留下了公共服务的遗产，这为我们现代职业公务员的一些更加重要的特点提供了先例。首先，反联邦党人坚持认为，共和国的代理人由既不富有也不贫穷、财富适度的人组成。此特点被保留在我们竞争性功绩制的开放性进入中，这种制度设置最低限度的技术资格要求，这就是岗位职责说明书。其次，反联邦党人认为，共和国的代理人要从当地社区选拔，要了解当地的情况。我们的联邦公务员制度遵循了这种做法，雇用当地员工，管理国家项目，或者让这些项目由州和地方政府的公务员而不是联邦雇员来管理。最后，与那些被私营部门雇用的人相比，我们的职业公务员展现出了谨慎判断和适度期待的品质，这些品质被反联邦党人认为是调和由选举产生的政府官员提出的不假思索的、过于大胆的和自私自利的雄心倡议所必需的。

7.5 杰克逊主义的民主和功利主义：作为简单多数规则的公共利益

杰克逊主义的民主抓住了多数派的反联邦党人的冲动和杰弗逊传统，并随着时间的推移，把人民的声音等同于民主政府本身。四条杰克逊主义原则促进了这种功 162
利主义的公共利益观的塑造和形成：总统权力的强有力使用、平民主义的行政领导、直接民主和对有限政府的坚定信念。

A. 强有力的行政长官

为增强治理的执行功能，杰克逊比他的联邦党人和共和党人的前辈走得更远。他扩大了“包括有关立法便利性方面的意见分歧这样的小事情”的否决权。他无限地使用他的罢免权。他越过群众性的政党运动，发挥广受欢迎的领导层的作用（怀特，1954：22）。然而，杰克逊对我们所理解的公共利益的独特性贡献来自他把一个充满活力的行政权力与对直接民主和有限政府信念的坚定承诺相结合的方法。

B. 平民主义的行政领导

杰克逊是第一任阐明新理论的总统，即认为总统是人民的直接代表而不是一个大的宪法秩序的代理人。在他第一个年度的国会咨文中，他建议直接选举总统，以使“公共意志的自由实现存在尽可能少的障碍”（理查森，1911：Vol. II，448；转引自怀特，1954：23）。在他向参议院提交并证明他有权解雇财政部长威廉·杜安的著名“抗议”国会咨文中，他重新回到了这一观点，因为他拒绝从美国银行中取走他的存款。杰克逊声称，在选他为总统的过程中，人们已赋予他“整个政府的行政权力”（理查森，1911：Vol. II，85；转引自怀特，1954：37）。合乎逻辑的结论是，这种观点将把行政部属变成为总统解释性权威的、单纯行政上的代理人，从而使他们不必承担独立的责任。

C. 职位轮换

杰克逊总统把反联邦党人和杰弗逊主义对无限期公职的怀疑变成一种被称作为“职位轮换”的操作原则。政府官员频繁轮换的规则是建立在这种双重论点上，即认为权力随着时间的推移倾向腐败和每个人都拥有统治别人的必要素质。杰克逊认为，公共雇员需要不断地被提醒，职位不是一种财产，而是“创建出来完全服务人民的工具”。在位太长会让个人“把政府与其合法的目的相分离以及使政府成为以牺牲多数为代价来支持少数的工具”。我们不必担心频繁的人事变动，因为“所有公职的职责是或至少承认被设定为如此简单明了，以至于任何有才智的人都可以很容易地使自己符合资格去履行它们”（理查森，1911：Vol. II，448；杰克逊 1829 年 12 月 8 日的原始讲话）。

D. 有限政府

杰克逊利用他强有力的行政领导职责的履行来控制一切行政形式的“大型化”。
163 他对国家银行的攻击是不偏不倚的，他以同样的气势和出于同样的原因攻击大企业。他认为，不受束缚的商业竞争是“国家的繁荣的最佳保证……如果门被打开，向着每一个能干的人开放，那么公共需要就会被人关心”（美国众议院商务委员会，1837；转引自怀特，1954：448）。

E. 杰克逊主义的公共利益观对行政服务的重要意义

整个建国时期甚至到共和时代，公共服务与人民之间都有相当大的分离。反联邦党人和杰弗逊主义传统都对行政代理人持怀疑态度，认为它是一个潜在的推行贵族政体价值的特权阶级。对于联邦党人来说，公共服务和人民之间的分离是必要的，以培养充满活力的和富有远见的领导，同时防范多数派的心血来潮和无知。这种分离是通过间接选举、任期延长的机会和足够抵抗来自政府的另一个部门的越位权力等设置来完成的。杰克逊主义时期把这堵分离墙给推倒了。但在这样做的同时，使政府的行政职能具有两种相互补充倾向：一种倾向强调行政代理人对一个体现了人民意志的民选行政长官的服从关系；另一种倾向强调在行政程序的各个层面上直接体现人民的意志和能力的代议制官僚。在人民党人和进步主义时期，作为积极代理人的官僚与作为中立部属的官僚之间的这种紧张关系开始更完全地成为冲突（库克，1996：第 3、4 章）。

7.6 人民党人的改革：作为中立能力的公共利益

A. 人民党人改革的道德基础

在 19 世纪接近尾声时，道德改革者把注意力从废奴主义事业转向杰克逊主义的分赃制度的弊端。与联邦党人相比，改革者没有任何欲望去控制人类的激情和利益来为更高的公共目的服务（斯托林，1964）。相反，改革者寻求撵走无赖，“通过揭发丑闻或者引起公众投票。这样做是为了让可敬的候选人担当公职，其中的逻辑是，好的候选人将实施好的政策”（斯蒂弗，1988：30）。

当 19 世纪后期的改革者第一波强调公共服务所需要的道德素质时，他们的人民党人的继承者接受了杰弗逊主义的假设，即普通公民拥有使民主政府运转的知识、意志和品德。所有需要用来纠正当时弊病的是一些制度性的保障措施，以确保好的政策和好人不会随着时间的推移而变得腐败。1883 年《彭德尔顿法案》的通过和公共服务功绩制的创立使当时有关个人道德与公共利益之间关系的最佳思想得以制度化。职业的行政人员的任命和晋升是建立在进行工作的书面资格的基础上，而不是建立在友谊的或党派政治忠诚的基础上。因此，在前两代道德和民粹主义改革者中，主要关注的是使政府的腐败更少而不是更有效。道德的改革者会通过选择 164
好的公职人员做到这一点，而人民党人依靠职位的变动、公民投票、罢免和较短任期以及类似公众问责的工具来减少腐败。

B. 人民党人的遗产

人民党人的遗产引导许多关于如何最好地保护公共利益免受不可接受的个人的自我利益影响的现代思考。利益冲突的立法、财务信息披露的法律、开放政府的要求，以及在国家和地方各级政府中的各种《哈奇法案》的规定证明了我们持续承诺保护我们的公职人员的中立能力的重要性（摩根和罗尔，1986；罗尔，1981）。就像世纪之交人民党人的改革一样，这些措施的目的是防范道德的腐化，而不是促进提高政府效率。

7.7 进步主义改革：作为科学管理的公共利益还是作为道德提升的公共利益？

民粹主义时代重申了长期存在的美国法治原则，即公职绝不能被用来促进或获取私人利益。但是，如果行政人员的自由裁量的选择不受个人关系、政治偏好和个人的公共善愿景的控制，那么什么应该来填补这种自由裁量的真空？如果在行政中排除政治，还剩下什么？总之，“中立能力”的明确含义是什么？什么样的价值观应该引导、告知并检查这种能力？进步主义给这个问题提供了两种答案：一种是利用进步主义中的科学冲动，另一种是利用进步主义运动注重实效的特性。詹姆斯·斯蒂弗已分别把这两种倾向标为“建制理想主义”和“实用主义”（斯蒂弗，1990）。

A. 公共利益的进步主义视野

出于许多相同的原因，进步主义者重视伍德罗·威尔逊的呼吁：成立公共行政专业，使其作为一个独立研究领域（库珀，1991：第4章）。“研究行政的目的是把执行方法从实证实验的混乱和昂贵代价中解救出来，把它们的基础深深建立在稳定可靠的原则上”（威尔逊，1978：10）。当然，这些稳定可靠的原则是以经验为基础的实证科学的原则。根据威尔逊的观点，这种科学应寻求强化政府的路径以使其业务更有效能，以强化和净化组织，以便圆满完成其职责”（威尔逊，1978：5）。

两个方面的同时发展使这种管理公共业务的科学方法成为可能：一是吸引建国一代人和废奴主义者的长制宪期已经走到了尽头，基本治理原则已成功建立，从而使有关我们民主政府**目的**的激烈讨论结束了，现在，关注能够集中在**如何**取得成效
165 的问题上。二是促成呼吁一个新的行政科学的事实是城市化生活的日益复杂性。正如威尔逊指出的那样，“在这里，几乎没有一种曾经简单的、现在不复杂的政府的单一责任……”（威尔逊，1978：5）。

进步主义运动的另一种倾向远远超出了使用职业的行政部门来提高政府效率的

愿望。这种倾向借鉴了美国的实用主义与进步主义运动的改革议程之间的亲缘关系（斯蒂弗，1988：第 3 章）。两种运动的基础都是一种人性观，即只有当政府的代理人起着通向道德和智力卓越的典范、导师和激励物的作用时，人性才能充分发挥其潜力。正如进步主义运动中的聪明领导者之一的赫伯特·克罗利所指出的：

> 普通公民不是通过在他自己的身体上长成英雄的成分，而是通过模仿英雄和圣人的真诚与热情，就能成为类似圣人和英雄之类，他是否会实现这样的模仿将取决于他不同于同伴的能力，这能力给他提供了社会认可的英雄气概和圣洁的典范。（克罗利，1964：454）

这种进步主义运动的更大道德视野将公共行政的实践从一个纯粹的科学和技术的事业转变为斯蒂弗所称的"政体职业"。斯蒂弗的"政体"含义是指一个由知识最渊博的社会成员（相对于富人和有权力的人）组成的群体，他们有序地、制度化地控制政策和行使这种控制来实现更大的公共善（斯蒂弗，1988：31）。总之，"向权力说真话"的目的不仅仅是使事情运转或使事情运转有效率（魏达夫斯基，1980）。这是要保持民主制度在道德的轨道上的问题，如果不是通过培养其行动上的习惯，至少是通过塑造德性外在表现的行为榜样来实现。

B. 进步主义的遗产

进步主义时代已留给职业的行政人员两个看似不同的角色来担当，以便促进公共利益：一个是强调纯粹工具性的角色，即科学管理公共机构和在政策的制定和实施中使用最新技术；另一个是强调职业行政人员在提升公共话语和促进人的发展方面的道德领导的角色。纯粹工具性的角色要回到早期的反联邦党人和杰克逊主义的行政过程观，其主要是促进共同体意志的执行。进步主义传统中的道德领导角色让人联想到"联邦党人的行政精英观，他们保护民主制度不受群众的愚昧冲动的危害"。但是，联邦党人和进步主义的道德目标主要是工具性的和功利性的，远远缺乏反联邦党人的对个人公民德性培养的关注。

在进步主义时代，往往迷失方向的是我们的民主治理制度含混不清的特征。好科学最终变成与道德对抗，没有使辩论的两极转到思考需要做些什么来确保产生既有效率又符合道德的多数人统治的制度。进步主义对效率的关注结果变成第二次测试，这种测试类似于"脆弱的能力"，而不是类似于知识。对塑造行为榜样的关注类似于"脆弱的德性"，而不是类似于个人的善良。后进步主义时代已使美国公共 *166*
行政在关于究竟如何以及为什么能超越这些脆弱的标准的看法上产生相当大的分歧。

7.8　后进步主义的批评：寻求新的身份中的公共利益

进步主义运动给我们留下了"积极政府"的遗产，政府由经过技术训练的职业行政人员的精英团队组成。但是，这些团队应该拥有什么样的特有能力？其对公共利益独特的贡献应该是什么？什么样的道德原则应该指导其行使自由裁量权？对于20世纪的这些问题，以下给出了四种答案。

（1）职业行政人员应严格受实证科学原则的指导；

（2）职业行政人员应该成为利益集团政治的控制人；

（3）职业行政人员应该促进他们在美国宪法治理制度中的角色所特有的、程序性的和实质性的价值；

（4）职业行政人员应该在私人领域、非营利领域和公共领域之间保持适当的平衡。

A. 行为主义革命和实证科学：作为虚构物的公共利益

进步主义运动促进了一种巧妙适合逻辑实证主义的和随之而来的社会科学中的、科学革命的这两种激进主张的公共利益观。早在20世纪，逻辑实证主义大大简化了我们有关道德与公共利益之间关系的思考。通过在事实问题与价值问题之间画出一条清晰的分割线，如“道德”和“公共利益”这样的术语就被转化为无用的分析工具。这两者都是价值承载术语，反映个人的品位、观点和偏好。当事情被说成是为了公共利益时，那是一种假借虚构的客观现实实现个人偏好合法化的方法。正如其中对这种做法更直言不讳的批评者之一所认为的那样：“公共利益可能不时履行‘自我惩罚者’（hair shirt）功能……；它也可能只是一个标签，被不分青红皂白地贴在特定时刻的、特定妥协的混合物上。在这两种情况下，‘公共利益’既不增加也不减损目前可用于分析政治行为的理论和方法。”（舒伯特，1982：223）总之，公共利益只是政治的另一个层面，作为一个组织的或分析的概念，没有任何可操作性意义。这种观点对我们公共行政研究和实践的方法来说，有一定的重要意义。

从科学的角度来看，传统上以及发生过的行政原则中的多数与已获伪科学身份的谚语一样。像“公共利益”这个术语一样，如“控制范围”、“中央集权”和
167 “科层”等行政原则无非是专门术语，内部充满了矛盾，作为行动的指南很少有用（西蒙，1957：44）。使这些行政谚语服从于科学的严谨，行政实践可以更有效地分配公众的稀缺资源。这种高效率不仅会导致对可选政策更系统的评估，而且会导致对取得成功所必需的组织的、财政的和人力的资源的更好整合。大多数20世纪50年代和60年代初期的公共行政文献极大地受西蒙的影响，他努力通过改进行政决策的方法来实现提高工作效率的目标（西蒙等，1950；马奇和西蒙，1958）。

B. 作为“利益集团自由主义”公共利益：回到程序民主

美国利益集团多元主义的传统提供了另一种评估职业行政人员对公共利益的贡献的框架。这种传统“用利益集团冲突的妥协取代开明和热心公益的政策”（莫罗，

1987：164）。通过职业行政人员担当策划者和代理人，行政机构成为促进这种妥协的活跃舞台。这种促进作用导致行政程序研究者得出有关如何最好地服务于公共利益的相反结论：一种观点强调未经检查和不受控制的行政对政策制定过程的影响带来的不良后果；另一种观点强调行政人员对平衡的公共政策和民主治理这两种目的的贡献。

那些强调利益集团自由主义的不良后果的人指出这种事实，即在立法层面达成妥协的困难经常导致制定出没有政策的法律（洛伊，1979）。面对含混不清的法律，行政设置成为一场对美国公共政策过程进行控制的混战。当然，在这种环境下，有些人能够成功。一般来说，他们是那些已经获得了政策方面特殊专长的人（赫克洛，1978），或那些已是特殊利益集团、政府部门和国会小组委员会铁三角联盟中的一部分的人（弗里曼，1965）。这种决策方法的批评者强调相对远离直接影响选举进程的一些参加者的有限进入。在这样的环境中，有一种危险，即党派的奢侈和技术官僚的傲慢将使公共利益受损害。

在过去的 30 年中，已经采取了几个步骤，以改善这些类型的公共利益的潜在滥用。首先，通过肯尼斯·卡尔普·戴维斯的积极努力（戴维斯，1971），行政规则制定过程已被越来越多地使用，以防止官僚机构中的个体行政人员行为的武断和反复无常（库珀，1983；克尔温，1999）。其次，在联邦和州一级的立法机构中已采取更积极的措施，使行政机关受到更多的详细审查。这反映在阳光立法、信息自由法案、隐私权利法案和对公然反对代理机构不法行为的举报人的保护中。最后，在 20 世纪 70 年代，美国国会开始听取许多批评者的建议，起草内容上更加具体的法律（莱文和韦克斯勒，1981）。

C. 作为行政监管的公共利益：公共行政的合法性运动

那些担心利益集团自由主义对公共利益不良影响的人已倾向寻求程序矫正，以便检查职业行政人员的自由裁量权。然而，利益集团自由主义还有另一面，即强调均衡的民主政府需要在宪政治理的“法治”框架内运行。从这个框架出发，许多研究者认为职业行政人员有机会（如果不是义务）积极运用他们的自由裁量权，以政治家的方式来增进公共利益。这种提议已经被称为“合法性运动”，主要是因为它的支持者都全神贯注于广泛行政自由裁量权在法制范围内行使的合法化，这种法制很少明确承认行政人员充当公共利益监管者的权利（麦克斯威特，1997）。 *168*

这种“监管模式”的支持者受到了来自他们的批评者的挑战，他们提出了公共利益的标准，使我们能区分行政治国之才的行为与专制滥用的行为，区分不良恶习与“真正”服务于公共利益的自由裁量权的行动。至少有两种回应是由“监管模式”的支持者提出的：一种是强调某种人类尊严的普遍标准的观念；另一种依赖于我们的公共权威独特结构中所固有的标准。

1. 基本尊严的回应

在 20 世纪 60 年代和 70 年代，大部分有关官僚机构的著作和研究重新把我们的注意力集中到大型复杂组织的一些基本事实上：他们可能是被压制性的（斯科特和哈特，1979）；通过拉拢行为，他们可能会忘记自己的使命（洛伊，1979）；科层原则本身破坏了实现人的全部潜力（胡默尔，1987；塞耶，1978）。

对组织生活不正常方面的重新关注催生了各种各样的矫正，其从我们西方的人文主义传统汲取了它们的力量。这种传统的中心是这样一种信念，即人类想要也能够做正确和体面的事情，只要他们有自由这样做。对于人文主义的改革者来说，主要问题是缺乏组织自由或机会，而不是一个有致命缺陷的意志。要释放出人类道德善的潜能，两个步骤是必要的：一是道德规劝会使大型复杂组织多年来已迟钝的敏感性变得敏锐。二是公共组织中的权威关系的大规模重组是有序的。道德规劝阶段促进了各种传统的人文主义价值，包括仁爱（弗雷德里克森和怀特，1985）、诚信（本杰明，1990）和公平（哈特，1974，1983，1984，1987）。20 世纪 60 年代末的新公共管理运动体现了最成功和最广泛的努力，努力使行政价值转换的道德规劝阶段制度化（马里尼，1971）。

既然好人不能长期在恶劣的环境中取得成功，相当多的关注已被放置在大型复杂的组织中的权威结构的转型上。这些努力已经在很大程度上旨在调和追求个人利益与更大的公共利益之间的紧张关系（塞耶，1978；李克特，1961；麦格雷戈，1967）。痴迷于 Y 理论、Z 理论和戴明（1982）的著作就是例证，我们继续尝试把
169 工作环境改造成人的潜能可以得到释放的场所。这种努力是建立在这种假设之上，即公共生活中的道德卓越可以改善到这种程度，以至于个人的道德卓越能够被释放。

2. 公共权威独特性的回应

“监管模式”的支持者对其批评者的第二种回应是强调美国公共权力结构中所固有的独特的公共利益价值。这一观点的提倡者开始于亚里士多德的假设，即道德上符合德性的公民只会等同于**仅在最佳政体中**的道德上符合德性的人。总之，政治制度的道德卓越体现了它已选择要促进和维护的特有德性。从这个角度来看，在道德上符合德性的公务人员必须根据其独特的治理制度仅有的程序性和实质性的价值来判定。对于美国的公务人员来说，这些价值是什么？更重要的是，为了促进这些价值，职业行政人员能够做出什么样的独特贡献？这些问题是“监管模式”的支持者进行进一步研究的出发点。

最宽泛的监管论学者认为，职业行政人员为我们民主的“作为一个整体的事业”负责。这包括为“明确界定公务员接受了义务的更全面的序列的职位、程序和制度”负责（伯克，1986：42；摩根，1996）。在控制职业行政人员为整个体系负责时，产生了职业行政人员的道德责任与其他公职人员（如法官和选举产生的公职人员）的道德责任有什么区别的问题。近年来，这些问题已给出了两种答案：一种是强调行政人员担当的是我们宪法治理制度内的独特的**结构性角色**（structural role）；另一种强调促进**实质性的**民主价值。

行政的治理功能显然是不同于立法和司法的功能。从这些差异中，学者们试图建立一种对美国职业行政人员的特殊监管。有一种这样的观点，其把行政人员看作平衡轮，有责任使用他们的“法定权力和职业知识，在特定时间内，支持在这个过

程中需要他们帮助的任何一个参与者，以维护宪法的目的”（瓦姆斯利等，1987：314）。但是，是什么让行政人员比政府的立法和司法部门的官员更好地适合担任平衡轮这个角色呢？这类似于约翰·马歇尔在**马伯里诉麦迪逊案**中所面临的问题，在决定什么时候法律是违宪时，面临着需要解释为何最高法院的判决高于行政和立法部门的判断。

许多学者引用行政设置本身的独特功能来回应这种挑战（特里，1995）。对于一件事，在实施过程中的职业行政人员提供了一个构建和促进与公民的持续对话的机会，其表现已具有“公共交锋”的特征（古德塞尔，1981）。为政府与公民之间的健康的公共对话提供**条件**，在维系具有共享意义的共同体方面，发挥了决定性的作用（库珀，1991；詹姆斯·怀特，1990；福克斯和米勒，1994；麦克斯威特，1997；博克斯，1998；金和斯蒂弗斯，1998）。

其他学者强调这些官僚设置本身的独特品质，例如证据规则、举证责任等，使职业行政人员具有“一种特别的‘审慎’或亚里士多德所称的实践智慧，使他们能 *170*
够合并考虑可操作性、可接受性和适合性”（摩根，1990：74；也参见詹宁斯，1990；斯派塞，1995，库克，1996；文赞特和克罗瑟斯，1998）。

创造出职业公共服务担当独特监管职能的另一种方法是要明白什么能够促进我们的宪政体制长期存在，尤其是考虑到自 1787 年以来，它已经历了重大的变化。这一观点的主要倡导者之一约翰·罗尔就认为，职业公共服务现在承担了国父们原本打算要由美国众议院和参议院来担当的角色。参议院的属性，如持续性、职业性和稳定性，已经被选举的变化逐渐销蚀掉。“总之，今天的参议院不是联邦党人所想要的和反联邦党人所担心的那种机构。最接近的……可能被发现是在职业公务员中，特别是在其较高级别中。”罗尔也认为，实施功绩制和积极行动政策的美国官僚机构服务于遏制反联邦党人所担心的过度筛选和精炼会破坏众议院的代表功能。总之，“拥有庞大职业公共服务的行政国家消除和修复了美国宪法中的缺陷”（罗尔，1987：142；罗尔，1986；摩根，1996）。

总之，职业行政人员凭借他们在我们的民主制度中占据的**结构性角色**，为公共利益做出了独特的贡献，有关这一点至少有三种说法：有的强调行政人员能够为公民和官员之间的对话提供有利条件；有的强调一种特殊的行政审慎的行使；有的强调行政部门纠正我们其他一些政治机构的缺陷的机会。这些说法中没有任何一种看起来是相互排斥的或存在任何方式的矛盾。

除了论述结构性角色所做出的贡献之外，有些人还认为行政人员能够承担独特角色，即通过促进作为我们宪法核心的实质性价值观来实现公众利益。自由、财产和平等是一些人期待职业行政人员通过自由裁量权的行使来促进的价值（罗尔，1989；亚当斯等，1990）。无论人们是否把美国公众服务的独特道德贡献建立在结构性的或实质性的价值上，“监管模式”的支持者都把职业行政人员看作我们宪政民主的伙伴。

D. 重建民主平衡：限制行政对公共利益的影响

在过去的10年里，这种看法，即认为公共利益的最好供应是把行政人员看作民主治理中的平等伙伴，由于以下三个方面的发展，受到了严重挑战：(1)“政府再造”的倡议；(2) 后现代公共管理理论和话语运动；(3) 社会资本的重新发现。

1. 政府再造与新公共管理运动

在形成公共利益的过程中，强有力的行政影响近来所面临的最严重的挑战来自政府再造运动。这一首创（奥斯本和盖布勒，1992；行政办公室，1993）衍生于20
171 世纪90年代各种不同的变化，其中包括不断增长的公共财力的不足，对政府计划的不满，没有经费的联邦授权和在思想愿景上的变化。这些变化合起来导致对政府计划的资金支持的停止、放松管制、权力下放和向私营部门和非营利部门委托更大的提供服务的责任。

对职业行政人员来说，这些变化最重要的意义是：评估行政行为从强调法律责任转向更加注重私有市场原则。“再造”的主要目标之一是要职业行政人员从各种官僚的限制中解放出来，并将机制引入公共组织中去。这些私有市场假设已被用来打造一站式购物，用来更加重视客户的满意度，用来推动更多的服务外购和服务外包，用来提高对高绩效的内部奖励，用来开发系统的评估计划以测量结果和绩效。这些变化体现了已被称为新公共管理的内涵（博克斯等，1999；特里，1998）。

新公共管理的批评者认为运动显示出一种无视历来是我们法制核心的多重和复杂的政治目标的傲慢。其中最重要的包括：满足我们社会中最弱势成员的需求（史密斯和利普斯基，1993），同时维持立法和行政两方面权威组织的法律责任，平衡公民个人参与和负责任的需要与集体行动的需要，促进充满智慧和专业知识并由此指导以公民为中心的治理（莫伊，1994；莫伊和吉尔摩，1995；博克斯等，1999）。新公共管理集中在改变治理**工具**上，这被认为是有人称之为的“工具取向”（琼和格罗斯，1996），更糟糕的是，构成了一个“虚假的民主”，其掩盖了治理工具所要服务的冲突性民主目的问题的性质（博克斯等，1999）。这些批评人士担心，公共服务职业人员可能“被以市场为基础的模型所拉拢”，从而削弱了他们用作“有意义的社会和制度变迁的潜在来源”的能力（博克斯等，1999：5）。

2. 后现代对公共利益的挑战：话语运动

一个较为温和的批评性看法，即行政人员应成为公共利益的服务者，产生于公共管理中已开始被称为的“话语运动”(discourse movement)。这个运动从后现代公共行政理论家的成果中汲取其存在的知识理由（福克斯和米勒，1994；法默尔，1995；麦克斯威特，1997，1998）。利用欧洲大陆重要的批评理论家和现象学家的假设和工具，话语运动的成员拒绝使用“公共利益”作为一个有意义的原始分析范畴的可能性和合法性。这种主张是基于以下假设的结合：

(1) 人类只有通过现世中的直接经验获得意义。

(2) 直接经验在一定程度上受普遍性原则、权威的元叙事、制度上的和自然法似的表征的指导，在最好的情况下，个人自由在认识上和行动上被损害；在最坏的情况下，通过使用这些“王牌范畴”，个人被压迫（福克斯和米勒，1994；麦克斯威特，1998）。

(3) 创建共享经验、理解和行动的唯一可行和合法的媒介是语言。

也许这些行政实践的假设最重要的结果是：通过免受各种形式的压迫性限制的、开放的、自由的对话过程，公共利益已被社会化建构起来。要与任何假设展开有关“公共利益”意味着什么的对话破坏了合法性的唯一来源，即通过公开演说达成的协议。我们的目标是建立一种对话，“在对话中，我们都说，我们都听，我们都开始参与提出我们接下来做什么”（麦克斯威特，1997：ix）。要做到这一点需要一些基本的对话规则，包括以下几种简单的“话语许可证”：人必须真诚与真实地说话，他们必须涉及与目前讨论重点相关的，他们必须专心并觉得没有任何意义上的胁迫，他们必须愿意并能够为对话做出实质性贡献（福克斯和米勒，1994）。 172

话语运动的一些倡导者是受过训练的政治科学家，他们主要关心的是他们立场的政策结果。其他都是受过训练的心理学家，他们更感兴趣的是人际对话对在小团体中和组织层面达成协议的影响［把麦克斯威特（1997）与福克斯和米勒、金和斯蒂弗斯（1998）相比较］。这两个群体都高度评价具有共享意义的共同体中的成员资格。这两个群体也都承认了行政人员在启动、促进和维持适当公民对话的规则方面的重要作用。但是，与监管理论家相比，话语理论家承认，行政人员在创建和维护一个具有共享意义的共同体方面的作用是更有限的。

3. 社会资本运动

催生了新公共管理运动的大多数条件也是一个完全不同的倡议即有时被称为社会资本运动产生的原因。社会资本运动是由政治派系中的左、右两翼社会批评家不稳定的汇合组成。他们有一个共同的主要目标，这一目标对行政人员在塑造公共利益方面的角色有着重大而深远的意义。社会资本运动的支持者们认为，民主治理的健康依赖于公民组织机构的健康（福山，1995；普特南，1993，1995；专题讨论会，1999）。这种信念是政治保守派用来为减少政府干预和更加依赖于存在于当地共同体生活中的自愿和非营利部门的“千点之光”辩护（埃齐奥尼，1993，1995）①。社会资本运动派系中的左派认为，专门的职业行政人员在地方机构建设中发挥了重要作用。事实上，有些人认为职业行政人员的主要作用是使用他们的自由裁量权来协助当地社区确定、集合并利用其机构中的公民的资产来为社区发展目的服务（克雷茨曼和麦克奈特，1993；专题讨论会，1999）。

不管你是属于政府干涉主义派系中的强的或弱的一端，社会资本运动对公共行政人员在塑造公共利益方面的角色有三个方面的重要隐喻：第一，它已经把注意力从个体公民参与重新调整到社区内的组织活动的互惠互利的重要性上来。第二，它

① 这是乔治·布什与民主党议员迈克尔·杜卡基斯（时任马萨诸塞州州长）当年竞选美国总统时在电视辩论中提到的。布什的“千点之光”工程旨在使公民志愿在私人非营利组织工作，鼓励公民承担社会责任。——译者注

扩大了公民身份理念，以至于包括影响社区福祉的几乎所有的活动。第三，它加深了公民身份的意义，以至于不仅仅包含使政府正式机构运转的知识和技能，也包括使社区运转的必要的知识和技能。两者合计，这些社会资本运动的结果是要求行政
173 人员和公民共同重新关注更大的地方机构为之服务的民主目的。从这个角度来看，行政人员的角色被重新定向，又回到它的雅典根源。在那里，集体治理是很难与作为一个整体而生活在一起的这一目标区分开来（摩根和维齐尼，1999：尤其是第51、59页）。

7.9 结论

我们以我们所开始的本章的主题结束。在对个人自由给予如此高的优先性的自由民主制度中，公共利益必然是有问题的。努力在实质性基础上界定公共利益必定有必要限制对这种自由的追求。这样做的结果是经常产生从程序上定义的治理和有关公共利益特性的空泛无力的公共对话。

我们避免了这样的命运在很大程度上是因为宪政治理制度——旨在保护自由不受各种各样的危险的侵害，其包括政府官员的权力篡夺、多数人的暴政以及行政部门的无能。这些危险已经孕育出了一种有益的、要求相反对策的矫正传统：更多的公民参与与更少的公民参与，更多科学专长与更多常识判断，促进社会地位的更加平等与促进机会的平等，鼓励竞争性利益集团的繁荣与防止根据特权、权力和金钱进行的政府过程的选举。正如我们从前面的历史分析中已经看到的那样，存在一个公共话语的明确主体和旨在帮助改善这些民主治理的各种危险的职业公共服务所扮演的公认角色。我们很幸运有丰富的传统，允许职业行政人与政府其他部门积极参与帮助定义和塑造公共利益，因为这一传统很好地被麦金太尔（1984）称为“冲突的延续”所界定。我们也很幸运，这有助于保护我们不受行政过度侵害的传统。

参考文献

请从中国人民大学出版社官网（www.crup.com.cn）下载，或者用微信扫描下方二维码获取。

第 8 章

行政伦理重思的义务论维度

拉尔夫·克拉克·钱德勒
美国密歇根州卡拉马祖西密歇根大学

出于责任而为的行为其道德价值不在于其所要实现的目的，而在于其被抉择所依照的准则：因此，道德价值不依赖行为目的的实现，而完全依赖于所做行为所依照的、与欲求官能的所有目标没有关系的意志原则。

——康德

8.1 导论

义务论伦理学是责任或原则伦理学，而目的论伦理学是结果或后果伦理学。这种简单的区别包含了伦理思想的信条、知识探究的传统以及深入探索人类经验和说明现代美国公共行政人员如何看待和实践伦理责任方面的根本分歧的行动。虽然我们这里的目的是要讨论义务论伦理学，但是，不可能做到事先不涉及同一枚道德硬币的另一面。目的论伦理学起源于希腊语的“teleos”，意思是完成的或最终的，这一词汇本身又来自“telos”，意思是“完成”或“结束”。因此，有关终极目的的知识和逻各斯（或学问）是有关为了整个自然目的而发生的自然过程或事件效用的知识。

效用观念是理解目的论伦理学的关键。哲学中目的论伦理学的两个主要表现是功利主义（由杰里米·边沁和约翰·斯图亚特·穆勒详细阐述）和专业哲学家所说的利己主义（由马基雅维里和马克斯·韦伯详细阐述）。利己主义认为要做的正确事情就是增加我自己利益的事情，或者认为每个人都真正想要的是最适合他们自己的东西。然而，由于利己主义可论证性的逻辑缺陷，利己主义者很容易就从行动的个人后果转向行动对所有人的后果或功利主义①。因此，后果主义的道德行动存在于一个“连续统”上：从为了个人权势（也许是一个人性化的目的——马基雅维利），到为了认真执行上级主管部门命令的个人荣誉（一种伪装的自我行为——韦伯），到为了“这一神圣的期盼——最大多
180 数人的最大幸福是道德和法律的基础”（边沁），到为了作为一种不偏不倚的、公正无私的和仁慈的工具的公仆角色，因为他或她最大化这种作为人类尊严和国家安全的共同价值。当穆勒在《论自由》（1859）中得出“自由存在于做人所欲求的事情之中”的结论时，他把这种“连续统”弯曲成一个“圆”。

边沁（1748—1832）创造了“义务论”这个词，但他对这个词的用法完全不同于受康德启发的当前用法。在边沁看来，义务论的最终目的与立法的最终目的一样，是为了推动最大化共同体幸福的行为。虽然法律的基本技巧就是用惩罚的威胁来**改变**个人利益的实现形式，义务论的技巧是把已有的私人利益的动因用到代理人身上。因此，边沁功利主义的焦点主要是社会和制度上的，而不是个体和私人的。他的理论具有明显的技术统治论者的特征，被设计成一个用来指导立法者理性而富有人情地寻求重构社会行为和制度的框架。

即使边沁在他的《义务论》（1834）一书中，为时已晚地把注意力转向了个人的道德，他思想的技术统治论的特征依然存在。他提倡一种对利己主义者学说的战略视野。他声称，在任何特定的情况下，人类更可能因考虑到自己的私人利益而不是出于任何其他的动机而行动，特别是当他们对他人行使权力时。对立法者或政治宪法的撰写者来说，唯一安全的假设是：人们会采取行动，只为了促进他们的私人（“险恶的”）的利益。根据边沁的“责与利相连”的原则，法律和社会秩序的目的是为个人提供足够的动机，通过制裁的威胁，以便符合功利原则的要求，从而确保个人利益与功利责任的人为统一。

在下面这一段落中，边沁从《义务论》的第一卷中，总结出了被称为他的心理享乐主义理论，其有趣的副标题是“道德科学”。

> 其实，谈论责任是很没有价值的；这个词本身就有点让人不愉快和令人反感；并且当我们可能谈论这个词时，这个词就不会成为一种行为规则。一个人，即一个道德学家，坐入扶手椅里，滔滔不绝地说出华而不实的有关责任（并且是许多责任）的论断。为什么没有人听他的？因为每个人都在考虑利益。首先想到利益，这是他自然的一个部分，判断良好的道德学家也一样会从他的利益出发。让他说他喜欢什么，涉及利益，责任一定且将会处于从属地位。②

---

① 心理和伦理利己主义以及直接和间接功利主义的缺陷在伯恩哈德·罗森著作［*Ethical Theory*：*Strategies and Concepts*（Mountain View，CA：Mayfield Publishing Company，1993）］的第 2 章和第 3 章中都有描述。罗森在第 4 章中还对规则义务论进行了精彩的描述。

② Jeremy Bentham，*Deontology*（Edinburgh：William Tart，1834），pp. 10-11.

当一个人把目的论伦理学与义务论伦理学相比较来理解时，就更容易理解为什么一半以上的国人认为中校奥利弗·L. 诺斯是一个高尚的人。义务论者小约翰·W. 尼尔德兹，一位众议院委员会首席律师，在道德原则方面不断用问题逼问诺斯，如："你曾经有没有说过：'你不能这样做，这是不正确的，你不能向美国总统说谎'?"诺斯一直淡然地且真诚地回答："我相信我没有对任何人曾经说过，没有。"尼尔德兹，一位律师和立宪主义者正在根据真诚原则思考道德问题。诺斯，一位专业的军官，正在根据后果思考道德问题。对尼尔德兹来说，做对或做错涉及个人决定本身是对还是错。诺斯，就像任何一个好的韦伯式公仆一样，是从为总统的利益服务中获得荣誉。像一个典型的马基雅维利者，为了王子他不得不说谎，他会说谎。像一个典型的功利主义者，他为最大多数的美国人的最大幸福服务。因此，根据目的论道德，奥利弗·诺斯是一个有道德的人①。

义务论者往往不仅是律师和立宪主义者，而且是公共行政人员，特别是那些对 181
某事进行规范的人和那些对道德守则感兴趣的人；义务论者往往是宗教人士，特别是那些相信"十诫"和"山顶布道"中的规定的人，更不用说那些相信经院哲学家如圣托马斯·阿奎那天主教所描述的责任的人；义务论者往往是坚信康德绝对命令的哲学家。这些类型的伦理思想所具有的共同之处是：近在咫尺的某一个地方就有已商定价值的陈述。

有些人认为义务论这一词是一种消极形式的存在论，它指的是人们对根本实在的看法。这种对义务论误解的例子是：让-保罗·萨特的实在不连贯的信念和西蒙娜·德·波伏娃的一种经验的境况或时刻与另一种经验的境况或时刻之间不可能有连接体的结论是义务论的代表。在《模棱两可的伦理学》一书中，西蒙娜·德·波伏娃完全不能使自己接受"偶然的不连续性谬论"或"理性主义的连续性自然规律"②。因此，现实世界是"赤裸裸的和不连贯的"，每一种情况都有其特殊性。萨特概括存在主义有关"本体"的立场时，坚定地说，"本体本身不能制定道德准则，它仅涉及什么是本体的指示以及我们不可能从本体的指示中推导出命令"③。

这些有关本体论的看法并不一定代表义务论的伦理学，虽然，正如我们将要看到的一样，存在主义的情境内涵明显促成了一种主要的义务论伦理思想学派。前缀"de-"在"deontological"（义务论）中不是否定的意思，往往在英语语系中也是一样，但全部与"deon"有关，都来自希腊文中动词词根"deont"，是"使结合"的意思。"deon"也受"dei"的影响——(有必要）来自"dein"（需要、想要或缺乏的意思)。因此，"deon"指的是所绑定的或所需要的。那么，它作为道德义务或承诺的知识或研究与义务论是一步之遥。

目前如丹尼斯·F. 汤普森这样的义务论伦理学家理所当然地被称为新康德主

---

① Carol W. Lewis, *The Ethics Challenge in Public Service* (San Francisco: Josey-Bass Publishers, 1991), p. 90.

② Simone de Beauvoir, *The Ethics of Ambiguity* (New York: Philosophical Library, Inc., 1948), pp. 4, 122.

③ Jean-Paul Sartre, *Being and Nothingness*, translated by Hazel Barnes (New York: Philosophical Library, Inc., 1956), p. 153.

义者，这有利于我们了解我们能够了解的康德（1724—1804）哲学。康德主义、伦理与文化的相对主义以及威廉·K. 弗兰克纳称为的泛爱论是三种主要的单一规则的义务论伦理学。它们被称为单一规则的理论，是因为不像由多元基本规则而引导出结论的理论（因为义务或正当性是许多不同结论的部分功能），单一规则的义务论理论根本不把义务变为后果的一种功能。这就是专业的哲学家把这样的观点称之为形式主义的原因。

单一规则的理论有时要求特别注意行政实践。特里·L. 库珀指出，一个问题在目的论看来可能是如此独特、如此复杂和如此深刻，以至于实践者别无选择，只得考虑隐含在某些日常行为规范中的义务论“原则”①。由于义务论原则是一种指导行动的一般规律或规则，并被通常表述在一种有关被要求实现一种价值的、人的行为或状态的声明中，义务论原则明确把一种价值与某种一般性程序和实践联系起来。例如，实体性和程序性的正当法律程序是美国政治理论、法理学和行政实践中的价值。但是，以使体现作为一种组织价值的正当程序，我们就需要义务论原则，其可以向我们显示出什么样的行为模式将履行这种价值。例如，一种常见的正当程
182 序原则是“法律必须公正、公平和平等”，它不应该是“压迫性的、幻想编造的或有偏见的”。因此，根据这一原则，所有被指控的人有《权利法案》的保护和受《第十四修正案》的保障，它们是宪法和政治上的平等。

多元基本规则理论不同于单一规则理论，例如，美国政府可以从沙特阿拉伯王国借10亿美元，为了履行其法律义务而向美国老年人支付社会保障救济金。美国政府承诺还钱，但是，我们不能断定，无论其他什么是正确的，这笔钱都会得到偿还，因为美国偿还金钱还受其他规则的影响。沙特阿拉伯是富裕的，并不急需这些钱。此刻，在波斯湾战争中，美国要援助沙特。既然美国政府无法偿还10亿美元又要保卫沙特阿拉伯不受伊拉克侵犯，我们就不能说美国有绝对义务偿还贷款。偿还债务的基本义务受到其他道德义务关系的影响，在这一案例中，就是捍卫一个军事上比较弱的朋友的义务关系。单一规则理论不比多元基本规则理论更宽容，所有单一规则理论中最严格的一种是由康德创造的。

8.2 康德主义

伯纳德·罗森把康德的观点总结如下：

(1) 后果（行为所达到的目的）不是道德义务的决定因素；

(2) 行为的道德价值（正当的或履行义务）是直接规则（意志原则或行为准则）的一种功能，由此行为被执行；

(3) 直接道德规则的选择必须不考虑实现目的的任何欲望或者甚至任何与规则

---

① Terry L. Cooper, *The Responsible Administrator*, 3rd ed. (San Francisco: Josey-Bass Publishers, 1990), pp. 10-11.

本身有关的欲望；

(4) 确定直接道德规则的间接道德规则不能有其内部描述的任何特别的行为或道德规则；

(5) 正如康德所陈述的那样，间接道德规则的形式是“我绝不应该行动，除非以这样的方式即我也可能想要我的行为准则成为一种普遍的道德法则”[1]。

因此，就沙特贷款的例子来说，我们必须完全偿还债务，以免它成为一种我们没有人会遵从的普遍法则。

康德称之为绝对命令的间接规则可以写成如下形式：

如果任何人 a 进行出于直接规则 R 的行为，这里的 R：(1) 是 a 所意愿的，(2) 且可能意愿成为一种自然的普遍法则；那么，R 就是道德义务的规则[2]。

在《道德法则》一书中，康德试图用撒谎这一道德规则来说明规则是绝对的和命令的。他说，我，一个有道德的行为者，不应该满足于这种行为准则即通过虚假陈述来摆脱困境使其成为一种普遍法则，因为尽管我可以撒谎，但我绝不可能意愿使说谎成为一种普遍法则。我的行为准则一旦被确定为一种普遍法则就会发现会被贯彻到底。因此，我应该拒绝为了让自己摆脱困境而说谎这种不道德的做法，因为它不适合作为一个可能被制定的普遍法则的原则。

可以说，在美国，说谎接近成为一种普遍法则了，因为 2 000 个随机选择的人中约有 91%的人最近承认他们经常在工作和家庭中撒谎。因为寻求“完全诚实”[3] 183
而承诺每一页上的受访者都是匿名的同一次调查也显示：只有 13%的美国人相信所有的十诫，大部分工人都承认每周吊儿郎当消磨了约 7 小时，一半的人说他们经常在他们没有生病的时候打电话请病假。在一段时间过后，要是被认为是道德偶像的政府官员被曝做人虚伪，情况会怎么样？最高法院前大法官威廉·布伦南在法院任职时接受了来自开发者 14 万美元的现金和礼品，当时他在得克萨斯州诉约翰逊案中写下了法院坚持言论自由的精彩意见，事情败露是否意味着他做人虚伪？克拉克·克利福德是生活在谎言中，当克拉克·克利福德明智而无私地给民主党总统（从杜鲁门到卡特）提建议时，他是不是做人虚伪？说谎到底是什么？这和犯错是不是同样的事情？好人做坏事？坏人做好事？好人因为坏的理由做好事？坏人因为好的理由做坏事？

一些最巧妙的语言解释被行政部门的实践者用来帮助康德阻止说谎成为一种普遍法则。例如，在里根政府时期，总统的助手们认为，总统的话从字面上看是不是真实的无关紧要。他们说，罗纳德·里根的众多虚假的事实陈述、他对详情的混淆以及涉及与从来没有人能够确认的、想象福利的哄骗相关的他的奇闻逸事，所有这一切都包含了一个更大的事实。其他人可能更喜欢约翰·福斯特·杜勒斯简单描述的说谎现象：这是一种必要的艺术。

---

① Bernhard Rosen, *Ethical Theory: Strategies and Concepts* (Mountain View, CA: Mayfield Publishing Company, 1993) p. 153.

② 同①154.

③ Stephen J. Bronczek, “Ethical Decision Making: Challenge of the 1990s-A Practical Approach for Local Governments,” *Public Personnel Management*, Vol. 21, No. 1 (Spring 1992), pp. 75–76.

如果包括道德偶像有超过90%的人撒谎是事实，那么谎言“背后”必须有某种要认识的事实，从而，康德就会被从义务论伦理学中解救出来。比尔·克林顿与珍尼佛·弗劳尔斯有恋情吗？他处理曝光比加里·哈特是更好还是更糟糕？威利·斯利克学到了什么？我的直觉告诉我比尔·克林顿与希拉里的基本关系是什么？有关珍尼佛的事情他是不是进展顺利并撒了谎（没有），他是不是比不检点更极端？（是的），他的“品格”是什么？他是不是到过特尔斐并与诸神商谈过？在这些无意识的道德推理过程中，美国人民真正创建了他们的道德列表。1998年和1999年初，在被全国集中关注的克林顿与莱温斯基事件中，这些道德列表表现明显。尽管克林顿总统与白宫实习生莫妮卡·莱温斯基的关系曝光耸人听闻并就此事向联邦大陪审团说谎是事实，但公众对其工作表现的支持率仍保持在60%与70%之间。有关总统的某些事情，美国人不停地说他们知道，他的批评者没有了解或没有正确评价某些东西。某些东西是什么呢？

其中涉及的因素之一就是我们只能称之为发展中的历史复杂性。我们现在知道乔治·华盛顿写给他邻居的妻子萨利·费尔法克斯的情书。我们知道：托马斯·杰弗逊与萨利·海明斯，富兰克林·罗斯福与露西·默瑟，德怀特·艾森豪威尔与凯·索墨斯比，约翰·肯尼迪与朱迪思·埃克斯纳，并且至少10种其他备有证明文件的总统婚外情。与他们中的大多数相比较而言，克林顿与莱温斯基之间的幽会是相当微不足道的。我们有拉尔夫·戴维·阿伯内西在他的著名传记《墙壁轰然倒下》中描述马丁·路德·金招蜂引蝶的事。国家已被迫审查道德模糊的问题，在很早的历史上，在无知是幸福的条件下，我们就已经能够避免这些问题。我们不得不考虑性是不是一个男人或女人的价值的最终衡量标准。

184 亚瑟·施莱辛格在克林顿与莱温斯基事件之中所做的评论进一步说明美国人不是单一规则的存在论者这一事实。他说：“我们没有任何如实回答某人没有权利去问的问题的道德义务。”美国人民基本上赞同他的看法，虽然这种赞同的形式是：“那时是个人的事，与总统是如何做他的工作无关。”单一规则的存在论者从来没有涉及过对他们的道德立场有着重大影响的行为方式。然而，美国人民往往是境遇主义者这一事实并不意味着义务论原则被抛弃。它只是意味着他们不是康德主义者。民主政治与公共行政在一起的社会要比康德18世纪后期在柯尼斯堡大学发现的社会复杂得多。

当我们转向第二种主要的义务论伦理学时，即从康德主义转到道德与文化的相对主义时，让我们中途暂时停留在白宫来思考总统新闻秘书和记者之间的关系。人们普遍承认，近年来，政府有权在某些情况下说谎，因为不说谎的后果。这也是康德的一次失败和一次不是相对主义的而是目的论伦理学的胜利吗？

1962年10月，在古巴导弹危机紧张局势上升和问题满天飞期间，肯尼迪政府发言人亚瑟·西尔维斯特批准了发自五角大楼的新闻稿，上面写着：“五角大楼发言人否认今晚已经命令了任何警戒或正实施任何紧急军事措施反对古巴。”此外，这位发言人说，“五角大楼没有任何显示在古巴有进攻性武器存在的信息”。

第一句话或许在技术上是正确的，但第二句是假的，是政府在当时暗中设计的一个谎言，当时肯尼迪已决定对赫鲁晓夫进行反抗。那年晚些时候，当西尔维斯特不得不傲然挺立在会见专业记者协会（Sigma Delta Chi）纽约分会记者的晚宴上向记者说明他的谎言时，他说他已决定并宣布支持“说谎派浸信会”，反对“诚实派浸信会”。他引证的是 1804 年在肯塔基州龙润（Long Run）爆发的两派浸信会之间的争论。问题是：因抢劫印第安人而被抓获的、有三个孩子的一个男人有理由为了掩盖第四个孩子就躲在旁边这样的事实而向印第安人说谎。

“说谎派浸信会”说：父亲有权利说谎，从而来解救孩子。“诚实派浸信会”不同意说：无论什么样的后果，真相都应该被告知。这场辩论与康德自己给的一个例子相类似，他争辩说，即使有人告诉了一个逃离庇护所的人他欲加害的人所在的地方，且即使这个人发现和谋杀了他，至少，仅犯一种罪过即谋杀，而不是包括说谎的两种罪过。康德说，诚实是任何人无法避免的，无论给本人或他人带来的不利可能会是多么的严重。

自第二次世界大战以来，“说谎派浸信会”在华盛顿已占据了制高点。历史上的例子大量存在①：

> 1957 年 11 月 25 日：最近从心脏病发作和腹部手术中恢复过来的 67 岁的艾森豪威尔在他的办公室里。他试图拿起一个文件却不能，他试图读它也失败，他后面说出的单词从字面上看似乎是要复印出文件页面的顶部，他试图站起来却差点摔倒，他试图告诉他的秘书什么是错的，但她没能搞清楚他在说什么。他的医生几乎立即意识到艾森豪威尔已经中风。

新闻办公室告诉记者，总统患感冒了。直到 24 小时后全国才被告知总统病重。 185

1971 年 12 月 7 日：亨利·基辛格正在向媒体介绍政府在印巴战争上的立场。他开始就说：“首先，咱们得把许多事情搞清楚。”“已经有一些评论说，政府是反印度的。这是完全不准确的。”在会议开始时一份简报文件就已经分发出去了。第一句话写着：“这次政府对南亚的政策必须被理解。这既不是反印度的也不是亲巴基斯坦的。”

一个月后，杰克·安徒生公开发表 12 月 3 日有基辛格出席的会议文字记录，正是 4 天前还公开发表了的新闻简报。基辛格的话被引用说：“我每半小时就要挨总统一顿臭骂，因为对印度我们并没有足够强硬。”“他要倾向于支持巴基斯坦。”

1980 年 4 月 22 日，卡特总统的首席发言人乔迪·鲍威尔正与《洛杉矶时报》华盛顿分社社长杰克·尼尔森交谈。鲍威尔告诉他没有计划在伊朗解救人质的军事行动。路上某个地方的封锁或许是可行的，但救援任务不会有任何意义。

当三角洲部队成员登上突袭德黑兰的飞机时，刊登了尼尔森的故事并说卡特白宫认为救援行动不切实际的各种报纸仍散落在洛杉矶的客厅周围。

1983 年 10 月 24 日：白宫发言人拉里·斯比克斯被记者问及美军是否已降落在

---

① 参见：Anthony Marro，“When the Government Tells Lies，” *Columbia Journalism Review*，Vol. 19（March/April 1985），pp. 29-41.

格林纳达。他与里根总统的国家安全成员中的一员协商，并继续回应说“荒谬”，并接着否认任何入侵计划。

登陆就发生在第二天。

不断被白宫发言人欺骗，并且当福特总统的新闻秘书罗恩·内森用“说实话”这句话开始回答记者提问时，曾经用讽刺的掌声使他不堪重负的记者们都同意《华盛顿邮报》菲利普·盖林的看法：“总统有一种固有的权利——也许在特定境遇下甚至有义务——去欺骗。”但是盖林和他的同事竭尽全力来界定那些**特定境遇**是什么。即使他们中的大部分人从来没有读过约瑟夫·弗莱彻的**境遇伦理学**，他们躲避退让，从后果到这种把公正、公平和正义作为原则的义务论领域。他们和他们公共行政中的同行没有把爱作为唯一的道德命令，但他们公开撰文论及欺骗不断衰减的代价和区分诚实的谎言、无意的谎言、半真半假和坦白的谎言的务实的道德责任。他们说，不诚实有合理的范围，就像有限伦理学（bounded ethics）①。

伊曼纽尔·康德不是一个有限伦理学者（a bounded ethics man）。他和新本体论伦理学的新康德主义者都是正直公正的人。例如，当丹尼斯·F. 汤普森撰文论及DIME（丹佛收入维持实验）时，指出康德就已劝告卫生、教育与福利部
186 (HEW) 的官员不要来回考虑政治家们可能会做什么，并向国会提供他们认为在道德上是正确的建议，这样其结果是“国会议员”将为发生在相关家庭上的任何事情承担道德责任。汤普森总结说：“就这种方法来说，有很多东西是可说的。”为什么呢？作为一个有道德的人，我只能为自己的决定承担责任。其他人可能承担我已逃避的指责。在这一点上，伦理利己主义者开始得意大笑，而不如萨特意志坚强的存在主义者就再次考虑从下一座桥梁上跳下或者逃往基督教，对人性感到绝望的艾伯特· 加缪也一样。

8.3 伦理与文化的相对主义

伦理与文化的相对主义者否认绝对（即他们所理解为绝对直接的道德规则，如“十诫”）的存在。在目的论伦理学中，功利主义也提供一种控制一切道德行为的直接规则（增加社会整体利益）。更准确地，对相对主义者来说，它是他们所反对的被指导道德行为的具体特点。增加社会整体利益的一般特征必定会与“十诫”中的具体特点相矛盾，如杀戮。相对主义者想要选择那些将会增加社会整体利益的可行行动的自由。杀戮、说谎和偷窃都是要开始的地方。

作为一种标准的伦理学理论，相对主义是以一种直接的道德规则理论出现的，后来成为一种间接的道德规则理论。

> **直接伦理相对主义**：如果文化C中的某人a做了被文化C中的多数人认为是正当的或应当的行为，那么这种行动是正当的。

① 乔治·弗雷德里克森在他的论著［*Ethics and Public Administration*（New York：M. E. Sharpe，1993），p. 249］中的导向性结论中引入了有限伦理的思想。

间接伦理相对主义：如果有任何被提议的直接的道德规则 R 被多数人相信是一种直接的道德规则，R 就是直接规则①。

人们发现经验主义的看法最经常被提出来为伦理相对主义辩护，因为不同文化有不同观点。在自己传统文化中的因纽特人认为把衰老濒死的父母放在浮冰上并将其推到海里是对的。但我们不这样做。欧洲文化有一种应对环境挑战的方法，但印第安人有另一种。当我们学习道德规则时，我们是从我们的父母那里或在学校或在教堂学习它们。孩子在文化和社会的压力下，被促使持有一定观点。他或她然后进入各种堆满了整套预制规章制度的决策境况。不仅法则的精神占统治地位，法则的形式也占统治地位。该法则被编纂成规则的义务论道德原则，不只是康德哲学意义上阐明境况的指导方针或行为准则，它们也是应遵循的指令。解决方案是预设的，你可以在一本书里查到它们——例如一本《圣经》、一部宪法或一本程序手册中。

作为一种义务论的伦理与文化相对主义的最大缺点是：它没有考虑到一种文化“内部”的道德分歧。文化内部形成一体的亚文化不能充分解释历史实例，在这些历史实例中，整个文化在没有任何重要的外部影响下，已经改变了道德观念。例如，在英国和美国对待奴隶制的道德态度的实例中，这种文化中的人们认为，保养奴隶在道德上是错误的，并且他们获胜了。然而，在这种伦理与文化的相对主义缺点中，躺着被称为实证研究与评估的**境遇主义**的沉睡的巨人。

那些认为美国参与沙漠风暴行动在道德上是错误的，并假定伦理相对主义是 187
正确的人们在 1991 年有关公众意见上会一直犯一个简单的错误。就在这一年，绝大多数的美国人认为这场战争在道德上是合理的。然而，在 1993 年，即使是最热心支持从科威特出发采取军事行动推翻萨达姆·侯赛因的人都同意能够被提供证据显示它毕竟是一个错误。为什么呢？情况发生了变化。什么是道德的似乎视乎情况而定，而不是绝对的美国国家利益或总统或联合国的指令，其决定可能是政治诡辩术的结果。从神学中成长起来的境遇伦理学已成为义务论伦理理论中的康德主义以及目的论伦理理论之内、义务论之外的利己主义的巨大挑战。

境遇伦理学方面的开创性工作是约瑟夫·弗莱彻 1966 年出版的题为《境遇伦理学》的书②。弗莱彻指出，所有西方主要的宗教传统——犹太教、天主教和新教——已经法典化。在最优秀的义务论传统中，它们已清楚阐明出单一规则的伦理理论，建立了系统的正统。例如，在古代犹太教中，在被放逐到巴比伦的马加比家族，处在法利赛人的领导下，托拉（诵读的经文）和口头传统即哈拉卡（halakah，犹太法典的法律部分）制定了 613 条戒律，被包含《米示拿》（Mishnaic）的解释

---

① Bernhard Rosen, *Ethical Theory: Strategies and Concepts* (Mountain View, CA: Mayfield Publishing Company, 1993), p. 160.

② Joseph Fletcher, *Situation Ethics: The New Morality* (Philadelphia: The Westminster Press, 1966). 也可参见：Harvey Cox (ed.), *The Situation Ethics Debate* (Philadelphia: The Westminster Press, 1968). 后面的这部著作收集了 28 篇关于情境伦理的评论与评估以及约瑟夫·弗莱彻所做的“尖锐的回答”(a sharp reply)。

和应用的日益复杂的集成所扩充。和在公共行政中一样，在这样的法典化宗教中，法令和法规必然裁决叠裁决、方针叠方针地堆积起来，因为生活的复杂性以及对怜悯与同情的声索，更不用说对公平与公正的要求了，积聚成了一个复杂的、以破例规则形式存在的、例外与妥协的体系。另外不同的、ICMA 的简单道德准则的现行指南占满了 5 张纸，有人会说其是对准则宗旨的真正含义是什么的迂回解释。

亚伯拉罕·J. 希斯乔已感叹先知精神的悲惨消亡——以爱而不是以程序指令为标准而生活——面对从《圣约》到《摩西五书》到《米德拉什》到《密西拿》到《塔木德》而堆积成金字塔形的行为规则。他说，先知们不关心拉比们（犹太教律法专家）称为“pilpul”的游戏——对法律文字的一种吹毛求疵和咬文嚼字的研究，而是在敏感地寻求“对**境遇**的一种理解”[1]。

现代天主教试图通过创造一个灵巧的、越来越多地诉诸一种决疑法的道德神学，使自己从令编织者窒息的网络中摆脱出来，似乎要逃避由中世纪晚期的圣托马斯·阿奎那奠定的、有关对与错的绝对法则。任何寻求废除罗马天主教堂中的婚配的人都理解这一过程。用弗莱彻的话说就是：“爱继续为怜悯辩护，至少赢得从法律的冰冷抽象中的部分解脱。决疑法是律法尊重主义者对爱人和对有关生活相互依存的现实主义的敬意。”[2]

在许多方面，由于其让人秉承**“实现正义，哪怕天崩地裂”**（做正确的事情，即使天空落下）的清教徒倾向，新教既超越了犹太教，也超越了天主教。马克·吐温称这样的一个人为最坏意义上的好人。在美国，作为反对天主教的理由，新教教法式“启示”的传统已经形成了支持经常挑战公平和公正的法律的世俗联盟。古典伦理学和法理告诉我们越是成文法律，越需要公平和公正。当法令和行政法规被应用于实际情况中，对怀疑或复杂的意识来说，应用范围是必要的。在这种情况下，规则是否适用？可能适用的一些规则中哪一种是我实际上应该遵循的规则？腐败这种实例是不是如此不重要以至于我应该忽略它？

188 以特里西娅·尼克松的婚礼蛋糕为例子。1971 年白宫声称特里西娅的婚礼蛋糕是基于一种被放在尼克松夫人食谱盒中多年的古老家族食谱做出来的。但是，当白宫公布食谱并被按比例缩小到家庭用量大小时，就有一个问题。全国各地的家庭主妇和业余厨师都做这种蛋糕，蜂拥品尝这种蛋糕，其中包括几家报纸和杂志美食作家。其结果是粥状的水珠溢出烤盘，把烤箱搞得一团糟。对大多数重糖重油蛋糕的食谱要求全蛋而这种蛋糕只要求蛋白这一事实很多次吞吞吐吐、欲言又止，之后真相终于出来了。蛋糕实际上是由白宫糕点厨师新做出来的。其中一个当时被报道的伦理问题就是：如果白宫在关于特里西娅的婚礼蛋糕的事情上会骗我们，它可能在关于柬埔寨的事情上也会骗我们。更大的事实是：特里西娅的婚礼就是一种错误的道德之争。在公私道德太靠近时，赛拉·博克可能划清最后界限。在《说谎：公共生活与私人生活中的道德选择》一书中，她论证说，让政府

① Abraham J. Heschel, *The Prophets* (New York: Harper and Row, 1962), p. 225.

② Joseph Fletcher, *Situation Ethics*: *The New Morality* (Philadelphia: The Westminster Press, 1966), p. 19.

官员逃脱即使是因小小的谎言而应受的惩罚也是危险的。弗雷德里克森有一种更好的看法：

> 政体的合法性是公平与公正发挥了作用以及法律施行中官方一定程度上的仁爱。就轻微或重大腐败有损于公平、公正和仁爱来说，它们降低了政体的合法性。这里更大义务问题是作为“高阶”道德原则的公平、公正和官方仁爱的证实。①

虽然环境决定论是对单一规则义务论中的律法论的一种反应，另一种是反律法论，其认为道德决定是随机的、不可预测的、不稳定的和不规则的。做出道德决定是自发性的问题。它们是无原则的、纯粹临时性的和偶然的。反律法主义者是无政府主义的（无规则的）。尽管对反律法论者来说，**道德**决定是即兴做出的，但是在公共行政方面他们经常与目的论相联系。许多政策分析家往往是道德反律法论者，因为他们评估结果往往只有效率方面的衡量并没有道德的维度。成本-效益分析家和博弈论理论家以及市场模式的信奉者经常坚持认为：他们接受专业指导，这种专业指导是来自内部道德约束之外——有些人会说是内部道德约束的挂断——由义务论伦理的绝对超自我强加的。然而，具有讽刺意味的是，用古希腊的话来说，他们在用自己的方式呈现他们是**属灵的**（他们受精神的控制），但他们也受逻辑实证主义的单一精神控制。他们明确区分了达成义务论伦理的价值与他们可以经验验证的事实。

8.4　泛爱主义

第三种也是最后一种形式的单一规则义务论是泛爱主义。罗森说它有两种形式。

> **直接泛爱主义**：如果任何人 a 做出爱的行动，那么这一行动就是正当（确）的。
>
> **间接泛爱主义**：如果任何人 a 根据被提议的可能会增加世界上爱的数量的直接道德规则 R 来行动，那么 R 就是一个直接的道德规则。

泛爱主义者认为，正当性只有唯一一个来源——爱。如果有人出于爱做出了行动，无论结果是什么，它都是正当（确）的。约瑟夫·弗莱彻用如下话语总结了这种观点：

> 没有什么原本就是善的或恶的，除了爱（个人关注的）和它的对立面——冷漠或实际的恶意。其他任何东西，不管它是什么，可能是善的或恶的，对的或错的，视情况而定。② 189

① H. George Frederickson, *Ethics and Public Administration* (New York M. E. Sharpe, 1993), pp. 248–249.

② Joseph Fletcher, "Love Is the Only Measure," *Commonweal* (January 14, 1966), cited in Bernard Rosen, *Ethical Theory: Strategies and Concepts* (Mountain View, CA: Mayfield Publishing Company, 1993), p. 168.

专业哲学家坚持认为泛爱主义是相当有缺陷的，存在同功利主义相同的弊病。例如，以爱的名义人们如何来正确地分配正义？无论泛爱主义还是功利主义都不能区分分配正义和报应正义。后者涉及惩罚理论，而前者理论涉及在道德上正确分配相对稀缺有价值的东西的方式。根据社会收益、利益、效用或负效用，什么是“有价值的东西”？如果正确（当）的行为就是一种增加最大多数人的利益或价值的行为，那么功利主义就必须承认以正义的名义杀死不生产的老人在道德上是允许的，同时，当放上了濒死老人的浮冰滑出海时，泛爱主义者会深深地爱他们。对作为一种义务论伦理理论的泛爱主义来说，它必须从单一规则转向多元的初步认定的规则，所以，出于爱的感觉的人直到他放弃认为你所信服的是异端才可能折磨其他人。

专业哲学家不认为泛爱主义也会像神学家和公共行政管理者那样做。这里有讽刺意味的，因为爱所呈现的三种希腊语形式的**情爱**（eros）、**友爱**（philia）和**博爱**（agape）是古希腊哲学的基石。柏拉图（公元前 430—前 347）和柏拉图式的传统都集中在**情爱**上，并作为我们所有人的共同渴望，渴望想象中的真善和真美。柏拉图把他的**情爱**表述统合到他的形而上学的哲学中，把其定向为一种先验的实在，在那里，善和美永远占统治地位。他说，首先，我们爱依附在某个特定身体上的美，然后爱所有身体上所拥有的相同的美（专题讨论会，210-212b）。当我们看到世界之美时，我们是“被真美所提醒”（菲德洛斯，248e）。每一种美丽的外表或外形最终都体现了一种来自有限境域之外的召唤，所以我们的爱得不到满足，除非我们认识到其神圣的起源。这种召唤意味着我们的爱的特性随爱的对象的性质的变化而变化。它召唤我们立志向上，超越满足肉体欲望，引导我们根据所渴望的更高等的世界的想象中的美来生活。爱的对象可能不但包括美丽的人，而且也包括完美的哲学理论、政治宪法和行政安排，这就是为什么柏拉图使其《理想国》和《律法》致力于探讨这些理论、宪法和安排。

在另一种对希腊的**友爱**的诠释中，亚里士多德（公元前 384—前 322）记述了我们仅可有的对人的而不是对物的爱。“把爱定义为希望任何人都得到我们认为是好的东西，为他着想而不是为我们自己着想，尽我们的一切力量为他获得好的东西。”（《修辞术》，第 2 卷，第 4 章）如此定义的爱是一种喜爱并类似于**友爱**，不同于**情爱**欲望和渴望。**友爱**甚至超越了精神化自我中心主义。

希腊人为我们给**友爱**比友谊更广泛的应用。例如，有一种联结政治共同体成员的公民友谊与父母和后代自然感觉到的对彼此的友谊。所有这些关系都共同拥有为他人进行的美好祝愿。

亚里士多德在《尼各马科伦理学》一书中的第 8 卷和第 9 卷详细阐述了**友爱**的含义。其中他得出的一些主张如下：

> （1）达到互惠的状态是要特别重视的。在这种状态下，每个人都出于对方缘故为对方祝福，并且每一个都知道对方的愿望。
>
> 190 （2）有三种可爱的对象：善良的、愉快的和有好处的。享受最高友谊的那些人不仅是善良的，也是愉快的，并且彼此是有好处的。
>
> （3）最高友谊只可能罕见实现，因为它设置了严格的条件。它涉及需要时

间、机会和不断接触的亲密性。它还涉及选择，所以，互爱要求如下：“不是作为同情的一种结果，而是作为品格的一种结果。”（第 8 卷，第 5 章）具有必备良好品格的人本身就罕见。

(4) 某些启示根本上就是不平衡的，然而，当各方顺应这些不平衡时，卓越就自然增长了。如父亲顺应儿子，年老的顺应年轻的，丈夫顺应妻子，统治者顺应国民。更善良更有用的人受到的爱应该多于他们所给的爱。

(5) 我们特别的附属关系带来了特别的期望，也造成特有的脆弱。不公平的可能性随着关系的紧密性而增加。“欺骗同志比欺骗同胞是一件更可怕的事情，没有帮助兄弟比没有帮助陌生人更可怕。”（第 8 卷，第 9 章）

(6) 虽然友谊超越了善意，但即使没有达到互惠时，善意可能还有道德价值。善意是“一种无行动的友谊”（第 9 卷，第 5 章）。对友谊来说，爱比被爱更重要。

(7) 自爱是值得称赞的，只要自我致力于德性。“在每个人都希望的好中，这对自己是最重要的。”（第 8 卷，第 7 章）真正的自爱者不是屈从于财富、荣誉和肉体上的快感，从而满足欲望，而是仅以最崇高、最美好的东西赋予自己。

要找到对**泛爱**详细描述，人们不要指望希腊哲学，而要指望《圣经·新约》方面的书籍。那里，**情爱**显然不在，**友爱**只是偶尔出现。耶稣提及“所有律法和先知所依赖”的两条戒律。它们是“尽心、尽性、尽意爱主”和“爱人如己”（《马太福音》第 22 章第 37～40 节和《马可福音》第 12 章第 29～31 节）。耶稣引用了《申命记》第 6 章第 5 节和《利未记》第 19 章第 18 节的经文。

你要尽心、尽性、尽力爱耶和华你的神。（《申命记》第 6 章第 5 节）

不可报仇，也不可埋怨你本国的子民，却要爱人如己。我是耶和华。（《利未记》第 19 章第 18 节）

戒律的次序不准颠倒，耶稣说，第二是“喜欢”第一的。爱身边的人享有神圣命令的严肃性。当基督教从它的犹太教中的系泊处迁移出来时，它反映了越来越多的希腊思想，希腊语言是其传播的工具。奥古斯丁（公元 354—430）承认我们的心是不安宁的，直到他们在上帝那里找到了安宁，不仅回想起诗篇作者的**渴望**（诗篇 42 篇和 63 篇），也回想起柏拉图式的、未得到满足的、来自有限境界之外召唤的**情爱**和新柏拉图式的与上帝同在的渴望。通过利用并修订亚里士多德的对**友爱**记述的方式，托马斯·阿奎那（1225—1274）在《神学大全》的第 2 卷第 2 分卷的第 24 个问题的第 12 个回答中探讨慈善。这种慈善之爱涉及相互沟通和上帝与我们自身之间的友谊。

然而，**泛爱**拥有不同于**情爱**的欲望与渴望和**友爱**的喜爱与喜欢的特征，拥有影响西方随后的道德反思并直接与行政伦理学义务论维度相关的特征。亚里士多德的七项主张为他们的讨论提供了一种近便的整体结构。 191

(1) 第二条戒律的解释者看重达到互惠的状态，承认这种互惠要求各方为他人祝福。然而，某些《圣经》的段落引起了朝向更大包容性的压力。其中一段责成一种延伸到超越了融洽的、安全的和有保障的互惠关系的爱："你们若单爱那爱你们的人，有什么赏赐呢？就是税吏不也是这样行吗？"（《马太福音》第5章第46节和《路加福音》第6章第32～34节）那么，身边的人的爱，应该至少包括主动者一方单方面建立和加强以亲密为标志的个人关系和以和谐为标志的社会关系的努力。那么，对身边的人的爱不会等待、期望或要求同种回应，尽管它可能相应地想望并希望这样的回应，并把它的获得作为它所要寻求的成果。此外，我们不但要爱我们的朋友，而且也要爱我们的敌人（《马太福音》第5章第43～44节）。

（2）对包容性的规范性压力促使了第二条戒律的某些推断。尤其是一个人是做什么的本身根本不应该决定他或她是否要被关心。在爱的起始（身边的人不必知道爱他的人是谁）和爱的延续（身边的人不可能不再是爱他的人的敌人）方面，这种情况仍然是独立的。在做标志着他或她与别人不同的任何事情之前，身边的人应被视为有不能减缩的、值得尊敬的价值。我们不能限制我们只爱我们发现值得爱的那些人，只因为他们是善良的、令人愉快的或者有好处的。

（3）为了使对包容性的规范性压力做到公正，第二条戒律的注释者修改了亚里士多德有关**泛爱**的论述。**泛爱**必须设置最高友谊实现的各种边界，并且必须超越这种友谊施加的限制。这些边界包括道德上禁止为友谊之外的那些人做任何事情。要超越友谊可能施加的限制包括积极推动身边的人的福祉，其中最高友谊的条件不能由于种种原因而得不到满足。

（4）父亲与儿子之间、年长者与年轻人之间、统治者与国民之间的关系有它们自己的迫切需要。所有相关者应该尊重顾及每一个身边的人的福祉所要求的或禁止的公正的指导原则。我们必须追求尽可能多的平等，同时回答这个问题即身边的人之间的哪些差异在道德上是相关的。不同对待适用于不同需要。例如，有给穷人的优惠待遇，有基于平等自由的不同运用的功德要求。

（5）阿奎那认为我们既在情感上也在外表上应该比别人更爱一些身边的人（第二卷第二分卷第26个问题）。他允许我们应该出于慈善平等地爱所有人，希望所有人都有相同的好事——永远幸福——并且爱每个人，在一定程度上包括敌人。然而，他更偏向于为我们自己和那些更接近上帝的人以及那些通过血缘和婚姻关系而与我们绑定在一起的人。

（6）善良意志的**泛爱**涉及行动方的永久稳定。持久性是指在遇到障碍物时的持久性。即使当行动方不同意身边的人的行为时，谈身边的人及把身边的
192 人看作是有价值的和谈及关心他或她发生什么仍然是有意义的。行动方应该是"为了"身边的人，无论什么是好还是坏的特殊变化在他或她身上发生了。

（7）因为敬畏自己的身份和特定的生活，即与他人的生活不可互换的生活，自爱获得积极评价。关注自己的繁荣兴旺连同关注身边的人一起是一种实

质性的宗教和道德的要求。自爱的敌人是懒惰而不是傲慢。自爱是正常的、合理的和谨慎的。这既不是特别值得称道的，也没有必要受到谴责。被解释为"你们应当爱你的身边的人就像你现在爱自己一样"第二戒律能够充当为爱身边的人意味着什么的一种模型。然后，我们通过援引一些不同的金科玉律，将审慎的推理转变为道德推理。

"泛爱主义"对义务论的原创思想家的影响无法估量。例如，约翰·斯图亚特·穆勒（1806—1873）写道："在拿撒勒的耶稣的金科玉律中，我们看到了完整的效用伦理精神。你希望人家怎样待你，你就怎样待人和像爱自己一样爱你身边的人构成了理想中的完美功利主义道德。"[①] R. M. 黑尔认为："功利主义是基督教**泛爱**教义扩展到了哲学中。"[②] 甚至康德也认为人类具有无与伦比的价值。他在 1788 年写道："有两种东西，我们对它们的思考越是深沉和持久，充满心灵的惊奇和敬畏就会历久弥新，不断增长，这就是我头上的灿烂星空与我心中的道德法则。"[③] 这种道德法则延伸到了无限，并成为人性尊严的基础。

8.5　结论

尽管三种主要的单一规则的义务论理论都存在困境，但实践中的公共行政人员的日常生活仍然要围绕原则、戒律和义务论伦理所鼓励和有时指定的法规来建构。改革运动明白这一点。使美国专业的公共行政富有特色的程序控制已经明显成功地限制腐败，并成功假定美国行政界倾向于它。心理上的事实是：大多数人喜欢在义务明确的情况下工作，那里没有混杂的信息，并且人人都被要求做正确光荣的事情。每个人的良心在保持组织义务上的正直起到了作用。事实上，要是组织中有太多听到上帝平静细微的声音的成员，就像反律法主义者和泛爱主义者有时做的一样，那么，没有伦理准则（义务论的或目的论的）能够使组织免受天使坠落时会发生的事情的伤害。作为一个实际问题，组织必须呼吁其成员的义务论的良心，因为他们没有更好的方式来维护组织的声誉。

然而，由于相对主义的缺陷，完全依赖于每个人的对与错的直觉是要承担其他风险的。虽然康德主义的假设确实适用于美国的公务员——他们高度重视公民的美德——但在道德推理的过程方面，美国公共行政人员一般都没有经验，这也是真实的。他们并不总是能够做出必要的情境调整以适合康德的绝对命令。道德准则作为义务论工具是有用的，但它们不能替代亲身地、勇敢地、负责任地、创造性地处理道德的模糊性，这就是行政生活的本行之事。教育工作者在更好训练行政人员识别

---

① John Stuart Mill, *Utilitarianism*, edited by J. B. Schneewind (New York: Collier, 1965), p. 292.

② R. M. Hare, *Moral Thinking: Its Levels, Method, and Point* (Oxford: Clarendon Press, 1981), p. 129.

③ Immanuel Kant, *Critique of Practical Reason*, translated by Lewis White Beck (Indianapolis: Bobbs-Merrill, 1956), p. 166.

193 和处理伦理上的边缘境遇这一点上可以发挥重要的作用。但是，阿尔弗雷德·怀特海曾说过，简单的对与错的观念是理解的主要障碍。为了它们可用的价值，义务论伦理将保持对与错的观念，但聪明的市民会记得，普遍义务不与特定的良心判断相连，而与当前的和最后的好处相连。

第 9 章

行政伦理学的目的论方法

杰拉尔德·M.波普斯
美国西弗吉尼亚州摩根城西弗吉尼亚大学

做出道德判断的目的论的方法是一种采用后果或结果作为判断在道德上是正确还是错误的标准的方法。乍一看，这种目的的基本原理是很简单的。最终的参考标准是实际产生或预期产生的、可用比较的总量——决策的善或恶的后果（因为这可能是由行动者决定的）驱使人们做出选择。目的、后果或结果本身是一种与道德无关的善。 195

尽管这个定义没有表述出来，其含义意味着：目的论的方法本身并不涉及演绎推理，即可能被引用的有关手段的道德前提(第一原则和程序)。

对于什么样的善要去计量和哪种适合作为结果论者的价值，目的论者意见明显各不同。我们是要去计量挽救的生命呢？还是实现的利润呢？还是满意度、快乐或成就感的层次水平呢？还是知识或能力的获得呢？最后“产品”的性质对个别目的论者来说可能是重要的，但对目的论的定义来说并不重要。

在公共行政的背景下，目的论者往往心里有例如公共政策目标的实现和相关服务的交付（医疗、教育和国防等）、公民诉求的满足或（阴暗面，马基雅维利的一面）个人影响力的维护与实现这样的价值观。

但是，要是由我们的决定而产生我们希望能够获得的后果正是因为其固有的道德品质而受到我们的重视。例如：扩大公众参与或某种其他与正义有关的目的，那又怎样呢？结果也构成了某种道德善这一事实把目的论转换成道义论了吗？如果知识是正在被寻求的结果，谁能判断它哪一部分是“道德”的，哪一部分与“道德无关”呢？在这种情况下，把目的论的论证与道义论的论证区别开来就变得更加困难了。

除了这种区别外，目的论可分类为道德利己主义者和道德功利主义者。道德利己主义者以促进行为者个人福利的方式而进行，这通常但并不一定意味着对其他人来说不是最佳后果（行为者可能会认为体谅其他人的利益是出于他长期的自我利益
196 考虑）。与此相反，道德功利主义者以作为一个整体的社会带来最大普遍善或善与恶的最大净余额这样一种方式进行①。两种类别中，道德功利主义更受哲学家的青睐。

> 共同善的原则是功利主义哲学的基本原则，这可能是在最近的西方哲学史上最有影响力的道德理论。它接受了由杰里米·边沁和约翰·斯图亚特·穆勒在19世纪所做的经典陈述。根据功利主义，有道德意味着会做带来最大多数人的最大幸福的事情。每个人必须要被考虑到，做有道德的事情就是做对最大多数人最有利的事情。（克拉克，1986：9）

9.1 功利主义

功利原则需要计量和汇总（至少是粗略的数量）某一特定的行为或规则给整个共同体的人们带来的相对收益和负担。目标是为尽可能多的社会成员（“最大多数”）最大化善与恶的净余额（“最大善”）。从决策者的角度或从更广泛的社会共识（例如“代理人”或“一般公众”）的角度，后果可能会被认为是相对的善或恶。

弗兰克纳（1972：34-43）描述了三种类型的功利主义论证：行为功利主义、普遍功利主义和规则功利主义。在行为功利主义中，行为本身依据其实际或预期的后果来判断（例如，在这种特定的情况下，如果是我采取这样的行动，对共同体的可能后果是什么？）。对于行政人员而言，这可能是要采用低效标准，因为它需要行为者考虑一系列或多或少类似的行动中的每一次行动的收益和负担。普遍功利主义提出了一个问题：在这种情况下，如果每个人都采取类似行动者一样的行为，相对共同体而言会是什么后果呢？这里批评的是：希望大家采取同样的行为，特别是在信息不充分的情况下，这是完全不现实的。规则功利主义将我们的注意力转到从规则的一贯应用而产生的后果总和上。相应问题就变成：应用于这一类似的情况下，哪种规则将促进最大善？在弗兰克纳看来，规则功利主义可能比其他形式的功利主义更明智，因为其一贯的应用可能用最少的决策成本产生最佳的后果，尽管事实上，任何特定的行为可能会产生小于最优的甚至是有害的后果。此外，不必重新计算每一次的净善，从而简化了行为，提高工作效率。

无论使用哪种类型的功利主义，出现的问题都是行为者精确计算和预测后果的责任。功利主义的计算依赖于对由决策产生的实际后果的预测。在预测结果时，行

① “因此，一种行为是正确的，当且仅当它或它所遵守的规则可能会产生或者有意要产生至少与任何可替代选项一样多的好处超过坏处的余额；一种行为是错误的，当且仅当它不这样做。”（弗兰克纳，1963：13）

为者必然受限于目前可得的和可知的那些因素，并且必然不能评定由目前尚未可知的或变化莫测的因素所产生的后果。那么，什么是行为者的道德责任？犯个错误（由于根据实际后果来判断）被认为不是不道德的，但境况也许会改变这个判断。例如，行为者没有足够的时间对只要做足够的分析就可能被发现会影响结果的因素做出准确的评估就可能成为一种不道德行为指控的抗辩（罗森，1978：90－93）。罗森声称，更好的看法是要应用法庭所熟悉的有理智的人的规则：只有当行政人员 197
可以合理地预测其后果时，预测和计算决定因素产生的影响才成为一种道德上的责任。后果应该是根据基于当前的和完全能够获得（现有的特定时间、费用和分析工具的限制）的知识来考虑可能发生的事情。

这种讨论明确意味着准确预测后果的问题应该与道德选择的问题分开来。但它们应该要分开来吗？可以肯定的是，其往往是在发生之前很难衡量收益和负担，并且在公共政策中选择领域，这里多因素的相互依存关系和不可预见的二阶相互作用大量存在，使这种困难更加复杂化。实际上，特别困难，以至于极端困难的预测往往被提出作为一种激烈反对功利主义基本原理被应用到大多数政策和许多管理决策中。然而，伦理问题仍然存在，并没有减少：公共行政人员应该不顾困难和有限的视野努力促使最好的结果吗？同时，民主行政中，什么样的道德指南针来指导思考以决定什么样的后果是最好的？

当决定是在因其被公认为承担做出决定的专业领域而著名的行为者的学识范围之内时，这一问题的解决就呈现出额外的曙光。更多决策变量的知识和因果分析的掌握被宣称被需要。如果这种宣称没有专业行为者自信他或她拥有比外行行政人员更好的预测工具又会怎么样呢？这不是一种道德的失效吗？

现在，让我们转到这个问题的另一面。为了增加后果可能更好被预见的可能性，一个缺乏看上去适合于决定情景的专业知识的通才行政人员，在道德上一定要寻求、评估工作人员或专业的顾问人士服务的适用性，然后使用他们的服务吗？作为一个专业的通才，行政人员完全可以要求具有人员配备、预算编制、协调工作单位的活动、策划和其他管理活动的专门知识，如果他们缺乏这些领域的技能，就可以在道德上要求他们提高这些技能。如果他们没受过教育甚至不熟悉这种行业的性质和要求，期望同一个行政人员认识到特定的专业知识必要性，这是否是不合理的？

功利主义的基本原理也要求计算出“最大数”的善的净余额。虽然“最大数”这一限制性条件被解释为意味着特定社会或共同体的所有成员（从家庭到整个地球），我们仍然对这种社会的边界有些怀疑。如果我们心里想到的是美国，那么我们用“共同体”仅仅指美国公民吗？那常住的外国人呢？我们考虑子孙后代的福利了吗？而且，鉴于我们对各国和生态系统的相互依存关系日益成熟的认识，预计发生在其他国家或在动物群中产生的后果或对重要生态系统中的自然要素产生的后果应该包括在我们的考虑中（波普斯，1997）吗？

卢克（1991）令人信服地指出，全球和组织间的相互依存关系的快速发展以及当前决定对子孙后代的影响（尤其是环境），已不可避免地凸显了从管理伦理到政策特别是在执行层面的伦理的行政伦理中心地位。执行人员需要更长的时间进行有效的规划和实施，技术已经缩短了地理和社会距离，全球经济整合了资本市场。一

198 度被认为是当地或国家范围内的环境问题超越了各自的边界，成为全球性的问题。现在，政府及机构管理人员必须考虑模糊了行政权力与司法和立法部门权力边界的地理上的相互联结、功能上的相互依存和时间上的使过去、现在和后世关联在一起的相互联结。显然，在这样的环境中，“最大数”是无一定方向的和移动的对象。

9.2 个体选择的优势和社群主义者的回应

在 20 世纪的最后 25 年里，不时被自由市场逻辑和作为评判好结果的首要标准的个体选择价值的增长打断的目的论理论似乎是稳定发展壮大的。这一运动似乎已经与公共选择理论一同开始出现（布坎南和塔洛克，1967）。在很大程度上起源于功利主义的公共选择理论把中心集中在服务于个体喜好并以此为政治和行政的行为的基础。公共选择理论还关注集体行动成本的最小化。最大化个体喜好的目标是目的论的主要要素。扩大个人自由选择的方法——变卖政府资产、私有化公共服务的生产、识别和回应政府服务的“顾客”、促进竞争性私人利益与公共利益之间的谈判，以代替立法的最终状态——成为政府行动的首选结果①。

公共选择理论家认识到，个人的喜好往往会发生冲突，因而，管理冲突不是将政府意愿强行转化为法定状态或抑制私人的反对，而是应该为行政决策、组织设计和代理实施提供主要的指导方针（哈蒙和迈耶，1986）。

> 在集体行动的组织过程中，其目标就是构建决策安排——这就是说，组织——产生侵犯个人自由最少可能和保持组织成本降到最低，并同时产生出牵涉其中的每个人都可以接受的结果。（哈蒙和迈耶，1986：247）

根据公共选择理论，政府的任务是创造手段来聚集个人选择，让他们发出声音并表达出来。奥斯特罗姆（1974）接受了挑战，他通过把公民个体选择的最大化的理念与行政人员的道德义务联系起来，从而构建了行政行为的伦理。

> 美国公共行政的实践者，如果他想要为民主社会的生存能力做出贡献，就必须准备促进和服务于形成与他相关的公众的个人利益。他服务的是作为公共产品和服务的用户或消费者的个人，而不是政治领袖……尽管他有义务尊重政府职权，但一个民主社会的公共官员不是中立的和听从他主人命令的仆人……在美国民主行政制度中的每个公务员首先承担着作为一个宪政共和国公民的责任。（奥斯特罗姆，1974：131）

199 奥斯特罗姆的理由包括四个方面：第一，职权应被分立以限制政治权力；第二，行政应被视为政治的重要组成部分；第三，跨组织的安排应促进政府机构之间的良性竞争；第四，行政人员应该努力寻求成本最低的替代方案，以满足政府服务的消费者

① 这不是一种“道德善”吗？寻求最大化的个体喜好是因为它实际上提高了共同体中人们的生活水平，还是因为它简单假定自由选择本身的扩大提高了人们的生活水平呢？更多的自由选择是目的还是手段？

的喜好，最大限度地提高效率。后者需要公民消费者的所有信息和他们的参与，以使行政人员能够排列喜好。他的典型公共组织与个体选择伦理是一致的，并包括一种去中心化的组织结构，其中职权被分散，公民咨询委员会的强大投入和广大公众访问政府机构所拥有的信息受到鼓励，以及机构的决策过程被设置为易于在其他论坛上受到挑战的。

现在，自由市场经济的逻辑和语言与目的论的论证主宰着美国公共组织的前景展望。在奥斯本和盖布勒的十年力作《政府再造》(1992) 一书中，主题不断重复，大赞竞争和企业家精神、授权、任务，而不是规则管理以及结果，或是引入的管理，大赞把消费者的选择作为政府目的的指路明灯。马奇 (1992) 注意到一种新的社会和治理设想的趋势。这是一种由自愿交换和理性的自我利益来调节自身的设想，“一种政治企业家身份的构想，构想中，政治经纪人安排政治参与者之间的自愿交换”(1992：225)。行为被看作“可替代行动之间的有意识的选择”结果和“选择是建立在个体比较每一种可选择后果的个人价值的基础上而做出的”(马奇，1992：226)。许多操作原则——例如，正当程序、通过公务员的保护来确保决策者的诚信、作为一种新的确定政府补偿基础的可比价值和商定的投诉系统——曾经在我们的公共服务设置中令人熟悉，但已经淡化成背景，似乎越来越被少数人知道而成为法律中应用的东西，而不是日常决策背后的驱动力。

社群主义理论是一种个体选择理论和市场逻辑大潮的防波堤。伊兹欧尼 (1996) 和其他人提出把良好共同体而不是个体选择的最大化作为公共决策的目的。他们系统地攻击个人主义的范式，其中所有的值都是可以接受的，都是可被容忍的，政府的工作就是要扩大和保护个人的喜好。但是，这种理论的发展是代表了义务论论证的回归还是一套新的定义政府决策结果的善或恶的价值呢 (例如，一种新的目的论的分析)?《新黄金法则》中的一篇主题评论得出结论：两者都是为特殊目的而设计的 (伊兹欧尼，1996)。在目的论方面，要追求的新结果是健康的公民群体、保护环境、降低犯罪和强化共同体的活动。在义务论方面，过程价值被强调，如多重对话 (megalogues，连接多个公开对话) 和对话中的更重要的文明 (“参与规则”)。“一个民主国家所需要的最后一件事是要人们用投票来表达他们自然的感觉、他们最初的本能倾向，在有机会反思和与其他人讨论它们之前。”(伊兹欧尼，1996：115) 最后，其主要推动力还是目的论的，将会是“有效的”法律只能 (一种目的论言辞) 是那些基于看重某种类型的社会后果的道德共识上的法律。社群主义寻求解决提高共同体福祉的社会问题。虽然改进的过程是非常重要的，甚至是必不可少的，但它是激发共同体成员的社会对话的结果。

9.3 为什么行政人员不得不根据后果来管理

正如马丁·夏皮罗 (1988) 明确指出的那样，过去的半个世纪以来，公共行政 200
在后果主义和义务论哲学之间经历了一个摇摆不定的过程。利用行政执法的发展来支持他的论点，夏皮罗认为沃伦时代 (20 世纪 50 年代后期至 70 年代中期) 是“与被认为是本质上是个人喜好一样的价值观的伦理风格高度一致的”(夏皮罗，1988：

11)。紧随其后的是20世纪70年代末和80年代的由哥伦比亚特区上诉法院领导下的审判原则的转变，即强制实行与“行政正当程序”紧密联系在一起的决策义务论方式，其中，决策中必须听取行政讨论会上的所有各方的观点和他们所关切的事，必须明确和分析各种替代方案并陈述其理由。重点是在过程而不是结果。但是，夏皮罗还是认为，行政回应构建了一个“技术烟幕”，以在程序上满足法院，从而努力实现以结果为导向的战略。随后是伦奎斯特时代，在此期间，回归到代理机构的自由裁量权和审判强制程序限制的放宽，允许代理机构在追求政策目标过程中有更多自由。

公共行政人员是宪法和法律的代理人，这是不言而喻的，他们主要属于政治上的下属机构，除了行政和司法的指令和规则外，他们还必须有必要关注立法授权。因此，公共行政的义务论基础是确定的。然而，行政政策制定过程中的每个步骤（政策的制定、计划的形成、计划的实施）是政治过程的一部分（阿普尔比，1949；马兹曼尼亚和萨巴蒂尔，1983），其中，代理机构和公共行政人员都是政治行动者。因此，对所有政府三部门负责所涉及的远不止遵循规则和呈现下属姿势。罗尔（1986）告诉我们：公共行政是他们所代表的价值观组合之间与所代表的部门之间的摇摆中的平衡轮，同时，公共行政人员给平衡行动带来自己的价值观和论证形式。当然，其论证多数来自专家政治论者取向——有效地把事情做好。问责是一项复杂的任务，它是遵守规则、得到结果和呈现一种持有一定价值观（能力、正义、效率、回应等）的正面形象的产物。

为了有影响力，公共组织必须通过获得新的资源——财政、人力和政治——以求生存。成功获取资源依赖于展示现实的和潜在的成绩，以说服对进一步支持是有道理的具有影响的那些人。该展示包括好结果的出现，这在一个竞争激烈、奖励正面形象的社会中很重要。这种政治影响力的获得是公共行政道德论证方面的一种重要驱动力。这是一个古老的主题。马基雅维利这个15世纪众所周知的佛罗伦萨的行政人员，认为权力和个人生存是政府行政人员的正当追求，而不是做好事或遵循规则。后者使行政人员在一个自利的权力寻求者的社会中处于不利地位（马基雅维利，1950；加布里斯，1991）。

奥斯本和盖布勒（1992）强调，各级政府工作人员需要专注于与结果相关的使命和目标以及满足上述需要的行政程序的服从（特别是公务员事务规例和保护）。
201 重点是做出服务于委托群体和机构（被称为“客户”）的决策，调节服务于这一人群的行政行为，并利用私营部门的方法（包括合同外包）增加有效服务的供给。

采用目的论的方法来分析行政伦理的这些理由是有说服力的。此外，还有其他重要的支持与一贯从事公共服务的人们的思维倾向和习得行为有关的目的论价值观的理由。公共管理人员中的许多担心全体公民福利的理想主义者和许多其他受过特殊培训的专业人士（消防、治疗、环境清理等），可以说会比一般公民或商业管理者更关心社会的健康和进展情况。在很多情况下，对集体的关注可能是他们选择公共服务事业的主要原因。这种心态决定了他们对活动结果的关注。

9.4 两个例证

写作这篇文章的那一年，对美国的义务论伦理学来说，不是一个吉祥的时间。

最近，我们目睹了涉及成功弹劾总统和不成功给总统定罪与免职的令人不安的事件。这些事件本身容忍了总统宣誓说谎和在白宫椭圆形办公室与实习生维持不正当关系以及也许在联邦法院（具有更少的确定性，因为司法解释的复杂性）唆使他人做伪证的合理确定。然而，整个这些事件期间，总统的支持率维持在 70%的范围内，并在弹劾审判期间实际上增加了！在这些伤心事期间，行政部门唱的赞歌是一样的：经济强劲、国家没有参与战争、被指称或证实的事件没有破坏国家安全或宪法秩序。总统对致命伤害令人惊讶的免疫力所传达的信息很明显——结果才是最重要的！没有大量义务论论证，其中大部分是来自总统在众议院的共和党对手，这削弱了流行的看法即总统正在不公平地成为攻击的目标。在形成美国公众意见方面似乎起着很大作用的既不是获得充分支持的伪证罪指控，也不是对行政工作人员和支持者的系统性说谎指控，也不是不道德的行为指控，也不是使用来自有意要阻止潜在不利目击证人的白宫的人格攻击的指控。不是你怎样行为，最重要的是你行动的结果。

政府中的目的论伦理学优势的第二个例证性案例来自另一层级的政府、另一个时代和来自行政领域。事件发生在 1978 年的伊利诺伊州的斯科基，事件涉及有关一群新纳粹分子企图在紧邻的芝加哥郊区举行一次合法游行的争议。右翼团体为此得到了美国公民自由联盟（ACLU）的支持。美国公民自由联盟致力于捍卫作为美 202
国义务论原则绝对标志的《人权法案》中包含有的个人自由。任何个人或团体，无论其怎么不受欢迎或居心不良，其说话的权利是值得人尊敬的权利之一。言论自由在义务论伦理的序列中具有引领作用。

在斯科基的案例中，新纳粹分子寻求乡村官员的许可，允许其游行通过斯科基的街道，这是一处非典型的芝加哥城郊社区，主要由大屠杀的欧洲犹太人幸存者和他们的家人组成。右翼团体的明确目的是在与社区居民的预期对抗中挑起紧张局势并获得媒体的高度关注。当城市给获得许可设置障碍时，美国公民自由联盟根据其传统原则，提出了要成为游行者的理由。美国公民自由联盟认为，言论自由的权利保障了非主流者与主流者相同的基本公民权，发言权不能被由听到发言的那些人所提出来的暴力威胁所撤销——所谓的“质问者的否决权”(《新共和国》，1978)。它参与争议的代价高昂。大约有 25%的虔诚的犹太人成员放弃了他们的美国公民自由联盟的成员资格(《时代周刊》，1978)①。大批人放弃成员资格显然源于属于后果伦理的头等重要性（爱好和平的、从前受到逼迫的人正在遭受侮辱、公开的令人难堪或耻辱的事以及也许一群无良恶霸手中的暴力)，伦理后果压倒了由言论自由的宪法原则所代表的义务论伦理②。

将此事情转回到行政人员身上，思考斯科基管理者的思维过程。他要做出决定。法律是明确的——城市在颁发游行许可证方面不能基于参与者的信仰而区别对待。他应该顾及实际后果而劝阻他？有许多做出肯定决定的理由：

(1) 他希望为这个城市的公民服务。这些公民不包括纳粹分子。

(2) 他认为纳粹分子可以找到其他手段和其他地方来表达自己，以一种更

---

① 美国公民自由联盟的成员数量从 1976 年的 270 000 下降到 1978 年 6 月的 200 000。

② 一位著名的无依无靠者的法律辩护人威廉·孔斯特勒问道，当右翼极端分子一旦掌权就镇压言论自由时，为什么一个自由主义者组织应该为会成为暴君的人的权利辩护呢（《新共和国》，1978)？

少伤害他所知、所爱和所服务的人的方式。

(3) 他希望能保住他的工作。如果他采取行为以防止游行，他将是当地的英雄，并把坏家伙身份转到应美国公民自由联盟的推动、有充分理由可以禁止他拒绝颁发许可证的法院身上。

鉴于这些实际的考虑，当行政人员用斯科基管理者的方式采取行动就并不奇怪了。然而，不得不承认，不认真考虑道德原则和规则不是我们应该期待听到或鼓励的。一个公共行政人员必须关心他或她的行为的合法性以及行为的结果。因此，行政人员往往会说的是义务论伦理的语言，而同时寻求认为有利于良好效果是正当的方案，方案中的良好结果被认为是与原则相冲突的。

(1) 她将试图通过主张道德相对主义证明行动的正当性。

(2) 他将利用法律手段，通过富有想象力的解释来模糊规则，他可能会寻求“没有做任何违法的事情”替代“有道德的”。

(3) 她将利用专业手段，听从代理组织内部或外部的专家顾问的意见，用来证明看似与规则相冲突行动的正当性。

(4) 他会悄悄地或秘密地采取行动，寻求更少的商议，不留下书面文字，避免公众讨论。

9.5 一种实用的联合

毫无疑问，公共行政人员关注也应该关注义务论和目的论两种论证。汤普森(1992：25) 告诉我们：“因为其他事情比伦理更重要，伦理比任何事情更重要。”这一高深莫测的陈述需要被澄清。汤普森 (1992：25) 继续说：

203 伦理不是政府的主要目标，比方说，国防、经济繁荣和公共福利。这些和其他公共政策目标是内在于政府的：它们是建立并维持政府的部分原因。伦理对政府来说主要是工具性的：其主要目的是促进其他的内在于政府的目标。

虽然政策目标（结果）是极为重要的，但是行为的伦理规则为良好公共政策的制定提供了先决条件。出于这个原因，它们是良好的政策制定中不可缺少的，因为它们增加了官员基于结果的优劣而不是个人获利或政治上的好处做出决定的可能性，并有助于建立和维持公民对政府的信心。

当“好结果”的本性被进一步探讨时，义务论论证与目的论论证的这种联合的重要性就变得明显了。目的论伦理学接纳了很宽泛的人类价值。期望中的带有与道德无关内容的结果包括个人的权力、组织的权力、快乐、知识、效力、爱情、自由和美丽。结果被定义为一种积极的成果，无论决定是高尚或自私地做出的，无论是组织上或个人制定的，或无论是理性或不理性论证的。也有期望的、具有某种绝对道德内容的结果，这种道德影响政府应如何发挥作用，并因而对既是作为手段又是作为目的的公共行政人员来说特别重要的规则。这些结果是：政策目标的实现、一致意见的达成、组织的生存和参与的过程。

A. 政策目标的实现

最经常声称的结果形式是由法律或政治领导层所定义的政策目标的实现。必须选择那些能够实现“人民的意志”的行动或规则，竭力反对那种意志的行动或规则，其必须被加以反对或绕过。这种类型的论证涉及明确的对规则和原则的工具性看法，铭记把合理性和效率作为主要标准。理性主义者不喜欢使行政人员从实现目标上分散注意力或使实现这些目标更为困难或昂贵的流程规则。

B. 一致意见的达成

在政治上，各主要利益相关者的共识行动本身就是一个积极的结果，也是实现政策结果的一种手段。这一现实的逻辑结论就是指使用不符合规则的手段（例如，收买对手）比试图基于它达到政策效果更有可能正当化。对于实践中的公共行政人员来说，功利主义意味着重点必须是主要利益相关者的集体利益最大化的结果和将使结果更有可能的过程。通过促进利益相关者互动的交互式过程（最特别的是谈判），功利主义的行政人员寻求形成一种广泛而持久的一致意见。

C. 组织的生存

一个不太公然声称但普遍寻求的行政决策实践后果就是组织的生存。这种伦理立场通过以需要稳定的方式来隐藏生存动机而受到良好的服从，对政府过程的运转 204
和政策目标的最终实现来说，这种稳定性需求被视为必要的。马基雅维利（斯金纳和普莱斯，1988）宣称：即使他是君主或大臣，政府官员的基本目标就是权力的成功获取和维护。几乎任何行动，即使是欺骗、残暴或违背规则都可能被正当化，理由是这对维护社会秩序的稳定是必要的，否则社会秩序将是混乱和危险的。不存在实现政策目标的适当机会，除非当权者可以放心地继续自己的影响力。

D. 参与的过程

从某种意义来说，参与是一种手段、一种原则，并被公认为是与结果没有直接关系的先验规则。从另一种意义上来说，实现这样一个过程就是在一种宽容和民主的政治制度中寻求一种主要的结果——因此它可能会被界定为一种理想的结果。在这个意义上，义务论伦理与目的论伦理之间的区别变得模糊起来。赞成义务论伦理的那些人似乎有责任详细列出他们所期待的结果，并给别人辩论、反对或修改相同结果的机会。

9.6 目的论伦理优势的意义

如果我的结论即目的论论证正在公共行政中流行是正确的，有些事情可能就要注意了。第一，会出现技术水平的提高，这促进我们进行预测或者至少看来可能预测管理和决策的结果的能力。此外，行政人员将试图认真研究出主要利益相关者和政策与行政程序参与者这方面的结果。政策分析已经发展成为一门“科学”，正是因为它承诺把这种对结果的理性分析作为决策的基础。但是，其在更多地考虑如正义与自由这样的首要原则作为决策标准方面已取得了进展。

第二种可能的意义是：行政组织将在促进实验与有利于制度稳定性之间面临艰难的抉择。这些是竞争性的后果，引发不同的目的论的价值观。加布里斯（1991）认为，首先是把职位的权力与地位以及制度安排的稳定性放在第一位，代价就是要降低政府卓越的水平。奥斯本和盖布勒（1992）会一致认同：危险的是组织的盲目崇拜和特殊环境将形成促进赤裸裸的生存/权力伦理的氛围。如果加布里斯的恐惧成为现实以及一种马基雅维利式的目的论伦理被宣布合法化，那么某些后果能够被预期。组织碌碌无为将会比较常见，人们会被鼓励在制度中寻找舒适的稳定职位。任何从根本上改变的企图会威胁到个人的生存而将受到抵制。按章办事将会更谨慎得多。如举报这样的行为将被严厉打击。制度的稳定性而不是追求卓越可能会成为核心价值。

9.7 结论：伦理包容性的论点

205 当然，对公共行政人员来说，不受原则或规则限制的目的论伦理有危险。汤普森（1992）的观点是有说服力的，即目的论伦理必须与公平和民主程序（公共准入与开放性、合法性与正当程序等）有关的某种义务原则相结合。事实上，“程序价值”也可以被看作目的或后果的事实表明：一种确实既与后果有关又与首要原则有关的伦理学理论是可能的也是必要的。这对于必须在法律框架内工作并且负责实现平衡程序、权利、正义和自身利益的、有效率、有效果的结果的公共行政人员来说，是很完美的。

30 年以前，埃米特·雷德福（1969）告诉我们：“民主的道德”必然包含行政人员对他人意见与关切的尊重这一条件。把我们认为他们应该有的东西给人民拒绝了给他们尊重。让公民满意是迈向有效实现目标的重要一步。迈向确保公民获得回应的长远步骤是让他们参与重大的对话，在会议备忘录中有他们看法。有可能影响到他们的决定就出自这种会议备忘录中（蒂博和沃勒，1978）。但是，民主的道德要求我们尽一切努力履行立法者的承诺。

参考文献

请从中国人民大学出版社官网（www.crup.com.cn）下载，或者用微信扫描下方二维码获取。

第 10 章

我们能够成为什么样的人的梦想

——建国价值观、宣誓和具有美德的美国人

戴维·K.哈特

美国犹他州普罗沃市杨百翰大学

因此，总是专注于财富的热切追求和极佳享乐的强烈爱好的精神上的匆忙导致了健忘；并且由此美国的居民不再带着感激去追忆和敬重他们祖先的坚韧精神和美德，他们经历了几乎不可克服的困难才在幸福的土地上安置下来。 207

——默西·奥蒂斯·沃伦（1805）

除了人固有而不可剥夺的权利就没有什么是不可改变的。

——托马斯·杰弗逊（1984）

10.1 导论

英国历史学家保罗·约翰逊（1997）在他厚重的《美国人民的历史》一书的开始就评价了美国 400 多年历史的道德价值。他的书既不是谩骂也不是赞美，而从重要而有争议的论断开始：

> 美利坚合众国的**建立**是所有人类最伟大的冒险。没有任何其他国家的故事为美国人民自己也为其他人民创造了如此巨大的经验。（约翰逊，1997：3，强调是后加的）

我认为他的主张根源于两个基本假设。第一，他显然相信被

表述为属于所有个人的自然权利的建国价值观在所有时代和所有文化中的道德普遍性。第二，他赞扬美国人民不断努力——他们的努力可能有时似乎是不均匀的——把这些价值观具体体现到组织、程序和日常生活的关系中去。正是这些价值观和这种寻求——而不是自然和社会的环境——赋予美国历史一种独特的形式。更特别的是，它一直在不断尝试并有意使这些基本价值观具体体现到美国国民生活的各个方面，使美国历史在任何地方任何时候对民主主义者都是有用的。对于所有认为作为个体的每个人都拥有具体的和先验的“不可剥夺”的权利的人
208 来说，它包含积极和消极两方面的经验教训，这些权利的实现是实现完整人生的必要前提。

事先声明，我充分认识到这些断言是多么富有争议，因此，我要求读者为了需要的证据耐心等一等。在此所表达的观点是我对传统观点的理解——最近受到大量的批评。此外，它肯定是一个学术上不再流行的观点。但是，流行是无关紧要的。真正的问题是：建国价值观代表了道德的普遍性吗？我相信它们代表了道德的普遍性，因此，本章一开始就提出：形成价值观基础的原则是永恒的、普遍的和属于所有个人的，与时间或文化无关。大多数建国者（美国的）相信它们，并进一步相信它们将（而且应该）为美国政府和它的公共服务提供持续性的基础，进而作为过完一个完整人生的道德中心①。虽然为有些不同观点而编写，但历史学家琳达·科波尔在《共和国的妇女：革命时期美国的理智与思想》一书中非常好地表述了这种期望：

> 政治革命已成为信仰的行动。像他们所做的一样，相信共和国依赖于其公民的美德，革命领袖得相信不仅他们自己这一代美国人要展示那种美德，而且美国人的后代将要继续展示共和国需要的品德。（科波尔，1986：199）

这样的论证不是要声称作为一个国家的美国或者说作为一个民族的美国人是优于其他国家或人民的——这不是一种沙文主义的训练。很明显，在某些领域我们未能充分实现“美德共和国”的理想，但这些失败没有使理想无效。我认为在我们整个历史上，我们在道德上的成功比失败更多的断言是公正的。但是，由于共和国的理想是基于这样优秀的道德原则，这使我们的失败更加显眼和不可原谅。

---

① 显然，建国者在某些领域是失败的：最引人注目的是使用了奴隶制和没有将这些权利拓展到所有个人，无论种族或性别。但是，他们必须在18世纪后期的背景下被评判。他们正试图通过几百年的关税来缩减其路程，对他们来说看起来前卫的东西现在有些似乎是道德上的失职。但是，我们必须非常小心地不去读历史背景，非常小心因为没有像他们的批评者现在所认为的那样思考而去谴责他们。此外，那些革命作家中的许多人用尽可能最强烈的话来谴责奴隶制，并且基于这些信仰来采取行动。为了说明这一点，1794年律师西奥多·德怀特谴责奴隶主见利忘义的双重标准，这些奴隶主认为，为了公众消费，他们是值得称道的一个民族的“守护者”，这个民族无法照顾自己，但是，实际上，为了推进自身的经济利益，这些奴隶主毁坏了数不清的男人、妇女和儿童的生活：

> 诗人、历史学家、立法者和神学家的劳动力已经经常以最强烈的、最可恶的色彩出现（奴隶制）。邪恶仍然存在，单单利益就已经能够承受得住想象力、口才、真理和宗教的联合力量。我单单说利益；因为我敢断言，如果（原文如此）人类停止为了利益在这邪恶的商业中折磨自己同类时，那么就不会有任何单一的个体被发现在非法贩卖人体。（德怀特，1794：885）

不过，1859年4月6日林肯对奴隶制做出了最简洁的谴责，当时他写道：“这是一个因果报应的世界；不会**成为**奴隶的他必须同意没**有**任何奴隶。拒绝让别人得到自由的那些人不是因为他们自己而应得自由，并且在公正上帝的指引下，不可能长期保留自由。”（林肯，1980：Vol. 2，19，原文强调）

陈述了事先声明之后，现在有必要说明本章的目的。在本章中，第一，证明适合美国公共服务中的职业（道德诚信上卓越的职业）的最根本义务（使随其而来的一切合法化的义务）是要**宣誓**（无论是口头表达或暗示的）忠诚于宪法并扩展到忠诚于建国价值观。第二，证明宣誓使得公务员对美国国父的纯洁理想负有义务：德性共和国（被所有个体公民广泛而深入的美德所合法化的共和国）的建立和维护。第三，证明公务员认为因为他们有幸生活在美国，没有受累于欧洲贵族政治传统的严重束缚，所以他们都说建立这样的德性共和国是必要的。正因为这种好运，他们继承了这种成为德性共和国典范的道德上的义务。换言之，他们有义务成为各地民主人士的“岭上之都”（模范社区之意）。第四，证明为了确保所有的工作成功，每个人有使自己成为具有良好品格的男人和女人的道德上的义务。但是，由于这片土地拥有非常丰富的潜力，包括物质和精神的，这必将是一种独特的美国人的品格，形成**美国人的德性**。

10.2　公共服务与宣誓

我们从忠于宪法从而忠于建国价值观的就职宣誓——口头或暗示的①——开
始。宣誓效忠宪法也包括承诺忠实于建国价值观的观点是大家熟悉的，不过约翰· 209
罗尔对它进行了特别好的陈述。他提出了他的“政体价值”概念来替代“建国价值观”，但目的是相似的。“因为美国宪法是我们政治价值观卓越的象征，维护宪法的宣誓就是承诺维护根据该文书所创造的政体价值。**因此就职宣誓为官僚们提供了道德共同体基础，然而我们的多元主义会防止这一点。**”（罗尔，1989：70，强调是后加的）就职宣誓在其非常的重要意义上不仅是人们官僚职位的基础，也是一种对公共服务的回报。

有很多理由主张就职宣誓过去是（现在是）公共服务的基本道德义务，所有这一切的创立都要发生在美国官僚的职业生涯中。从历史上看，“建国一代”和这么多具有启蒙思想的人一起强烈依赖于宣誓“盟约”的政治和社会功能，正如戈登·伍德所说：

> 爱国者的确试图摧毁旧社会的纽带，并以新的方式把人们重新组织在一起。所有18世纪的革命党人都执迷于宣誓，并且要找到某种共和国来替代在君主社会中下属感觉到的对他们上级的个人效忠和忠诚。辉格党寻求……使宣誓成为“公共美德的试金石……”，这种宣誓是如此的庄严、隆重，因为革命党人知道一些重要的事情要发生了。通过个人宣誓“对人民团体的新忠诚，他们正在创造新的社会关系”……（伍德，1991：214－215）

对他们来说，宣誓很重要，不仅因为它为在公共服务职业生涯中要遵循的一切奠定

---

① 在各级政府中的绝大多数的公务员并不需要采取宣誓就职是众所周知的。然而，这样的宣誓已被认为是隐含在接受公共服务的职位中。尽管如此，它是一种应予以纠正的情况，就像军队服务的所有成员一样在加入时宣誓，所有公务员应进行和最高级别公务员所进行的同样的宣誓——是否民选的或雇用的——作为一种公共服务的条件。

了道德基础，而且因为它是与我们共同人性一致的最崇高的道德表达。

遗憾的是，我们的学科忽略了——在研究中、在研究议程中和在实践中——研究（执行）宣誓的道德意义，这种情况必须迅速纠正。然而，本章的目的不是要写一篇有关宣誓性质的专题论文（虽然它是一个很快将要着手做的项目）。可以这么说，我接受这一前提，即宣誓不仅对公众服务而且对我们公民共同体的集体意识是至关重要的。但是，由于这里关注的是公共行政，将要强调的是宣誓使公务人员承诺在其整个职业生涯中履行明确而基本的道德义务。

《布莱克法律词典》简单地把宣誓定义为“任何形式的证言，人们借此来表示他**在良心上一定会**真心实意地履行某一行为……效忠宣誓即人们承诺和约束自己效忠某一个特定的最高统治者或政府。”（布莱克，1979：966－967，强调是后加的）那么，发誓就被正确理解为一种人们能够做出的最根本的道德承诺之一（“良心上的约束”），所以这种发誓行为使个人有义务符合比普通市民被要求的更高的道德标准。

此外，一个人的根本道德诚信要求个人既不能逃避“支持和捍卫”宪法和建国价值观的盟约，公职人员也不能在履行他或她使自己成为具有良好品格的人的道德义务方面有所懈怠。相对于这样的个人来说，宣誓使他们的道德信念建立在建国价值观上，这些道德信念赋予他们的公民思想与行动以道德意义、目的、合法性和重
210 要性。因此，违背自己的宣誓是不可想象的，因为这对于他或她作为公务员的职责是破坏性的，同时可能无法弥补地损害一个人的道德诚信，冒着无意义异化的风险（沙赫特，1970：161-204）。在《四季皆宜的人》的熟悉段落中，剧作家罗伯特·博尔特安排托马斯·摩尔爵士向他的女儿解释为什么他不能违反他的宣誓：“当一个人发誓时，梅格，他正把他自己握在他自己的手中。就像水一样……如果他打开了他的手指，那么他就不必希望再次找到自己了。有些人可能这样做，但我会讨厌认为你父亲就是其中的一个。”（博尔特，1962：140；也参见马茨，1990）因此，宣誓不仅是一种效忠政府的保证，而且也是一种个人道德上无论是对自我还是对他人来说可信赖的证言，因为可信赖无论对政府还是对完整的人生来说都是至关重要的。从这个意义上说，可以理所当然地认为在道德的重要性方面宣誓超越法律本身。

最后，无论是作为一个民族还是作为有教养的人，我们对于通过宣誓而承担的道德义务已经变得过于随便了。在最坏的情况下，太多的官僚把宣誓看作只是一种官僚政治的官样例行琐事。好一点并且可能更为普遍的是这种观念，即“发誓”是“做出承诺”的代名词。绝不是像罗尔解释的那样：“（宣誓与承诺）的区别是宣誓专供人类活动最高命令之用：婚姻、公民身份、医术、追求正义和神的崇拜等等。承诺可以是严肃的或者有点微不足道的。”（罗尔，1986：190）

实际上宣誓是公职人员对自己、同事和共和国公民所做的道德承诺。建国者的目的是要使宣誓成为一种永远不会进入不假思索或含糊其词意的神圣盟约。就像前面所论证的那样（赖特和哈特，1996；哈特和赖特，1998），公职人员的首要职责是要成为共和国公民的建国价值观的监护人和担保人。需要理解和相信那些建国价值观对这种义务来说是必不可少的，因为它们构成了这个国家道德上优先考虑的事。

10.3　原教旨主义 VS. 文化主义：优先性的论战

这导致了今天的公共行政面临一项紧迫而奇异的困境。通常情况下，我们学科所面临的窘境是一种熟悉的类型：从具体政策的争议或政府“合法”介入私营部门的程度到更寻常的资金提供问题或涉及部门内部的组织与管理方面的问题。这一范围内的问题的共同点是它们最终源于并借助于建国价值观的道德原则而被合法化并得到解决，这些道德原则是公共官僚宣誓一定要遵循的。虽然没有太多的讨论，但是我们承诺要忠诚的那些建国价值观的内在问题是：这些“不言自明”和“不可剥夺的”价值观是否具有超越时间和文化的普遍的道德有效性，或者是否他们仅仅是由文化决定的，根据我们的一时兴致或便利就要改变。假定它们是道德的普遍原则，这被我们目睹了的、伟大的公民权利改革运动（从妇女的选举权到少数民族的公民权利）所证实。它们的要求总是被用道德普遍性的语言所表达出来。

问题的关键是，在我们的过去，除在南北战争前的几年，建国价值观的**先验**（priori）地位没有受到显著的挑战。问题总是伴随着我们，但我们现在面临的是一种罕见且极为重要的问题：建国价值观的可替代道德**优先性**（apriority）的兴起。 *211*
就如最近，20 年前，完全可以假定有关建国价值观的内容及其对社会、经济制度、政治制度和各个层面的美国公共服务的重要性有一个共识。此外，也可以假定大多数人希望公职人员至少适度地接受美国宪法的历史、思想和理想的教育。最后，也可以假定，至少对有些人来说，他们在公共服务部门选择了一种目的是要服务于建国者的理想和美国宪法的职业。遗憾的是，这已经不再是一种可靠的假设。我们现在正面临着一种**优先性**的论战。

有关建国价值观的有效性和道德地位方面，公共行政学各自为政。一个新的美国道德**优先性**地位的竞争者已来临并吸引住了大量的学者、许多公务员和大量的重要媒体——竞争者打着“后现代主义”或术语上某种变体的旗帜。进一步使问题复杂化的是大部分准备从事公共服务职业的年轻人完全不知道美国宪法的历史和建国价值观的道德内容。因此，许多公共行政学者和从业者——从无历史知识上的年轻到他们理想破灭上的老资格——进入日益复杂的未来，没有准备好处理这场**优先性**的论战。

那么，再说一次公共行政学——学者及其从业者——面临的最迫切公民任务是涉及建国价值观的道德地位：具体而言，这些价值观是否是道德普遍原则或者仅仅是一套由文化决定的主张，不应该具有什么特别的地位，相对于后现代主义的**优先性**来说可以放在一边。

A. 两种联盟：文化主义者与原教旨主义者

今天的对抗是在两种松散的联盟之间，为了论争的需要，它们将被称为“文化主义者”与“原教旨主义者”。此外，在使用每一种术语的时候，各方都应该被理解为“美国文化主义者”和“美国原教旨主义者”。

一方面，美国文化主义者松散地围绕在多元文化主义或后现代主义或政治正确性或一些其他相关运动的道德**优先性**周围。尽管文化主义困扰于两败俱伤的冲突，但是它们大致共享相同的道德优先性：虽然表面上忠信于道德和文化的相对主义，但实际上他们的观点已凝结成一种单一的、相当铁板一块的、基于社会现实建构假设的思想。

另一方面，原教旨主义者松散地围绕在建国价值观代表着的、体现了那些属于所有人类超越时间与文化的、自然权利的、道德普遍原则的传统信仰周围。因此，现实应该根据这道德普遍原则来建构。对于我们大部分历史来说，指导公共服务的优先性一直是某些变化了的原教旨主义，并且这种范式仍然占主导地位。然而，文化主义已经成功实现了一些深层次的入侵。

本次论争的文献汗牛充栋，这里只能提供一种简短观点。一些评论是必要的，因为我认为文化主义者显性或隐性的意图是要取代原教旨主义来定义和合法化美国政府、经济和社会的**优先性**。

1. 文化主义

文化主义最初源自一些20世纪中叶的欧洲知识分子的著作。最突出的是法国
212 克劳德·列维-斯特劳斯、罗兰·巴尔特、米歇尔·福柯、拉康和德里达的五重奏（斯特罗克，1979）。也许最知名的文化主义概述是弗雷德里克·詹姆逊的《后现代主义或晚期资本主义的文化逻辑》（1991）和理查德·罗蒂的《筑就我们的国家：20世纪美国左派思想》（1998）。然而，赫伯特·马尔库塞（1889—1979）、德国哲学家马丁·海德格尔（1889—1976）和卡尔·马克思的作品必须要添加到该列表中。

显然，“文化主义”这个术语并没有充分反映这次运动中的各种观点（和反对意见）。然而，他们也进一步认同与建国价值观相对立的两个命题：第一，认为源于每一种独特文化（民族精神）的临时性道德规范在道德上优先于既定建国价值观的普遍原则；第二，认为激进分子憎恶美国的所有事情。

文化、种族和性别认同的道德优越感的信念建立在现实中这样的民族精神的信念基础之上。这一说法最近已受到法国哲学家阿兰·芬凯尔克劳特在他的《思想的溃败》（1996）一书中的推动和辩护。简单地说，民族精神这个概念最经常与德国哲学家赫尔德（1744—1803）的著作联系在一起，他反对英译本的价值观。它指的是一个民族的既定现实的集体“精神”（或“心理”），这表现在其独特的价值观、语言、民俗、民间艺术和民间音乐上（柏林，1991：359－435；也参见巴纳德，1965）。芬凯尔克劳特（1996：6，9）写道：“对赫尔德来说没有什么有比集体精神的多元性更高的权威。所有超国家的价值观，无论是法律的、审美的还是道德的，都已失去了它们至高无上的权威……他用多样性来谴责普世价值观。”在拿破仑一世的战争时期，德国战败之后，民族精神的观念被许多德国知识分子利用。他们通过崇拜所有纯粹德国的东西来安慰自已，其当然具体体现在日耳曼民族精神之中。这一概念的思想具有强烈的国家主义意味，芬凯尔克劳特认为它是被海德格尔（文化主义的老前辈）采用的。

因此，在根本的民族精神背景下，讨论最近有关如保护黑人英语或特定少数族裔文化的迫切重要性、跨种族收养的法律纠纷或这些少数群体的个别成员之间对意识形态纯洁性的需求这样的事情——与许多其他的事情一起——就更容易被理解了。

问题的关键是，在文化主义者中，民族认同高于其他任何认同方式，尤其是高于任何依赖于既定和客观的道德普遍原则的认同方式。具体的对象目标就是受到启蒙思想与信念感染的建国价值观的道德普遍原则。

不过更进一步来说，它只是迈向文化主义者观点的一小步，并且激进人士憎恶美国的所有东西，特别是建国价值观。作为政治学家的詹姆斯·凯撒（1997：1）总结说："……文学批评家、哲学家和自称的后现代思想家……获得了'美国'这个名字的一个象征，因其是怪诞的、淫秽的、可怕的、僵化的、发育不良的、均匀化的、令人窒息的、孤立的、变形的、无根的、没有文化的和——总是打上引号的——'自由的'。"他们对建国价值观的蔑视体现在政治科学家的评论中，大意是"自美国成立以来的统治模式就已表示种族屠杀是不错的，种族主义是更好的，剥削妇女和穷人是最好的方式"（登特，1999：27-28）。

总而言之，这种信念实际上再次否定了宣誓中的道德承诺——无论是口头上的 213
还是暗示的——这种道德承诺是要定义和界定美国公职人员的职业生涯。美国文化主义在最根本办法上是美国原教旨主义的对立面。

2. 原教旨主义

自共和国成立以来，建国价值观的范式就已为美国政府提供了传统的道德基础。作为一个工具选项，应注意到没有"民族"这个形容词修饰的文化主义这个词能够被使用，因为它指的是一个超越民族的人类条件。另一方面，原教旨主义要求有"美国"这个形容词的修饰，因为建国价值观的道德普遍有效性的主张使其限定于美国的经验。

回到论争上来，原教旨主义认为，即使存在明显的和悲惨的疏忽，建国者基本上"使其正常"。对于他们来说，建国价值观表达特定普遍的（且因此是不可剥夺的）与文化和时间无关的属于所有人的权利。他们认为建国者的启蒙运动情感是合理的，并且尊重他们的努力，尽管实现这一理想有一些失败的教训。然而，他们之间有关建国价值观的道德地位和正确解释方面往往是不一致的，有时是强烈不一致的。

为了举例说明，丹尼尔·沃克·豪在他的优秀著作《使美国成为自我：从乔纳森·爱德华兹到亚伯拉罕·林肯》（1997）中，认为有关建立"共和国"或"自由的"政府究竟是不是建国者意图的显著争议是我们后来对他们的目的解释是更优越的一种解释。他继续说：**"对他们来说，最重要的是它们如共和国和自由之类的政治观念是正确的。**表明这些原则的真理是怎样和被谁最早认识到的系谱是一个次要的问题。"（豪，1997：10-11，强调是后加的）我相信在大多数情况下原教旨主义者会同意：建国者正在寻找的完全是"德性共和国"可以建立其上的道德普遍原则。

最近似乎极少有原教旨主义者**从自我偏好**出发引发来自文化主义者的愤怒大爆

发。即便如此，双方都普遍认为，所有的政治制度必须依赖于“某些基本出发点——基础——这将给政治理论和活动带来连贯性和严谨性”（西里，1999：460）。

因此，原教旨主义（道德普遍原则）与文化主义（道德相对主义）之间道德**优先性**的冲突已成为当代公共行政所面临的最重要的问题。这不只是另一种“哼儿哈儿（ho-hum），蓝色的天空”，另一种学术争论，因为文化主义的胜利将会使完全取代传统原教旨主义的模式成为必要。此外，文化主义不能被简单地忽略，因为他们的思想已经获得了流行——在内容和方法两方面——在许多学科中、大学的行政部门中、许多政府机构中和一部分好的媒体上（希默尔法布，1999）。完全有可能在不久的将来，我们将不得不决定是否用原教旨主义的**优先性**替换文化主义的**优先性**。

不论人们是否同意或不同意文化主义的道德原则，我认为，因为文化主义的原则首先拒绝不言自明的道德普遍原则，其次拒绝所有美国有价值的东西，所以宣誓仍然约束公务员要支持和捍卫宪法并扩展到建国价值观。在这样的情况下，文化主义的**优先性**替代原教旨主义的**优先性**将完全要求一部新的适合美国的宪法。目前，
214 我们面对的根本上和道德上不一致的分裂是如此激烈，以至于它必然产生广泛的异化甚至虚无主义。解决相对立的**优先性**的问题是最重要的。

作为真正公民话语的援助，本章是从一个原教旨主义者的角度来写作的：道德普遍原则确实存在，在确定和阐明他们自身方面，建国者基本上是正确的，因此，基本宣誓要求每一个美国公职人员的义务——明确的或暗示的——是要在法律、组织和所有公民的生活中实现那些建国价值观。虽然大多数文化主义者认为美国国家生活的不正义开始于建国价值观，但是我认为我们在道德上的失败来自忽略了建国价值观。

最后，当我在写作时，我几乎可以听到文化主义者集体的牙齿研磨声。对此，我还真的感到遗憾，因为我的目的不是要对抗性——是争论性的，但又具有对抗性，不是为了对抗性。关于这个国家道德基础的建设性话语需要公民话语而不是意识形态的争斗：文明举止比**个人偏好的**（ad hominem）铜指虎（brass knuckle）和口头攻击将会更好地为我们服务。

在任何层次上讨论我对建国价值观本质的理解并不是本章的目的。这已在其他地方开始了（赖特和哈特，1996；哈特和赖特，1998）并将在即将出版的有关公共利益的新书中继续。这里的目的是讨论两个非常重要的主题：建国者“发现”① 建国价值观的过程与源自他们的德性共和国理想的道德义务。

---

① 我致力于价值观普遍性“发现”的可能性可以追溯到近 45 年前。从大学毕业那年开始，我与宪法性法律有一段短暂的恋情。在那年的圣诞假期，我正试图向我的父亲炫耀我新近习得的法律上的“老练精明”，爸爸是我遇到过的具有最好法律头脑的律师。他也是沿着总统山的思想路线来建构自己的，用尊严来充实自己。我们是非常接近的。我在 20 世纪 30 年代中期开始了有关最高法院的讨论，特别是有关大法官罗伯茨先生的关键一票的讨论。在试图解释他的行为过程中，我鹦鹉学舌似的机械地重复我本认为是很机智的一行话：“爸爸，在立法层面，最相关的因素是该法官早上是否喝一杯咖啡！”而不是预期的轻笑声，我的父亲立即变得严肃，用他的右手打着手势（一种信号明确的权威声明）说：“柯克，永远不要忘记，在这个层面，法律从来不是被‘制定的’，它始终是被‘发现的！’”多年之后——在家里，在爱达荷州鳟鱼溪流边上或出去打山鸡的时候——我的父亲和我日益深入地讨论“发现”这个词的意义和影响：“我沿着我早期的承诺并长期研究它。”

10.4　建国一代、建国话语和人民的政府

我必须从又一个事先声明开始：人们提心吊胆写这样的文章。虽然我已努力忠实于建国者的意图，但是它仍然是我对历史记录的选择、读取和解释。他们是通过我的道德信念的镜头而被发现的，我权衡各种不同解释的重要性，通过与我认为的英雄和恶棍的比较来评价遇到的历史名人。这当然是任何试图研究和解释过去的人所面临的问题。因此，人们必须定期停下来和审视自己的解释是如何忠实于原意，并在需要时做出方向调整。殖民主义史学家理查德·布什曼在他有关 1691 年到革命时期殖民地马萨诸塞州的政治思想与忠诚发展变化的优秀著作的开头中就巧妙地总结了我们所有的人所要面临的问题："处理宗教和政治问题时，我发现自己正致力于远远脱离实际的事件和人物的一般原则层面。关系是如此抽象，以至于在 18 世纪大概没有人理解它们，同时我处在创造一个不真实存在的神话般的殖民精神的危险之中。"（布什曼，1992：3）这种担忧导致布什曼考虑和重新考虑他的工作重点，取得了辉煌的成果。这些问题——无数的、特有的和固有的——将永远在那里，并且人们最好做的就是总要试图达到客观。但是当写作论及价值观的时候，如果人们不愿意满足于"权变伦理学"，最终他或她必须持有立场。

三个根本问题始终令人困惑。第一，必须不断试着去了解建国一代人的道德的、政治的、经济的和社会的背景，并且同时避免为了因可预期的失败对他们进行 *215*
谴责而把我们自己的思想激情和情感强加在他们的过失身上。第二，我们不断变化的语言使背景问题变得更加复杂。当人们尽力去理解他们的想法和意图时，人们不断遇到今天有完全不同含义的那个时代的关键词（如"狂热"）。这样的词语必须尽可能准确地翻译成这一代人能够理解的术语。这导致了第三个问题：在试图使建国者的思想和信念与我们的时代相关联时，往往需要用甚至那个时代还没有被发明的现代词汇（如"现实化"）。因此，塞缪尔·约翰逊的《英语词典》（1755）比我的老搭档《牛津英语词典》更多地被翻阅参考。

回到论争上来，对共和国建立最令人震惊的误解之一就是认为共和国建立是一种为了那些精英的自我利益的精英操纵，但这种说法过于简单化并歪曲了在那个不平凡的岁月中所发生的事。美国共和国的成立源于一个前所未有的殖民地范围内的公众话语——**建国话语**——其大致发生在 1750 年到 1805 年之间。但从这个词汇的任何传统意义上来看，它不是一种精英的话语，因为它涉及了殖民地人口的绝大多数。这种话语形成了广泛的民众基础，共和国的成立就是以此为基础的。出于这个原因，我认为把**建国者**阐释为**建国一代**要更准确，由此，这两个术语将被作为同义词使用。

A. 建国一代

术语"建国者"长期以来一直是美国建立过程中的核心人物最通俗的身份。然

而，由于共和国最早时期，有一些人认为，“建国者”这个术语指的是一个有财富和财产的人的小圈子，而“建国”就等同于精英独揽权力，以便巩固、促进和保护其社会经济等级地位。

在20世纪的最后四分之一的时间里，这种精英主义观点已演变成为文化主义意识形态的超精英主义。尽管其他小派别仍然赞成某种变化了的精英主义，文化主义已进一步改进了主张，超出过去相对简单的观念。现在认为建国是由经济强大和家长式的北欧血统的白人男性组成的政治阴谋小集团设计的，这些男人具有专横的野心，并痴迷于他们权力、地位和财富霸权的具体化而不管别人的成本。他们的计划还包括镇压少数种族、妇女和属于陌生宗教的人。总之，他们认为建国者很令人讨厌。

这是一个毫无根据的设想。当然，建国者可能不是麦迪逊的天使，但他们远不是恶棍。在大多数情况下，他们是好的、有成就的男人，想要形成一个德性共和国，其中最终权力属于人民自己。其他任何地方都没有在任何程度上的写作论述有关最高权威在于人民的主张。这些主张的象征就是詹姆斯·麦迪逊1787年8月31日在制宪会议上的录音，会上他被录音是要强调说明：“人民实际上是**所有权力的源泉**，并通过诉诸他们，所有的困难都被克服。”（法兰德，1966：Vol. II，476，强调是后加的）

216 因此，如果人民是“所有权力的源泉”，那么，那些可以改变宪法的人事实上显而易见地的确参与了建国话语讨论，而且他们的想法和更有名的人的想法一样受到尊重。

为了使问题更具体，作为个体，谁是建国者并且他做了什么从而获得这个称谓？被授予一个建国者身份地位的传统资格是明显实际参与了授权文件的起草和批准工作，并最终建立了新政府。换句话说，建国者是**实践**操作、引导、形成新的国家的事务的人。情况既然这样，那么他们的人数就并不多，使用专业人员的标准应该可能草拟出一个完整的有他们名字的值勤表。

但在这里我们遇到了问题。当适度受过良好教育的人被问到要点出建国者的名字时，他们大多被逼催而确定出超过6个。通常情况下，点头同意的是华盛顿、杰弗逊、富兰克林、约翰·亚当斯、麦迪逊和汉密尔顿。但要点出少数其他人，如本杰明·拉什、乔治·威思、詹姆斯·威尔逊、约翰·迪金森、乔治·梅森的名字怎么样？根据实践上创造的标准，他们当然有资格作为“建国者”。

但是，可以证明专业标准忽略了一个最重要的建国话语事实，我读得关于那些年代的历史越多，我就越变得更加坚信共和国诞生于殖民地人民的心灵和头脑中。因此，可以证明既然新的共和国是对话讨论的产物，那么**把建国者确定为那些参加了建国话语讨论的人是更准确的**。从这个角度来看，“建国者”将被作为参与建国话语讨论的代名词来使用。因此，这么多以前被排除在外的名字——特别是一些妇女（如默西·奥蒂斯·沃伦）和一些少数族群的个人——给予他们应有的作为美国共和国建国者的地位。

当建国话语飙升并席卷整个殖民地时——并且后来席卷整个国家——来自各阶层的男女都被这一切的信息所吸引住：从自封为弗吉尼亚州的贵族、囊中羞涩的美国马萨诸塞的部长、纽约商人、新英格兰族长、报纸出版商、来自农场和磨坊的代表到杰弗逊的“顽强的自由民”。当然，大多数的参与者仅仅是阅读小册子和社论，偶尔动笔写作一两篇文章，听演讲和说教，然后与他们的同龄人在公众聚集的地方进行思想辩论。正如贝林所写：**“这种每一个社区和每一个有觉悟的人都参与其中**的全国性辩论是一切前来者的结果，也是后来者的开端。”（贝林，1992：viii，强调是后加的）

这使得美国建国远远超出精英的密谋：可以公平地认为美国建国事件从最广泛的意义上来说是人民的创造物。在殖民地中的很多男女被有关适合他们理想中的政府的道德基础、适当的目的和最佳结构的独特话语吸引住了。因此，像许许多多名字中的医生约翰·帕金斯、牧师约翰·塔克以及戴维·莱斯、纳撒内尔·埃蒙斯和泽弗奈亚·斯威夫特·摩尔都必须被添加到建国者的列表中去。因为“建国”的思想是从建国话语中挑选出来的，所以他们为他们自己的理想社会及其政府设定基础和指导方针——在实践中是可以实现的理想。夸大一点来说，理想的就是人民自己的。

B. 道德普遍原则的寻求

写文章论及国父们思想的那些人通常的做法就是专注于一个或另一个著名的政治哲学家，把他对建国者的最大影响归因于他。但是他们不是在寻找哲学前提，正如贝林明确提出的： 217

> 但革命的代言人——小册子作者、评论家、各种各样的评论员——不是哲学家并且他们没有形成**一个独立的知识界**。他们是活跃的政治家、商人、律师、种植园主、传教士，他们并没有试图使他们的思想与在政治哲学史上**现代学者宣称**其有重大影响的重要人物的思想**协调一致**。（贝林，1992：vi，强调是后加的）

不过，学者仍未被吓住，所以我们找到有关论及洛克或孟德斯鸠或布尔拉玛基或苏格兰人或任何人卓越的书籍（往往优秀的书籍）。无可否认，很多建国者深受一位或两位哲学家的影响（被引用最多的哲学家之一凯姆斯勋爵遗憾的是没有引起多少注意）。但似乎对建国者有最深刻影响的是建国话语本身，在其中他们苦心想出和精炼出自己的思想。

那么，他们在寻求什么呢？丹尼尔·沃克·豪在他的优秀著作中发觉了他们的雄心。参考我们当代有关建国话语是否有利于“自由主义”或“共和主义”的论争，他得出的结论是：“两种思想之间的区别更多是我们做出的而不是他们的。对他们来说，**最重要的是他们的政治思想，就像共和党主义的和自由主义的一样，是符合现实的**。”（豪，1997：10，强调是后加的）这是建国话语最重要的组成部分：寻找那些超越文化、超越时间不证自明的权利。无论现代学者尤其是文化主义者多么厌恶建国价值观或者他们是多么强烈地拒绝接受客观道德普遍原则存在的可能性，这就是建国者在寻求的。正是在这样的一种道德基础上，他们提出要建立一个新的国家。

而且，当新共和国应运而生时，他们认为他们的确已把它建立在道德普遍原则的基础之上。因此，如果我们想发现建国者的**意图**，我们不能忽视他们找到这种普遍原则的追求，并且像他们所做的那样，我们必须给予赞成这种道德普遍原则的主张公平的发言机会。

总之，实际的“建国”出现并形成于许多人有意识的努力——显然，确切的人数无法计算，但他们足以推翻建国者是“精英”的控诉——以便重新把他们自己界定为一个新的共和国，一个新的民主实体的具体实现者。

C.“所有理智理想主义的大敌就是理想属于未来的这种观念”

建国一代人参与了旨在呈现适合一个自由民族的理想政府形式的对话。但是，不像许多理想主义者，他们希望生活在他们所设想的新理想共和国中。标题部分引
218 自英国绝对理想主义者伯纳德·博赞基特 1911 年的吉福德讲座（博赞基特，1912：136）。虽然这一段是他非常复杂的社会哲学的一部分，然而它表达了建国者的脑子里想的是什么。理想不是被一再推迟的未来，理想属于**现在**。如果被正确理解的话，建国者认为一个理想的共和国即美德共和国是可以实现的。

似乎奇迹般地获得了反对英国的革命胜利（包伯里克，1997；德雷珀，1996）并且在 18 世纪 80 年代中期与《邦联条例》时期的混乱中幸存下来，幸运似乎站在美国人一边。制定和通过宪法似乎更有把握了，从此几乎在一片荣耀中，新的共和国就出现了。正如佩奇·史密斯所写：“在 1787 年夏天的费城，两千年的政治理论化和实践经验具体化为最辉煌持久的智慧和演说的历史性成就。”（史密斯，1980：xvi）这种“演说的成就”被视为对建国话语更生动、公开的描述，展现了人民的公民精神。

举例来说，大家很熟悉的托马斯·杰弗逊在他起草《独立宣言》时，对他意图的陈述是远远超过一种谨慎的免责声明。在写给亨利·李的一封日期为 1825 年 5 月 6 日的信中，杰弗逊回顾并反思了他在那个时候“要把国民的共识放在人类面前”的愿望的精神状态。他写道：“既不是为了原则或观点的原创性，也没有抄袭任何特定的和先前的著述，它的目的是要成为**美国精神的一种表达**——表达出当时倡导的适当基调和精神。”（杰弗逊，1984：1501，强调是后加的）他的“美国精神”方面的知识的获得相当偶然。杰弗逊比他不断阅读过的书、他参与过的无休止讨论和他所进行过的大量通信还要进一步，他走近人民去确定他们相信什么。因此，1776 年春天在他离开弗吉尼亚之前，为了参加费城的国会会议，他“尽力试探当地居民的观点，之后他离开家，并开始相信 9/10 以上的县赞成独立”（马隆，1948：217）。他并没有忙于前期盖洛普调查研究的努力，而是试图理解美国人民的公民精神。其他任何地方都没有建国话语中体现的公民精神。

建国者没有兴趣要创立一种可以向神与人解释宇宙的宏大伦理形而上学体系并附加了应该如何运行它的指令。建国者的理想主义是当下的。亚当·斯密虽然没有特别提及他们，但的确描述了他们的态度。“然而，宇宙大系统的管理，关注理性和理智的人的普遍幸福是神的事情而不是人的事情……沉思哲学家最崇高的思考不

足以弥补对最低微实践责任的忽视。”(史密斯，1790：237)

全国性道德上的自由讨论的是最困难和最重要的问题：那些建国价值观的道德地位是什么？它们只是临时性的、形式和维度由现存文化决定的、可以改变以适应个性、季节或环境的价值观吗？或者它们是——正如建国者所认为的那样——超越了所有文化和时间的道德普遍原则并在任何地方和在任何时候都创建了所有个人的权利呢？戴尔·赖特和我在以前的文章中都认为建国者——大部分人——信仰建国价值观的道德普遍原则（赖特和哈特，1996；哈特和赖特，1998），并且在这里我也不会重新回顾这种观点。我只想说，有一些明显的例外，建国者不只想要变革政 *219*
府：他们想创造他们自己的理想社会（他们一直努力追求的美德共和国）并生活在其中。

D. 为全人类所托确保建国价值观的安全

当殖民地穿越时光越来越接近决定命运的 1776 年夏天时，建国话语开始反思他们的信仰即他们在从事不平常的事情，他们正在建立一个“在一座小山上的城市”，世界将其看作一个民主救赎的例子。正如约翰·亚当斯所写：“**人类**的自由和人性的光辉正在被他们保持中……美国是由普罗维登斯设计的这种**剧场**——人们扮演他们真实的角色，科学、美德、自由、幸福和荣耀将和平共存。”(转引自贝林，1992：20，强调是后加的)

在法国与印度战争的末期，“美国例外论”的意识日益增强。不是一种美国人民超越其他民族的固有优越性信仰，而是一种因为在那个时候好运把他们安置在这个大陆上，他们有义务——**以所有人类的名义**——建立一个新的建立在美德之上的国家，这将是各地所有人民的典范。换句话说，共和国的建立扩展了成为世界各国人民的典范的道德责任。他们认为，“在这一天从来没有一个民族比美国人民更直接地关注调查‘他们权利与特权的性质和广度’”(伍德，1969；罗斯特，第 5 页)。这当然是约翰·亚当斯的信念，正如他 1776 年 1 月在写给理查德·亨利·李的一封短信中所说：

> 我亲爱的朋友，你和我已生长在古代最伟大的立法者所希望生活的时代。多么少的民族曾经享有为自己或自己的孩子选举政府而不是空气、土壤和气候的机会！当今时代之前，300 万人什么时候有充分的权力和公平的机会来组成并建立一个人类智慧能够达到的最聪明、最幸福的政府？我希望你能利用你自己、你广泛学习的国家以及你所拥有的不懈奋斗来协助她形成最幸福的政府和一个伟大民族最好的品格。(亚当斯和亚当斯，1946：57)

除了所有人类源于他们好运气的道德义务之外，建国者也认识到了这项义务的一个额外的维度。历史充满了捍卫既是公共的又是私人的、理想情况下是要成为美国人生活中心的共同价值观的个人。有义务如此确保这些价值观以至于他们在好运不在时不会被一扫而空。换句话说，我们必须要成为建国价值观的持久性典范。

从总体上看，美国人普遍认为建国价值观是所有要成为民主国家的社会、经济和政治的进步与稳定的**必要条件**。与此同时，它们是要成为“可用的”价值观，适合定期参考指导国家及其公务员和公民。正如戈登·伍德所写：他们不断寻求重新提起那些笼罩在政治活动上的第一原则，赞同年轻的亚历山大·汉密尔顿的观点——解决分歧和调查真相的最好方式是通过追溯到最基本的原则（伍德，1969：5）。

220 因此，他们希望为人民确保这些**最初的**原则的安全且免于暴君和拙劣政客的破坏。虽然革命的混乱仍然伴随着他们，但托马斯·杰弗逊 1784 年在《弗吉尼亚州的注意事项》中提醒他们新国家所面临的主要威胁。由于每项由他们政府制定的法令都会有人提出质疑，那么有关法令和创立它们的政府两者的道德价值的公众疑虑将会产生。因此，通过将它放置在没有人会提出质疑的基底上来去除疑虑是不是更好呢？这种“基底”当然就是由建国价值观提供的。他阐明了建国者今后的任务：“但是……那时和平将确立和休闲时光将被给予了我们以便固守在好的形式之中，我们为此流过血的权利将被给予了我们，不会让任何人被发现懒到不愿意稍微麻烦些**把它们置于确定无疑的地位**”（杰弗逊，1984：250—251，强调是后加的）。

建国价值观要成为共和国、所有制度和程序永恒不变的基础，自始至终权利都要依赖它们。换句话说，他们是出现政治性问题时人们应该经常求助的“第一原则”。

对第一原则的这种态度一直被人们普遍接受直到南北战争之后。例如，亚伯拉罕·林肯 1859 年 4 月 6 日在写给亨利·皮尔斯和其他人的一封信中的最后就普遍赞扬了建国者并特别赞扬了杰弗逊，因其把建国价值观置于自利不务正业的人所不能及的地方：

> 万分荣幸的杰弗逊，他在一个民族为争取国家独立而斗争的具体压力下，冷静、有预见性、有能力地把一个抽象的真理引入仅仅是一个革命性的文件中，这个真理适用于所有人和任何时候，今天以及在今后的日子里，它都将是对暴政和压迫重现先兆的斥责和绊脚石。（林肯，1980：Vol. 2，19，强调是后加的）

赞扬的理由是相信那些建国价值观为自由的必要条件，因此，它们超越了所有文化和所有时代。

10.5 美国人的德性与德性共和国的愿景

前一段时间，一个中国学生课后问及建国价值观，难住了我。她是一个优秀的学生，但根本不熟悉美国历史。她问及最好的有关建国价值观的书名，这当然是一个合理的要求。因为我知道她会读这本书并且没有立即想到书名，所以我说我会在我们下节课开始的时候为她提供一个书名。我立即开始寻找一个书名，然后我给我的研究助理做了布置，我开始打电话给殖民史学家的朋友，并且接着我就惊慌失措了。我无法找到这样一本书——一种对人们虚荣心毁灭性的打击。两天后，我都有点不好意思，当我不得不告诉这位年轻的女士我找不到一本专门研究建国价值观的书，据我所知，我认为没有一本这样编写的书。

我想这样一本书的缺乏是异常不幸的，理由是显而易见的。但另外一个问题让我吃惊：缺乏有关建国价值观的学术著作不仅显示对这一主题明显缺乏兴趣，它也 221
掩盖了极其重要的事实——尽管我们崇拜“实际经验”，把其作为生活最重要的目的，但美国比任何其他国家都更多因为前所未有的道德与政治的公共话语而形成。这种建国话语为我们提供了我们国家的价值体系的基础，建立我们特定的政治形式和形成了我们的实际政治经验进程——很少为公众赞赏的现实。然而，据我所知，没有单本学术著作专门论及这些价值观。

在得出主要观点之前总结如下：人们在建国话语中发现一套道德普遍原则——基于我们共同的人性——他们认为其是适用于所有个人的，是跨文化和跨时间的。随之而后，众所周知，人类生活的目的是渐进幸福的实现。历史清楚地表明完满生活与美德生活是同义的，并且建国一代不断地讨论美德。这种美德不是一个抽象的概念而是日常生活中的现实，这时美德以良好品格的形式实现了。最后，正如幸福是人生的目的一样，政府的目的是实现政体的幸福——只能通过共和国来达到。约翰·亚当斯在他写于 1776 年 1 月的《关于政府的思考》中总结如下：

> 在我们确定哪一种是最好的形式之前，我们应该考虑政府的目的是什么。据此所有深思熟虑的政治家会赞同社会的幸福是政府的目的，正如所有的神学家和道德哲学家会赞同个人的幸福是人的目的。……所有冷静探究真理的人（古代的和现代的，异教的和基督教的）已宣称人的幸福以及他的尊严存在于美德之中……如果存在有一种其原则和基础是美德形式的政府，那么，不会是每一个冷静的人都会承认这种形式的政府比任何其他形式的政府更适合促进总体幸福吗？……他们（西德尼、哈林顿、洛克等）将说服任何坦诚的人确信除了是共和国之外就没有好的政府。（亚当斯和亚当斯，1946：51，52）

简而言之，建国者总的意图是德性共和国的创建和维护。

此外，为了实现这一理想，这样的美德得是公共和私人生活的、占主导地位的标准性特征。当约翰·亚当斯 1776 年 4 月 16 日写信给默西·奥蒂斯·沃伦时就已考虑到这一点：

> 公共美德不能存在于一个没有私人美德的国家之中，公共美德是共和国的唯一基础。必须有一种为了公共善、公共利益、荣誉、权力和荣耀的积极向上的激情在人民的头脑中形成，否则就可能没有共和国政府，也没有任何真正的自由，并且这种公共激情必须不屈服于所有私人激情的影响。（亚当斯和亚当斯，1946：57-58）

建国者理想的德性共和国要求有意识地和主动地体现个人良好品格，并把它作为所有人类机构和关系（公共的或私人的）的准则。那么，建国价值观将从未被限制于政府的行为中：相反，它们将作为所有经济、教育、社会和宗教机构的道德基础。这是伟大建国话语的中心主题。正如 1788 年 6 月 20 日詹姆斯·麦迪逊在对《弗吉尼亚州批准公约》的讲话中所明确的：

222 但我继续这种伟大的共和原则，其使人民会有美德和智力选择有美德和智慧的人。在我们之中有美德吗？要是没有，那我们就处在一种可悲的状况之中。没有理论上的审视——没有任何形式的政府能够使我们安全。假定人民身上没有任何的美德，任何形式的政府要确保人的自由和幸福是一种异想天开的想法。如果在共同体身上有足够的美德和智力，那么它会被运用于选择这些人之中。所以，**我们不依赖于我们的统治者的美德或者不信任我们的统治者，但是我们信任要选择他们的人民**。（麦迪逊，1999：398，强调是后加的）

这产生了本章的第一个结论。学者们省略了对他们所信仰的、人类与生俱来的天性的描述是司空见惯的。它采取我们作为一个物种的共性的变种形式：**智人**。对于许多经济学家来说，熟悉的术语是**经济人**；对一些社会学家来说，它是**劳动人**，如此这般。我相信，能够得出这种主张即许多建国者的道德与政治哲学是以他们的信仰为基础的，他们的信仰是天性（“自然之神”）使人类天生需要成为具有美德的人——或**人类美德**。换句话说，我们的自然家园被发现在美德之中。据我所知，他们从来没有使用过这个词，至少，我从来没有遇到过它。不过，他们的许多著作就是建立在那种**优先性**上的。

因此，**人类美德**是所有人类共享的一个通用的道德属性。不过，建国者是具有相当智慧的人，他们非常赞赏人的多样性以及个性的需要。他们中的许多人或他们的祖先来到殖民地的目的就是要维持他们的多样性。因此，为了强调这一事实，我相信他们就不会止步于**人类美德**的物种共性。我相信他们会进一步把它写成**人类美德的美国人**——最后一个单词附加了我们的地理和文化认同，一个很少被公众赞赏的事实。

“民族性格”的概念已经不再时髦，但它仍然具有关联性。最后一个单词——**美国人**——使考虑我们人类的多样性成为必要。同等的尾词可用于苏格兰人或法国人或印度人或中国人或任何人。那么，前两个词让我们有一个跨文化、超越时间的道德属性。第三个词包含了明显的和宝贵的文化多元主义——实现了多元主义与我们与生俱来的自然权利的一致，并且没有触犯我们与生俱来的自然权利。

10.6 结论

本章的第二个结论把我们带回到每一个职业公仆必须进行（明确地）或遵守（隐含地）就职宣誓。他们自愿强迫他们自己支持和捍卫宪法——其中也包括形成执行性文件基础的建国价值观。宪法是整个建国价值观的象征。

显然，公务人员必须忠实于那些第一原则，但是没有任何法律、没有任何制衡、没有任何权力的分离会全面地保护公众。出于这个原因，作为“公共美德的试金石”的宣誓对建国者具有额外的意义（伍德，1991：215）。公务人员必须基于他们的“神圣的荣誉”支持和捍卫建国价值观。在论及罗马人的孟德斯鸠的作品中就
223 能看出宣誓对于建国者的意义。“宣誓对这些人影响到这样的程度，以至于没有什么能更强烈地约束他们遵守法律。他们经常为了遵守宣誓比他们以往因为渴望荣耀

或为爱自己的国家所做的都做得更多。”（孟德斯鸠，1748：118，强调是后加的）因此，建国者附加到宣誓上的极端重要性必须添加到共和国政府的显著特征的列表中，我们今天应该赋予它重要意义。

当我们进入 21 世纪，就职宣誓的重要性较少被关注，这是不幸的。我为本章做出的第二个结论涉及对宣誓意义的认真反思。说句老实话，大多数公职人员尽力遵守其不可避免的广泛禁令。不过，我建议我们前进一大步。我一直认为建国者大量关注共和国中的每一个人有必要有意地、强烈地和逐步地成为一个具有良好品格的人——这是共和国最典型的特点。此外，他们把这种命令具体体现到自己的德性共和国的理想中去。

我建议，我们不仅要非常重视宣誓，而且我们要更进一步扩大我们宣誓的义务。我们应该有意且主动地把从首先自觉努力成为具有良好品格的人到最终尽力实现建国者的理想而建立一个德性共和国的道德责任包括在宣誓中。在我看来，这种努力不仅会与建国者的意图一致，而且它也将还公共服务应有的尊严和道德尊重。

参考文献

请从中国人民大学出版社官网（www.crup.com.cn）下载，或者用微信扫描下方二维码获取。

第3篇

行政伦理学的背景

第 *11* 章

组织结构

——社会价值观的一种反映和个体伦理的一种背景

蒙哥马利·V.沃特
美国得克萨斯州拉伯克得克萨斯理工大学
凯瑟琳·G.登哈特
美国特拉华州纽瓦克特拉华大学

11.1 导论

由于新公共管理鼓励竞争、权力下放、合同外包、私营化、企业化政府以及引起了许多政府结构与流程的根本性变化的其他改革，20 世纪 90 年代是一个政府快速变革的时代。这些改革和创新体现了有关政府应该做什么以及应该如何运行方面的变化着的价值观念与信仰体系，并在许多情况下取得了从根本上改变政府结构的效果。而且，虽然较少被广泛认可，但是这些创新和结构上的变化也产生了深刻的伦理意蕴。 227

20 世纪 90 年代显而易见的经验教训似乎是：没有伴随着结构变化，价值观的变化就不可能发生，同时结构的变化必然涉及价值观的改变。所有价值观的改变——无论是导致了结构变化还是由结构变化所引起的——都影响到有关不能接受的行为和我们对理想行为的看法的原则。换句话说，这些变化会影响我们基本的伦理常识。本章将探讨价值观体系如何影响组织结构，组织结构如何影响价值观体系，以及今天这对行政伦理意味着什么。

组织结构被广泛认为是限定伦理决策价值观的一个关键决定因素。例如，特里·库珀（1990：161）把结构状况作为四大伦理价值观的决定因素之一，即组织结构、组织文化、个人属性（其中包括专业规范）以及社会期望。尽管组织结构并不总是确定为一个独立的因素，更大范围的组织和官僚机构的作用被大多数通才的研究者确定为主要决定因素（戈特纳，1991：75-81；刘易斯，1991：23；普格，1991；波斯纳和施密特，1994；沃特，1996；沃里克，1981）。甚至没有对主要因素进行归类的或者专注于伦理的其他方面的学者常常论及如结构这样的组织问题。如罗
228 伯特·默顿这样的社会学家长期承认组织的深远影响，以及它们在使不论好歹的价值观制度化方面的作用（默顿，1968）；如贝拉这样的社群主义者常常把组织和制度包含在他对社区的看法中，作为“品格形成不可缺少的根源”（贝拉等，1991：6）；并且如罗伯特·麦克洛斯基这样的管理专家指出“如果有地方我们的价值观将实现，个人自由将获得，那这个地方就是组织”（麦克洛斯基，1965：4）。此外，实证研究也表明了组织结构的重要性（普格等，1969；杰克考尔，1988；维克多和卡伦，1988）。

然而，组织结构和行政伦理之间的关系是复杂的，难以隔离开来，尤其是在关系到公共组织方面。一方面，公共组织的结构反映了社会的价值观，特别是通过如法律和立法监督这样的官方公共裁判。法律和社会的因素应该对组织结构产生强大的影响，因为在民主制度中，公共机构的使命是作为公共利益代理人而行动。从这个角度来看，合乎道德的行为需要理解社会的法律价值观并据此而行动，这些价值观中，有许多是具体体现在各种行政结构中的。另一方面，公共组织也为个体行政人员的自由裁量行为提供了一个背景框架。行政人员本身也是为社会和立法者提供信息的一个重要来源，因此，是官方决策过程的一部分，同时，组织中没有社会的/法律的准则能够如此具体或者结构是如此清楚地被表达与严密，以至于广泛理解（自由裁量权）将不会是必要的。因此，自由裁量的行政行为给个人的选择与判断留出了空间，乃至需求个人的选择与判断。因此，合乎道德的行为需要了解人们的价值观和影响人们做出的并有助于内部行政结构（布朗，1990）以及偶尔外部行政结构（鲍曼等，1984）的决策的动机。

组织结构至少有三个大的方面：范式结构、组织制度和组织形式。其中只有两个方面将在本章中涉及。**范式结构**涉及作为政治制度和民主理论实施的宏观要素的公共行政（范·沃特，1998：192）。在这种广泛分析层面，通过由委任和民选官员组成的等级命令链（传统美国的范式），公共行政可以强调选民严格行政问责的制度。它也可以强调公共行政作为政治制度中的沟通与决策的支点（法国和日本的公共行政模式）。或者，它可能会强调行政回应性，不仅要回应民选官员和公民，而且也直接回应市场力量（正在被世界大部分地区所倡导的新公共管理模式）。目前争论激烈的是有关这些抽象结构范式中哪一种是最有效的，但在这里，这种争论将不会被评述，因为它在接下来的两个更中观和微观方面内容中大都被涉及。（另外，本手册许多其他章节都间接提到这种争论。）

组织制度不仅给各种机构、各种部门、各种科室、各种单位、各种中心提供了，而且给整个政府系统提供了非常重要的结构性限制、控制和（一定程度上的）权力。在本章中，我们将研究两种作为结构的制度。其中最有名的和最条理清楚的是公务员制度，其被运用于整个政府，无论它们是联邦政府、州政府、县政府或市政府。第二种（问责制）是一种真正的联合制度或者由许多小的子制度综合而成，

其涵盖七种不同类型的自由裁量权与控制。

第三个层面的分析是各种机构、各种部门、各种科室、各种单位、各种中心所 229
呈现的**组织形式**，是最狭义的。组织形式或布局决定了在正式的组织结构中工作如何划分和如何协调（明茨伯格，1979）。组织形式的两种主要的一般理论将在此被探讨。第一种强调组织的内部特性，并提出了五种理想的形式（明茨伯格，1979）；第二种强调环境的特点，确定了四种理想的形式，通常被称为“竞争性价值观的框架”。探讨这些组织制度和形式的一个重要目的要确定它们普遍的价值偏好，这些价值偏好不仅对学者来说极其重要，而且对参与组织设计的沉思从业者来说也极其重要。

前面有关组织设计（以及那些设计中所隐含的价值观）的讨论是假设其正常发挥功能。然而，组织结构往往都无法正常发挥功能。因此，就有重要的行政失当问题，因为组织制度和形式（也就是组织结构的类型）经常存在大量的弱点。有两种主要类型的行政失当。第一，组织制度与形式可能操作性很差，因为它们由于如腐败或各类行政滥用或无知（凯登，1991）这样的不道德行为而被违背。当这些官僚猖獗时，帕奇克和奎因提出存在一种集体纵容的文化（帕奇克和奎因，1997）。也请参阅讨论行政腐败的第 21 章。第二个重要的官僚病理不涉及明确的不道德行为，相反，它涉及根本的组织制度或形式问题。这些组织类型的问题可能因为随着时间的推移，制度或形式很容易繁杂过度而出现。监管过度就是一个例子（霍华德，1994）。组织类型的问题也可能因为代理机构或部门运行其中的环境发生根本转变而出现。换句话说，一个新的有关政府做什么或如何做的社会共识要求从根本上重新思考组织的制度与形式。例如，要求“工作福利”的社会福利政策的变化使组织重组成为必要，以便将更多工作福利受领者放在工作中，并形成新的有关要求以工作换取好处的重要性的价值观。同样，这种要求公共部门雇员更多问责（或不同类型的问责）的新的社会共识需要公务员制度的转变。虽然在立法过程中环境的变化在一定程度上被阐明了，但是许多变化必须由组织自己来管理，特别是在过程和实例层面上。如今制度与形式上的根本改变是普遍的，需要深刻理解价值观的变化以及调整本该制定的道德体系。

组织结构的矛盾是在其理想状态下完美地体现社会价值观、政治法律制度的权威要求以及个别行政人员在自由裁量权事项上的合情合理的判决。然而，这个理想是脆弱的和暂时的，因为它是碎片化的，不存在任何一套完全赢得社会全体的价值观。政治法律制度不断随着演化着的社会嗜好而变化，同时，在有些情况下，个人的和专业的价值观激励被忽略了或在另外一些情况下变得唯我独尊。然而，不管组织结构的伦理与价值观如何好地或如何差地适应政治传统或者环境对有效率和有效果的要求或者员工对对与错的识别力，它们在决定“权威认可的”价值观和伦理背景方面作用依然强大。

在本章中，我们接下来将研究内在于组织制度中的价值观与伦理。我们将同样
研究内在于组织形式中的价值观与伦理。然后，我们将探讨这方面的传统问题：官 230
僚病理与组织结构的关系是什么？最后，我们将用最后一部分来讨论当代问题：对组织结构进行更改的伦理后果是什么？

11.2 内在于组织制度中的价值观与伦理

当政府施加影响大部分或全部的个别机构、部门或委员会的限制时，他们就在设立制度来引导和控制这些实体。例如，常规的补偿金标准就不留给由个人机构的自由裁量权来决定。相反，立法机构批准相当具体的赔偿计划或方案，在个别情况下使用的准则以及每年因通胀、加薪和功劳而进行的调整。这样的制度中价值观既是明确的（如货币金额）又是含蓄的（如私营部门和公共部门之间、选举产生的官员和职业野心家之间以及被分配到各种岗位与机构中的各等次之间的工资关系）。这些被严格监控的制度具有相对较少的涉及如伪造的职位（没有工作的付费）、假的级别或明显的过度补偿这样的彻底违反权威制度的伦理问题。问题更有可能出现在涉及如过高分级或额外雇工（为朋友或支持者提供工作）这样的行政滥用上。在给立法会议员及政治主管的补偿金方面的长时期的伦理问题是确定正确的薪级是什么，然后授权批准。这种伦理问题对于负责完成工作的行政人员来说可能变得激烈，当补偿金远远低于市场，职位频繁流转并充满全部训练不足的新成员，或是职位全部空缺时。

作为结构的组织制度的两个例子如下：人员配备制度和问责制度。

A. 人员配备制度

19 世纪，在公共部门中的人员配备（招聘与雇用）方面要应用的有关正确价值观的混乱是众所周知的（毛思迪，1982）。三种人事制度——建立在委任、准则或选举基础上——在美国和大多数西方国家是比较典型的。19 世纪，大规模是以委任为基础的制度，远不常见和正式的是以准则为基础的制度。分账委任（用职位来回报政治支持者）和裙带关系（把职位给家人和私人朋友）是常见的，并且通常是法律允许的做法。1832 年纽约参议员马西在美国参议院发言说，许多政治家信仰的是："战利品属于胜利者。"

由于公共部门以委任为基础的制度的滥用与过度，在美国南北战争之后发展起来的以准则为基础的公务员改革运动终于因 1883 年的《彭德尔顿法案》而得到一个可靠的立足点。社会价值观的改变（在杰克逊时期仍然被主张的政府对非职业行政人员来说变得过于庞大并且在技术上变得太复杂）需要一种正式的制度，不再强调以委任为基础的做法。新的公务员制度最终用以准则为基础的配备制度程序取代了用于大多数高级委任的遴选程序。通过使用无党派人士和独立的公务员委员会，
231 基层和中层管理职位的招聘和候选人的资格鉴定完全摆脱了政治人物的控制，甚至人事主管一般只能从前三名候选人中选择，以便减少管理上的任人唯亲（即使更多被认定为符合适任要求）。

人员配备制度——还有随之而来的价值观——在一些公共部门中是最重要的组织结构。同时，有关对它们的侵犯、滥用和改变的讨论可以引起激烈的争论。三种

竞争性策略中的每一种都有它的长处和短处。作为一项人员选拔战略的选举集中在民主价值观上（例如，广泛参与性、参与的平等性、公开性）。通过这一战略被选拔的那些人通常担任政策职位或担任行政总裁的角色。选举过程，让最显眼的公共部门雇员由选民直接控制。今天作为一项战略的委任集中在胜任力（但不必是专业知识）、政策类同（通常转化为政治上的忠诚）以及个人相识（偏好任命官员所熟知的那些人）的价值观上。作为一种策略，它通常被保留下来用于民选官员的高级顾问、机构的高级行政人员、顾问团体和委员会。因为选民控制是间接的、没有被清楚说明的，所以委任需要确认程序，以确保职位候选人有足够的资格（胜任）适合他们被提名（通常由参议院、县议会和市议会提名）的职位。以准则为基础的选拔赋予功勋原则（专业技术资格和竞争性选拔）优先权，但也包括资历（经验和组织忠诚度）和代表性（各种社会群体之间的公平性）。当社会随着时间的推移通过法律来调整或改变这些策略（例如，增加总统委任的数量，把一些县“排”官员即领导美国县里 10 个部门的、被选举出来的官员变成任命的官员，或延伸公务员的要求至以前没有覆盖的群体）时，在职人员的价值观被期望像对选拔模式的伦理限制一样改变。

B. 问责制度

问责制总是反映了不同价值观并限定不同领域伦理决策责任的正式与非正式控制的组合体。问责制安排必须要做什么、如何做以及谁来做。与公务员制度一样，问责制中不同类型的控件所反映的价值观差异非常大，在某些情况下导致了完全不同的伦理机制。在此确定了七种类型的行政控制（范・沃特，1996b）。它们是法律、规则、民意、美德、专业标准、竞争和比较。

作为一个类别，法律在这里被定义为立法行动和它们的司法解释。法律一直是一种强大类型的伦理控制。例子包括“道德立法”（例如，有关利益冲突、财务公开、歧视、裙带关系、未来与“组织外”就业、礼品、公共资源的私人使用等方面的法律）以及在信息获取、公开集会、员工的政治活动、竞争性招标、举报和财务授权方面的立法。这样的法律的长处包括为行为、民主问责、开放性和正当程序制定了明确的社会标准。法律规制的一些缺点可能是死板（需要过多的遵从）、混乱不清的伦理行为的最低标准（鼓励伦理极简主义）、扼杀创造力与试验尝试以及法规的扩张繁殖（“应该有一部法律”的综合征）。

第二种类型的控制被界定为规定组织行动与思想的规则。例子包括通过财政授权过程、内部审计、机构的人事程序、行为守则、监视与行政监督以及授权要求进行的组织控制。规则也有类似（但不完全相同）法律一样的长处和短处，它们在一定程度上是法律的一种延伸。虽然对于这些长处和短处已经有相当多的讨论（例如：戴维斯，1969；霍华德，1994），但在此这种辩论将不会被评述。 232

第三种类型的控制是由民意通过公民意见及其对政治与行政程序的影响来实施的。民意通过投票取向以及通过媒体和投诉机制（立法、行政、司法等）、公民审查与政策委员会、听证会程序和公民调查而获得反馈。民意的价值在于民众的基本主权、从长远来看其合理性和务实以及其对任何类型的过度权力的不信任。它的短处包括其倾向于顺着自利方向分化成小派别、其短期的可变性以及其对复杂制度详情与解决方案的肤浅理解。

第四种控制即美德，是指在公共部门工作的个人的品格与价值观。这一点反映在以下事实：内部的自我节制理念、对公民尊严的信仰以及展现勤奋、能力、卓越、承诺和乐观的行动。美德的长处包括其对诚实政府的根本必要性、其赋予代表民众工作的那些人的尊严以及它倾向从个人身上引出的最优而不是最低要求。它的短处包括它在个人之间和随着时间推移的易变性、主要关注个人对公共利益的诠释（例如，异常例外地给在技术条件方面显然是不符合资格的人提供福利）以及关注对屈服于滥用权力的美德（自由裁量权）的依赖。

第五种控制机制即标准，是指专业标准。例子包括预期的教育和培训、有关正确使用专业知识的观念、非机构特定的可接受做法的标准、强调专业行为志向方面的伦理信条与守则。作为影响伦理行为的结构的专业标准的长处包括强调高层次的知识与培训以及鼓励最佳实践作为标准做法（从而形成随着时间推移的良好做法）的倾向。它们的短处包括次要标准存在时的资源过度要求（例如医生助手会做时要求医生做）和专业团体的自私自利倾向，尤其是当其合法地成为法典时（如通过限制准许进入该领域以维持就业的需求）。

第六种机制即竞争，是指民众选择的自由。在公立学校系统中扩张的代金券就是为了增加学校之间以及/或者公营与私营学校系统之间的竞争。向“市场”负责而不是向法令或人负责。例子包括公与公的竞争、公与私的竞争、合同外包、公营公司以及采取私有化。虽然在美国公共部门的组织中竞争一直是一个重要的结构性因素（特别是合同外包），但是随着市场规律与模式的流行，它最近已获得了新的坚固性。它的长处是它“看不见的手”（通过微观经济学提供财政约束）、其与资本
233 主义经济制度的适应性以及其广泛的大众支持并成为支撑美国政府的一个公理。作为一种结构元素，它的短处包括与作为最后手段提供者的政府（如福利）、国家强制、警方行动（授权使用武力）、公共安全（记录的保密）以及多目标实现（如同时要监管、服务和教育）的不一致性。

第七种机制即比较，是指实体之间的管理与财务绩效的对比。例如，基于活动的成本核算（而不是项目成本核算）允许如普通救护车运行这样的服务成本与私人提供者相比较。它涉及的是竞争，不过是一种不太严格的抑制过度的方式。它往往在竞争行不通的地方是可行的，它也如同标杆管理这样的技术一样变得普遍而正大受欢迎。例子包括成本核算（相比较的单位成本核算）、可比数据的公开审查以及对随着时间推移而变动的制度绩效和目标完成情况的更严格评估。比较的长处包括其教育能力、其类似措施被使用时的公平性、激励改进性绩效的能力以及其作为一种机制的适应能力。它的短处包括事情的不可比性（一切终究都是不同的）、发现并维持不同机构之间类似措施以便进行有意义的比较的困难性、创建并维护数据的成本以及不知情或出于政治动机的人对数据的滥用。

因此，组织制度——人员配备制度和问责制度——是深刻影响组织所坚持的价值观的强有力结构。20 世纪以规则为基础的功绩制使用上的增加与活力完全改变

了政府局面，创造出了技术上能干的、在新政时代可以扩大的、被公认为“中立”的组织结构。为遏制被认为是作为组织结构的行政部门和任期制度的过度的当代努力同样对其价值观产生了巨大的影响。以类似的方式，在强调问责机制方面的如对规则依赖的减少是通过“赋权”还是企业化政府创新以及对竞争依赖的提高这样的变革也将对价值观以及有关什么被认为是符合伦理的做法的识别力产生重大影响。如果制度是适合一系列机构或部门的笼统结构，那么形式（我们接下来要谈到的）是适合它们的具体结构。

11.3　内在于组织形式中的价值观与伦理

正如组织制度被制定出来是要实施社会价值观并强有力地为在这些制度中工作的个人规定符合伦理的行为一样，组织形式也是要实施价值观并为员工设定伦理界限。人们可以想象一下其标准强调公众控制和内部稳定的政府机构与例如其所有者可能承担大量风险或使用员工提供私人服务的私人所拥有公司之间的差异。如此这些做法是不允许在公共部门的组织形式中出现的。在医疗合作中，合作伙伴仅直接对其他合作伙伴负责，而不要对立法机关负责。广告公司可以欣然创建和解散账目团队以及频繁雇用和解雇其且支付庞大薪水。组织形式既决定了正式的又决定了非正式的价值观与伦理，如获利适当性及对严格等级协议的依赖。突出不同组织形式的价值观的讨论如下：

韦伯对官僚制的经典讨论［(1904) 1930，1947］在文献中占据主导地位几十 234
年。然而，论述组织类型或形式的学术研究在 20 世纪 60 年代和 70 年代繁荣起来。劳伦斯和劳什（1967）、詹姆斯·汤普森（1967）、康德瓦拉（1977）、蔡尔德（1974）、霍尔（1972）和皮尤等人（1969）就是努力系统地把环境与不同组织形式联系在一起的那些人中的一些。有些学者阐明了非等级模型的性质和用途，如托夫勒（1970）、加尔布雷思（1971，1973）以及戴维斯与劳伦斯（1977）。西蒙解释了信息系统与技术对组织形式的重要性与影响（1973，1977）。许多学者强调在各种公私背景中官僚机构面临的挑战和机遇，如布劳和斯科特（1962）、胡默尔（1977）、伊兹欧尼（1961）、维克托·汤普森（1961）、阿吉里斯（1957，1973a，1973b）、伯恩斯（1971）以及佩罗（1970）。在这期学术生产过程中出现了两种主要的分类。亨利·明茨伯格的《组织的构造》（1979）在大多数有关管理的教科书中成为一种标准的论述，同时奎因和罗尔博（1981）属于另一类，他们阐明了一种今天常常使用的替代型互补观点。明茨伯格强调组织设计技术方面的因素，而奎因、罗尔博和其他人则强调内在于组织形式中的价值观与文化。在此我们将简要讨论这两者。

明茨伯格的分类法将组织分为五种基本类型：简单型结构组织、机械型官僚组织、专业型官僚组织、事业部型组织和临时委员会型组织。每种组织形式都强调组织的不同部分。简单型结构组织强调强有力领导的作用，其直接控制在整个组织中是显而易见的，无论其监督是否被认为是独裁的或有感召力的。结构简单的组织往往要么是小的，要么是新的。政府中常见的例子是主要选举产生的官员如总统、州长或国会议员的办事处。机械型官僚组织强调标准化工作流程与认真设计和遵守规则的技术专家的作用。许多政府机构属于这一类，依赖法律和规则，倾向于大规模生产技术。专业型官僚组织强调通过技能的标准化来协调一线工人的专业化操作。专业培训意味着技术工在决策上有比大多数生产工人更大的自由裁量权，因为他们的工作需要相当老练的、具有独立判断能力的人。常见的例子包括医疗诊所、大学、律师事务所。事业部型组织形式强调通过输出的标准化进行的协调，无论服务或产品身在何处。事业部型系统中的地域办事处倾向于采用总部的标准，仅在不重要的地方进行局部调整。许多联邦与州政府机构表现出这种企业集团式的或多事业部式的类型。临时委员会型组织（其内部结构具有高度灵活性，其往往是围绕具体项目被重组的组织）强调通过协作和相互调整进行协调。它们最适合复杂的、动态的、要求不断创业精神的环境。工作过程往往不是高度标准化的，以便可以增强创造力。临时委员会型组织的例子是广告公司、特遣部队以及如工程与建筑公司这样做大批量项目的专业组织。

隐含在明茨伯格的著作中的是一种基于环境与工作性质，同时也考虑到组织传统与领导的、推动组织设计的权变模式。当然，组织类型的选择涉及许多价值观的
235 优先次序。例如，如果高强度的外部控制、效率和标准化被视为最重要的价值，那么机械型官僚组织是合情合理的。但是，如果专用化或分权（以适应当地的需求）变得更有价值并有意愿对标准化与效率的标准有所放松，那么组织可能朝向专业型官僚组织或临时委员会型组织发展。员工“授权”往往有同样的效果。承受巨大变化并需要超凡魅力领袖的机械型官僚组织可能呈现更多简单型结构组织的特点，具有强有力的行政领导与监督的特点。这些只是在政府中产生的使组织形式多样化的一些典型趋势。

维护组织形式含蓄地涉及维护一整套价值观，改变组织形式同样涉及改变潜在的价值观。如今价值观之间的紧张关系是清晰可见的，因为公共组织本身寻求更大的适合创业精神的自主权和决策的权力下放（授权），然而立法机构继续把重点放在规则遵从与效率上，并对成本控制、私有化和精简机构有更大的兴趣。而民众抗议要求的是更人性化的处理、质量保证和服务选择的自由。对个体员工的伦理暗示作用也是巨大的。如果个人认为创业精神要倡导并采取相应的行动，但组织坚持严格的工作标准化政策，一项动机好的活动最低可能会被认为是不适宜的，甚至会被认为是不道德的。

奎因和罗尔博（1981；霍尔和奎因，1983）把他们的框架列为“竞争性价值观的方法”。这种框架把一系列二分式竞争性价值观叠加在一起从而创立四种基于环境、相关文化以及领导风格的组织类型。从环境的角度来看，其中一个轴是基于从要求稳定与控制到要求灵活与变化的不同状况而创立的，另一轴是基于从要求集中于内部到要求集中于外部的这些状况而创立的。这就导致了四种类型的组织。图 11－1 说明了这种竞争性价值观框架：

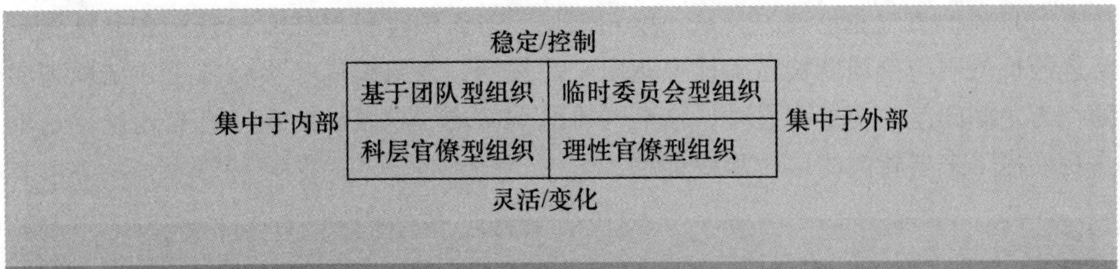

图 11－1　竞争性价值观框架

科层官僚型组织是稳定环境的结果，强调控制过程，集中于内部程序。它适用于具备稳定的资金供应与垄断性特点、对程序公平的要求以及外部监管的公共部门。科层官僚型组织中典型强调的价值观包括技术知识、根据事实的决策、员工的安全以及保守的领导风格。

在竞争性价值观框架中，另一种组织类型是理性官僚型组织，也生长在一个稳
定的环境中，有相对少的产品变化。然而，在理性官僚组织中，存在少量对手之间 236
的竞争（如典型存在于 20 世纪 50 年代至 70 年代的美国许多行业中的）所造成的以外部为中心的组织。在这样的组织中，强有力的领导者可以管理大多数变化（因为变化的步伐是缓慢的），由少数高级管理人员和设计专家来协调大多数变化。这两种官僚组织类型都通过大规模的生产实践来高度重视传统上的成本效益，但是，科层官僚型组织更直接由外部控制，而理性官僚型组织受市场影响更大。理性官僚型组织中强调的价值观包括胜任力、决策力、员工的成就以及指导性与目标导向性的领导风格。

根据竞争性价值观的方法，当产品变化频繁，竞争环境依然激烈时，临时委员会型组织是比较合适的。临时委员会型组织灵活，能够更容易地应对不断发生的变化，因为结构是组合的和可拆卸的，以适应特定的项目或挑战。汤姆·彼得斯一直是私营部门中的项目管理的主要倡导者（1992，1994）。在大公司之间创建虚拟组织一直是一种在动态的市场加强回应性与问责，同时降低组织规模的努力的结果。临时委员会型组织中强调的价值观包括适应技能、直觉知识、员工的灵活性、风险的导向性或创造性的领导风格。

当有很多产品或服务的变化要求灵活性但竞争并不激烈时，基于团队型组织经常被使用。这种组织方式在具有稳定的资金供应但任务与实施过程的改变越来越必要的公共部门中正在变得更加常见，.因为定制服务需求的增加。例如，全面质量管理（TQM，以及各种各样的质量管理方法）必然要求跨职能的团队以及重新设计适合快速变化的环境的制度来解决问题。在以团队为基础的文化中被强调的价值观包括群体中的非正式地位、参与型决策、隶属于依附关系的员工以及关心与支持的领导风格。

明茨伯格的方法与竞争性价值观的方法有助于我们理解与组织形式的深层结构相关联的价值观。在广泛试验组织形式变化的时代，这种分析的重要性被放大。虽然科层官僚型组织似乎是不可能因为其他比较单纯的组织类型而在很大程度上被放弃，但是，许多官僚组织似乎的确可能将比以往呈现更多的混合特性。由于组织结构对几乎所有组织的活动的重要性，下一个问题集中在组织绩效的低劣和失常（行

政失当）与价值观和伦理的关系，换句话说，当组织运行最佳时，它们在其结构中实施的价值观与伦理就被完美地表达出来。然而，当组织局部优化或正式结构与实际行为之间的差距变得明显时，信奉的价值观与伦理总是被贬低或者被违反。这就是我们接下来要转向的这一重要话题。

11.4 行政失当与组织结构

行政失当存在的两种主要形式涉及组织结构。第一种是如行政腐败、大量的行政滥用以及严重的无知或无能这样的彻头彻尾的不道德行为。行政腐败的例子包括任人唯亲、欺诈、盗窃、受贿以及财产或资源的滥用。行政滥用或无知的例子
237 包括非法歧视、行政人员的非法政治活动或者民选官员的政治性行政操纵、规则的破坏、管理上的自我中心、庸碌、严重的无能（正在做人们没有资格做的一项工作）以及严重的无知（不了解如法律这样的重要组织约束）。(讨论行政腐败的第17章详细集中在这一主题上)。不过，当谈论先进民主国家的伦理管理问题时，正如加里·布鲁巴克所宣称的那样：“尽管是政府丑闻，但是腐败不是主要的问题。”(布鲁巴克，1991：362)

第二种形式的行政失当是由于组织的功能障碍，虽然不及腐败或者严重的无能那样无耻，但是是比较常见的，在美国和其他许多国家中总体上更重要。这样的功能障碍有多种原因和症状，这些形成了一种价值观模糊以及不必要的伦理矛盾的环境。

组织有很多利益要捍卫和平衡，并且对组织来说很容易让一系列利益要么减少，要么过分强调。对官僚组织过度的一种轻松愉快的攻击包括“帕金森定律”，即工作膨胀到要占据了其完成可获得的所有时间（帕金森，1957），突出了在官僚组织中为公务人员建立适当绩效问责制的这种真正问题。另一个例子是“彼得原理”，其宣称员工往往晋升到了他们自己不称职的层级上（彼得和霍尔，1969）。与管理人员一起工作的任何人都知道，他们中许多人被提拔是基于技术能力，而不是管理方面的培训或成功监管所必要的人际交往能力。

通常被称为官僚病理学的严重组织过度的列表很长并被大量评论。罗伯特·默顿（1940）讨论了组织目标被符合规则所取代的目标置换。这将导致官僚僵化和繁文缛节。博尔丁研究了随着时间的推移，不断消耗工作人员和组织本身最多活力的“组织硬化”的倾向（1953：85），这一主题使人联想起近一个世纪前，马克思对现代工作的异化批判，这种批判早于如罗伯特·登哈特（1981）和凯瑟琳·登哈特（1988）这样的其他人。维克托·汤普森（1961）关注许多官僚倾向于组织内外都可以支配与控制他人。这主要是通过要求下属遵循详细的约束或为特殊情况下的轻微偏离获得许可的规则散播来实现。在研究两个法国机构的过程中，米歇尔·克罗泽（1964）发现他们的形式主义的行为并没有让他们适应好或学习好。拉尔夫·胡默尔（1977）研究了一生工作在官僚制环境中的影响，这些影响导致“被截断”个性，其特征是对技术与法律的狂热以及缺乏人文价值观。来自公共选择理论的批评

者已经把注意力引向了官僚行为的预算最大化（尼斯卡宁，1971；米格和贝朗格，1974）。高思罗普（1984）认为组织经常成为各种不当行为的“盾牌”，从掩盖令人震惊的不法行为（亚当斯与巴尔弗，1998）到忽略轻微但重要的低效与错误。

然而，从 20 世纪 40 年代默顿的早期批评到整个 20 世纪 90 年代初的批评，主要的抱怨一直是特定类型组织——科层官僚型组织——的过度。20 世纪 90 年代有关把基本组织类型（通常是相对单纯的科层官僚型组织）全部改变成不同的类型(例如，基于团队型组织、理性官僚型组织或临时委员会型组织）或者至少改变成不那么极端的官僚类型的讨论的数量出现了显著增加。从 20 世纪 80 年代开始影响私营部门重组的相同的环境变化在 20 世纪 90 年代（巴泽雷，1992；奥斯本和盖布勒，1992）开始要影响到公共部门。组织被号召成为更少的以规则为导向，更多以 238 员工为中心、以客户为中心以及/或者更多灵活性的组织（盖伊·彼得斯，1994）。从其实际发生的程度来看，这种价值观转变不仅有组织结构的暗示，如可能的权力转移，而且也有相关的伦理暗示，如合理变动（自由裁量权）的伦理适当性，而不是绝对的规则遵从。

那么，总之，至少有五个类别的组织功能障碍存在。第一类包括道德沦丧。这样的沦丧发生在员工、单位或客户为了个人的利益、偏好和权力而不顾组织的/法律的规则时。当它们变得严重和/或变成常规时，我们称它们为行政腐败。第二类包括心理动机的问题，包括态度差、士气低落、缺乏凝聚力和远见、疲弱的工作纪律以及其他的后果。第三类组织功能障碍包括职位-能力问题，其出现在个别员工没有能力履行现有的或未来的责任时，或者在某一单位或组织没有能力完成其现有或未来的使命时。第四类组织功能障碍包括结构-制度问题，其出现在组织适应其环境或授权差时，在系统组件之间的适合差时，或者存在不合适的诱因时（无效或反常）。第五类组织功能障碍包括问责的问题，其可能由允许道德沦丧（或者更糟，彻底的行政腐败）的太少问责而引起，或者由往往导致行政官样文章和死板的太多问责而引起。然而，正如本章早前所讨论的那样（在问责制度部分），组织可能是功能不正常的，因为它有不适合的问责或控制类型的权衡。例如，组织的理念是一种公认强调团队的理念，然而，所有控制可能分等级地强制实施（而不是由同行实施），或者温和的冒险可能会被组织的言辞所鼓励，但任何被认为错误的言论可能会导致新规则或新政策。

所有类别的组织功能障碍往往源于要么糟糕的价值观表述，要么糟糕的价值观灌输/教育。它们都显著降低了适合民众的组织效率和效果，并且它们都往往使该组织成为一个对工作在其中的员工来说不太令人愉快和不太令人满足的地方。价值观的澄清变成一种道德义务，因为人们不可能做正确的事，除非他们个人与集体知道它是什么并且知道应该去做它。同样，价值观澄清成为管理上的义务，因为人们不可能做有效率和有效果的事，除非他们个人与集体知道它是什么并且知道应该去做它。不过，价值观澄清共识的建立的重要性与价值观的培训不应该掩盖其复杂性和艰巨性，特别是在这样一个价值观变化的时代。

因为考虑到如今公共组织中各种类型的行政失当的高发病率，出现了越来越多的外部和内部的要改变组织结构的压力。我们以这样的组织结构变化所带来的价值观与伦理的后果来最后结束讨论。

11.5 组织结构变革的后果

在最好的情况下，以往的组织结构变革往往要么改良了组织结构，要么减少了
239 组织结构。这些改良和小的改进通常是朝向比较类似的结构组织。多数时候，人员配备制度会是严格以规则为基础的公务员制度，问责制会强调法律和规则，组织形式会是相对纯粹类型的科层官僚型组织。然而，如今，对组织结构的所有元素——组织制度和组织形式——有相当多的讨论和试验（有时是激进的）。

这样的组织结构变革所带来的影响是巨大的。尽管模糊但仍然有效地被新的全球经济所表达出的社会需要正深深影响着公共部门。政府的范围、手段和制度都正受到质疑，并且在许多方面变化正在发生着。例如，朝向更少政府（尤金和斯坦尼斯拉，1998）的总趋势被表达为私有化举措、缩小规模、竞争、更严格的比较性绩效测量系统以及在政府中更多地利用市场机制。

相应地，组织的需求影响其员工的生活。机遇和挑战都令人印象深刻。从积极方面看，公共部门（总体上）是一个更令人兴奋的地方，更复杂，更少死板，更具创造性，反应更灵敏，行动更快，更集中以及更多以质量为导向。例子包括一站式客户服务中心、有风度有礼貌地引用文献的执法人员、便捷的电子报税表、如垃圾收集这样的日常服务中的严格的成本控制、客户调查、被授权解决问题的团队以及因授权代理而产生的就业扩大。

所有这一切的变化也有消极的一面。在过去，公共部门代表大多数被剥夺公民权的人的工作经常做得远远不够。变革往往是计划不周的、狂热的，从而不成功的（凯登，1999）。为了能够更多回应更多选区，有时公共部门未能取悦任何人。缓慢开始变化的旧的问责制度经常与更新的结构性变化是有矛盾的。质量与效率的新理念往往天真地不考虑原有的政治现实，有时似乎威胁到民主理论本身。当团队、灵活性和企业家精神（客户和市场定位）似乎是对付一度主导了公共部门的科层官僚作风过度的很好的解毒剂时，它们在哪些方面太多地削弱了传统民主从选民到民选官员再到公务员的指挥链？当价值观发生竞争时，公务员如何知道该怎么办？这将要给他们太多的自由裁量权或者要么不公平地让他们承担太多责任和可能的责备？储蓄与贷款的崩溃清楚地提醒我们，设计不当的制度变革的确是代价昂贵的，其把**某种程度上**过于谨慎并且被限制的行业在一个相对短的时间跨度内变成一个**疯狂地**大胆创新的、不受限制的行业。公共部门终究是一种公共财富，并且错位的变革热情可能会导致公共部门代价高昂的缩减，这将需要一代人或更长时间才能修正。

20 世纪 90 年代的明显经验教训似乎是：没有伴随组织结构的变化，价值观的变化就不会发生。相反，组织结构的变化必然涉及价值观的变化。同时，所有价值观的变化都影响到有关不可接受行为的规则以及我们对理想行为的看法，也就是说我们的基本伦理观念。不是非常清楚的是将在多大程度上、以何种方式以及何时来

修改原有的组织结构。此外，当这些变化正在发生时，我们要小心维护哪种源于我们的宪法以及如政治中立的文官制度的、我们所珍视的、传统的、永恒的价值观以及是时候改变哪种价值观并且改变成什么新的价值观和什么新的结构？

参考文献

请从中国人民大学出版社官网（www.crup.com.cn）下载，或者用微信扫描下方二维码获取。

第 12 章

政府伦理与组织文化

莉·E.格罗斯尼克
帕梅拉·A.吉布森
美国弗吉尼亚州里士满弗吉尼亚联邦大学

> 公共管理一定会遇到的大量困难并不是来自它无法想到或设计出新的组织结构或规定新的互动程序，而是主要来自其无法克服其过去的惰性和无法改变其目前的伦理价值观。（高思罗普，1984）

在理解应用伦理和基于政府组织中新价值观的形成的学理上与顾问式的方法中，占主导地位的是组织发展与道德成熟的假设与理论，其重点是个人根据道德原则做出组织决策的道德能力或领导者重新编织体现了“职业公民身份”伦理的组织道德网络的能力。但是，显然在这些方法中，大多被忽略的是**组织文化**的存在，即一种无处不在的、可能阻碍个人重新聚焦在他们的决策上的尝试或阻碍领导人重组组织的尝试的存在。给予组织习俗的短暂关注采取了追溯性故事叙述的形式，在其中，要么是文化的病理性行为显示导致无疑是不道德的承诺行为，并且听众只是被预先警告不要重复这样的错误；要么传说是有关一个快乐而富有成效的集体的，领导层可以用足够的毅力来复制这种集体，以便灌输变革。在任何试图改变组织价值观的过程中，无论是通过对参与者的道德原则教育，还是通过来自领导的、致力于更高道德原则的强加，处理现有组织文化的内容必须直接为了要发生的积极的变化。任何忽视文化的努力不仅冒着抑制发生积极变化的风险，而且还可能无意延续消极的文化规范、信仰和价值观。在试图重新关注组织价值观取向的过程中，忽视文化类似于忽视原因，类似于在允许深层疾病蔓延与恶化的情况下来治疗症状。

组织文化是由“**……成员所共享的、不知不觉地运作的，并以一种‘理所当然’的基本方式精确地解释了组织对其本身及其环境看法的基本假设和信念**”（原文强调）组成的（沙因，1985：6）。

组织文化的角度已成为分析组织流程、程序以及流程对组织环境影响的重要途 244
径。它也有助于人们对组织参与者对群体承诺的心理因素的理解。它是目前私营部门强调价值观作为员工的创造力、忠诚度和生产力关键的基础。如果组织文化主义者在他们分析文化对组织影响方面是正确的，那么，重新定位组织价值观之路就为适应与实施的问题所困扰。这是一个已经很快被一些正在尝试吸收，通过融合到他们的组织文化价值观中强调质量的日本“方法”的美国企业所学到的沉痛教训。他们忽略或最小化了帮助任何强加变化的成功或失败的组织文化目前的潜在和关键因素。在东西方文化中的差异允许、鼓励、抵制不同价值观。因此，价值观的采纳或适应需要考虑远远超过，比如说，更大利润空间的目标。

美国公共部门开始研究私营部门质量原则并把其应用到政府服务中。然而，遗憾的是，在私营和公共部门中的底线是不同的，政府还没有解决如何通过私营部门质量方法来提供服务从而把冷漠公民转变为满意客户的问题（弗雷德里克森，1993；西奥博尔德，1997）。看来关于如何完成这种转换的最学术性公共管理建议是要把伦理灌输到政府系统中去，同时假定对政府工作人员和领导的大规模再教育将导致一个更友好、更以价值观为导向的并将提供优质方案与服务的公共服务。

大部分对私营部门组织环境中组织变革努力的学术性研究与评估，对于聚焦于作为创造以价值观为导向的组织的主要因素的领导有效性来说，几乎没有提供支持。虽然领导是很重要的，但是它必须被引导到对组织文化的重新定位上来，以便促进作为组织决策基础的适当伦理价值观的兴起。在公共行政中，少有人承认领导与文化变革之间的关系——甚至强有力的领导面临具有不同价值观的强大组织文化时都失败了。

12.1　分析视角下的组织文化

从理论与应用的角度来了解伦理与组织文化之间的关系，人们首先必须了解组织文化概念的广度和深度。斯蒂芬·奥特博士已对相关的理论和研究提供了一个出色的回顾和分析，这种相关的理论和研究为我们现在理解这种社会建构提供了基础（奥特，1989）。奥特认为组织文化角度意味着“……两种不同但相关的事情”。首先是类似于社会文化，**组织文化**“**……由**共同的价值观、信念、假设、理念、标准、人工器物和行为模式**构成**”。它是看不见、无法观察、始终处在可以看到和观察到的组织活动背后的力量。其次，组织文化角度是一种分析的角度，由“试图解释和预测组织及其组织中的人们在不同情况下如何行为的理论集合组成”（奥特，1989：1）。

245 这些理论方法导致奥特观察到组织文化：

（1）类似于社会文化；

（2）有内涵；

（3）是组织活动背后的一种力量；

（4）激励组织成员去行动；

（5）是促进意义、方向并且组织动员的统一性主题；

（6）是一种鼓励或禁止行为的控制机制。

此外，这种视角挑战了当时的学术体系和组织结构理论，其如同“在……尝试了解和预测组织行为时，……使用了错误的镜头来审视错误的组织要素”（奥特，1989：50）。

为了说明组织文化理论与研究的发现，奥特借鉴沙因（1981，1985）和基辛（1974）提供的定义。基辛指出有两种派别的文化人类学影响到组织文化研究。一种派别是**适应性演化主义者**（adaptationist）方法，侧重于文化中直接可观察到的有形器物——演讲、著述、工具的使用、知识的传播以及相关器物。另一种是**观念形成主义者**（ideationalist）方法，是基于共同的信仰、知识、意义和其他社会群体中图案化的思维方式。

适应性演化主义者看重组织中可见的，特别是使用的语言模式，其创建的趋势和模式以及源自组织环境中有形之物的文化内涵。因此，可见对象出现的强度是推论文化因素的作用和重要性的基础。此方法适合于更传统的社会科学分析技术，尤其是统计和趋势的分析技术。

观念形成主义者解释了组织因素对有关价值观与习俗问题的反应，他们观察互动模式和仪式，以便得到共有的要素和互动模式。这些观察结果要么是观察对象的解释，要么是观察者的解释，文化意义归因于作为结果的模式。

沙因创立了一种文化基本要素的范式，通过提出组织文化主要要素的 3 级互动的连续统一体来把适应性演化主义者的概念加入观念形成主义者的方法中。此范式是基于组织场景中的每种现象的可见性程度。

第 1 级（最明显的）被称为**人工器物与创制物**层级。它包括组织的技术、工艺和可视听的团体的行为模式。这是适应性演化主义者从事的层级。第 2 级（对任何观察员部分可见的）在**价值观**领域把适应性演化主义者与观念形成主义者结合在一起。这种中间层级描述了在自然与社会环境中可见的和可测试的现象，但需要观察者的解释。第 3 级（通常是不可见的）即沙因分级的基础，是**基本的假设层级**。沙因所计入的要素是该组织的假设，是有关：（1）组织与其环境的关系，（2）组织的实体、时间和空间的性质，（3）人性的性质，（4）人类活动的性质，以及（5）人与人之间关系的性质。

组织文化研究人员已经研究了在这些分析层级中的要素。在对组织文化的互不
246 关联要素进行分析的过程中，奥特开发了组织文化要素列表，并根据沙因范式对它们进行分类（奥特，1989：63-64）。在进一步完善沙因的方法过程中，奥特把第 1 级分为 A 和 B 两部分，第 1 级 A 部分的人工器物涉及组织文化中的技术和艺术。

被称为行为模式的第 1 级 B 部分指定了熟悉的管理任务、可视听的行为模式、作为常见人工器物的标准（奥特，1989：62）。

表 12-1 中的组织文化调查对象列表是来自奥特的分析，并以更容易识别的组织文化层级与组成各个层级的调查要素之间的关系的格式来展现。在分析组织文化领域中最相关研究的过程中，奥特利用了 66 位最重要的、对理解组织文化概念的各方面做出了贡献的作者及其研究成果。每一要素都是根据所涉及的组织文化层级来归类。从这次大量调查和思考中，奥特得出他所谓的“整个文献中有关四大功能的功能性一致认同，这四大功能可以被看作组织文化功能性定义的核心”。这些是：

(1) 它提供了认知解释或知觉的共享模式，由此，组织成员知道他们被期望如何行动和思考。

(2) 它提供了情感共享模式，一种对参与和致力于组织的价值观和道德守则的情感感觉——对值得去为之工作和值得相信的东西的——由此，组织成员知道他们被期望看重什么以及他们被期望如何感觉。

(3) 它定义和维护界限，同时承认成员与非成员身份。

(4) 它起着组织控制系统的作用，规定和禁止某些行为。

对第五个功能不存在一致性认同：

(5) **组织文化强烈地影响着组织绩效**（强调是后加的）。（奥特，1989：68）①

奥特强烈主张组织文化是**一种通过塑造成员对意义与现实的知觉与认识并为动员提供情感能量以及确定谁属于、谁不属于来控制组织行为模式的社会力量**（奥特所强调，第 69 页）。然而，在没有进一步区分互不关联的研究以及对组织文化研究方法中的调查方法没有改进的情况下，奥特就得出结论认为有很多有关组织文化方面的问题有待回答。

奥特的分析对于其在审查大量文献、综合研究结果、指出各种方法中的差距以及推荐研究策略方面所起的整合作用来说是很有价值。对于认真深入研究美国政府伦理的研究者来说，被提供的理论与行为视角充当着方法指南的作用，据此组织文化视角能够被用来理解伦理在组织决策和提供服务方面的作用。对于寻求把伦理作为一种提高质量的手段的组织发展顾问来说，组织文化视角提供了理解组织以及理解道德发展在哪里能够最有效地被利用来改变组织对其本身及其在治理和服务提供过程中作用的看法的方法。

---

① 对具体方法感兴趣的读者被要求参阅奥特的书目（1989：199-217）。当代非常有用的对概念化关注的范围和研究进行介绍的是弗罗斯特等（1994）和舒尔茨（1985）。弗罗斯特的书目特别适合研究技术采样。舒尔茨的书目对组织理论中的文化理念提供了广泛的研究（1994：171-179）。在理解概念和研究方法方面，对公共行政学者来说熟悉和有用的资料包括以下内容：(1) 关于第 1 级——人工器物——爱德曼（1964）和舒尔茨（1983）；(2) 第 1 级 B 部分——行为模式——高夫曼（1967）和里蒂与芬克豪泽（1982）；(3) 第 2 级——信仰和价值观——巴纳德（1938）和塞尔兹尼克（1957）；(4) 第 3 级——基本假设——萨特（1985）和沙因（1985）。此外，公共行政的读者会受益于伊兹欧尼（1975），在伊兹欧尼那里，所有层级在内容上都被论及。对 1981 年的《小组主持人年度手册》（*Annual Handbook for Group Facilitators*）评论对有效研究工具也是有用的。就该领域的开创性工作来说，应咨询贾克斯（1952）。

247 **表 12-1** **组织文化要素的类型**

第 1 级　A 部分　人工器物		
艺术	语言	仪式
沟通模式	英雄人物	历史遗迹
把对人（或事物）的理想化看法转变成行动和关系	组织轶事	语言、隐喻与传言之间的关联
实物	神话	实物的安排
组织文稿	组织故事	传统
象征物	行话	庆典
第 1 级　B 部分　行为模式		
态度	行为的规律性	惯例
典礼	共享的期待	管理措施
互动模式	语言、隐喻与传言之间的关联	做事情的方式
举止	标准	被传闻的做法
习惯	传言	非正式的规则系统
风格	传统	
第 2 级　信仰和价值观		
态度	主体间性的意义	信念
共享信念的模式	认知过程的模式	标准、规则、态度、惯例的来源
共识的水平	核心	组织的道德体系
气质	感情	身份
意识形态	行为的正当理由	知识
意义的模式	意义	思维模式
生活	哲学	实践三段论
目的	观点	对卓越的承诺
思维方式	默契	价值观
基本或核心价值观	共享价值观的模式	愿景、方法、世界观
第 3 级　假设		
人们据此为生的假设	组织团结一致的黏合剂	组织文稿（事务分析）
基本的假设模式	思维模式	身份
生活	哲学	核心
方法	精神	法规
世界观		
不清楚的要素		
组织氛围	核心	
根源	被认知到的特殊的品质、方法和世界观	

资料来源：From Ott（1989）.

12.2 组织文化中的伦理要素

组织文化范式中的伦理、价值观、道德守则和意识形态是非常重要的。奥特得 248
出结论认为这些第 2 级中的要素是理解文化的核心。他注意到伦理、价值观和道德规范为人们在组织中的所作所为提供了正当的理由。因此，如果不知道如何驱动他们的信仰和价值观，要理解大多数看得见的组织各级、组织人工器物（第 1 级 A 部分）和典型行为（第 1 级 B 部分）将是不可能的（奥特，1989：41）。

伦理与价值观是组织文化乃至组织绩效的中心的这种想法是最近大量流行的管理文献中的关键理念，其强调价值观在质量发展中的作用（乌奇，1981；帕斯卡尔和阿托斯，1981；彼得斯和沃特曼，1982；艾柯卡，1984；彼得斯和奥斯汀，1985；莱维特，1986；沃尔顿，1986；还有其他人）。代表这种方法的唯一选择是威廉·G. 乌奇的 Z 理论（1981）。从表面上看，乌奇的观点可能被看作一种对某一类组织文化的偏爱性学术分析，是一种对包括在组织环境中各部分和各层级的关怀与合作的首要价值的组织工作理念发展的偏爱性顾问式说教。是乌奇把文化与组织绩效联结在一起，这具有很大的吸引力。他认为由一些经济指标和企业声誉来衡量优质产品和服务，最成功的企业是那些与员工的和组织的其他利益相关者的价值观最具整体性的企业。这意味着群体文化是基于共同的假设和与从事相同追求的其他人的同一性，意味着基于个人与群体的同一性依赖于群体所作所为的价值观。这种同一性允许共同信仰、规范、伦理和典型互动在组织的决策过程中发挥作用。它还会影响组织结构、组织的技术过程甚至组织所占用空间的物质方面。在市场上，富有组织文化的假设内涵通常反映了组织产品对社会价值方面的一致意见、维护这种品质的服务承诺以及组织内外都有尊严地把个人作为企业努力所必需的人类参与者来对待。这是彼得斯和沃特曼的意思，当他们评述说要在市场上成功组织必须是“积极参与的和价值观驱动的”时（1982：278-291）。

在创建、维护和改变组织文化方面，领导是很重要的。一种长期被忽视的、已经从 50 年休眠中脱离出来的领导理论直接论及领导与伦理、价值观和规范之间的关系。虽然其基础是古典组织理论的等级理念，但是，它注意到领导者是组织规范与价值观，因而也是其伦理与道德行为的创建者、促进者和捍卫者。

20 世纪 80 年代，切斯特·巴纳德 1938 年的经典之作《经理人员的职能》的第 17 章被挖掘出来。其断言经理人员能够（应该、必须）控制组织的道德准则。斯科特（1982）指出巴纳德要求组织中的道德领导目的仅在于组织过程而不是组织的基本价值观结构。把道德规范引导和应用到过程中与另一方面即组织中的基本价值
观的创建和维持之间存在显著差异。领导继续被誉为组织文化变革或重新调整过程 249
中的关键变量，这种领导并没有出现在组织文化的结构化研究中已被研究的要素列表中（例如：费尔霍姆，1991；莱维特，1986）。

对公共部门管理人员的调查（鲍曼，1990；鲍曼和威廉斯，1997）一贯地展现了在形成和培育组织伦理氛围的过程中领导的重要性。在受访者看来，无论是积极

的倡导、宣传行为还是庆祝行为以及消极的领导忽视、虚伪和告诫行为都有助于培养支持或破坏组织价值观结构的氛围。不过，也有足够多的强有力领导没有改变组织结构的例子（奥特，1989；帕斯汀，1986），对这种说法提出质疑。

在私营部门价值观的文献中，领导被视为在维持或变革组织文化方面是必不可少的（乌奇，1981：89）。由于伦理与品行在文化背景中被研究，领导者被视为持有强烈伦理与道德信念的人。因此，虽然领导在组织文化文献中被公认是维护或变革的变量，但是它被视为一个过程变量。目前理解流行的组织文化与变革文献中的领导变量的主要困难是：一些价值观主题的推广者建议，组织需要的全部是具有很强伦理观念和对道德管理进行承诺的领导者，以便重新定向或改变组织文化和组织特征。虽然这种假设或许使领导书籍好卖，不过管理培训、获得对组织文化的控制通常不像领导文献中其被描绘得那样容易。这似乎依赖于现有的组织文化是强是弱，以及聪明且有决心的领导者是如何用新的价值观和伦理去面对组织文化。

到目前为止，领导独自显著影响组织文化的案例尚未出现。

12.3 伦理与组织文化的冲突

伦理与组织文化之间的相互作用对马克·帕斯汀来说是有趣的，他是一位研究商业公司并向商业公司提建议的哲学家，他从一个决然不同于人类学家、应用心理学家以及组织文化中占主导地位的组织社会学家的视角来研究伦理与文化现象。帕斯汀（1986）是少数几个应用学术顾问之一，他通过处理组织的第 2 级与第 3 级的规范和信仰体系来倡导组织变革。对帕斯汀来说，“伦理不仅是组织文化的核心，也是进行变革的支点。由于伦理是变革文化的支点，没有伦理的文化变化类似于没有千斤顶的轮胎更换”（1986：128）。承认组织环境中伦理的首要地位使帕斯汀大致同意组织文化有关伦理与价值观重要性的分析。但是，帕斯汀进一步把组织文化与组织伦理分类为弱的或强的。就分析目的来说，这允许帕斯汀确定需要伦理方面变革的努力以便影响和改变文化。他的结论是强的组织文化是不受第 1 级 B 部分引入新伦理的文化变革的影响（可见的行为模式层级上）。坚定的信念系统（第 3 级，组织化程度的无形假设）不会在操作层级整合价值观（第 1 级 A 部分和第 1 级 B 部
250 分，人工器物和行为模式层级）。如果变化要发生，强的组织文化必须处理其“世界观”根基。帕斯汀注意到强的文化能够很容易地击败即使是有能力领导人引入文化假设变革的最坚定努力。因此，即使是最有见识、最坚决的警察局长也可能不能够通过引入伦理守则和新的、有影响力的行为规则成功影响到部门中的基层操作人员的行为。

通常被发现在新的或完全重组后组织中的弱的组织文化还没有形成主宰操作流程和价值观前提的坚强信念。这种类型的组织能够吸收新的价值观前提和基于输入价值观的流行操作程序。在用新的伦理命题来灌输给组织方面，帕斯汀（1986）倡导软文化的行为控制的行为战略，并且提升伦理作为组织社会契约基本要素的作用。根据沙因范式，帕斯汀会支持以第 2 级的伦理和价值观为重点的组织战略，推

动这些价值观主导基本社会契约。在积极价值观与道德行为期望是组织基础一部分的地方，它们将明显地被体现在该组织的程序与政策中。

作为组织文化的中心，伦理对帕斯汀来说成为“专题讨论节目……在这种节目上，组织主张根本改变其章程（基本规则）”（1986：132）。在强的组织文化中，那些第 2 级和第 3 级的基本规则在第 1 级 A 部分和第 1 级 B 部分中的习惯做法是如此的根深蒂固，以至于它们无法通过简单采用新的伦理准则、建立相互矛盾行为的行为规则或用伦理原则培训全部工作人员而改变。要实现任何改变，集中于对组织基本规则的讨论以及这些标准中的任何改变都必须在不太可见的组织文化层级中进行。强的组织文化在公共行政中比比皆是。目前改革联邦调查局的组织努力和国税局机构范围内的伦理改进努力是通过伦理培训和第 1 级 B 部分中的政策实施尝试组织变革的两个明显的例子。更公开和更生动的例子是美国海军尾钩事件，其戏剧性地说明了组织文化如何主导行为和抗拒改变。在美国 C-SPAN 有线电视网络的一个小时的新闻发布会上（1992 年 9 月 24 日），海军代理局长肖恩·C. 奥基夫不断把“文化问题”称作性骚扰事件与海军的海军调查处调查不严的根本原因。1992 年 9 月 25 日，《华盛顿邮报》在头版报道了奥基夫的特点特色，在他的照片下方附上标题，标题说：“更大的问题是文化的问题”。8 年后，海军部长劳伦斯·H. 加勒特辞职后，提前退休的海军上将弗兰克·B. 凯尔索和 50 个海军和海军陆战队的飞行员被罚款或纪律处分，仍然有来自一些成员的“一种挑衅的声调”。正如一位军队退休成员所指出的那样：如果尾钩事件调查的标准已应用到胜利日的行为上，“我的天啊，在军事上我们将要军法审判每一个人”（《纽约时报》，1999）。

这些牢固官僚的、专业为主的机构已经在它们的组织文化中建立了世界观、规范和价值观，它们是控制了内部和外部互动模式的基本规则无可争议的基础。有必要改变基本规则时，这些改革尝试只是成功实现了组织的“面部整形”。社会契约的基本结构仍可能未被触及。据帕斯汀所说，这种战略将无法产生效果。如果真正的变化要发生，组织的参与者——领导者、管理人员、专业人士及工作人员——必 251
须研究和了解他们的基本假设、他们的社会契约的行为力量。

因此，无论新标准在道德上是如何有吸引力或领导者可能是多么有道德力量，试图通过引入不同的道德标准来改变行为可能会造成没有产生改变的破坏。同样，没有识别和处理正在阻止吸收新的伦理标准的文化因素，甚至组织范围内的伦理教育的努力可能会被浪费掉。如果是这样，并且帕斯汀的证据是充足的话，那么，被流行文献制定的“价值观驱动”的组织战术、领导者没有在战略上利用伦理变化就能做到这一切的理念以及如果使理性组织参与者知道伦理的重要性，就会改变组织伦理的想法，并具有很强的推测性。

帕斯汀对组织文化力量假设（第 3 级）的意见对组织文化文献提供了所需的补充。这种方法使人们把组织文化的伦理、价值观和道德规范要素纳入一个视角中去，这种视角在了解组织文化作用以及伦理的使用如何能够改变任何组织（私人或公共）方面是有用的。在理解文化与组织行动之间的关系时，强调文化的假设层级与这些假设的力量相结合就需要考虑到整个文化范式。

组织的研究人员已经采用、挑战并显著拓展了沙因的理论（哈奇，1993；舒尔茨，1994)，以便吸收更多他所提的用来研究组织文化的层级之间的动态的理论。

在公共行政文献中，论及第3级的文化假设与组织价值观最近的一些著作之一是范·沃特的《变革公共部门价值观》(1998)。他把沙因和奥特文化框架扩展到哲学和宏观政治问题，并对涉及元伦理问题的理论问题做出了重要贡献。然而，这些涉及公共领域与伦理方面的基本文化要素的研究仍然不足。

12.4 公共行政、组织文化与伦理

美国公共行政面临没有重视组织文化的困难。菲利普·塞尔兹尼克的《田纳西河流域管理局与草根组织》(1949)、彼得·M. 布劳的《官僚机构的动力》(1955, 1963) 以及赫伯特·考夫曼的《护林员》(1960) 等开创性著作为我们介绍了公共部门文献中的组织文化。较近期的《重塑政府》文献（奥斯本和盖布勒，1992；奥斯本和普兰斯特克，1997）把更多关注扩展到沙因范式的多层次变量，并建议在公共案例研究中对组织文化进行缓慢而稳当的唤醒。每一项研究都通过对组织政策场景发展的分析以及对机构内被分析过的结构化互动模式的评估来提供对组织文化的描述。

参照奥特对沙因范式（表12-1）的修改，塞尔兹尼克和考夫曼的方法在实施方面是宏观的，其大量努力投入第1级B部分的现象上，指出了管理措施、行为的规则、做事情的方式、互动的模式、规范、风格和（特别在《护林员》一书中）政
252 府机构传统的力量。这两本著作没有任何一本特别关注伦理，但都触及第2级的要素。探讨共同的价值观与信仰、意识形态和思维方式与每个组织的功能的关系。考夫曼结合美国林业局的远地现场业务对专业主义的研究是将第2级的变量与该组织的可见特征联系起来的一个很好的例子。他的分析提供了对美国林业局的基本规则的理解以及美国林业局做事方式的原因。

布劳的做法更紧密地把组织运作的基本要素（第1级A部分与B部分）与组织文化中的第2级变量的价值观和共同信念系统联系在一起。在其中一个被研究的机构中，新工作评估方法的引进引发了被研究的下级员工的行为调整。在另一个机构中，不报告行贿企图的习惯做法强调心照不宣的理解和工作群体的规范。这两者都是组织文化范式的第2级的变量。现在要考虑的伦理问题和能够从文化角度来研究的这些东西被视为组织规范。传达的信息是组织的文化信息。这两个机构可能被认为是具有引导基层工作人员行为的强文化。在帕斯汀看来，在服务提供层级中，强文化对管理层所期望的各种根本性变化是抵制的。就行贿来说，即使法律所要求的行为也对变革有免疫力。

奥斯本和盖布勒在《重塑政府》(1992) 一书中继续认为第1级A部分和第1级B部分变量的改变可以引起公共部门组织的改变。在他们的结束语中，要求认知与期望政府服务的“新范式”时，他们倾向于第2级和第3级的变量。但是，在《摒弃官僚制》(1997) 一书中，奥斯本和帕斯汀提供彻底清除“约定俗成”的措施，以便迫使这样的改变。他们都清楚地知道，所有改变组织可观察要素的策略将引起临时改变，除非组织成员的价值观和世界观被给予显著关注。他们指出领导者

和员工的倾向，或根据奥特的框架，第 3 级的假设对变化的发生是最重要的，也最抗拒变化。

他们的方案需要三种在组织基础核心上改变组织文化的方法。前两种方法“改变习惯和动人心扉”回归到第 1 级 A 部分和 B 部分的活动——改变仪式化做法、象征物、故事和风格。第三种策略“赢得头脑”（winning minds）的策略更多讲述的是使变化持续的无形基础，这种策略建议“重现既定的”（surfacing the given）其成员未言明的假设这样的工具，并且建构对组织形象的共同愿景。他们引用了弗吉尼亚州的一个城市的一种新的创业文化作为文化转型成功的例子。这有待其他人去讨论这样的设计对政府组织来说是可取的。

当前这一波的改革文献承认组织文化在制度化变革过程中能够发挥重要作用。现在改革者的文化假设正从属于检查他们是如何确定政府当前不足之处并如何设计他们所建议的补救措施（莱特，1995；彼得斯，1996）。具体到公共组织民主原则的改组（吉文，1999）和振兴（高思罗普，1999）——而不是重塑——将有更大成功变革的机会，因为当前组织文化的重要性被涉及。

这些政府的组织文化研究有助于理解一些组织文化的要素，因为它们影响到政
府组织中的行为。当组织文化现象被分析时，它们通常被组织文化的写作者和研究 253
人员所引用。然而，它们对公共行政的持续影响似乎最小。组织理论对公共行政的关注没有给文化对组织的影响加入更多重要性。

除了对个别政府机构和部门进行以研究为基础的审查之外，胡默尔（1977，1982，1987）、斯科特和哈特（1979）和高思罗普（1984）的文章提供了对官僚文化的推测性看法，这些看法可能是政府文化研究的基础。胡默尔对官僚文化的解释是最普遍和与主流组织文化的方法最密切相关的。《官僚经验》(1982) 的第 2 章“作为新文化的官僚主义”评价认为资本主义制度和私营与公共部门的韦伯式理性官僚制是“失范的”和没有文化的（第 60-98 页）。这种情况与基于价值观并期望这些社会中的组织结构将反映这些价值观的社会是对立的。对胡默尔来说，被导向权力最大化的政策与程序控制的价值观导致没有意义的生活和活动。作为组织形式的官僚体制由于其缺乏以人为本的准则、价值观和伦理破坏了其本身和社会。

斯科特和哈特（1979）探索相似主题，强调组织的极权主义角色，当权者(“重要的人”) 扮演的操控角色，专业人士的组织价值观维护的角色，较低层次的参与者（“无关紧要的人”）的无权力性以及完全依赖于对个人有任何意义的有权势者价值观的、作为结果的、“价值中立”的组织形式。用组织文化的话来说，斯科特和哈特观察到有悖常情的第 2 级的价值观、标准和伦理，其导致价值中立的政策、行为和组织活动的人工器物。他们推测组织的变化通过有权势者和专业人士的努力才能够发生，不过这样的改变必须基于积极的个人价值观（与组织维持的价值观相反），它们在第 2 级发挥作用并体现在组织内可观察的活动中。根据这种方法，该组织必须公开展示反映了有生产力的人的价值观的文化，组织价值观结构的中立性太容易被操纵以及掏空赋予生命以意义的价值观。

在维护组织中立性的观点时，高思罗普（1984）将重点范围缩小到政府组织和政府组织公共伦理的本质。高思罗普确定为促成公共组织中“文明伦理”的第 2 级

的要素是“……一种强调主要就数量来说的公平理念的机械论伦理”（第 139 页）。包括在这一定义中的是标准、价值观以及对程序性正当过程的信仰，即避免重点在于长远目标和程序合法公共政策的争论。其结果是一种在规定公共服务数量时把组织的所有职能降低到“最低标准质量”的制度伦理。高思罗普把这种方法称为“还原论者”，由政治收益与损失来衡量，很少关注个人的价值观念。中立性观点被高思罗普的评论所强调，即“如果我们是幸运的，审慎的实用主义者会以一种至少接近传统意义上的正派、诚实、正直的方式运用文明伦理”（第 145 页）。可供选择的替代方案是“虚无主义的伦理怪物”（第 145 页）。

由价值中立的组织制度所暗示的空虚导致一些人发出关于已经并可能继续取代它们的适应不良文化的警告。凯登（1991）称它们为“官僚病理学”，其使组织在
254 各层级充满了导致功能障碍暗流的疾病。亚当斯和巴尔弗在《揭开行政之恶》（1998）一书中指出了组织环境中明显的严重状况，这些状况促进了科学分析思维模式所怀抱的决策的技术理性方法。德国的官僚机构实施“最终解决方案”的高效率和高效果获得了一个更加曲折的解决方案，用这种方案，前纳粹科学家使美国航空航天局的太空竞赛获得成功，从这个更明显的（如被揭开的）例子上，他们揭示了组织目标和制度不是与价值无关的，事实上，它们可以掩饰和延续非故意的不道德行为。组织文化能够鼓励道德的反转，在这种反转中，员工通过允许组织过程来取代他们行为的规范内涵来理性化和正当化行动。盖伊也提醒说“相互矛盾的标准引发不道德的行为……个人改变他们的个人价值观使之符合组织”（1990：97）。

文化评论家对伦理、价值观和标准与组织产出之间关系的观点反映了有关当前在政府环境中的组织文化假设和价值观的悲观情绪。如果不考虑组织文化的方法，每一个人都推测，如果被确定为在组织文化中是重要的第 2 级和第 3 级的要素能够被重新定位为更多以人为本的价值观，在组织的第 1 级 A 部分和 B 部分的特性方面的变化就能够发生。在这方面，他们成为顾问和组织变革学者。这种价值观变革运动在私营部门是显而易见的，其强调价值观、标准、作为组织驱动力的伦理以及变革的应用，这种变革应用的目的是要人性化组织活动，其方法是通过消除等级制度，加强合作，并且极为根本的是对员工进行再教育，以便理解经营假设、信念与价值观以及道德规范的内容对于生产高质量的产品和服务是至关重要的。

12.5 公共行政伦理文献中的组织文化

对美国公共行政伦理有兴趣的教育工作者和研究人员还没有在任何实质性程度上接受组织文化视角。当代公共行政对伦理的兴趣和关注可能开始于 1964 年斯蒂芬·贝利在《公共管理评论》中发表的一篇文章。贝利对内在于政府行政人员角色中的自由裁量权和伦理是如何成为行政决策进行过程中的不可避免的要素进行了思考。这个主题逐渐把更多注意力吸引了到职业环境中的伦理作用上来。其结果是公共行政知识界集中起来研究、反思并提出理解与促进职业范围内各种伦理思考范式。贝利的选择重点即个体行政人员可能已经大大影响了公共伦理学术的路径。这

贬低了组织环境的作用，在这种组织环境中行政人员行使自由裁量权，并为群体中的其他人形成价值观路径。

公众对“水门事件”的反应以及出现在尼克松政府以及整个里根政府期间持续不断的一系列政治与行政丑闻，为公共伦理提供了良好的第二启动推动力。联邦政府、大多数州和许多地方政府通过制定伦理准则、开发运营伦理原则和制定政府 255
雇员道德操守规则，已经对越来越多的对政府伦理的关注进行了回应。突出的政府丑闻和政府对它们的反应，特别是制定培训计划，已经唤醒了学者和顾问的关注。这种觉醒已经产生了大量的论文和特别是针对政府伦理问题的培训材料。

很难准确地确定美国公共行政伦理文献的主要贡献者。有一些学者做出了贡献。如果考虑伦理课程的教科书的话，以下人物是重要的：罗尔（1978，1989）、库珀（1982，1986，1990，1998）、登哈特（1988）、盖伊（1990）、鲍曼（1991）、斯滕伯格和奥斯特恩（1990）、蒂明斯（1990）、戈特纳（1991）和刘易斯（1991）。专业期刊包含了越来越多的思考和对公共组织中的伦理问题的研究发现。贡献者中有影响力的人物是：钱德勒（1983）、汤普森（1985）、弗雷德里克森和哈特（1985）、鲍曼（1990）和库珀（1987）。在这些大量的思路和建议中，一些组织文化要素被广泛涉及，但被隔离于组织文化背景之外。

只有库珀用他的文章中有意义的一部分致力于公共部门伦理的组织文化背景（1998：183-190）。在引用沙因（1985）和基尔曼（1984）作例证并指出洛杉矶县警察局已经认真地使用组织文化的概念来干预其文化（普雷姆斯伯格和布洛克，1986）之后，库珀得出结论认为文化干预可能非常有效。库珀有关组织文化的评论是它“……对员工的行为发挥了强大的影响力，这些行为是正式的规则、规定、程序和管理人员角色权限之外的，有时是相反的”（第 183 页）。对强大组织文化的认可及其对伦理变革的可能免疫力导致库珀建议几种认清这种现象以及通过适当的领导活动来处理这种现象的方法。

卡萝尔·刘易斯的《公共服务中的伦理挑战》（1991）一书包含一个刘易斯称之为机构伦理审计的调查问卷附录（第 202-203 页）。这种审计要求有关机构伦理政策的数据与印象。来自这种工具的信息反映了第 1 级 B 部分的可见行为，其为对公共机构的价值观、标准和伦理进行调查的出发点。然而，刘易斯没有对这种审计进行解释或者为其应用提供任何指导原则。

公共行政伦理教科书分析家归类于对公共服务基本价值观伦理提供了深思洞见的那些人（罗尔，1978，1989；登哈特，1988；戈特纳，1991）和展现目前困难的案例和政策问题并提供建议性伦理解决方案的那些人（盖伊，1990；斯滕伯格和奥斯特恩，1990；蒂明斯，1990；刘易斯，1991，1993）。在所有这些著作中，变革的建议是直接针对组织文化的第 1 级 A 部分和 B 部分。如果没有更多涉及第 2 级的实际构成或者第 3 级的组织基本规则，所提倡的政府组织变革的普遍办法就是用公共部门伦理来教育组织中的工作人员和激励管理人员与高管来领导伦理改革。虽然这似乎可能是合乎逻辑的和适当的，但是组织文化的力量问题——特别是在大型的、历史悠久的公共机构，政治任命高管的非公共背景以及政治/行政领导的短暂任期——可能阻碍任何价值观和公共机构伦理性质的变革，不论谁想看到伦理的变化或者对被认为是维护公共美德必不可少的价值观的要求是如何的强烈。

12.6 组织文化的研究要素

256 组织文化方法必不可少的是恰当的研究方法。奥特指出组织文化的研究一般拒绝主导社会科学的逻辑实证主义的、高度可量化的数据方法（奥特，1989：90）。组织文化的研究主要是定性的、亲自实践性的并且要求在组织内部到处找信息。奥特提到了以下方法作为调查组织文化不同层级的主要普遍方法：

(1) 紧紧围绕着和审视着物理环境（第 1 级 A 部分）；
(2) 到处翻寻历史记录（第 1 级 A 部分）；
(3) 内容分析出版物（第 1 级 A 部分）；
(4) 向组织结构图学习（第 1 级 A 部分）；
(5) 听口头陈述（第 1 级 A 部分，第 1 级 B 部分，第 2 级，第 3 级）；
(6) 听神话、故事、传奇和传说（第 1 级 A 部分，第 1 级 B 部分）；
(7) 运用笔试工具（第 1 级 B 部分，第 2 级）；
(8) 利用治疗师和内幕人士把上述方法组合起来（第 3 级）；
(9) 通过局外人士的人种学视角把上述方法组合起来（第 3 级）。（奥特，1989：106-127）

每种调查方法已被用来理解组织文化的各个方面。每种方法都把文化要素配置在适合调查者分析的某一模式中。

组织文化的研究需要这些组织分析技能，这些技能使调查员能够证明第 1 级 A 部分和 B 部分可见的输出与第 2 级价值观之间的关系。这种方法通常与工业与应用心理学、组织社会学以及在公共行政中以政策为导向的研究趋势中通常找不到的应用研究技能联系在一起。民族志研究是属于文化人类学的领域，其甚至进一步被从公共行政的分析方法中移除。

在开展组织研究以便确定组织文化的伦理内容的过程中，确定要素出现程度的最合适的方法似乎是倾听（方法 5）、分析组织的故事或仔细观察其记录（方法 6）和笔试测验的运用（方法 7）。奥特重印亚历山大的《组织规范的态度问卷》（1977 年）和哈里森的《诊断组织意识形态的调查问卷》（1975）作为笔试测验方法的例子（奥特，1989：126-137）。每种工具要求组织参与者对有关组织标准与思想的问题做出回应。量表被建构用来提供组织简况，这些简况是基于受访者对组织中各种决策、程序以及行为的解释。从对这些组织参与者的调查结果来看，治疗师能够形成对组织文化的第 2 级与第 3 级要素的看法。

这种方法能够被卓有成效地运用于评估政府组织中的伦理要素、标准和价值观存在与否。这些结果是定量的并且易受统计分析的影响，如果其适当的话。就政府组织来说，伦理学研究人员可以研究守则的官方价值观、规则以及被认可行为如何完成的主观解释。通常情况下，调查事项要求受访者评估在机构的各种操作过程中某种原则或行为存在（或不存在）的程度。

组织受访者的意见可以以不同的方式来排列。要么通过统计相关性要么通过归 257
纳的方法，研究人员能够得出分析结果，这些分析结果标志着任何模式的存在与不存在或者各种正在研究中的伦理要素的畸变。通过询问有关来自对调查问卷回复中的模式准确性的二次调查，调查发现能够被进一步验证。

利用自我评分分析工具在调查公共组织中的伦理要素方面尚处在起步阶段。对公共组织的主管和管理人员使用笔试的方法在增加。虽然这在调查公共组织的伦理文化方面是一个开始，但是这种高层对组织伦理的看法可能完全不同于基层官僚的看法。为了获得任何展现操作性规范和价值观的数据，很少有研究向内转向组织中公民的操作规范。库珀对洛杉矶县警察局的提及是政府中极少数的恰好运用这种方法的例子之一。

多次笔试技术的试验已经开始展现出希望。卡内瓦莱和韦克斯勒（1992）调查了员工的态度和看法，以便确定在公共系统中信任形成的个人与组织的决定因素。门泽尔的地方政府研究利用李克特式的工具来调查两种市政场景中的价值观态度(门泽尔，1993，1995)。这些研究人员正在寻找一种方法来正确记录组织氛围。这两种方法都表明把政府组织的价值观、准则和伦理确定为目标以及识别政府组织中互不关联的价值观模式是有可能的。拥有做这种类型分析的能力有巨大的价值，如果组织的领导人想要改变价值观体系。模式化数据的存在能够为教育和新政策的形成提供出发点。

最近对组织文化的研究通常涉及民族志的观察、访谈和参与（哈奇，1993；舒尔茨，1994)，以获得足够的相关信息，但是，这些方法需要大量的时间和金钱。

在进行组织伦理分析时，困难是组织文化研究通常固有的那些问题。奥特列出了其中的一部分，包括应用多种研究策略的必要性、采用定性研究方法时归纳与假设的难度、弄清第 3 级变量的内容可能是代价高且费时的，以及缺乏逻辑实证主义研究团体对定性研究结果的接受（奥特，1989：125－126）。奥特没有提到的一个额外困难是在组织内到处寻找信息尤其是当研究者要寻求价值观时，可能对管理人员和高管来说是具有威胁性的。虽然许多高管支持伦理培训且会愿意协助制定守则，但是要求测量组织文化的伦理热度可能会被拒绝。高管对研究者的信任和对干涉组织内部需要的信任必须由研究人员来建立。

尽管有这些困难，但是在试图改变政府机构的价值观假设之前，了解组织的文化基础，是一种有效指导价值观体系改变的方法。目前这种通过自上向下的，对守则、工作理念、价值观原则、规则以及建立正式伦理制度的强加要求来强调伦理的流行趋势已经产生了一些乐观的预期，即这些组织上的人工器物可以实现快速的伦
理移植。但是，如果有一套强有力的竞争性价值观，那么新的组织构件排斥率就很 258
高。结构化组织文化研究可以识别价值观在何种程度上已经存在，并且决定它们在文化中的力量。它也可以提供基本测量结果，从中能够评价变革方法的有效性。伦理与价值观正被引入政府组织中的方式已经包括了第 1 级 B 部分的要素，这些要素

是可见的组织文化的显示。使用主要的文化研究方法进行有组织的调查能够证实组织工作人员或其他利益相关者是否领会了这些在组织的方式、管理和产品中的价值观。对这些要素更准确的理解能够使变革策略更有效。定性的组织文化研究能够对假设予以锐化，这些假设普遍构成了通过全面的教育与培训计划以及创造以伦理为导向的、正式的控制机制来改变政府价值观体系的教育与培训工作的基础。

12.7 结论性意见

对公共行政组织文化的反思不会极大地帮助那些正在寻求根本性工作价值观和公共服务伦理的学者和研究人员（罗尔，1989；登哈特，1988）。文化的方法将只是在解决抽象情况方面的有限援助（盖伊，1990；蒂明斯，1990；斯滕伯格和奥斯特恩，1990）。然而，对越来越多直接从事变革价值观取向和培训公共专业人员的伦理活动家来说，了解组织文化和运用组织文化研究方法对任何成功的努力来说都是至关重要的（库珀，1998；戈特纳，1991；刘易斯，1991）。对私营部门组织已经在开发优质产品与服务以及创建真正以价值观为基础的组织方面已取得的任何成功来说，对组织文化背景重要性的认可一直是必不可少的。要这些成功在公共部门环境中被复制，特别是达到有计划的文化变革，把公共组织导向民主价值观的可操作化，组织文化必须是一个重要的考虑因素。

如果人们只考虑帕斯汀强调的要素——假设、基本原则和形成文化基础的社会契约——那么，公共行政中教育方面的努力（和有机会进行公共培训的员工）必须更少地被导向制定伦理守则和行为规则，而是更多地被导向使公共行政组织行动者参与有关公共服务基本伦理假设的讨论，这一点变得相当清楚。公共服务的社会契约是完全不同于从事销售小器具的那些社会契约。如果公共伦理与价值观要成为公共机构运作中必不可少的要素，那么公共组织文化必须被重新创建，以便包括关于民主与公民身份的假设。这是组织文化观念被理解的唯一可能。

参考文献

请从中国人民大学出版社官网（www.crup.com.cn）下载，或者用微信扫描下方二维码获取。

第 13 章

公共伦理与行政和政策的关系

柯蒂斯·文特雷斯
美国佛蒙特州伯灵顿佛蒙特大学

“我们在道德生活中通常面临着两个问题：决定什么是要做的正确的事情和拥有做正确事情的道德力量。”（R. T. 沙利文，1989） 263

13.1 导论

保罗·阿普尔比在其对道德与行政之间关系的讨论中做出了以下值得注意的敏锐观察：

> （哲学家）着手解决的问题是智力性的和抽象性的，而不是社会上的操作人员所面临的具体问题……尽管尽可能做得结构良好，他们解决问题的构想仍然会被设计用来说明行动领域，而不是用来免除其首领的职责。因此，我们回避哲学家所深思的更普遍问题，我们通过假定民主开始。（1952：28）

有关这一声明尤为重要的是他是如何将伦理讨论直接联结到现代政体中民主精神的讨论的。我们需要一种行为准则，阿普尔比似乎在证明那不是作为“抽象的理想”，而是作为可以帮助行政人员或政策分析师决定他们行动实质内容的民主观念不可分割的部分被阐明的。暂且撇开阿普尔比的洞察力的务实和可操作性的优点，他似乎忽视了更为明显的一点：它可能是政治与行政行为的公共角色和公共目的，其在促进和服务于民主公民权的目标时正在变得越来越抽象。在这里强调“公共”不仅是一个语义上的问题，更是一种提醒即任何伦理探究都不能够与行政人员角色的“公共性”和对公民的公共义务分开。虽然“公共”的含义常常被认为是一个没有任何实用性的含糊术语，但它仍然是公共行政人员做什么和为了谁的全部核心。正如一位学者所说的那样：

> ……正如很多人将开始明白的那样，（我们不能）把我们对社会的看法与我们对公共的看法区别开来。它们的关系是难以阻挡的。这也正是为什么我们把我们面临的问题称为公共问题，以及把我们采取的行动称为公共政策。政策行动背后挥之不去的都是某种对公共的设想，无论这种观点可能是多么宽泛的或学究式的。（文特雷斯，1987：35）

264 这样说来，区分**公共**伦理与**行政**伦理是有意义的。例如，盖伊·亚当斯（1992）最近就主张行政伦理最好被理解为历史上与从进步时代开始的职业化发展有关联。正是在此期间，亚当斯坚持认为科学知识与技术理性在公共服务理想（把功能性价值观法典化为与组织目标相当的理想）的旗帜下变得合法化。换言之，行政伦理——无论是用内部控制还是用外部控制术语表述的——往往趋于促进以客户为中心的方法，因为它是无法刮去专业知识与技术理性的工具性残留。相反，公共伦理已经被定义为一种对当时政治精神或民族性格的规范性探究（麦科洛，1991；塞勒斯，1970）。还有另一种不同的看法，阿尔伯特·琼森和刘易斯·巴特勒（1975）在它如何能够帮助决策者确定以下几个因素的关系中来定义公共伦理：(1) 政策问题中的相关道德原则的清楚表述；(2) 对根据相关道德原则提出的政策选项进行说明；(3) 展示有关政策选择的道德选项的排名顺序（麦科洛，1991：16）。通过提出需要一种超越个人主义（一种把道德责任放置在自我身上的公共道德标准）的批判性反思，托马斯·麦科洛（1991）已试图整合这两种公共观点。因此，正如后来麦科洛所陈述的那样，“公共伦理……体现为并具体化为这种能够使政策制定人性化的公共对话”（1991：80）。为了分析的目的，我会主张公共伦理是一种公共事务的规范方法，其根据行政人员（或政策分析师）服务和增进公共利益的角色和义务来强调民主公民权利的传统。

本章将讨论公共伦理的价值以及突出其对行政伦理的贡献的相关文献。除其他事项外，本章的观点是行政伦理的公共性能够有助于框定这种争论——或者至少扩展这种争论——关于在公共事务特别是在公共行政与公共政策中的伦理讨论。

13.2 公共行政中“公共”的重新发现：走向公共事务中伦理的概念化重建

在公共行政领域，有可能不存在任何比不认真讨论公共行政中“公共”的相关性更令人惊讶（或令人费解）的事情。人们可能会认为这样一个明显的遗漏是因该领域与如公民义务、公共目的和公民权益这样的显著议题的关系。认识到这种严重遗漏的乔治·弗雷德里克森已全力来处理我们如何来定义公共的含义的问题。值得详细引述他的话：

> 公共的经典含义源自两个来源或根源。首先是源自希腊语“pubes”，其为希腊人有关成熟的术语。在希腊意义上，成熟意味着身体与情绪或智力两者的成熟，以便包括从自私问题或个人自身利益到超越自我去理解他人利益的远见。这意味着理解个人行为对他人的影响的能力。作为派生词的“公共”意味着进展到成人状态，意味着理解个人与其他个人之间的关系以及意味着看到关联的能力。
>
> 第二个根源词是第二个希腊语“koinon”，英文单词“common”（共有的）265
> 就源自此希腊语。希腊语“koinon”源自第二个希腊语“komm-ois”，意思是“关心”。共有的和关心两者都意味着关系的重要性。
>
> 成熟度和超越自我的远见似乎要表明“公共”这个词可能既是一件**事情**，如公共决策这样的实例，又是一种**能力**，如公开活动、与他人相处、理解人们的行动与这些行动对他人影响之间的关联性这样的实例。把“共有的”和“关心”这些词添加“成熟”内涵使“公共”不仅意味着与他人一起工作而且意味着关心他人这种情况的正当理由更充分。（1989：2-3）

我进一步推进这种观点，通过宣称“公共”的意义不只是代表能力和成熟，这也意味着理解：

> ……公共活动顾名思义是互动性的，可能有多种公共后果或影响，（因此）在制定和审议政策措施时，公众必须以一种公共学习的身份起作用——审议是基于公众与政府机构之间的相互分享信息与知识。那么，位于任何公共理论中心的都是政治教育的理念，正如托克维尔如此完全认可的那样，其意味着“义务的转变和公共美德的培养”。托克维尔认为，人们通过参与公共生活只能培养公共美德。这正是为什么他把人民陪审员制度、镇民大会以及其他以公民为基础的制度看作使公众忙于作为公民的责任的教育性工具。在这里暗示的不应该被更直接地表述为：能力、成熟以及公共学习过程必须不可避免地与公共行政活动连接起来，以促进公众与行政人员之间的政治教育过程。我们一直在拼命寻找的理论可能只是一个过程：一个渐近的……协商式公共学习方面的练习过程，一种在促进他们的（伦理）能力、成熟度和知识过程中把公共行政与公众共同连接在一起的公共学习过程。（文特雷斯，1987：37）

应当注意的是，这两种对“公共”一词学术上的描述没有假定“公共”的含义是某种方式的国家或政府概念的代名词。相反，“公共”这一概念是要被理解为政治共同体或者像希腊人所说的“城邦”。根据德博拉·斯通（1988：25）的观点，政治共同体（或城邦）具有以下特征：

（1）它是一个共同体；

（2）如果仅仅作为一种人们为之斗争的理念，它从事公共利益；

（3）它的大多数政策问题是共同的问题；

（4）影响是无处不在的，影响与强制之间的边界总是有争议的；

（5）合作像竞争一样重要；

(6) 忠诚是其标准；

(7) 团体与组织是建造其用的砖；

(8) 信息是解释性的、不完整的和战略性的；

(9) 它被激情法则和物质法则所控制；

(10) 衍生出所有前面那些要素并把个人的意图与行动协调到集体的目的和后果上去的权力。

这些对“公共”的看法，如果正确的话，直接意味着国家的每个个体为了成为
266 真正的公民都不得不过公共生活（马修斯，1988：52)。根据戴维·马修斯（1988：52）的看法，一个公共体将体现出以下特点：“(1) 为社会和国家设定方向；(2) 各政府机构要运转，就要通过建构它们所需要的共同基础，给各政府机构提供合法性；(3) 激发在重大问题上采取行动所需的政治意愿；(4) 把私有个体转换成公共人物或公民。”因此，一个公共体是一个公民社会团体，这些公民试图了解社会团体中社会与政治问题的本质上的相互依赖性，并且对政府决策的伦理蕴涵保持一种批判的视角。在某种程度上，这是罗伯特·E. 帕克（1904：20）心里想到的，当他声称：“当公共体不再是批判性的时，它就解体或转变为人群。”作为行政伦理一部分的公共伦理关心的是规范性问题，因为它们影响政治共同体——政府行动问题，这些政府行动能够促进而不是阻碍对社会与伦理**后果**的公开讨论。

当这种作为规范性政治话语一部分的对公共体（以及公共伦理）的讨论似乎在概念上是空洞的之时，理查德·弗拉思曼（1966）已试图赋予它某种重要的现实意义。弗拉思曼主张公共利益不是像 E. 赫林（1936）和舒伯特（1960）所断定的个人判断事项或者仅仅是附着于各种各样的、一时的特别妥协上的一种标签，而是一个有用的概念，如果我们把一些规范性准则运用到伦理决策上。根据弗拉思曼的观点，这种伦理标准指的是政策能否遵守其普适性理念，尽可能确定（政策）采纳的可预见后果，并根据共同体价值观评价这些后果（朗，1990：175)。在赞扬弗拉思曼对我们理解公共伦理所做的贡献时，诺顿·朗举出了以下为什么弗拉思曼普适性理念对公共行政是非常重要的例子：

> 底线是根据一致同意的价值观评价后果。普遍化是决定政策是否服务于适当公众的一种方法。因此，理查德·李时期的纽黑文市住房与城市发展部的计划，……人均花费了比以往或之后要更多的钱，是一个伪装成一项国家城市政策的“波坦金村”骗局。普遍化将会表明，作为一项国家城市政策，它是负担不起的，并且其作为一种尝试是（没有可论证的、以极大节减了的成本复制出其所谓理想结果的手段）完全不可能证明为正当的。其结果或许没有任何普遍价值。(1990：175)

这里的关键问题是，如果弗拉思曼的主张是正确的，那么就存在道德责任来确定政策的相互依存关系对公众的影响（文特雷斯，1991)。总之，公共行政人员有伦理责任要评估政策选项的、往往是隐藏的、有间接成本的后果，以及更重要的是要评估政策选项的外部性对不同公众如何产生各种影响（文特雷斯和卢克，1988)。

因此，这种公共体是一种公共空间，其中公共体中的公民让彼此对我们所知道的和看重的负责（麦科洛，1991）。此外，行政人员和政策分析师不仅是彼此可以问责的，而且为了公共利益和帮助作为公共空间的各种团体蓬勃发展以便培养公民处理重要政策问题的技能和道德想象力，是要全体公民可以问责的。正如麦科洛（1991）所强调的那样，这是寻求公共伦理意味什么的关键。

现在，让我们转向对一些有关这一主题的相关文献以及阐明行政伦理公共性的不同视角进行综述。

13.3　行政伦理与公共的性质：一种文献综述

鉴于近期有关行政伦理的文献的增长，为了本章的目的，我已构建了一种类型 267
分析，以便正确表述专门涉及公共伦理的各种规范性描述。的确，没有文献综述能够是完全没有遗漏的。相反，在此，我试图要概述不同伦理视角的特征，以及这些方法之间的相似性与差异性。当然，类型分析也可能冒着把一位理论家放入一种概念阵营中的理论上的风险，就是说，实际上该理论家可能重叠进入几种类型的分类。像布伦特·沃尔（1991：137）一样，当理论家横跨两种类别时，我把他们放在这种似乎最正确表述他们态度本质的类别中。

尽管一些固有困难与概念上的类型分析相关联，但我还是构建了五种安排文献的类别。它们是：(1) 由汉娜·阿伦特、阿尔贝托·拉莫斯和阿拉斯代尔·麦金太尔代表的公共伦理的古典观；(2) 被如戴维·哈特、特里·库珀、威廉·理查森、劳埃德·尼格罗、威廉·沙利文、盖伊·亚当斯和丹·贝尔福这样的思想家所强调的公共伦理的共和主义观或新古典观；(3) 体现在杜威、本杰明·巴伯和理查德·弗拉思曼的著作中的公共伦理的后果主义观；(4) 被如丹尼斯·汤普森、约翰·伯克、吉姆·鲍曼、约翰·罗尔、凯瑟琳·登哈特和蒙哥马利·V.沃特这样的伦理家赋予特征的公共伦理的组织观；最后 (5) 体现在迈克尔·哈蒙、查尔斯·福克斯和休·米勒的博学多才的著作中的后现代主义观。到目前为止，大多数现代公共行政理论家将被归入组织视角的类别中。这是毫不奇怪的，固有的管理重点在公共管理。然而，在每一种类型之下有显示不同思想谱系的子群。这一点在那些分组在最后一类的观点中是特别明显的。为此，我现在就来依次讨论有关行政伦理公共性的不同观点。

A. 古典观

从古典观来看，公共伦理是由公民提出的规范性质询，这些公民在政治共同体中自由审议超越功利性关注或行政效率与便利问题的政策问题。因此，公共伦理是伦理公民身份的重要组成部分以及公共空间的建立，其中不受操作限制的实质性审议能够进行。这是一种公民能够行动而不是行为的公共空间。在直接谈及公共行政领域时，阿尔贝托·拉莫斯（1981：45）在行为与行动之间做出以下区别：

> 行为是一种基于功能合理性或对后果功利性计算的活动模式，正如霍布斯所指出的那样，是一种人类个体与其他动物所共同拥有的能力。它的主要类型是权宜之计。**因此，行为缺乏普遍有效的伦理内涵。它是一种机械形态的举止，受外部命令控制。**它可能被认定为功能性的或有效的。它被完全包含在一个纯粹由高效率理由决定的世界里。相反，行动是仔细考虑事情的主体特有的，因为他知道其内在的目的。**通过对这样的目的的承认，行动是举止的一种**
> 268 **伦理模式。**社会与组织的有效性是人类行动一个偶然的而不是根本的特征。人类必然要采取行动，要做出决定与选择，因为最终的而不仅是高效率的理由对自由世界有影响。这种行动充其量只是偶然取决于对后果的功利性计算。

拉莫斯声称行为是一个表示符合外部强加命令的术语。此外，因为组织是他（1981：44）所称为的认知系统：“组织成员通常内化了这些系统，从而在不知不觉中成为无意识的思想家。”拉莫斯（1981：44）接着就得出结论认为，当代思想家往往忽略了这一点，并试图“把特殊类型组织中固有的认知系统（显示为：正式的组织）阐明为普遍的规范性认知系统”。拉莫斯认为在我们考虑公共行政在社会中的作用时，我们正在遭受的痛苦是不能明白他所指称的“行为综合征”。他把其界定为“一种受社会制约的心情，当个人把片段式社会制度所特有的运行规则和规范与他们自由施行的规则和规范相混淆时，这种心情就影响了个人生活”（1981：46）。

虽然没有明确这样说，拉莫斯却正在呼吁一种古典意义上的“公共”伦理，其迫使理论家区分组织的本质意义与组织的形式意义。毫无疑问，拉莫斯在他对政治领域以及对该领域是如何被工业化国家以市场为中心的精神力特点的兴起所扭曲的分析中，在很大程度上借鉴了亚里士多德等古典思想家。这种扭曲在一定程度上也反映在我们的语言中，这种语言支持认识论上的放任自由，这种放任自由导致一种他所宣称的现象，也就是说，现有权力配置的一种隐性的规范性维度（1981：4）。撇开拉莫斯的分析是否正确，甚至稍微熟悉汉娜·阿伦特的哲学著作的任何人都能够看到她对拉莫斯思想的强大影响力。为了比较的目的，现在让我们来探索她的公共伦理的概念化。

当汉娜·阿伦特（1963；1965）于1961年来到耶路撒冷以便观察对臭名昭著的纳粹战犯阿道夫·艾希曼的审判时，她静静地坐在法庭后面，潦草地写下了她的想法，这些想法后来以《纽约客》杂志的系列文章出现。阿伦特对这次审批的分析引发了实时争论风暴，不仅是因为她对这次法律程序的解释，而且因为对许多人来说艾希曼象征着尽力要执行“最终解决方案”的原型人物。当人们去掉阿伦特有点笨拙的解释她观点的方法，一个完全覆盖所有其他事项的中心主题出现了：艾希曼反人类的恐怖行为是以邪恶的肤浅方式实行，因为艾希曼似乎完全不能独立地、批判地思考。具体来说，至于艾希曼，最让阿伦特害怕的是他的思想缺失症——完全缺乏思想或独立的反思，这种缺乏没有让他在实施不公正和残酷的行为时暂停一次。此外，他代表了“社会化的人”，这种人没有任何拥有对意义与公民身份目的的概念，并且没有表现出强烈的激情和信念。阿伦特（卡莱布，1983：74）郑重地得出结论认为，艾希曼（就他真正代表什么来说）只不过是对如市侩这样的典型群体性人的可怕的、夸张讽刺的描绘。然而，艾希曼的心理代表着某种比我们想要对自己承认的更麻烦的东西：没有任何公民身份观念的私有个体就各方面来说是完美的“螺丝钉”：

> 他一直在推动家庭与职业的私人与公共职能的二分法，以至于他再也不能在他自己身上找到两者之间的任何关联。当他的职业迫使他谋杀人时，他不认为自己是一个凶手，因为他不是出于意愿而是以他的职业身份去杀人。出于纯 269
> 粹的激情，他绝不会伤害一只苍蝇。（阿伦特，1978：234）

总之，这个人是**在行为**——他没在**参与行动**。“他没有必要对良心置若罔闻，当判断碰到它时，不是因为他没有良心，而是因为他的良心用相当大的声音说话，用他周围正派社会的声音说话。”（阿伦特，1965：126）以一种和拉莫斯类似的方式，阿伦特也在人的行为与政治行动之间做了区分。她（1958）主张行为在很大程度上是可控的、可预见的和可操纵的。此外，行为代表对大众社会的遵从——大众社会从属于官僚化的管理，其试图控制和消除任何在个人以他们作为公民的身份自由行动时可能出现的不确定性。相反，行动是自由与言论塑造人们命运的媒介，同样重要的是，行动也是展现——和表达——人们个性的工具。换句话来说，这是一种实质性公共场所，在这种公共场所上，要显示自己在政治共同体内的独特性和倾向于崇高的潜能。正是由于这个原因，她用很大的理论篇幅来把行动与自发性、不确定性和不可预测性联结在一起。虽然这或许听起来是新时代所特有的，位于她分析核心的是公民身份的意义以及它如何已被崛起的社会所侵占。

鉴于这种有争议的视角，并不奇怪阿伦特坚定认为政府管理决不能被视为是公共领域的一部分——因为这样做将要用政治行动来替代只会导致公民身份衰弱的政府。随之而来的是，任何要把行动引进政府组织中的努力将不仅使行政政治化，并且有潜在可能伤害到行政的工具性目的，而且它不可避免地会对政治领域造成无法挽回的伤害。这就是为什么她（1958：49）宣称“没有任何活动能够变得优秀，如果世界没有为它的施展提供一个合适的地方”的原因之一。行动的非功利性本性在政府间组织中正好没有其蓬勃发展的“公共的地方”。理性行政的世界完全不能考虑个性或个体的多样性。因此，我们实际上不能够期望政府组织，不管我们如何可能给他们穿上规范的外衣，容许摆脱人为上级指示的公共空间。拉莫斯（1981：125）和阿伦特会坚持认为行政伦理的不合格使用本身就是目前的组织理论与实践的无尺度性特征的征兆。

值得一提的是，在这个问题上，拉莫斯的思考与阿伦特的思考之间的主要区别是阿伦特并没有直接把伦理目的同行动联系在一起，而是相反，“行动的最高成就是与人类存在有关的，其风险似乎高于道德的风险”（凯笛，1983：31）。行动本身作为目的而受到珍视，并且只有根据它的高尚性来判断——一种有利于在政治共同体中实现人的卓越的高尚性。然而，她（1965：27）立刻指出，政治共同体也是伦理共同体，因为它必须基于相互关心、友谊和信任的规范性目标。另一方面，拉莫斯要求他所称为的组织限界，这种限界详述了正式组织的认知系统应与其目标相匹配。不管我们喜欢还是不喜欢，拉莫斯认为我们无法避免以下简单的（和不可否认的）现实：当代正式组织是建立在合理性制度的基础上，是功能性的和人为的，不是实质性的。他推测要忽略这个简单的事实就是要参加“对理性的重新评估——导致从具体到抽象、从善的到功能性的，甚至从伦理的到非伦理的转变”（拉莫斯，
270 1981：5）。对于拉莫斯（1981：46）来说，这促使获得他能够得出的唯一结论：“好人因而从来就不是一个完全社会化的人，相反他是一个在顺从或抗拒社会刺激的压力之下**基于他的伦理观念**的行动者。”就其价值而言，这句话值得相当多的思考。

这种强调伦理的古典方法的另一变种是阿拉斯代尔·麦金太尔（1981）发人深省的著作《追寻美德》。麦金太尔对我们讨论的贡献是他敏锐的“实践”（practices）与“制度”（institution）之间的区别，麦金太尔（1981：175）写道，实践本质上是一个合作式努力（或活动），“通过这种合作式努力（或活动），各种善（goods）内在于这种活动形式中，这种形式对这种活动来说是适当的，并部分地限定这种活动，其结果是成就卓越的人类力量和人类对相关目的和各种善的构想被系统地拓展”。许多总体上对公共行政尤其是对伦理来说有着重要意义的东西被塞进这种措辞笨拙的句子中。

首先，麦金太尔认为虽然足球比赛、国际象棋以及物理学、生物学和历史学的探究是实践，但是，如玩井字游戏和扔一个足球这样的事情显然不是。因此，他的观点是实践是以其追求卓越为特征，也就是说，各种善内在于实践中。“换句话说，我们必须把正义、勇气与诚实的美德作为任何具有内在各种善和卓越标准的实践的必要组成部分来接受。”（1981：178）他（1981：175）不是在钻牛角尖，而是在提出重要观点即被正确理解的实践也是一种“善的实现，这种善是相对参与了这种实践的整个共同体来说的”。

不过，通过把它与他所说的“外在善”（external goods）进行比较，他的整个论证变得更充分。他声称，外在善是制度所强调的那些东西。这些包括如金钱、地位和权力这样的外在善——因是竞争对象物而受重视的各种善。他急着要提醒我们实践不能也不应该与制度相混淆。他说悖论就是“没有任何一种实践能够在任何一段时间内不被制度所支撑”（麦金太尔，1981：181）。明显的危险是由于这种关系，实践的理想可能被制度的占有欲所腐蚀。这就是为什么他（1981：181）感觉有必要声明“没有正义、勇气和诚实的实践可能无法抗拒制度的腐败性权力”。因此，制度（显示为：官僚制）是双面性的——它们帮助维持实践，但它们也可以扭曲其理想。因此，人们相当可能要问：这种对实践的理论讨论与公共行政有什么关系？

特里·库珀（1987：322）在他渴望把麦金太尔的观点应用到公共行政的实践中时，提出了以下重要观点：“公共行政人员需要确定人的哪些属性是最有可能在可能的范围内促进被称为对实践来说是必不可少的内在善（internal goods），并保护它们免受组织的压力。库珀承认这是唯一可行的，如果公共行政本身是不被外在善俘虏，或用略微不同的术语来表示，就是不被工具取向俘虏。库珀坚持认为公共行政只能在特定意义上是工具性的。原因很简单：公共行政不应该被视为完全被功能合理性（和所有这种类型的合理性结果）主导，因为“公共行政人员作为公民受托人的角色带来了一定的内在善和与实施这种内在于这种角色的信任有关的美德”

(库珀，1987：315)。例如，公共行政人员有追求公共利益的明确的**公共**角色和公共责任，这种角色与责任意味着对授权程序和同事的义务，以便提高卓越的标准。271
当然，与拉莫斯和阿伦特相比，库珀的洞察力给公共事务中的伦理“公共性”问题增添了有趣的变化。麦金太尔给库珀提供一种把公共行政从拉莫斯和阿伦特所提论点固有的悲观情绪中营救出来的方法。确实可能存在一种没有陷入伦理二元论的公共行政实践的美德伦理。

总之，麦金太尔给我们的信息是足够清楚的：除了在公共行政中重新发现实践之外的任何事情都会最终导致作为一种致力于**公共利益**实践的这种领域的缩减，并因此将放弃在担任真正公共职位进而成为一个实际上只不过是有一套专业技能与知识的、服务（并受控于）国家的专业人员时，所拥有的任何主张。在这种情况下，就不存在任何“实践”的类别（或需要），更不用说英雄了。

这三位思想家已给我们提供了不同的理论与实践的样式，用这种方法，我们能够重新思考公共事务中的伦理意义。因为他们的理论倾向于亚里士多德等古典思想家，我已经把他们分类在促进公共伦理的古典观这一类，甚至提供了他们在这一主题上的不同观点。我们需要把我们的注意力转到这种方法的一个稍微不同（和更现代的）的版本上，我称之为公共伦理的共和主义观。

B. 共和主义观或新古典观

当戴维·哈特（1984）为了《公共行政评论》研讨会而写他的论文《公民身份与公共行政》时，他击打了许多人身上的理论神经，这些人认为公共行政必须重新规划自我，使其与开国元勋们的理念相一致。哈特的潜在假设是直率并切中要害的：公共行政的价值观必须是与我们开国元勋的自然法则价值观相适应的，否则该领域存在的理由就失去了。伦理上遵循了约翰·罗尔著作的路线之后，哈特（1984：111-112）要求严格遵守美国政体价值：

> 在美国，这些价值观是共和国建立之基础的自然法价值观……美国政体价值。它们必须是所有公共行政政策与实践的基础。开国元勋们基于这种信念成立新的共和国，这种信念是美国政体价值过去是（并且现在是）真实的原则，是个人幸福（被正确理解的）所必需的，无论时间、地点或文化。通过我们所进行的就职宣誓以及对法律优先性的依赖，我们承认，根据原初契约条款，我们受这些政体价值的约束。因此，我们必须以和开国元勋们相同的语言理解它们。

在哈特第一次写下这些话的几年之后，威廉·理查森和劳埃德·尼格罗通过赞同基于开国元勋思想的“公共美德的培养”，以相同的观点对此做了响应。用他们的话说，他们（1987：374）得出的结论是：“我们对建国意图的理解显示了对于宪法修正的互动、荣誉以及培养出有品德的、服务于政体的公共官员的教育的严重依赖。”根据这一分析，开国元勋们是非常重要的，因为他们强调与政府领导和全体公民有关的共和国的**公共**美德。理查森和尼格罗没有提到的是对为所有公民培养道德美德的信心被开国元勋们为了适当抑制政治过程中的“激情”和消除滥用权力而建立一套复杂的制度安排的需要所冲淡。

272 尽管在开国元勋们的思想中“理性”与“激情”之间存在紧张关系，但是戴维·哈特（1984：10）认为建国者们以对我们今天有重要启示的特定方式来看待个人：

> ……建国者们最根本的假设是每个人的生命具有无限的、不可替代的价值。相信这是显而易见的，他们不会想出任何把个人纳入更大整体的道德哲学、神学、政治或经济制度：任何工具性的使用个人都是令人极其讨厌的。所有组织都是要致力于服务于每个人的生命是绝对珍贵的这样的信念。

哈特不是相当愿意在此结束他的分析。他进一步推进了他的观点，认为建国者们假定了“道德感”即确定道德行为的对与错自然法的存在。在后来的著作中，哈特和瓦斯顿（1990：757）通过说明我们已经冒险离开我们的建国者们道路有多远来给这种观点再增添一些趣味：“管理正统派观点正在取代公民理想主义作为公共行政的基础，其重新定义了本专业的主要目的。”要重新认识这种公民理想主义或者像他有时称之为的公民人文主义，要求来自行政人员的正义感、敬意和对其服务的公众的爱。

然而，当人们仔细分析哈特和瓦斯顿（1990：759）的观点时，他们正在试图推动公共行政（或有些人可能会说向前）向后回到开始于19世纪的公民人文主义的理想主义。他们认识到这种理论上的姿态将最有可能不被理睬，特别因为这一领域的道德心理学被轻松纳入道德相对主义，更重要的是，因为大多行政人员已经被社会化了，以便把组织价值观看作理所当然的。这是某领域正努力效仿被视为工商管理效率（显示为：管理正统派观点）的征兆。然而，这种被误导的效仿已经带来了巨大的代价：“公共服务独特性的失落、个体观念被贬低以及公共领导良好品格的无关紧要。”（哈特和瓦斯顿，1990：763）换句话说，当管理正统派观点极力贬低模范道德品质培养的重要时，我们怎么能够现实地期望行政人员行动符合公共利益呢？特别是，当一个浮士德式的交易已经被触动：普遍接受组织的绝对命令作为公民的民主理想时，我们真的能够期待来自我们公共行政人员的最高道德标准吗？哈特和瓦斯顿（1990：770）声称，要纠正这个过程将需要至少这些剧烈的变化：

> 第一，所有公共行政教育的基本主题，无论是在大学或在政府机构中，必须是公民人文主义的政治哲学。学者与从业者必须在这一主题上受过良好教育。第二，所有管理目标、程序和技术必须有意被修改以便宣扬公民美德。功能性有效必须根据美德的蕴涵来解释。因此，公共行政人员必须重新编写管理类书籍，并创建独特而鲜明的“公共”行政。

有人可能声称这种观点只不过是对建国者们对如公民美德、公民生活和共同体这样的概念的真正思想的一种过于浪漫的奇想。可以进一步地认为，当人们去掉公民语言来描述建国者们的看法时，其支持者忽视了托克维尔（1969）敏锐地提出的一个更根本问题：建国者们试图在公民共同体与经济个人主义之间建立不稳定的道
273 德平衡，其基础是一对矛盾即两种截然不同的有关政治生活道德愿景的对抗。在这

一点上，托克维尔感觉到某种事情值得认真关注：当受到功利性资本主义无所不在的影响的威胁时，就难以维护公民道德和公民生活，功利性资本主义顾名思义是要促进和鼓励自由的利己主义进入社会与政治生活各个领域。

遗憾的是，托克维尔在这个问题上给我们的警告从来没有直接被哈特或者理查森与尼格罗论及。更直接地关注这一警告的是特里·库珀，他已经在以下书籍中阐明了他对行政伦理和公民身份这两者的看法：《负责任的行政人员》(1990) 和《公共行政的公民身份伦理》(1991)。像罗伯特·贝拉和他的同事 (1985) 一样对相似主题做了回应，库珀希望把公民身份本身带入政府运作和决策过程中。他认为这种观点体现在反联邦主义、清教徒的思想与社会以及杰弗逊主义的政府哲学的传统中。综合来看，这些观点反映了沿着这些思路的公民身份的伦理维度："(1) 每个公民的尊严，(2) 权威的一致同意性质，(3) 对公共善的关注，(4) 公民德性的重要性，以及 (5) 不仅作为公民身份的一种权利与义务也作为公民教育的参与政府体验。"(库珀，1991：91-92) 比承认这一传统的公民身份伦理观更重要的是库珀对民主社会中的公-私连续统一体的认可。事实上，库珀 (1991：171) 追溯了"公共"这一词的词源，说明并得出结论认为："其最根本的外延是集体生活共享的、共同的、可进入的维度以及对所有人的利益、相互依存的领域有普遍影响的那些东西。"库珀坚持认为，对任何民主政府来说都是决定性的民主政治共同体具体体现了完整公-私连续统一体复杂的互相依赖，其范围从个人的和隐私的 (私人的) 到兄弟般的和结社的 (准公共的) 到组织经济的和政治的 (公共的)。像托克维尔一样以同样的方式，库珀受困于个人与国家之间的调解性机构的不断下降的重要性。库珀 (1990：196) 正在试图做的是提倡公民行政人员，这种公民行政人员"承担承认、尊重和支持许多共同体的存在的责任，这种存在包括这种连续统一体附属的、组织的、经济的和政治的部分"。

另一个认真对待托克维尔的批评性评论的视角是威廉·沙利文 (1986) 在他的著作《重建公共哲学》中的视角。沙利文的潜在假设是相对简单的，也就是国家行政机构已导致了公民生活与公共美德的退化，因为其成为现代自由主义的重要组成部分。沙利文坚决认为现代自由主义已使连贯一致的公共话语无法形成，这种公共话语适合于政治生活中我们所面临的复杂性。因此，公共美德已基本流失了它们的道德意义，因为它们被个人主义者的自由主义精神紧紧缠绕着。因此，沙利文补充说，应该毫不奇怪，自由主义的道德与政治视角根据其对政治与社会生活的看法天性就是工具性的。他 (1986：26) 这样解释道：

> 因此，自由主义的道德与政治展望根据其对政治与社会生活的看法是工具性的。它认为价值等同于对个人有用的东西。人类被认为是受激情驱使的，通过理性的计算与规划来满足他们需求的自利个人。这种人性观转而受到这种观念的支持，即理性是一种把情境或实体要素拆开以便为更大用处而重组它的分析工具。自由主义的理性的逻辑目标是科学的社会操纵，其将能够实现对需求与欲望的完美调整。 274

沙利文主张，作为一种特定群体的我们，很少对自由主义的基本假设提出质疑，这种自由主义颂扬自我利益优先和往往维持这些利益的公共（和私人）制度——这实际上是给作为政治与制度过程不可缺少（和正常）部分的这些利益提供了合法性。根据沙利文的观点，这里真正的难题是：“自由的个人主义不能够为公共善提供一种有说服力的观点。”（沙利文，1986：xiii）尽管沙利文的分析听起来过于挑剔，但它提出了一些不能如此轻易地被忽视的基本问题。也就是说，如果没有重建一种新的公共哲学，这种公共哲学是被设法以相互依存（和社会关系性质）的价值观和对公共事务超越功利视角的相互关心为条件的，那么在我们的公共机构中促进公共伦理可能是徒劳的。只有用这种新的规划，我们才能够把“政治的价值看作负责任自我的道德培养”（沙利文，1986：21）。

托克维尔与沙利文之间的理论相似性是显而易见的。像托克维尔一样，沙利文关心的是我们的自由资本主义社会如何能够形成对其工具性声明的公众遵从以及由此为什么减轻对公民生活的这种影响是如此的重要。毫不奇怪的是，沙利文认为我们需要联合式生活，以便培养能够反击、压制和限制现代自由主义力量的、有意义的公民素质。对托克维尔来说，与沙利文一样，只有在公民参与公共事务时培养公共美德——一种能够形成共同责任和共同关心意识的公民参与。同样，克拉克·科克伦（1982）提出了他所谓的“集体多元主义”的理论，同时本杰明·巴伯（1984）提出了他的“强势民主”的概念，其突出了政治共同体对公共善观念的重要性。

虽然在这一点上还不明确，但沙利文正呼吁对公共机构不道德的或道德上可疑的做法进行内部和外部的检查。例如，沙利文正呼吁外部检查，因为公共机构有为能够促进公共行政人员与其所服务社区之间道德关系的公民参与提供公共论坛的**道德义务**。当然，这听起来像一首大多数公共行政人员或许不再想唱的老歌。然而，这不是沙利文的观点。他正呼吁全体公民与公共机构之间一种共同教育过程——以一种像玛丽·帕克·福莱特（1965）一样的类似方式——能够重建他（1986：225）如此贴切地所称的“一种新的社会关系生态学”。沙利文重申，只有用这种教育过程，我们才能够开始建立一种真正的政体道德文化。根据已经陈述的，内部检查是相当明显的：没有更新我们公共机构的“公共”哲学，我们将注定要做伦理的东拼西凑——并且草率拼凑而成——没有触及我们的现代政体的自由主义体系结构，这种体系结构很难为公民重建做结构化安排。也许，沙利文正在向我们要求太多。即使他的论点充满田园诗般的语调，沙利文给理论家同样也给实践者提出了挑战，即公共事务中的伦理本质上涉及更广泛的知识景观（和知识景观的变化）问题，不仅仅是一套业务性行政指南。

另一种展现公共伦理公民共和主义观的视角是《揭开行政之恶》这本挑衅性和
275 令人不安的书的视角。盖伊·亚当斯和丹·贝尔福（1998：xxv）主张现代性精神的一个中心主题是对技术理性价值的强调以及随之而来的对理性观念、专业主义、伦理和政治进行的限制。这种观点部分让人联想到阿尔贝托·拉莫斯对现代理性及其对社会和人类事务的有害影响的批评。亚当斯和贝尔福并不吃惊，当他们以公共行政或公共政策文献中不常被听到的论战措辞主张，当技术的合理性与现代官僚制连接在一起时，“结果是意外倾向于非人化、技术进步的升级和高于人的价值与尊严的过程”（1998：xxv）。如果不夸张的话，在得出某些有争议的结论时，有些人可能会断定这种看法论调上是过于韦伯式的——一种太悲观的论调。因为他们相信公共行政（通常所说的）是以技术的合理性为基础，也同样重要的是，因为现代公共（和私人）组织深深植根于工具性技术文化，行政之恶有时也被屏蔽。事实上，他们表示，“因为行政之恶戴着许多面具，完全有可能遵循了公共服务伦理的原则而参与了大恶，并且直到为时已晚才意识到这一点（或者可能根本没有意识到）”(1998：4)。可以肯定的是，他们的断言会让从事公共行政与公共政策中的许多人相当不舒服。亚当斯和贝尔福正在指向的是一个可能不透明的和微妙的过程，他们称之为道德反转。他们声称，当行政之恶已被重新定义为善事时，道德反转就发生了，因此，“普通的人都可能很容易从事行政之恶的行为，当他们认为他们在做的不仅是正确的而且事实上是善的之时”(1998：xx)。

在这本书也许最有争议部分中，他们提出了这一问题——在这一领域已被忽略——涉及公共行政与恐怖的“大屠杀”之间的关系：

> 历史记录表明，“大屠杀”不是对现代技术理性行政的背离，而是相反，代表其固有……可能性之一。公共服务促进了从强迫集中居住到驱逐出境、到奴隶劳动和有系统地杀害、到处理数以百万计的尸体这种杀人过程。如果最终解决方案（希特勒屠杀犹太人的计划）进化发展了，那么就不存在正常情况下被认为是现代公共行政一部分的任何东西——专业教育和专业知识、伦理标准、科学方法、官僚程序、对民选官员的问责等——能够防止或抵制对犹太人的种族大屠杀。公共行政人员在面对大恶时都心甘情愿和无能为力。今天，他们仍然是一样，因为行政之恶戴着面具。(亚当斯和贝尔福，1998：71)

根据他们的逻辑路线并且由于行政伦理的道德空虚，当面临组织或国家中严重违反道德的行为时，除了自愿离开，我们给当代公务员几乎提供不了什么。但在绝大多数的情况下——并且真的存在亚当斯和贝尔福所担心的——公务员不是抵制邪恶，只是成为一个无能为力的受害者，或者更糟糕，变成自愿的帮凶。

作为对这一过程的一种抵御，他们提出了一种公共伦理，其既能够识别不同行政之恶的面具，又抗拒成为可能引起邪恶爆发的政策与程序的工具。他们所提出的实际上是一个共同体主义伦理观，即使公共伦理固定在批判性和积极的公民身份概念上。换句话说，我们需要一种公共伦理，这种公共伦理能够支撑共同体和基于全体参与性公民的“强势民主”，以便培养一种对政府决策的伦理意义的批判性视角。对特里·库珀的公民行政人员概念做了呼应之后，亚当斯和贝尔福把这种角色的主 276
要责任看成是防范会破坏社群中民主公民身份的作用和目的的政策。但他们实事求是地得出结论认为，强大共同体没有且不能够保证消除行政之恶。最后，他们提出希望即行政之恶会发现在有试图加强民主公民身份在政体中的作用的公民行政人员的地方难以给自身戴上面具。

有些人可能认为亚当斯和贝尔福把太多的理论内容放在工具理性的作用上，相比较于在其他可能有助于他们所说的行政之恶的因素。此外，由于他们一味强调工具理性，批评者们可能进一步认为，他们给我们只提供了对那些可能会导致行政之恶的社会与历史因素的纲要性的和非常局部的描述。然而，即使这些批评者在论及亚当斯和贝尔福的认识论困难时具有正确性，他们也已经把我们的注意力吸引到该领域令人不安的且研究不充分的方面：公共行政角色及其与行政之恶的关系和重新对公共伦理的重视也许可能充当一种引起人们注意在公共与社会事务中邪恶出现的方法。一段时间后，我们已经看到了在波斯尼亚、柬埔寨、卢旺达的大屠杀，这是一则我们几乎不能忽视的信息。亚当斯的和贝尔福的书的挑战就是这样，并且由此断定，新古典视角的挑战也是如此。

C. 后果主义观

在大多数情况下，这种视角的特点是其承认公众的多样性和公共行动给政治共同体造成的直接意外后果。正如约翰·杜威（1927）提醒我们一样，互动创造了后果，这些后果反过来会“造成在控制这些后果方面有着共同利益的公共体”（朗，1990：171）。换句话说，这种公共利益是这种公共体对后果的共同认可和这些后果可能对共同体生活造成的实质性影响。对于杜威来说——以及对于本杰明·巴伯和理查德·弗拉思曼来说——国家已经逐渐变得更加远离整个公民，以至于我们正在目睹杜威所称的“分崩离析的公共体”。我们正处在在具有讽刺意味的境况中，在这种境况中我们继承了“当地镇民大会的做法和想法……但我们居住、行动和生活在大陆性民族国家中”（杜威，1988：22）。杜威关注的中心是一个令人困扰的问题：作为公共体的我们在没有至关重要的共同体观念的情况下如何规范地解决相互依存后果的问题？可以肯定的是，杜威正触及民主政体的关键要点之一：“大规模的公民身份问题即日益复杂的民族国家问题。”（库珀，1991：2）杜威（1927：86）以如下方式提出了这个问题：

> 在这个时候，我们的问题是要说明为什么机器时代在形成了这种**大社会**（great society）的过程中已经侵袭和部分解体了前一个时代的小社区而没有形成一个**大共同体**（great community）。事实是足够熟悉的，我们的特别事务是要指出它们与这些困难的关系，根据这种关系，一种民主公共体组织正在艰难运转。

这种“大社会”没有且不能完成的是成功转型为这种“大共同体”。根据杜威的观点，结果是可以预见的：一种对于可能具有持久影响的任何联合行动来说都是
277 太分散的公共体。随后，这种分散的公共体“生成其自我的一群特别受（公共行动）影响的人，这些人很少把这些不同公共体团结在一个统一的整体内”（杜威，1988：29）。

由杜威提出来的公民身份问题直接被本杰明·巴伯（1984）在他的《强势民主》（*Strong Democracy*）一书中论及。因为大量借用杜威的思想，巴伯阐明了一种努力培养伦理公民身份的不同的理论删剪式样。他主张真正的问题源于我们对他所称作为“弱势民主”（thin democracy）公民身份的“自由主义民主”（liberal democracy）观的不断添加的附属物。弱势民主基本上是一种促进优先于公共善的私人利益的政治谈判制度。总之，它是一个“动物园保持功能”，对可能会阻碍公共

善的反社会行为设置限制。他推测，在这样的安排下，难怪自由主义民主对作为政策制定过程中的积极参与者的公民角色不再给予强调。巴伯把自由主义的或弱势民主这一定义与“强势民主”进行对比。巴伯（1984：132）把强势民主定义为“参与式模式中的政治，在这种政治中，在没有一个独立基础的前提下，通过持续性的、近似自我立法的参与式过程和创造一种能够把有依赖性的、单独的个体转化为自由公民，把局部利益和私人利益转化为公共利益的政治共同体，冲突被解决了。”

人们可能会问，强势民主与公共行政人员的角色有什么样的关系呢？如果我们能够假设公共行政人员是民主进程的服务员，那么巴伯（1984：156）提供了一个答案：民主政体的中心任务是要发明公民身份的程序、制度和形式，它们培养被持续不断的民主讨论、审议和公共行动的过程所促进的政治判断。他告诉我们，政治判断是“公众明白的理念”（idea of public seeing），是一个愿意接受不断规范性改良（文特雷斯，1985）的临时性过程。为了促进这种演说政策问题的规范性意义所必要的协商式民主讨论，我们需要创造一种与私人语言（技术专家）相对的公共语言——一种帮助公民超越以“我”（I）为中心、以便包括“我们”（we）的承诺。巴伯坚持认为，只有强势民主能够面对公共利益的责任问题。对巴伯来说，公民身份意味着责任，因为它通过教育过程促进了公民美德。“为了统治好，他们首先需要统治。为了审慎地行使责任，他们必须被赋予责任”（巴伯，1984：237）。在这里，杜威和托克维尔的影响是显而易见的，因为问责与公民美德在公民通过实践并因此反复灌输容纳了公共利益的实质性价值观学会了协商时取得成功。

像杜威一样，巴伯认识到现代性的中心在公民身份上。需要的是公民议程的制定。该议程包含一个全国性倡议和全民公决过程、社区居民大会的国家制度、公民可视图文服务、公民通信合作以及全民服务系统等，仅举几例。“在很大程度上，巴伯完全改变了现代性问题的方向：不是把现代性看作始终是一种参与的障碍，相反，他认为现代性特征（特别是技术）能够被重组，以便促进强势民主的理想。”（文特雷斯，1985：439）

透过巴伯概念之镜来看，行政伦理公共性的作用简直就是，以将促进实现强势 278
民主及其所必要的公民价值观方式，与全体公民建立关系。这显然是倡导要发展公共行政的“公共”的一面。因为理查德·弗拉思曼的思想已经被讨论过了，我只是简单地强调他的一些适用于这一类别的观念。弗拉思曼（1966）想要推动他所谓的“公共利益政治”（politics of public interest）。他明白，虽然他在这一点上不是明确的，政策行动往往发生在越来越多的跨部门的环境中，并且为了公共利益的公共代理机构有义务，不仅要说明政策行动的可见成本，而且更重要的是，要说明某些群体所负担并且能够被传递给其他可能不会有任何直接追索权群体的不太明显的（或可见的）成本。因此，存在一种评估政策的相互依存对公众影响的道德义务。由此推断，弗拉思曼正在呼吁公共行政人员要确定意外和间接后果或其他在组织中存在的规范性后果。从这个意义上说，弗拉思曼的“可普遍化原则”（universalizability principle）观念要求行政人员或分析师集中于政策行动的公共相互依存关系，并对能够导致人类改善的过去、现在和未来的政策选项进行协商，而不仅仅是对发展执行已制定政策的工具性方法进行协商。

D. 后现代主义观

后现代主义思想主要是试图提供一种对现代性——一种建立在历史进步的启蒙哲学与现代理性基础之上的现代性——富有想象力的和全面的批判（福柯，1977）。有关这一主题的文献是巨大的，所以这里没有任何必要重复以前已被论述过的意图。在此，为了我们的目的，我要首先集中在查尔斯·福克斯和休·米勒的尖锐著作《后现代公共行政》(1995) 上。

福克斯和米勒明白易懂的工作成就既是一种对公共行政与公共政策“正统”(他们称之为）的批判，又是一种在为公共事务构建话语理论的过程中构想出一种后现代方法的努力。福克斯和米勒借助于后现代主义和已经阐明其基本理论前提的思想家来描述他们的意思：

> （德里达、利奥塔、福柯、鲍德里亚和其他人）……因为他们对那些典型的现代性主张的怀疑而被统一在一起，这些主张过去常常被称为普遍主义或本质主义，但现在已经被集合为基础主义或元叙事……这样的元叙事的例子包括哲学上的逻辑实证主义、马克思主义的唯物辩证法以及……社会学与政治学上的结构功能主义和系统理论。(1995：44)

由此他们推测——尽管承认后现代思维的部分有效性——不存在任何借此真理性主张能够被验证与实践的稳定的共同现实，其次，存在不断增多的、被折射的、“不可通约的、已被（正被）多个亚文化碎片所建构的系列现实”(1995：43)。接着，他们没有畏缩，这时他们声称，即使像治理和公民参与这样的问题，“在后现代条件下都被呈现为有问题”(1995：43)。

鉴于这一事实，福克斯和米勒设想了以下这个问题：“在这种情况下，接下来我们应该怎么办呢?”(1995：4）在回答这个问题的过程中，他们批判了他们所指的循环式民主（程序民主)《黑堡宣言》和在该领域变得更有影响力的社群主义观。
279 福克斯和米勒坚持认为我们所面临的真正挑战是“寻求一种新的架构，这种新架构能经得起后现代状况，(并且）另一方面，能够获得与民主理想的一致性”(1995：7)。

这种新的架构是建立在话语理论的基础上，这种话语理论部分基于汉娜·阿伦特和尤尔根·哈伯曼的公共空间理念。他们的真正目的是构建一个非基础主义的框架，由此公共话语以及随后的公共空间能够持久。为了确保“公共讨论”实际上能够举行，福克斯和米勒预先假定其有效性所必需的一定条件：讲话真诚（谴责不实的承诺和虚伪的宣称)、关注情境的意向（讨论问题考虑到具体情境)、自愿关注（而不是冷漠和胁迫）和实质性贡献（政策问题的公共演说)。

需要提出的问题是他们所依靠的后现代思想——带有所有常见的声明——是否能够提供对行政人员或政策分析师有用的伦理洞察力？规范性框架能否制定，当甚至“意义本身都有待竞争确定”(meaning itself is up for grabs）并且对社会现实的概念性看法被穿上偶然性的、不必要的、零碎的和短暂的外衣时？虽然福克斯和米勒都明确表达一种视角，这种视角理论上是有趣的，并对公共伦理问题具有挑战性，但是他们往往会被一个更基本的、已经被杰弗里·伊萨克雄辩地证明的观点绊倒：

> 我们的选择不是在绝对基础与绝无基础之间、夸大叙述与纯粹叙述之间，而是在基于有保证却依情况而定的原则的确信与基于根深蒂固的断言或偏见的那些确信之间。有关人性和人类善的问题是政治的核心，即使它们永远不能一劳永逸并且以理论上中立的方式来解决。努力回避它们是虚伪的，因为如果我们不明确地接受它们，那么我们很可能简单地通过后门用我们的论点偷带着它们。(1992：8)

他们会怎么回应这种断言当然是值得思考的，不过已试图重新构建这种理论的某个人——从稍微不同的角度——就是迈克尔·哈蒙。哈蒙在他的《责任就是悖论》(*Responsibility is Paradox*) 一书中的分析就是人们可以认为的在最近的记忆中理论上对责任最深奥、最微妙的探究。那么，哈蒙对责任问题的贡献，更具体地说就是对公共伦理的贡献，究竟是什么呢？

哈蒙强调了一个在我们对伦理的阐述中往往被忽略了的概念上的重点：个人责任的显著性。但他并没有停在这里。他主张责任本身本质上就是一个似是而非的观念，它指两个不同的含义，也就是说，与道德代理机构有关的含义和对合法政治权威负责任的含义。据哈蒙看来，存在有两种类型悖论，被他称为反唯名论的（好的）悖论和分列创始的（坏的）悖论。他坚持认为分列创始的悖论是与西方社会有关的合理性过程的一部分，这种合理性过程试图打破内在对立原则之间的张力，于是就导致了可预见的病症。另一方面，反唯名论的悖论是人的状态不可分割的一部分——一种过程，通过这一过程，个人努力争取统一内在的对立面，“精确地解释个人追求整体性与个性化的动力”(1995：76)。正是在这种背景下，他把个人责任“当作这种行动：(a) 被告知于自我反思性理解及 (b) 来自社会关系的背景，在这种背景中，个人承诺被视为有效道德行动的基础”(1995：81)。他公开承认个人责任是基于主体性观念，一种现代理性主义认为是根本不相关而不予考虑的主体性。280
因此，他开始从事对“理性主义”(rationalism) 的批判，这种理性主义使公共生活分离于个人责任，不信任正在被体现为公共生活中的情感主义，等同于具有效率与效果的工具性价值的叙事，相当于具有行政控制的问责，假定责任是与权威目的的行动是一致的，最后，假设有像能够导致“对的”伦理解决方案的负责任行为这样的事情。此外，他有说服力地阐明了有关理性主义如何试图解决义务、代理机构和问责的矛盾的局限性。虽然他没有提供任何建议或具体的指导方针，以便帮助行政人员和政策分析师（这不是他的目的），他在这本书的结尾的确建议我们把作为自我反思过程一部分的个人责任（道德机构）连接到阿拉斯代尔·麦金太尔的实践观念上，因为有些人在这一点上曲解了他的意思，他已经重新探讨这个问题，其方法是通过澄清“对道德责任的自我反思式的行使而不是道德责任成为一种单一的智力活动是在社会关系的背景下唯一可以实现的。创造，意即自由的行动，是与应答以及借助于持续性对话问责他人密切相关的”(1996：606)。

我已经几乎不能穷尽哈蒙对责任有洞察力分析的各个方面。至于公共伦理，哈蒙对责任观念的诠释，其重点在于将个人责任与社会实践联系起来。这种关系是特别有趣的，鉴于他否定——让人想起许多该领域中与后现代思想有关的，如 O.C. 克斯怀特（1997）那样的许多人——基础性真理的存在。直接借用克斯怀特反对任何有关某种基础性真理自负的观点，哈蒙宣称“现代主义具有的‘理性人’启蒙的迷人之处主要有助于掩饰——虽然具有不断增加的透明度——一些人进行的权力迁移，以便给他人强加他们对其自救性的描述”（1996：607）。哈蒙以及就此而言的福克斯和米勒可能正在做的是将基础误作为基础主义。例如，约瑟夫·马戈利斯恰恰提出了这个尖锐的问题：“人类的探究（能够）追求没有普遍主义的普遍状况、没有基础主义的基础（和）没有本质主义的本质。”（1986：38）马戈利斯在此正在暗示的是这种观点，即我们无须放弃任何对公共生活中的基础的寻求，而是相反地，我们需要明白这样的寻求将总是局部的且未完成的。正是因为这个原因，在很大程度上，非常清楚历史偶然性与公共事务中知识局限的汉娜·阿伦特能够毫不犹豫地主张在我们不确定的年代我们需要新的政治原则，这种新的政治原则能够提供一种重新思考我们处理伦理与政治的方法的手段。对此我觉得加缪说得最好：

> 我们知道我们生活在矛盾中，但我们也知道我们必须拒绝这种矛盾，采取必要措施来减少它。作为男人（和）女人，我们的任务就是找到一些将抚平自由灵魂无限痛苦的原则。我们必须修补被撕裂部分，使正义在这个如此明显非正义的世界上成为可能，再次给幸福赋予一种属于遭受这个世纪苦难毒害人的含义。（1968：135-136）

虽然公共行政（和公共政策）中的后现代方法还没有完全发挥很多人会喜欢的影响，他们的确——这尤其体现在哈蒙、福克斯和米勒的作品中——把我们的注意力集中在有必要和全体公民一起重新构建一种协商话语，用其所有模棱两可的话语使该领域忙于公共事务上。

E. 组织观

281 由于这种视角包括了如此范围广泛的不同理论家，寥寥数语是为了澄清这种方法与行政伦理公共性关系的性质。首先，不同于这里被展示的其他观点，在这种类型中，组织生活的特征和这样的生活所带来的压力被更简洁地论及。这包括如“脏手”（dirty hands）、“许多手”（many hands）、“没有手”（no hands）问题这样的困境。随之而来的，它涉及实施方案或政策的行政人员的法律和宪法义务，以及作为一个相关问题的斯蒂芬·贝利（1965：293）的看法，即行政人员需要提升的、必要的、基本的道德构成要素：“乐观、勇气和受仁慈调和的公平。”这不是要表明在这个类别中的理论家不关心伦理公民身份、公民美德和共同体问题，而是要表明他们参考的架构更多锚定在组织背景下可能阻碍伦理决策的、由官僚实践所引起的困境。可能尤其是组织观承认——至少比其他公共性方法更明确地——行政人员普遍行使政策自由裁量权，并且这种“自由裁量权需要判断与行动的自主，这种判断与行动有时可能与合法地参与政策制定过程的其他人的目的和利益不一致”（伯克和帕特罗德，1988：227）。

例如，丹尼斯·汤普森（1985）质疑，当人们面临严酷现实或组织生活的伦理时，行政伦理的可能性是否切实实现。因此，根据汤普森（1980）的看法，关键的问题是如何维护个人责任的观念对抗组织生活的强大压力。他解释说政治伦理是真正企图“要规定个人行动与组织结构之间的关系”（汤普森，1980：6）。跟进相关主题的是约翰·伯克（1986）的《官僚的责任》一书。伯克对汤普森的观点有所扩展，认为对公共利益的责任必须在个人责任是如何被连接到民主政体制度与公众同意的背景下来理解。他（1986：217）承认“任何通过分析个人责任来使官僚机构与民主和谐的企图在广度上无可否认地是雄心勃勃的”。伯克（1986）进一步断言，纯粹的道德评价是不可能充分考虑到政府官员的机构（和法律）责任。他呼吁“积极意义的管理……意思是按照责任而行动，以便保护更广泛民主过程的和公共机构的诚信，尤其是作为整体的行政进取心”（1986：183）。行政人员角色的公共性是靠遵守这些更广泛的民主程序。

另一方面，凯瑟琳·登哈特（1988，1989，1991）关注的是有责任做出个人道德评价的行政人员。她（1988）的结论是如监督与规则这样的组织控制不能作为个人规范性判断的替代物。登哈特（1988：26）一直曾试图复苏——或吸收多一点的真实生活——到行政伦理的意义中去，借助于提出以下的定义：“行政伦理是独立地批评决策标准的过程，是基于社会核心价值观的，这些价值观是能够在合理组织边界范围内被发现的、能够被界定的、易受个人与职业问责影响的。”

此外，登哈特做出了有趣的评论，即一直几乎没有聚焦于组织背景中的伦理作用。她坚持认为责任的关键是理解个人与组织结构的动态关系。这促使她考虑与她 282
的行政伦理观点相应的可能的组织改革。她赞成“发展组织的良知，改变组织的任务分工，保护违反组织政策与程序的有道德的个人，以及把提高伦理讨论水平作为组织实践的一部分”（1988：140）。她甚至更多地通过倡导学生和从业人员都必须从教育过程开始熟悉哲学的基本语言来推动了这一观点。她一针见血地声称“这种想法即公共行政人员必须既成为哲学家又成为管理者，将会遇到一些阻力，但仍然是重要的，如果公共行政人员变得更加有道德”（1988：184）。伦理的“公共性”被表述在公共行政人员这种新的角色中。

约翰·罗尔会发现这种要求，正像他会对它表示同情一样，在现实行政实践世界中并不可行。与他说所的伦理的“高阶”与“低阶”方法相比较，他（1978）建议一条更符合公共行政人员期望的以及他们如何被教育去履行其公共职责与角色的“中间道路”（middle road）。他建议行政伦理应该扎根于美国人民的价值观，并坚持认为这样的“政体价值”能够被发现在能够为伦理决策提供实质性基础的主要最高法院的司法解释和其他历史著作中。他认为当行政人员宣誓效忠“使这种政体变为现实并继续象征性表示其精神及意义”（1978：67）的宪法时，行政人员有义务坚持宪法政体价值的指导原则。在后来的著作中，罗尔（1986）宣布宪法政体价值应被视为不仅仅是一种伦理决策的框架，而且是维持一种态度，这种态度指导对行政人员公共角色的特定看法。政体价值充当一种更好熟悉伦理选择和服务于公共利益的方法。不用说，这是假定平等、自由、个人财产的政体价值确实反映我们民主社会价值观的全部系列。有趣的是这种在《黑堡宣言》（罗尔是一个合著者）中被提出的、人们所称的“机构视角”（agency perspective）涵盖了更广泛的一套处理公共治理与公共利益问题的价值观（瓦姆斯利等，1990）。这种方法的支持者公开提倡一种制度上有根基的、承认公共机构的重要性和有效性的“明诺布鲁克视角”（Minnowbrook perspective）。此外，瓦姆斯利和他的合著者认为人们不能仅仅依靠个人的责任作为新的行动和社会变革的基础。与明诺布鲁克看法形成对比，布莱克斯堡视角认识到“需要努力改变价值观并且引起从这种结构的一个人的连续统两端开始的社会变革”（瓦姆斯利等，1990：21）。除其他事项外，瓦姆斯利小组的真正理论目的是振兴公共利益的概念。他们（1990：40）把公共利益界定为在制定公共政策过程中的几种思维习惯的组合：

> 试图处理事项的多重后果，而不是挑选出来的几个：寻求把长远眼观纳入协商，要平衡过度地关注短期结果的自然倾向，考虑竞争的需求和受影响的个人与群体的要求，不是一个方位，会议记录准备了更多的知识和信息而不是更少，以及承认说公共利益是成问题的不是说公共利益是毫无意义的。

虽然《黑堡宣言》试图从代理人的视角来界定公共利益，但美国公共管理学会
283 认可一本由詹姆斯·鲍曼主编（1991）的被适宜地称为《公共管理伦理前沿》（*Ethical Frontiers in Public Management*）的书，这本书显然是一种行政伦理的组织观。这本书中的第三部分试图平衡机构与个人两个层次分析的策略，这一点尤其明显。例如，杰拉尔德·加布里斯（1991）指出，由于组织中普遍存在权谋控制系统，在组织内建立新的价值观模式从而促进伦理行动和组织变革的过程中，组织发展的方法是必不可少的。除少数外，在这本书中的大多数作者很少质疑专业主义的作用，公民身份、共同体以及民主与官僚机构之间的内在紧张关系，民主与官僚机构之间的紧张关系成为重新界定行政伦理以及为了恢复该领域公共利益理念在培养公民美德方面公共行政的角色的不可分割的部分。如同道格拉斯·摩根和亨利·卡斯（1991）所说的那样，甚至对合乎宪法的管事人职位与职责的倡导似乎把组织作为一个历史性给定条件，从而企图把伦理仅仅限制在行政实践领域。总的来说，这些作者大部分没有任何提及要批判性地研究成为行政环境基础的现代自由主义。非常值得赞扬，达雷尔·普格是少数理论家中的一个，在这本书中提出以下突出的问题：“官僚气质是现代资本主义的后果，而不是共和国宪政自治的后果。”（1991：24）普格（1991：26）严肃地总结道：“虽然该领域声称拒绝政治-行政二分法——用强调**公共**一词来取代强调行政一词——操作性价值观已经保持了官僚价值观。”最后，一些在蒙哥马利·V.沃特《变化中的公共部门价值观》（1998）一书中的想法尝试创建“一个公共行政价值观的领域，一个目前在被认可论坛上不存在的领域”（1998：xix）。然而，他实际上是试图创建更多的东西：对公共行政价值观科学（他的话）的重大贡献。尽管范·沃特分析的性质雄心勃勃，但是他指出道德不过是价值观的一个子领域，因此成为根据正确价值观采取行动的行政人员的挑战。

他的结论是这些价值观来自 5 个主要本源：个人价值观、职业价值观、组织价值观、法律价值观和公共利益价值观。范·沃特将继续依赖于这种视角，强调价值观的文化视角，就像他坚持认为的那样，这是更广泛的整个社会与文化的价值观，行政人员被嵌入其中。这是他最近的想法，明确承认伦理的固有重要性。

在这本书的结尾，他陈述说："合乎道德的这一术语……预示着作为理想行为典范的某个人。"这意味着个人不仅遵守了一般的法律与组织规范，而且也"达到了卓越的高标准并且努力实现社会的、组织的和利他主义的理想"(1998：316)。在此背景下，他认为行政人员有"了解价值观，找到价值观共识并监视与控制价值观的前后一致性"的额外责任（1998：317-318)。因此，需要发展"价值观管理的艺术"(1998：319)。范·沃特断言价值观管理的艺术在价值观竞争、复杂性和变化的时代是特别棘手的。

这本书如此令人感兴趣的是它是如何如此多地不同于其他公共伦理的看法，特别是不同于公共伦理的古典和新古典主义的看法。人们仅能够想象，对范·沃特的理论建构成为一种揭露行政之恶的手段，盖伊·亚当斯和丹·贝尔福会有什么看法。这项探究和范·瓦特的分析一样似乎是雄心勃勃的，但仍然提出了一个如此具有公共伦理组织视角特征的问题：难于减轻作为组织生活这样一个不可分割部分的功能合理性负担的问题。

在这种理论背景下，已经有直言不讳的、警告该领域注意组织社会化与忠诚力 284
量的呼声——一种在拉尔夫·胡默尔（1987)、罗伯特·登哈特（1981）和威廉·斯科特与戴维·哈特的论著（1979）中稍微有被呼应的历史沿革，这里就举这几个例子。尽管论及组织背景的行政伦理方法是多种多样的——如在此被讨论的不同理论家所表明的那样——但它们都在很大程度上必须面对由阿尔贝托·拉莫斯提出的棘手挑战：

> ……今日组织学术成就的城堡就像贝布尔。说法的混乱几乎震耳欲聋。大多数这种混乱的根源是作为节约化标准的崛起进入到大多数社会结构中的后果而出现的独特语言以及这种政治语言扩散到社会语言中。(1981：72)

13.4　结论

我已试图在此介绍与各种行政伦理的公共性相关的理论观点。我已尽可能地忍住没有陈述我自己对每一种方法的缺点和优点的看法。在我讨论这些要点之前，我从一开始就会说，我公开地同情由那些属于伦理古典视角和结果主义视角类别的人提出的观点。随之而来，我在很大程度上倾向于在新古典主义或共和主义视角中表述的、特别是与特里·库珀和威廉·沙利文的论著有关的一些理论立场。我对很多在组织视角中被提出的理论和问题有一些比较强烈的保留意见，主要是因为在这种类型中，少数人把行政伦理当作对公共行政和公共政策中职业化的意识形态内涵的反映来分析（亚当斯，1992；菲舍尔与津克，1989；福克，1992；文特雷斯，1992)。

这不是要说组织视角没有大量增加我们对伦理决策复杂性的认识。它当然有，像在如罗尔和伯克这样的学者的简洁论著中一样明显。我的意思是，在概念化公共行政伦理方面，他们没有走得足够远，因为这涉及公民身份与行政人员或政策分析师的关系。此外，职业化的负面精神包袱只被坚持组织方法的理论家给予了很少的关注。这是不足为奇的，因为大多数关于公共行政中的行政伦理与公共政策的争论是相当“有问题的，正如盖伊·亚当斯急着提醒我们的一样，因为他们假设目前的做法在某种意义上来说是根本正义的”（亚当斯等，1990：231），虽然有瑕疵。后者在这一点更是如此。

公共伦理的古典、新古典和后果主义观点的吸引力是明确集中于公民身份与规范性政治共同体的关系。在这一点上，前两个观点是相当简洁的。例如，在古典类中，代表性的思想家在很大程度上受亚里士多德的影响。我认为尤其是麦金太尔的贡献是明确的：我们需要重新定义我们与他的实践观点更相适应的职业化概念。当他主张道德判断是道德品性与美德的重要组成部分时，这种观点在某些方面是与埃德蒙·平科夫斯《窘境与美德》(*Quandaries and Virtues*，1986）一书相关的。

285 另一方面，拉莫斯和阿伦特迫使该领域重新审视建立公共空间的重要性，在那里，伦理行动而不是行为能够发生。有些人可能会指责他们在行动与行为之间设置人为障碍以及恢复可疑的假设即政治与行政能够被分开。不过，我认为他们提出一个不能很容易被置之不理的、有趣的问题：当公共组织的基本目标是基于追求工具性和需要计算的结果时，我们期望公共组织能够促进和鼓励伦理行动是不是很天真？主张伦理目的的追求（和实现）应该是属于人类活动不在附加的操作性限制控制下的其他“公共”领域是不是更不现实？我相信阿伦特和拉莫斯会坚持这种主张。这个让人头痛的问题在很大程度上隐藏在拉莫斯提倡社会系统划界方法后面，这种方法会让我们设计不同的、能够满足个人多方面需求的“飞地”。如果撇开其他不谈，这是对公共行政领域的一个有趣的挑战。

在许多方面，新古典观是基于古典观类型中的一些关键要素。但是，我必须声明，我有些困扰于那些认为我们的“伦理精神”必须与我们的开国元勋们的哲学观点相连接的理论家。我并不想在这个时候参与涉及“联邦党人”的政府新科学（强烈地受到如大卫·休谟这样的哲学思想家的影响）与坚持更多传统的政府共和主义观“反联邦党人”之间差异的争论。我认为说大体上大部分公共行政理论家们已往往忽视了控制了我们开国元勋们思想的摩尼教愿景是相当准确的（文特雷斯，1991；卡门，1973)。迈克尔·卡门一直坚持认为体现在我们开国元勋们思想中的摩尼教观导致了今天仍然存在于我们政治结构中的道德二元论：“崇高的道德标准与市场精神之间的冲突。”（1973：110）我仍然疑惑于为什么在大多数情况下太少关注约瑟夫·特斯曼（1960）约在30多年前所告诫我们的：在一个占有性个人主义、竞争与讨价还价占主导地位的、自由的政治宇宙中，几乎没有任何促使公民和行政人员两者都作为道德自主主体去行动的激励应该真正使我们惊讶吗？作为对特斯曼的评论的反应，威廉·沙利文对一种新公共哲学的恳求是我们需要集中更多我们理论上的关注，以便正视公共行政的“公共性”及其在塑造社会事务方面的规范性角色。

另一方面，后果主义的方法对我们来说具有重要的意义，不仅是因为它对共同体和公民身份的强调，而且因为这种方法承认公共体的相互依赖性问题和拥有一种积极共同体对有意义的、有效的公共事务参与的显著重要性。虽然弗拉思曼没有直接论及这一问题，但在杜威和巴伯的论著中它被清楚地说明。总的来说，他们各种各样的视角为公共行政创建一个公共学习和公共语言的方法打开理论之门，这种方法能够允许我们“试验并不断重建与这种共同体的具体关联，这种关联不仅性质上是程序性的而且内容上具有经验的实质性”（文特雷斯，1987：42）。我相信令人感兴趣的——从理论和实践的视角来看——会是公共伦理的古典观、新古典观和后果主义观的融合以及其可能如何促使我们重新定义公共行政与“公共”意思的理论关联。在我看来，一些像亚当斯和贝尔福这样的人接近实现这一目标，但没有人完全成功。

我认为已经获得了许多公共行政学者关注的后现代思想代表着对公共伦理的重要贡献，因为它暴露了被描述在种族、阶级、性别、知识以及当然包括主体性中的多种形式的“他者性”和“差异”。更重要的是，因为这类风格中的学者尝试创建一种通常以高度抽象术语表示的、伦理探究的“非基础主义的框架”，所以他们的确对现代自由主义提出了直接挑战。 286

然而，通过广泛攻击任何（和每种）被视为“元叙事”来挑剔这种视角的突出问题，不仅是一种不受自由主义或逻辑实证主义（或任何其他“主义”）的工具计算所束缚的思维模式，而且是一种在解决汉娜·阿伦特的挑战方面几乎没有提供帮助的思维模式，这时我们发现自己处在黑暗时代：“人类尊严（本身）需要一个只能被聚焦在一种新的政治原则中的保证。”（1963：ix）遗憾的是，在大多数情况下，公共行政中的后现代思维几乎没给我们留下任何创造这样的探求的鼓励。这本身就应该让我们停下来思考有关后现代思想的一些意想不到的后果，不考虑其许多对理解我们在社会所中面临的历史沧桑的贡献。

我已把我最后部分的评论留给组织观。很多人可能会认为我已经在这组中用相同宽度的理论之刷描绘太多学者，可以这么说。很明显，在凯瑟琳·登哈特所建议的与伯克所提出的观点之间存在大量差异。我在论及这些差异时已经尽力小心谨慎。尽管对行政伦理做出了一些他们的重要贡献，我对这种宽泛归类的总的看法是他们似乎做出了一种虽然不明确但我觉得有点令人不安的假设：他们认为国家与共同体是完全一样的，并且因为公共行政服务于国家的需求（因为它必须），所以它也服务于共同体的需求。我担心的是这种组织观从来没有认真质疑国家的合法性和该领域与它的关系。即使提出这样的问题使我们感到紧张——就像它应该的那样。我的观点如下：在我们能够面对共同体的意义特别是有关行政伦理的意义之前，我们必须研究国家不断变化的角色，同时探索该领域与公共机构关系的规范性含义，这种关系可能会促进对社会权力安排的普遍盛行。彼得·内特尔（1969：22）一直认为这一点值得重复：“科学性、合理性、官僚机构和权力不是完全随机的概念，而是处在一种严密的因果关系链中。”

虽然公共行政人员如何能够最好地服务于公共利益的争论将继续白热化，我认为（也许有许多人天真地主张）重新定义我们对公共体的看法将是在随之而来重新定义公共行政人员在“从事”（doing）公共行政过程中的公民目的和规范角色的过程中关键的一步。在重新定义公共行政与公共行政人员公共义务与角色的公共性的规范性关系的过程中，我们可能恰好发现自己处在一个新的实质性政治世界中——用卡罗尔·施特恩赫尔（1984：559）的一个充满诗意的短语来说是——“把行星射成了恒星”。

参考文献

请从中国人民大学出版社官网（www.crup.com.cn）下载，或者用微信扫描下方二维码获取。

第 14 章

行政伦理与职业化的妄想

——公共服务伦理的历史背景

盖伊·B. 亚当斯
美国密苏里州哥伦比亚密苏里-哥伦比亚大学

……现代世界要求一定的道德观念存在，但也破坏了认真对待它们的根据。现代性既需要道德，又使其不可能。 291

——罗斯·普尔，1991：ix.

众所周知，职业化兴起于美国公共行政中（毛思迪，1982；斯蒂尔曼，1987；林恩，1996）。因为一种几乎总是在文献中提到的职业显著特点之一是伦理守则（例如，格林伍德，1957），在最坏的情况下，增加公共服务的专业化被认为是公共服务伦理的良性状态，在最好的情况下，被认为是公共服务伦理状况的一种非常正面发展。在本章中，职业化与伦理之间的关系要放在其历史背景来研究，并且提出的理由是伦理与职业化的联系是自相矛盾的，以及职业化本身的确就像是希腊神话中的一种动物——复合了不协调部分的假想怪兽。

历史背景可能被解释为包含许多要素，但也许没有一个要素像广义上的文化一样重要，就是在这种文化中美国公共行政被实践、研究和教育。如今，这种广义上的文化之一是**现代性**（modernity）（特纳，1990；也参见伯恩斯坦，1985；鲍曼，1989；雷宾巴奇，1990）。现代性的知识链追溯到 16、17 世纪甚至更早，但作为我们自我文化的本质特征，现代性仅在过去的百年时间内结合在一起。我们的现代性文化具有作为其主要成分之一的技术合理性（technical rationality）（巴雷特，1979）。技术合理性是一种思维方式，一种生活方式，强调科学分析的思维定式和技术进步的信念。技术合理性对职业化发展是至关重要的。在美国的现代性发展过程中，技术合理性和职业化以完全看得见的、当代的形式出现在进步时代（1896—1916 年）。我在下面进一步详尽阐述技术合理性和职业化的出现与发展，不过首先对这种论证进行概述似乎是符合程序的。

在本章中，我首先探讨公共行政方面的伦理学术成就状况，然后是伦理与职业化的交叉是如何被处理的。聚焦于职业化直接导致了进步时代，在这期间，有人认为当前公共行政中职业化与伦理的关系变得非常明显。技术的合理性与职业化的发展连同对科学的强调被仔细探究。接下来，我展示了职业范围内宣导与科学之间的早期紧张关系如何以有利于后者的方式被处理，以及伦理守则如何作为职业化道德基础受侵蚀的补救办法而出现。对现代职业化的道德真空和反民主的倾向都进行了讨论。最近，对职业化和公共行政方面的“严谨”与“科学”研究的反复要求呼应了技术合理性的主题，并与美国背景下公共行政的合法性问题密切相关。最后，我论述了对在我们目前文化环境中、现代性范围内的一种新的职业化期望。不过，讨论主题首先从公共行政方面的伦理文献开始。

292

14.1 公共行政方面的伦理学术成就

公共行政领域中对伦理的关注是前所未有的。过去 10 年，职业协会美国公共行政学会内部“伦理学部”创立，开展了三场全国性公共服务伦理研究的专题讨论会，涌现了对这一话题一系列令人印象深刻的、长篇累牍的论述（鲍曼，1991；库珀，1994；库珀和赖特，1992；弗雷德里克森，1993；戈特纳，1991；刘易斯，1991；马德森和夏福利兹，1992；默滕斯等，1994；雷诺兹，1995；帕斯克莱拉等，1996；亚当斯和巴尔福，1998；也参见库珀，1996；多贝尔，1992；马里尼，1992；普兰特，1997；罗森布鲁姆，1992；斯图尔特，1991）。20 世纪 80 年代，伦理守则被采用，美国公共行政学会举办了全国会议，还出现了一连串的其他书籍和文章（艾米，1984；鲍曼，1990；布朗，1986；伯克，1986；登哈特，1988；菲舍尔，1983；福克斯，1989；弗雷德里克森和哈特，1985；杰克逊，1984；莱恩，1988；李，1990；麦克斯温和怀特，1987；罗尔，1989；亚伍德，1985；等等）。

更重要的是，当前对公共行政中伦理的关注是以学术成就的持续记录为基础的，这种关注追溯到由 20 世纪 70 年代初的“水门事件”导致的最后一波伦理关切。拉尔夫·克拉克·钱德勒（1984）、特里·L. 库珀（1990）、戴维·哈特（1974）和约翰·A. 罗尔（1978）也许是最突出的公共行政学者，他们对伦理的关注跨越了至少 30 年。公共行政伦理范围内还有其他的重要同行（例如，阿普尔比，1952；贝利，1964；利斯，1943）。事实上，正如《公共行政评论》的一篇文章所证明的那样（尼格罗和理查森，1990），该期刊对伦理的关注自从其 1940 年成立以来一直不断，尽管几起几落。

当时弗里德里希（1940）与芬纳（1941）的辩论仍然是一种描述公共行政中伦理领域范围的有用方法（斯图尔特，1985b）。芬纳赞成强调**外部**（external）标准与控制的伦理观——法律、法规、规章和准则。与此相反，弗里德里希坚持认为伦理必然是行为**内部**（internal）标准——一种将引导公共行政人员摆脱道德困境的道德指南针——的问题。芬纳的外部控制立场与把公共行政人员视作为中立工作人员的观点最为一致，这些中立工作人员，用马克斯·韦伯的话说，**没有憎恨和热爱**（sine ira ac studio）地执行在政治领域中做出的或由那些处在组织科层结构高层中的人做出的政策决定。有一位作者已经竟然认为中立伦理观（来自政治的决策）和 293
结构伦理观（来自更高层的决策）阻碍了行政伦理，因为它们否定了行政自由裁量权的合法性（汤普森，1985，1992；也参见拉德，1970）。论及伦理的公共行政文献朝着弗里德里希方向已相当明显地发生了改变（福克斯和科克伦，1990；库珀，1990；格林，1994；范·沃特，1996），并且现在在该文献中的论述主要是紧紧围绕着哪些伦理理由可以为行政自由裁量权辩护。其中行政自由裁量权最突出的论据是：(1) 基于正义的要求，通常以罗尔斯为始（哈特，1974）；(2) 公民身份（库珀，1991；斯蒂弗斯，1994）；(3) 美国政体价值（罗尔，1978；1998）；(4) 管事人之职位及职责（卡斯和卡特伦，1990）；(5) 避免浪费（特里，1995）；(6) 补偿责任（哈蒙，1995）。在转向论述伦理与职业化的公共行政文献之前，对有关职业伦理更加一般性文献的简要讨论将有助于为其打好基础。

A. 职业伦理

职业伦理在学术文献中（鲍姆林和弗里德曼，1983；贝勒斯，1981；卡拉汉，1988；卡米尼斯科，1983；戈德曼，1980；戈林，1986；哈斯克尔，1984；卡尔特根，1982；等等）已引起了相当大的关注。不过，有关职业伦理的文献仅占论述职业化**本身**（*per se*）文献中的相当小的一部分。这些论述职业化本身的文献多半完全忽略了伦理方面的考虑，也许这些文献最重要的部分通常把职业作为一种采用道德中立立场（例如，鉴于结构-功能社会学）的社会团体来讨论。在论述职业伦理的文献中，到目前为止更多的是对**特定**（particular）职业的伦理关注，如医学伦理。这些有关职业的文献中更小部分从整体上论述职业伦理。卡尔特根（1988：7）描述了这种混合性关注的结果：

> 作者们把社会结构和职业作为既定事实并且讨论应该管控个体专业人士与个体客户或雇主之间关系的规则。他们忽略了宏观伦理问题对这些微观伦理问题的影响，如职业的团体责任和在他们的组织中，以及在他们的实践中的缺陷。他们描述了有道德社会中有道德专业人士的义务，却忽视了在一个不道德的或至少是不完美的社会里他们的义务，其实，在这种社会里他们必须采取行动。

虽然没有涉及更大范围的文化，但对**个体**职业人士与**个体**客户之间关系的伦理问题有着精细化的关注，反映了根深蒂固的个人主义的文化价值观。

其他作者已论述了职业化的**意识形态**（ideological）维度和职业伦理（卡尔特根，1982；拉森，1977）。他们集中关注的是职业化如何体现一定的社会价值观、地位与财富的特定社会分布，以牺牲其他可能配置为代价的全部情况以及职业伦理看似如何公平以便加强职业同行的社会与经济地位。在公共行政文献中，对职业伦理的意识形态维度已经有一些关注（费希尔和津克，1989；福克斯，1992；欧鲁夫斯，1985；文特雷斯，1992）。然而，大部分公共管理文献没有集中关注职业伦理的意识形态维度。

B. 伦理与公共行政中的职业化

294 在相关文献中，职业化向其从业者灌输**公共服务理想和伦理守则**（public service ideal and a code of ethics）即内在标准（弗里德里希之后）几乎是一种坚定的信念。对于这种思维方式来说，一方面，职业化本身就成为美德观或品格伦理的基础（斯图尔特，1985；亦参见格林，1994；库珀，1987；麦金太尔，1984）；另一方面，职业化还能够为伦理的外部控制观提供基础训练（芬纳之后）。职业界拥有伦理守则，他们还经常有某种同行控制方法，用这种控制方法执行伦理与标准，在极端的情况下，严重犯法者可能被开除出该职业界（克纳汉，1980）。

同时，公共行政实践界的大多数活动已处在受外部控制的指导之下。额外法律、法规的颁布一直支配着我们对 20 世纪 90 年代道德危机的应对，尽管其发生在后“水门事件”时代。福斯特（1981）等人已质疑把法律等同道德甚至用前者取代后者的普遍做法。

论述伦理的公共行政文献的深度与广度是要被赞赏的。然而，这样的理论构想在从业的行政人员的内部标准与规范方面是否发挥可预见的影响是相当不确定的。这里由克里斯·阿吉里斯（1990）建议的**信奉的理论**（espoused theory）与**使用的理论**（theory-in-use）之间的区别似乎是有重大意义的。粗略地说，“信奉的理论”就是对我们所做的行为做出的说明，然而“使用的理论”显示了我们的实际行为。

职业伦理以这两种形式，即“信奉的理论”与“使用的理论”出现在公共行政文献中（普格，1989；布鲁斯，1996；普兰特，1997；鲍曼和威廉斯，1997）。在“信奉的理论”层面，伦理与职业化之间最明显的联系之一出现在科尔尼和辛哈的一篇文章中（1988：575）：

> 从某种意义上说，该同行为职业行政人员提供了有关解读和回应公共利益各种要素的关键线索。体现在规范与标准中的职业问责制也起着对行政人员行为进行内部检查的作用……当与伦理或行为守则以及就职宣誓联系在一起，职业化建立了充当决策参考框架的价值观体系……并创建了有助于官僚回应性的特殊形式的社会控制。

MPA 学生职业生涯中和职业生涯前对职业化讨论做出反应强化了这种视角。存在明确共识，即适合当前有抱负公务人员的优先角色榜样是职业模范。学生和从业人员都没有把这样的选择看作是回避伦理，恰恰相反，他们把职业角色榜样看作是满足对伦理标准系统的需要，称职的就是有道德的。

因此，公共行政中职业化与伦理之间的联系是坚固的。这种联系在我们的“使用的理论”中比在我们的“信奉的理论”中更坚固，这种“信奉的理论”展现了更多种类与更深程度的伦理思想。但是，这种问题出现了：职业化与伦理之间的联系源自哪里以及这种历史并列的意义是什么？答案可能会出现在当现代性被联合进来时的美国的进步时代。

14.2　进步时代

从 1896 年至 1916 年期间的**进步时代**留给人们的主要印象或许更是改革的时代。进步时代是民众愤怒反对大企业的掠夺、反对社会弊病、反对各种剥削的时代。295 其结果是进步主义改革的浪潮：童工立法、最低工资、妇女选举权、直接选举参议员、取缔垄断、消除政治庇护、建立廉洁政府以及规范行业。印象就像它显露的一样模糊不清。

在进步时代，一方面，强调自由放任的、有限政府的、杰弗逊式的语言被保守的商人（尤其是小商人；温斯坦，1968）使用；另一方面，改革者使用汉密尔顿式的语言，促进积极的、有主见的，不只是服务于经济目标，也服务于社会原则的联合政府。“进步主义”（the Progressive）的目的是服务于杰弗逊式理想的汉密尔顿式联合政府。在许多情况下，在实践中这被改变成要成为具有杰弗逊式辞令、为商业利益服务的汉密尔顿式联合政府。加布里埃尔·科尔科（1963）形象地称这种“改革时代”为“保守主义的胜利”。

为了消除不必要的竞争和使经济尽可能合理化，有远见的企业领导者积极寻求政府规制。成立于 1913 年的客户代理机构如商务部直截了当地服务于他们的“客户的”利益。被创建用来回应公众强烈抗议的监管机构往往实际上成为受规制者的客户机构（科尔科，1963）。

在公共行政文献中，不少文献对进步时代相当重视（凯登，1984；钱德勒，1987；卡尔，1987，1976；斯蒂弗，1988；斯蒂尔曼，1991；范垂斯，1987）。由于著名进步分子伍德罗·威尔逊自己几乎被普遍公认为现代公共行政的创始人（沃克，1990；也参见林克，1964），这段时间被广泛公认为作为一个研究领域的公共行政的开始。进步时代留给公共行政中当代思想的，特别是伦理的遗产是相当重要的。在这里，我想证明的是，渗透在我们的“使用的理论”中并且往往倾向于驱散道德推理的职业伦理概念也追溯到这一段时间。不过，首先，进步时代对当代公共行政来说是非常重要的这种观点需要一定的详细阐述。

现代自由-福利国家（the modern welfare-liberal state）的基本轮廓汇集在进步时代，而不是像普遍看法所认为的更晚。正如温斯坦所说（1968：IX）：“……现在在美国占主导地位的政治思想和自由国家大的纲领性框架（被称为如‘新自由’‘新政’‘新边疆’‘大社会’这样的名字）被提出和制定出来，并部分地被试验到第一次世界大战末为止。”部分地由斯科夫罗内克（1982；也参见勒斯蒂格，1982；奥图尔，1984）提出的类似观点适用于公共行政。该领域的基本要素和轨迹在进步时代变得清晰可见，自那时以来，公共行政实践上和思想上的演变一直没有明显偏离该框架。

斯科夫罗内克在此期间分析了联邦政府的重建，为了这一过程的开端，他追溯到1877年的重建结束。这种转变是作为修补工作而努力开始的，以便首先修补某一区域，然后另一区域，往往是为了响应由社会上有影响力的群体所带来而要承受的政治压力。这些努力往往失败（尼尔森，1982）。在1896年布赖恩与麦金利之间的、标志着转折点的选举后，系统重建着手进行。因此，根据斯科夫罗内克的看法，联邦政府在进步时代被重建，以便为正变得越来越重要的新的目标与利益服务。这种重建的主题是：（1）新民主的承诺；（2）企业保守主义的信奉；（3）职业化的魅力；（4）行政合理性的追求（斯科夫罗内克，1982：18）。特别是后面的两个主题有待进一步探讨。

14.3 现代性与技术合理性

296 开始于进步时代，技术合理性被运用到社会，被排上政治议程。在现代性的背景下，技术合理性是科学-分析性思维定式（the scientific-analytical mindset）与技术进步（特纳，1990）的融合。这很类似于卡尔·曼海姆所描述的“功能合理性”（functional rationality）（1940）。曼海姆把“功能合理性”看作原本为了效率而把任务分解成更小单位的逻辑结构。曼海姆把它与“实质合理性”（substantive rationality）相比较，这种“实质合理性”是理解特定任务是其一部分的整个系统的目的性性质的能力。技术合理性也类似于马克斯·霍克海默所讨论（1947）的“工具理性”（instrumental reason）的观念。“工具理性”是人类理性服务于工具性目的的有限应用。直到现代性时代，理性被认为是一个将伦理问题与规范问题混合的过程，也是对仅仅工具性目标的考虑。在公共行政文献中，类似的观点已经由阿尔贝托·格雷罗-拉莫斯提出（1981）。

A. 科学与技术的合流

两股潮流的汇合发生在进步时代（1896—1916年），其解除了大量思想与实践进入社会与政治世界的束缚（韦博，1967：145-163）。其中一股潮流兴起于最近西方文化中的认识论历史。第一股潮流是科学-分析性思维定式，是17世纪启蒙思想的特别遗产。第二股潮流是19世纪“伟大变革”的产物，包含了这一时期工业化的技术进步特点，这种工业化带来无与伦比的系列技术发展。两股潮流相结合，为科学思维的绝对力量提供物理的、有形的实施方案。为了达到科学般的精确和客观，比运用技术合理性到社会上更合理的可能是什么呢？在进步时代，泰勒为科学管理的概念找到了一个现成的拥护者，这不是偶然的（诺贝尔，1977；梅克尔，

1980；哈伯，1964）。技术合理性成为社会与政治世界中的希望工具，并创造了一股浪潮，第二次世界大战前促使新的职业人士、管理人员、行为学家、社会科学家以及工业心理学家朝向一种世界观，根据这种世界观，人类冲突问题表现为适合工程学式的解决方案（本迪克斯，1956；也参见埃吕尔，1954）。在 20 世纪结束时，就像威廉·巴雷特（1979：229）所宣称的那样：

> ……任何人宣布他是“反对”技术的将是愚蠢的，无论其意味着什么。我们将不得不在我们目前的历史存在中反对我们自己。我们现在已变得依赖于日益复杂与相互锁定的、为了我们最起码必需品的生产网络。

B. 技术合理性与职业化

科学-分析性思维定式与技术进步在进步时代相结合解除了技术合理性与职业化洪流的束缚。由于对科学与技术在现实世界中取得的巨大成就留下了深刻印象，297 进步分子自然想要把它们应用到社会与政治中，以便也在这些领域达到科学般的精确和客观（本迪克斯，1956；格雷布纳；1987）。

技术合理性不可避免地导致恰恰是职业人士命脉的专门化、专业性的知识以及随之而来的职业协会在 19 世纪后半期到 20 世纪早期的迅速增长（拉尔森，1977）。如果没有源自专门知识的合法性，职业人士就不能都获得专业的社会地位，也没有自治权和对同行做法的控制权，这些是每种职业的最终的目标，即使有时是被未明确说明的（弗雷德森，1971）。但符合技术合理性要求的知识的条块分割也不可避免地导致无背景的、不合时宜的做法：见证了跨行业与学科的历史意识的缺乏。很少或根本没有背景意识的行业做法已妨碍了有意义参与更大社会的伦理与政治问题(格雷罗-拉莫斯，1981)。

职业化的现代模式在进步时代被构想并被试验。各种职业协会的发展开始于 19 世纪中叶，首先在英国迅速开始，然后在美国蓬勃发展（拉尔森，1977：246）。行业特征到世纪之交时是十分明显的，包括职业协会、认知科学基础、制度化的培训(通常在高等教育范围内)、颁发证照、工作的自主性、同行控制、公共服务理念以及伦理守则（拉尔森，1977：208）。拉尔森强调职业化发展与更广泛的现代化过程之间的关联，她把其描述为（1977：xiii）：“……科学与认知合理性的进步以及工业社会中劳动分工的合理化和渐进式分化。”

14.4　职业化、技术合理性和伦理

职业协会在 19 世纪后半期以及在进步时代期间和之后的演变揭示了很多关于职业伦理在公共行政以及其他领域与学科中的状况。简单地说，科学——科学-分析性思维定式——最终战胜改革与宣导（费纳，1975）。直到世纪之交，改革与宣导以不同的方式，成为大多数职业的精神气质的一个组成部分，能够被追溯到南北

战争前美国大学课程中道德哲学的声名鹊起（布赖森，1932）。

托马斯·哈斯克尔在《职业社会科学的兴起》（*The Emergence of Professional Social Science*）一书中追溯了成立于 1865 年的美国社会科学协会（American Social Science Association，ASSA）的历史，因为其遭遇到他所谓的“职业权威危机”（1977：vi）。宣导与改革共存，尽管有些不安，但使 ASSA 内部在 19 世纪的后半期的大部分时间内具有科学性和客观性。ASSA 成员不仅来自这一学术团体，还包括对慈善工作和监狱改革等其他事业感兴趣的从业者。许多人参与社会福音、肖托夸和城市改革运动（罗斯，1979：118）。戴维·罗斯曼的《庇护的发现》（*The Discovery of the Asylum*）（1971）就是一个很好说明那些后来在 19 世纪后半期转向正在兴起的职业化的人的改革根源的例子。然而，职业协会不断转而变得越来越
298 分离、学究和科学（罗斯，1991），把从业者抛在后面并提倡不同类型的改革。因此，职业组织中的紧张关系增加并不得不做出选择。哈斯克尔把关键转折点放在 19 世纪 90 年代“标志转折点的十年”。

在 1886 年美国经济学协会（American Economic Association，AEA）成立演讲上，理查德·伊利（1982）试图保留两个方向，但他明显地呼吁经济学的科学研究。AEA 平台的成立也描述了这种模糊性（伊利，1982：282）：

> 我们认为国家是教育与伦理的代理机构，其积极的帮助是人类进步的一个不可缺少的条件……我们认为放任主义在政治上是不安全的、在道德是不健全的。……
>
> 我们认为劳资冲突使大量社会问题变得明显，没有教会、国家和科学一致努力，其解决是不可能。

19 世纪 80 年代，美国经济学协会连同美国历史协会（American History Association）和美国统计协会（American Statistics Association）的成立意味着美国社会科学协会内社会科学专业化的不断增长和致命矛盾。到 1903 年美国政治科学协会（American Political Science Association）和美国社会学协会（American Sociological Association）成立的时候，ASSA 的灭亡就成为必然。哥伦比亚大学的富兰克林·H. 吉丁斯早在 1894 年的 ASSA 会议上就明确表示，就像他们所设想的那样，社会科学快要衰败了，其继承者是**科学**社会学（哈斯克尔，1977：204）。《美国社会学杂志》创刊主编、芝加哥大学社会学系主任阿尔比恩·W. 斯莫尔有关 ASSA 的评论具有代表性（1916：729）：“……它更为明显地代表了人道主义情绪而不是对关键方法的期望。”

在学术团体之外，一个类似的过程正在发生在各种成立于 19 世纪的职业协会中，包括牙医（1840）、医生（1847）、药剂师（1852）、建筑师（1857）、土木工程师（1867）、律师（1878）、会计师（1887）。在科学医学旗帜下被重组于 1903 年的美国医学协会（AMA）具有代表性。依托于对亚伯拉罕·弗莱克斯纳医学院校的参观，AMA 医学教育委员开始确保医学教育会符合“科学医学”原则。拉尔森指出这个过程的特点是（1977：163）“19 世纪 90 年代和 20 世纪第一个十年的指导整个改革运动的相同的普遍原则：集中化、成为较大单位的合并、高效的专家管理以及对技术不可避免的强调……”改革就变成等同于科学与技术上的专门知识或技

能。弗莱克斯纳的结论——“更少更好的医生”——被坚定而有趣地表述为（拉尔森，1977：163）：“医学院校不再可能对公路上随便的散步者开放。”弗莱克斯纳把这一格言操作化为建议把美国的 131 个医学院校削减为能够根据“现代的、科学的基础”进行教学的 31 个（拉尔森，1977：163）。

A. 改革与宣导的衰落和伦理的崛起

当进步时代接近尾声，职业化已开始意味着对科学与科学-分析性思维定式明显越来越多的依赖以及职业的专门化和不断增长的专业知识。这也意味着对作为职 299 业化标志的改革与宣导的摆脱。我想在此表明改革与宣导的信条，当它们成为职业化精神气质的重要组成部分时，就像它们在 19 世纪的后半期那样，代表着**公共服务理想**（public service ideal）和**职业伦理标准**（ethical standards）的大部分实质内容。它们的失落留下了一种技术上熟练但道德上穷困潦倒的职业化——繁盛的伦理守则试图填补的一个空白。现代职业化的妄想性质从而变得非常明显。

1919 年，“跨职业会议”在底特律举行，其目的是（金，1922）把职业从私利统治中解放出来，无论是职业内部还是职业外部，以便想出有利于社会的更好地利用职业传承和技能的方法和手段，并且建立面向此目的的各种职业之间的关系。每种职业伦理守则的颁布成为实现会议目标的广泛选择的手段，就像为这次非同寻常的会议所写论文所证明的那样。这些论文连同 22 种伦理准则后来被收集在 1922 年 5 月发行的《美国政治与社会科学学院年鉴》(*Annals of the American Academy of Political and Social Science*)，副标题为“职业与商业伦理”（The Ethics of the Professions and of Business)。这些伦理守则采用的日期范围从 1904 年至 1922 年（只有一个例外)，除了一个以外，所有采用的日期都在哈斯克尔（1977）称为 19 世纪 90 年代的“标志转折点的十年”。唯一的例外是早在 1852 年被采用的伦理守则，它在其序言中比人们在以后的时间里看到的更明确地描述了职业相互矛盾的动机（金，1922)：

> 由美国各地的药剂师和药商组成的美国制药协会感觉对他们职业在其与实践和科学的关系方面的成功与进步有浓厚的兴趣，并且对再多的知识和技能也不能保护他们自己和公众不受不正当竞争的伤害以及牺牲质量为代价去获得的诱惑留下了深刻印象，除非在责任的道路上他们受到崇高道德义务的鼓励。美国制药协会已经同意了管理他们职业操行的如下伦理守则。

这种早期的守则在 1922 年被修订。在《年鉴》相同卷中，由费城市政研究局助理局长威廉·C. 拜尔（1922：152-157）撰写的一篇文章在“公共服务中的伦理”标题下提出公共行政应该效仿其他职业，采用伦理守则。直到 1984 年，这种情况才会发生（钱德勒，1984)。当然，第一部公共服务伦理守则于 1924 年被 ICMA 采用（贝苏登，1981)。

在派代表出席“跨职业会议”和后来加入《年鉴》的超过 20 个职业之中，唯一一个既没有伦理守则也没有愿景的职业是神职。神职缺乏伦理守则的推理过程被巴滕（1922：147）很好地解释："各职业都有自己的守则和标准。为什么理应代表最高理想的神职没有这样被制定与认可的守则……神职被视为一种召唤，而不是一种职业……这样的伦理守则将使人怀疑神职特有的观念。"虽然神职显然有相当不同的、成为其实践不可或缺部分的主张，但它并不容易受到同样强大倾向科学的专门知识和技术的合理性运动的影响，这种运动推动了派代表出席这次会议的其他职业的宣导与改革，并且创造了伦理守则试图填补的道德真空。

B. 现代职业化的道德贫乏

300 与现代性一致的职业化推动了道德推理，伦理成为职业化妄想式配备。这种自相矛盾的关系说明了这种混乱，这种混乱产生于职业内有利于一种职业的、有道德的行为的行为。约翰·卡尔特根在他的《伦理与职业化》（*Ethics and Professionalism*）一书中宣称（1988：212）：

> 守则在两个方面对职业工程做出贡献。职业意识形态认为，每一种真正职业都有伦理观。职业守则给人的印象是，对它来说这的确如此，因此它是一种职业。其次，守则认真阐述了职业的领导者会引发公众思考其工作人员的道德准则是什么。这是有意要在其实际实践中灌输信任。

对影响了政治领域并使有意义的民主政治更加艰难的科学方法与程序的同样强调也已经限制了职业范围内的伦理理念。1922 年，建筑师罗伯特·科恩很清楚地表述了现代职业化的道德贫乏（1922：4）：

> 在公共政策问题上，如今，最为明显的是，非专家的发言比专家的发言更为频繁、也许更加信任地被倾听。即使专家作为他的特殊职业团体的代表而正式发言时，他也是没有用的，因为怀疑他的动机。只有当作为同行的职业界联合起来时……正确的技术也就是说最适当的技术，才能够被产生出来，以便运用于我们的政府事务。

正如麦金太尔（1984）和普尔（1991）所认为的那样，现代性已产生了一种思维方式——认识论——使道德推理成为必要和过度。

C. 现代职业化的反民主维度

到进步时代的时候，科学开始意味着科学方法的应用（韦博，1967：147）："科学已经成为一种程序或一种导向，而不是大量结果。"对于许多进步主义者来说，这种科学观有其政治相似物，即其也越来越多地被视为一种程序。伍德罗·威尔逊和查尔斯·梅里亚姆就是进步主义者的两个例子，他们看到了科学的程序主义与政治的程序主义（参见范·莱珀，1983；关于梅里亚姆的，参见卡尔，1974）。

政治，尤其是在民主描述方面，不得不接受相当大的修订，以变得与这种新的对科学与程序的强调相一致。赫伯特·克罗利（1909）的著述特别揭示了这种决心。新的职业化要求、专门知识或技能的要求、对政治-行政二分法越来越高的呼声以及格言"没有共和党的修路方法"所有这些都使人们更多民主地参与政治越来越成问题（汉森，1985）。自世纪之交以来，一方面的有意义民主政治与另一方面的职业化、科学化、专家的行政之间的紧张关系已经主导了公共行政文献中的关注点。这是沃尔多《行政国家》（*The Administrative State*，1984）一书的中心，而事实上也是他后来大部分著述的中心。它最近已经被巴里·D. 卡尔（1987）以及其他人等（参见奥图尔，1987；凯登，1984；雷德福，1969）注意到，并且在对公 301
共行政合法性与特性的经常性与持续性的讨论过程中具有中心地位（亚当斯等，1990；瓦姆斯利和沃尔夫，1996；麦克斯威特，1997）。

14.5　现代性、职业化与合法化问题

最近对公共行政合法性的讨论只是对调和民主与自由国家特有行政之间的紧张关系（斯蒂尔曼，1991；麦克斯威特，1997）企图的最新描述。这些紧张关系始于美国成立时，但它们因现代性而被引起重视和加剧，并且在进步时代期间和之后变得更加突出。

最近公共行政文献中的强大趋势想象出各种替代方案——其中许多在寻求行使行政自由裁量权的伦理基础——在这些方案中公共行政能够被授予（更多或更好）美国国家范围内的合法性（卡斯和卡特伦，1990；瓦姆斯利，1990；瓦姆斯利和沃尔夫，1996；麦克斯威特，1997）。虽然在某一领域讨论其在更大文化中的作用和地位是很自然的，尤其是当这种作用和地位已经像过去几十年一样在美国成为严重问题时，这一领域的合法性本质上是一种社会和政治的建构（奥图尔，1990；沃尔多，1988）。各种职业，也许特别是最成功的职业，无疑有利于它们自己的社会合法性——美国医学协会的历史和 1910 年有关医学教育与实践的弗莱克斯纳报告的重要性只是一个突出的例子（拉尔森，1977：162-163）。然而，似乎很清楚的是，合法性更为重要的是复杂社会、政治和经济力量的产物，因为公共行政中的其他合法性要求清楚表明。

A. 公共行政中的职业化与科学严谨性

在公共行政文献中，最突出的是要求不断增加职业化的合法化要求（科尔尼和辛哈，1988；亨利，1990；齐格勒，1990；纳尔班迪安，1990）和以研究为基础的专门知识或技能（麦克科蒂和科利尔里，1984；佩里和克莱默，1986；休斯敦和德莱万，1990；林恩，1996）。这些合法化要求与现代性主题保持一致，并代表公共行政中的正统，这种正统在进步时代变得完全可见，并且一直持续到现在，尽管有兴衰（亚当斯，1992）。

虽然职业化最关心的是公共行政的实践做法（practice），但该领域中的学者也关注理由，这种关注被拉尔森（1977：136）从历史的角度在讨论进步时代的过程中清楚地阐明了：

> 现代大学中的培训与研究的统一是一种特别重要的发展。由于在教育层级结构的顶端出现了研究生与职业学校，职业不仅获得发展和标准化知识与技术的制度基础，它们还收到大学的培训，对它们对认知与技术的优势和社会与经济效益的要求来说，这种培训是一种非常有影响力的合法化。

当然，例如，与法律或医学相比较，公共行政作为一种职业仍然组织不充分，
302 并且在美国的背景下即政府一直被视为比必要的恶好不了多少，是不可能实现职业化程度达到许多人明显渴望的程度。或许，这应该被算作是一个积极的事态（卡尔特根，1988：127）："其他职业的经济做法与职业协会能够获得的控制成比例近似于医学的经济做法……一些职业人士没有像美国医学协会一样公然以自身利益来行动，这反映了权力受到限制，而不是倾向人道的善良意志的光辉。"

学科要组织良好就必须有一个科学的知识基础。对公共行政中的科学严谨性要求遵循在进步时代获得支配地位的这一信条（佩里和克莱默，1986；休斯敦和德莱万，1990）。听起来非常像世纪之交的社会学家促进"科学社会学"一样，这一文献把公共行政研究（麦克科蒂和科利尔里，1984：50）比作"按照惯例确定社会科学中的认真系统研究的标准"。

B. 公共行政中的合法化：一种新的职业化？

现代性加剧了公共行政在美国国家中合法性作用的问题。有意义的、民主的政治与专家的、专门化的行政之间的紧张关系，这种紧张关系植根于美国建国之初，近百年前技术理性的强烈冲击使其高度强化，至今仍处于美国任何可能的公共行政合法化诉求的前沿。职业化就像它已经在本世纪所发展起来的那样，通过放弃民主政治和考虑毫无根据的道德推理来解决这种紧张。然而，有些人提出了新的职业化模式（鲍姆，1983；米歇尔和斯科特，1987；罗尔，1985；哈特，1984）。这些努力中最值得一提的是特里·L. 库珀（1991，也见 1987）的一种基于**公民身份**（citizenship）的新的见解。由于把公共行政理解为一种实践并追随麦金太尔（1984），库珀赞成一种更加以公众为中心视角下的公共行政，一种着重强调传统的民主公民身份视角下的公共行政。要求更强民主实践——把政治与道德拉回到话语中心——的公共行政理念必然要求对职业化的修正（亚当斯等，1990；瓦姆斯利和沃尔夫，1996；麦克斯威特，1997）。但是，这样的文化修正主义的前景是什么？

14.6 现代性的文化束缚

社会理论家们长久以来强调文化是一种社会建构，并且因此是长时间人际交往的产物。他们告诫不要使文化具体化，也就是说，对待它，就好像把它当作一种自然现象、一种物质现实的一部分，或是一种来源于非人类的物体（伯杰和卢克曼，1967；亦见哈蒙，1981）。但是，没有人就应该跳跃式得出结论，认为文化因此是易于改变的或易于顺从新的建构的。

我们的文化是一种现代性文化，并且技术合理性和职业化是现代性时代的一个重要组成部分。它们代表了美国文化“第一语言”的一部分（贝拉等，1985）。第一语言使得公共与道德的承诺在美国文化背景下处境艰难，这是在此要给予高度重视的一点（怀特，1992）。《心灵的习性》的作者们（贝拉等，1985）指出对共同体 303
的想象是可以获得的，虽然不容易被阐明，但在大多数美国人的经验中，他们把这指称为第二语言，它能够被记住——尽管有一定的难度——和被人说，但它更多作为“第二自然”，不可能像“作为人们的第一语言即人们的文化语言一样‘自然’”。为我们提供了不同视角的职业化与伦理的第二语言是肯定可以获得的，用另一种语言取代一种语言——一种意义背景——的难度不要被低估。

由于一种认为道德推理是有问题的文化，根据麦金太尔的观点，人们仍然可能在伦理方面表现得好或坏（1983：356）：

> 确保……严格执行的最好方法之一是拒绝承认人们自己涉及根本性道德缺陷，并认为这是一个在其他人身上证明本质上无休无止的道德愤慨是合理之条件。另一个同样的好方法是把对这种根本性道德缺陷的认可作为为现状自鸣得意的、满意辩解的道德借口来使用。

后者的道德借口很可能充当了 20 世纪 90 年代这 10 年的座右铭。对于在这种情况下，符合道德的成功应付，麦金太尔的建议对于我们这些对深陷于职业化和技术合理性公共行政感到不安的人来说，代表着很好的意见（1983：357－358）。首先是扩展了人们的时间视野——两者都回到历史并且面向未来——前者是为了理解我们目前困境的历史与文化根源，而后者是为了给我们的女儿与儿子以及他们的后代均等地提供一个尽管脆弱的空间。第二个方面是克服角色的碎片化，例如，在其中，人们的行政角色被安全地从民主公民的角色条块中分割出来。人们终究的确过着整体生活。因而，第三方面是公之于众的重要性——对组织内的那些人和广大公众公开公共行政活动的重要性。有人可能会逐渐地把这个建议描述为相当微不足道的和脆弱的伦理，但也许这就是我们在这个国家在这个现代性时代所能获得的全部。

参考文献

请从中国人民大学出版社官网（www.crup.com.cn）下载，或者用微信扫描下方二维码获取。

第4篇

德行的维持：外部控制

第 15 章

伦理守则

杰里米·F.普兰特
美国宾夕法尼亚州米德尔敦宾夕法尼亚州立大学哈里斯堡校区

15.1 导论

伦理守则是体制上的努力，用以确定可接受的行为。对它们 309
的支持者来说，它们是指导公共官员行善避恶的一种手段（罗尔，1991）。它们灌输对政府的信心，提升公共组织中的行政行为标准（柯纳翰，1974），指导决策者处理价值观可能会处在冲突中的情况（刘易斯，1991）。它们通过将职业标准与公共行动的背景联系在一起而成为界定公共专业人士有道德行为的工具（布鲁斯，1996）。

守则可能会是成文的或不成文的，但只是成文守则才是强制执行的，并且提供了一种公众问责的措施（钱德勒，1989）。成文守则可能由司法管辖区或一级政府、行业、组织颁布或由代表着一类组织的协会颁布（本森，1991）。守则可能是普遍的与特定的、期望性的与理想性的，或者强迫性的与法条性的（钱德勒，1983；刘易斯，1991）。它们可能是一个挂在墙上的 10 条黄金法则列表，或者可能是教育与培训、实施及不断修订的复杂系统的一部分（门泽尔，1997）。

自从 ICMA 于 1924 年颁布了第一部重要的守则以来（斯蒂尔曼，1974；普格，1991；普兰特，1991；查尔斯和卡格尔，1997），道德行为守则已成为公共行政的一部分。这些最早的守则是专业守则，其使公职人员受到由职业协会界定的行为准则的约束。1958 年，根据国会共同决议案，美国国会为联邦行政部门员工颁布了行为守则。1961 年，肯尼迪总统通过行政命令强化了这一守则。在 20 世纪 70 年代，“水门事件”的丑闻引发了守则制定浪潮，尤其是在州和地方政府中以及公共服务性行业中（登哈特，1988；普格，1991）。1978 年的政府法案中的伦理强化了这种观念即道德行为是公共管理的一个方面（普兰特与戈特纳，1981；沃尔特，1981；吉尔曼，1991）。

今天，州政府为最严格公职人员道德行为的法典化提供了条件（海斯和格勒斯洛，1981；刘易斯和吉尔曼，1991；布雷克，1998）。到 1989 年，美国 36 个州都颁布了守则并且成立伦理委员会以执行它们（伯克和本森，1989）。这样的“守则”(codes) 通常集中在被禁止的活动、纪律处分、合规手段上，它们很少表达理想或
310 为公共行政人员进行道德推理提供一种方法。布雷克（1998）把州政府伦理守则的特征描述为“明显弯行在低速路上”(第 457 页)。

自从 ICMA 于 1924 年采用其守则（斯蒂尔曼，1974；普格，1991）以来，伦理守则已成为公共行政中的争议之源。经过其采用是否是必要的、因公共专业人士担当角色的多样性是否是可行的以及是否是强制执行的多年激烈争论（钱德勒，1982，1983；普格，1989，1991；鲍曼，1990；范·沃特，1996），美国公共行政学会于 1984 年开始采用伦理守则。目前对守则的争论集中在一些问题上，其包括：**来源地**（locus）的争论——组织、行业或国家机构应该成为守则制定和颁布的所在地吗？**哲学基础**（philosophical underpinning）的争论——守则应该以道德哲学(哈特，1983)、法律和宪法理论（罗森布鲁姆，1992；罗尔，1985，1986)、科学信仰（普兰特，1988）或专业责任（弗里德曼，1978，1989；格沃斯，1990）为基础吗？**特异性**（specificity）的争论——守则应该是详细的和非常具体的以适合工作执行还是应该宽泛而受制于解释（刘易斯，1991)？**可执行性**（enforceability）的争论——守则是理想的陈述或是不遵守将进行处罚的准法律约束（查尔斯·卡格尔，1997)？

本章将讨论与公共专业人士伦理守则紧密相关的问题，调查有关守则方面的主要著作和研究，并研究一些由政府机构和职业协会制定、用作说明的守则。守则进入公共部门伦理讨论的最前沿有一些令人信服的理由：第一，正在社会中进行的法典化激增（普兰特，1991；刘易斯，1991；布鲁斯，1996)，一部分原因是管理的法律方法（罗森布鲁姆，1992）的重要性日益增加，一部分原因是专业人士进入政府中，他们带来价值观和时常使其价值观体系可操作化的伦理守则（贝尔斯，1989；乔斯，1995)。第二，出现了公众对管理公共业务的传统方法的信任与支持的不断下降的感觉，其导致了旨在谨慎向公众说服政府是真诚的、负责任的和有同情心的各种方法。从这个意义上说，守则是类似于质量改进计划、重塑活动和公众被认为是政府的“顾客”的公共关系活动。第三，公共决策者所面临的复杂性不断增加，其使莫舍（1968：218）在他对当代公共管理问题的诊断中看似有先知：

在未来，功绩将越来越多地由专业人士根据同行与大学大量建立的标准来

测量。这将部分取决于专业领域的技术与认知的资格。危险的是这些将成为标准中的大部分。真正公共行政中的优异表现将至少等同依赖于行政人员带入他决定中的价值观、目标和道德标准，依赖于在他处理眼前问题的方法中明智地权衡相关前提条件的能力。他的守则很难像“十诫”、“童子军守则”或任何职业伦理守则那样简单。他的决定通常需要某种对公共与公共利益的解释——明确的、隐含的，甚至无意识的。

15.2　界定伦理守则：法律制度或道德制度

《韦氏新国际词典（第三版）》（戈夫，1961）给我们对守则的研究提供了一个好奇的开始。守则一词来自拉丁语“*codex*”，意思是“树干”。树干被古人劈开和 311
上蜡，并在上面镌刻法律制度。正如字典条目所表明的那样，我们今天不是很清楚守则现象的性质。韦氏词典列出了三种主要的含义：书面法律的合集，不是法律但道德上有约束力的规则体系或合集以及用于有意义交流的符号系统。

公共行政中的伦理守则通常包括所有三方面含义的要素。它们通常包括对理想的宣称、与理想相一致的在守则规定的范围内强制执行行为的约束手段（柯纳翰，1974；钱德勒，1983）。它们对修辞的运用是要暗示着该守则是一种象征性声明，其把拥护者绑定到公共利益、专业的与个人的身份或正确行为的标准这些更大事项上（钱德勒，1989）。

存在更大程度上的共识即公共行政官员的伦理行为守则从根本上不同于企业、非营利组织和行业协会的伦理守则（本森，1991），因为这需要公众假定其维护者被（或自愿）比社会上其他人更高的标准所要求。因此，守则的价值不能完全由它们在引导良好行为和避免邪恶行为方面的有效性来测量。

它们是作为政治声明而存在的（罗尔，1991），即公共业务正在公平地、诚实地、有效地进行中。因此，它们的价值不是要抓住歹徒或者甚至是要引导官僚人员穿过行政自由裁量权灌木丛的行为，它们被用来歌颂民主价值观并提高公众对政府的信任水平。

对以上三种可能含义——法律制度、道德制度或象征性沟通的手段——的混淆是讨论公共行政中的守则的核心。伦理守则的目的是不是要创建新形式的行政法律并以公众问责的名义来约束政府官员（沃尔特，1981；普兰特和戈特纳，1981；刘易斯和吉尔曼，1991；多贝尔，1993）？或者提供一套道德最低标准的法律作为道德指导的来源是否是可接受的（福斯特，1981；库珀，1990，1992）？我们应不应该把守则看成手段，使用这些手段促进了在强制性法律与国家权力之外的交往与交流（毕苏丹，1981；普格，1991）？或者看成领导者和管理者更有效地与组织中其他角色沟通的一种方式（巴纳德，1938；登哈特，1988）？

公共行政对伦理守则的看法反映了其作为一种职业、作为一种知识性学科和作为对高标准服务公众的一种立场上的模糊性（西格勒，1990；乔斯，1995）。它缺乏职业特异性和其他公共职业的执照发放权力，同时，作为一个把实践与研究和学术相结合的领域，已不得不吸收越来越多的公共服务中有关伦理的知识，以及关于如何构建指导该领域的适当伦理框架的经常性激烈对话（库珀，1994；弗雷德里克森，1993；门泽尔和卡森，1998）。我们现在就转到该领域中的这种对话。

15.3 公共行政文献中的伦理守则

在 20 世纪 70 年代之前，伦理守则在公共行政文献中没有明显占据重要位置。这反映了学者对与行政伦理学科有关的这一领域普遍缺乏兴趣（库珀，1994；门泽尔和卡森，1998）。符合伦理的行为是管理科层政府组织的产物（芬纳，1941；阿普尔比，1952），或是选择过程的产物，通过这种选择过程，利他的、热心公益的
312 个人选择了公共部门中的职业（卡西奈里，1962）。阿普尔比（1952）和贝利（1965）根据适合于为了公共利益而管理自由裁量权这一占主导地位的主题来选择讨论公共部门中的个人符合伦理的行为。阿普尔比强调组织机制，而贝利强调行政人员的道德素质，但每个人都回避正式的法典化行为制度。

草率对待公共行政中的伦理在很大程度上源于这一领域的技术官僚的强调，这种强调体现了美国进步主义和官僚理性主义（普格，1991；福克斯，1992；亚当斯，1993）。公共行政推理能力被局限于技术和结构，完全不同于传统的道德推理方法：规范的政治理论和道德哲学。该领域也有意识地努力与法理学保持距离，使其难以应对伦理法典化与执行的需求。

对公共行政的正统看法是理性管理人员通过政府行政部门中纪律严明的组织科层集团来追求预定的政策目标。对该领域的这种简单看法在 20 世纪 60 年代和 70 年代开始受到挑战。莫舍（1968）令人信服地证明政府其实是专业人士的集合，有来自专业精神的所有精神包袱：文凭主义、有限的公共利益观和善行观——对与错——其以专业人士的文化而不是以抽象观念的公共利益或者能够问责的公共机构为基础。许多人坚持他们同行颁布的伦理守则，面临的挑战是要使这种职业水准适应于公共服务的特定详情。“水门事件”（美国国家科学院，1974）挑战了阿普尔比和贝利的观点，即要么是组织的要么是个人的价值观为善行提供了保证。要求更多伦理制度的呼声响起，这种呼声更多的是在实践界而不是在对守则优点还保持意见不统一的公共管理学者之间（柯纳翰，1974）。

罗尔（1978）敏锐地用他的《官僚伦理学》一书开始创造了伦理作为该领域中的一个重要议题的过程。罗尔把道德推理和规范性政治理论（以及法理学方面的坚实基础）结合在一起，想出一种强调做好事的符合道德行为的方法，不仅仅是“脱离麻烦”。在不再考虑把符合道德行为降低为“脱离麻烦”（第 54 页）的“低阶”伦理方法的一部分时，他根据官僚行使必要的自由裁量权来主张更多的推理。最关键的是“政体价值”的内化，其通过看到司法判决如何解释在当代情况下的平等、自由和财产的主要价值观而被理解。有道德官僚被要求的质询自由与被揭示的事实或简单的守则说教不一致。

罗尔摒弃守则——无论是那些包含在人事手册中的或者是通过专业人士带入政府中的——体现了该领域的学者，在找到帮助公共行政人员成为独立的道德主体，而不仅仅是发现有效实施政策指令方法的技术官僚的方法方面越来越大的兴趣。公共行政紧紧抓住行政自由裁量权这一概念，把其作为一种做好事的可能性，也作为一种使公共科层等级中的个人取得更高水平的个人成就和启迪的可能性（高思罗普，1984）。守则似乎是限制而不是解放，似乎是找到最低水平而不是最佳水平的道德行为，并且似乎是加强了法律与组织领导者的强制力。

在 20 世纪 70 年代末和 80 年代初，美国公共行政学会对伦理守则对社会的价值进行了辩论。部分是回应“水门事件”之后公众对伦理的兴趣，部分是因为 20 世纪 70 年代末职业协会忙于伦理法典化（阿诺德和普兰特，1994），同时在某种程 313
度上也反映了对行政中的伦理与道德问题的学术狂热，美国公共行政学会的辩论刺激了有关伦理守则普遍的，特别是对美国公共行政学会的价值的讨论。钱德勒（1982，1983）对守则主题进行了至今最全面的分析。在认真记录了支持与反对守则的论据之后，钱德勒（1983）让读者决定加入哪个阵营，尽管立场似乎赞成肯定性的阵营。

钱德勒指出守则不被信任主要有三个原因：第一，生活中我们应该抵制道德化并且关于接受适度水平的不道德方面应该注重实际；第二，对事项进行辩论并形成共识的过程受到对与错的严格法典化的阻碍；第三，官僚中立的传统认为避免道德判断并把治理看作一项技术工作是有道德的。被安排与这些证据相反的三个支持守则的论据是：认识到超验价值观的存在和为人的根本基础的客观主义；来自共同体的论据，其假定对与错的判断是共同体的决定，“共同体是什么是合乎道德的仲裁者”（第 34 页）。第三个论据来自勇气，来自痛苦决定与行动的积极价值。用钱德勒的话来说就是：“谈论罪恶无可否认地是过时的、约束性的、有点令人尴尬的，但如果这是理想主义说法被拒绝的唯一原因，那么我们也使自己脱离寻求道德上统一的古典传统和与罪恶没有关系的谈论中的更高法律。”（第 34 页）

钱德勒的文章揭示了隐含在美国公共行政学会对守则深思熟虑中的许多重要问题。首先，由于注意到社会中的人普遍倾向于职业守则——一种对严格意义上的公共职业来说似乎有点被高估了的声明——钱德勒挑战美国公共行政学会，承认通常被认为是任何一种真正职业的属性的是守则。其次，由于注意到赞成与反对守则的论据，钱德勒指出了一些具有规范性的职位——来自政治理论和哲学——从其开始证明。因此，对法典化的任何辩论（如美国公共行政学会的）不得不被分析，以便明白什么样的证据被动员起来支持对该事项的赞成或反对的立场。最后，通过针对主张反对守则的那些人的阵营中的官僚中立，他含蓄地提出了守则对该领域那些由于这样或那样的原因而不喜欢传统官僚理论及其结构的人来说的价值。

尽管有钱德勒的平衡方法，但公共行政伦理领域的写作者仍然不信服伦理守则是很重要的和可取的。高思罗普（1984）把行为法典化与这种想法联系起来，这种想法即“通过详细规定什么是错，公共行政人员与管理者能够被指望做正确的事情。因此，如果公共部门管理人员没有做违反明确规定的不公正的事，他们一定在做正确的事”（第 142 页）。斯图尔特（1985）指出了在公共行政中对伦理守则的争议以及在工作背景中“作为道德主体的个体应该被限制到什么程度”（第 487 页）的问题。在基于三方面——角色期望、系统理论和行政问责——拒绝接受反对给组织中的个人分配道德责任的论据的时候，斯图尔特并没有论及守则在促进公共行政人员道德判断方面是如何以及在多大程度上是可取的或有效的。

钱德勒（1989）认为对守则实质的强调和其他形式的道德论说使人们忘记了书面语与口头语的道德力量：

> 在斑驳的被子上，线不是在人们能够看得出的结合处。它是在言语的象征
> 314 性力量中。言语激励人，言语设定基调，并且言语还创造期望。言语是概念清晰化的凝聚点。我们用言语告诉别人我们是谁。试图把言语转变成行动习惯的戒律和守则是专业公共行政人员认为我们应该达到的高标准的镜像。因此，道德论说带来秩序、方向和公共服务的理想主义。（第 617 页）

在公共行政方面的普遍伦理内容中，伦理守则受到了相当程度的重视。库珀（1990）认为守则是外部控制的例子，是“由组织、职业协会或政治管辖区集体强加给个人的”（第 129 页）。尽管是被强加的，但是它们仍然被视为职业生涯的要素，它们在规划理想和调适适合情境的模范行为方面比法律走得更远，这种规划和调适是一种明确价值观和把个人绑定到更大群体和公共价值观上的机制（库珀，1990：143）。它们的弱点是模糊不清，这阻碍了它们的运作、公布它们的专业团体的保护主义以及它们缺乏确保遵守的适当手段（第 144 页）。

登哈特（1988）从历史的角度看待对伦理守则的兴趣，把它们看作对“水门事件”期间腐败的一种反应和对行政自由裁量权现实的一种普遍回应（第 127－128 页）。她对它们的用处采取一个温和的观点，表明它们在引导某些行动和使社会价值观与行政人员相关联方面的潜力。但她对这个问题进行了简化处理，既没有明确守则与专业水准的一致性，也没有明确守则与法律的一致性，这表明守则不是她所理解的公共行政人员伦理问题的基础。

刘易斯（1991）把守则看成由政治管辖区所颁布的法律术语，并强调各州政府和地方政府制定守则的多种方法和动机。她论述守则的章节在公共行政伦理文献中是最充分地论及了这个主题的。她指出在起草守则方面有三种选择：带有复杂执行程序的复杂规范、简单而呆板的一揽子禁令以及没有明确规则、标准或禁令的模糊方法。她确定了守则三个实际的目标：要鼓励行为的高标准、要提高公众对政府的信心、要协助个人决策（第 143 页）。不合理的期望是守则能够以某种方式使有缺陷的灵魂有道德的想法：

> 这句话的真正含义是守则没有改善道德氛围，尽管有诚挚的祝福和错误的下注……机构守则通过胁迫和宣布一系列行为不合法可能会改变行为，但它们瞄准的只是可强制执行的、最低限度的禁忌。伦理守则不能防止利益冲突——这些是内在于公共服务中的。（第 143 页）

因此，守则应该尽力协助有道德从业者了解在可接受行为范围内如何发挥作用，虽然她注意到它们可能会包含期望性原则和纪律性规则。

戈特纳（1991）对守则总体上持负面看法，把它们视为“纠缠于明显的事情”

(第 142 页)。由此，他通过他的方法获得了支持，这种方法由对 42 名退休的联邦行政人员的深度访谈构成。这些人对于伦理守则很少有好事情要说，无论是由机构颁布的还是由他们所属的职业协会制定的。正如一位受访者所说：

> 我认为自己是一名专业人士（我一直认为自己是有道德的）。虽然专业伦理守则在我的墙上，但我认为它就是一种老生常谈，对我来说，没有任何实际意义。这就是纠缠于明显的事情。我从来不记得用那种伦理守则来检查我的决
> 策。但我试图做出“专业”的决定。我认为对公共行政人员来说，当他们试图 315
> 服务于更大的社会时，属于专业主义的参照系是合适的。(第 142 页)

该领域的学者们正开始使用实证方法来研究守则，不仅仅是要证明守则的优点或守则与特殊伦理方法的相关性，而且要证明守则如何实际影响行为和结果。迄今为止，效果不明显。多贝尔（1993）对某一社区决定实施某种守则进行了一次卓越的案例研究，聚焦于守则开发和实施的政治活动上。但是，我们缺乏大量研究发现，这些研究发现是开始创建作为行动决定因素的伦理守则的描述性学说所必需的。鲍曼（1990）调查了公共行政人员对伦理守则的看法。他发现，如 ASPA 守则这样笼统的行为守则需要获得机构的具体守则的补充，守则在日常管理决策中较少使用，守则不经常是与同事讨论的一个主题，也不总是受到高层管理人员的认真对待（第 349 页）。在他看来，ASPA 守则并没有成功地渗透到公共工作场所中去：

> 总之，ASPA 守则公文通过后的 5 年，这些从业者（这些人中 56%的人已经成为 ASPA 成员五六年了或者更长）对 ASPA 守则有些熟悉，但超过 40%的人承认他们对 ASPA 守则没有熟悉。在这些表示熟悉的人（57%的人）之中，只有 10%的人宣称对 ASPA 守则非常熟悉，而大多数报告说一般熟悉，超过 1/3 的人说他们“听说过它”。(第 349 页)

对公共行政学者来说，作为研究主题的伦理守则仍留有边缘性兴趣。罗尔（1990）调查了 27 位学者在行政伦理领域中的兴趣，没有人表明伦理守则具有很大的研究兴趣。哈耶卡-伊金斯（1988）发现少数教授在课堂伦理教学中使用伦理守则。在由鲍曼（1991）主编的被提交到 1989 年美国公共行政学会的伦理大会上的伦理论文中，几个人显示出对守则感兴趣，特别是加布里斯、普格和特鲁尔森（1991）。但是该领域中有关伦理研究与写作上占主导地位的主题似乎有可能继续专注于自由裁量权（罗尔，1990）、公民人文主义（哈特，1983；哈特和瓦斯登，1990）和道德榜样（库珀和赖特，1992；哈特，1992）。博克（1978）的声明仍然被注意：“在守则和职业伦理著作中找不到有帮助的东西（p. xvii）……守则必须仅是广泛探究工作中遇到的伦理困惑的起点。”（第 246 页）

事情在 20 世纪 90 年代初开始发生巨大的变化。越来越多的学者开始把伦理作为实证研究的一个主题（鲍曼，1990；弗雷德里克森，1993；门泽尔，1992；门泽尔和卡森，1998）。伦理守则为实证研究提供了一个很好的主题（布鲁斯，1996）。研究集中在伦理守则约束下操作的实践从业者对守则的态度上（布鲁斯，1996），或集中在伦理守则的执行（查尔斯和卡格尔，1997）上。对伦理的全球背景和全国

守则经验进行比较的兴趣也开始出现（柯纳翰，1993）。该领域的主要职业协会美国公共行政学会对伦理守则的采用和20世纪90年代它的改版已使该领域关于适合公共专业人士的普遍伦理守则的适当语言的持续对话得以进行（范·沃特，1997；鲍曼，1996）。被印在该领域主要杂志《公共行政评论》封底上的ASPA守则已经成为该学会熟知的核心。

由于越来越多的司法管辖区为他们的员工制定行为守则，大多数对守则的讨论
316 集中在由政治机构颁布的行动守则与职业协会创立的伦理守则之间的差异上（刘易斯，1991；布鲁斯，1996）。虽然很容易确定法典化的核心——协会或政治团体——但是仍然很难区分专业伦理守则与行为守则之间的差别。在措辞上，可能差别不大，虽然人们希望伦理守则陈述行善的价值观或期望，这与行为守则“不要这样做”的方法形成对比。行为守则比他们专业的对应部分更强调违法行为的强制，虽然没有简单的模式出现。两者共有充当布鲁斯（1996）所说的“对社会的品质的保证声明”的目标（第23页），但行为守则，如果严格执行，用计分卡的心态来做到这一点——根据被发现的恶习和纪律处分的数量来评估成功——而不是根据被职业协会所青睐的预防方法。

20世纪90年代也看到了其他专业领域和学科正在竭力满足与他们事业有关的伦理行为和话语的系统研究方法的需要。“伦理爆炸”的时代已经使得公共行政受益于其他职业中越来越多的有关伦理的文献，特别是在公共领域中实行的职业。我们现在转到对这种文献的简要回顾上。

15.4 公共职业与伦理守则

公共行政文献中很多讨论假定由公共专业人士所承担的角色涉及管理和计划的执行，与韦伯式/威尔逊式的结构一致，这些结构自成立以来就对该领域进行了界定。也就是说，组织效率与公众问责的双重关注框定了行政工作，因此也框定伦理困境。重点集中在平衡个人身份与职业身份上，集中在为公共利益服务而不是为特殊利益或个人利益服务上（格里菲斯，1962）。伦理守则被看成对该领域工作是什么和该领域如何看待自身的界定。

最早专注于与其工作有关的伦理问题的公共职业之一是政策分析。自20世纪60年代以来，政策分析已创建了大量文献。政策分析家运用科学的方法来处理政策设计、政策选择和评估问题。他们自然的角色就在于给政策制定者提供建议——向权力讲真话——并且不在于管理计划和机构。政策分析文献与公共行政文献交织在一起，因为这是工作，并像工作一样，政策分析独立到足以独立考虑。

如果我们能够假定行政人员的角色需要强调仁慈、诚实和献身于公众的守则（登哈特，1994），那么，政策分析家所扮演的角色强调服务与忠诚于政治上司与忠诚于方法上的纯粹性和基本诚实之间的冲突（利思，1968；本维尼斯特，1984）。几位政策分析方面的学者已经论及适合政策分析家的伦理守则问题。

政策分析是政治学、经济学以及各种对公共问题提供了洞察力的独立领域的混合物。虽然作为一个群体，政策分析家们广泛地分散在社会中并且背景和教育各不同。艾米（1984）没有发现政策分析不能从事伦理论述的令人信服的逻辑原因。重复一连串反对守则的论据——伦理分析是主观的、不必要的，因为有政治审查，因为该领域赞同功利主义价值观；可能会导致个人偏见被注入分析中，或者是根本不切实际、过于抽象而无法操作——艾米认为政治现实而不是逻辑竭力 317
反对使用守则或者更加普遍关心政策分析的道德推理。分析家们为客户工作，这些客户不需要独立性的批评，其观点听起来疑似改写了政治-行政二分法。但艾米最有说服力的主张是：无论好坏，政策分析铸成了“技术官僚特质”（第 582 页），这使得它不可能用任何不同于实证主义的语言向政治家提出观点，这些政治家本身就是不采取批判态度的信徒，用经济技术官僚的方法来处理公共事项。艾米得出结论认为：“没有显著转变目前政策分析的技术官僚风格或更加强调美国政治中的伦理和思想问题，伦理探究不太可能成为政策分析的一个组成部分。”（第 588 页）本维尼斯特（1984）从政策分析不断变化的专业主义的角度提出了类似的主张。

虽然他提出通过专业人员工作合法化伦理守则具有了经济价值，但是本维尼斯特发现政策分析职业不可能促进守则扎下根来。实际考虑权力而不是道德推理是政策分析的命脉，正如这句话所证明的：“在寻找真相时，专家应该倾向于有益于聘用他们的**君主**的真相，还是倾向于保护公共利益的真相?”（第 563 页）真相界定大概与权力有关。因此，本维尼斯特反对伦理守则的论据是合乎逻辑的：（1）政策分析有一个具有不同背景的政策专家的多元化专业基础；（2）其雇主（君主）是强大的，不同于雇用社会上的专业人士的那些雇主；（3）分析师自己安逸于他们的角色，并不需要由守则提供的保护措施和地位；（4）社会上存在对职业过度监管的“失望”（第 563 页）。

布朗（1986）发现当前大多数公共部门的伦理守则不适合政策分析师，因为它们处理利益冲突和个人完善，而不是角色异常（第 58 页）。尽管如此，他发现行为守则可能是有用的有很多原因。守则能够对分析技术恢复公民词汇即一种视角；给（其中大部分在政策分析方面是未就过职的和无经验的）学生提出了挑战，以测试他们的假设和前提；把政策辩论放入有益的背景中去和去除对许多政策工作的抽象游戏感；并且确定可以指导分析的共识区域（第 62 页）。

因此，政策分析职业伦理守则是不可能制定和实施的。然而，许多其他职业已经成功地制定了守则，把对实质性政策事项的关注与个人行为、基本的道德素质和对公共利益的关注结合起来。有关职业伦理守则主题的文献迅速增加，对公共行政专业学生在澄清伦理守则发挥作用方面是有用的，这些包括在特定职业操行中（戴维斯，1991；哈灵顿，1996；凯恩普，1992；本克斯，1998）、守则的法律地位中（凯恩普，1992；兰德里，1997）或特定组织守则对职业操行的影响中发挥的作用（迪恩，1992；蒙托亚，1994；卡塞尔，1997）中。在大型商业企业中，特定公司守则的几乎普遍使用培养了对在共同体生活中使用伦理守则和伦理守则的重要性的浓厚兴趣（凯，1992；莱唐，1992）。

大部分有关职业和商业伦理准则的文献，虽然在提供对守则的普遍理解和产生预期结果的实用性方面是有用的，但不同于公共行政专业文献，要么没有注意到伦理守则的哲学基础，要么没有注意到行动的公共场所与私人场所之间的差异。有关
318 公共职业协会的文献提供了更富有成效的洞察力来源，其中许多协会长久而广泛参与了伦理事项，并且与该领域和公共行政实践有着密切的历史性关联。现在就让我们转向这些协会中历史最长和最重要的一个——ICMA，并回顾其75年的伦理守则经验。

15.5 ICMA 案例

伦理与公共职业化之间的连接为公共行政提供了最受珍视的成就之一：《ICMA伦理守则》。《守则》1924年首次被采用，已经在1938年、1952年、1969年、1976年、1987年和1998年被多次修订。除了在措辞上的变化外，1972年还包含了行动纲领，以便帮助解释《守则》，这些在1978年被重写，涉及《守则》的具体规定（毕苏丹，1981年）。《守则》受到《理想宣言》平衡，《守则》被采用是为了管理将会是人道的、公正的并会致力于民主价值观。带有行动纲领的《守则》被展示在表15-1中。

伦理守则被假设为任何成熟职业所需要的（钱德勒，1983；戈特纳，1991b；阿诺德和普兰特，1994）。守则是专业化过程的部分，包括为了帮助个体从业者进行沟通的协会的建立，为了推进职业利益和政策优待而与政府、大学和其他社会群体建立的关系，限制进入成为合格专业从业人员并规定工作是如何进行的资格认证和文凭主义，以及职业与个人成长的毕生机会。

伦理守则在职业化背景中获得发展，以便细化和澄清可以接受的行为。这是由头脑里各种目标来完成的：要加强教育，这种教育在性质上是职业性或技术性的，并且无助于从业者应对价值观冲突或公共服务取向的需要；要帮助职业群体实现更高水平的自觉同一性（斯蒂尔曼，1974；阿诺德和普兰特，1994）；要达到高水平的职业操行及工作绩效，并实现在客户、同行、政府和公众看来更高程度的合法性（哈德逊研究所，1990）。

在大多数情况下，守则制定的场所是职业协会。美国的职业协会始于1857年全国教育协会的成立，但其最快增长时期是从1880年至1930年的进步时代。从一开始，提高公共专业水准是大多数协会的目标。在职业化和合法化的过程中，对理想的陈述、绩效标准和伦理守则是基本的，通常强调以诚实、公开和公正的方式为市民服务的公共专业人士的特殊责任（卡尔，1963）。

职业协会专心于使良好行为法典化，通常试图找到把从业者的工作与来自社会价值观和民主理论未加检讨的伦理指令联系起来的方式。守则不仅是职业同一性和独立性的声明，而且还是一种精心合理化的行善避恶方法。斯蒂尔曼（1974）提供了对ICMA伦理守则的彻底分析。他把它看作走向职业化的一步。用他的话说，“守则不应该过于从字面上来看，而是应该被看作对协会道德理想的普遍表达”（第

37 页)。然而，斯蒂尔曼把守则在 1938 年、1952 年和 1969 年的变化当作城市管理职业内部发酵的隐喻来使用。1938 年的守则把泰勒主义者对作为技术专家的城市管理者的看法奉为神圣。1952 年守则的变化使管理者从严格意义上的政治-行政二分法转到社会领袖和政治现实主义者的理解。1969 年的版本试图包含变化着的有关公平事项的社会价值观。

表 15-1　带有行动纲领的《ICMA 伦理守则》 319

《守则》于 1924 年由 ICMA 全体会员通过，1998 年 5 月由全体会员进行了最近的修订。该《守则》行动纲领由 ICMA 执行董事会于 1972 年通过，1998 年 7 月进行了最近一次修订。

ICMA 的目的是提高地方政府的质量，支持和协助美国和其他国家（地区）的专业地方行政人员。为了推动实现这些目标，根据程序规则，特定原则应当控制每个 ICMA 成员的行为，其应当：

(1) 致力于由负责的民选官员领导的有效和民主的地方政府理念并相信专业化的一般管理是实现这一目标的关键。

(2) 肯定由政府提供的服务的尊严和价值，并对地方政府事务保持建设性、创造性、实用性的态度以及作为一名值得信赖的公仆的强烈社会责任感。

行动纲领

给其他地方政府官员的建议　当成员提供建议和回应来自其他地方政府选举或任命官员的询问时，他们应该通知这些社区的行政人员。

(3) 致力于所有公共与个人关系中的荣誉与诚信的最高理想，以便成员可能值得民选官员、其他官员和雇员以及公众的尊重和信任。

行动纲领

公众的信任　会员应控制自己，以保持公众对他们职业的信心，对他们地方政府的信心，对他们履行公众委托的信心。

影响的感觉　成员应以给人以明白无误感觉的方式来处理他们的公务和私人事务即他们在履行他们的公共职责时不能受到不当的影响。

聘任的承诺　接受受聘职位的协会会员不应该没有报到就职。这不排除协会会员可以同时考虑几个聘任意向书或寻求几个职位的可能性，但一旦接受聘任，必须信守承诺。即使口头接受聘任亦被视为是有约束力的，不得食言，除非雇主在就业的条件上做了重大的变动。

证书　就业申请附上的有关教育、经验以及个人履历的细节均必须完整、准确。应注意避免出现遗漏和错误。

专业的尊重　协会会员在求职时应对该职的前任以及申请该职的其他人表示出专业的尊重。这种专业的尊重并不排斥诚实的意见分歧，但是这种专业的尊重意味着不得为了获取聘任而对他人进行人身攻击或恶意中伤。

保密　除非经伦理守则的实施程序规则的特别授权，协会会员不得和任何人讨论或泄露正在处理的或已经处理完毕的道德事件。

寻求就业　如若某个职位的现任官员并未辞职或并未接到将被解聘的正式通知，协会会员不应试图申请该职。

(4) 牢记地方政府的首要任务永远是为全体人民的最佳利益服务。 320

行动纲领

服务期限　一般认为，向地方政府提供专业服务至少需要两年。也有低于两年的例外但并不常见。特殊情况下，工作两年不到就离职也许对双方都有好处。这种情况包括：聘任方面拒绝履行有关雇佣条件的承诺、对协会会员的不信任表决、严重的个人问题等。申请人有责任对就业的条件了解清楚。不能因事先没有确定就业条件，上班后却提出要求提前离职。

(5) 向民选官员提交政策建议，向他们提供与政策有关的事实和参考意见作为他们决策和设定社区目标的基础，坚持并执行民选官员采纳的政策。

行动纲领

冲突的角色　身兼多个角色的协会会员——如既担任市府律师又担任同一共同体的市府经理——应回避参与可能会给人以利益冲突印象的事项。他们应该向管理机构报告可能会出现的冲突，以便其他意见可以被征求。

续前表

(6) 认识到人民民选代表有资格因制定地方政策而享有赞颂的权利，政策执行的责任归于协会会员。

(7) 回避参与一切会破坏公众对专业行政官信心的政治活动。回避参与雇佣协会会员的立法机构成员的选举活动。

行动纲领

管理机构的选举　协会会员应保持信誉，不论政党归属，平等、公正地服务于他们所服务的地方政府主管机构的全体成员。为此目的，他们不应该以代表或者反对主管机构候选人的身份积极参与选举运动。

民选主管的选举　协会会员不应该参与任何市长候选人或者民选郡（县）候选人的选举运动。

选举　协会会员和其他公民一样，有权利和责任去投票，并就公共事务表达意见。但是为了不影响他们代表地方政府执行公务的有效性，他们不应参与任何市、县、特区、学校、州和联邦机构代表人的政治活动（包括但不限于筹款、支持候选人和捐款）。

议会-经理制中的选举　协会会员可以协助准备和提交资料，以便在选举前向公众解释理事会的行政管理形式。如果另一个社区需要援助，成员可能会做出回应。所有关于选票问题的活动都应该在当地的规章制度下进行，并以专业的方式进行。

事项的报告　协会会员可在涉及如债券发行及类似事项这样的全民公决的报告事项中协助主管机关。

(8) 使不断增进协会会员的专业能力以及提高同事运用管理技术的能力成为一种责任。

321 **行动纲领**

自我评价　每个协会会员都应定期对自己的专业技能进行评价。

专业发展　每个协会会员每年应至少保证 40 个小时用于各种专业发展的活动。

(9) 经常向社会通报地方政府事务，鼓励官民沟通，强调友善、礼貌的公众服务，努力改进为公众服务的质量和形象。

(10) 抵制对专业责任的侵扰，同时坚信协会会员执行官方政策应该不受任何干扰，在原则和正义的基础之上一视同仁地处理每一个问题。

行动纲领

信息分享　协会会员应该和主管机构公开地分享信息，同时认真地履行宪章或授权法所述的协会会员的责任。

(11) 基于功绩制处理所有人事事务，以便公平公正主导协会会员涉及任聘、工资调整、提级、纪律处分的决定。

行动纲领

平等机会　协会会员应制定能确保给所有社会各方面都提供有重要意义就业机会的计划。所有的计划、做法和运作都应该：1）为所有人提供平等的就业机会；2）禁止因种族、肤色、宗教、原出生国、政党背景、身体残疾、年龄或婚姻状况等原因的歧视；3）在组织的各个层面促进平权运动的持续性计划。

积极招聘和雇用少数民族和妇女来担任整个组织中的专业人员是协会会员的个人和职业职责。

(12) 不寻求任何优待。坚信通过内部消息或者滥用工作时间确保的个人的发迹或好处是不诚实的。

行动纲领

礼物　协会会员不得直接或间接地索取或收受礼物——无论这些礼物是金钱、服务、贷款、旅游、娱乐、款待、承诺或任何其他形式——在如下的两种情况下：1）可以合理推断或期望礼物是为了在他们履行公务时影响他们；2）就他们而言，这份礼物的目的是作为对任何官方行动的回报。

重要的是，禁止主动提供的礼物仅限于与不正当影响有关的情况。在最低豁免的情况下，如饮食检查、一定适度的最高金额价值物应由协会会员作为指导方针来确定。该指导方针的目的并不是将成员与正常的社会习俗隔离开来，在这种社会习俗中，朋友、同事与亲属之间的礼物对一定场合来说是合适的。

与公务有冲突的投资　协会会员不得直接或间接地对任何金融业务、商业或其他私人的交易进行投资，如果这样做和自己的公务有冲突的话。

续前表

在房地产方面，潜在的利用机密信息和知识来进一步增进协会会员的个人利益需要特别考虑。该行动纲领认识到，如果存在与个人投资的冲突，协会会员的公职行为和决策可能受到影响。可能被解释为快速获利的投机行为的购买与销售应该避免（参见“机密信息”的行动纲领）。

因为个人投资可能损害或者可能看似要影响公职行动与决策，协会会员可以与他们的主管机构 322
相呼应，在接受他们作为地方政府行政人员的职位之前或者在主管机构采取任何可能会影响这些投资的行动之前，对此类投资进行披露。

个人关系 在任何可能会出现利益冲突的情况下，协会会员因向主管机构公开任何个人关系。例如，市府经理的配偶为一家开发商工作，而这家开发商又和市府经理所服务的地方政府有业务往来，这一事实应该公开。

机密信息 协会会员不得向任何人透露他们在执行公务时获得的机密信息，也不得利用这种信息来谋取个人利益。

私人雇佣 协会会员不得从事、索求、商谈争取或答应接受在私人企业的就业，也不得为了私人利益提供服务或者进行私人的商务活动，如果这样的就业、服务或商务活动会造成与正当公务的执行的冲突或妨碍正当公务的执行。

教学、讲座、写作或咨询是一种不涉及利益冲突或损害其正当公务的执行的典型活动。在所有的外部就业实例中，聘任当局的先前通知都是适当的。

代表 除非得到所服务聘任当局的授权或者奉所服务聘任当局之命，协会会员不得在任何机构——无论是政府的还是私人的——面前代表任何外部利益。

宣传 无论是否为了补偿，协会会员都不应通过同意在付费广告或其他商业广告中使用其照片、背书或报价来认可商业产品或服务。但是，如果不接受任何补偿，协会会员可以同意宣传如下内容：1）图书或其他出版物；2）由非营利性会员组织或获认可的教育机构提供的职业发展或教育的服务；3）当地政府有直接经济利益的产品和/或服务。

当作为职业文章和报告的一部分时，协会会员对当地政府使用或测试的商业产品的观点、意见和分析对该职业来说是合适的和有用的。

自 1924 年以来，ICMA 仍在试图使其守则对从业者有用。1972 年，行动纲领被列入，以帮助解释守则标准的含义。例如，守则第 4 条标准的一般措辞是：“牢记地方政府的首要任务永远是为全体人民的最佳利益服务。”（ICMA，1998）

这是什么意思呢？行动纲领指出，当管理人员接受职位时至少预期服务两年，
当然，除这位管理人员失去了对议会的信心或有“严重的个人问题”。是管理人员而 323
不是聘用她/他的司法管辖部门有责任明确确定上任前的聘任期限。

并非所有的 12 条标准都有帮助管理人员了解守则的行动纲领。正如所预期的那样，最详细的行动纲领关注被表述为“不寻求任何优待”和“致力于荣誉与诚信的最高理想”。

除了解释守则的行动纲领之外，ICMA 还利用《理想宣言》来补充守则消极与强制的内容。基于 ICMA 委员会在《职业未来前景》中的一项建议，由协会成员通过的这种宣言是关注管理应该兼具经济性与人性化，兼具效率与公平，并致力于民主的政府以及有效的政策。

ICMA 伦理守则是行为体系的一部分，包括守则、声明、实施方法以及不断更新的协会有关良好行为的立场。ICMA 成员认真对待该守则（弗雷德里克森，1989），正如一位 ICMA 工作人员所说，他们“警惕性地维护守则”（guard the code jealously）。我们能够把 ICMA 以伦理守则为中心的职业化方面的成功归功于什么？

首先，正如斯蒂尔曼（1974）曾表示的那样，该协会认为有必要定期审查该守则的实用性和适当性。它不是一种对黄金法则或恒常职业标准的静态陈述，而是一

种根据当今情况和可操作性管理理念的正确行为指南。它会随时代变化而变化。

其次，它被成员所理解和执行。在任何时间，介于 30 到 35 起投诉是积极的，并有由 3 名成员组成的州事实调查小组处理调查事项。职业操行常委会（Committee on Professional Conduct）根据州小组的报告行动，并受工作人员（一般为在所有伦理问题上行为谨慎的人）的协助。在 1998 财政年度中，有 10 起私人的严厉谴责、两起公共部门的严厉谴责、一起协会成员开除和 14 起因涉嫌违反伦理准则行为而引起的解雇案件。两起公共部门的严厉谴责由参与政治运动和不恰当放弃管理职位而从事另外一项工作所引起。协会成员开除实例涉及伪造简历上的信息。

守则的执行在几个方面都代价很高。其需要工作人员及成员花费大量时间来调查指控。调查人员、工作人员或协会尽责任的可能性需要 ICMA 建立一个自我保险基金，以防范对其裁决可能出现的法律挑战。此外，ICMA 全职成员大约 70%的时间致力于守则的执行。传统上，由副董事长或执行董事长所扮演的角色现在被委托给有法律背景的员工个人。

难以衡量的成本是个人对其他 ICMA 成员执行协会伦理规则的压力。由于大多数司法管辖区只有一个或少数 ICMA 成员，其他司法管辖区的干事或助理干事经常被要求向协会提交投诉。绝大多数涉嫌违规行为以这种方式引起 ICMA 的关注。由于守则在协会生活中的中心地位，成员与成员之间非正式解决一些潜在违规行为也有可能。

ICMA 不颁发证书给管理人员，因此也不能禁止个人就业，市议会自由雇用他们喜欢的申请人而不论背景或职业会员资格（毕苏丹，1981）。但是根据守则可以
324 采取一些制裁措施，这使得它不仅仅是一只无牙的老虎。这些制裁措施包括从最温和的惩罚、私人严厉谴责信件到公开指责——在犯事管理人员所在社区内的报纸和媒体上由 ICMA 公告所采取的行动，例如，暂停或开除协会成员资格。ICMA 还针对在法庭上被裁定犯有与职业相关的劣迹的人实施制裁。

1990 年 ICMA 工作人员对 ICMA 成员进行了调查，以确定确保守则是最新的、现实的并且可以接受的。两个主要关注的领域被确定。首先，守则需要成为协会成员序列培训和教育的基础，采用案例研究、培训课程、协会期刊上的文章以及任何能够为协会成员把抽象的转化成为具体的东西。其次，协会需要给州委员会成员提供更多援助，以协助调查和伦理实施。协会工作人员在伦理上给予的协助证明了城市管理人员处理伦理主题的严肃性。

由于 ICMA 对通过定期更新维持其守则的合法性感兴趣，未来怎么样？正在考虑中的一个有趣的可能性是一种适合所有主要地方治理参与者的、更具包容性的伦理守则，不仅包括职业管理人员，而且也包括民选官员、市民以及研究人员和与管辖部门签订合同的顾问。这样的守则将不可能取代强制执行的协会职业守则，而是更多地补充它，更像 20 世纪 80 年代《理想宣言》所起的作用一样。但它会提供一种对当地政府更全面的理解（纽兰，1984；弗雷德里克森，1989），是作为社会的一部分而不是被放置在城邦生活上的技术或政治诡计。它也将使更多 ICMA 成员关注伦理行动纲领在地方治理中的重要性。一位受访者指出："ICMA 应促进和宣传这样的事实即城市管理职业已拥有伦理守则六十年左右了。"另一位受访者说："地

方民选官员总是惊讶于伦理守则。我认为我们必须使伦理信息成为我们与他们（选举产生的政治家）（ICMA，1990）正常互动的一部分。在 1998 年，最近的修改收到 90%的有投票权成员的赞成票，并对第 7 条原则进行了修改，以便强化这样的观念即成员不应该从事任何政治活动。

15.6　职业守则和职业协会

在代表公职人员的协会中，ICMA 在许多方面都有着书面的、强制执行的道德规范的经验是显著的：在将道德作为主要关注点的时长方面、在会员对守则作为职业守则和理想声明的重视程度方面以及在该领域文献中给予守则的关注方面。其他代表公共职业人士的协会也考虑过伦理守则，虽然没有一个协会具有 ICMA 的丰富经验或持久兴趣。普兰特（1991）调查了由州与地方政府学院（1989）编制的《美国州与地方政府的协会黄页》中的 102 个协会。每个协会被问是否有适合其成员的正式伦理守则。在 90 个做出回应的协会中，只有 26%或 29%的协会有守则，另外 4 个有如章程或符合宪法的声明这样的变异体。大约 2/3 这样的协会没有守则。

为什么不是所有的公职人员协会都有守则？首先，了解代表公职人员的协会很
重要。一些协会代表着选举产生的官员或政治任命的工作人员，其选举的基础和职 325
位的临时性使职业守则成为不可能和不恰当的。其他协会代表着不同于 ICMA 的、有着牢固专业职位生涯基础的专业人士，这些职位（会计师、医生、律师、护士等）在政府内外都找得到。还有其他的协会代表着与传统公共服务相关联的专业人士，其在政府部门之外就业的可能性产生了严重的利益冲突问题或旋转门现象，如城市规划师或警察局长。

调查分析表明四种类型的协会最有可能有正式的守则：(1) 工程协会，包括如美国州公路与运输官员协会、交通工程师协会和美国公共工程协会这样的公共部门协会；(2) 代表着从事司法行政的或从事运用法律作为执法方式的监管活动的专业人士的协会；(3) 有着清晰公共类别的协会，包括 ICMA、美国规划协会/美国注册规划师学会、政府财政官员协会、国际人事管理协会和美国公共行政学会；(4) 代表着教育方面的专业人士的协会，其中有 6 个协会有彼此密切相似的守则（普兰特，1991）。

除了 ICMA 之外，几乎没有论及有关协会伦理守则的东西。唯一的例外是公共规划职业（马尔库塞，1976；豪和考夫曼，1979）。斯莱特（1983）研究了规划职业的守则经验，把它们与城市管理者的守则进行比较。像 ICMA 一样，美国规划协会及其认证代理机构美国注册规划师协会参与伦理守则有着悠久的历史（豪和考夫曼，1979），但直到 1970 年，一种停滞不前的守则及其执行方法才被替换为致力于强有力守则的承诺，这种守则确定了六大伦理标准和 14 条纪律规范。该守则于 1982 年被重写，28 条声明被整理成四大事项领域：对公众的责任、对客户和雇主的责任、对职业及其同事的义务和自我责任（第 4 页）。与 ICMA 的情况一样，规

划界使用守则作为在涉及伦理选择情况时教育成员的手段，如如何判断与前雇主或新雇主联系的可容许性，如何与公民团体合作，如何处理利益冲突以及许多其他常见的、与工作有关的情况。斯莱特的结论是对规划的狭窄技术方法促进了伦理的可执行性方法。考夫曼（1981）主张：“许多当代规划师日益认识到选择的伦理基础，这些选择是他们必须做出的，涉及与他们工作有关的广泛复杂问题”（第 196 页）。他认为规划界对更新守则的兴趣表明了伦理问题的存在，尤其是那些很难法典化的涉及自由裁量的伦理问题。

随着越来越多的职业协会采用伦理守则，私下采用的协会守则（通常带有执行程序）对公共部门雇员的约束性特征问题被提出。这能够被看作是某种类型的私有化或者甚至是工会保障协定的境况，其中就业并不需要协会会员资格，但需要遵守由协会制定的守则。例如，作为文化事务署的历史分局的艾奥瓦州历史学会包括在其题为“伦理守则”的工作规则（1987）的第七条款中。这一条款宣称“艾奥瓦州历史学会赞成由适当职业机构通过的所有伦理守则，并要求其员工遵
326 守这些标准”（第 6 页）。美国图书馆协会、美国档案工作者协会、美国博物馆协会（包括策展人和博物馆注册员的特别守则）、美国保护学会、教育出版社协会和全国筹款经理人协会的守则被列举了。相关守则的副本也包含在工作规则中。这似乎是一个极端的例子，政府机构因伦理守则而依靠职业协会，但随着越来越多代表着公共职业人员的职业协会颁布这样的规则，政府机构依靠职业协会就成为一种简单而经常有效的选择，替代政府机构依照法规为政府雇员创建行为守则及其执行的公共机制（门泽尔，1992）。

职业守则的激增以及要求政府雇员熟悉那些在特定职业环境中的工作人员的规范可能不像艾奥瓦州的例子所表明的那样令人焦虑。大多数守则试图在政府中接受基本伦理话题并把它们运用到他们的职业中去。如何对待公众，对利益冲突的看法和现况是什么，什么是工作环境中的个人诚信，什么是与私人利益的不适当关系——这些成为理解几乎所有守则的关键。他们极少在政治和组织背景中从事真正的道德推理或发明新的方法来定义伦理行为。一般用 5 到 15 条规范来确定道德行为，把对理想行为的肯定表述与不当或不被禁止行为的例子相结合。

担心职业人员可能利用他们的认证和垄断的权力来逃避伦理约束——无论是外部的还是内部的——已经引起“分立主义者观点”（the separatist thesis）的问题（弗里德曼，1978；格沃斯，1989；欧武曼和福斯，1991）。职业伦理的分立主义者观点认为，为了防止侵犯其他更重要的、出于必要或者源自机构规则的道德权利，职业人员提供有价值服务的目标证明使用违背基本伦理规则的手段是正当的（格沃斯，1986：283）。运用于公共机构职业工作中的分立主义者观点提出了政府在提供许多服务方面的垄断地位的重要因素以及与代理机构打交道的个人所获得的非自愿客户地位。职业人员的真正道德行为要求个人不得用作为更大社会目的的手段，甚至被剥夺了格沃斯所称的他们要成为“委托人，也就是要控制自己的生活并有效地实现和坚持自己的目标而不遭受来自他人的统治与伤害”的权利（第 288 页）。

公职人员协会颁布的守则是一种提醒职业人员的分立主义者观点与公共服务不

相容的潜在力量。要做到这一点，他们被要求声明来自公共服务的特定伦理约束，并被要求声明：当对客户的服务是目标时，政治上是不可接受但有效的行动减少了公众对政府的信任并违反了民主国家中公民与政府之间的基本社会契约。换句话说，似乎要确定共同真理与价值观的一些伦理守则的语言实际上可能有助于提醒职业人员特殊地位，并且与这种特殊地位相伴随的行动自由在公共部门的境况中是不可能的。

15.7　结论

伦理守则成为越来越多的公共部门雇员的生活现实。它们可能会被看作是社会
要求问责的体现，是运用基本价值观到职业人员和公共组织中的需要。自从“水门 327
事件”25 年以来，这两大力量即专业化和对正式问责与行为标准的公众需求已经融合在一起。把守则看成培训和教育公务员的一部分，看成建立诚实、胜任和公共利益行为的有效公众期望的基础，看成表达公共服务理想以及作为一种规范个人行为手段的这种伦理守则的方法正在成为标准。守则用任何分析方法来探讨如诚实、公共服务或个人诚信这样的基本价值观没有什么作用。它们的主要价值是在解释适合公共服务工作环境的有关对与错的基本社会标准。

但是，这是合乎逻辑的假设，即由职业协会制定、颁布和执行的职业守则与由法律规定并作为就业条件而对员工具有约束力的守则相比是提高伦理自我意识的更好途径。协会生活是一种形式的公民身份，在协会生活中，职责和义务被确定和有意义的参与机会是存在的。正如 ICMA 和 AICP 的例子所说明的那样，协会的伦理守则很少是一成不变的。健康的协会是在不断地从其守则经验中学习，在程序和内容上不断变化。应该指出这样的变化不同于公法的变化，在公法的变化中，雇员很少有机会参与，并在其中暗含着他/她就是通过法律、工作规则和其他强制性措施的强加而所要纠正的问题。

然而，完全依赖于职业协会的伦理守则是有风险的。守则经常被协会看作是提高职业地位或通过培养和促进与利益相关者的关系来促进组织经济利益的手段。以在一份由哈德逊研究所发布的协会报告中的工具性语言为例：“协会伦理守则和职业标准提供了信息，这些信息普遍增强消费者对商品与职业服务的可靠性、质量和安全的信任。协会绩效与安全的标准提高了质量、可靠性和产品与服务之间的可交替性”(1990：117)。

多纳伯迪安（1993）运用类似的主张来分析职业会计守则对产生信任的贡献。他使用数学模型来探讨职业人员的退出成本和通过守则来强加标准的协会权威。他的研究表明，因为假设需要对职业人员正直的社会信任的，如果对职业执法权力存在“内部侵蚀”(inner erosion，第 109 页)，那么民事法庭将取代基于协会的纪律努力。

以经济逻辑表述的这种分析方法远离了传统的、对伦理守则的辩护。这些辩护强调守则：是一种对如勇气、诚实、忠诚和奉献这样的基本道德原则的声明，一种

在具体治理活动中操作原则的地图或者一种协会成员行为的调节器（克纳汉，1974；钱德勒，1983）。研究需要探讨自20世纪70年代以来一直有多少守则的制定是出于经济动机和有多少是出于道德推理。

公共行政文献正转移到对伦理更系统、更明智的讨论上来（布鲁斯，1996；范·沃特，1996）。现在文献上的需要不是要发现守则，而是要了解法典化的基础，以及理解源于公共职业化的守则与为了满足公众和精英对问责和控制下属行为的需
328 求而努力的守则之间在形式与效果上的差异。守则主题至少融入该领域的两个主要区域即职业化和行政伦理。守则是被看作是任何真正职业的一个必要属性还是它们是道德推理能够在公共决策被派上用场的手段呢？它们是为了规范行为而努力的结果还是帮助个人提高自己用道德范畴推理的能力的方法呢？对守则在净化公共部门方面的适当期望是什么？当有人被发现犯有违反守则的罪过时，守则是要来保护公共利益还是由于没有正确引导和激励有问题的个人而被认为有缺陷呢？是根据法律制定并强加给没有机会参与起草与执行的员工的守则还是由自上而下的管理控制机构制定的守则是真正的道德守则？

公共行政方面的伦理学家一直不喜欢守则。由于其形式主义、其说教和其文牍主义，很多人认为守则离创建一种新的公民角度以取代旧的公共服务与公共利益的进步主义建构的目标相去甚远（范垂斯，1989）。由于强调对行为的约束，很多人都认为守则无法创建为公众服务的品格和领导力（库珀，1990）。由于强调情境理论和现实主义，他们要避免询问是否有超越语境主义和情境理论的永恒的、基本的、普遍的价值观（贝克尔，1941；福克斯，1992）。在他们的批评者眼中，不可能任何守则都将是提升公共服务伦理的最好手段。福斯特对法典化的批评（1981）仍然是一种对规范行为、限制自由裁量权的所有正式努力的有效批评：

> 在几乎所有现代化和正在现代化的社会中存在一种根深蒂固的偏见即较少的自由裁量权并由此关联的是更多的法律是理想的规范状态。但是，自由裁量权是道德行为的核心。困难的道德决定只能由个人做出，这个人拥有自由裁量权，以便根据每一种境况的自我是非曲直来处理每一种境况。（第31页）

不过，作为一种教育公务员如何做好事和避免做坏事的方式，很显然有些守则比其他守则更好。研究表明典型的美国公职人员对政府的角色不会有不同的看法或者不会认为可以接受的行为非常不同于普通公民可以就是的行为（鲍曼，1990；刘易斯，1990）。或许最需要的并且似乎是在蓬勃发展的是大量描述性守则理论，这些理论将着眼于20世纪70年代以来的法典化浪潮，把它放到历史角度中，并与美德、人格和公共服务的规范性结构保持平衡。当哈特（1992）提醒我们所有公务员要根据他们尊重宪法的责任中的某类守则来运作时，他说得好：

> 在所有公务员之间共同的规范性联系是他们已经以这种或那种形式宣誓，以便支持和捍卫宪法。今天，我们已经失去了宣誓意味着什么的意义。在其最基本的表达中，这意味着公务员比在私营部门有更大的责任成为好品格的人，为公共利益随时准备牺牲个人利益。（第26页）

这是所有伦理守则的持久意义：它们怎么能够鼓舞个体公务员超越普通组织生

活的“行为准则”(do’s and don’t’s)，以便给民主社会的最高价值观赋予意义和现实性。现在很少有人这么做，即无理由放弃希望守则在公共行政中的伦理思考的演变过程中发挥重要作用，这些守则带有其由平权语言组成的强大混合物、带有与工作相关的正确和不正确行为的指南以及执行、评估和重新表述的参与机制。 329

参考文献

请从中国人民大学出版社官网（www.crup.com.cn）下载，或者用微信扫描下方二维码获取。

第 16 章

从行为守则到伦理守则

——以美国公共行政学会为例

詹姆斯·S. 鲍曼
美国佛罗里达州塔拉哈西佛罗里达州立大学

16.1 导论

335 窥视 21 世纪，显然伦理会继续成为当今时代主要的公共政策问题之一——并且不无道理。然而，如果后“水门事件”时代的丑闻暴露了有道德行为的缺点，那么这些丑闻也显示了其优点。人们可能对政治制度的运作方式已经失去信心，但调查结果显示他们并没有对制度本身失去信心（扎亚茨，1997）。尽管如此，被公认的、满足公共部门特殊伦理要求的失败仍滋养了反政府情绪，导致裁员，并且点燃了改革的驱动器。

大部分这种活动反映了美国政治思想的基本准则——对权力的不信任——公民似乎正在要求官员达到公共服务的理想。人们已经显示出更加不能容忍这样的想法，即政府中的一切——代理机构、立法机构、白宫本身——都要出售：无论是以权谋私、侵吞公款、林肯的卧室还是竞选捐款。“问责制”“绩效管理”“再创造”已经成为流行语，有时候包含在法规中，包含在促进诚信的努力中。事实上，书面的伦理标准——长期以来被视为鼓励正确行为的关键——是这种尝试的一个组成部分，最引人注目的是规定了其在政府与企业中使用的 1991 年的《联邦量刑指南》（费雷尔等，1998）。

本章显示了公共服务准则如何可能会从规制性、遵从性行为守则逐渐发展成促使成长的、反思性的伦理守则。本章的开始部分简要回顾了公共部门守则的历史、它们的长处与短处，以及两种相互矛盾的哲学思想如何被它们所体现。本章核心部分建立在这两种理论的基础之上，探讨职业精神各个维度和守则以这种方式所承担的关键作用。为了证明这种精神的效用，对新颁布的标准进行了审视并应用到管理案例中，其后对职业协会在促进伦理行为方面能够发挥的作用进行了讨论。本章倒数第二部分是建立在这种分析的基础上，探讨了培养职业精神的方法。本章最后是 336
理论和实践的意义。

16.2　背景

美国公共行政中最老与最新的守则都是由职业群体制定的——ICMA 1924 年制定了守则（1998 年修订）和美国公共行政学会 1984 年制定了守则（1994 年重新制定）。正如前面一章所讨论的那样，在政府自身内部，各种活动都发生在联邦一级，值得注意的是，在过去的半个世纪中，大多数州和许多地方政府部门在“水门事件”之后采用了自己的标准。这些公共行政倡议中没有任何一种倡议使该领域一致性达到“希波克拉底誓言”（the Hippocratic Oath）在医药领域似乎达到的程度。然而，尽管守则不是万能的，但它们肯定比什么都没有好（刘易斯，1991：140）。就像一场婚姻的誓言一样，它们将不能防止疾病和死亡、腐败和不法行为，但它们可以改变这些事件发生的背景。通过为个人和公众的期望提供基础，它们提供了视角——当面临公共服务两难时的一种思考方式。真正的问题与其说是守则本身是否有效，不如说是它们如何得到发展和什么与它们共存。

首先体现在 50 多年前具有里程碑意义的弗雷德里奇-芬纳辩论中的两个传统，已预示公共行政中伦理标准的发展（普格，1991）。官僚精神气质（包括效率、效能、专业知识、忠诚和问责）是以韦伯的官僚机构模型、威尔逊的政治-行政二分法以及泰勒的科学管理为基础的。民主精神气质（其中包含了政体价值、公民权利、公共利益和社会公平）是基于罗尔的政体价值、库珀的负责的行政人员、李普曼的公共利益以及罗尔斯的社会公平。

占主导地位的官僚制方法侧重于外部控制机制，道德底线、法律、法规和监管性行为守则详细规定了公职人员必须做什么，以便避免惩罚和远离麻烦。例如，佛罗里达州的守则在该州法规中以 30 页的双列、单倍行距的文本内容包括多个事项（例如，财务公开、礼品、不利的人事行动、调查程序、禁止与处罚以及附加要求）；一个可比的、不那么复杂的地方政府的例子显示在表 16－1 中。这种基于刑法的消极伦理传统强调符合标准；守则通常通过规定侦查与处罚的根据，以一种被动的方式来命令和评估行为。

杰·布莱克（1995：30）描述了这两种方法的显著差异以及它们对人性的看法。

337 **表 16-1　　监管性守则：伊利诺伊州卡本代尔市（节选）**

合同中的金钱利益
(b) 然而，任何管理机构的被选举或被任命成员和服务于市政咨询小组或委员会或董事会或委员会的任何人都可能提供物质、商品、财产、服务或劳务，如果：
(1) 合同涉及个人、公司、合伙人、协会、企业或合作组织，在这种合作组织中，拥有权益的市政当局管理机构或咨询小组的会员或委员会成员拥有小于7.5%的所有权股份；
(2) 就管理机构的被选举或被任命的成员来说，拥有权益的成员在有关建议合同授予的审议之前或期间公开披露其权益的性质和范围；
(3) 就管理机构的被选举或被任命的成员来说，拥有权益的成员弃权表决合约授予(尽管为了达到法定人数的目的，该成员应被视为到场)；
(4) 合同由目前担任职务的成员以多数票通过；
(5) 合同金额超过1 500美元，在进行密封投标之后，合同授予可靠的最低投标人(不过，如果金额少于1 500美元，未经招标合同可能授予)；并且
(6) 合同授予不会造成所有授予给同一个人、商行、协会、合伙人、公司或合作组织的合同总金额在同一会计年度内超过25 000美元。
(c) 除了条款(b)中的免责外，管理机构的被选举或被任命的成员和服务于市政咨询小组或委员会的任何人都可能提供物质、商品、财产、服务或劳务，如果：
(1) 合同的授予是通过市政当局管理机构的多数票通过的(就管理机构的被选举或被任命的成员来说，假如拥有权益的成员将放弃投票)；
(2) 合同金额不超过2 000美元；
(3) 合同授予不会造成所有授予给同一个人、公司、协会、合伙人、公司或合作组织的合同总金额在同一会计年度内超过4 000美元；
(4) 就管理机构的被选举或被任命的成员来说，拥有权益的成员在有关建议合同授予的审议之前或期间公开披露其权益的性质和范围；并且
(5) 就管理机构的被选举或被任命的成员来说，拥有权益的成员弃权表决合约授予(尽管为了达到法定人数的目的，该成员应被视为到场)。
(d) 根据本条，由市政当局与公用事业公司签订的公共事业服务采购合同不被管理机构的一个或多个成员所禁止，这种管理机构的一个或多个成员成为公用事业公司高级职员或雇员，或在公用事业公司持有不超过7.5%的所有权权益，或持有任何规模的所有权权益的，如果市政当局不到7 500人和公用事业价格由伊利诺伊州商业委员会批准。拥有在此(d)款中所描述权益的管理机构的被选举或被任命的成员或非管理层的董事会或委员会不拥有所禁止的权益。
(e) 本条中没有任何内容，包括在(b)(c)(d)款中规定的限制，会排除由市政当局与当地银行或储蓄与贷款协会签订的货币储蓄、贷款或其他金融服务合同，无论市政当局的管理机构或非管理层的董事会或委员会的成员是否有兴趣在银行或储蓄和贷款协会成为高级职员或雇员，或者成为拥有少于7.5%总所有者权益的持有人。在合同中持有本(e)款中所述权益的成员为了本广告的目的不持有被禁止的权益。拥有权益的管理机构或理事会成员或委员会成员必须在审议有关建议授予合同期间公开说明权益的性质和范围，并且不得参与任何有关建议授予的进一步审议。拥有权益的成员不得参加对建议授予的表决。根据本条，为了达到法定人数的目的，弃权参与审议与表决的成员可考虑出席。合约授予应要求以目前担任职务的那些成员的多数票通过批准。成员感兴趣的合同的考察和授予只可在市政当局的管理机构的定期安排的公开会议上进行。

资料来源：Center for Personnel Research (1996：15－16).

与此相反，民主的、发展的方法依赖于培养内部控制即道德最佳化（the moral maximum）。它不仅关注遵守法律，而且也关注保护和促进公共利益。正如期许性伦理守则（表16－2）所说明的那样，强调的是美德的培养、诚信和品质。一种积极的、理想主义的伦理旨在使负责任的行为成为可能；公职人员不被看作官僚体制的一种职能，而是被作为能够超越特定利益追求更大社会善的道德主体。当被主动使用时，这样的守则起着促进意识、教育和决策的标准的作用。

表 16-2　　期许性伦理守则（雅典人誓言） 338

我们将永远为城市的理想和神圣事业而奋斗，无论单独还是与许多人一起；我们将不断寻求唤醒公共责任意识；我们将敬畏和遵守城市的法律；我们将使这个城市不仅没有更糟糕，而且比其交给我们的更伟大、更美好、更美丽。

> 第一种方法……似乎反映了一个神经官能症的世界，如果不是彻头彻尾的偏执狂。基本假设看似人天生就有缺陷，并且在道德上是发展水平低的；他们具有不充分的独立判断能力，并且在整个决策过程中需要受权威人物的领导；他们对威胁做出反应并害怕惩罚，他们的自然倾向是利用任何及所有机会来虐待别人和滥用他们的权力。
>
> 第二种方法……反映了一个完全不同的宇宙世界。在他们身上确定下来的崇高与抽象的标准表明对其人类同胞的一种信任，一种认可即天性就正派的人们都会试图做得更好，一种认知感觉即对我们崇高目标的温柔提醒与基准层面的、以惩罚为导向的规则和指南相比是实现一个有道德社会更有效的方式。最后，（这些）守则承认我们的不完美，并且通常提供积极的“你应该”（thou shalt）的建议，这种建议将使世界成为一个生活在其中更美好的地方。

最小期望与外部控制的官僚精神气质和最大期望与内部控制的民主精神气质都有不足之处，最明显的是在遵从方面。这些问题的发生有两个方面的原因：内在原因和外在原因（布赖恩，1996：22-23）。内在原因与措施本身有关，因为它可能因琐碎而窒息（监管行为的守则），或因模糊性而被轻视（期许性的伦理守则）。无论哪种方式，这样的公文可能缺乏内在性权威。当守则价值观没有充分社会化和制度化时，外在原因是显而易见的。领导和员工可能不会真正相信标准体现了对他们的职责来说是重要的关注事项，并且它不可能成为组织基本结构的一部分。总之，守则可能被认为是无效的，要么因为它们设计拙劣要么因为它们执行得不好。

由于这些原因，出版的道德箴言往往是有问题的。虽然用高尚语言表达，但是它们要么把复杂问题简化为一系列基于最低共同标准的、僵硬的、严密限制的行为，要么如此抽象地写成文字，以至于没有什么实用价值。查尔斯·利维严厉地把守则判定为“不切实际的、给人印象不深的、广泛未知或被忽视的痴心妄想的指南”（福格尔桑-库姆斯和巴肯，1988：85），这仍然是一种普遍认为适用于对那些基于两种精神气质之一的守则的批判。

由此可见，经验证据表明守则很少在决策过程中使用，不是经常讨论的一个主题，而且并不总是被高层管理人员认真对待（例如，鲍曼，1990）。事实上，不仅官僚方法多于民主方法，而且多数管理人员报告说，他们的机构没有任何一致的伦理方法。换句话说，虽然对伦理不乏争论，但是守则主义似乎盛行。为了避免这一命运，一种辩证处理能够产生官僚精神与民主精神的综合体：职业精神。

16.3 职业精神

339 如下文所述的职业行政人员要认识到公共服务伦理操作系统的发展使官僚精神气质与民主精神气质的调和成为必要①。问题的症结是这样的：官僚模式缩小了道德责任（通过把它限制在人们在科层等级中的职位上），而民主模式扩展道德责任（通过把巨大的负担放置在个人要精通政治哲学上）。如果前者对责任的界定是过于潦草，那么后者的理念虽值得称道但是过于雄心勃勃。由此可见，公共服务伦理第三种前提假定——职业精神——使探索成为必要。职业卓越的发展至少是与了解官僚精神与民主精神一样重要的，事实上，是以它们为根据的。本节将简要研究职业的经典属性，提供对“有造诣”（compleat）职业人员的定义，并探讨职业精神气质的两个主要方面。

A. 职业的属性

一系列知名的特质（专业化胜任力，自觉运用这种胜任力，用这种胜任力和以服务为导向致力于一番事业、职业协会和激励胜任力的伦理标准）都是职业精神气质的核心。事实上，守则的采用是一个外部标志，是对声称该群体认识到超越自我利益的社会责任的证明。然而，如果人们要认为信条应该指导（如果不是支配）职业生涯，那么伦理要求往往代表着所有已知特征中最薄弱的关联（普格，1991：10）。

例如，在联邦政府中，1958 年的《政府服务伦理守则》的存在在 20 世纪 70 年代长时间的“水门事件”调查过程中并没有被提及②。事实上，少数国会办公室陈列了它，很可能是大多数联邦工作人员不知道这种声明；这包括负责处理员工申诉的人事管理办公室的工作人员以及相关公共利益团体的代表人员（鲍曼，1981）。1979 年要把它张贴在政府办公室的努力是不成功的，部分是因为在整个联邦机构只有 11 份副本可以获得，甚至美国最高法院都难以取得公文的副本挂在其办公室中。1980 年通过的一项法律以便转载、分发和张贴该守则。最近，正如前面所提到的一样，20 世纪 90 年代初的一些实证研究表明，守则几乎没有影响到工作中的公务人员（戈特纳，1991；罗和哈格，1990）。

B. 完美的职业人员

这种事态的一个重要原因是受到官僚精神气质诱惑和民主精神气质压力的该领域一直专注于工具性价值超过实质性价值——技术胜过目的。然而，由于伦理考量

---

① 虽然那些与每种精神气质相关联的人不必采取“要么……要么……”的方法，但是他们立场的前提通常是一个或另一个学派。

② 这一段改编自鲍曼（1981：62）。

是现代公共行政的灵魂（弗雷德里克森，1997），完美职业人员需要的不仅仅是技术技能。他或她不但因为专业知识而且因为坚持崇高的道德标准而成为职业人员。

由此可见，随权力而来的是责任，“应该”意味着“能够”，因为这就是道德责任的含义。20 世纪 90 年代的丑闻提供了一个研究职业规范和重新找到真正职业精神气质的机会。职业人员的经典定义与誓言既要求技术能力也要求道德品质。胜任力本身不是目的，而是指实现特定价值观的能力，能胜任与具有胜任力素质是不一样的（麦克拉根，1998：175-176）。 340

当一个人被确认为是一个“真正的职业人员”时，这就是公认他或她有信奉的东西和这样做的技能。他或她令人钦佩，不仅是因为此人知道要做什么，而且是因为此人知道为什么必须这样做。**我们的确不仅期望职业人员简单地以一种特定的方式行事，而且期望他们成为一种特定的人**（葛拉曼等，1990：8；原文强调）。技术上的和道德上的问责是工作中固有的，它是一种义务，也是一种崇高天职的职责。就像就职宣誓所象征的那样，这样的精神气质把职业人员置于更新民主信任基础的领导地位上。

C. 精神气质的特征

职业人员的精神气质有两个特点：根植于每个个体职业人员身上的内部特征和职业组织信条中的外部特征（牛顿，1981：45-46）。单独看来，无论是个人的良心还是职业守则都不足以作为一种道德体系。内部特点往往成为一系列相互矛盾的个人感觉，而外部特点可能是一致同意的但未必是强迫性的集体性声明。事实上，内部特点的最初不成熟的道德性质是导致从业者创建一种职业的重要原因。

而这两个方面不容易结合，因为良心的本质是要抵抗先验规则，而这恰恰是守则所指望达到的。然而，职业必须制定守则，原因很简单，其不能轻易由外行来评估的胜任力要求其运用由那些有资格做到这一点的人来进行评估。因此，该职业同行有责任确定道德行为标准。正如丽莎·牛顿观察到的那样，“职业精神气质的清晰表达使职业成为道德事业并且使其区别于任何其他工作类别”（1981：50）。守则为职业责任提供了一个基础，一种法典化的基础。这种辩证方式的清晰表达将可能会预示和测试个人良心，这种个人良心进而会导致一种有关守则的对话，这也是一种过程，是职业精神的关键。

如此这样的一种过程在如公共行政这样的代理人的“伞型”（umbrella）职业中是困难的，不仅因为其包含许多基本职业（如工程、军事、会计、医学、法律），而且也因为其只是一种许多政治活动家和有影响力的人影响该职业的过程。例如，像这样：

> 1883 年《彭德尔顿法案》（废除政党分肥制，并建立奖励制度）的通过、伍德罗·威尔逊的政治-行政二分法的信奉以及随后科学管理的采用坚定地建立一种基于功绩的无党派文官制度。公务人员负责政策的执行，并且在决策过程中不被要求行使自由裁量权：伦理是规则和规范的产物，未必是职业判断的产物。虽然第二次世界大战、越南战争和“水门事件”都对这种观点提出了质疑，但是公务员的中立性在政府中仍然是一股强大的力量。伦理问题虽然重要

341 但可能被视为一个行政问题，因为有道德的行为要通过功绩制度中的程序改革来实现。（鲍曼，1998：159-160）

虽然在着重点方面存在很有趣的区别，但是作为结果的守则历史上集中在效率、经济和行政原则上，以正义、公平和公共利益为代价（钱德勒，1983）。紧随官僚精神气质和政治-行政二分法之后，似乎是避免道德是道德的。

总之，通过建立在职业的传统属性、职业人员角色的经典含义以及职业精神的内外动因之上，了解把官僚精神气质与民主精神气质连接起来的道德体系以及它面临的挑战变得可能。美国公共行政学会新修订的守则说明了这一点。

16.4 ASPA 守则

由于技术与伦理的实践标准是职业生涯理念中固有的，因而职业人员协会具备良好条件来发展这一概念的含义。孤立地看，个体管理人员的成功将部分受限于这样的事实，即行政人员对他们在公共部门中的地位没有像如律师一样展现出同样的理解（马丁内斯，1998：705）。此外，他们工作的部门，不论其行政权力是什么，都对伦理最经常采取反复无常的被动和/或反应式的做法或者根本没有战略（鲍曼，1990；鲍曼和威廉斯，1997）。事实上，改善往往起源于组织外部的力量。然而，在美国政府中，无论是国会议员还是职业学校都没有可能担当这个角色。前者为官僚精神气质所吸引，而后者总计达到公共行政人员的很小比例。

职业组织充其量代表着各种训练有素的人员并因此有潜能利用强大的人类对道德思想与行动的冲动（威尔逊，1993）。他们的守则清楚表达了含蓄的期望和另外没有人理睬与不加批判地被接受的标准。其实，众所周知，行政当局认为守则是促进伦理最有价值的方法，也许是因为它们被看作职业化的一个重要指标。只有 3% 的公共行政人员确信“组织中不存在对伦理守则的真正需要”（鲍曼和威廉斯，1997：54）。那么，守则满足感知上的需求就少有争议。本节通过回顾有关 ASPA 守则使用的感知型数据、解释个案研究并讨论职业协会能够承担的培养伦理的各种角色来探讨 ASPA 守则。

A. 守则的效用

1984 年，ASPA 采用了共 12 点的伦理守则（1985 年补充了一套详细的行动纲领），其后在 1994 年年底被改造成五项总体原则（见表 16-3）[1]。前者通过强调效率和经济性而体现了官僚精神气质（例如，普格，1991；福格尔桑-库姆斯和巴肯，1988），后者则通过专注于决策中的行政自由裁量权和公共服务中的卓越而体现了

---

[1] 这一年早些时候，有着 10 000 名成员（约 90% 的人是实际从业者）的协会的职业伦理委员会（The Professional Ethics Committee）编写了初步草案，ASPA 的全国委员会对其进行了评论。它随后被刊登并由会员发表评论。修订后，理事会一致通过。

职业精神气质（范・沃特，1996）。在本节中，总结来自 1989 年（总数为 441 人）的和 1996 年（总数为 446 人）的 ASPA 从业者成员的调查数据简短说明了对这些旧的和新的标准的重要态度差异①。

表 16-3　1994 年的 ASPA 守则　342

美国公共行政学会的存在是为了促进公共行政的科学、过程和艺术的发展。本学会确认其有责任在其成员之间发展职业化精神，并通过其模范来增强公众对公共服务中伦理原则的意识。为此，我们学会成员致力于以下原则：

（1）服务公共利益。
（2）遵守宪法和法律。
（3）展现个人诚信。
（4）助长有道德的组织。
（5）追求职业卓越。

原则

（1）服务公共利益。

为公众的服务超越为自己的服务。ASPA 成员承诺：

1）行使自由裁量权，以促进公众的利益；
2）反对一切形式的歧视和骚扰，促进平权行动；
3）承认和支持公众知晓公共事务的权利；
4）使公民参与政策决策；
5）践行慈悲、仁爱、公平、公正和乐观；
6）以完整、清晰和易于理解的方式向公众做出回应；
7）协助公民与政府打交道；
8）准备做出可能不会受欢迎的决定。

（2）遵守宪法和法律。

遵守、支持、学习确定公共机构、员工和所有公民责任的联邦和各州的宪法和法律。ASPA 成员承诺：

1）在已制定的授权法律与法规的范围内学习和工作；
2）努力改善和改变适得其反的或过时的法律和政策；
3）消除歧视；
4）通过支持审计、调查活动以及建立和维持强有力的财政与管理控制来防止各种形式的公共资金管理不善；
5）尊重和保护保密信息；
6）鼓励、保护和促进举报以及政府中其他合法的异议活动；
7）促进平等、公平、公正和正当程序的宪法原则。

（3）展现个人诚信。

在所有活动展现最高标准以唤起公众对公共服务的信心和信任。ASPA 成员承诺：

1）坚持真实、诚实并且不为晋升、荣誉或个人利益而妥协；
2）确保他人因他们的工作与贡献而获得荣誉；
3）热忱防范利益冲突或其表现形式：如裙带关系、不适当的外部就业、滥用公共资源或接受礼物；
4）尊重上级、下属、同事和公众；
5）为他们自己的错误承担责任；
6）以不体现官方行为受党派驱动的方式行动。

（4）助长有道德的组织。

加强组织运用伦理、效率和效果来为公众提供服务的能力。ASPA 成员承诺：

1）用公开沟通、创造力和奉献精神来履行所有职责；
2）机构忠诚度不先于公共利益；
3）建立促进道德行为和使个人与组织能够为他们的行为负责的程序。

---

① 这部分和以下小节的部分都改编自鲍曼和威廉斯（1997：521-523），包括附加的案例分析。对于这一新守则的注释，参见范・沃特（1996）。

续前表

4）提供异议和避免打击报复的正式措施； 5）防止武断和反复无常行动的功绩雇用； 6）鼓励和促进问责的组织控制； 7）就像一个鲜活案例一样来鼓励机构采用、分发和定期审查伦理守则。 （5）追求职业卓越。 加强个人的能力和鼓励他人的职业发展。ASPA 成员承诺： 1）提供支持和鼓励以提升胜任力； 2）像个人职责一样接受了解新兴事项和潜在问题的最新情况的责任； 3）在他们的整个职业生涯中，鼓励其他人参与职业活动和协会； 4）分配时间与学生见面，并提供课堂学习与公共服务现实之间的桥梁。

资料来源：华盛顿特区的美国公共行政学会。

343 相比较于 1989 年的 58%，1996 年近 80%（79%）的行政人员声称熟悉守则。此外，他们的熟悉程度超过了早前的发现，因为大多数人说他们对守则要么“有一个大致的了解”，要么“相当熟悉”，而不是表明“我有听说过它”。这些结果表明对 ASPA 声明认识的深度和广度在很短时间内大幅增加。也许这部分是由于 1994 年的修订过程及其在《公共行政评论》上的频繁转载。成员中非常大的一部分对守则不再像以前研究所报告的那样“要么不知道，要么只是短暂的熟悉”。

可以说，这样的措施要富有成效应满足至少两个标准：可接受性和可执行性。1996 年大多数行政人员（90%相比 1989 年的 70%）承认“守则提供了一组合适的标准”，用来指导公共管理者。然而，有认可需要更多适合不同工作场所的专门政策。因此，在两项调查中，约 2/3 的人建议要使 ASPA 指令真正有效，它“必须辅以特定机构的守则”，这一调查发现表明学会可能的作用。当然，可接受性的检验是文件中所体现的理想是否得到了实际的实践。在另一个很大的转变中，总共 80%（1989 年 69%）人报告说，他们“经常”（65%相比较早前的 38%）或“偶尔”（20%相比较早前的 34%）在工作中使用守则和/或其原则。

1996 年的一个开放式的问题使调查结果有一定的深入，当行政人员被要求描述他们机构中的伦理两难以及守则是否帮助了他们时，大约有一半的人发现守则是有帮助的，有一半的人发现没有。在前者中，大部分书面意见集中在其在解释公共利益、应对利益冲突、处理选举官员对决策的不当影响方面的价值。在后者中，行政人员表示：使用了其他标准。ASPA 公文中包含了相互矛盾的规定；信条不涉及具体问题；或者是不适用的，因为调查对象被夹在中间，没有权力来解决问题。

总之，大多数 1996 年的调查样本在其工作中经常或偶尔使用守则。此外，近 2/3（65%）的人表示守则“相当频繁地被他们的机构在日常管理中使用”，还有另外 1/5（20%）的人说“偶然”，7%的人说“很少”，以及 5%的人说“从来没有”。与之形成鲜明对比的是，1989 年几乎 2/3（65%）的人表示早前的守则是“很少”使用的（1/4 的人说“偶尔”，以及约 1/10 的人说“经常”，以前“从来没有”的选项没有出现）。

转到可执行性上来，超过 90%的受访者同意，为了使守则受到重视，它首先必须被高层管理人员认真对待——在一些机构中有些事情显然正在发生。有趣的是，与早期调查的比例相似，相对多数人（38%）支持给予 ASPA 执行措施的权力

(31%的人尚未决定，24%表示反对)。部分成员不情愿这样做可能是源于对普通职业协会施加制裁是否具有合法性，以及他们是否能够切实实施的问题。

概括地说，1996 年的受访者很熟悉 ASPA 的伦理公文。不仅如此，而且他们和他们的机构在日常管理中也使用它。如果有效的信条的一个标准是可接受性，那么 ASPA 的守则是实现这一标准的很好方式①。关于可执行性，许多人认识到这样 344
的声明应该包含这些特征（例如，与员工价值观、保密报告机制以及对违规行为制裁相一致，上面数据没有显示)。然而，像早期的研究一样，成员对于授予 ASPA 执行权仍然有分歧。

解释这些调查结果的一种方法就是回忆起先前所做的行为守则与伦理守则之间的区别（布鲁斯，1996)。以规则为基础的行为守则最经常被发现在法规或行政命令中。通过指令性和自上向下的方法，它们通常被强加在雇员身上（并通常遭受其怨恨)，没有任何有效实施、培训与发展的建议或没有认识到领导层模范带头的重要性，试图把伦理领域转换成法律领域，这种强制性的、速战速决的战略通常会把伦理降低到律法主义，集中在最低的共同标准和对背离的处罚上。该战略无助于促进卓越的理念或使人产生个人责任感。更糟糕的是其行不通。问题的发生率没有明显减少（布鲁斯，1996：29；潘恩，1994)。相反，伦理守则要求的不仅仅是简单的遵从，它们授权对做出的决定进行判断并承担责任——真正的伦理工作。认识到公共服务的模糊性和复杂性之后，伦理守则提供了解释性框架以便明晰决策困境。

不愿意授予制裁的权力现在可能被理解。执行和制裁强调避免不当行为——已经足够超出了被覆盖在法律范围的事情——因此，很符合反政府的氛围。意识到行为守则的缺点之后，被调查的受访者广泛支持 ASPA 的伦理守则。行政人员似乎要说，需要的不是更具惩罚性的最低限度的伦理以及它们往往倾向造成的绝望。

ASPA 的声明是少数尝试之一，这种尝试是要加强公共行政的合法性，把政府服务清楚表述为公共信托并注意对待行政自由裁量权的需要。理查德·格林(1994：2142）写道，伦理就变成了“一切（管理人员）要做的综合性基础”，而不是一项繁重的约束。总之，守则提供了积极的道德权威。它清楚地表明它所体现的原则的重要性。因此，这一点恰恰是不要动用惩罚的。事实上，绝大多数的受访者一致同意箴言戒律——就像现在书面的一样——是适当的并使用了其原则。

B. 个案研究

管理中的伦理困境是普遍的。无论是看起来还是在现实中，它们都是公务员职业的一部分。为了说明 ASPA 强制执行的功能性性质，想到了 1996 年对以下假定而非现实的裁员场景的调查回应：

鲍勃已经从他的管理人那里听到他们组织的工作人员将缩编，它可能是少

① 超过 2/3 的样本（69%）实际上赞成把下面的声明（带有签名行）放置在该协会的会员申请和每年续期的表格上：“我完全支持并将遵守 ASPA 的伦理守则。”

则 5%或多则高达 30%。然而，主管告诉鲍勃说，“我们都被严格要求保持沉默”，以便该机构的最优秀的员工将不会寻求其他工作。

罗恩（鲍勃单位中最优秀的职业人员之一）听到裁员的传闻后，告诉鲍勃他确信他可以在一家新公司得到另一份工作，如果发生裁员。然而，他们的职位空缺不久就要关闭。罗恩问鲍勃：“会有裁员吗？”“我现在应该找到另一份工作吗？”ASPA 的守则协助你思考这个问题。

345

（1）代表着回答“是”，回答“是”的人数 $n=231$，占总人数的 54.4%；

（2）代表着回答“没有”，回答“没有”的人数 $n=88$，占总人数的 20.7%。

（没有回答的人数 $n=106$，占总人数的 24.9%）

请解释你的回答：

近 3/4 的样本受访人做了回答；那些做了回答的 72%的管理人员同意守则帮助了他们，而其余说没有。大多数人说明它是如何帮助或没有帮助他们思考被提出来的宽泛问题，并且/或者证明他们解决案例本身的方案是有理的。科尔伯格（1981；也参见斯图尔特和斯普林霍尔，本书中）的著名道德发展理论促进了下面的分析便利于解释受访者在对守则反应方式上的差异①。

1. 有用时的守则

当案例被管理人员看作一个“有趣的”“良好的”“困难的”“复杂的”困境时，有人认为“重要的是提出这些问题，以便当情况出现时，决策者可以根据一定背景着手，而不是脱离现实”（来自东北的一位经验丰富的行政人员）。在集中于 ASPA 的措施如何协助他们思考这种普遍性问题时，这些观察结果被提出：

守则论及了雇员和组织的行为举止要符合伦理的责任（威斯康星州的一个大城市的一名部门主管）。

它有助于我思考我对组织的责任。但它并不能帮助我解决这些责任与就组织而言似乎是不道德的行为之间的冲突。这是一种两难境地——在不道德的环境状况下如何合乎道德（芝加哥附近的一个小镇上的一位精神健康服务助理主任）。

它提供了一个在思考问题时应考虑的义务清单。在道德困境中，通常没有唯一正确的答案。伦理决策往往需要权衡几个有时是相互矛盾的原则（加利福尼亚州的一个城市的一名部门主管）。

总之，该协会的声明为思考具体问题提供了起点或跳板。正如美国高级人事管理办公室官员的一名资深顾问所指出的那样，“我认为这个守则不能（或不应该）

① 这个著名的理论包括三种水平的道德发展，在每一种水平上有两个重叠的阶段。前习俗水平强调自身利益，包括服从/处罚与工具性交换两个阶段（这个世界被分别看作一所监狱和一个市场）。习俗水平具有群体规范特点，包括人与人之间的一致性与社会系统维护两个阶段（在前一阶段中，这个世界被看作一个排外的俱乐部，在后一阶段中，这个世界被看作一个受法律和命令控制的包容性社会）。后习俗或基于原则的水平着重于人们开明的良心/独立的哲学思想，其来自社会契约和个人权利（第五阶段）或者普遍的道德原则（第六阶段）。这个世界是根据被自由和负责任选择的文化原则或者更可能的先验原则而被解释的，这些原则相当不同于狭隘的自利、他人的意见或权威人物的限制。对这一案例有分歧并不意味着该守则是无用的，因为参与者根据他们的认知发展水平的不同而不同。相反，就像在接下来的一节中所讨论的那样，这些变化表明职业协会在鼓励他们的成员思考伦理方面的角色。

集中在具体情况上，但是，它为在伦理决策中设定界限提出了一个概念框架”。因此，“尽管守则不会告诉你怎样回答或回答什么，但是它给了你大量关于你如何能够最好地处理这种情况的指导”，据来自亚拉巴马州的一名当地官员所说。

换句话说，该案例不仅提供了一种对守则效用的测试，而且也是一种对个人信念的测试。它能够协助反思问题，在这样做的过程中，信条的指导（与个人的信念结合在一起）可以帮助实际解决问题。因此，许多受访者发现该标准在找到案例本身的解决方案方面是有实效的。洛杉矶市政府中的一个部门的一名部门主管说："它允许你做正确的。"但什么是正确的呢？该抽样对这个问题有明确的但不同的答案。

对于一些人来说，雇员不应被告知任何事情，因为措施要求机密信息应得到尊重和保护。对于那些行政人员来说，“无可奉告”“我没有被授权讨论传言”“我不能够证实或否认”“你自己决定”都是合适的回应。纽约市一名公共卫生主管说："鲍勃完全有责任给出一个诚实的回答，这就是我不知道。"一名联邦中层管理人员 346
指出：

> 该守则的第五部分（接受了解事项的责任）使行政人员/职业人员对整体社会的发展趋势做好准备。第一部分（服务公共利益）鼓励超越自我和机构的服务。正确的反应是要说："我不知道什么层面的裁员可能发生，但有些是不可避免的。罗恩，你必须承担个人选择的责任。在这类问题上，没有任何保证，没有任何容易的个人决定。"

简单地说，这些官员（处理了该案例的那些人中的大约 1/4）体现了科尔伯格的阶段四：适当的做法是服从命令，并尽可能少说。

对于其他人（约 25%）来说，对这种窘境的回答也是明确的：雇员应被告知一切。

> ASPA 的守则本质上反映了管理人员和机构的雇员应公开、公正地对待彼此。这种类型的信息不应该为了任何目的特别是组织的便利或利己而对下属隐瞒（亚拉巴马部门主管的声明）。
>
> 是的，真不错！（此守则有帮助，告诉他你所知道的。）参见第一部分第一点（知情权）和第四部分第一点（公开沟通）。这不是保密信息（第二部分第五点）（一名西弗吉尼亚州矫正机构管理人员）。
>
> 第一部分为公共利益服务、第三部分（展现个人诚信）和第五部分（追求职业卓越）都具有相关性；如果除非你撒谎，否则你不能留住你最好的人员，那么，你不值得拥有他们（美国国务院程序官员）。

因此，这些行政人员认为底线是明确说实话，人们的需求必须优先于组织需求。如果机构不可能是或不会是公平的、公开的、民主的，并且由于员工人数上超过管理人员，那么，**根据**科尔伯格的阶段五，个人权利优先。

最后，仍然有其他管理人员（约 50%）通过在守则中权衡冲突要素来寻求一种双赢的解决办法。当以伦理价值观为依据时，这样的创造性可用科尔伯格的阶段六给以说明。对于他们来说，尊重保密信息的同时尊重员工是可能的。因此，通过公开沟通，助长有道德的组织的原则（第四部分）将帮助鲍勃来应对他的管理人（从一开始讨论传言是不恰当的），同时展现个人诚信（第三部分）将帮助鲍勃来应对罗恩（告诉罗恩而不是全体员工是不正确的）。因此，对这些受访者来说，鲍勃可以告诉罗恩他自己也已经听到传言，并且由于必须应对传言，他（鲍勃）将从他的上司那里来寻求澄清——只有高层管理人员可以提供的东西。

2. 无用时的守则

对于发现守则不是有用的 1/4 的样本受访人来说，他们也对 ASPA 的声明本身及其对案例的适用性进行了评论。就前者而言，这些管理人员表示他们将依靠他们自己的价值观、个人哲学思想、常识、礼貌和感觉来做正确的事情，无论该守则说什么。在佛罗里达州大城市的一名交通规划师写道：“知道其他人都在关注政府中的伦理是好的，但是我认为在我在此情况下采取行动之前，我不会停下来回顾该守
347 则。个人伦理适用于组织和同事。”于是，在主观的事项中，没有书面标准能够是非常有效的。

也许倾向于这种观点的原因之一就是管理人员发现，ASPA 的公文因其相互矛盾的价值观可以以这种或那种方式解释。由于其内部的矛盾使决策不可能，一切还是要归结到个人伦理。

> 守则尤其是这种措辞宽泛如 ASPA 守则这样的守则不像指导某人完成决策的程序或手册。它们的价值在于在组织内制造一种气氛或氛围。该守则过于杂乱地堆满了不证自明的原则（例如，第二部分第三点，消除歧视；第二部分第四点，防止公共资金管理不善），要有政策授权（例如，平权行动）以及简单化准则（如第一部分第五点）。像第五部分（追求卓越）中的那些一样的更加个人的标准越少，这些标准将越有效（一名纽约地方行政人员受访时做如上表述）。

特别就该案例而言，这些受访者与刚刚已知的那些人相似——这就是说，这种场景是一种个人的而不是一种职业的两难困境，并且/或者由于不同的义务，守则没有提供解决方案。来自加利福尼亚州的一个城市的管理分析师认为，该标准“没有真正的帮助（由于）没有守则可以覆盖 100%的情况和 100%的时候”。在堪萨斯州的一名城市管理人员表示同意并说：“读了这个案例之后，我细看了该守则，作为一种明确的指南，没有什么打动了我。”一名东北市镇的市长总结了这些观点，宣称说虽然“案例是一个真正的问题……但是守则是空谈”。

使用科尔伯格的架构，试图描述这些受访者的特性是困难的（毫无疑问深入访谈将比对调查表的答复提供更丰富的资料库）。显然，超越自身利益的、自由选择的原则性价值观精确地解释了后者的道德发展阶段。当要有权威地分派价值观时，政府官员很少能够仅仅依靠个人价值观。然而，如果没有对这些价值观建立的基础做出任何明示，可用的数据揭示对守则的批评太容易依赖于个人的价值观。因此，拒绝该公文（像包含相互冲突义务的空谈）可能反映了道德想象的失败，反映了一种在过分简单化解决方案中基于个人或者群体需要的信念，这些需要是科尔伯格的早期道德发展水平的指示。

C. 职业协会的角色

由于 ASPA 期望其成员成为遵守守则原则的典型模范，为了在其做出道德判断时支持他们，有什么能够做的呢？这些部分重叠的协会角色要在一个多项选择题中被确定：倡导者、顾问和评估者。在 1996 年的调查中，将近每 10 名成员中有 6 名（57.2%）认为 ASPA 应作为促进公共服务的倡导者。这包括如起草伦理立法、提供培训并且/或者毫无保留地说出官员行为什么（不）合乎道德这样的活动。超过 1/4（28.7%）的抽样受访人把 ASPA 看作属于咨询模式：制定特定机构的守则，通过提供技术援助鼓励其采用，召开研讨会，并且/或者创建培训课程。一小群人（6.1%）偏向该协会以评估者的身份进行活动：评估组织的计划安排并根据守则标准给它们定级，追踪不道德的做法，并公开（不）道德行为。最后，大多数（5.8%）以开放式选择回应的那些受访者同意要么这些角色的结合要么所有它们的三种角色。

> 我认为 ASPA 应采取一个渐进的过程，首先成为倡导者，然后顾问，最后评估 *348*
> 者，很像目前法律执法机构的认证过程。（佛罗里达州的一名法律执法调查员）
>
> 从推动开始，提供咨询并按请求评估。（俄亥俄州一个城市的一名财务总监和税收管理人员）
>
> 所有机构在他们的成长过程中的某个时候都需要角色 1、角色 2 和角色 3，ASPA 应适应于他们的需求。（马里兰县的一名预算分析师）

总之，大部分这些行政人员都支持 ASPA 的伦理倡议活动，并希望它们以倡导、咨询和/或评估的模式得到拓展。

本次被调查的受访者揭示了大多数管理人员发现守则是有益于思考由案例所代表的更大问题以及制定不同策略来应对它。然而，少数抽样受访人认为守则总的来说是不实用的（决策中个人的价值观占主导地位，守则包含相互矛盾的想法），并且因此在应对这种场景过程中没有任何帮助。然而，最重要的不是 ASPA 声明是一种不完美的工具，而是正是因为职责冲突出现了两难困境。这些琐碎而重要的冲突将通过修复某种标准而得到解决。在寻求协助决策者的过程中，守则中的伦理价值观对大多数受访者来说显然是非常重要的。事实上，大多数人支持 ASPA 的伦理活动，并希望看到它们的增加。与科尔伯格的看法相一致，许多受访者体现了道德的"习俗"的阶段，虽然有一些证据表明前习俗阶段可能是显而易见的。更有趣的是，惊人的 1/2 的抽样受访人无疑地表现为后习俗道德的特点，其为该裁员案例寻找创造性的解决方法；这些方法不仅是基于守则的原则，而且也是基于开明的自我利益和先验的价值观。

16.5　培养职业精神气质

然而，人们在评估调查参与者的意见时，守则不足以确保取得真正的进展是显而易见的——没有一种伦理的方法会同样有效，因为每个人都处在不同的道德水平里。相反，职业精神气质的达成需要被视为是促使成长的经验，即一种在其中书面标准起着重大作用的经验。也就是说，有效的职业实践除了技术知识之外还需要那些不容易受到技术解决方案影响的实践领域的反思性知识（舍恩，1987）。

由于职业界从一开始就把自我看作道德共同体，20 世纪后半期，公共服务的职业化过程（莫舍，1982）提供了创造一种反思性实践认识论的能力。对于这种要茁壮成长的实践来说，职业协会和雇用他们成员的政府机构在为人们建立一种道德支持制度过程中都有关键责任。换句话说，虽然最终采取行动的责任取决于个体职业人员，但促进道德操行不完全是个体责任。

作为职业原则的维护者，职业组织有与个体成员无关的集体道德责任。这种责
349 任不仅可以通过制定守则来履行，而且可以通过创建同行团体来确保职业界不假惺惺地制定守则，然后，当问题出现时就消失。

在先前部分中报告的数据似乎与这种想法是一致的，即像 ASPA 这样的协会需要随时准备给模范做法以荣耀，以及对违反守则行为做出回应。前者表明全体同行对其自我标准（为人类服务）的尊重，并且前者还可以通过找到那些树立该行业最高理想模范的人而得到确认（公开宣称），这种树立行业最高理想模范的行为是一种远远超出个人或组织所认识到的行为（见表 16－4）。后者涉及全国、各区域和各地方支持个体处于压力下以及为不听教导的雇主和雇员提供适当的制裁和身心改造(沃尔顿，1999：4)。扮演这些角色所必要的基础设施包括协会会费、全国委员会委员和地方分会，这些地方分会拥有网站、邮件系统、电话费和流动“巡回骑士”(circuit rider)，以便使守则运行起来，强化它的价值观并为成员和雇用他们的组织坚持技术标准与道德原则提供保证（见表 16－5）。

表 16－4　　ASPA 职业责任模范实践奖

美国公共行政学会的职业责任模范实践奖赞扬对负责任职业伦理行为做出了突出贡献的个人或组织。

资格

奖项将每年一次颁发给代表以下几类的个人或组织：

在所有层级公职中的员工，包括地方、州和联邦各级政府以及国际组织和非营利组织。被提名人应该在各自负责的领域中为了广大群众的最终利益负责完成了或导致完成了重大计划或项目。

提名程序

来自个人、职业团体、商业团体、非营利组织和教育团体的提名将被接受。提名必须在不迟于 2 月 1 日被收到，必须打印并遵循下面描述的格式：

（1）一封说明被提名人、提名人和三位能够证明被提名人表现的推荐人的姓名、地址和电话号码的附函。

（2）一份篇幅不超过 5 页解释提名根据的说明书。

提名应邮寄到美国公共行政学会职业责任模范实践奖评选委员会。

地址：华盛顿特区西北区 G 街 1120 号 700 室，邮编：20005。

授奖

该奖项将在年度 ASPA 全美会议上授予。

注：1999 年年底，一项由《公共诚信》杂志提出的修改这个奖项并增加 ICMA 和州政府理事会作为主办者的提案被批准。

表16-5　　使ASPA守则成为一种动态的公文　　350

ICAM……用网站、出版物，以及……“巡回骑士”服务补充了伦理守则。借助这种服务，使经验丰富的、退休的……管理人员能够在他们领域帮助职业人员，这些职业人员发现他们自己在多方面受到攻击或者压力，根据他们的最佳判断，这些攻击或者压力似乎要求违反ICMA的伦理守则。这种做法……实现了通常职业协会缺少的两种类型的同行支持与群体道德上的团结——“局外人”（outsider）直接的、有时看得见的、更加重视伦理守则严肃性的帮助，以及（一种）非正式的沟通制度，通过该制度，由市议会或县委员会所造成的有害后果很可能结果是在全国范围内被ICMA的成员所知晓。因此，当守则的潜在违规者结果发现大量市/县管理人员现在都多么广泛而有兴趣地对他们原计划要造成的后果进行了解时，一种非正式的制裁就出现了。

资料来源：沃尔顿（1999：5-6）。

如果职业守则被视为重要争论的假设而不是最后的教条，那么雇用协会成员的组织是可争论的也是真实的。也就是说，守则中期理想能够巩固机构文化并适应组织战略。为了使守则成为一种动态的公文，为了使他们的价值观与现有的权力结构相一致：

> 在把职业守则作为催化剂来使用时，特定机构的守则应该以员工方的最大程度参与而获得发展；
>
> “土生土长的”（home grown）信条应该：
>
> 以该机构领导的一封信为开场，该领导把它放在部门传统和使命陈述的背景中，总结了它的基本原理并亲自保证签署人（的人们）遵循它的戒律；
>
> 包括其使用指南，该指南包括实施程序、案例材料和学习资源以及通常问的问题与答案；
>
> 被融入人事制度中，从招聘到培训再到评估；
>
> 为机构为了明确其所面临的临时问题而要承受的定期伦理审计提供基础。

在缺乏协同、综合方法的情况下，采取渐进措施的组织反而可能比什么都没有做的组织更糟。《今日伦理》报道说，“半个面包不比根本没有要好”（1997：7），因为这样的一种战略往往趋向产生虚伪。取而代之的话，一种强烈的战略可能会产生另一种悖论：组织的紧张气氛和观察到的不当行为的数量可能会增加，不是因为这种做法是不正常的，而是因为它增强了感知和识别不当行为的能力（伦理资源中心，1994）。

总之，公共服务的有效实践包括：专业协会制定和实施守则，这些守则授权雇员和雇主将其作为自身道德倡议（这些努力至少在短期内不是没有矛盾的）的典范。通过反映个人与群体的价值观，作为更广泛质量保证计划基础的守则将对有关各方都是有意义的。可以肯定的是，让有道德的人们准备做出伦理判断比依靠安排更好。但同样肯定的是，由组织成员创建和运行的倡议会有所帮助。培养职业精神并不仅仅意味着试图做正确的事。这意味着想成为做正确事的这种人和组织。鼓励践行美德的综合计划只能有助于实现这一目标，这种美德像其他任何事情 351
一样因重复而获得提升。

16.6 结论

贝亚德·卡特伦和凯瑟琳·登哈特认为“伦理是公共服务特性与合法性的中心”（1994：56）。国家治理这种职业是唯一和其伦理一样是善的。伦理的中心地位是不可否认的，因为管理决策考验人们的价值观，这时它们影响着人们的生活、分配资源以及在这样做的过程中要求的判断。这种自由裁量权要求决策在程序上和道德上都是可靠的。职业实践不仅要求技术分析问题的能力，而且要求以符合角色责任与个人诚信的职业原则的方式来把握这些问题的能力（鲍曼，1998）。换句话说，对技术技能的“底线”（bottom line）的关注必须被伦理责任的“顶线”（top line）——职业精神气质的精髓——加以补充，如果不是被取代①。

公共服务在几方面放大了这些需要考虑的事项。第一，许多政府的问题不是有明确解决方案的“驯服的”（tame）或技术性问题（例如如何修建一条高速公路），相反，它们是只有不完美的、临时解决方案（例如在哪里修建一条高速公路）的“顽皮的”（wicked）或政治性问题（哈蒙和迈耶，1986）。挑战就是官员必须尝试“纠正”（correct）顽皮的问题，以使它们易控制。第二，无论做出什么决定结果都被视为“道德的和绝对的”，因为它们公开代表着社会中价值的象征性和事实上权威性的分配。的确是在政府中，伦理标准在大多数其他职业中被发现在一定程度上是未知的。达到这些标准既复杂又简单，并集中体现为职业精神气质。第三，戴维·哈特提醒我们说，公共管理“不仅仅是（或者甚至首要不是）一种科技活动，相反它是一种道德上的努力”（1984：116）。

致　　谢

本作者非常感谢蒙哥马利·V. 沃特，因为他为本篇论文草案所写的评论。

参考文献

请从中国人民大学出版社官网（www. crup. com. cn）下载，或者用微信扫描下方二维码获取。

① 无能最糟糕的形式是不知道如何做某事，以及是不知道为什么要做某事；不负责任的管理者至少和技术缺乏的管理者一样是危险的。

第 *17* 章

公共组织中的伦理管理

——是什么、为什么以及如何做？

唐纳德·C.门泽尔
美国伊利诺伊州迪卡尔布北伊利诺伊大学

公共组织中的伦理管理？能有这样的事情吗？我们能不能像谈论管理预算、政策或人员一样以同样的方式来谈论伦理管理？答案是相当肯定的！事实上，正如鲍曼在之前（1981）所证明的那样，制定与采用伦理守则的单一行为就是工作场所中的伦理管理。因此，伦理管理是不是一种新事业？这是一个旧事业。其新的是我们如何看待它。如果我们把它作为一种促进有道德的组织系统而不懈的努力，正如美国公共行政学会伦理守则第 4 条所声明的那样，那么，就有如伦理管理这样的事情①。不过，伦理管理并不意味着“控制”。它不是在工作场所控制同事举止的单个或多个的行为或者思考伦理的行为。相反，它是管理者所采取的累积行动，以引发一种贯穿在公共服务机构中完成事项的各个方面的伦理敏感性和意识。总之，它是对公共工作场所中强烈的伦理文化的促进和维持。 355

本章探讨伦理管理是什么、为什么它是重要的、它是如何进

① 美国公共行政学会伦理守则第 4 条“助长有道德的组织”宣称：“加强组织运用伦理、效率和效果来为公众提供服务的能力。ASPA 成员承诺：

a. 用公开沟通、创造力和奉献精神来履行所有职责；

b. 机构忠诚度不先于公共利益；

c. 建立促进道德行为和使个人与组织能够为他们的行为负责的程序；

d. 提供异议和避免打击报复的正式措施；

e. 防止武断和反复无常行动的功绩雇用；

f. 鼓励和促进问责的组织控制；

g. 就像一个鲜活案例一样来鼓励机构采用、分发和定期审查伦理守则。”

行的，以及具体的技术和方法如何在公共组织中起作用或不起作用。本章认为伦理管理对运作良好的公共组织来说是非常重要的，并且假定公共管理者能够成为有效的伦理管理者，尽管许多人可能不明白如何这样做。

17.1 伦理管理为什么是重要的?

在一定意义上，伦理管理的“为什么”问题是比较新的。伦理从来没有受到效率、经济和效果这些标志性价值在现代公共行政学术或实践中所受到的重视。这主要是由于19世纪像伍德罗·威尔逊这样的公务员改革者的假设。1887年，伍德罗·威尔逊在他那篇著名的论文中宣称我们必须清除“官场生活的道德氛围，确立作为
356 一种公众委托的公职的神圣性……（从而）开辟高效率完成它的方法”（威尔逊，1887：20）。威尔逊和他知识上的继任者这样推测，在过去几十年中，行政人员曾被要求成为品格高尚和诚信的男女。他认为“我们的理想是足够文雅和自足而行动理智高效的公务员……”（1887：24）。因此，这就没有理由关注需要添加第四个“E”——伦理——到神圣的效率、经济和效果的三部曲中去。但是，时代在变，“伦理”已成为学术话题和行业话题。事实上，发现公共行政研究生课程提供伦理课程和公共组织提供内部伦理培训越来越普遍了。

乍一看，人们可能会认为这种趋势是由于政府不当行为的发生率越来越高。因此，伦理管理的“为什么”问题或许与杜绝不法行为关系密切！然而，经进一步分析后，就有更令人信服的解释——私营和公共部门的管理人员日益认识到有生产力、高绩效的部门是价值驱动的部门，在其价值观名单上伦理地位很高。正因为如此关联，存在于伦理与组织绩效之间，审慎的管理者和学者们已专注于了解和研究伦理工作场所的动力学，以及职业协会和伦理守则与宣称在事情计划中发挥的作用。

公共管理文献中对伦理与绩效关联的研究在20世纪90年代初开始出现。例如，通过对69位主管和管理人员的调查，伯克和布莱克（1990）对组织伦理和生产力进行了探索性研究，其中约1/3的人是来自公共和非营利部门。他们的研究结果并不能证明伦理与绩效之间确凿的实证关联，但的确激励他们建议机构应建立“专注于确定伦理问题与生产率测量的领导集团”（1990：132）。布鲁斯（1994）也利用调查研究来研究都市文员的伦理。她发现市政职员是一个高度伦理化的团体，他们认为城市雇员基本上是有道德的和高生产力的。她认为管理人员和主管“对雇员的伦理并进而对组织绩效有重大影响”（布鲁斯，1994：251）。

门泽尔（1992，1993，1995）也探讨了伦理与绩效的关联。他调查了不同的人群——在佛罗里达州和得克萨斯州的市、县管理人员和在佛罗里达州两个地方政府的市、县员工。其中一项调查（门泽尔，1993）的问题包括：“公共组织的伦理氛围是强化了还是偏离了如效率、效益、卓越、质量和团队合作这样的组织价值观?”他假设由于组织的伦理氛围变得更强烈，组织如效率、效益、卓越、质量和团队合作这样的价值观将获得强有力的支持。调查的结果使他接受了这样的假设，即组织

的伦理氛围对组织的绩效有积极的影响。

鲍曼和韦斯特（1997）在他们对城市伦理管理战略运用的研究中也报告了类似的调查结果。参与调查的城市管理者报告说，“对劳动力效果的承诺和绩效工资政策与伦理管理实践联系紧密”，并且“减少旷工和运用以客户为导向的努力也与伦理管理有着显著关联”（鲍曼和韦斯特，1997：26）。

其他研究（门泽尔，1996）都已集中在公共工作场所中伦理引入压力（ethics-induced stress）的组织后果。门泽尔把伦理引入压力定义为雇员个人伦理与雇员工作场所形成的伦理氛围之间的一种形式的认知失调。他问道：伦理引入压力降低了 357
雇员的生产力吗？导致了更少的工作满意度吗？导致了更大的冲突吗？导致了更高雇员流动率吗？他从对佛罗里达州和得克萨斯州的市、县管理人员的调查中发现了管理人员的高水平伦理引入压力与受损的组织绩效之间统计学上的密切关联。具体而言，随着伦理引入压力水平的增加，工作满意度就降低，组织冲突就增加，雇员流动率就更高。

再问一遍，伦理管理为什么很重要？毕竟，政府并不从事“伦理”的生产。相反，它从事提供必要和期望的公共产品和服务，如道路和运输、国家安全、社会保障、教育；同时防范空气、水和地面的污染以及有意或无意伤害我们的个人和公司。正如丹尼斯·F. 汤普森（1992：255）所提醒我们的那样，伦理“不是政府的一个主要目标……（它）主要是有助于政府”。尽管如此，汤普森和其他人认为对有效果和民主的政府来说，有道德的政府是非常重要的。“伦理可能仅仅是达到目的的手段，但它是达到目的的**必要**手段”。（汤普森，1992）换句话说，好心的公共管理者和决策者不能够假定有效果的公众政策和组织可以在道德真空中实现。事实上，这样的真空可能要淹没最周密的计划、政策和政府的日常运作①。

17.2　伦理管理：谁实行它？

公共行政从业人员天天与道德的和不道德的现实生活在一起。这使他们处在能够实行伦理管理并且有时能够感受到伦理管理后果的独特位置上。不过，他们实行伦理管理了吗？如果他们做了，他们怎么做的？为了回答这些问题，笔者搜索了从业人员的期刊，如《公共管理者》、《PM：公共管理》和 ICMA 发行的出版物②，做出了这样的假设，即如果从业者实行了伦理管理，那么在从业人员的出版物上就应该有一些他们做了什么以及他们如何做的证据。

---

① 手段-目的论证可以被举报和开除克林顿总统职务的国会程序最清楚地说明。总统若非道德上就是伦理上的混乱使政府的预定工作在一年的大部分时间里陷于停顿。

② ICMA 还不时出版专注于伦理的专论。例如，1988 年，ICMA 出版了有 15 章的《伦理洞察力/伦理行动》一书（凯拉，1988）。只有一章涉及伦理管理，而且它是以一种间接的方式这样做的。大多数章节集中在个体管理人员视角下的伦理决策。10 年后的 1998 年，ICMA 出版了《伦理前缘》一书（伯曼，韦斯特，波恩切克，1998）。这本书包含 20 个章节，其中有 10 个章节直接或间接论及伦理管理的“是什么、为什么以及如何做”的问题。

在搜索《PM：公共管理》（从 1990 年 1 月到 1998 年 12 月）出版的 400 多篇文章的过程中，共 7 篇文章被发现专注于伦理[①]。乍一看，已出版的、数量相对较少的有关伦理主题的文章意味着公共管理者既没有实行伦理管理也没有对伦理管理给予太多的系统关注，但是，这些数量具有误导性，因为文章发表在《PM：公共管理》和 ICMA 的书上的作者关于伦理管理是什么以及管理人员应该做什么以便加强其组织的道德文化有太多的话要说。例如，加里·B. 布鲁姆巴克（1998）确定了伦理管理的四个关键组成部分：招聘、绩效、培训和审计。他告诫说，雇用“对的”人。但谁知道如何招到对的人？应该进行某种伦理筛选吗？是，布鲁姆巴克断言。以下是他的建议：

> （1）审查背景调查政策和程序，以便确定它们是否是有道德的、能不能加以改进以及是否被用于好的（诱人的）工作。
>
> （2）建立该机构的诚信声誉……然后向新成员强调这一声誉的重要性。
>
> 358 （3）不要暗中进行筛选并向新成员解释这一政策。
>
> （4）要求新员工在就职宣誓中保证忠诚于政府中的伦理（布鲁姆巴克，1998：66）。

一经录用，布鲁姆巴克主张，“伦理要素在管理绩效的过程中把伦理因素考虑在内是确保工作目标的实现是以合乎道德的方式，也是确保其他工作中的行为是合乎道德的最好方法”（布鲁姆巴克，1998：66）。绩效评价能够并且应该包括伦理之维。他认为“伦理不是绩效”或“伦理过于主观而不能被测量”的断言是虚假的观点。

伦理管理还应该强调培训计划。整个公共组织中的雇员都时常很容易犯伦理过失。因此，连续的、不断进行中的伦理培训计划增强了伦理重要的消息。布鲁姆巴克主张“最重要的是”，“告诉人们不道德行为的前提条件是什么、伦理的底线是什么以及机构和每一个人都能做什么，以便使伦理成为一种工作习惯”（1998：68）。

公共组织中伦理管理方面的另一个组成部分是伦理审计。伦理审计，无论是基于员工的调查还是基于职业脆弱性的评估，都应定期进行。波恩切克，一位有着 20 年经验的市政管理人员大力支持利用伦理审计来让员工知道他们工作成果的积极的和消极的影响。他还认为管理者应该“和他们员工一起对所有道德事项上的决定进行检讨，问一问：我们正确地做了什么？我们没有做我们本应该做的什么？未来类似的情况，我们应该做什么？”（波恩切克，1998：78）。他鼓励管理人员利用每周的员工会议来“评估所有讨论与决定的道德意义”（波恩切克，1998：

---

① 应该指出的是，《PM：公共管理》自 1992 年 7 月以来每月已经刊登了伦理专栏。该专栏报告管理者可能发现他们自己处在其中的不道德境况，并对如何处理它们提供建议。例如，1998 年 12 月这一期描述了这样的一种境况，即一位县行政主管与民选的市议会的一些成员共进午餐以便讨论共同感兴趣的问题。问题呢？与市政府官员见面之前，他并没有征询他所在的民选机构。这是符合伦理的吗？该县女主席不这么认为。这一期还报告了一位镇长面临的一种境况，一家公司给这位管理人员提供了一份工作，这家公司最近已经把总部迁至她所在的社区。问题——她与这家公司的领导人在搬迁谈判过程中建立了良好的工作关系，这导致这家公司想要聘请她。这位镇长决定接受这份工作是符合伦理的吗？

78)。波恩切克完全相信，公共组织中强烈的伦理氛围对组织绩效和生产力有着积极的影响。

以上的训诫主要指向伦理管理“如何做”的问题，简单地说，就是要敦促管理者践行诚信和信奉伦理原则。例如，唐纳德·G. 扎尔德尔（1994）声称，诚信包括冒险去反对非正义的行为（不要只是随大流）；真诚地沟通（不故意欺骗他人）；公平对待（不给他人提供特别的便利或不便，因为他们的背景或职位）；遵守协议(履行你的承诺)；承担个人责任，无论事情是对还是错；原谅个人的失误或不当行为（不要心存怨恨或力求报复）；展示谦逊（避免狂妄野心和强调等级和地位的差异）；通过给予值得的认可来尊重个人的尊严（不把员工当作只是完成工作的工具）；祝贺他人的能力和好运（禁止妒忌）。

政府卓越委员会（The Council for Excellence in Government，1992—1993）敦促执政中每个人承认公共服务是一种公共信托，他/她必须接受两个最重要的义务：(1) 为公共利益服务以及（2）履行诚信。此外，公共组织的高层领导人必须倡导和体现这些核心价值观和义务。该委员会坚决主张下属的绩效应根据这些标准来评估。组织领导人也应该尽一切努力来确保他们的组织招募具有强烈伦理价值观的其他人来组织中工作。

克里斯·怀（1994）分享了该委员会对最高领导人在促进有道德的公共组织方面应该承担的角色的看法。怀（1994：45）主张：“在组织中的每个层级尤其是在高层，有效力的领导是组织中维持最高伦理行为标准的一个重要成分。”然而，怀忧虑美国目前的做法一直专注于“道德最小化”而不是“道德最大化”。通过使用和依赖法律与法规，不可接受的某些类型行为已经被禁止，其变成了对为可接受行为设定道德最低限度的默认。他问：“难道我们不应该至少花一些时间来鼓励良好的行为吗？” 359

詹姆斯·鲍曼教授（1990；鲍曼和威廉斯，1997）对公共行政从业者的调查对于了解伦理管理是什么以及它在公共部门有多普遍也是有启发的。1989 年当他询问公共行政人员他们的机构对处理道德问题是否有一贯的方法时，近 2/3 的人说他们的组织没有一贯的方法。1996 年当他问同样的问题时，他发现更小比例（58%）但仍是大比例的受访者用相同方式回答——“我的机构对处理道德问题没有一贯的方法”。这些回复表明公共部门中很少有伦理管理吗？有可能，但不必然。想想鲍曼、韦斯特、卡瓦（1994）和鲍曼和韦斯特（1997）所报告的调查结果。

1992 年，鲍曼、韦斯特、卡瓦对人口超过 25 000 的自治市的人力资源机构中的 1 000 多名主管进行了调查，以便找到什么样的伦理管理战略被运用、它们是如何被执行的以及它们多有效。他们的调查发现证实了鲍曼有关缺乏一贯方法的调查发现——如果一贯的意味着“正式的”。被调查的少数城市报告说使用了正式的伦理管理战略，而多数声称他们的城市主要依靠以领导人员为基础的战略——非正式战略。

鲍曼、韦斯特、卡瓦（1994）发现了四种类别的伦理管理——他们把两种标示为正式的，一种标示为非正式的，一种标示为正式与非正式的组合。

> 正式伦理管理战略包括强制性员工培训、奖励安排中把伦理作为标准来使用，以及采用促进伦理氛围的组织规则，如要求财务披露和对外活动的批准。非正式伦理管理策略包括依赖榜样、积极强化以及以行为为基础。（鲍曼等，1994：189）

基于守则和基于规章的战略是两种被大量城市使用的正式战略。采用伦理守则或为行为标准建立指南会被视为基于守则战略的一部分。守则的倡导者通常假定守则有助于健康的组织和更高效的组织。鲍曼（1990；鲍曼和威廉斯，1997）对美国公共行政学会实践从业者成员的调查显示，实践从业者强烈支持守则并相信它们对组织生活有积极影响。布鲁斯（1996）的研究也补充了守则对所确信的现实世界的影响。她的研究发现市政文员国际学院“把行为守则作为城市能够防止腐败最有力的方法”（布鲁斯，1996：29）。使用伦理作为雇用与晋升或要求批准对外工
360 作的标准构成了基于规章的战略的一部分。以领导人员为基础的战略，如由高级管理人员展示模范的道德领导，构成了非正式的伦理管理战略。以雇员为基础的战略构成了混合战略，其包含伦理培训、保护正当披露的举报人或征求员工伦理意见。

依赖于非正式战略——大多数城市所要求做的——导致了无效的伦理管理？未必。鲍曼、韦斯特、卡瓦的研究表明道德领导的战略比基于规章或基于守则的策略更有效，使城市得以实现伦理管理目标，如避免利益冲突、减少对举报人的需要并促进工作分配的公平。

17.3 对伦理失灵的其他反应

伦理在公共组织中是重要的。然而，伦理失误和失灵可能并的确有发生。当这种情况发生时，其他什么可以做？在宏观层面上，以州法律或地方条例的形式对可接受行为的法规化是常见的做法。例如，许多州和城市选择了伦理法律与规章的机构或委员会。一项最近的统计发现 38 个州设立伦理办公室或委员会。许多城市，包括特大城市洛杉矶和芝加哥，成立了伦理委员会来调查真实的、可疑的不道德行为案件。美国政府也采取了行动，成立了政府伦理办公室，通过了 1978 年的《政府伦理法案》。现在，大约 20 年后，在联邦行政部门中发现有近 15 000 名全职和兼职的伦理官员（吉尔曼和刘易斯，1996：521）。

这些努力没有被学术调研者忽视。一些研究者已经试图评估在州与社区中伦理法律和伦理委员会有什么影响。例如，威廉斯（1996）研究了佛罗里达州伦理委员会，以评估该机构在培训公共官员、进行伦理审计、调查申诉以及通过管理来促进伦理氛围方面的效果。基于非结构化面试委员和机构的档案记录，他得出的结论是佛罗里达州的伦理委员会在所有四个领域在很大程度上是无效的。威廉斯（1996：71）称：“遗憾的是该委员会显然比充当建设性变革的推动者更有效地充当了建设性变革的惩罚者。”

门泽尔（1996b）也研究了佛罗里达州的伦理委员会，不过是从另一个有利的

角度——来自街区的观点。他调查了已经提起了伦理控告的个人（法律上被指称为原告）和成为控告对象的公共官员（法律上被指称为被告）。他问了三个问题：

(1) 伦理控告如何被处理与公民对政府的信任或不信任之间的关系是什么？

(2) 提起了伦理控告的个人有了正面还是负面的感受呢？那些感受是令人满意的并因此建立起了对政府的信任和信心吗？或者那些感受是不令人满意的并因此促使了对公众对政府的信任和信心的侵蚀吗？

(3) 进行伦理控告的后果是什么？

门泽尔的研究涉及对在 1989 年到 1992 年 303 位原告（144 位回应）和 555 位
被告（161 位回应）的邮件调查。除其他事项外，他发现原告比成为控告对象的被 361
告更有可能要说他们对他们提起的控告的结果不满意。此外，原告和被告都没有把程序性结果与实体性结果区别开来。不管你是提起控告的人还是成为控告对象的人，你如何被对待和事情的结果如何似乎密切相关。最后，他得出结论说："在佛罗里达州进行伦理控告的程序可能会在扩大而不是缩小信任赤字。"（门泽尔，1996：80）

17.4　伦理管理时的信任建构

缩小信任赤字是机构和社区的内部和相互之间的一种合法的和必要的活动。但怎么做呢？人们如何在公共组织中建构信任？人们如何才能在社区中建构信任？这些都是重要的问题，有一些文献有助于回答它们。例如，卡内瓦莱和韦克斯勒(1992) 已经建立了一个将个人特征（如性别、工资和效能等）与组织特征（例如，群体内的地位、奖励与惩罚的公平性、伦理环境等）结合在一起的模型，他们的数据涉及对州机构中 1 000 名负责签发驾驶执照的雇员的调查。除其他事项外，他们还发现雇员信任他们组织的意愿取决于他们是如何被组织对待的。他们声称："感知到组织在对待他们自己和他人时是有道德的个人将会报告较高水平的组织信任。"(卡内瓦莱和韦克斯勒，1992：480)

在人们的社区中建立信任比在组织中建立信任可能更具挑战性，正如伯曼(1996) 最近的一项研究所表明的那样。伯曼试图找出在当地政府官员与社区领导者之间有多大的信任、增加信任水平要采用什么样的市政战略以及社会经济条件可能会如何影响人们对当地政府信任的感觉。他调查了 502 个人口超过 50 000 的城市中的城市管理者和首席行政官来获得他们对信任水平的看法。他的研究结果表明"社区领导者对当地政府的信任只有中等水平"，不过，采取议会-经理制形式政府的城市比采取市长-议会制形式政府的城市感受到明显更高水平的信任（伯曼，1996：33)。

伯曼确定了三种主要的信任建构战略——沟通、协商与合作、最少化不道德行为。沟通战略强调提供城市规划和绩效信息，协商与合作战略涉及通过合作伙伴关系、会议、座谈小组等吸引社区领导者参与，最少化不道德行为战略强调采用伦理守则、职业道德培训等。战略因社区而异，并且没有单个战略看起来比其他战略更有效。然而，有一些证据表明，“由当地官员使用一系列战略增加了信任，尽管个体战略的影响是不明显的”（伯曼，1996：34）。伯曼的结论是社会经济条件对信任水平有一定影响。“社区中如经济增长和当地团体之间合作这样的有利条件激发了对政府的信任。如经济停滞、收入水平低、种族冲突和高犯罪率这样的不利社区条件减少了处理社会问题的经济与政治资源……”，并且增加了对政府的不信任（伯曼，1996：34）。

17.5 使伦理成为组织文化的一部分

362 管理者如何才能使伦理成为组织文化的一部分？很快给出的答案是“不容易”！创建和维持一个有道德的工作场所需要很多的人手和很多的时间。这并不是说公共组织配备了不道德的工作人员，而是说过去多年来我们已经深受一系列有关伦理在公共机构中的作用和地位的错误臆断之害。所以，如果人们要想使伦理成为组织文化的一部分，必须首先自心中摈弃以下错误的臆断：

A. 伦理价值观是私人性的，因而在组织内不能被展现

部分有关在公共部门工作的错误观点是雇员不应该根据他们的价值观和信仰来行动，因为这样做会削弱他们公平和公正的能力。换句话说，你有个人的价值观与伦理没问题，但不能把它们带到工作场所来！这种做法会在人们的组织中滋生道德自满并最终促成道德沦丧。

B. 无论组织中发生了什么，有道德的人总是依德而行

约翰·F. 肯尼迪总统曾经说过：“政府中的道德问题的最终答案是良好道德环境中的诚实的人。”请注意，它需要两件事情——有道德的人和良好的道德环境！臆断有道德的人将不会出现道德沦丧是一个错误的假设。把有道德的人招募到公共机构无疑是重要的第一步，但其本身并不足以保证将导致有道德的政府。有道德的雇员需要工作场所中的道德支持或强化。或许要怎么做是另一篇文章的主题。

C. 就算有的话，公共组织中的伦理讨论对生产力、士气或解决问题的贡献也不大

许多管理人员可能认为在工作场所中谈论伦理是好的，但当涉及完成自己的工作时，这种谈论就无关紧要了，这就是另一种错误的假设。的确，致力于伦理讨论或正式训练的时间可能会被看作对可以投入的以更具成本效益方式提供公共服务的时间的一种主要分散。有越来越多的证据证明组织中强烈的伦理氛围与组织中如效率、效益、质量、卓越和团队合作这样的价值观之间存在明显相关性。人们有时

说，“伦理是好的经营之道”。这句格言对公共服务组织来说也是适当的——伦理有利于卓越的公共服务。

作为管理者，重要的是要制定鼓励对有道德意义的事项进行对话的战略，并提供建立有道德的工作场所的方法。以道德原则为基础的共享价值体系的创建需要通过包容性而不是排他性的过程而进行有意义和认真的对话。让雇员参与允许质疑和交锋的伦理培训和发展研讨班将赋予每一个人采取行动、解决问题和提高生产力所需要的自信。

D. 伦理不能以任何有意义的方法学会、教导乃至讨论

有一种普遍的信念即年轻时习得了伦理或者没有习得伦理并因此成年时教导或者学习有关伦理的任何努力都是无果而终的。一个自然的推论是，人们只能通过个人经验的严酷考验学习道德。这些意见把工作场所中的伦理降低为工人带到工作场所中的任何价值观和生活经验，这让希望伦理成为组织文化一部分的管理人员感到难以放心。 *363*

有道德的个人和有道德的工作场所都不完全是无论性质上是个人或组织的过去的经验产物。这种伦理感是如何习得或传播的“自然主义”观必须被拒绝。相反，有道德行为必须被视为后天行为，如果需要的话，是可以重新学习和修正的。

有道德行为是后天行为，并且管理人员可以建立有助于这种学习努力的组织流程和战略。例如，伦理创新措施（将伦理新闻报道放在通讯上）和培训可能无法产生有道德的员工，但它们可以促进体现组织价值和目标决策。当伦理培训成功时，员工知悉道德选择方案并拥有选择并执行正确选择方案的知识和资源。

E. 成文伦理政策的创建与发布消除了组织及其领导人的任何进一步的责任

错！错！错！虽然有伦理守则并把这些守则提供给员工很重要，但仅有这一行动将不足以指导行为，要改变行为更无可能，当这种改变是必要时。使伦理成为组织文化一部分不是一次性事件。其为连续性事件，体现在很多方面。成文的伦理政策或原则声明是一个重要的起点，没有一个组织不应该有一个。然而，同样重要的是，高层管理人员所发出的伦理与道德指示。不“践行伦理”的高层管理者很快就会遭受到信性危机，员工会将其看成虚伪的——“像我说的那样做，不是像我做的那样做”，美国宪法撰写人之一的詹姆斯·麦迪逊就直白地说，“没有不是真正可敬的政府会不同于个人而长期受到尊重”。

F. 看似要做错事与实际做错事是不同的事情

当涉及要使伦理成为组织文化一部分时，事实是如此，不过“那又怎么样”。判断个人的伦理不应该根据外表而应根据事实这种信念没有反映认知的力量。看似做错事但我们实际上并没有做错事与做了错事可能有同样的，甚至更大的负面影

响。看似不当行为侵蚀着雇员和公众对公共机构的信任并削弱问责的原则。例如，管理人员投资于与他或她的机构没有业务往来的企业是合法的，但他或她很难说服好怀疑的公众和雇员他（她）没有利用他或她的职位来获取个人好处。不管事实如何，看似不当的行为有不可推卸的责任。看似的事情很重要。

364 除了自心中摈弃上面六种错误的臆断之外，管理人员还能够而且应该依靠正式和非正式的战略来加强其机构的道德环境。管理人员不需要匆匆查阅每日 10 页“要做”和“不要做”的事项清单来实现有道德的工作场所。不存在使伦理成为组织文化的一部分的程序或有条不紊的正确方法。然而，这一章的文献回顾有力地表明了管理者应采取系统性和综合性的方法来建立有道德的组织。收集到的证据尽管是有限的，但表明集合各种做法到整个组织结构中是最有可能对公共组织中的伦理生活产生永久的印记的。鼓励员工参加专业协会，想出有创意的方法来奖励道德行为，通过委员会或组织原则声明来建立道德良知，提供道德培训或对话，同时“说到就要做到”(walk-the-talk)，这样的管理人员可能会享受到一个持续的、有道德的工作场所的好处。

有诚信的组织是有诚信的人类以自豪和尊重他人的方式履行他们日常职责的地方。这种观点尤其体现在从业者身上，他们的贡献在这一章进行了探讨。人们发现贯穿整个从业者文献中的单词和短语是品格、诚信、道德能力素质和模范行为。

公共组织中的伦理管理是什么、为什么以及如何做已经在本章探讨过了。没有灵丹妙药或公式来建成有道德的工作场所，不过有方法和手段来强化公共组织中的道德环境。未能采用这些途径和方法来建立诚信的公共组织如果不是十分危险的就似乎是相当愚蠢的。

致　谢

作者要感谢北伊利诺伊大学的博士生马赞·宫德·雷基的研究协助。本文的先前版本在 1999 年 4 月 10—14 日在佛罗里达州奥兰多市举行的美国公共行政学会第 60 届年度会议上宣读了。

参考文献

请从中国人民大学出版社官网（www.crup.com.cn）下载，或者用微信扫描下方二维码获取。

第 18 章

联邦伦理管理与公众信任

罗伯特·罗伯茨
美国弗吉尼亚州夏洛茨维尔詹姆斯·麦迪逊大学

美国历史上从殖民时期到今天，国家一直面临着维持公众对联邦政府机构的信任问题（洛克，1995：14－24）。尽管有一些极为黯淡的时期（萨默斯，1993），但在发展旨在保障公众对政府信任的伦理计划过程中，过去的 40 年已经见证了联邦机构与部门取得的相当大的进展。本章认为，因联邦机构与部门中伦理氛围的改善，行政部门的伦理计划非常值得赞扬。联邦行政部门伦理计划已被证明在减少涉及联邦雇员和官员的利益冲突争议频繁性方面是非常有效的。 367

有趣的是，公共行政伦理学者们一直不欢迎公共伦理守则与聚焦于公共伦理计划的利益冲突的发展变化。他们批评公共伦理守则，因其通常涉及数量有限的伦理问题。凡有财政利益冲突的地方都对政府官员或雇员以公正方式执行其公共职责的能力提出了质疑。与此相反，许多公共伦理学者认为，公共伦理计划应该把它们的努力集中于说服公共管理者“考虑他们在运作过程中制订的计划与政策的伦理”（科恩和艾米克，1995：107）。

有关公共伦理守则效能意见的明显差异使在保护公众对公共机构信心的最好策略上达成共识的过程复杂化。对公共伦理守则和集中于公共政策决定的伦理意蕴的伦理计划的客观分析提供了强有力的证据，证明了这两种类型的伦理计划有助于公共雇员和官员解决直接关系到公务履行的伦理问题。

18.1 联邦行政部门公共诚信管理制度的演变

每年，数量相对较少的联邦雇员和官员因可能违反公共腐败刑事法规而受到调
368 查（米勒，1992）。如今，联邦调查局、美国司法部公共诚信处、美国律师和独立检察官调查和起诉可能违反与联邦雇员和官员有关的那些公共腐败刑事禁令的行为（罗伯茨和多斯，1997：88–91）。然而，从这个共和国一开始，绝大多数公共伦理争议就没有涉及**犯罪**行为的指控。尽管如此，直到20世纪60年代初，白宫和联邦机构与部门才开始实施旨在减少涉及联邦雇员和官员公共伦理争议数量的正式行政部门伦理管理计划。

在20世纪50年代一系列政治伦理丑闻说服了肯尼迪政府制订行政部门伦理计划很久以前，少量的联邦机构把行政伦理守则作为一种保护公众对政府信任的方法来试用。例如，1829年，邮政局长阿莫斯·肯德尔为邮政职工创建了一种典型的行为伦理守则。肯德尔的守则“包含一个长长的控制工作习惯、办公室行为、政府资产的使用以及个人品行的规则清单”（罗伯茨，1988：8）。肯德尔认为邮局的信誉部分取决于其员工在履行其公务时和在其私人生活中保持无可指责。肯德尔致力于证明政府中崇高伦理标准更多是例外而不是常态。

从19世纪30年代早期到整个19世纪80年代，涉及联邦部门的公共腐败丑闻像兔子一样繁殖增长（萨默斯，1987）。到内战结束时，批评家集中把分赃制作为联邦机构和部门中伦理标准崩溃的主要原因之一（罗伯茨，1988：19–21）。有改革者思想的个人和团体开始把公务员制度改革看作恢复联邦部门管理诚信的最好希望（罗伯茨，1982：105–125）。

几十年的奋斗以1883年的《彭德尔顿法案》的通过而告终，其授权建立行政部门功绩制。同样重要的是，该法案规定成立文官委员会并向其授权负责保护挑选新的功绩制成员过程的诚信。《彭德尔顿法案》使任何委员或政府雇员在用于为功绩制职位挑选个人的考试管理过程中，从事任何串通舞弊或腐败成为一种最高可处罚款1 000美元或监禁一年或两年的犯罪行为（范·莱珀，1979：9）。1883年《彭德尔顿法案》的通过代表着远离联邦公共服务伦理低谷漫长道路的开始（莫舍，1982：65）。公共腐败预防与公务员制度改革齐头并进。

从1900年到1950年，美国经历了前所未有的联邦政府规模与权力的扩张。随着联邦机构与计划的增生而来的是有必要给新一代联邦雇员和官员授予更多为紧迫的国家问题制订和实施解决方案的自由裁量权（罗森布鲁姆，1994：3–36）。到19世纪30年代末，越来越多的美国人开始提出了有关联邦官员及聘用他们的机构的问责合法性问题。正如肯尼思·F. 沃伦所解释的那样，布朗洛委员会1937年的程序改革建议、美国律师协会有关行政法现状的报告和1941年的检察长委员会有关行政程序的报告，激发了国会在第二次世界大战后起草并一致通过1946年的《行
369 政程序法案》(Administrative Procedure Act)（沃伦，1996：183）。《行政程序法案》的通过并没有消除公众对被觉察到的强大特殊利益集团影响联邦决策者能力的

日益担忧。

在 20 世纪 50 年代初，涉及总统哈里·杜鲁门亲密助手和一些知名度高的联邦机构的一系列公共伦理争议导致许多美国人怀疑联邦雇员和官员的公正性（杜纳，1984）。1951 年秋季，美国参议院劳工与公共福利委员会发表了一份标题为《联邦政府伦理标准改善的建议》(Proposals for Improvement of Ethical Standards in the Federal Government）的报告。该报告敦促联邦机构和部门采用新的伦理守则，以便防止联邦雇员和官员卷入"在处理他们面前问题时往往使政府官员自觉或不自觉地变得不公正的情境中去"（美国参议院劳工与公共福利委员会，1951：11)。此外，报告认为利益冲突往往"产生了一种有偏见的怀疑，即使它可能不存在。它们诱使政府官员把个人利益放在前面或与公共利益发生冲突，或者它们对公共体成员来说是具有破坏性的或不公平的"（美国参议院劳工与公共福利委员会，1951：11)。

在整个 20 世纪 50 年代，一场争斗围绕着联邦伦理改革的未来前途展开。一方面，行政国家的捍卫者认为，没有对联邦机构和部门解决涉及其雇员和官员伦理争议的方式进行大规模彻底检查，公众对主要联邦计划的支持将继续削弱。另一方面，现有联邦伦理管制的批评者认为，公共伦理禁令范围的混乱阻止了一些个人接受政府职位，并且使具有私营部门背景的个人在政府与私营部门之间来回流动变得非常困难。到 20 世纪 50 年代结束时，对一种新的联邦伦理管理方法的探求得到增强，这种方法将会减少伦理争议的数量而不使联邦机构和部门招募和保留必要人员变得不可能。

A. 总统伦理改革与政府官员及雇员的伦理行为标准

1960 年，纽约市律师协会发布了一份题为《联邦服务中的利益冲突》(Conflict of Interest in Federal Service）的报告。报告呼吁为规范涉及联邦雇员与官员利益冲突的情境而对制度进行大规模彻底检查（纽约市律师协会，1960)。该报告没有发现联邦服务伦理中的危机。与此相反的是，它发现绝大多数的联邦雇员和官员试图做正确的事。然而，一套令人困惑的、过时的贿赂与利益冲突刑事法规并没有保障公众对政府的信任，并且已被证明几乎无法执行。同样重要的是，该报告表示了严重关切即现有制度为政治和职业岗位招聘到必要的人员变得困难。

为了解决这些问题，纽约市律师协会全力支持新的行政伦理规则的发布，以便补充修订贿赂与利益冲突刑事法规（纽约市律师协会，1960：8)。换句话说，该报告认为对贿赂与利益冲突刑事法规的依赖阻碍了保障公众对行政部门决策公正性信心的努力。根据该报告，一种新的行政伦理计划为保护公众对政府政策支持提供了 370
最好的机会，而不使招聘到全职和兼职的职业和政治的雇员变得更加困难。

从 1961 年春到整个 1968 年结束，肯尼迪政府以及后来的约翰逊政府尽力实施一种新的行政部门伦理计划。在肯尼迪政府和约翰逊政府中，没有人把新的伦理计划看作联邦雇员和官员所面临的不道德问题的解决方案。两位总统的行政部门都认为新的伦理计划有助于减少伦理争议扰乱公共政策与计划的制订与实施这种情况的数量。两位总统的行政部门都把新的伦理计划看作一种减少依赖贿赂与利益冲突刑事法规作为确保联邦雇员和官员所采取行动的公正性和客观性的工具的方法。

在整个 20 世纪 60 年代，肯尼迪政府和约翰逊政府为联邦雇员和官员颁布了一系列的指令和行政命令，制定了新的非刑事的伦理守则（吉尔曼，1995：71）。有趣的是，公务员制度委员会主席约翰·梅西在新伦理政策的制定和实施方面发挥了举足轻重的作用，并且在新伦理指南（梅西，1971：249-256）的制定和随后实施方面也被证明起作用。这一事实有助于解释为什么新伦理指南反映了一种进步更多的伦理争议解决方式。

在 1971 年这本题为《公共服务：政府的人性方面》（*Public Service：The Human Side of Government*）的书中，梅西解释了为什么肯尼迪政府和约翰逊政府推行它们的伦理改革议程。“尽管联邦标准绝不是理想的，并且必须经常进行重新评估，以确保它们符合时代的要求，”梅西强调说，“他们的确为其他司法管辖区建构了一个有法律效力的出发点。这些标准能够为了公共利益而强调公共行政人员的强烈意向即政府事务应该公开、诚实和公正地进行。”（梅西，1971：256）

令人惊讶的是，早期指令寻求明确伦理规则，这些规则要控制高层次的总统提名人及被任命人的行为。《10939 号行政令》（Executive Order 10939）指示：

> 所有部门与机构的领导、由总统任命的理事会和委员会专职委员、白宫班子成员不要接受任何报酬、补偿、礼品、付费或任何有金钱的价值物或产生如下印象或导致如下结果：（1）利用公职谋取私利，（2）优待任何人的许诺，（3）全面独立性和公正性的任何损失，（4）**政府**决定在官方渠道以外做出（5）对公众对政府诚信信心的任何不利影响。（罗伯茨，1988：84）

肯尼迪政府随后指示各联邦机构与部门，要求所有联邦雇员和官员遵守类似的伦理指南。

1965 年 5 月 9 日，约翰逊总统发布《11222 号行政令》（Executive Order 11222），“规定政府官员及雇员伦理行为标准”（纽兰，1967：158）。具有重要意义的是，《11222 号行政令》授予美国公务员制度委员会日常监督由联邦机构和部门制定的新伦理守则执行的责任（吉尔曼，1995：71）。

这一新的行政令在三个重要方面不同于更早前肯尼迪行为命令的标准。第一，这一命令指示所有联邦雇员和官员避免任何这些行动，这些行动“可能会导致如下
371 结果或产生如下印象：（1）利用公职谋取私利，（2）给予任何组织或个人优待，（3）妨碍政府工作效率或节约，（4）失去行动的完全独立性或公正性，（5）在官方渠道以外做出政府决定，或（6）对公众对政府诚信信心的任何不利影响”（吉尔曼，1995：71）。第二，这一命令赋予公务员制度委员会有权要求数十万联邦雇员提交机密财务披露报表。第三，这一命令指示每个联邦机构和部门任命一个人来监督在单个联邦机构和部门内部的伦理计划。

对行政部门伦理计划未来演变同样重要的是要求每个联邦机构和部门委任一个指定机构伦理官在机构和部门层面来实施《11222 号行政令》。随着时间的推移，机构和部门的指定机构伦理官承担了为了利益冲突问题审查机密财务披露报表、为了实际和潜在的利益冲突而采取补救措施以及发布机构行为准则的主要责任。正如

约翰·梅西所解释的那样，《11222 号行政令》“鼓励面临涉及敏感判断问题的个人寻求建议”（梅西，1971：253）。为了促进有效的伦理问题的解决，总统约翰逊指示主席梅西“和各部门与机构的负责人一起指定其组织内部能够在具体情况下提供指导和解释的适当人士”（梅西，1971：253）。

回首三十多年，仍然毫无疑问的是由肯尼迪政府和约翰逊政府所采取的行动成功地减少了对刑事法规的依赖，这些刑事法规被作为保证联邦机构和官员所做出的决定或所采取的行动的公正性的主要方法。到了 20 世纪 60 年代末，联邦机构和部门开始依赖于新的行为规范标准，作为解决涉及联邦雇员和官员的利益冲突问题的主要工具。

B. 公共诚信论战与公共伦理改革

整个 20 世纪 60 年代和 70 年代初，行政部门伦理计划直到“水门事件”都很少得到公众或媒体的关注。在“水门事件”之后，美国国会和公共利益团体因丑闻而指责不适当的伦理法规，而不是指责证明不能区分正确与错误的一群个人的性格缺陷。国会需要制定新的旨在防止“水门事件”重复的伦理措施的共识迅速形成。

其他华盛顿伦理批评者利用“水门事件”来推动更广泛的改革议程。联邦监管机构的批评者认为强大的特殊利益集团对联邦监管政策发挥了太多的影响力。因为这种局面，他们部分指责离开主要监管机构成为受管制行业和企业说客的前联邦官员（罗伯茨和多斯，1997：63-85）。为了处理这种所谓的“旋转门”问题，改革者敦促国会颁布新的对前高层联邦官员游说其前机构的限制措施。

积极的游说运动在 1978 年《政府伦理法案》通过时达到了高潮（罗伯茨，1988：147-162）。今天，1978 年的《政府伦理法案》已开始象征着联邦公共服务伦理管理的一个转折点。第一，该法案为任命特别检察官（现为独立律师）设立程序，以便对某些高级行政部门和白宫官员所进行的犯罪行为指控进行调查（卡罗尔 372
和罗伯茨，1988—1989：437-438）。第二，该法案在人事管理局内部设立一个以总统提名人为首的新的美国政府伦理办公室。国会授权给政府伦理办公室负责通过指定机构伦理官协调伦理政策（吉尔曼，1995：72）。第三，该法案付诸实施影响深远的联邦政府所有三大部门中高级官员的公共财务披露制度（卡罗尔和罗伯茨，1988—1989：439-440）。第四，美国国会对前高层官员在离开联邦机构和部门之后游说其前机构的联邦官员制定了一些新的限制措施。然而，该伦理法案对绝大多数的公共腐败法规和行政部门伦理标准没有做出任何改变。

虽然该伦理法案只增加了一些新的伦理限制措施，但“水门事件”引发了一段对联邦雇员和官员上班时和下班后行为进行的前所未有的审查期。调查记者仔细审查联邦政府的每个部门，寻找下一个“水门事件”。从 1981 年到整个 1988 年，里根总统的大量提名人和被任命人发现自己陷入了公共伦理争议中（吉尔曼，1995：73）。果不其然，里根政府许多的官员把他们的困境归咎于政治对手将伦理指控作为一种破坏诚实公职人员声誉的方法（加门特，1991：83-107）。许多人错误地认为《政府伦理法案》已明显使联邦伦理法律与法则变得严格。另一方面，里根政府的批评者把这种情况归咎于这些官员未能很好地遵循已制定的伦理规则或指南（库尔茨，1986：11-13）。

因为他们的行为而面临严格审查的里根政府官员和里根政府伦理的批评者都没有理解“水门事件”把联邦伦理管理非刑事化的努力推迟了至少 20 年。独立检察官法律的颁布以及司法部公共诚信处给公共腐败调查注入了新的资源（罗伯茨和多斯，1987：88-94）。因未能揭露“水门事件”阴谋被严重损伤的联邦调查局养成了实施精心制作的、为抓捕公共腐败罪犯而设立的圈套的能力。

从“水门事件”丑闻到 20 世纪 80 年代的大部分时间里，行政部门伦理计划发现其陷入主张更积极的对联邦官员的刑事调查的团体与抱怨利用伦理指控来诋毁诚实公职人员的那些团体之间而左右为难。这些因素以及资源的缺乏使政府伦理办公室在提高行政部门伦理计划效能方面要取得任何重大进展变得非常困难。

C. 联邦伦理管理的专业化

早在 1989 年，行政部门伦理计划得到了来自不太可能的消息提供人的帮助。为了避免重复已损害里根总统声誉的伦理丑闻，布什总统采取及时措施来对行政部门伦理计划的效能进行评估。1989 年 1 月下旬，美国总统布什成立联邦伦理法律改革总统委员会（罗伯茨和多斯，1997：133）。布什总统指示其伦理委员会要密切关注联邦政府所有三大部门中的伦理监管情况。令一些观察家感到失望的是，布什总统任命了对联邦伦理计划方向有着强烈主张的华盛顿圈内人（克林顿，1989：10）。

373 1989 年 3 月，布什伦理法律改革总统委员会的报告竟然与纽约市律师协会 1960 年的报告惊人得相似。该委员会发现绝大多数的联邦官员和雇员遇到很少的伦理问题。同时，该报告还发现，某些联邦贿赂与利益冲突刑事法规明显使为职业与政治职位招聘个人的过程复杂化。与明显使行政部门伦理计划变得严格相反的是，该报告认为同样的道德规则应应用于国会议员和行政部门雇员和官员。特别是，该委员会批评国会要求行政部门员工遵守比国会议员更严格的礼品接受和财务利益冲突的法律（罗伯茨和多斯，1997：134）。最后，为了减轻伦理规则对联邦雇员和官员造成的负担，该报告建议放宽少量伦理规则（伦理法律改革总统委员会，1989）。

在伦理法律改革总统委员会发布报告后不久，布什总统发布取代 1965 年约翰逊总统的《11222 号行政令》的《12674 号行政令》。新的行为命令标准把道德行为的基本原则数量从 6 个增加到 14 个，并且“把行为标准从要各机构编写其自我变化的模型框架改变为一套适用于整个行政部门单一的、综合性标准”（吉尔曼，1995：73）。同样重要的是，该行政令授权政府伦理办公室负责确保政府范围内统一伦理指南的实施。布什总统行政命令标准的发布给政府伦理办公室提供了重组联邦行政部门伦理计划的权力。在 1990 年与 1994 年之间，政府伦理办公室发布了数百页与伦理相关的法规（伦理资源图书馆，1999）。更重要的是，在接下来的 5 年中，美国国会显著提高了政府伦理办公室的预算，允许政府伦理办公室扩大联邦行政部门伦理计划。

布什政府伦理改革方案并没有停止发布新的行政部门的行政命令标准。美国国会通过了 1989 年的《政府伦理改革法案》，它包含一些布什政府所要求的、作为支持国会议员加薪的回报的伦理倡议（罗伯茨和多斯，1997：139－141）。国会想悄无声息地同意联邦机构扩大接受来自非联邦资金来源的旅费报销，以便支付联邦雇员和官员的旅行费用。国会还同意允许联邦雇员和官员推迟出售基于金融资产的资本收益，以便符合联邦利益冲突规则。国会还同意对国会议员接受来自非联邦资金来源酬金的权利施加新的限制。虽然《政府伦理改革法案》的确扩大了联邦“旋转门”限制的范围并且禁止所有联邦行政部门雇员和官员收受酬金，但《政府伦理改革法案》并没有显著使对联邦雇员和官员的伦理限制变得严格。

18.2 如今的联邦行政部门伦理计划

如前所述，联邦行政部门伦理计划已演变发展了大约 40 年。伦理管理的主要内容包括：(1) 来自外部资金的礼品，(2) 员工之间的礼品，(3) 冲突的财务权益，(4) 公务执行的公正，(5) 寻求组织外就业，(6) 对前雇员的限制，(7) 职位 374
的滥用和 (8) 外部活动（政府伦理办公室，1993）。伦理计划依赖于利益冲突的刑事与行政制裁，以便保护公众对联邦官员和雇员所采取行动的公正性和客观性的信心。

自从 1978 年《政府伦理法案》通过以来，政府伦理办公室已发布了数百页的规定，确定了行政与刑事伦理禁令的范围。在 1993 年年初，政府伦理办公室（1993）采取了为 8 个计划主题领域发布了统一的行为管制标准的重大举措。政府伦理办公室颁布统一的行为管制的标准，努力想制定所有联邦雇员和官员行为的最低标准。以一种很容易理解的问答格式编写的规定大大有利于减少有关联邦伦理控制主要领域的混乱。在发布行为管制标准的过程中，政府伦理办公室花了很多心血来起草法规，以便减少联邦伦理规则对联邦机构和部门日常运作的影响。然而，新规的复杂性需要显著增加致力于伦理教育、培训和执行的机构与部门的相关的资源。

A. 来自外部资金的礼品和旅费报销

制定控制接受联邦雇员和官员的私人招待的明确且可行的政策已经为行政部门伦理计划提供最艰巨的保证（罗伯茨和多斯，1992：260）。联邦礼品接受禁令采取两种不同的方法来区分允许和不允许的礼品。一种规则禁止联邦雇员和官员接受来自特定资金来源的礼品；另一种规则禁止联邦雇员和官员接受来自非联邦资金来源的礼品，这种非联邦资金来源是由联邦政府的雇员或官员采取的官方行为所诱导而来。

行政部门行政禁止性资金来源规则规定联邦雇员和官员不可以接受任何来自个人或团体的价值物，这些个人或团体：(1) 寻找来自联邦机构的特定行动，(2) 与联邦机构做业务或寻求联邦机构业务，(3) 受联邦员工的机构所监管，或 (4)“其利益可能相当多地受影响于”联邦雇员公务履行或不履行（政府伦理办公室，1993b：5)。禁止性资金来源规则要求联邦雇员调查任何潜在礼品资金来源与联邦雇员的官方活动之间的关系。

为了减少禁止性资金来源规则对联邦雇员和官员的日常活动的影响，政府伦理办公室的规范设立了一类允许的礼品或礼品“排除项目”（政府伦理办公室，1993：6)。礼品排除项目允许联邦雇员接受不是作为一顿饭的一部分而被提供的“软饮料、咖啡、甜甜圈和其他温和食物和茶点项目”和“如牌匾和证书这样的固有价值物品以及联邦雇员支付全额市场价值的物品”（政府伦理办公室，1993b：6)。除了被当作礼品排除项目的物品之外，联邦礼品接受规则允许联邦雇员接受“每一次特定主动提供的价值 20 美元或更少的礼品（但不是礼金和任何一年来自任何单一资金来源的总价值超过 50 美元的礼品)”（政府伦理办公室，1993b：6)。

375 在 1989 年的政府《政府伦理改革法案》通过之前，联邦法律禁止绝大多数联邦机构和部门接受来自私人资金来源的差旅费报销，以便支付联邦雇员旅途费用。为了改变这种情况，《政府伦理改革法案》授权总务管理局负责发布允许所有联邦机构和部门接受来自非联邦资金来源的差旅费报销的规定（政府伦理办公室，1997：1)。例如，一家公司想举办一个探讨减少由通勤人员产生的空气污染的会议。新的法律允许公司支付应邀出席会议的环保总局官员的旅途和住宿费用。

为了防止可能的利益冲突问题，该法律要求所有联邦机构和部门在接受任何款项之前证明接受的差旅费报销不会导致一个理性的人“质疑机构计划或运作的诚信”（政府伦理办公室，1997：1-2)。政府范围内机构礼品接受权利的确定等同于行政部门伦理规则的重要放宽。

除了受禁止性资金来源规则的制约之外，联邦雇员和官员必须遵守联邦非法酬金法规（罗伯茨等，1996：1)。非法酬金法规禁止联邦雇员因官员行为或职责的履行而接受来自非联邦资金来源的任何有价值的东西。尽管事实是该规定于 1962 年成为法律，但相当大的争议仍继续超出非法酬金法规范围。这将需要最高法院来解决这种争端。

一方面，一些专家认为该法规禁止联邦雇员和官员接受所有由联邦政府雇员或官员所担任职位所诱导的“非交换性”礼品。换句话说，非法酬金法规禁止私人资金来源为联邦雇员和官员提供各种各样的私人招待（格林豪斯，1998：A18)。另一方面，其他伦理专家认为非法酬金法规只禁止联邦雇员和官员接受来自私营部门的私人招待，只要联邦雇员知道礼品是由员工采取的特别行动所诱导的（格林豪斯，1998：A18)。

在对农业局原局长迈克·埃斯皮因收受来自受农业部监管公司酬金的刑事起诉之前，很少有美国人听说过非法酬金法规（格林豪斯，1998：A18)。1998 年底，一个联邦陪审团拒绝了由独立检察官唐纳德·斯莫尔茨提出的对这一法规的宽泛解释。宣判后，联邦陪审团成员公开批评独立检察官唐纳德·斯莫尔茨，因为其提起了不能证明埃斯皮做了换取礼品的事情的控告（米勒，1998：A1）。

1999 年 4 月 27 日，在“联邦政府诉加利福尼亚州太阳钻石种植者”（United States v. Sun-Diamond Growers of California）一案中，最高法院驳回了受司法部和独立检察官唐纳德·斯莫尔茨支持的对非法酬金法规的这一宽泛解释。最高法院认为，“为了确定其违反了《美国法典》第 18 卷第 201（c）（1）条款第 A 项，政府必须证明被授予公职人员的有价值的东西与特定‘官方行为’（有价值的东西就是因它而被给予的）之间的关联”（“联邦政府诉加利福尼亚州太阳钻石种植者”，1999，《美国最高法院判例汇编》，第 526 卷，第 398 页）。在拒绝非法酬金法规禁止所有对联邦官员的私人招待的论据之后，大法官斯卡利亚指向政府伦理办公室发布的允许行政部门雇员和官员接受某些类型的私人招待的礼品接受规则。正如大法官斯卡利亚所解释的那样，“坦率地说我们是不能确定我们对《美国法典》第 18 卷 376
第 201（c）（1）条款第 B 项甚至更狭义的解释会引发政府伦理办公室对非暴力的保证，如果这一法规被要求完全精确遵守。不过，误导，如果有的话，将绝对是更少的”（“联邦政府诉加利福尼亚州太阳钻石种植者”，1999）。

对补贴行政部门雇员和官员工资的非联邦资金来源的刑事禁令等同于礼品接受禁令的最后一种类型。最初制定于 1917 年的工资补贴规定禁止非联邦资金来源补贴行政部门雇员的工资。例如，一家大公司可能无法支付一位高管所赚取的与他或她作为内阁秘书长的工资之间的差额。然而，1990 年最高法院在“克兰登诉联邦政府”一案中裁定，认为该禁令并不适用于个人合法地成为行政部门雇员或官员的日期之前所支付的款项（“克兰登诉联邦政府”，1990）。在做出这项决定之前，司法部已经裁定工资补贴规定也适用于个人成为一位联邦雇员或官员日期前对向其所支付的款项。

B. 员工之间的礼品

一种独立的伦理政策监管联邦雇员之间的礼品。作为一种普遍的规则，联邦雇员不可以给上级提供礼品或接受上级的礼品。此外，联邦雇员不可以接受比其他联邦雇员“获得更少工资的非下属”的礼品（政府伦理办公室，1993b：8）。就像被禁止性资金来源礼品接受政策的豁免条款那样，联邦伦理法规允许某些类型的下属与上级之间以及上级与下属之间的礼品。第一种例外许可“偶尔给予的”以便对私人款待表示感谢的礼品。第二种例外允许联邦雇员提供或接受“让人回忆起如婚姻、疾病、子女生育或收养以及退休、辞职或转行这样的特殊、偶发事件的”特定小礼品（政府伦理办公室，1993：9）。

像外部礼品接受规则一样，员工之间的礼品规则说明政府伦理办公室真心实意地企图采取灵活的伦理规则，这些规则没有无理地干扰经常发生在所有类型组织中的社会活动。

C. 冲突的财务权益

毫无疑问，冲突的财务权益的规范已经证明是执行最困难的联邦行政部门伦理计划。作为联邦的利益冲突刑事法律 1962 年修订版的一部分，美国国会颁布了新的冲突的财务权益刑事法规（罗伯茨，1988：101－102）。在肯尼迪政府和联邦机构与部门的督促下，美国国会豁免所谓的“特殊政府雇员”（在任何 365 天的期限内被联邦机构或部门雇用小于 135 天的个人）不在该法规范围内（罗伯茨，1988：97）。这种措施减少有薪或无薪的专家或顾问无法从事特定项目的问题，因为存在他们拥有特定财务权益的事实。

另一方面，该法规为绝大多数的行政部门雇员和官员制定了彻底的财务权益冲突规则。《美国法典》第 18 卷第 208 节禁止行政部门的雇员或官员“私人充分参与
377 特定事项”，在这些特定事项中，联邦雇员拥有财务权益（政府伦理办公室，1993：11）。该法规把雇员的配偶、未成年子女以及业务合作伙伴的财务权益看作财务权益这一事实推动该法律的混乱实施。尽管事实是该法规没有要求行政部门出售任何金融股票，但是该法律等同于对行政部门伦理规则的实施范围的重大拓宽。

从措施的制定开始一直到今天，取消资格的规则迫使行政部门伦理官员实施复杂的系统，用于侦查和解决财务权益冲突。如前所述，约翰逊总统的《11222 号行政令》需要数以千计的联邦雇员提供机密财务披露报表（纽兰，1967：158－180）。然后在 1978 年，《政府伦理法案》要求高层次联邦官员递交年度公开财务披露报表（卡罗尔和罗伯茨，1988—1989：439－440）。1989 年的《政府伦理改革法案》还指示政府伦理办公室实施一个新的机密财务报告系统（吉尔曼，1995：73）。除了全面的财务披露制度之外，联邦机构和部门开始依靠组合补救措施来解决实际的和潜在的财务权益冲突。补救措施包括：（1）回避或取消资格，（2）财产或权利的剥离，（3）或获得法定豁免（政府伦理办公室，1995：18）。

虽然行政部门雇员和官员历史上使用取消资格作为解决财务权益冲突问题的主要方法（摩尔，1987：1962—1967），但是取消资格也导致了一些严重的管理问题。第一，失去资格的雇员或官员可能无法从事机构或部门聘请该员工或官员去做的工作。第二，取消资格需要伦理官员花费大量时间确定取消资格的规则包括和没有包括哪些事项。在整个 20 世纪 60 年代、70 年代和 80 年代，联邦机构和部门抱怨由取消资格政策所引起的专门知识或技能以及行政责任的损失（摩尔，1987：1962－1967）。

当 1962 年美国国会通过了新的财务权益冲突的法规时，它明确预言总统将会定期使用新的豁免权处理这种情况，即联邦机构和部门非常需要特定个人的服务而要求这个人使自己失去资格或抛售特定金融股份将会破坏雇员或官员的效能或给员工或官员带来困苦（默多克，1990：502－525）。有趣的是，总统们已经很少使用豁免权来解决联邦雇员和官员的财务权益冲突问题。在敦促布什政府的同时，国会把自由主义化的豁免权包含在 1989 年的《政府伦理改革法案》中（政府伦理办公室，1999：12）。

在 1962 年关于联邦利益冲突的法律颁布与 1989 年《政府伦理改革法案》通过之间，联邦机构和部门寻找更有效的方法来解决财务权益冲突的问题。回避或取消资格可能明显减少重要机构或部门的官员和雇员的效能。机构和部门发现豁免很难获得。因此，联邦机构和部门寻找更加有效的方法来解决财务权益冲突问题。作为 1989 年的《政府伦理改革法案》的一部分，美国国会授权政府伦理办公室主任有权签发财产或权利剥离证书，这种证书允许行政部门雇员和官员延期支付由财务权益被迫出售所引起的资本收益（罗伯茨和多斯，1996：49－60）。从 1990 年至今，政府伦理办公室主任已给政治任命官员和职业联邦雇员签发成百上千份财产或权利剥离证书（罗伯茨和多斯，1996：49－60）。 378

经过几十年与如何执行财务权益冲突规则的问题做斗争而没有给行政部门雇员和官员带来不必要的困苦之后，指定机构伦理官看起来现在有足够的灵活性来有效地解决联邦雇员和官员的财务权益冲突问题。

D. 执行公务中的公正性与不当行为表现标准

正如更早前所讨论的那样，肯尼迪政府颁发了第一项行政部门伦理指令，要求联邦雇员和官员在执行公务中避免完全的不当行为表现（罗伯茨，1988：84）。约翰逊总统 1965 年的行为标准行政命令把不当行为表现标准包括在其规定中。从 20 世纪 60 年代开始到整个 20 世纪 80 年代初期，联邦机构和部门定期处分违反了不当行为表现标准的联邦雇员和官员（布朗斯坦，1985：640）。在此期间，功绩制保护委员会一直维持联邦机构和部门实施规则的权威（迪肯森，1985：A17）。

在 1981 年与 1988 年底之间，一些里根政府官员的伦理问题导致了对不当行为表现标准的浓厚兴趣的发展（罗伯茨和多斯，1997：123－128）。对被里根任命的官员的行为持批评态度的人要求指定机构伦理官或政府伦理办公室主任根据他们的行为处分被里根任命的官员（摩尔，1987：1984）。在 1985 年确认提名埃德温·米斯为总检察长的争斗期间，政府伦理办公室主任认为“要求联邦雇员避免任何‘可能会导致或产生不当行为表现行动’的行政命令仅是‘性质上期望性的’”(迪肯森，1985：A17)。这种观点在华盛顿引发了轩然大波（布朗斯坦，1985：639）。民主党议员攻击政府伦理办公室主任弱化了行政部门伦理规则。然而，争论根本没有涉及对实施不当行为表现标准公平性的合理性关注。

颁布于 1989 年 4 月 12 日的布什总统行政命令包括了一种为把不当行为表现运用到联邦雇员和官员的在职与离职活动上的新的测试。第 14 条原则提出：“员工必须努力避免产生任何违反‘法律或伦理行为标准’中规定的伦理标准的表现”。第 14 条原则得出结论：“特定情况下是否出现该法律或这些标准受到侵犯的表现必须从具有有关事实知识的、有理智的人的角度来确定。”（政府伦理办公室，1995：9）布什政府把使不当行为表现标准更加严格看作保护联邦雇员和官员免受莫须有攻击的方法。

随后，政府伦理办公室颁发指南，委托联邦机构和部门主要负责人解释和执行公正性规则。该规则规定，如果雇员确定一个有理智的人不会对该雇员的公正性提出质疑，那么员工“可能会参与这种事情（不正当行为），除非该机构被指定者

（伦理规则执行人）得出不同的结论”（政府伦理办公室，1995：20）。在 1997 年 4 月 27 日一封给美国参议员的涉及一位联邦官员可能违反不当行为表现规则的信中，政府伦理办公室主任斯蒂芬·波茨解释了基于各种不同情况应用不当行为表现标准
379 的难度。政府伦理办公室主任斯蒂芬·波茨强调：“我们认识到有些人可能会发现当我们的‘行为标准’的第 2 635 条 502 款被应用在个别人的情况下的困扰。”斯蒂芬·波茨继续说：“另一方面，我们已经意识到‘冲突显像’（appearance of conflict）在华盛顿内部多年来已被用作选择的武器。我们制定这些规则是为了给员工提供一定的保护，这一员工一定程度上真诚地考虑到显像问题，但却决定选择了容易受到事后劝告影响的行为方案。”（政府伦理办公室，1997：2）

E. 组织外就业与公共服务

联邦行为标准规范还要求所有的联邦雇员和官员密切注意可能由求职、就业商讨以及组织外就业所导致的财务权益冲突（政府伦理办公室，1995：23）。一些刑事法规和行为标准规定涉及一些与组织外就业相关的问题。

第一，行政部门伦理规则允许大多数联邦雇员和官员参与广泛的组织外部活动。这些包括“无偿进行的有偿工作和公民的、慈善的、宗教的和社区服务的工作”（政府伦理办公室，1995：29）。然而，联邦员工“不可以从事某种组织外活动，如果处理财务权益冲突的规则或者丧失公正性的表现会要求员工取消事项资格，这些事项对履行雇员官方职责来说是如此重要和关键，以至于他履行职责的能力将受到重大损害”（政府伦理办公室，1995：29）。因此，联邦机构和部门有广泛的自由裁量权，以便监督和规范它们雇员和官员的组织外就业。

第二，联邦刑事法规禁止联邦雇员在部门、机构或法院面前代表个人或组织，或禁止充当有偿或无偿服务的专家证人。具体来说，法律禁止联邦雇员和官员在联邦机构或部门或联邦法院面前代表与悬而未决的特别事项有关的个别当事人（政府伦理办公室，1995：29—30）。

在肯尼迪政府的敦促下，1962 年修订了联邦贿赂与利益冲突刑事法规的国会免除了被称为特殊政府雇员（special government employees）在职代表禁令。为了取得特殊政府雇员的豁免资格，雇员在 365 天内一定不能为联邦机构或部门工作超过 130 天（罗伯茨，1988：97—99）。联邦法律还允许联邦雇员代表他们自己，他们的父母、配偶、孩子，以及以特定“受托人身份如监护人服务的某些其他人”（政府伦理办公室，1995：29）。

第三，联邦法律限制特定行政部门员工和官员可能会收到的外来收入数量。从 20 世纪 60 年代初开始，总统伦理指令强行禁止联邦雇员和官员接受“来自任何**政府**以外资金来源的，因教学、演讲或与员工公务有关的著述”而给的补偿（政府伦理办公室，1995：31）。然而，公务外部补偿禁止没有运用到因与员工公务无关的教学、演讲或著述事项而收到的报酬上。

1989 年的《政府伦理改革法案》在规则上做出了重大的变化。该法案禁止所
380 有联邦雇员和官员接受因与员工公务有关或无关的教学、演讲或著述事项而获得的

酬金。这种措施引发了来自代表职业联邦雇员与政府官员团体的批评的大爆发。职业雇员辩称，这项禁令使得联邦雇员和政府官员不敢撰写文章和发表演讲，从而侵犯了他们的宪法第一修正案的言论和结社自由的权利。政府禁止辩护的理由是它有助于保护公众对政府的信任。

随后，联邦雇员组织设法驳回新的酬金禁令的合宪性。在 1995 年的“美国诉全国财政雇员工会”（United States v. National Treasury Union）一案中，最高法院裁定，该禁令违反了 16 级普通目录（GS-16）以下级别联邦雇员和官员的宪法第一修正案的权利（“美国诉全国财政雇员工会”，1995）。值得注意的是，该判决保留了美国国会监管高级联邦官员组织外表现、演讲和书面文章的权力。

第四，联邦法律给由特定类型的行政部门雇员和官员收受的组织外赚得的收入规定了上限。1978 年的《政府伦理法案》设定了首次联邦组织外收入限额。该法案禁止基本工资等于或大于基本工资年度等级在 15 级普通目录（GS-15）以上级别职位的“特定非职业的联邦雇员”“接受超过工资 15%的组织外收入”（政府伦理办公室，1995：32）。1989 年，美国总统布什发布《12674 号行政令》，禁止总统任命为全职的非职业职位的被任命人接受在他们总统任命期间任何组织外赚取的收入（政府伦理办公室，1995：32）。由于这些措施，联邦法律现在禁止大部分总统任命人员接受任何组织外收入。对组织外收入禁令的批评者继续认为它们给如果没有大量私人资金来源而进入联邦政府机构的个人造成不必要的困难。尽管有这些批评，但对组织外收入的限制已经成为行政部门伦理计划的永久组成部分。

第五，行政部门伦理规则在很大程度上规范了联邦雇员和官员与未来私营部门雇主的就业谈判。特别是，《美国法典》第 18 卷第 208 节禁止行政部门雇员和官员参与任何会影响到未来雇主财务权益的特别事项（政府伦理办公室，1995：23）。由于该禁令，寻求联邦政府组织外就业的联邦雇员必须仔细检查他们的职责和责任，以确保它们不涉及未来雇主。

F. 对前雇员的限制

在行政部门伦理规则的主要类型中，对前联邦雇员和官员的限制在过去的 40 年已经经历了最大的变化。虽然 19 世纪 70 年代国会对前联邦雇员的活动颁布了首批限制令，但国会直到 20 世纪 60 年代初才继续制定有效的“旋转门”禁令（罗伯茨，1988：16）。正如前面所讨论的那样，伦理改革者利用“水门事件”丑闻说服国会针对前高级联邦官员制定了一些新的“旋转门”限制（共同事业基金会，1977）。1989 年的《政府伦理改革法案》也对“旋转门”限制做了细微的调整（罗伯茨和多斯，1997：140）。

如今，行政部门雇员和官员发现他们自己常遭一些“旋转门”的禁令，这些禁令旨在防止前联邦雇员利用他们的政府合同为他们的客户或其他特殊利益团体获得优惠待遇。永久换位法规即《美国法典》第 18 卷第 207 节禁止所有前联邦雇员和 381
官员“在联邦部门、机构或法院面前，在特定事项上”代表“另一个人或组织”，在这些特定事项中，“前员工一方面个人大量参与了这些特定事项，一方面又为政府部门工作”（政府伦理办公室，1995：24）。第二部离职就业法规禁止前联邦雇员“在联邦部门、机构或法院面前，在特定事项上”代表“另一个人或组织”，“这些特定事项在该员工的监管下、在（该员工的）政府机构最后一年期间是悬而未决的”（政府伦理办公室，1995：24）。第三个限制禁止所有前行政部门员工在离开政府机构后为期一年内“从事与特定贸易及条约谈判相关的活动”（政府伦理办公室，1995：25）。

在 1978 年到 1990 年，美国国会颁布了一系列只适用于前高级行政官员的“旋转门”限制。1978 年的《政府伦理法案》设立了新的为期一年的冷却期，在此期间禁止“被涵盖”（covered）的官员就任何前官方机构中悬而未决的具体事项代表客户端与他们的前雇主接触。1989 年的《政府伦理改革法案》对前高级且只是高级的政府雇员活动强加为期一年的额外限制（政府伦理办公室，1995：25）。最后，1993 年 1 月 20 日，克林顿总统发布《12834 号行政令》，其涵盖范围包括了在行政令发布日期之后由总统、副总统或机构负责人任命的高级非职业的行政部门官员。该行政令要求这些员工签署一项协议，该协议限制他们在离开联邦政府之后 5 年内“在被任命人员服务过的机构面前代表那些机构”（政府伦理办公室，1995：25）。克林顿的行政令还终身限制被涵盖的被任命人员在联邦机构和部门面前“代表外国政府和外国政党”从事特定活动（政府伦理办公室，1995：25）。

就像组织外获得收入的限制一样，需要“旋转门”刑事限制的争论仍然在继续。“旋转门”限制的支持者争辩说它们有助于保护联邦雇员和官员免受前联邦雇员强迫要求为特殊利益团体提供与行政部门官员的优先接触。限制的批评者认为它们无助于阻止影响力兜售，并且只是使招聘个人到政府中来任职更困难。有趣的是，前联邦雇员似乎已经学会了生活在新一代的“旋转门”规则之下。总统卡特、里根、布什和克林顿在招聘高素质个人任职于关键决策岗位方面似乎没有一点难度。所谓的“旋转门”的问题似乎不再是可能要破坏公众对政府信心的危机。

18.3 外部控制与公共服务伦理

1993 年，行政部门中的伦理计划要求“雇用了 14 399 个人全职和兼职的 144 个机构的指定伦理官”的帮助（吉尔曼，1995：74）。联邦雇员和官员花了无数时间填写公开和保密的财务信息披露表格，指定机构伦理官因利益冲突问题而审查这些表格。每年联邦机构和部门组织大量的伦理研讨会，旨在让员工和官员熟悉伦理规则和要求。

382 尽管行政部门伦理计划扩展了，但少有公共伦理学者认为外部伦理规则是确保政府雇员和官员符合道德行为的最佳方法。美国宾夕法尼亚大学的杰里·普兰特在完成对公共服务伦理文献的综述之后得出的结论是，“公共行政伦理领域的作者们仍然不相信伦理守则是重要的或可取的”（普兰特，1994：225）。普兰特写道，“公共行政方面的伦理学家一直不喜欢行为守则。根据其形式主义、其说教和其守法主义，在他们看来行为守则离为了取代旧的对公共服务和公共利益的建构而创立一种新的公民角度的目标甚远”(普兰特，1994：237)。

公共伦理学者对公共服务伦理守则的矛盾心理源自这种信念，即遵守伦理守则无法保证公共行政人员在公共政策的制定与实施过程中以符合道德的方式来行动。正如戴维·H. 罗森布鲁姆和詹姆斯·D. 卡罗尔在《走向宪法胜任力：公共行政人员专题资料案例汇编》一书中所主张的那样，“正如公共行政人员需要知道如何解释统计回归和成本-效益分析一样，他们必须要知道他们的下属与个人的宪法权利，他们的官方行为直接压在这些下属和个人身上”(罗森布鲁姆和卡罗尔，1990：2)。在 1995 年的一篇题为《伦理与公共行政人员》的文章中，史蒂文·科恩和威廉·B. 艾米克认为：“公共行政人员因此必须做出有关他们愿意做的各种活动的个人价值与道德判断。这些判断不应该被随随便便做出，并且当被认真对待时，它们可以要求深感不安的选择。”(科恩和艾米克，1995：106-107) 简单地说，公共行政人员有不参与侵犯基本权利的公共政策实施的道德义务，即使法律或法院还没有认可这些权利。换句话说，伦理守则的批评者相信专注于伦理守则的执行并没有改善政府中的伦理决策。

1993 年美国律师协会对行政部门伦理计划的一份研究报告认为：“伦理处在成为一种精心制作、墨守成规仪式的危险中，在其中，多部分组成的测试的运用替代为价值观的内化，多层次清晰过程的建立取代了支持性制度文化的发展。”(美国律师协会，政府标准委员会，1993：290) 另一方面，迈克尔·马丁内斯（在 1998 年《行政与社会》期刊的文章中）强烈支持对行政人员采用强有力的伦理守则：

> 至少，强有力的伦理守则与适当执法机制（秘密的和公开的谴责信件、罚金和在罕见、极坏的情况下来自同行的驱逐）一起要求公共行政人员根据公共利益和民主价值观来行动，因为这些模棱两可的术语通过由公共行政人员独立委员会经与从业者、学者和公众磋商而发布的法典化规则和指南而被界定。总之，有私人伦理意识的、“有牙齿”(with teeth) 的伦理守则是确保公务人员为其行为负责任的最切实可行的办法。(马丁内斯，1998：722)

18.4 神话与现实：行政部门的伦理计划

从 1961 年到 1968 年底，美国公务员委员会主席约翰·梅西大力推广行政部门伦理计划（吉尔曼，1995：71)。梅西知道，随着联邦政府规模和权力的增加，公 383
务员将发现自己处在来自寻求优惠待遇的特殊利益集团的越来越大做错误事情的压力下。他也明白有效的行政部门伦理计划可以防止引起对联邦雇员和官员所做决策公正性和客观性质疑的各种状况。

长久以来，对作为把伦理责任意识灌输到公职人员心灵和头脑中的工具的公共服务伦理守则实用性的争论一直很激烈。像律师的伦理守则一样，公共服务伦理守则，在防止公职人员陷入引起对联邦雇员和官员所做决策公正性和客观性质疑的各种状况方面，起着重要的作用（马丁内斯，1998：690）。对行政部门伦理计划的仔细检查表明它已经演变成一种有效计划，这种计划有助于联邦雇员和官员避免可能会导致一些市民和媒体质疑联邦雇员和官员所采取的行动的公正性和客观性的各种状况。

参考文献

请从中国人民大学出版社官网（www. crup. com. cn）下载，或者用微信扫描下方二维码获取。

第 19 章

联邦监察官与问责路径*

保罗·C. 莱特
美国华盛顿特区布鲁金斯研究所

没有比 1989 年的住房与城市发展部丑闻的新闻报道更多地提高了监察官（IG）的知名度。住房与城市发展部的联邦监察官几乎每天都出现在报纸上，他是否披露了有关“罗宾住房与城市发展部”的新的细节；是否为有关 30 万美元的顾问（如内政部前部长詹姆斯·瓦特——其曾利用自己的影响为高价位的客户赢得住房项目）在国会作证；或者是否继续对由住房与城市发展部秘书办公室运作的明显的政治贿赂基金进行调查。突然一下子，联邦监察官成为头版新闻。 387

但是，并非所有的头条新闻都是正面的。简单地说，华盛顿的一些头条新闻认为联邦监察官已经漏掉了这则新闻。在寻求直达该机构最高当局的丑闻的答案过程中，国会和媒体还问到了联邦监察官。当《时代周刊》在它的报道中继续问及“强夺住房建设”时，“这样的丑闻怎么能够这么久了未被揭露呢？答案部分在于这样的事实没有人在意”[①]。通过暗示，这个“没有人”包括住房与城市发展部的联邦监察官，这一观点被众议员克里斯托弗·谢斯在众议院调查听证会上，在下面与住房与城市发展部的联邦监察官保罗·亚当斯的交流过程中提出：

谢斯先生：……联邦监察官办公室过去给我的印象是，

* 本文作者要感谢治理研究所及其所长罗伯特·A. 卡兹曼在工作方面的投入和鼓励，本文就是这一工作的成果。

① Nancy Traver, “The Housing Hustle,” *Time*, Vol. 133, No. 26, June 26, 1989, p. 19.

你们密切注意不法行为，把它找出来，然后你们确保对它采取了一定措施……

亚当斯先生：首先，谢斯先生，调查工作过去正在进行中，所以我们过去也没有最后的报告，我们过去也没有最终的审计。我们在 1988 年 9 月 30 日的报告中，即给国会的半年报告中，的确向国会报告了我们遇到了问题并且还在不断努力解决中。

谢斯先生：您在这里漏掉了我的观点。我要大概说一说。您看，我对联邦监察官办公室总的印象是有很大信心的，历史上也是有很大信心的。我的理解是：我们有一个联邦监察官办公室，所以我们不会有我们正要揭露的这种问题，我坦率地说，这就是——您知道，我不会再被震撼了，我根本就没有想要被震撼，因为没有什么会震撼我。

不过，我的意思是：您的工作是要确保不会发生这种情况，是不是？这就是为什么我们设有联邦监察官办公室的全部原因。而且一旦你们发现它，就要确保它不会再次发生。[①]

388 不管人们如何看待谢斯的评论——以及本章引用的研究表明他对立法历史的解释大多是不正确的——他的评论为询问有关联邦监察官在确保政府中的问责方面的作用铺平了道路[②]。

19.1 设想的引入

联邦监察官过去甚至被用来承担过失的责任的事实起因于 1978 年的《监察官法案》(Inspector General Act)。面临行政部门几乎始终如一的反对而被通过的该法案，在 12 个部门和机构中成立监察官办公室（Office of Inspector General, OIG)，除了已经存在的两个法定监察官办公室——一个是在卫生、教育与福利部(即将分解为卫生、公共事业和教育各部)，另一个是在能源部。到 1998 年，这种设想已扩大覆盖了 57 个部门和机构，包括 30 个由机构指定的监察官所领导的实体机构和 27 个由总统任命和参议院认可的监察官。

《监察官法案》的基本推动力是非常简单的。它只是把几十个独立的、常常是分散的审计与调查单位整合成由总统任命的人员领导的单一运营部门。在给问责研究予以新的动力方面，该法案为监察官明确设想了更多的资源，成为一种在整个立法过程中被明确表示的希望。因此，随着监察官办公室继续增加，工作人员和资源也继续增加。除了横跨非国防政府机构的工作人员减少之外，在整个 20 世纪 80 年代，监察官办公室实际增长了近 25%。

---

① 参见：House of Representatives, Committee on Government Operations, Subcommittee on Employment and Housing, *Abuses, Favoritism, and Mismanagement in HUD Programs*, Hearings, One-Hundred-First Congress, First Session, Washington, D.C.: U.S. Government Printing Office, 1989, Part 1, p. 499.

② 参见：Paul Light, *Monitoring Government: Inspectors General and the Search for Accountability*, Washington, D.C.: Brookings Institution, 1993.

19.2　简短的立法史

但是，相比于 1978 年通过的大多数法案，《监察官法案》几乎是不引人注目的。把 12 个部门与机构的不同审计和调查单位重组为单一领导的监察官办公室几乎就是构成主要议员席上辩论的素材。事实上，人们对监察官法规了解越多，语言就越会平淡无奇。

然而，无论是平淡无奇的还是复杂的，无论是若隐若现的还是有争议的看法，毫无疑问，国会给了监察官广泛的权力①。根据法规，监察官要为实施审计与调查提供指导，审计与调查既包括项目本身和与项目有关的审计与调查，又包括它们的分支机构运作的审计与调查。它们也有一个长长的辅助职责清单：审查现有和拟议的、为了影响经济与效率的立法和规章；协调部委或机构与其他联邦机构之间，州与地方政府、非政府实体之间的关系，以及最重要的是，促进它们部委与机构总体上的经济、有效率和有效果②。监察官显然有足够的授权，以便寻求所有下面三种被讨论的问责路径。现在的问题不是"是否"他们有能力，而是他们"是否"会使用它③。

如前所述，《监察官法案》仅仅是一种把两种简单职能即审计与调查职能统一为一个单位的组织设计。然而，使《监察官法案》更加重要的是通过至少三种设计来保护这些新的单位的决定。

第一，尽管每位监察官都是总统任命的人员，是可无故抽调的，但每个监察官被选中"不考虑政治派别，仅仅根据诚信和表现出来的在会计、审计、财务分析、 389
法律、管理分析、公共管理或调查方面的能力"。此外，每个既不是总统也不是机构领导的监察官要任命一名监察官审计助理和一名监察官调查助理，并为了查出欺诈、浪费和滥用，他们有充分的权力进行每一种被认为有必要的审计与调查。

---

① 参见：Kurt Muellenberg and Harvey Volzer, "Inspector General Act of 1978," *Temple Law Quarterly*, Vol. 53, No. XX, 1980, pp. 1049–1066, for a general introduction to the IG concept.

② 对于那些仍然对监察官授权持怀疑态度的人来说，参众两院在最终通过之前的谈判进一步揭示了人们对希望产生的影响的看法。最令人感兴趣的是参议院对监察官审计职能的定义，这一定义旨在确保审计在新的办公室中发挥了强有力的作用，但由于与会者认为这一定义及相关的对调查的定义过于狭窄而被放弃。根据这种已被放弃的定义条款，审计职能包括但不限于：

(1) 对审计单位通常预期的财务往来进行传统审查。

(2) 对"资源的管理利用和保护"进行更广泛的审查，包括"无论是正式规定的还是非正式制定的程序，这些程序是无效还是成本超出合理的范围""几乎没有或者根本没有服务于有价值目标的工作绩效""对设备使用的无效率或不经济""与要完成的工作量相关的人员超编""资源的浪费"。

甚至对项目结果进行更广泛的审查，询问"项目或活动是否达到了国会或机构所制定的目标"，询问"机构是否考虑了以较低成本实现预期结果的替代方案"，而且也审查"所用标准的相关性和有效性，以更判断实现项目结果的有效性"，审查"实体单位所遵循方法的适当性，以评估实现项目结果的有效性"，审查"所积累数据的准确性"，以及"所获得结果的可靠性"。

③ 参见：Margaret Gates and Marjorie Fine Knowles, "The Inspector General Act in the Federal Government: A New Approach to Accountability," *Alabama Law Review*, Vol. 36, No. 2, Winter, 1985, pp. 473–514.

第二，每位监察官都要有权获得所有审计与调查所需的“信息、文档、报告、答案、记录、账户、报纸和其他数据和书面证据”，有权要求机构内部的援助和来自政府各部门的信息，有权传唤文件（但不是证人或证言），有雇用和解雇员工的权利，有权在必要时为任何目的“直接和立刻”见到秘书或主管。此外，无论是机构的负责人还是二把手都不能阻止或禁止监察官“发起、实施或完成任何审计与调查，阻止或禁止在任何审计或调查过程中签出任何传票”。

第三，每位监察官都受到由两部分组成的双重报告要求的约束。其中之一是给部委或机构负责人的、相对简单的半年度报告。在 30 日内被自动**原封不动**地转发给国会的每一份报告都要包括对监察官在前 6 个月中遇到的每一个重大问题、滥用和缺陷的描述，以及建议与结果的列表。另一份报告是给部委或机构的负责人的信函报告，这种报告只能在出现了“特别严重或臭名远扬的问题、虐待或缺陷的情况下被用到，这种简略得多的信函报告也要在 7 天之内被自动原封不动地转发给国会。因此，这就是“7 天信函”术语的来源。

总之，这两个报告的要求形成了独特的双通道权威。正如玛格丽特·盖茨和玛乔丽·诺尔斯所主张的那样：“监察官是行政部门中唯一的总统任命的人员，无须来自管理和预算办公室许可而直接与国会对话，……这种与国会直接对话的能力为监察官提供了一个潜在的重大影响力来源。”①

19.3 设想的拓展

显然，1978 年的《监察官法案》起草工作面临的唯一最重要的问题是独立性问题。有关双重报告安排和免职条款的问题在司法部和白宫被问及。1977 年 11 月 7 日，内阁召开会议时，国内政策顾问斯图尔特·艾森施塔特做了如下记录，这些记录是有关管理和预算办公室主任詹姆斯·麦金太尔的每周内阁简报的。在埃森斯塔特的笔记中唯一被记录的人是总检察长格里芬·贝尔和卡特（简称 J. C. ）：

> （1）官方操作通过重组计划 2。
>
> （2）《监察官法案》删去有关向国会报告部分和其他令人反感的条款。
>
> J. C. ：比美国卫生、教育与福利部和能源部中更少的限制，不要认为这是过于严厉的，最好是统一的。
>
> 贝尔：有关没有国会报告就不能免职是违宪的。
>
> J. C. ：最好是在我的控制之下。②

390 两分钟的对话只显示了行政部门反对方的建议，包括农业部和住房与城市发

① 参见：Margaret Gates and Marjorie Fine Knowles, “The Inspector General Act in the Federal Government: A New Approach to Accountability,” *Alabama Law Review*, Vol. 36, No. 2, Winter, 1985, p. 475.

② 这些笔记来自：Eizenstat's files and are dated November 7, 1977. 感谢大家的访问和见解。

展部，这两个部当时都有它们自己的非法定监察官①。正如后来成为商务部行政助理秘书的埃尔莎·波特要致函的那样，反对派支持双重报告和《监察官法案》形成的对抗关系：

> 这确实令人惊叹！要是立法只是以政府问责办公室的形象创建监察官，并且使他们成为该机构的相对独立的审计与调查的武器，只要向机构的负责人报告，我觉得这种模式或许可行。但在强制实施监察官对国会的双重效忠（因此，双重依赖）的过程中，这一立法产生了一个巨大的信任问题，需要监察官去克服。换句话说，这一立法埋下不信任的种子。②

这种几乎一致的行政部门的反对被司法部因为“不允许对行政部门有特权和责任侵犯”而对双重报告的担忧进一步加强了③。此外，由于反对该法案作为稀释总统基于宪法的“注意”(take care) 条款的权威，司法部瞄准三种具体规定：

> (1) 无须许可或批准向国会传递信息。该法案第 4 条 (e) 款规定该法案所需信息应无须进一步的许可或批准转交给国会。这明显与总统控制和监督所有行政部门给国会的答复与意见相冲突……
>
> (2) 罢免权。第 2 条 (c) 款规定，当总统要行使罢免监察官的权力时，他必须向国会两院传达他的理由。我们认为这种限制，即使其本身是有限的，也对总统罢免行政部门官员的不合法权力构成了违宪侵犯……
>
> (3) 预算报告的提交。第 5 条 (a) 款第 (5) 项规定，如果监察官认为他的办公室预算请求已经被减少，目的是为了对履行他的职责造成不利影响，他要立刻通知国会。这一规定是一种对行政部门内部有效运转所必需的纪律性秩序的明显干扰。用詹姆斯·麦迪逊的话来说，这岂不是构成一个典型的例子，即鼓励高级行政官员与国会一起加入“阴谋小集团”(in cabal) 吗？

最高法官也反对被认为是国会对行政职能的篡夺，因为其故意忽视根据 1921 年的《预算与会计法案》(Budget and Accounting Act) 而成为政府主要会计机构的总审计局的曾经重要的角色。司法部的律师致函说：“在我们看来，该法案所计议的对行政机构的持续监督不是一种恰当的立法职能，而是一种相当严重的对我们宪政体制的扭曲。”④ 此外，在最高法官看来，半年度报告妨碍了总统的隐瞒消息的宪法特权：

---

① U. S. House of Representatives, Committee on Government Operations, Subcommittee on Intergovernmental Relations and Human Resources, *Establishment of Offices of Inspector General*, Ninety-Fifth Congress, First Session, Washington, D. C.: U. S. Government Printing Office, 1976, pp. 23, 122; 以下简称为：House 1978 IG Act Hearings.

② Elsa Porter, untitled speech, December 1, 1980, p. 3; author's files.

③ Department of Justice, *Memorandum on Constitutional Issues Presented by H. R.* 2819, reprinted in House 1978 IG Act Hearings, pp. 831-49.

④ Department of Justice, *Memorandum on Constitutional Issues Presented by H. R.* 2819, reprinted in House 1978 IG Act Hearings, p. 844.

国会有其他获得信息的合法的和完全有效的手段，这些信息是该法案旨在向国会提供的信息。国会委员会在寻求它们所需要的信息时很警惕，并且行政部门的一贯政策一直是尽可能充分地配合国会对信息的要求。此外，为了获得有关政府计划的信息，国会可能按照自己的意愿利用总审计局。我们认为过去这些方法已经被证明是完全适当的，因此，不能断言压倒一切的需要能够证明这种更加深入的调查有理。①

391 具有讽刺意味的是，这种反对被总统任命的官员之一的卫生、教育与福利部秘书长约瑟夫·卡利法诺所消除。两年来他的部门已经与法定监察官相处融洽，并且卡利法诺没有看到有什么可担心的。与“8 天投诉”并行的是，卡利法诺的证词产生了突出的影响。正如小组委员会的律师詹姆斯·诺顿后来要解释的那样，卡利法诺和他的备受推崇的监察官托马斯·莫里斯被留待备用，直到听证会的第 9 天也即最后一天，当时他们保证要做最大的反击。看看以下的交流：

方丹先生：部长先生，您的依法成立的监察官办公室有以任何方式损害完成卫生、教育与福利部的使命的努力吗？

卡利法诺先生：不，没有，主席先生。它实际上提供了很大帮助。

方丹先生：法定监察官办公室有以任何方式阻碍你能够去调查部里各种计划与运作中有问题的领域吗？

卡利法诺先生：没有，它同样提供了帮助。

方丹先生：莫里斯先生有在任何时候拒绝或未能履行你提出的任何调查与审计特定计划的要求吗？

卡利法诺先生：没有——除了我一直打电话给他并要求他做更多。这就是正在进行中的一切。

方丹先生：根据您的判断，你有遇到过任何起因于创建您的监察官办公室的法律规定的重大问题吗？

卡利法诺先生：没有，主席先生。②

尽管卡利法诺后来旁听了白宫反对新法案的某些功能，特别是报告和任命条款的听证会，但是木已成舟。好像前 8 天的证词化为泡影。

19.4 妥协的好处

最终，围绕 1978 年的《监察官法案》的争论最好被看作独立机构之间分享权力的一种政治争议。这不是一个需要通过法律先例讨论而被解决的问题，而是总统与国会之间的利益平衡问题。

例如，毫无疑问，那一年美国国会很愿意来测试权力分离的保护套，在 1978

① Department of Justice, *Memorandum on Constitutional Issues Presented by H. R.* 2819, reprinted in House 1978 IG Act Hearings, pp. 848–49.

② House 1978 IG Act Hearings, pp. 468–69.

年的《公务员改革法案》中设定了一个条款，成立一个调查侵犯功绩制度的特别检察官办公室（Office of Special Counsel），这个办公室具有明确的权力，即“应任何委员会或者它的小组委员会的要求”，“不经任何其他行政当局的审查、清理或批准”，通过报告、证词或者其他形式，把与职能、职责或者与该办公室有关的其他事项的信息或意见传达给国会。

更为明显的是，1978 年的《政府伦理法案》第 6 章为调查和提出（如果合适的话）高阶层的刑事控告创建了一种独立检察官机制。这些独立检察官不仅要被一个特别法庭（特别支部）任命，这个特别法庭也决定了检察官的检察权，他们会被免职绝不是因为弹劾和信念，只是因为总检察长的个人行动以及只是因为好的理由、肢体残疾、智力丧失或者任何其他大大损害独立检察官职责履行的状况①。如果发生这种行为，总检察长被要求向特别法庭和参议院以及众议院司法委员会报告，“详细说明被查明的事实以及这种免职的最终理由”②。

在“莫里森诉奥尔森”（Morrison v. Olson）一案（独立检察官亚历克西娅·莫里森与前助理总检察长和调查对象西奥多·奥尔森的争斗③）中，这些规定获得最高法院的实施。1988 年在为由 7 名成员组成的多数派写文章时，最高法院首席大法官伦奎斯特拒绝接受这种想法，即独立检察官是一种对行政特权的入侵。第一，国会没有为自己在罢免行政官员方面设立一个不同于既定的弹劾与定罪权力的角色。第二，更重要的是，国会没有违反在创建独立检察官机制过程中的权力分离。 393

这里简短讨论的要点不是要构建一个从未出现的最高法院判例，而是要表明在《监察官法案》上的妥协不是出于对宪法挑战的恐惧，而是出于现实政治的考虑。国会两院都没有表现出任何的不情愿，即没有不情愿去设立新的报告安排和限制性免职条款，无论是在《监察官法案》中、在《公务员改革法案》的措施中还是在《政府伦理法案》中。

事实上，除了持续的行政部门反对之外，监察官的设想是一种理念，这种理念的时代一定会到来。正如表 19 - 1 所显示的那样，1976 年从卫生、教育与福利部开始，在接下来 15 年内，国会 13 次拓展这种设想。1977 年监察官被添加到新创建的能源部；1978 年被添加到农业部、商务部、住房与城市发展部、内政部、劳工部、运输部、社区服务管理局、环境保护局、公共服务管理部、美国国家航空航天局、小企业局和退伍军人事务部；1980 年被添加到州政府；1982 年被添加到国防部；1988 年被添加到司法部、财政部以及一系列大多称为小机构的“联邦资

① 28 U. S. C. 596 (a) (1).

② 28 U. S. C. 596 (a) (3).

③ 108 S. Ct. 2597 (1988)；要获得这一决定的各种解释，参见：Earl C. Dudley, Jr.，“*Morrison V. Olson*: A Modest Assessment,” *American University Law Review*, vol. 38, no. 2, Winter, 1989, pp. 255-74; Eric Glitzenstein and Alan B. Morrison, “The Supreme Court's Decision in *Morrison V. Olson*: A Common Sense Application of the Constitution to a Practical Problem,” *American University Law Review*, vol. 38, no. 2, Winter, 1989, pp. 359-93; Morton Rosenberg, “Congress's Prerogative Over Agencies and Agency Decisionmakers: The Rise and Demise of the Reagan Administration's Theory of the Unitary Executive,” *The George Washington Law Review*, vol. 57, no. 3, January, 1989, pp. 627-703.

助的实体”。随着 1989 年扩展到中央情报局，监察官几乎存在于政府的每一个角落。

392 **表 19-1　　监察官设想的扩展，1976 年至 1990 年**

年份	法令	总统任命的监察官
1976	公法 94-505 号	卫生、教育与福利部
1977	公法 95-91 号	能源部
1978	公法 95-452 号	农业部、商业部、住房与城市发展部、内政部、劳动部、运输部、社会服务管理局、环境保护局、公共服务管理部、美国国家航空航天局、小企业局、退伍军人事务部
1979	公法 96-88 号	教育部
1980	公法 96-294 号	美国合成燃料公司
1980	公法 96-464 号	州政府
1981	公法 97-113 号	国家发展局
1982	公法 97-252 号	国防部
1983	公法 98-76 号	铁路职工退休管理协会
1986	公法 99-399 号	信息局
1987	公法 100-213 号	军备控制和裁军署
1988	公法 100-504 号	司法部、财政部、联邦紧急事务管理局
1989	公法 101-73 号	清算信托公司
1989	公法 100-193 号	中央情报局
年份	法令	非总统任命的监察官
1988	公法 100-504 号	动能公司、美铁、阿巴拉契亚地区委员会、联邦储备系统理事会、国际广播委员会、商品期货交易委员会、消费者产品安全委员会、公共广播公司、同等就业机会委员会、农业信贷管理局、联邦通信委员会、美国联邦存款保险公司、联邦选举委员会、联邦家庭贷款银行董事会、联邦劳工关系局、联邦海事委员会、联邦贸易委员会、美国政府出版局、法律服务公司、美国国家档案与文件署、国家信贷管理局、国家艺术基金会、国家人文科学基金会、国家劳动关系委员会、国家科学基金会、巴拿马运河管理委员会、史密森学会、田纳西河流域管理局、美国国际贸易委员会、美国邮政管理局
1993	公法 103-82 号	国家和社区服务公司
1993	公法 103-204 号	美国联邦存款保险公司
1994	公法 103-296 号	美国社会保障局
1994	公法 103-325 号	社区发展金融机构基金
1998	公法 105-206 号	财政部税务管理监察长

资料来源：Fred Kaiser，“Inspectors General：Establishing Statutes and Stastistics，” Congressional Research Service，The Library of Congress，Memorandum，November 12 1998. 参见包含了 1978 年法案相应修正案的法案或单独法令（CIA）。

到 1990 年，总统的监察官的总人数——由总统任命参议院确认的那些人——达到了 27 个，而一些小机构的监察官的总人数——由这些机构的负责人任命而不需要参议院确认的那些人——达到了 34 个。两位早期的社区服务公司和美国合成燃料公司的监察官被迫离开企业，这时他们的机构在美国总统罗纳德·里根政府当政早期被废除。

这种监察官设想的扩张可能是不可避免的。一旦卫生、教育与福利部的监察官职位于 1976 年设立，这很容易传递到新成立的能源部和分拆出来的教育部，并且一旦这种设想在 1978 年的政府法案中实现了突破，它必然要蔓延到司法部、财政部、国务院和国防部的核心内阁中。

最后，让《监察官法案》在行政改革历史上变得重要的不是它扩展到几乎所有的政府部门和机构，也不是它在越战与“水门事件”时期立法神殿中的独特性。相反，《监察官法案》非常重要是因其融合了三种问责的方法：(1) 确保符合行政行为详细规定的努力，(2) 为了更高绩效的激励措施的建立，以及 (3) 在政府及其员工有效完成他们工作的基本能力方面的投入。

19.5 问责路径

在 1977 年的第 100 次国会之前以及接下来的大部分历史时期，“问责”的定义一直都是明确的：通过遵守严格制定的规则和法规来限制官僚的自由裁量权。正如弗朗西斯·洛克当时所主张的那样：

> 20 世纪 60 年代和 20 世纪 70 年代的改革者似乎决意不是要拓展而是要削 394
> 减官僚组织的独立性。他们认为在当代社会中官僚机构代表了可怕的权力集中，并且行政机构应被带回到政治制度中来以及更负责任。如果说传统的改革努力可以被描述为美国行政过程非政治化的尝试，那么在我们的时代，改革运动似乎宁愿旨在行政的重新政治化——至少在恢复公众对先前独立机构的控制的意义上。①

直到今天，这仍是一个在公共管理学界备受支持的定义。正如丹尼斯·帕伦博和史蒂文·梅纳德-穆迪所主张的那样：“问责存在两个必须要区分的独立尺度。一个涉及这一概念的实质，而另一个涉及实现问责的方法。大多数文献涉及后者，但前者一样重要。”②

因此，学者如何定义他们的问责方法还透露了许多有关其对这一概念的基本观点。事实上，甚至对当代公共管理教科书的粗略回顾就表明，占主导地位的定义是一种命令与控制的定义。因此，问责被认为是对官僚自由裁量权限制的结果，这些限制来自明确的规则（命令）和正式程序、监控以及贯彻它们的稽查（控制）。例

---

① Francis Rourke, “Bureaucratic Autonomy and the Public Interest,” in Carol Weiss and Allen Barton, eds., *Making Bureaucracies Work*, Beverly Hills: Sage Publications, 1979, 1980, p. 103.

② Dennis Palumbo and Steven Maynard-Moody, *Contemporary Public Administration*, New York: Longman, p. 254.

如，帕伦博和梅纳德-穆迪把这两种官僚问责方法总结如下：

> 一种问责方法是**外部的**，这涉及由立法机关通过立法监督这样的机制而进行的控制，由法院通过决策审查和行政法而进行的控制，或者通过公民参与而进行的控制。第二种方法是通过**内部**控制，这包括职业标准和伦理的发展，规则的使用，举报人、代表性官僚制和行政程序的开放。①

然而，这种控制的定义存在的问题是它创造了一种问责与如创造力和创新这样的价值之间的人为权衡。例如，在论及问责的潜在成本时，已故的弗雷德里克·莫舍主张如下：

> 我从这一前提即比其他任何单一价值都要多的问责不是绝对之物开始。如果每个人都为他做了的或试图做的或考虑做或想象做的一切负责，那么这将是一个相当无生气的、沉闷的、静止不变的世界。问责通常不与发明或新奇或偶然相关联，而是与执行任务相当有关联，这些任务执行或多是明确定义的、诚实的、有效率的、有效果的以及最低成本的。因此，在一开始，问责相关联的价值就与原创性、试验性、创造性、风险承担的价值之间存在冲突。②

被命令与控制这样的术语所定义的问责导致了这些类别的权衡取舍。然而，在这一领域这不是唯一的定义。例如，詹姆斯·费斯勒和唐·凯特尔把问责分为两个方面。一个方面是问责：对法律、更高级官员的指导和效率标准的忠实服从；另一个方面是有道德的行为：对道德标准的遵守甚至是不道德行动“显像”的避免③。

此外，在研究了实现忠实服从与道德行为的方法的常见清单之后，他们最终拒绝了传统问责的合规路径：“最后，我们回到招募和留住致力于公共服务的、尊重
395 官僚问责和以道德行为呼吁的、了解并致力于宪政和民主制度的个人。”④

19.6 更宽泛的定义

问责的这种更宽泛定义特别适合于理解 1978 年的《监察官法案》的兴起。随

① Dennis Palumbo and Steven Maynard-Moody, *Contemporary Public Administration*, New York: Longman, p. 255；原文特别强调，对于类似的列表和方法，参见：B. Guy Peters, *The Politics of Bureaucracy*, New York: Longman, 1989, third edition.

② Frederick Mosher, "Comment by Frederick C. Mosher," in Bruce L. R. Smith, and James D. Carroll, eds., *Improving the Accountability and Performance of Government*, Washington, D. C.: Brookings Institution, 1982, p. 72.

③ James Fesler and Donald Kettl, *The Politics of the Administrative Process*, Chatham, NJ: Chatham House, 1991, p. 317.

④ James Fesler and Donald Kettl, *The Politics of the Administrative Process*, Chatham, NJ: Chatham House, 1991, p. 335；也可参见：D. Kettl, "Micromanagement: Congressional Control and Bureaucratic Risk," in P. Ingraham and D. Kettl, eds., *Agenda for Excellence: Public Service in America*, Chatham, NJ: Chatham House Publishers, 1992, pp. 94-112.

着一位新的民主党人入主白宫、“水门事件”丑闻远离记忆和伊朗劫持人质后两年时间静静地过去，暂时公认的问责定义顷刻之间扩大到既包括绩效提高也包括能力建设问题，这样的一个结论体现在当年颁布的其他法案中。例如，《公务员改革法案》就包含一个非常明确的承诺——尽管从来没有被充分资助——绩效工资、功绩奖金和政府人力资本的更多管理职位和职能，同时《政府伦理法案》创建了一个财务披露过程，这种财务披露过程尽管充满了合规性措施，但仍然设想总统任命官员带着更强的根据公共利益而工作的动机。

1978 年的《监察官法案》的颁布至少涉及三种问责的隐含定义——第一，这种隐含定义想要在被帕伦博和梅纳德-穆迪所引用的传统“合规”（compliance）机制的表单上找到一个历史悠久的地方；第二，这种隐含定义想要依赖于被费斯勒和凯特尔所引用的“绩效”（performance）策略，以及就如何提高政府“能力”（capacity）而向国会和总统提出建议的第三种更宽泛的隐含定义。

在转向每一种问责路径中的监视的作用之前，重要的是要注意到一种类型的选择并不一定排除对第二种或第三种的需要。合规问责不是与绩效激励或能力建设相抵触的，并且对确保有时影响员工对绩效制度信任的公平和公正来说可能是至关重要的。

然而，分别考虑每种定义是有用的。部分是由于原预算的压力，部分是由于政治动机，国会和总统可能已经在三者之间建立了一种人为权衡，用“合规”来代替“绩效”和“能力”。此外，正如表 19－2 所显示的那样，这三者涉及非常不同的目标、机制和时间周期。

表 19－2　　问责的各个方面　396

特征	问责的角度		
	合规的角度	绩效的角度	能力的角度
干预点	活动之后	活动之后与之前的混合	活动之前
主要对象	个人和账目	账目与计划	机构和政府各部门
主要机制	规则	激励	科技
制裁的作用	消极的	积极的	积极的
管理的作用	监督和纪律	目标设定与强化	支持与管理的职责
监督的作用	侦查与强制	评估与标杆管理	分析与设计
战略的复杂性	简单	更复杂	最复杂
影响的持久性	短期的	中期的	长期的

为了比较这三种方法，从**干预点**（the point of intervention）开始。根据合规性模型，干预期待具体行动。虽然合规也呈现出一些活动前的威慑作用，但它主要是一个工具，用于在错误发生后发现它们。相反，以绩效激励和能力建设为基础的问责依赖于在活动发生之前产生影响。

这三种定义往往也涉及不同的主要“对象”，从连续统一体一端的个人和账目，到中间的账目与计划，以及另一端的作为一个整体的机构和政府各部门。因为接受了这种连续统一体的不精确性，它似乎是合理的，所以将合规放在这种排列的个人和账目一端上，绩效放在中间，能力建设放在后面的机构和政府各部门上。例如，监察官的调查相当清楚地集中在个人的违规行为上，这些违规行为是受益者、承包商还是联邦雇员所犯下的。大多数联邦绩效工资计划也是这样。

至于实现变革的“主要机制”（the primary mechanisms）是非常准确细致的。合规问责普遍流行的是规章制度，涉及的是采购、旅游、人事、文书工作或具体的政策，这些规则通过烦琐的签名和审批制度得到加强。相反，绩效问责兴起于激励的建立，其中最熟悉的是《公务员改革法案》的绩效工资的规定；能力建设集中在科技上，其广义上的定义包括人和人工作所用的工具。此外，能力建设还包括计划与组织的重新设计——制订可行的计划和回应性组织结构。

至于各种类型问责中的“制裁”（sanctions）的作用也是非常清楚的。合规问责将其重点放在消极的制裁，不论是正式或非正式的。违反规则的医疗保险供应商可能被取消资格，欺骗的承包商可能被处以罚款，偷窃的雇员可能被检控。相反，绩效问责将其关注放在积极的制裁上，特别是在奖金和奖品上，不过，属于根据《公务员改革法案》而建立的“高级行政人员”职级的成员还可以得到公休假的奖励。这种至少在 20 世纪 80 年代实施的积极制裁的问题是资金不足，没有资金按绩效付酬就有点空洞。以能力为基础的问责不涉及正式的制裁本身，但可以被看作一种类似绩效激励的方法。在培训预算、最先进技术购买等方面的增加对组织效能来说可能是强大的诱因。

根据表 19-2，三种类型的问责涉及管理者和监督者的不同角色。能力建设把“管理人员的作用”（role of management）看作支持与管理的职责。管理者负责保护和维护工具与资源，以便取得实效。相比较而言，绩效问责需要目标设定和强化，而合规问责需要严格的监管和必要的纪律。每一种问责路径中的“监督的作用”（role of oversight）同样是区别明显的。合规问责要求对侵犯行为的侦查和对制裁的强制，绩效问责要求对效果的评估和标杆管理（珍妮特·韦斯把其定义为“最优秀组织做同样的工作所取得的成果），而能力建设要求分析和设计[①]。

根据三种定义，实现变革的战略“复杂性”（complexity）也各不相同。合规与

397 绩效的问责是实施相对简单的设计，而能力建设复杂得多。要个人为明确的规章和规定负责是一回事，去发现和培养新一代公共管理者完全是另一回事。

最后，每一种方法的“持久性”（durability）都源自那些早期的特性。当问责依赖于规则而不是个人或组织时，它必须不断被强化。当问责依赖于激励与组织时，它更容易被记住。个人做正确的事不是因为他们害怕侦查，而是因为激励与组织引导他们，这种引导通常是在一个较长的时间范围内起作用。这不是主张合规与能力建设相比不是那么有效，而是主张每一种方法都有不同的持久力。

---

① Janet Weiss, “Making Public Managers More Receptive to New Ideas,” paper prepared for the University of California, Berkeley, conference on innovations, May, 1992, p. 13；韦斯认为：“根据面临类似问题的其他机构的绩效，特别是根据那些被视为行业领袖的机构的绩效来进行绩效评估，提供了一个要求很高的绩效标准。”

这种差异的列表并不意味着三种方法之间有一种内在的平衡。如果国会看到这样的权衡，正如一些学者所看到的那样，在《监察官法案》中它不是明显的。监察官要在所有三种路径中都发挥作用，努力确保遵从内部规则和法规（合规路径），确保在广泛的计划与活动中的经济和效率（绩效路径），以及确保在他们政府各部委和机构中的管理与运作有更普遍的效果（能力路径）①。

可惜的是，像国会想要这三种目标共存那样——合规强化了绩效，能力强化了合规——许多监察官被迫做出选择。不客气地说，监察官已经比成为要么绩效激励要么能力建设的催化剂更多地成为可追溯的或向后看的合规的工具。

19.7　为了问责的监控

不管什么类型的问责，追查骗子或评估效率的前景，监察官只有在手的一种工具：监控。他们要观察，不要行动、建议，不要执行。监察官不是作为各部门和机构的系列或运营官员而设立的，他们也没有被给予任何暂停或以其他方式干预计划活动的权力。监控的实施可以通过传统的财务合规性审计、高度个性化的刑事调查、项目评估和政策分析来进行，但这依赖于其他人的行动。

与此相反，他们被给予的是完全获得信息的权限——尽管只是国会也想要的信息。监察官自由审计、调查、审查、接触、分析、评估、监督和评价每一个问题、滥用、缺陷和有关他们机构的方案与运作的缺点，但是被明令禁止接受任何计划运行的职责。具有讽刺意味的是，当国会开始就如何减少施加在私营部门的文书工作的方法进行听证时，也表示其愿意把水平不断增长的监管与报告的要求强加给行政机构及其员工。因此，总统卡特和里根以及他们的管理和预算办公室也这样做。

同样具有讽刺意味的是，在国会和总统增加对政府雇员的监管时，私营部门开始接受爱德华兹·戴明的质量管理理念，专注于质量设计到生产过程的前端产品中去，而不是在后端的检查。虽然戴明实现质量的 14 点可能与联邦管理的改善有关，第三点与监察官最相关：停止依赖于批量检验。正如玛丽·沃尔顿所解释的那样："美国公司通常在产品下了生产线或者处在主要阶段时检验产品。有
缺陷的产品要么被扔出去，要么被重做；两者不必是费用大的。实际上，公司是 398
在支付工人生产有缺陷产品，然后又纠正它们。质量不是来自检验而是来自过程的改善。"②

这并不意味着质量回避测量。恰恰相反，戴明管理的实施高度依赖于统计过程控制以及认真的绩效监控，这种绩效监控准许管理人员而不是检验员跟踪和调整过程。在戴明看来，使监控与众不同的是它在管理过程中的作用。不像美国公共部

① 有关对民主价值与效率之间冲突的讨论，参见：Douglas Yates，*Bureaucratic Democracy：The Search for Democracy and Efficiency in American Government*，Cambridge，MA：Cambridge University Press，1982.

② Mary Walton，*The Deming Management Method*，New York：Perigee Books，1986，pp. 34-35.

门，在监控有时本身是目的以及几乎都是个人绩效考核的一部分的地方，戴明认为监控只对检查整体管理计划的进度是正当有效的。监控永远不会被用于评估员工的过失。事实上，绩效评估、成绩评定或年度综论是戴明的七种阻碍制造质量的致命弊端①。

显然，联邦政府不是私人实体。无论它的管理人员多么想要管理，事实上，他们为公共组织工作的事实产生了对官僚责任的要求，或者问责的要求。事实上，政府通过强制而不是消费者的选择提高收入的事实给公共机构加上了特殊的责任，权力行使也是一样。然后，问题不是“是否”要建立个人和整个机构的合规制度，而是“如何”将这些制度、绩效和能力建设联系在一起。简单地说，合规不能代替在人力资本和使用最先进工作场所技术方面的基本投资，更可行的是政策的精心设计，或组织结构调整以更好地利用行政资源。如果硬是把合规性监控用在能力建设上，它是不起作用的。

遗憾的是，正如表 19-3 所表明的那样，即使在监察官推出了他们的第一个审计与调查之前，激励也有利于合规。

表 19-3　　监控的各个方面

特征	监控的目的		
	为了合规的监控	为了绩效的监控	为了能力建设的监控
发现			
发现的数量	高	中等	低
发现的清晰度	高	低	低
测量的容易度	高	中等	低
信用要求的强度	高	低	低
建议			
金钱与资源	低	中等	高
目标的共识	高	中等	低
司法的简洁	高	低	低
实施的时间	低	中等	高

为了比较这三种监控，从任何一种监控制度的基本产品开始，这种基本产品即发现（findings）——也就是来自审计、调查、检验、计划评估等的书面结论。这三种问责途径显然会产生非常不同的发现。

首先，合规监控产生出非常大量的监控发现，即那种变成给国会与总统的很长的半年度报告，而能力监控往往会产生出少得多的监控发现。毕竟，监察官能够多
399 少次监控发现机构的金融体系是陈旧过时的或者政府在培训方面是投资不足的呢？原因之一就是对象——个人对象能够比整个机构或作为一个整体的政府被预期得到

① Mary Walton, *The Deming Management Method*, New York: Perigee Books, 1986, p. 36.

更多的监控发现。另一个原因是效果的持久性——短期效果为在不久的将来类似监控发现创造了机会。

其次，合规监控产生较高的清晰度。虽然这种历史可能反复相同，但是名称会发生变化。国会、总统和媒体似乎对合规监控有比对绩效或者能力监控更大的兴趣。不管是什么原因，对政府能力的监控发现似乎存在更少的市场需要，也许是因为这种合规监控发现已经变得如此熟悉。

再次，测量合规要容易得多。知道雇员或承包商什么时候违反规定是很简单的，当然，前提是那些负责监控的人员有资源对对象进行全面审计或调查。在个人层面上，往往很难去建立合理的绩效指标。在组织层面上，通过某种客观的衡量去知道一个组织是否失败更困难得多。无论是对以结果为基础的预算来说，还是对学校改革来说，问题部分可能通过努力建立广泛的政府绩效指标而得到纠正。正如安东尼·唐斯所主张的那样，问题的一部分将继续存在于固有的困难中，即“评估与生产它们的投入成本相比的产出”①。

最后，在他们的潜在信用要求方面，监控发现变化明显。寻求显示他们在反对欺诈、浪费和滥用的斗争方面的成功的国会议员和总统，会发现合规监控比绩效监控更有用得多。似乎总是为又一个有关欺诈、浪费和滥用的故事在报纸上留有空间或在新闻上留有时间。

然而，监控发现不是监察官的最终产品。大多数监控发现至少导致了一些“改善的建议”(recommendations for improvement)——在审计、调查等诸如此类模式中的概括性改革建议。还有，合规监控产生了更多政治上有吸引力的结果。

第一，大多数以合规为基础的建议不仅实施可能会更便宜——添加更多的规章制度——而且它们要配备职员更容易，有时只需给现有的监测单位添加更多的资源。与此相反，基于绩效和能力的建议更可能是昂贵的。例如，稳固的联邦绩效工资制度意味着金钱，并且是许多金钱。重建充满联邦政府的陈旧的财务管理制度也将是昂贵的，编写新的软件、招聘新员工、再培训老员工也会是一样昂贵的。

第二，围绕着要惩罚骗子与滥用者的大多数合规建议的简单目标有高度的政治共识。共和党人和民主党人很少意见不一，自由派和保守派有很多的共同点。但是，当问题是根据成功实现的绩效来支付员工工资或者是招聘最优秀和最聪明的人到政府来时，这些一致迅速分裂。为什么不是普遍的？为何要为政府工作人员应自动生成的东西而付费？

第三，实施绩效与能力建设方面的建议陷入预算局与国会山凌乱的管辖权问题。例如，处理如联邦航空管理局中的绩效薪酬问题而不会引起对退伍军人事务部的质疑是非常困难的。为联邦公园管理处警务人员建立一种特殊的薪酬类别不可避免地引发对美国国家航空航天局中的安全人员的质疑。绩效和能力的建议确实不仅是更昂贵的，它们也提出了有关委员会和预算账目的棘手问题。

第四，提高政府能力的建议需要较长的时间来执行。合规规则可以在一两个 400

① Anthony Downs, *Inside Bureaucracy*, Boston: Little, Brown, 1967, p. 30.

月内起草，新的审计随即展开。能力建设者对想要把东西带回家的国会成员所能说的最好的一句话就是“这需要时间”。在预算紧张和政治紧张的时代，时间刚好是政府缺乏的。

然而，如果合规监控常常是好政治，那么它也是历史上占主导地位的政府管理模式的一部分。根据“官僚范式”的三种基本特征，正如迈克尔·巴泽雷和巴巴克·阿马伽尼所主张的那样，政府可以被看作一种权威的系统：

> 权威的具体代表人界定了政府中的每个角色。履行任何给定角色的官员仅当明确被允许这样做时才能行动，要么根据规则要么根据命令链中上级权威给定的指示来行动。
>
> 在行使权威时，官员应写下正式的规则和程序，并用统一的方式应用它们。不遵守规则应该遭受到适当的惩罚。
>
> 在实质性事项方面的专家——如工程师、律师、执法人员和社会服务提供者应分配给直属机构，而在预算编制、会计、采购、人事和工作方法方面的专家应分配给工作人员集中的职能部门。①

在这里，问责是那些制定规则的人的责任。在借鉴马克斯·韦伯的官僚经典模型和弗雷德里克·泰勒的科学管理方法的基础上，工作人员没有问责的角色，除了完全做他们被告知的事务，特别是如果上司正在监视的时候②。不过，监察官年复一年地俘获更多的欺诈、浪费和滥用的事实可能表明这种合规监控方法不与管理系统的改进相结合就不可能成功。

事实上，巴泽雷和阿马伽尼设想了另一种成功实现结果的方法。后官僚范式的基本假设反映了“这种理念，即政府机构应该是客户驱动型的、以服务为导向的”。根据这种替代性观点：

> 公共管理者与使用这些概念的监督者的强烈愿望是要通过把他们的组织改变成为用户友好的、充满活力的、有竞争力的、给客户提供有价值服务的供应商来解决操作上的问题。从客户和服务方面来思考有助于公共管理者和监督者清楚表达他们对他们要负责的政府运作绩效的关注。③

在这种服务的范式中，改进起因于对政府与客户之间互动的理解。在这种范式中，监察官被导向一种非传统的“监控”定义，一种强调公民满意度、程序设计和谈判的定义。不同于传统的审计与调查，在审计与调查中，成功和失败很容易被一系列长期坚持的标准和正式的法律界限测量，后官僚范式设想一种完全不同的监控，明确地专注于“产品”的设计并不断改进。这确实是一个非常不同的

---

① Michael Barzelay with Babak Armajani, *Breaking Through Bureaucracy*: *A New Vision for Managing in Government*, Berkeley, CA: University of California Press, 1992, p. 5.

② 参见：Max Weber, “Bureaucracy,” in H. H. Gerth and C. W. Mills, eds., *Max Weber*: *Essays in Sociology*, New York: Oxford University Press, 1946；也可参见：Frederick Taylor, *Principles of Scientific Management*, New York: Harper & Row, 1911.

③ M. Barzelay and B. Armajani, *Breaking Through Bureaucracy*: *A New Vision for Managing in Government*, Berkeley, CA: University of California Press, 1992, p. 6.

构想。

目前尚不清楚是否总统和国会准备拥抱这种后官僚范式。例如，毫无疑问副总统戈尔的“政府再造运动”为监察官设想了一种非常不同的角色。戈尔的第一个 401
“重塑政府”报告不仅批评监察官在他们的机构中创造了一种恐惧气氛，它还否定了在 20 世纪 80 年代引起广泛关注的抵抗浪费的基本前提：该报告认为：“他们被评估的标准是要发现错误或欺诈。他们发现错误越频繁，他们就被判定为越成功。因此，监察官经常与在试图把事情做得更好时可能会破坏规则的机构管理人员形成了对立关系。”①

监察官很清楚地回应了这些警讯，甚至到了起草一份愿景声明的程度，这份愿景声明承诺要成为“积极变革的机构，为在我们的机构管理和计划运作方面和在我们自己公职上的持续改善而奋斗”。为了实现这一总的任务，监察官自己承诺：

> 分别与机构的负责人及国会一起工作来改进计划管理；
>
> 最大化积极影响并确保我们的审计、调查和其他审查的独立性和客观性；
>
> 利用我们的调查和其他审查来提高政府的诚信并建议防止欺诈、浪费和滥用的改进了的制度；
>
> 具有创新性并质疑现有程序并提出改进建议；
>
> 与计划管理人员基于共同致力于改进计划运行与效果而建立关系；
>
> 致力于不断提高我们产品的质量和实用性并携手合作来处理整个政府的事项。②

做出这种承诺 5 年后，还不清楚监察官已经在为了他们承诺的积极进取的绩效问责而进行的变革方面到底取得了多少进步。问题的一部分是监察官容易受到同样的缩编压力的影响，这种缩编压力在 1993 年与 1998 年削减了整个联邦文职就业的近 40 万份工作。

毫无疑问监察官注意到了这些削减。根据 1996 年由凯瑟琳·E. 纽科默所做的一项对 57 名监察官中的 53 名的问卷调查，近 62%的监察官认为缺乏资源和人员是他们工作面临的最重要的挑战③。即使监察官想重新调配工作人员到一种更积极的状态，裁员也促使他们艰难选择要服务哪一个主要事项：是国会授权的对浪费的斗争，还是总统支持的积极方法。总统可以来了又走，但在渴望那种对政府管理不善产生头条新闻的听证会方面，国会仍然不屈不挠。

不过，在 20 世纪 90 年代中期到 20 世纪末，监察官命运的改变至少存在间接证据。国会山上监察官变得更少见了，特别在共和党夺回众议院之后。一旦在众议

---

① Al Gore, *Creating a Government that Works Better & Costs Less*, Report of the National Performance Review, Washington, D. C.: U. S. Government Printing Office, 1993, pp. 31-32.

② President's Council on Integrity and Efficiency and the Executive Council on Integrity and Efficiency, *Inspectors General Vision Statement*, Washington, D. C.: PCIE/ECIE, 1995.

③ Kathryn E. Newcomer, "The Changing Nature of Accountability: The Role of the Inspector General in Federal Agencies," *Public Administration Review*, vol. 57, no. 3, March/April 1998, p. 135.

院小组委员会的层级上有有利的证词来源，监察官们就突然地被新的多数派所贬低。正如表 19-4 所显示的那样，1989—1994 年，监察官作证 520 次，他们大部分出场在众议院小组委员会的层级上。在最初的两年里，在共和党多数派的情况下，监察官作证仅轻微下降至 133 次，但在接下来的两年里，监察官的出场大幅下降，下降到只有总共 45 次出场。

对正在下降的现象有几种可能的解释。第一种解释是，新的共和党多数派只是开始怀疑监察官是不是那种有关欺诈、浪费和滥用的强有力报告的可靠来源，这种强有力报告是为了好的小组委员会听证会而做出的。这样的解释很好地符合了这种理念，即监察官事实上把方向转到一种更加合作的、积极的防止欺诈的方法。

402 **表 19-4　1989—1997 年国会山的监察官**

场所	被提名	拨款	计划	一般的监督	总次数
1989—1990 年					
众议院	0	41	59	11	111
参议院	10	10	27	10	57
全体委员会	10	2	12	4	28
小组委员会	0	49	74	17	140
1991—1992 年					
众议院	0	42	73	4	119
参议院	4	6	33	4	47
全体委员会	4	0	21	2	29
小组委员会	0	48	85	4	137
1993—1994 年					
众议院	0	47	78	14	139
参议院	3	9	30	5	47
全体委员会	3	0	22	2	27
小组委员会	0	56	86	17	159
1995—1996 年					
众议院	0	38	62	1	101
参议院	8	0	24	0	32
全体委员会	6	1	16	0	23
小组委员会	2	37	70	1	110
1997—1998 年					
众议院	0	27	17	1	45
参议院	2	1	7	0	8

续前表

场所	被提名	拨款	计划	一般的监督	总次数
全体委员会	2	2	8	0	10
小组委员会	0	26	16	1	43
1989—1998 年总次数（百分比）					
众议院	0（0）	195（88）	289（68）	31（62）	515（73）
参议院	22（100）	26（12）	121（32）	19（38）	188（27）
全体委员会	20（91）	5（2）	79（19）	10（20）	144（16）
小组委员会	2（9）	216（99）	331（81）	40（80）	589（84）
1977—1988 年总次数（百分比）					
众议院	0（0）	53（58）	74（63）	39（59）	176（52）
参议院	46（100）	46（42）	44（37）	27（41）	163（48）
全体委员会	46（100）	0（0）	25（21）	18（27）	89（26）
小组委员会	0（0）	109（100）	93（79）	48（73）	250（74）

另一种更令人信服的解释是，克林顿当局让大量监察官职位处于空置。当没有监察官被邀请时，国会委员会几乎不会因为没有邀请监察官来作证而遭受指责。例如，截至 1998 年 3 月，27 个由总统任命的监察官职位中就有 8 个空缺，这是单季度中最大职位空缺数，因为里根在他第一个任期内一开始，为了努力证明总统的控制力而解雇了所有监察官。

没有来自国会议员有关监察官的更详细信息，是不可能知道哪种解释可能站得住脚的。然而，很清楚，监察官有些不舒服地庆祝了 1978 年《监察官法案》颁布 20 周年。虽然他们可能已经包含了政府再造的要素，但是监察官仍然是两个分立部门的傀儡。就监察官被视为与国会关系太密切来说，他们失去了他们作为建议来 *403* 源的可靠性，这种建议是有关执行机构如何可能防止问题发生的；不过，就他们被视为与行政部门关系太密切来说，他们失去了他们凸显需要通过立法而解决的问题的最明显机会。正如一位监察官曾经所主张的那样，它就像跨坐在带刺的铁丝网上。

19.8　结论

因为调查了在监察官配备、监督、管理和预算办公室的集中票据清算和许多限制行政自由裁量权的其他设置方面已经做出的投入，国会和总统似乎赞成短期的方法。尽管人们可能在巨大预算压力的时候赞赏努力抨击被认为是欺诈、浪费和滥用的原因，但是国家公共行政学院 1984 年号召解除管制联邦政府管理也许是正确的。在国家公共行政学院专家小组看来，

在我们的政府形式中制衡是必要的，已经有足够多滥用权力的例子来明确

这一点。因此，问题不是其是否是需要的，而是多少这样的保护是必要的，以及它如何可以被派上用场而不损害有效性。专家小组认为，这种保护的积累总体上已经变得过度，并且已经被认为是在本应更现实地强调加强管理的情境下的管理不善的解决办法。[①]

从监察官设想的角度来看，更重要的是，许多这些法规的设想事实上为监察官要求了一个明确的角色。这些角色包括依据《财务总监法案》审计新的财务报表，依据《虚假申报法案》回应公民发起的诉讼，依据《项目欺诈与民事救济法案》调查申诉。人们甚至可能主张监察官为国会和总统来制订比他们另外可能有的更多规则提供了一个借口。

监察官不仅监控大多数政府所做事情的合规情况，这些事情以计划执行、采购和财务管理的形式表现出来，他们也是越来越多制裁的关键执行者，从医疗保险提供者资格的取消到行政追偿，并且他们已成为白领危害政府的犯罪的主要调查人。除了导致合规问责的政治压力之外，立法议程可能很少会给监察官机会去做其他许多事情。

然而，监察官日益重视合规监控涉及的不仅仅是立法授权。它反映了最初法令通过的政治氛围，反映了卡特领导下开始出现的困难教训，反映了在里根政府反对浪费的斗争时期开展的激励措施，反映了随着变成调查者的监察官不断增加的数量而来的优先性，反映了监察官组织自然演变所产生的独立性，反映了继续支持合规作为确保政府中的伦理主导模式的各种力量。

① National Academy of Public Administration, *Revitalizing Federal Managers: Managers and Their Overburdened Systems*, Washington, D. C.: National Academy of Public Administration, November, 1983, p. 3.

第 *20* 章

举报人保护与司法制度

朱迪思·A.特鲁尔森
美国加利福尼亚州洛杉矶南加利福尼亚大学

通过暴露五角大楼的巨大成本超支、众多的环境危害和其他许多政府渎职行为实例，举报人已经成为不可缺少的问责主动者。特别是，自“水门事件”以来，通过鼓动举报政府官僚机构中的不当行为，联邦政府雇员在揭露欺诈、浪费和滥用方面发挥了极其重要的作用。自 1986 年以来，仅因为个体举报人的举报行动，《虚假申报法案》(the False Claims Act) 的修订已使原本会失于欺诈行为的 18 亿美元返回到美国财政部。不过，时常是这些官僚机构损害和惩罚举报人，因为把不利的公众注意力集中到他们的不良行为上。 *407*

1978 年，美国国会试图通过旨在保护和鼓励联邦雇员报告政府机构不当行为的《公务员改革法案》(the Civil Service Reform Act，CSRA) 以及之后旨在加强披露政府欺诈、浪费和滥用的联邦雇员可获得保护的《举报人保护法案》(the Whistleblower Protection Act，WPA)。根据《公务员改革法案》和《举报人保护法案》条款来保护举报人的困难已经例证了因官僚抵制而强加的对法律监管的限制（德沃金和尼尔，1987)，同时也表明没有任何法律上的保护能够完全成功保护举报人。

本章将探讨美国举报人保护的司法解释，特别是有关《公务员改革法案》和《举报人保护法案》的保护，得出的结论认为，那些负责《举报人保护法案》的解释和执行的人没有满足国会设置的适当标准的要求，无法保护和促进举报。目前举报人保护计划需要扩大和更好的执行。部分原因是，为了应对官僚对法律意图的阻碍，举报人不得不制定法外生存策略。本章的重点主要是发展出更好地通过司法机构的参与而不是单纯依靠行政部门自我监管来保护举报人的理由。本章着重于联邦政府层面的举报，但这种分析同样适用于私营部门。本章提出给予易于受到
408 报复的举报人在联邦地区法院强制执行他们的索赔的充分权利的理由以及通过“反黑行动”的规定和中层管理中的不利人事行动的预防来打击官僚抵抗的理由。

20.1 对举报的界定

《公务员改革法案》和《举报人保护法案》对举报含义的界定涵盖了大部分可能会出现的用于揭发的方式。这些联邦法律把对雇员个人合理地认为是违反法律、规则或规章，或者严重的管理不善，严重浪费资金，滥用权力或实质性且具体危害公众健康或安全的证据的任何信息的披露视为举报［CSRA，s. 2302(b)(8)］。披露的信息在每一个细节方面不必准确无误，这样才能被视为受保护的举报人的披露。所有需要的一切是：当做出披露时，个人有合理根据相信所披露的信息证明了这些类错误行为中的一个或多个。当做出这样的披露时，联邦机构被禁止采取或威胁采取因为披露而针对举报人的人事行动——在 s. 2302(a)2 处被界定为包括任命、晋升、轮换或有关工资的决定。

只有两个例外，为了受到保护，个人不必向任何特定的人披露信息或在他或她自己的机构内部做出披露。可以向任何人披露，同事、主管、国会、媒体或特别顾问。两个例外是在 s. 2302(b)(8)(A) 处被界定为法律所特别禁止的信息披露和为了国防或外事行为、根据行政命令特别需要保密的信息披露。为了个人得到保护，这两种信息必须向特别检察官、机构的监察官（IG）或由该机构负责人指定的另一名雇员披露。

匿名可能会影响举报行为的性质和其被接收的可能性（埃利斯顿，1982：167-169）。保持匿名的积极的一面是举报人可以保护自己的职业生涯，但匿名往往在举报人可以揭露什么方面限制了他们，因为他们必须确保泄露的文件有说服力，没有其公开的解释也能够自我成立。匿名举报人常常随后被追踪。

20.2 举报人保护的司法解释

对举报人的实质性宪法权利的解释已有三个阶段。在一直延续到 20 世纪 50 年代初的第一个阶段，最高法院采取了“私营部门的视角”(private sector vision)，坚持认为雇主能够限制雇佣自由。在从 20 世纪 50 年代初一直延续到 60 年代后期的第二个阶段，最高法院分析报告反映了“个人权利的视角”(individual rights vision)，特别承认公共部门的雇主受到宪法的限制。在开始于 20 世纪 60 年代后期并持续到今天的第三个阶段，最高法院一直维持这种分析，这种分析是“个人权利的视角”应用在私营部门而发展来的分析，即用了一种强调保护公共利益重要性的

“公共政策的视角”（public policy vision）（《法律进展》，1984：1738－1739）。

A. 私营部门的视角：雇佣自由

习惯法的雇佣自由原则的意思是不定期劳动合同被假定为是可任意终止的—— 409
任何一方可在任何时候并以任何理由终止这种关系（伍德，1977：134）。这种合同的陈述是基于法律上的推定，即合同义务是基于雇佣的持续时间，没有具体协议，唯一的考虑因素是薪酬。其次，雇佣关系的形成取决于合同自由的理念，就像没有雇员应该被强迫做特别的劳动，所以，没有雇主会被迫雇用或持续雇用特定的劳动者。因此，自由的员工面对雇主解雇的威胁没有防护能力并易受雇主胁迫和任性地伤害（布雷兹，1967：1404）。

在雇佣自由原则下，公职人员的宪法地位本质上一直与其私营部门对应部分是相同的。当公共雇主对雇佣设置条件时，公共雇主没有比私人雇主更加违反宪法。这已成为“权利－特权”区别的一个实例，其认为政府雇员享有宪法赋予的权利。

B. 个人权利的视角

尽管 20 世纪 50 年代和 60 年代初的私营部门中的自由解雇的习惯法戒律居于主导地位，但是最高法院开始认识到，作为公民的雇员可能会保留他们防范雇主的宪法权利。《第一修正案》对公共雇员言论的保护依赖于在“皮克林诉教育局”（Pickering v. Board of Education，1968）一案中被清楚地表达出来的实际应用，在该案中，最高法院禁止因对公众利益问题畅所欲言而解雇学校老师。皮克林一案使人们认识到公共雇员言论中的公共雇员与公众的利益，公共雇员言论声明这些利益必须与政府有效行政的利益进行比较权衡。虽然最高法院已通过平衡由个人权利视角所规定的国家利益与个人利益来思考公共政策，但是属于对国家在效率方面利益的权衡已经暗示了私营部门视角的复苏。挥之不去的私营部门视角的影响力在“康尼克诉迈尔斯”（Connick v. Myers，1983）一案中一直是明显的，其为了政府有效果和有效率地履行其对公众的职责，坚持主张限制《第一修正案》的权利（《法律进展》，1984：1748）。

在 20 世纪 60 年代至 70 年代初期，最高法院对有关联邦雇员工作权利事务的参与增多了。作为“财产权益”的联邦就业的理想在 1964 年开始获得信任（巴兰，1979：101－102）。由政府提供的与财产概念相关的包括公共就业的各种利益应该作为权利而受到保护和被接受（赖希，1964：733－735）。最高法院承认一旦工作者永久性地获得联邦政府的工作，他们可能因特定原因并且通过特定方法而被剥夺这一工作，这要满足《第五修正案正当程序条款》（the Due Process Clause of the Fifth Amendment）的修订条款（洛瑞，1976：1，15）。

C. 公共政策的视角

“公共政策的视角”表明，当雇员正在为公共利益而行动或辩护时，雇主解雇
410 自由雇员的权利不应使用。虽然这种公共政策例外仍在发展演变中，但是各级法院迄今已把它应用到涉及三大主要类别的解雇中。在第一类中，存在特别的法规，它给予被解雇雇员一项权利而不是相应的补偿。在这种情况下，原告通过公共政策例外来寻求隐含的补救措施。在第二类中，法规精确地解释雇主已经违反的公共政策，但是法规没有为被解雇员工陈述权利或补偿。在这样的情况下，原告寻求不被解雇与相应补偿权利的司法含义。在第三类中，可能不存在对涉及被解雇雇员状况的公共政策的立法方面的表达，权利与补偿的司法含义再次被寻求。这里的问题是，在这样的情况下，精确地解释公共政策的整个影响力就被转移到司法部门（康威，1977：787-788）。“弗兰普顿诉中部印第安纳州燃气有限公司”（Frampton v. Central Indiana Gas Co.，1973）的案例典型体现了第一类方法。在这个案例中，一位雇员在她对她的雇主提出工人抚恤金索赔控告的一个月后被解雇。她的损害赔偿诉讼指控合同终止是对索赔控告的报复。与弗兰普顿关联的工人抚恤金法律禁止雇主使用任何“手段”，以逃避其规定的责任。最高法院宽泛标明“其他手段”，为的是包括报复性解雇（康威，1977：789）。

加利福尼亚州对“彼得曼诉国际卡车司机兄弟会”（Petermann v. International Brotherhood of Teamsters，1959）一案的判决为第二类的公共政策例外树立了判例，它采用了超越雇佣关系进而包括需要诚实证词的权利和私人补救措施。彼得曼宣称，国际卡车司机兄弟会解雇他的唯一原因是他在调查工会不法行为的州立法委员会面前拒绝做伪证。尽管对彼得曼的判决中没有援引任何权威，但加利福尼亚州上诉法院一致认为，雇主解雇自由雇员的权利必须基于“公共政策的考虑”而受到限制。最高法院争辩说，州伪证法律体现了公共政策，即在法律制度中证词应该是真实的。鉴于这种解释，未能准许原告起诉缘由被认为等同于鼓励犯罪行为，并且使明确的国家利益落空。

缺乏任何有关雇主解雇雇员的权利的法规，法院的解释必须用来处理不当的解雇行动。在这种状况下的法院以以下两种方法之一来回应，他们要么已修改自由解雇的信条，要么创造了严密界定的戒律例外（康威，1977：793）。例如，“蒙盖诉毕比橡胶有限公司”（Monge v. Beebe Rubber Co.，1974）的案例中，新罕布什尔州最高法院修改了自由解雇的概念。在蒙盖案中，原告声称她因拒绝工头提出的建议而被解雇。下级法院将其裁定为恶意解雇的损害赔偿，同时上诉法院维持违反雇佣合约的原判。

俄勒冈州对“尼斯诉霍克斯”（Nees v. Hocks，1975）一案的判决体现了狭义上的公共政策例外的方法。俄勒冈州最高法院不是删除以“不当”理由解雇的权力，而是为自由解雇理念界定了狭义上的公共政策例外（康威，1977：798）。在上述案例中，自由雇员因服务于一个陪审团而被解雇。在上诉中，俄勒冈州最高法院维持给予因不当解雇而产生的损害补偿与惩罚性赔偿的原判，其说明存在雇主因这

样一种不受社会欢迎的理由解雇雇员的情况，雇主必须为已造成的伤害进行赔偿。总之，自由雇佣理念的公共政策例外的建立象征着一种私人关注正在成为一种公众关注。通过其实际操作，雇主有权终止关系的私人雇佣关系将要服从于公众利益 411
（康威，1977：798）。

威斯康星州最高法院对“豪斯曼诉圣克鲁瓦保健中心”（Hausman v. St. Croix Care Center，1996）的判决是狭义上界定公共政策例外连续先例的一个最近例子。根据威斯康星州的习惯法，雇主通常可以以正当理由、无理由或者甚至道德上是错误的理由随意解雇员工，只要该解雇决定不违反各种监管就业的法规和条例［如《民权法案第七章》（Title VII of the Civil Rights Act），《就业年龄歧视法案》（ADEA）、《美国残疾人法案》（ADA）、世界教育协会联合会（WFEA）］。然而，法院已经认识到自由解雇理念的例外，包括习惯法对违反了“重要而明确的公共政策”的不当解雇雇员的索赔。

当法院宣布其对豪斯曼案的观点并让两名前雇员继续起诉保健中心雇主时，其拒绝承认广义上的举报人例外。不过，法院清楚地认识到一种新的不当解雇索赔类型。作为一名注册护士的豪斯曼和作为一名社会工作者的赖特在多次向管理部门并最终向政府官员报告他们对病人护理与虐待的关注之后被解雇。两位原告中没有一位被告知要忽视贫困病人的治疗或被要求不要报告涉嫌的虐待。初审法院和上诉法院驳回了他们的索赔要求，因为两位中没有任何一位是因为拒绝用人单位违反公共政策的命令或指示而被解雇的。

直到“豪斯曼诉圣克鲁瓦保健中心”一案判决之前，只有当雇员拒绝了雇主违反公共政策的命令或指令时，这样的公共政策型不当解雇索赔才被确认。在豪斯曼案中，法院确认了一种新的非法解雇的公共政策索赔，在其中，因履行法定职责而不是拒绝雇主违反法律的要求而被解雇的雇员可以向雇主主张索赔要求。威斯康星州最高法院首先指出，根据威斯康星州的法规第 940.295(3) 条款，豪斯曼和赖特可能因未报告涉嫌虐待病人而被起诉，威斯康星州的法规把有意准许他人虐待病人或居民规定为犯罪。法院推断认为根据这样的法定命令行事的员工因履行他们的法定义务应受到保护而不被解雇。鉴于豪斯曼案的判决，雇主必须谨慎解雇如医疗保健这样受到严格监管行业中的员工，这些员工已进行了内部或正式的投诉。如果雇员在法律上有义务报告虐待病人或不安全状况，一个诚恳的、明确的解雇原因是必要的，以避免因不当解雇而要承担的责任（谢尔，1998）。

因为没有禁止雇主报复举报人的综合性联邦法律，根据自由解雇理念的公共政策例外，一些国家已采用习惯法的补救措施。虽然“公共政策”的界定对于法院决定是否要调用公共政策例外显然是非常重要的，但是，形成前后一致的“公共政策”学说一直是司法困难和混乱的根源。通常情况下，法院已把这个概念界定得极其宽泛，例如，对国家的集体公民来说是正确和公正的。在把这个概念应用到被不当解雇的举报人案例方面，许多法院达成了明显狭义的结论。在“阿德勒诉美国标准公司”（Adler v. American Standard Corp.，1971）的案例中，一位雇员在向公司行政人员报告他的上司伪造商业记录和受贿罪之后被解雇。法院认为，在这种情况下，公共政策给原告可认可的索赔授权是不够明确的（普罗塔克庭，1983： 412

1947）。同样，《国家劳动关系法案》（National Labor Relations Act，NLRA）和《职业安全与健康法案》（Occupational Safety and Health Act，OSHA）中对这种行为的法定语言也被解释为要否认在这些情况下对雇员的保护，在这些情况下，这些雇员诚信报告他们认为是违反法规的事情（所罗门和加西亚，1980：282）。然而，最近以来，这样的判例正在发生变化。在俄亥俄州"库尔奇诉结构纤维公司"（Kulch v. Structural Fibers，1997）的案例中，一位自由雇员因向专注于工作场所的健康与安全问题的"职业安全与健康管理局"呈递投诉书而被解雇或受到处分，根据"格里利诉迈阿密山谷维护公司"（Greeley v. Miami Valley Maintenance Contrs.，1990）及其判决结果，该雇员有权控告雇主因违反公共政策造成的不当解雇/处分的习惯法方面的民事侵权。

20.3 举报人的法规保护

无数联邦与各州的补偿办法的建立提升了雇员揭露雇主违反法律和公共政策的能力。给他们提供保护的《公务员改革法案》、《举报人保护法案》和《虚假申报法案》是最重要的联邦法规，但目前举报人保护计划不完整，缺乏一致性。

A. 联邦法规

1.《公务员改革法案》

随着《公务员改革法案》的通过，举报人条款首次为举报人提供广泛的法定保护，使举报人免受专横行动的伤害。国会制定这种新的法规，以这样的方式来保护举报人，同时降低揭发将成为唯一合法人事行动的可能性（沃恩，1982：619）。基础性根基原则是联邦公务员的任命和保留应建立在适当和功绩的基础之上。为此，《公务员改革法案》的第 2 301 部分列举了联邦人事管理中要遵循的 9 个原则，这些原则旨在保护职业员工免受雇用、晋升或解雇过程中偏袒的不当影响，并确保人事管理将无歧视地进行（美国国会，1978：18）。第 9 条原则涉及保护毫无保留地说出政府不当行为的雇员免受打击报复。

通过取消美国公务员委员会（the U. S. Civil Service Commission），设立人事管理处（the Office of Personnel Management）和功绩制保护委员会（the Merit System Protection Board，MSPB），包括特别顾问办公室（the Office of Special Counsel，OSC），《公务员改革法案》改变了公务员制度的结构。排除个体索赔者的独自诉讼，通过设立功绩制保护委员会和特别顾问办公室，《公务员改革法案》试图为举报人提供全面的保护。功绩制保护委员会是特别顾问办公室权力的主要解释者。不过，两者都有着确保联邦政府中的人事实践与功绩制原则一致的共同目标和责任。当特别顾问办公室接收到证明违反法律、规则或规章的信息时，以及接收到证明管理不善、严重浪费资金、滥用权力或对公众健康或安全具有重大危险的信息时，就需要复审这种指控并及时将其向相应的机构负责人发送。特别顾问办公室也有直接调查包括违反《哈奇法案》(the Hatch Act) 的违禁人事实践的责任和对已从事违禁人事实践雇员提起诉讼的责任。功绩制保护委员会有权处分已从事违禁 413
人事实践的任何个人，包括罢免权力、降级、取消公务员资格或高达 1 000 美元的民事罚金（美国国会，1978：6-7)。

当美国国会通过了这种举报人条款时，对《第一修正案》的解释严重影响了政府对高效政府的兴趣。因此，国会立法防备《第一修正案》标准中的缺陷，通过使用如“披露”和“有理由相信”这样的专用名词，以及对必定受到牵连的机构行为类型的说明，并要求信息的发布不应该被法律所禁止（沃恩，1982：640-641)。

举报人条款包含两种重要的措施，以确保个人责任理念的有意义的应用。首先，条款允许对机构指控的外部审查，并要求机构回应任何对重大不当或不法行为的指控。其次，举报人条款采用下面的少数制度之一来对机构官员施加外部问责。对现行公务员程序最重要的修改是，机构之外的个人可以对机构官员开启纪律诉讼程序（沃恩，1982：667)。

2.《举报人保护法案》

由于《公务员改革法案》并不总是提供原本打算的广泛保护，《举报人保护法案》的颁布是要加强揭露政府欺诈、浪费和伤害的联邦雇员可获得的保护。1989 年《举报人保护法案》的颁布是要加强和改善对举报者的保护。其规定如下：

> 特别顾问办公室从功绩制保护委员会分离。特别顾问办公室现在是一个独立的联邦机构。
>
> 减少作为举报后果的报复发生的举证责任。
>
> 如果举报人没有获得特别顾问办公室救助，举报人有权利把特别顾问办公室的决定向功绩制保护委员会提出上诉。
>
> 把对与举报人相关的所禁止的人事做法的界定扩展到包括威胁采取或未能采取的人事行动。

有些这样的变革增加了“特别顾问”的权力，其他这样的变革澄清或重新调整了“特别顾问”的作用，不过，当仍然还有其他规定有可能干扰对举报人的保护时，其他这些规定就限制了“特别顾问”的权力，使“特别顾问”独立于功绩制保护委员会有重要的象征意义以及实际意义。特别顾问办公室负责调查雇员对举报人报复的投诉，并且当报复被发现时，启动纠正与处分行动。鉴于许多官员“掩盖他们足迹”(cover their footprints) 的能力，这种分离可以帮助确定抵制举报人的根源。这种角色的澄清对于未来国会的监督来说也是重要的。

考虑到举报的某些特征，更有利的举证责任应该有助于“特别顾问”把举报人的案件提交到法院。由于特别顾问办公室要在非常小比例的举报人案件中寻求纠正行动，1989 年法案使雇员有权上诉到功绩制保护委员会寻求救济。1989 年法案现在允许雇员在首次到特别顾问办公室申诉之后，如果特别顾问办公室在他们的案件上已终止了其努力或特别顾问办公室未能在雇员书面向特别顾问办公室提起申诉的
120 天内尽其努力，那么就上诉到功绩制保护委员会。被称为个人行动权即上诉到 414

功绩制保护委员会的权利已变得重要，其确保雇员如果通过特别顾问办公室没有获得救济，他们可以前往功绩制保护委员会寻求听证和裁决。

最后，报复举报人的定义已经扩展到包括雇主对雇员威胁采取或不采取针对雇员的人事行动。前任“特别顾问”建议把这种附加部分作为一种协助特别顾问办公室向举报人提供额外或快速援助的途径。特别顾问办公室试图宣传有关雇员通过参与联邦政府资助的研讨会和讲习班而受到保护、免遭报复的权利，即使法律不要求特别顾问办公室这样做。事实上，举报人法规没有要求机构告知雇员有关免受因举报而受报复的权利的法律存在（《美国法典》第 5 篇，第 1 201 条及以下）。然而，根据《美国法典》第 5 篇第 2 302（c）条款，机构和部门负责人有责任阻止包括报复举报人的被禁止的人事做法（第 9 部分，第 1–2 页）。

《举报人保护法案》的对象不直接包括私人行业中的雇员。然而，对《举报人保护法案》的细读显示国会可能无意中为政府承包商的雇员提供了某种形式的保护。如果政府的承包商担心来自其发包机构的有害回应，非联邦雇员可以得到免遭报复的保护（伊斯雷尔和莱希纳，1989）。

3.《虚假申报法案》

1863 年，在亚伯拉罕·林肯的催促下，美国国会颁布了《民事虚假申报法案》(the Civil False Claims Act)，包括与采购欺诈做斗争的“要求取得罚金的起诉”(qui tarn) 条款。此法也被称为《林肯法》(Lincoln Law) 和《告密者法案》(Informer's Act)。“要求取得罚金的起诉”是拉丁语“qui tam pro domino rege quam pro sic ipso in hoc parte sequitur”的缩写，意思是“在这件事情上为国王也为他自己起诉的人”。虽然这一法案的目的是要通过给他们提供部分被追回来的钱来吸引举报人挺身而出，在 1863 年至 1986 年，极少数人利用这一法律，主要是因为内置于该法案中对举报的障碍以及许多司法规定使其难以执行。

由于参议员查尔斯·格拉斯利的坚定领导以及其对防止舞弊与浪费的新兴趣，《虚假申报法案》[《美国法典》第 33 篇，第 3 730（h）条款] 于 1986 年进行了修订，以便增加举报人的份额，恢复到最多 30%。修订后的法案也增加了原告提起诉讼的机会以及对被告的处罚力度。由于 1986 年的修订，“要求取得罚金的起诉”已显著增加，并一直是打击采购与欺诈最有效和最成功的手段。归类为“要求取得罚金的起诉”案件类型一般围绕着要么直接要么间接地向政府提交的“支付或批准”(payment or approval) 的虚假申报，通过提交虚假记录、报表或其他给政府的报告可以生成这些虚假申报，从而导致错裁、假谈判、产品和服务的替代、获利授权虚假证明。保护举报人是《虚假申报法案》最重要的条款之一。如果举报人因为利用了《虚假申报法案》而受到了报复，他们被允许提交单独针对他们雇主的控告。如果举报人能够证明他们的雇主从事了报复行动，他们有权复职，并获得两倍的应付欠薪、欠薪利息和因歧视而持续的损害赔偿，以及诉讼费用和律师费。自 1986 年以来，因“要求取得罚金的起诉”而追回的款项已超过 10 亿美元，大部分成功的起诉涉及国防和医疗保健计划的欺诈行为。

415 4. 其他联邦法规

为举报人创建的联邦权利增强了雇员揭露雇主违法行为的能力，虽然这些补救措施的修补性质阻碍了积极的诉讼和保护举报人条款的执行。不过，社团的举报人有时能够受到各种联邦法规之一的反报复条款的保护，尽管由这些联邦法规所提供的保护与由《公务员改革法案》、《举报人保护法案》和《虚假申报法案》所提供给其他公共部门雇员和私营部门雇员的保护，是没有可比性的。

每一个潜在举报人的情况必须在谁是雇主、披露涉及什么以及举报发生在什么状态下的基础上进行评估，因为每个联邦举报人法规都有其自己的诉讼提起规定、自己的限制性规定以及自己的行政或司法救济方法。联邦法规一般包括对法规保护什么样的言论权利的自我定义、根据法律规定提出诉讼的限制性规定和其自我的诉讼裁判的行政或司法规则。尽管每个法规都是不同的，但在解释其他法规时，法院和行政机关通常运用根据某一法规形成的案例法和法律分析。

实际上，对举报人的最广泛保护是 1964 年的《民权法案第七章》和《就业年龄歧视法案》相互一致的反报复条款，其对举报人提供了最广泛的保护。禁止报复不限于解雇，还包括不符合雇主一般程序的所有行动以及雇佣关系范围之外如提交报复性诉讼这样的报复行动①。

其他的联邦劳工法规提供了不同的防止报复的措施。《国家劳动关系法案》保护任何提起了诉讼或在《国家劳动关系法案》的诉讼程序中作证的员工免受报复。然而，与《民权法案第七章》和《就业年龄歧视法案》相反，全面保护的对象不包含反对非法雇主做法的员工。《国家劳动关系法案》的保护只被延伸到那些参与了《国家劳动关系法案》诉讼的人。国家劳动关系委员会（National Labor Relations Board，NLRB）决议进一步限制了保护，排除了管理人员（马林，1983：295）。

《公平劳动标准法案》（the Fair Labor Standards Act，FLSA）是第二部主要包含反报复条款的联邦就业立法。保护所有人而不像《国家劳动关系法案》一样只保护雇员免受报复，无论雇主是否受到《公平劳动标准法案》的管辖，《公平劳动标准法案》条款都是适用的。《公平劳动标准法案》条款保护如有关雇主涉嫌侵害、威胁提起诉讼或进行行政投诉这样的投诉事项以及保护拒绝提供虚假证词。雇员不承担他们的投诉最终会被发现缺乏价值的风险，相反，只要他们客观合理地、善意地认为雇主违反了该法令，他们就能受到保护而免受报复（马林，1983：278－279）。

《职业安全与健康法案》是另一部包含反报复条款的联邦法律。《职业安全与健康法案》已被广泛解释为不仅包括提出有关《职业安全与健康法案》申诉而且包括向雇主的投诉、向其他监管工作场所安全的机构的投诉，以及保留委员会以便改善
不安全的工作条件。《职业安全与健康法案》还赋予雇员拒绝某些特定和有限情况 416
下的危险性工作的权利。一般情况下，如果人们认为该雇员或他的代表参与了受保护的活动，雇主针对雇员做出了歧视性行为，并且受保护活动与歧视性行为之间存在关联，《职业安全与健康法案》将代表雇员进行调解（所罗门和加西亚，1980：279－280）。《联邦矿山安全与健康法案》（the Federal Mine Safety and Health

① 《美国法典》第 29 篇，第 621－634 条款（1976 年版及第四增刊 1980 年版）；《美国法典》，第 623（d）条款（1976 年版）。

Act）、《码头与港口工人法案》（Longshoremen's and Harbor Workers Act）和《原子能法案》（the Atomic Energy Act）就反报复条款而论可能会与《职业安全与健康法案》一起被包括在同一类别中。

环境方面的法律代表了另一种带有反报复条款的法规。例子包括《有毒物质控制法案》（the Toxic Substances Control Act）、《超级基金》（the Superfund）、《水污染防治法案》(the Water Pollution Control Act）、《固体废物处置法案》（the Solid Waste Disposal Act）、《清洁空气法案》（the Clean Air Act）、《原子能和能源重组法案》（the Atomic Energy and Energy Reorganization Acts）和《安全饮用水法案》（the Safe Drinking Water Act）（所罗门和加西亚，1980：278-279）。

B. 州法规

1981 年，密歇根州是第一个为私营和公共部门雇员提供法定举报人保护的司法管辖区。从那时起，10 个其他州也纷纷效仿。这些州包括：康涅狄格州、夏威夷州、路易斯安那州、缅因州、明尼苏达州、新罕布什尔州、新泽西州、纽约州、俄亥俄州和罗得岛州。25 个州已经颁布了只保护州和地方政府雇员的保护举报人的法规：阿拉斯加州、亚利桑那州、加利福尼亚州、科罗拉多州、特拉华州、佛罗里达州、伊利诺伊州、印第安纳州、艾奥瓦州、堪萨斯州、肯塔基州、马里兰州、密苏里州、新罕布什尔州、北卡罗来纳州、俄克拉何马州、俄勒冈州、宾夕法尼亚州、南卡罗来纳州、田纳西州、得克萨斯州、犹他州、华盛顿州、西弗吉尼亚州和威斯康星州。

充当了这个州的大多数立法模型的《密歇根州举报人保护法案》（The Michigan Whistleblowers' Protection Act，MWPA）禁止公共和私营部门雇主对给官方当局已经提供和将要提供有关雇主涉嫌违反法律信息的雇员采取报复行动。法律保护那些已经报告了违规行为的人以及那些将要报告任何违规行为的人。法律明确禁止因为雇员报告了或将要报告违反法律的行为就解雇或威胁他们，或者在薪水、期限、条件、地点或就业权益方面歧视他们。如果雇员被要求参加调查、听证会或查询，他们同样被保护（巴西亚，1988：2)。许多州的举报人法律规定，如果雇员报告了违反联邦或州法规的违规行为，他们将受到保护。进行举报的雇员可能需要使他们的揭露充满善意（新罕布什尔州、纽约州、宾夕法尼亚州、得克萨斯州），有合理理由认为有违法行为发生（加利福尼亚州、艾奥瓦州、马里兰州、缅因州、新泽西州）以及向公共机构通常是政府机构或执法机构披露违规（加利福尼亚州、康涅狄格州、夏威夷州、明尼苏达州、新泽西州、纽约州、俄亥俄州、罗得岛州、威斯康星州）（韦斯特曼，1991：附录 A 和附录 B)。

20.4 对举报人的拥护和支持

一些如国家举报人中心（the National Whistleblower Center）、国家举报人法

律辩护与教育基金（the National Whistleblower Legal Defense and Education Fund）和纳德集团（the Nader groups）这样的私人机构把进行组织改革和对举报 417 人的保护作为自己的目标。政府监督计划（The Project on Government Oversight，POGO）和政府问责计划（Government Accountability Project，GAP）是专门致力于为举报人提供正式和非正式的协助和咨询服务的组织。政府监督计划已经在暴露备件价格过高、武器试验过程的伪造、武器系统中的成本超支、欺诈的采购流程和有问题的武器装备方面发挥了作用。政府监督计划负责确保举报人的机密，并且会帮助举报人来决定是否要去新闻媒体、国会、国防部（the Department of Defense，DoD）提交虚假申报诉讼。1996 年政府监督计划推出军工复合体倡议（the Military-Industrial Complex Initiative，MICI），调查国防预算中的恶习。政府监督计划的方法包括与其调查结果很少受到关注的政府调查员和审计员联网，与冒着受报复风险的系统内的举报人合作，并到有问题的领域进行独立调查。参与该项目的律师将在诉讼调查过程中担任举报人和律师的无偿顾问。政府监督计划旨在揭露不法行为和进行改革，同时为举报人提供最大可能的保护（斯图尔特等，1989：26－27；普罗杰克特，1999）。

像政府监督计划一样，政府问责计划有助于保护举报人不受报复，协助他们更有效地进行防卫，并在无法行使正式代表权时提供非正式协助及咨询服务。此外，政府问责计划还主张更强烈的言论自由法律，通过学术著作和法学院的临床计划来教授有意见分歧的法律知识。政府问责计划集中在某些如来自商业与军事设施的安全公害上以及肉类和家禽检查上。持续性发布活动的举报人获得优先代表权，因为致力于这些案件工作增加了他们对其他悬而未决案件的客户的帮助。政府问责计划还向公共机构和立法机构提供有关管理政策和做法的建议，其帮助政府更有效地处理大量举报人的披露，同时保护那些提供了这种信息的人的工作和身份（基彭，1990）。

在促进政府问责方面，政府监督计划和政府问责计划等民间团体发挥了重要作用。但是，由于请求它们帮助的人较多和它们有限的资源，它们只能够支持少数寻求它们帮助的举报人。此外，由于政府监督计划和政府问责计划都渴望维持其没有失败的举报人工作的完美记录，它们往往只支持状况很糟糕的那些举报人。不过，尽管有这样的公共利益团体的支持，个体举报人仍然要独自承担举证责任、诉讼费用以及延迟的后果。依赖于公共利益团体作为组织报复的仲裁者的主要问题是它们主要是被动反应性的，即使支持网络能够被推进到有效地保护所有举报人免遭报复，直到它被开发成功时，大量损失，有些可能是不可挽回的损失，也可能会产生以及正在被产生。

20.5 举报人保护的无效

对举报人的保护在联邦一级无效的原因主要归结为法规与司法审查的局限，如严格的证据标准、基于有计划补救跟进的受限行动、对宪法补救措施的取消（或限

418 制）（美国政府问责办公室，1993）和其他行政和程序上的不足之处。此外，制度上或官僚主义的失败如保密性的缺乏和调查人员客观性的缺乏使保护举报人的问题恶化。

A. 法规与司法审查的局限

1.《公务员改革法案》

《公务员改革法案》潜在地给联邦雇员举报人保护自己另一种替代昂贵法律行动的选择，并且意味着功绩制保护委员会可能会对损害举报人的上司和其他公共部门雇员采取严厉的纪律行动。在实践中，这一立法执行无力。美国国会、联邦雇员代表和政府问责办公室都已批评过特别顾问委员会未能给举报人提供足够的保护，批评过功绩制保护委员会过于严格的报复行动、证明标准以及特别顾问未能成功说服功绩制保护委员会对侵害者采取必要的纪律处分（美国政府问责办公室，1985：4）。在比较分析来自15个联邦机构1980年和1983年的数据过程中，功绩制保护委员会的研究得出结论：《公务员改革法案》的举报人保护对雇员有关报复方面的期望或感受并没有获得改善效果（美国功绩制保护委员会，1984：7）。

功绩制保护委员会通过采用最高法院有争议的“要是没有”（but for）检验法为联邦雇员上诉的裁决树立先例，“要是没有”检验法原载于“Mt. 健康教育董事会诉道尔”（Mt. Healthy Board of Education v. Doyle，1977）案例，其目的是要在雇员声称某一行动构成了报复而其机构反驳认为采取这样的行动有正当管理方面的原因的情况下来评估报复的证据。雇员必须首先表明该行为是受保护的，而他的行为是有害决定的诱发因素。如果雇员能够满足这方面责任的要求，那么公共部门雇主必须通过优势证据表明，即使在没有受保护的行为的情况下，相同的决定也会达成。在“Mt. 健康教育董事会诉道尔”案例中建立的“要是没有”检验法的目的是平衡在就业背景中两种相互竞争的利益——雇员和雇主的利益。因此，它能够对评估与保护雇主和雇员在就业背景中的权利起到很好的作用，其中两种理由（一种是被禁止，另一种是合法）都有优势。它的目的是通过不给那些如果没有参与举报却受到纪律处分的人身份地位来阻止举报人条款的滥用（魏伯格，1983：110）。1979—1984年，在1 500多宗联邦雇员认为是因举报活动而受到不合理报复的投诉中，只有16宗符合《公务员改革法案》严格的证据标准并且引发了一些纠正行动或纪律处分，即在100个案例中只有1个例子（美国功绩制保护委员会，1985：18）。

2.《举报人保护法案》

具体而言，根据先前的法律，特别顾问委员会不得不证明举报是对举报人进行报复的一个重要的或诱导性因素。1989年法案现在需要举报人证明只有举报是导致有害的人事行动的因素。该法案通过要求报复是人事行动“促发的”（contributing）而不是“重要的”（significant）因素的证据而改变了证明因果关系的标准。参议院政府事务委员会的一份报告显示了采取了人事行动的机构官员知道了揭发，显示了人事行动发生在一段时间内，以至于有理智的人可以得出结论认为揭发是这

种行动中的一个因素，这就足以证明一种联结关系。该委员会认为这种从宽解释应 419
该被采用，因为大多数报复案例建立在间接的而不是直接的证据上（美国众议院，1987）。然而，在 1996 年与 1998 年之间，值得称赞的诉讼只是在 2 180 宗有关举报人报复的事项中的 159 宗上取得的（美国功绩制保护委员会，1998：11）。

B. 对宪法救济的限制

1.《公务员改革法案》

《公务员改革法案》最根本的问题是它从行政部门获得了基本宪法权利并且已把这些权利的保护委托给一直更关心官僚而不是个人福利的特别顾问委员会。前联邦劳工向法院提起诉讼，挑战宪法第一修正案的报复，在法院那里他们可以在他们同行面前、在陪审团的审判中进行惩罚性赔偿的诉讼。实际上，当通过 1978 年的法令时，美国国会废除了宪法救济方法。此外，最高法院在“布什诉卢卡斯案”(Bush v. Lucus，1982）中认为每当《公务员改革法案》的救济方法可用时，宪法的救济方法就不可用。

2.《举报人保护法案》

根据 1989 年的法令，举报人仍然拥有最脆弱的救济方法，仍然不能被赋予由他们同行组成的陪审团的审判或惩罚性损害赔偿的救济方法，当政府侵犯了他们的宪法权利时，美国人——甚至已被定罪的重罪犯——都可以拥有这种救济方法。不同于最高法院，他们只能对有害的官僚决策向上诉法院即联邦巡回法院提出上诉，联邦巡回法院有对举报人做出裁决的记录，其判例阻碍了言论自由。自从联邦巡回上诉法院 1982 年创建以来，它已经允许功绩制保护委员会的决定保持效力——无论是通过案件的拒绝受理或批准 92%到 97%被审查的功绩制保护委员会案件中董事会的决定（美国功绩制保护委员会，1999：7)。举报人将继续完全受特别顾问办公室和功绩制保护委员会的控制，它们的滥用导致首先通过新的法律。总之，《举报人保护法案》没有比特别顾问办公室和功绩制保护委员会更强的意愿去执行它(费希尔，1991)。

C. 程序与行政上的缺陷

1.《公务员改革法案》

《公务员改革法案》的救济条款中最明显的空白涉及特别顾问办公室。自成立以来，特别顾问办公室已经驳回了 93%到 99%的举报人案件，没有尝试任何纪律处分或纠正措施（美国功绩制保护委员会，1998：11)。特别顾问委员会已刻意强调起诉的角色，而不是向觉得他们因畅所欲言而受到不公正处罚的个体雇员提供援助的义务（美国政府问责办公室，1985：4)。在 1986 年 9 月玛丽·威兹曼成为特别顾问之后，重心有了决定性转向，转向了代表因对非法的人事做法提出抗议而受到纪律处分的联邦雇员的救济诉讼。但是，即使在她前 9 个月的任期中，她的公务量超过了救济诉讼数量的两倍，但工作总额仍然远低于一年 50 宗这样的诉讼（美国功绩制保护委员会，1987：2-3）。

2.《举报人保护法案》

虽然《举报人保护法案》的目的是加强和改善对举报者的保护，但是越来越多
420 的雇员经历了因举报而受到的报复，并一直在寻找向特别顾问办公室上报了的案件的证据，因为它是在法案通过之前上报的，所以现在寻找证据会很困难。在1989年法案的影响下，举报人投诉以及矫正性与纪律处分性诉讼的数量已增加，不过这种增幅总体上与提交的投诉量的增幅是成比例的。在1989年法案通过之前和之后的研究期间，向特别顾问办公室提交的大约相同比例的报复投诉已导致矫正性诉讼。主要原因仍然是缺乏足够的证据来证实举报与报复之间的联系（美国政府问责办公室，1992）。根据对1992年功绩制保护委员会的联邦雇员调查（一种对委员会1983年对联邦政府中的举报研究的更新）的回复，更多联邦雇员说他们要举报他们认为的联邦政府的非法与浪费行为，但越来越多的人也正在因他们的行为而遭受到威胁与报复。1992年的数据显示，18%对调查做出回应的人（13 432位联邦政府工作人员）声称，他们已观察到或获得证据证明存在一种或多种非法或浪费的行为，相比较，1983年是23%的人这么声称。半数目睹了非法或浪费行为的人也表示他们举报了这些不法行为，相比较，1983年是30%的人有这样的举报。略超过1/3（37%）报告了非法或浪费行为的人说他们曾经经历过或遭受到报复的威胁，相比较，1983年的调查记录是24%。这一调查还显示一些联邦管理人员通过发展更狡猾的报复形式可能已经钻了法律的空子，如通过同事和对那些举报非法或浪费行为的人的口头骚扰来回避法律。该报告得出结论认为政府不可能期望实现其更大效率与效果的目标，除非员工愿意把工作场所中的问题公开并被鼓励努力来解决这些问题，并且管理人员更愿意接受这样的信息披露（美国政府问责办公室，1993）。

3. 其他联邦和州的法规

联邦政府通过了充斥在各种联邦法律中保护举报人的条款，以保护帮助执行这些法律的雇员。但是，这些法律（如《就业年龄歧视法案》、《公平劳动标准法案》、《职业安全与健康法案》和《虚假申报法案》）都受困于程序与行政的缺陷，从而约束了它们保护举报人的条款。此外，没有任何一部法律涉及对所有公共政策都持不同政见的企业雇员，涉及的只是有争议的雇主对特定法规的违反。例如，由于唯独《职业安全与健康法案》能够提起诉讼，所以，如果《职业安全与健康法案》断定案件不值得称赞并拒绝代表雇员继续下去，根据该法律，这些雇员就没有办法寻求他们自己的索赔。此外，对于许多反报复的条款来说，已成为被歧视对象的雇员只能在30天之内提起申诉。《职业安全与健康法案》官员把这种短暂的申报期确定为大多数案件驳回的理由，许多申请人没有做到这一点。当雇员有一个很短的申报期，一旦提出申诉，雇员可能会在案件裁定方面遇到重大延误。当积压未办问题混合在雇员追求索赔上时，当案件未决时，不存在要求雇员要被复职或雇主终止依其申诉的歧视行为。此外，对违法行为的处罚太薄弱，所以不能防止违规的雇主行为（所罗门和加西亚，1980：283－285）。

根据这些法规提起诉讼在其他方面也可能存在很难处理的问题。这些案件可能

累计达 5 或 6 位数的成本和费用。举报人也将不得不去公开提起诉讼，冒着他们将在各自领域永久被排斥的风险。根据这些法规提起诉讼的另一个问题是政府规范有 421 时写得松散、隐约，以至于无意中鼓励了滥用。众议员伯克利·比德尔遭遇现在臭名昭著的 435 美元的锤子事件说明了这个问题。在国会议员被举报人暗示高价锤之后，他要求海军审计这个计划并找到欺诈行为。海军强烈反驳并说锤子的价格是昂贵的，不过是合法的，因为海军使用政府批准的采购和估价系统（斯图尔特等，1989：26）。

虽然大多数州已经通过某种形式的立法来保护举报人，但是当前的保护是不够的，缺乏统一性。有些州只给公共部门的雇员提供保护。在那些给私营部门的举报人提供法定保护的州之间，法规的保护措施和程序各不相同（博伊尔，1990：825）。例如，《密歇根州举报人保护法案》并没有规定，在适当的情况下，雇员在公开举报之前应该利用内部渠道，它无法给雇主纠正他们自已违规行为的初始机会。此外，该法案没有任何地方明确保护雇员寻求反报复的内部渠道。《密歇根州举报人保护法案》也无法保护向联邦政府报告违规行为的雇员，尽管就违反联邦法律来说，这通常是最适当的做法。《密歇根州举报人保护法案》对雇员必须在多大程度上指出雇主涉嫌违反的具体法规或规定持模棱两可的态度（马林，1983：304－306）。大多数州也没有惩罚任何不道德行为的规定。例外的是缅因州、密歇根州、得克萨斯州和威斯康星州对违规者强制实行罚款。在加利福尼亚州，违反法令被处以罚款和监禁，更严厉的罚款是对犯错误公司处以更重罚金。在康涅狄格州和印第安纳州，被发现虚报的雇员被处以包括解雇和纪律处分在内的惩罚。堪萨斯州和俄克拉何马州法律的违反者被取消指定时间内在本州就业时担任管理职位的资格［《自由就业法》，1987：(505) 24］。

D. 保护举报人的官僚化问题

1978 年的《监察官法案》试图把监察官办公室中的问责机制安排到每个机构中去，根据该问责制，机构的雇员可以进行与本机构有关的公共利益披露并受到保护，免遭因按照规定程序进行这些披露而受到的报复。根据总审计局、国会议员审查和其他评论和研究，保密和调查者的客观性存在几个反复出现的系统性问题（格雷泽和格雷泽，1989；特鲁尔森，1986）。保密是系统中固有的问题，因为举报人很难在提供足够信息来支持指控与泄露详细信息以证明他们自我之间取得平衡。即使有特别顾问办公室的支持，当举报人控告所针对的机构对自身已经进行了调查时，真诚回应就已是例外而不是常见了。监察官调查举报人而不是他们的控告并不少见。

20.6　通过举报人战略解决问题

举报人的平反追求通常开始于三个基本目标：第一，要有某种正式团体如法院或调查委员会正式宣布当初的控告是真实的。第二，要帮人们洗脱罪名。第三，重 422

新获得被报复期间被拿走的。他们寻求复职、晋升资格、真诚的工作分配或一定的经济补偿，并有权不受歧视地找到另一个职位（格雷泽和格雷泽，1989：171）。为了实现这些目标，特别由于举报人的通道与保护的缺点，成功的举报人在为个人平反的斗争中已经使用了经过精心策划和执行的策略（米塞利和尼尔，1992；乔斯，1989；约翰森和克拉夫特，1990；波克，1989；纳德等，1971）。可靠性、熟练准备证据、证据的选择和生存策略的时机掌握都为举报人在这场斗争中提供了相当大的技术优势。

下面的案例说明了这些策略的成功运用。理查德·牛西奥的抗议活动开始于1993年，当时他第一次在中美洲发现中央情报局（CIA）侵犯人权的行为。1997年高姿态辞职后，牛西奥离开了他的泛美事务局岗位，同时谴责CIA（因掩盖其与危地马拉的暴行的关联）和比尔·克林顿的白宫（因为当CIA 1996年12月取消了牛西奥的高级安全许可证时，未能捍卫他和他的声誉），此举有效地结束了他前途无量的外交生涯。牛西奥在给克林顿总统的信中写道，因为CIA的一项为期三年的战役，他要“不情愿地”（unwillingly）离开政府，以便惩罚他给那时的一个众议员（现在的参议员）罗伯特·托里切利提供了CIA在危地马拉的一处“资产”的名称。是托里切利而不是牛西奥随后给《纽约时报》提供了胡里奥·阿尔博雷兹上校的名字和CIA掩盖了其与该上校有关联的信息，该上校曾参与对一位美国公民（旅店老板迈克尔·迪瓦恩）和危地马拉反政府武装领导人埃夫拉伊姆·巴马卡（美国人珍妮弗·哈伯里的丈夫）的折磨与谋杀。《纽约时报》的报道《杀戮中的危地马拉与CIA关系紧密》掀出一个丑闻，其迫使CIA全面检讨其与像阿斯博雷斯这样侵犯人权者的所谓交流与合作关系，以及对该机构内部的不道德行为进行内部调查。

牛西奥提出上诉，辩称他与托里切利通信获授权并受法律保护。但他的上诉被驳回。他的披露被批评为不仅危害美国情报来源的安全性和完整性，而且危害其方法和活动。1997年3月初，其他情报来源向《华盛顿邮报》和《纽约时报》透露消息说，多达100处CIA“资产”被从该机构的秘密工资单上除名了，因其侵犯人权行为和其他犯罪行为。牛西奥迅速走红。虽然他在一些新闻报道中被描绘成一个英雄和殉道者，但是他在剧中实际上是一个不情愿的演员。真正迫使掩盖变成公开的人是珍妮弗·哈伯里，一位哈佛毕业的律师、已故危地马拉反政府武装领导人埃夫拉伊姆·巴马卡的夫人。她认为，她的丈夫并没有像危地马拉政府所声称的那样在战场上自杀，而是被生擒活捉并已在秘密拘留所被后来逃跑的两个同伙看守着。

在1993年和1994年，牛西奥监督危地马拉和平谈判的工作，这使他成为负责哈伯里案主要的美国国务院官员。虽然有些人发现哈伯里有关她丈夫的主张是可信的，但是牛西奥向所有愿意听的人贬低她的叙述。但在1994年10月下旬，牛西奥收到一份1993年5月CIA基于危地马拉军方来源的情报报告，其中明确支持哈伯
423 里的观点即她的丈夫仍然活着并已被拘留。1994年11月1日，牛西奥和副助理国务卿安·帕特森会见了三位CIA官员。当时迫于压力，CIA官员拒绝确定电报来源。或许牛西奥对结束这种掩盖的最重要贡献在于他按下了按钮，在国务院，迫使美国CIA提供有关巴马卡死亡的额外信息。1995年1月25日，一份美国CIA的情

报报告援引一位危地马拉官员的话，直截了当地宣称："司令埃韦拉多被胡里奥·罗伯托·阿尔博雷兹上校杀害"。

驻危地马拉的 CIA 局长扣留该报告一个多星期，没有给美国大使、国务院和白宫。明显的原因是：一旦阿尔博雷兹的名字出现在华盛顿，美国 CIA 就不得不承认他是一种长期的 CIA"资产"。更令人不安的是，他的身份就会暴露：当阿尔博雷兹在 CIA 的工资单上时，阿尔博雷兹被牵连谋杀美国公民迪瓦恩。尽管因迪瓦恩被杀害，美国与危地马拉的关系几乎破裂，但是美国 CIA 掩盖了其与阿尔博雷兹的关联。根据一份后来由克林顿的情报监督委员会所做的报告，CIA 没有通知国会是失职和对其法定义务的违反。作为最著名的涉及危地马拉的美国政府新闻发言人，牛西奥担心，当内情被揭发时，他将被视为另一个奥利弗·诺思。他牢记这种想法即他们一直在试图掩盖这件事，没有人会相信我不是一个参与者。因为这个原因，牛西奥决定与托里切利共享这一信息。

1995 年 3 月 22 日，盛怒的托里切利给总统写了一封信，这封信被转到《纽约时报》，信中指责美国 CIA 窝藏失控的犯罪分子。随后司法部的调查免除了牛西奥的任何犯罪行为。美国司法部得出的结论是牛西奥的披露没有违反保护秘密 CIA 特工名字的法律，因为根据自己在众议院情报常设特别委员会的成员身份，他清楚收到了机密信息。此外，牛西奥与国会的交流明显受到 1912 的《拉福莱特法案》(LaFollette Act) 的保护，该法案规定雇员向国会或国会议员请愿的权利或者要么向众议院要么向其委员或成员提供信息的权利可以不被干扰或拒绝（考恩布鲁，1997）。

虽然牛西奥赢得这场战斗，但是在他被证明清白却没有了安全许可证的意义上来说，他输掉了这场战争，这实际上阻碍了他在外交政策机构中的晋升。他去他曾经向其吐露秘密的参议员托里切利的立法会议员办公室上班的决定，可能给他提供了更加有权力的职位来推进其对侵犯人权行为的披露。

在政府中的、新闻媒体中的和公共利益团体中的人们的帮助下，举报人已经成功地公开了重要的社会问题。为了提高成功举报的可能性，政府问责计划向举报人建议：(1) 保证家庭支持其所采取的任何行动；(2) 评估在体制内成功的可能性；(3) 尝试独立地去熟悉其他对被谈论着的浪费或欺诈活动感觉不舒服的人；(4) 善待管理和后勤职员；(5) 当其显露时，不断认真记录事件；(6) 识别和复制所有支持性的记录；(7) 请律师或者与非营利性监督机构交谈（斯图尔特等，1989）。不过像政府问责计划这样的同盟者的影响已经很少扩展到控制雇用和解雇。公众压力可以保护那些继续工作着的人，但不能保证那些离开工作或者被解雇的人复职（牛西奥就是这方面的一个案例）。

20.7　未来展望

目前美国举报人保护的批评者已经提出联邦层级的典型性举报人立法，这将展 *424*
示和规范国家对与举报有关的道德的、伦理的和法律的问题的回应，并将消除州与联邦的法院裁决的冲突以及在不同员工的不同披露的覆盖范围方面的不一致。这些建议特别突出了刑事与民事的处罚条款，不同于仅仅是民事处罚，以及补偿性与惩罚性的损害赔偿，目的是鼓励个人为事件承担责任，否则其作为企业或政府机构的行动将被注销（博伊尔，1990：828－829）。例如，参议员格拉斯利在第105次国会会议上建议保护航空公司雇员举报人，其中规定了违反雇员保护政策要被民事处罚，并包含了反对对言论自由（或信息传播）的限制的规定，其允许对报告重大违反法律来说是必不可少的披露（向国会或经授权的执行机构官员或向司法部）。这项法案吸取了来自《举报人保护法案》的教训，并寻求更加实用和有意义的保护。最重要的是格拉斯利试图确保这些举报人的保护涉及司法机关（例如，在联邦地区法院提起索赔的权利）。“反对对言论自由（或信息传播）的限制”修正案的目的是对抗对政府工作人员的言论自由权的侵犯，正如牛西奥案例中所展示的那样（《新闻洞察》，1998）。

有越来越多的人支持这一想法，即通过像组织伦理守则的建立与分发、伦理工作坊和内部异议通道的改善这样的方式来把道德意识和道德责任感整合到机构文化中（特鲁尔森，1991；博伊尔，1990：829－830）。这种对组织政策的强调可能实现举报的社会效益最大化，同时实现其成本的最小化。从这个角度看，监护人职责、信任、胜任力和纪律的行政价值被视为是对公平、公正、荣誉和公众利益的道德与职业关注所不可或缺的组成部分。人们已认为现有如政府道德办公室这样的协调部门或可能出现的如联邦监察专员办事处这样的新部门能够在战略上培训公共管理人员，旨在增强道德意识和更高的个人道德责任意识。不过，这种道德意识将不得不通过职业道德培训和同行压力成为组织文化的一部分（特鲁尔森，1991：226）。

在政府道德办公室或许充当了确保培训的一致性和促进机构道德问题内外交流角色的同时，创建一个新部门可能存在优势，新部门也可以发挥类似巡视官这样的职能，这些职能包括：对外部官僚问责机制的协调，途径是通过把联邦雇员引导到适当的机构或办公室那里去提出他们的投诉；公共雇员向这些机构提出投诉时的及时调整和主动解答，为了引发这些机构的服务，就战略和可能的结果方面给联邦雇员提出建议；就监察官、特别顾问办公室和功绩制保护委员会所提供的服务方面对联邦雇员进行教育。鉴于美国道德体系的碎片化，这样的办公室将具有目前所缺乏的协调能力的优势，同时也会探讨系统的主要变化和故障，并推荐改进的技术。不过，最终将举报作为提高公共部门绩效的合法手段来接受的关键在于改变行政文化。

20.8　结论

425 21世纪的开始提供了一个前所未有的机会来彻底检查行政责任的制度性控制理念，通过把重点从外部制裁（防止不当行为为时已晚）转向发展对不正当行为敏感的组织文化，有点像预警即将发生的不当行为的天线。显然，内部与外部的制度控制需要以更系统的方式结合和协调，但同样重要的是，内部的制度控制需要根据比纯粹对法律准则的遵守更多的职业自豪感来定义。公共部门中的组织文化需要强调遵循法律的精神以及意图，强调满足公众对公共典范的期望以及符合组织对其自我典范的看法。

判　例

Adler v. American Standard Corp., 291 Md. 31, 432 A. 2d 464 (1971).

Bush v. Lucus, 458 U. S. 1104 (1982) and 462 U. S. 367, 1114 (1983) and 76 L Ed 2d 648 (1983).

Connick v. Myers, 461 U. S. 138 (1983).

Frampton v. Central Indiana Gas Co., 260 Ind. 249, 297 N. E. 2d 425 (1973).

Frazer v. MSPB, 672F 2d 150 (D. C. Circuit 1983).

Greeley v. Miami Valley Maintenance Contrs., *Inc.*, 49 Ohio St. 3d 228, 551 N. E. 2d 981 (1990).

Hausman v. St. Croix Care Center, 96 - 0866, 207 Wis 2d 402, 558 N. W. 2d 893 (1996).

Kulch v. Structural Fibers, Ohio St. 3d (1997).

Monge v. Beebe Rubber Co., 114 N. H. 130, 316 A. 2d 549 (1974).

Mt. Healthy Board of Education v. Doyle, 429 U. S. 274 (1977).

Nees v. Hocks, 272 Or. 210, 536 P. 2d 312 (1975).

Petermann v. International Brotherhood of Teamsters, 174 Cal. App. 2d 184, 344 P,. 2d 25 (1959).

Pickering v. Board of Education, 391 U. S. 563 (1968).

参考文献

请从中国人民大学出版社官网（www. crup. com. cn）下载，或者用微信扫描下方二维码获取。

第 21 章

应对行政腐败

杰拉尔德·E.凯登
美国加利福尼亚州洛杉矶南加利福尼亚大学

429

21.1 导论

大多数社会有自己的禁忌，这是在文雅交谈中很少被提及的话题。在有些国家，钱的事情令人感到沮丧，尤其是人们如何赚钱或者如何花钱。在其他国家，性及相关的同居事情令人眉头紧皱。在有些地方，死亡及随之处理死者的仪式很少被听见。在许多地方，直到最近，任何形式的腐败都是禁忌话题，尽管这是一个无处不在的生活事实，并在世界各地的许多国家中成为一种生活方式。当这一主题现在被提出时，人们仍然对他们能够揭露多少腐败犹豫不决或找借口离开，即使是那些在道德上有原则的、无污点的并有责任谴责腐败行为或任何偏离预期规范行为的人也一样。由应该更了解情况的人所做出的这种如鸵鸟般行为的最近几个例子说明了这种沉默。

在 1998 年 6 月荷兰举行的第六届国际公共服务伦理研讨会上，一位生产和销售酒精饮料的跨国公司的高级行政人员解释他的组织内部如何严格执行道德规范，并试图遏制任何可能与其组织品牌名称有关的不道德的事情。他就公司政策接受质询，这些质询包括雇用童工、支付回扣以确保合同以及没有承担起足够的责任阻止客户可能过度沉迷于他公司的产品。他回答说，他的公司遵循其经营国家当地的法律和惯例。他指出像其他欧洲国家一样，他的公司的总部所在国允许回扣作为一种合法的营业税扣除（一种现在被欧洲理事会谴责的惯例）。虽然他的公司为任何过度沉迷他公司产品的行为感到遗憾，并且确实反对这样的行为，但是他宣称他的公司不可能是社会的良心，尽管公司强烈支持政府减少酗酒的尝试。在这方面，他的公司认为自己是行业的领导者之一。他的公司有责任成为道德榜样吗？只有当那有益于公司形象和业务。

会议召开之际，世界经济正在遭受一些被吹捧为贫穷国家经济发展楷模的国家的精英之间腐败程度揭露的不良影响，这些国家在仅仅几十年间就已经取得了这样的进步。这些国家和其他国家（包括巴西、印度尼西亚、日本、马来西亚、墨西哥、韩国、泰国、委内瑞拉和苏联的成员）曾突然面临：本国货币的超发、股票交 430
易价格的猛烈下跌、几大金融机构的倒闭、投资资本的外逃、商业信心的丧失、高涨的通货膨胀、没有任何或者充分的社会安全网的失业蔓延，以及大量人口陷入贫困并伴随着新的暴力和威胁社会的因素。

起促发作用的一个主要因素曾经是腐败的企业与官员的做法，其隐藏了对他们企业的真正危险，抽取了相当大的投资和收益到炫耀性消费中，维持了非常低效的运行和过时的生产者，并在很大程度上制定了使他们能够掩盖风险和相关社会后果的公共政策。他们怎么会因而蓬勃发展呢？这种腐败曾是如何被隐藏了这么久？这种腐败哪里产生？谁带着已经失去的钱跑掉了？如果真有任何防止腐败的行动的话，精英曾是知道的，没有采取任何行动，甚至曾为其辩解，曾从中获利，曾公开为其撒谎，并且在很大程度上摆脱了对他们的重大损害。他们曾仍然在位，在那里他们可以帮助坏人逃避他们的行为所带来的后果，扩散或转移指责，以最小损失使自己抽身，甚至用他们的慷慨和国际联系拯救最严重的罪犯。他们很少与大多数新失业人员及其家属共命运。对他们来说，主要的事是一切照常，国家是否会因没有这么多的腐败而更加蓬勃发展无关紧要。

参与了受灾最严重国家经济发展的一些世界上主要金融、银行和管理咨询机构的代表参加了 1998 年 11 月在华盛顿举行的第二届“转型与发展中社会的公共部门管理”研讨会，在那里讨论了一些这样的背景。但最重要的正式议程旨在改善世界各地的治理。有一个分会专注于财政透明度与改进政府预算制度的优先事项的主题。在此次分会上，被建议的由国际货币基金组织（IMF）设计的“财政透明度守则”中的原则——设立寻求 IMF 未来援助的国家的最低限度遵从要求，并且强调角色和责任的明确性，信息的公众问责，公开的财政预算的编制、执行、报告以及一致性的独立性担保、所有值得做的努力——被讨论了。他们要求流程和信息，这些流程和信息即使是最先进国家都不能够满足，更不用说包括 IMF 自身在内的国际机构。一些贫穷国家的公共部门财务管理的真实状况仅前一天在报纸上被披露如下：

> 现金紧张并正对世界银行调整经济结构的敦促耿耿于怀的喀麦隆政府 1993 年根据一位外国专家的建议猛然采取行动，开始对主要公路收取车辆通行费。
>
> 连接该国主要城镇的公路上的收费站突然大增，伴随着来自旅行中民众的痛苦嚎叫。
>
> 这项措施被证明是如此有利可图，以至于政府开始对一些交通繁忙的煤渣

> 土路收通行费。在该国以英语为母语的西北叛逆地区的收费站被愤怒的公民烧毁，那里没有任何铺筑的道路。
>
> 431 五年后，一位世界银行的官员也承认通行收费赚了钱，但是，如果有的话，其中很少用于公共财政。为加强税收征管这种道路收费的目的几乎在它一实施就落空了。
>
> 从未有过真正的通行费收入记账，因为这些大量的现金立刻被部长们、安保官员、初级公职人员，甚至收费站的收费人员挪用。（沃梅，1998）

不首先解决腐败问题，有点理想主义的 IMF 守则要怎样来应对如此普遍的状况？国际社会应该从哪里开始，并且什么应被优先考虑？IMF 的敦促会改变人的行为吗？就像没有看出邪恶的、不说邪恶的、没有听到邪恶的三只猴子，这可能使国际机构被隔离而不能参与，进而其很难处理显然存在于这么多 IMF 申请者的治理中的猖獗腐败。

或许对抗腐败的这种无能的部分原因是图方便的组织与文化的失明或失忆以及其缺乏对行政教育和培训中的伦理问题的敏感性。毕竟，在过去很少有公共管理教科书提到腐败行为，更不用说分析。不过，要是它们被确定，要是它们的留存被考虑到，并且要是有效的预防措施被指出，大部分可以预防的行政失当可以最小化。通过消除最恶劣的滥用，好做法就会扩大。遗憾的是，由于专注于公共管理的缺陷，腐败研究描绘了一个有些扭曲的图像。坚持揭露腐败的研究人员往往会发现自己成为在官方和学术界都“不受欢迎的人”，因为他们被认为玷污了公共行政，也败坏了公共官员。然而，这些研究人员认为主流社会对公共事务中的明显不足与失误没有足够的批评，并且在揭露官员不当行为方面进行了过多的自我审查。

在过去的十年左右，所有这一切已经确定被学术界所公认，学术界已经把方向（因为公众和官方中的氛围改变）转到了行政腐败，其引起的功能障碍已太明显而不能被忽略。因此，最近的教科书已经做出相应的修订；自 1990 年以来，如《腐败和改革》（后来并入《犯罪、法律与社会变迁》）、《TI 通讯》、《问责》和《公共诚信》这样的新期刊相继出现，以迎合公共伦理与腐败的专门化研究，一种新的专题研究建立了，恰好来论述公共伦理学的教学和腐败行为的学术研究。有腐败问题的政府已经有所行动了，并且在可以找到帮助的地方寻求帮助。现在它们赞助和资助讨论这一主题的研讨会和会议。国际社会回应了这种新的坦诚，所见如下：1997 年年初联合国大会反腐败决议（第 51 届大会第 59 号决议和第 51 届大会第 601 号决议）的通过，由国际领袖发表的谴责腐败的声明，国际透明组织（Transparency International，TI）在激起矫正措施方面的成功，应对腐败技术的提高，对反腐败会议的宣传和由表示需要减少腐败的商业惯例和贪赃枉法的世界商界领袖所表示的关注。20 世纪的最后十年见证了国际态度的突然转向，承诺采取减少司法与行政腐败的实际步骤。至少现在在国际社会中先前的禁忌可能已经被消除，但问题依然存在即反腐是否会继续停留在议事日程上以及新举措是否会蔓延向所有的相关社会的、政治的和经济的行动者。

432 但所有这些机构有相同想法吗？它们认为什么样的公共不当行为等同于不适合政府官员的行为？行政腐败到底是什么？正确表达了其特点的最常用定义是：

> 因为私人考虑（家庭、亲密的私人小集团）、金钱或地位的收益而背离公共角色的规定职责的行为或者违反反对施加已确定类型的私人考虑的影响的规则的行为。这包括如贿赂（使用酬金来扭曲负责人的判断）、裙带关系（因特殊的关系而不是功绩而给予庇护）和侵吞公共资源为私人所用这样的行为。（奈，1967：966）

它包括为了私人利益而背离所要求准则的所有公共角色的滥用，包括滥用公共职位、公共业务及其他外部影响官方行为的不当行为，并且只有导致行政行为偏离的特殊类别的有组织犯罪才会是这种情况。更具体地说，大多数行政腐败的定义包括以下几大类：

叛逆，颠覆，非法外汇交易，走私；
窃盗统治，公共资源的私有化和个人专用，盗窃和偷窃；
侵吞，伪造和挪用，账户虚报；
转移资金，资金滥用，未经审核的收入，瞒报赢利；
强制权力的滥用和误用，恐吓，不当赦免和减刑，酷刑；
不履行职责，遗弃，寄生；
欺骗和欺诈，虚假陈述，愚弄，诈骗；
妨碍司法公正的犯罪行为，虚假证据，非法拘禁，诬陷；
受贿和贪污，勒索，非法征费，回扣；
篡改选举，选举舞弊；
内部了解和机密信息的滥用，伪造记录；
擅自贱卖公共建筑物、公共借出物、公共专利、公共合同、公共执照与财产；
对规定、采购和供应的篡改，偏见与偏袒；
偷税漏税，暴利；
影响力兜售，有利于中间人，利益冲突；
不当的礼品和招待，“快”钱，敲诈；
非法监视，对邮件、电信和电脑的滥用和篡改；
任人唯亲，公费的奢侈旅行或庆典；
对公章、文具、住宅和津贴的滥用；
对行政失当和掩盖的保护，伪证罪。

根据这样一个广泛的清单，没有任何行政系统（无论公共的或私人的）能够完全摆脱腐败。有些类型相当严重，危及整个社会，并且在这个全球化的时代，它们也具备了危害整个世界的可能性。其他一些轻微的、不重要的类型只伤害一小圈人，并且没有用危及生命的方式。能够被期待的最好情况是腐败以较小的、无足轻重的、非经常性的形式（能触发自动的、制度化的故障安全装置以便最大限度地减少潜在 433
损害的孤立发生的事件）出现。

相比较而言，成立很久的民主国家似乎摆脱了腐败，但是在民主国家中，丑闻也偶有发生甚至牵连到最受敬重的机构。在其他地方，政府官员经常掠夺公共财产和滥用他们的公职身份（梅洛，1991）。虽然同时解决好所有形式的腐败是可取的，但是所有形式的腐败不得不各自加以解决，同时对大多数功能失常的形式进行强调。先前关注的是显然比其他国家遭受更多损害的国家，特别是欠发达国家，其中系统性腐败妨碍了它们努力提高本国人民的生活水平。此外，尤其值得关切的是是否应优先考虑法律、独立的机构、执法、调查和宣传、个人诚信、组织保障、公众教育、榜样和领导，或者不仅是腐败的成本，而且是矫正措施与反腐败斗争（这在更大的计划事项中可能不会享有很高优先性）的成本。

因为行政腐败呈现如此多种的形式，产生于如此多不同的原因，所以没有单一的方案来解决它。但有一件事是确定的——行政改革不能与其他各种腐败分离开来，无论是经济的、法律的、政治的、社会的、文化的、专业的甚至是宗教的以及特别是政治的（海登海默等，1989）。其中一种腐败依赖于其他种腐败，那么它们就全部关联在一起。如果公众不能容忍腐败，那么任何不道德行为暴露会伴随着迅速而激烈的报复性措施，并且没有采取这样的行动会招来即刻的公开反对。由此，腐败会是罕见的。被抓的可能性将会很高，处罚将是严重的和潜在的收益将是最成问题的。要取得成功就需要很多的智慧并且需要竭尽全力。不过，在人们对腐败行为漠不关心的地方，如果人们不是自我放纵的，那么政府官员还不如让他们分享他们来路不正的好处。丑闻不会激起太大的动作，暂时做出牺牲的那些人最终会恢复优雅体面，并因遭受的任何不便而获得补偿。告密者将不会给人们留下多大的印象，他们只会制造一天新闻，然后在遗忘中逐渐消失。

同样地，行政腐败毒害了任何接触它的人。如果应对行政腐败不坚决或不足够强大的人不利用行政腐败，那么他们可能会对行政腐败视而不见，因为他们知道自己很可能会受到腐败分子的保护和庇护。如果不保持沉默的话，不知怎么地，结果就被安排成：控告者与告密者将被排斥和被孤立，证明有罪的证据丢失，检察官被收买。公众几乎没有选择，只能走开，总之他们一无所获。在贫穷国家，这意味着更糟糕的痛苦，也往往是进一步的剥夺，并且可能有一定的死亡。公众迟早得主动出击，自己掌控事态并完全绕过公共机构，自 20 世纪 80 年代末以来，这种情况正变得不那么罕见。否则，公众不得不依靠政府官员来清洁自己的房子，尤其是愿意起诉腐败的公职人员的执法人员。肮脏的手（那些腐败者）不能做到这一点，他们只是散布污染物。

因此，应对行政腐败涉及许多不同的当事人。第一，公众必须不愿忍受任何形式的腐败。他们必须愿意通过公民行动抗议腐败行为，抵制腐败的组织，揭露不论位于多高职位的腐败行政人员，并且改造不论何处发现的腐败行为。第二，公众领
434 袖必须放弃他们掠夺现代行政国家并利用他们的公职谋取私利的特殊社会身份的优势。他们必须对所有公职人员施加同一训练，并确保即使是潜在的腐败也能从公众信任的任何职位被筛选出来。第三，需要更进一步行动来治疗被感染行政机关，并且与来自明显传染源的可能污染斗争。第四，能够监视特别是那些最容易产生腐败的地区的公务活动，能够采取最大限度地减少腐败行为发生的措施的额外反腐败专家是必需的。他们还没有接受足够的训练。所有这些措施的前提是信息自由以及愿意无惧无偏地调查和报告腐败行为的自由的大众媒体。总之，对大多数国家来说，

这是一种苛求，如果很少有国家做得到，也不应该感到惊讶。没有在这些方向上的努力，腐败将继续向诚信、福祉和全球社会的稳定发出严峻的挑战，全球社会中，所有人都是扭曲的权力、治理、激励和背弃的受害者。

21.2 消除对腐败的禁忌

腐败是没什么可骄傲的。这不是人们乐意承认的有意义的事情。腐败是令人尴尬的，可能是犯罪，肯定是近乎非法。不管是什么原因，对腐败的禁忌仍然存在，虽然在过去的十年中，许多国家的禁忌已被破坏，如果不是完全被克服。禁忌仍然盛行的地方，腐败不是有名望的人们谈论的有意义的事情，至少不是公开地谈论。所有人知道它存在但没有人能确定到什么程度，谁是有罪的。就其本质而言，腐败是一种秘密活动，那些放纵的人是不会轻易承认他们这样做了。怀疑是不够的，必须有明确的和不可撤销的证据。但这些证据在不采取特殊的调查方法的情况下是很难获得的。假定任何熟练律师的能力就是创造合理的怀疑，那么定罪就是困难的。即便如此，重大的丑闻时有爆发、公众调查也会发现另外有破坏性的证据。但是，同样没有办法知道这样的证据是不是有代表性的或是例外的。没有人确信要包括或排除什么或者腐败在哪里终止以及其他什么东西（例如，无能、无知、不知情的勾结）接替了腐败。有些形式是非法的，而另一些则不是。同样，有些形式可能被监控，另一些则不能。这种混乱强化了人们对提起这一主题的自然的厌恶。

因为这样的疑虑，研究人员往往回避这一主题，喜欢处理更明确和清晰的事情。他们也可能担心，有些围绕整个主题的道德谴责可能会影响到他们或他们的工作。在任何情况下，告密者是少数，他们的可靠性很可疑。谁能辨别他们是否在隐藏信息，或者他们是否在夸大和捏造信息，或者他们是否是不明智、说谎、自我卷入、复仇、猜测或有精神病？处在公众信任位置上的那些人，甚至当他们知道真相时，有时认为对每个人最有利的是否认对腐败知情，只要保持公众对公共机构的信心，维护其组织的声誉，并表明他们个人知道在其直接管辖范围内没有腐败行为即可。许多人还声称他们有自己的方式来处理腐败，不涉及公众披露。事实上，过早披露可能使对策落空。他们可能不能够泄露所有他们知道的，因为最重要的宪法、法律和官方的限制。如果他们行动，他们可能会担心受害。自我审查可能是有效的，因为不愿意与导致他们不知在哪里的不愉快的事情混在一起。 435

但是，只要腐败存在被否认，那么它就很难应对。仅仅因为人们不会公开谈论它并不意味着它会自然而然消失或公众不知道它的存在，它是不能隐藏很久的。参加者都知道它。所以，知道参与者的所有人也一样，即使他们本身并没有卷入。消除恐惧以及否认同样仅仅证实了有关官方虚伪和不值得信任的普遍假定，并引发这种思想即情况一定比假想的更糟。只要腐败不被公开讨论，传言将取代事实。一旦被确认无疑，人们将不再沉默。人们被告知腐败将不再被忽视或被隐藏，但它会被解决。公众就不会那么不愿意谈论它，或表达他们的关切。无辜者会被免罪并受到他们将会得到支持的鼓励。有罪者必须小心行事：他们被迫进行防守，无法找到机构的支持或安慰。在这些方面，象征性承认腐败行为的存在改变了所有公共与私人的行政气氛，创造一个有利于排查和整改的社会风气。但开放准入可能鼓励丑闻散播者，使被虚假指控者士气低落，并且使行政人员过分保守以免被那些似乎为了自身利益享受搜集并揭发丑事的人把不公正的指控指向他们。

至于公共部门，禁忌似乎被打破。公共领袖、大众传媒和公民团体似乎更愿意公开讨论腐败。在官场，这种讨论是由一群勇敢的研究人员、调查人员和成功地克服这些顾虑并突破禁忌障碍的反腐败专业人士领导的。自 1983 年以来，他们就以国际反腐败大会（IACC）的名义正式聚会。并且，多年来，他们已经受到越来越多的政府资助和来自国际机构的补贴，并在欧洲、亚洲、南美洲、第九次也是最近一次在南非（1999 年 10 月在南非德班）举行。这些聚会在腐败行为被认定为国家发展的一大障碍的国家中举行（例如，1996 年在中国，1993 年在墨西哥和 1997 年在秘鲁）。IACC 出版论文集，虽然那些未参加的人要获得其复印本仍然是困难的。在 IACC 会议声明中，最重要的也许是作为《利马宣言》发行的那个，这是一个有关官员腐败的机能障碍的大胆声明，并列出了在国际、区域、国家和地方各级应该采取的 40 项减少腐败的具体行动。它期待着“伦理与诚信的一个新千年”（联合国开发计划署，1998：174）。

反腐败专家可能被发现与如国际刑警组织、国际政治学协会、国际行政科学学会以及最重要的、发行了反腐败手册的、在维也纳的联合国刑事司法署（UNCJD）这样的组织的关联。联合国刑事司法署让越来越多的国家在预防犯罪和司法正义方面加入联合国的努力已发挥了重要作用，其旨在让成员国：

> (a) 审查它们的刑事法律的充分性，包括程序上的立法，目的是回应各种形式的腐败以及旨在协助或为腐败活动提供便利……的相关行动。(b) 为预防
436 腐败行为或滥用权力而设计行政与调节机制。(c) 采取对腐败官员进行侦查、调查和定罪的程序。(d) 创建没收源自腐败行为的资金和财产的法律规定。(e) 对参与腐败的企业采取经济制裁。(联合国，1990：4)

联合国努力的顶点伴随着第 51 届大会第 59 号决议（1997 年 1 月 28 日）和第 51 届大会第 601 号决议（1997 年 2 月 21 日）的通过而来，其中，部分内容值得全文引述。

> 第 51 届大会第 59 号决议。反腐败行动：
>
> **联合国大会**
>
> **关注**腐败造成的问题的严重性，其可能危及社会的稳定和安全，破坏民主与道德的价值观，危害社会、经济和政治发展。
>
> **也关注**腐败与其他形式犯罪之间的联系，尤其是有组织犯罪和经济犯罪，包括洗钱。
>
> **深信**既然腐败是当前跨越国界并影响所有社会和经济体的现象，预防与控制它的国际合作是至关重要的，……
>
> (1) **注意**秘书长在其第五次会议上提交给“预防犯罪和刑事司法委员会”的有关反腐败行动的报告；

（2）**采用**本决议所附的“公职人员国际行为守则”，并建议各会员国把它作为一种工具来指导自己的反腐败工作；……

（9）**还要求**秘书长……向会员国提供更多的咨询服务和技术援助，在它们的要求下，特别是在精心制定国家战略、制定或改进立法和监管措施、建立或加强预防与控制腐败的国家能力以及培训和提升相关人员技能方面；……

（11）**要求**“预防犯罪和刑事司法委员会”保持对反腐败行动的问题的定期检讨。

第 51 届大会第 191 号决议。《联合国反对国际商业交易中的贪污和贿赂行为宣言》：

联合国大会

回顾其 1975 年 12 月 15 日的第 3 514（×××）号，其中……谴责一切腐败行径，包括贿赂，在国际商业交易中，重申了任何国家都有权通过立法、进行调查并采取适当的法律行动……反对这类腐败行径，并呼吁各国政府合作以防止腐败行径，包括贿赂，……

欢迎在国家、区域和国际层面打击腐败与贿赂所采取的步骤……

（1）**正式通过**《联合国反对国际商业交易中的贪污与贿赂宣言》，其文本附于本决议；……

（8）**还要求**秘书长筹备一份报告……［其］实施方面所取得的进展；……基于由此所采取的措施……以促进社会责任感和国际商业交易中的贪污和贿赂的消除。

决议通过之后，美国副总统于 1999 年 2 月在华盛顿特区组织了一次会议，会上讨论了公共部门治理腐败的切实可行的方法。本次会议的决议于 1999 年 6 月在科隆提交给八国集团（G-8）批准，并且反腐败的原则和做法已被纳入联合国反腐败全球方案。在花了 8 年谈判时间的 1999 年 2 月的《经济合作与发展组织反贿赂公约》实施后，由于将近一半成员已经通过了这个公约，副总统也召开了会议，以敦促所有经济合作与发展组织成员通过这个公约。这个公约的目的是要对贿赂外国政府官员判处刑罚。 437

甚至在联合国有关决议通过之前，不到一个月之前，世界各地大概还没有对腐败与反腐败措施进行讨论的专家研讨会或者集会，总之，计划进度加快了。在这些聚会上，相同的参考书目此起彼伏。相同的资料来源，尤其是海登海默等（1989）、克利特加德（1988）、努南（1984）和罗斯–阿克曼（1978）的四大主导书籍和其作者的最新评论一起被再三引用。相同的理论被使用。尽管文献仍可能太杂乱，但它的确提供了大众可以接受的定义、分类和界限以及区分好与坏的做法、正常和不正常的、重要的和无关紧要的、主要和次要的合理标准。如今的参会者努力筛选新提供的证据并检查与重新检查资料来源，以便减少二手引用、道听途说和未经证实的指控。

遗憾的是，水被要打破官场之外对腐败禁忌的世界媒体的成功努力所搅浑。在勤奋研究工作见效以前，自由世界与不自由世界的大众媒体在公开批评腐败方面已经变得更大胆并且很少宽容不光彩的政府官员。它们已经投入更多的资源在调查报告上。因此，政府官员的私生活已经更多成为尽人皆知的事物。公众似乎想知道更多关于政府丑闻的事。腐败的禁忌已逐渐放宽，直至现在似乎任何事情对爱说闲话的人来说都是可攻击的。没有什么是神圣的了。政府当局者为了设法保护他们的秘密而做得越多，他们就变得越脆弱。他们越试图维持自己的信誉，越美化他们的不慎重举止，公众就越怀疑和不相信，人们越愿意相信官场上的不道德行为。告密者日益冒险揭示他们所声称知道的以及受害者要揭露法庭上的官僚作风。事实上，自“水门事件”和总统被迫辞职以来，大众媒体向腐败的政府领导人和机构抛出了战书。在他们的身后，名副其实的腐败信息产业如雨后春笋般涌现。腐败的故事经常出现在世界严肃的新闻报纸上，不可靠的耸人听闻的报刊把它能收集到的集中在一起。电视行业现在认为腐败是有新闻价值的，而在任何地方电信都可以逃避审查，而即使审查也不会阻碍世界范围内的计算机网络联系。

甚至被国际媒体合作伙伴公司首席执行官研究所（the CEO Institutes of International Media Partners Inc.）的出版物所深深触动了的工商界也见风使舵，其期刊《首席执行官/国际战略》(CEO/International Strategies) 1991 年 9 月/10 月的一期专注于腐败。不久后，世界被国际商业信贷银行（the Bank of Commerce and Credit International，BCCI）事件所震撼，其暴露了高级公职人员通过腐败大规模洗钱。不
438 过，反腐败运动的主渠道已经是 TI 这一机构，其由世界银行前官员彼得·艾根发起，于 1993 年成立于柏林，他在自己工作中所看到的使他如此心烦，以至于当他被勒令停止他傻里傻气的反腐败举动时，他辞职建立 TI，通过静默外交来打击国际贿赂。商业贿赂损害了所有的合同签订，并诱使公众人物堕落于通过他们的联系、介绍、影响和干预（如果不是直接的，就通过他们的亲戚和朋友来进行）而获得的金钱上的好处。1977 年的《外国腐败行为法案》已经禁止美国工商业贿赂外国官员，同时 TI 在一定程度上是造成欧盟 1998 年采取类似措施的原因，这些措施将适用于任何已经被提前警告过要在加入前减少它们腐败的新成员。TI 通常在幕后起作用，并且通过其季刊通讯揭露官员的腐败行为，并使得国际组织和国家承诺要与腐败做斗争。

TI 在全球 70 多个国家和地区设有分支机构，在工商界和官方界都得到了国际社会的支持。在与联合国的合作中，它在 IACC 中发挥了主导作用；在与世界银行的合作中，它曾参与该银行的反腐败方案。在苏联和其他地方的禁忌瓦解之后，一度对腐败保持禁忌的世界银行像如此多的其他国际组织一样改变了基调。这种逆转无论如何都可能会发生，因为它已经发生在联合国开发计划署、经济合作与发展组织以及国际技术援助主要捐助者身上，所有这些组织承担了支持反腐败措施的新责任。剩下很少的国家能够顶住对腐败禁忌的侵蚀或能顶住打击各种腐败行为的压力。虽然谈论腐败与实际做一些反腐事情相去甚远，但是，这是采取有效反腐败政策的一种必要序幕。

21.3 制定反腐败政策

一旦人们对公开承认在他们中间的腐败感到更自由时，讨论什么是需要做的就

成为可能。历史告诉我们重要的事情确实可以做到，因为国家已全面和在特定治理领域成功地减少腐败。但历史也表明，除非保持侦查与预防腐败的不断努力，否则腐败会恢复并且延续。愤世嫉俗者以所有遏制努力最终失败为由否认可以做的任何事情。他们声称腐败是人类本性的一个组成部分。它总是会在适当的情况下蓬勃发展。只要人们相信他们能够受益于腐败，他们就会禁不住诱惑去放纵自己。控制腐败的企图类似克努特国王反抗海浪的活动：它们在做无用功。与此相反，一个更好的策略是承认腐败存在是合乎情理的。它发挥的作用并不总是有害于社会的或者通过合法手段是可接受的。利用腐败倾向行善而不是作恶。把它看成类似于市场的力量，象征未满足的社会需要和缺陷，填补在社会调动和激励方面的某些空白，奖励勤奋与首创。在任何情况下，腐败在很大程度上是一种文化现象，与贪婪性、稀缺性、不追究责任和不足够的制止力量有关。总之，如果专注于减少贪婪、平衡商品与服务的供给和需求、改善公众问责与自我管理的机制，那么，腐败应该是可控的。

假如腐败对全球社会没有破坏性的影响，也许人们会更自鸣得意，更少关心设计一种有效的反腐败政策。但古往今来，人们已经认识到它是什么以及它无尽的伤害——摧毁帝国、扰乱社会稳定、扭曲分配、浪费宝贵的稀缺资源、破坏社会的凝聚力、抹黑公共机构和降低其无辜受害者的生活质量。就像疾病侵袭肉体一样，腐败侵袭道德精神。两者都将导致腐烂、衰败和最终绝对数量无法克服的集体（组成它的那些人）过早死亡。腐败的社会不能持久，因为它们建立在流沙之上。它们的投资无用，它们的努力少有成效。其结果是自杀性的，当然是内讧性的。所有这一切听起来是戏剧性的，当不能或不愿遏制腐败并为了少数人的野心而牺牲整体时，即使最强大者也已堕落倒下了。 439

如果人们都像愤世嫉俗者所认为那样腐败，那么文明不可能走到今天。当然，在地方和社区中就不会有这么多的变化，这些清楚地表明，在反腐败政策方面有很大的差异。一方面，存在少有遏制它并允许它蓬勃发展的软弱政府政策。另一方面，存在在许多不同层面并以许多不同形式解决它的强有力政府政策。没有完美工作。没有万全之策。所有可以提供的是一个笼统菜单，其中包括具体名目，据此可以改变成适合个人口味的精确配方。不过，如果要减少行政腐败，有一些基本元素必须存在。

向联合国决议承诺在发展的背景下进行预防犯罪和刑事司法国际合作的国家，很容易得到可用的、修订了的教科文组织的反腐败实用措施的法规，其本来是为 1990 年 8 月在古巴举行的第八届联合国预防犯罪和罪犯待遇大会（联合国，1990）准备的。它涵盖了基本的刑事法律、行政与监管机制、起诉涉嫌腐败行政人员的程序以及没收来自腐败行为的经济回报的法律规定。实施这样的措施将大大减少行政腐败的发生率。这一详细的指南不断被修订和更新，已经被添加了更多的内容，特别是被添加了那些由下面这些机构所发布的内容：TI（1995）、联合了国际最高审计机构组织的联合国发展支助和管理事务部（1996）、联合国开发计划署（1997b，1998）及其问责制和透明度方案（1998，1999）、世界银行（1998）和增加了详细说明的发展选择公司（1998）。没有任何借口不知道该怎么办。问题不是如此多的要做**“什么”**（what），而是**“如何”**（how）做，从哪里开始，采取什么措施，这些措施如何加强彼此，等等。同样重要的是在困难和不利的情况下继续打击腐败的意志。

A. 有道德和值得信赖的领导人

如果无处不在的腐败现象的明显解释是人类本质上是有罪的、不可靠的，那么唯有最合适的即意味着最有道德的人应该占据公众委托的职位。这就需要：第一，有才干和品德高的人必须被吸引到公共服务中来，并就他们而言留下来没有太大的个人牺牲（足够的地位和补偿）；第二，对公众委托职位的所有任职人员的谨慎选
440 择应该包括对个人背景资料和性格的严格把关（例如证明资料和调查）；第三，必须有对违反公共伦理守则公职人员的即时免职（因故的整肃和解雇）。上任后，公共领导者必须丢弃他们对传统民俗的忠诚，并保证自己无惧地、不偏不倚地为公众利益服务。因此，卡斯特罗时期古巴的**“新男人”**（el hombre nuevo）：

> 将自己的生命奉献给革命的需要，奉献给作为一个整体的古巴人和人类。他是要能律己的、勤奋的、清心寡欲的和清廉的。因此，他是要摈除自我中心、自私和物质主义，尤其是不会任凭自己沉溺于破坏革命的三种主要的不法行为：享有特权、任人唯亲（任用亲信）和黑市交易。（西奥博尔德，1990：150）

在其他地方发现类似的恳求。按照如此方法的最新努力之一一直是墨西哥的“社会控制计划”（The Social Controllership Program），其中，所有公民被鼓励在改善政府服务和通过监控与审计政府行为来铲除腐败行为方面发挥积极作用。这种“社会控制计划”与更广泛的“国家团结计划”（National Solidarity Program）相关联，以保证资源被用来改善生活条件，并保证以及时和直接的方式实际到达它们被预订给的人们手中，并像原本指定用途一样被利用（国家团结计划，1992）。这是一个社会的努力，以便确保诚实、公平和能胜任的公共行政。这就是人们对他们的领导人和公职人员的期待，即使这并不总能成功实现。可惜的是，在产生更值得信赖的公众领袖方面，像很多其他类似情况一样，腐败仍然如此根深蒂固，以至于该计划已几乎没有影响。

B. 适当的社会规制

腐败产生的另一个普遍原因是没有人想要的社会控制的存在（如，行政国家对社会行为领域的干预，没有人会认为它是应该的）。此时，政府的干预是不明智的和不恰当的。以怨恨和公众与公共雇员之间更多共谋为代价实现了表面遵从，他们都觉得要服从的是不符合道德的强制。简单地说，政府应该离开它不应该存在的地方。它不应该做它不能做的事情，它应该摈除无用的和不受欢迎的社会控制。虽然没有人喜欢他们的私人事务被干涉，但是有可能存在行政国家已经超越了界限的区域。

C. 定期修订法律

正如布雷西早已指出的那样：

与人们不想服从的法律的问题相关的是人们不能服从的法律的问题……法律……往往是被设计用来应对具体情况并随后纳入普遍规则的一部分的结果。鉴于许多……是模糊的、过时的和内在矛盾的……这样的事实，这导致这样一种状况，这种状况使最认真守法的公民不可能以合法方式进行他合法的商务活动。(布雷西，1976：17-18)

一个很好的例子是欧盟行政中精心制定的、复杂的、引起欺诈和腐败的规则 441
(塔特，1989)。它一直试图简化并更新其规则。或许在每一个政府系统内，法规、规章、指南和命令已经失去了其有效价值或存在的理由，但它们往往还起作用，即使它们严重偏离目前的方向。实际上，它们已经变得不可执行。这样的法律应该被移除和替换。法律的修订应制度化以便定期检讨所有的法律。发现他们不能够执行法律的公共官员应该提出可行的替代品和游说进行必要的修改。推动官场进行法律修订的可能是新的法律旨在促进以绩效为基础的管理和问责制度的发展，如 1993 年的《政府绩效与结果法案》(the Government Performance and Results Act)。

D. 遏制公共垄断

公共机构可能利用自己不低于私营机构对手的垄断地位。在几个方面它们的腐败倾向可以减少。通过打破政府垄断并在不同公共产品和服务供应商之间形成真正竞争，公众就可以被提供选择方案。在一定程度的垄断不可避免的地方，全面的公众问责是必需的。除了更严格的政治的、法律的、财政的和政策的控制之外，公共垄断者（如所有其他公共机构一样）应服从于绩效和资金效益的审计，评估其合法性、德行、生产力、灵敏度和有效性。应该尽一切努力设置独立的、有效的投诉处理机制，以便使人们能够知道公共机构多常遭受投诉，有多少宗投诉是有道理的和为防止其复发正在做什么。当然，通过公众参与、信息自由、落实公民权利和普遍民主化来减少所有官场的万能。

E. 开放的民主政府

封闭的非民主政府显然具有最高的腐败倾向，因为它可以隐藏腐败行为。为了确保政府在阳光下，以下是最低要求：

行政部门受到可靠和负责任的立法机关的严密监督并服从独立的司法机构的否决。

自由的选举由可靠的和无污点的委员会来实施并定期举行，其中政党和候选人被限制在他们可以负担得起的竞选活动中。

所有潜在可能的和现有的公职人员都被正直审查并必须报告可能的利益冲突。

所有公共机构都要受外部审计和自由的大众媒体的监视，并有义务公布年度业绩账目。

所有公共议程都是立刻在任何可能的地方公开，并以低廉的成本费用就可以轻易获得副本。

所有公共事务都受类似《美国行政程序法案》（the U. S. Administrative Procedures Act）这样的规则的控制。

442 所有公共合同都要进行竞争性投标并服从独立的上诉和审查。

所有公共机构都受综合性反腐败机构的控制，其中包括足够的刑法、投诉办公室、监察局、热线电话以及举报保护。

为了进一步减少腐败的机会，没有任何公共雇员应该是他们自己案情的法官或被放置在显然面临着被分裂的忠诚和利益冲突的职位上。自由裁量权应受指定的指导方针、绩效标准和指定目标的限制。所有决定应附有解释，并受限于根据现行惯例而进行的审查和上诉裁定。在任何可能的地方，可行的法律修正与赔偿应提供错在哪里的证明。

F. 专业化的职业岗位

设置职业化的行政人员是被精心审查、测试和挑选的，特别是那些有准备的和受过训练的、报酬足够的，并坚持专业伦理和标准的行政人员通常知道工作是否正在做好和不道德行为在哪里有可能发生。他们受过训练，一般可以自我调整。他们为所做的出色工作感到自豪。他们知道什么是正确的行为，能够施加有益的同行群体压力。经验丰富的公共管理者知道同行的花招和同行从业者哪里可能出问题以及他们如何掩盖他们的踪迹。但是，如果他们工作在一个弱的公众问责文化和恶劣的操作环境中，他们的知识和能力是不够的。

G. 能胜任的行政部门

当事情进展一团糟时，没有人知道是怎么回事。任何事情都可以被隐藏在混乱中，一半聪明的人就能够逃脱几乎所有事情的惩罚。制度、秩序和规律性是必不可少的。良好的例行程序很快显示违规、异常、障碍、花招，甚至破坏。定期领取报酬的雇员没有必要把税收保留为他们的私人财产，以防万一他们得不到报酬。如果他们要记录下所有业务，给收到的全部款项开具收据以及为一切列出账目，他们就不能隐藏很多或转移很多到非正常渠道。完全没有空闲的官员在工作中很少有时间在工作上从事他们自己的私人事务。定期轮换工作人员不能轻松地维护自己的派系和非正式的工作安排。能胜任的行政部门本身就是一种对腐败的威慑物。持续进行的行政改革计划是必要的，以减少过度官僚化和助长腐败行为的特定官僚病理。当然，任何改革方案都应包括有效的银行和金融法规，以及防止资本外逃、逃税和洗钱的机构，连同在几种轻易就可以获得的国际手册中列出的许多反腐败措施。

H. 诚信

当一切都说过和做过时，个人和社会的每一个成员的诚信无可替代。一个决定性的因素是全球正在形成民主的风气，也正在形成一种普遍的社区服务的思想意识。最后但绝非最不重要的是全球正在形成职业的和组织的伦理守则。对于公共部 443
门来说，国际行政院校联合会（the International Association of Schools and Institutes of Administration，IASIA）以及它的母体机构国际行政科学学会（the International Institute of Administrative Sciences，IIAS）在制定适当守则方面，自1978年以来一直占据主导地位。这转而又导致通过国际行政院校联合会的伦理工作组在全球正在进行的公共服务伦理的教育与培训。在公共部门之外，世界各地的跨国公司都制定了它们自己的内部守则，它们使其连同他们的伦理培训项目信息一经要求便可公开获得（凯登，1992）。如果所有的其他反腐败苦思准备就绪，并且采用的政策被有效的反腐败项目激活，这些伦理项目就能运作良好。对于公共部门主体来说，这些项目仅仅因为它们的**“公共”**性质就比它们别处的对应物更复杂。

在这些措施中，没有一项容易转化为具体的特效药。它需要有强烈责任感的领导人肩负起这种任务，一种可能需要几代人来成功完成的任务。实际发展成为社会伦理结构的对公共部门的改造不能一蹴而就，不可能达到理想的目标。在回顾当前应对腐败行为方面的六大国际关注时，能够看到随之而来的困难。第一个关注是商业贿赂。没有某种形式的“经济地租”(economic rent)、礼物、利益或其他互惠回报，就似乎少有事情能做完。TI在使商业贿赂被宣布为非法方面已经取得了一些成功。但是，与其有效的执法和抓住绕过法律规定而不受法律控制的诡计相比，通过法律更容易。这种所谓的“灰色”(gray) 腐败引起了反腐败斗争方面最头痛的问题。

第二个关注是与公共部门中的商业贿赂和与灰色腐败密切相关的洗钱。腐败必须把不义之财放到某个地方。巨大数量的热钱每天在全球各地移动（凯登，1997：10）和“没有任何金融机构和任何国家能不受影响”（《犯罪》，1996：1）。世界各地金融资产中的相当一部分由腐败者和腐败代理人控制，它们使用手中的财富和权力行贿政府，并且影响公共政策和公共管理。

第三个关注是跨国犯罪活动，特别是犯罪集团和贩毒集团的活动，其中包括恐怖主义、性奴役、武器和核材料黑市交易、伪造、电脑篡改、破坏环境和贩运濒危物种。在一些最严重的涉及贩毒和建立被毒枭有效地控制的毒贩民主国家，毒枭操纵政治系统，并建立免于有效调查或起诉的、不受惩罚的银行系统，相反，其使自己听命于被非法操纵的辩诉交易制度，使它们的资产完整无缺，并仅使它们受到象征性的惩罚（凯登，1997：11）。

第四个关注是金钱在政治生活中的影响力越来越大，其通过直接收买政客和政党，并借助如下这些方式：换取预期优惠待遇的竞选捐款、影响选民的商业空间与时间的购买、大众传媒所有权的集中、处于有利地位的知情人士隐藏其通过使用公共资金和特权信息来操纵大众媒体的能力、假借私有化的资产剥离和避税与逃税等。

第五个关注是盗贼统治本身，其中政府被视为企业家职能的另一种途径，以及公职是自我发财致富的一种手段。公职人员抢夺公共国库、偷盗、挪用、敲诈和在 444
公共部门中进行私人商业活动，给亲戚和朋友授予政府垄断和利润丰厚的公共合同，以及普遍依靠公费而生活富裕。与盗贼统治打交道的任何人不得不支付赎金，并且必须想出隐瞒事实不让别人发现的手段。

第六个关注是已成为越来越受欢迎的、作为替代的、要么政府机构要么商业公司提供公共产品和服务的非政府组织。遗憾的是，非政府组织没有受到像其他组织一样的公众监督。它们主要是对自己负责和问责。虽然许多非政府组织是高尚的、无可指责的，但是其他非政府组织只不过是掩护，为因微不足道的成绩而奖赏他们的吹捧者和罪犯提供掩护。

在这六个方面的不当行为的经常披露使公众怀疑政府、公共机构和组织精英。每个人似乎都只是一心谋求自我利益。所有的组织都被变得看上去道德败坏。每一个公职人员都被变得带着肮脏的手出现。更糟糕的是似乎没有任何改变。但是，这种印象是完全错误的，是对事实真相的一种严重歪曲。巨大的进步已经取得了，与公职中的腐败做斗争并减少不当行为正在突飞猛进。20 世纪 90 年代中期以来，沾沾自喜已经被由沮丧公民、强大的压力团体、积极进取的受害者和斥责民粹主义浪潮的、反应迅速的政治家所推动的行动主义所取代。

21.4 制定机关反腐败计划

由于别出心裁的腐败是无穷的，在每一个公共机构特别是那些最容易出现腐败的机构中，常规的反腐败政策不得不伴随着专门的保护措施。然而，很少有行政手册对腐败行为识别、调查和起诉进行规定。因此，应该为每一个公共机构制订专门的反腐败手册，用来提供可行的定义，确定腐败易发区，并指出预防措施。不良行为并不难识别，有关它们通常有许多一致的看法。它们能够被警惕的监管者、特别调查员、外部专家和警觉的公民发现。从统计记录、随机文件选集、投诉的趋势和秘密面谈中能够侦查到它们。有些典型手册存在并且可以公开获取，特别是由美国管理和预算办公室（U. S. Office of Management and Budget，OMB）颁布的《内部控制指南》（*Internal Control Guidelines*）和由纽约约翰·杰伊刑事司法学院的刑事司法中心发布的警察机关反腐败手册。其他的都是保密的内部文件，获取是受限制的，虽然在其中通常很少存在真正值得保密或者完全不同于那些更容易获取的手册的内容。

例如，美国管理和预算办公室的手册建议机关决策者，通过审视总体的控制环境、其活动中的固有腐败风险以及日常检查防护措施的适当性，进行脆弱性评估。机关对于腐败过于宽松是由于没有强有力的内部控制，由于报告关系的不恰当，由于不称职与不诚实的人的雇用，由于限制权威的不足，由于预算编制与报告程序的具体规定不明确和无效，还是由于财务与管理的控制的不健全？机关处在风险中是由于有过于模糊或复杂的目标，由于第三方受益人的过度参与，由于现金交易，由
445 于申请、许可等的批准，由于其腐败历史的存在，还是由于在时间紧迫限制下的工作结果？现有安全防范与控制足以遏制腐败吗？

罗伯特·克利特加德的《控制腐败》（*Controlling Corruption*）（1988）一书很可能仍然是制定机关反腐败方案的最好的实用指南，根本原因在于其是在腐败可以说是一种生活方式的国家中的经验。除了思考应对腐败应该怎样做之外，克利特加

德加入了一些税务机关、警察局、海关机构、采购代理机构等的反腐败方案的详细案例。它们涉及贿赂、特权赎买、敲诈勒索、收取回扣和欺诈。这些案例展现了为了激发在特定情况下的创造性思维的不成功与暂时成功的计划。克利特加德还提供了一个政策分析的总体框架：

> （1）通过筛选出不诚实的而选出诚实和有能力的代理机构并通过网络来寻找可靠的代理机构。
>
> （2）改变一贯的官僚激励与约束模式，通过奖励诚实与正直并以威慑方式（例如，拿走腐败所得）惩治腐败行为。
>
> （3）通过改进审计与管理的信息系统、激励机关内外的信息提供者（审计员、调查者、举报者、监察员、反腐败团体）和把举证责任变换给潜在的腐败者来收集提高发现腐败可能性的信息。
>
> （4）通过诱导竞争、减少自由裁量权、人员轮换、改变机关活动的性质以使它们不那么脆弱和组织顾客加入反腐败的游说队伍中来重组关系，以便减少脆弱性。
>
> （5）通过利用培训、教育计划、个人的榜样、伦理守则的颁布和机关文化的改变来改变对腐败的态度。（克利特加德，1988：94－95）

所有这一切当中，重要的是要（a）区分"表面"问题与"战略"问题，（b）培育政治上的支持，（c）动员公众，（d）破除机关的腐败文化，（e）使用积极和消极手段，（f）使措施与机关的主要使命关联起来，以及（g）发现和支持清廉者（克利特加德，1988：183－186）。

自从克利特加德的经典之作出现以后的十多年以来，一些机关制定了自己的和其他人如何用很实用的方法来应对腐败行为的详细指南。这些指南在世界各地召开的有关反腐败斗争的许多会议上分发。真诚的研究者和学生获得它们应该没有什么困难。但克利特加德就一直警告说，实施反腐败措施需要：

> 打破腐败与不负责任的文化，这意味着在公众面前油炸"大鱼"。
>
> 强化体制以防止腐败和效率低下，这意味着信息和激励。
>
> 让公众和民间组织参与为了责任和效率的运动。（普华永道会计师事务所，1991：10）

总之，大多数总体上取决于解决弱势的公众问责文化问题，取决于促进独立的最高审计机构的作用和有效性。事实上，近年来，国际社会的关注已日益注重促进民主 446
风气不存在或很微弱的国家的民主风气，注重加强社区/公共服务的理念，注重进一步加强制度建设和能力建设，增加激励机构调整和随之而来的冒险，以及反复灌输公众问责与透明的文化。为了减少腐败，治理改革的不稳定性成功提醒改革者要小心，但也已促使他们做出更大的努力，并增强他们的决心。

21.5　增强公众问责文化

在20世纪90年代初，由于由罗伯特·马克斯韦尔控制的国际大型企业组织的崩溃和对国际商业信贷银行的揭发，政府在应对腐败方面的弱点被证明（凯登，

1992)。巨额的公共和私人的款项处于危险之中，并且可能无法恢复，仅仅是因为国际金融交易是完全不受监管或监管不力的。在这些案例中，来自世界重要公司的审计员不知道发生了什么事情，并且不让其他人知道自己的业务。如果他们的确知道，那么他们如此害怕失去有利可图的账户，以至于他们没有报告观察到的错误和他们自己的私人疑虑，并且保持他们自己的公司不为人所知。更糟糕的是，据说有人纵容腐败行为，并帮助策划大规模的欺诈。因此，专业的审计员自身被欺骗、平庸、粗心、不称职、害怕、不道德甚至犯罪，终究没有转向与腐败做斗争。在他们的组织和职业协会中，公众问责文化软弱无力或完全没有，在彼此之间也一样。这不是粗心马虎的会计和审计问题，而是刻意逃避专业责任和专业标准、是实践的缺陷与模糊性的问题，在这个案例中，是利用了国际会计师联合会的专业标准与实践的缺陷和模糊性。

遗憾的是，就自我监管而言，其他主要职业人士以及他们的职业监管团体未能达到他们自己的道德准则要求，因为他们太缺乏浓厚的公众问责文化。他们未能处罚甚至仍在肆无忌惮地腐败犯罪。例如，密谋骗取福利国家的医疗和法律的从业者都没有被剥夺专业身份。甚至行为令人难以忍受，并且肯定是做出了严重不当行为的从业者还被允许继续从业，仅仅是给一个警告或无力的轻微处罚。职业纪律处分团体频频对它们的犯罪成员手软，公共部门也是一样。它们似乎已经用专业问责（意思是由同行问责）取代了公众问责（意思是由公众问责），以便在腐败的、无疑扭曲的和偏颇的自我监管系统中保障专业的自我利益。它们想要只对它们自己负责并且它们拥有足够的权力和影响力来为所欲为（凯登，1988）。

公众问责的理论告诉我们这意味着什么。当人们在没有制裁风险的情况下只对他们自己承担责任的时候，他们经常以其他人的惨痛为代价而为所欲为。出于这个原因，要建立制度上的检查与防护措施，以便确保每个人都对其他人负责。如果其他人不赞成个人所为，那么他们就应该这样说，并坚持要更正。在公共领域，“那
447 些行使国家权力的人有义务为他们自己的行为做答辩，无论这些行动是被单独或集体所采取的，即使是在这样的行动合法性毫无疑问的时候”（加布拉和戴维蒂，1988：3)。答辩使大众能够评估国家权力是否已经被适当地（例如，政治上、法律上、道德上、职业上）行使，评估国家权力的使用是否仅仅为了个人利益和自我提升而牺牲了集体利益、共同利益和公共利益，以及评估国家权力及其行使是否给大众带来耻辱。由大众来判断其是否做了错事，并决定如何处理。权力持有人必须记住：他们是国家的象征，他们必须赋予国家尊严和高贵，以及他们必须献身于公共事务。万一他们失败了，他们是可解职和替代的。

不是公众问责的理论有问题，而是它的执行有问题，特别是未能成功灌输一种公众问责文化有问题。随着有组织社会和现代行政国家的出现，公共机构（也包括私营机构）具有相当大的权力，它们的扩大见证了它们表现出来的独裁的、专制和极权主义的特征。它们可以不顾外部控制并轻蔑对待公众。在内部控制他们并且安全待在孤立而舒适的小空间里的那些人离具体经营相当遥远，因而，在受到来自客户和一般公众的影响时，他们很容易就变得与现实脱离。满是它们自我的重要性，并受精英特权的鼓励，这些公共机构没有真正觉得要对任何人负责，除了它们自

已。它们学会了如何规避外部控制，逃避责任，说服他人一起附和并威逼那些不愿意这样做的人。有些事情需要有专门知识的人才。以至于只有他们才能决定。但是，没有人甚至这些机构都不可能掌控每件事和每个人。所以，事情可能会失控，就好像不是所有人都会受到控制，这种情况是可能的。即使在最好的组织中，事情偶尔也会失控。虽然替罪羊被牺牲，以便平息公众的意见，但是引起此类事件的根本原因没有被触及。

遗憾的是，在现代行政国家中存在某些领域，其中无论谁都可能会被替换，没有人真正负责，并且事情都如此混乱，以至于滥用一定会发生。没有人是适当的(例如，没有人是负责的)。

A. 无管制的国际交易

20 世纪 90 年代早期，马克斯韦尔和国际商业信贷银行丑闻和最近在非洲、拉丁美洲和亚洲的金融丑闻，以及在意大利、罗马尼亚、俄罗斯、土耳其和乌克兰的严重不当行为，已经显示出国际金融交易是多么容易出现欺诈和腐败行为，因为没有人真正负责。这同样适用于武器、毒品等类似情况，对其交易不存在国际限制，或者如果他们这样做，他们是不能强制执行的。海盗不是唯一蓬勃发展的一类。政府也被卷入，因为有公共机构和公共部门雇员被卷入。可以获得很多钱，但至于很多钱是怎么获得的和谁获得的却没有人是可答复的。为了减少腐败，国际社会不得不通过实施有效限制来整顿这些机构。

B. 自治国际机构

在过去的半个世纪左右，许多国际机构（如世界卫生组织和国际货币基金组织）已被建立，以便促进全球目标和在国际层面上提供公共产品和服务。这些国际 448
机构现在有了它们自己的生存方式。虽然它们被要求对成员和联合国负责，但是它们可以相对自由地管理自己的内部事务。事实上，它们对独立已经变得如此习以为常，以至于它们实际上是自治的。虽然相对而言，它们已经摆脱了公共丑闻，但是，可能被问的问题是它们是否可能已经变得自私自利并达到了体制腐败那样的程度。它们的许多活动在秘密中进行，甚至它们的审计员表示其遭受管理不善、被资助和担任闲职之苦。它们长期延误大修和改革。直到最近，联合国才愿意主动实施裁员改革。

C. 流氓政权

令人失望的是，在过去 50 年中，如此少的开始建立的新独立国家成为民主国家。其中有几个流氓政权公然反抗文明规范。它们也促进了国际和国内的腐败（梅洛，1991）。这些都是臭名昭著的盗贼统治政权，在那里，公共官员认为公共资金是他们自己的个人财产。然而，它们已经收到了大量的国际援助，同时它们继续这样做，尽管众所周知援助被转移并且只是使它们的统治者更富有。1991 年，有些援助是第一次被拒绝给予非洲（肯尼亚）盗贼统治的国家，但少有给予其他任何地方的任何流氓政权的援助已被公开切断。最近，国际社会已经开始采取更多的有关行动来惩罚盗贼统治的国家，并开始控制其滑稽行动。

D. 秘密活动

公众不能要求任何人为其不知道的事情负责。许多政府活动在秘密中进行，特别是国家安全、情报收集、研发、外交、税收记录和健康记录。无论秘密活动在哪里，都有滥用和腐败的空间。被拒绝接近的公众只得依靠中间人，如可信任的有特权接近的大众媒体记者、秘密或守口如瓶的监控人与调查机构以及偶尔勇敢的告密者。控制接近的规则通常是矛盾的、专横的和模糊的。即使是部分保密的事情也阻止公众问责，因为公共部门雇员能够把事情隐藏起来不让公众知道以及公众无法发现他们是否受到虐待。秘密交易有点像腐败，否则，为什么不被公开？

E. 协同政府

公共机构很少单独行动，他们是复杂合作网络的一部分。权力和责任是共享的。一个机构代表另一个机构进行活动，某一级别政府会把活动与其他级别的政府分享。在多层化政府系统（大多数是）中，很难走出各方之间复杂关系的迷宫。没有一个单一的机构能够控制整个完整体系。这种广泛的、弥漫性的系统招致阴谋、欺骗、欺诈、不负责任和公众问责的逃避，因为不能够确定单一的权威核心。另一方面，它们能够像相互制衡的复杂系统一样行动。正是在这种复杂系统被破坏时，麻烦出现了。因为虽然总的来说，每个人都要负责任，但是具体而言没有一个人要
449 负责任，腐败往往发生在默认情况下。当由于宪法的许可，立法和行政部门已不断输给（或退位给）私人机构或准政府机构，而由它们来执行核心政府职能时，问题就是复合性的了。在这种交换中，公众问责已经不起作用（克雷格和吉尔莫，1992：46）。

F. 被承包的职责

契约式政府越来越受欢迎，因为它免除了公共机构精细管理与专业化经营的麻烦。实际上，私营部门共享公共职责以及公共产品与服务的提供。在更新形式的承包中，终端产品不能详细列明，承办商的绩效也不能清楚地被评估。这种合同允许对公共部门规范不熟悉的私人团体对重要的公共决策施加相当大的影响力。监视过于庞大和复杂，“强制问责的途径越多，就其执行来说，似乎就越难明确责任”（曼斯菲尔德，1975：334-335）。公私紧密混合在一起，提出了一些尚未解决的伦理的、法律的甚至宪法上的问题（塞德曼，1975：97）。

G. 享有特权的地位

公众问责在公共代理人被赋予特权地位而不被要求为其行为负责任、做答辩或受惩罚的地方是微不足道的。例如，王国（例如国家）不会作恶的信条慢慢消失了。政府仍然保留享有逃避因不道德行为而被起诉特权的法律地位。公众无权获取从来没有被系统暴露过的所有指控。改正措施是零散的、非决定性的。因此，公众认为在抓捕和惩罚高层违法犯罪者方面存在双重标准……（这些高层违法犯罪者）滥用他们的公众信任，长期或完全逃脱处罚，或者如果被抓到，也能摆脱严重的惩罚（基弗，1980：17）。即使是低层公共雇员也逃脱，因为他们次等的委托人很少有权或根本没权使用法律制度，穷人负担不起起诉，他们被有效地拒于法律补救之外。只有富人才能行使自己反对不当政府伤害的权利。享受不到特权的人容忍并理所当然地认为在公众问责范围内的公众不包括他们。

H. 企业化公共管理

去官僚化不但包括私有化，而且包括公共管理企业化或者至少是更有事业心的公共部门雇员。这意味着给公共部门管理人员更大的行动自由、更大的独立性、更大的自我主动性，大胆努力使公共管理更有效率。公共企业的管理人员在开展他们的业务方面有很大的自由度，老实说，成效有好有坏。免于规范性行政部门的控制和公共服务的限制，他们并不总是合乎道德地使用他们的自由权。与此相反，一些人管理公共企业，仿佛公共企业是他们自己的个人领地，没有丝毫的公众问责文化。同样的危险潜伏在其他企业化公共管理中，其也像国有企业一样，没能回应他们的特定客户端/消费者和广大市民。更大的操作灵活性违背了公众问责通常严格 450
的标准。这种风险很可能是值得考虑的。被增强的腐败习性可能被成本节约和更高效的公共机构所抵消，但也可能涉及对人们公共问责之手的清除。

I. 自我监管

在各同行之间，自我管理似乎并没有很好地起到它应有的作用。这并不意味着它在其他地方就不可能可靠。由于对政府维持治安的过度监管和沉重的开销成本的投诉，给自我监管作为监管过度与监管不足之间折中方案的一次机会的试验，已经开始并正在进行中。不道德行为的预防被看作胜于矫正。更有效的自我监管将首先防止腐败的发生，并会在厂商与监管机构陷入深深的麻烦中之前，更早发现它。如果工商企业能在它们的罪行发生之前，实施有效的预防计划，那么作为奖励，对它们的处罚可能会被减少。总之，自我监管对工商企业来说是更有利可图的。隐藏其后的想法是这样的：美国有关白领和商业犯罪的联邦法律、行业伦理资源中心审核的《国防工业商业伦理与操行新方案》和自由职业安全和健康管理局主管的《自愿保护计划》以及地方一级的新泽西州的卡姆登县的银盘奖励计划（凯登，1992；西格勒和墨菲，1988)。首先符合条件的企业慢慢加入，不过，已加入公司的员工声称他们并没有像他们应该被认真对待那样，并且仍然有弄虚作假。把这样的计划推广到特别容易出现贪污的企业中的尝试收效甚微。但自那以来，已经取得很大的进步，其表明自我监管在人们要它起作用的地方起了作用（例如，浓厚的公众问责文化已经存在)。但是，在真正需要更有效的自我监管的地方，它可能会因为软弱的公众问责文化而被抵制。此时强有力的公共规制更是必要的，但即使这样，也不足以打击源于有组织犯罪的贪污腐败。

J. 有组织犯罪

通常情况下，有组织犯罪被视为发生在地下经济和黑市中的非法商业活动，其远离公共部门的活动（除执法外)。但有组织犯罪发生在有钱的地方，因为如今，从公共部门手中能够获取相当多的钱，在大量行贿（除执法外）的公共机构方面，有组织犯罪并没有远远落后。几十年来，有组织犯罪已经控制了世界的几个地区，并掌控了大城市中的多个行业和职业。要进行任何无论公共或私人的交易，都已经意味着要应对有组织犯罪和从国库中花费贡金。在纽约，情况变得如此无法忍受，以至于城市管理当局开办一些沥青与水泥方面的公共企业，因为城市管理当局发现，公共企业自身生产这些产品就能够比控制这些产品生产和供应的有组织犯罪利益团体所要求支付的贡金更便宜。

纽约绝不是唯一的有组织犯罪腐化所接触的地方。有组织犯罪破坏政治制度和
451 执法机构。它隐藏在合法业务前台的背后，目的是要渗透到公共部门并从公共合同、许可和补贴中大赚一笔。它控制了公共和私营部门的工会。它垄断公共机构不得不利用的贸易和工业。它延迟公共建设工程。它控制港口和码头。它迫使公共雇员提供高薪却人不到场的工作和其他挂名的好差事。通过这些手段，有组织犯罪操纵公共资源的分配，并剥夺了其他社会成员得到他们合理的好处。

因此，反腐败计划本身对减少腐败来说是不够的。它需要在改善公众问责文化的社会中培养出更为综合性的代表团体，这反过来需要加强各地的个人诚信，以及在进行公共业务和个人交易时的更多诚实。没有一个组织可以得到豁免，因为一个人的行动影响到他人的行动。与被很好隐藏并且没有获得公众关注的腐败问题相比，一些腐败问题是很明显的，并且不是那么难解决。但没有任何解决方案是很容易实现的。没有任何解决方案完全解决了腐败问题。少数几个解决方案，假设它们是合适的，延续到超出了需要看到它们仍然有效的警觉范围。在腐败范围较大而严重的地方少有短时间完成的修复。有效补救措施的制度化可能需要几十年，如果不是几代，其将取决于这么多不同的各方都认真考虑它们的作用，直到它们成为惯例、可信赖并有效率。规模宏大的进步不能仅仅用短短的几年来测量，人们需要在长时间中来对照改善状况。幸运的是，不严重的和较小的腐败更容易处理，在解决这些形式的腐败时，相对快速和即时的成功能够且确实鼓励了改革者处理较为严重和更大形式的腐败。

21.6 结论

底线是相当明显的。无论存在什么样的外部和内部控制，不管它们是如何执行的，腐败是官僚病理学的一种特别的病毒形式。一旦进入行政制度的生命泉流，便会很快蔓延到所有部分，即使它被发现了很长一段时间。如果不及时治疗，它最终将摧毁受感染区域的有效性。即使及时治疗，也不能保证被完全消除。它具有高度传染性，使人衰弱，治疗昂贵。目前的战略目标是遏制它和使其最小化，直到它变得不切实际、不经济、走得更远就不明智时，才能被解决。巧妙者始终领先一步。只有个人诚信挡得住疾病。受到前面所概述的各种工具支持的负责任的行政人员知道，他们必须反复地做无休止的反腐败斗争。他们认识到，像加缪的小说《鼠疫》中的医生里厄一样：

> 鼠疫杆菌永远不会死亡或消失，它在等待时机，也许这一天会到来，这时，为了祸害和启迪人类，它会再次唤醒大鼠，并差遣它们死在一个幸福的城市。(加缪，1948：278)

参考文献

请从中国人民大学出版社官网（www. crup. com. cn）下载，或者用微信扫描下方二维码获取。

第5篇

德行的维持：内部控制

第 22 章

公共行政中的道德发展

黛布拉·W.斯图尔特
诺曼·W.斯普林霍尔
戴维·谢弗
美国北卡罗来纳州立大学罗利分校

22.1 导论

本章评述道德发展理论在公共行政文献中的运用。与本书的 457 大部分章节不同，本章主要介绍可能看似与公共行政相隔甚远的文献和方法。从发展心理学理论到社会正义理论，忠实呈现了道德发展理论的理论背景。道德发展理论在公共行政伦理学的实际应用是该领域一种重要的、仍然兴盛的创新。本章的首要目标是评估其作为一种了解更多关于公共管理者如何做出道德选择以及加强其伦理决策能力的方法的潜在可能性。由于适合我们研究工作的整体框架是来自行为科学的研究，所以我们会提供对这一材料的详细评述，然后表明我们如何使这种方法运用于公共行政，勾勒出我们的研究结果，并且最后讨论其意义和持续的问题。

22.2 指导性思想：行为科学根源

我们在公共行政中的理论和研究的框架源于和修改于行为科学。多年来，心理学因占主导地位的行为主义范式而避免了价值观和伦理问题。20 世纪 20 年代和 30 年代正是哈茨霍恩和梅早期的研究打破了所有性格培养和教育的神话。他们发现没有任何一种常用方法起作用。旨在促进诚实习惯与抵抗诱惑的男童子军、女童子军、宗教教育、规劝和类似的计划没有任何作用。欺骗和类似的行为似乎是正态分布在适度欺
458 骗节点的周围。因此，性格特征的研究从行为科学界消失了。相反，在斯金纳理论看来，美德、价值观和伦理需要在积极强化的背景中来看待。这表明价值观实际上是相对的。当斯金纳把心理学与其他科学进行比较时，他阐述了这种观点："物理学和生物学研究物体时与价值观无关，但物体的强化效果是行为科学的领域。"(1971：104）换句话说，个人只是行为强化的明细表。社会及社会的领导者决定哪些价值观需要通过强化和控制来塑造，决定斯坦利·库布里克所执导的电影《发条橙》(*Clockwork Orange*）中的人物的性格特征。

因此，价值观的问题似乎被困在一条死胡同中。要么固定的人格特质和美德与行为毫无关系，要么价值观处于个人控制之外，由外部社会进行强化。性格特征的主宰者不仅没有任何外延，而且也没有内涵。当作为一个整体的行为科学挣扎于有关价值观和伦理的相对主义时，科尔伯格和他的同事（首先在芝加哥大学工作，后来在哈佛）修订了整个研究价值观的方法，从而成为我们自己框架的基础。

科尔伯格首先在理论上和经验上论证了价值观和伦理既不是"天生的"也不是人为虚构的。特性不是固定不变的，也不是外部形塑的。沿着如鲍德温、约翰·杜威和皮亚杰这样的理论家的路径，科尔伯格认为价值观和伦理是作为人与环境之间相互作用的结果"发展"(developed）而来的。因此，他用发展层次或阶段的框架取代如诚实与不诚实这样的特性固定不变的想法。其次，他用认知结构的概念取代了斯金纳理论有关人作为空白有机体的观念。这表明个人从认知上建构自己对来自长时间与环境相互作用的价值观的解释。例如，皮亚杰发现儿童构建自己理解如时间、空间和因果关系这样的物理概念的体系。儿童和青少年不是侏儒大小的成人，而是有一系列独特的发展中的智力成长阶段。然后，科尔伯格发现一套平行的道德与伦理发展的阶段即一种认知系统的阶梯，个人面临价值两难时用其来作为选择与行为的根据。

重要的是要了解这种框架的背景尤其是目前这种作为我们公共行政中价值观发展阶段基础的技术发展状态。科尔伯格的研究开始于跨部门的男性，然后转向男性和女性的纵向研究，然后又转向包括在不同国家的研究。现在有 5 000 多例支持假设的实证研究（雷斯特和纳瓦埃斯，1994)。目前的框架体现了价值观和道德发展的序列阶段，包括下列有关价值观的命题：

(1）阶段是不同性质的价值选择系统。

(2）阶段形成层级。

(3）序列是不变的。

(4）系统超越了城市社会中的文化。

(5）系统是性别中立的。

(6）阶段与道德行为之间存在相一致的关系。

阶段模型意味着认知过程的不同系统是定性的，作为不同的世界观或范式，是

个人在复杂情况下用来做出决定的。在表 22-1 中，这些阶段是用简要描述来呈现的。以诚实理念为例，科尔伯格系统不是一个从非常不诚实到全面诚实的连续统一体，而是把这种统一体改造成垂直层次。因此，在最低阶段，人使用的参照系要么是体罚给予的一方，要么是体罚接收的一方，这种体罚是因为诚实或不诚实行为。这样一种参照系在性质上不同于下一阶段，下一阶段中这样的选择是源于对物质上收益或亏损的关注。在这个层次上，诚信是一个金钱上的问题。随后的阶段遵循相同的过程，每个阶段都是不同诚信观的转型。因此，从“道德观”(moral point of view) 的角度来看，每个阶段可以被认为是道德上更适当的。有关道德发展研究的基本哲学视角的话语会把原则性推理放到语境中去。

表 22-1　科尔伯格的道德成长阶段 459

判断的基础	发展阶段	阶段特征
前习俗的（preconventional）道德价值观存在于外在的、类似自然的意外事件中，存在于坏的行为中或类似自然的需求中而不是在人身上和在标准中	阶段 1	以服从和惩罚为导向，以自我为中心的对权力和威望的顺从或避免麻烦的一套做法；客观责任
	阶段 2	天真的以自我为中心导向，正确的行为是因为其工具性地满足了自我需求和偶然性地满足了他人的需求；知道价值是相对于每个人的需求和观点而言的；天真的平等主义并倾向于交换和互惠
习俗的（conventional）道德价值观存在于扮演好的或对的角色，在于维护习俗秩序和满足他人的期待	阶段 3	以认可、愉悦和帮助他人为导向；符合大多数人固定不变的形象或自然角色行为方式并根据意图来判定
	阶段 4	尽自己的职责、表现出对权威的尊重和出于秩序本身而维持特定社会秩序；关注已获得他人期望的事情
后习俗的（postconventional）道德价值观源于能被普遍应用的原则	阶段 5	契约与尊重法律的导向；认识到为了达成一致所要求的规则中的主观任意成分；职责根据契约来界定，通常避免破坏他人的意志与权利或多数人的意志和福祉
	阶段 6	以良心或原则为导向，不仅是已颁布的规则而且是根据逻辑普遍性和一致性得出的选择原则；良心是指导的主体，外加相互尊重和信任

为了找到道德上最适当的解决道德两难的方法，人们必须戴上独立的、无私的 460
观察者的立场的帽子，这被贝尔（1958）标记为“道德观”。这种有时被称为“充分理由”（good reasons）道德哲学方法的视角在 20 世纪 50 年代出现，以回应现实主义观点即把道德选择等同于个人的偏好（斯图尔特，1991）。充分理由的方法包含以下几个要素：伦理学源于认知领域，人们可以通过推理来实现道德决策，要求的最终理由可以诉诸提出要求的人之外的原则或正被达成的主张（格沃斯，1978；斯图尔特，1991）。不过，当“道德观”为不可避免的利益冲突提供一个上诉法庭时（贝尔，1958），需要一个明确的方法，以决定应坚持什么样的道德原则以及价值观之间的竞争性主张应该如何解决（斯图尔特，1991）。约翰·罗尔斯提供了奠定科尔伯格的阶段模型基础的方法。

罗尔斯（1971）一开始就承认，虽然社会是一个“为了共同利益的合作冒险事业，但它典型的标志除了利益一致之外是利益冲突”（第4页）。利益冲突的发生是因为人们对于由他们的合作所产生的利益如何分配不是中立的，每个人都渴望更大的份额（第4页）。罗尔斯的结论是存在有正义的原则，其允许在决定利益的不同程序之间进行选择。在“原初状态”中，人们会在不知道自己在未来社会中的地位情况下选择原则，罗尔斯声称两个原则将会被选择。“第一个原则要求分配基本权利和义务过程中的平等，同时，第二个原则认为社会和经济的不平等……只有当它们为每个人特别是为最不利的社会成员带来补偿性利益时才是正义的”（罗尔斯，1971：14－15）。

科尔伯格从罗尔斯那里吸纳的是解决伦理困惑的宽泛的启发式方法和一套独立存在的正义原则。科尔伯格隐含性假设是思考运行在伦理推理最高阶段的个体才考虑在约翰·罗尔斯的、由财产权构成的社会中所论及的那些所要考虑的因素。罗尔斯的“作为公平的正义”（justice as fairness）这套道德原则对应着科尔伯格“后世俗”阶段（科尔伯格，1984：301－303；亨尼西，1979：219）。自20世纪70年代以来，罗尔斯的研究工作主要是处理“作为公平的正义”如何为理解现代宪政民主的理念基础和个人与民主秩序的关系提供架构（罗尔斯，1985；科恩，1989；阿尼森，1989；斯图尔特和斯普林霍尔，1991）。对科尔伯格的最近评估表明他的主要贡献实际上是要阐明民主共同体的组织和实践（里德，1997）。

从这种哲学基础来看，科尔伯格创立了道德发展阶段框架。在接下来的发展研究传统中，科尔伯格强调了一种可以称为一般民众的归纳法。受试者被要求大声地推断出他们会怎样来解决涉及伦理与价值观的两难困境。然后，研究了不同集群的理由之后，层级框架本身就被准确地构造出来了。因此，公式是来自寻求综合研究受试者给出的不同类别理由的归纳过程。如果从框架往后退就很容易看到几乎是柏拉图式的、与正义理念相对应的、价值观和伦理的基础框架，例如，斯拉斯马科斯与强权即公理（阶段1）、无限自我的寻求（阶段2）、格劳孔与帮
461 助朋友（阶段3），作为“次优”（second best）的法律（阶段4）以及分配正义的平等地分享利益与负担（阶段5和阶段6）。这里的主要点是该体系来自50多个不同国家不分性别的研究受试者。纵向研究已经证实了最初从跨部门研究中得出的假设。

这种设计安排有一些需要特别强调的争议性方面：(1）跨文化的普遍性；(2）性别差异；(3）成人发展；(4）阶段与行为的关系。

文化人类学家一般认为文化价值观是相对的。每一种文化或社会就像雪花一样，是截然不同的，不能将其等同于其他文化。事实上，这样比较容易被批评为文化偏见的范例。因此，有批评（辛普森，1974；鲍姆林德，1986）认为阶段设计安排就是这样的一个例子。科尔伯格与合作人已做出回应，他们在民族学家的帮助下，在大约50个不同国家中，把标准的两难困境调换成与文化相关的问题。阶段序列在所有工业化社会已交叉验证，甚至为前四个阶段在部落/封建文化中进行了交叉验证（吉伦，1991）。虽然在这些后来的文化中，没有有原则的推理，其原因仍在调查中，但是工业化社会的道德发展总体框架是完整无缺的。当然，这一点很

重要，因为我们自己的调查将从这个国家的研究开始，继续进行与其他工业化社会的比较研究。

科尔伯格的访谈体系和由詹姆斯·雷斯特的定义问题测试（DIT）发展而来的客观调查文本已成功地应用在不同的工业化社会中。司利纳（1985）和其他人已翻译了这种访谈方法，客观文本也已被改编以适用于讲德语的国家（道德判断测试；林德，1995）。

在性别问题上，一个主要的争议是由吉利根（1982）主导提出的，她声称科尔伯格的整个认知发展计划对妇女有偏见。实际上，她通过她的案例研究著作和她自己的研究调查使她的批评全国知名。她的观点是，存在没被科尔伯格注意到的妇女意见。然而，自那时以来，雷斯特（1986）的评论和沃克对研究的荟萃分析（1986）——其中既包括访谈法也包括约 10 000 名受试者的客观描述——达到了几乎为零的性别与阶段的相关性（0.04）。此外，由于上面提到的研究都是具有代表性的，李和司利纳（1988）对 625 名受试者的纵向数据进行了荟萃分析。无论使用何种评估技术，在道德发展阶段上没有性别差异。因此，当涉及原则层面上的推理能力水平时，研究评论通常反驳任何道德伦理推理评价中的性别偏见的指责。事实上，有些讽刺的是，许多来自如医药、兽医、会计和牙科这样的成人职业人士的大型取样最新研究表明一种一致性趋势，即一定程度上女性比男性处在**“更高”**(higher）道德发展的层次水平（雷斯特和纳瓦埃斯，1994）。如果在类似领域的研究证实了这些趋势的差异，我们可能需要完全从早期的研究开始。如果你坚持职业和教育背景一致并且性别比率的变化更倾向于代表的平等性，那么女性比男性可能会一贯地在更高层次上进行伦理推理。鉴于这样一个广泛的研究基础，将不会有指责对男性有偏见的情况。

第三个重要问题涉及成人发展。最初大部分认知发展研究人员提出最后阶段（定性意义上）是在成年早期完成的。然而，这些研究人员（皮亚杰、科尔伯格和其他人）都犯了同样的偶然性错误。他们进行了纵向的研究。通过评估时间跨度相 462
当长的相同的人，他们发现至少有一些成人继续移动到更高的阶段。成年期没有专门的年龄段，在其之后进一步发展已不再可能。这些研究还表明环境的关键特性。背景（例如，同事和职业角色责任的性质）对提供讨论和分析成年人如困扰于安乐死的医生或知道同行贿赂的企业经理所面临的任何重要的职业道德问题机会方面是非常重要的。科尔伯格（1984）还特别发现，成人职业人士（如辩护律师在原则层面拒绝审查问题）保持不变而不考虑公平和公正问题的实例。那么，这些例子表明对一般成人而言在某些背景下道德成长过程是可能的。整个寿命中的发展真实性是相同的。成长取决于适当的互动。

阿蒙（1998）已表明成年人通常在他们自己的人际关系中和在工作场所中面临道德困境，并且由于系统讨论和反思能够制定一个更全面的道德框架。但是，如果没有这样的机会，成年人可能会过早稳定在伦理推理水平上。我们将在论及有计划干预的影响部分更全面讨论这后一个问题。在这一点上，主要议题是要强调成人发展潜力。

22.3 伦理推理与行为：不断缩小的裂口

在本节之前，为理解人类发展问题，已做出努力要通过伦理推理勾勒出理解人类发展模式的哲学心理的基本原理。然而，关键的问题没有得到回答。如果有的话，理念与现实世界的行为之间的联系是什么？如果我们不能回答这个问题，那么我们将被迫接受哈恩（1983）的严厉批评，他认为伦理推理“只不过是具体化了的、对相互影响道德行为的理智化重述的掺杂，……（要求）特殊知识培训……（并且源于）知识分子对社会不确定性的恐惧症性反应”（第 246 页）。

在这个问题上的早期研究中，结果有些模糊。从事一般伦理推理评估的研究（例如，一般的道德困境）一直显示出积极的趋势。然而，调查结果中仍然有棘手的裂口，特别是企图概括对成年人的结果。大部分的研究工作利用了大学生，创建一个在类似的情况下成人可能如何行动的明显问题。一些成人的研究（如著名的米尔格兰姆对权威服从的研究）也在相对较小的样本中进行了（科尔伯格，1984）。因此，声称普遍伦理推理与现实世界中的成人行为存在着紧密且一致的关系在一定程度上是有问题的。

对这个重要问题的研究重点已从一般的推理评估（例如，海因茨应该偷药救他妻子的生命吗?）转移到直接与特定行业中的成年人相关的推理水平上。在一些研究人员［克雷布斯等（1997），阿蒙（1998），雷斯特和纳瓦埃斯（1994）］看来，
463 向现实生活中的道德推理的转移是，在减少在道德上相互冲突情况下的预言与行为之间无法解释的不一致的方向上迈出的重要一步。表 22-2 显示了最近一些专门针对成年人的研究，说明了道德推理与实际职业表现之间的联系。

正如表 22-2 所显示的那样，在横跨各种各样的如医生、会计师、牙医、护士和教师这样的群体中，伦理推理层次与职业履行行为之间存在着一系列的重要关系。结果在两个方面是一致的。有效行为表现与更高阶段的推理是相关联的，不能胜任的行为表现直接与更低伦理思想水平直接相关。认知与伦理行为显著地并且功能性地相关。

最后，重要的是要指出更高阶段并不总是“更好的”（better）。在讨论决策理论模型应用到行政中的伦理选择时，布雷迪和沃尔（1996）提出这种观点，即存在决策者应该求助于“规则”而不是响应不断变化的条件这种情况。还有其他一些要求规则被抛弃的情况。这种混合模式有利于整体的决策过程。例如，如果任务需要重复性的和生搬硬套式的活动，那么不复杂的阶段适应性更强。这同样适用于与起教育作用的体验截然相反的训练任务。这是又一个发展性互动假设的例子。当任务需要复杂的思想和民主的行为时，更复杂的阶段具有自适应性（并且更好）。而且，更高的阶段不一定更幸福。事实上，在更复杂的思维与感觉层次上，个人更能意识到不公正和公正的缺乏，很难有使人满意的条件。

表 22-2　伦理推理与职业行为表现之间的关系

群体	研究者	结论
医师	塞尔夫与鲍德温（1994）	更高推理水平的药物学医生更可能把治疗与病人的需要搭配起来*，并且满足研究义务的需要
整形外科医生	鲍德温、亚当森、塞尔夫和希恩（1994）	更高推理水平与更少治疗不当的主张相关联
会计和审计师	波莱蒙和布哈特（1994）	更高推理水平与察觉欺诈和愿意“举报”相关联；低水平与少报相关联
护士	达克特和赖登（1994）	更高推理水平是能胜任临床实践最重要的预测器
牙医	比布（1994）	低推理水平几乎排除了适当临床表现
教师	张（1994）	更高推理水平预示着更多的移情、尊重学生的权利、更灵活的教学方法、更客观以及学生获得更大的成果

* 事实上，这些研究人员指出高水平的伦理推理“几乎排除了成为拙劣表现者的可能性，与此相反，低水平的伦理推理几乎排除了表现好的可能性”。（塞尔夫与鲍德温，1994：151）

已经有一些对民选官员行为与推理的事后研究，其支持上面提到的系统研究。464
例如，在“水门事件”的时候，卷入丑闻的那些人包括尼克松、波特、马格鲁德、克罗（科尔伯格和坎迪，1984），根据道德阶段水平，他们的陈述被进行改编。全部无一例外地被评为处在阶段 3 和阶段 4 的水平上，而阿奇博尔德·考克斯的陈述（也可能是埃利奥特·理查森）处在阶段 5 的水平上。人们假定如果对当代不道德政治行为的例子进行研究，对这些关系的相同分析可能是有益的。当然，这样的研究不是决定性的，因为许多必要的研究条件是不可能的。然而，作为个案分析，这样的研究的确能进一步增加接下来论点的可靠性，即当期待与背景要求民主决策和伦理行为时，阶段预示着行为。

考虑到哲学框架，再加上多个研究，这些研究强调了与不同职业中成人行为有关的伦理推理水平的重要性，很明显，对公共行政和对公共福利一样重要的该领域值得研究。科恩和艾米克（1995）曾提醒我们，行政伦理的核心问题之一是在没有明确的法律指导的情况下如何引导行政行为。接下来，我们解决这一问题的首要步骤将在创建一种评估技术过程中被描述，这种评估技术被嵌入在特别与我们的领域有关的事项内容中。

22.4　方法上的挑战：把阶段系统运用到公共行政中

在考虑把阶段方案运用到公共行政人员的任务上时，这两个问题必须要面对。第一，完成公共行政的任务是否需要理解决策的道德维度的能力；第二，伦理的且实践的推理是否能够用序列阶段来实证测量。我们接受这种假设即公共行政决策的确有其伦理维度，也许是出于显而易见的原因。至于它是否可以用序列阶段来实证测量，我们特别在意测量中的背景问题。如果两难困境直接与一个人的职业工作活动有关，那么个人推理就不同于他们就一般或抽象的道德困境所进行的推理吗？由于早期的研究表明问题越接近个人直接的角色责任，反应的不一致就更大，并且反应就更加多样，所以斯图尔特-斯普林霍尔管理调查（the Stewart-Sprinthall Management Survey，SSMS）被开发出来，用于体现公共行政人员在他们根据他们的职业角色而行动时所通常经历的道德两难困境特征。

两难困境内容的创立是基于斯图尔特在公共部门主管发展项目中与公共部门主管一起进行的、解决问题的多年讨论基础之上的。工具中的三种两难困境代表了行政人员实际经历过的现实问题。需要指出的是，在以上关于抽象的道德困境与职业上相关的道德困境的讨论中，斯图尔特-斯普林霍尔管理调查的困境与公共管理环境是特别相近的，也与最近在其他职业中的研究相一致，如前所述。

465 **表 22-3　原则性推理与 DIT 和 SSMS 测试的阶段 4 的比较，P 得分与阶段 4 得分的比较*（N=34 分）**

	DIT	SSMS
P 得分	41%	38%
阶段 4 得分	34%	48%
P 得分范围	(7～83)	(17～70)

* P 得分=原则性推理的得分，阶段 4 得分=在标示着关注“法律和责任”的推理上的得分。

这种工具中的第二部分提供了一系列解决两难困境的合乎逻辑的理由。在每一种两难困境中，受试者从 12 种可供选择的理由中选择最适合他们将如何解决问题的理由。被认为在解决每种两难困境方面可能是重要的可供选择的“理由”（reasons）被建构，以便与科尔伯格不同的水平或阶段平行，就像这些阶段在表 22-1 中被显示的那样。例如，对于第一种两难困境来说，涉及晋升时，选择了“鲍勃的公平感要求他不考虑他未来效益的任何成本而抵制这种恩赐性侵扰吗？”作为一个重要理由的受试者将要在方案中选择一个代表最高阶段的答案。此外，选择“如果他被解雇，难道鲍勃不需要考虑如何支付女儿的大学学费吗？”将与最低水平一致。斯图尔特-斯普林霍尔管理调查中的可替代选择项是由斯普林霍尔基于他把科尔伯格的方法运用到研究和实践中的广泛背景基础之上而创建的。选择性问题的内容效度得到很多职业同事和熟练理解科尔伯格理论的高年级研究生的支持。

表 22-4　基于公共行政研究生的 DIT 和 SSMS 测试的伦理推理各个阶段的比较

阶段	DIT	SSMS
1 和 2	5%	5%
3	11%	5%
4	33%	47%
P	41%	39%
无意义	7%	3%
P 得分范围	(0～83)	(17～70)

注：Reproduced from Stewart and Sprinthall，Chapter 11 in James Bowman，ED. *Ethical Frontiers in Public Management*.

表 22-5　DIT 和 SSMS 的交互相关矩阵　466

SSMS 得分	SSMS 故事一	SSMS 故事二	SSMS 故事三	SSMS 全部
DIT	0.34	0.24	0.34	0.42
SSMS 故事一	1.00	0.24	0.20	0.67
SSMS 故事二		1.00	0.30	0.65
SSMS 故事三			1.00	0.76
SSMS 全部				1.00

注：Reproduced from Stewart and Sprinthall, Chapter 11 in James Bowman, ED. *Ethical Frontiers in Public Management*, 1991.

这种工具的共时效度首次测试是用公共行政研究生的两个样本进行的，这两个样本既完成了 SSMS 测试又完成了定义问题测试（雷斯特，1986），这是使用最广泛的对道德判断的一般测量。斯图尔特-斯普林霍尔管理调查模仿 DIT 样式但具有特定背景下的两难困境以及与内容相关的可选择性“答案”。表 22-3 再现了对第一个样本（N=34）跨阶段之间比较的先前报告，其显示了在 SSMS 方面原则性和非原则性推理之间的差异，与通过 DIT 的评估一样具有相同的准确度。这两种工具上的分数范围也非常相似。SSMS 的重测信度通过克隆巴赫 α 技术（the Cronbach Alpha Technique）计算完成（结果表明，阶段 4 的 R=+0.63，P 分值的 R=+0.66，与 DIT 的结果高度一致）。

唯一的不同是公共行政研究生倾向于在 SSMS 方面比在 DIT 方面更频繁地使用阶段 4（对法律和责任的关注）。对第二个样本（N=50）进行的分析产生了类似的结果，显示在表 22-4 中。原则性与非原则性思想的分布是相同的，但又一次 SSMS 的阶段 4 的选择较 DIT 更常见。

在对 SSMS 和 DIT 的相似性和差异性进行进一步评估过程中，交互相关矩阵被建构。表 22-5 显示了 SSMS 总得分和 DIT 总得分之间一种整体适度的正相关性。所有三个独立的故事与 DIT 的总得分交互正相关。

22.5　公共行政从业者的样本调查结果

在 1988 年春季和 1992 年春季期间，斯图尔特和斯普林霍尔进行了共 485 名美国公共行政人员的 SSMS 调查，其中包括参加了北卡罗来纳州主管管理课程的当地政府行政人员的样本（N=136），北卡罗来纳州市、县行政干事和助理行政干事的样本（N=190），北卡罗来纳州预算官员的样本（N=55）和佛罗里达州市、县行政干事和助理行政干事的样本（N=104）。对后共产主义波兰的研究在很大程度上复制了对美国公共行政人员的研究。从 1993 年 12 月至 1994 年 1 月，我们获得了波兰 12 个乡镇中的 289 个公共行政人员和 196 名民选官员的完整访谈。目前，我们正在俄罗斯进行一项试验研究，在莫斯科的俄罗斯文官学院进行 SSMS 研究。使用了100名代表着俄罗斯更广泛职能区域和地区的公务员样本，我们将在俄罗斯背景下试点测试SSMS工具。此时我们要总结我们到此为止的主要研究结果。

表22-6　按性别计算的原则性推理（佛罗里达州）

男性	38%（n=94）
女性	40%（n=9）

资料来源：Stewart and Sprinthall，1994.

467 **表22-7　按种族计算的原则性推理（佛罗里达州）**

白人	38%（n=99）
非白人	40%（n=4）

资料来源：Stewart and Sprinthall，1994.

在美国被问及的第一个问题就探究了当地政府官员在他们的工作生活中面临道德困境时所进行的伦理推理体系。在种类繁多的美国样本中，阶段4推理（法律与责任）被公共行政人员选择作为主要体系而出现（斯图尔特和斯普林霍尔，1991，1993，1994）。寻找可能会在这种结果中产生变化的因素时，我们探讨了人口统计学变量、组织结构因素和组织背景的影响。使我们感到震惊的是，没有发现可以归因于受访者的人口统计学特征的影响。性别、种族、教育、年龄与美国官员任何样本的伦理推理阶段无明显相关。同样，我们没有发现在推理阶段上的任何可能与如责任的级别、工作职能或前线与后勤角色这样的组织变量相关联的变化。最后，我们考虑了管理人员履行职责的不同背景特征是否可能会影响从事不同水平的伦理推理能力。此时我们再次发现没有可以归因于司法管辖区（市与县）类别和大小的变化。除了普遍公认的道德准则的重要性之外，在司法管辖区域中准则的存在与义不容辞选择原则性推理作为伦理决策实际指南的能力之间，我们没有发现任何关系（吉尔曼，1996；范瓦特，1996）。从表22-6到表22-15呈现了根据所选变量计算出的美国受访者的平均原则性推理分数。

表22-8　按受教育程度计算的原则性推理（佛罗里达州）

不到学士学位	42%（n=2）
学士学位或以上	38%（n=30）
硕士学位或以上	38%（n=71）

资料来源：Stewart and Sprinthall，1994.

468 **表22-9　按年龄计算的原则性推理（佛罗里达州）**

25～30岁	33%（n=3）
31～40岁	38%（n=27）
41～50岁	38%（n=47）
51岁或以上	39%（n=25）

资料来源：Stewart and Sprinthall，1994.

表 22-10　　按责任层次计算的原则性推理（佛罗里达州）

干事	36%（n=70）
助理干事	41%（n=33）

资料来源：Stewart and Sprinthall，1994.

表 22-11　　按工作职能计算的原则性推理（北卡罗来纳州）

预算人员	39%（n=55）
市、县管理人员	38%（n=190）

资料来源：Stewart and Sprinthall，1994.

表 22-12　　按前线与后勤职位计算的原则性推理（北卡罗来纳州）

前线人员	38%（n=203）
后勤人员	39%（n=112）

资料来源：Stewart and Sprinthall，1993.

表 22-13　　按司法管辖区背景计算的原则性推理（佛罗里达州）

市	38%（n=84）
县	39%（n=19）

资料来源：Stewart and Sprinthall，1994.

表 22-14　　按司法管辖区域大小计算的原则性推理：北卡罗来纳州的城市（n=204）

少于 10 000	40%
10 000～25 000	39%
大于 25 000	38%

资料来源：Stewart and Sprinthall，1993.

表 22-15　　按司法管辖区伦理准则计算的原则性推理（佛罗里达州）　469

有伦理准则	37%（n=51）
无伦理准则	39%（n=52）

资料来源：Stewart and Sprinthall，1994.

随着 20 世纪 90 年代初民主在东欧的出现，我们的研究兴趣转向探索这些新获得选举权决策者的伦理推理倾向。我们预计 1990 年获得权力的波兰地方官员在道德上模棱两可的情况下进行决策依据的选择时会表现出对原则性推理的一种强烈性选择。这种断言是出于相信，从共产主义过渡到民主的原则性辩证法会告知后共产主义波兰政府相关做法。然而，波兰研究最引人注目的发现是新近民主化波兰的地方官员几乎正好与他们的美国同行并行，明显偏好把法律和责任作为决策的基础。总体而言，波兰各部门官员法律和责任方面的平均得分为 47%，而美国公共行政人员法律和责任方面的平均分数在第一个样本和第二个样本中分别为 48%和 47%。波兰的原则性推理（阶段 5 和 6）也是同样情况，具有 34.6%的 P 得分。

在美国样本的P分数分别为38%和39%，基本上是相同的（斯图尔特等，1997：449）。我们假设在俄罗斯使用“法律和责任”与“原则”作为决策基础的偏好明显更低，部分因为先前的“权贵阶层”在俄罗斯行政部门中仍占据主导地位（科奇古洛，1997）。

正如在美国的研究一样，我们那时考虑到了人口统计学的、组织的或背景的变量在何种程度上会影响官员在不同水平上的推理能力。根据波兰组织的变量，我们只考虑了责任水平并且没有发现这个变量对伦理推理选择的影响。我们也没有发现任何我们在波兰的12个司法管辖区的农村与城市环境变量的差异。如在美国一样，在年龄和教育程度上的人口统计学的变量方面，没有任何道德选择上的差异可以归因于这些因素的变化。在波兰我们也发现可能与宗教参与度有关的伦理推理上的差异，这是一种在美国没有被考虑但在波兰文化中具有重要历史意义的变量。在波兰人口统计学的性别变量也的确有影响（斯图尔特等，1997：449-450）。

如上所述，在美国研究中，性别没有使决策模型偏好发生变异。例如，在佛罗里达州市、县干事及助理干事的样本中，38%的男性（94）和40%的女性（n=9）在原则性推理的水平上。然而，在波兰，我们发现了一个明显的性别差异，在解决道德窘境时，女性（占人口采访的33%）（表22-16）强烈倾向于原则性推理而男性倾向于用“法律和责任”来考虑解释问题。总样本中，在P（原则性推理）得分方面女性得分比男性处于更高的水平（女性平均数为36.9%，男性平均数为33.5%，P=0.02）。此外，女性比她们的男性同行（斯图尔特等，1999）在“法律和责任”推理方面小幅走低。

我们假设在俄罗斯有类似的性别影响，妇女在决策中的角色相对被边缘化（就像他们在波兰一样），因为共产主义者所要求的代表性已经被消除。

470 **表22-16　波兰按性别计算的伦理推理阶段得分**

性别	阶段4（法律和责任）	阶段5/6（原则性）
女性（n=158）	45.8	36.9
男性（n=324）	47.2	33.5
	P=0.17	P=0.02

资料来源：Reproduced from Stewart，Sprinthall，and Siemienska，1999.

波兰研究中美国相反的一个额外特征是，我们的样品中包含当选和任命的地方官员，允许我们第一次把与伦理推理相关的方式与职位相比较。如表22-17所示，被选举（196）和任命的官员（N=289）的结果非常相似。例如，被选举官员的原则性推理的总得分（P得分）是34.7和被任命官员的得分是34.5。同样，“法律和责任”推理的总得分（阶段4）分别为45.8和47.4，表明在伦理推理的两个主要维度上两组之间没有真正的差异（斯图尔特等，1997：449）。这一发现与最近的文献回顾是一致的，其表明在美国被选举官员和被任命官员（德莱昂，1994）有类似的价值观结构。

在研究美国和波兰的过程中，很明显的是虽然不存在根据大多数被考虑的变量能够被解释的明显差异（在波兰除性别之外），但是在不同道德领域的确出现了分歧。正如前面提到的，在调查中个人两难困境涉及行政决策的三个领域：晋升中的友谊、涉及利益冲突的采购和涉及数据文件完整性的数据库管理。

如表 22－18 所示，在美国和波兰，在晋升决策中平衡相互矛盾的要求时，原则性推理是首选。在朋友的故事中它的重要性下降，在数据的案例中它是最不重要的。因此，整个推理选择不仅是相同的，而且在这些不同的故事中被评估要素也是相同的。这一结果表明这两个国家的样本在选择他们的答案时不是简单地采用回应性安排。相反，它们的选择随故事中呈现的困境之间的差异而发生变化，从最熟悉的晋升到最不熟悉的计算机模拟（斯图尔特等，1997：449）。

表 22－17　　斯图尔特-斯普林霍尔管理调查的三个故事的结果

在波兰的包括了选举组、委任组和联合组的总和

	选举组（N＝196）	委任组（N＝289）	联合组（N＝485）
1 和 2	5.8	4.9	5.3
3	4.2	4.1	4.1
4	45.8	47.4	46.7
P	34.7	34.5	34.6
M	5.9	5.5	5.5

阶段 4 克隆巴赫 α 系数＝＋0.63，P＝＋0.66

表 22－18　　波兰与美国样品中故事 P 得分的比较 471

故事得分	原则性推理，波兰（N＝485）	原则性推理，美国*（N＝136）
晋升	48%	52%
朋友	38%	43%
数据再创造	17%	22%

* 北卡罗来纳州的当地政府管理人员。转引自斯图尔特、斯普林霍尔和西明思科，1997 年，第 449 页。

主要影响在其他道德研究领域已得到描述。例如，霍克希尔德（1981）已发现有关分配正义的不同信仰在不同生活领域流行。在处理政治或社交领域的问题时，人们可能利用平均主义的规范，但在经济领域就转移到差异化规范。然而，在我们的案例中最有说服力的解释来自雷斯特（1986）的发现即被要求从事原则性推理的因素由处理了有争议问题并采取了行动的经验发展而来。这意味着当涉及没有被“讨论解决”（hashed out）并因个人引起（贴近现实生活）的问题时，被用到的推理水平将低于通过比较熟悉的两难困境评估的推理水平。

晋升故事提出的问题在大多数公共部门组织中已通过广泛讨论的、相互矛盾的“功绩”和“公平”要求而被彻底解决。专注于“利益冲突”的采购两难困境也是代理机构培训课程中的一个标准性的主题，虽然不是中心重点，在过去的几十年中晋升政策已成为这种中心重点。涉及重新创建一套数据的第三个故事是三个故事中

人们最不熟悉的。这个问题本身是大多数受访者所不熟知的、由技术所引起的。不可能大部分公共管理者都将受益于在机构中或在社会中的讨论，这些机构和社会为做出决策提供了背景。

22.6 对 SSMS 研究的讨论

从开发和测试 SSMS 的最初工作开始，几种重要的观点就出现了。第一点是，研究发现，被研究的公共管理者整体上被拉向“法律和责任”的回应而不是更加均匀地分布在非原则性推理选项[①]周围的回应，表明了一种几乎完全是根据遵守代理
472 机构规则来解决道德问题的倾向——约翰·罗尔行政伦理中的“低阶路径”（low road）（罗尔，1989）。有几个因素可能促使这一结果。这可能是 SSMS 故事中职业上的强调把受访者朝着向上的方向拉，因为科尔伯格已表明从阶段 3 到阶段 4 的转变通常是职业责任增强的结果。这也可能是公共行政人员为求得在不稳定政治世界的保护而被吸引到法律与法规上来，这种行为占据了整个民主制度。最后，它可能反映了威尔逊的二分法对公共行政文化的控制：二分法把理想的公共管理者指定为政治上达成的法律的坚定执行者。在本文的最后一节，我们认为这种向“法律和责任”推理的拉动是道德发展方法尚未解决的问题之一。

第二点是，在所有被认为有时代标志的样本中，职务因素、责任水平、组织背景和人口统计学（除性别之外）对伦理推理水平实际上没有任何影响。责任水平没有影响可能是最令人惊讶和不安的。卢克（1991）认为公共主管人员需要表现出更广泛的道德视野，认识到相互关联性和在更大的时间框架内来管理。但是，在这些研究中的公共主管人员没有比中层或一线管理人员更能够确定原则性理由，甚至司法管辖区域中实施的伦理守则似乎都没有任何影响。公共行政中的伦理推理水平似乎独立于这些因素，这些因素有时解释了私营部门管理中道德判断中的变化（斯图尔特和斯普林霍尔，1993）。

第三点涉及性别差异，其的确出现在我们对波兰地方官员的研究中。当这些地方官员努力建立和运行新制度时，女性比她们的男性同行更强烈青睐以关注社会合作的抽象原则为特征的伦理推理模型。虽然这种性别差异没有出现在最近对美国公共行政角色中男性和女性的研究中，但是我们在其他地方注意到（斯图尔特等，即将出版）它对波兰来说突显了一个在现代行政国家形成时期的机会，这种机会是美国所错失的。在当代波兰的这种“改革”中，比男性同行更敏感于现代民主国家所要求的复杂平衡的女性参加者可以被安排找治理的方法。

---

① 总的说来（雷斯特，1986：107）有原则的推理比研究生在公共管理上的 DIT 得分高出 10 分左右。此外，成年人普遍在 P 分数上得分比行政人员高约 6 分。这表明，公共行政管理人员通常比研究生或成人更可能认同与原则推理相对的“法律和责任”。

从研究开始直到现在，我们没有真正回答的问题涉及可能的区域效应。赛普（1985）表明，成年人在南部和东南部有非常低的 P 分数（例如，30 P，这相当于高中学生），更可能选择阶段 4 或阶段 3。应用 SSMS 到其他地区的进一步研究将揭示这个问题。

得出的第四点指向不同道德领域之间差异的出现。所有样本中推理水平的最大可变性来自问题情境的内涵。不熟悉的情境，其中有个人尚未讨论或处理过的道德上的细微差别，有可能引出更少原则性理由和更多自我服务的理由。同样相对于已受益于相当多讨论的熟悉内涵，原则性推理可能性更大。单单对问题熟悉是不够的。虽然不同道德领域有影响，但是在这一点上我们假定差异是公共行政人员对内涵如何熟悉以及内容如何“经过加工的”的作用结果，并且具有跨文化差异。

要从 SSMS 研究得出的第五点结论出发谈论公共行政教育。由于在我们的样本中受访者选择原则性推理的比例低，这给国内外课程发展提供了时机。特别是由于如 SSMS 这样的客观认知测量可能根据某一阶段而高估了受试者在实际情况下可能运用的道德推理水平（科尔伯格，1984），所以发展学生在原则性推理水平上实际运用的能力可能是公共行政课程的一个目标。当然，这的确需要对前面所做出的有 473
关政体价值的看法进行审查。在研究生教育和在职教育两方面，集中在伦理争议问题上的对话及其引发的参与和挑战能够促进成长过程，即使在如伦理推理这样的复杂领域（托马，1984）。

同时，补充说一下整个问题的紧迫性是必要的。如果研究生教育过程中重大伦理问题并没有获得直接和深入的关注，那么改善伦理推理和改进职业行政人员的行为几乎没有希望，这是非常清楚的。最近集中在职业教育对药医、兽医、牙医和会计师的效果的研究取得了令人头疼的调查结果。这些研究生课程总的来说要么对原则性推理没有影响，要么阻止和抑制更高等级推理的发展（波耐蒙和格雷泽，1990；舍尔夫等，1993）。事实上，当波耐蒙和格雷泽（1990）随后研究了研究生毕业后实际就业的影响时，他们发现在会计师事务所的合作伙伴比新员工获得的分数更低，同时获得晋升的那些人比没有获得晋升的人获得的分数更低。所有一切都表明如果我们遵循目前无论是毕业学校的还是职业实践过程中的程序，我们都不能指望在伦理推理和道德行为上的增进。这种令人沮丧前景的唯一例外是比布（1994）和她在明尼苏达大学研究生课程的同事在牙医业方面的研究工作。她创建了一个专注于牙科特定伦理问题的密集课程（45 小时）。该课程不仅在提高学生的伦理推理分数方面是成功的，而且在促进他们的道德行为方面也是成功的。事实上，该课程已被国家职业委员会（the State Professional Board）选定为违反《牙医执业法》（the Dental Practice Act）的执业牙医的必修课程。

从所有这一切中所得出的教训是显而易见的。标准的职业和研究生课程可能消除或实际上抑制更高等级（原则性的）推理的发展。对于培训研究生在这一领域有效地工作来说，课程的一个重要部分必须有专注于与伦理材料相关并以对话格式展现的内容。当学生面对他们自己的伦理推理模式时，教学方法必须认可使用小组讨论，由经过培训的讨论领导者领导——一个缓慢且往往迂回曲折的过程。对在职课程来说也是一样。简单的一日或周末研讨会是不够的。事实上，一位卓越的成人发展理论家丹尼尔·戈尔曼（1995）在接受记者戴维·格根采访论及 P. B. S. 时指出，在这个国家这些行业只是在浪费数十亿美元在这些所谓的领导力培训课程上。认识到这种密集伦理方法给美国行政人员带来挑战是有重大价值的。在波兰公共行政人员过度紧张的世界里，它是令人畏惧的。在俄罗斯的情境下，它可能是完全不切实际的。然而，这些更密集的方法对在伦理推理方面的成长显然是必要的。

22.7 道德阶段理论方法对公共行政的意义：持续性问题

公共行政中评估道德阶段理论方法方面的第一个也一定程度上是最基本的持续性问题涉及作为公共行政规范性理想的“原则性推理”的基本假设是否是正确的。
474 这种挑战来自两种形式：第一种观点表明它可以不是正确的，因为原则性推理出现的必要条件在现代公共部门组织中不盛行；第二种观点指出即使原则性推理是可行的，但它把公共行政推向了错误的方向。

在重要的可行性方面，我们的确知道什么样的条件支撑着后习俗思维的出现。在吉耶朗看来，这些包括：

> 生活在一个结构复杂的社会；
> 至少整个青春期后期置身于学校教育；
> 置身于复杂的相互冲突的价值体系，其中包括某些抽象性思维；
> 高层次的形式预演（例如，理论上概念化问题的能力）和置身于高度概括和抽象的角色担当的机会（吉伦，1991：46）。

虽然对于这些条件在所有公共行政实践中普遍存在的程度可能存在争论，但是可以确信，这些条件描述了今天美国的民主政府运行的背景。伦理推理水平差异最有可能与组织内的责任层次差异相连，与上层决策梯队中更加一致地得到满足的条件相连。但是，公共行政人员越来越多地发现自己处在一个实际上相互矛盾的有组织要求的熔炉中，带着不同议程自由表达意见的市民要求政府把坎坷的现代生活道路变得平坦。如公共行政人员这方面的抽象角色担当的机会只会随着社会的复杂性及其问题的增加而增加。当然，这不会转换成所有政府公务人员将利用这些机会的情景。

在原则性推理是否可取这一点上，观点比较复杂。有人可能认为道德发展理论会在教育儿童和年轻人怎么道德清晰地进行思考方面提供服务，公共行政就其本质来说必须避开后习俗的理想。用这种理想的形式进行推理包含了除了集团权威和持有这种原则的个人之外也适用且有效的价值观和原则（韦伯和格林，1991）。原则性推理或“道德观”固有的独立性和公正无私使从业者远离重要的实践世界。但是，根据他/她自己有关某种抽象正义原则在特定情况下要求什么的结论，认真执行而不是拒绝涉及他/她的法律不是公共行政人员的责任吗？有人可能会认为原则性推理超越了公共行政中合法权利的边界。

与此相反的是，在现实世界中，法律不能且不应该规定管理人员做出的所有决策。有效地行使行政自由裁量权是有效政府的核心。正如登哈特所指出的那样，有道德的行政人员有责任利用个人的道德评价。在早期的研究工作中，我们认为“原则性推理”是利用个人自由裁量权的理想模型。

在一个按照民主原则组织起来的公正、公平的社会里，来自民主政府与实践的法律与规则具有一种道德上的权威，这种权威在原则推理过程中是公认的，并且不同于盲目服从政策。（登哈特博士，1988：109-110）

这是一种吸纳公平与公正合法价值观的能力，同时保持自主权，以便认可维持不同意见的条件，这是道德上成熟行政人员的标志。因此，根据我们初步的数据，拒绝原则性推理，是一种令人有些担心的事情。 475

第二个持续的问题涉及这类型的研究成果主要导致对道德善变者的支持或者更糟的对道德愤世嫉俗者的支持，并且意味着与公共行政中的良好做法没有必然关系。可以从不同的角度来分析这种论点。

其中一个观点批评把两难技术的使用作为一种方法来评估道德推理。真实的世界不是一个多项选择问题，而且要求人们抽象地做出回应，就好像他们只是批判的旁观者，这并没有反映现实生活。用内格尔的名言来说，这是“无立场观点”（the view from nowhere）具有的问题（内格尔，1986）。其反论点是这是为创建具体背景下的两难而进行的明确辩护。两难（有时也被称为“窘境”）的使用已越来越多地被用在企业管理中的伦理学研究中，以及用在公共管理的研究和培训中（利特卡，1991：555）。这种两难的呈现强制受访者把自己的思考建立在一个具体特定的决策环境中（利特卡，1991：555）。换句话说，如果两难被适当建构，它代表的远不止“无立场观点”。

属于同种类型阶段理论批评的又一种观点是由拉普斯利（1996）提出的。在他看来，后习俗水平（阶段 5 和 6）提供了一种非常“空洞自我”的景象，完全与感情无关，就像康德式的冷冰冰算计一样运行（或者来自星际迷航的斯波克先生，完全按自己的逻辑进行思考）。相反，拉普斯利建议我们转向亚里士多德的观点，其拓宽了自我和个性的概念，包括了内含美德和个性的人格特质。当然，这种批评是否有效将取决于广泛的理论发展、对这样的道德人格的研究调查和我们当前对科尔伯格模型的理解。迄今为止的研究证据的确为处在原则性水平层次脱离现实自我的责难提供了一种合理性反驳。只有在这一水平层次上，主体才“足够关心”并拥有自我的力量来保护明显受害者免受独裁的虐待。此外，在我们的计划中，对原则性思考和行为的定义与斯蒂芬·贝利（1965）框架下的有效率的公共行政人员的道德素质是相类似的。在任何情况下，对原则性水平有特殊意义的阶段理论将继续需要理论验证，如果它要继续作为公共行政工作中的一般性指导结构的话。在一定程度上，“道德愤世嫉俗者/道德善变者”（moral cynic/moral acrobat）的责难只能通过进一步的实证研究加以解决。

这给意味着我们要进一步研究，特别是对 SSMS 工具本身的研究，不仅为了结构效度，而且为了各种形式的有效性，包括内容、一致性与预测性。目前为止，结果的确支持了内容、两难案例本身和受访者在不同阶段所涉及问题的有效性。来自四个主题层面的数据库显示了两难的相关性和不同两难中推理水平的一致性先后顺序。此外，在一个样本中，我们的工具与充分研究了的一般测量之间有很大的一致性。事实上，我们的工具将可能提供哈罗德·戈特纳已要求的那种类型的内容可信度。他说，我们“必须集中于或转变为以与管理者直接相关的、有用的方式对这些

一般性（道德）主题的讨论。正如一位受访者所指出的那样，‘孔子说的对我来说
476 真的并不重要，——除非我正在处理中国社会中的问题’”（戈特纳，1991：57）。显然，当我们重新集中于通用的义务论和功利主义哲学内容时，我们很可能呈现出明显的晦涩。相反，我们需要继续努力于内容的相关性和作为阶段水平代表的问题选择的准确性。

那么，从内容和一致性的效度角度来看，需要继续努力。我们已经完成了把SSMS测量工具、两难案例本身和提出的问题翻译成波兰语，使其具有民族上的适当性。由此产生的研究提供了坚实的当地行政与新民主国家波兰行政之间跨文化的比较。我们正在向着一个更为艰难的挑战，把SSMS转变成俄语，在政治和文化背景根本不同的俄罗斯联邦实施相同的研究计划。然而，进行中的研究要考虑到这种工具面临充满挑战的环境的艰难性评估。

到目前为止，最重要的研究议程是预测效度的问题，即：在真实的两难境况中，行政人员如何实际行动以及行为和阶段之间的联系是什么？这也通常涉及道德发展研究中最实质性持续问题之一。富林温德反对科尔伯格的观点，主张道德发展阶段其实只是处在理论上的诡辩阶段，并不必然证明实际的道德判断（富林温德，1989：335）。同样，詹宁斯在职业中区分了两种不同问题：明白或者“知道”（knowing）了要做的正确事情和正被激励以正确的方式行动或“正在做”（doing）（詹宁斯，1991：562）。正如我们前文已经指出的那样，目前的联系要么是间接的，就像在科尔伯格的阶段与行为关系方面一样，要么是基于事后的案例研究，比如水门集体事件。

我们能够找到的公共行政、道德发展和行为之间桥梁关系的唯一直接证据来自戈特纳的研究。他报告说，管理人员经常采用令人惊讶的近似科尔伯格所创立的那些“术语——作为关于人们如何及何时能被信任去执行特定类型分配任务的经验法则”（戈特纳，1991：47）。因此，戈特纳提出一些管理人员至少直观上的确在据他们的推理能力来考核下属绩效方面采用这样的水平层次，并且在原则层面信以为真。很显然，对于我们了解阶段－行为之间的关联来说，这将是一次重大的贡献。

这种预测效度的研究可以揭示出相反的问题，即：公共行政人员如何坚定接受甚至内化法律与义务标准？戈特纳再次在真实生活两难的背景下提出这个问题，即一个原则性强的行政人员努力想与认为“任何偏离烦琐的、有时过时的程序为非法”的工作人员打交道（戈特纳，1991：53）。详述了这种阶段与行为表现之间的真实世界的行为关系无疑会给行为科学所面临的最复杂问题增加不可估量的色彩。我们计划在这个问题上缓慢进展但不断累积。

最后，教育上的意义是直接的。如果我们知道发展阶段如何与道德行为关联，那么我们就有了教育议程。没有必要对当前各级政府中的一系列道德沦丧事件喋喋不休。问题明确但解决方案各异。一种方法是联邦政府道德办公室的方法。根据法规，每一个机构都需要指定一个伦理官员，1998年这些任命数量达到140个。指定
477 机构伦理官员有权进一步发展一名工作人员以协助他们的工作。到最近1998年的调查为止，有9 174名伦理官员，其中有400名全职在联邦机构工作，在伦理问题

上提供咨询和建议。然而，我们没有把这看作解决方案的一次转变，因为该过程仍然使大量日常操作片段保持不变。我们都有足够组织体验而同意这种讽刺，“有诡计，就有办法。”(Where there's a wile, there's a way.) 此外，在评述用来引证的例子时（普里斯特，1992)，似乎过于集中在像如额外津贴（这是公认的引起轰动）和好处这样的问题上，但很少关注更大的机构执行其任务的伦理责任问题。对我们来说，目前的单一重点似乎过于具体和有限。

在本书的第一个版本中，我们提出了建立正式又实用的教育计划，以促进伦理推理和道德行为。我们的建议仍然未改变，虽然我们更加充分认识到在比美国具有更少稳定民主的国家里采取行动的障碍。我们建议毕业生与在职培训之间的无缝连接。如果我们要推进确定原则并根据原则采取行动，连续性是至关重要的（最新系统也缺少)。当杰拉德·波普斯（1991）要求更少注重传统的行政法律作为改造决策过程的第一个步骤时，显然考虑到了这一点。恰好通过来自发展阶段框架的对话和案例研究，我们将提供丰富的经验。莱斯特（1986）已经证明了两难教育的一般性方向。我们需要在同一模型中创建与背景相关的课程。在研究生公共行政学科中伦理教育方面推进的需要被全国公共事务与公共行政院系协会（the National Association of Schools of Public Affairs and Administration，NASPAA）提出的课程标准所确认。其同行评议与认证委员根据“课程结构……提供学生的价值观、知识和技能，以使其行为符合道德规范并富有效率”的课程证据来评价候选方案（同行评审与认证委员会，NASPAA，1997)。从长远来看，我们把这种方法看作防止道德犬儒主义的传播或不道德的权势成为公共行政人员的行为规范的基本要素。

像公共行政人员这样的职业有多种定义。我们最喜欢的可能是最简单的，即一种为了公共利益的博学艺术的实践。促使成长的框架使人们有可能实现这些目标。

参考文献

请从中国人民大学出版社官网（www.crup.com.cn）下载，或者用微信扫描下方二维码获取。

第 23 章

伦理决策

丹尼斯·P. 维特默
美国科罗拉多州丹佛市丹佛大学

23.1 导论

481 如果人们接受赫伯特·西蒙（1948）的主张即行政科学从根本上是有关决策的，同时认为所有的决策有一个伦理的维度，那么行政研究必然涉及对伦理决策的理解。通过使用不同的策略，组织、组织成员和社会的福祉都受到由负责领导和指导这些组织的人做出的伦理决策的影响。承认这一主张为理解伦理决策行为的重要性以及发展组织中完全符合伦理的决策的战略与政策提供了基础。

上述两种论点都表明了提高我们对伦理决策的理解与认识的重要性。其中一种重要的方法就是标准化的或规范性的，为指导和合理化管理决策提供了基础框架。然而，决策是各种因素的产物，如组织氛围或奖励结构。因此，对伦理决策做行为上的理解是有必要的。

本章的目的是对伦理决策提供规范性的和行为上的方法的一般概述。重点将是行政或管理决策，虽然规范伦理中重要的一般理论也将被讨论。重点也将是个人的决策，而不是组织的和集体的决策。

讨论结构将开始于对伦理情境由什么构成以及情境的伦理要素进行概念上的分析。尽管这种概念上的澄清似乎是至关重要的，但在有关伦理决策的研究中这种分析往往缺失或者被非常草率地对待。

第二个主要部分将对伦理决策行为上的或描述性的方法进行评述。这部分又被分成两部分。第一部分是要讨论管理文献中著名的几种概念模型。集中于管理决策上，这些模型描述“社会的真实状况”（world as it is）。第二部分讨论来自对这些行为模型的各种关系测试的最重要的一些实证结果。

第三个主要部分是对伦理决策标准化或规范化方法进行讨论。它们是有关“世 482
界应该是怎么样”（world should be）的理论。其中一部分将集中在公共行政理论家身上。虽然最近许多公共行政学者（如鲍曼，1991；登哈特，1988；伯克，1986；钱德勒，1983；弗雷德里克森和哈特，1985）已在伦理领域做出了重要贡献，但被讨论的那些公共行政理论家代表了最近一些更直接集中在决策上的努力。另一部分总结了伦理决策上的标准的哲学方法和在任何对伦理决策的评述中都不应该被忽视的理论。

23.2　伦理决策的情境

伦理决策大概是在具有“伦理要素”（ethical dimensions）的“伦理情境”（ethical situations）中做出的。但伦理情境是什么以及情境要素的什么使得情境变成“伦理的”（ethical）？研究人员一般对澄清这些基本概念没有给予足够的重视，虽然一般情况下至少存在一些涉及什么是“正确的或错误的”（right or wrong）（例如，费雷尔和弗雷德里希，1991）选择的隐含性假设。遗憾的是，这样的定义是模糊的，需要做进一步的澄清。评估如何投资流动性资产可能是**“经济上”**（economically）有关什么是“正确的或错误的”决策，但不是**“伦理上”**（ethically）有关什么是“正确的或错误的”决策。

是什么使得情境变成伦理的？什么是决策情境的伦理要素？一些古典的伦理理论在阐明这些概念方面可能是有用的。亚里士多德认为伦理从根本上是有关选择（决策）的，是对善或幸福的追求。道德德性（美德）被亚里士多德视为按照“中道”选择原则做出的选择。此外，对亚里士多德和古希腊人来说，美好生活只有在城市国家的政治和社会环境中才能实现。因此，对亚里士多德来说，道德德性可能被理解为按照将产生幸福的原则所做出的行为、决定和选择。

亚里士多德的一些理论可能有助于阐明决策情境的伦理要素。与亚里士多德把重点放在促进个人的幸福和社会生活的行为原则上相一致，最现代的报告认为伦理情境作为一个必要条件，涉及决定或预期的行为将对自己和其他人的福祉有显著影响（例如，委拉斯开兹，1992；巴里，1986），但也有一些人扩展到考虑包括动物的福利（辛格，1975；里根，1983）甚至扩展到物理环境（柯莫纳，1971；弗兰克纳，1979；布莱克斯通，1980）。

伦理决策方面的代表性研究人员琼斯（1991）采用了广义上的伦理或道德情境概念，指出“行动或决定必须对他人有影响，而且必须涉及选择或意志”（第367

页)。同样，用这样一个广义上的概念来划定伦理决策情境与非伦理决策情境之间的界限是不够的。事实上，所有的管理决策可以说对别人都有影响并涉及选择。有些人（例如，诺顿，1987）认为，既然所有的决策都符合这个标准，那么就没有伦理上是中立的行为。例如，一种明显的为办公室订购铅笔的非伦理决策将对他人有影响。或许有一个员工可能有轻度喜欢不同品牌铅笔的感觉。然而，这一事实本身就没有足够理由称这是一种伦理决策。每一种管理选择都会以某种方式影响到别
483 人，但这个事实本身并没有使情境变成伦理的，因为这会产生轻视伦理考量的后果，并且没有把伦理决策与任何其他决策区分开来。这样的例子说明为什么伦理情境或决策被认为涉及对他人的重大影响。

对他人福祉的重大影响和有选择的这些标准的确把有些决策情境排除在是伦理的之外。人们如何理解与界定“重大”（significant）和“他人福祉”（welfare of others）是至关重要的和有争议的。特定规范、标准或原则也是界定伦理情境的东西。道德标准和原则将包括公平、诚实、正义、人的尊严和诚信等等。于是，这些价值观和原则可能被看作构成情境的伦理要素，并且在特定情境下，这些价值观和原则在一定程度上是相关的和值得考量的，那么这一情境可能被认为是伦理的。巴克霍尔兹（1992）把伦理决策界定为“一种正义与权利问题是其中认真而相关的道德考量因素的决策”（第 47 页）。这样的定义与上面的分析是一致的，但若所有道德准则都还原到正义和权利，包括范围更广的其他规范、标准和原则（例如，诚实、真诚、慷慨和诚信，除了别的以外），可能会更有用。

有人可能会说，这些伦理价值观永远值得考量。毫无疑问，这是真实的并且也许使道德原则具有基础地位。从重要性方面来说，它们是社会组织和控制的首要原则。其他组织的价值观和原则也可能是相关的，可以指导决策（例如，为了保持组织的资源而控制外部环境），但当发生冲突时，伦理原则一般被认为是高于一切的。正如库珀（1998）所说，“践行伦理涉及更系统地考虑内嵌在选择中的价值观，否则我们将只是根据实际的或政治的理由做出选择”（第 8 页）。承认和遵守基本的伦理标准与原则是相互合作的社会生活的基础。因此，“道德最好被理解为特殊形式的社会控制”（拜尔，1965：5）。

然而，在许多情境下，伦理标准不在争论中或没有处于被折中的危险。因此，我们不会考虑这样的情境是伦理的。虽然遵守伦理标准和原则总是被期望（因此在这个意义上，所有情境都是伦理的），但是，除非情境更直接、更明确地要求或涉及伦理标准与原则的考量因素，否则我们不会把这种情境描述为一个伦理情境。

在理解伦理决策情境时，上述分析表明各种元素的重要性：选择、对与错、相互合作的社会生活、对他人的重大影响、正义与权利以及其他特定的标准和原则。就本次讨论的目的而言，**“伦理情境”**（ethical situation）被认为本质上是这样一种情境，在这种情境中，“在做出某一对他人将有重大影响的选择的过程中，伦理要素是相关的并值得考量”（ethical dimensions are relevant and deserve consideration in making some choice that will have significant impact on others）。伦理要素是这些规范和原则，它们“为确定人的利益冲突如何得到解决以及为优化以团体形式生

活在一起的人们的相互利益提供基本指导原则”（莱斯特，1986：1）。

23.3　描述性伦理决策的方法

> 当一个人着手解决问题时，他开始了一项心理活动，这种心理活动让他感知到……（第 484 页）无意识的时隐时现，从具体到抽象的来回变动，到处尝试机遇、高飞、跳跃、后退、爬行，有时像一只猎鸟犬一样呆立不动，更曲折、更复杂、更微妙，也许更具特质，他利用只能慢慢服从于观察和系统描述的心理过程（布雷布鲁克和林德布洛姆，1970：81）。 484

这是 20 多年前对决策和政策评估的研究状态的一种看法。我们才刚刚开始系统了解和分析伦理决策行为。虽然规范伦理学对于为伦理决策提供原则和一致的框架来说是重要的，实际的决策却是各种因素的结果。对于如组织设计、管理与行政人员的选拔和培训以及促进伦理决策的必要支持机制这样的问题来说，更好地理解这些行为的影响因素可能是重要的。

A. 伦理行为的描述性模型

在过去的五年中，已经提出了几种概念模型用于理解在管理和组织的背景下符合伦理/不符合伦理的决策行为。当管理伦理学中的行为研究还相当有限的时候，管理学者中，有关理解伦理行为与决策的过程与决定因素的重要性的意识越来越强。下面是对最近几种概念模型的简述，之后是对这些模型各个方面测试的经验结果的概述。

1. 人与情境的互动论模型

琳达·特维诺（1986）提出了“人与情境的互动论模型”（person-situation interactionist model）来解释组织中的伦理决策行为。特维诺的模型把个人的道德认知发展作为解释符合伦理/不符合伦理的决策行为的关键变量。其他个人变量（例如，控制源、自我强度和现场依赖性）和情境变量（例如，强化性突发事件、组织文化）也被理论化用来调节解释伦理决策方面的个人伦理发展水平。

特维诺的理论因几个原因而重要。第一，它清楚地认识到伦理决策的复杂性和诸多因素影响管理背景中的决策。决定是许多因素的产物，一些研究人员集中在一个或多个这些影响因素上。例如，赫加蒂和西姆斯（1978，1979）提出不符合伦理的决策是个性、价值取向和组织中奖励与惩罚结构的相互结合的产物。然而，特维诺的模型是最早努力提出这些不同影响因素的系统模型之一。第二，虽然承认其复杂性，但她的模型是具有启示性的，因为它把所能预期到的对伦理决策的影响因素分组和简化。她的模型把调节因素分组成个人的变量（例如，自我强度和控制源）和情境的变量（例如，眼前的工作内容和组织文化）。第三，当这种理论提供了一种行为模式时，它清楚地认识到在解释伦理行为方面认知过程的重要性。这种被用来解决问题情境的思维过程被设想为理解伦理决策的关键。

485 2. 克拉克森群组模型

为了发展出理解组织中伦理行为的理论框架，一批来自克拉克森大学的研究人员代表了最近另一方面的努力。他们的模型把伦理行为看作个体特征和环境影响因素的产物，并且在整个个体决策过程中被调节。

特维诺模型与克拉克森群组模型在把伦理行为看作个人和环境影响因素的产物方面是相似的。但是，克拉克森群组模型（波莫等，1987）从内部和外部拓展了特维诺模型。他们的模型从外部拓展了特维诺模型，包括组织之外的环境影响因素。克拉克森群组模型把外部影响因素拓展到包括各种环境（工作环境、政府/法律环境、社会环境、职业环境和个人环境）。在内部，通过把个人的决策过程阐明为环境因素与如伦理发展水平这样的个人特性之间的协调，将理论进行了拓展。

个人的决策过程被视为个人获得大量信息的过程。在过滤掉许多信息的同时，信息被合成和分析。决策者构建了一个正在发生什么事的模型，这催生出一个合适的解决方案。例如，当要求对员工进行毒品使用测试的建议被提出时，管理人员可能会过滤信息并构造一个主要为侵犯隐私的情境模型。由于这种模型的建构，他或她就可能决定拒绝该提议。

除了一般性拓展了包括在伦理决策行为模型中的变量和因素外，克拉克森群组模型很重要，因为它明确了对决策过程与结果的感知能力（以及隐含的信息）的重要性。有关情境特性或环境特征的信息被管理者或决策者选择性地过滤。出于对挑战理性决策模型文献的认知，这种理论的作者们强调信息过滤过程中的主观特性和感知方向上的个体差异。

3. 詹姆斯·莱斯特模型（四要素模型）

对伦理决策模型发展做出另一种重要贡献的是詹姆斯·莱斯特的研究，莱斯特为道德心理学家，已经开发出了“界定问题测试”（the Defining Issues Test）工具，即对道德认知发展水平的一种测量。为了理解伦理的行为或心理，莱斯特（1984，1986）提出了一种四要素模型。

莱斯特研究伦理行为复杂性的方法是要问如下问题：“当人们要做出符合道德的行为时，我们必须假设在心理上发生什么以至于产生这种行为?”（莱斯特，1986：3）。他的回答是一种这样的理论即产生这种伦理行为的个人完成了四种心理过程。这些构成要素包括：(1) 对情境的伦理解释与认知，这种解释与认知根据的是行动的可替代方案及其对那些参与者或受影响者福祉的影响。(2) 对什么是道德上正确的行动方案的伦理判断或陈述（推理出有关伦理上正确的行动的某种结论）。(3) 对道德价值观与行动的挑选或实际选择。(4) 实施或执行道德行动方案，即行为上的完结或“做”（doing）被确定为道德上正确的事。

以收到雇用忠诚党员也是财政捐助者的儿子或女儿为地方政府行政人员的请求
486 为例。当职位属于公务员范围并且有很多有能力和有资格的申请人时，根据公务员规则，行政人员知道有解决方法。根据莱斯特的模型，第一个阶段是理解或解释。

行政人员如何理解这种情境？谁将会受到这一决策的影响？同时对其他人来说会有怎样的后果？这种情境是不是被看作一个涉及公平的情境？如果行政人员设想了几种可能的行动方案，那么第二阶段将涉及推理以得出有关正确行动方案的某种判断或陈述。在这种情况下，人们可能会确定正确的做法是雇用党员的孩子，因为对所有受影响者来说，这是能够实现的最大利好。另一方面，人们可能推论出，公务员名单上的人应得这份工作并因这份工作给予党员家庭而受到伤害。此外，把这份工作给党员会违反基本的公平规则。在第三阶段，行政人员做出了某种选择。道德和伦理价值观常常与比如事业发展或对党忠诚这样的其他价值观相冲突。已经断定伦理上正确的行动是要维护公平和遵守公务员规则时，有人可能不会选择伦理价值来取代其他竞争性价值（观）。在此阶段，某种意向形成。最后，在莱斯特看来，还存在判断和意向的实际执行或实施。会有什么样的实际行为或坚持到底的动作呢？莱斯特认为所有构成要素正常运转是必要的，以便实现伦理行为，同时认为采用过程模型将促进研究和伦理教育。虽然在某些方面类似于规范性的或标准化的伦理决策模型，莱斯特提供这个模型用以描述产生符合伦理/不符合伦理行为的心理过程。

4．伦理决策的问题权变模型

组织中个人伦理决策的最新模型之一是由托马斯·琼斯（1991）创立的。琼斯对伦理决策模型进行了综合并增加了另一个重要的构件，道德问题本身的“道德强度”(moral intensity)。

基本思想具有直观的吸引力。琼斯认为伦理决策会受到情境和决策者面临问题的各方面的影响。例如，个人更关心的可能是影响到与决策者亲密的人们的伦理问题。决策者可能对涉及直接影响的不公正问题而不是那些涉及遥远或长期影响的问题有不同反应。换句话说，决策行为视决策者面临伦理问题的特点而变。然而，琼斯认为以前的决策模型没有明确包括这些因素。

琼斯引入了道德强度作为构件，抓住了问题的各种特性。道德强度被设想为多维度，包括后果大小、社会共识、影响概率、时间上的直接性、临近性和影响的集中度。例如，道德临近性就是问题的一个维度。因此，在美国销售危险化学品可能比在中东国家卖同样的化学品有更多的道德临近性。有关他的模型最重要的是这种观念，即不依赖于个人或普遍决策环境的情境本身的各种特征影响伦理决策的后果。

5．通用模型

借鉴已讨论的概念和理论模型，管理人员通用的伦理决策行为模型被提出（见图 23-1)。

该模型把伦理决策设想为一种个人认知决策过程、对其影响的个人特性（如自尊、年龄或性别）和各种环境因素（如组织强化、组织文化或职业标准）的函数(威特默，1992)。 487

伦理决策＝f（认知决策过程，个人特性，环境因素）

为了说明这一点，假定有一位管理人员被给予一份竞争对手的投标书，并且必

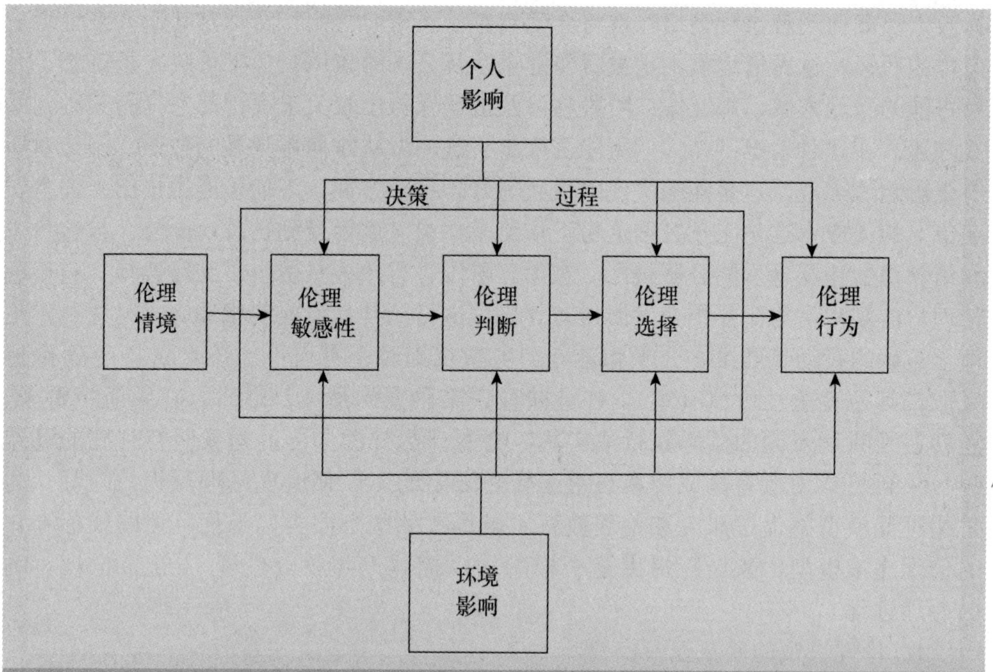

图 23-1 通用的伦理决策行为模型

须决定是否使用这一信息来完善自己的投标书并削弱竞争对手的投标书。当应用这种模式时，决策将部分取决于这个管理人员对具体情境中如诚实和公平这样的伦理问题是否敏感，以及这个管理人员是否把这一信息使用看作一种偷窃或不当行为的实例。该决策还将取决于被用到的伦理推理。例如，人们可能会做出判断认为利用这一信息是适当的，因为它极不可能“被发现”，并且利用这一信息将有利于组织中所有的人。另一方面，人们可能推理出利用这一建议是错误的，理由是它违反了一定的社会期望。

除了敏感度和推理外，如为他或她的单位开发资源的组织压力或奖励这样的环境因素也被预计将影响最后的决定。与此同时，比如个人的自尊或自我强度这样的个人因素可能会影响最终的决定。那么决策被看作不但是认知决策过程的产物，也是个人特性与环境的影响力的产物。

或许在这个关键时刻，应该进行一次重要的资格认证。伦理行为（实际上大多数行为）非常复杂，并且尽管图 23-1 中的模型提供的是一种逻辑上或概念上的框架，但是通用模式不应该被理解为一种刚性的、线性过程。不同的组成要素可能在
488 时间上重叠并可能会互相影响。例如，正如莱斯特（1986）所讨论的那样，有研究支持这种观点即推理过程或决策选择过程可能会影响敏感性。行动者（当事人）可能会使用防御性战略拒绝对义务的感知。施瓦茨（1977）发现，由于伦理行为的成本变得更加清晰，行动者（当事人）倾向否认个人责任或对情境重新评估，以便制定出更可接受的替代方案。莱斯特认为行动者（当事人）忙于伦理判断和伦理选择组成要素时，就改变了他们对情境的理解，有效地使自己脱敏于情境的伦理特征。

在另一个对情境因素在伦理的或亲社会的行为中影响的经典研究中（达利和巴特森，1973），神学院的学生（具有明确最高伦理标准的那些人）被赋予准备一次有关仁慈的撒玛利亚人的寓言或毕业生工作机会的演讲的任务。然而，有一半学生被告知他们有足够的时间来准备，而其他学生被告知他们必须快点。在他们发表演讲的过程中，所有受试者都遇到了一个处境窘迫的人。很明显更多受试者考虑到时间限制没有帮助那个处境窘迫的人。莱斯特把这解释为专心忙于活动事项如何影响其对新的伦理情境的敏感性的一个例子。

此外，应该注意的是，个人在每个要素区域中的相对能力会有所不同。对伦理问题非常敏感并且能够为什么是应该做的提供令人信服的理由并不能保证做出决策的意图或动机建立在伦理价值观的基础上并落实在行动中。例如，为在家庭中的其他人阐述合法隐私权利的兄弟姐妹可能仍然不能阻止他们自己侵犯他们同胞在特定情境中的权利。

B. 伦理决策行为的实证研究

正如在上面所讨论的一种又一种的行为模式中所看到的那样，不同个体特征和环境影响力被认为影响了伦理行为。例如，在环境影响方面，特维诺使用了情境调节者（集中于组织和工作的变量），而克拉克森集团模型提出了影响决策的各种环境。为了测试这种理论化关系，已经进行了各种研究。下一节将讨论集中于个人变量的研究，其后讨论有关环境变量的研究。对这一类研究的两种概要提供了有价值的概述（弗里切，1997；福特和理查森，1994）。

1. 个体特征

(1) **道德认知发展**（cognitive moral development）。在有关道德心理学的理论和实证研究中，个人的道德认知发展（或道德推理）水平一直是唯一重要的被研究的个体特征。基于皮亚杰（1932）的开拓性工作，科尔伯格（1969，1984）——最知名的道德认知发展伦理家——提出了六个阶段道德推理理论或个人在解决道德两难时所使用理由上的差异。

在科尔伯格看来，道德思考从更多以自我为中心的辩护发展到普遍性的原则推理。这种理论被建构成三个层次的道德发展，每个层次由两个阶段组成。它认为个人依次、不变地并且不可逆转地从低级阶段过渡到高级阶段，虽然不是所有人都能达到道德推理的最高阶段。事实上，科尔伯格估计只有 20%的成年人能够显示出道 *489*
德推理的最高阶段（科尔伯格和德尔芬斌，1985）。

在第一个层级水平（前习俗水平），个人集中于外部奖励、对权威的服从和个人的交换或交易。推理的第二个层级水平（习俗水平）具有符合个人家庭或同龄群体的预期或遵守更大社会的规则和约定的特点。在第三个层级水平（后习俗或原则性水平），人们发现规则和价值观可能是相对于群体的认同，但维护个人基本权利更重要并且最终诉诸自我选择的一般规则。发展朝着道德思考中的更多自主性和普遍性前进。

虽然道德认知发展涉及人们如何推理有关伦理问题，但是道德发展已经关系到在组织和管理背景中个人的伦理决策和伦理行为。特维诺和布拉德（1990）用实验性的一揽子方案测试学生。道德认知发展被认为是伦理决策的一种重要预示。在另一项伦理决策研究中（斯特拉顿等，1981），学生们被要求建议是否虚报开支。所有建议虚报开支的学生使用属于道德发展前三个阶段的推理，而建议反对虚报开支的学生使用四到六阶段的推理。

除了管理决策的情境之外，道德发展已被认为与其他各种符合伦理的和亲社会的行为显著相关：例如，欺骗行为（马林诺夫斯基和史密斯，1985）、帮助行为（科尔伯格和坎迪，1984）和揭发行为（包必达，1984）。

在全面和批判性评述有关伦理判断和伦理行为的实证研究时，布拉西（1980）报告说 75 项研究中的 57 项显示了道德判断与行为之间在统计上的显著关系，虽然关系的紧密度通常为中等程度（近似 0.30 的相关性）。在评论有关行为测量的 DIT（测量道德发展的一种工具）研究时，在约 30 项被评论的研究中存在一种普遍的和适度的关系（托马，1985）。因此，实证研究倾向于支持道德认知发展与决策和伦理行为相关的主张。

（2）**控制源**（locus of control）。管理决策中另一项被研究的个体特征是控制源，这被认为个人对控制在其生活中的事件到多大程度的相对感知。正如罗特（1966）最初所设想的那样，个人都处于内控/外控尺度（量表）之中。内控类型更倾向于把如强化这样的结果看作更可能是由于自己的努力和行为，而外控类型把结果看作更多运气、机会、命运或强大他物（人）的结果。把这一特性与管理背景中的伦理决策联系起来时，特维诺和布拉德（1990）报告说控制源对符合伦理/不符合伦理的决策结果有直接影响，内控类型与更合乎伦理的决策相关。赫加蒂和西姆斯（1978，1979）在几次实验室的决策实验中把控制源作为变量。如对回扣款项这样的决策任务进行了探讨，并且在 3 个实验的 2 个中，控制源被认为与不符合伦理的决策结果有关。

除了管理决策行为外，控制源已被涉及其他道德行为：揭发（多齐尔和米塞利，1985）以及社会压力的抵抗、被权威控制伤害他人的意志、帮助行为和欺骗行
490 为（列夫考特，1982）。其他相关的变量是自我强度（行动与个人价值观和信仰相一致方面的一种自信）和场域依赖（个人多大程度上依靠来自他们环境中的其他人的信息和态度）。

（3）**年龄**（age）。就像福特和理查森（1994）所报告的那样，已经有许多研究探讨了年龄与伦理行为之间的关系。他们发现 8 个研究中只有 3 个有显著的关系，所有这些结果都是混合性的。因此，存在有限的经验支持年龄与伦理行为和决策的相关性。

（4）**工作的年数或经验**（experience or years of employment）。这方面的证据也是混合性的，但弗里切的结论是“年龄和/或任期对决策伦理似乎也有一定的影响”（1997：62）。在一项研究中（哈里斯，1990），对不符合伦理行为的容忍随着服务年数增加而减少。在另一项研究中（凯莱等，1990），年龄在 50 岁及以上并具有 10 年或以上经验的研究人员认为自己更合乎伦理。因此，一些研究表明经验（和与经验高度相关的年龄）与伦理决策有关。福特和理查森（1994）发现一些研

究中职业年数与决策行为相关，但他们通常觉得这种支持是混合性的，同时得出结论“对年龄和职业相关因素的进一步研究是有必要的”（第 211 页）。

（5）**性别**（gender）。越来越受到重视的另一个个体特征是在伦理决策中性别的作用。吉利根（1982）提出妇女往往根据她们牵涉其中的关系来描述自己，做出将保持这些关系的决策。因此，决策可能会更多地基于关怀和培养合作关系，而不是应用正义的原则和规则，这是科尔伯格道德发展方法的重点。巴奈特和嘉盛（1989）发现，性别的确对与假设性情景相适应的决策有影响。例如，夏天，妇女更可能保留（而不是解雇）雇员，不是因为这一雇员有积极性或有能力，而是因为这一雇员是要求孩子夏天被录用的亲密朋友的孩子。总体而言，这方面的结果是混合性的。福特和理查森（1994）发现性别比另一个变量被报告更多。在他们的 14 项研究报告中，有 7 项表明女性行为有可能更合乎伦理。其他 7 项研究表明性别没有影响。弗里切（1997）报告说其中 2 项研究支持女性更符合伦理的观点（阿卡，1989；阿洛，1991），而其他的研究显示结果是混合性的（例如，鲍威尔等，1984；弗里切，1988）。尽管是混合性的，有很多研究支持女性在决策上更合乎伦理这样的观点（例如，班纳吉等，1996；弗兰克等，1997）。像大多数其他变量一样，性别差异需要更为系统的研究。

（6）**马基雅弗利主义**（machiavellianism）。已被涉及伦理决策的另外一个有趣的变量是马基雅弗利主义，一种对操纵行为倾向的测量。赫加蒂和西姆斯（1978，1979）发现马基雅弗利主义解释了伦理行为方面的显著变异。斯恩格帕蒂和瓦伊特尔（1990）发现，更多马基雅弗利主义管理者往往认为伦理问题不严重，因此不太可能采取矫正行为。

（7）**其他个人的变量**（other individual variables）。其他各种个体特征已在组织管理背景下的决策与伦理行为中被涉及。

与管理和组织背景下的伦理行为和决策有关的其他已被研究的个体特征包括：个人的价值观体系（英格兰，1967）、个人的伦理思想（弗里切和贝克尔，1984）、491
经济价值取向及外国国籍（赫加蒂和西姆斯，1978，1979）和激励导向（安全和自尊）（沃德和威尔逊，1980）。

从有关伦理决策的各个变量的实证研究中，我们可以得出什么结论？虽然在大多数案例中，支持证据是有限的，但我们可以说更合乎伦理的决策行为往往与那些具有更高道德发展水平的人、具有更强个人控制感的人、更年长和更有丰富经验的人、女性以及在她们的行为上不被操纵的人相关联。

2. 环境变量

除了个人属性之外，各种环境变量被认为会影响伦理决策和管理者的行为。虽然环境被认为包括了许多各种不同的影响因素（社会的、法律的、组织的、职业的和个人的），但大部分对管理中的伦理行为的实证研究集中在组织的或眼前工作的环境。

（1）**奖励（和处罚）的组织安排**［reward (and punishment) structures］。影响伦理决策最明显的因素之一涉及组织制裁或奖惩。在一次决策实验中，赫加蒂和西姆斯（1978）发现外在报酬解释了最大量不符合伦理行为中的变异。在另一个对决策与直接强化的实验室研究中（特维诺等，1985），符合伦理的行为受到了惩罚或不符合伦理的行为得到了回报的受试者更可能做出不符合伦理的决策。当不符合伦理的行为被处罚时，符合伦理的决策更可能发生。特维诺和布拉德（1990）还在另一个基于社会学习理论的决策实验中研究了间接学习的效果，他们发现替代奖励间接影响伦理决策。其他研究已发现制裁与伦理决策之间的关系（弗里切和贝克，1983；亨特等，1984；兰兹尼柯和英德列登，1987）。

（2）**重要的或作为参照的他者**（significant or referent others）。另外一个重要且直观明显的环境变量是组织中或同行群体中其他人的行为和态度。组织中重要的或参照的其他人的影响已被研究。在对工作中的市场经理的调查中，蔡-费雷尔等（1979）发现对同行行为的看法是他们自己自我报告式伦理行为的一种显著预报。事实上，同行行为被认为比行动者（当事人）自己的信仰或他们所认为的管理层所信仰的与符合伦理/不符合伦理的行为更密切相关。在以后的研究中，蔡-费雷尔和费雷尔（1982）把被涉及的其他变量扩大到包括组织之外的个人，如客户。在另一项对两组工作中的广告客户（广告代理公司客户经理和企业客户）的看法和伦理行为自我报告式的调查中，研究者发现被涉及的群体所理解的行为再一次与行动者（当事人）的伦理行为密切相关，并且对这两个群体来说组织内关系比组织间关系更重要的。

（3）**组织的政策与操行守则**（organizational policies and codes of conduct）。另一个被认为会影响符合伦理/不符合伦理的决策的组织因素涉及组织的政策和守则。被明确陈述的组织政策的清晰度在为决策者提供指导方面很重要。在一项决策实验
492 中，赫加蒂和西姆斯（1979）发现组织的伦理政策的存在减少了不符合伦理的决策行为。此外，基于组织层面上的分析，根据公司操行守则与非法公司活动的关系，马修斯（1987）分析了 485 个顶级公司。他发现守则的存在与违法行为的数量不相关。福特和理查森（1994）报告了 9 项有关守则或政策与伦理决策和伦理看法关系的研究。他们得出结论认为守则或政策“一贯且显著地与伦理行为相关”（第 216 页）。但是，最好的结果似乎出现在政策伴随有良好的沟通和明确制裁的时候。

（4）**最高管理层的承诺**（top management commitment）。对许多认为高层管理人员的严肃承诺和适当制裁措施必须随之伴随有组织的操行守则以便对伦理决策和行为产生积极影响的人来说，马修斯的研究结果将不会很令人惊讶。在使用学生作为研究对象的决策研究中，作为伦理决策的一个主要独立变量，详述的组织关切的影响已被探究。结果发现，只有当守则的存在和高层管理人员的关切与制裁（因不符合伦理行为的解雇）结合在一起时，才存在对伦理决策的重要影响（兰兹尼柯和英德列登，1987）。在一次决策实验中，赫加蒂和西姆斯（1979）发现当受试者收到企业总裁的一封支持伦理行为的信，符合伦理决策的行为就增加，同时不符合伦理的决策就下降。福特和理查森（1994）报告说许多研究继承布伦纳和莫兰德（1977）以及鲍姆哈特（1961）的研究结果。在这些研究中，《哈佛商业评论》（*Harvard Business Review*）的读者被问及他们认为最影响自己的伦理行为是什么。排名最高的因素是上司的行为。

(5) **伦理的工作氛围** (ethical work climates)。最近几年研究的其他因素是组织文化与氛围以及伦理的工作氛围。维克多和卡伦(1987, 1988)创立了一种被实证检验了的类型学。遵循这种观念即组织文化涉及共同信仰、习俗和价值观,他们把伦理氛围设想为“对什么是伦理上正确的行为和伦理问题如何处理的共同看法”(维克多和卡伦,1987:52)。他们的实证研究展现了伦理氛围的五个方面:有爱心、法律与守则、规则、法律性文件和自主。更近的研究工作探究了部门(例如,公共或私营部门)对伦理氛围的影响,得出的结论是公共管理者普遍认为其组织的伦理氛围逊色于私营部门的相似部分(威特默和柯西,1996)。阿卡(1989)认为更健康的伦理氛围将提高市场营销职业人士做出符合伦理决策行为的可能性。

(6) **其他环境变量** (other environmental variables)。除了上述已报告的因素之外,根据其对伦理决策和伦理行为的影响,其他环境变量也已被研究:例如,机会(蔡-费雷尔等,1979;蔡-费雷尔和费雷尔,1982),环境中的稀缺与富足(斯托和斯瓦考斯基,1975),伦理培训课程(德莱尼和索柯尔,1992),如正式化、集中化和控制这样的结构性因素(威尔法瑞尔和斯金纳,1988)以及组织规模(布朗宁和扎布里斯基,1983;墨菲等,1992;韦伯,1990)。

从这种实证研究中我们可以得出什么结论?一般情况下,有证据支持伦理决策受到同行和同事的影响,受到上司和高级管理人员的行为影响,受到存在的政策和 493
行为守则的影响,受到奖惩的影响,受到组织的普遍气氛或氛围的影响。

23.4 规范理论、模型和决策过程

管理人员与行政人员能够受益于对符合伦理/不符合伦理的决策行为的决定因素的更好理解。但是,行政人员也经常在寻找决定“伦理上正确”的行动方案的指导原则或框架。当面临伦理情境中的不确定性时,行政人员会寻求伦理上正确的、负责任的解决方案。人们思考各种行动选择方案。什么样的价值观最优先?谁的利益应该得到最大的考虑?伦理上正确的是什么?

标准性或规范性理论为什么应该做、什么样的行动方案在伦理上是正确的提供指导。行政人员寻求用来指导他或她的决策的某一原则或将证明他或她的决策合理的理由。虽然采用这种视角方法可能会被看成理性主义偏见的展现,这似乎是行政与伦理决策的属性。这对准备向政策制定者和一般公众进行决策辩护的公共管理者来说是特别真实的。要考虑个人偏好与遵守原则之间的差异。一个人对特别口味的冰激凌的欲求不需要超越个人喜好的任何理由。但是,如果行政人员决定监测代理机构员工的电子邮箱,他或她必须准备提供超越个人喜好的理由。无论是为了原则还是推理,行政人员都会因参与或咨询的原因而面对伦理决策。

那么,道德或伦理决策涉及对情境和应用于此情境的适当标准、规范和原则的深思熟虑的分析。为什么原则是有必要的?原则或一般性规则为行动提供指导和理由。也许更根本的是,在原则的基础上做出决定和采取行动是要使人们的生活和行

政人员角色具有连贯性、一致性和可预测性。有原则的决策避免了武断、反复无常和不可预测性。作为社会共同体的代理人，我们普遍重视在我们自己和他人身上的如此特性。事实上，我们要求那些负责管理我们的公共机构具有如此特性。虽然关于某一情境中的正确原则方面可能存在分歧，但我们的确期望一致性、连贯性和非随意性意义上的原则性决策。

A. 公共管理中的规范性模型

1. 罗尔与政体价值

在公共行政人员的伦理决策过程中指导他们的最广泛引用的规范性方法之一是一个由约翰·罗尔（1989）在其《官僚伦理学：对法律与价值观的评论》（*Ethics for Bureaucrats: An Essay on Law and Values*）一书提出的基本框架。罗尔既为公共管理者的伦理教育也为在他们的决策过程中指导管理人员的派生性原则提供了一个普遍性的基本框架。

副标题**“对法律与价值观的评估”**揭示了罗尔模式的关键要素。伦理决策过程中的指导和辩护存在于政体价值中，同样，根本体现在**宪法**和解释了政体价值优先

494 性的法律中，透过最高法院的重要判决能够被发现。

罗尔拒绝把决策建立在哲学理论（抽象的，往往无助于解决具体问题）、特定代理机构的规则和程序（通常不适合新的形势）或个人良心（经常变化太大）的基础之上。相反，法律和更广泛的社会价值观被看作是专门为行政人员提供指导的，其作用是维护这些价值观和法律。第一版（1978）紧随“水门事件”后发表，这也许并不奇怪，此时，最高领导人的行为无视法律、宪法和社会的基本价值观。

冒着过于简单化这种重要的规范性框架的风险，在罗尔看来，下面的这些命题是实现伦理决策的基础。

（1）公共行政人员有相当大的自由裁量权以至于他们支配及制定公共政策，他们的决定具有重要的伦理维度并且对社会有影响。

（2）公共行政人员在他们的决策过程中应该受到政体价值的指导。政体价值基本上都是那些已经在我们的社会中持续下来的、公共的和政治的价值观。“这些价值观是规范性的，因为它们是政体价值，官僚们已经宣誓效忠形成这种政体并进而象征性陈述其精神及意义的宪法”（罗尔，1989：76）。

（3）在确定这些不断演化的政体价值的含义时以及在特定情境下对这些价值观进行平衡决定时，“宪法”和最高法院的判决提供了指导。

2. 库珀与动态过程

特里·库珀在他研究行政伦理的方法上属于亚里士多德学派，因为他认为行政人员通过做出符合伦理的决策而符合伦理。此外，和亚里士多德一样，对库珀来说，行政伦理的最终目的被认为是要采取行动，要实现这一目标，理论和经验至关重要。“如果没有抽象思维与实践经验密切结合所产生的启示，不可能看清我们要去的地方”（库珀，1998：2）。

对库珀来说，每个行政人员都可以通过一段时间内所做出的决策发展出一种可

操作性道德体系。而且，库珀的基本框架是以在伦理决策方面的技能是可以通过对决策的动态过程的理解和实践而学到和培养的这一假设为前提条件的。因此，库珀处理规范伦理学的特定方法侧重于伦理的过程维度而非内容层面（登哈特博士，1988）。

那么，这种规范性决策过程是什么？伦理决策被陈述为一系列从有问题的感知到下定决心的状态的步骤。该过程的每个阶段都在问题所在背景之下来被简要地讨论，这种背景被展现在公共行政的介绍性文字中（斯特劳思曼，1990）。

认知（伦理问题）[perception (of an ethical problem)]。人们不能指望行政人员做出伦理上正确的决策，如果他们甚至没有把情境看成与伦理有关。细想一下这样的情境，在那里，一家市级医院的精神科医生比他们合同所标示的时间少工作几个小时。行政人员必须首先要明白这是一个涉及伦理问题与标准的情境。

描述（情境）[describing (the situation)]。任何决定的基础是对情境相当多的 495
说明与理解。这是显而易见的但也经常是复杂的。对库珀来说，目标是尽可能客观地描述情境，虽然信息可能是有限的、分散的。对于相关事实是什么也可以有不同的观点。在精神科医生的例子中，对情境的描述可能包括合同中的小时数、普遍的工作小时数、有多少精神科医生参与这种做法、在当地劳动力中其他精神科医生的可用性以及是否已做出努力以解决这个问题。

定义（伦理问题）[defining (the ethical issues)]。过程中的这个阶段所涉及的是对实际伦理问题的表达与详述以及情境中涉及的价值观。库珀已经发现公共管理者在这个阶段有困难，部分是因为管理者倾向于对情境的非伦理描述。涉及的原则和价值观究竟是什么？例如，就我们的案例来说，原则可能包括履行对雇主的义务、与其他员工之间的平等、满足公众需求以及保持诚实与正直。

确定（可选择方案）[identifying (alternatives)]。库珀认为诱惑人的是使可选择方案太有限，经常采取一种非此即彼的角度。例如，要么解雇精神科医生要么漠视他们的行为。重要的是进行头脑风暴和扩大可选择的方案。在精神科医生的例子中，人们也许可以考虑重新谈判合同，或者行政人员可以召开专注于全面质量管理和员工责任的股东大会。

预计（后果）[projecting (consequences)]。这是获得伦理解决办法过程中的关键部分。积极的和消极的后果都需要进行预测。作为一种辅助手段，库珀建议创建一个书面的格子，每个可供选择的方案写在左边，每个方案的积极的和消极的后果写在右边。这里所需的技能是伦理想象力或约翰·杜威（1922）提出的“戏剧排练”。总之，这是一个审议过程，需要一种开放和探索的精神。在精神科医生的例子中，人们或许考虑到如果精神科医生被对质，就会耽搁上班时间，其或许会有辞职的可能，如果这种可能做法被忽略，客户照料怎么办？如果这种可能做法继续下去，会对员工的士气产生什么样的可能影响？

通往选择行动方案的过程涉及这种分析的四个互动方面。其一是确定适用于可选择方案的道德规则。其二是要考虑辩护排练，这本质上是人们能为每一种可选择方案提供足够辩护。这对于不仅要准备向其组织成员而且要向决策人和一般公众证明某一行动方案正当的公共行政人员来说特别重要。其三是要考虑对更普遍的伦理原则的适当性。例如，对所有受有关精神科医生的决定影响的人来说，怎样才能使好处最大化。最后但并非最不重要的是决策者必须考虑预期的自我评价，这反映可选择方案与一个人的自我形象在多大程度上是一致的。

496 **选择（行动方案）**［selecting (a course of action)］。根据所设想的后果和对最能被辩护的可选择方案的排练，行政人员决定行动方案。

下定决心（resolution）。在开始感觉到有问题或需要做事情的时候，这应该是由这一过程中的其他阶段产生的最后状态。重要的是要注意到对于这种决心状态，库珀是相当务实的。“可行方案往往既不是责任与后果的完美平衡，也不是超级理性能提供全部情感满足的方案，它通常是一个近似状态”（库珀，1998：27）。换句话说，解决方案应该是“满意选择”。

我们已经相当详尽地概括和描述了库珀的伦理决策模型，因为它是公共行政学者之中提供了如此全面和系统分析模型的少数努力成果之一。此外，他还认为，如果定期采用，“直觉的”决策技能就能展现出来。尽管过程已经呈现为一种直线性模型，应当指出的是对于库珀来说这不是一个完全直线性的或理性的过程。相反，它本质上既是认知性的又是情感性的。

3．作为“元指南”（metaguide）的正义

最近的另一种方法存在于由杰拉尔德·波普斯和托马斯·帕夫拉克撰写的《正义案例：巩固公共行政中的决策》（*The Case For Justice*：*Strengthening Decision Making in Public Administration*）一书中。正如标题所显示的那样，波普斯和帕夫拉克（1991）认为行政决策应专门与正义的原则和程序相连并受其指导。行政人员不用面对规则和指导方针的短缺。“需要的是行政决策的‘元指南’”（第15页）。正义被看作一个综合性的规范性原则和适合行政人员的指南。“因为正义是能够被理解和实际应用的一种基本且广泛共享的价值观，我们认为它作为公共组织行政决策的一个规范性前提有相当多的优点”（第169页）。

波普斯和帕夫拉克认为正义是包含其他如公共利益、社会公平和效率这样的公共行政价值观，基于这个原因，他们认为他们的基本框架优于其他公共行政伦理决策基本框架。正义被认为是一个“有意义的、对技术理性范式的替代，其包括基于社会公平、伦理与美德以及行政代理的那些范式”（波普斯和帕夫拉克，1991：169）。

在“做出正义的决策”（making just decisions）的一章中，波普斯和帕夫拉克（1991）提出了正义的行政决策的标准。“从广义上讲，被认为是正义的行政决策达到了这种程度，以至于他们（1）产生正义的结果（分配正义）和（2）是由一个被视为公平的程序而产生的”（程序正义）（第72页）。本章其余部分将是对分配与程序正义所包含的各个方面的详述和讨论。这些被概括如下：

(a) 结果（分配）正义。决策如下，它们才是正义的：

(1) 准确或正确的。决策必须符合情境事实。例如，应得报酬增加应该给予很好完成任务的人。

(2) 理性地与公共政策决策联系起来。决策应该试图达到合法政治权威的政策目的。

(3) 不违反正式的正义原则。正式的正义原则要求一视同仁。换句话说，行政人员必须是始终如一的。

(4) 体现遵守规则与行使自由裁量权之间的平衡。这里被体现的是在使用 497
自由裁量权对独特情况做出回应时保持统一对待的艰难挑战。这很困难但正义需要它。

(5) 服务客户的需求。这关系到客户的利益可能被组织或行政人员的利益所替换，造成不公平的结果。

(6) 达成对个人公平与政策社会目标的平衡。公正的结果将平衡这两种利益。对社会来说，有效实现目标是非常重要的，如社会保障资金的使用要满足个人对资源的需求。同时，资源必须被用于确保个人拥有过程来保证在制度中的公平性。为了达到适当的平衡，存在必须被平衡的权衡取舍。

(b) 过程（程序）正义。如果存在如下标准，决策才是正义的：

(1) 接近机会的平等。一个公正的程序将确保所有利益相关者有平等机会接近决策论坛、信息和其他影响决策的因素。

(2) 中立。一个公正的程序意味着决策者在他们考虑情境时没有偏见。

(3) 透明。在这里这种理念是公正的那种理念，决策不能封闭而仅限于少数人或呈现开放假象。相反，利益相关者应该有切实的参与。

(4) 效率。例如，一个公正的程序将是一个能产生及时决策的程序。一个公正的程序也是一个有效的同时也是准确的程序。

(5) 参与和人道。广义上说，这个标准仅仅是这样的一个标准，其强调尊重参与者和受决策结果影响的那些人的尊严与价值。人们在公正程序中受到尊重和重视。

(6) 提出倡议的权利。决策过程中严肃的倡议途径确保更大的程序正义。当倡议不受鼓励或难于利用，就会增加错误或不公平决策的可能性。

4. 决策工具

当波普斯和帕夫拉克朝向还原论方向并把正义作为一个单一的、统一的指导决策的原则时，卡罗尔·刘易斯提供了一个比较折中和务实的伦理决策方法。在《公共服务的伦理挑战》(*The Ethics Challenge in Public Service*, 1991) 一书中，刘易斯编写了一节内容，题目为“个人决策的工具”(Tools for Personal Decision Making)，她在其中讨论了各种模型、理论和或许适合改善伦理决策的基本框架。伦理推理与决策被看作解决问题的一种形式。在她的“管理决策的战略和战术”(Strategies and Tactics for Managerial Decision Making) 一章中，事实上，刘易斯借鉴了其他三种模型：纳什的 (1981, 1990)、里翁的 (1990) 和库珀的 (1998)，开发她自己的规范性混合分析框架。

由于她注重实际的、管理的倾向，刘易斯提供各种帮助、检查清单和工具，协助行政人员得到一个满意的和伦理上负责任的决策。例如，提供的混合检查清单包括以下需要考虑的事项。

决策的检查清单：

(1) 事实（包括法律）。关键是决策者收集相关事实信息以便达到对问题的明智和完整的理解。

498 (2) 移情。这涉及企图把自己放在别人的位置或境地中。通常受决策影响的不同各方，尽力重视他们的立场是有益的。

(3) 根本原因。考虑产生情境重要特征的原因能够帮助人们更清楚地界定问题。问题是在何种程度上由决策者、其他人或外部事件所造成的?

(4) 利益相关者和责任。确定所涉及的各种利益相关者同样是重要的。谁将会受到决策的影响? 在情境中谁重要?

(5) 动机和目的。就其可能性来说，确定情境中重要角色的动机和目的可能是有用的。决策者反思情境中的他或她自己的目标也可能是有帮助的。

(6) 可能的结果。就像库珀的预测后果阶段一样，这方面涉及运用人们的想象力来想象不同决策产生的后果。别人会如何受到影响? 人们会对预测结果满意吗?

(7) 潜在危害（利益相关者）。基本的道德禁令之一就是为了避免造成伤害。因此，重要的是要考虑可能会导致的对受到影响的利益相关者的伤害。

(8) 参与。基于通过完成了检查清单上的项目，实现对情境的了解，人们应该考虑谁应该并以何种形式参与决策过程。

(9) 长期的时间框架和预期的变化。

(10) 信息披露和宣传。

(11) 外观形象和沟通。从第 9 项到第 11 项都集中在测试根据变化而深思熟虑的决策。例如，长远来看，组织将如何受影响? 对公众来说，决策的外观形象会是怎样?

(12) 普遍性和一致性。这里决策者要考虑什么样的决策将与以往的政策一致并展现出统一对待。

检查清单提供了一个某种管理上的帮助的例子，是典型的刘易斯的务实方法。详细列出备选行动方案时，行政人员使用各种工具思考解决办法。“使用对竞争性观点和价值观开放的决策模型、管理装备工具来进行事实调查、迁就融合和有选择性的交换，以导向明智的、有原则的选择”（刘易斯，1991：101）。这一陈述包含许多前面那些基本框架已经讨论过的相同元素（例如，事实调查）。此外，它支持这种主张即伦理决策本质上是通过寻找适当的理由和考虑到相关情境而具有原则性的。也许刘易斯的方法最有特色的地方是这种注重实际的倾向，是要帮助行政人员。

5. 戈特纳的框架

然而，最近另一项为行政人员伦理决策提供了一个基本框架的努力存在于哈罗德·戈特纳（1991）的《公共管理者伦理》（*Ethics for Public Managers*）一书中。在“分析和解决伦理两难”的章节中，戈特纳提出了一系列指导决策者的问题。这
499 些被概括如下：

分析的基本框架：

这个问题是不是一个伦理两难？如果是伦理问题，积极回应应该是从如下问题中推出的：

(1) 在这种情况下，冲突的价值观很重要吗？

(2) 这些价值观能够被确认并且/或者必须做出额外努力才能被发现吗？

(3) 是否有必要分析、计算或推理出哪种竞争价值观？

在达成伦理上合理的决策过程中，以下领域和问题应该要被确定：

第一，法律。关于在这种情况下我被要求做的，相关法律能够告诉我什么？

第二，哲学与文化背景。通过探究创造伦理观念和确定什么反应是可以接受的基本哲学与文化元素，我能够了解到有关情境的重要因素吗？

第三，职业和职业水准。我的职业培训或更广泛意义上的“职业水准”帮助我理解我应该做的了吗？

第四，组织动因。我所工作的组织或者我与该组织的关系是不是问题的一部分？

第五，个人方面的问题。为了适当应对这种伦理两难，我需要了解什么？

戈特纳更详细地探讨每个领域的子问题。他把区域和问题作为一种程序来提出，这种程序将确保问题被考虑是从批评的视角，从而“确保分析与思维的严密性”(第149页)。

B. 共同的思路：社会契约和社会价值观

其他公共行政研究人员和学者继续推进对行政伦理的洞察力（例如，卡瓦等，1995；布鲁索，1995；范·沃特，1996）。上面的简述提供了一些最近涉及公共行政人员和管理者的伦理决策框架的代表性观点。在这些被介绍的方法中，重要区别在于重点、内容和方式。然而，似乎也有一个把这些基本框架连在一起的共同思路。一般情况下，为这些理论提供指导和辩护似乎是植根于一种社会契约定向或一套普遍存在和一致同意的社会价值观。通常道德被视为一套促进社会生活的规则或价值观，而政府被看作执行和维护这些规则、价值观和法律的工具。那么，公共行政人员有按照这些经过时间考验的价值观和规范做出将满足公共目的的决策的责任。在柏拉图看来，公共行政人员是社会的“维护者”(guardians)。

例如，对于罗尔来说，伦理决策应立足于宪法的政体价值，同时通过最高法院的裁决被赋予更多的实践意义。对于波普斯和帕夫拉克来说，决策应遵循随着美国公共行政历史发展而来的行政正义，包括程序与分配正义。事实上，作者们引用麦迪逊的话：“正义是政府目的。正义是公民社会的目的”(《联邦党人文集》，51)。 500

然而，这一概括并不意味着一种头脑简单的“法律和命令”(law and order)的基本框架。事实上，这些方法特别重视独立判断与决策的需要。如果人们要成为一个符合伦理的行政人员，仅仅遵守规则与指令是不够。然而，当被要求做出独立判断时，社会的基本价值观和原则为行政人员提供了合法的、正当的指导。更为明确地说，这些通常是一个民主社会的价值观，包括公民个人的参与和价值观、平等、自由、私有财产。

C. 哲学理论与伦理决策的决定性规则

为伦理决策进行指导和辩护的另一种方法涉及寻求当面临伦理情境和问题时能被使用的通用决定性规则。道德哲学家们试图发展和维护这种普遍规范性伦理理论。虽然每种主要的经典理论中都包含了重要的见解，但没有一种理论是没有严重不足的。然而，认识主要理论可以帮助说明伦理问题和获得可接受的、合理的解决方案。这里的目的仅仅是要勾勒出最主要的哲学理论的主要要素，提供一个简单的可能会被决策者使用的问题基本框架。

1. 功利主义，一种后果主义取向

功利主义的基本思想是非常简单的。道德被视为发展出可能在世界上产生尽可能多幸福的规则与做法的基础。因此，决策者应遵循一个原则即效用原则：选择那种会产生幸福超出不幸福的最大量余额的行动方案。这需要考虑到所有受决策影响的人的利益和后果。最大化幸福的选择构成了要做的伦理上正确的事情。

注意到这种“现代性”伦理理论是由欧洲历史上一个动荡时期的哲学家兼社会改革者发展出来的，这是很有用的。这种理论是在现代民族国家正在新兴和“自由、平等、博爱”的思想正在传播的时候，由杰里米·边沁（1748—1832）和约翰·斯图亚特·穆勒（1806—1873）创立的。旧的伦理框架正在受到挑战（例如，对神的义务，对与实现幸福生活几乎没有感知性关联的抽象规则的忠诚）。新的取向与价值观得到推动，包括在决定性社会政策中所有个人的平等和价值（和他们的幸福）。特别是在决定性公共政策和社会规则中，幸福是目的，并且所有个人和他们的利益都同等重要。

对于功利论者来说，行动和实践并非一开始就有对错之分，这一切都取决于后果。因此，这是一种结果主义者的理论，规则和决策的伦理合理化要根据实际的或预测的后果。这样的决策规则似乎特别适用于为了更广泛公共利益而负责制定和实施政
501 策的公共行政人员。此外，对如何花有限资金来改善公路、在城市地区要容忍的空气污染水平，甚至是在公共场所禁止吸烟的程度这样的决策来说，这是一种合理的指导原则。而且，作为一种理论，它似乎符合我们通常做出个人决定和选择的方式。

然而，作为一个决策规则，它有它的局限性和不足。这些大致可以分为：与幸福的测量与计算相关的困难、公正分配幸福的有关问题和侵犯基本道德权利却同时最大化了“最大多数人的最大幸福”。例如，通过较低价格和充足食物供应，给如移民劳动者这样的少数群体带来不幸福的政策可能会让社会上的大多数人产生更大的幸福，或者考虑一种不是要提拔一个忠诚和多产的员工而是要提拔一个或许没有努力工作但可能已给组织带来更多利益的员工的决策。在后一种情况下，功利主义的决策标准似乎遗漏了伦理决策的一个重要组成部分即个人的功劳（蕾切尔斯，1986）。

2. 形式主义与普遍规则，一种义务取向

指导和论证伦理决策的另一种方法指望形式原则被采用来指导决策，而不是利

用可选择行动方案所带来的后果。发展和维护这种方法的重要人物是伊曼努尔·康德（1724—1804）。虽然康德的理论是出了名的复杂，并且他的著述很难理解，但基本原则是非常直观的，并经常被用在我们的伦理推理中。康德提出了一种面临伦理决策时，决定我们伦理上或道德上的义务是什么的一般过程。这种一般规则被称为绝对命令："仅仅按照你同时也能使它成为一条普遍法则的那个准则去行动"（康德，1959：39）。

康德认为"准则"（maxim）是指行动的原则。因此，他测试的是一个人的行动原则是否可以普遍化。康德辨认出假言命令是有条件的，也就是说，它们的存在依赖于特定的欲望和愿望。例如，如果一个人想成为一个优秀的行政人员，那么他或她应该基于如计划、指导和协调这样的可靠技能而工作。在康德看来，绝对命令或道德义务不是有条件的，而是对所有有理性行动者都有约束力的"应该"。绝对命令提供了一个程序来确定一个人的道德义务。一般来说，这个程序包括两种测试：

> 普遍有效性：一个人的理由使得这些理由对任何在类似情境中的人来说都将是很好的理由吗？
>
> 可逆性：即使情境中一个人的地位和角色发生逆转，一个人会愿意接受这种规则或理由吗［实际上为黄金规则（the Golden Rule）的变体］？

绝对命令的第二个公式更为直观："你的行动，应把人性，无论是你自己人身上的人性或他人身上的人性，始终当作目的而绝不仅仅当作手段"（康德，1959：47）。第二个公式仅仅要求决策尊重他人的尊严，这对于康德来说是因为"理性本身作为一个目的而存在"（第 47 页）。

应用绝对命令的一个典型例子是要细想一下说谎是否正当。说谎是故意误导的做法。细想在选举年通过误导或撒谎以尽量减少储蓄与贷款的紧急援助幅度是否是正确的，也许这样的行动将保持政治稳定和公众的信任，保护重要官员免受非理性公众反应的伤害。采用康德的标准时，这样的行动原则是不正当的。这里没有把其他行动者作为目的来对待，反而被认为是对我们民主制度下有平等价值的公民的操纵。如果角色互换，行政人员处在公民的地位，也不会愿意接受这种规则。最后，这不是能普遍化的，因为这种做法是自相矛盾的，因为如果采用这种做法，我们将不会相信我们的领导人。

公众反应的伤害。采用康德的标准时，这样的行动原则是不正当的。这里没有把其 502

当然，对这一理论也有批评。有人可能会认为这个理论过于抽象、模糊，并且在特定情境中是无益的。其他人可能会反对认为道德规则是绝对的，不允许例外，并且可能永远不被违反。有义务冲突时，该理论也不提供指导。这些批评的讨论出现在各种介绍性伦理书籍中（例如，委拉斯开兹，1992；蕾切尔斯，1986；泰勒，1975）或在对康德伦理理论更全面的分析中（例如，沃尔夫，1969；佩顿，1967；贝克，1960）。

然而，这种形式主义方法的基本思想可以为行政人员提供有用的指导。其核心思想是人们对原则、一致性和理性的义务。在决定做什么时，应该寻找其他理性决策者可以发现可以接受的理由。那么人们有义务根据这些原则行动。这一点与总是以尊重其他人而行动相连，因为他们也是有理性的行动者。

此外，也有人认为，康德的理论为为什么人们有基本的道德权利提供了基础(委拉斯开兹，1992；德沃金，1978；弗拉斯托斯，1964)。道德权利被认为是他们选择自由地追求自己利益的那些权利，并且这样的权利基于人的共同理性。对康德和其他以义务为基础的方法的更深入讨论可以在本书拉尔夫·钱德勒的“行政伦理重思的义务论维度”中找到（第8章)。

3. 正义

伦理上正确决策的另一个重要考虑（尤其是对公共行政人员）涉及对社会正义，特别是分配正义或好处和负担应如何分配的考虑。实际上，要遵循的观念可能被认为是义务取向，因为它涉及义务原则、正义原则。

有各种对抗性原则为社会的好处和负担应该如何共享提供指导和理由，同时，每个角度都可能与进行行政决策相关。例如，一个标准是基于公民身份（如投票、公众教育、法律面前人人平等）基础上的同等分享。另一个标准是份额应该基于贡献来分配（例如，在工作场所的生产率)。公正的分配也可以被理解为是基于能力和需要的分配（例如，提供社会安全网以满足基本生活需要)。这些不同的标准适用于不同的社会环境，因此，没有一个原则可以说是要为伦理决策提供指导和理由。但是，在《正义论》一书中，约翰·罗尔斯（1971）在发展出一种综合的社会正义理论方面做出了最重要的贡献。这里最重要的一点是伦理决策往往要求关注社会正义的原则。

4. 指导决策者的问题

这种对主要哲学理论的简短讨论为指导决策者的一般标准和原则提供了不同的
503 取向。这些不同的理论能够被概括为决策者面临伦理情境时可能会问的问题（委拉斯开兹，1992)。

(1) 什么样的决策将使社会效用最大化（为那些受影响的人产生出最大幸福)?

(2) 决策是否尊重那些受影响的人的道德权利？其他人的尊严受尊重吗?

(3) 决策是否公正分配了好处和负担?

对这些问题的肯定回答是已经做出了伦理上正当有理可辩解的决策的有说服力的指标。

23.5 结论：对伦理知识的反思

在本章一开始，就有人认为行政与管理决策的研究本质涉及伦理问题。如果想成为一名有成效的行政人员并做出正确决策的话，那么就需要伦理知识。在促进伦理知识方面，我们已经讨论了两种相当不同的方法或取向，两者对行政人员似乎都重要。

德乔治（1990）提出了伦理定义，这可能对于明白描述性和规范性取向的作用是有用的。伦理可以被看作对道德的研究，这是“一种发掘个人与社会的道德经验的意义的系统努力”（第 14 页）。

可能采取的一种形式是更好地了解影响伦理决策的因素和作用。这似乎对不仅自己有责任要进行伦理决策而且还要在组织中创造鼓励和促进伦理决策的环境和政策的行政人员来说特别重要。因此，有关伦理发展阶段的知识可能对于理解对组织中不同个人将会是有说服力的各种原因是有用的。了解如何提高伦理敏感性对于提高伦理决策可能是有用的。或者熟知在没有来自高层行政人员的足够支持或者没有对侵权行为的足够制裁条件下，仍然执行伦理操行守则的影响，对想要提高组织中伦理操守的行政人员来说是非常有价值的。这样的知识本质上是描述性的、与行为有关的和科学的。因此，本章的主要内容旨在向读者介绍这种越来越多的伦理知识。

然而，有些人会说，所有这些知识根本不是伦理知识。它没有告诉我们，我们的行为和决策中什么是对的、好的。它没有告诉我们要追求什么目的或效果。当然，显然这就是为什么规范伦理对行政人员也是重要的。事实上，德乔治在他的伦理定义中说，使伦理经验有意义涉及“确定支配人的行为的规则、值得追求的价值和在生活中值得发展的性格特征”（第 14 页）。规范性取向在这里被清晰阐述。反思这些问题并寻求答案是人类经验的一个基本组成部分。对负责指导重要社会机构的行政人员来说，这也是基础性的。因此，本章的很大一部分内容在讲各种公共行政学者和哲学家阐述的规范性理论。它们都为评判决策提供规范性框架，无论宪法
和政体价值、正义或某种其他程序是否被采用。虽然基本框架调查展现出了差异， 504
但有一个共同的认识即行政人员应从事寻求这样一种规范性框架并且决策应该包括这种伦理方面的考虑事项。

获得伦理知识可以到何种程度与特定伦理理论一样是值得商榷的。然而，知识和行动之间的联系应成为关注的焦点。知识上不明智的行动冒着误导或方向不对的风险，并且与行动无关的知识可能缺乏意义和价值。尽管讨论可能是理论上的，但希望得到改善的了解和知识将导致更多的符合伦理的行为和决策，就像亚里士多德所说，“我们正在进行的查究不是为了知道什么是德性而是为了成为好人，否则我们的查究就没有任何用处”（亚里士多德，1941）。

参考文献

请从中国人民大学出版社官网（www. crup. com. cn）下载，或者用微信扫描下方二维码获取。

第 24 章 价值观与伦理

哈罗德·F.戈特纳
美国弗吉尼亚州费尔法克斯乔治·梅森大学

24.1 导论

509 自笛卡儿以来，西方智力上的努力都集中在理性与经验主义的双重核心上——与事实或经验逻辑相关联。在一个坚定于科学至上主义的社会里，这种获取知识和发展知识的方法是被人所期待的。人类是唯一有能力进行高层次的抽象推理来让环境屈服以及使用或改变原材料来大幅改变我们的存在状态的动物。科学能使我们在一定范围内掌控自己的命运。

同时，我们是唯一有能力控制自己的行为、理解正确或错误判断的观念以及在思想与行为上体现不同价值观的动物。正如尼采所指出的那样：人是"红脸颊野兽"——只有人类有羞耻的能力。人类是"道德"存在。这最终导致我们关怀伦理，研究道德的一般性质和在他或她与他人的关系中由个人所做出的具体的道德选择（《美国传统英语词典》，1982）。这给先前提到的人类智慧（理性和经验主义）之柱添加了又一核心：价值观——这一让许多学者和从业人员感到不舒服的第三个核心。

道德与价值观是必然紧密交织在一起的，价值观的核心是道德选择，理解选择中价值观的作用使很多与公共行政中的伦理学有关的问题变得清楚易懂。这就特别要深入到被称为伦理困境的极端情况——当公共行政人员被迫在两种对立且互相排斥的价值观之间进行选择的时候。在伦理困境中，“两个或多个竞争性价值观既重要又对立，如果你尊崇了一种价值观，你不能尊崇另一种，或你必须否认或损害一种或多种价值观以维持一种或多种其他价值观”（戈特纳，1991：14）。

行政伦理辩论频繁而激烈，导致分歧的一个主要原因是那些参与讨论的人所持有的多样性的价值观。这些问题不可忽视或不可逃避，因为它们是在确定公平和平等对待所有公民和继续对政府的信任方面的主要影响因素。因此，伦理在公共生活中——对公共行政人员、政治家和广大公民都一样——至少从柏拉图赞成哲学王统治社会以来，一直是要分析的核心问题。虽然它们有时会被用不同的术语来表达， 510
但是马基雅弗利在教导**君主**（The Prince）时提出的一个问题今天又被提出来了。一个领导者应该是可敬的还是残忍的？道德的还是不道德的？激情的还是专业的？武断的还是具有回应性的？目的究竟能否证明手段的正当性？一个人在私人生活方面能不能与道德无关或者不道德，如果这样能不能成为社会的模范领导者？和这些问题的辩论一样，行政人员经常要面对如下情况：他们对什么是“对的”或什么是“错的”没有明确的答案。然而，他们必须做出决定和采取行动，同时面临来自政治家、同行、客户和特殊利益集团以及一般市民的反应与要求的干扰，所有这些人从不同的角度带着对立的价值观看问题。在面对实际情况时，公共行政人员对什么是最好的行动或决定经常不能达成个人主观上的一致。换句话说，就是一种伦理困境。

在伦理学领域，单科学分析往往无法有效地起作用。行政伦理困境也需要人们熟悉价值观的作用。因此，这一讨论中有两个主要问题被论及：什么是价值观以及它们来自哪里？公共管理者在处理道德与伦理困境时如何理解和使用价值观？

24.2 价值观：它们在多面性世界中的定义

为了理解价值观是什么以及它们来自哪里，有必要自由地向几个学科（包括心理学、社会学、哲学和历史）借用词语。在每一个学科，我们将从与公共行政伦理学讨论相关的和与公共行政人员工作的政治环境相关的角度，简要综述由学者提出来的有关价值观的定义和问题。同时，通过结合这些学科在理解和使用价值观方面所取得的成就，就价值观在公共行政伦理思想与行动中发挥的核心作用提出较为全面的看法。

行政人员工作在一个事实与价值观（和很多猜想，因为这两者常被混淆或不清楚）的世界中。这两种要素之间不存在任何连接；它们并不相同，在决策环境中发挥根本不同的作用。事实是原始数据，成为决策的知识基础。对于什么是事实还有争议。如果事实就其本身而论是被接受的，那么在事实方面就不可能有分歧——它们简单地存在着。正如休谟（在塞尔比别格，1978）所指出的那样，事实就是“是”和“不是”。在这种情况下，每个人都把它作为一个给定的信息来接收，从此之后，价值观开始发挥作用，从而争辩突起。换句话说，一旦事实被接受，至于事实如何才能被使用或者具体情况下事实适当性的讨论就开始了。

此外，因为不止一套价值观的存在，价值观总是表现为个人与团体之间的冲突。例如，休谟就把价值观描述为社会的“应当”和“不应当”。什么是价值观和我们为什么要接受在政治环境中存在着的多样的竞争性价值观？哲学家威廉·弗兰克纳指出，价值观一词狭义上是用来指哪一个被认为是好的、可取的或有价值的，而广义上的价值观是指“所有种类的正直、义务、德行、美丽、真理和圣洁”(1967：229-230)。同时，人类学家克莱德·克拉克洪说：“价值观是个人与众不
511 同的或群体特有的或明晰或含蓄的对值得的一种观念。这种观念影响人们选择现有的行为模式、手段和目的。”(1962：395)

因此，每一个个体或群体都有一套与不同人、不同目标、不同思想和不同行动有关联的价值观；价值观也被运用于未来事件、存在状态和最近现实或看法。这些往往被认为理所当然的、经常不被考虑的价值观决定了情况如何被觉察和被评判、什么决策被制定和哪种行动被采取。由于存在于个人或团体之间的价值观的变化，就会有社会冲突——其中一个受控制的形态就被称为政治——公共行政人员就工作在随后的这种环境中。心理学、社会学和哲学可以帮助我们提问和回答具体问题，这些问题详细阐明了我们对价值观是什么、它们来自哪里以及公共行政人员如何理解与使用它们这些基本问题的应答。

A. 心理学

个人如何理解自己？这种个人的认知如何影响个体思考和解决伦理困境的方式？研究个人的心理过程与行为的心理学家说：第一个问题的答案是建立在“对自我的理解”(understanding of self) 和“动机”(motivation) 之上。我们如何看待自己、我们认为我们是谁，是回答第二个问题的一个重要的因素，决定了我们如何看待我们周围的世界和我们对它的反应。正如布鲁斯特所指出的那样：“我们关于做人的微观世界的隐喻和神话内在地着手构建作为人我们是谁，并为我们进行评价……和为我们对自己和对其他人采取的行动提供基础。”(1991：46)

因此，人们如何理解自己，不仅影响到他们对他人自我的理解，也大体上决定了他们的价值观、决定了他们对待他人的态度和行为。例如，人们是否认为自己是“目的”或“工具”(在他们生活中他们在哪里看到控制点) 在他们认识和解释人类经验与行为中起着重要作用 (德查姆斯，1968；罗特，1966)。如果个人控制了自己的生活，他们就是真正地具有在好与坏之间选择的能力的道德动物；如果是他们自己之外的他人控制了他们的生活，那么人们无法为他们的态度和行动承担责任。而激进行为主义者可能会提供第二种外部控制理论①，这种理论不被那些认为人类必须做出道德选择的人所接受。相反，“自我”被视为通过一连串的事件来对个人的行动进行控制。这种控制链开始于部分被创造出来的和部分被激发出来的价值观与信仰的双重因素，然后是动机和态度，最后是社会背景中的行为或行动
512 (见图 24-1)。

① 激进行为主义也遭受其不能适当地回答灌输给人们的态度与行为从一开始来自哪里的问题的困扰。

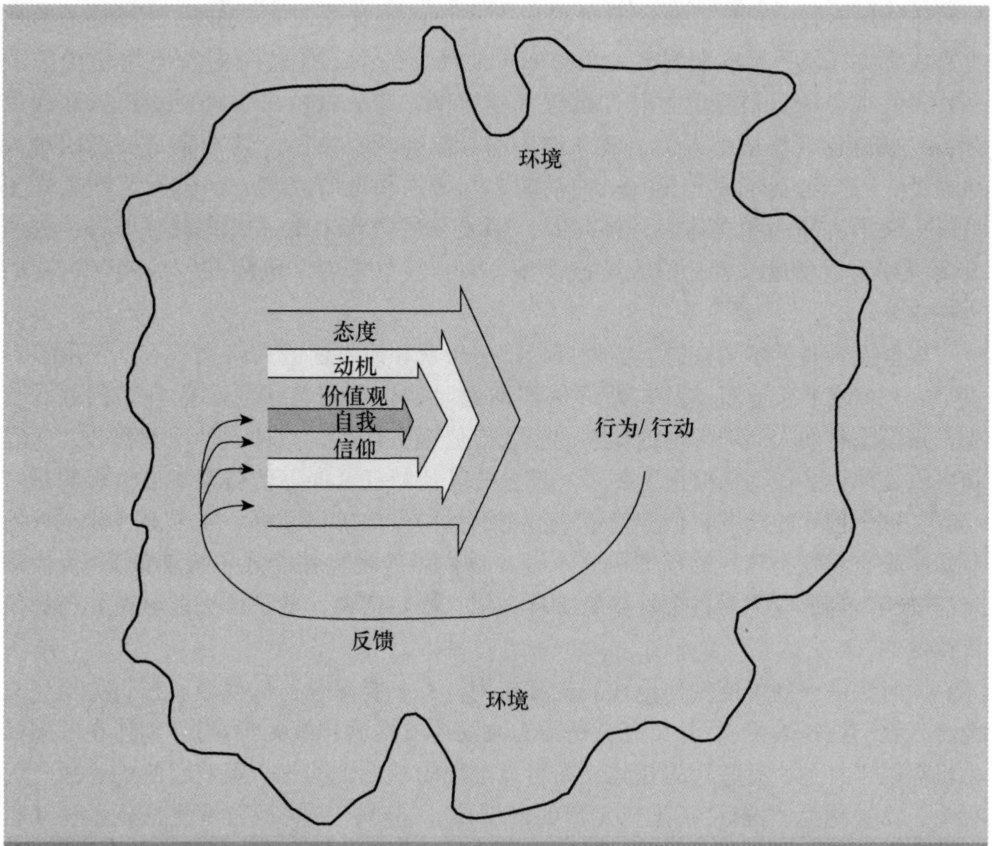

图 24-1 行为/行动的因果关系

发展心理学领域的权威人士埃里克·埃里克森，认为个人要通过八个阶段的发展或社会化获得提升，每一个阶段发生在生活的不同时期（葛尔，1969）。个人在提升的过程中，他们对自己的认识更可靠了，有关自己的价值观和分析技巧的知识更丰富了，因此，处理伦理困境的复杂性更有经验了。对没有思想和行为上独裁主义的指导方针的民主环境中的成功型工作来说，实现自我充分发展是至关重要的，这不会发生在所有个人身上。

同样，劳伦斯·科尔伯格（1976）研究了道德成熟的发展过程，发现了个人在认识和处理伦理问题的成熟度方面要经历六个阶段的发展。最不成熟的人基本上都是以自我为中心和非道德的，只担心被发现和/或被惩罚。随着个人道德成熟度的提升，他们先经历了这样一个阶段，他们的价值观和道德的决策是由周围的人来决定的，然后从同行到官员，最后，最成熟的个人发展出了建立在以一种普遍方式应用的自我选择的价值观与原则基础上的个人道德标准①。

最后，凯尔西和贝茨（1984）使用荣格的思想（1923）提出“品格与气质类型”（character and temperament types）来帮助我们了解人们如何理解和分析问题，以及他们如何受激励、在他们的工作或私人环境中如何表现。这些类型基于个人如

① 斯图尔特、斯普林霍尔和谢弗在本书第 22 章充分地讨论了科尔伯格的道德发展基本框架。

何看待情境而做出判断。知觉通过感觉（利用感官让知觉重点放在看得见的事实上）或直觉（使用预感和洞察力来感知可能性、关系、意义和内在于情境中的关系）来完成。一旦信息通过认知过程而被接受，判决就由思维（使用逻辑和因果分析）或感觉（使用个人价值观和信念的标准判断）做出。其结果是一套四种人格类型：(1) 迪奥尼索司型——冲动的、积极的和短期倾向的；(2) 艾匹美修士型——义不容辞的和团体服务倾向的；(3) 普罗美修士型——能力追求者、权威质问者和新信息追求者；(4) 阿波罗型——自我寻求者和沉浸在“成为”自我的过程中。

513 埃里克森和科尔伯格的人类发展模型与贝茨和凯尔西的人格类型有助于解答有关个人如何发展价值观以及在处理伦理问题时他们如何使用它们的许多问题。首先，该模型有助人们理解他的或她的个人价值观。其次，通过这种理解，公共管理员可以处理许多作为任何道德困境一部分的其他特征。伴随价值观发展过程的是一套有关这个世界的以及我们如何适应这个世界的信仰成长过程（基于对经验与理性认知和来自经验与理性的反馈——不过，它们可能是成熟的或不成熟的）。价值观与信仰相结合形成了对这个世界的综合认知，换句话说，就是什么能够做和什么是值得做的。

同时，考虑到价值观与伦理的相互作用，有必要探究动机问题。在讨论伦理失范时，我们往往大声质问：“究竟是什么激励他或她这样做呢?”与行动连在一起的动机等同于行为。有些行为是建立在自觉推理的基础上的——是有目的的、故意的行为，常被称为“操行”，是特定目的的手段。同时，有些行为可能是无意识动机的结果，在这种情况下，作为结果的行动很难具有道德属性。

关于驱动力这一概念及其有意识的或无意识的状态存在很大的争论。这种潜意识的驱动力就它们的存在而言是个人无法控制的。因此，行政人员的潜意识驱动力也一样。你唯一能做的就是加强对潜意识驱动力的识别以及把它们中的较大部分变成有意识的驱动力，在那里它们就能够被探究并适当包含在适当操行的整体考虑中。

研究动机问题的亚伯拉罕·马斯洛（1954）对这一概念进行了构思，允许在日常的行为的讨论中使用。他的“需求层次”(hierarchy of needs)（生理、安全、归属、尊重、自我实现），虽然还有争议，但对希望了解动机、行为与伦理之间关系的个人仍然是有用的。根据需求的五个层次，似乎就伦理问题产生于生理和安全的动机层次来看，伦理问题来自内部动机，但受制于使用物质的奖励和惩罚的外部操控。当人寻求归属和尊重的时候，社会或文化最有可能对价值观产生影响。在自我实现的需求层次上，价值观又一次主要由内部产生，并在内部获得满足。当一个人从低层次转到尊重与自我实现层次时，似乎与科尔伯格所描述的道德成熟的发展过程有关。

建立在心理学基础上的自我理解和对他人的理解使人们能够充分理解他或她以一种个人的、明确的、全面但复杂的方式来处理价值观的自我能力，以及其他人这方面的自我能力。当人处在不同的理解层次时，不可避免地会出现不同的处理伦理困境的方法。在许多情况下，直到参与者中至少有一人理解正被表现在情境中的成熟与老练的不同水平时，伦理困境才能被解决。

心理学对几个基本问题（什么是价值观和它们来自哪里？个人在处理伦理与伦理困境时如何理解和使用价值观?）给出的答案是必要的，但不是充分的。要允许有有关价值观的有意义的对话。所有心理学家给出的答案都提到父母、同辈人和重要的他人，以及他们对个人产生的影响。这意味着，为了获得与价值观和伦理相关 514 的进一步的信息，有必要求助于社会学。

B. 社会学

社会经验如何影响人的价值观？社会学家指出，价值观在严格意义上并不完全是个体的，不过要引用托马斯·麦卡洛夫的话来说：

> 价值观是社会性的。它们是公共性的，因为它们是超越个体体验的标准，携带被共同体所认可的要求。可以对它们进行讨论、分析、排序和用合理的话语证明它们是正当的。一次语重心长的价值观的讨论预示着一个共同的生活世界，一个共同的文化环境，在此环境中，人们彼此尊重并且关心他们作为他们共同生活决定性因素的思想与价值观（1991：19）。

价值观因此是值得要的标准，体现在好或坏、美丽或丑陋、愉快或不愉快的、适当或不适当的这些术语中，通过社会化来表现出来（至少部分是）。除了基本的生存价值观之外，个人还通过社会经验获得值得要的标准。最初，价值观是通过父母般看管人的赞成与反对来灌输的；接着通过学习什么是好的、适当的或对的，然后继续通过同辈人的强化（个人以各种方式支持的那些人）和正式或非正式权威的明确要求和禁令。最终，个人可以内在地发展出他们自己的一套价值观；然而，这些价值观已经永久地受价值观内化时期所在社会和所经历经验的影响。

社会化过程影响人的行为，但同样，社会化也影响价值观转而帮助决定人的行为。当研究社会化的过程时，人们必须考虑正在被灌输的价值观、社会化的过程中行为人的参与和用于实施过程的技术与做法。

根据罗宾·威廉斯所说，这一切导致了价值观的形成，这些价值观能够通过观察行为的四种形式而在一定程度上被客观测量：

> （1）选择——尽管很难，因为选择往往涉及问题或因素的复杂网络；
> （2）感兴趣的方向——人们关注什么；
> （3）演说——人们宣称或否认什么；
> （4）赏罚——来自团体或社会的奖励或处罚（1970：444-447）。

对这些行为四种形式的测量需要从观察到的行动到它们所反映出来的价值观进行推断；因此，跨文化的推断的确是棘手的。文化上的敏感与老练是任何测量行为和从这种行为中做出有关某一社会中个体价值观的判断的企图的内在要求。然而，这种理解是至关重要的，因为这些价值观成为某一社会的文化——被社会共享与传播的知识、通过行为上的与物质上的人工制品来代表的和既涉及什么存在又涉及什么应该存在——的一部分。价值观是“什么应当存在”（what ought to exist）的中

心，有助于确定一个人对现实与理想的看法。因此，社会学给价值观又增加了一个
515 团体的维度，被添加到心理学的个体维度，这有助于澄清价值观是什么、它们是如何发展的以及处理伦理困境时价值观如何被利用。

C. 哲学

最后，我们从描述性的转向规范性的，或是要记住休谟的二分法，我们从“是”转向“应该”（塞尔比·别格，1978：469－470）。我们无法避免地要超越询问人们持有什么样的价值观和他们如何发展这些价值观。我们要问“人们应该持有什么样的价值观?”这个问题的答案必定会影响人们如何理解和利用价值观。对基本信念进行批判与分析的哲学就像它们一开始就被概念化和公式化一样，询问人们应当持有什么样的价值观，探究伦理原则的明确性和一致性，这些伦理原则大多来自个人在解决了混合价值观、信仰和行动的复杂问题的时候。因此，哲学不断帮助我们回答我们如何来清楚地认识和处理价值观与伦理相关问题。

哲学全力对付这一早在谈论自我时就被提出的基本问题。个人的决策与行动是自由意志的结果还是他们对更大外部力量的被预先决定的反应？每一种语言都暗含着人们无法控制他们的行动与命运的习语（“上帝的意志”“听天由命”“无能为力”“世事不可强求”），并且宿命一直是一些基督教神学家和哲学家的核心宗旨。如果我们不与康德（贝克，1985）观点一致即认为意志是自由的，那么没有道德秩序是可能的并且道德讨论也是无聊的。

然而，有必要问“多自由?”这一问题，因为心理学和社会学认为，自由受限于个人能力、团体/社会的压力，因此也受限于理智能力。因此，自由意志必定受限于被认识到的、往往由我们意识之外的外部因素所产生的限制。对有关自由意志的争论同样重要的是对“对的”（right）和“好的”（the good）的判决是否是相对的或绝对的。目的论者（自然主义者）认为行动或规则通过与观察到的现象相比较就可被确定为对的。行动满足了欲望吗（享乐主义）？产生了最大数量的快乐吗（功利主义）？或促进了历史进步吗（马克思主义）？目的论者把人的天性和人的生物的与社会的需求的实现作为伦理行动的基础（克纳汉和郎-福特，1990：23），如果它趋向产生理想的结果，就承认行动或规则是对的。这种方法为人身上和社会中的差异以及建立在文化和不同价值观或期望基础上的相对主义的思考开辟了道路①。

在英语世界的这些论点中，认为行为选择的基础是产生最大的正义战胜邪恶的净余额的功利主义已被证明是最有效的，因为，根据布雷布鲁克和林德布洛姆所说，它

> 是大多数社会科学家都倾向的学派……这种倾向有其历史原因：其中作为社会科学的重要分支的经济学和社会学就是出于功利主义的考虑。功利主义与社会科学在观念上也有一个自然的结合。毕竟功利主义比其他任何道德理论更

---

① 鲍珀斯在本书第9章中更充分地讨论了目的论的观点。

强烈地坚持道德判断的事实根据——社会科学的事实[1]。(1970：205)

义务论主义者（绝对论者）不认同可观察到的现象是什么是正确的或好的的有效度量标准。相反，他们发现什么是正确的或好的的支撑是先验的法则和理性（康德）、神法（圣·奥古斯丁和圣·托马斯·阿奎那）或直觉（西季威克和罗斯）。是辩护还是谴责、有关对或错的决定都有其独自立场，与行动的结果没有关系。这种方法最大的问题当然是要确定人们承认什么权威是判决正确或善良的标准。在处理文化或宗教时，对权威的核心达成一致并不很难；然而，我们生活在一个多元文化的、多宗教的世界里。南太平洋岛民、中东人、亚洲人、美国人会求助于不同的权威。最终的权威是犹太人的耶和华、耶稣的基督徒还是穆斯林的真主呢？面临处理单一的宗教和如堕胎这种有分歧的问题时，我们会接受哪种对个人权利和每一个人生活的价值的解释？并且基督徒的哪一上帝给了我们真理？正如 M. 布鲁斯特先生所建议的那样："旧有的必然之事没有实际意义了。我们的理智与道德的状况存在令人觉得自由的优势，就像存在沉重的人力成本一样。"(1991：188) 516

我们所做出的判断必然要与我们的知识、我们的社会情况有关（卡利什和科利尔，1981：88-89）。然而，不可否认，还有某些使一个行为成为良好的行为的绝对标准的可能性。它仅仅意味着我们必须超越目前的形势并返回到我们对当前行动进行判断的更基本的原理。这意味着我们的价值观最终必须植根在那些确定对与好的绝对物上[2]。

事实上，许多人对两种哲学阵营都感到不舒服。卡利什和科利尔就这个问题做出特别注释。

> 绝对论可能是过分要求的和有局限性的：它可能很少为个人在气质、能力或教养上的差异留有余地；它可能需要接受超自然地被显示出来的神法或一种信仰即人的理性足够强大而能充分理解普遍的自然法则或道德准则。相对主义可能意味着人没有最终的指导原则——无论你做什么，你可能犯的唯一道德上的错误是你没有足够重视你自己的感觉。(1981：89)

因此，哲学使我们对有关价值观来自哪里以及在道德行为中它们能起什么作用的问题更加清楚。但哲学没有回答关于价值观价值的最基本问题，也没有证明对和错的定义的最终有效性，尤其当我们从思想的概念与理论层面向下转到行政行为的实际应用层面时。

D. 历史学

简而言之，必须认识到价值观受人的经历的影响。当把其他学科运用于任何特

---

① 也有许多反对使用功利主义的论点。例如，巴伯（1980）在他讨论技术、环境和人的价值时指出，功利主义有几个固有的弱点，包括但不限于这些事实：功利主义往往是人类中心主义，只适用于人类，往往集中于目前存在着的人；功利主义艰难尝试量化最大化的利益，以便可替代方案之能够比较；在功利主义中，只有总目标是计算的，而其分配是不计算的。

② 钱德勒在本书第 8 章充分描述了义务论观点。

定的人时，了解他们的经历很有必要。例如，在美国政治制度占支配地位的、有效的价值观的存在在很大程度上是因为最初建立殖民地的这些人。大多数人就是许多正要逃离宗教迫害或找机会脱离欧洲社会制度的底层人；因此，欧洲的社会阶级制度没有在美国复制。同样，美国革命发生在启蒙运动顶峰时期的事实决定了价值观
517 是是否起义的争论的中心。正如罗伯特在他的《美国的启蒙运动》(*The American Enlightenment*) 一书中所指，相互关联的两种特征促使作者们赞成革命。“第一，在异乎寻常的程度上，革命的领导人相信思想为意义的固有存放处。第二，这些思想的来源在很大程度上依赖于启蒙运动的国际背景”(弗格森，1997：33)。宪法的结构受到开国先父们的价值观的影响，实现了一定程度的平等。完全可以说，那时期发生的和后来发生的事件进一步形成了与政治制度相关的美国的价值观。

最后，人们必须设法解决所有四个学科（心理学、社会学、哲学和历史学）提出的问题，为了利用全部信息服务于公共利益，并且为了理解价值观对发生在政治环境中符合伦理的公共行政的重要性。公共行政人员所持有的价值观是通过自我、社会和当时境况的结合或相互作用而形成的。

如果行政人员“为了公共利益”要实际操作起来，这些价值观必会受到质疑、审查和不断地和深思熟虑地被挑战。

24.3 与公共行政相关的价值观

作为一个研究领域，公共行政是一种让人情绪激动的事业；然而，它与政治科学有密切关系。根据民主理论（注意，支持这套价值观的假设已被设定)，公共行政被推定要共享更大社会的价值观，同时，有一个独立发展的和根深蒂固的对代议制政府观念的忠诚问题。因此，任何对公共行政价值观的讨论必须从这一基础开始。必须指出，这种讨论要建立在美国政治价值观之上。民主的价值观被解释和不同地应用在每一个社会中，这个社会声称要按照这种标准来运作政府。同样，社会内部被强调的民主价值观随时间变化而变化。此外，有必要重申，这种讨论涉及整套的价值观——作者们经常认为很多整套的价值观起源于星群般的个人和社会所持有的价值观。然而，冒着过于简单化的风险，应该指出这些众多的价值观有三个主要功能：

(1) 它们通过增加或减少刺激物会被认知的可能性而与知觉的选择性发生关系；

(2) 它们影响人们对反应后果的理解，而使一些后果成为积极的而其他后果成为消极的；

(3) 它们为目标的选择提供非具体的指导。(特里安，1980：209)

其他功能也明显存在，并且整个社会的价值观的巧妙结构与相关性一定不能丧失；但同时，认知问题、理解和行动是制定和实施公共政策事务的核心。为了认识

公共行政中价值观与伦理的相互作用，让我们来考察一下五个系列的价值观（政治的、经济的、社会的、官僚的和职业的），这些价值观在作为个人和作为团体的公共行政人员永无止境地服务于公共利益的努力中发挥着基础性作用。

西方的政治价值观是建立在历史悠久的政治思想基础之上的，这一政治思想源于希腊人，并传播到受罗马帝国影响的世界各地和犹太教－基督教共有的宗教传统
区域。特别是，美国政府制度的价值观来源于发生在美国革命时期的英国与法国政 518
治哲学家的辩论。美国辩论的基本论题要素是经由霍布斯、休谟、洛克、孟德斯鸠、卢梭和他们的同胞一起创造的。“生命、自由和对幸福的追求”的价值观被定为革命领袖行动的主要原因。在西摩·李普塞特看来（1990：212），这些原创价值观随着历史积累，目前的结果是一个“古典自由主义的、辉格党式的、个人主义的、反对政府干预的和平民主义的”政治社会。这一连串术语之间的相互支持或彼此加强有助于建立起对政治价值观理解的视角，这些政治价值观影响了公共行政领域中的思想与行动。

因此，美国政治思想的一个基础是个人主义。根据这一看法，所有其他价值观始于“人是独立自主的个体人并且其行动是选择和目的的产物的观念”（巴利，1987：4），以及始于对每一个人固有价值的一致认同。这种价值平等要求一种保障权利或自由的平等以及保护少数的政治观点的政治制度。一个民主形式的政府（直接的或代表的）受到重视，它要保障个人的权利，并以保障个人自由为目的，政府的权力——特别是中央政府的权力——是有限的。因此，18 世纪 80 年代民族政府的创始人主张把分权作为一种抑制权力要集合的自然趋向的制度。最后，限制政府的独裁主义最可靠的手段之一就是要坚持认真遵守正当程序。其他的政治价值观能够包括在这里面；然而，从这些最基本的价值观可以推断出更长的经常引发争论的价值观清单。

在美国社会中存在对抗性价值观。除了个人主义的价值观和物质主义价值观外，还有一整套的社群主义价值观（贝拉等，1985；库珀，1991；尹特齐尼，1993）。根据尹特齐尼的观点，“社群主义者认为共享的价值观是社会思想的关键……（这些）价值观代代相传下去而不是被发明或被谈判出来”（1996：91－93）。也就是说，人性只有通过与他人的互动来获得证明，这就意味着我们必须考虑到他人的需求与欲望。个人只可能在一个大的社群内胜过他人，这一社群对人的发展和“美好的生活”设定了许多限制。正如赫伯特·西蒙（1973）指出的，绝对的自由往往起着限制人的发展的作用，创造力达到顶点时往往发生在由自然与社会创造的边界内①。

在政治领域，个人主义哲学和社群主义哲学之间正在进行的争论实际上在过去十年已经兴盛。迈克尔·桑德尔（1996）认为在美国起作用的价值观已经发生了变化。根据桑德尔的看法，美国国家的价值观已从重视公民参与阐明对社群来说是共

---

① 西蒙（1973：350）说：来自美术领域的所有证据都表明不受限制的自由不是人类创造力最好的条件。哥特式教堂的建造不是出于不受限制的自由，而是出于通过重力作用强加在砖石墙上的严格的物理限制，以及同样严格的天主教礼仪的社会约束。当人们活动在其限制与他的有限理性能力相称的环境中时，人们创造最佳。更多的限制束缚他的创造力，更少的限制把他投入困惑与无奈。

同善的共和主义（社群主义）政治理论，转移到强调个人权利和中心集中在他们制定的公平程序而不是目的上的自由主义的（个人主义的）政治理论（桑德尔，1996：4-7）。他认为，这种价值观变化是目前许多对民主不满的核心，也是这种感觉即我们正在对支配我们生活的力量失去控制的原因。当然，正如预期那样，他的论文受到许多学者的挑战（艾伦和里根，1998）。

在意大利另一项探索民主的重要研究中，普特南（1993）试图“通过实证来探
519 索民主政府的成功是否依赖于环境近似理想‘公民社区’的这种程度”（第87页）。在他著名的《独自打保龄球》（*Bowling Alone*，1995）一书中和以后的写作中，普特南已经展现了自己的从有关意大利的、再到有关美国的研究发现，并断言，**“社会资本”**[①]（social capital）的腐蚀正发生在我们的民主政治中。这意味着人们的价值观正在改变，更少强调或重视公民或社群价值观。同时，埃弗雷特·拉德（1996）利用各种调查数据来驳斥普特南的论文观点。其目的不是要说谁是正确的，而是要说争论正在发生是因为它表明价值观在美国政治中是一个重要因素。然而，这样的争论需要公共行政人员保持对主导性价值观的熟悉或政治家抓住了大众的政治支持的言辞，以便他们能用当下行话进行工作和交流。

同样必要的是公共行政人员要认识和响应社会价值观的变动，即使在公共服务的目标保持不变时。对社会价值观的敏感性可以通过研究公共民意测验、对个人或团体的深度访谈（贝拉等，1985）和观察行动中的人来维持。根据罗宾·威廉斯（1970）的广泛研究，美国中部的社会价值观是：成就与成功、行动与工作、人道主义、效率与实用性、进步、物质享受、平等与自由。在这里很容易注意到这种重叠的事实，即许多这些价值观之间相互强化。但是很显然，这些社会价值观有时自相矛盾，特别是与政治价值观相矛盾。

密尔顿·罗基奇（1973）要求美国的各种团体对作为他们生活指导原则的一套20种价值观按照重要性的顺序进行排序。虽然排序中有些一致性，但当考虑到性别、收入、教育、职业、种族、宗教、政治身份和一定的行为特征时，差异就变得明显了。换句话说，对一般性的价值观或整套的价值观可能有宽泛的一致认同，但对于这些价值观在人的一生中的重要性就存在分歧。

马克思·韦伯（1947）谈到了“价值观多元主义”（value pluralism），并最终指出，对人生的可能性态度非常多，且不可调和；然而，正如涂尔干（1966）所指出的那样，我们通过“集体情怀和集体观念”（collective sentiments and collective ideas），在我们的价值观方面的确达到了一定程度的统一。在现代后启蒙时代社会中，统一是围绕着个人主义、以自由和平等为中心而建立起来的，这是把每个人联结在一起的主要环节并已经渗透到所有美国社会与政治机构中。因此，社会学家发现了证明上面提到的政治信仰的证据；然而，正如洛克（1991）所指出的那样：“韦伯式价值观多元论可以通过对涂尔干式价值观（共同持有的）不同的解释来证明它自身的存在。因此，‘自由’和‘平等’把我们在一个非常高的抽象层面统一

① 在普特南（1993：167）看来，“社会资本”是指社会组织的特征，如信任、规范和网络，通过促进协调行动，可以提高社会的效率。

起来：使我们产生分歧的是对它们含义的不同理解。”（第 65 页至第 66 页）

表 24－1　可比较的价值观体系* 520

社会价值观
人道主义
安全，舒适
平等
外部一致
效率，实用性
官僚价值观
技术能力和专业化（由上级规定的）
外部确定的目标
行为的非人格化
合理性，稳定性
组织中的事业
科层的义务与责任
经济价值观
理性，科学主义
效率
价值观在物质方面的可测性
目标的可量化性
最小干扰市场的力量
民主价值观
个人的价值与尊严
个人成就
少数的权利
自由，自由权
效力，授权
职业价值观
专门知识或技能（由职业成员规定的）
拒绝行为上的利己主义
自主决定
对客户有利
社区的赏识和认同
致力于“为了生活的工作”
社会义务，职业自律

* 这里只有具有代表性的价值观被提到，目的是要强调个体或群体的价值观之间存在的相似点与不同点。同样地，只有五套价值观被包括在内，也可以很容易地添加其他的价值观。

在美国，经济的价值观正在影响许多人。许多人相信在政治和社会领域中制定的目标通过维持自由放任的资本主义经济体制就可以最好地被完成。他们深信理论和经验都证明最初由亚当·斯密（1998）提出的思想即经济制度应允许在“看不见的手”（the unseen hand）的理念下运行，这个问题有趣的方面是要确定在我们生活的经济领域中，在何种程度上“看不见的手”可以存在，政府的干预是必要的。最坚信用市场来回答所有问题的经济学家希望政府不要对日常生活的各个方面进行干预，因而把公共政策限制在只处理大多数公共性物品，并把其他所有的决定留给“经济学上的个人”（economic individual）。那些更偏好国家干预社会的经济学家相信市场力量往往不能达到对货物和服务的最佳分配，同时，价格机制中并不包含许多重要的价值观。事实上，麦卡洛（1991）认为，经济标准“作为公共政策重要的评价标准没有很好地发挥作用”。例如，他认为，在健康和福利领域中的许多问题，“只要在社区环境里就能够解决”（麦卡洛，1991：134）。同时，这些对最初自由放任制度进行批评的批评家指出，完全不受限制的资本主义承诺的福祉常常成为不法
521 行为与掠夺的牺牲品，从而需要一些来自政府的限制。即使是亚当·斯密在他的《道德情操论》（*Theory of Moral Sentiments*，1997）一书中也认为道德情操会限制和影响市场。斯密认为，在确定公共政策的目的和手段的时候，许多的重要价值观没有经济基础。他们的价值观基于非经济因素。因此看来，人们所持有的经济理论在很大程度上是由许多其他更基本的价值观（例如，“个人主义、物质主义或反中央集权下的经济统制”和“社群主义、平等主义或国家主义”）促成的。

除了政治的、社会的和经济的价值观之外，公共行政人员的认知和行动还带有其他价值观的色彩——官僚价值观和职业价值观。关于官僚价值观在其他地方已写了很多，因而这一主题就不在这里探讨了。但有必要涉及被纳入职业化理念下的价值观，即传统职业核心的价值观及其伴随的思维模式。包含在这些价值观中的是成员起码必须持有的这样的一种信仰：（1）专门知识和职业技能；（2）涉及客户的决策与行动的自主性；（3）职业上与他人的认同；（4）承诺全身心投入职业工作；（5）提供无私、中立服务的义务感；（6）由职业成员来实现的自律信仰（菲利、豪斯和克尔，1976）。

这些价值观，虽然强调民主决策与职业行动以及在履行自己的义务时大量个人的灵活性，但不接受职业成员与他们所服务对象之间的任何意义上的平等主义。职业人员也不接受对在他们专门能力范围内做出的决定和采取的行动进行外部控制的看法。因此，虽然是假定职业人员对服务公众和公共利益感兴趣，但完成它往往导致职业人员与他们所服务的组织或更大社会之间的冲突。冲突的中心问题是职业人员把谁看作他们的客户，这些客户是否代表公众以及为客户采取行动是否是为了公共利益。职业价值观可能并确实与上面阐述的政治的、社会的和经济的价值观发生了冲突。这种冲突是正常公共行政生活的一部分，并且在合理的限度内，这种价值观之间的冲突与紧张是一种对个人行为有价值的道德审查。所有这些价值观在公共行政中相互作用并影响行政人员的决定与行动。

24.4 价值观、理论和行动

价值观如何影响公共行政人员的工作？考虑到公共行政人员所要履行的主要职能后，我们将探究价值观、理论和行动之间的相互作用，特别强调经常发生在公共行政人员、政治家和私营部门的管理者之间的相互作用。从广义上说，公共管理者的功能可分为序列的两大领域——政策制定与政策执行。在政策制定领域，公共行政人员在作为社会目标确定的政治进程中发挥重要作用；在政策执行领域，公共行政人员决定了政府与社会将怎样努力才能实现既定目标。

许多著作描述决策过程和在这种制度中官僚机构的权力与角色（吉尔摩和哈

雷，1994；凯尔门，1987；考文等，1998）。公共行政人员往往是正在讨论主题的专家、界定问题的主要参与者以及问题、政治家和委托人之间关联的控制者。此外，公共管理人员是积极分子，在创建社会目标上发挥重要作用。成功的公共行政人员意识到他们的多样角色，并为此有所准备。他们不接受查尔斯·道斯的论述，即他们“处在国家之船底部的锅炉口，仅仅关注的是经济地处理燃料”(1970：95)。 522

同样，公共行政人员在公共政策执行中也发挥关键作用（威尔逊，1989）。立法意图的解释和通过规制过程实现这种意图、规则与程序的创立和日常运作的监督像授权法案原文书面稿一样是成功实现目标的关键。但是，明确来说或一般来说，没有他们执行，立法中的善意就没有任何意义。

不仅公共政策活动要在一个多变的环境中进行，而且公共行政内在动力通常涉及群体活动。公共政策领域中的成功并非来自英勇人物做出的孤立事迹。在大多数情况下，每一个人都有投入，但是没有任何一个人决定性地确定与解决、停止与开始决定或行动。正是因为这一原因，存在“系统性”问题这一概念。然而，当谈及公共政策时，个人是重要的，至关重要的是要记住大多数伦理问题的群体特性。但是，大多数伦理决策问题的群体特性不会让个体公共行政人员脱离困境。相反，它需要对日常活动发生在其中的政治环境的性质有多个层面的感知。在群体过程中感到伦理不安的任何一个人所需考虑的问题（无论做出决定或执行行动）之一是，参与这个过程的其他行动者在何种程度上影响其所审议问题的性质。

在处理政策过程的任何一部分时，多数问题的系统性特征以及个人和组织的行动都是基于理论（有关因果关系的假设）之上的，而理论是基于价值观（人们认为什么是“善的”）之上的。公共行政人员不仅必须感知到在他们自己的决定中价值观的重要性，他们还必须挖掘问题表面，意识到他们必须与之互动的其他主要社会或政治的参与者的核心价值观。例如，三种参与任何决策或执行过程的主要群体参与者（虽然远不止这三者）是私营部门成员、政治家和公共行政人员。这三个群体经常发生冲突，因为他们没有意识到他们是从不同的“基本价值观背景”(basic value sets) 出发的，这些“基本价值观背景”确定了他们对世界的看法、问题的界定、可能替代方法和他们对公平的看法。

> 基本价值观，企业的账本底线是盈利；
> 政治家们重视权力，以及
> 公共行政人员重视公共利益。

这三种具体的、有效的、不同的和确定性的价值观是三种群体要考虑的基本元素或类别。每一群体利用其基本价值观作为在制定、实施和评价公共政策时所有其他实用性或适当性的算计的起点。不承认这些不同的价值观会导致严重的错误传达；用导致“各执一词”(talking past one another) 的不同方法，使用相同的话语 523
可能产生严重的误解。虽然所有各方应该注意到不同基本价值观这一问题，但是公共行为人员不能忽视这一事实，因为他们是要为谈判而来的政策与程序的成功或失败而负责的人。

那么，对公共行政人员来说，中心问题是：当制定公共政策时，我们能做什么来保证价值观被适当考虑？一个必须由公共行政人员承担的主要任务是在任何公共问题中向每个人阐明其中涉及的价值观。清晰阐明价值观是重要的，但它很少发生在复杂的公共政策环境中。正如玛丽·麦斯威尔所指出的那样，因为涉及的复杂性，对群体与问题的思考具有一个内在的“混乱因素”（muddle factor），同时，“价值观的模糊性创造一种很容易被利用的气氛”（1991：29）。即使是那些认真考虑了影响到具体政策立场和公共行政行为的价值观念的那些人，当要求得到他人的支持或向他人为行为做解释时，不管是什么原因，也往往混淆这些问题。因此，为做好他们说服他们的同事、上级和委托人的工作，公共行政人员往往得完成“社会科学家”（the social scientist）要完成的任务，从事价值观的阐述和分析（赖希，1988）。这一任务中的步骤包括：

（1）阐明各种用于政治辩论的终极原则并记录下附加在那些原则上的价值观；

（2）从上面那些一级原则中合乎逻辑地推导出二级原则；

（3）不是从原则中合乎逻辑地演绎出而是列举出逻辑上与原则相一致的价值观；

（4）把那些逻辑上不符合既定原则的价值观列成表；

（5）记录下尽可能多的从每一个价值观中推导出的后果（有意和无意的）；

（6）确保所有争论各方都清楚所涉及的原则与价值观以及谁持有它们。

表 24-2　需要说明或澄清的价值观层次

宏观层次
社会的（个人主义，平等机会）
政治的（民主的、有限政府）
经济的（改良资本主义者，市场）
中观层次
组织的（官僚的，企业家的，高校的）
职业的（专门知识或技能，自主性，承诺，公共服务）
社区的（地方分权，族群民族主义）
选区的（委托人，利益集团，政治家，政党）
微观层次
个人的（个人安全，成功）
首属群体的（认可，家人/朋友的尊重）

显然，处理任何公共问题都涉及大量的各种价值观。除了互动群体的各种对立性价值观之外，公共行政人员还必须确定价值观的三个层次（见表 24-2）中的哪
524 一层次正在被探讨？如果个体行动者能够辗转不同层次的价值观之间，那么，达到有意义沟通的困难就会进一步减少。如果一个沟通者把事情作为一个“宏观”问题来思考，而另一个沟通者把事情作为一个“微观”问题来思考，那可能是这两个人在用同样的话语来说完全不同的事情。如果把在表 24-1 中记录的对立性价值观与表 24-2 中所示的价值观层次组合成一个矩阵，政策讨论和决议的复杂性就特别明显了。

因为他们独特的职能素质，公共行政人员在更大的争论中可以发挥重要的作用(即使是无党派的公共行政人员)。处理道德难题需要深入到争议双方的价值观基础，使大家对它们都清楚，然后让决策过程进行，得到标准的结论。公共行政人员可能对在政治系统中做出的决定和他们最终要采取的一些行动感到有些不舒服。但如果他们确保相关价值观获得公开和讨论，考虑到公众或他们的政治领袖们已做出决定，在此基础上，正要采取的行动是以可靠信息为前提的，他们可能会心安得多。同样，如果公共行政人员做了对价值观的分类和分析，在没有具体预先的指导原则情况下，他们必须采取行动，这些决定将是在有充分信息的情况下做出的。

清晰表述与感受性增强随行。若没有发展出对自己的和他人的价值观的感受力，一个人就不可能阐明价值观。清晰表述也将帮助别人对更大社会价值观的变化变得更为敏感。同时，已增加了的对别人价值观的敏感性不要求人们接受它们。人们可能对他人的价值观敏感，同时不同意他人对善与恶、对与错的定义。然而，敏感性可以帮助引发出相互理解，产生对他人观念与思想的尊重，虽然有分歧，但最终找到了解决看似无法解决的问题的方法。有关政策和行政冲突或者伦理两难的决议成为更大的可能。有时可发现新的答案，因为“敏感性……可能导致新的价值观的出现，和……苏格拉底的自我对质……可以使价值观重新排序和通向更具包容性的、一致性的自我选择模式的行为”(史密斯，1991：16)。

澄清价值观是保持行政行为对人民负责的一个重要组成部分。对价值观的彻底细察也不断增加。那些希望发展到更高层次的道德成熟度或保持目前的高水平的人必须挑战他们目前的价值观与信仰。这种挑战有时会导致变化；如果这种变化建立在审慎考虑了众多以价值观和道德立场为基础的影响因素，这种变化通常是积极的。然而，这种挑战一般不会改变这些价值观和信仰。对现有信仰的强化也有用，因为发生的挑战将来自不同方向和有不同的重点。在这种情况下，挑战将扩大坚持价值观和信仰的基础。最后，开放面对挑战以及愿意公平地考虑新观点在任何时候都被需要，否则无法保证价值观和信仰不是建立在个人偏见的基础之上。

在涉及伦理困境的情况下（假设存在冲突的价值观），公共行政人员必须展现出具有公平精神的形象和事实。这意味着尊重数据，维护规范的开放性、明确性和
开诚布公，看到问题的复杂性，仔细和客观地考量证据，并且绝不满足于粗制滥造 525
的“简单而至高无上的”(simple and sovereign) 理论或补救措施（梅尔兹纳，1976；斯密，1991)。同样重要的是承认并接受最根本的民主价值。公共行政人员不理解社会与个人内在的一整套价值观，就不能迅速地、明智地并成功地采取行动。

24.5　结论

我们生活在一个自利和资本主义的/企业的价值观占据优势地位的时期。利他主义和社群主义获得认可，但往往被视为天真。它或许会被指称为一个“个人主义

泛滥”(individualism run rampant) 的时期。慎重接受简单的答案是公共行政人员的口号。在处理人类和社会问题时，为了避免过度简单化，认识到重要问题的答案也很少来自一种理论或哲学，这是很关键的。社会低估价值观而偏爱事实，但无视价值观或价值观纯粹是自生和自利的，这在一个民主的社会中是不可能行得通的。在这种情况下，每一个人都创造了一个布鲁斯·特斯密所称的“假想世界”(assumptive world)。

> 我们每个人都把自己的假设世界看作理所当然；这是我们的现实。所以，当我们发现，在安乐死、堕胎或死刑的问题上，我们身处不可调和的矛盾中，由于我们的反对者无力听理由，我们感到恼火，有时甚至达到了暴力的程度。当然，即使他们不倾听，他们**“的确”**(do) 说理，但他们从无可争议的不同前提出发来说理。(1980：321－322)

政治社会不能持续运作在这样的环境中。在这样的环境中，综合性的解决方案(在这种综合性方案中，双方在不牺牲任何一方价值观的情况下找到令人满意的解决办法) 在最好时期是少有的，也是不可能的 (福莱特，1973)。妥协一定是可能的，但当对立方不倾听时就不可能存在。大家必须认识到价值观与伦理的相互关联。价值观同样在真诚的、正直的、有道德的人们之间有差异之事实也必须接受。理解所有类型的伦理困境 (个人的、组织的、社会的和政治的) 中价值观的核心和由伦理困境而产生的冲突，将有助于在制定和执行使生产活动得以继续的公共政策时，在实现可行性妥协方面取得进展。这种理解也使公共行政人员在实现公共利益的同时，实现其为国家所有公民服务的最终目标。

参考文献

请从中国人民大学出版社官网 (www.crup.com.cn) 下载，或者用微信扫描下方二维码获取。

第 25 章

公共服务中的品格与品行

——历史视角的述评

杰弗里·S.卢克
美国俄勒冈州尤金俄勒冈大学
戴维·W.哈特*
美国弗吉尼亚州弗雷德里克斯堡玛丽华盛顿大学

由于美国高级官员最近的轻率之举，领导者的品格作用的老问题再次被提出。正被讨论的问题之一就是个人身上是否存在公私品格，并且更为具体的是一个人的私人行为是否影响其领导能力。然而，很快就可以看出，围绕这个问题的核心问题之一是我们并不清楚“品格”这个词的含义。关于公务员道德品格方面，公民要求什么的问题是一个复杂的问题。有关品格性质及其在公共领导方面的作用存在着越来越少的一致意见。本章通过探究两种主要研究品格的方法即哲学和心理学方法，提供对品格及其在公共管理方面的关键作用的初步讨论。鉴于在这两个学科中的研究结论，本章最后我们讨论了在公共领导方面为什么良好品格显得尤为必要。然而，首先了解公共行政背景下的品格是有益的。 529

25.1 公共行政中的品格

作为一门学科的公共行政源于政治学，当时政治学牢牢植根于政治哲学。在创造一个独特学科的演进过程中，许多政治学的 530

* 我被邀请参加由特里·库珀准备的这本书的第二版。当时，卢克不幸去世。虽然我没有亲自认识过他，但我很熟悉他的作品，知道学术委员会成员都非常想念他。为了努力保存作品的完整性，我对内容做了相对较少的实质性改变，除了介绍性与总结性陈述（这反映了他最近的工作）之外。

道德论述的实质内容和传统被遗忘。其结果是，我们与许多公共行政学科的道德基础失去了联系——我们在阐明公共服务中的品格问题时也遇到了麻烦（莉拉，1981；钱德勒，1983；布雷迪，1988；赖特，1988；威尔逊，1993 和 1995）。缺乏大量关于品格主题及其与公共服务关系的文献也许是最明显的。事实上，品格及其品质特征很少被提及或直接论及。除了引用一组特定美德或特定作者建议作为道德高尚行政人员的人格特征之外，只有相对较少的对公共行政中的品格及其品质特征的系统论述。然而，最近几年出现了越来越多更多地强调这个问题的重要性的运动。在这里，我们简要地讨论一些在这方面较有影响力的作品。

A. 斯蒂芬·K. 贝利的公共行政人员基本态度与道德品质

第一个勾画有道德公共行政人员身上的品格品质的人是斯蒂芬·K. 贝利（1965，1964），他认为面临各种道德两难的公共行政人员需要三种特定的精神态度和三种独特的道德品质。基本态度包括：（1）承认所有个人和所有公共政策的道德模糊性；（2）承认背景因素对公共服务的道德优先次序有重要影响；（3）承认程序的悖论（自相矛盾）。这些认知特点必须与三种基本的道德品质相配备：乐观、勇敢、仁慈的公平。总之，这些特征可能被视为公共服务中个人良好品格的基本部分。

B. 凯瑟琳·登哈特的公共行政道德基础

凯瑟琳·登哈特给出了品格的另一个有意要比贝利少但同样简洁与清晰的定义。由于美德重新流行在公共行政的伦理教学中，她对这一领域的基本道德基础的描述是要促进我们传授适当美德、价值观和职业的道德承诺。在她的分析中（1991，更广泛的讨论见 1988），她把正直、仁爱、正义确定为核心的道德基础。正直“是卓越的美德”（is the preeminent virtue），是品格的根本品质，是公众信心的基础（登哈特，1991：103）。除诚实和始终如一地按高标准行动之外，它还包括像宽宏大量、大度等这样的特征。仁爱有促进他人福利的意向，意味着同情、热情和强烈的服务承诺。它本质上认为他人的利益比自我个人的利益更重要。第三种重要的美德就是正义，或是尊重和致力于每一个人的尊严与价值。这意味着不但要确保平等、尊严和个人价值不受他人侵犯，而且要确保在治理过程中知情参与被允许甚至被推动。

C. 特里·L. 库珀的负责任的模范公共行政人员

531 特里·L. 库珀还介绍了几种良好品格的行政人员必须具备的品质。在“科层、美德与公共行政实践”（hierarchy，virtue，and the practice of public administration）（1987）一文中，他应用阿利斯代尔·麦金太尔（1984）在《追寻美德》（*After Virtue*）一书中提出的框架。库珀讨论了公共行政实践的内在善和外在善，然后提出了与公务员三大“义务”领域直接相关的 20 项具体的美德。这些领域包括：(1) 追求公共利益的义务；(2) 对核准流程和程序的义务；(3) 对同事的义务。他给这些义务的每一种都配上 5～9 种美德。

库珀（与戴尔·赖特一起）通过 1992 年《模范公共行政人员》一书的出版推动了赞成公共服务中的良好品格的观点。本书超越了对公共行政中品格性质的思考及其理论，并将其应用于献身于公共服务的特定模范人物身上。通过探究道德模范的生活，人们能够推断出公共行政中品格良好的人必备的品质。

D. 戴维·K. 哈特的公共行政中的“仁慈的官僚”与“道德模范”

与贝利、登哈特和库珀一样，戴维·K. 哈特假定公共行政是独特的且根本不同于商业。公务人员有“更高的目标”(higher purpose)，不仅要求要有不同系列的个人特征，而且提出了更高系列的道德品质（1984）。事实上，他认为公共行政本质上是一种“道德努力”(moral endeavor)，需要特殊的道德义务和独特的道德品格。这些包括“超凡的审慎”(superior prudence)、道德英雄主义和对人类的关怀或关爱，对公民的信任和不断追求道德进步。根据亚当·斯密的作品，超凡的审慎被定义为呈现且然后超越自己成为具有美德公民的义务以及追求比个人成就更高的、为了更大与更崇高的荣誉。哈特得出结论说，这一理想的关键“在于个体公共行政人员的意志——自我命令”（1984：119）。这种自我导向性的超凡审慎的本质是成为一个值得尊敬的官僚，并要求具有额外的职责或特征。对公共行政人员来说，道德英雄主义需要捍卫自己的道德信念，特别是在被迫反对不公正的或不道德政策的时候。关怀是必不可少的，其需要在管辖范围内关怀公民的能力，始终考虑构成他或她所服务公众的个人的最佳利益。通过把公众当成有美德的公民来对待，信任值得尊敬的官僚和依赖可信赖的公民。这需要有承担道德风险的能力。第四种义务或特征是追求道德高贵或贵族应具有的美德，这是对一个人的道德品质的继续提高、发展和完善。这特别需要个人在公共服务方面有更高的提升，因为个人的道德品格必须在更高后续责任层次上获得提升。

在后来一篇题为《有组织社会中的道德楷模》的文章中，哈特（1992）强调有意且自愿地合乎道德行动对公共行政方面的道德品格来说是至关重要的。当这种合乎道德的行为来自品格的真正品质时，它们就是值得效法的。他进一步明确了品格良好的公共行政人员具有四个明显的要素（第 15 页）。第一，良好道德品格不 532
是一时之事，它是模范行政人员人格的始终如一的状态。第二，他或她必须没有任何来自规则或上级组织权威的强制而有意、自愿和自由地行动。第三，模范行政人员必须相对完美——不是在所有的事情上完美但努力朝向完美。第四，模范人员的行动不是轻浮妄动，并且必然导致“真正的善，即使以失败告终”(real good, even in failure)（第 15 页）。

上面提到的四个人的研究成果是专注于公共行政人员品格品质的重要研究成果

的代表。显然有很多人也对这一领域的文献做出了贡献①。不管怎样，这些讨论大部分使用美德作为讨论品格的媒介并经常互用这些术语。正如库珀曼评论所说：很容易把品格看作美德的简单相加（1991：102）。然而，根据收集的美德来确定良好品格是不够的。品格不是一个“美德包”（科尔伯格，1981a）；美德是**“出自”**（from）我们品格而不是**“创建”**（creating）品格的根深蒂固的倾向（有关美德的更多详述见本书中戴维·K. 哈特的章节）。然而，关键的问题依然存在。如果一个具有模范品格的人不是简单拥有一种主要美德或系列美德的人，那么，用什么来描绘一个具有好的或鲜明品格的人呢？我们的经验是：对这个话题，大多数作家没有在好的品格与鲜明品格之间做区分，这种区分对于更好地了解独特道德义务和致力于公众服务的个人的品格来说是必要的。什么是证明有道德品格人的一种持久倾向呢？鲜明品格与好的品格有什么不同呢？为了回答这些问题，下面的评述提供了重要的哲学和心理学对品格的讨论，并突出了每一种讨论中的定义性特征。然后提供初步框架，以便说明公共服务高品格个体执行人员或行政人员的特征。

25.2 哲学视野中的品格

柏拉图把品格描述为赤裸裸的的灵魂，是死亡后真正的自我，是去除如美丽、头衔、权力或财富这样的外部品质而裸露出来的自我②。亚里士多德把品格确定为持久的态度、识别力、信仰和作为结果的、习惯化的行动模式（谢尔曼，1989 和 1997）和感情（拉莫尔，1987）。最近的哲学定义也同样集中在作为人的历时性倾向与被组织到人的固定品格中去的习惯性主导倾向表现的统一体的品格上（杜威和塔夫茨，1925）。一个人在重要事项中的思想与行动的风格也是至关重要的（库珀曼，1991）。正如科尔斯所强调的，这是一个人的“深刻真实”（way-down-deep）（1981）。然而，在大多数情况下，品格被看作我们最常用的思考或行动的方式，并且嵌入在“日常生活危机、冲突、项目和工作的行动中”（哈特，1992：26）。以下综述对精选的几个结论进行了总结，以便协助阐明适合公共服务的模范品格或高品格。

A. 亚里士多德：品格的“结构”（fabric）

亚里士多德的道德理论侧重于人们如何可以过上美好的生活，这是说，如何能
533 够获得幸福的问题。简单地说，幸福是一种良好品格的问题。因此，具备良好品格

① 尤其是参见威廉·D. 理查森的研究成果（1997；理查森和尼格罗，1987；理查森等，1999）和帕特里克·多贝尔（1988，1990，1998），为了获得更多的研究成果，也可参见高尔斯顿（1988）和戴维斯（1988），因为其涉及公共服务。

② 对于柏拉图对品格的看法，请参见《共和国》和《法律》。也可参见杜威和塔夫茨（1925），为了获得更多，请参见施特劳斯（1975）。

的个人寻求美好生活，关心带来美好生活的美德，并不断尝试深化他或她的承诺，以及提升过上美好生活的能力（谢尔曼，1989）。亚里士多德对发展和完善美德以及对美好生活追求的专注将意味着一个品格良好的人将拥有一种或几种关键的美德或如他称为的“优秀”（卓越）。

然而，不同于柏拉图，亚里士多德并没有试图建立一份基本美德的清单或确定代表好人或有美德之人的状态。在《尼各马可伦理学》（*The Nicomachean Ethics*）一书中，他的确提出存在一些自然的美德，例如，一些对正义、勇敢和节制（1980）的先天倾向。他认为这些是需要适当发展（“成为习惯”）的孤立能力，反映出真正的美德行为（谢尔曼，1989）。他还编制了一份希腊公民美德特性的清单，例如，自制、大方、华丽、高尚、温和、友好、诚实和机智（豪尔瓦斯，1981）。由于不同的个人气质和需要美德行为的各种不同情况，他没有建立一份良好品格的核心美德清单。更重要的是品格良好的个人拥有恰当美德是不够的，即使人们能够孤立于社会。个人也必须有能力和实践智慧，知道何时以及如何展示它们（谢尔曼，1989）。在亚里士多德看来，美德是正常选择与推理的能力，并且具备良好品格的人都知道个人如何用适合每种情况的方式进行行动和感知，同时仍然忠实于成为真正**“城邦”**（polis）基础的最终道德价值观。

那么，在亚里士多德看来，良好品格大大多于拥有指导美好生活的美德。美德是道德行为模式，产生于良好品格的实施，而不是相反（拥有道德美德，而后导致良好品格）（谢尔曼，1989）。换句话说，它不是美德或优秀（卓越）的拥有，而是识别良好品格的卓越行动。而这种“卓越”活动不是一种可被分离、被提取或被反复练习，以便形成良好品格（如仁慈）的行动。例如，正义行动依情境而定，与其他“根据判断、情感和行为”确定的正义行动有很大的不同（谢尔曼，1989：178）。良好品格人身上的一个共同点是，他们拥有实践理性即“卓越活动”（excellent activity）的基础，其包括了道德认知、选择和合作。

道德认知是认识和确定具体实践情境中道德上的特点。首先，实践理性的第一阶段涉及对伦理特性的感知和道德适当性的感性判断。对亚里士多德来说，这是非常重要的，因为在人们决定如何采取行动之前，我们必须认识到这种情境需要一定的行动。其次，情境一旦被确定为需要行动，关于如何以及以什么样的方式采取行动的选择就被做出。好人的思考和反思特性是一种特殊的审慎偏好，被称为**“决定”**（prohaires）或经过周密思考的选择。经过周密思考的选择涉及使其不同于偏好的更加工具性理念的两个方面：（1）这种选择的基础是实现更多的目标。它涉及一个复杂的、相互依存的长期和短期目标网络中的几个目标的平衡。（2）情感与情绪推动经过周密思考的选择。情绪本身是道德反应的组成部分，直接影响人们决定什么与道德相关。亚里士多德认为良好品格的人情感上是参与的，并且被正确原则所驱使，但缺乏适当情感与情绪的行动没有体现美德（谢尔曼，1989）。

最后，实践理性的第三个要素是合作。良好品格的人的福祉与他人的福祉密不 *534*
可分。个人通过与环境的重要相互作用而生存、成功和成长。在一般情况下，社会特别是城邦是以相互依存为特点的。友谊、亲密关系、家庭关系以及公民的友谊导致“共同生活的目的，以及类似地改善它所需的资源…… ［事实上］不存在有标志完全独立于他人的自给自足的时刻”（谢尔曼，1989：6)。因此，为了追求美好生活，良好品格的人必须参与合作或集体行动。

在亚里士多德看来，实践理性和作为良好品格结果的美德是通过根据不同情况和每一个人的发展阶段而有所不同的重复与连续试验而学会的。美德是“既不自然也不违背自然地植入我们身上的，我们天生就配备能够接收它们的能力，并且习惯使这种能力达到完满”（亚里士多德，1980：1103a，23-25)。实践理性的获得类似通过“习惯”（ethismos）的形式而发生，这种习惯是一种经过反复努力对感知、反思、感觉和行动进行精炼的结果。因此，习惯是形成良好品格的关键。这是一种非机械的重复，更像工匠或音乐家而不是组装线上工人的精湛技艺。通过这样的习惯，“行动变得毫不费力但细心和周到”（哈迪，1980：104)。因此，实践理性固有的观察、反应和理解的过程成为几乎是作为一种长久的思想与行动模式的第二种天性。总之，亚里士多德认为，“要具有品格需要统一生活中不同目的与利益的长时间整合”（谢尔曼，1989：6)。这样的品格呈现了品格的一定连贯性或结构。它是由几种独特美德组成的结构而不是单独的、孤立的美德的显示，其源于实践理性——道德认知、激情、思考和向着长期与短期目标的行动——的习惯养成。

B. 孔子：作为良好品格典范的“君子”

在许多方面，孔子的良好品格概念与亚里士多德的相似。第一，两者都同意道德判断不能够通过遵循某种普遍原则或规则而被指导（库珀曼，1991)。第二，人们不能把辨别良好品格之人的主要或典型的美德孤立起来。相反，美和恶一起在个体整个一生中形成了一个相互关联的、展示道德品格的个人体系。第三，两者都假设良好品格的完美意图是不可能达到的。因此，良好品格的养成是持续贯穿人的一生的修身过程。这种终身的品格形成过程的基础或可能的推动是一个经过深思熟虑的道德承诺——亚里士多德的良好品格的人关心美德，在思考与追求高尚目的的过程中找到了快乐，这加强了他或她的承诺并增强了其过美好生活的能力（谢尔曼，1989)。孔子同样认为良好品格的人有对理想的真诚承诺，其中涉及对个人行动的道德影响的日常反省，这刺激了“持续不断的修身过程”，显著改变道德主体整个一生的行为（柯，1992)。

儒家伦理中的良好品格的人被极好地描述成**“君子”**或模范个人。儒家思想中
535 的圣贤即**“圣人”**是一个道德关怀完美的人，但是，不被认为是个人的现实的或实际的目标，而是作为一种理想的品格。孔子曾经说过，他没希望遇到一个圣人，但他会很高兴遇到“君子”（柯，1992)。“君子”，虽然并不完美，但是是道德模范人物，具体体现在其生活与品行中对博爱——被称为“仁”——深深的道德关注。儒家伦理中的显著人物“君子”为他人起了标准、典型或道德胜任力模范的作用。他们具有标志他们作为良好品格模范的三种要素：“礼”“易”“仁”。

1. 礼

“君子”善于管理他或她的行为使其符合“礼”（公认的规则、规范或已制定

的道德戒律）。这些公认的做法提供了一种道德传统或一组正式的行为规定和规则。“礼”的道德胜任力能够像任何技能或技术一样学到。良好品格的人与他人不同的地方是他们对“易”使用或进行推理性判断。模范个人很容易获得对公认道德做法“礼”的最低限度控制，但他或她也必须有灵活的态度，以便合理处理紧急情况和不断变化的环境。对道德戒律“礼”的服从对“君子”来说是不够的。

2. 易

被有效教导的道德戒律总是受制于不断变化环境中的解释。当环境发生变化并没有特定规则适用或者当一个人遇到冲突的原则和义务时，“易”都是需要的。这就成为行使“易”的事，“易”是与“礼”或道德传统有关的个人意义上的正确性，“易”是在应对人类生活不确定的、有问题的情境时“君子”的卓越品质（柯，1992）。因此，由于对发展道德大厦的恐惧，孔子拒绝了为这种冲突创立规则等级。这样的体系不可能发展到适合所有情况和例外，同时又剥夺了个人“根据自己的经验、环境和愿望而自我思考”的机会（柯，1992）。

3. 仁

在良好品格的人身上，理性判断（易）首先要受广泛关心他人（仁）的指导。“仁”集中于“对同类的关怀”，或者更具体地说，集中于对他人的痛苦、幸福与福祉不断增强的敏感性，以及对所有人类和非人类更广泛的关心和意识（柯，1992）。这也正是基于儒家的见解即每个人的生活都交织在一起。良好品格的人的道德行为围绕着个人福祉与社会福祉之间的相互依存关系，这种关系产生了与他人的共同命运感。因此，要有对他人的关心就要理解成为一个更大道德共同体成员的重要性。这转化成对他人、个人生活方式和他人的普遍福祉的尊重和欣赏。正如孟子所指出的那样，追求“仁”有可选择的路径（柯，1992：54）。因此，“仁”包括适当行为的习惯性规则（礼）和一种受真诚关心他人指导的相互依存关系或“道德意志的互惠原则”（reciprocity of moral wills）（柯，1992：54）。对孔子来说，“仁”为具有良好品格的人提供了广阔的主题，而不是一套如何具体关心别人的行为戒律，它允许个人根据自己的经验进行个人的解释。

C. 义务论和功利主义：作为公平理性的品格

在现代道德哲学方面，义务论和功利主义是两种比较有名的传统。虽然这两种 *536*
理论都涉及品格的性质，但是以一种比亚里士多德和孔子少得多的方式。康德和边沁（分别与义务论和功利主义关联）显然在追求“一种解决道德问题的完全明确的决策过程”（拉莫尔，1987：ix）中没有直接论及品格所扮演的角色。在这两种理论中，个人的品格——人的个性的一般形式和结构、个人关心的事和有道德品格的人的承诺以及美好生活存在其中的环境——在理解道德选择方面没有发挥主要作用。在这些道德行为的理论中，无论人们整个品格是什么样的，个人的“个性被引发消失在过分乐观的启蒙观点之后即只要人们认识到和接受正确的通用原则，正确的行动就会紧随其后”（弗拉纳根，1991：181）。这体现了功利主义追求最大多数人的最大幸福的规则或康德的绝对命令，康德的这种绝对命令规定要求行动是道德上正确的行动与它是依照适合每个人能被一般化或普遍化的规则之间存在重要的关系。

1. 康德的对个人感觉的超越

康德的决策程序强调对品格有最低要求的、宽泛的、客观的普遍法则。他一开始就假设所有个人都有欲望、感情和爱好，并且他们是有理性的——他们能够分辨出什么是正确的行动。品格良好的个人——一个在康德看来有“道德价值”的人——执行他或她的意志，通过理性自我控制自己的欲望、感情和爱好，以便从事正确的行动。在有道德价值的人身上，爱好、欲望或偏好与理性和责任之间有明确的分离①。完全出于内心满意感的行动——例如，帮助他人是因为它使个人觉得满意——不是这种有道德价值的行动。只有当一个人出于责任并没有偏好地行动时，他的行动才有真正的道德价值（康德，1898：346－347）。在这里，良好品格的人超越他们的个人感情和偏好，理性遵循被强加的原则或可普遍推广到所有人的义务（孟泽尔和费利西塔斯，1998）。

要做出有原则而与欲望相对的正确的事承认这种行动可能是客观的权利、原则或可能对其他个人是义务的责任。康德的绝对命令指出有道德价值的人以这样的方式行动，以至于他们行动的原则可能是适合其他任何人的普遍法则。这些原则成为一种超越自我利益的内化了的责任感。具有道德价值的人的最深入持久的原则是善良意志。康德（1898：329）指出：

> 在这个世界内外，除了善良意志之外，没有任何事情可能被设想为可以无条件被称为善良的。然而，可能会被提到的聪明、机智、判断力和其他头脑方面的才干或者作为性情品质的勇气、决心和毅力在很多方面是个人的善和欲望，但如果利用它们并因而构成了被称为品格的意志是不善良的，这些自然的天赋也有可能成为极坏的和极恶的。幸运的天赋也是一样的。如果没有一个善良的意志纠正这些对心灵的影响，权力、财富、荣誉甚至健康……激发自满和时常的傲慢。

537 2. 功利主义后果的品格

决策过程处于功利主义伦理思想的核心，它们像根据康德的道德理论一样来做。功利主义的基础在于每一个人都是一个“幸福的计算者”这样的理念或者按照这个秩序能够最小化痛苦和最大化快乐的一种理念（哈勒维，1928）。在社会层面，社会的善是基于每一个人决定他或她自己的善。结果是最大多数人的最大善。因此，道德价值在于后果或人们行动所取得的实际后果，而不是在于康德所主张的原则或个人的意愿。做某事的动机或意向在决定行为的道德性方面不起作用。

这种论述品格的方法最早源于边沁的效用原则：当行动给有意识的人们增加了幸福感和减少了痛苦时，行动就是对的和好的。边沁主张有道德的个体根据对生产

---

① 南希·谢尔曼（1997）认为这种界限不如以前认为的那么明显。她提出了令人信服的论据，证明康德的理论与亚里士多德的理论有惊人的相似之处。

快乐和幸福的影响来进行道德判定。根据七项测度来评估快乐：强度、持续时间、确定性、紧临性（亲近）、丰富性（可能导致其他的快乐）、纯度（不导致疼痛的可能性）和范围（行为延伸到或正在受到它影响的人数）（边沁，1989）。因此，一个品格良好的人受过教育，具有灵敏度和稳定的意愿以在做道德选择之前运用理性功利计算。追求这些目标需要智能上的深谋远虑、分析和提前规划，还包括有决心和毅力。虽然一个品格良好的人偶尔会按照特定的规则或法则行动，但他或她仍然会在所有他（或她）仔细思考并选择特定行动的情况中应用功利计算（斯玛特，1973；为了获得一个有趣的选择方案，参见雷尔顿，1988）。

在这里，功利主义和义务论一道用理性计算的认知过程寻求推翻或超越个人的情感。根据功利主义，一个人的气质和动机纯粹是抽象之物，是“一种虚构的实体”，是不重要的。除非联系到动机导致的后果，内在动机或气质的道德价值是不确切的。功利主义坚持认为，个人应该意识到自己的冲动和动机的道德价值在于这些冲动和动机所造成的结果，并且为了达到道德上好的结果，无论冲动感觉对个人有多么好，必须控制这些冲动（杜威和塔夫茨，1925）。因此，在功利主义看来，一个品格良好的人是要控制他或她的内在冲动、气质和思想状态，以引导它们达成给最大多数人提供最大快乐的结果的一个人。

D. 杜威和塔夫茨：道德品行和品格

杜威（1922）、杜威和塔夫茨（1925）似乎在更近期理念中用对品格不太明确的阐述集成了亚里士多德和孔子对良好品格的明确定义：

> 就康德的爱好的自我与理性的自我之间固定与绝对的分离来说，我们替换为这两类因素之间相对的和不断变换的区分：一类是那些已是如此绝对地被组织到他们自己负责要满足的既定习惯中的自我因素，另一类是那些更不稳定、更少固化并因此取决于有意识的感谢和被蓄意引导的感情的因素（在亚里士多德和孔子那里同样被确认）。责任意识（康德之影响）来自自我的复杂性品格： 538
> 在任何给定的时间，它具有相对固定的、根深蒂固的并体现在固定习惯中的倾向性，同时它在决策过程中也具有面向未来并考虑未能实现的可能性（集中于功利主义者指定的后果）的倾向性。前者为品格提供了相对坚实的形成要素，后者给出了其理想的或未实现的可能性。每个人都必须帮助他人，每个人都必须帮助他人摆脱困境。（1925：362）

杜威和塔夫茨集中在道德主体的道德操行与道德主体必要的品格上。操行的两个主要方面是品格和环境。品格是“在以慎重与欲望方式行动背后的东西”（1925：203），且包括“内在的”一面，或意志、倾向、动机和爱好。环境包括外在条件、过去与现在的后果以及行为的影响。操行是品格在特定外在条件和环境下以下面三种方式之一行动的结果：

(1) 本能的活动：无意识的冲动、遗传性反应以及基本需求。

(2) 深思熟虑的选择：根据有意识的方向、愿望或选择的行动；深思熟虑

和评估的过程，“在关注的压力下、伴随着有意识的干预与重建的行动”。(1925：12)

(3) 习惯：通过事先深思熟虑与行动而获得的习惯性活动，“组织有意识被指导的行为变成习惯和更高级的自我”。(1925：13)

他们品格定义的识别标志是依赖于作为形成鲜明品格基础的习惯。采取行动或做出反应的习惯或倾向随着时间而发展，是以前深思熟虑和已成为“或多或少自动习惯”的选择结果（杜威和塔夫茨，1925：203）。习惯通过选择的渐进过程而形成，是深思熟虑选择、评价和关注的结果。重要的是要注意习惯不是被设想作为对外部条件一种常规的、机械的反应。相反，它是思考某事的一贯方式，类似奥尔波特（1968）称为的“价值观图式”，在这种图式中，在具体问题上，有关一定价值观的决定自动做出[1]。然而，它是构成鲜明品格的习惯之间的连贯性和一贯性。杜威和塔夫茨（1925：38）主张鲜明品格需要“习惯的相互贯通。当然相互贯通从来都不是全部。它是我们所说的品格的最显著标准……一个软弱的、不稳定的、摇摆不定的品格是不同习惯彼此交替而不是体现在彼此习惯中”。习惯的力量是持续深思熟虑、选择、反思以及然后由于受到其被并入自身的习惯力量的强化而集成到作为自我的习惯的结果（杜威，1922：38）。

如果鲜明品格需要习惯的相互贯通，那么识别良好品格的是什么呢？在杜威和塔夫茨看来，品格的善良与一个人的“习惯性倾向”相关，“同样体现在造成要被考虑与尊敬的特定的而不是其他的后果——预期的和期望的——倾向（习惯）”中(1925：263)。具有良好品格的人因此就养成了更关注未来、关注行动后果的习惯。他们强调“因此道德主体更大的需要就是一种品格，这种品格将使他尽可能地开放到承认自己行为所带来的后果”（第262页），并且“我们主要的道德业务是熟悉后
539 果”（第464页）。这就需要有意识地考虑过去行为的后果，坚持在随后的反思中为不小心的行为或因疏忽而遗漏的行为负责，并且需要基于这样的反思改变自己的行动模式。

虽然我们只涉及了最基本的论述，但一些重要的主题都来自哲学，这些以后还会讨论。心理学方面对品格性质所取得的成果也为我们的理解做出了重要贡献。因此，在达成任何有关公共服务中品格的结论之前，简要总览一下心理学有关品格的相关成果是必要的。

25.3 心理学视野中的品格

心理学对品格的研究开始于威廉·詹姆斯，詹姆斯已把品格与各种人格概念绑在一起并集中于对个人来说重要的气质上。根据弗洛伊德的传统，品格是指一个人“对本能或人际力量的典型或习惯性反应模式”（吉布森等，1989：1139）。从历史

① 奥尔波特解释说，这是一种对某些类型刺激（固定偏好与厌恶）的特殊注意力或接近力，带有一种习得的反应方式或一般模式的倾向，而不是仅仅复发具体的、特定的行为（奥尔波特，1968）。

上看，心理学视野中的品格包括时间上一贯的、出于特别与其他人相对立的限定和赋予个人特征的内在气质的举止与行动模式。

目前，大多数的心理学理论家都同意，品格与人格非常相似，但品格是自我更深层、更根本的部分，与人格的其他两个基本组成部分不同：性情（人格的特性）与智力能力。心理学家现在认识到品格有道德素质，可以根据这些内在气质来界定，受制于社会中的道德评价（霍根，1973：219）。戈登·奥尔波特主张“品格是被评价的人格”，是“我们自己身上相当简单的道德中心”[①]。因此，品格可以被看作“产生类别和性质都相当可预见的道德行为的态度与动机的持续模式”（佩克和哈维格斯特，1960：164）。品格包含“人格”（personality）概念缺乏的道德维度。因而品格通常包括思想和行动的特定形式或模式，这些思想和行动显示了个人特点，特别是构成作为道德存在的个人的那些品质。对于品格的了解，弗洛姆、佩克与哈维格斯特和科尔伯格从心理学的角度做出了重要的贡献。

A. 弗洛姆的“创造性取向”

对于弗洛姆来说，品格的根本基础在于一个人如何把他或她自己与世界联系在一起。个人通过获取和吸收东西而与世界相联系，通过把他或她自己与他人相连而与世界相联系（弗洛姆，1947）。因此，品格是相对固定的形式，以这种形式，人的精神被镌刻和疏导，成为童年时期同化和社会化的结果。“一旦精神以某种方式被疏导，行动发生就‘符合品格’（true to character）”（1947：59）。品格从而提供一套一贯的和合理的行为模式。我们的行动并不取决于遗传本能的模式，一个人的品格体系或取向能够被认为是对人类发现的其他动物身上的先天本能机制的替代。

弗洛姆确定了两种一般类型的品格即非创造性取向和创造性取向。在非创造性取向中，他发现四种类型：接受性取向（这种人感觉所有好的东西都源于自身之外并会被某种外部来源所接收）、剥夺性取向（人们想要的东西来自自我之外，必须 *540*
从那里获取）、囤积性取向（安全性基于囤积和储蓄）和市场性取向（在此，个人体验到他或她自己是作为买家、卖家和要出售的商品）。

创造性取向是弗洛姆的充分发展的品格，指的是比物质生产力更广泛的基本态度。这是一种在所有经验领域中的相关性模式或创造性的、健康的、与外部世界发生关系的、正在发展中的模式（弗洛姆，1947）。一个主题是“创造性的爱”，包括关怀、责任和对他人的尊重和了解。又一个主题是“创造性思维”，其中包括理性的深度（看到事物和过程本质的能力）和客观性（看到事情本来的样子而不是人们希望它们的样子的能力）。

品格取向明显是由人们被养育其中的社会的社会经济和政治结构决定的。外部环境对品格有着至关重要的影响，因为一个人的品格受其联系另一个人的方式的影

① 此引用归功于戈登·奥尔波特，来自罗伯特·科尔斯（奥尔波特在哈佛大学的一位学生）（1981，1989）的讲义。

响。而且，由于环境对两个人来说从来不是相同的，个人会有体现特定取向的变化。因此，一个人不会永远体现为一种单一的取向，而是几种取向的混合或组合，但通常有一种体现个人特征的主导取向。这些行为根深蒂固，“只有人的品格发生根本变化才可改变”（弗洛姆，1947：61）。

B. 佩克和哈维格斯特的理性利他品格

在对品格发展可以被证明说是最好的实证评估方面，佩克和哈维格斯特（1960）综合了弗洛伊德的阶段—理念理论，在纵向研究青少年时，集中于品格的道德方面。他们把品格看作人格的一种特殊方面，根据品格成熟量表是可测量的（使用几种工具超过七年）。对于这些青少年来说，人格的四个特定方面被发现是显著地与品格的成熟度相关：

> （1）**道德稳定性**（moral stability）：包括如符合更大共同体、同年异性伴侣的期望以及父母尤其是自己母亲的期望这样的事情。
>
> （2）**自我的力量**（ego strength）：观察和洞察的认知能力，评价自我和他人的现实主义，心理上的自主性，情绪反应的成熟度以及人格系统的内在一致性和综合性。
>
> （3）**超我的力量**（superego strength）：受某种一整套的道德原则有效地指导的程度。
>
> （4）**自发性**（spontaneity）：自发、移情以及对同性别的同龄人和自己父亲的好感。

另外，佩克和哈维格斯特发现这些人往往经历一组5种基本品格类型的发展过程，这是一种具有上述人格元素高或低的表现特点的、不断上升的道德成熟度的层次等级。他们的阶段理论与皮亚杰的儿童道德发展理论是一致的，认为人的行为和行动首先受成年人的约束规范。这演变成不加批判地符合外部规则的道德现实主
541 义，然后成熟到变成了个人的成熟，个人检查与验证或改变自己的道德选择。像弗洛姆一样，佩克和哈维格斯特用类别来把握当人们在经历道德发展阶段过程时的品格本质。

（1）**非道德的品格之人**（amoral characters）是低层次品格的人，他们不顾对他人影响地遵循他们自己的突发奇想、强烈欲望和冲动。没有内化了的道德原则，没有是非之心。他们认为自己就是宇宙的中心，并把其他人或物看作自我满足的手段。自发性也被发现在这种类别品格中其属于更高层次。

（2）**权宜品格之人**（expedient characters）是类似于以自我为中心，不过为了达到个人目的，只考虑他人的福利和反应。他们可能以道德上是合适的行为方式行事，唯一需要的是它适合他们的目的。权宜品格之人认为自己是宇宙的中心，但也不同于非道德的品格之人，因为他们一般都比较了解为了实现长期的自我利益在短期内遵照期望之事的好处。

（3）**顺从品格之人**（conforming characters）试图遵照特定群体或情境中的所

有规则，他们是这种特定群体或情境的一部分。他们遵循一种普遍规则——做别人所做的，做别人所说的一个人应该做的。他们把“对的”（right）定义为在适当规则和操行守则范围内行动，但没有抽象的原则或如诚信、责任等这样的准则，因此，遵纪守法者依赖于外部的规则与制裁，以便以由道德守则所决定的方式来行事。

（4）**非理性原则的品格之人**（irrational-conscientious characters）是处在同一水平的成熟度上，并且不比循规蹈矩者更自治——他们恪守绝对规则，但这些绝对规则来自父母创建的箴言。原则主要包括“禁忌”，被僵硬地内化，并且规范人们的行为。他们不能够质疑内化了的规则或对它们进行评估，以便看看其是否为一个真正的道德目的服务。内在良心本质上是一个人的父母的禁令的反映。

（5）**理性利他品格之人**（rational-altruistic characters）处在最高水平的道德成熟度上。他们是理性的，因为他们根据一些内化了的道德原则评估新的行动与行为及其实际的影响，这些道德原则源于社会经验或能从社会经验中学到。他们观察情境，看到超出眼前的含义，并且能够从心理上进行试验，以便帮助决定行动适当的选择。此外，他们不会因为原则自身的缘故而不考虑其后果地追求原则，他们关注每一次行动的实际效果，而不是关注抽象的规则或如诚信、真实等这样的称谓标签。行动很少通过借助于抽象的原则或合理化而被正当化。一个人是利他的，因为他或她真诚关心他人的幸福，除了他或她本人的幸福之外。他们能够认识到其他人感受如何。事实上，一个人能够像他人一样感觉而感觉，或在没有完全视同和他们一样而失去了自己的观点前提下，能够展现如果站在他们自己的位置上人们会感觉如何。在这些研究中，这些是在如何对待他人方面唯一经常表现出良好的意图与缜密思考过的、敏感的判断的个人。在一般情况下，这些人根据理性的道德原则行动，而不是根据绝对的格言或规则，因为他们高度重视人。此外，他们对持续成长与发展是完全自发的、开放的。

佩克和哈维格斯特还发现，三个核心线索贯穿整个品格类型序列。第一，他们发现从没有道德意识之人到理性利他之人的不断提高的自我力量。这也意味着内部整合增加，整合了各种人格元素、观察的感性能力与洞察能力、不断提高的心理自主性和更强的把人们从专横的外部压力或无理性的内部压力释放出来的自我意识。

第二，存在不断增强的良心的力量，显示了越来越坚定、越来越多内化的作为 *542*
一个人的行为和行动指南的道德原则（而不是规则）。由此，佩克和哈维格斯特能够区分四种品质不同的良心形式。最原始的形式是一套苛刻的、直言不讳的“禁忌”。接下来的层次是规则遵从，遵从居于自我之外的权威。第三种是由一群组织化的、最低限度地受别人规则影响和无法被内心质疑或测试的内化道德规则组成。最后一种是“理性利他的”（rational altruistic），其特点是一套固定的、能被理性质疑和测试的内化原则，并且随着新经验的出现、新行动的测试和后果的评估和反思并深思熟虑而变化与深化。

体现在对道德发展的这种纵向研究中的第三个中心主题是爱的能力。例如，没有道德意识的和权宜的品格类型之人基本上感觉不到被爱，几乎缺乏对他人的无私感情。在另一个极端，理性利他的人既很被人爱，又是爱人的、温馨的和重感情的。

佩克和哈维格斯特得出结论认为品格能够根据往往会变成习惯的行动模式与充满情感的态度来界定。此外，还有一个根据经验而定义的往往会持续多年的品格。他们更进一步强调，一个人的品格是在第一个十年的生活中习得的，主要由与父母的互动而形成。一个人的品格“是他父母对待他的方式的直接复制品”(1960：178)。换句话说，在成长中的孩子身上，品格是通过效仿他们父母的行为和态度而形成的。

C. 科尔伯格的道德阶段和正义的道德原则

也许科尔伯格的道德发展理论是讨论最多的。他不同意早期哲学试图确定在道德上成熟的个人的品格特征，把其作为一种“美德包”(bag of virtues)。他认为出现在哲学讨论中的各种美德清单是任意性的，美德的定义相对于它们出现在的特定文化，它们在心理上是模糊的（科尔伯格，1984）。此外，当他第一次于 1954 年提出他的理论时，几乎没有证据表明在儿童道德行为方面有统一的品格特征（同样的困境也启发佩克和哈维格斯特进行他们的经典研究）。

科尔伯格偏好原则性道德，特别是正义的原则并认为正义是唯一的主要美德，是唯一解决道德冲突的原则（科尔伯格，1981）。道德上成熟的成年人根据和基于抽象的正义原则来推理和行动，以便达到“正确的行动”(right action)（科尔伯格，1981）。从这个角度来说，品格是“纯粹根据认知结构或如何思考与判断的方式来定义的”(科尔伯格，1981：4)。

道德行为与判断的水平相关，并遵循一种等级序列的发育阶段或层次，其中个人逐渐移向基于正义理念和原则的道德判断（为了获取有关此模型的进一步详情，参见斯图尔特和斯普林霍尔在本书中的章节）[①]。最高水平的道德推理是后习俗的、自律的或有原则的水平。这个层次最初集中于公平和正义的两个不同阶段：第一阶
543 段强调对他人权利的尊重、平等、相互义务、个人价值的相对论和达成共识方面的程序规则的需要，第二阶段强调正义之心的原则，其为全面的、一贯的、普遍的、抽象的（很像康德的绝对命令）而不是具体的（如十诫）原则。在这一层次，一个人“受所有人应该遵循的普遍道德原则”(科尔伯格，1981：412）的指导。

虽然科尔伯格并没有具体说明具有道德品格的人会如何行动，但几个特点是很明显的。首先，具有道德品格的个人是独立的、自主的、纯粹理性的决策制定者（类似于康德的道德品质的隐含理念）。在解决人际和社会冲突时，道德选择根本上

---

① 科尔伯格认为，儿童行事在前习俗水平，而大多数成年人工作在习俗水平。很少有人达到成熟推理的后习俗水平。为了回应许多批评，他几次修改了他的理论。例如，他修订阶段 6，因为他发现在成年人中它是如此罕见，把它改成阶段 5 的一种高级形式（科尔伯格，1978）。阶段 6 现在仅仅以一种假设理想出现。不过，他也提出过存在一个阶段 7，具有非自我和非二元论（科尔伯格，1973）特征的推理的沉思状态。对于一般的讨论和批评，请参见：科尔伯格，1981；里奇和戴维提斯，1985；莫吉尔，1985；弗拉纳根，1991。对测量过程中的讨论，请参见：科尔伯格，1981。为了获得测量公共行政人员的策略，参见斯图尔特和斯普林霍尔（1991 和 1993）。

是一般规则或正义原则的认知性应用。科尔伯格宣称“道德判断不能还原为也没有直接表达情感声明，而是描述了行动的推理或理由，在此，理由不同于动机”(1984：215)。受正义的一般原则指导的人是公正无私，是一种要求个人是脱离特定属性的抽象自我的态度——例如，脱离一个人的个人历史、关系和肉体——以便做出重要的道德决策（布卢斯坦，1991）。

通过正义的理性化无偏见的应用解决了道德困境的、道德上成熟个人的这种特殊形象一直是许多批评科尔伯格理论的中心。罗斯（1991）认为，这使道德上成熟的人不仅具有无私的特征，而且具有孤立的和无实体的特征。洛文杰（1987）和吉利根（1982）对女性的研究突出了做出道德选择的其他方面，尤其是对关系、人际责任、作为终极价值或原则的关怀道德原则而不是正义的道德原则的关注。

25.4 “高尚”品格：力量和善良

鉴于以上对品格性质的综述，可以得出两个主要结论。首先，很清楚品格远不止一种主要美德或个人的、抽象的美德的总和。这是本章中讨论的哲学家和心理学家的结论。无论是从心理学的角度还是从哲学框架的角度，似乎很难找出一个特点，那就是具有道德品格的人的必不可少。因此，模范品格最好被理解为一个需要多重的习惯或能力的过程。

其次，品格来自情感的道德规范和思想的道德规范。佩克和哈维格斯特得出的结论是：“理智和情感是重要组成部分”(1960)①。亚里士多德的实践推理依靠深思熟虑和激情。品格看来既需要理性伦理又需要关怀伦理。然而这不同于科尔伯格和吉利根，他们主张道德推理要么是以正义为取向的，要么是以关怀为取向的，使大多数人主要集中在一种导向上而排除其他导向。对于吉利根来说，品格就是一套集中于关注关系和他人的道德标准。对于科尔伯格来说，品格以有原则的推理和正义为重点。吉利根甚至认为这两种取向是根本不相容的（1986）。然而，至少有实证调查表明，“大多数人使用这两种取向的相当多的组合，没有明确的偏好或重点”(沃克等，1987：856)。马克斯・韦伯甚至主张“两种道德规范都不应该被拒绝，我们必须学会接收和忍受这两者以及这两者之间的冲突”(拉莫尔，1987：xiii)。

在个人层面，对于道德品格来说，知道对与错之间的差异是不够的，还需要对 544
这种差异感兴趣。具有围绕规则或后果的抽象推理能力是不够的。道德品格要求有移情的能力，关心人们的福祉是如何受一个人的违反或遵守这些规则和一个人的行动后果的影响的（吉利根，1982；诺丁斯，1984；布鲁斯坦，1991）。因此，对品格采取双管齐下的方法就出现了：一种是权利、正义与后果（例如，康德、边沁和

① 这是一个由来已久的论争，并有大量论述这一主题的文献。为了获得对这一问题的彻底概述，参见库珀（1999），并且为了获得这一领域内最近的和有代表性的研究成果，参见：梅、弗里德曼和克拉克（1995）；萨比尼和西尔韦（1998）。

科尔伯格）的公平理性的方法，一种是人文关怀、移情与爱的方法（例如，孔子、佩克与哈维格斯特以及吉利根）。换句话说，品格与共同体是有关联的（科克伦，1982）。

人们还可能根据品格的力量与善良设想出那些不同的方法。品格的力量可以简单地理解为意志的力量（麦克杜格尔，1927）或习惯的坚固性，然而，具有坚强意志的人会追求要么以自我为中心的目标，要么导向他人更大福祉的目标。品格的善良通常考虑（关怀的能力、移情和仁）行动对他人的影响，但如果没有品格的力量，个人将很少考虑长期的承诺和责任而被各种即时善行席卷而去。虽然道德品格的具体表现从一个人到另一个人各不相同，具有模范品格的人具有既坚强又善良的品格。我们认为，这两个部件都需要良好的品格。我们把坚强与良好相结合的品格称为“高尚的”（high）品格，并认为这对于那些从事公共服务的人来说特别重要。在进一步对品格力量与善良进行讨论是必要的。

A. 品格的力量

首先，品格力量要求个人了解社会或行业公认的规则和规范。这些标准（孔子称它们为“礼”）提供了必须被考虑的惯常做法，（公共行政的“礼”的详述参见普格，1991）。但盲从这样的准则实际上可能阻碍坚强品格的成长。个人在公共服务中面临的道德困境和选择可能需要更多的反思而不是被限制在一种准则、一套规则或原则之内。正如贝利几年前指出的那样，所有公共政策都有一种内在的道德模糊性，在政治和经济环境中有丰富且往往相互冲突的背景式影响力以及在公共服务中有“程序”的悖论（1965）。逐字逐句严格坚持正式规则或原则将无法起作用，有时甚至适得其反（更多见哈里斯，1997）。

因此，在道德判断中需要亚里士多德的实践推理或孔子的“易”，并且包括能够看到现实生活中各种要素之间的相互关联。这还包括与情境相适应的术语推广和应用原则的能力、预见到他或她所采取的任何行动的结果的能力（佩克和哈维格斯特，1960）、批判性思想和考虑多重角度的能力和建立时间上的关联的能力（布鲁斯坦，1991）。这些内在于实践推理或“易”中的多种胜任力是基于坚强品格的三种具体核心要素：自我力量，高水平的专注和身份赋予的承诺。

545 1. 自我力量

自我力量有几个与品格相关的重要好处。首先，它允许人们确保获得一种“约束由眼前出现的状况而激发的冲动的自我控制，允许我们的理性推理能力的认知成果对要做什么产生影响”（科尔斯，1981：121）。这也是佩克和哈维格斯特（1960）在他们对青少年道德行为分析中发现的第一个共同的主题。同样，洛文杰（1987）对道德发展的实证研究表明自我力量或“冲动控制”是品格发展中的一种重要元素。此外，自我软弱或品格软弱的人可能冲动和迅速屈服于诱惑。对于他们来说，“未来仅仅意味着对即时快乐的预期”（奥尔波特，1955：76）①。其次，自我力量

① 一种由米歇尔和吉利根（1964）提出的有趣的附带好处，他们发现选择了一个被延迟的、更大的奖励来替代更小的、即时的奖励的孩子不太可能欺骗。

提供了内心的安宁，从而允许人们进行批判性的自我反思。这包括对价值观和基于经验、需求修正和重新定向的内化道德原则的反思检查（佩克和哈维格斯特，1960）。最后，自我力量提供了做道德上是对的常常所需要的自我尊重和自爱。符合道德的行动有时是“对社会节律有如此的破坏性以至于是令人极度尴尬的”（库珀曼，1991：172）。没有自我力量的人往往是一种极端循规蹈矩的人，习惯性地做他人对他或她所期望的事情。自我力量是哈特（1984）所说的“道德英雄主义”或道德勇气的先决条件。

2．高水平的专注

为了能够抗拒诱惑和即时快乐而保持一贯性，需要一个人超越此刻来思考和计划，特别是长期思考和考虑多重视角的能力（要了解抽象的详述，参见雅克，1976）。这种能力在具有坚强品格的个人身上尤为显著。他们已经养成了杜威和塔夫茨称为的“更多思虑未来的习惯”（1925：464）、“对目的的有才智的深谋远虑和达成这些目的的不懈努力”（第 246 页）。专注于未来的收益和个人行动的影响而不是行为的直接后果。这种未来意向的定位使个人做出对长远计划、家族和其他形式的社会关系的承诺。此外，它也限制了更短视的行动。着眼于未来不容许个人对现在漠不关心，未来的意向需要适当的即时战略以实现未来的目标（谢尔曼，1989）。这种长远思维对其他人来说似乎是完全孤立的、不相关的计划、行动或行为之间建立和保持的关联（库珀曼，1991）。

3．身份赋予的承诺

在其最深层次上，道德是一种五花八门的最终承诺的集成（拉莫尔，1987）。对于有些人来说，制定和履行承诺是意志或意志力的本质，因为它“显示了遵循一定行动路线的巨大的能量和坚定性”（麦克杜格尔，1927：79）。其他人把这种坚持承诺的能力界定为诚信（布鲁斯坦，1991；多比尔，1988 和 1990）。无论哪种方式，坚强品格是与履行承诺联系在一起的。首先，它涉及对道德或美德行为的承诺。致力于道德行为不仅仅意味着持有不同于对美德行为的承诺是摇摆不定或浅薄的人的目标。其次，对如原则、理想、思想和家族这样的事情做出承诺，最终成为反映什么对个人来说是最重要的核心承诺，从而在他们的生活中获得一种“特权地 546
位”（布鲁斯坦，1991）。核心承诺反映了一个人头等重要的价值观，并成为身份赋予的承诺（泰勒，1985），有助于一个人的身份形成，决定了我们成为什么样的人，并限制了我们的行动。

一个品格软弱的人很容易与自己的核心承诺背道而驰地行动或者可能允许他人期望轻易就压倒自己浅薄的承诺。品格软弱的人对任何东西、关系或理想通常只有非常初步的的忠诚（库珀曼，1991）。有些人虽然强烈地想放弃自己的承诺，但靠纯粹的意志力抗拒了诱惑。然而，这也是不太坚强的品格。即使带着强烈的或相互矛盾的欲望，坚强品格的个人也有如此坚强的意志和坚定的承诺，以至于他们在自我控制上没有做出多大的努力（布鲁斯坦，1991）。然而，当下的核心承诺的确需要不断选择和重新确认，它们在整个人的一生中创建了集成的、统一的关联，产生了个人的诚信之感以及“有情境抵制力的、有生活经历的相互联系之感”（库珀曼，1991：143）。无论什么承诺，品格坚强的人是关爱深刻的人。冷漠是与拥有坚强承诺不相容的。人们关怀的目的是人们品格善良的本质。

B. 品格的善良

然而，有坚强品格并不能保证有良好的品格。具有对畸形的目标或有害的目的的坚强承诺可能不一定表现出特别良好的品格。同样，强烈的自尊或自我力量不确保善良的行动，可能只是凭着坚强的意志行动以满足一个人的长期自我利益，而不管对他人福祉的影响。在讨论道德品格时，善良也必须是需要考虑的事项（库珀曼，1988）。它是对他人行善或作恶的意图，这在许多古代和现代的哲学家之间都是争论的主题。对于许多人来说，它是自我控制的养成，从而确保他人福祉，这是一个有道德的人的标志。在讨论公共服务中的模范品格时，一个人必须有为了他人福祉的感情、态度和倾向。社会变得更加复杂，赫德指出公民更少参与自治，并且“必须依靠他人足够在意且充分代表他们”（1992：117）。因此，品格的善良需要与“自我中心的”（allocentric）相对的“非自我中心的”（autocentric）感知力（沙克特尔，1959）、关怀与仁或对人类及非人类福祉的积极关注和如移情（科恩，1990）和爱（佩克和哈维格斯特，1960）这样的亲社会行为。这些品质超越传统意义上的对利他主义的定义，并具体体现了对他人的关注，这种关注是从根本上建立在与其他人的连通性和相互关联性的基础上。

1．非自我中心的认知

品格的善良首先需要在一个人的注意力方面从以自我利益为当务之急转变过来。沃克·珀西（1980）称这为“自我的巨大吸力”（great suck of self）或自吸收倾向即拉向一个人的想法、自己的快乐或个人的自我利益。沙克特尔把这种以自我为当务之急称为“自我中心的”认知。

> 在从认知对象将如何服务于认知者一定需要或者为了特定目的认知对象能被如何利用、它们如何能够被避免以防止痛苦、不满、受伤或不适的角度来认
> 547 知对象的情况下……认知的主要特点不是认知对象身上的，而是与认知者对认知对象要服务的需要或目的或多或少有意识的感觉有关。（1959：83）

基于强烈的自尊感（或自我力量）而对他人的关爱和关心被称为“非自我中心的”认知。这是“强调对象是什么样的……认知者通常主动接近或转向认知对象，同时，要么开放自己，接纳性地、象征性地对待认知对象，要么真实地控制认知对象，尽力理解认知对象”（沙克特尔，1959：167）。当被广泛应用时，非自我中心的视角引发了人们从来没有遇到过的对人类善行的广泛关注。在人际关系层面上，它代表着以互惠和关心他人利益为特点的人们之间的交互作用。

2．关怀和“仁”

良好品格的目标之一是对他人的关怀、关注、开发和培育（弗拉纳根，1991）。对他人与自然界的兴趣和能力使注意力远离人的自我，同时其与良好品格密切相关。尽管关怀有很多定义（布鲁斯坦，1991），但就我们的目的来说，关怀最好理解为“对……关心”，而不是“对……照顾”，有两种主要情况。第一种是不只是对

人的关怀，其以各自独立的方式集中于世界的各个方面。这类似孔子的“仁”，它是更多积极关注人类与非人类福利和福祉的儒家理念。具体体现了“仁”的人对如改善痛苦和尊重道德共同体中个体生活计划和生活方式的多样性这样的事情有稳定的偏好和关注。第二种是对人的关怀专注于特定的人，而不是作为一般类型的实例的人，在我们所爱的人的眷顾中能够被看到。关怀是有差异的，不同于承诺：人们能够“关心各种各样的事情——人、想法、理由——但人们可能未必对他们做出承诺。人们关心他们做出承诺的对象，但不是人们关心的任何事情和任何人都是他们做出承诺的对象”(布鲁斯坦，1991：38)。

3. 亲社会的技能：移情和爱

亲社会的技能指的是个人根据深思熟虑的选择（自愿和有意）而进行的有利于别人的行动（艾森伯格，1982)。然而，“亲社会的”代表着广泛多样的行动。科恩(1990) 认为移情是大多数亲社会技能的根本基础之一，并且这些是在道德发展的最新研究中最清楚地被发现的。吉利根（1982）在她的经典著作《不同的声音》(*In a Different Voice*) 中认为，女性根据关系来看待道德两难，并且更可能基于她们的关心和对他人需要的敏感性而做出道德决策。当面对道德问题时，女性推理不同于男性。女性推理往往以关系而不是个性为基础、以依恋而不是自主为基础，以及以关怀命令而不是尊重他人权利为基础（罗斯，1991)。这种相关感与移情是女性道德选择的关键标准之一（为了获取对这个话题更广泛的讨论，参见斯克兰顿和兰尼在本书中论性别差异一章)。但是，其他实证调查表明男性也使用此种取向(例如，参见沃克等，1987)。佩克和哈维格斯特（1960）发现移情和爱极具青春期男孩理性利他主义道德品格的特性。

移情是从他或她的观点出发欣赏另一个人看法的能力。科恩（1990）将其形容为一种“感情移入”(feeling into) 的感觉，而不是一种“与……有同感”(feeling with) 并且不同于“对……同情”(feeling for) 的同情。这是以积极的和接受性的方式理解他人，即使他们不在现场或者人们不认识他们（艾森伯格和斯特雷耶，1987；赫尔德，1993；奥金，1989)。移情的一个方面是换位思考，个人通过这样一种过程，想象“另一个人思考、感觉回应或真正看世界的方式”(科恩，1990：101)。移情的另一个方面是关联性，它是基于一种认可与他人相关的模型上，即“从中心地起伏拓展，从我们爱的人到我们认识的那些人到其他的每个人”(科恩，1990：266) 的相互依存。这种定义并没有出自传统意义上的利他主义——一个人帮助另一个人而不考虑个人利益。相反，它是一种“因为不是利己也不是利他原因而使我们感受到个人联系而帮助那些人”(科恩，1990：266) 的倾向。这是基于相互连接的“仁”观念、与其他人的相连感，而不是独立的、自主个体的移情。换句话说，它是基于“我怎么能够帮助我们?”，而不是“我怎么能够帮你?”。 548

爱的主题也体现了良好品格的一个方面。佩克和哈维格斯特发现随着人们道德上的成长，他或她变得更能够爱他人（也更受他人喜爱)。具备良好品格的个人经历了某种意义上与他人的连通性，能够感受到对他人福祉的积极主动的关心，并能够形成被选择个人身上的个人属性。他们能够以真正建设性的方式去爱，不苛求那些他或她爱的人，并能够无条件地爱他人，而不要求任何回报。他或她能够在特殊文化的限制中，热情地和自发地表达情意，并显示“在他们对待其他人方面的良好愿望和准确判断”(佩克和哈维格斯特，1960：172)。

因此，高尚品格是一个人的品格力量以及相同品格的善良的产物。虽然获得高尚品格有不同的路径，它们的共同之处是个人摆脱目前突发事件以及预测他们基本的“赋予个性的”道德承诺对未来影响的能力。此外，品格高尚的人必须具备程度强烈的自制力。换句话说，他们能够相信他们自己会根据他们的道德承诺而不管未来的条件在未来采取行动——公职人员身上非常被渴求的品质。正如亚当·斯密写道：“如果没有最完美自制的支持，最完美的知识不会使他总能够履行他的责任。”(斯密，1976：237)

显然，高尚品格的实现与维持需要理性与情感的整合。杜威和塔夫茨（1925：83）强调，“只有当在他人身上有同情心的兴趣，足够的体贴才是可能的”。这种品格的品质通常被称为仁慈，由对他人的非自我中心关怀的能力和兴趣以及移情与爱的重要品质组成。因此，高尚品格是一种崇高而困难的目标——从来没有达到的目标，因为它是一个终身的过程。而且，不断追求高尚品格应该是公共生活最不同的地方。

正如整个这一章所提到的那样，心理学的证据证实了高尚品格的达成是一种永远不会结束的追求，而不是一个目标的事实。当然，许多道德哲学家支持同样的结
549 论：高尚品格的探究、学识和进步构成了对美好生活的真正定义。这里最重要的一点是，一旦一个人达成了高尚品格，他或她不可能后退和把它搁在那里不动。通俗地说，“使用它或者失去它”。

到如今，生活的头十年有力地塑造了品格，这导致了有关品格的形成与童年(青春期）的广泛研究。我们也知道那些高尚品格保持对新经验的持续开放性，伴随着固有的“继续成长、尝试、结合新的事实并形成新的深度理解的倾向”（佩克和哈维格斯特，1960：10)。因此，品格的成长来自个人的决心——都必须是有意的和自愿的——以便不断增强对人们生活的道德目的的理解，慎重扩展人们的道德关注的领域①。

最后，让我们来更具体地看看高尚品格为什么对公共服务和公共领导来说是非常重要的一些独特原因。

25.5 公共服务对“高尚”品格的需要

本章中最后一个要回答的问题是为什么品格与公共领导和公共行政相关。为了回答这个问题，人们必须对公共行政的背景有一个基本的了解。

公共行政的大部分工作集中于处理公共事项和问题——与其他的一般性行政或管理过程显著不同。换言之：

① 在18世纪，这种高尚品格的品质以宽宏大量这一词著称。

> 公共问题是相互关联的，它们跨越了组织和司法管辖区的界限，它们是跨组织的。没有任何单一机构、组织、管辖权或部门有足够的权威、影响力或资源来指定有远见的解决方案。因此，在一个相互关联的世界里，当代的组织领导战略在解决公共问题方面缺乏有效性。（卢克，1998：xiv）

因此，公共管理的相互关联性需要其领导人有独特的技能和能力。这些要求不同于其他部门（如商业部门、非营利部门）。例如，处理相互关联的问题提出了共享权力与权威碎片化的问题（布列逊和克罗斯比，1992）。卢克宣称：

> 公共领导本质上是一个集中注意力和调动或促进一组不同的个人和机构以解决公共问题的跨组织的领导过程。它是一种在多样的且经常相互竞争的群体之间唤起合作和协商的行动以达成共享结果的领导。唤起合作而不是侍从的领导能够引发一种对解决公共问题有长期影响的巨大规模行动。这种类型的公共领导可能具有催化剂式的而不是英雄式的或愿景式的特点。尽管公司领导取决于人们对其有合法职权的有影响力的追随者，但是（公共）领导激发人们对其有很少或根本没有职权的人们之间的行动。（1998：33）

鉴于此，公共领导者（包括当选者和官僚）身上的良好品格为什么是必要的原因有几个方面。

公共领导者有义务成为共同利益的服务员。这一点的关键是对他人的深切关注。正如整个这一章所讨论的那样，关心别人的能力是高尚品格的一种关键属性。 *550*
公务人员每天面对的许多事项和问题都集中在公民的福祉上。因此，领导者必须具有品格的力量与善良，以至于不会忽视日常行政过程中的总体目标。正如卢克（1998：228）所说："对系统关联和连锁效应具有抽象推理的能力不是足够的。坚强的品格需要关心人民的福祉如何受人们行动的影响。"

从相关程度上看，公共领导者被要求具有高尚品格是因为人们必须对直接和间接受人们参与的事项影响的各方有种关联感和相关感。这包括从多个角度看待事物的能力，这种能力在相互关联的公共行政世界中是特别重要的。也被称为移情的这种想象另一个人"思考、响应式感觉或真正看明白这个世界的方式"（科恩，1990：101）的过程对谈判成功是至关重要的（费舍尔等，1994）。有此能力的领导者更容易找到共同的利益，进而找到适合的结果和解决方案。

具有高尚品格的公共领导者也有诚信和相应的人际信任品质。在任何一个领导者身上这些都明确受到珍视，但它们特别有助于公共领导者。诚信或源自一系列秩序井然的承诺和信仰（多贝尔，1990）的一致行动是信任的基础。信任是指依赖和信赖于他人行动的容纳力①。虽然诚信和信任是几乎所有社会交往的基础，但它是公共领导的根本，因为它是"合作式的、协作式的和集体的努力来解决相互关联的公共问题"的根本基础（卢克，1998：233）。公共领导者和行政人员的大部分工作涉及合作与协作，因此也涉及信任，随后，品格在公共领导方面发挥显著的作用。

---

① 为了获得优秀的概观，参见在《管理学会评论》（1998 年第 23 卷第 3 期）上论述组织内与组织之间信任问题的特辑。

本章的目的是为讨论品格在公共服务中的作用和重要性提供一个基础。通过综述品格的哲学和心理学的方法，人们开始看到品格形成的最重要的方面。好的或高尚品格既要求品格的力量又要求品格的善良。一个人必须有多种长远思考的习惯或能力、“身份赋予”的坚强核心承诺、对人类和非人类福祉的积极关注和“换位思考”的能力。虽然行为受人们的共同体和行业的规范和标准的影响，但具有高尚品格的个人审视和反思目的，考虑自己的行为对他人的后果，培养和具体表达一定的关怀和移情的感情并强调群体、组织、社区或司法管辖区的集体利益。由于公共行政的性质，这些显然是有效力的公共领导者的必要品质。

心理学的研究也表明最有效的品格由生活头十年的外部影响塑造。到他们在道德上成为爱深思的成年人的时候，个人可能实际上已经形成了他们自己的核心品格。然而，这些相同的心理学研究表明，具有高尚品格（坚强和善良）的那些人对新经验有持续开放性并且有继续发展和完善个人品格的趋势。品格方面的成长本质上源于目的的扩展和人们关注的圈子的扩大。这种不断的自我改造依赖于内在的意愿以及如人们有直接接触的作为示范作用的模范这样的环境因素。然而，很明显，高尚品格是一个终生的自我教育过程。

551 最后，品格是自我的一个如此不可分割的一部分，以至于区别人们私人品格与专业品格如果不是不可能的就将是困难的。长期有效力的公共领导将需要高尚品格的领导者。因此，更多的重点需要放在选举、委任和聘用具有良好品格的公务员上。这将如何发生是其他重要研究工作的主题，但这种争论需要立足于对品格及其在公共服务中的地位的理解。

参考文献

请从中国人民大学出版社官网（www.crup.com.cn）下载，或者用微信扫描下方二维码获取。

第6篇

美国社会的行政伦理

第 26 章

行政伦理中的性别差异

安妮卡·玛丽娜·斯克兰顿*
美国加利福尼亚州洛杉矶南加利福尼亚大学
莫莉·J.兰尼
美国加利福尼亚州长滩加利福尼亚州立大学

26.1 导论：女性伦理视角与女性主义者理论

明尼苏达州前行政长官和著名的福特基金会的政府创新奖得主桑德拉·黑尔曾经向我描述了发生在由一所一流大学主办的大型公共人事会议上的一个事件。经过很长系列的专题主讲嘉宾演讲之后，观众中的一位女性提出了她的担忧：个人的竞争降低了合作和团队精神；为什么主讲嘉宾如此集中在日益激烈的竞争上？在场共四位男嘉宾、几位学术界的专家继而形容她“天真”和“软弱”，他们显然很自信地认为他们的看法优于这个不幸女性的看法。正当这位妇女被现场公众为难时，桑德拉站起身来并发言为她辩护。桑德拉（正是前一天晚上，我与她讨论了本章）和善地提出也许存在与性别有关的思想交流上的隔阂。公共讨论结束后，专门研究小组转移到其他问题上。后来，几个男性私下来到桑德拉面前就她的意见表示感谢，并探讨了性别见解差异的问题。 555

这一事件戏剧性地说明了女性行政管理人员的“不同声音”（吉利根，1982），是一种不同的、对传统的男性管理者也许是高度威胁性的声音。所谓的“女性的”（feminine）伦理视角开始在

* 作者在此衷心感谢黛布拉·斯图尔特和罗宾·德里对女性伦理关怀的好心支持和协助。

文献中出现，成为一种替代占据了管理哲学主导地位的高度个人主义方法的重要而有效力的可选择性方法。女性的道德决策模式是基于关系的维护、合作的重要性、关联性和对他人的关心。在具体行政行为背景中的关怀活动是这种道德的核心。满足他人需要的责任位于女性视角的核心地位。

556 女性的视角可能会或可能不会反映大多数妇女的道德观。最近已经有很多争论围绕性别差异在实际经验中的效度而展开。本章将简要地总结有限的实证研究结果，无论在经验上行政行为是否与性别相关，女性的视角对公共行政管理者来说都是重要的。因为它为行政行为提供了可替代性伦理基本框架的**"潜能"**（potential）。"不是根据性别而是根据主题"（吉利根，1982：2），关怀的道德观对我们的道德论述来说具有重要意义。无论完全由还是主要由女性清楚表达出来的女性理念可能越来越多地挑战行政伦理的主流方法——一种几乎完全由男性形成和保持的方法。

女权主义者①认为，女性视角的清楚表达是否会导致个别行政行为的实际变化将取决于组织结构与文化中的变化。正如我们的事件所说明的那样，用不同的声音毫无保留地说出来（甚至提出疑问）的女性往往被组织领导忽视、为难或解雇。正是这位有影响力的、备受尊敬的女性的介入才把我们的女性会议参与者从进一步受批评中解救出来。女权主义者而不是"女性"理论家认为，在女性道德观的不同声音能够被听见之前，官僚组织的权力结构和传统文化必须从根本上改变（坎特，1977；弗格森，1984）。女权主义者采取另一种女性道德观，并把关怀和关联的核心问题推进到组织层面，他们做出个人政治选择。他们主张更大程度上的平等性、多样性、参与和公共官僚机构内的合作。女性主义理论家攻击所有形式的竞争、支配以及削弱或摧毁真正的人与人之间关系的从属地位。同样，女权主义不等同于男人与女人哲学思想之间的本质上的差异，它被作为另一种有可能把在一体环境中的男性和女性解放出来的基本框架而提出来。

本章将首先讨论个体道德推理的女性或"关怀"模式。伦理决策的女性视角将不同于传统的"正义"的方法（吉利根，1982）。女性对个人权利理念的挑战将被讨论。此外，道德推理的关怀视角将与美德理论相连。传统上归于女性的，如善良、关爱和同情，这样的美德会被强调。由应用道德推理的女性角度而产生的行政行为上的一些潜在变化和女性美德的促进作用将会被描述。这些行政行为的假设方式不同于基于性别差异对实际管理者之间在道德推理、价值观和行为上的现有研究。细心的读者应该清楚女性管理者全面考虑之后不会以女性的方式来行动。

其次将从女权主义者的视角上对理论上的性别差异与实际上的性别差异之间的明显差异进行分析。在转向组织上和文化上的障碍对女性行为的影响时，我将总结女权主义者对传统公共和私人官僚机构的批评。最后，我将描述另一种促进女性价
557 值观的女权主义组织。这些可替代性组织正致力于包容性、多样性和授权——既包括组织设置又包括政治环境。他们促进了组织与社会的变迁（马丁，1990）。

---

① 弗格森的追随者（1984），本篇作者将把倡导组织与社会变革的有关社会伦理的女权主义者视角与形成可替代性个体伦理的女性视角区别分类。

因此，本章的重点是库珀所提出的伦理行为的四个组成要素（1990：161）：个人品质、组织结构、组织文化和社会期望。在女性视角下主要对伦理决策和个人品质中的个人美德以及个人行为的社会期望的关系进行讨论。用女权主义方法主要对组织文化中的组织规范与标准和组织结构的关系进行介绍。本文假设实际的道德行为受组织变量的影响比受个人和社会价值观的影响更严重。因此，本文将呼吁公共行政管理者更多地关注来自女性主义者对传统组织结构与文化的批评。美国公共行政的女性化不仅需要承认、甚至接受个体化差异，还需要我们公共机构的转型。

26.2　女性视角下的个体道德

女性视角强调了道德推理过程和美德似乎与美国社会中的性别是呈现显著相关性。这个视角显然与认为女性比男性更具照顾与关怀的流行刻板印象有关。归于女性的不同观点被赋予平等（以及在某些情况下被优先考虑）地位，克服了在道德文献中对男性或正义地位的强烈偏见、“男性与人类等同”的哲学和心理学倾向（吉利根，1987：31）。对特定他人的责任被认为是伦理决策的一个合法性标准；关怀是一种高尚的努力。

A. 个体品质：道德推理

有关独特的女性视角的合法性争论主要是在 20 世纪 80 年代初从罗尔·吉利根的研究工作开始的。劳伦斯·科尔伯格从前的一个学生吉利根对科尔伯格的道德发展理论提出异议，认为它完全是基于男性发展。她指出女性在科尔伯格的天平上通常分量很少，似乎她们的道德推理不成熟。女性往往达不到道德发展的最高水平——原则性阶段。也许，吉利根假定问题不在于女性而是在于发展的理论模型。

据科尔伯格所说（1976，1981），个人经历道德发展的六个阶段。在最高阶段，个人开始认识到他们自己的自主权利和他人的“自然”（natural）权利，他们获得了“正义”（justice）的道德观。道德上的成熟是基于对个人自由的确认和对其他个体尊严的尊重。承认所有社会成员都享有平等的权利。

因此，在科尔伯格的理论架构中，成熟的道德决策是符合理性所做出的，并基于抽象原则。集中在个人的尊严和自由上的普遍道德原则是公正决策的标准。个人被授予自我决策、获取自己利益的权利，只要不妨碍他人的权利。总之，从正义的视角来看，在道德上成熟的人是一个“通过使用普遍的、抽象的理由来发现与应用 558
一套基本规则的自主道德主体”（凯特和梅耶斯，1987：3）。

但是，卡罗尔·吉利根的研究使她挑战正义视角的（1982，1987）隐含假设。她认为女性也可以完成道德发展的六个阶段，但她们朝着不同的伦理视角——一种“不是基于个人权利的普遍性和优先性，而是基于……对世界非常强烈的责任感”（1982：32）。在吉利根的架构中，六个阶段分为三个层次。在第一个层次，孩子关注个人的生存与力量，因此，中心在于满足个人自我的需要。转移到第二个层次时，女孩拒绝自私的行为并关注成为集体的一部分。遵守规则和社会规范成为道德观的核心。女孩专注于对他人的责任和友好。

渐渐地，牺牲自我的社会压力变得非常繁重了，年轻女性开始寻找个人的“真理”(truth)。在重新找到判断主动性的时候，女人开始询问把她自我的需要包括在她的关怀和关心的范围之内是自私的还是负责任的、道德的还是不道德的（1982：82)。成熟的人开始理解培育自我与他人的价值，为所有在她的关系网中这些人的需求（往往相互冲突）负责。到第六阶段，幸福的自我被认为与他人的幸福相关。

因此，女性的道德观是基于连合性、持续的人际依恋和关系。对于女性来说，社会世界“是由关系而不是由独立存在的人组成，是通过人的关联性而不是通过规则体系凝聚而成”(1982：29)。因此，女性寻求避免伤害他人，并以关怀和爱的方式来对待她们周围的人。做正确的事取决于人际关系背景，取决于情境中他人的具体需要而不是抽象的平等和互惠的原则。

因此，从“关怀”的视角来看，成熟的个人不仅承认他或她自己的欲望，而且也承认在个人“关系网”中的那些人的需要与希望。自我与他人被认为是相互依存的，“女性认为她们的自我是作为关系的自我”(凯特和梅耶斯，1987：8)。为他人着想也培育了支撑自我的关系。“因此，关怀伦理的基本逻辑是一种关系的心理逻辑，不同于体现了正义方式的公平形式逻辑”(吉利根，1982：73)。个人不是开始问“什么是正确的?”，而是问“我怎么能以关怀的方式来回应?”。个人寻求避免伤害他人，给予关怀并维持连合关系。

因此，吉利根明确表达了有关道德发展的两个假设：(1) 关怀视角是一种独特的、不同于正义视角的道德观。(2) 关怀视角反映了女性的伦理关注，也即在道德推理方面存在性别差异（弗里德曼，1987；德里，1989)。这两个假设是有争议的，但性别差异的假设产生了最大的争议。实证研究（弗里德曼，1987）并不支持性别差异假设。然而，尽管各种各样的研究给出了反驳的证据，但在女权主义集体中仍然存在对吉利根的假设的大量支持证据。甚至找到反驳的有效案例的研究人员也认为吉利根的视角“使女性根据她们自己的经验产生共鸣”(弗里德曼引自格瑞诺和麦科比的论著，1987：93)。学者都在越来越多地寻求解释吉利根自己的研究结果与后续研
559 究之间的明显差异。他们放弃发展方法，正在着手论及决策的背景——环境因素的影响（德里，1989)。总之，似乎性别差异的假设在未来一段时间将处于争论中。

就本章的目的来说，吉利根的第一个假设——有两种不同的道德推理模式——是最重要的。她的研究工作赋予基于人际责任（而不是个人的权利）的道德视角以新的合法性。弗里德曼（1987）认为吉利根已发现了“**象征**女性的道德观并使之脱离**象征**男性的道德观”(1986：96)。她认为，总的来说，在我们的社会中道德教育工作在负责公共正义的男性与负责私人关怀的女性之间进行划分。因此，“性别因素已在特殊和不同的道德主题中被纳入分析框架”(1986：94)。因此，我们假定女性天生关注关怀比关注正义更多，也许是错误的。佩特曼（1984）也强调和家庭私人领域一致的女性与和公共经济与政治领域一致的男性之间联合产生了不同的道德观点。

塞拉·本哈比已从社会心理的视角分析了我们社会中正义与关怀之间的对分关

系（1987）。她认为男性在脱离他们母亲的培育与关怀以及家庭保护的过程中也试图使他们自己远离私人的关怀道德观。哈比指出：

> 历史在其中被创造的公共正义领域与生命在其中被创造的个人家庭领域之间的划分被男性的自我主义内化……我要提出的是当代普世主义理论已继承了自主与培育、独立与结合和正义领域与家庭的、个人领域之间的这种划分。（1987：163）

在公共领域中，男人趋向与“被普遍化”（generalized）他人的关系，这是建立在形式上平等与互惠的规范基础上的关系。这些规范主宰了政治与经济组织机构。与“具体的”（concrete）他人的关系以及与实际朋友和家人的关系被连接到附属的私人领域即“女性领域”（women's sphere）上。

其他学者已经指出，道德努力的这种明显按性别划分的差异在许多其他文化中不存在。例如，罗伯特·科尔斯对因纽特人文化的研究提供了一些支配男性与女性思维方式的关怀视角的证据（科尔斯，1977）。桑德拉·哈丁（1987）对女性道德观与非洲道德观的“意外巧合”进行了评述。哈丁指出传统非洲思维方式与现代女权主义思维方式有很多相似之处，并提出了一个共同的来源——压迫。其他学者已把所谓的女性视角与美国社会的少数族群和被征服集团关联起来（特朗托，1987）。

这些研究的重要性在于挑战了正义立场的普遍性。科尔伯格研究工作中内含的假设——权利视角是在任何时候和任何地方都适用的道德观的最高形式——受到攻击。吉利根和后续理论家的研究工作使另一种基本框架——可以被称为女性或关怀视角的基本框架——合法化。这个时候在我们的社会里，在经验上关怀视角是否与女性相连不是根本的问题。关怀视角要求培育与关怀的基本价值观应该被认可，并在我们的社会里被培育。这要求归因于女性的道德行为不再被视为第二等级或附属于保护个人权利的男性行为。“吉利根的研究工作意味着需要认真考虑女性经验并 560
创立女权主义者的道德理论”（凯特和梅耶斯，1987：13）。因此，女性主义道德理论认识到在我们的社会中必须进行爱与关怀的基本道德行为——从理论上讲，是男性或女性都能进行的行为。它认可人际关系与关联的合法性和重要性，其赋予了关系与关联和个人权利一样的平等道德地位。

总之，女性视角强调：（1）人际责任与关系而不是权利与规则；（2）具体情境而不是正式与单独的推理；（3）关怀行动而不是抽象的、普遍的原则（特朗托，1987：648）。女性主义模式是反省性的，用爱回应特定的他人，而不是合理预测与评估结果。重点是在包容性和关联上。个人认识到并回应他们的关系网以及具体他人的需要与关注。女性个体是否根据女性主义推理模式实际做出道德决策或许取决于具体的决策背景以及占主导地位的文化。

B. 个人属性：积极的美德

最近的女性理论家强调，女性除了构建道德决策的基本架构不同之外，自然比男性更多地以关怀与培育的方式行动。如同情心、慈善和善良这样的女性美德与妇女作为关怀者的经验有关。女性通过她们作为依赖者的主要关怀者的工作，最重要的是通过她们作为母亲的工作，学习回应他人的需要。因此，女性通过她们持续进行的母职和培育的工作获得植根于深厚感情承诺和对特定他人关注的“积极的美德”(active virtues)(用休谟的话来说)。

建立在遵守纪律的品格发展基础上的德性理念当然可以追溯到亚里士多德。尤其是休谟，被称为“女性的哲学家”，因为他的积极美德的理念紧紧与现代女性主义方法具有相同倾向。对于休谟来说，道德不是对普遍法律的服从而是通过密切的人际关系培育正确的品格特征，即“植根于情感和个人的关注”的品格特征（凯特和梅耶斯，1987：8)。美德是建立在分享与关怀的经验、人类交际和个人关系维护的基础上。

最近的女性主义学者已强调在发展善良与同情的积极美德方面母职角色的重要性。南茜·查德罗在《母职的再生》(*The Reproduction of Mothering*, 1988）一书中认为，由于妇女提供基本的儿童照料，女孩与男孩为关怀与爱的关系发展出不同的能力。女孩变得更加熟练人际关系并效忠人际关系。男孩追求独立性和自主性，压制他们仁慈与分享的方面。查德罗颠覆了自主与自立的传统优势，强调两种性别的关系技能的重要性。

弗吉尼娅·赫尔德（1987）也断定母职为发展积极的美德提供一个独特的机会。她说母职不是产生对具体他人承诺的唯一活动。

> 但是，母职可能是最佳背景之一，在其中，要明确地弄清楚在为行动提供
> 561 指导方面，为什么常见的道德理论是如此没有效。同时，母职中具有适合于对待婴儿、幼儿或青少年的不同优点的各种情境为道德探究洞察力提供了丰富原始资料。(1987：118)

对孩子的关怀是基于自然的热心、同情和承诺。这是积极的爱。母亲自动回应被感知到的孩子需求。行动的基础是情感，而不是根据抽象的推理。母亲学会去信任自己的情绪与同情本能。她们对他人的问题和具体关注越来越敏感，在关怀与同情的行为方面越来越熟练。

在她的《关怀：伦理学与道德教育的女性方法》(*Caring: A Feminine Approach to Ethics and Moral Education*, 1984）一书中，内尔·诺丁斯为女性的关怀工作与如善良、同情和承诺这样的积极美德发展之间的关系提供了一个精致而优美的分析。在强调有爱心的人的自然善良时，她创立了一种植根于感受性、相关性和回应性的女性主义道德观。女性主义道德观是基于特别由母亲表现出来的“自然关怀的情感”(the sentiment of natural caring）和被关怀的“回想纪念”(the remembrance)。“这种对我们最美好的关怀与被关怀时刻的记忆的情感流遍我们全身——作为一种‘我必须’(I must）——在对他人的困境和我们服务于我们自己利益的相矛盾愿望做出回应时”(1984：80－81)。母职和被养育的体验被转移到其他人际情境上①。妇女通过她们的关怀行动学习永远接受机会去帮助别人和永远回

① 诺丁斯认为甚至冒着失去我们自身利益的风险帮助他人的利他行为或亲社会行为是“天然”潜伏在每个人身上的。不过，她认为这不是如一些科学家所相信的“本能”。利他行为是必须通过相互关怀的关系而学习到的（1984：79－85)。

应周围人的需要。

诺丁斯得出结论认为“母亲的声音”(mother's voice) 即女性的关怀精神应在当代哲学中被重申。她和同先前著名的学者一起谴责男性具有如勇气、自力更生、独立、爱国主义以及抽象仁慈这样的美德的假定优越性。通过温柔、同情、体贴、自我牺牲、慷慨和仁慈体现出来的对当下他人的承诺是积极女性美德的基础。

基于关怀和被关怀经验的女性美德显然与社会期望和传统的性别角色相关联。就像最近学者所描述的那样，女性的行为反映了私人或家庭领域——一个传统上被认为属于女性的领域。查德罗、赫尔德和诺丁斯都承认男人能够——并且事实上应该——培育关怀的美德①。通过把关怀的美德与女性连接起来，他们正在提高在我们的社会里最频繁由女性做的关怀工作的重要性、真正的贵族性。母职尤其是被视为促进美德的实践。这些学者鼓励妇女把感受性和责任性公认为道德优势。显然，这些理论家认为仁慈、同情和慷慨的美德是优良的美德，优于传统上与男性的公共工作相关联的美德。他们认为女性美德的培养是男性和女性都值得要的，一个真正“更友爱和更温和的”(kinder and gentler) 社会将提高所有公民的生活质量。

C. 社会期望

除了通过关怀经验培育的美德之外，由于社会规范与期望的结果，可以说女性展示了不同的道德行为模式。关于性别的老一套固定想法肯定在美国文化中还会保持坚固并可能会影响个人的行为。在组织背景中，女性经常被期望比男同事更友爱、热情、温和以及更具合作性。此外，为了应对敌意性的男性集体文化，女性可能在网络关系与相互支持中发展出更高技能。 562

流行的对性别差异老一套固定看法继续把女性与一些学者称之为“公民的”(communal) 素质联系在一起，这些素质包括：“关注他人的福利、关怀与培育特征的支配地位以及更小范围内的人际敏感性、情绪表现和温和的个人作风”(弗里德曼，1987：95)。女性被期望更具有同情心与自我牺牲、更关心人和慷慨。女性通常被视为更直观、更感性、更被动，而男性被期望是理性的、控制性的和主导性的。女职工被期望更具有合作性和考虑周到的，而男性被理解为更具有竞争性和决定性的（坎特，1977；弗里德曼，1987；罗珊娜，1995)。

虽然这些老一套固定看法似乎是陈腐的和过时的，但存在有力的社会科学数据证明它们仍然存在于美国文化中（弗里德曼，1987)，并可能继续影响女性的行为。正如弗里德曼所主张的那样，在与女性有关的象征女性的道德活动和与男性有关的象征男性的道德活动之间仍然存在一种明确的区分。文化虚构和期望继续影响组织生活。

有些女性主义学者强调，合作和培育的行为可能使妇女在竞争激烈的经济与政

① 事实上，例如，在瑞典，男人越来越多成为主要的关怀者，比女性更多请护理患病儿童的假。

治领域中更有效地应对各种环境。由于女性的历史作用是作为主要的关怀者，女性已经学会了在履行责任中互相协助，已经学会了在工作中合作。女性的亲切感和关系网络使个体女性能够艰难度过遍及工作与家庭中激烈的和竞争性的需求。关联与协作已成为女性集体经验的中心。正如楞次和耶霍夫雄辩论述的那样：

> 女性保护生命的历史性责任已经赋予其一系列适应性特征，强烈的延伸到所有生物体上的培育冲动，高度演进、适合亲密关系的能力，养成她对关系的需要，一体化而不是独立的倾向，移情的能力，抵制科层等级的平等主义关系取向，……并且偏好把谈判作为解决问题的手段，这源于她对暴力的反感。(1985：4-5)

随着越来越多的妇女进入政治与经济领域，一些学者预计工作的转型。合作超过竞争的女性假定偏好可能会改变集体的文化与结构。女性对友谊与合作的承诺被看作对竞争性男性管理行为的一种积极的替代（楞次和耶霍夫，1985）。女性网络互助和提供相互支持的能力可能对她们在男性占主导地位的组织中的生存来说至关重要，并可能在传统的组织中产生新的亚文化。也许最引人注目的是，女性对家庭
563 关怀的承诺可能会为男性和女性产生一种更加灵活与人性化的工作环境，一种弹性工作制、现场照顾子女和老人以及预防保健的工作环境。

在理想的情况下，女性主义学者认为既符合社会期望又符合个人价值观的女性将给我们的公共机构带来显著的变化。当以比她们的男性同行显然更温馨、更合作的方式行动时，女性员工（特别是行政人员）可能使美国的官僚机构和企业人性化。当聚焦于他人的具体需要与机会以促进人际关系时，当活出女性的善良、同情和慷慨的美德时，当采取更合作、更直观的行动来回应文化的压力时，女性可能改变公共领域。

> 当她们忙于她们在商业与职业世界中的日常工作时，愿意倾听以及在许多女性身上存在的关怀与安慰人的品质使她们在工作中获得成功，有时她们并没有意识到这一点。这样的移情行为的累积效应没有显示在组织蓝图或财务报表中，但显示在建设小的、往往是潜移默化的家庭与工作之间的桥梁上，女性化的这一状况正在担负着对美国工作场所的健康来说至关重要的作用。（楞次和耶霍夫，1985：92）

D. 女性行政管理人员的行为

鉴于这种有关女性价值观与美德的理论文献的结合体，我们会期望找到大量男性与女性管理者之间的行为差异。然而，迄今为止，实证研究不支持这种尖锐的分歧。遗憾的是，在这一领域一直很少有学者做过质性研究，而且提供给我们的仅有的少数研究（有一个或两个例外）是在民营企业而不是在公共官僚机构中进行的。现存的少数研究结果已有些冲突。总之，学者达成的初步结论是，在传统背景中，在道德推理或行政管理人员的行为方面不存在实质性的性别差异（斯图尔特和斯普林霍尔，1991；德里，1989）。

从女性的视角来看，我们会预期女性行政管理人员更关心的是联系、合作和培育。她们会专注于行政决策的过程而不是结果——包括广大员工在内的决策过程中的协商。用福莱特的术语来说，女性的权力应该是共享的权力（power with），而不是专制权力（power over）（1978）。女性行政管理人员对待下属当然应该更多关心与培育。从理论上讲，女性管理者将致力于维持友谊与网络关系。最后，女性被期望更加致力于她们的家庭关系和关怀的责任，为了事业发展不愿伤害她们的家庭。总之，女性主义理论认为女行政管理人员所关心的是合作、友谊，关联、善良和关怀——与致力于生产力、竞争、自强自立、个人权力和成功的男人相反（格兰特，1988）。

现存的实证研究根本不支持这些理论上的性别差异。事实上，有一些证据表明在科层组织中缺乏动力与信心的女性可能比男同事更好斗与无情（坎特，1977）。具有不同道德观和价值观的女性进入传统的组织中当然是可能的。例如，贝茨、奥康和雪柏（1989）进行的一项研究发现，商业学校女学生更关心的是关系和帮助人 564
们，而男学生更感兴趣的是赚钱和促进他们的事业。有趣的是在这项研究中的为数两倍的男人可能会说他们将从事如内幕交易这样的不道德的行为。

但是，女性一旦担任行政职务，在她们的道德推理或她们实际的道德行为模式方面就和男性没有明显不同。例如，在道德推理方面，斯图尔特和斯普林霍尔（1991）的一项对积极公共行政人员的研究没有发现任何差异。其结果“很清楚地显示确定原则性推理的男性和女性在数量上几乎是相同的”（1991：5）。对从“财富”500 强公司的管理人员中随机选取的 20 名女性和 20 名男性的深入研究得出了类似的结论（德里，1989）。在这项研究中，几乎所有经理都从正义视角来分析道德两难。德里推测“聪明的商业参与者应该早就弄明白在他们的工作环境中哪种模式是最可靠的”（1991：860）。因此，尽管性别差异存在于就业之前或就业之外，但是工作环境施加了一定的推理模式（1991：860）。

女性显然学会适应基于合同模式的传统集体文化。女性管理者因“遵守规则、公平决策”而获得奖励，她们显然不是因“关怀、工作中建立紧密关系或减轻他人负担”而获得奖励（1991：859）。德里认为在推理和价值观的首选模式方面的性别差异可能是“背景的特定性”。

罗莎贝丝·坎特认为女性管理者的价值观和行为是由传统的集体文化（1977）施加的奖励和惩罚的主要作用结果。在她的开创性著作《公司里的男人与女人》（*Men and Women of the Corporation*）中，坎特说，在工作行为中“似乎是‘性别差异’的是作为对结构条件和对人们组织中地位的反应而兴起的”（1977：262）。她认为“在工作中的行为与态度方面，男人和女人之间存在很大的重叠。对女人通常做什么或感觉到什么所做出的每一种论述对有些男人适用”（1977：262）。明显的差异体现了女人被作为管理层的少数派成员的相对无权无势。发展男人的思维方式，变得坚韧、好斗甚至谩骂的女经理人这样做的目的是在以男人为主的环境中求生存。对实施控制且令人讨厌的女老板即“母狗”的老一套固定看法“是一种对无能为力的人的整个印象。无能为力往往会产生属于女老板的这些特点”（1977：202）。

最近的研究支持坎特的论点，即“基于早期社会化与其他角色要求的差异将被与职业角色相关的奖励与代价所覆盖”（贝茨、奥康和雪柏，1989：322）。为了在与男性的竞争中成功，似乎是女人适应集体的环境与文化的需求，有时在价值观上会妥协。对相配比的 260 家集体管理者的一项调查发现，男性与女性的价值观体系几乎没有差别（鲍威尔、波斯纳和施密特，1984）。确实存在的差异与对女性思维的期望背道而驰。有趣的是“女性比男性把高生产力、效率、强而有力的领导和组织的稳定性定级为更重要”（鲍威尔、波斯纳和施密特，1984：197），女性管理者也比男性管理者把能力、事业心强和技能定级为更重要的领导特质。女性管理者更加注重职业发展并对工作/家庭的冲突表现出较少关注。作者假定已经达到了同级别的女性管理者像她们自己时代的男性一样可能会是更加有进取心和以事业为本。

一项对 160 名管理人员和领导者的研究得出的结论是女性正变得“更好地适
565 应”竞争性商业环境。年轻女性“在她们开始玩的时候就在了解游戏规则”（柯林斯、吉尔伯特和奈肯，1988：40）。根据这项研究，女性正变得越来越像她们的男同事。正如一位合著者所说：“我相信，培育意向可能是 40 多岁的女性管理者的情感精神包袱的一部分，但是 40 岁以下的女性管理者在可比较的职位上被期望像一个男性一样或多或少地是一个培育者”（柯林斯、吉尔伯特和奈肯，1988：56）。此外，根据这些作者的观点，由于显性与隐性的性别歧视，女性管理人员可能需要比男人更无情、讲政治策略和自私。

在主要的科层组织中（如在公共行政中广泛成立的那些组织）生存与成功显然需要女性适应占主导地位的男性文化。正如德里的结论所说：“普遍的性别差异没有延续到有强大组织文化中去”（1989：859）。可能存在于工作世界之外的差异在传统组织中就消失了。

然而，符合我们预期的性别差异可能会出现在限制较少的背景中，出现在女性要么拥有更大自主权与权力要么操作标准与规则更加灵活的组织中。对女权主义组织的案例研究（有待后面更深入讨论）提供了女性领导者清楚地展示女性推理与行为的例子。最近由伊格尔顿研究所公布的一项对女性民选官员的有趣研究发现女性显然更致力于关怀我们社会中的弱势群体并助长有益于健康的家庭（1991）。根据广泛的自由裁量权与自主权而行动的女性公职人员可以将女性的价值观应用到她们的工作中。

对四位有权力的女性高管的一项研究发现达到组织金字塔顶端的女性是能够实施女性价值观的（赫尔格森，1990）。在观察这些领导者的工作日时，莎莉·赫尔格森发现她们致力于培育自己的员工并授权他人。这些女性集中在领导能力的生态学，维护多种关系，共享信息，促进关系网。这些女性首席执行官认为自己处在“包容性网络”的中心。例如，女童子军首席执行长弗朗西斯·赫思本用“被用圆圈表示，然后再被安排在一系列的不断拓展的轨道上的职位”绘制了一张圆形的组织示意图（1990：44）。赫尔格森引述美体小铺（Body Shop）的创始人安妮塔·罗迪克的话，把她的原则描述为“关怀原则，直觉决策，不依赖于科层结构或所有那些非常令人厌烦的商学院的管理理念，感觉工作就是你生活的一部分——不是与生活相分离，把你的努力放置在你的爱所在的地方，用你分配你的利润的方式向世界负责任以及承认底线应该留在底部”。鲜有具有重要权力的女性能够维护这些女性价值观。

赫尔格森在她的第二本书《包容的网络》（*The Web of Inclusion*，1995）中，虽然没有明确评价男性与女性管理者之间的差异，但她确实提供了几个研究案例。研究描述了在营利性与非营利性组织中的女性领导的非传统管理风格。在她书中所描述的创新显然主要是由女性发起的。女性创建了促进参与和包容性的网状结构。例如，在《迈阿密先驱报》的朱莉娅·玛斯特使她的首席执行官相信“成功实现多元化的关键是管理人员听从员工意见并向员工学习”（1995：103）。她写道：“多样性的问题引发了一系列与损失、个人价值与信仰体系、接纳、自尊、愤怒、恐惧、不确定性、权力与控制相关的深远的问题”（1995：103）。她创造了参与性极强的跨部门讨论的网络，以便促进对女性与少数族裔的最大包容性。同样地，朱莉·艾
利斯特在她公司内部制定培训过程，这一过程是“更加有机的，更加体现了我们公 566
司与我们工作的网络化、集成的形状……非常网络化的”（1995：183）。她承认促进持续的学习需要不断的创造性和灵活性。

赫尔格森描述了给大型组织带来全新管理理念（提高客户满意度和员工士气）的女性。在波士顿贝斯以色列医院的乔伊斯·克利福德因为她授权一线护士的工作而被看作“寻求转型方法的领导者的大师”（1995：132）。克利福德完全打破传统的（也是男性的）医疗科层等级，给予医疗护理病人的护士自主权和责任。她将正式结构去中心化，添加了多种交流方法，并重新定义了所有工作人员的角色。病人满意度和护理方面的反应非常积极。同样，当格里·雷朋接手尼克国际儿童频道时，她对其管理进行了革命性变革。她创建了一个灵活的团队，其“把孩子们包括在我们的团队网络里，把他们放在我们所做一切的中心”（1995：223）。她强调过程与参与，“让组织因回应人们而发展”（1995：243－244）。其结果是网络的市场份额急剧上升。赫尔格森认为这些女性，包括其他女性，代表了女性的“心灵与肉体”价值观的有效利用，以便提高在竞争激烈的工业环境中的生产力。朱迪·罗森纳（1995）提出了类似的观点，他们认为女经理人是“美国竞争力的秘密”。女性愿意分享权力，使用“共享的权力”这一词而不是“专制权力”这一词，改善一线工作人员对客户和利益相关者的回应。她认为“女性的互动风格在灵活的，非科层等级的，在急剧变化环境中表现最佳的那种组织中是特别有效的”（1995：11）。

罗森纳利用管理人员的人物概评来证明女性倾向于“对模糊性感到舒适，倾向于包容而不是排斥性，并且既定性又定量评估绩效”（1995：201）。罗森纳断言女性有独特的管理风格，不一定优于男性，但肯定是不同的。女经理人往往会创建一个更灵活的工作环境，人们不觉得他们必须得融入某种管理模式或风格。

对 153 名广告人/执业会计师和 86 名商学院教授的一项研究发现，女性比男性更关注避免就业歧视和提高对具有挑战性的、有意义的任务的工作满意度（苏民等，1995：399）。相反，男性被发现比女性更愿意将聘用高素质的员工放在优先等级上。性别差异在涉及这两个群体有关顾客服务、伦理行为、产品质量的合作价值方面并没有表现出任何影响。作者把女性具有的对就业歧视和满意度的关注，归因于女性权利运动所带来的对消除在工作场所的障碍和为女性创造具有挑战性工作方

面重要历史作用（1995：396）。

对 66 个样本中的 20 000 名受访者的一项元分析发现，女性比男性更容易察觉到特定假设性商业做法是不道德的（弗兰克、克朗和斯贝克，1997：920）。社会角色理论被用作为元分析的理论指导。学生样本中的性别差异被发现是最大的，随着工作经验的增加，这些差异在下降。在伦理观念方面，最有力的性别差异调解器是与被评估实践有关的行为类型。例如，研究发现女性比男性对规则破坏者和那些滥用内幕信息的人更不满（1997：926）。此外，性别差异在对非金融问题的看法方面比对金融问题的看法更大。如果涉及金钱，作者认为男性更可能认识到伦理问题。

567 望恩（1998）对加拿大人力资源专业人士的研究发现，女性比男性具有更高水平的持续性承诺。与流行的信念相反，望恩的结论是有越来越多的证据表明女性比男性倾向于表现出同样的或更高层次的对组织的承诺——也许因为有更少的就业选择。

对 246 名联邦政府机构的领导者以及他们的直属上司的研究发现，领导者对他们的自发性组织行为的自我报告比他们上司宣告的在更大程度上与他们的性别相关联（刘易斯和法根森伊兰，1998）。换句话说，这些领导者对他们自己领导风格的看法比他们的上司具有更多的性别成见。男性领导者形容自己比女性领导者更热衷于自发性组织行为。自发性组织行为被更多假定为领导的男性风格，而关怀行为更多被假定为领导的女性风格，但并没有发现性别差异涉及领导者自我报告的关怀行为。

我们可以得出结论，大多数女性行政管理人员理论上与实际上的伦理行为之间的明显差距源于传统组织的文化与结构的巨大影响。这种假设是与公共行政伦理学领域的文献研究结论相一致的，文献突出了组织环境对个人行为的巨大影响（登哈特，1988；库珀，1990）。如果我们想改变个人的行政行为，机构改革是至关重要的。

女性的推理与美德出现在男性与女性行政管理人员之中，显然有必要改变传统官僚机构现有的结构与文化。用米歇尔·福柯的话来说，女性的道德观在美国公共行政中也许是被抑制知识（subjugated knowledge）。女性视角将隐藏和潜伏在由竞争、非人格性、抽象与自立的男性道德体系占主导地位的组织内（坎特，1977）。在威权组织中，女性无能力实现有意义的改变，现存的奖惩制度简直太过强制性。因此，有必要转向女性主义者对公共官僚机构的批判性分析和对女权主义运动所支持的可替代性组织的描述。女权主义者认为个人的女权运动必须被连接到组织中政治的女权运动上。个体差异直到在我们的社会中新类型的组织形成了才可能出现。

26.3 女性主义视角下的组织

女性主义视角涉及似乎有力影响个人道德行为的组织生活的结构与文化的组成要素。女权主义者集中在男性主导与女性主导组织之间的差异而不是集中在个人道德观中以性别为基础的差异上。他们认为在男性占主导地位的组织中，妇女被迫适应男性化的标准与规范。正如罗宾·德里写道：

> 看起来像他们，像他们一样交谈，学会他们的游戏，然后，你会在他们的世界里成功。遗憾的是，遵守这些规则也给女性带来了许多不愉快的后果：情感远离、孤立、与其他女性关系的弱化，家庭责任的贬值，为了成功的梦想而假装成为其他人的空虚。女性以这种方式进入工作场所却并未改变它，为了进入，她们在其中只是牺牲了自己。(1990：7)

因此，女权主义者断言女性的声音被压制在现代企业中。在批评官僚机构的科 568 层结构和竞争性的文化时，女权主义者要求选择组织的另一形式。只有在由女性本身缔造与领导的可替代性女性组织中，女性的道德声音才能被听到。

A. 组织结构

女权主义理论家从坎特（1977）开始主要关注科层制权力在限制女性行为方面的作用。支配与从属的传统模式显然与性别有关，越来越少的女性位居组织金字塔的顶端。组织的等级（或者社会地位）制度将员工与几乎完全由男性组成的精英分离（弗格森，1984）。地位较低的员工都高度依赖于精英管理人员的表彰和奖励。女性下属必须学会满足她们男性上司的期望。她们必然使行为适应男上司分配给她们的角色。

女性下属被要求的行为，可能要么非常顺从，要么非常好争斗。在许多组织中，女性行政人员被要求是温顺的、合作的——服从命令并接受企业的组织规则。正如弗格森在《反对官僚制度的女权主义案例》(*The Feminist Case Against Bureaucracy*) 一书中写道："男性占主导地位的政治后果是这样，即女性学会适应下属角色，并且这样的角色很容易变成是自我维持的。为了适应次要地位，人们学到的技能进而强化这一地位"(1984：94)。特别是在她们代表着少数的组织中，女性行政人员可能会试图选定"宠物"的角色——一个可爱有趣的小东西……一位显示威力的强有力支持者（坎特，1977：235)。在这种情况下，女性可能会被迫屈服于如种族辱骂、淫秽色情笑话和性骚扰这样的不道德行为，并且可能会感到无力回应。

随着越来越多的女性进入到管理队伍中来，并且随着公众领域歧视的减少，女性越来越多被要求"成为男孩中的一员"，变得像她们的男同事一样具有竞争力、积极进取和雄心勃勃。在一个学者称之为"同性恋再生产"(homosexual reproduction) 的模式中，男性要求他们自己的女下属会像他们一样（弗格森，1984)。女性不是挑战男性的伦理而是调整自己的行为以适应它，常常通过变得比男性更无情来弥补她们权力的相对缺乏。"进入到这种组织的女性通常需要抛开女性传统角色中以人为本的价值观，以便拥抱组织，并证明自己是男孩中的一员"(弗格森，1984：94)。

无论她们是否变得非常被动或非常好斗，没有权力的女性都要学会压制她们关怀和起连接作用的方面。相反，那些继续表达女性价值观的女性则被忽略、侮辱或被公然威胁（德里，1990）。以女性的方式行动，如对“上班族妈妈”的问题表示关注，招致“太软”或“不能成为管理手段类型的评论”。有同情心的女性很少受奖励或晋升。正如在德里的研究中一位女经理所说的那样：“在工作场所，你不要谈论成为一个女权主义者——如果你知道什么是对你有好处的，那么你甚至不能提女权主义概念”（1990：19）。女性很快就会知道成功需要符合集体规范（坎特，1977；格兰特，1988）。

继弗格森之后，卡米拉·斯蒂福斯提供了对在公共行政领域（1993）中的男性价值观假设的一种全面而有力的批判。斯蒂福斯认为，男性的偏见体现在代表“专
569 家意见形象、领导能力和捍卫行政权力的长处之中”（1993：4）。此外，她认为公共行政典型男性之气是体制性的，公共行政促进了现存“更大社会上以性别为基础分配资源的权力关系”（1993：4）。作为一种职业的公共行政歧视了女性（通过限制升迁到顶层等级的机会），并助长了更广泛社会上的不公平。

斯蒂福斯的批评包括大幅度抑制女性价值观与品质的问题。首先，她专注于占据职业主导地位的专业化知识的要求，发现“包含性别两难选择——对科学客观现实的要求、对自主的追求、所寻求权力科层等级性质、隐晦的兄弟情谊标准”的四个方面（1993：37）。她认为客观、公正和独裁专家的形象与女性参与、关怀和相互尊重的倾向相冲突。对客观、自主的专门技能的职业要求与女性个性化的“回应性、关怀和服务”的品质不一致（1993：55）。斯蒂福斯提倡“具体的、情境的、以经验为基础的、互动的和立足于感知、感觉以及理性分析的行政自由裁量权观念”（1993：144）。

在斯蒂福斯看来，对领导能力与美德的职业构想对女性来说也存在问题。她认为，尽管出现了论述妇女作为有效率领导者的文献（如本章所讨论的赫尔格森和罗森纳的研究），但是在公共行政领域中偏爱的仍然是男性化领导形象倾向——“看管”（take charge）的领导形象。她特别担忧对意味着自上而下方法的有远见或有魅力领导的强调（因为女性倾向更加平等与参与式的风格）。将重点放在公共美德与行政“英雄”上也造成了性别的两难选择，因为它们意味着公共行政管理人员是公众利益的杰出守护者。斯蒂福斯的公共美德的想法是用来捍卫男性占主导地位的行政权力。公共生活的本质是由独立自主、理性自主的男性（或非常像男性一样的女性）决定的，这些男性保护共同利益……并且控制这些人的冲动（1993：99），这些人强化了占主导地位的权力结构。

斯蒂福斯提倡“公共行政的新结构”，承认“女性特征思路”。男、女行政人员需要抵制“呈现为技术专家、无赖和英雄的压力”（1993：123）。女性的关怀、仁慈、无私和回应价值观需要提升。行政人员应该“与”（with）公民一起工作和“为”（for）公民工作。我们多元社会中的所有成员更加受到尊重与关怀能够提高官僚的有效性和对官僚的普遍看法。成为一个“完整的人”（whole person），既体贴又善解人意，既知情又具包容性，将会促进行政人员的服务。因此，如果该领域要向前发展，性别二分法需要加以克服。

利斯贝思·肖尔的这项工作证明了重建公共秩序的重要性，特别是在社会服务

领域。在对成功家庭服务项目的一种有吸引力的和有影响力的分析中，肖尔(1997) 赞成性质上基本是女性的人性化服务管理原则。正如她所声明的那样，在一种经常“与更传统的工作方式不一致”(1997：12) 的“新形式的职业实践”中，关系是极为重要的。成功的项目是“包容的、灵活的、反应灵敏的和坚韧的”，体现了“爱心、同情心，尤其是耐心”(1997：5)。这些项目中的行政人员具有包容性与参与性的风格，建立了“基于相互信任与尊重的牢固关系”(1997：10)。有趣的是，肖尔也指出关系推动变革的实践中，强大的精神因素是重要的维度。领导者 570
主要是认为自己与一种更大的生活影响力相关联。精神因素是组织与社会转型的重要来源——因为它激发关联、相互信任和尊重。

女权主义者认为，传统的权力结构和科层等级与女性价值观是根本不相容的(弗格森，1984；斯蒂福斯，1993)。真正的关怀与关联只能发生在成员之间相互尊重与信任的组织中。女性主义要求消除控制和科层等级的权力结构。她们认为权力必须被组织中的所有成员分享。她们认为权力是“无限的、统一的、可授予的和民主的，注定是要被分享和被看作一种鼓励自立和集体决策的方式”(海德，1989：155)。正如 70 年前玛丽·帕克·福莱特所主张的那样，权力应该是“协作”的权力，而不是“强制”的权力：“强制的权力是宇宙的祸因，协作的权力是每个人精神的提高和丰富”(1978：13)。

的确，从福莱特开始，女性管理人员与顾问经常表达分享权力的强烈愿望。遗憾的是，现有的权力结构已经很少允许这种民主行为。福莱特几乎所有的工作都集中在真正参与和促进合作的努力。她说真正的权力是“共享的权力”而不是“专制权力”：“难道我们现在还没有看出，虽然有许多方式获得外在的、专制的权力——通过蛮力、通过操纵和通过外交——但是真正的权力始终是存在于情境中的权力吗?”(1978：106)。

现代女性管理人员似乎经常与福莱特都有对民主进程、公开讨论和达成共识的关注（海德，1989；赫尔格森，1990，1995)。当被授权时，女性倾向于创造更加平等的组织。“在比较少见的情况下，妇女担任大型组织领导时，她们能够建立代表她们价值观的新的沟通模式和结构。这些措施包括组织网络而不是科层等级和理想中能被仔细聆听、共享信息资源、广受好评的会议”(德里，1990：8)。

在最近几年的研究中，最有力的对传统“控制和命令”的管理理念的批评一直是玛格丽特·惠特利的批评（1998；惠特利和罗杰斯，1996)。虽然没有从公开的女权主义者的角度来著述，但惠特利挑战了男性主导的旧机械论的价值观基础。惠特利使用“新科学”即量子物理学和盖亚生物学中的新理论教义来抨击从基层支撑西方组织理论的基本假设和价值观。正如她指出：

> 我们被教导着所认知的世界与我们的人性格格不入。我们被教导要把世界看成是一部极大的机器……因为在这部我们创造的机器世界里，我们无法找到我们自己，我们体验到这个世界是陌生和可怕的。异化催生了支配的需要。恐惧导致控制。我们想要利用和控制一切……但是，世界不是一部机器。它是活的，充满了生命与生命的历史。(惠特利·罗杰斯，1996：6)

她主张女性主义原则是对生命的确认，是创建“值得人类居住、在那里生命蓬勃发展和创造是一种愉悦”的组织的要求（惠特利，1998：83）。

作为一个敏锐的管理顾问，惠特利宣扬生命是“自组织”，我们可以挖掘到来
571 自混乱中的秩序的自然过程。组织自然会凝聚在意向的周围、愿景的周围。“一致性是组织的根源。每一个组织就是一种行动上的一致性”（惠特利和罗杰斯，1996：58）。她认为组织化的个人应是富于激情、富于行动、富于创造力、富于自由的，并且最重要的是致力于价值意义。组织应该使人类成为完全的人，它们可以使我们能够培育我们的激情，并通过爱而关联在一起。

事实上，惠特利认为现代盖亚生物学向我们表明，在这个星球上的生命是建立在“两大组织能量”即“创造的需要与关系的需要”上（1998：87）。只要有机会，个人自然会走到一起来改善他们的共同体，并促进共同利益。个人寻求自我实现与服务的环境。对组织来说，为了发展参与组织的个人能力，组织必须推动“爱、目的、灵魂、精神、自由、勇气、诚信和价值意义”（1998：87）。因此，领导者必须是灵活的、开放的、允许源于核心目的的想法的出现以及授权他人自发行动。

很多时候，惠特利都认为现代组织把人们限制起来，扼杀了人们的本能和创造力。因为害怕不可避免的变化、精神错乱和无秩序状态，管理人员就强制实行“破坏我们的愿望”（destroys our desires）的秩序。正如她所声明的那样，“我们创建了一个组织。喜欢结果的人逐渐鄙视为了达到这一目的的机构。激情变异成程序、规则和角色。我们将重点放在政策而不是结果上。我们不是自由地创造，相反我们激励被限制，挤压个人生活，使之从我们的集体生活中分割出去。这种组织不再存活。我们注意到其臃肿的形式，并怨恨其阻挡了我们行动”（惠特利和罗杰斯，1996：57）。惠特利批评组织的规则，赞成更简单的方法，即与自然法则更一致的方法。

在惠特利的愿景中，组织应该是充满了活力，以不可预知的方式不断变化、成长和学习。它们应该是因共同的目的与激情而以最小限度的正式结构与个人联系在一起的社区。组织应该是一个动词，结构应该是灵活、动态的系统。组织通过交流信息、建立关系和分享共同的特性而被联系在一起。“它们是网状的、错乱的、非线性的和纠缠混乱的。我们如何绘制一个动态的过程？一张地图不能捕获其复杂的、共同进化的和自我超越的关系”（惠特利和罗杰斯，1996：79）。

莎莉·赫尔格森为了建构大型组织而使用网络的比喻说法来描述“新的体系机构”（1995）。她认为旧的科层等级结构，“其强调等级、边界和分割，作为一种隐喻已失去其效用，通过这种隐喻我们将个体与公共机构联系起来”（1995：13）。人们需要的是一个灵活的网络，允许一个持续的、永无止境的连接过程。

> 网络建筑师像蜘蛛一样工作，不停地编织新的连接卷须，同时也不断加强那些已经存在的连接卷须。网络建筑师的工具不是武力，不是发出命令的能力，而是提供不断对话的路径和参与……因此，在网状组织中的领导者必须通过柔性来展现力量，并通过不断增强别人的影响力来保证他或她的职位。（1995：13）

赫尔格森强调关系网络必须具有包容性，必须认识到所有人相互依赖和每一个参与者的重要性。

当组织被形象化为网状结构时，它处于不断变化之中。其结构“不断地被建立、拓展，更改、修正和变形”(1995：20)。领导者必须灵活应变。此外，他们还必须适应“处在事件的中心，而不是居于事件之上”，宁愿“建立共识，而不是发出命令”(1995：20)。管理人员必须放弃“优越的象征性标志与得意”，把他们自 572
己看作正在进行的组织工作中的共同的平等之人和创造者。赫尔格森认为在开放与参与的组织中女性工作更自然，“因为领导组织女性不断致力于使每个人都在每一点上更接近中心——以加强联系，提供更多的接触，并鼓励更多人士参与”(1995：20)。聚焦于关系而不是个人的权力或成功促进持续不断地创造、学习、创新和改进。

总之，女性主义者认为女性的道德行为不会出现在妇女仍相对处于弱势的传统官僚机构中。他们因其滥用行为而谴责等级制的权威结构。除非女性创造替代组织或在传统组织中获得更大的权力，否则女性对于关怀与培育的承诺将不能转换成新的行为模式。正如管理学教授帕特里夏·马丁的结论一样：

> 女性比男性更少关注主导地位和权力游戏，而是更致力于多样性、包容性和开放性。女性也更致力于推进民主进程。然而，在“男性世界”职场中成功的女性被迫参与竞争，并试图打败下一个男人或女人。女性本身的出现很少足以改变男性典型工作组织的男性主义价值观、做法和关注。(1989：469)

B. 组织文化

在传统的组织文化中，女性主义者认为女性与女性特质受到贬低。“男性伦理”——讲究实际的、分析性的、客观的、不露声色的，算计的和不诉诸感情的——成为占主导地位的价值观体系（坎特，1977)。如关怀、同情和关系这样的女性的价值观被人耻笑。单个女性遭受频繁的骚扰和羞辱，使女性处于从属地位的“性别关系”被占主导地位的企业文化所强化了（米尔斯，1988)。女性被迫感到脆弱和无力，无法维护自己的人格与信念。她们学会适应压制她们道德疑虑与担心的组织生活规范。

在进入传统的组织文化中之时，女性迅速认识到女性与女性特质被贬低。为了被接受并且被包括在内，她们必须参加（或至少是容忍）性别歧视的笑话和对女性的攻击。正如坎特在她对“财富”500 强公司的研究中所发现的那样，“对于具有标志性的女性来说，成为‘男性中的一员’的代价就是愿意偶尔转为反对‘女性’”(1977：228)。坎特观察到女性管理人员通常嘲笑恶心的性别笑话或参与女性无能的贬低性讨论。如今这样的笑话和讨论继续遍及工作场所。正如 1990 年秋天对安妮塔·希尔源源不断的支持所显示的那样，性骚扰和对职场中女性的诋毁在美国是常事。例如，在德里研究中的一名公司的律师评论说：

> 工作场所的现实是……通常存在着对女性的不健康看法，并且我听到和经

> 历了许多关于贬低女性的评论……所以，我得到的感觉是不是受到重视，我更
> 573 多倾向于尽可能更像男性中的一员……就我个人而言，我很长一段时间不喜欢
> 在我身上正在发生的事情。(1990：18)

在如此恶劣的环境中，女性学会否认她们自己的女性特质。由于经常或明或暗地被指责为太情绪化、太有同情心或过于个人化，她们尽力掩盖自己的真实感受(米尔斯，1988)。她们观察到“有同情心的”女性被降级到从事人事或人事关系的工作，并避免展现同情心，以免她们失去职业发展的机会。女性管理者常常使自己疏远其他女性，拒绝被认定为第二类群（德里，1990）。换句话说，女性尽力融入主流文化，抑制其女性特征并改变她们的行为。

> 对标志性人物来说，这里呈现的困境是如何使与支配者非正式交流所产生的差别意识与为了成为其成员而抑制支配者对差别担忧的需要相调和。由于业绩压力，围绕着标志性人物的同龄群体互动增加了为了满意的公众形象而要求的努力，这种努力有时还伴随着私人偏好的扭曲变形。(坎特，1977：229)

成功的形象管理往往是通过巨大的个人成本而取得的。女性表达了以“玩男人的游戏”为中心时的真实情感和痛苦。她们觉得她们自己的行为在道德上有冲突。正如德里所发现的那样，“几个女性在我的访谈研究中表示，她们最容易被接纳是在预计她们会仿照他们的行为和模仿男同事交际时。然而，上述女性也承认，如果她们的行动与她们自己的分享信息、建立与客户的信任和拉同事进入合作对话的价值观一致，她们通常对她们自己更满意”(1990：9)。非常成功抑制自己女性一面的女性可能突然意识到她们已经失去了的一切：“因为我将努力工作成为别的东西，所以存在我没有认识到的在我身上的东西、价值观和人生观”(1990：18)。

女性的价值观和美德只出现在罕见的情况下，此时，在主要组织中的女性有技能、有信心和有能力维护自己的优先权。在这种情况下，女性使自己面临相当大的个人风险和嘲笑。在德里的研究中，女性管理者表达了在改变共同体环境方面的偶然成功。她们能够改善以家庭为导向的政策，增加协同努力，促进少数民族的雇用，并指导其他女性。然而，在实现这些创新时，女性历经了“显著的威胁和障碍”。这些女性不能完全通过共同体的奖励制度来塑造她们的行为，只能在面对强烈的阻碍与批评的过程中实现自己的价值（1990：30－31)。在传统的共同体文化中，坚守自己的原则显然是非常困难的。

也许在世界上最有名的女性管理者是“美体小铺”供应链的合伙人安妮塔·罗迪克。在她的自传（1991）中，罗迪克提倡明显的女性主义者的管理方法——强调原则与利润两者都可以实现。她下定决心“要创建一个新的商业模式，仅仅要表明企业可以有人性的一面和社会的良知”(1991：24)。她的店因为对社会服务的承诺而闻名，她的公司在社会和环境的正义运动中显得杰出。她赋权一线工人从事志愿服务和宣传，表达他们个人的激情，“受他们自己力量来源”的引导。她的信条来
574 自拉尔夫·沃尔多·爱默生的呼吁：“把爱放在劳动所在的地方。”罗迪克非常清楚
她作为一名行为古怪与情感化的女性经常被解职。她为她的企业在商业上的成功感

到非常自豪，这证明了对她的批评是错误的。“他们支持我们的信仰改变活动、我们的环保宣传、我们的社会福利政策以及我们把爱放在我们劳动所在的地方的不变话题。他们犯的最大错误就是把我们女性价值观等同于软弱和效率低下”(1991：217)。她问道：“为什么我们总是被称为天真和无知的，为什么我们就不是正确的?”(1991：217)

总之，女性主义者挑战了男性文化占主导地位的大多数组织。正如德里(1989)所主张的那样，强大的文化压制女性的行为与美德。女性的声音被抑制、被忽视。女性和她们基本的判断力与价值观疏远了，她们对她们的道德推理与知识失去了信心。只有在另一种文化背景中，其中女性文化盛行，女性拥有真正的力量，对人与人之间责任和关系的认可才可能容易出现。那就让我们转到对一种可供选择的女性主义组织的分析。

C. 女性主义组织

由于女性主义者在传统组织中缺乏女性行为而谴责其男性的权力结构与文化，探寻具有可替代性的女性主义组织是否实际上反映了女性的价值观就变得非常重要。显然对传统企业和官僚不满的女性以创纪录的速度已经辞掉自己的工作，创立了她们自己的小企业和代理机构。据我所知，遗憾的是没有对这些女企业家的管理风格或价值观做广泛的研究。然而，有大量关于具有可替代性女性主义服务机构的实证案例研究——在公共和非营利部门中出现。由于这些女性主义机构大多已经运作了 20 年，它们为基于女性主义道德的可替代性行政结构提供了历史证据，这种结构至少部分影响了公共行政。正如马丁所论述的那样：“现代西方妇女运动中的女性主义组织已经被证明是非常有生产力的、创造性的、多样化的和持久的”(1990：183)。它们是公共行政中女性主义行政议程和女性主义伦理可行性的活生生的证明。

从 20 世纪 60 年代开始，女性主义服务组织已经以根本不同于传统组织的方式运作，体现了对关怀、培育和共享的女性价值观的认可和遵循。首先，也许是最重要的，女性主义组织促进平等的关系、合作和参与（马丁，1990；施瓦茨、戈特斯曼和珀尔马特，1988；威尔，1988；海德，1989）[①]。内部关系是非科层等级的和非正式的，所有工作人员与志愿工作者都受到尊重。虽然可能有正式的领导者，但所有成员都被授权做出操作性决策。战略决策是基于所有员工都被包括的广泛讨论和辩论。可能在一定程度上，战略决策是基于团体的共识，过程与结果一样重要。目的、目标和程序被不断地重新评估，并根据需要进行修改。此外，在女性主义组 575
织中的组织结构通常是灵活和变动的，为特定任务创建团队，正式的领导可以轮换或在团队成员间共享。

女性主义组织还努力授权它们的客户。客户被给予尽可能多的信息，以便做出

① 女性主义者的做法与所谓的“新公共管理”之间有明显的相似性。不过，女性主义的议程更为激进——要求消除传统的官僚科层等级和规则。对投票公众负责的问题一般不在女性主义文献中讨论。

明智的选择，并被鼓励互相协助和参加集体自救。提高自觉意识和政治知觉是女性主义哲学的核心。女性客户的个人问题与更广泛社会的政治问题相连，有关公共议题的集体政治行动被鼓励（海德，1989；弗格森，1984）。

多样性在女性主义组织内受到尊重。这种文化促进不同种族、年龄和种族群体的接纳和包容（海德，1989）。多样性与差异性被认为是力量的源泉，因为许多女性的参与带来了更新的活力和成长。所有参与者都受到欢迎、拥抱和尊重，所有声音都要被听到。

特别是在女性医疗卫生服务领域，非营利性的女性主义机构蓬勃发展和壮大。伊丽莎白·布莱克韦尔妇女健康中心自 1974 年就已成立。该组织的指导原则包括以下声明：

> （1）在组织提供医疗保健服务时，消费者的需求应该尽可能考虑……消费者应成为他们个人医疗保健的积极参与者，并且……参与医疗保健体系决策活动。
>
> （2）女性主义者的工作环境承认每一个工作人员的贡献的价值，保证每一位工作人员参与决策的权利，并鼓励员工拓展他们的技能。（施瓦茨、戈特斯曼和珀尔马特，1988：7）

布莱克韦尔中心已成功地应用了这些原则——以非常有尊严的方式对待工作人员和消费者——并且已持续增长——扩大服务以满足新的需求。尤其重要的是对权力集中的预防和制衡，包括员工参与董事会会议、员工在任何时候与执行董事的直接接近、关键职位的轮换以及雇用与解雇所有员工，并设定薪酬等级的员工委员会。客户也被授权和动员起来，为了妇女健康和生殖权利参与政治倡议。

成立于 1978 年的“妇女成就妇女计划”组织帮助有化学药品依赖的女性，为女性主义者道德影响公共行政提供了一个范例（克拉维兹和琼斯，1988）。虽然是作为酒精和其他药物滥用政府办公室的一部分，但该项目保留了相当大的自主权和灵活性。作为威斯康星州全州范围的项目，该项目只受一位领取报酬的项目主任协调，当地机构的办事员可以自由地发展自己的项目——最少的监督和行政制约。甚至志愿者都“对项目规划和优先性设置有着重要的投入”（1988：50）。正如一名志愿者所说：“如果你不喜欢某样东西，你可以抱怨，并公开这样做。如果你想自己主动改变某样东西，你能够这样做，只要你遵守一定的准则”（1988：51）。客户被提供必要的支持，以获得适当的服务，并被鼓励参与自助团体。地方机构已开展基层游说，并成立能够影响议员的网络结构。

《洛杉矶县儿童部的儿童性虐待纲要》提供了一个“在庞大官僚机构结构和科
576 层文化中具有协作性的、女性主义者导向组织子文化的可替代方案的突出例子”（威尔，1988）。该纲要制定于 1978 年，致力于“治疗和授权受害儿童和他们的母亲”。该组织的结构与文化被认真建构，以便授权员工与客户。根据相关的专业知识或技能，为特定的任务建立灵活的矩阵团队。这些团队的领导是共享的。对于客户来说，重点是通过参与家长联合团体的自救。事实上，儿童性虐待纲要告诉我们，即使是大型的传统公共官僚机构也能“重造它们自己的实践做法，以便它们发挥共担决策责任、共同参与规划和解决问题以及相互依存的作用。这种调整需要给员工以及给客户的强烈授权与互助的承诺”(1988：80)。即使是在传统的公共官僚机构中，女性主义的亚文化和组织也提供了人道与关怀的工作环境。

在一本优秀的论文集中，费里和马丁（1995）汇集了美国和世界各地广泛的女性主义作家来描述“女性主义组织”。他们把女性主义组织定义为“信奉集体决策、成员赋权和结束压迫妇女的政治议程”(1995：5)。从这些组织的单个发展历史来看，他们的结论是与女性一起工作和为女性工作时，在他们与他们所谓的男性潮流不可避免的冲突与合作中，他们遇到紧张局势和问题（1995：5)。然而，这些组织随着时间的推移已经表现出非凡的生存力和发展。

费里和马丁认为女性主义一直持续到 20 世纪 90 年代，“主要是因为它产生、培育和影响组织的数量和种类”(1995：5)。女性主义组织是“妇女运动完成的场所和手段”(1995：13)。它们通过集体行动（主要是政治鼓动）动员和赋予妇女权力。它们关注大规模的社会变革，而不是对妇女个体的宣扬和赋权。因此，这些论文集主要集中在行动主义的组织（其把直接服务于有需要的妇女也许作为次要的活动）上。他们特别感兴趣的是女性主义组织与更广泛妇女运动的关系及其制度化对行动主义的中心与议程的影响。他们还特意包括了突显被体现在整个这些组织中的不同种族、阶级和年龄的研究——源于离散在全国各地社区中的地方问题和冲突。

费里和马丁得出结论认为出现了女性主义运动中所描述的多种类型组织。具体而言，他们承认虽然这种更松散的网络和草根风格对现状来说可能更多天性上是挑战，但是更多制度化和官僚风格的组织或许也是特别有效的变革代理机构。“事实上，任何社会运动动员浪潮的最重要成果也许会是它为未来运动储存和提供制度化的资源”(1995：11)。换句话说，不存在任何一种风格或模式，其被要求促进从这些作者的角度来看的社会转型。政治参与可以采取多种组织形式，这些形式其实是不符合所谓女性关怀和关联的原则——这些作者不直接面对的伦理冲突。

由于这本论文集集中在政治行动主义上，很少注意到具体的管理与领导问题。在其中有趣的一章中，琼·阿克尔集中在非科层等级的和参与式管理面临的挑战(1995)。她提出是否可能在“忠于女性主义者的集体、尊重和民主的理想的同时， *577*
创建或采取足够的力量在需要满足女性主义者目标的社会中实现变革”(1995：138)。她坚决主张组织趋向等级科层的压力显现在组织寻求变得更加强大与更有效的时候。她的结论是特定因素的确提高了正在进行的平等主义参与的可能性：“小团体规模、共同的目标（包括平等参与的目标）、相对平等的知识与经验、灵活的与非竞争性的个人成员以及一个良好的组织环境。”(1995：141）阿克尔还假定女性主义组织最适合于具有相似种族、民族、阶级和性倾向的女性。同质化的兴趣与背景有利于平等的参与，本地关系网络和友谊导致自然的信任、合作和权力分享。因此，她的结论是同编辑们一致的，并给普遍的妇女运动提出了有趣的道德困境。

在这本论文集结尾，作者乔·弗里曼（1995）论及了在女性主义组织中是否需要女性主义结构与过程的问题。她坚决认为“大量自称为女性主义者并且追求女性主义者目标的组织对集体决策和参与性民主是成为女性主义者的先决条件的主张提出质疑”(1995：406)。她同意编辑们的观点，即标准应该是组织是否赋予广大妇女权力。目标是要“赋权作为一个群体的妇女，而不仅仅是个别妇女”(1995：408)，结果而不一定是结构或过程是女性主义的终极检验。

这本论文集形成的理论模型虽然没有强调女性主义者的决策过程，但是很多案例研究的确描述了共享式组织。对受虐妇女庇护所的一项研究（瑞奈特，1995）描述了“为了消除职业等级科层”(1995：90）所做出的努力，这些努力包括聘用前任客户以及尽量减少薪酬差距。瑞奈特强调，这些激进的庇护措施汇集在一起来拥抱“参与政治”(a politics of engagement)（1995：85)，在政治上联合起来争取更多的资金和更严格的惩罚。在东洛杉矶的另一项对共同体组织者的案例研究强调群体的集体性（帕尔多，1995)。例如，东洛杉矶母亲共同体组织就是建立在“现有社区内的网络”之上的（1995：362)，通过联合不同族裔群体共同努力来保护其社区不受州监狱和有毒废物垃圾的伤害。“妇女主义者”(womanist）团体一起合作，把“家庭、朋友和邻居变成集体行动网络”(1995：370)，成功地捍卫社区的尊严。其他对相对小的、更离散的和地方性的组织的研究确认了女性主义组织原则能够有效地引起系统性变革。

总之，对女性主义组织的广泛研究表明在这次运动中变革和多样性是持续的，女性主义是一种转型的过程。正如瑞奈特得出的结论那样，女性主义是“遵循包括培育、民主、合作、赋权、包容、转型、最大限度地回报所有人和结束压迫的价值观”(1995：101)。这些价值观“提供了一个道德框架”，即在这个世界上存在的一种方式，并不需要“特定的组织形式或政治策略”(1995：101)。

从总体上看，组织的文化与结构似乎能够抑制或促进女性的价值观和美德。在传统环境中工作的女性似乎适应了竞争的、个人主义的环境。但是，在另一种环境下，女性能够在她们的行为方面变得更有女性特点，培育自我、同事和客户。在这个时候，我们还不清楚男性是否也能够在这种环境下以集体和合作的方式来行动。
578 (遗憾的是，没有一项对女性主义组织的案例研究提到男性员工的出现或反应。）聚焦于女性解放的女性主义公共议程使许多女性发现新的组织方式，但尚未创造男性行政人员改变他们道德行为的机会。

26.4 结论：倾听另一种声音

在本章中，女性与男性的伦理被视为对立的两极。基于对关怀与关系信奉的女性责任道德一直被与建立在抽象的逻辑和普遍的正义原则之上的男性权利地位做比较。包括仁慈、同情和耐心的女性美德一直被用来与如勇气和荣誉这样的男性美德做对比。妇女的声音被视为与男性有明显不同。

以类似的方式，另一种女性主义组织一直被与传统的男性占主导地位的组织对比。女性主义组织的结构形式是民主与平等的，而男性化的组织形式是科层等级式和独裁的。女性主义组织促进多元化和包容性，而男性化的组织鼓励排斥和竞争。

女性主义者认为男性占主导地位的机构促进了冲突与孤立，而女性占主导地位的机构鼓励合作与人际关系。两性之间的两极差异再次被提出。

事实上，学者们越来越认识到男性和女性都有能力从正义或关怀角度来处理道德决策。而且，男性和女性都可以以关爱和培育的方式来行动。道德决策和道德行为选择基于背景的可能性和基于性别的可能性一样多（德里，1989；古尔德，1988；赫尔格森，1995）。

正如我们已经看到的那样，男性和女性适应了竞争性的、个人主义的文化以及占主导地位的科层等级制的权威结构。当参与了另一种机构时，女性（也可能是男性）以关怀和培育的方式行动来对待同事和客户。事实上，属于集体主义的基层组织的男性有可能坚定地致力于平等主义和关系——虽然对可替代性组织的分析远远超出了本章的范围。当然，女性主义组织理论和在 60 年代后期由（主要）男性学者明确提出的新公共管理理论之间也有明显的相似之处，它强调参与、包容、社会变革。

因此，女性视角对公共行政来说是重要的，因为它阐明并确认了另一种道德的方法。正如卡罗尔·吉利根所承认的那样（1982：2），“根据主题而不是根据性别”是重要的。这与美国男性与女性目前是否以不同的方式思考或行动基本上没有什么关系。对公共官僚机构的改造来说至关重要的是承认和接受“不同的声音”。关怀角度从根本上挑战了正义立场假定的普遍性。它代表了所有那些长期遭受个人主义权利哲学痛苦的人的被压制的价值观，那些人包括非裔美国人、印第安人和妇女(特朗托，1987；费里和马丁，1995)。它要求人与人之间的责任和关系被授予与个人权利相匹配的道德地位。

明确需要远离两极性并走向关怀与正义视角的建设性合成。权利与责任真正是 579
平衡和抑制彼此的互补性理念。正如弗里德曼（1987）所主张的那样，鉴于家庭中越来越多的虐待和不公平，我们应该在私人家庭领域促进更大的正义。由于频繁的道德败坏和对工人的剥削，女性主义的关怀视角和女性的美德需要使组织生活人性化，并创立解决公共问题的创造性方法（赫尔格森，1990、1995）。关怀视角促进公共官僚机构转型的潜力是显而易见的，遗憾的是，对大多数女性行政人员来说，结构与文化的障碍也同样是明显的。

公共行政人员所面临的挑战是成功地将女性主义的方法纳入主流组织中去。正如弗里德曼所评论的那样，我们必须认识到“关怀-正义的两分法理性上是令人难以置信的，这些观念在概念上是相容的。这种概念上的相容性创造了这两种道德关注将被混合在实践中的经验可能性”(1987：97)。然而，这种在公共行政实践中的整合需要部分掌权男性有考虑做重要变革的意愿。

女性主义者已经令人信服地指出，现存的性别歧视和官僚主义的整合几乎是不可能的，相反，女性主义者已经创立另一种机构。从女性主义的角度来看，两极差异无法弥合。在男性占主导地位的环境中，女性的不同声音将永远被压制。女性的唯一选择就是与男性分开工作，培育彼此并赋予彼此权力。

不过，就个人而言，我还是希望女性主义组织在基本成功和稳定时提供另一种可以被纳入主流公共行政中的行政行为模式。如果我们的公共机构要蓬勃发展，女性主义分享权力，并以充满爱心的方式回应他人的具体需要的意愿是非常必要的。如果我们要重振士气低落的公共机构，我们必须减少对女性主义行为赖以生存的文化与结构上的限制，为在官僚机构内部和这些官僚与他们所服务的社区之间增强了的人际关系创造机会。

可悲的是，关怀的声音在主流公共行政中尚未被听见。事实上，在伦理文献中，性别问题很少被关注和讨论。正如我们的开幕式小插曲所示的那样，论及合作、关心或同情的女性被嘲笑，同样，女性主义视角很容易被学者和从业者驳回。女性的声音被忽视和抑制。女性主义道德还是一种被抑制的知识。我认为公共行政领域中的男性和女性是时候诚恳而慎重地听取女性主义道德的声音了（德里，1990；斯蒂福斯，1993）。让对话开始吧。

参考文献

请从中国人民大学出版社官网（www. crup. com. cn）下载，或者用微信扫描下方二维码获取。

第 27 章

公共行政中的公民身份伦理

卡米拉·斯蒂弗斯
美国俄亥俄克利夫兰克利夫兰州立大学

在西方政治哲学中公民思想有着悠久的历史，从古代的城邦到先进资本主义社会的代议制民主国家。公民身份既意味着一种地位也意味着一种实践。作为一种**"地位"**（status），它涉及一系列个人与国家之间的正式关系，通常包括重要的权利（投票权，言论、宗教和结社的自由）以及很少的责任（如果有的话）。作为一种**"实践"**（practice），公民身份涉及一系列组成政治生活的能力、活动和义务，如参与治理和思考普遍善的责任。 583

作为公共行政的伦理支柱，与其他一些规范性框架（包括在本书中其他地方所涉及的许多）相比较，公民身份概念并没有被广泛采用。在文献中，一种基于公民身份的公务员道德行为规范的清晰纲要仍然是明显的：在库珀的著述中占有重要地位（1991，1984，1980），也在弗雷德里克森（1991，1982）、斯蒂弗斯（1996，1991，1990）以及弗雷德里克森与钱德勒（1984）的文章中被涉及。本章将阐述公共行政中公民身份伦理的主要组成部分，主要是利用该领域的作者的论述，同时根据需要，丰富资料来源，展开其他讨论。文章综述通过如下步骤来进行：首先，详述作为"地位"与"实践"的公民身份的组成部分；其次，简要追溯公共行政中公民身份思想的发展过程；然后，概述体现在如今公共行政文献中的公民身份伦理的主要特征；接着，探索公民身份与组织价值观之间的紧密关系，尤其是近年来基于商业实践经验，公民身份被日益忽视，社会呼吁一种行政行为规范模式（如"创新型政府"）；最后，对公民身份伦理在未来需要发展的方向上提供了一些思路。

27.1 作为地位的公民身份

从根本上来说，公民身份意味着个人与国家之间的一种正式关系，一种赋予个体公民政治权利（如那些包含在美国宪法的人权法案中的权利）的关系。对普通人来说，这些权利意味着公民身份的含义。然而，正如勒尔（1984）所指出的那样，
584 几乎所有通常与公民身份有关的权利（以及现时代中大多数福利国家的福利）也被赋予美国司法管辖范围内的非公民个人。即使是仅限于公民的投票权也被视为保护个人利益的手段，而不是作为一种参与政府事务的义务或机会。也许是因为这种实质性内容的缺乏，作为地位的公民身份并没有被作为启发行政规范灵感的重要来源。在公共行政和政治学文献中，它通常被称为"无力的"（weak）或"低水平的"（low）公民身份（钱德勒，1984；巴伯，1984；弗雷斯曼，1981），与涉及具体行动机会与义务的"强势的"（strong）或"高水平的"（high）公民身份形成对比。库珀得出结论："法律形式是重要的……但只作为集中关注赋予公民角色必要形式与内容的系列价值观与原则更基本演变的手段"（1991：47）。

然而，如果我们对公民身份意义要有一个充分的透视，其作为法律地位的意义不应该被完全设置为道德戒律的来源。这一点特别正确，因为在美国历史（事实上，一般意义上的西方历史）进程中，公民身份地位的延伸已提出了重要的道德问题。例如，在过去的几个世纪里，在公民身份思想中，妇女一直是一种持续反常的现象，通常理论上被视为"公民"，却长时间被否认有公民与其他人最明显区别的选举权。授予非洲裔美国人公民身份地位一直更是有所保留，从认为黑人没有美国公民需要尊重权利的史葛案判决到因为把理论上给予的权利变成实质性机会的黑奴解放而持续斗争。

施克莱认为："为美国公民身份而进行的斗争……一直是强烈要求被包含在政治体中，一直是努力打破获得认可的排除性障碍，而不是作为一种深入涉及活动的公民参与的愿望"（1991：3）。她提醒我们，通过把有色人和女人排除在公民身份的公民权利与政治权利之外，一个公开声称是民主的社会对其自己最珍视的原则来说本身证明是虚假的。施克莱指出，从历史上看，白人和有产者的公民身份价值主要来自他们的地位与那些被排除在外的群体的地位之间的对比，这是一种明显体现在 19 世纪对专营权延长的辩论的观点。例如，对于参加 1829—1830 年度弗吉尼亚会议的代表们来说，投票的问题至关重要，"因为这意味着他们是公民了，不像妇女和奴隶了，正如他们一遍又一遍地重复的那样。他们作为自由男性特有的身份处在危险中"（施克莱，1991：49；摩根，1975）。这种视角表明即使仅仅作为一种法律地位，公民身份也是一个比可能在第一次出现更复杂的概念，因为拥有它紧密涉及社会成员不仅能够从事一定的实践活动，而且能够形成丰富的自我认同感，其成长没有受到来自排除在公共生活之外的经验的妨碍。

在相关的问题上，施克莱和其他人都认为，对合法公民身份理念的一个重要限

制就是其局限于政治领域。在自由主义哲学中，公民平等的理念没有延伸到经济领域，在该领域，自由被认为要求有权根据自己的兴趣和天资进行积累的权利，其使经济不平等不可避免。然而，很明显，政治和经济是相互交织的。国家确实保障合同的执行。政治上的——政策——决定使直接影响到公民生活的市场活力发挥作用并给予其限制；同时，经济条件塑造政治机会与优先事项，不仅包括公民支持哪些候选人，而且包括他们是否有可能投票。施克莱观察到在早期的美国，公民身份积 585
极要求一定经济地位的思想已经形成：

> 独立的公民在共和国经济中活动，在这种共和国经济中，每个人都有获得成功的机会……作为民主公民身份伦理基础的经济独立与自主"挣钱"的愿景取代了公共美德，并且它保留了其强大的吸引力。只有当我们"挣钱"了，我们才是公民。（施克莱，1991：70）

因此，公民身份理念上有了进一步的变异：我们的传统是基于作为对自我利益勤奋追求的公民美德愿景，但是把平等公民身份权利限制在政治领域确保了一种经济制度，在其中，财产积累就部分而言将不可避免地限制了其他人——不仅限制他们获得社会正式成员感觉的能力，而且由于经济地位与投票之间的强烈相关性，也限制了他们占有最基本和最重要公民权利的可能性。

在此简要回顾的基础上，那么，作为法律地位的公民身份似乎至少给公共行政的公民身份伦理的发展带来两个重要道德问题：(1) 固定或包容的思想，其源于公开声称的民主原则与实际执行之间的差距；(2) 由经济安全与政治赋予的权利之间的不正确关系导致的正式成员理念。这些问题在本章稍后讨论。

27.2　作为实践的公民身份

作为一种实践或一系列活动和能力的公民身份理念已被标记为四个关键属性：对公共事务做出决定性判断、致力于公共善、教育或发展以及共同体。

积极公民身份的古典愿景是亚里士多德的。他宣称，仅仅居住在一个地方既不确保公民身份也不确保法律权利的占有："完完全全把公民与其他人有效区分开来的是其参与做出判断和占有职位。"(1981) 公民是那些直接参与治理的某些方面的人：他们统治以及反过来被统治。他们的权力可能是有限的，但根据他们所分配的责任，其是决定性的。例如，在古代雅典公民大会上，公民有权决定公共政策的问题；事实上，正如赫尔德 (1987) 所指出的那样，雅典的民众或人民在立法和司法事务上拥有最高权力。阿伦特已经指出，在公共事务中做出决定性的判断将公民与被统治者区分开来。后者可能有民事权利并获得他或她的私人欲望的满足；但只有公民是治理的参与者（阿伦特，1963：127，130）。

积极公民行使什么样的权力？沙尔的论述是有启发性的。他说权威是法定权力："所有合法性理论都采取建立一种原则的形式，这种原则……把权力定位或嵌入一种超越掌权人意志的事项领域，权力的合法性来源于它的起源。"(1970：

287）——换句话说，权力能够被其源于宪法、神法、古老的习俗或其他外部基础
586 正当化。此外，沙尔表明权力还与被结构化是相互影响的：“权力是我们寻求和信任其劝告的人……他提出别人来完成的行动路线。”（1970：291－292）沙尔的观点意味着积极公民身份的权力既是基于外部又是在与他人的关系中被表现出来的。芬利对雅典民主政治的分析表明，在这种国家中至少普通公民的确行使沙尔描述的权力，也就是他们做出既是法律性的又是同伴间互动产物的约束性决定。

芬利指出，大多数雅典公民虽然受教育不多，完全明白专家意见的必要性，但仍自己行使有关要做什么的最终判断。虽然在大会辩论上有如伯里克利这样是“明星”并可能因此被认为是精英的领导者，但他们的优势地位只是他们个人的而不是公共机构的——其实现和维持由公共绩效而不是根基于正式地位。因此，正如芬利所说的那样，公民对需要领导的认可并不伴随着决定权力的放弃（1985：25）。

由雅典公民行使的判断是亚里士多德所谓的“phronesis”或实践智慧，这是“正确深入思考什么是普遍有利于美好生活的能力”（1976）。实践智慧既是一种智慧，又是一种道德能力。深思熟虑是区分实践智慧与科学（知识）至关重要的要素，或者是被展示而不是被思考的必要知识。亚里士多德强调“没有人思考不变的事情”（1976）。因此，实践智慧的结果是与其被发展出来的与环境有关的知识。它也是对正义或善的判断的结果，而不是产生一个有形产品的技术技能的结果。公民的实践智慧使他们能够对特定公共问题进行正确判断（也就是说，心中想着公共利益）。正如阿伦特所指出那样，这样的判断发生没有得到她称之为标杆（无可争辩的理由）或尺度（我们可以运用于评估事实准确性这样永恒不变的量度）的帮助（拜纳，1982）。

关注公众利益而不是狭隘的私人利益是文献中积极公民身份的一大主题。积极公民必须准备表明他们的决定涉及尽可能广泛的公众利益。沃林认为“政治之物”本身意味着对一个社会来说哪一些是普遍的；公民就是有义务考虑共同利益的人。他认为这种能力对整合体现多元社会特征的多重且相互冲突需求来说是至关重要的（沃林，1960：429 及其后）。弗拉思曼认为，在现代由于自由主义对强调个体政治权利的关注，“公共利益”取代了经典概念“公共善”。从这个角度看，对显然是客观“善”的主张对个人利益来说是个威胁。然而，政治权威（如积极公民）应该面对冲突的利益进行决定的观念意味着这些利益可以根据一些更加普遍的标准来权衡。因为政策不可避免是有情景的，“公共利益”不可能在所有情况下等同单一的实体性价值。然而，弗拉思曼认为，非任意的意义可以在特定的情况下通过理性的话语来发现，这些理性的话语企图要把政策的预期效果与共同体价值观联系起来以及测试由正式原则而确定的关系（1966：82）。巴伯也同样认为积极公民身份是为共同价值观而工作的出发点，而不需要以这样的价值观为前提。他呼吁“可以克服私人利益的互利共生政治”（巴伯，1984：198）。

587 在文献中遇到的另一种观念是，通过参与治理，公民可以开发出对有效进行公共事务来说重要的能力和技能。原则性系列理由首先是人类需要与大于他们自己私人所关注的问题做斗争的经验，以便成为完全意义上的人类，其次是要发展的这种能力将确保在某些意味深长的程度上由公民管理的国家将运行良好。密尔指出尽管

现代政府不可能使雅典市民所喜欢的经验强度成为可能，但是如担任陪审员和地方行政职位这样的活动仍然无疑一定使他们成为非常不同的人，在思想和能力开发方面不同于那些在他们的生活中除了挥笔写字或在柜台出售商品就什么也没有做的人(1972：233)。对密尔来说，关键是公共责任形成了一种道德教育。公民“被号召并如此忙于权衡是否为自己的利益；如有相互冲突的要求，要受不同于他私人偏好的另一种规则的指导；要处处运用因为它们的存在公共善才存在的原则和准则”(密尔，1972：233)。沿着相同的路线，托克维尔认为地方政治活动给了公民一个实践他称为的正确理解自我利益的机会。他们将“首先出于需要、其次出于选择而致力于公众利益”(托克维尔，1945)，同时最初通过这种教育过程，自我利益的参与将被转变成近似古典美德的东西。

另一主题塑造了积极公民身份这一概念，这就是共同体的理念。事实上，支持者倾向于认为参与活动的共同体特性是其道德的、功能的和认知要素的重要支撑物。在古代雅典，公民之间的互动是比较容易的，因为社会那时是同一等级的，这促进了面对面的讨论和辩论。源自直接人际交往经验的这种关系产生了共同命运意识、共同的神话与传统，然后所有这一切促进了公众的相互关系。雅典政治的基础是共同体意识，而不是在意见上的一致性。对美国宪法的制定者来说，开始显得突出的派系对希腊人来说是众所皆知的；不过，正如芬利所指出的那样，各派之间的竞争有它好的一面也有其危险，因为与一致性相关的冲突……避免了民主逐渐沦为寡头政治（1973：72-73)。阿伦特更进一步指出：冲突的必然性使公共领域成为可能。公共生活依赖于无数没有共同特性的观点。这就是重要的、使人能被他人看到和听到的东西——公共演讲和公共行动：“家族‘世界’(world)永远不能代替源于由一个对象向许多观众所报告的各个方面总量的现实状况”(1958：57)。

托克维尔同样关注把社会成员结合在一起的问题。他认为，如果公益组织没有机会，那么每一个人都被孤立在“自我内心的孤独”之中（1945)。通过连接为了共同目的的公民和政治组织，公民开始认识和接受共同努力：“每一个人的独立性获得公认……成员同时向同一目的前进，但他们并不是所有的人都必须遵循同一条轨道。”(1945）同样，巴伯也认为政治的本质不是防止冲突而是促进冲突；只有通过“激烈的民主对话”，普通公民才能变得“具有真正公共思维与政治判断的能力，从而能够根据真正的共同目标而设想一个共同的未来”(1984：197)。

从上述对作为一种活动或实践的公民身份的理论回顾中，我们掌握了以下主要内容：

(1）运用正确判断并基于对实际情况的掌握来行使权威的力量； 588

(2）对通过理性讨论并根据特定背景来定义的公共利益的关注；

(3）通过在实践活动中锻炼来发展个人智力能力；

(4）通过对公众关注的问题的讨论来建立共同体。

总之，积极公民身份意味着参与治理：公共利益方面决定性判断力的锻炼，是一种发展个人政治与道德能力和巩固他们之间公共关系的经验。

27.3 公共行政中的公民身份思想

公共行政中的公民身份思想的第一次出现是在该学科领域发展的最早时期，即在20世纪初的“进步主义者”的改革时代。中产阶级改革者倡导不是基于偏好和党派忠诚而是正确的价值观和实际技能的行政实践，这些中产阶级改革者关注的是把市政府从他们视为机器政治的毁坏中营救出来。作为一种“赶走流氓”(throw the rascals out) 换成“好人”(good men) 努力的开始，很快成为通过使其科学和有效而使公共行政活动专业化的运动。这一运动的政治口号中的一个关键要素是呼吁有效率的公民身份。当时的想法是知识更丰富和更积极的全体公民能够成为好政府的一个重要组成部分。为了解决城市问题，公民必须了解它们的原因，并支持科学和专业的方法。市政研究部门的领导人，如弗雷德里克·克里夫兰、威廉姆·艾伦和其他人，都把见多识广的全体公民看作市政改革努力中的一种重要的资源。艾伦说：“没有……基于事实的判决，公众就不可能聪明地指挥和控制乡镇、县、市、州或国家的行政管理。没有公众的理性控制，有效的、成功的民主是绝不可能的”(1907：ix)。

然而，市政改革者的公民身份言论必须在它的背景下被理解。他们谈论的“公民参与”和“公民与政府合作”能够影响后来一个世纪，这在某种程度上是他们没有预料到的。市政研究部门的人对效率、科学、务实做法的信仰限制了他们对谁可以在实际上作为一个公民以及公民应该适当地做什么的理解。进步主义者——他们自己作为中产和上层阶级的受过教育的人不是把“公众”理解为所有公民，而是包括企业和劳工在内的三巨头的第三个成员。公众由“社会工作者、记者、律师、教育家和其他中产阶级的舆论制造者组成”(道利，1991：154)。换句话说，人们喜欢既不代表资本家也不代表工人而是代表“公共利益”的他们自己。很少有例外，市政改革者认为普通人（穷人和工薪阶层）如果不是缺乏智慧，那么一定是缺乏通晓市政的时间和精力。如果普通民众要参与，市政研究部门的人期望他们要拥护已被科学证明的建议。他们把受事实信息正确指导的公众舆论看作一种支持专业上进行定义和领导市政改革的巨大未开发资源。

589 有趣的是，在事实上，尽管妇女直到1920年才获得投票权，但她们已经深入地参与市政改革，并像男人一样把她们的工作也看作一种公民身份的实践。作为对托克维尔的回应，提出“为公民身份做准备”的卡丽·查普曼·凯特认为对市政事项的参与会教育妇女并帮助她们看到城市问题与她们自己所关注的问题之间的关联：“城市垃圾收集方面，许多家庭垃圾桶很快呈现倍增的情况。”(安德尔森，1986：49) 沿着类似的路线，玛丽·比尔德宣称：“在过去的几年里，女人会因为任何数量或象征性的水而站在浴盆或水龙头旁边感谢慷慨的上帝；但是现在，当她们站在那里时，她们的思想延伸到把水龙头和浴缸与坐在市议会会议席位上的绅士们连接在一起的整个连串事件。”(1915：206)

在贫穷社区建立的安置房屋里，受过教育的妇女（和一些男人）生活在城市问题最多的地方，试图把她们自己以及邻居的生活经验转变为实际的项目和政策建议。芝加哥赫尔宫协会的珍妮·亚当斯说，安置居民不把他们的工作看作慈善事业而是“好公民责任”的实现（1981 [1910]：10）。在某种程度上，安置工人对邻里状况的直接了解使他们更少地批评操纵政党活动的政客与城市研究人员。他们赞赏市议员，因为他们关注他们地区的人民生存需要的方式：“即使糟糕的政治友善也是其基础，同时好政府不可能建立在任何其他基础之上”（伍兹和甘乃迪，1970 [1922]：227；亚当斯，1902）。

在市政研究部门的改革派中，对普通公民在行政实践上的潜在用途的兴趣和信心的激增是短暂的。正如沃尔多挖苦地评述的那样：“‘幸福是在黎明中，诸如此类’！渐渐地，作为一个整体的公共行政运动，研究和事实已经开始越来越少地被视为公民合作与控制的手段，反而越来越多被视为行政管理的工具”（1948：43n）。科学管理的来临和公共服务专业化努力把“事实”从有效公民身份的手段转变成越来越专业化的公共行政模式的基础。此外，在 20 世纪初，男性和女性改革者定期互动并共同认同许多相同的广泛目标，虽然他们的活动不同。但职业化进程细分了改革运动，男人聚集在公共行政上，而妇女聚集在社会工作上。社会改革家对公民身份的更多共享式理解落空于这两种新职业之间的裂缝（斯蒂弗斯，2000）。

第二次世界大战之后，随着社会科学行为结构理论的引入，许多科学的行政法律开始出现可能取代早期相当幼稚的戒律，像西蒙（1945）这样的作家都认为公共行政应该精益求精，永不满足。像公民身份和公共利益这样的概念，如果由于它们可能不具有可操作性，并且不易于定量和实证研究，名声不好，那么就废而无用了。

直到 20 世纪 80 年代，公共行政中的公民身份思想才重新出现。作为该领域对二十年来“官僚抨击”（bureaucrat-bashing）的回应，共同致力于努力捍卫行政国家合法性作为其中的一个方面似乎开始发生。政客通过许诺精简官僚机构来利用被视为“向贫穷宣战”失败、膨胀的预算赤字和政府的一系列丑闻并清除“浪费、欺诈和滥用”。公共行政人员发现自己需要为民主国家中被公众认为是行政巨无霸的存在提供令人信服的理由，这些行政巨无霸充满着享有终身职位的、非民选官员， 590
他们的回应性不可能被指望。无数的书籍、文章、专业杂志的出版和研讨会报告目的都是使以职业公务员专业知识为基础的公共行政合法化，使在复杂和快速变化的时代中领导连续性的需要合法化以及使行政人员对公共利益的承诺合法化。

公民身份主题这股潮流首次再现是在弗雷德里克森的“公共行政中的公民精神复苏”文章中，弗雷德里克森的主张清楚地反映了对公众信任危机的感知，以 80 年代早期为标志。它开始时表现为“有点不对劲，几乎所有的机构似乎有麻烦了”（1982：501）。弗雷德里克森认为“未来有效的公共行政应与公民身份，即全体普通公民，紧密联系在一起，以及与直接和全体公民一起工作的公共管理者的有效性联系在一起”。

公民身份复活接下来的一步是 1983 年由美国公共行政学会、查尔斯·凯特林基金会和国家公共行政学院主办的“公民身份与公共服务的全国会议”。探讨了广泛问题的会议论文集被作为《公共行政评论》专辑而出版（弗雷德里克森和钱德勒，1984）。论文发言报告中公共行政人员有责任引导公民了解政府的理念是非常明显的，例如，高思罗普呼吁专业行政人员要“使全体公民对政府再度感到有趣”（1984：106），以下为来自罗尔的建议：

> 通过鼓励尽可能多的公众从作为消费者的公民转变为参与管理的公民，来让职业公务员在不断扩大的精英基础上工作。这样做的手段是公共教育，不需要在学校时的书生气的感觉，而是在公民与官僚之间形成日常互动。（1984：139）

同时在本次会议上，库珀介绍了已经被证明是对公共行政中的公民身份文献做出贡献的东西，这就是行政人员本身是公民，并且应该专门利用公民角色作为伦理靠山。在颂扬大多数来自古典政治哲学的公民身份主题的过程中，库珀主张：

> 在民主政治共同体中，公共行政人员的道德义务来源于公民义务。这些义务包括与他们的公民同胞建立和维护横向水平权力关系的责任，寻求全体公民“共同的权力”而不是对全体公民“统治的权力”。这种对公共行政人员的态度需要从事意味着对“社会契约”不断更新和重复再现的活动。（1984：143－144）

因此，作为公民的公共行政人员被期望代表他们的公民同胞来使用权威的专业知识，并视他们自己为全体公民主权的一分子执行政务。库珀和包括作者的其他人随后都扩展了这些思想。

然而，在 20 世纪 90 年代，公民与公共机构之间的关系明显恶化。1993 年的民意调查显示，只有 25%的美国人认为他们在任何或大部分时间都信任政府（罗珀，
591 1993）；同时 1994 年的一项调查发现，2/3 的美国人把大政府作为国家最大的危险（津斯迈斯特，1995）。此外，新闻消息也定期刊登对政府工作人员的零星抨击。

对这种新的反政府情感潮流存在两种类型的反应。普遍的反应是实施政府职能私有化，并广泛地推动政府像商业一样运行。随着《政府再造》（*Reinventing Government*）一书的出版，引发了诸如公民宗教地位等影响（奥斯本和盖布勒，1992）。重塑政府的理念强调政府官员具有企业家精神的一面。这种企业家精神是基于公民想要的不是大的政策变化或积极参与而是“结果”的理念。在很大程度上，20 世纪早期改革者以效率的名义提倡科学管理；重塑政府的理念以把事情做好的名义提倡使政府运行更像企业一样。“重塑”和类似的观点认为公共行政人员通过把公民视为纳税人与消费者就能够符合道德。克林顿政府在联邦层级为重塑而努力，并且发动州和地方动员类似项目。

第二种类型的反应有一个特定的起因。1995 年 4 月 19 日，随着俄克拉荷马市艾尔弗雷德·默拉联邦大楼爆炸，很不幸地，否定政府的分水岭形成。几天后，美国州、县和市政府雇员联合会在全国各地的报纸上刊登了一则广告，显示救援人员正在营救来自大楼里的死者、伤者。广告词是这样的：“难道不是结束对为我们服务的人进行不断攻击的时候吗？……下次你听到有人恶毒攻击我们的政府和为它工作的美国人时，告诉他们——**停止攻击，这是我们的政府**（STOP IT. THIS IS OUR GOVERNMENT.）。”受爆炸事件的影响，一群公共行政人员和学者出版了《政府就是我们》（*Government is Us*）一书（金等，1998），这是一种公民身份伦理

传统的对话，促进了“积极公民与积极行政人员之间的合作关系”。

迄今为止，作为公共行政规范性根基，公民身份伦理继续与顾客服务竞争。以下各节将试图表明，在这样一个竞赛过程中面临的危机是什么。

27.4 公民身份伦理的组成部分

在下面的章节中，通过对 1982 年以来著作的概括，我总结了文献所阐述的公民伦理的构成部分，并根据以前确定的主题形成了本章所要论述的观点。

A. 权威判断

公共行政中公民身份伦理的提倡者认为公民思想强烈蕴含着对行政人员所拥有的任何自由裁量权的行使的尽可能非等级和非精英的态度。这种强调与古典观念是一致的，即公民彼此是平等的，平等参与决策过程以及有平等发言和被听到的权利。库珀的横向权力观或“共同的权力”的关系抓住了这一主题：它促进了机构决策的合作方法而不是采用一条命令链的方法。弗雷德里克森（1982）和斯蒂弗斯（1990）认为横向的权力关系与现代机构的复杂任务是相一致的，这些复杂任务不适合于综合理性的“命令与控制”模式，因而反而需要去中心化、试探性的解决方 592
案、频繁的反馈以及艺术性或创造性的过程。蒂姆尼提出以效率之名通过控制行政人员的决策过程以在效率方面获得的任何增益“充其量是短期的。从长远来看，对政策目标达成共识远比持续的冲突与分歧更有效率，这些冲突与分歧可能源自被控制的行政决策过程”（1998：100）。

正如库珀（1991）所指出的那样，横向权力结构作为公共管理战略的细节还没有被制定出来；它有可能削弱政府机构对法律监督的反馈能力，而这种反馈是科层等级制度明确需要的一种合法性权威来源。然而，公民身份观点认为，等级制度创造的问题比它解决的问题更多，促进了不平等、不恰当的工具主义模型以及机构忽视共同体需要的社会问题。在借鉴了玛丽·帕克·芙丽特的成果之后，库珀提出：

> “共同的权力”涉及对决策过程中参与者之间的各种需要的协同整合，而不是追求一些人的主导地位。它产自于循环行为，在这种行为中参与者有一个真正的机会来影响彼此……在政治权力圈子中，信息、判断和建议来回流动。（1991：140）

库珀认为有时横向权力结构的规则可能要求行政人员抵制或反对行政长官，因为这些行政长官对公共利益的理解和采取的活动与他们在原则上存在分歧。

通过促进公民参与机构决策的实际做法，权威判断的价值能够被拓展到超越抽象意义上的横向权力关系理念之外。例如，斯蒂弗斯（1994）提出公共行政人员可以通过积极听取公民的意见，并积极寻求他们的参与来改进他们的反馈能力。《政府就是我们》一书的作者在这些方面集中提供了一些具体的建议，包括：

分配（机构）资源以支持公民参与。

奖励与公民合作的行政人员。

创建不间断的由公民与行政人员组成的项目团队。行政人员要从项目构想到项目实施持续跟踪。

在更方便的时间和地点举行会议。

当议程仍然能够被改进时，让公民参与进来。

举行圆桌讨论，而不是系列的个人论述。

避免如调查报告这样一次性的技术。（金等，1998：201）

通过这样的举措，公民与行政人员可能能够联合起来，在机构要求和责任的范围内实践积极的公民身份。

B. 公共利益

公民身份思想的公共精神是在这一领域所有作家共同的另一个主题。他们赞同行政人员接受公民身份思想，将其作为公共伦理指南，从而把公共的善置于其他公共目标之上，包括实用政治、职业化或成本效率。哈特认为官僚的基本义务是要做一个好公民；职业义务来源于这一基本理念，并由这一基本理念来塑造。行政人员依赖于机构的价值观，并争取“与最好心灵相连的最优头脑”，即唤起
593 实践智慧的理念。亚里士多德认为实践智慧是适合公共生活的知识形式（哈特，1984：114）。

斯蒂弗斯（1991）提出在公共行政专业理念方面公民身份伦理观要做两个重要修改。包括：(1) 扩大对所要掌握的专门知识或技能的定义，这些专门知识或技能要尽可能广泛地与公众进行有效互动，并让他们具备参与机构事务的能力；(2) 改变把领导更少看成是站在一群追随者面前却被排斥在外的理念，而更多将其看成合作努力的推动者。

为了阐述公共行政中公共利益的概念，库珀借鉴托克维尔的被正确理解的自利概念。库珀认为美国的背景与历史排斥古典美德，因为古典美德要放弃自利，是太高的道德标准。在他看来，美国人倾向于认为这种美德是对个人自由的压迫。然而，他认为对“自我”(self) 的修正认识（这种修正认识承认了其公共特性）能够从自私中营救出自利：“开明的自利作为一种形式的公民美德……似乎是合理的，但只有当其潜在的‘与他者有关的’特性通过共同体经验坚定而明确地被培养出来，并得到共同体理论支持”时（库珀，1991：157）。通过加入个人对各种社团网络的依赖和更为普遍的对个人权利的尊重，共同体对自利理念进行了调和。最终，库珀认为，这项任务不是要“消除”(banish) 自利而是要“使其谦恭”(humble it)。他建议用简单的“实践”(practice) 概念来取代职业化的理念。此举扩大了行政人员的道德义务，超越了对国家立法权力的义务和功能理性的运用，以便他们作为公民受托人而采取的行动以及坚持实施开明的自利。

C. 作为教育的公民身份

参与公共生活增强了公民对公共事务的认识，并扩展了其对公共利益进行奉献的观念。这已经成为公民身份伦理倡导者号召行政人员教育公民的基础。马修斯（1984：124）提出："公民素质即思考整个事情、后果和潜在可能的能力，成为一种最重要的教育。"罗尔认为这样的教育能够而且应该发生在公民与行政人员之间的日常互动之中。他认为行政听证会能够充当托克维尔所称为的"免费公立学校"作用，把政府服务的消费者转变为古典模式中的公民（1984：139）。

库珀认为公民的公益行动鼓励他们去理解他们自己需求的满足是与更普遍的利益交织在一起的："公民必须……不仅具有为共同利益服务的素质，而且他们还必须能够理解共同利益。"（1991：154）博克斯和萨根主张行政人员应引导公民掌握以理性与熟知情况的方式去处理公共事务所需要的知识与技术（1998：169）。福利坚持认为："政府的角色常常被看作提供专业知识，而共同体的角色被看作是对这一过程给予反馈和投入。"（1998：156）但对民主协商重要性的认识意味着行政人员必须超越寻求创造公共议题如何被设定的对话机会的更深层次的"投入"（input）。

斯蒂弗斯认为公民只有通过参与政府事务，公民才会开始把他们自己看作"公民"：

> 如果他们有机会看到自己从事……行政自由裁量权的行使，因此而和行政人 594
> 员一起在从事治理，而不是简单"参与"，这种简单参与到了请求行政人员满足他们需要的地步，那么他们可以制定改进措施和做出明智的判断。（1988：110）

这一观点表明行政人员有创造公民践行积极公民身份机会的道德义务，以便他们在最大程度上发展自己参与政治生活的能力。

D. 共同体

共同体的价值也被认为是发展公共行政中公民身份伦理的一个重要组成部分。弗雷德里克森主张共同体重建是今天美国（和公共行政）面临的最重要事项，并且呼吁"公民精神的复苏"（1982：504）。

两种共同体的观念在库珀的公共行政公民身份伦理中发挥重要作用。在协定、社会契约和群体过程意义上的共同体是库珀认为公民身份思想核心的横向水平权力关系的根本来源。基于罗伯特·普兰杰的研究，库珀指出："公民身份成为一种涉及朋友与同仁的群体动力学，这是一种自发的'场域'……在其中，合作者创造出一个共同联盟。"（1992）作为协定的共同体要求行政人员更新和重申社会契约，从事"定期调整或重建公民的共同期望"（库珀，1984：144）。

在库珀看来，对共同体的另一种理解也很重要："身为公民的行政人员承担……责任，支持各种社团的共同体体验，包括（公—私）连续统一体上的（自愿非营利组织）、有组织的经济共同体和政治共同体。"（1984：144）换句话说，行政人员不应只是简单地满足于政府与营利性企业之间的伙伴关系，而必须培养共同体氛围，进行公民身份建构。他主张行政实践必须敏锐感知志愿性社会团体在弥合商业公司对利益的兴趣与政府对共同利益的责任之间的分歧方面的重要性。

福利再次强调共同体的另一个维度：共同体是如何定义以及在各种社团与政府之间的合作关系方面如何确保共同体代表性的问题。除非政府愿意分配资源来支持足够的共同体参与并将权力移交给共同体成员，否则对“投入”的要求将导致一种空洞运动：“公共行政人员需要询问政策和项目是否促进了共同体凝聚力，当这些政策和项目正在被设计”或只是为了赢得“共同体的接受”时。公民身份伦理认为行政人员有义务认真对待各种社团，努力把它们全部包括进来。授权给各种社会团体需要创建将公民融入治理过程中的组织与程序（1998：152）。

斯蒂弗斯（1990a：269）认为伦理实践需要行政人员调查研究“与行政实践状况相关的被忽视的政治—经济条件如何；这些条件有时决定了公民参与政策问题的
595 知识获得水平和本身的能力”。同样，博克斯和萨根指出行政人员经常被困在作为一种经济市场共同体的价值观与作为一种公民生活空间的共同体的价值观之间的两面责难之中。这就要求他们必须论及这个问题：我们服务谁以及为了什么？以公民伦理为基础来回答这个问题会引导行政人员帮助公民最大限度地实现自我管理（1998：167）。要这样做需要行政人员错误地认为他们的机构政策所赋予的物质利益是理所当然的，而应尽可能使用他们的自由裁量权来推动他们机构的工作朝着更广泛的民主方向发展。

总之，公共行政文献提供了以下基于伦理指导原则的公民身份价值观：

使机构内部和与外部广泛的全体选民的横向水平权力关系最大化；促进合作的而不是指挥链式的决策过程；为积极的公民参与机构的议程设置、政策制定和实施创造机会。

在所有其他考虑之前，优先考虑到最广泛可能的对公共利益的理解，包括效率、专业精神或务实政治；努力了解在特定情况下，什么是对的；培养与他者相关式的自我利益；作为广泛的公民利益受托人来行动。

教育公民了解有关重要公共事项和政府运作状况，为公民与行政人员之间的实质性对话和活动创造机会。

培养共同体：不仅是一种契约、友谊以及公民与行政人员之间相互尊重意义上的价值共同体，而且是更广泛的、透过对每个机构都支持或排斥的那种共同体利益的关键认知来体现的利益共同体；在现有立法机构及其他监管的准则之内，使用自由裁量权来促进民主共同体成员之间的平等。

适合公共行政的公民身份伦理要求行政人员作为公民来行动，并且根据上述规则来实践，与其他公民一起行动。其他公民因在根本上与行政人员共同努力而被视作同仁。

27.5 公民身份与组织

由商业衍生而来的思想与标准在政府机关运作中的不断应用对公共行政中的公

民身份伦理提出了严峻的问题。市场理论以及如何构建与管理私人组织的理论与构成公民身份理念的政治价值观之间的关系在根本上是矛盾的。在这一节中我们将考虑各种差异，首先是组织理论与公民身份思想之间的差异，其次是民主公民身份与市场目标之间的差异，尤其是与体现在“重塑”视角方面的差异。

A. 组织公民身份

正如首次界定组织性质的理论家切斯特·巴纳德（1938）所教授给我们的那样，组织是引发一群个人为了实现目标而进行合作的结构，那些目标不是由协作得来的，而是来自相对较少的高层管理者和领导者。当多少存在有诱导合作的人道方 596
式时，压力开始猛推，组织的存在就是为了把事情做好，而那些“事情”优先于个体成员的偏好。

在组织目标实现的结构中，公民身份价值观（例如，参与决策）成为促使合作并实现组织目标的工具。作为工具，它们的价值是取决于它们是否实现了组织的目标；如果它们做不到，它们必须被抛弃。但作为人类志向的表达以及培养的人类能力的唯一手段，公民身份的一个最典型的特征是，它本身就是有价值的。公民身份本身就是目的，而不仅仅是其他目的的手段。它势必带来各种善——正义、平等、参与、公共利益和共同体。无论它们是否促进效率、技术理性、节约成本、盈利或组织目标的实现，它们都要被涉及。

在某种程度上，公民价值观与组织目标之间的紧密关系是公共行政中常见的政治与行政辩证法的反映。然而，从公民身份角度来看，一种解决这种紧密关系的历史悠久的方式是不可行的：通过把效率看作为由外部确定的政治目的服务（沃尔多称之为“工作中的专制”，被作为“工作之外的民主代价”）（沃尔多，1948：75）。公民身份伦理认为公共组织中作为政治民主工具的等级制度是一种自相矛盾的说法。如果政体价值等同于积极公民身份，那么在公共组织中必须和在其他地方一样重视积极公民身份，即使这意味着对效率和/或理性措施（甚至是一个很大的措施）的牺牲。因此，在公共行政中必须关注促进公民身份伦理，而不是陷入推销自我的陷阱。其唯一根据是它将能够使机构更好地做它们自己的工作。

越来越多有关“组织公民身份”的文献设想了一种形式的管理，这种管理通过私人或公共组织内的合作、参与和公民身份“行为”来减少等级制度。与已经叙述过的有关公民身份伦理著作形成对比，几乎所有组织公民身份文献都工具性对待公民身份价值观（帕克斯和康伦，1991；麦考利斯特，1991；欧根，1990；欧根，1988）。以下这段典型的摘录抓住了组织生活中这种公民身份的特点：

> 当人们普遍认为组织公民身份行为有助于组织绩效时，这样的关系最好已被假定存在但并未经实证检验……然而，这就相当需要人们在调解［在测量其对产出影响方面的困难］的同时，认识到背景因素确实修正了这种关系——当不当地行使公民身份式行为时，性能局部优化才是可能的。（麦考利斯特，1991：14）

换句话说，只有当公民身份“行为”能辅助(“优化”）组织功能时，它才是可能被容忍的。此外，许多有关组织公民身份行为的文献把这种理念限制为忠诚、责任心、光明正大和超越由工作说明所严格要求的意愿。一篇主流文献把这种行为类型称之为“好士兵的典型表现”(奥根，1988)。

格瑞艾姆（1991）曾试图扩大组织公民身份思想，以便认真对待其政治维度。
597 她指出，在组织环境中，参与是有争议的，因为参与导致这种可能性，即善的组织公民可能基于原则性理由而不得不提出异议：“遵循不道德命令例证了每一个层级中低劣的公民身份……尽管通过忽视作为一种组织公民身份行为的政治参与来回避[权力]问题，人们对 OCBs 的认识仍很乐观，但是从结果来看，它是有缺陷的”(1991：32)。

在聚焦于公共组织时，戈伦别夫斯基（1989）主张无论是公共还是私人组织中的成员都能够被赋予公民身份。他提出了一系列战略措施来促进员工的自由度与责任感、群体决策和更多授权。他坚持认为这些方法不仅能提高员工的满意度和生产力，而且会产生更大的政治效能和政治参与度，从而促进人民主权的落实（佩特曼，1970)。

在反驳的过程中，斯蒂弗斯（1989）提出，尽管参与式管理是个好东西，但是它不应该被认为是公民身份行为。并不是所有的公共组织决策都显著地有利于公共利益。如果我们把公民身份等同于参与组织决策，也就是说，只服务组织目标而不顾这些目标与公民需求的关系，那么，我们将处在满足组织参与的表面状态，而让真正的（政治的）公民身份消失的危险之中。

B. 重塑政府

20 世纪 90 年代见证了通过借鉴商业化的理念和技术来共同努力改善公共行政的历程。这种方法背后的核心理念是，正式的结构与控制的官僚范式是过时的。政府机构应该是“顾客导向和服务导向的”，即具有回应性的、用户友好的、有活力的和具有竞争力的给顾客提供价值服务的供应商（巴泽雷，1997：494-495)，而不是依靠专业化来确保管理决策促进公共利益。对这一观点的表达流传最为广泛的是《重塑政府》(*Reinventing Government*）一书（奥斯本和盖布勒，1992)。它认为问题不在于政府做“什么”，而在于政府“如何做”，并且应致力于促进公务员企业家精神的塑造和创新，以使生产效率和成果最大化。

比尔·克林顿总统热情接受“重塑”(reinvention）理念，并任命副总统阿尔·戈尔领导国家绩效评估委员会（NPR)，这是联邦层级重塑政府所做出的努力。紧随奥斯本和盖布勒之后，NPR 大声疾呼政府机构的主要问题是好人被困在坏的制度中。像巴泽雷一样，它认为官僚思维在快速变化和全球竞争的世界中是过时的。在未来，政府管理的关键原则将是消除繁文缛节，顾客优先，授权员工和结果导向，并且找到激励措施，以便让公务员以较低的成本（1993）更好地工作。

公共行政商业驱动的思想与实践的倡导者坚持认为，即便他们的建议没有实际政治意义，新的方法也将促进民主价值观。然而，通过公民身份伦理视角来检视，商业化方法引发了令人不安的问题。

首先，把公民当作顾客来思考和对待排除了任何与公众共享横向权力决策的观念。在哪里“购买”顾客可以接受的服务，如果许多政府的“顾客”没有选择权，那么更不用说影响政府获得什么样服务或服务被如何交付的权力（沙克特，1997）。

其次，以“重塑”视角看，公共利益被视为一种过时的观念。公民在行使公益 598
判断力方面能够与行政人员合作的观念被管理的创新和“成果”理念所摧毁了。但是管理者是只具有创造潜力的那些人吗？对所有有关顾客服务的论述来说，“重塑”的是授权管理者而不是公民。通过假定管理决策只是处理手段不是目的，“重塑”重申旧的政治-行政二分法，并且出于同样的原因：要以牺牲政治利益相关者的利益为代价来加强执行者和管理者的权力，无论是在立法方面还是在广大公众之中。汉密尔顿式的观念，即人们想要的不是参与治理，而是改变运行良好、没有太多成本的服务强化管理者的控制、排斥了公民的状况。

再次，商业驱动的政府忽视了有利于“服务”公民的公民的教育问题。“重塑”没有论及如何告知公民公共事项以及如何创造实质性对话的机会。它假定恢复公众对政府的信任是一件简单提供有形商品的事情，而不是在公共决策复杂性方面启发公民或鼓励他们超越“得到我的东西”来思考。

最后，“重塑”严重缺乏对培养共同体、友谊和公民与行政人员之间相互尊重的关注。它把公民看作市场机制中的没有特色的个体。

总之，“重塑”的视角提出了这样的公共行政手段，其伦理观是强调有效率、有效果的绩效，消除繁文缛节，服务客户，找到解决行政问题的创造性方法，促进机构内部的竞争，培养机构内的团结和机构外的竞争，权力下放以及通过市场力量来促使变革发生。所有的一切都完全是“组织上的”、而不是“政治上的”建议，并且支持者事实上经常为此感到自豪。就与公众的关系而言，以商业为导向的改革只会关心公众是否满意——因此是辅助性和静止不动的——而不关心他们是否参与决策。因为如果他们不参与，决策就更安全、更有效。

27.6　公民身份伦理的未来

公共行政中有关公民身份伦理未来的研究将继续受到组织（或企业）与公民身份价值观之间紧密关系的挑战。市场驱动的方法继续扩大到公共机构的管理将需要规范性的理论家，以加强植根于如公民身份这样的民主政治价值观的伦理框架的论证。横向权利关系、公共利益、公民教育以及共同体的主题将继续塑造这一领域的对话，但是这样的观念将在商业而不是政治框架内被权衡的危险将永远持续存在。

就公共行政中的公民身份思想的拓展潜力来说，本章开头就提出的两个问题，即身份地位或包容性的问题以及公民身份与经济地位之间关系的问题是值得注意的。

A. 包容性

公共行政中公民身份伦理的倡导者们面临着承认在整个美国历史上公民身份既
599 已标志着包容在国家共同体之中，又已被限制在特定居民的理论和/或实践中。特定的“其他人”——妇女、有色人种，已经并将继续被界定为不同者，以便合理化政体成员之间的实质不平等。所谓的先天差异证明不平等的权利和公共义务是有理的，例如，女性的“特殊”自然天性决定了禁止妇女从事特定的战斗任务或征兵。

作为一项原则，公民的一致性似乎需要完全一样(“平等的”）的公民，其差异在政治上是无足轻重的；然而，完全一样的公民身份消除了生活状况方面的变异，这些变异是由特定人“不同”的专有特色（种族、性别）而产生的。有这样一种办法吗？用这种办法，公民身份——政体中的成员身份——就不需要基于消灭差异。公民身份思维需要面对这个问题（斯蒂弗斯，1996)。原则上的平等与实际情况之间的差距表明了它的困难和重要性。既是包容性的、又是多样性的政治共同体的达成需要那些其成员身份已是相对无可争辩的人开始诚心诚意地和非常仔细地倾听对那些他们认为是“其他人”的意见。对公共行政人员来说，这个过程可以从降低他们自己与大众之间的壁垒开始，从沿着那些基于种族、性别或其他先赋性特征而被排除在外的人的方向而特别努力开始。基于真正平等和多样性基础之上的公民身份伦理要求行政人员创建对所有人都是开放的、可进入的、实用的、合作的共同体。

B. 公民身份与经济地位

在自由主义公民身份理论中，由于个人基本权利，政治平等与经济不平等同时存在。尽管理论家们把经济与政治分开，但是在实践中，很显然两个领域相互影响。政治权利保障市场经济，同时市场经济使政治机会和优先权成为可能或者被限制。

因此，那些经济上是资本主义又是民主政治体制的国家必须致力于一种持续的平衡行为。仅仅是正式的公民身份权利不足以调控资本和财富的流动，以创造多少以及什么样可以获得的工作或为公民提供最低水平的经济保障。同时，很清楚市场本身的运行没有政治条件确保，在这种政治条件下，市场仍继续运行。资本主义经济受社会服务、收入保障津贴以及已使大多数公民感到舒适和安全并因此而满足于现状的行政干预的支撑（加尔布雷思，1990)。

民主的公民身份的兴起并没有为所有人带来经济上的平等或者甚至是一个充裕的生活水准，同时政治与经济之间的持续的理论上的分离限制了作为共同体的我们能够想象到的所要做的。正如巴巴莱特所指出的那样：

> 公民身份与阶级是基于对立的原则基础之上……；一种是基于平等与自由的基础之上，另一种是基于不平等和控制的基础之上。但公民身份平等性所指涉的东西是不同于那些构成阶级不平等的东西。正是这一原因，公民身份和社会阶层能够继续共同存在。(1988：58)

其结果造就了我们今天所熟悉的制度。所有的公民尚且不能自主安排他们的生活，以及拥有参与政治生活的可能的最低生活标准和具有积极意义的条件。这种条件正是授予公民权利的制度保障。

正如施克拉所主张的那样，如果“收入的意识形态来源不在于就业条件而是在 600
于政治观念”(1991：85)，那么公民身份不但需要形式上的权利而且需要公民自身有经济自立的能力。公共行政中公民身份伦理需要探讨公民身份的经济维度及其对行政实践的道德影响。

当库珀把共同体的理念扩展到考虑政府、私营企业与志愿者协会之间的结构性关系时 (1991)，他就投向了这个方向。库珀扩展中的观点也许会把我们带向一种对像“私有化”和“合同外包”这样的观念进行新的审视的方向。行政人员不仅可以分析在卸载代理机构业务以便提高效率方面的可操作性，而且可以分析在对以共同体为基础的组织的影响方面的可操作性。公民身份伦理将要求机构和共同体组织之间的关系，以便满足政治标准（参与、包容、协商、判断、教育）以及组织标准。

诚然，这些公民身份思维的新方向，即包容与对经济影响的思考，是有争议的，因为他们对长期被接受了的自由主义政治理论维度提出了质疑。但他们提出的道德问题似乎对我来说是最令人钦佩的公民身份理念所固有的。同时由于公共行政中不断增长的商业思维的侵蚀，如果这样的价值观要生存下来，更不用说蓬勃发展，那么可能有必要对如公民身份这样的政治思想做更深入的理解。

参考文献

请从中国人民大学出版社官网（www. crup. com. cn）下载，或者用微信扫描下方二维码获取。

第 28 章

行政伦理与民主理论

约翰·P. 伯克
美国佛蒙特州伯灵顿佛蒙特大学

在民主政治秩序中官僚体制的地位是公共行政中最重要的问题之一。在该领域中，大多数教科书至少包含一个章节，旨在告诉读者有关行政程序与民主治理之间的联系，并且多数深入研究公共官僚体制规范评估的学者（以及许多明确或模糊确定这一主题研究的）以不同的方式寻求把它与一定的民主理念相连。然而，对官僚体制与民主之间关系的讨论一直在概念上充满争议，并缺乏共识。正如丹尼斯·汤普森所观察到的那样，矛盾似乎是源于他们各自的概念核心："许多我们与民主联结的价值观——平等、参与和个性特征，与我们归于官僚体制的科层等级、专业化和非个性化尖锐对立。"（汤普森，1983：235）

当我们考虑到行政伦理与民主之间的关系时，问题就复杂了。在此，我们不仅发现了官僚体制与民主之间的常见的紧密关系，同时也引入了第三个（也可能是对立程度更强的）概念——伦理，它似乎意味着与其他两者更不相符的个人道德与个人价值判断。

然而，尽管有概念上的争议，但是从民主理论的角度来思考行政伦理的学者提出了一些有趣的问题。第一，它迫使我们去审视我们所说的行政伦理的含义，以及在行政领域，个人价值判断在行政领域中具有什么地位。第二，民主理论对怎样以避免私人与政治之间冲突的方式来界定行政伦理的实质，提供了有益的见解。第三，行政伦理可以作为官僚体制与民主之间经常相互冲突所需要的调和途径。让我们依次逐个考虑。

28.1　行政伦理和民主理论

行政官员在执行他们的各项任务与职责的过程中应该运用伦理判断似乎——至少表面上——不容置疑且稳固地与民主理论的目标是一致的。保护个人自由无疑是 604
民主政治秩序的主要目标之一，而民主政体中的公民自由运用伦理判断在历史上和现实中都是自由的最重要的表现形式之一。最民主的制度可以把它们的起源追踪到公民深感建立会更充分保护自由的政治秩序的需要上，尤其是那些良心的、宗教活动的和个人联合的自由，与可能被称为“被自由选择的伦理生活”最密切相关。同时，保护这种自由——我们自己的人权法案就是见证——仍然牢牢地尊奉为一个重要的民主的目标，如果不是最重要的。

情况也可能是这样，即伦理行动能够促进民主的目标的实现。举报和其他揭发的做法能够揭露公职的不当行为，并阻止有损于追求适当公共目的的不道德的和非法的活动。恰当的伦理行为可以保护他人的权利，同时还能确保为他们提供他们有资格享受的商品和服务。通过提供明智的政治选择所需要的信息和鼓励民主商议的必要的公平性，伦理学甚至可以加强民主，而不是仅仅保护它免受伤害（伯克，1986：64-78）。道德行为也能够培养一种更普遍的精神，不仅能够以积极的态度遍及官场，而且为广泛的民主政体中的公民树立了榜样。

然而，在更进一步探究时，行政官员伦理判断的运用可能对民主提出了挑战。首先，伦理学通常有其源于个人的道德判断和原则根源。这些价值观可能被其他人共享，但在公共服务中占据职位的人对它们的使用可能会把公共目标转向私人目的和用途。例如，我的伦理原则可能告诉我，我有责任使饥饿者有饭吃和为无家可归者提供栖身之所；但作为公务人员，为了那些崇高的目的，而我已被赋予的财政资金和权力的使用可能把财政资金和我的注意力从我被组织机构期望去实施的项目上转移。因此，伦理要求一种行为，我的公职责任要求另一种行为。

伦理判断在它们或许如何告知行政人员的行动方面往往差别很大的事实使问题复杂了，共同使用的术语“道德的”或“伦理的”保证不了从它们那里发出的大量价值判断内容获得普遍认同。例如，对于财政资金是否应该花在资助在医学研究中胎儿组织的使用上，沉浸在天主教道德教条中的行政人员可能会做出非常不同的选择，而一神论者、不可知论者或无神论者会这么做。

即使是在那些把其注意力限制在行政背景之上的学者之中，对伦理的价值判断与建议也有很大差异。例如，对斯蒂芬·贝利来说，有道德的公仆的基本道德素质是：(1) 乐观；(2) 勇气；(3) 慈善性的公平 (1965：235-236)。乔治·弗雷德里克森指出社会公平在定义道德行为方面具有重要作用 (1974：1；1990：228-237)，而在其他地方，他和戴维·哈特信奉“仁慈的爱国精神”(1985：547-553)，并将其作为重要的规范性原则。路易·高斯罗普反对增量的、机械的和务实的文明举止和伦理，反而迫切要求行政人员遵循创造和成熟的伦理，与之对应地，他们应具有对自己诚实的批判能力和对自己生活的目标感（高斯罗普，1984)。杰拉尔德·波普斯和托马斯·帕夫拉克把正义作为公共行政的“核心价值”(1991：3-6)，这是他们与特里·库珀所共享的一种观点。特里·库珀指出，“正义界定了最重要的
605 政治善，它是民主社会的根本的秩序规则……如果是这样的话，”库珀继续说，“那么，公平意识、理性、谨慎和勇气是公共行政实践必不可少的美德。”(1987：325)

即使是在更成熟的道德传统中，道德的见识与建议也有很大差异。例如，约翰·罗尔斯（1971）的“作为公平的正义”的概念和罗纳德·德沃金（1977）以权利为基础的“同等的关注和尊重”的理论都在康德那里找到自己的灵感，但来自康德的每个原则都显著不同，从而相应地，导致有关公共政策对“正义”非常不同的见解。同样，赞成把“共同道德”作为不同伦理理论的基础，并且既适用个人生活也适用公共生活的道德哲学家对于这样的一种道德的来源和它的实质含义得出的是非常不同的结论。例如，艾伦·唐纳根（1977：172-209）旨在提取犹太教－基督教传统的共同道德与斯图尔特·汉普希尔（1978）所信奉的有显著不同。两者都声称其各自的理论在私人生活和公共生活中的适用性，但对唐纳根来说，这种公共道德在历史上是普遍的，而对汉普希尔来说，它具有文化和社会的特殊性。

毫无疑问，存在横跨公共和私人两个领域的道德判断区域。例如，对似乎从普遍持有的道德信念获得适当伦理暗示的公职人员来说，贿赂、贩卖权力和其他腐败行为是问题。但行政伦理领域中大量的分析似乎更加雄心勃勃：使公职人员熟知广泛的自由裁量行为，并培养出一种“主观责任感”（库珀，1990：71-76）或“行政风气”，对有的学者来说，其可能不同地具体化为对罗尔斯的社会公平理念的承诺（哈特，1974，哈蒙，1981：87），对“超越个人与政府的更高法律……的效忠”（沃尔多，1980：101），对公共和私人领域都适用的“道德框架”（高盛，1980：71），或者某种关于一个“永恒道德秩序”的观念（登哈特，1988：39）。

这样的行政伦理“强理论”(thick theory) 转而提出了民主理论的第二个问题。为了论证，即使我们假定对广泛包容性系列道德原则达成了普遍的一致意见，它们也不一定理所当然地必须被公职人员特别是行政人员所应用。甚至被广泛分享的道德原则可能为行政人员的组织义务、对他们自己的权利可能有的道德考量的义务和可能有理由“超越”道德上受启迪的政治主张的义务，提供了不充分的证据（如果它们是相互冲突的）。

对这样的“强理论”似乎要运用的集体的——而不是个人的——选择的基本民主原则的妥协甚至是问题更多的。特别是道德或伦理理论可能发现广泛的社会危害、不平等以及从一套或另一套道德原则看来很重要的对个人权利的侵犯可能根据民主政治无法获得矫正或认可（伯克，1986：100-141）。然而，大多数民主国家通常限制政府所提供的产品和服务。

特别是自由民主国家通过公共领域提供的服务来平衡通过私人的经济和社会活动所提供的服务。事实上，偏好——欧洲民主国家更少这样，但在美国很多，通常是后者超过前者。政府往往被认为是“最后手段”，或至少是一种尽可能随时，或者获得其他替代选择时应该避免的途径。

606 尽管有人认为公共领域应该因超过私人领域而受到青睐——就像人们所说的坚定的民主主义者，而不是谨慎的自由主义者，但是避开道德判断可能仍然存在问

题：如果占据权力职务之人的特定道德原则可以被允许自由发挥，那么某种**“集体”**（collective）决策过程的主张可能处于危险之中。这种集体决策过程的主张对大多数民主理论来说似乎是基本的，其目的是要达成普遍一致，即使面临细节上的差异。事实上，提出道德原则（正如我们所看到的，它们往往自我冲突）应该优先于对政府应该提供什么样的商品与服务的政治讨论，似乎是反民主的。相反，可能只有通过民主程序，道德原则才能够找到合法的表达，正如丹尼斯·汤普森（1987）的结论所说：“政治伦理方面的争议，甚至关于基本原则的争议，必须最终或者至少部分通过某种形式的民主程序来解决。”

28.2　民主理论是什么？

为了论证，像保罗·阿普尔比（1952：28）曾经所说的那样，现在让我们来“设想民主”，并提出民主理论可能意味着什么，以及如何界定行政伦理理论。遗憾的是，现在出现的问题非常类似于我们上面所讨论的行政伦理面临的两难：民主理论家提供了非常不同的民主定义，因此，相应地，行政官员的角色（和对他们的义务和责任的范围和内容的确定）根据特定理论的变化可能变化很大。

A.　古典民主理论

遗憾的是，可能被称为古典民主理论的不同组成部分——政治哲学中的“重要文本”（great text）——是没有多大帮助的。大多数人在现代组织出现之前著述时，没有预料到政治、社会和经济现代化在创造复杂行政国家需求方面的影响，因此，人们很少关注官僚机构，比关注受限更多的部分行政官员适当操行的主题要少得多。例如，约翰·洛克有意对行政事项保持沉默，并在《政府论》（*Second Treatise*）写着“联邦部委及部下的权力，我们不需要讨论……”（拉斯莱特，1960：415）。在《社会契约》（*The Social Contract*）中，卢梭民意将“全全指导”（弗兰克尔，1947：56）。几页阐释之后，他的确指出“让法律执行权力，对权力来说是不适合的，并附带说明说全体人民应该把目光从一般观点转到使它适合特定对象是不合适的”（弗兰克尔，1947：56，59）。但他未能考虑到把注意力调整为如此关注特别问题的行政官员的职责。

对行政领域缺乏类似关注在美国建国者身上普遍盛行。在《联邦党人文集（第70卷）》中，汉密尔顿担心共和政府的执行者的无力，而“无力的执行力”（enfeebled execution）是他主要关注的。在《联邦党人文集（第72卷）》中，他顺便提出这种观点，即从事“政府行政”的官员应该被“视为最高行政官的助理或代表，并因此……应该受他的监督”。正如拉尔夫·克拉克·钱德勒所说：“这是显而易见的……在《联邦党人文集》以及在制宪会议的辩论中，政治解放和经济发展难免产生一些不道德行为，但政府可以控制形势，避免产生宣讲和被宣扬的制度性后果。”（钱德勒，1983：32）虽然麦迪逊认识到人必定很少是天使，但他在《联邦党 607

人文集（第 50 卷）》中，通过控制和制衡的制度手段——用“野心抗衡野心”的普遍解决方案，被认为足以遏制那些会威胁到公共福利的人的激情与兴趣。

托马斯·杰斐逊采取一个更加民主的立场，把行政主要看作从属于民众限制要求。在 1819 年 12 月 10 日写给约翰·亚当斯的信中，他说：“只有在人民的限制之下，政府才能够持续善。”（邓博尔德，1955：92）在 1789 年 7 月 19 日写给阿贝·阿诺克斯的信中，他提供了传统的解决方案，可以追溯到雅典城邦的做法，即公职轮换和公众参与行政事项：“我们认为，在美国，只要他们能够发挥政府的作用，就有必要把人民引入政府的每一个部门，这是确保政府权力长期持续与诚实行政的唯一办法。”（邓博尔德，1955：89）

在 19 世纪中期的著述中，约翰·斯图亚特·穆勒在《论代议制政府》（*Considerations on Representative Government*）一书中开始明确表达对参与、平等和在更复杂的国家结构中的代表性的关注。例如，我们现在转向了对作为公务行为指南的专业知识或技能作用的注重：“全部的政府业务成为技能工作，完成它的准入条件是具有特殊的和专业的方法，这些专业技能只有一些与他们自己共有那些资格的人才能正确地评价它……”（穆勒，1958：199）但是穆勒像他的前辈一样，仍然主要关心的是有关民主支配整个国家机器的问题，尽管这是在更多共和党人的政府制度性建构（仍是参与性的）理念的基本框架之内。

在 19 世纪末期和 20 世纪早期的几十年中，对官僚关注的普遍缺乏继续存在于主要民主理论家之中。大量民主理论方面的思考集中于公民参与的性质问题和更广泛的民主支配国家的问题（佩特曼，1970；汤普森，1970）。英国多元论者，如 G. D. H. 科尔，接受穆勒更多参与的号召，把其适用性扩大到各种各样的公共与私人协会中。“民主修正主义者”，如米歇尔斯、莫斯卡和熊彼特，在承认官僚组织出现的同时，对公众的能力提出了质疑，接受精英政治模式的影响。对公民参与的经验与规范性的辩论虽然重要，但遮蔽了对民主政府中行政行为的影响，同时，遗憾的是，这种状况仍然继续存在于政治哲学和对民主政府必要条件的实证分析中。

虽然仅仅为行政领域提供了一种“弱理论”（thin theory），但这些古典的民主理论家的确提出了人们所关切的事，其将作为公共行政的一个独立的学术探究领域出现而得到更充分的发展。大多数研究都普遍认为官僚屈从于更高的政治当局，从而隐喻了政治-行政二分法，这在 20 世纪前四十年的公共行政中是明显的。穆勒在洞察力方面比较有先见之明：他的有关技能与专业知识重要性的观点预示了后来卡
608 尔·弗里德里希会在他与赫尔曼·芬纳的著名对谈中所明确表述的对专业责任的强调。同时穆勒也认识到教育对公民参与代议制政府的影响——道德理智与“公共精神”发展——这将涉及 20 世纪 60 年代初开始的新公共管理运动以及论述行政伦理的当代学者。

B. 正式法律主义

大约在世纪之交，即使它仅仅作为公共行政一个独立的学术探究领域的出现，我们开始系统地关注官僚体制中政府应该如何设想在行政领域发挥其适当作用的问

题。追溯到这一时期被专称为正式法律主义的一种思想派别大概在整个 20 世纪的前四十年里是公共行政中占统治地位的正统。如德罗·威尔逊的《行政之研究》(1887)、弗兰克·古德诺的《政治与行政》(1900)、马克斯·韦伯 1918 年的文章《政治作为一种职业》和《科学作为一种职业》以及在 1922 年作者死后才出版的《经济与社会》中论述"官僚"的部分，在这样的经典著作中可以发现它的起源(格斯和米尔斯，1958：77-158，196-240)。

贯穿整个正式法律主义途径中的中心思路是官僚体制中政府是"上级主管部门"唯命是从的工具。行政人员没有被要求负责任、有道德或甚至以一种积极的方式对政治有兴趣的。他们的责任大多数是被动的、有界限的：他们简单地应用他们组织的上级或更高政治团体如立法机构或法院认为适当的法律、标准、规则和程序。在伍德罗·威尔逊看来，"行政在政治领域之外……公共行政是公法的具体化和系统执行"。威尔逊的观点是行政"是政治生活的一部分，就像事务性的方法是社会生活的一部分，就像机器是制造产品的一部分"(1887：210，212)。对马克斯·韦伯来说，公务员的正当使命要求他"将不从事政治。相反，他应该进行公正的'行政'"。政治领袖可以"有立场"和"充满激情"，但公务员的行为则"完全相反"：

> 公务员的荣誉归属于他认真执行上级机关命令的能力，就好像这种命令与他自己的信念一致一样。这就是认为即使这种命令对他来说似乎是错误的……从最根本意义上来说，如果没有这种道德自律和自我克制，整个机构就会散架。(格斯和米尔斯，1958：95)

因此，根据正式法律主义的途径，重点落在公务员对科层等级、上级的命令和由那些政治"上级"制定的明确的法律、行政规则和程序的严格服从上。就行政伦理而言，对正式法律主义的途径来说，非道德的才是道德的。

20 世纪 30 年代，随着对行政程序和公私机构的内部运作的更多实证研究的出现，合规守法主义所倡导的政治与行政之间的绝对对立受到越来越大的挑战（赫林，1936；巴纳德，1938；罗特利斯伯格和迪克森，1939)。正式的法律主义进一步受到挑战，因为人们认识到，在应对大萧条（Great Depression）的经济困难时，需要官僚的回应性，而罗斯福则高调呼吁实行积极的新政（New Deal)。虽然大多 609
数正式法律主义者没有否认这种有时发生在官僚组织中的自由裁量权，但是他们声称这反映了立法或行政方面的疏忽和懈怠，而不是真正的官僚体制的需要。这种观点来自经验的和规范的实证研究（利思，1943)。从经验上看，官僚体制的自由裁量权和积极性被确认为行政过程中"正常的一部分"(normal part）和"可预期的行为"(predictable behavior)，比如过分因循守旧与目标错置（默顿，1949)、有限理性（西蒙，1957：61-78）和组织僵化（布劳和迈耶，1971：51-52)。从规范性上看，普遍的看法是这样的活动代表着对民主国家的积极贡献。

到 20 世纪 40 年代，正式法律主义处于失势状态。然而，其对理解政府在民主政治中的作用的贡献仍不应该被低估。尽管其有经验上的不足，有对自由裁量权的行使过于严密的规范性禁令以及有严格遵守组织科层等级和政治当局命令是确保负责任政府的主要手段的观点，但其的确坚定地坚持民主理论的中心原则：政府是人民“工具”（instruments），他们应该为那些负责制定和实施的政治当局和机构所表达、所代表或者要不被指导的公共意志服务（汤普森，1975）。但是，该方法的缺点源于其对价值观在行政领域中的作用的结构性解决方案：与被动传达更高政治当局和团体的命令的公共行政相匹配的科层等级制。

然而，那些忽略了正式法律主义背后的普遍原则之一（法治优先）的人冒着某种风险开展上述做法。正如罗伯茨最近所指出的那样，最高法院已经越来越多地关注法律干预行政责任与公共服务伦理。法院似乎正要采取“个人责任的模式”。显然这不同于对责任的传统理解，其由正式法律主义者提出，通过将更大的责任落到个体官员，其设置法律的目的是要使官员个人更能够为自己的行为负责任。在罗伯茨看来，“今天，政府官员发现自己遭受了前所未有的监察”；反过来，这种监察既已被法院视为符合宪法的（1999：21）。

但是，即便如此，这种监察有时也会对官员有效履行自己职责的能力产生意想不到的影响。这肯定是任何合理的公共伦理与问责理论的一个重要目标。根据弗兰克·阿勒凯尔雷克的观点，致力于反腐败可能导致了一些官僚主义病：决策延迟、防守型管理、目标错置、士气低落、合作障碍和管理的不信任（1999：88-90）。

C. 多元参与的方法

随着正式法律主义的衰落，利益集团的多元化和分权式参与成为理解政府在民主政治中的作用的另一种途径。然而，每一种方法设定了不同的重点，多元化把重点设定在与集团压力的互动和问责上，分权式参与把重点设定在将行政决策权力下放到地方政府以及直接的公民参与。不像正式法律主义，这两者都强调把政府与政治环境之间的非正式互动过程作为其履行职责的指南来。它们对政治和政府有一致
610 意见，因为政治是一部与作为参与者的各种不同利益集团——无论是集团还是公民——竞争、谈判和合作的戏剧。对于行政管理者来说，是这种过程和作为结果的协议确定了与行政活动相关的公共政策的范围与内容。当选的代表和政务首长——对正式法律主义理论极为重要——仅仅在他们设置了在其中竞争开展的限制因素这个有限的意义上，是与多元与参与的方式有关。但是，它们一旦建立，行政管理者直接面对的就是与确定他们责任有关的利益集团的竞争。但是，两者和正式法律主义一样，都对政治上高度敏感并且通常少有独立道德判断和行为的空间的政府有一致意见。它们也为将民主与道德判断联结在一起提供了一个结构性解决方案；不过，仅在个人与群体的互动层面，它们对政治结构的性质进行了重新定义。

在第二次世界大战以后的几年里，尤其是利益集团多元主义，作为对包括政府在内的美国政治叙述上准确且规范上可接受的描述，赢得了众多学者的赞同。后来尽管其实证主张和理论意义都受到挑战，但它仍然是有影响的：多元主义理论学者在 20 世纪 60 年代和 70 年代采用的“渐进主义者”（incrementalist）和“党派相互调整”（partisan mutual adjustment）的视角仍然对政策过程的运作提供了有说服力的描述，特别是在国家层面（达尔，1955；林德布洛姆，1959；1965：88 及其

后；1977：314－317)。

然而，多元主义主要侧重于利用外部利益集团竞争的方法，使政府在很大程度上处于被动的角色。在大多数多元主义理论观点中，没有与体现竞争性利益集团合作与妥协相分离的独立标准。甚至如宾利（1908）、莱瑟森（1942）和杜鲁门（1951：443 及其后）这样的理论家提出政策似乎会自动来自集团互动过程，也就是说是“集团力量的合力”被被动地显示出来并被转变成政策。

多元主义方法尤其要面临有关群体公平过程中出现的概念化的难题。例如，在个人利益被整合为集团利益中的阶段，集体行动的动机可能在不同程度上显现，从而妨碍有些个人利益整合为集团利益（奥尔森，1966；莫，1980）。此外，这些政治上表达的利益可能反映了集团内部精英的利益，而不是那些个别成员的利益，这就是米歇尔斯的“寡头政治铁律”。在集团之间竞争的层次上，并不是所有集团在特定政策领域行使相同数量的影响力，也不是被排除在外或未被充分代表的集团总是能够通过其他政治途径得到救助。“铁三角”关系的存在（塞尔兹尼克，1949）和“议题网络”(issue networks)（赫克罗，1978）可能偏向于选出来的利益代表，并阻碍新集团的进入。

公平地说，在多元主义理论学者中有一些对“长期有效的”(standing)、“正当程序的”(due process)、公平代表的行政保障以及其他为政府处理各种个人与集团问题提供指导方针的讨论（朗，1962：82；沃格尔，1980：81；伯克，1986：199－215)。在这些关注点中，有些已经变成了法律、规则和程序，指导接受各种公共来源的政策输入的政府（斯图尔特，1975；波普斯和帕夫拉克，1991：32－47)。然而，即使用这种补充政策工具，提倡者对如“正当程序”这样的术语的含义或为确保政府承担的具体责任经常是不明确的（莫罗和马莫，1981；伯克，1986：204－ 611
206；波普斯和帕夫拉克，1991：51－55)。因此，政府继续面临执政场合、性质和义务范围界定不清晰的控诉。

类似困难也困扰着分权参与。20 世纪 60 年代和 70 年代的社区行动方案的特点是低层次的参与，即较高社会－经济地位的精英往往占主导地位，而不是目标群体（莫伊尼汉，1969；阿特舒勒，1970)。参与者还可能是利己的，由于局限于他们自己的政策要求，可能忽略了更大社区范围内的利益（阿利希尔，1972；斯特兰奇，1972；弗里登和卡普兰，1975；科尔和卡普托，1974)。例如，对社区行动机构的一项研究发现来自社群的代表认为自己是特定支持者群体的代表，相比之下，只有 1/3 的非社区代表认为自己是这样的代表（奥斯汀，1972)。对参与的更普遍研究已经发现，这可能成为迫使参与者（曼斯布里奇，1983）达成共识的一种昂贵的手段（威尔逊，1966)，往往反映了社会经济的不平等（维巴和聂荣臻，1972；M. G. 奎特和 R. W. 奎特，1981)。

民主政治的逻辑也很难与分权参与的政治影响相符。民主决策实质上是要求那些受政策影响的人可以有机会参与其制定或以某种方式施加影响。分权参与虽然在形式上是民主的，但不能每次都达到测试要求。例如，在分权化背景下，政策制定可能对其制定没有发言权的其他选区具有“外溢”影响，还可能将成本转移到这些选区。因此，一方面，民主分权参与与参与者的利益和政策意见之间存在着紧密关系，这些政策意见又会对这一紧密关系产生重要作用；另一方面，民主分权参与与更广泛的公共利益也存在着紧密关联，这些公共利益也可能为分权化背景下采取的公共行为所影响（费斯勒，1965；巴纳德和弗农，1975）。

尽管有这些问题，但分权参与可以促进一些民主目标的产生。它不仅可以为迄今被边缘化的部分公众提供赋权的政治工具和模式（斯登伯格，1972），而且它可以在适当的情况下增加有关政治的知识和信息，增进政治互信和有效性，同时减少政策排斥（史密斯，1971；科尔，1974：113 及其后），培养“民主品质”（哈特，1972；亚伯拉罕松，1977）。以社区为基础的参与可能能够提供一个更好的环境，在其中道德行为可能蓬勃发展（森波尔和莱宁格，1996）。新型的顾客-政府关系也可能会出现。公众与政府之间的合作可能会加强（摩尔和凯琳，1983；莱文，1984；M. G. 奎特和 R. W. 奎特，1981：135-149），同时，公众参与可能会鼓励政府不是把公众作为被动的消费者或客户，而是作为委托人——作为具有赋予他们更好、更公平待遇的特定权利的个人（米勒和马勒，1969）。总体而言，正如托马斯·麦卡洛所做出的结论：“当公众被纳入决策过程中，不是仅仅作为追求他们自己不同利益的个人，而是作为参与协商对社会来说什么是好的的参与者时，新的可能性就出现了。”（1991：88）然而，正如金、费尔蒂和苏瑟尔所观察到的那样，对于发展这样的关系来说，可能会要求对政府再教育，特别是“改变他们的角色，从专家管理者的角色转向合作的参与者或合作伙伴的角色”。不过，他们承认这需要在有关什么是行政人员要做的以及主流价值观方面做出重大转变。政府被寄予期望的典型做法是进行治理，而不是统治（金等，1998：325）。

D. 民主的责任

612 正式法律主义、多元主义和参与理论对在行政领域中个人的包括伦理判断与行动的价值判断的作用提出一个类似的解决方案：它们依赖于一定的政治结构——无论它们是官僚等级科层、集团竞争还是公民参与与反馈——作为指导和定义价值。然而，这些结构性解决方案不是唯一可用的手段：人们可以通过专注于行政官员的个人价值取向来处理伦理问题和民主理论，试图以与民主政府的目标和宗旨相一致的方式来界定它们。因此，对**“民主的责任”**（democratic responsibility）的思考成为中心任务，并且近年来它已经在那些关注伦理、民主和官僚组织的学者之间引起了充分的辩论。

这种方法的优点体现在其标签的两个要素上：民主与责任。其对个体责任的强调就与各种伦理注意到的意识与关注建立了明确的联系：我应该做什么？在这种情境中，我的职责是什么？在这里，什么是正确的行为？这种“民主的”修正者给予了实质性定义，其关注的是行政人员角色的公共性质以及它在一个民主政府的架构中的地位，其特别注重公职人员“为我们而行动”（act for us）而不能简单地为他们自己的理念。

当然，关键的任务是界定“什么是我们所说的民主的责任”。一些学者曾试图做出回答的方法之一是通过对特定民主的核心原则的强调来进行定义。例如，对于保罗·阿普尔比、迈克尔·沃尔泽和特里·库珀来说，它就是民主的公民身份概念，其在这个定义中是最重要的。根据保罗·阿普尔比的观点，行政人员应该把他们自己看作“负专门责任的身为官员的公民”（1965：335）。对沃尔泽来说，“他们是代表我们大家的公民，可以这么说，共同利益是他们的特质”（1970：216）。同时，关于这一话题，库珀已写了一整本书，其中，他认为道德上的公民身份传统可以为公共行政人员提供一个可行的规范性基础（1991：134）。

对于哈伦·克利夫兰、弗里茨·莫斯坦·马克斯和道格拉斯·耶茨来说，这是民主国家中对应该引导行政行为的责任的事后监察。根据莫斯坦·马克斯的看法，“比强迫行政人员达到具体规定的监察要求绝对更重要的是他们接受向他们自己和公众解释他们行动的公共性的道德义务”（1949：1134－1135）。对于克利夫兰来说，这是中心问题：“如果这种行动要被公众监督，我仍然觉得这是我应该做的吗？以及我应该怎样来完成它？”（1972：104）道格拉斯·耶茨得出类似的观点，并做了进一步发展，并提出：“政府决策者有义务向民主国家中的公民仔细说明他们已决定采取行动的理由，说明他们正追求什么样的公共目标，说明他们强调以什么样的价值观来反对其他合理的方法。”（1981：40）反过来，其他的学者提出民主的指导应高于对行政活动的道德质疑。例如，在《说谎》一书中，西萨拉·柏克认为道德上有问题的做法有时是合理的，如果它们已预先同意，“在民主国家中，只有那些可以公开辩论和预先被允许的欺骗性做法是合理的”（1978：185）。

其他学者依赖于更大量的民主原则和实践。詹姆斯·弗里德曼（1978）认为行政行为的合法性取决于四个属性——合宪性、责任性、公平性和有效性。唐纳德·
沃里克指出有五种指向责任和远离不负责任的标志——公共取向、回应性选择、诚 *613*
实、程序性尊重和限制手段（1981：115-124）。埃梅特·雷德福提出了三种“民主理想”：

> 基本理想是人是社会建构的价值单元……这是民主道德的利己主义的基础……第二个理想是所有的人都值得得到社会的认可……这是民主道德的平等主义的组成部分。第三个理想是个人价值受到最充分的保护，并被那些价值被呈现的人的行动增大……自由只有通过参与决策或者控制做决策的领导才能存在。（1969：6）

另一方面，丹尼斯·汤普森转向如公民“赞成或不赞成的机会”（opportunity to approve or disapprove）、公众问责、公众同意、向公众公开与披露以及追溯既往的选举式赞成这样的民主共同要素（1987：11－39）。在他看来，民主的责任既是一个“协商过程”（process of deliberation），又是一个“问责过程”（process of accountability）。前者意味着适当的民主责任概念应包括官员为他们的决定可以给出的“各种理由”，因此，不应局限于正式法律主义或技术的问题。而后者必须“为确定哪些官员实际上做出具体的政策提供基础”（1983：236）。

帕特里克·多贝尔的（1998）最近已指出了作为伦理领导力的一个重要组成部分的政治审慎的重要性。根据多贝尔的观点，它侧重于“领导者实现道德自主的责任，注意情境背景的责任，通过协商与仔细判断以便寻求合法和持久结果的责任”。相应地，七项原则指导这样的审慎，并为别人判断其正确的应用提供标准：(1) 有纪律的理智和开放性；(2) 深谋远虑；(3) 权力与资源的适当运用；(4) 把握时机、契机和方向；(5) 手段与目的的适当结合；(6) 结果的耐久性和合法性；(7) 建立和维持共同体 (1998：74，80)。拉里·特里的作为“监督官”(conservator) 的行政领导的理念，虽然不被限制在专门的道德术语中，但为伦理领导者提供了启示。监督官之职是为了保护公共机构的“诚信”(integrity)，并且涉及“防止伤害、破坏或那些决定公共机构与众不同胜任力的程序、价值观和统一原则的衰减”(特里，1995：44-45)。

这些使伦理与民主理论结合在民主责任、也可被称为民主道德的概念之内的不同尝试已在当今论争中留下有益的探究路线。总的来说，它们避免了细节上的分歧，其很可能是随着更全面、更详细的个人责任的陈述而来的。但它们之间的分歧也表明了一些已被提出的反对纯粹道德原则的批评，即在它们的多样性与分歧中是很难发现哪个应该获得优先权或者获得认可的。更简单地说：政府如何知道应采用民主的哪个一般特性？此外，对它们的讨论往往是在一般层面上，在这一层面上的特定原则之间的紧密关系往往是未被探究的。例如，在沃里克 (1981) 的规划中，哪个应该获得优先权：“对程序的尊重”(大概是对上级主管部门以及他们已指定的规则与角色)，还是更关注公民的“公共取向”？

话虽如此，受民主启示的责任理念提醒政府注意的各种一般性关注可能会产生
614 对更广泛的“公共利益”关注的足够认识，以补充其体制上定义的角色与义务的不足。不同于道德原则在个人生活中的应用，政府已经有了一套职务上的责任与义务、适当的规则和程序，这首先能够帮助他们思考什么是他们应该做的。然后，在补充那些“标准”的责任或者他们创建遍及组织的平衡精神方面，民主责任这些不同的概念可能是足够的。

E. 宪法启示

如果很难对我们认为在理解政府的角色与义务方面很重要的民主特性上达成一致，那么宪法的权威或许可以被援引来解决争议。毕竟，这是美国政府机构与程序的蓝图，并列出了其公民的权利与特权。它是基于被治理者——“我们人民”——的同意并且服从于他们认为合适的变革和修正。此外，有大量有关制定者的意图、解释及其随着时间推移而发生的演变的文件和文献，以至于它可以为理解政策制定过程的适当边界和其中政府的作用提供一个权威性的文本。此外，不同于前面所讨论的民主的方法，它的优点是认识到我们政府体制的民主共和特征——例如，共享的权力、制衡和个人的权利——单纯的民主方法似乎是缺乏的。

当然，毫无疑问，“宪法”规定的明确权力与个人权利应该具有约束力，也不存在对最高法院对这些权力的范围和应用所做的决定有任何怀疑，并且权利应该被注意到。行政程序的理性观察者将很难有其他争辩。但是宪法及其解释能用于更有雄心的目的：形成一种政府伦理理论吗？

在论证宪法能够做得到方面，约翰·罗尔一直是主要的权威人士。在他的《官僚伦理学》(*Ethics for Bureaucrats*) 一书中，他明确地提出理由，最高法院的裁决清楚表达一定的“政体价值”，并且清楚说明有关这些裁决的操作指南，能够帮助政府的履行伦理义务（罗尔，1978：4）。他还认为宪法规定的分立而共享的权力制度可以被有效地应用在理解政府在那种制度架构中的适当角色。这种观点在 1986 年的《为了执行宪法》(*To Run a Constitution*) 这一著作中得到更充分的发展，在其中，他进一步界定了政府机构的规范性理论，其是以宪法制定者把美国参议院作为平衡美国众议院更大众取向的摆轮为蓝本。

对政府机构的研究者及其从业人员来说，罗尔的努力无疑是有用的教学法。但是根本不清楚宪法及其通过法院裁决而获得的解释能够实现预示着一种政体价值理论的更加雄心勃勃的计划。有一些困难突显出来了。第一，最高法院经常面临许多声音。一致裁决是罕见的，其书面裁决同时往往包括基于选择性的宪法推理的一致意见和不同意见。第二，最高法院的意见通常是被汇集起来以支持最终裁决的各种宪法与法律的观点的复合，他们有时也关注技术上的法律细节问题，因为最高法院通常喜欢随时避免宪政争议。第三，在识别哲学上的连贯性和引用最高法院中受宪 *615*
法启迪的价值观判断时，关怀必须要被考虑，在赢得最高法院成员多数时的政治上的妥协和对特定裁决的更广泛政治认可的关注也可能影响最高法院的意见。最后，最高法院的意见往往随时间而改变，当最高法院进入新的宪法未知领域时，尤其如此，初始裁定后会有连续的案例跟随，当它们被应用到提出了新的事实或问题的情境中时，其要寻求制定和完善宪法和法律问题。

那些主张在构思对行政角色的理解时宪法制定者的意图应该受到重视的人面临一系列类似的解释问题。这种观点并不直接进入对政府伦理的辩论，但这是法律学者和法学家包括最高法院目前的一些成员之间对宪法解释的一个重要的组成部分。这里的问题将是两方面的：不仅有根据最高法院裁决树立政体价值的困难——罗尔的观点，而且这些裁决转而由于它们遵守了被推定是宪法制定者的意图会被理解和被告知为与宪法同等的解释性的执行，如果没有更大的冲突。

F. 程序性方法

另一种从民主的角度来界定政府责任的可能方法不依赖于宪法、各种民主原则或民主的抽象特征获得其灵感，而依赖于政府被赋予的义务，其与确定行政背景和它被嵌入其中的更广泛政治环境的制度和程序相关。这里的基本理念是，有关的政治当局拥有基本权力以确定政府的角色和基本职责，但是，不像正式法律主义的方法，扮演这些角色的人必须承担更多的责任。

西奥多·洛伊在他 1969 年的《自由主义的终结》(*The End of Liberalism*) 一书中对利益集团自由主义的开创性批评揭示了这种方法的主要信条之一，即更高级别的政治权力应作为政策指南的主要来源，而不是依靠于他们与所选择的利益集团的非正式关系的政府。在洛伊看来，利益集团政治削弱了正式的规则和程序的合法性，并破坏了美国国家权威。虽然为了对这种情景进行补救，洛伊提出的“司法民主”建议回溯到正式法律主义并基于1935年最高法院在谢克特和巴拿马炼油公司的案例中的反新政判决之上，但它为理解政府责任奠定了基础。这种政府责任承认更高政治权力的合法要求成为对在行政领域所发生的一切的民主治理的一种表述（1969：287-341）。这再次引发了有关作为价值观导向来源的正式制度与程序作用的辩论，这将产生更强有力的政府责任与义务的理论。

1969年，肯尼斯·卡尔普·戴维斯也写文章探讨了自由裁量权的问题，但更多关注官僚体制的作用，更精通于让人头疼的自由裁量权问题如何能够被解决。戴维斯拒绝了对行政程序的正式法律主义观点和在行政程序中的通行做法，即行政自由裁量权应该被消除或者受司法或更严格的立法法令的限制。相反，他建议政府应该行使自由裁量权，但应注意限制、控制和安排它，特别是通过坚持程序的公开和
616 公正的标准。在他看来，更高层级的政治权力仍然是对行政活动进行指导的主要来源，但政府在妥善处理他们有时被授予的、特别是在确保在结束政策判断时而运用的程序的完整性被授予的、政策自由裁量权方面，要发挥积极的作用。

波普斯和帕夫拉克进一步发展了这种观点，得出结论，认为行政正义必须被视为政府的核心价值，他们主要根据程序来定义这种正义：“行政公正不同于根据合乎宪法安排、法律、政体价值和附属于政府职位和权力的特定角色而来的广义上的正义与社会正义的概念。”（1991：10）在他们看来，有关政策结果公正性的判断——分配正义——“通常超出政府权力范围”并且“要求政府达到立法者的意图”（1991：72-73）。不过政府能够通过如确保决策是正确的、理性地与政策目标相关并为目标客户的需求服务这样的行动来帮助实现这一意图。就程序正义——制定和执行政策决定的程序公平——而言，政府一般都更直接地参与，同时他们必须采用，如平等机会、中立性、参与性和仁慈以及上诉的权利，这样的公平性标准（1991：85-92）。

伯克（1986）提供了另一种以程序为基础的责任概念。从根本上来说，个人责任是由民主的“制度与程序”来正确定义的，至少在美国制度主要是根据宪法而成立的“政治”部门（1986：216）。但还假定有一系列更广泛的对宪政民主事业、对“民主精神”的责任。在吸收了德沃金（1977）的理念，即从事公共服务的人不仅要承担他们明确的职责，而且要承担作为一个整体的事业的一系列更广泛的义务。之后，他阐明了责任概念，具体如下：（1）其他官员的行为；（2）促进政策选择过程中的公平与知情的完整性；（3）在深受组织、动机和公共官僚机构典型的行为模式影响的背景下有效果且高效地实施政策选择。

阿尔伯特·弗洛雷斯和迈克尔·卡夫也依赖于以程序为基础的方法。他们认为，因为没有意见一致的界定“公共利益”方法，行政人员应为他们的行为寻求公共合法性（1988：126）。相应地，程序标准能够提供这种合法性，并且弗洛雷斯和卡夫建议政府考虑如下这些与程序有关的问题：

> 在立法会上的建议是否得到多数人的赞同？
> 看问题的重要少数视角是否被考虑？
> 立法需要考虑的事项是否是以知情、开放和协商的方式进行？……
> 参与者之间是否有互动和努力寻求妥协的机会？……

专注于现有程序和机构的原则和运转的方法优于其他民主责任的理念，它们并不需要详细说明特定的民主概念或特定的宪法解释，以便告知其基本原则。义务和正确的操行被指向确保现有程序和机构的“诚信”(可能被称之为)，而不是取代现有的流程和机构的义务和正确的行为。此外，正如拉尔夫·克拉克·钱德勒所指出 617
的那样，对在政治机构和程序层面的不同意见的调和的安排在政治和社会秩序方面是有益的，其中价值观存在多元并且必须被协调：“程序主义是必要的，因为……一种信条必须是认为从对立、相反和极端冲突之间来的，不是任何一种价值观的胜利，而是所有价值观的调和和互相适应。”(1983：33)

但在基本原则层面获得的可能会是其他地方失去的：例如，在决定政府应该如何应对立法协商的不公平方面的模糊性，或者在确定他们应该如何促进明智、公开和协商性政策选择的项目或更有效的政策实施方面缺乏明晰性。正如钱德勒的警告，一般而言，无法保证程序性方法将会兑现其调解和协调竞争性价值主张的承诺：“当然，程序主义者的主张具有的讽刺意味是，随着在日益分列为派系对立和社会道德沦丧的社会中对共同价值观需求的增长，在他们的分歧中为共同规范找不到基础的对立方从对手变成敌人。”(1983：33)

程序主义者的民主概念是不是过于狭窄？程序理论专注的民主任务可能需要比使“体制运转”更多的努力和关注。正如托马斯·麦卡洛所指出的那样，公众利益不仅仅是中立的、程序性的政策制定。它是公民对公共价值的协商 (1991：88)。然而，程序主义者可能回应说，过于慷慨拥抱民主是不妥当的：它没有认识到美国制度的共和体制和宪法的特征以及它们在设定公共政策的范围和内容方面的合法性作用。像麦卡洛之类和其他青睐之人的公民协商在我们的政治中可能有一定影响，但它是一种必须主要是通过现有机构和程序或者他们宣称的那些直接参与的途径来协调的公民协商 (伯克，1986：197-215)。

乔尔·弗莱什曼和布鲁斯·佩恩提出了特别严峻的挑战。他们认为恰恰是在民主制度受到压力的时候，大多数重要的责任两难困境才可能出现。一些程序性标准进入对这种境况的评估——违反了“政治程序的构成规则”，封锁了在政策辩论以及政策制定者上级对长期后果的认识方面的相关信息。但是当后者出现时，他们的结论是指望政治程序的指导是不够的，可能还需要运用个人的良心和道德判断 (1980：20-21)。

28.3　结论性意见

虽然一直在致力于研究个人的责任和民主理论视角下的道德行为的作用的学者们采取了非常不同的路径，但是至少可以说，它已在最近几年引起了明智的和有益的对话。越来越多地共识认为，对行政伦理的讨论不是一个鼓励道德估量或应用一些受青睐的道德体系的简单任务，而是涉及一种更复杂的考量，即政治，尤其是民主政治中，官僚的作用和这种组织结构中行政官员的个人角色必须怎样进入到适当行为的任何一种估量和评价中。

618 丰富的文献已经出现，其特别专注于数年前特里·库珀概述出的两种责任：对法律、程序和组织科层等级命令的“客观”责任和来自对伦理价值观、共享经验和职业培训的“主观”的责任。上面讨论的多数理论比库珀更狭义地定义后者，但它们都至少在一定程度上带有这两个元素，这是值得赞扬的。正如本章导论所指出的那样，对个人责任的思考和适当定义可能使看似不同关注的民主与官僚体制的结合成为可能；为实现此目的，把责任的两个方面联系到一起的能力显得尤为重要。

民主的方法是能够包含这些需要考虑的事项，因为他们强调竞争性价值观和信念主张的政治调和，并且专注于对责任定义和操守的制度与程序的约束。但这样做的过程中，人们也必须询问在这一过程中伦理是否丧失。正如本章早就指出的那样，即使人们认可政治的要求和权威，某种个人道德判断的领域似乎也是必要的。对民主机制的强调不可能保证决定的结果从根本上总是正确和公正的，政府也不能够确保那些在组织结构上处于更高层级的人忠实地坚持公众利益。

因此，对应在公共义务与道德责任之间划定适当边界的理解在分析行政伦理方面仍然是一个未完成的任务。在分析有关负责任行为的民主主张方面的近期研究成果都强调政治和体制的限制，其在对行政伦理讨论过程中往往被忽视。不过，一旦这些主张和限制被认可，就仍有必要重新审视个人伦理领域，并评估其在政府的行动和判断中的作用。

一个值得进一步关注的话题是对伦理方面的考虑是否无论如何都应该“超过”(trump) 民主判断。纽伦堡原则是最有名的这种例子：对行为的禁令如此令人发指，以至于使它们超出了合理的争议。是否还有其他也许不那么极端但仍然重要的这种类型的道德判断呢？

丹尼斯·汤普森（1987）已指出伦理应该被考虑的另一种方式。虽然承认“政治伦理中的许多这种争议甚至有关基本原则的争议必须最终或者至少部分通过某种形式的民主程序得到解决”，但他认为民主程序必须满足如公共性这样的特定道德约束。是否有其他方面必须被满足？以便于用他的话说，民主“程序本身就可以是道德判断的来源”。

伦理与民主程序也可能是与在行政领域出现的不同判断困境相关。例如，引起对个人道德尊重的负责任行为可能在最密切涉及个人良知的这些领域中是更适当的，并且个别官员是错误的原因：撒谎、欺骗以及其他个人的不当行为。相反，当问题涉及政策自由裁量权的行使时，民主的方法可能更为相关，在此，公共政策的范围和内容处于争议中，同时，政治而不是个人似乎是一个更合适的引导。

在特殊情况下，民主原则和个人的道德判断也可能是可以混合使用的。例如，彼得·弗伦奇（1983：135）提出举报活动是合理的，如果它们满足四个条件：
619 (1) 在事件被公开之前，已有的政府渠道已经被用尽；(2) 认真做出评估以确定是否已违反了程序、道德或法律的限制；(3) 可怀疑的行动涉及一个显而易见的危害；(4) 可怀疑的行动在本质上是具体的，建立在合理证据的基础上，而不仅仅是一般性的投诉。条件 (1) 和 (2) 涉及政治上和组织上的考虑，条件 (3) 似乎主要在本质上道德性的，而条件 (4) 似乎是负责任行动的内在的或绝对的要素。尽管有人可能会质疑弗伦奇已选择的条件，但它们似乎普遍是合理的，示范了各种考虑——道德的、政治的、组织的和绝对的——可能是与评估负责任行为的大部分情境相关。

最后，伦理提供的如何从一般原则到具体应用的特征的指导促进了人们的关注。汤普森已指出的第一个问题是有关政府的组织性质的：政府不仅“为我们而行动”，而且“和我们一起”行动（1987：4）。官僚体制是复杂的实体，其行动可以追溯到很多行动者的部分贡献，而这反过来又使理解任何单个行动者的特定责任复杂化了（汤普森，1987：40-65）。第二是伦理行动，从它被定义的理论方法上来看，需要一种根据特定环境把一般规则和规定应用于具体实际的实践智慧。正如特里·库珀所指出的那样，“重要的是要评估情境的严重性，考虑处于风险中的序列价值观，然后采取与这些环境相适应的行动”（1990：43）。正确理解行政伦理必须包括对其治理原则的正确理解，而且包括对于它的有效和适当的应用来说是必要的审慎和道德妥协方面的知识。

参考文献

请从中国人民大学出版社官网（www.crup.com.cn）下载，或者用微信扫描下方二维码获取。

第 29 章

非营利组织中的行政伦理

迈克尔·奥尼尔
美国加利福尼亚旧金山大学

29.1　导论

623 非营利组织普遍规避了那种针对政府和企业的伦理监察，大概是因为非营利组织既没有国家的权力也没有市场经济的自身利益。然而，最近涉及美国联合慈善基金会（United Way of America）、全国有色人种协进会（NAACP）、商誉工业公司（Goodwill Industries）和其他非营利组织的丑闻都已提示，和其他类型的组织一样，伦理也是非营利组织中一个非常重要的问题，甚至有人可能认为非营利组织远非伦理所能豁免的组织，其所需要的道德甚至超过企业或政府。虽然所有的组织在某种程度上都依赖支持者的信任，但非营利组织尤其严重依赖于他们与客户、志愿者、捐赠者及其委托人的信任关系，这主要是因为非营利服务（宗教、咨询、社会工作、健康、教育、宣传）的质量和效果往往难以测评。汉斯曼（1980，1987）认为“信息不对称”有助于解释为什么很多人从少有或根本就没有经济诱因来降低质量的非营利性提供商那里寻求这样的服务。筹资专家（米克瑟，1993）报告说，长期的信任关系对主要捐赠的招募来说是非常必要的。

对非营利组织来说，伦理绝对并不陌生。大部分由非营利组织提供的医疗保健至少从希波克拉底以来就已认真关注了伦理问题。因为它们客户的相对弱势，非营利的人性化服务和教育组织经常要面对道德挑战。宗教组织关注经常表述在某一个特定的神学观点中的各种各样的伦理问题。宣传和事业组织集中于社会伦理问题，例如少数族群的权利。虽有这一切的关注和参与，然而，非营利组织——也许专注于它们以服务为导向的、理想的使命——通常最近几十年没有形成像政府和企业所具有的明晰的内部道德机制。

对非营利组织中的行政伦理缺乏正式的关注，这一点的确如此。非营利组织主要的伦理关注是对那些直接服务的提供商，如医生、护士、教师、宗教专业人士、
社会工作者、顾问、宣传者以及诸如此类。对涉及非营利组织的管理者和董事会领 624
导的道德问题的关注相对较少（鲍里斯和奥登达尔，1990；布里斯科，1994；杰文斯，1992；尤尔克维兹和马塞，1998；考茨欧，1998；奥尼尔，1989、1992、1993、1997）。不过，在非营利组织大量集中的领域的行政伦理已被关注，如医疗保健（达尔，1991）和社会服务（莱维，1982）领域。

对非营利组织的行政伦理给予特别关注是基于非营利组织在一定程度上独有的特色及这些组织的领导要面对的各种特殊伦理挑战。虽然非营利组织在许多方面类似于企业和政府，但是对行政伦理的重要意义而言，仍存在区别。以下通常被认为是非营利组织与其他组织（特别是商业组织）之间最重要的区别（比利斯和哈雷斯，1996；梅森，1984：20—22；奥尼尔，1998：1—4）：

基本目的上的区别：非营利组织的存在是以提供一些服务为目的，而商业机构的存在是以赚取利润为目的。“一个是为工作而赚钱。另一个是为赚钱而工作”（梅森，1984：88）。这一在组织目的上的根本性差异把非营利与营利性组织区别开来，并规范着两种类型组织中的大部分行为。

价值观上的区别：教会、事业组织、私立学校和大学以及许多其他类型的非营利组织有着强烈的价值奋斗目标。虽然所有组织都有一定的价值观，但是非营利组织特别有可能是以价值观为驱动的。

资源获取上的区别：企业得到的收入主要来自出售的商品和服务。政府得到的收入主要来自税收。虽然这两种组织在获取收入上有许多不同的形式和策略，但他们在获取收入目标上的基本结构是比较简单的。另一方面，非营利组织是通过结合出售商品和服务、筹资、政府合同和辅助性的“营利性”企业等多种形式来获得收入的。

财务上的区别：非营利组织不像企业资产负债表和政府选举制度所规定的那样，在取得业绩上具有相同的透明度。非营利组织即使没有明确财务状况指标，也必须继续不断地说服资助者、顾客和其他委托人，使他们相信该机构的工作是有效和高效的。

法律约束上的区别：非营利组织被禁止向委托人分发财务盈余（商业机构的中心目的），免征财产税或所得税，接收扣税后的捐助以及禁止从事某些类型的政治活动。

职工特点上的区别：在劳动力构成上，非营利组织与企业和政府机构有显著差异。志愿者在大部分的非营利组织发挥了重要作用，经常占据劳动力的75%～90%。对非营利组织带薪员工的人统计分析不同于企业和政府：2/3 的

非营利组织的员工是女性，非营利组织中的员工更有可能受过良好的教育，并且更专业，这得益于非营利组织专业化和特殊化的行业需求。

治理上的区别：非营利组织通常是由指定而不是由选举产生的志愿者来治理，担当起公共利益的受托人，并且被法律禁止接受来自组织的任何利润。

625 非营利组织的部分独特性奠定了非营利组织行政伦理的部分独特性的基础。正如政府行政伦理具有的特殊性是源于政府独有的这些特点（例如武装权力、征税权、为公共福利负责、依靠普选）一样，非营利组织的行政伦理的形成也源于非营利组织区别于其他类型组织的特点。下面的例子阐述了非营利组织的管理者如何面对因这些组织的差异而带来的不同于商业和政府所面临的道德挑战。

29.2 价值观的促进

每个组织都有价值观维度，但价值观在企业或政府的目标中不占支配地位，却是许多非营利组织包括宗教团体、私立学校和大学以及宣讲团体的主要目的。强调价值观为第一位的组织对其领导强加有独特的要求。这些组织要求领导人的行为方式要与组织正在努力促进的价值观相一致。小说，如《红字》《埃尔默·甘特利》，对最近涉及圣约家园和电视福音传道的牧师们的丑闻的反应都具有同样的意义：人们在接受了价值观引导的任务之后却失于对这些价值观的尊重，他们的这种失责是一种特殊的对价值观的背叛。其他的例子还包括大学行政人员抄袭别人的作品、民权组织管理者无礼地开少数民族和妇女的玩笑、公谊会教徒学校体罚教徒、施舍处的行政首长领 6 位数的薪水等。

从成千上万的对领导的实证研究中得出的少数几个清晰结论中的一个就是组织的特点和任务对塑造领导有着重要的影响（巴斯，1985）。强调价值观的组织要求领导要与组织的价值观清晰一致，并被强烈的组织的价值观所渗透。大多数非营利组织管理者和被亚历西斯德·托克维尔所称为“道德与知识学会”的领导被特别要求要根据他们领导的组织的道德期望来行动。如果他们无视这种组织命令要求，在某种程度上，他们就是无效能的领导者，如果组织觉察到他们的行为与组织的价值观根本不一致，在极端的情况下，他们就会完全失去他们的领导职务。

然而，对领导的塑造也不能仅仅停留在义务上。强调价值观的组织管理者不但要坚守组织的价值观，而且应以特别的方法来创建、塑造和明确表达组织的价值观。对价值观的宣扬者来说，仅仅站起来并宣读其神圣的内容是不够的，他或她还必须让它们有生命力，赋予其新出现的和新颖的含义，并把它应用到新的道德和社会环境中去。同样，环境的、民权的或有自由言论的组织管理者被不断要求去重新定义和重复运用组织的基本价值观，不这样做就是这类组织的领导的失败。

29.3　与员工、董事会和志愿者的关系

自柏拉图和亚里士多德以来，伦理理论已在很大程度上集中在诸如公正、诚实和公平等问题上。在伦理上，所有的管理者都被要求正义、诚信和公平。由于非营 626
利组织的某些独特的人事特性，这种普遍责任对非营利组织来说具有特殊意义。从事管理的专业人员就是一个例子。非营利组织都大量集中在几个人性化服务领域内（宗教、卫生保健、教育、社会工作、心理健康医疗），这些领域都提倡高度的自由裁量权和直接由服务提供商来判断。在这样的代理机构里，管理上频繁否决专业的决策可能不但是管理不善而且是不道德的，因为它很容易导致对组织的专业服务质量的破坏以及对组织委托人的伤害。伯纳德（1938：276）指出："管理职位的级别越高遇到的道德冲突就越多。"同样的，可以合理设想作为一个主业是道德综合体的组织管理者，例如，心理健康医疗组织，它并不是简单地仅仅是制造橡皮圈而已，将更有可能要面对与其工作和参与其工作的工人相关的伦理复杂的管理决策。

在与志愿者的关系中，非营利组织大大不同于商业及政府机构。企业事实上没有使用公益劳动。政府使用了相对不多的志愿者，并且典型地在低级别的任务中使用他们，如操场的监督员、老师的助手，护士助理等。相比之下，非营利组织通常在高层次的综合性的任务中使用成千上万的志愿者（霍奇金森等，1996）。非营利组织的志愿者做管理工作、筹资、游说、高级咨询（营销、计算机应用、会计、平面设计领域）、公共演说，以及企业和政府部门的带薪职员不会做的其他种种工作。

非营利组织的管理者与其志愿者之间的基本关系是什么？这种关系的伦理的组成部分（如果有的话）是什么？

首先，重要的是，这种关系不是一种直接的经济交换关系。在志愿者与非营利组织的关系中，不存在工作付出与所得报酬之间的绝对匹配。这有两种其他可能：劳动捐献要么是一个不带任何外在的相互义务也不互惠的"纯粹捐赠"，要么这种劳动捐献产生了某种形式的非经济的相互义务。事实上后者似乎是大多数的志愿活动形式的情形。志愿者捐出劳动，不期待个人报酬，但他们期待并且假定组织将用他们的劳动实现组织所宣称的目标。例如，如果十几个志愿者为一个环保组织志愿给信封写地址、贴邮票，工作几百个小时，后来发现该组织已把他们的工作成果卖给了一家商业公司，为一种与环保没有任何关系的产品做广告，志愿者们会义愤填膺。他们直觉上就会认为他们与非营利组织之间存在着隐性的道德契约：我们把我们的劳动给你，你们使用了我们的劳动来实现你们组织所宣称的目标。通过征集和使用志愿者的劳动，非营利组织和管理者就有了一个道德上合理使用劳动的义务。在这个意义上，非营利组织和管理者对志愿者负有道德上的责任。

非营利组织董事会成员是一个特殊的非营利的志愿者小团体的代表。他们不仅

捐献劳动，而且为组织承担了最终的法律的、财政的和社会的责任。德鲁克（1990）和其他人都强调了董事会在非营利组织中具有的独特的重要性。同时，赫尔曼和海姆威克斯（1991）已经为非营利组织中的首席执行官与董事会之间关系的重要性提供了实证支持。当这种关系成为专业术语中一个典型的词汇时，它就有一个清晰的伦理维度。比如，董事会如果没有全面和充分的信息就不可能较好地履行
627 其对组织和社会的责任。在实践中，如果没有执行董事长的积极合作，董事会实际上是不可能获得那些信息的。一种最常见的诱惑就是非营利首席执行官“呈现事情最好的一面”，甚至特别可能和董事会一起这样做。有时这会导致首席执行官隐匿或者便利地删除负面信息，没有这些信息董事会就无法做工作了。然而，人们可能很难理解，这些信息上的限制有时可能是首席执行官一方对伦理的严重违反，例如，首席执行官向董事会隐瞒有关代理机构财政风险的负面信息，这有可能导致裁员、削减服务，甚至解散组织。

29.4 与客户和更广泛社会的关系

古德帕斯特（1984：4）已经指出，执行官与伦理有关的行为可分为两大类：作为一个整体与组织外部环境的交换和与组织内部环境的交换。前者是企业的例子，其包括产品安全、环境保护、广告的真实性，对政府监管人的诚实。同时，这些基本的道德命令对于非营利组织管理人员也一样适用，即使具体的应用经常会大大不同。然而，非营利工作的两个特点表明其与外部环境的关系中有些不同的伦理关系背景：(1) 非营利组织客户的弱势；(2) 许多非营利组织承担的社会责任的高强度。

虽然一些非营利组织——某些私人俱乐部、学校、学院、教堂、艺术团体、基金会和医院——主要面对的是有特权和强势的客户，但是非营利机构一般和个人与家庭一起工作，并为个人和家庭工作，这些个人和家庭在社会中处于相对弱势的不利地位：儿童、有色人种（白人以外的人）、移民、穷人、身心疾病患者、老人、低收入和低社会地位的工人等。其他非营利组织为易受攻击的或潜在易受攻击的客户工作，如环保组织、民事法律权益组织、妇女组织、和平组织、生物医学研究团体，等等。因此，许多非营利组织比商业组织更有可能处在一种与客户的权力联系中。一般性的商业客户可以以不受组织控制的感觉从梅西百货买一条裙子，从苹果公司买计算机，从西夫韦公司买一棵生菜，除了例行思考产品的安全之外。然而，很多非营利组织的客户被定义在与提供服务组织相比的一个相对的弱势的位置。儒学提醒我们，任何时候权力进入到人类关系，必须有伦理随行。正是非营利组织的工作呈现为一种特殊的伦理性，在某种程度上，非营利组织的工作必然涉及一种与客户的权力关系。

具有讽刺意味的是，这个事实可能是如此不重视非营利组织的行政伦理的主要原因。传统的宗教职业、卫生保健、教育，较新的职业，如精神卫生保健和社会工作，已成为非营利组织工作的主体。由于这些职业长久以来都有正式的和非正式的

准则来规范直接服务的提供者（医生、教师、辅导员、社会工作者）的行为，似乎没有必要集中关注提供这些服务的组织的行政伦理。然而，非营利服务组织规模大 628
大增大和复杂性大大增加已明确需要这样的区别于服务提供者伦理的对行政和组织伦理的关注。

参考文献

请从中国人民大学出版社官网（www. crup. com. cn）下载，或者用微信扫描下方二维码获取。

第 30 章

军事伦理

小理查德·D. 怀特
美国路易斯安那州巴吞鲁日路易斯安那州立大学

> 战争几乎和人类自身一样古老，并触及人心最隐秘的地方、私心模糊了合理目的的地方、傲慢支配的地方、情感至上的地方、本能为王的地方（基冈，1993）。

人类发动有组织战争的历史已有五千年。在这大部分时间里，人类试图建立要么消灭战争要么限制其破坏性与不人道行为的政体，结果是：惨遭不幸，收效甚微。人类经常面临的两难困境是要在两个相互矛盾的道德现实之间做出选择：第一，人类不应该故意伤害其他人；第二，人类有时可能采取暴力行为，以保护自己和他人免受伤害。面对这样的两难困境，战争本身的问题——战争是否确实应该打——主要一直被哲学家、神学家、法学家和政治家所关注，同时军事专家已经发展了战争方式。战争的这些基本问题——战争何时打及如何打——是军事伦理研究的本质。

军事伦理是应用伦理学一个独特且相关的分支，专注于战争的发动和职业兵役。有关军事伦理的文献中有三个普遍且密切相关的研究视角，其中两个是制度上的，另一个是个体的角度。制度上的其中一个角度集中在**"何时"**（when）可以发动战争，以及在何种情况下武力的使用是正当的；而另外一个角度集中在战争**"如何"**（how）发动以及使用武力的类型和规模应该受到什么限制。最近大量的有关军事伦理的文献更多关注的是个体的角度，探讨了陆军与海军道德准则和伦理行为，并且已经被称为军人精神，最近被称为职业军事伦理。

30.1 开战正义与战时正义

自早期文明社会以来，人类就一直致力于战争的道德性，追问战争“何时是容许的或不容许的”（**开战正义**），以及“战争开始后什么是允许的”（**战时正义**）。早 630
在公元前 5 世纪，中国的诸侯们就进行了有关决定**开战正义**的目前已知最早的艰难尝试，命令没有正当理由就不应该发动战争，敌人应被警告即将发生的攻击，不应伤害受伤人员，并且无辜者的权利应得到尊重。孙子，公元前 5 世纪的中国军事哲学家，为**开战正义**提出早期的人道主义标准。古埃及人和巴比伦人也同样如此。公元前 4 世纪前后，印度教徒制定限制战争的人道主义规则，其与现代国际战争法律的许多方面是相似的。在阿兹特克帝国时期，交战阵营在设定的时间和预先安排的战场上派固定数量的士兵打仗。修昔底德在《伯罗奔尼撒战争史》（*the History of the Peloponnesian War*）（公元前 431—404）一书中，描述了雅典人和米洛斯人的将军之间的谈判，辩论了强大的希腊对梅洛斯岛攻击的道德性和给无辜平民带来的可能伤害（克里斯托弗，1999；斯托姆博格等，1982：7）。

编纂战争法则的早期尝试至少追溯到古典哲学家的论述。在《法律》（*the Laws*）篇中，柏拉图（1961）认为战争是要获得和平而进行的必要之恶。因为战争往往是不可避免的，他概述了与**开战正义**和**战时正义**相关的限制。亚里士多德与柏拉图一样，也认为战争是不可避免的，他的发动战争的理由可能会在他的学生亚历山大大帝的策略中被发现。古罗马也对战争法律的演变做出了贡献。在公元前 1 世纪，西塞罗利用公民自然法和跨社会政治理论阐明了他的现代**开战正义**的斯多葛学派基础：战争永远不会被国家允许，除非是为了防卫其荣誉和安全或者作为维护这些的最后一招；没有战争是正义的，除非它已经被通告并通过适当当局宣布，除非首先要求赔偿；战争宣告必须告知对方；此外，在采取敌对行动之前，对方必须被赋予做出和平声明的机会（西塞罗，1928：211-213）。

在中世纪，欧洲的道德神学家制定了基于明确的神学观念和正义的**开战正义**原则。在 4 世纪，圣·安布罗斯接受了西塞罗在自然法中描述的对上帝、国家和家庭的等级结构责任。他认为道德正义应该被定义为，一种参与保卫帝国免受野蛮人的伤害或保护本国弱者或盟友免受掠夺者的伤害的勇气。安布罗斯宣称，士兵必须基于兄弟般的爱的原则保护无辜者，把正义定为争议解决的根本和最高的美德，并且把无辜者与敌人中有罪者区分开来（安布罗斯，1969）。

A. 圣·奥古斯丁和托马斯·阿奎那

在所有基督教神学家之中，圣·奥古斯丁（354—430）是战争法则最有影响力的诠释者。奥古斯丁真正天才的地方在于综合了古典哲学和基督教神学的很多想法，其包括柏拉图、亚里士多德、西塞罗以及他自己对《福音》的诠释。奥古斯丁接受古罗马的正义开战原则，即战争必须是为了正义的事业，由正当权力一方宣布，并且最终目标必须是和平。奥古斯丁也宣告发动战争的动机应仅仅由上帝所授予，以战争中善的神圣力量抗击恶的邪恶力量。在欧洲人开始担心哥特人、匈奴人和凡达尔的入侵期间，奥古斯丁的写作为基督教教义、先前的和平主义者和军事弱者提供辩护，以便在始于1095年的十字军东征期间保护自己的土地，发动圣战反对侵略的野蛮人，并最终传播福音。奥古斯丁的正义战争三原则为交战各派之间的教会裁决打下基础，直到宗教改革（克里斯托弗，1999；梅斯，1997；基冈，1993：382）。

631 教会对在界定**战时正义**方面的影响持续了几个世纪，有几处限制战争破坏作用的明显试图。公元989年，被称为“上帝的和平”的法令禁止对僧侣、妇女、牧羊人、墓地和其他团体的军事行为。1027年“上帝的休战”将战争限制在一周的某几天和某些季节；而1139年的第二次拉特兰会议禁止弩和攻城武器。然而，克里斯汀·拉克鲁瓦（1988：68）认为对某些如弩这样的武器的限制不是由于对它们不人道的关注而引起，而是这些武器可能被士兵用在反抗他们自己的贵族和领导上。尽管如此，对弩禁止也没有持续下去。到1250年，霍斯泰恩瑟斯（Hosteiensis）发表了实证规范观点，即在正义的战争中，所有的武器都是合法的。

受亚里士多德和奥古斯丁启发的圣·托马斯·阿奎那（1225—1274）认为，人的理性是正确与错误之间的道德选择的唯一仲裁者。据此，奥古斯丁认为战争不可避免，阿奎那认为战争从表面上看是违背自然法则和基督徒美德的。他为**开战正义**拓展了更多功利主义的主题，认为致力于共同利益的人类法则、正义和秩序的维持可能不得不破坏生活、人身安全、财产安全，否定自由。在他的《神学大全》（*Summa Theologica*）中，阿奎那（1957）追随奥古斯丁规定战争要成为正义的战争，它必须由正当权力的一方宣布，因正当理由而发动，并受道德上正确的目的的指导。阿奎那是适时阐述这一理念的第一人，也就是说，由战争实现的善必须与战争会导致的恶相称。

两个世纪后，西班牙传教士弗朗西斯科·维多利亚（1492—1536）和弗朗西斯·苏亚雷兹（1548—1617）进一步修正了奥古斯丁的教导。帮助制定西班牙“新世界”（New World）版图的帝国立法的维多利亚，对西班牙征服者不人道对待印第安人，表示关注。他写道，印第安人因为他们的仁慈而拥有权利，所有的人因为其社会化和交流的自然能力而都属于一个普遍的社会。他以蓄意滥杀无辜本身绝不合法的约定促进了**战时正义**，并为保护无辜者提供了有说服力的案例。维多利亚的一位学生苏亚雷兹把大多数教会的战争学说转变成法学家的语言。他对参战人员和无辜者之间的区别做出了权威性贡献，并把战争描述为最后的手段（寇兹，1997；拉克鲁瓦，1988；克里斯托弗，1999）。

B. 战争规则的世俗化

开战正义的世俗化开始于荷兰的法律学者格劳秀斯（1583—1645）的研究，他把一千年的道德与教会的原则合并成为单一体系的客观标准。他创立国家在它们的相互关系中要遵守的法律标准，并且围绕着斯多葛学派和西塞罗的自然法理论来组织他的理论。格劳秀斯倡导在任何时候对所有的人都具有约束力的自然法则，“即使上帝也不能改变”。格劳秀斯的主要目的是阻止战争，虽未能阻止它，却试图尽量使其残酷性最小化。他列举了**开战正义**的六种必要条件：正当理由、相称性、合理的成功机会、战争公开声明、由合法当局宣布，以及发动战争作为最后的手段。格劳秀斯认为一个社会的所有成员都要为领导者的公共行动负责。因此，宣战需要被统治者公开同意或默许。格劳秀斯根据“谁可以被攻击”、“用什么方法来攻击他 632
们”以及囚犯的待遇建立了战时正义的限制条款。格劳秀斯有关正义战争的著述还为现代维和任务提供了基本的正当理由（拉克鲁瓦，1988；梅斯，1997；克里斯托弗，1999）。

直到 18 世纪、19 世纪和单一民族国家厌恶教会教义时的火药时代，教会的**开战正义**原则仍然是有影响力的。在此期间，也有一个从自然法到实证主义观点的转变，其对主权国家的唯一有用的规则是它们自己所承诺的那些规则。占主导地位的理论变成了马基雅弗利（1469—1527）的世俗观点，即国家主权提供了发动战争所需要的所有正当理由。马基雅弗利把战争看作一种保卫共和理想，免受非法、混乱和腐败侵害的手段（迈斯，1997：4）。

C.《利伯守则》与现代战争法律

在许多方面，通过使用理由来使战争人性化运动的高潮发生于 1863 年。就在这一年，美国军队刊印了《利伯守则》(the Lieber Code)，其正式名称为《第 100 号将军令——美利坚合众国军队作战管理指令》。《利伯守则》是对内战期间美国军队扩张的回应。战前的军队规模为数量 13 000 的边防职业人员，其足够小，以至于下级军官能从更高级的军官那里学习到军事法律基础知识和战争常规。然而，在战争中，军队规模扩大到一百万人的数量，由对从军事法庭到囚犯假释的法律问题了解甚少的、成千上万没有经验的军官带领（利伯和哈蒂根，1983；卡纳汉，1998）。因此，更正式的、成文的战争法律是必要的。

关注虐待战犯的亚伯拉罕·林肯认识到制定限制更多战争不道德的方面的法规是有必要的，并且任命法学家弗朗西斯·利伯起草那个时期最详细的战争法律汇编。利伯对现代战争法律最重要的贡献是，把军事必要性确定为限制暴力的一般法律原则。这一守则对军事必要性提供了一种非常具体的、实证主义的研究，对敌对国家中的作为敌人的所有人进行分类，他们唯一的区别是有的被武装起来，有的手无寸铁。非战斗人员不再被赋予自动豁免权。《利伯守则》是最早详细制定个体兵役成员道德义务的文献之一，其规定“在公开战争中拿起武器反对另一方的人，不会由于要成为对另一个人或上帝负责的有道德的人这个原因，而停火”（利伯和哈蒂根，1983：48）。

多年之后，《利伯守则》的影响扩散到美国军队之外。1868 年，在俄罗斯圣彼得堡举行的一个国际委员会会议把利伯对军事必要性的规定运用于禁止使用小口径爆炸性子弹，因为它们会造成不必要的痛苦。1870 年，普鲁士军队把它自己的综合守则建立在《利伯守则》之上，其中包括一系列如戒严令、间谍、逃走以及遇到平民、战俘、受伤者、停战、投降和人道主义问题这样的战场情景（迈斯，1997）。《利伯守则》也为1874年的《布鲁塞尔宣言》(*the Brussels Declaration*) 和1899年和1907年的《海牙公约》(*the Hague Conventions*) 奠定了基础（利伯和哈蒂根，1983；卡纳汉，1998：215）。

多年来，正如美国陆军野战手册的改善所证明的那样，军方官员继续完善对战时正义的解释。1917年的手册中体现的原则是：第一，交战国有正当理由在最早
633 期可能的行动中为了敌人的完全投降而运用所必需的任何规模和种类的军事力量以及最少的人力与金钱的支出。第二，人性化的原则宣称，对交战国的各种种类与程度的暴力因为对战争的目的来说是没有必要的，因而是被禁止的（美国陆军部，1917）。1956年的战地手册完善了对**战时正义**的限制，其规定战争法律禁令不能被军事必要性合理化，这种军事必要性证明，为了敌人尽快全部投降是必不可少的战争，是合理的。1956年的手册拒绝把军事必要性作为一种为战争的习惯和传统法律所禁止的行为的辩护（美国陆军部，1956）。

尽管多年来努力阐明军事必要性的规定——《利伯守则》，仍然是最重要、最有效的现代战争法则的先例，借助于把一些最早的人道主义者的观点包括在战争法则之内，《利伯守则》成为现代战争学说和包括《日内瓦公约》和《海牙公约》以及《联合国宪章》的国际协议的主要来源。《日内瓦公约》和《海牙公约》格外用心强调人权和战争事件中的文明举止，并且努力使每个国家的自卫权与规范国际行为的需要保持平衡。现在一定程度的强制执行由联合国主持，这些公约规定：保护中立国家免受攻击，充分保护医院、人道主义援助站及其人员的中立性，保护平民、文化、私有财产以及商船，对战俘进行人性化的治疗，尊重基本人权，对战犯进行公正的审判以及在交战者与间谍之间做区别（迈斯，1997）。

30.2 有关道德与战争的最新学术研究

在20世纪上半叶，对军事伦理特别是战争伦理的支持减少了，因为这一主题不在改革之列、是主观的和不合时宜的。“枪炮有声，法律无言”(*inter arma silent leges*) 的学说——战争期间无法律可言，获得了普遍赞同。然而，最近，尤其是在第二次世界大战和越战之后，对军事伦理的研究获得了更多的关注和一些学术上的认同。尽管法学家记载了几个世纪的战争法则，但是对军事伦理研究的许多观点更多是最近新兴的，可能预示着哲学辩论的更新。

在有关道德与战争的最近文献之中，克里斯托弗（1999）为那些关注把武力作为政治工具来使用的人提供了优秀的启蒙读本。他认为，几个世纪以来的正义战争学术研究，为解决在21世纪“何时和如何发动战争”的道德问题，提供了一个适当的基本框架。他的工作主要集中在几个关键的问题上。是不是任何时候都允许使用暴力来达到政治目标？对战斗人员可能会用来彼此攻击的武器类型的道德和法律限制是什么？在战争中军队应该注意哪些事项以便保护平民？从希腊与罗马的战争

法则的演变和犹太教一基督教教义开始，克里斯托弗解释了成为控制武力使用的国际法则的理由的道德与伦理原则，并且将这些与当代问题相连。这些问题包括对界定为非正义战争中的士兵的道德与法律义务讨论，以及思考军队使用的人道主义理由。

拉克鲁瓦（1988）提供了对战争法则的论述，把权力、正当理由和正当目的描述为**开战正义**的必要条件，并且把相称性和区别对待描述成**战时正义**的先决条件。 634
在提取从十字军东征到现在的案例之后，寇兹（1997）探究了由**开战正义**和**战时正义**的道德规则产生的局限性和机遇。他重点关注正义战争的问题，即使承认了这一传统的道德模糊性与毁誉参半。他的书的前半部分把正义战争的宽泛意向与现实主义、军国主义和和平主义的对立意向进行了比较。书的后半部分探讨了诉诸战争和战争行为所引发的道德问题，论述如正当理由、相称性、最后一招、非战斗人员的处理和调停这样的概念。

泰勒（1970）的《纽伦堡和越南：美国悲剧》（*Nuremberg and Vietnam*：*An American Tragedy*）一书是对经典正义战争理论、战争罪、围绕涉及违法的或不道德的行为的上级命令问题的简明扼要的论述。在为战争规则的需要辩护时，泰勒采取了功利主义的方法来论证军事必要性和战时任务的完成经常可能有充足的理由来无视**战时正义**，如杀害战俘和无辜者的痛苦。他区分他辩护的代表国家的合法杀戮与因自私或情绪上的原因而进行的可恶杀戮。像泰勒（1970）一样，拉姆齐也认为军队基于军事必要性往往别无选择，只能践踏**战时正义**。福臣（1990）也采用一种功利主义的观点，主张有一支强大的军队，并为大型武器库提供有限的道德证明。他攻击和平主义或他所称之为的“大争论”（big argument），并提出在特定情况下，核武器、毒气和其他大规模杀伤性武器在道德上是被允许的。

沃尔泽（1992）为军事伦理提供了一些更为完整的论述，包括：人权观点与功利主义立场的比较、说明战争是或不是正义的历史事例、侵略理论、现代战争中非战斗人员的地位问题、双重效果的原则以及对游击战争、恐怖主义、报复和军事必要性的讨论。他为确定“何时军事必要性践踏战争法则是正当的”提供了引起争论的指导方针，并写道：战争法则必须服从“直到天塌下来”（until the heavens fall)，只有在被十恶不赦的敌人即将打败的情况下，一个国家才可能不理会**战时正义**的原则。与泰勒和福臣的功利主义相比，他的论证是更多限制和更加具体的，主张只在国家与政治的层面以及在极端情况下，军事必要性的重要性可能超过战争法则。对于在散兵坑里的士兵和在总部的将军来说，战争法则总是适用的，并且**战时正义**的人道主义观点是绝对的（沃尔泽，1992：251-268）。

虽然沃尔泽在复兴对正义战争理论的兴趣方面起到了突出的作用，但是他的成果也不是没有受到批评。寇兹（1997：5）写道，沃尔泽的“过度现实主义”（excessive realism)、在他的分析中在关键点上他对扩充了的功利主义的依赖、他为了军事必要性牺牲像非战斗人员受保护这样的正义战争基本标准的显然愿意、他对国家主权与领土完整的专注、他的道德特殊主义倾向都与主流正义战争思想步调不一致。

A. 内格尔与对正义战争学说的批评

内格尔（1976）是其中有影响力的正义战争理论评论家之一，他批评目前因强调法律基础而对战争进行的限制，而其道德基础往往被人了解甚少，也很少被人解
635 释。他批评现今把军事必要性作为高于**战时正义**的正当理由来接受，并为绝对主义提供了一个充分的理由。他所利用的绝对主义不是那种“在任何情况下一个人不可以杀死另一个人”的更普遍化的和平主义，无论其获得了什么好处或消除了什么坏处。相反，内格尔的绝对主义认为**战时正义**包括两种类型的坚定不移的限制：限制针对这类人员（非战斗人员、医疗人员等）进行的侵略或暴力以及限制攻击方法(大规模杀伤性武器和破坏农作物等)。

内格尔（1976）专注于一种由战争行为引起的更基本的道德问题：手段与目的的问题。他看到了两类不同道德理由之间的基本冲突——功利主义与绝对主义之间的根本冲突。在他看来，功利主义强调什么会**发生**（happen），而绝对主义强调人**在做**（doing）什么。功利主义认为人们应该各自地或集体地尽力使好处最大化，使坏处最小化。绝对主义侧重于行动而不是结果，并认为故意杀害无辜的非战斗人员是谋杀行为。绝对主义谴责核武器、杀伤性武器、凝固汽油弹和空袭等完全不分青红皂白的破坏；谴责虐待囚犯、使平民大量搬迁、毁坏农作物等。令人惊讶的是，内格尔批评被广泛接受的为迫使敌人投降或破坏士气而攻击平民的政策。这样的政策证明，如果蓄意杀害非战斗人员——妇女、儿童和老人——可以得到足够多的好处就是，把这是一个错误的道德信念作为借口。

反对杜鲁门在广岛和长崎扔原子弹的决定的正义战争理论家安斯库姆（1963）完善了绝对主义的定义。她认为和平主义是站不住脚的观点：它根本没有考虑到一个事实，即不受约束的文明一般是不可能的。她不否认战争是一种大恶，主要是因为它往往会导致可恶的滥杀无辜的道德问题。但她补充说，和平主义往往具有道德上有害的影响。由于忽视了战争杀人与杀害无辜的人之间的差异，一旦战争开始了，和平主义往往导致“怎么都行”的状况。此外，如果有人认为基督教带来和平主义，是被蒙蔽了；这样一种观点不是把基督教看成一种苛刻的且切实可行的宗教(事实上就是)，而是宁愿把它当作一个美好的和不切实际的理想。

另一位对现有法律与惯例进行批评的评论家沃塞斯特罗姆（1970）写道：目前的这种学说并没有试图体现良好的道德立场，它的规定被其他利益所决定，事实上，它本质上是一种不道德的学说，根据当前的这种学说形成关于战争的道德判断标准是一种严重错误。塔克（1960）写道，在当今时代，在只有道德上可以接受的条件下发动战争才是自卫战。拉姆齐（1961）在赞同正义战争的合理化的同时提供了一种讨论战争与道德典型冲突的基督的方法。在后来论述美国在越南的道德准则的研究（1968）中，他认为用妇女与儿童进行战斗的游击队本身要对无辜死亡负责，而不是对没有战场选择权的反游击队的军队负责。

彼得斯（1996：104）认为**战时正义**的现代理念导致不必要的暴力。他写道，目前西方的战争学说准许社会从心理上掩饰在合理化观念、更高层面上的战争理由

和被批准行为背后的对人类的杀害。他批评战争中的伦理，以便保护我们免受我们行动严重性的危险。在彼得斯看来，军事伦理是仪式性的："它们界定和弱化黑暗，这意味着混乱与无效中的一种令人欣慰的秩序。"他举出了随着技术上的提升军事 636
伦理中不道德的理由，这些技术上的提升使杀人者远离被杀者，使现代战争非个性化和非人道化，使"杀死未曾谋面的敌人"合理化。但是，由射程更遥远的武器装备带来的意想不到的结果已是西方社会越来越不愿意杀死看得见面孔和身份信息的敌人。在海湾战争中，很少有对残杀大约十万伊拉克士兵的强烈抗议，因为宣布并杀死萨达姆·侯赛因面临的威胁是不可想象的。像内格尔（1976）之前一样，彼得斯也认为进攻应该针对它真正的敌人，攻击必须是与这一问题直接相关的。彼得斯认为，目前的制度等同于"惩治凶手的邻居而让凶手自由"，因此要倡导战争回归人道化，使军事技术直接针对负责任方而不是无辜群众。要做到这一点，一种与当前观点显著不同的战争伦理是必要的。

B. 文集和案例研究

几本文选有益补充了正义战争文献。魏肯（1986）贡献了由 33 篇当代作者论述战争道德的文章组成的综合卷本，这些作者包括亨廷顿、雅诺维茨、哈克特、德福、泰勒、沃塞斯特罗姆和沃尔泽。在第一部分中的文章强调了军事职业的伦理维度，论及如军事价值观与社会规范之间的冲突、军事与国家之间的关系以及忠诚、荣誉和诚信的概念这样的主题。第二部分论述与战争有关的令人苦恼的道德问题，特别是与现代战争和大规模杀伤性武器相关的道德问题。

沃塞斯特罗姆（1970）提供了另一本文集，由 8 篇重要文章组成，包括安斯库姆、福特、沃尔泽、纳维森和路易的文章。他提供了威廉·詹姆斯的"战争的道德等价物"（The Moral Equivalent of War）的理念——一种在这个问题上比较经典的陈述。詹姆斯认为一个社会如果缺乏如"无畏、对软弱的蔑视和对私人利益的放弃……纪律和荣誉"这样的军事美德，将是毫无价值的（詹姆斯，1910）。

科恩、内格尔和斯坎伦（1974）编撰了一系列涉及战争中行动的基本道德依据以及在二战和越战期间形成的具体问题的文章。马修斯和布朗（1989）提供了一本由 17 篇文章组成的文集，描述了正义战争的各个方面、军事职业化的伦理维度，可能的军事伦理准则和运作伦理。雷恩斯和马克瑞（1980）编撰了在军事学院召开的战争与道德的研讨会论文集，提供了勃兰特、内格尔、沃尔泽、路易、泰勒和其他人的评论，探讨了道德与核战争、战争中个体的责任和军事干预的道德准则。

有一些涉及重大伦理事件的军事案例研究是相关的。皮尔斯（1970）提供了对美莱事件的详细描述。皮尔斯将军和他的调查团队仔细收集了控告 1968 年屠杀了大量的越南非战斗人员的美国士兵有罪的信息。《皮尔斯报告》（The Peers Report）质疑在多个层级上的军队领导的能力问题，并描述了隐瞒信息的公然企图。皮尔斯调查建议对严重违反了战争法律和《军事司法统一守则》（the Uniform Code of Military Justice）的几名军官和士兵进行调查。

相关的研究还有斯托克代尔（1993）的著作。斯托克代尔作为一名海军飞行员 637

于1965年在北越上空被击落，作为战争的囚犯度过了接下来的八年。他写道，他的幸存部分是得益于他早期接受的古典哲学教育。在斯托克代尔看来，古典理论对他能够作为囚犯生存下来提供了宝贵的道德视角。特别是他对《圣经》(*the Bible*)和《约伯记》(*the Book of Job*) 的应用特别告示他人生是不公平的，《爱比克泰德手册》(the *Enchiridion* of Epictetus) 教他只用在他能力范围之内的东西来关心自己。他认识到诚信比物质重要得多。根据他的经验，斯托克代尔建议为职业军人进行历史与哲学方面的培训。"在重压下，基本的、绝对古典的学科是最有效的"。

席汉氏 (1971) 的《艾恩海特事件》(*The Arnheiter Affair*) 是一名海军军官的现实生活中的故事，类似于沃克 (1952) 的《叛舰凯恩号》(*The Caine Mutiny*) 所虚构的事件。这些都是在军事道德操守方面的有趣的案例研究，提供了许多有关追求名利、军事官员和军事科层等级中的道德决策两难的经验教训。虚构的文学与电影对军事伦理进行了卓越的描述。《红色英勇勋章》(*The Red Badge of Courage*) (克莱恩，1925)、《沧海无情》(*The Cruel Sea*) (蒙萨拉特，1951)、《从这里到永恒》(*From Here to Eternity*) (琼斯，1951)、《罗伯茨先生》(*Mister Roberts*) (海根，1946)、《战火佳人》(*The War Lover*) (赫西，1959) 和《第二十二条军规》(*Catch* 22) (海勒，1961) 只是几个对战争和其所能造成的伦理问题进行生动描绘的军事小说的例子。

30.3 官方的军事伦理学说

自第二次世界大战以来，各军种和军事学者提供相当多的讨论军事组织的道德层面和军事人员的道德行为的文献。军事伦理文献在几个方面不同于其他如医学和法律这样的职业的文献。首先，没有正式的美国军事伦理守则。取而代之的是，广泛的官方文件、国际和国内法律、内部的军事法规、未批准公约、双边协议、半官方的信条和非正式的习俗与传统所组成的定义宽泛和松散的军事伦理领域。

军事伦理也不同于其他职业伦理领域，因为风险更高。军事人员的不道德行为所产生的后果可能是灾难性的，正如纽伦堡和美莱事件的教训所沉重说明的以及核战争威胁所预示的那样。军事是唯一一种基本功能是不道德的职业。军事伦理是一个悖论，试图把道德与杀戮这些对立概念连接在一起。一方面，美国社会要求军事职业人员具有最高标准的道德品格，准备做出最后的实际牺牲，献出他们的生命来保卫国家。另一方面，社会需要同样道德高尚的职业人士履行最不道德的军事职责——对其他人进行大规模杀戮。军事伦理涉及一个最棘手的问题：有效果、有效率地消灭敌人的军事怎么也可能是有道德的呢？

军事伦理文献研究受困于其自身独特的问题。例如，麦克戈拉斯和安德森(1993：188) 批评军事伦理绝缘于外部分析，无缘受益于外部有力的哲学评论。虽
638 然内部军事刊物经常论及伦理主题，但是在传统的学术和哲学期刊上很少有对话。许多由退役和在职军人学者撰写的军事伦理文献缺乏细致研究，很少涉及实证研究，过分强调军官作用，以牺牲入伍的陆军和海军士兵为代价。尽管许多军事伦理

文献以正义战争问题为中心，但是没有达成共识的军事伦理理论未能把文献和观点联系起来以达到设定议题的要求（麦克戈拉斯和安德森，1993）。许多文献遗漏了如奥古斯丁和格劳秀斯这样重要的历史、哲学和神学领域的先驱者的思想，也没有认识到军事伦理的法律基础，尤其是美国宪法的绝对至关重要的作用。赖斯（1996）补充说，目前的军事伦理文献受困于关于战争辩论的两极化伦理：一个极端是一些神学家应用正义战争的学说丑化战争，而另一个极端是军事学者往往事后运用这种学说使冲突合理化。在这些哲学思想的极端之间是一种遗憾的均衡学术辩论的空缺。即使有这些缺憾，也有一些杰出的军事伦理研究，包括哈特尔（1989）、克里斯托弗（1999）、寇兹（1997）、沃尔泽（1992）、泰勒（1970，1986）的作品，以及由沃塞斯特罗姆（1970）和魏肯（1986）编撰的卷本。

当正式的伦理守则不存在的时候，各军种散布着相当多的内部的、官方的有关军事伦理的材料，形成了宽泛的伦理指南小汇编。最重要的是，美国宪法把要求所有官员要信守的第六条誓言具体化，并编入美国法典和联邦法规中。国防部公布了《美国作战部队守则》(*the Code of the US Fighting Force*)，具体为《操行守则》(the Code of Conduct）的六项条款，详细介绍了美国军人成为战争囚犯时的行为。

颁布于 1950 年的《军事司法统一守则》(UCMJ）为军事职业人员提供了大量的法律指导以及禁止不道德的、不符合伦理的行为的规定。例如，第 133 条禁止“与官员和有身份地位的人身份不相称的行为”，并且法院对这一条款进行了解释，以使道德上不能容忍的行为变成对军法的违反。同样，军方官员往往把禁止“所有对善的命令和纪律的偏见的违反和漠视”的第 134 条运用到在道德上有不当行为的案件上。因此，军方官员和法院解释了广泛属于第 133 条和第 134 条禁令的违规行为，使之成为具有非常高要求的道德与伦理的军事审判制度。许多的军事违法行为，如被禁止的“军官和士兵之间的亲善”，在民事法律中没有对应。事实上，与更广阔的社会领域相对比，军事学者坚持认为一个更高的道德标准应被运用于军事职业人员（费卡罗塔，1997；福臣与埃尔夫斯特朗姆，1986）。

几种专业的军事杂志提供了一个讨论军事伦理的论坛，包括美海军研究所的《论文集》(*Proceedings*)、陆军指挥与参谋学院的《军事评论》(*Military Review*)、《空军大学评论》(*Air University Review*)、《海军战争学院评论》(*Naval War College Review*)、陆军战争学院的《参考》(*Parameters*）和空军学院的《职业军事伦理杂志》(*Journal of Professional Military Ethics*)。《武装部队与社会》(*Armed Forces and Society*）是武装部队与社会跨大学研讨班的一种多学科的期刊，经常涉及军事伦理。

三种职业协会促进了军事伦理的学术和实践讨论。黑斯廷斯中心（The Hastings Center）丰富了有关职业伦理方面的素材，举办职业伦理国家讲习班，并把军事伦理作为一个重要的研究领域。1980 年，来自几支美国武装部队的伦理教员正式组织了职业伦理部队联席会议（JSCOPE)。JSCOPE 为军事伦理教员资助了大量教学素材和创新点，并为军事伦理问题上的对话提供了一个论坛。JSCOPE 出版军事伦理会议论文和案例研究文章，丰富了最近的参考书目。由莫里斯·雅诺维茨 *639*
在芝加哥大学成立的武装部队与社会跨大学研讨班为军事伦理提供了另一个论坛。其成员包括来自许多学科和许多国家的民事和军事学者。在社会的资助下，布朗和科林斯（1981）汇编了一本论文集，讨论了军人职业伦理变化、统计学的误用、职业能力的道德属性以及技术对领导与管理的影响。

每种军事部门都在军事院校和高级学校以及其他教学机会上提供伦理教学，创作各军事部门自我军事要求特有的军事伦理文献。例如，军队定期出版《陆战法》(The Law of Land Warfare)，这是有关战争法律、相关条约、限制战争如何进行以及如何通过确定非战斗人员、战俘，伤病人员的权利来减少战争罪恶的特别服务指南（麦克戈拉斯和安德森，1993；哈特尔，1989）。陆军还出版了《伦理与职业精神》(*Ethics and Professionalism*，1981)，其中包含一系列的目标、道德决策方法、详细的课程计划、附加的教师参考文献和伦理案例研究。《陆战法》刊登了《职业精神读本》(*Readings on Professionalism*，1980)，它是一部由 35 篇关于军事职业精神、领导力与伦理的论文组成的文选，还刊登了突出陆军军官团在实际运行中的价值观与已规定的职业理想之间的认知差异的《军事职业精神研究》(*Study on Military Professionalism*，1970)。它为制度上的政策制定提出了一些引发更接近理想伦理标准的实际行为建议。陆军战争学院保存了全面和最新的军事伦理文献参考书目（索普，1997），其他的军事院校和军队学校也是这样做的。

30.4 职业军事伦理

在后二战时期，特别是自有关越南战争的道德争议以来，大量独特讨论个体军事职业人员伦理行为和建立职业军事伦理的文献出现。亨廷顿（1957）、雅诺维茨(1960)、莫斯科斯（1970）、索利（1982）、哈特尔（1989）、托纳（1993，1995）和其他人对军事职业进行了宽泛的描述，提出了它在美国社会中发挥作用的基本依据，正是这些创造了其独特的组织和文化以及其独特的道德感。

对于理解军事组织来说，由雅诺维茨和亨廷顿所进行的两种经典研究仍然是不可缺少的。雅诺维茨（1960）提供了许多对美国军事职业的未来和价值的洞见。他的经验性社会学研究描述这种职业生活、组织设置，以及美国军事发展到 20 世纪前半期的领导力，在把军事信仰看作社会探寻的对象时，他对其在社会中的权力地位和其在国际关系中的行为进行了准确和全面的评估。雅诺维茨强调军队需要理解由文官支配的原则和更真实地了解区别于“有关理想目标的道德说教”的政治实践。

在描述军事职业时，亨廷顿（1957）把职业军事伦理定义为任何军官的职业水平在任何地方任何时间都可以据此进行评判的标准。在亨廷顿看来，冲突是普遍
640 的，暴力是植根于人的生理和心理的永久本性。因强调邪恶和自私，亨廷顿对军事职业的观点必定是悲观的和霍布斯式的。虽然人具有善良、力量和理性的特质，但人也是邪恶的、软弱的和非理性的。

亨廷顿对军事机构和组成它的个人进行了文化上的丰富描述。在亨廷顿看来，军队是受过训练的、纪律严明的、有逻辑头脑的和合乎科学的；军队不是灵活的、包容的、直观的和感性的。他假定要具有军事特性的两种态度：好战和独裁。然而，军事信仰不一定是好战论的，因为其强烈要求开战要谨慎和有准备。

亨廷顿的职业军事伦理强调了团体超越个人的重要性，因为战场上的成功需要个人的意志屈从于团体的意志。在亨廷顿看来，军事伦理基本上是合作精神，从根本上是反个人主义的，并且需要组织和纪律。职业人员要有效完成任务，科层等级的每个层级必须得到下级即时且忠诚的服从。没有作为最高军事美德的忠诚和服从，军人职业特性是不可能存在的。

在亨廷顿的模型中，军事人员是不关心政治的，他们不是根据被施行的政策而是根据这些政策被执行的及时性和效率来被评判的。然而，不关心政治的本性在军事服从与基本道德之间引发了冲突。道德上对自己的行为负责的军人仍然是一个自由的个人。军人不能向公民交出做出最终道德判断的权利，而且必须继续做一个有道德的个人。亨廷顿给军事职业创建一种组织的作战需求与个体公民的道德要求之间对立的两难困境。这种目前得不到解决的两难困境，持续成为军事伦理文献的中心主题之一。

A. 现代军事伦理

最近，在军事学术研究浪潮已经走向发展一种独特的、自我意识和个体为重点的职业军事伦理观（PME）。麦克戈拉斯和安德森（1993）对 PME 文献进行了一次全面的研究，并宣称这个问题没有得到哲学应有的重视。哈特尔（1989）致力于讨论军事在美国社会发挥作用的基本依据，并对 PME 进行了一次更完整的描述。哈特尔认为：第一，存在着一种相当清晰并且与道德一致的职业军事伦理；第二，这种道德规范符合美国社会的基本价值；第三，军事职业人员拥有和应该得到“特别不同的地位”；最后是主张职业军人有权违反对普通人的道德限制，这种道德限制起到“在道德上证明行动是正当的，否则将是不道德”的作用。

哈特尔提出，当军事人员面对的作战情境是在社会规则之外时，他们如何遵循一套道德原则。通过应用角色分化的概念，他认为职业军事伦理允许但限制以重要方式使用军事的支配力量。在他看来，美国 PME 是由美国传统社会价值观、军人职业功能要求和战争法所产生的道德蕴含。他承认美国的国家政策包含许多不一致的地方，这使得军事人员以道德的方式去行动相当困难。

奥弗比（1996）扩展了哈特尔的职业军事伦理理念，提出了军事人员正确行动 641
的原则，并把 PME 放在社会道德框架和共同规则体系的大背景下。他得出结论，认为行为符合道德是美国军事职业人员的一个必要组成部分。同样，职业军事伦理不是孤立的，而是许多应用伦理的一种，与更大的社会道德框架相一致，并受其共同规则体系的限制。

索利（1982）亦致力于更清晰界定 PME 的定义。他对公共服务伦理进行了描述，由此，某些职业人员共同地和个别地都承认他们服务共同利益的职责。但军人超越了传统的公共服务中利他主义的概念。公职人员除了有责任服务自身利益之外，还要服务共同利益，战斗中的军事人员面对的，服务共同利益而不是自身利益的根本责任，包括牺牲一个人的生命。在索利看来，这是支撑独特职业军事伦理的道德方面。

在描述军事职业伦理方面，托纳（1993）提出了“三位一体”的军事价值观：第一也是最高层面的，是原则；第二是目的；第三是人民。这三种价值观类似于与职责、荣誉和国家有关的传统军事义务。在托纳看来，军事成员自己职业生涯的价值观是有更深远意义的第四个方面。在最近更多综合性著作中（1995），他对 PME 进行了深思熟虑的讨论，讨论了如文职人员对军事的限制、军事伦理培训与教育以及军事伦理准则这样的主题。

格登（1980）为讨论 PME 提供了一个有用的模型。他利用罗基奇（1968）的五种必不可少的价值观类别，通过高级军事领导人与学者的著作来探究军官的个人价值观；分析这些军官对组织价值观的看法；对论及价值观的相关军事出版物进行内容分析，包括那些论及军校、后备军官训练队（ROTC）和候补军官学校（OCS）学员的价值观的出版物；总结了由各种非军事学者所创立的相关军事价值观的结论。格登最后从这些资料来源中得出了九种理想军事价值观的共识。

B. 对职业军事伦理的批评性观点

大多数军事内部的学术都高度赞扬职业军事伦理。然而，其他主要来自军队以外的学者对军事伦理更多是一种批评性观点。虽然有些人认为军队是辩护并拥有相同道德价值观的社会的一个缩影，但批评者认为，从伦理的角度来看，军事组织显著不同，与更广泛的社会领域相比，可能在道德上是次等的。早在 1909 年，乔治·巴纳德·肖主张概略地消解军事职业精神，提出了一种极端的观点：“兵役产生道德低能这一事实不再有任何疑问。”（托纳，1995）加利根（1979）在海军战争学院赞助的研究中认为，军事人员缺乏一般的道德操守，也不符合职业军事伦理标准。加布里埃尔和萨维奇（1978）谈及军队的“伦理堕落”，福臣和埃尔夫斯特罗姆（1986：70）也给军队伦理行为描绘了一幅贬损性图画，写道：

> *642* 社会学家和所有那些一直穿着军队制服的人都了解穿制服的年轻人所表现出的各种群体行为。从轻度恐吓他人到强奸和谋杀，这样的行为可能也的确自始至终归类于负面的。在群体中，这些人会做他们不应该做、他们自己不会做的事情。这里的真谛似乎是整体比各部分的总和更糟糕。

这一观察结果表明，军事组织的结构与文化可能对军事成员的道德行为有显著的影响。在一般情况下，组织理论认为，结构严谨的科层组织中的成员表现出较少的自主权和更多如外部遵从、没有创新、群体思维和有时与更广泛的社会领域相比是病态及非法操守这样的他律行为（布劳，1955；伯恩斯和斯，1961；阿吉里斯，1964；本尼斯，1966；汤普森，1965；詹尼斯，1982）。米尔格兰姆（1974）和津巴多（1975）的里程碑式的研究表明，在非常紧张的情况下，组织可以引发来自即使是最有道德的个人身上病理性的不道德的行为。虽然研究明确知道组织结构对整体行为和生产力的影响，但它还不太清楚组织结构对伦理行为产生的作用，对军事伦理产生的作用甚至更少。

怀特（1997）的实证研究支持这样的理念，即军队就是严厉的科层等级组织，有可能导致其成员的不道德行为，军队就是这种组织的一个缩影。他把来自不够严密的组织中的个人道德发展与军事人员道德发展做比较。利用科尔伯格（1983）的道德发展框架使道德判断可操作化，并利用“莱斯特的定义问题测试”（Rest's Defining Issues Test）作为测量工具，研究发现军事成员的平均分为 7 分，低于来自更广泛社会领域的元样本的测试值，具有统计学显著差异。这项研究还发现，被分配到组织科层等级最严厉的船上的军事人员的分数显著低于被分配到不够严厉的岸上部队单位成员的分数。这一新兴领域需要更多的研究去探究军事结构与道德行为之间的关系。

加布里埃尔和萨维奇（1978）在探究追求名利与职业精神之间的差异时，批判了军事职业伦理。因为写于后越南战争的民意不满时期，他们指责海陆空三军的伦理衰落，并确定“追求名利”（careerism）是其原因之一。据称，导致追求名利的因素之一是军队在越南的快速轮换，6 个月的战斗之旅让一名军官在他的记录中饱尝了战争中的恶斗。作者们声称许多军官以错误的方式寻求升迁与进步。加布里埃尔（1982）在一篇论述道德义务与军事职业之间对立关系的论文上继续他对军事伦理的批评。在他看来，军事职业的“伦理指南针”（ethical compass）的遗失导致军队在实践中追求名利的指数级增长。他认为全志愿部队是一种失败，它导致了军事道德的衰落。

加布里埃尔认为，军事职业在性质上不同于其他任何职业。然而，这种根本区别已被忽略，因为在越南战争时，由麦克纳马拉政权发起的“商学院”道德开始破坏战斗人员传统的价值体系。企业家的职业道德与军事伦理从根本上来说是对立的，而后者遭受前者的严重入侵。他支持约翰逊（1974）的结论，即一些体制力量引发了来自军事职业内部的重大伦理挑战。首先，现在的道德相对主义占据了军事道德文化的主导地位，允许这样的一种普遍态度，即只要它在完成工作中能发挥作 643
用，这就是正确的。其次，下级的忠诚综合征导致盲目服从上级，以获得他们的青睐和事业上的支持。形象比诚信更重要。军事机构以及一心追求名利地位的军事成员个人就是这样。最后，对成功的追求助长了追求名利，促使创造不现实的、表面业绩和预期的无事故态度的增长。

C. 对军事伦理守则的需求

自 20 世纪 70 代以来，学者们经常提出军事伦理守则（林恩，1971；泰勒，1978；加布里埃尔，1982；迪尔，1985；哈特尔，1989；佐尔，1989；麦克戈拉斯和安德森，1993；格罗尔-雅阿里，1994）。随后，对被提出的军事守则的争论被分为两个极端阵营：许多来自军队内部的怀疑论者从许多方面攻击被提出的军事守则，而许多来自军队以外的理想主义者则大力捍卫伦理守则。

反对军事职业伦理守则的怀疑论者提供了一系列反对的理由。首先，守则假定人是坏的并且必然腐败，这在引以为自豪的军事文化中是一种不能接受的观念。怀疑论者也认为守则是没有意义的，因为人们在进入军队之前，伦理习惯已经根深蒂固，军队不能对他们再进行伦理教化。伦理一旦根深蒂固，就不能从外部被强制改变。与此同时，守则可能会成为一个道德判断的替代品，并准许准则化的最低限度成为最大限度。此外，守则以一种理想的形式描述了经验中达不到的伦理义务，而由守则所提供的系列选择是难以置信的宽泛和困难。对怀疑论者来说，守则是徒劳的，因为它们可能在军事领域被误用。守则并不能保证合规性，并且由于把他们从伦理选择的所有责任中释放出来而可能对军人构成危险（加布里埃尔，1982：182）。

虽然对军事职业伦理守则的抵制是强大的，但是仍然有赞成守则的讨论，包括建议设立一个专业的伦理委员会以便创建一种守则（林恩，1971），并声称每一种由（军事）职业人员自身所进行的重要研究都发现职业伦理守则的必要性（加布里埃尔，1982：120）。德里斯科（1977）在陆军战争学院的实证研究探讨了军官的不道德行为、军队如何处理、军事伦理培训的有效性以及作为道德行为指南的守则的必要性。研究发现所有军官都强烈关注军事伦理的必要性、更好的职业伦理培训计划的必要性以及 2/3 的人赞成发展正式化的军事伦理守则的意见。

学者为建立军事职业伦理守则指出了许多有说服力的理由。福臣和埃尔夫斯特罗姆（1986：70）发现了对军事守则的需求，因为在与如医学、法律和教育这样的其他职业相比较时，社会对军队需要更多道德约束。加布里埃尔（1982：139）强调，为了创建和维护与传统上军队作为“一种特殊的共享特殊价值观与责任的兄弟群体”有关的价值观、习惯和做法，守则是必要的。正式化的守则创建了一个“共同的伦理中心”，把军事职业人员统一到其对共同理想的共同尊重上来（泰勒，1978），以及为公民社会与发誓要保卫它的军事机构之间的一种特殊的信任关系奠定基础（索雷，1982）。正式化的守则将向公民显示军队确实具备有特殊意义的义务与特定的核心理念（加布里埃尔，1982：121）。

644 已被提议的军事伦理守则是什么样子？美国法典第 10 篇包含了一些大概会被纳入军事伦理守则的理念。标题为“模范行为要求”的第 5947 条条款要求所有指挥官和其他有权力的人成为充满“美德、荣誉、爱国服从和精神”的好榜样，采取一切必要和适当的措施，以促进和保障在其指挥或掌管下的人们的共同福祉；同时，要公众随时监督这些人的行为，以在必要时进行纠正。当第 5947 条条款被证明明确适用于海军和海军陆战队时，军事伦理学家把其规定拓展到了所有军官身上（哈特尔，1989）。

为什么美国军方从来没有颁布类似于其他职业的正式的伦理守则？这里有几种可能的解释。斯特龙伯格、魏肯和卡拉汉（1982：4）注意到军方展示出“特别反智的伦理驳斥”（particularly anti－intellectual dismissal of ethics），并抵制正式的守则。同时，正式伦理守则被亨廷顿（1957）认为是保守的、不灵活的军事文化性质，暗示着对变革的抵制。因此，在军事理论方面，创建正式的职业伦理守则将是一个显著的变革，并将面临来自军队各层级的激烈抵制，这并不奇怪。

30.5 结论

军事伦理的重要性在历史的任何时候都同样的重要。虽然技术不断改变战争的效率、杀伤力和自由裁量权，但是决策者、哲学家和军事人员要思考的基本伦理与道德问题保持不变。何时应该发动战争以及战争一旦开始应该怎样进行？如果存在来自军事伦理研究的教训，那么这个教训就是，我们还没有很好地从教训中吸取经验。要了解在过去五千年里，人类在废除和减少战争方面学到的很少，人们只需看看一系列地域与种族冲突、核武器扩散和国际恐怖主义的无情蔓延。

但是，这种失败并没有减弱军事伦理思考的重要性。事实上，奥古斯丁、阿奎那和格劳秀斯的著作提出了对战争的约束，其和几百年前写的一样，也适合现在的形势。这些研究文献正需要被阅读、被理解，最重要的，需要被遵循。

附录　操行守则

第一条：我是一个美国军人，为保卫我的国家和我们的生活方式在军队中战斗。我准备付出我的生命来捍卫它们。

第二条：我永远不会放弃我自己的自由意志。如果在指挥中，我永远不会放任我被我控制的成员，尽管他们还是有办法抵抗。

第三条：如果我被俘虏了，我会继续通过各种手段抵抗。我会尽一切努力逃跑，并协助他人逃跑。我既不会接受来自敌人的有条件释放，也不会接受来自敌人的特别恩惠。

第四条：如果我成为一名战俘，我会守信于我的同伴战俘。我不会给出任何信息，也不会参加可能会危害到我战友的任何行动。如果我是上级，我会指挥。如果不是，我会服从那些被任命者对我的合法命令，并且在各方面都支持他们。

第五条：要是我成为一名战俘，在被询问时，如果我只能提供姓名、级别、番 645
号和出生日期，我会尽我最大努力避免回答进一步的问题。我不会做出不忠于我的国家和盟国或者有害于他们事业的任何口头或书面的陈述。

第六条：我永远不会忘记我是一个美国人，为自由而战，为自己的行为负责，并且献身于使我国家自由的原则。我会相信上帝！我会相信美利坚合众国！

参考文献

请从中国人民大学出版社官网（www.crup.com.cn）下载，或者用微信扫描下方二维码获取。

第7篇

其他文化中的行政伦理

第 31 章

宪政与行政伦理

——加拿大、法国、英国和美国的比较研究

约翰·A.罗尔
美国弗吉尼亚州布莱克斯堡弗吉尼亚理工学院和州立大学

本章介绍比较研究，比较在加拿大、法国、英国和美国的宪政与公共行政伦理之间的关系。细心的美国政治观察家一直承认美国政府事务具有显著的宪政特点。因此，詹姆斯·Q. 威尔逊在他深入的、锐利的《官僚体制》一书中的开篇就提醒他的读者，美国公共行政中存在的主要问题“与个体政府官员的局限性或不足之处几乎没有什么关系，而与他们作为其中一部分的宪政制度紧密相关”（威尔逊，1988：28）。对美国政府任何方面的研究包括公共管理伦理的研究同样可以说也是这样。在其他地方，我已经比较详细地论述了美国宪政与伦理之间的关联（罗尔，1989）。本章对同样的问题采用比较的方法，因为我完全同意那些比较研究者的观点，他们告诉我们了解我们自己政府的最佳途径之一是看看其他国家的情况。 671

我选择了加拿大、法国和英国，因为这些国家与我们国家的情况都十分相似从而是比较有意义的，与此同时，也与我们国家十分不同从而是比较有吸引力的①。

31.1 导论

美国公共行政中的伦理很容易被归为两大类——由法制强制

① 对更广泛的比较伦理研究，参见德威迪和奥洛伍（1988）。

推进的和受内部激励。第一类几乎完全涉及的是如贿赂、利益冲突及财务披露这样的财务违规行为。在大多数情况下，这些问题是由法令建制而不是由宪法原则[1]来
672 控制。第二类超越了法律义务，并寻找使公务员或许能践行他们效忠美国宪法的宣誓性的实用方法。

内部激励性问题形成了宪法原则与治理事务之间、例行事务与业绩斐然之间的联系。它们从两个方面这样做。

首先，存在宪法结构的问题，在这其中，公务人员务必做到——或者试图务必做到——基本宪法的权力分立原则不使政府丧失执行能力。有时这种责任把公职人员猛推到最高治国之道中。例如，在第二次世界大战开始时，海军上将哈罗德·斯塔克如此深入参与了主张孤立主义的国会与主张干预主义的总统之间的争斗，以至于被激怒的温斯顿·丘吉尔建议罗斯福总统尽其所能满足“你们的法律或你们的海军上将”的带有英国政府意愿的需求（罗尔，1989：36）。然而，通常情况下，使国会和行政机关处在规范之中的政治家在幕后运作并处理更多日常事务。例如，身为詹姆斯·瓦特领导的内政部的一名专职公务员，局长认为的政策创新在国会可能会引起负面反应，并提出什么样的妥协是可能的，在这一过程中，他艰难和勇敢地担当起“魔鬼代言人”的角色（巴特，1991：112-113）。

其次，存在个人权利抱负问题，在这其中，各职级的公务人员，从非凡的政治任命官员到不起眼的“基层官员”（street level bureaucrats），有机会作为普通公民去建构宪法保障的现实意义。行政人员经常有大量的自由裁量权，这些自由裁量权可创造性地被用于形成我们宪法秩序基础的“政体价值”的付诸实施。这也适用于主要监管机构的决策官员以及警察、社会工作者和学校教师。

这两种类型的宪法问题——权力的分立与个人权利——之间的链接规范是公务员宣誓效忠美国宪法。在一个多元化的社会，为严肃的道德争论与讨论达成一个共同的基本框架是非常困难的。就职宣誓提供了这样一个基本框架，从而使多元化的逻辑保持在可控的范围内。当美国公务人员在讨论对与错的时候，他们就有一个从他们的宪法传统中获得指示的原则性理由。这并不是说美国宪法是一本治理共和国的道德指令的伦理手册。宪法传统仅是道德对话的起点而不是结论（罗尔，1989）。

加拿大、法国和英国的公务人员不对维护各自国家的宪法宣誓。因此，美国人也不应该指望这些国家的宪法像美国宪法一样在美国公共行政伦理中发挥重要作用。然而，通过宪政的狭窄视角来比较研究公共行政伦理，将扩大我们的道德想象力，并且启发我们了解我们自己的机构。由于大多数阅读本章内容的将是对公共行政非常感兴趣的美国公民，我将假定他们对这些事情和美国问题有一个整体的了解，并且能对我们在英国、法国和加拿大的行政实践中所做的研究做出回应。在研究这三个国家后，本章最后我们将评述我们从研究中学到的关于我们国家的观点。

---

[1] 对于一个潜在的重要例外，参见《国家财政部雇员工会诉美国地区法院》，《民事诉讼》，第90卷，第2922页（哥伦比亚特区，1992年3月19日）。

31.2 宪政与英国 673

英国（UK）的伦理与宪政之间的关系完全不同于我们从美国（US）所看到的。这不足为奇，因为这两个国家的宪法是如此的不同。当然，最明显的区别是，美国宪法是成文的，存在明显的差异是肯定的，但是这也许被夸大了。把英国宪法简单地表征为不成文是不完全正确的。事实上，一个知识渊博的评论家驳斥它“荒谬”(absurd)（沃尔夫-菲利普斯，1968：9）。

没有一个可以被称为“宪法”(the Constitution）的单一文本，只有在这个意义上，英国宪法才是不成文的。很多重要文本以及长期存在的不成文的惯例共同构成了英国宪法。在这些文本中，最重要的是涉及如怎样界定英国自身的确切性质、上议院的权力、已成立教会的地位、司法机关的作用、公民一定的基本权利以及英国与欧洲共同体之间的关系等这样的基本问题的著名法规（诺顿，1982：4-5)。

在重要的司法裁决中体现的共同法律原则为英国宪法提供了另一种文本来源。这同样适用于主要学术性专题论文，虽然不具法律约束力，但享有一定的有说服力的权威，就像美国宪法中的《联邦党人文集》(The Federalist Papers）一样。这些专题论文的最重要的功能之一是解释和说明这是不成文的惯例，当然，这些惯例自身成为作为一个整体的英国宪法的一部分。因为英国宪法融合了令人肃然起敬的成文和不成文的资料来源，其从未被正式组成一个统一的文本，所以它最多可以被描述为“部分成文，但未汇编”(诺顿，1982：5)①。

对我们的研究目的而言，议会主权的宪法原则（戴雪，1959：39-40）提供了英国宪法与美国宪法的最重要区别。一个世纪前的美国公务员改革者是顽固守旧的亲英分子，其对政治与行政之间区分的强调徒劳地强烈要求一个有主权的议会。在钦佩议会制政府方面，伍德罗·威尔逊如此毫不掩饰，以至于他甚至提出了一个宪法修正案，允许总统的内阁成员列席国会（威尔逊，1885）。

当然，在英国和美国，政治-行政二分法已在经验层面彻底不足为信，在这之前很久，令人愉快的政治讽刺喜剧经典《遵命，首相》(Yes Minister）系列在我们的电视屏幕闪耀登场。强调行政人员在政治事务上的实质参与（或占主导地位），忽视政治-行政二分法中宪法（the constitutional）的重要性，这就产生了对任何宪法来说都十分关键的问题——谁主宰。在英国，答案明确存在于宪法理论中：议会是最高权力机关。在美国，宪法上这样明晰的答案不存在，因为我们的宪法原则否认任何单一政体权力分立原则。国会和法院在其各自的权力体系中是最高的，总统在权力体系中是最高的，但首要条件“各自的权力机构”表明这三者中没有任何一

① 在英国，有关国家是否应该采取成文宪法有一次热闹的辩论（莱斯特，1989)。欧洲人权法院对英国法律改革运动已经产生了特别强大的影响。对于这种影响的讨论，特别是有关其在行使行政自由裁量权的影响（沙布洛夫斯基，1992)。

个是至高无上的，因此不存在“谁主宰”的问题。

这就是政治-行政二分法在美国并不存在任何意义的原因，**即使是在理论上**
674 (even in theory)①。二分法理论要求下级行政人员贯彻行政首长的意志，但美国的行政人员在宪法规定中有三个首长，这些首长的意见往往并不一致。但在英国，只有一个首长，即议会，以其最高权力符合逻辑地产生出英国公共行政的基本宪法原则——责任内阁制。

与不统一的美国三权分立制相比，责任内阁制的最大优点是简明扼要、观念清晰；但是，像一个这个庄严的原则就如一个先知在自己的国家不受重用一样，在英国国内并不受追捧。在讨论部长的个人和集体责任时，菲利普·诺顿遗憾地承认“当它涉及清晰度和实际应用时，没有惯例精确”（诺顿，1982：55）。这是因为原则不会产生于政治会议，而是在极其复杂的历史条件下逐渐兴起的，这种历史条件最终孕育了长期充分适应这个国家需要的君主立宪制。起初，责任内阁制的意思是“每一个部长为他参与的每一次王权行为负法律责任”，因而本身就是更一般规则的简单应用，每个公务员的“履行王权行为……受制于王法的至高无上”（帕里斯，1969：81）。

因此，责任内阁制的原则直接依赖的无非是一种权威，戴雪认为其为宪法的“两大支柱：议会权力和法治”（诺顿，1982：5）。责任内阁制的行政原则的无懈可击的宪法谱系为公共行政如何顺利融入英国宪法秩序提供了有力的证明。与美国的行政原则进行比较研究是卓越和有益的②。

责任内阁制原则的法律倾向逐步让位给了政治倾向，这意味着对议会失去信心的部长也失去了他的公职（帕里斯，1969：81）。这一原则的另一方面是公务员匿名，因为如果部长要为在他部里所发生的事情负责，那么，当事情出错时，他通过指责他刚愎自用的下级可能无法虎口脱险。完整的宪法式行政的普遍接受的观点在1985年被当时是民政事务部署首长的罗伯特·阿姆斯特朗爵士完全清晰地表述出来：

> 公务员是王权的仆人……一般而言，王权的执行权力由女王陛下的部长行使，以及根据女王陛下的部长的意见来行使，反过来女王陛下的部长要向议会负责。这样公务员就没有宪法特性或独立于当时正当民选政府的责任。（阿姆斯特朗，1985）

英国公务员的道德问题始于正式的宪法原则失灵时。英国公务员像世界各地的公务员一样，在治理自己的国家方面发挥着极其重要的作用。事实上，由于英国人

① 然而，一个有趣的例外是在美国地方政府中的城市管理计划的发展。政治-行政二分法在这种形式的政府中具有很好的理论上的意义，因为在采用管理计划的地方政府中通常不存在立法权与行政权的分离。通常情况下，城市管理是对市议会负责的，从理论上讲，市议会是他的上级。这样的安排是理论方面的强调，因为在实践中，城市经理往往主宰了他们的政治主人。出于这个原因，城市管理可能最接近类似英国议会制度的美国。城市管理组织被称为“国际市政管理协会”肯定不是偶然的。这种运动代表对传统的美国三权分立理念的明确拒绝。

② 对有关“举报”的比较伦理研究，特别是有关英国责任内阁制的原则，请参见沃恩的研究成果（1981：378-382）。

事制度特定显著的特点，尤其是“常任秘书”的非凡作用，与在其他许多国家尤其是美国的同行相比，英国公务员是更重要的行动者①。公务员参与治理英国的不可否认的事实给责任内阁制的宪法原则带来相当大的压力。理查德·查普曼通过不再强调法律上简单化，对实践与原则进行调和，从而有利于“渗透到国家所有部门的日常行政工作中”的责任内阁制理论的实际操作（查普曼，1987：54）。在承认“最近没有部长只是因为他的行政官员所犯错误而辞职”时，查普曼仍然看到责任 675
内阁制原则在各部门关注议会问题永远存在的可能性方面以及关注“财务问责制的安排方面”的实际效果（查普曼，1987：54）。对宪法传统很少宽宏大度的其他评论家把相互关联的责任内阁制原则和公务员匿名作为神话或小说——非常犀利的神话（图尔平，1989：69）和非常有用的小说（帕里斯，1969：298），尽管既不是神话也不是小说。

问题的核心是公务员在治理方面的积极作用很容易患上传统的英国公共行政的宪法规范的弊端，这有两个原因：

（1）从公务员真正治理国家的广度来讲，责任内阁制原则处在成为一种道德上的虚无礼节的危险中。它遵循船舶搁浅船长负责的老海军规则的行为方式。这样的规则作为海军纪律的正式的文件具有一定的价值，从而指导调查委员会裁定罪责，但是，如果有罪一方真是一个懒惰的作训处军官，它就没有任何道德意义②。

（2）从公务员真正治理国家的广度来讲，公务员匿名的原则与“开放式政府”（open government）的当代需求相冲突，“开放式政府”认为根据具有误导性的宪法理论，真正治理国家的那些人被免于实际问责的理念是令人无法忍受的。

公务员匿名的原则与行政现实的迫切要求之间分离的重要道德层面在“庞廷事件”中为大家所周知，“庞廷事件”（Ponting affair）为马岛战争之后的一次行政伦理危机，在美国公共行政文献中一直较少获得关注。

克莱夫·庞廷是 1982 年马岛战争期间国防部一名高级公务员。当年 5 月 2 日，皇家海军核动力潜艇“征服者号”（HMS Conqueror）击沉了阿根廷巡洋舰“贝尔格拉诺将军号”（General Belgrano），导致 368 名阿根廷水手死亡。该项行动发生时，秘鲁和美国一直试图找到一个和平解决危机的办法，但“贝尔格拉诺将军号”的沉没实际上导致作为唯一解决冲突的办法的战争不可避免——这场战争对英国、皇家海军和撒切尔政府来说是一场奇迹般成功的战争。

然而，就在“贝尔格拉诺将军号”被击沉后不久，议会反对党议员针对有关事件的确切情况紧密问责于政府。特别是反对党质问部长有关攻击是否与当时有效的皇家海军的交战规则是一致的。官方的答复是不确定的、混乱的和反复无常的。战争一旦结束，反对党就能在这些问题上更紧密地逼迫国防部，因为批评政府的评论家越来越相信“贝尔格拉诺将军号”从来没有在皇家海军交战规则宣布的“禁航

① 对于说明，深入研究英国最杰出的公务员之一爱德华·布里奇斯所面临的道德与宪法问题，参见查普曼的文章（1988）。在最近的努力中，查普曼曾呼吁关注在《公务员薪酬及服务条件守则》中潜在的、影响深远的宪制问题（查普曼，1992）。

② 对上司为下属的错误负责的做法的伦理特征进行了认真分析（汤普森，1981）。

区”内。正如后来的笑话所说，马岛战争表明大不列颠统治了四海，但它就无法无天了？(诺顿-泰勒，1985：96)。

此外，有越来越多的证据来挑战政府的断言，其声称“贝尔格拉诺将军号”在与阿根廷航母会合的路上，以便袭击皇家海军船只。事实上，许多证据表明“贝尔格拉诺将军号”是在回阿根廷的路上遭遇不幸的。

由于这些棘手的问题拖延至整个1983年和1984年初，国防部变得越来越不
676 安，这当然是因为事件的原始描述被故意误导。1984年3月没有参与最初欺骗的庞廷被要求准备符合批评政府的评论家要求的事件年表。他极力主张杜绝掩饰的开放性政策，并认为国防大臣迈克尔·赫塞尔廷已同意（庞廷，1985：130－132)。到4月底，他意识到赫塞尔廷已决定故意误导正在询问“贝尔格拉诺将军号”被皇家海军看见的确切时间和地点。如庞廷所说：“我在政府行政机关十五年里从来没有遇到过这么无耻的事情。这是要刻意隐瞒揭露先前两年部长严重误导议会的信息。”[①]（庞廷，1985：138)

4月24日，他采取了果断的行动，匿名泄露信息给一位工党下院议员塔姆·达耶尔，其一直特别积极置疑“贝尔格拉诺将军号”事件的官方发言。这些信息是非保密性的，但这样的性质提醒达耶尔注意到他的质疑是对的事实。同时，当部长升级欺骗到不仅包括个体议会议员也包括外交事务专责委员会时，掩盖飞速延续。庞廷对于他是否应该泄露一定会揭露政府欺骗的额外文件给议会感到极度痛苦。他如下坦露他的内心：

> 我真的能够自己向议会提交文件吗？在行政机关的15年的政治判断告诉我，我要对部和部长忠诚。但后来我意识到，部长在企图逃避自己的责任时，他们没有坚守在议会协议中他们的立场。如果他们只是简单地摆脱他们的职责、拒绝回答问题、给出误导性的答案或拒绝纠正对议会的虚假陈述，怎么可能存在对政府做什么的有效控制？最终部长得向议会负责，否则整个英国的宪政体制将被打破。(庞廷，1985：150)

总之，庞廷似乎认为这是他的责任，以便提醒议会注意部长没履行其向议会负责的宪法职责。

经反复考虑这一切之后，他再一次把非保密性的但具有严重危害的文件匿名泄露给达耶尔。然而，这一次他被确定为泄密者，根据1911年《国家机密法》(the Official Secrets Act) 他被逮捕并受到刑事检控[②]。1985年1月28日开始了对他的审判。由于当时的《国家机密法》文字规定庞廷唯一能够获得的辩护是他传达了违规信息“给了一个他为了国家利益有义务传达这种信息的人”。语言费周折，但法

---

① 我对庞廷事件的叙述在很大程度上依赖于庞廷的适度自我保护的一本书。这本书只是为他个人做打算的，因为作者有时候屈服于自以为是与道德上的装腔作势。不过，替庞廷说句公道话，当人们考虑到这个可怜的人所经历的一切时，我赶紧要补充说，这本书仅仅只有适度的自我保护。庞廷呈现的叙述事实似乎与其他已经出版的、对他的磨难的叙述的大致情形是一致的（诺顿-泰勒，1985；德鲁里，1985)。

② 《国家机密法》是英国公共行政的老一套之一。有关于它的文献却是巨大的，大部分是批评性的。该法于1989年被大幅修改。有关法律变化的讨论，请参见托马斯的文章（1991)。对于有关前不久该法修订的讨论，请参见亨特（1987)、托马斯（1987）和胡珀（1987)。

律的指向是很清楚的。正如 1985 年的文字规定的那样，为了表明没有违反《国家机密法》，庞廷不得不申诉“为了国家的利益”他有责任给议会反对派成员达耶尔发送文件。很明显，这件事的核心所在是“国家利益”的含义。当然，这是一个法律的角度，正因为如此，这就落到主审法官麦高恩身上，由他来告诉陪审团关于它的含义：

> 那么，“为了国家的利益”要怎么定义呢？各位陪审团成员，我倾向于认为，这意味着 1984 年 7 月国家的政策，当时庞廷先生向达耶尔先生传递了这个文件信息，但不是像庞廷先生、达耶尔先生和我可能会认为它们应该成为国家政策的一样的意思。国家的政策意味着其公认的政府和权威机构为此而制定的政策。（诺顿-泰勒，1985：102—103）

麦高恩用这种方式来设计这种问题，实际上是引导陪审团定庞廷有罪。如果国家的利益就是当时政府的利益，庞廷能够声称自己为国家的利益而行事是不可能的。然而，经过非常简短的讨论后，陪审团出乎意外地裁定庞廷无罪。 677

正如可能预期的那样，这一决定给整个英国政府带来了冲击。在两周内，罗伯特·阿姆斯特朗先生就已发表前面所提到的声明，在声明中，他特别重申传统教义，即公务员没有对议会的责任，一种重复了律政司司长麦高恩给陪审团指令的观点[①]。陪审团显然忽视麦高恩指令的事实可能已是一个有意义的标示，标示公众对部长责任的含义及其配套原则的意见，即公务员匿名的状况。

事实上，“贝尔格拉诺将军号”事件使庞廷对这些原则的公然违背获得相当多的支持。从简单的伦理观看来，除了善良之外，很难把庞廷以任意一种特质定位。然而，在不同视角下，他的说法有点让人不安。考虑到国防大臣赫塞尔廷对庞廷事件的看法，就像他在庞廷无罪释放后不久在下议院发言中所陈述的那样：在赫塞尔廷看来，反对党为参议院持续关注庞廷事件的热情提供了支持。

> 我们大多数国防机构安全部门中最值得信赖的公务员应该可以自由匿名提出问题草案，由反对党后坐议员向部长递交，然后同样匿名的公务员可以向部长简述他们认为适当的答案。（德鲁里，1985：208）

就像国防部长的批评者坦率承认的那样：“赫塞尔廷先生的语言攻击中不包含令人不舒服真相的成分。”（德鲁里，1985：208）

虽有赫塞尔廷的担心和阿姆斯特朗维持传统公务员正统的努力，但仍存在着明显的迹象，这种迹象表明责任内阁制和公务员匿名的原则正在逐渐发生相当大的变化。例如，科林·图尔平记载有相当数量的实例，在这些实例中，公务员因为他们的错误已被公开指责，在其他一些实例中，他们已公开承认自己独立决策，甚至承认在政治上有争议的问题上有其个人观点。他补充了常任秘书长的实例，并提到人员安排和行政结构上的变化——一位副秘书长承认部长具有回应议会问题的资格——并认可“官员可能会泄露部长的决策是基于一个他们自我达成的事先判断”（图尔平，1989：66）。

---

① 对阿姆斯特朗爵士的态度的广泛批评，参见雷德利的文章（1985）。

更重要的是 1979 年议会特别委员会（与考虑未来立法的议会常设委员会相对）的复兴。高级公务员经常在检查各部长处理自己事务方式的这些特别委员之前出现[1]。由于对特别委员会来说，规定公务员可以说什么的规则是相当严格的，所以一位知识渊博的观察员认为，他们的出现意味着“官员匿名方面的一个凹陷而不是裂口”(德鲁里，1989)。

就部长的责任来说，知情评论员认为，自从 1954 年克里切尔高地案件以来，没有部长仅仅因为他下属的失误辞职。“克里切尔高地”(Crichel Down) 指的是某一地区，在该地区，政府在二战中取得了大量土地用于军事目的。农业部被指责过
678 度拖延在战争结束后将土地归还其合法所有者。当时，农业部长托马斯·杜格德尔爵士似乎不知道其任性下属们的缺点，尽管如此，但他认为部长的责任原则要求他辞职。但是后来的研究表明整个事件比其图式简化内容原先呈现的要复杂得多，并且达格代尔可能比当时被认为的更有亲自参与该事件的可能性[2]。无论如何，“克里切尔高地”已体现在文学中，并作为对无辜部长因为其下属过失而辞职的典型案例的最后一个例子。

今天，“克里切尔高地”被怀旧式地看成是过去和较朴素时代的遗物。不过，如果是这样的话，这就提出了涉及英国公共服务伦理的宪法基础核心的有趣问题，那么这可能是真的：

> 如果“克里切尔高地”事件没有意义，部长不为其下属官员的一些行动而向国会负责，那么究竟谁负责？坦率地说，如果犯错，谁应该辞职或受到惩罚？如果不是部长，那只能是下级官员[3]。(特平，1989：67)

31.3 宪政与法国

在英国公共行政中，如果部长的责任是指导性的宪法原则，那么，在法国，权力分立扮演着这个角色。1789 年的《公民人权宣言》明确宣布了“（一个）没有权力分立就没有宪法的社会”。这种明确坚持的权力分立的原则似乎凸显了法国与美国宪政传统之间的相似性。

尽管有相似性，但这些相似性被根本分歧所掩盖。首先是传统上法国把法律理解为“公共意志的公开表达”，这也是被著名的 1789 年的《公民人权宣言》所宣布的一个原则。由于立法机关制定法律，它表达了公共意志，因此法国宪法传统认为立法机关高于执行辅助任务的行政和司法当局。总之，在法国宪法史上，议会主权与权力分立之间，存在深刻的、可能不可调和的紧密关系（马歇尔，1992）。在美

---

① 对于对特别委员会在 1979 年重建的重要意义的完整讨论，专注于宪法问题的简短讨论，请参见德鲁里的文章(1985)。

② 对“克里切尔高地”事件的详细分析，请参见尼科尔森的研究（1986）。对于与尼科尔森的书相对立的评价，参见德拉方斯（1987）和查普曼（1987）所做的研究。

③ 特平引用了《第七次报告》(HC 92 第一卷，第 3.17 节，1985 年 6 月）作为他的资料来源。

国宪法传统上，这不是一个问题，没有机关是至高无上的，法律并不自命是体现了公共意志，而只是暂时多数所形成的利益联盟的意志。

然而，从法国的角度来看，美国的权力分立有着严重的缺陷。例如，1958 年，第五共和国的开国元勋相当详细地讨论了权力分立的问题，发现了美国做法的不足，因为它是基于“一种抽象的理论逻辑”，导致了有害的“过激行为”(excesses)。这些“过激行为”中，就我们的目的来说，足够有趣的、最主要的是美国国会议员对高级行政人员的轻蔑态度。第五共和国的创始人想要的不是一个这样的法国，法国传统上是一个高度重视公共行政的国家。

《第五共和国宪法》在第 23 条中把权力分立与伦理和公共行政联系起来，其做出部分规定：

> 政府成员的公职应不同于任何议会授权的行使，不同于在全国性商业的、专业的或劳工的组织中担任任何职位，不同于任何公共雇佣或专业活动。① 679

因此，1958 年法国宪法很多内容特别解决利益冲突的问题。政府成员也就是共和国总统基于总理的建议而任命的部长被明令禁止某些类型的有报酬的活动。后续的法律和行政法规使非常笼统的宪法语言具体化（塞欧拉，1987)②。

然而，宪法语言本身超越了利益冲突问题。政府成员也被禁止成为议会成员或文职人员。因此，职业的、商业的、议会的和文职人员的活动被集合到一起，以限制政府部长。这一切是如何发生的，是一个体现了法国公共行政重要宪政维度的有趣故事。

所有禁令所依据的政策是一致的：“保证政府成员的独立”(塞欧拉，1987：631)。本来，禁令只关注国会议员。当现行宪法制定于 1958 年时，最终将成为第 23 条内容的早期版本只简单规定：“没有任何人可以把政府职能与议会授权结合在一起”。这个简单的禁令表达了第五共和国创始人戴高乐将军最重要的观点。

戴高乐认为 1940 年法国投降在很大程度上归因于垂死的第三共和国各政党在议会中的持续不断的、小规模的争吵，在戴高乐看来，各政党代表特定的（通常是自私的）利益，而国家代表所有人的利益。制定宪法的伟大任务之一是设计一个系统，使政府足够稳定以服务国家的普遍利益。要做到这一点，政府成员必须独立于议会及其各政党，在那里特殊利益林立。通过禁止议员进入政府部门，戴高乐希望减少国会议员希望确保自己在新政府中的一个部长职位而投票推翻内阁的诱惑。戴高乐主义者认为，议员常常屈从于这种诱惑，从而促使一直困扰法兰西共和国的内阁常年的不稳定。禁止政府成员同时在议会担职将减少这种诱惑，如果国会议员有可能成为一个部长，他将不得不放弃他的国会席位，因此，如果他所在的内阁被推翻，他就没有可以返回的安全避难所。

对这一计划的批评者反对说，它破坏了议会制度特有的本质，即要求行使行政

---

① 对这篇文章的评论，请参见塞欧拉的文章（1987)。

② 对如何处理法国利益冲突事项的尖锐批评，请参见梅尼的文章（1992：32-44)。

权力的那些人，例如政府，有自己的国会议员[①]。戴高乐将军和他的支持者回应说议会制度的统一性已经被保留下来，政府会对议会负责，只要议会可以投票解散内阁。它没有要求内阁由同时也是议会成员的部长组成。

戴高乐自己辩护说他的创新是明确基于权力分立。按照传统法国对议会至上的680 理解，戴高乐认为，立法机关是“控制性”（controlling）权力而行政机关是“被控制性”（controlled）权力。同一权力不能同时既为控制者又被控制，因此，政府成员不能同时成为国会议员。

这种说法可能有些虚伪，因为人们通常不认为戴高乐将军是一个议会控制一切的拥护者，但在法国制宪议会主权的传统中，受戴高乐严重损害的传统是敏智的，无论戴高乐将军在1958年成立第五共和国的时候，他自己真正相信什么。

为了比较，我们可能会停下来注意到，1937年著名的布朗洛委员会在为提高美国总统“行政管理”（administrative management）的能力而陈述理由时，提出了类似的说法。文件不时被认作罗斯福总统和他的支持者对权力的几乎不加掩饰的攫取。该建议的核心是将权力集中在总统手中。其被合理化的理由是它将使国会能够更仔细监督总统对其本身的责任，从而更有效地控制他（罗尔，1986：135－153）。

不用说，富兰克林·罗斯福没有真正寻找方法使国会监督他。布朗洛委员会无非是想为总统的行政权力扩张主义观提供辞藻华丽的掩蔽。为了支持推动国会监督行政机关的这种观念，该委员会依赖于与管理人员对董事会负责的企业结构并以其作类比。当然，这是美国宪法的一种荒谬理论。除了第二条中明确规定可弹劾的侵犯行为外，美国总统只对那些选举他的人负责，最重要的不是对议会负责。

然而，在法国，议会主权的传统学说使戴高乐的控制者与被控制之间的区分成为如果不是对他个人信仰令人信服的陈述，那么至少是一种貌似有理的理论。

最后，戴高乐的观点只有在他的批评者和支持者都已联手把被禁止活动拓展到内阁总理身上之后才被接受。似乎唯一公平的是加在议员身上的责任也应加在成为部长的公务员身上。此时此刻，三权分立的更高的宪法根据弄清楚了，公务员出身的部长被要求临时辞去他们的职务，其相对一般的理由是没有人能在同一时间做两件事情。

从此，相关研究开始为商业、金融和专业利益集团对政府施加不健康影响而烦恼，这不过是小问题，并且很快争论集中在禁止有如此利益的个人到政府中来[②]。其中一项建议本该要求在范围广泛的商业企业中占据高职位的人在他们离任和不从事商业活动之后五年内禁止担任部长。这本该发展成为其退休后的限制，却反过来了，例如一种任职前的限制。事实上，在一个点上，在宪法争论中被禁止的活动一度已经扩展了如此之远，以至于激起了愤怒的公开抗议，“总得有人能成为部长”。

---

① 在这一点上，特别参见M. 戴维在第二卷第541页的评论。

② 对美国的做法即总统任命商人作为“部长”也就是说作为行政部门的负责人的频繁批评声被表达了出来（第二卷：539－548）。与此同时，人们认识到，接受这些职位的美国商人容易受到他们所持有金融股份的严格控制。然而，第五共和国的创始人对于这些控制的严重程度持有一种夸张的看法（第二卷：543）。

幸运的是，这些过激行为得到遏制的原因主要是戴高乐的首席法律顾问米歇尔·德勃雷的缓和作用。

事实上，有讽刺意味的是法国在宪法中重点明确关注利益冲突之恶。在实践中，法国对这些事项漫不经心是明显的，甚至是臭名昭著的（梅尼，1992：29－59，142－162）。总之，宪法上的崇高原则陈述与实践中宽松地实施提供了另一个依据，证实了托克维尔对法国政治文化一般性的精明评论："规则是严格的，但实践是宽松的"（梅尼，1992：17）。 681

在 1985 年著名的"绿色和平"组织的事件中出现了一种非常不同的宪政与行政伦理的视角。虽然这件不幸事件有很多细节仍然笼罩在神秘中，但是足够可靠的信息被暴露出来，证实了如下简要叙述①。

1985 年 7 月 10 日晚上，新西兰奥克兰市的港口有两枚炸弹炸开了"彩虹勇士号"（the Rainbow Warrior）的船体，其为著名的具有国际性的"绿色和平"组织的一条拖网渔船。该船当即沉没，为"绿色和平"组织工作的一名摄影师被杀。"彩虹勇士号"航行在去南太平洋上的法国领地的路上，以便抗议其计划于 10 月进行的地下核试验。几天后，持假护照在新西兰旅行的两名法国特工人员因涉嫌曾参与轰炸而被捕。

起初，法国政府否认了解攻击事件，但最终很显然，是法国高级军事与特工人员策划了这次攻击，并由法国蛙人实施了这次攻击。为什么法国政府承诺这不体面的事件仍然不完全清楚，但它肯定是关系到在维持测试核武器自由时的国家利益。

"彩虹勇士号"的沉没推出了一连串明显的公共行政中的伦理问题。这些范围包括从像谎言这样的明显问题（这些谎言在各个方面不得不被告知要尽量保持一种掩饰）到异乎寻常的和毫无根据的猜测，即为了使密特朗总统的社会主义政府尴尬，特工中不满的右翼势力有意发动了这次攻击（伯恩斯坦，1988：103）。

虽然掩盖如火如荼，法比尤斯总理和密特朗总统宣布，他们将任命一名"可靠人士"（unimpeachable figure）进行严格的调查，使事件的来龙去脉水落石出。在美国，我们可能会转向任命一位已退休的联邦法官来领导这种调查，但在法国，政治领导转向任命的是一位著名的公务员伯纳德·特里科。这就是公务员在法国的声望。

特里科会见了所有可能参与的高级官员，包括国防部长和共和国总统的最高军事顾问。他发现法国政府与此没有任何牵连，并向新闻界宣布了这一发现。然而，对于雄心勃勃的记者来说，他的无罪责陈述掺和着明显的暗示，他们可能会寻找进一步的证据，如果他们不满意他的调查结果。他甚至公开表示他不会排除他曾经采访过的官员骗了他的这种可能性。

特里科的表现提出了无尽的有关他如何履行他的职责的伦理问题，当他播下进一步提出疑问的种子，同时也免除了政府的罪责时。甚至即使特里科就像许多深思的法国人一样真诚地相信"绿色和平"组织呈现出一种对**威慑力量**（force de

① 有一个广泛的法语和英语文学上的"绿色和平"组织的事情。我支持伯恩斯坦（1988），德诺基和蓬托（1986）和法利戈和克罗（1989）所做的调查结果。

frappe）的威胁，更有许多法国人认为其对法国的国家安全是至关重要的。

682 如今，很清楚，很多特里科会见的官员必定向他撒了谎。事实上，两名法国记者直截了当地说出密特朗总统本人知道，法国政府曾策划那次攻击（法利戈和克罗普，1989：294）。无论有关“总统知道什么和他什么时候知道”的真相如何，似乎有相当多的证据证明这样的看法，即法比尤斯总理不知道它。如果这是真的，它提出了一个明显的宪法问题，因为首相领导法国内阁，并因此与国家首脑而不是内阁首脑的总统分享重要的行政权力。

《第五共和国宪法》的第 20、21 条规定，首相“应该指导内阁操作”，他指导的政府应该可自由行使军队管理权。首相本身就是被特别设计为“国防负责”官员。这些令人印象深刻的宪法权力突显了完全是貌似有理的猜测，即密特朗总统知道而法比尤斯首相不知道那次攻击。这把公务员——文官和军事人员——放在什么位置？他们是要积极参与实施一次必须对宪法上被设计为法国内阁首脑保密的、鬼鬼祟祟的、但极其重要的军事行动。人们要如何来梳理这些被切割的忠诚？

来自“绿色和平”组织事件中的最后一个伦理考量超越了公共服务问题，涉及对法国新闻界来说被称为“宪法氛围”（constitutional climate）的问题。斯蒂芬·伯恩斯坦对“绿色和平”组织事件富于启发性的分析把美国新闻界处理水门丑闻的方式与法国新闻界处理“彩虹勇士号”沉没的方式进行了对比。没有什么地方的对比度是比在国家总统可能参与其中一旦变得清晰时两国媒体机构反应方式上的对比度更清晰的。这种新闻激起了美国记者贪婪的胃口，他们充满活力和热情地要完成摧毁正式当选总统的任务。法国媒体并非如此。著名的《世界报》（*Le Monde*）率先揭露丑闻，但在国防部长辞职之后仿佛退避。在“对记者和反对派领导人来说，已经变得很清楚，任何进一步揭露真相的努力可能会指向爱丽舍宫和总统”之后，这一点特别正确（伯恩斯坦，1988：114）。

对这种奇怪的反差，有几种可能的解释。一种是纯粹政治性的。《世界报》传统上倾向于左派，因此，没有要让第一个社会主义第五共和国总统丢脸的愿望。另一方面，理查德·尼克松不是自由主义的《华盛顿邮报》（*Washington Post*）的朋友，他的倒台发挥了重要作用。这样的解释可能有些道理，但还不足以让严肃的丑闻观察家感到满足。把“水门事件”和“绿色和平”组织事件作为纯粹的党派事务来解释错过两个事件更深层的意义。

第二个猜测是法国精英的“右派和左派”担心严重的总统丑闻可能会威胁到整个政权的稳定，并且法国已经看到太多这种沿着这些方向进行冒险的意愿。作为负责任的法国精英的一员，媒体机构寻求其他方式。

不足为奇，人们可能会猜测法国“右派和左派”在面对威胁到国家的核威慑时就抱成一团，在法国政治中，核威慑是一种具有广泛共识的军事首创。

最后一个解释就是没有制度支持激进的新闻机构愿意去与一个强大的在位总统较量，我觉得这比其解释更令人信服。“水门事件”经常被誉为美国新闻界一个伟

683 大的胜利，事实就是这样。这是事实但不是全部的真相。新闻界享有多少成功？如果新闻界没有受惠于它获得的来自如参议员萨姆·欧文的调查委员会这样的政府机构的支持、特别检察官考克斯和贾沃斯基律师的支持、总检察长艾略特·理查森和

他的助手威廉·鲁克尔斯豪斯的支持、法官约翰希莱卡的支持、美国最高法院的支持、启动对尼克松总统的弹劾程序的众议院司法委员会的支持以及全国各种各样的调查各种与“水门事件”有关事项的广大陪审团的支持。

伯恩斯坦列举如下：一位不愿透露姓名的密特朗总统顾问说任何人都渴望记者调查，包括总统本人：“无论谁想要更进一步，谁都不得不目标高远，奋力抗争，但最重要的是在没有任何火力掩护下而攻击。”这是一个很能说明问题的评论，它很好地抓住两国之间的一个重要的差别。美国媒体胸怀大志并奋起抗争，但与他们的法国同行不同的是，他们知道他们有足够的火力掩护，因为他们攻击的是理查德·尼克松陷入困境的白宫。最重要的是，火力掩护是由政府本身的机构提供的。“水门事件”不是简单的新闻媒体对政府的胜利，而是新闻媒体和美国政府的两大分支机构对严重失职总统的胜利。“水门事件”和“绿色和平”组织有不同的结果，很明显，不是因为美国新闻媒体比法国新闻媒体更自由，而是由于美国新闻界受惠于美国三权分立的宪法原则在实践中的活力。

31.4　宪政与加拿大

当我们转向加拿大时，我们发现重大的宪法问题不是权力分立而是分立本身。1992 年 5 月本章第一次成稿时，加拿大正处在一次深刻严重和可能悲剧性的制宪危机中。

一个多世纪以来，英国 1867 年的北美法案曾一直作为加拿大宪法中的基本文件。1982 年宪法法案大张旗鼓取代了它，伊丽莎白女王到渥太华签署了切断加拿大与英国之间最后法律关系的文件。签署事项发生在 1982 年 3 月 29 日，正好是在维多利亚女王签署《不列颠北美法案》115 年后。因在重要的事项中缺席而引人注目的是魁北克省省长、魁北克分裂分离主义者领导者的雷内·莱韦克。

魁北克省的许多公民发现 1982 年的宪法条约是不可接受的，因为它没有足够进步到承认魁北克为加拿大境内的一个“独特社会”(distinct society)。尽管加拿大法院已经驳回了这一论调即唯独魁北克省可以否决新宪法，这一抵抗省份尚未妥协。历届联邦政府没能成功弥合这一裂痕。1990 年，被寄予厚望的《米其湖协定》(Meech Lake Accord) 即将成功，但在最后时刻，来自马尼托巴省和纽芬兰省的反对粉碎了这些希望，并使加拿大处在它目前的这种宪法失控状态。

在这种政治氛围中，既不是公务员也不是其他任何人都能够注意到提供规范性指导的四面楚歌的宪法。然而，除了宪法危机外，加拿大人在从他们的宪法传统获取规范性指导方面仍然遇到严重的困难。这是因为直到 1982 年才成为加拿大宪法的《加拿大宪法法案》没有“人权法案”。它几乎只涉及与联邦政府与省级政府之间的权力分配。所有这一切都随着包括《权利与自由宪章》的 1982 年宪法而改变，其中人们发现有对个人和群体权利的重要声明。虽然《宪章》是有争议的，它已经开始在加拿大公法中发挥重要作用。然而，因为它是如此新颖， 684

以至于它极不可能有机会形塑加拿大公务员基本的规范性原则。如果加拿大人可以自我摆脱这场危机，那么，《宪章》有望对加拿大宪法历史的发展做出显著贡献，这本身就是一个有极大吸引力的主题，也应该是加拿大以南近邻们感兴趣的主题。

对最终成为《北美法案》的内容达成了一致意见在美国南北战争中并受那次可怕冲突相当大的影响。加拿大自治领最著名的建筑师约翰·A. 麦克唐纳认为，南北战争很大一部分是由美国宪法下各个州所享有的权力过大造成的。在他决心要在加拿大避免类似的灾难时，他和他的合作者设计了一个拥有令人印象深刻的联邦权力的政府，远比美国国会拥有的联邦权力更让人印象深刻。加拿大宪法的历史集中在聪明的各省政治家和法学家是如何削弱这个羊皮纸巨人到他们认为更理想比例的故事上（维庞德，1991）。

美国宪政发展沿袭了相反的路径。原文表达上与加拿大对应部分相比较显得柔弱的中央政府开始控制了美国各州，在原则上，美国各州有比真正有权力的加拿大各省份更大的宪法权力。行政机关在对比这两个国家的宪政发展方面发挥了重要作用。

对于当今的加拿大公务员来说，“宪法”已不是一体化的象征，而是矛盾的标志。和所有其他加拿大人一样，加拿大公务员对这场危机造成的后果有着重要影响。事实上，在魁北克内部，在主权争论方面的一个重要问题就集中在倘若分离出去，前联邦公务员可能会被怎样以及以什么样的代价遣返到他们的新国家（诺曼底，1990；德劳，1990）。马尔罗尼总理直言不讳，试图说服要分裂分子相信成本对魁北克来说将是惊人的。在最近的演说中，他警告分裂的危险，提醒他的听众现在有“50 000 名魁北克人在为联邦公共服务机构工作，使得加拿大政府成为在魁北克省最大的雇主，次于魁北克省政府”（多伦多环球邮报，1992）。对公务员的个人成本也可能是巨大的，因为分离可能威胁到今天他们想要的状态。根据美国功绩制保护委员会最近的一项研究，目前加拿大联邦公务员与他们在美国的同行相比享有更好的待遇和工作条件（美国绩效制度保护委员会，1991）。

在更实质性的层面上，魁北克省公务员一直旨在克服宪法的僵局的谈判中发挥重要作用。前魁北克总理罗伯特·保罗撒在 1990 年《米其湖协定》崩溃后就抵制这些谈判。然而，他确实向这些协商会议派出了高级公务员作为观察员。

在一篇有洞察力的学术文章中，公共管理教授让·莫西尔建议魁北克主权的争
685 论应该少关注深奥的宪法法律问题，更多关注完全分离时的可能行政**成本**与效益。这将意味着把这些严肃问题作为军事政策来进行公正审视，魁北克分担加拿大国债，分享邮政服务和共有解决分离后与加拿大的纠纷解决机制。政治家们可能会回避这些问题，但行政人员不应该（莫西尔，1992）。

但是，在有关这次大的宪法危机的大量文献中，缺失的是对联邦公务员尤其是讲法语的来自魁北克联邦公务员的态度进行认真研究。1980 年出现了对联邦公务员的批评，他们被指控违反政治中立的道德标准，强烈要求魁北克公民在主权全民公决中投“反对票”，那年魁北克主权全民公决被挫败（肯纳翰和兰福德，1990）。

当然，1992 年的局势阻碍了进一步研究有关事宜。公布的结果只可能加剧了紧张局势。然而，在危机被解决的更幸福时光，这样的研究或许能安全展开。我认为要知道公务员对如此使人精神痛苦问题的想法和感受，这将是有趣的和重要的[1]。就目前而言，我们必须自我满足于对加拿大宪政主义与利益冲突之间关系这种虽少戏剧性但还是具有重要意义问题的探究。加拿大在这方面的经验特别有启发意义，因为美国利益冲突问题很少引发宪法问题。多亏两位加拿大政治学家伊恩·格林（1990）和安德鲁·斯塔克（1993）的努力，我们能够明白寻常的利益冲突问题与宪法法律和政府结构更深层次问题之间的关联。

伊恩·格林纳坚持认为加拿大大量利益冲突的丑闻“部分可以被解释为冲突规则与加拿大宪法基本原则之间缺乏明确的关联”（格林纳，1990：234）。他注意到加拿大联邦和省两级政府中 90%以上的利益冲突问题都关涉内阁部长这种奇特事实。这就提出了一个问题，即部长负责解释这一事实是否有价值。一方面，把部长与普通议员区别开来，另一方面，又把部长与高级公务员区别开来，人们将不得不注意到部长自己既是立法者，又是行政人员。

部长的这种双重角色与他们使自己卷入利益冲突事件的明显倾向之间的关联变得清楚了，如果我们还记得我们蔑视利益冲突的原因是它破坏了政府官员公正决策。举个最简单例子，一个“决策者如果可以从决策中获得具体的经济利益，那么他或她不能被视为公正的”（格林纳，1990：236）。公平或公正的决策仅仅是公平的普通法律原则的一次简单的应用，其本身是源自更广泛的法治原则。提到法治就直接导向 1982 年“宪法法案”，其序言宣布加拿大是建立在上帝至上与法治的原则之上的。

因此，利益冲突占据了加拿大宪法的优势地位，位于法治、公平和公正决策等的固有原则之上。这些原则本身是足够清楚的，但是其实际应用是非常复杂的，因为对所有官员来说它们不可能都有相同的意思。而且，举个容易的例子，法官被相当正确地认为比民选的立法会议员坚持更严格得多的公正标准。事实上，如果代议制民主要正常发挥功能，立法议员应偏向于支持他们的选民。只有当它主要是为了 686
自己的个人利益而不是为了他们所代表的利益而被执行时，他们的偏见应该受到谴责。

部长一定程度上处于法官和立法议员发现自己身在其中的相对清晰的情境中。作为立法部门的领导人，部长应该是完全拥有偏袒性的，即偏向于有利于他们的支持者。然而，当人负责应用法律时，更公平的准则是适当的。我们不需要重新讨论声名狼藉的政治-行政二分法来认识部长在实践中并不总是很容易把这两个角色分开。当我们回想起加拿大的部长像每一个民主国家中的高级行政人员一样实行赋予那些执行它们的广泛自由裁量权的法律时，情况尤其是如此。正如一个半世纪前卡尔·弗里德里希所指出的那样，现代政府的标志性是政策是它正在被执行时被制定

---

① 在加拿大目前这种离心的政治气氛中，我还没有碰到过任何对作为一种整合力量的联邦公务员制度的研究。外人可能不知道世界著名的加拿大皇家骑警可以发挥这种作用，但是在 20 世纪 70 年代初在魁北克省的加拿大皇家骑警在追求魁北克解放阵线（FLQ）时所扮演的角色使这一期望不太可能实现。请参见惠特绮（1988）的研究。

出来的（弗里德里希，1940）。当然，所有这一切结果只起到使作为立法者和执行人员的部长的角色混乱的作用。

在不否认部长角色的复杂性情况下，格林纳试图通过区分在正式决策中的三种偏袒来说明这个问题：（1）为了决策者的个人经济收益而产生的偏袒；（2）由决策者努力帮助与他密切相关人而产生的偏袒；（3）由决策者先前发表的、对他面前的主题事项的意见而产生的偏袒。（格林纳，1990：239）

由第一和第三类型的偏袒而产生的后果相对清晰。部长不应该做出官方决策以促进他的个人利益（类型一）。然而，他不应该被取消对他曾表达他意见的主题事项做出决策的资格（类型三）。这样一种规则将阻碍政治家公开讨论公共事务。偏袒于相关人是第二类型的偏袒，这是最难以在实际中应用的类型。

格林纳指出，涉及加拿大部长的相当多的利益冲突情况涉及偏袒于政治盟友的问题。这显然是一个不可能划出一条分隔允许与不允许行为的清晰界线的领域。如果规则过于严格，民主的政治进程受到威胁，部分因为这一过程要求获胜者奖励他们的朋友和惩罚他们的敌人。如果规则过于宽松，法治本身就受到威胁，因为部长和他们的下属就会根据政治原因来分配法律上的权益和责任，而不是根据法律面前人人平等的原则。

虽然这个问题的确很棘手，但格林纳认为能够取得一些进步，如果那些起草制定利益冲突的规则人记住法治的宪法原则是其事业的核心。他非常令人信服地表明利益冲突这样的规则通常是为了回应某个特定的丑闻或某种不合规而被起草制定出来的。少有努力去审查或解释规则背后的理由，它们总是这样来处理利益冲突，就好像利益冲突无一例外就是官员不适当地使自己或他们的朋友变富有的问题。这种狭隘的以经济为中心，忽略了更为根本的公平宪法的重点，以及作为法治原则必然结果的公正决策。因此，部长倾向于把利益冲突规则看作“只不过是烦琐的法规，其促进了搜索相同类型的漏洞以及纳税人递交周年申报表时遇到的不同解释的相同问题”（格林纳，1990：234）。

总之，格林纳认为，只要部长们更清楚地了解为什么某些行动被利益冲突规则
687 所禁止，并且只要这些规则本身更精确地反映了他们所坚持的宪法原则立场，部长的行为将得到改善。

像伊恩·格林纳一样，安德鲁·斯塔克把宪政与利益冲突关联起来，但是，在这样做时，他提供了一个明确的比较研究，显示了美国与加拿大非常不同的利益冲突的做法能够通过这两个国家不同的宪法结构而获得解释，也就是说，通过加拿大的议会政府和美国的权力分立而获得解释（斯塔克，1992、1993）①。

例如，美国国会历来对执行人员比对自身实行更严厉的道德标准。1989 年《政府伦理改革法案》已缩小这种差距，但只有在经过长期和痛苦的行政投诉缺乏同等性道德要求之后。然而，在加拿大，内阁对立法过程的主导地位已经保证“国会从来没有得到机会去考虑利益冲突立法问题，这种立法对待内阁成员（包括首相）明显比其

① 两个版本的安德鲁·斯塔克的手稿被列在参考文献中——较短的版本出现在《公共行政评论》上，较长的版本出现在由 H. 乔治·弗雷德里克森编撰的论文集中。

对待国会议员更严肃”（斯塔克，1992）①。斯塔克认为宪法结构也解释了为什么在美国内阁以下官员的行为受法律的规制，但在加拿大却受更灵活的非法定行为守则的规制。在加拿大的议会制度中，内阁主导了立法过程，因此，国会议员很少有机会对任何级别的行政官员强加会使最高行政官员即内阁成员不高兴的标准。国会很少有机会对议会采取行动，也没有必要，因为如果内阁决定认为一种新的利益冲突标准应该被强加给其下属的话，那它可以通过行政措施做到，而不要涉及烦琐的立法程序。在美国，国会绝对没有被行政部门所主导（说得客气一点!），因此能够随意对各个层级的行政人员和雇员强加不受欢迎的利益冲突限制。当然国会只能通过法律达到目的。

在这两个国家中的离职后限制提供了一个宪法结构影响利益冲突实践做法的特别有说服力的例子。在美国，高级行政人员往往来自私营部门并且通常自己选择一度返回私营部门，或者因为美国选举的固定期限至少可以预见一次回到私营部门。他们在政府之外就业很少有困难，政府外就业比其在政府服务中短暂任期更有经济报酬。然而，加拿大的部长梦往往倾向于成为通过议会制度就获得升迁的职业政治家。他们的离任与美国内阁官员情况相比可能差距更大，他们不太可能是倾向于利润丰厚的私营部门职位的候选人（斯塔克，1992）。因此，对前美国高级官员的离职后限制比对加拿大前部长的更为严格。正如斯塔克所说的那样，美国的前高层行政人员“通常被认为他们好像既更能够在严格的后就业制度下求生存，又更应该有严格的后就业制度”（斯塔克，1993）。

对前美国官员相当严格的后就业限制突显了美国传统的恐惧，担心私营部门的利益破坏政府决策的诚信。与这种恐惧相当一致，美国后就业限制法律的前公职人员的合规责任。

加拿大的做法不同。受前总理特鲁多委托的、非常有影响力的、有关利益冲突的报告的合著者米切尔夏普与迈克尔·斯塔尔认为如果后就业限制应在加拿大采用 688
的话，那么避免如此接触的法律责任应该由当前在职公务员而不是前官员来承担。甚至对前部长对待他们的前下属来说，这也是对的。斯塔克坚持认为这种政策清楚表明现任公务员“不管如何资历浅，与他或她的前部长老板相比，还是权力更大、易受到保护，因此，应被认为有能力、有责任抵抗前部长的花言巧语”（斯塔克，1993）。

这两个国家有关利益冲突的政策之间的最后一个不同点出现在他们处理受政府之外经济利益影响的立法会议员事项的方式上。如上所述，美国人痛恨这类事情，因此，有广泛和详细的保障措施以防止国会议员出现在除美国之外的任何工资表上。事实上，当公共辩论集中在国会议员是否投票给自己加薪时，赞成增加工资的长期存在的理由之一就是要保持国会议员经济上的独立性。

像英国一样，加拿大人对这个问题的看法完全不同。由于议会机构的历史发

① 这些例子很契合斯塔克为了给在利益冲突事项上的国别差异提供了一种结构性解释的努力。但是，他还承认存在事实上的根据即立法者对待他们自己比他们对待行政人员更仁慈。这种说法植根于与执行机构范围广泛的专业领域相对立的立法活动中。这一点也被格林（1990）拓展了。

展，一直以来强烈担心的是国会议员会被行政人员带坏——最初被国王带坏，在更近时期，被霸道的内阁成员带坏。因此，在历史上，英国和加拿大的传统已被扭曲，倾向认为收入来自私人利益集团的立法者相对更可能保持精神独立和判断的一致性（斯塔克，1993）①。

在美国，这样观点会被无人理睬，但这与英国长期存在一直延续到 1911 年的国会议员无薪任职的做法是相当一致的②。

关于这一主题的一个有趣变化浮现在 1983 年加拿大下议院的辩论中，当时议会正在讨论对前部长后就业限制的价值。最终有人提出了制定太严格的这样的规范可能发生的危险。当这个问题出现在美国时，总是被提到的危险是过分苛刻将阻止私营部门有能力的人作为总统任命者进入内阁。加拿大国会议员看到的是一个非常不同的危险。过分严苛的后就职限制可能会导致一名内阁部长“‘无度地’固守职位”。也就是说，严格的后就职规则将让政府之外的生活如此不愉快，以至于正是这种前景会动摇部长的勇气和削弱他们“采取各种可能会加速他们离职的、不受欢迎的或失策的行动”的决心（斯塔克，1993）。

31.5 结论

为了结束我们的研究，让我们简要回顾一下，我们在前面几页已经讨论了主要比较点。首先，明显的事实是四国中仅美国要求其公职人员宣誓维护其“宪法”。完全显而易见，在加拿大，为什么没有这样的要求，1982 年的宪法法案是宪法危机的核心。英国宪法肯定在英联邦中受到尊重，但以它目前部分成文但未被编成法
689 典的形式，是不太可能成为效忠对象。无论多么爱国的陪审员都不会真正知道他发誓要坚持的是什么。在法国，1958 年的“宪法”是相对较新的——至少根据美国宪法标准。这并不足以令人尊敬而成为效忠的对象③。

其次，我们已经看到，法国和加拿大两国宪法与利益冲突问题之间都比在美国有更密切的联系。在法国，这种关联在文字表述上是明确的，而在加拿大，利益冲突规定的具体内容产生于议会的政体结构。

再次，我们的研究很少揭示个人权利与以宪法为基础的行政伦理之间的关联。可以肯定的是，在加拿大、法国和英国，个人权利的问题是最重要的问题，但它们与以宪法为基础的行政伦理之间的关联不像其在美国那么明显，在美国，维护宪法的誓言责成公务员有义务寻找方法来真正实现对个人权利的承诺，这是我们宪法秩序的基本原则。

---

① 在讨论私人收入来源的影响时，斯塔克把他的分析限于英国与加拿大的议员之内。对于对美国与英国公务员外部收入的比较研究，参见沃恩（1981）的研究。

② 美国宪法明确规定，国会议员应领取由美国财政部支付的工资（第一卷，第 6 章）。这种规定以及其他在第一条第 6 款中限制国会议员的规定表达了 18 世纪美国对行政控制立法的担心的回应。

③ 即使《第五共和国宪法》某一天确实变得令人尊敬，这将是一个不太可能的效忠对象，并且这一点很明确，因为它是一个共和党的宪法。对于对在法国宣誓与共和主义之间不兼容性的讨论，参见罗尔（1991）的研究。

最后，在我们努力了解行政伦理的过程中，我们发现了极其重要的权力分立的宪法原则。毫无疑问，无论研究与美国政府有关的任何问题，我们都会获得同样的发现。权力分立有助于解释美国记者在“水门事件”中的明显的攻势行为，尤其是在与法国媒体和“彩虹勇士号”事件做比较时。

在权力分立的美国与英国和加拿大的议会政体之间的道德政策上最重要的差异能够从组织结构上得到解释，正如安德鲁·斯塔克很好地在他的利益冲突的比较研究中展示的那样。如果把“庞廷事件”与我们自己的伊朗门丑闻相对比，我们发现了一种令人信服的例证，表明政府结构在解释政治行为方面的极端重要性。“伊朗门”犯规者因向国会撒谎面临刑事起诉，庞廷因告诉议会真相而使同样的命运降临到他身上！

致　　谢

我很高兴地要表示感谢，感谢来自达勒姆大学的理查德·查普曼、巴黎大学的特伦斯·马歇尔和多伦多大学的安德鲁·斯塔克，他们对这篇论文早期的草稿的批判性评述使我受益匪浅。在表示我的感激之情时，我希望大家对文中所包含的事实或判决的任何错误进行惯常的宽恕。我相信，如果我接受了他们所有的明智建议，这一章将会更加有说服力。

参考文献

请从中国人民大学出版社官网（www. crup. com. cn）下载，或者用微信扫描下方二维码获取。

第 32 章

非洲社会中的行政伦理

——以津巴布韦为例

乔纳森·N. 莫约
南非约翰内斯堡威特沃特斯兰德大学

本章利用津巴布韦作为一个案例研究来探讨非洲社会的行政伦理。应该从一开始就指出，非洲在公共管理这一领域缺乏专业文献①。然而，这并不奇怪，因为事实上行政学界往往倾向于要考虑背景的，要分析该国的政治环境。因此，非洲行政伦理的主题要在这一大陆迅速变化的政治经验的条件下获得更好的研究与理解。无论是好还是坏，这一大陆一直被殖民主义和新殖民主义所控制。这种控制意味着非洲尚未以其自我话语被理解。然而，自从 1957 年随着加纳独立而开始的非洲去殖民化进程以来，已经成为过去的非洲大多数"行政"(administration) 都建立在主要殖民国家英国、法国、德国和葡萄牙的行政历史的基础上。

因此，毫不奇怪的是非洲行政伦理的主流观点往往是以"法律与秩序"(law and order) 为导向的。这是包括后殖民分支在内的殖民地行政系统的本质。几乎遍布非洲，殖民经验留下的行政系统是独裁的、严行纪律的，一般都敌视来自土著社区的文化与政治影响。换句话说，由于后来被非洲独立国家全盘继承的、以法律和秩序导向的殖民地行政系统，非洲行政伦理的历史先是殖民主义的历史，后是非洲民族主义"强制义务"(imposed ob-

① 有关该主题的一般处理方法，请参见：African Public Services：Challenges and a Profile for the Future [compiled by the African Association for Public Administration and Management] Vikas Publishing House，Pvt. Ltd.，Sahibabad，India，1984.

ligations)①的历史。

强制义务源自“客观责任”(objective responsibility)，库珀已按下列方式进行了界定：

> 所有客观责任涉及对某人或某一集体机构的责任，涉及对于特定任务、下级人事及目标实现的责任。前者是问责，而后者则是义务。问责与义务即因某事而对别人负责——这些是客观责任的双重维度。②

不过，当然，外部强加的义务只是一种形式的行政责任。还有源于个人自己的 696
情感、信念的主观责任③。通常情况下，这样的情感和信念往往植根于个人对忠诚、良心和身份的定义。因此，由于它是以对道德行为的个人偏好为基础，主观责任是“通过个人经验而形成的”④。

假定可能是这样的话，应该很明显个人的经验不出现在真空中。个人身份是更广泛的文化与政治环境的体现。例如，没有生活在重视合法性的环境中，是不可能信仰要合法。事实上，重要的是要认识到合法性本身就是一种社会性作为的经验。从这个意义上说，客观责任和主观责任是交织在一起的。它们不是交替或彼此有先后的分离经验。

主观责任的重要性在于它强调个人的价值观，作为一个理性存在能够超越社会强加而进行道德行为。换句话说，主观责任给自愿行动提供了空间。此外，客观责任和主观责任之间的区别允许行政伦理学专业的学生和实际上是政治与行政研究的学生形成超越既定社会性的概念。伦理不能简单地成为客观责任的问题，还比这更多。然而，尽管有这种条件，但大多数社会曾尝试形成完全基于带有随强制义务而来的所有后果的客观责任的行政系统，这也是事实。这已的确成为非洲的行政经验。作为行政伦理的独特来源，津巴布韦的个案提供了一个强制义务的启发性例证。

在此背景下，津巴布韦的行政伦理由政治所形塑，这本身不是一件坏事。人是政治的动物。然而，问题是政治的类型一直不是那种伴随“客观责任”(objective responsibility)同时还允许个人践行“主观责任”(subjective responsibility)的类型。相反，它一直是一种操纵政治，其是基于一个错误百出的公共利益理念即对执政党是好的就对公众是好的。

从这个意义上说，津巴布韦的行政伦理状况不是独一无二的。其在很大程度上反映了创立和形成后殖民非洲社会的行政伦理问题。这个问题有几个原因，本章研究其中 3 个：(1) 缺乏既定宪法框架，(2) 一个人的总统体制，(3) 缺乏全面阐述

① “强加义务”的概念源自：Terry L. Cooper's explanation of Mosher's concept of “objective responsibility,” 他用来区别于“强加义务(subjective responsibility)”。请参见：Cooper's *The Responsible Administrator: An Approach to Ethics for the Administrative Role* Jossey-Bass Publishers, San Francisco, 1990, pp. 59-71.

② T. L. Cooper, *The Responsible Administrator: An Approach to Ethics for the Administrative Role* (3rd ed.), Jossey-Bass Publishers, San Francisco, 1990, p. 60.

③ 同②71.

④ T. L. Cooper, *The Responsible Administrator: An Approach to Ethics for the Administrative Role* (3rd ed.), Jossey-Bass Publishers, San Francisco, 1990.

的行政状况。不仅在非洲而是整个第三世界有很多带有这样问题的国家，它们没有出现某种对行政伦理的重视。在较为详细研究这些问题之前，津巴布韦强制义务的历史是有序的，因为它在很大程度上解释了目前该国行政伦理实践和问题的重要来源。

32.1 津巴布韦强制义务的起源

被各式各样的白人定居者政府在不同时期称呼不同名称的津巴布韦1889年10月29日落入英国的统治之下，维多利亚女王授予塞西尔·约翰·罗得斯的英国南
697 非公司（B. S. A. C.）皇家特许状。皇家特许状是在洛本古拉国王1888年把被称为“拉德特许权”（the Rudd Concession）授予拉德、马奎尔和汤普森之后，后来洛本古拉国王拒不履行这种特许权。国王的特许权和其他事项一起规定了“承授人、他们的继承人代表及其受让人”有“对所有坐落和包含在英王公国和领地内的金属和矿物质的全部的和独有的控制权”①。

因此，1889年10月29日维多利亚女王的皇家特许状对“拉德特许权”给予了准许，尽管事实上洛本古拉国王到那时已经对特许权的条款表示不满，到由维多利亚女王授予英国南非公司（B. S. A. C.）特许状去“管辖这块领地”——这块领地以前由洛本古拉管辖下——的时候，洛本古拉国王已经拒不履行这种特许权。因此，皇家特许状标志着英国殖民统治在津巴布韦的开始，历时90年，从1890年一直到津巴布韦成为一个独立的多数人做主的国家的1980年。自从其建立以来，这种统治的后果是要实施一种外来的行政制度，目的是要么全部取代传统的权威，要么严重削弱它。这是一个很严重的问题，因为在欧洲人占领之前津巴布韦黑人在自己的国家已经有了广泛而深入的政治与行政的历史。

在此背景下，津巴布韦的公共服务发展可以分类为两大阶段即殖民时期和独立后时期，前者从1890年至1979年，后者从1980年到现在。两个时期可以进一步细分如下：

(1) 包括英国南非公司殖民下的早期行政在内的英国皇家特许公司时期：从1890年至1923年。

(2) 包括所有后续的殖民地政府（包括以下第三和第四时期）在内的负责任政府时期：从1923年至1963年。

(3) 1953年与1963年连接了马拉维、赞比亚和津巴布韦的联邦政府时期。

(4) 持续在1965年到1979年之间，以伊恩·史密斯为首的白人殖民者的“单方面独立”（UDI）时期。

(5) 从1980年到现在的独立时期。

---

① 以下章节相当多地借鉴了：“Report of the Public Service Review Commission of Zimbabwe,” Volume 2, Appendices, Government Printers, Harare, May 1989, pp. 14-32.

每个时期都对津巴布韦公共服务的发展具有决定性的影响，对行政精神的培养具有深远意义。因此，简要分析这些时期的显著特征，并评估其对津巴布韦行政伦理发展的影响是非常有用的。

32.2　1890 年到 1923 年

在此应该指出和强调的是，在 1889 年之前，津巴布韦没有像今天所称的正式公共服务。一般来说，存在有某种半军事化行政，因为其通常出现在被占领和征服的时期。这种半军事化半行政的共存是一种基于韦伯式传统权威的行政。因此，公务员是开放的，任何须服从国王的人都是好的，足够有资格成为公务员。这种公共服务的开放性给因为在印度殖民地的行政经验而被任命的科尔克霍恩即最早殖民行政者带来了一些严重的问题。

科尔克霍恩在他被任命的几个星期内就提出了辞呈，因为他断定他自己“不是很适合在这些条件下工作，即所有公共机构还得要在一种合法条件的基础上进行创建”[1]。换句话说，科尔克霍恩发现津巴布韦仍是在传统权威的命令下，并不是一种类似于他所期待的建立在他在印度殖民经验基础上的合法理性权威的模型。因此，毫不奇怪科尔克霍恩被管理者詹姆逊所替换，詹姆逊“不了解官方例行公务，对手续不耐烦，并总是倾向于走捷径以达到他的目的”[2]。在某种程度上，对传统价值观在津巴布韦的优势，詹姆森是敏感的或者至少意识到了。可能是默认下的这种敏感度和认知度竟然对詹姆森来说是一种优势，他显然迅速解决了白人定居者社区在非洲社会中安顿下正在遇到的困难[3]。 698

然而，詹姆逊的行政风格对被皇家特许状已授权“管辖这块领地”的英国南非公司（B. S. A. C.）来说是不能接受的。塞西尔·约翰·罗德取代詹姆逊，并且从南非开普省引进他认为是有经验的个体行政人员，他们在开普海角沿线“成立一个常设性的行政部门”[4]。这些行政专家们被赋予全部行政责任和“司法特许”，和原住民部门中主要处理非洲事务的白人官员一起工作，他们“受拿微薄工资并且法律认为他们是没有司法权力的世袭村警员的原住民酋长们的协助”[5]。

根据这一背景下的经验，政府 1898 年 1 月 11 日颁布第 6 号公告，取得了建立在津巴布韦开始确定了的正式公共服务完全是第一批法规的效果。公告宣称：

> 罗得西亚的公务员应包括且由被主管任命连续受聘履行职责的所有人组成，不单纯是警察或军队，包括在任何公共服务部门的人员，而不是高等法院法官或行政当局私人参谋人员。[6]

---

① “Report of the Public Service Review Commission of Zimbabwe,” p. 16.

②③④⑤ “Report of the Public Service Review Commission of Zimbabwe.”

⑥ “Report of the Public Service Review Commission of Zimbabwe,” p. 16-17.

特别是根据其随后对津巴布韦行政理念发展的影响，重要的是这些法规在理解和含义方面的权威依赖于它们在南非开普敦的行政源头。对于这一点法规中的第17条有明确表述，其宣称：

> 在本法规及其框架下的规章制度的解释与实施方面，应参照《公务员法案》，《开普敦殖民地规章》，同时，在所有没有规定的事项中，行政长官可以依据《开普敦法案》和《开普敦规章》。①

强调这些法规奠定了津巴布韦公共服务发展的基础这一点是重要的。出于这个原因，考虑到这些法规可能影响行政伦理的发展，有几个问题应强调。首先，应该指出的是，这些法规排除了非洲土著人有实际意义地参与基于种族的公共服务。这有点具有讽刺意味，因为法规没有实际指定种族作为在公共服务部门就业的一个因素，主要是因为这些法规受南非开普敦省的一般自由主义传统的深刻影响。非洲黑
699 人实际被排除在外，因为他们不能读写而被取消从事公共服务的资格。这是因为这些法规详细规定行政人员要能够被派到公务员的固定机构中：

> (a) 在本条例获通过之日起，来自听从塞西尔·约翰·罗德阁下意志的受托人部门已转成公务员的任何人。
>
> (b) 在英国南非警察局服务不少于3年、不超过10年之后转成公务员的成员。
>
> (c) 在本条例通过之日起，转成来自英国南非公司的非行政部门的公务员的个人。
>
> (d) 技术人员、教师、主妇、护士、根据协议有固定期限的人和临时高级职员。②

这些不包括种族的具体规定产生了排除非洲人的实际效果，因为没有人会因为不言而喻的理由而符合这一标准。因此，从一开始，津巴布韦公共服务的文化与价值观的发展就涉及制度上把大多数人口排除在外。带有来自南非开普敦殖民价值观的输入式行政制度以整体的方式被强加，不考虑被偏心地认为是劣质或不文明的当地价值观。

事实上，这些法规把非洲黑人设想为有目无法纪的倾向。因此，这些法规带有强烈的控制内容，从事法律维护和从1894年开始的“棚屋税”（hut tax）的税收征管③。因此，就非洲黑人而言，殖民地行政制度从事的是法律与秩序的维护和税收征管。这个定位使殖民公共服务具有丝毫不关心原住居民专业与道德发展的种族维度。

32.3 1923年到1980年

显而易见的是公司不能管理一个国家。在1889年与1923年之间，英国南非公司（B. S. A. C.）管辖津巴布韦的事实是津巴布韦特有的一个历史怪胎。到1920

---

①②③ “Report of the Public Service Review Commission of Zimbabwe.”

年，英国南非公司（B. S. A. C.）已经失去了治理这个国家的能力，这不仅是因为来自原住居民的挑战，而且因为来自白人殖民者政治上已有要求独立和国家认同的主见的挑战。然而，在当时，更为决定性的压力来自作为新兴的农业资产阶级的白人农场经营阶层寻求独立于南非首都和政治之外①。

对英国南非公司（B. S. A. C.）的压力最终导致举行只有白人参与的 1923 年的公民投票，以确定白人对这块领地政治地位的意见的状况。公投要求白人决定他们是否希望“他们的”（their）领土合并为南非第五个省，或者他们是否想要这块领地成为有“负责任政府”（responsible government）的自治殖民地。参加公投投票的白人以 60%的优势投票赞成成为自治殖民地。因此，接着被称为“南罗得西亚”的津巴布韦根据 1923 年 10 月 1 日政府第 2 号公告获得“负责任政府”的地位。鉴于在英国政府的授权下，该公告成立了 6 个政府部门，即总理、财政部、司法部、矿业与工程部，农业与土地部以及殖民局。这些部门在津巴布韦创造了一种新的政 700
府形式，给公共服务的发展带来了深远影响。

这些部门有效地结束了公司在津巴布韦的统治。然而，这并不意味着结束白人统治并出现了一个包容各方的政治制度。恰恰相反，投票实际起了巩固白人殖民者在津巴布韦的统治的作用。1928 年，成立于 1923 年的“负责任政府”着手对有关公共部门中的人事行政的法规与程序进行审查。这种审查产生了充当《公共服务法案》（the Public Service Act）的颁布于 1931 年的《公务员综合法》（Civil Service Consolidated Bill）。该法案为包括精确定义谁有资格成为公务员的公务部门完整重组做好了准备。

至于谁有资格成为公务员的成员，1931 年法案的第八（1）条款规定如下：

公务员应由在殖民地就业的所有人组成，其中包括：

（一）行政和文职部门；

（二）学校部门；

（三）专业技术部门；

（四）总务部门（但不得包括任何原住民或有色人种）。

1931 年《公共服务法案》明显是把“黑人”（以下简称为原住民）和混血人种（以下简称为有色人种）排除在服务于公共部门之外。这并不奇怪，因为它是对通行做法的一种认可。此外，到 1931 年已经存在一种歧视非洲黑人和其他有色人种的强大法律工具体制。具体来说，种族关系已经被以前的法规毁灭殆尽，特别是《原住民条例》（1898）、《棚屋税》（1894）、《通行证制度》（1895）、《保留原住民保留地理事会法令》（1920）、《原住民事务法》（1928）和《土地分摊法》（1930）。

到 1955 年，公共服务已受到来自要求多数人统治的非洲民族主义者的强烈政治压力。这些压力迫使政府不得不成立了一个委员会，任务是要“报告和修订对政

---

①　参见：Rukudzo Murapa，“Race and the Public Service in Zimbabwe：1890－1923，”（mimeograph），University of Zimbabwe，Harare，p. 3.

府中非洲雇员的薪金等级和服务条件"①。当委员会开始其工作时，其注意力被认为是集中在三个基本因素上：

（1）非洲人承担服务义务与责任的能力。

（2）欧洲人对非洲人这种性质的进步态度。

（3）其中涉及社会经济问题。

前两个因素值得一些简要的回顾，以便强调影响津巴布韦公共服务发展的种族价值观。该委员会把非洲人的能力定义为"一种综合素质"（a compound quality），其包括智力和人格，"后者相应涉及并要求的是诚实、忠诚、可靠、忠诚和责任感"②。该委员会认为这些是一个良好公务员身上至关重要的素质，承认如果非洲人被提供教育机会就能够不被评定为低于欧洲人，不过，该委员会怀疑非洲人的人格，认为它无法比得上欧洲的人格③。

701 在认为"欧洲人式的人格"是遵守由白人主导的公共服务伦理与标准所必要的同时，该委员会坚持认为非洲人由于其人种背景和行为特征，是没有能力获得"欧洲人式的人格"的④。为了支持其公然的种族观，该委员会声称整个非洲的经验已经证明非洲人"已经常被发现是不可靠和不值得信任的，即使是被安排在轻微责任的职位上。"⑤ 根据这一论断，该委员会最终认为在与白人同等条件下非洲人不得不被排除在公共部门中就职。

被该委员会审议的另一个有争议的问题是欧洲人对非洲人在公共服务中获得进步的可能性的态度。正如预期的那样，该委员会最终认为白人不会接受非洲人被公共部门雇用在"［非洲人］指导以个人主义为基础的欧洲人的行动与活动的职位上。"⑥ 例如，该委员会报告，这特别有关于白人妇女与非洲妇女共享办公室与公共卫生设施的前景！

1959 年，在非洲加纳于 1957 年独立后，当来自黑人多数统治的压力不仅在津巴布韦而且在整个英国殖民地日益高涨时，津巴布韦议会通过了一项议案，其宣称："根据下议院意见，现在是时候允许非欧洲人进入南部罗得西亚公共部门"了⑦。此声明由如此各种对白人的保证组成，以便没有非洲人将立即担任公共部门中的高级职位，因为这种可能性将至少要花费 30 年。其他保证是保证没有非洲人将被派遣到欧洲地区工作。一种带有满足这些保证规定的法律草案被带入议会中。该法案在情感上有争辩，在白人社区中受到很多刻毒语言的攻击。最终该法案获得通过并在 1961 年 1 月 1 日被制定成法律，这一事件在津巴布韦公共服务的历史上是一个里程碑，因为它标志着非洲人第一次被允许在固定机构中任职。

这种发展引发了白人的反弹，导致了当局政府在 1962 年只有白人的选举中失

---

① 作者非常感谢鲁库佐·穆拉帕（Rukudzo Murapa）在为了审查非洲人服务状况而在 1955 年设立的委员会上所进行的以下讨论，参见："Race and the Public Service in Zimbabwe：1890－1923，" pp. 8－13.

② "Race and the Public Service in Zimbabwe：1890－1923，" p. 10.

③④⑤ 同①.

⑥ 同①11.

⑦ 同①14.

败。使事情变得更糟的是，持续几年的反弹正好与周边国家马拉维和赞比亚的政治独立同时进行。当 1965 年 11 月 11 日伊恩·史密斯的罗得西亚阵线党单方面宣布独立并发誓在一千年之内绝不屈服于非洲人的多数人统治时，情况变得更糟。因此，1965 年至 1980 年期间见证了津巴布韦根深蒂固的种族冲突，其导致由非洲民族主义者发动的长期武装斗争。在斗争中，超过 60 000 人被打死，还有更多的人几次流离失所，无家可归。这种斗争最终导致了 1980 年 4 月 18 日在前一年在伦敦举行的兰开斯特会谈圆满结束后津巴布韦的独立。

32.4　1980 年之后

当 1980 年津巴布韦独立时，这种黑人领导政府继承带有白人科层等级的公共服务。前政权通过法律有系统地排斥黑人，如在本章前面部分所展示的那样。使新政府任务艰巨的是巩固对白人殖民者特别是公共部门中官员的保护的新宪法一直是 702
妥协的结果。除其他事项外，新宪法保证：

(1) 以确保公共服务的连续性和效率为名维护白人殖民者的经济利益。

(2) 保留管理人员和技术人员，以便不仅维持当地白人社区对新政府的信任，而且维持来自国外潜在投资者对新政府的信任。

(3) 保障那些选择提前退休公务员的养老金，保证只要养老金接受者如此选择，养老金就可以用外汇汇给接受者。

这种情景是非洲其他地方国家的公共部门从殖民主义转变为独立的特征。重新纠正公共服务中的种族主义历史问题是有明确且现实的需要。因为认识到这些因素，津巴布韦的第一任总统，卡南·巴纳纳对公共服务委员会宣布了一项旨在促进非洲公共服务进步的指令。该指令根据在结束争取多数人统治的武装斗争的兰开斯特会谈上获得通过的津巴布韦宪法第 75（2）条款，首先指出以下几点：

(1) 政府在移民、教育、重建和发展方面的主要任务将对公共服务提出更高的要求。扩大服务以履行范围不断增加的这些任务将是必要的，同时，津巴布韦非洲人民必须获得不断增加在这些发展中充分发挥其作用的机遇。

(2) 目前 [1980]，绝大多数公共服务的高级职位都是由欧洲军官占据。政府继续需要这些军官的服务，以确保实行这些新拓展事项效率上的高标准。政府要向所有欧洲军官保证；政府将继续保护他们的公务任期并且支持公共服务委员会履行其法定职责，政府会保持服务的诚信，政府坚信即将到来的服务扩张会为他们提供持续满意的职业生涯前景。

(3) 要实现全非洲人按有序步骤参与这些发展事项，根据津巴布韦宪法第 75（2）条款，公共服务委员会被要求根据下面这些总的政策方针：

1) 要以将会带来组成津巴布韦人口的各种组成部分的平衡代表性这样的方式招聘员工到所有等级的公共部门中。

2）在任用和晋升到高级职位的公共部门方面，给合资格的非洲人提供更迅速的提升。

3）在执行这些方针时，应当考虑到维持公共服务高效率的状态和满足现有公务员职业抱负的需要。

4）并对进展作年度报告。

（4）目标是初步创立一种完全代表人口中所有组成部分并具有国家所需要的适当技能的平衡性公共服务。为此，更多的培训工作是必需的。[①]

703 上面《总统指令》序言中的第一和第二部分强调了独立的津巴布韦公共服务的新方向。新政府已开始实施对在战争中流离失所的家庭重新安置的计划，并致力于大规模扩张教育和卫生设施，以满足先前在殖民统治时期处于边缘地位的多数非洲黑人需要。实现这些目标所选择的工具是公共服务，这种公共服务是要被用来给津巴布韦的非洲人民提供“使他们充分参与政府事项的机会”。

《总统指令》的序言中很清楚表明，《总统指令》为表达政府对在 45 000 有权力的公共部门中绝大部分的高级职位被欧洲军官占据的事实不满而充当了一个方便的平台。这种遵守比政府企图向欧洲行政长官保证他们在独立的津巴布韦的工作是安全的更重要的，其具体体现在上面的第二部分中。根据上面第三部分所承诺的公共服务即将发生什么样的大修改没有基本原则的条件下，保证是一项政治声明。政府的确是有急于要实现“初步创立一种完全代表人口中所有组成部分并具有国家所需要的适当技能的平衡性公共服务”。

这种急忙的一个重要原因是新政府发现自己正很不乐意地依赖于曾服务于反对黑人多数统治的殖民地政府的白人军官的服务。有一个坚定信念（真实的或想象的）认为白人公务员不认同新政府的政策，他们将使用一切可以利用的机会来阻挠新政策。这种信念的影响是对总共 10 570 常设名额中仅 3 368 个（或 31.86%）名额被没有担任比高级行政助理更高级别职位的黑人占据的情况相当实际的考量。

像非洲其他地方独立了的许多政府一样，黑人政府声称致力于社会主义并且担心说白人公务员是坚定的资本主义者，其和实现政府的社会主义目标不会有任何关系。

32.5 公共服务的新政治化

在上述中，津巴布韦的公共服务自成立以来是高度政治化应该是显而易见的。在 1889 年与 1980 年之间，政治是由后续白人殖民政府所为，它们利用种族政治作为一种白人独占物来影响公务员伦理发展。后独立时期出现了一个新的时代，其间，种族被伴随着独立喜悦的非洲民族主义政治所替代。一位公共服务的学生观察到：

① 参见：“The Presidential Directive,” Government Printers，（Harare，Zimbabwe，May 22，1980），pp. 1-2.

> 独立后立即在公务员身上出现了一种热情执行政府计划的严肃承诺。这一承诺的基础有两个方面：首先是一心要建立一个争取独立斗争期间的解放运动就已支持的社会主义社会。在经过多年白人的少数人统治之后，有一种重建国家的热情。很多人都希望在用新的伦理道德建立一个新的社会秩序中发挥作用，并想在管理和行政方面运用一个新的社会理论……（第 704 页）其次是兴 704
> 奋，兴奋的是黑人现在可以管理自己。大多数人想向世界展示他们能有效率地管理资源，即使他们没有什么经验。①

这种在“新的”公共部门服务的热情是可以理解的。津巴布韦人期望殖民者和《单方面独立宣言》歧视黑人社会的态度随着 1980 年的独立到来而改变。但是，这并没有发生。执政的津巴布韦非洲民族联盟–爱国阵线（ZANU-PF）党不是矫正独立时刻的局面，而是通过宣称其为人民的唯一合法代表来寻求最大限度地利用黑人社会中的未发展和在发展的公民社会组织。根据这个主张，该党宣布自己为所有社会运动的联盟组织，以废除了殖民主义的革命名义开始消灭公民社会组织。作为一种证明它们自己对革命承诺的方式，所有“合法”（legitimate）组织都被要求加入该执政党，这些组织通常会作为竞争性道德价值观表达的出口。

1980 年选举之后，根据该党的书记后来成为总理的罗伯特·穆加贝的意见，津巴布韦非洲民族联盟–爱国阵线党宣布 1981 年为“巩固人民权力之年”，这促使他领导的党“采取更全面和更宽松的统治观，拥抱所有这些（独立前的革命）力量”②。对这样一种全面的统治观的需要被 ZANU-PF 的领导和支持者解释为是要建立一个一党制国家。该党的青年和妇女旅团在整个 1981 年举行了许多次游行呼吁一党制国家。在其中之一的一次集会上，穆加贝反问欢呼的人群：“史密斯宣布《单方面独立宣言》，为什么我们不能宣布一党制国家呢？”③ 他认为，全国各地对 ZANU-PF 的支持应该是先前就为一党制国家的要求奠定了坚实的基础。此前，穆加贝威胁要禁止伊恩·史密斯领导的共和党（RF），以此作为对一个曾说“一党制国家不符合国家利益并可能变成一个独裁政府”的白人国会议员的声明表示愤怒的反应④。穆加贝说：

> 他［丹尼斯·迪瓦里斯，RF 的国会议员］是反对一党制国家的。从 1890 年至 1980 年，在这个国家中，我们已历经了哪些类别的统治，特别是从 1964 年至 1979 年？……没有任何措施来阻止政府禁止 RF，阻止政府使用 RF 当权时使用过的用来对付黑人民族主义者政党的相同手段。但禁止这个党就会使这个党声名鹊起，它可以假装是一个民主的机构……我们［ZANU-PF］仍然致力于一党制国家的原则，但直到津巴布韦人民渴望它，才会产生。当我们自己

---

① 参见：S. Agere，“The Promotion of Good Ethical Standards and Behavior in Public Services in Africa，”（unpublished manuscript with no date），University of Zimbabwe，Harare.

② 参见：“Consolidation of New Power” in *The Herald*. Harare，Zimbabwe，January 1，1981.

③ 参见：“Thousands in One-Party State Demo” in *The Herald*. Harare，Zimbabwe，September 21，1981.

④ 参见：“We can Ban RF，Says Mugabe” in *The Herald*. Harare，Zimbabwe，July 24，1981.

可以更有力地解决这个问题时，创立它的这个时候就到了。①

在1981年的前夕，他告诉整个国家："作为津巴布韦人，现在我们的新国家要求无论是作为个人还是作为群体或社区的我们的'单一忠诚'（a single loyalty），这是对我们的民族团结和精神和解的一个正确的符合逻辑的体现"②。

利用"单一忠诚"，穆加贝意味着忠诚不是对国家的忠诚而是对他领导的执政党的忠诚。实际上，他是要呼吁设立一个法定的一党制国家，因为用他的话说，"我们是只有一个社会、一个民族的国家，一党制国家是我们珍爱的政治理念"③。因此，本质上，执政党将要成为单一忠诚的唯一源头，其将表明和塑造公共服务价值观，新政府已将其确定为改造这个国家最可行的工具。

705 在一个国家、一个社会、一个民族的幌子下，那些试图反抗ZANU-PF党的包容性排斥策略的社会群体，被贴上一心为"敌人"工作的背叛者标签，因为该党公开吹捧其对一个法定的一党制社会主义国家的承诺。这已对公共服务中的行政伦理的发展颇有影响，因为政治家们公开呼吁公务员加入执政党，以确保他们的工作。发出公开声明表明考虑到要有效地执行党在经济、政治和社会领域的指令，ZANU-PF党决心要确保公务员是对执政党的忠诚。一个当时负责民政事务的高级政府部长以挪士·恩卡拉抱怨被他指控破坏政府政策的公务员说："这些公务员的唯一资格是学术学位和文凭。他们不是致力于ZANU-PF党的政府以人为本的政策。为了纠正这种情况，将要有对公务员的政治审查。"④

后来，总理罗伯特·穆加贝支持这一观点并告诉议会，在他领导的政府正努力争取的一党制国家中，公务员就必须"接受全部ZANU的意识形态指导或者就不要成为公共服务的成员"⑤。穆加贝进一步证明道：

> 我们正在向一党制国家前行……我们选举的政府高层职位的这些人必须是熟悉党的政治政策、拥护党的立场、方向和思想的党员。否则，建立了一党制国家就不能实现任何有用的目的。换句话说，如果我们就像我们已经做了的那样已经采取了社会主义作为国家的意识形态，那么，我们不能承受得起大量其立场与国家的政治思想和社会经济方向相反的成员在公共服务或其他政府机构中。那将是一种矛盾……⑥

这些公共服务的压力一直持续到津巴布韦独立的第一个十年。迟至1990年，政府中的政要继续呼吁不是执政党成员的公务员退出公共部门。例如，前议会议长迪代默斯·穆塔萨公开质疑"不赞同政府原则"的公务员⑦。穆塔萨证明道：

> 不全心全意接受ZANU（PF）政府原则的任何人确确实实应不寻求为政

---

① 参见："We can Ban RF, Says Mugabe" in *The Herald*. Harare, Zimbabwe, July 24, 1981.

② "Consolidation of New Power" in *The Herald*. Harare, Zimbabwe, January 1, 1981.

③ "No One-Party State Yet, Mugabe" in *The Herald* Harare, Zimbabwe, August 5, 1982.

④ 参见："Civil Servants Must be Loyal to Party—Nkala," *The Herald*. Harare, Zimbabwe, September 22, 1983.

⑤⑥ "One-Party State means Zanu Public Service," *The Herald*. Harare, Zimbabwe, September 13, 1984.

⑦ 参见："Back Zanu (PF) or Quit the Civil Service-Mutasa," *in The Herald*. Harare, Zimbabwe, June 24, 1990.

府工作。在一个他不信奉其政策的政府中，他将会做什么？……难道我们真的不应该在我们中间除掉这样的颠覆分子，同时，难道他们事实上不应该确确实实拿出他们的技能并将其应用在一个他们是快乐的机构与工作场所中吗？①

一个月之后，这种对公务员的质疑几乎被政府内务部长也是执政党粮食部长秘书的莫文·马哈奇重述，他抱怨说："我们不想要不想要我们政策的公务员被我们所雇佣。他们不能有效地执行和落实他们不赞同政策。"② 一年后，马哈奇呼吁执政党成员监督公务员，引发了更多的争议③。在认为津巴布韦人把他们的自由和国家的独立归功于该党的同时，马哈奇利用一党制国家社会中典型的陈旧证据还坚持认为："党高于政府……最高权力当局监督内阁。最高权力机关委员会监督议会。因此，党的各地方执行委员会监督公务员在他们各自区域中的工作。"④

这些对公务员的压力迫使津巴布韦公共服务审查委员会得出结论认为该国的公共服务受到不当的政治影响。该委员会报告说： 706

市民和公务员都激动地谈到源自各种形式的政治干预带来的问题以及政治家、公务员与公众之间的混乱关系。至于政治家对职位任命的影响力，公务员把公共服务描述为"被部族制扭曲"。他们声称独立时刻公共服务"非洲化"导致不合格人以党的名义进入其中的"政治性服务"，产生了部落主义、裙带关系、区域主义和偏袒主义。⑤

32.6　公共服务的伦理内容

正如本章开头所指出的那样，对研究非洲行政伦理感兴趣的社会科学家立即发现该领域的文献很少。文献的缺乏是由于这一事实即几乎所有的非洲国家都仍然比专注于行政问题更专注于建立新政体的政治问题。这样做的原因是不难理解的。非洲民族国家仍是在抗争的主体，主要是因为与他们最近的后殖民历史有关的政治问题。除了埃塞俄比亚没有经历过太久的殖民主义之外，大多数非洲国家在 1957 年和 1968 年之间获得了他们的政治自由。有一些如安哥拉、莫桑比克这样的其他国家不得不等到 20 世纪 70 年代中期，而如分别在 1980 年和 1989 年获得独立的津巴布韦和纳米比亚这样的其他国家不得不等待甚至更长的时间。在南非，旨在结束种族隔离统治的重要谈判直到 1992 年才开始。

总的来说，有关研究没有把这种观察建立在政治决定论方法的基础上，事实

---

① 参见："Back Zanu (PF) or Quit the Civil Service—Mutasa," *in The Herald*. Harare, Zimbabwe, June 24, 1990.

② 参见："Civil Servants Told to Back Policies or Quit," *The Herald*. Harare, Zimbabwe, July 4, 1990.

③④ 参见："Zanu (PF) Members Should Supervise Civil Servants," *The Herald*. Harare, Zimbabwe, June 30, 1991.

⑤ 参见："Report of the Public Service Review Commission of Zimbabwe" (Volume Two, Appendices), Government Printer, Harare, May 1989, p. 8.

上，忙于根本政治秩序问题的国家往往将行政考量视为理所当然的或者将其贬到次级层面的问题。换句话说，新兴国家更关心的是如何创建一个新的共和国这样的起源性问题，而不是在行政任期内如何维护这一共和国的职能性问题。具有指导意义的与此相类似情况在美国被发现。

在美国共和国成立与内战之间，新兴的美国政治实体主要关注的是构建一部可行的宪法，因而更少关注运行或执行一部宪法。在此期间，行政的角色要么被认为是既定的，要么被完全忽略，因为美国社会正从农业社会转变成工业基地。这种对行政角色性质和宗旨的模糊不清导致了政党分肥制，这种做法是赢得选举的政党将通过被任用到政府职位中来酬谢其竞选工作人员和其他的积极支持者。政党分肥制鼓励公共行政人员的政治活动以支持他们的党，直到被贤能统治论者质疑。因此，它涉及免除属于输了选举的政党的人员职位，以便政党的改变必然意味着公务员的人员组成的改变。作为主导价值的分赃制度在美国慢慢消失了，因为公众的注意力从挂念构建一种可行的宪法转移到关注宪法实施。

707 这种转换使行政问题成为焦点，注意的兴趣点在行政伦理上，就像美国社会从一个政治意义上的自由国家转变成一个行政国家。因此，美国对行政伦理的关注与行政国家兴起相关联，这种行政国家是由宣称其合法性基于职业而不是基于政治的管理精英来管理的。由此可以得出结论，在国家运转理论的背景下，行政伦理问题更好被理解。也就是说，要了解行政伦理，我们必须首先考察的是在我们所关注的特定环境下的国家理论。但是，由于我们在此的兴趣是行政伦理，对已经预示了行政做法的非洲的国家学说的理解将是有益的。

32.7 非洲的国家形态

学习非洲政治的学生有一个共识即非洲的国家独立是社会与经济发展的引擎。然而，这样的共识提出了一个根本性的问题，因为非洲国家也被称为普遍混乱以及没有必要的天赋资源以便促进有效国家参与国家事务。非洲国家在资源分配的过程中起着至关重要作用的部分原因是，在非洲大部分地区，公民社会界即国家之外的社会领域的特点是广泛而严重的物资匮乏状况。事实上，大多数非洲国家的公民社会所处地域要比被国家机构控制的地域穷得多。因此，国家之外不存在经济机会。

这种状况下的结果是，非洲的国家在其领土范围内拥有无与伦比的地位，并且这一事实本身赋予非洲的国家重要的政治作用。杰弗里·赫布斯特在他对津巴布韦国家政治的研究中，引述了多方面的评论，他们已得出的结论是，在非洲现代部门的就业往往是由政府安排的就业①。对国家机构控制带来奖励和强制的能力。在大多数国家，私人财富是零散的，权力和地位往往来自寄希望于国家机构或有权使用

① Jeffrey Herbst, *State Politics in Zimbabwe*. Harare, Zimbabwe: University of Zimbabwe Publications, 1990, pp. 2-6.

国家机器。非洲精英从对国家的控制中获得权力，而不是从私人财产或私人大型组织中。

因此，并不是非常令人惊讶的是，往往这样，从殖民定居者手中接管权力的精英往往倾向于以牺牲私营部门如公民社会为代价来扩大国家规模。因此，非洲国家领域的扩大往往会引发恩赐政治的祸害，对善治尤其是对行政问责和责任的伦理维度产生其所有负面的后果。这个祸害已促使一些观察家得出结论认为理解非洲的国家政治的关键是界定如下的人治体制：

> 是一种关系体制，这种关系不是把统治者与"公众或被统治者（至少不是直接地）联系起来，而是与构成了该'体制'（system）的资助人、伙伴、委托人、支持者和竞争对手联系起来。如果个人统治者受到控制，这是通过对他们的个人权威与权力进行控制，通过资助人、伙伴、委托人、支持者当然还有竞争对手的权威与权力来进行控制"①。

1984 年令人惊讶做出如下声明的肯尼亚总统丹尼尔·阿拉普·莫伊为非洲的人治体制提供了有说服力的确认：

> 我呼吁所有部长、副部长和所有其他人都像鹦鹉一样歌唱。在乔莫·肯雅塔时期，我坚持唱肯雅塔音调，直到有人说："这家伙除了为肯雅塔歌唱没有什么要说。"因此，你应该唱我唱的这首歌。如果我放一个休止符，你就应该放一个休止符。这就是国家将如何向前迈进。② 708

被上面引言集中体现的非洲的这种人治体制对建立一种独立的、专业的、符合道德规范的、稳定的公共服务的可能性产生了决定性的影响。这是因为非洲总统制对公务员的工作保障形成了根本威胁。正如一位观察家所指出的那样：

> 总统制没有伴随着公务员的议会科层结构的任何变化。各国都在通过白厅公务员制度运转白厅型政府。这正在对公务员造成极大的紧张和压力。最大的紧张是新的政治制度对公共服务造成的一致性、权威性和安全性的威胁。几乎在每一个非洲的国家中，新的总统就职伴随着一系列高层公务员的退休或职位终止。1975 年，在尼日利亚，在一位新的政府首脑开始掌权时，超过 1 000 名公职人员失去了他们的工作……作为替代者，外来者和一些比较低级军官通常获任命。即使当替代者是来自政府部门内部，他们的任命也没有充分考虑到公务员的规范和程序。③

虽然人治的观点在学习非洲政治的学生中广泛流行，而且虽然它确实精确地解释了整个非洲的政治行为，但是，人治的观点也存在一些与其不仅排斥非洲的国家历史背景而且排斥非洲的国家体制与结构特征相关的严重问题。这个问题已经被许

---

① Robert H. Jackson and Carl G. Rosberg, *Personal Rule in Black Africa: Prince, Autocrat, Prophet and Tyrant*. Berkeley, California: University of California Press, 1982, p. 19.

② Quoted from *The Daily Nation*. Nairobi, Kenya: 14 September 1984.

③ 参见：Chief J. O. Udoji, "The African Public Servant as a Public Policy-Maker," in *Public Policy in Africa*. Addis Ababa, Ethiopia: African Association for Public Administration and Management, no date, p. 31.

多激进的学者所研究，试图证明，在非洲，国家的形成受国际资本命令影响和塑造。把这种影响作为写作主题时，津巴布韦著名的激进政治科学家伊伯·曼达扎指出：

> 后白人殖民者国家（如津巴布韦）不仅仅是一个新殖民主义的国家。它生来就受到束缚和帝国主义助产士的历史限制；在成长的过程中，它不得不与前白人殖民者抗争，他们的经济、社会和政治生活方式也影响了国家的性质与方向。①

曼达扎的观点值得认真关注，因为许多观察家尤其是在非洲以外的自由派倾向于夸大国家形态在非洲的万能。虽然国家在非洲像它在其他地方一样显然是重要的、也的确是决定性的社会机构。然而，这不意味着在国家控制范围之外没有同样或更强大的社会力量，即这样的社会力量要不在其领土范围之内要不就在其领土范围之外。“政治的”事情不应该在“经济的”事情之外来看待和分析。如津巴布韦这样的殖民国家的特点是先前与殖民统治相关联的数量可观的殖民者人口的存在。就明显的历史原因来说，殖民者社区往往是相当有组织的，甚至比国家组织得更好。

在一些政策案例中，殖民者社区往往战胜了国家，因为前者在组织技能和能力方面优势十足。津巴布韦已无疑变成了这种状况：国家的自治权已明显受到外部议定的宪法在结构上的限制，以及受到白人殖民者社区在情境上的限制。这些白人殖民者社区在从 1890 年到 1980 年的 90 年殖民统治期间受益，并因而在国家严重依
709 赖的商业、工业和农业方面比国家拥有更多的资源。因此，对津巴布韦的公民社会的研究必须考虑到在国家控制范围之外组织相对良好并且经济强大的力量的存在，对行政人员来说，这本身将是对可替代价值观前提的探究。在心理上理解了国家在非洲的作用之后，接下来的部分讨论政治-行政二分法，作为解释非洲行政伦理最相关的一个概念。

32.8 政治-行政二分法

在任何国家，行政伦理的背景是由该国的政治与行政之间的关系结构来界定的。在美国经历了政党分肥体制之后，这种关系在概念上就已经由政治-行政二分法来界定了。二分法是特别研究行政伦理和一般研究公共行政的重要支柱。尽管这是事实，但在美国，现在几乎有一个共识，就是二分法是一个有名无实的问题。二分法有名无实的观点已是基于考虑到行政国家的一大特点是由官僚行使的行政自由裁量权占主导地位。

在行政国家中，质疑政治-行政二分法作用的那些人认为，行政人员有自由选择决定政策如何执行。这种自由导致一种政治与行政之间的互动，这是完全不同于威尔逊所设想那种古典的政治-行政二分法。正如特里·库珀所指出：

---

① Ibbo Mandaza（ed.），*Zimbabwe*：*The Political Economy of Transition* 1980—1986. Dakar，Senegal：Codesria Books，1986，p. 50.

> 在现代行政国家中，专职行政人员的作用必须以某种方式加以考虑。由于行政人员接近问题，具有专业知识和技术专长，与他们的客户群体有长期合作的关系，并且比大多数政治家倾向于在政府中保持更长的任期，所以，在民主教育过程中他们似乎是重要的参与者。①

对行政自由裁量权的研究表明，随着自由裁量权的增加，选择的范围和频率也增加，以至于更多选择的行使降低了行政人员对政策目标的坚持。这产生了行政伦理“控制”行政自由裁量权行使的需要，以便避免行政国家中的目标被替代。

行政自由裁量权的意义是毋庸置疑的。值得怀疑的是其行使是否必然导致政治-行政二分法无关紧要或无意义。应该给予考虑的是二分法的重要意义较少与行政自由裁量权的行使有关，更多与行政人员工作的整体政治环境有关。由如何实现特定宪法秩序问题占主导地位的行政国家的政治环境可能导致的一种情境是，行政人员在其中发挥了举足轻重的作用。一种全体国民正在关注建构宪法的政治环境可能导致的一种情境是，政治家比行政人员扮演更关键的角色。

因此，政治-行政二分法更多的是标志着在一个特定的政治系统中是政治家还是行政人员起到了举足轻重的作用。在美国的政党分肥体制期间，政治家是举足轻 710
重的，原因很简单，“美国共和体制”还没有固定下来。美国工业化后期，特别是从 20 世纪 20 年代以来，政治环境要求职业的行政考量，因为行政人员在维持工业社会方面日益发挥了举足轻重的作用。正是这种背景促进了美国行政人员中的自由裁量权的增加，结果提出了行政伦理的基本问题。在非洲，情境已经完全不同。

这不是说非洲的行政人员不像他们在其他地方的同行一样行使裁量权。他们的确行使裁量权。然而，不同的是非洲的行政人员仍然在头顶着明确而直接的政治影响的重压下操作，类似于美国政党分肥体制期间常见的那些情况。在寻求建构宪法的政治环境中行使行政自由裁量权是一回事，在一个有着根深蒂固的“政体价值”并关注宪法执行的相对稳定的环境中行使行政自由裁量权是另一回事。在这两种情况下，都留有一大堆行政自由裁量权，因为事实上，在前者中，自由裁量权行使朝向政治方向，而在后一种情况中，自由裁量权行使朝向职业的行政管理。

当 1829 年安德鲁·杰克逊就任美国第七任总统时，他对政党分肥体制辩护不是对行政自由裁量权的否认，但恳求有政治倾向的“特定”类别的自由裁量权。正是在这种背景下安德鲁·杰克逊认为，根据选举结果的公职轮换要防止公务员养成“漠视公共利益习惯的危险和容忍缺乏经验的人会反抗的行为习惯”。这种观点的本质是政党分肥制是唯一与民主和民主政府相容的一种人事制度。杰克逊式分赃人坚持认为民主的基本原则需求被任命的公职人员应服从选举产生的官员，他们反过来对人民负责。正是这种观点完全占据了非洲行政伦理辩论的主导地位。

但是，当非洲国家开始受制于由有利于市场经济的彻底经济改革要求所推动的民主转型浪潮时，这种论调正面临着新的挑战。面临的挑战可能是把焦点从很大程

---

① Terry L. Cooper, see Note 5, p. 52.

度上是政治的起源性问题上转到功能性操作问题上。那么，行政人员将可能被视为独立的治理者，而不仅仅像到目前一直，只是作为执政政治家的走卒那样。这种可能性可能引起在如津巴布韦这样新独立的非洲国家中从未见过的对行政伦理的兴趣。

参考文献

请从中国人民大学出版社官网（www. crup. com. cn）下载，或者用微信扫描下方二维码获取。

第 33 章

澳大利亚的公共服务伦理

约翰·G. 尤尔
澳大利亚堪培拉国立大学

33.1 一种澳大利亚的政体吗？

本章评述构成澳大利亚的公共服务伦理发展模式的主要脉络。在这里所使用的“公共服务伦理”(public service ethics) 是指在以功绩为基础的公共雇佣系统中的职业官员伦理，这种公共雇佣系统具有非党派性规范，作为政策顾问和项目实施者为任何担任公职而作为当时政府所代表的政党提供忠诚服务。澳大利亚公共服务制度是在 19 世纪后期源自不断发展的英国制度，具有重要的澳大利亚创新，这种创新被设计用来加强政治独立性和公职人员官方的公正性 (凯登，1965；芬，1987)。一个世纪后的现在，澳大利亚正在经历公共部门彻底的精简与改革，公共和私营部门的传统职责崩溃，给职业的公共服务观念提供了一个不确定的未来 (摩根，1998；基廷，1998)。

本章的目的是双重的：要报告在公共服务伦理责任方面澳大利亚政府采取的主要举措，重视被确认为与行政伦理有特别关联的公共政策问题，以及要评述当政策分析家试图帮助政府评估和完善政府中的伦理计划时正在兴起的主要分析框架。这里的重点必定是有关正式的政策框架，这些政策框架不同于非正式的组织行为。一定注意力将放在部长和议员的职位上，但这里的主要焦点是在职业官员的状况上。在有关适当伦理政策方面，政府内部比政府外部存在有更多伦理计划的热情将会是清楚的。伦理法规比比皆是，尽管对在澳大利亚政策过程中行政伦理的适当地位存在相当多的基本政策分歧。

不仅仅是经济结构调整步伐使澳大利亚的情况有趣，澳大利亚也是一个正在经历国家认同重新定义过程的国家的例子。这个过程是一种重要的政治特征，包括一个正式的、从一个君主立宪制国家转变为共和国体制的变革议程以及一个不太正式的涉及多文化的澄清公民身份价值观的议程。尽管澳大利亚是一个最持久的现代民
720 主国家之一，但是 2001 年的百年国家宪法纪念的序言已是一系列对澳大利亚使用了约翰·罗尔说法（罗尔，1989）的“政体价值”不断变化的性质的非凡公开辩论。重新定义这个过程中的一种影响是放松对澳大利亚传统民族精神的重要结构上的支撑，包括公共服务与行政的精神。这种更广泛转变过程需要大规模重构传统的社会与经济保护的政策和做法，需要呼吁个人为了他们自己的幸福承担更大的责任，而不是依靠福利国家。这一变化使得评论者越来越难以确定的权威来谈论澳大利亚的社会和政治价值观的一般性质，或者谈论塑造了澳大利亚公共服务的核心价值观的具体特征。

对在政体价值方面的这种变化的两种说明值得简短关注。首先，社会对宪法改变的争论，这种改变是为了把澳大利亚建成为议会制共和国，这种改变如果不是实质上就是形式上对澳大利亚政府行政部门的一种重点改变。其次，社会对多元文化公民身份的争论，这是许多有关澳大利亚核心价值观国家声明的各种尝试的重要争论之一。共和国的争论是这两种政策领域中更紧迫的，但在许多方面，对澳大利亚多元文化认同的争论代表了更深层次的社会关注。

首先，对国家宪法中的正式价值观的评论。1901 年澳大利亚宪法确定澳大利亚联邦为君主立宪政体，把英国最高统治者作为澳大利亚的国家元首，在澳大利亚，由英国最高统治者基于澳大利亚政府的建议基础之上任命的总督来代表。澳大利亚有一个议会制政府，总督作为行政权力的正式持有人潜在地拥有巨大的法律权威，在实践中，由总理和内阁来行使这种权威。宪法把代议制政府的民主准则移植到前民主准则的君主政体。

从伦理的角度来看，有趣的是宪法的正式条款没有为拥有行政权力的那些人的职责和责任提供真正的指导。理解了宪法的公务人员被要求把自己看作王权的仆人，既然如今的政府是被勉强承认的。但在日常现实生活中，公务员明白他们首先是他们部长的仆人。王权以总督的形式继续存在，总督把行政权力委托给部长，同时王权又保留了万一在议会两院之间出现僵局时的断路器或宪法裁判的角色。这个角色通常在确定政府要求解散议会两院的优点时是引人注目的；但是它在解散面临议会僵局的政府这种最极端形式时被使用过，就像 1975 年惠特拉姆政府的悲惨命运一样（巴林，1997：54－59）。毫不奇怪，澳大利亚共和主义最强劲的势头始于 1975 年。

一种重要的宪法民主规范是：除非通过全民公投，正式宪法上的改变绝不可能发生。1999 年 11 月，澳大利亚人投票否决了用新的总统职务来取代君主立宪制与总督的建议，这种总统职务是一种由总理任命且可独自免职的、议会确认的国家元首。澳大利亚凭借拥有自己的国家元首本来将会成为一个独立的共和国。但是，总

统将作为正式的行政权力持有人而延续传统，拥有重要的委任政府和解散议会的国家责任。学习政治道德的学生应注意：这种情况会考验不成文约定的持久性，这些 721
不成文的约定与宪法裁判的政治公正性以及规范政府尊重国家元首的道德权威的不成文规则有关。

一个相关的问题是对新的宪法序文的争论。共和制国家元首的运动引发了呼吁一个新的宪法序言，其具有国家价值观的最新声明，以便开始建国的第二个世纪。这些要求认可的公共议程由 1998 年的“修改宪法会议”（Constitutional Convention）确定，该会议制定了通过 1999 年公民投票来决定改变宪法的计划。随后的政治辩论远不止于明确是否要政府或社会支持现在被推荐的全套序文的价值观：范围从“全能的上帝”、“法治”、“我们的代议制民主联邦制度”、对澳大利亚土著的“原本占用和保管权”的认可，到“澳大利亚的多元文化”。这种 1999 年的公民投票的先导见证了很多相互矛盾的典型序言，而唯一共同的要素是他们一致反对由政府在其首选的典型序言中提出的一套非常传统的价值观。这并不奇怪，因为总理公开反对对共和国的基本改变，并因此要确保提供给公投的序言是合适于传统的政治制度。

对政体价值不确定性的第二个领域涉及多元文化主义。1999 年对在序言中要声明的价值观的争论借鉴了先前对澳大利亚公民身份的陈述与章程的争论，这些争论反映了对澳大利亚政体价值的更深层次的社会焦虑。霍克（1983—1991）和基廷（1991—1996）的工党政府确保两党支持作为对澳大利亚社会共识的基本宣告的“多元文化的澳大利亚的国家议程”。此声明已发展成为对与澳大利亚公民身份特权相关的公民权利与义务进行了精心平衡的声明。一套共同议定的核心价值观以一种明确和毫不含糊的确认开始，确认所有澳大利亚人都应该有高于一切且统一的忠诚于澳大利亚的义务，包括接受澳大利亚社会的基本结构与原则——宪法与法治、宽容与平等、议会民主，言论与宗教的自由、英语为国家语言与性别平等。

这一有利于多元文化的政策对澳大利亚的公共行政框架产生了影响。在前基廷政府时期，就利用多样的技能以及有助于国家经济繁荣的多元文化劳工方面的经验而言，盛行的政策是一种被解释为“有生产力的多样性”（公用事业委员会和开放移动联盟，1995）。澳大利亚对多元文化的强调一直放在获得共同的公共服务的平等权利上，与其他一些国家一直强调给不同社会群体多样性服务的战略相反。一个典型的例证是，大多数被称为“多元文化政策”的澳大利亚政府计划涉及英语培训，旨在促进个人不拘于语言背景参与社会和经济的权利。

在继任者霍华德政府时期，对多元文化的强调，如果不是在政策言论上就是在实践中，一直被坚持。通过公共服务尝试了许多新的方法，以便使非主流的个人与团体更多地参与主流活动成为可能。1998 年《多元文化社会中的公共服务宪章》（the Charter of Public Service in a Culturally Diverse Society）的发布反映了就旨在把“计划、实施、评价和成果报告”融入主流服务的国家框架而进行的政府间广泛的磋商（澳大利亚移民及多元文化事务部，1998）。其包括在多元文化背景下有效 722
公共行政的七项原则，用新的方法处理像项目问责制以及被期望重点放在使用权和公平上的这样一些核心活动。意思是这种宪章将会被根据计划和社会而变化的具体机构的计划所补充。

不过，虽然这些文字描述了具有挑战性的新价值观，但是政府的行为往往以这些说辞而退缩。退缩背后的原因是怕“白人的对抗”。与国家忠诚于多样性价值观有关联的困难被20世纪90年代中期右翼民粹主义以“一个国家”政党的形式的爆发所突显（曼尼，1998）。多元文化主义是赢得莫明其妙地认为自己是全球化和多元文化受害者的低技能劳工这部分选举人支持的新抗议党的主要目标之一。这个新政党从已经成立的保守政党那里获得支持，并造成霍华德政府更加批判性地看待多元文化主义的正式议程，从而给整个受澳大利亚公民期待的权利与义务增加了不确定性。

有什么证据表明这些文字上的忧虑告诉我们任何有关澳大利亚的政体价值吗？答案是由国家价值观方面的破碎协议的两个显著指标所提供的。首先是1996年有关两党对种族宽容的声明这一段的争论，声明重新确认了议会对“保持澳大利亚作为一个文化多元的、宽容的和开放的社会”的承诺（尤尔，1998：229－230）。其次，对1989年有关多元文化主义的国家议程的缓慢而痛苦的重新评价开始于1997年年中［澳大利亚多元文化咨询理事会（NMAC），1997］。这两个指标表明澳大利亚政体价值的不稳定，并且明显试图把他们的公共服务伦理锚定在对澳大利亚核心价值观的承诺上的政府机构所面临的困难。恰恰是独特的1996年议会有关宽容和尊重的核心价值观宣言的存在突显了一度被认为是理所当然的社会共识的脆弱性以及议会活动场所内外的、由议会所承担的、试图恢复被侵蚀的文明标准的责任的脆弱性。重复延迟对1989年国家议程的修订本的国家调查的发布突显了在政府的政策顾问队伍中的分歧以及政府不愿意实施道德领导，因为害怕领先社会意见边缘太远（NMAC，1999）。

33.2 三种伦理学视角

读者应被提醒澳大利亚的情况正在发生很快的变化以及许多制度的细节和任何报告中的法规很快将过时。此处被涉及的三份报告杰出地探讨了他们的主题，但是，这些报告中的显著差异生动显示了不断变化的政治与法律的情境，使被误认为是澳大利亚处理公共服务伦理方式的记录员面临这种情境（休斯，1980、1991；威尔特谢尔，1989；杰克逊和尼尔森，1991）。基调从法律上的伦理定义开始进行，再到有关对彼此矛盾的政治制度问责的对抗，最终到对政府的制度性腐败的确认，在不小的程度上反映了作为一个罪犯殖民地的政体的法律渊源。学术界的趋势已经从法律方面转到道德方面：从最初对利益冲突监管的关注，再到重点扩大到包括问责制伦理的政治要求，以及最近到澳大利亚政治制度的道德构造。当历届澳大利亚
723 政府都试图管理公共服务伦理时，他们不断地激发了对澳大利亚政体各方面的政治道德准则的更深刻质疑。

在20世纪80年代初期，休斯（1980）发表了他对澳大利亚行政伦理的开拓性调查报告，同时指出对金融利益的关注为稳步扩大范围提供了最初的借口，使道德

指导趋向于变得更广阔，即使是较少规范性要求。澳大利亚政府似乎感觉到传统的就事论事的控制需要通过一般性道德原则的声明来补充。休斯有些欣慰地指出这样的一般性声明不能完全地成为这个国家法律的一部分（休斯，1980：198-200）。

在同一个十年的末期，威尔特谢尔（1989）发表了他对澳大利亚问责制度的调查报告，以及这些问责制度对公共服务伦理所做出的巨大贡献。在研究澳大利亚政府问责制的运作过程中，威尔特谢尔强调许多核心制度发挥的是道德而不是法律的功能，这种道德功能与建立社会标准有关，通过这些社会标准来评判官员的行为。澳大利亚政府倾向于发布对官员严格的公众问责声明，然后倾向于抱怨限制了官员管理自由裁量权的不断扩大的外部监督网络。有关许多审查官员责任的问责机构的相互矛盾的伦理诉求的紧张关系开始出现在澳大利亚负责任的政府体系中。以更集中地对执政的信心与问责来要求当时的政府，部长对负责任行政全神贯注的兴趣增加了在更广泛公众信任与问责作用上的混乱的风险（威尔特谢尔，1989：115-119）。

最后，杰克逊和尼尔森（1991）发表了对澳大利亚最新的境况的类似调查报告。奇怪的是，他们的报告提供了伦理管理的最暗淡前景，除了所有他们引用的反腐败措施之外。他们主张说公职中的道德诚信范围受到方法上的严重限制，通过这些方法，澳大利亚“反独裁主义和物质主义”的政治文化鼓励了“腐败与道德方面的膨胀”。政治制度融合了一些英国行政秘密与美国政治影响力购买的最糟糕特征。特别是在所谓的“新管理主义”——一种被用来把以结果为导向的公共管理的新做法与以过程为导向的传统行政进行比较的澳大利亚专业术语——的影响下，澳大利亚的公共组织受到“漠视程序”（disregard for procedures）的影响，使“公共服务使命与企业管理规范之间”日益紧密。致力于被描述为管理主义伦理的政治上的行政领导与质疑风险管理的道德成本的问责代理人的奇怪组合已经建立了把旧的一套问责方法搞乱的“一套新的可能冲突的忠诚”（杰克逊和尼尔森，1991：126，136，139-140）。

33.3 事实上的伦理：相互冲突的忠诚

20 世纪 90 年代的案例研究说明了澳大利亚在行政伦理方面的趋势，并且强调了与这些趋势有关的、重要而未解决的公共政策问题。新南威尔士州于 1989 年成立了廉政公署（ICAC）作为主要的政策工具，这些政策工具是一套针对政府中的欺诈与官员不当行为的措施。国家总理或首席政治总裁格雷纳凭借他的竞选承诺即建立一种廉政公署式的打击政府中的欺诈和腐败的团体，领导了一个最近当选的、 724
就要行使职务的、规模不小的政府。总理把一个内容广泛的伦理程序引入国家正在老化和生锈的公共管理中，根据正统的、公共管理的、组织效率和政治责任的方法对这种公共管理进行改革。

三年后，在仅有一小部分独立议员的正式支持而回到办公室不久，格雷纳先生被廉政公署指控为“腐败”（corrupt）。指控集中在他给他同党同事提供了一个公共服务的工作，这被他的反对者描述为贿赂，他的同党同事已成为一个无党派人士和著名的政府评论家（ICAC，1992：46－47，58－59；佩吉，1992：27）。廉政公署清除了总理的贿赂指控，但是根据《廉政公署法案》宣告，他仍然是腐败的，因为他在绕过已经建立的保护公共服务功绩制的任命程序时，“不公正地行使”（partial exercise）他的职务。廉政公署只接受议会基于正式指南的参考意见，拒绝提出任何进一步的法律起诉，把它留给了议会，来决定总理的政治命运——不过，发现根据严格的廉政公署法案条款免职总理存在“合理的理由”（reasonable grounds）（ICAC，1992：72－76）。作为领导的格雷纳先生后来与报告中提到的另一位部长一起迅速从议会辞职。执政党迅速选举出了一位新的领导者，在议会的支持下成为新的总理，不料竟会领导他的党在下次选举中失败。

许多当选的政治家包括前总理的一些全国知名的政党反对者公开发言反对已经背叛了其创造者的官僚怪物。廉政公署对根据《廉政公署法案》被发现的官员腐败忠实地进行了非常严格的检查：包括有关官员行动是否“不公正”（partial）的非常开放的检查——在这个案例中被认为不公正顺从了以功绩为基础的公共服务制度的要求。在短短几个月内，国家上诉法院推翻廉政公署在一次 2—1 的决定中的调查结果，虽然他们的怀疑针对的是廉政公署对免职理由的主观检查，而不是廉政公署对“偏袒”（partiality）的初步调查结果。

有关行政伦理方面，这个案例透露出比从被公开报道的腐败偏见来看可能还要更明显。作为主要类型的腐败，法律包括涉及“不公正行使……任何公职功能”的行为。廉政公署的法律规定，在对腐败进行调查时，该委员会必须自我确保不公正行动是足够量级的，用法令的话来说，它们可能构成刑事罪行或者违法或最起码构成被解雇的合理理由。廉政公署只用合理理由的依据来弹劾总理，坚决主张他的行为威胁到他继续拥有行政首脑的公职：议会可以通过撤回其在他当政期间的信任而持有导致他被解雇的合理理由。正如廉政公署所强调的那样，议会是否实际导致了他的被解雇仅仅是议会的事。作为一种不可靠的主观检查，高等法院宣布其在法律上是错误的。

各政治评论家直言不讳地批评所谓的“道德警察”（ethics police）。例如，在承认总理已严重误判了工作提供的政治风险之后，在提防任何把“智慧缺乏、判断错误或非常彻底的愚蠢与腐败”混淆的倾向之时，前工党总理霍克提出他所称之为“公共政策的深刻问题”。同样，昆士兰州州长高斯先生抗议由廉政公署对“只用黑
725 暗和自身利益的术语”对政治家行为所进行描述的调查结果所代表的趋势：根据这种被升高了的公正性检查来判断行动在政治上是幼稚的，因为“寻求一种政党上的支配地位”是政治家每天在办公室所要做的。廉政公署报告预先考虑到这一点，甚至到了这样的程度：引述总理自己对不必要高标准即总理称为可怕的“无私”标准的解释，根据这种标准，当选的政治家可能只为了他们所认为的国家利益而行动（ICAC，1992：92）。正如格雷纳先生清楚地认识到的那样，成功执法的无私标准将需要党派偏见的清除、政党和来自澳大利亚政治生活的政党政府。

这里有浓厚兴趣的是有关功绩价值观以及恐惧公共服务功绩制度的政治操纵的争论。廉政公署的报告揭示了嵌入在澳大利亚政治制度中两种相关的伦理危险：第

一，政客们采取不公正行动所凭借的腐败趋势；第二，影响官员不道德地绕过以功绩为基础的公共服务程序性公约行使**不公正**（improperly）行为。在廉政公署看来，总理“未能通过公正性检查”（ICAC，1992：73）。他试图根据不公正的政府政治优势而不是完全公正的个人功绩给一个政治对手委派一个永久性的公共服务职位。廉政公署相当仔细地把以功绩为基础的职业公共（public）服务的委任与那些**政府**（government）服务的委任区别开来，如公有制企业董事会成员、外交职务和政治上敏感的机构领导职位。这种偏袒性检查假定人们能够合理地把职业公共服务的情况与政府日常政治任命公职区别开来，前者通常作为是属于政府行政部门礼物的范围而被接受。作为惯例性政府服务的一部分，因此它们没有受到法定条文的保护，这些条文规定仅根据功绩来委任，就像在国家的《公共部门管理法》（Public Sector Management Act）的审查下而设立的高级行政职位的情况一样（ICAC，1992：58-59，69，75，93）。部长把压力压到国家职业公共服务的官方领导上，压迫其以一种极其不公正的方式去运用《公共部门管理法》的任命规定，这种方式不严格说来是不合法的，在廉政公署看来是不道德的（ICAC，1992：78-79，88）。

已被政府放置“在最令人反感职位”上的国家公共服务系统中的行政长官即总理部门的秘书所处情境证明了公共服务生活伦理上的巨大痛苦（ICAC，1992：87）。他的实际问题是如何最好地“在极不寻常的情况下行使自由裁量权”。这涉及平衡他对他的部长、总理的义务与他要关注职业公共服务的法定义务的两难窘境。在发现最高级官员行为不当时，廉政公署报告说他已完成了政府招投标，并且参与了绝对不公正的过程，在这一过程中“没有真正的择优选拔”（ICAC，1992：88-89）。

对正确使用权力的伦理检查不能降低到只是一种法律上的检查而没有竭尽伦理的任何道德意义。政策的任务是要根据审查官员自由裁量权道德的责任与能力来确定合适的机构：行政与司法机构的两个极端政策都提出了监察方式，这些监察方式很容易与公共利益的实质相分离。另一种更紧密的立法监督本身就表明是一个未被探讨的补救措施，受到来自澳大利亚不确定性的困扰，这种不确定性与控制行政官员的立法机构的宪法可信性有关。紧跟格雷纳事件之后，在新南威尔士州州议会的伦理上的重新定位方面所取得的受欢迎进展已经遇到过某种这样的不确定性。

由格雷纳事件所产生的最重要的制度发展之一就是立法伦理的清楚表述。就目 726
前目的而言，新南威尔士州的发展可以作为在更大的澳大利亚场景中用以立法的伦理趋势的代表，虽然不同管辖区会有一点点超前于或落后于这里所报告的趋势（尤尔，1998：170-176）。澳大利亚的公务人员经常发现自己处于职业两难困境中，夹在他们对指挥他们机构活动的部长的组织职责与他们作为政府雇员对议会监督委员会的对抗性问责义务之间。因此，对所有有关各方来说，当议会机构设定选举产生的代表希望据此被评判的时候，适当行为标准是有用的（普雷斯顿和桑普福德，1998）。

与此相一致，《廉政公署法案》已经被修订，以便确保州议会解决好自身的问题。随后三个方面的发展反映了澳大利亚立法领域内的伦理相当突然的出现。第一，在彻底检视传统的、相当自我保护性的、基于议会特权的委员会的基础上，州议会两院都成立了专家伦理委员会。这些委员会的调查和报告现在在澳大利亚关于公共部门伦理的政策文献中是重要来源（博格曼，1998；史密斯，1998）。第二，两院已经同意了一种伦理守则，宣布了社会有权对其选出的代表期望有的标准。就澳大利亚议会来说很普遍，两院之间最初对这样的守则内容没有达成一致：下议院偏爱一种笼统的理想性守则而上议院宁愿制定一套非常详细的不当行为准则。1988年州长发布了一种最终获得了议会一致同意的模范守则。这种守则是简略的、律法上的，包含了必须做的事情，同时根据他们作为公众受托人的普遍职责提醒他们必须：申报利益冲突和馈赠礼物；抵制贿赂；不要使用机密信息谋取私利。一项对州长守则的重要附加条款是公开承认“有组织的政党是民主进程的一个基本组成部分”。这里的含义是政党忠诚不要被廉政公署或其他外部监管员理解为一种不适合于议会领域的不公正形式。

第三，两院朝向设立被设计成议会道德顾问的伦理专员。这里的每一步都是细微的和尝试性的。联邦立法机构没有这样的伦理官员并且像大多数州议会一样依赖特权委员会的技能和谨慎。澳大利亚议会承认作为公众问责的代理人他们的信誉现在取决于他们展示他们自己问责伦理的能力。新南威尔士州上议院伦理委员会已经表示这种展示应继续通过内部培训而不是外部管制来进行，并且已承诺制作一本新的有关立法伦理的案例汇编，作为一种对伦理专员工作的辅助（博格曼，1998）。

33.4 理应如此的伦理：公众信托

昆士兰州的发展证明了许多最近几年已经出现在澳大利亚的公共服务伦理领域的最大胆政策措施。在新南威尔士州经历了新当选的保守党政府成立廉政公署的差
727 不多同时，昆士兰州经历了一个自由的政府，试验了打击政府中的欺诈行为和腐败现象的替代性政策。尽管廉政公署的模式，正如它的名字所暗示的一样，是为了准备反对破坏政府诚信的攻击性和消极性因素，但是昆士兰州模式试图推动伦理上适当做法的积极标准。在遵循了由有效地结束了二十年秘密保守统治以及增加了公众对公共生活玩世不恭的1989年“菲茨杰拉德调查”所推荐的主要要点之后，除了其他反腐败机构之外，新自由主义政府成立“选举与行政审查委员会”（EARC），以便为了重建公众对政府的信任，就最好的政策和做法方面，向政府提供建议（普拉瑟等人，1990；EARC，1992：1-6；所罗门，1998；惠顿，1994）。

EARC从1989年成立到1994年，完成了一系列州治理的系统性评价。其中EARC的调查与报告之一是1992年的对政府官员行为守则的调查与报告，它被出版是大约在上面被提到的廉政公署调查的时候（EARC，1992：192-204）。这是EARC对政府中伦理的主要贡献，它与许多传统的澳大利亚对公职人员的监管方法分道扬镳。EARC不相信有关行政道德的传统观点的公共政策优点，这种传统观点认为当今政府的中立工具，在政策过程中没有职业上的独立角色；并进一步不相信对政府的信任主要涉及部长对他们的忠诚官员有权期待的信任。在强调托管责任作为政府官员的主要取向时，EARC报告说现在迫切需要有关行政伦理方面新的政策

与做法，因为行政自由裁量权正被采用作为责任政府制度中公共政策过程的必然要素（EARC，1992：34-56）。

可是，正如 EARC 所充分了解的那样，仅仅是对公众信托的概念进行详细描述是不够的，因为对适合于“民主的政府制度”的“道德标准没有固定的看法”。EARC 把它的作用看作包括最基本的公共政策任务：把对行政伦理的核心要素所缺乏的共识聚集起来。在其他审查机构已经试图界定公职伦理的实质性道德责任的地方，EARC 通过试图界定人们可以称之为公众问责义务的过程框架来设定新的理由。这是对官员伦理自由裁量权被公开合理化（如果需要如此）的方法进行规范的框架。EARC 处理公职伦理的独特方法是专注于作为主要类别的公职的概念，其确定的目的是设计出“一套内在于我们社会‘公职’概念中的独特关系……”其结果是对负责任议会政府派生于威斯敏斯特的传统宪法框架相关性的一种令人耳目一新的重新评估，这种传统在实践中显示出巨大的“政府官员的公共忠诚与私人忠诚之间的潜在冲突”(EARC，1992：9，11，15，16-28；所罗门，1998：14-17)。

EARC 认识到澳大利亚宪政主义中的系统性缺陷：对根据政治构想排除适当的制衡，政府官员能够且应该充当中立的、官僚技术的工具，借助有关更广泛公众利益和义务的价值观分立而达到公正（EARC，1992：16-17）。与许多其他伦理评价相反，EARC 超越了常见的确定正统中立信条中的缺陷的初始步骤，并且呼吁对公职价值观基准的承认。这样的一种对价值观的一般呼吁（令人吃惊的是在许多情况下未被特别指定）是行政伦理比较容易的部分；困难的部分是设计出投入公共机构内部伦理中的制度环境。相比之下，EARC 看到了为寻求以价值观为基 728
础的公共行政提供制度基准的重要性，它结果变成了为行政伦理提供合法根据的宪法结构。

建议的解决方案是具有挑战性的宪法原则即公职是公众信托的职位，其涉及“政策”责任与“过程”问责的平衡。官员通过他们在建议、实施和评估政府计划方面的行政自由裁量权来行使对公共政策的权力。与大多数试图具体指定适当公共行政应符合价值观的伦理体制相反，EARC 的方法把激励原则放在一边，反而更加注重公共辩护原则。这意味着存在一个可接受的伦理价值观的区域，这一区域是由问责机构所施加的正当理由监察来界定和规范的。对于政府官员来说，是否符合伦理的基本监察是为满足结果进行公开的、公众的合理化辩护，像宪法上通过问责结构所要求的那样。这种方法不只是一种制度上而且是宪法上的方法，这种方法把适当政体价值定位为构成民主治理制度的核心政治制度。

并非所有人一直坚信这样被理解的宪政主义远远足够说服我们超越角色伦理的限制（普雷斯顿，1996；科贝特，1997）。一种可以理解的顾虑是这种途径可能会把行政道德降低到满足问责机构对越来越多的有关行政程序无穷无尽的信息的需求，不管公众利益是否正在被程序管理所服务。在关键时刻，受托人身份变成了以公共问责的名义而不一定服务于公共问责对政治要求的回应。

EARC 的反应是问责制法律化提供了必要的处理结构，在这种结构中对行政自由裁量权进行审查。而且，问责机构的审查本身必须符合一定的遵从性标准，目的是要在对在审官员进行可信性监察中把这两方面联系起来。像廉政公署一样，

EARC同意他们的新标准可能会被视为对公共生活的要求太苛刻。在实践中，许多情况取决于公众信托办公室与尊重“为了公共利益而行事”的官员行为之间的工作关系。公众信托观念可能最有效地充当对私心的抑制剂，提醒官员他们的权力将根据利益监察而被评判，用批判的眼光对待官员私心或不公正的可能性。这样被理解的信托充当对为了私利不负责任地利用公职的监察。但是EARC为另一种管理职位伦理模式打开一扇门，在这种模式中，公共利益的概念充当积极的目标，行为将由问责机构根据此目标被判定。在这种替代式的官德模式中，适当的标准不是避免私利的消极标准，而是更严格地促进共同利益或者公共利益的标准（EARC，1992：22-25）。

EARC本身提出的一般警告的困难，寻求切实可行的公共利益的定义，并增加了任何潜在的恶作剧这样的标准，详细介绍了传统的公共利益理论细分为两大阵营的功利主义和道义。他们提出的解决方案是接受这一概念有一个不可避免的弹性，由于“三个相互重叠的标准”的一组三个合法的观点来自什么是符合公众利益作为政府行政部门的专业水平和个人道德判断（EARC，1992：25）。

在EARC之后的生活非常明显地符合EARC标准的。在昆士兰州，伦理在新
729 近推行改革的公共部门两个领域中占据重要地位。第一，在新近明确表述的职业公务员职业精神中行政伦理的地位；第二，向作为一种对官员公众问责的强调的重要补充的立法伦理的惊人转向。即使以较慢的改革步伐，其他司法管辖区正在沿着大致相同线路重塑各自的伦理体制。

关于行政伦理，昆士兰的一般框架是通过州《公共服务法案》来规范，根据《公共部门伦理法案》建立了具体的伦理体制。后者是政府回应EARC的直接产物，前者是一种对核心公共部门雇员的基本法律条文的有趣的相应改写。基本法规规定州公共服务“作为响应政府需要的一个非政治性的实体”而存在，并且献身于“一种服务社会的精神”。这样就建立了不同于一种“政府”服务的对“公众”的正式声明。这一基本法还规定公共服务管理的核心原则，这些核心原则很好地被体现在反应灵敏地和负责任地实施政府政策的职责中。官方行为也是如此被公认为是一种公众信托，这样官员就被要求公正而诚信地履行他们自己的职责。

这种情况发生后谁要负责？有趣的是这一法律承认州长或首席政治执行官的最终责任即通过公共服务委员符合规范地工作，这些委员自己的职能必须是独立地、公正地、公平地以及符合公众利益地被履行，从而普遍塑造官僚行政总裁的素质。在这项立法的保护下，《公共部门伦理法案》确立了伦理体制的具体细节。该法律列出了被它宣布为良好公共行政根本基础的五个核心伦理原则：尊重法律和政府的制度、对个人的尊重、诚信、勤奋、经济性与效率。通过五种原则的每一种原则都吸引一系列“应该”和“不应该”，从这些核心原则中延伸出一套广泛的伦理义务。例如，诚信的原则要求官员应该“寻求保持和增强公众对公共行政的信心，并且促进官员服务社会的共同利益”，因此不应该让个人利益干扰他们的公务职责。

这样极好的原则与义务怎样才能成为行政的现实？政策上的答案是通过推广作为伦理工具的行为守则。该法律概述了行为守则的一般特征，进而为作为相关首席

执行人员责任的特定机构守则做好了准备，最终的公共批准取决于合适的部长，从而使政治执行人员等同沿着官僚领导的方向负责守则的传达。在这之后，机构员工必须遵守如法典化的职责以及首席执行人员必须确保对有关员工他们自己的权利与义务的适当教育和培训。

就新南威尔士州而言，立法伦理的更新一直很少到位。但是，在没有民选官员对他们自己的道德义务更多欣赏的情况下，治理体制不可能对行政伦理进行彻底监察。这种激励再次取决于呼吁努力制定新的立法伦理计划的 EARC。自从 1992 年有独创性的请求开展以来，各种走过的弯路和最终的成功在 1998 年设计和推荐了一个立法伦理守则草稿的国会报告中都被记录（E&PPC，1998）。这些被提出的创新之一就是对新当选成员以及被大幅提升的上岗与培训项目的承诺声明。

33.5　作为良好管理的伦理：守则

伦理与操行的守则的优点是它们带给公众对公务行为期望的透明度。但是，即 730
使是最狂热的守则支持者都知道，法典化并不是伦理的全部。公信力不仅需要官方遵守正式宣布的标准的证明，而且需要确保标准既公平又可行的外部监督和审查的证明（尤尔，1999）。最近澳大利亚的经验已经突显了以守则为中心的公共服务伦理方法的许多局限。有两个突出问题：有关政府所接受为公平与可行的事情在立法上的不确定性，有关作为公共行政领导人的部长遵守其宣布的标准的政治冲突。早在 1996 年选出的霍华德政府时期，这两种情况都显露出来。

立法不确定性的情况困扰着受到阻挠的议会对最近政府法案的通过，这一政府法案是要改革联邦公共服务的运作［商业和公共管理学院（CBPA），1997］。霍华德政府期待已久的 1997 年对《公共服务法案》的修改并没有获得参议院通过，这种修改迫使政府通过规制采取许多变革。议会辩论清楚地表明了对几种伦理相关建议的相当大的政治不安。特别重要的是非政府团体反对对公共服务价值观的新声明的建议。人们找到了对公共服务“非政治性的”的描述而不是任何对公众利益的涉及，这种描述是对服务价值观最好的否定性界定。批评者担心，这种否定性的方法意味着政府通过替代原有的价值无涉的工具主义可能被诱惑去颠覆传统的公众利益为基础的公正性价值观。

有趣的是，最被激烈辩论的条款涉及的是适合于政策建议的特点，这种政策建议就是正在变得日益重要的公共服务活动的领域，就像方案实施的许多领域正在被转给合同供应商（尤尔和麦凯，1996）。霍华德政府提出了一系列的价值观，包括一种确定标准的价值观，这种标准涉及对“准确且及时”建议的规定。批评者担心这种声明远未达到公众利益所支持的标准，这些标准是社会有权要求公务员的标准。

同样有启示作用的是政府顽强但徒劳的反对程度，这种反对针对的是最终在持续舆论压力下而进行的变革：用坦率的、诚实的、全面的、准确的和及时的建议这样的条文术语对核心建议性价值观的重写。议会对价值观声明的争论提供了一种对确定公务员核心价值观的词汇所附有重要性的珍贵而迷人的洞察（CBPA，1997）。就像现在一样，新法律已经朝着这样的法典在前行，突出显示新的核心价值观和公共服务的责任。

部长遵守其行为守则的情况更加复杂。在其第一任期（1996—1998），霍华德政府发现自己受损于在总理所欢迎并要求的行为守则上的尖锐观点（尤尔，1998：194－196）。当8个部长或议会秘书（准部长）因为公职行为的各种失误而被迫辞职时，政府被震惊。3个部长因违反利益冲突而已经离职，其他部长因各种违反了相关指导原则以及新守则精神的旅游欺诈而离职。另一位部长获得总理的公开支
731 持，反对利益冲突的指控，但是厌烦于多次为他的明显不是真正的利益冲突进行公开辩护的压力，最终在1998年的选举之后离职退休。

大部分的即时评论涉及首相不愿强制部长严格遵守他的守则。但同样重要的恰恰是这一守则的存在。虽然早期的总理有规则要求部长提交财务权益的报表，但是约翰·霍华德是第一个制定规定部长行为标准的公开守则的澳大利亚总理。联邦公共服务已经完成了它的政策制定并为前面提到霍华德的政府提供了一种重要的有关在澳大利亚政府中问责的声明，这一声明确定部长级伦理在为澳大利亚负责任政府定调方面应发挥的作用（MAB，1993）。在一定程度上，官僚机构已经主动开始并且在相当程度上给无论谁是当时的政府提供两个配套文件：一个确定价值观和伦理在澳大利亚公共行政中的重要地位的新兴报告以及一套部长行为标准的工作草案。在他1996年3月当选不久之后，约翰·霍华德就公布了这两个文件：首先是他提供的部长守则版本，然后是有关官僚伦理的公共服务报告（霍华德，1996；MAB，1996；尤尔，1998：194-209）。

所谓的部长级守则实际上不是守则或法律文件，而是总理的公开声明。该文件不是法律或法规，它甚至没有任何正式的议会授权。没有什么可以阻止作为文件作者总理利用他的权威去改变或修改它或者像他所认为合适的那样去解释它——以及没有什么能够阻止新的政府完全重新从一种新守则开始。正如批评者所认为的那样，这恰恰是一种非正式的行为守则。

部长的不当行为应根据其背景即在议会制政府的游戏规则中被理解。即使在承认联邦执行委员会首领的总督的正式权力之后，霍华德守则指出：即使内阁在宪法中没有被提到，但是内阁实际上是“部长集体审议问题的最高权力机关”。该守则有效地确定了全体部长责任的三个主要原则，这三个主要原则有效地确定了在堪培拉的内阁政府的运作伦理，这种内阁政府是忠诚于队长/教练的一个球员：第一，所有的内阁决定“约束所有部长”；第二，所有部长“必须在公共辩论中对政府的决定给予支持”；第三，部长在内阁或其所属委员会之前，必须对事项“克制不要发表公共评论”，“直到被整个内阁认可”。那么，谁真正控制我们集体或内阁政府的国家制度？谁为集体信任设定了条件？该守则在这一点上是非常清楚的：首相既决定事务议程又决定确定内阁的手段（霍华德，1996）。

当该守则最后到了关于部长行为的第5节的时候，一开始的主题就是，非常重要的是部长的行为不“损害公众对他们或政府的信任”。就像在现实生活中一样，公众对政府的信任应取决于政府可信性证据。但是通常当政府要求我们信任时，所

有他们真正在做的是要求我们相信他们。保持公众信任的这个主题能够从两方面的含义去理解，第一，从公信力高尚含义的一面去理解，当涉及部长遵守公众信托最高标准时，总理的前言介绍了这种公信力，这种公众信托是澳大利亚人民“作为他们的权利所拥有……”的；也存在第二个方面的含义，这一方面的含义更少是高尚的，涉及现任政府的公信力和选举声誉。因此，公众的信任至少有两方面的含义：积极方面的是公众对内阁可信性的信任；消极方面的含义是内阁尚未失去了社会的 732
信任因而值得继续当政并等待最后的选举判断。荣耀之路责成总理为促进和加强公众对内阁可信性的信任而承担积极的责任。但便利之路责成个别部长不要捣乱，其方式要么是通过公开反对同事的可疑行为，要么是通过公开在某种程度上损害公众信任的个人具体细节（霍华德，1996）。

但是该守则也指出部长还必须确保无论他们做什么“他们的行为是能辩护的”。对许多人来说，可防御行为是达不到可更加公开地证明为正当的行为。能辩护的行为是类似于一个未经证明的判决，也不同于完全免罪。能辩护的监察可能被降低为最低限度的监察即避免不能够公开辩护以防不当行为指控的行为。这就达不到可放心和可信赖的严格的伦理检查。该守则也许要公平地考虑相关的追求，这种追求是政治上（political）的而不是司法上（judicial）的。议会是政治论坛，在这种论坛上，反对党可以被期望对甚至对部长有理的合理证据保持怀疑。实行中的这种守则提醒部长需要事先考虑并确保他们的行为必须明显是能辩护的，即使是像在休假期间从事海外业务这样的小事上（霍华德，1996）。

该守则采取明显强烈的立场反对私人利用公职谋取私利。它悄无声息地借鉴了在鲍恩对“公共职责与私人利益”的有影响力的调查报告中给前弗雷泽政府提供的建议（鲍恩，1979；巴林，1997：163-164）。建议的行为守则依赖于这项原则即公职人员根据公职性质可以被要求接受对他们特定领域的私人行为的限制，这些限制超出所施加在普通公民身上的那些限制（鲍恩，1979：31）。这种限制不只是简单的对私利的阻碍，并且应被理解为证明公共官员最好是要像公共服务的道德典范那样采取行动的证据。

在引起对部长与公务员之间适当关系的注意方面，霍华德守则是非常有用的。该守则认识到部长将在他们的工作中和他们的“常任秘书长”一起遇到责任不清的地方——在前工党政府把他们变成了在有限任期内受雇于当时政府的“部门秘书”之前，他们的部门首长一度被称为“常任秘书”。在保持他们的公共合作伙伴关系所依赖的信任方面，该守则指出部长和公务员两者有互补作用。在部门秘书普遍指导下工作的职业公务员伦理基础是他们对政治中立的职业承诺。该守则认识到部长对职业公职人员的雇用拥有非常有限的权利，他们不准做任何“可能对他们的政治中立产生怀疑”的事情（霍华德，1996：13，15；1998）。公共服务中以功绩为基础的雇佣与很多事情有关，特别是与避免公共服务政治化有关。

这是一种把部长和公务员约束在公共合作伙伴关系范围之中的职业义务所具有的双向通道。该守则指出这种高标准期望公共服务与他们对职业公务人员“诚实、正直和操守”的要求有关的，这些要求是职业公务人员给他们的部长提供“坦诚而

733 全面的建议”和“政党政治的中立性”。该守则同样清楚的是部长没有义务去接受公共服务的意见，尽管他们确实有义务确保公共服务的意见是“认真而公平的考虑”(霍华德，1996：13)。

33.6 如其所能的伦理：评论者

澳大利亚的伦理文献比较少但在不断增长。这一领域原本是政治科学家的专业领域，其中大部分政治科学家已把他们的努力转到所谓“新管理主义”的政策优劣的争论上（科贝特，1997；胡德，1998；普西，1991）。就澳大利亚政府伦理方面的文献已经有任何政策的效果来说，它是作为一个参与者，参与有关“新公共管理”下的公平与社会正义命运的经常处于争议之中的争论。最初争论的问题已是：第一，公平是否已经成为最近效率动因的牺牲品；第二，职业公务员的职业伦理是否已经通过某种形式的“资产剥离”被政治化，在这种形式的“资产剥离”过程中，政治主管已经使公共服务的能力中立化并且将要充当一个独立的、应对自己的行为做出说明的政府机构。这两个问题是有关政策和政策制定者的“社会价值观”的。然而，还有第三个（至少在我看来）令人遗憾的小问题涉及也值得在此评论的有关公务员的“制度美德”(尤尔，1990：25－26；摩根，1998)。

R. S. 帕克来强有力地代表了传统的前管理主义拥护者的视角，其对行政中实际困境的反思性记述在消解有影响力的政治-行政二分法方面构成了澳大利亚历史上的重要时期（帕克，1993)。帕克的兴趣是作为一个影响负责任政府中相互关联机构运作的政治问题的行政伦理。作为一个公共行政的学者，他的贡献没有涉及倡导特定的社会结果，甚至倡导有助于特定的社会结果的行政制度。这里要做的不是要完全公平对待帕克对公共组织和行政人员职业伦理的管理主义模式的积极拒绝。

关于第一个问题，这些密切参与对公共服务伦理争论的非政府政策分析家往往是强烈反对业内人士的声张，即对公共服务组织的管理主义改革已经促进了社会正义。代表学者包括安娜·耶特曼、玛丽安·塞佛、马丁·彭德。在此工作的伦理管理模式是汇编自“新公共管理”(new public management）的有关文献。研究任务已经是要确定管理主义下的赢家和输家的社会模式，以及对方法的评估，根据这种方法，被经济理性主义所塑造的政策设计已经对弱势群体的平等机会产生了不利影响。言外之意是，大部分的这项研究工作表明，政府中的官员有道德责任基于他们的社会责任感基础来行动。这部分的伦理文献侧重于政府的社会后果，往往把官员看作在政策制定过程中的有潜在影响力的参与者，这些参与者应该以致力于公平及对社会有益的成果的方式而行动。

这一类别的典型是外部分析师康西丁和机构的负责人帕特森之间就联邦政府公正可信度相当愤怒的交流（康西丁，1988、1990；帕特森，1988)。作为一种对澳大利亚公共政策制定的贡献，这种文献以及相关文献标志着在对待伦理方面的一个重要的转折点。公正方面的文献集中在过程与结果之间的组织关系，以及感叹组织

管理的私营部门方式具有的管理主义偏见，采用这种方式，传统上由政府生产的一 734
系列的社会商品被边缘化。虽然被许多高级官员坚决拒绝了，但是反管理主义的批判已经对维持公职伦理发挥作用，甚至可能已经迫使管理主义的创造者去控制一些风险管理工具包的风险组成部分。

关于涉及个人而不是社会责任的第二个问题，澳大利亚的相关政策分析人士认为管理主义环境中正在培养中的职业伦理基本上是工具性的，并且缺乏官员对独立道德标准的个人承诺。符合伦理的行政模式这时关联到个人责任的伦理理论，并且接近由美国约翰·伯克和特里·库珀所构想的那种理论。伦理的视角是官员有责任采取与对公共行政过程负有个人责任感相一致的行动。这部分的伦理文献包括举报研究，主要是由它的倡导者们所著，这些倡导者主张个体官员负有个人责任，要明白该过程被建构是为了披露真相（科贝特，1997；胡德，1998；皮塞，1991）。

这部分的伦理文献典型的是杰克逊的有影响力的研究，其已经把道德的耀眼聚光灯转到公共行政上，试图找出其脆弱的道德基础（杰克逊，1987、1988）。在许多人把注意力局限于职业道德的地方的，杰克逊提醒我们在伦理前面如“职业的”这样的形容词往往限制和扼杀了真正道德在公职中的作用。杰克逊对行政伦理的处理集中在决策者的个人道德责任，当他们权衡各种要做的正确事情的相互对立版本时。借鉴亚里士多德强有力的政治学，杰克逊代表着这种重要观点即公职伦理不能降低为公职的实用功能主义，要么是低标准的管理模式、要么是更崇高的宪法模式。此处对行政伦理的兴趣不是被限制在把官员连接到他们的问责机构的机构责任网络上，而是要联系到官员必须遵守的更大责任。这些职责包括确保责任网络运行不是简单地满足机构利益相关者的利益而是对更根本的公正利益的兴趣。行政是更广阔社会与经济整体的一个政治组成部分，偏向制度的维护。行政伦理必须包括官僚权力造成增加所有人的道德机会的后果。

关于我称之为制度美德的第三个问题，有许多优秀的研究在澳大利亚正在被开展，到目前为止，政府内部还没有很大的影响（凯洛、芬恩和桑德斯，1990）。这种相关政策分析师的观点是这种被忽略了伦理的领域是官方职责的制度基础（桑普福德和普雷斯顿，1998）。此时行政伦理模式是接近罗尔的宪政模式，尽管没有一个要维护宪法的公共服务宣誓，这些宪政官要平衡违反其他政府核心机构合法利益的公职责任（罗尔，1989；尤尔，1988）。此时目的不是要确定一套适当的适合官员实施的社会价值观，甚至是像杰克逊一样要确定一种能提高决策道德尺度的正义理论。相反，在这一部分的文献中的兴趣是要用一张被正当建构的责任中心地图来取代对正确社会价值观的寻找，在这张地图中，不同公职和机构将根据宽泛的公职宪法责任履行他们的政策责任，就像是由被正当建构政策的授权人所委派到公职岗
位和机构一样。与前面对“社会与道德”信任的处理相反，这里的核心伦理思想是 735
“公众”信托职责思想，充当作为对官员行使自由裁量权的主要束缚之一。这里正在形成的视角是官员的制度责任的视角，被理解为非常具体的职责，附属于他们公职的特定责任。

这部分的伦理文献典型的是保罗·芬恩的研究，这种研究已经涉及作为最迫切

的政策要求的需要，需要达到对适合于不同类型公职人员的基本宪法道德更加清晰的要求（芬恩，1990、1991、1993）。芬恩的研究工作代表这种观点即公职伦理有效运行的前提是公职的宪法秩序，以便问责机构可以知道，在评估官员使用公共权力方面，什么范围内的合法目的是适当的。鉴于社会正义和道德责任，学者团体已经确定了一种有关评估政府绩效的外部伦理标准，立宪派已经用公认的负面主张即澳大利亚缺乏公共服务的内在宪法原则，树立了他们最有说服力的标准。公众信托这一术语作为对伦理责任类别的确认固然不错，但是在澳大利亚的政治制度中，它要到哪里找一个家？然后，奇怪的是，它不是外部标准的存在，而是缺乏支持一致要同意的澳大利亚公共服务伦理体制的澳大利亚制度化形式。公共部门伦理分析师的任务不是为了寻求道德模式而在伦理市场货比三家，而是要重组公共部门，以便官员可以知道宪制角色，为此他们有要专门负责的公共信托（尤尔，1990：26-27）。

关于公共部门伦理研究的最新潮流包括大量从事有关被称为制度伦理的艰巨工作。这是把角色伦理看作对不同职位政府官员引进伦理来对公共政策与行政产生影响的能力进行一种新的审查的一个起点。这种研究趋势典型的是查尔斯·桑普福德和诺埃尔·普雷斯顿，他们基于霍华德·惠顿（澳大利亚公共服务范围内重要的伦理倡导者）实际取得的成果（惠顿，1994；桑普福德和普雷斯顿，1998）。这可能是一个优势即没有一种伦理学派或方法有任何类似市场的主导地位。怀疑者主张这三种方式是处于以成果管理为中心的主流的边缘，使传统过程伦理发生令人惊讶的贬值。目前在澳大利亚政府和官僚机构中的发展状况意味着某种从较早层次的对民主伦理基本形式（问责伦理）接受上的撤退。接下来的部分描述了这些最新趋势，并尝试对其替代方案进行临时评价。

33.7 问责伦理

最后，重要的是要从不断变化的政党政策的混乱中摆脱出来，并且尝试找出任何可能的更深入的原则，这些原则可以引发寻求稳定政体价值的共鸣。澳大利亚是不寻常的，因为公共行政系统已经形成了其自己对价值观非常好的清晰表述。我们最后简单介绍一下两种对公共服务伦理最令人印象深刻的和持久的记述报告，这些
736 记述报告花费了大量精力来界定澳大利亚的职业服务伦理。在拒绝传统追求名利的契约国家的新公共管理中的另一种可替代愿景还得要创作出一种可比较的、以价值观为基础的愿景。

找到澳大利亚行政伦理标杆最好的地方仍是1976年的《有关澳大利亚政府行政的库姆斯皇家委员会报告》（简称《库姆斯报告》）（库姆斯，1976；尤尔，1998：164-170）。就我们当前的目的来说，关注《库姆斯报告》主要有两个原因：首先，它对澳大利亚负责任政府的概念进行了重新界定，以便包括更直接的对官员的公共问责；其次，它以反对操行守则的突出主张来圆满结束其重新界定的实践，转而选择外部问责机制与对如公共管理中职业精神这样的责任内在根源的重新关注之间的平衡，其中包括公共管理伦理方面的培训。

这种平衡的安排是根据政府的根本理论推理出来的。库姆斯委员会为《库姆斯报告》花了相当长的时间，试图界定澳大利亚政府系统的核心政治概念，并且试图确定宪法的地位和官员的正式责任。该报告极具挑战性的认为：作为描述和评价澳大利亚政治实践的适当标准，威斯敏斯特不再起作用了。除了明显存在联邦制和两院制之外，主要还有两个被引证的原因：(1) 通过部长正式声明即他们不应该因为他们的行政官员所有行政失当和政策失败而对议会负责来规避"部长责任"(ministerial responsibility)。(2) 通过增加官员公开的、公众的问责负担，相应发展"行政责任"(administrative responsibility)。

该报告从部长不负责任到行政道德的路径运行如下：在库姆斯看来，部长有好的和坏的理由拒绝了传统而严格的部长责任严苛标准。坏的理由是与来自议会责任的利己主义攻击有关。在严格看待部长个人责任之下，这种对部长个人责任的严格看待似乎是一种对真正议会政府的本质要求，部长要为他们的匿名官员以他们的名义所进行的所有行政行为而对议会负责。从这个角度来看，不守信用可以解释部长不遵守其作为行政首长要承担他们的公共责任的义务。好的理由来自认识到生活的政治事实面，尤其是这些事实：官僚权力的稳步增加，官员行使着比以往更广泛的自由裁量权，不情愿承认官员的自由裁量权不仅是根深蒂固的而且是良好政府和有效公共政策所必需的，以及需要补充部长责任和用新的保护措施来监督以防行政权力不负责任地使用。

库姆斯在诉诸外部问责监察之前，明智地注意到责任的内部监察。自由裁量权被政治过程所指导，但是是由个人价值观所驱动。根据定义几乎可以说，自由裁量权本来就是在法律外部极端的地方被行使的：程序上符合法律，但实质上超越了法律容纳能力。在库姆斯看来，这样理解的自由裁量权才能被调查与审查——和由其责任组成的说明报告——但它不能非常有效地编纂为成文法则或被规制。在超越威斯敏斯特的行动中，库姆斯踩踏和瓦解了那个有用的虚构即政策与执行的分离（库姆斯，1976：11-13，22-27，65-67）。

该**报告**倡导对政府官员对议会委员会适当实际回应的政策指导原则——旨在澄清现有惯例，这种惯例有助于回答有关"事实事项"的问题，但不是通过像"对政府政策表达赞成或反对意见"或者"对部长或政府政策的优点"发表评论这样的不负责任的独立性来回答这些问题。委员会承认有些官员有些时候评论政策是正确的：例如，在这些情况之下，官员要么在法定机构负有责任，要么设置官员的目的是要"独立行使他们的合法权利并给政府提供不相干的人所提出的、公开的建议"(库姆斯，1976：114-117)。 737

在为他们自己的可问责官员的管理政体进行辩护时，库姆斯警告："议会至上的传统要求问责方向最终导向议会。"（库姆斯，1976：13）负责任地使用自由裁量权的讨论不可避免地导致有关问责层级和机构忠诚的争论。库姆斯的例子说明伦理是一个政治问题，也是一个道德问题。事实上，最具特色的、引发道德难题的冲突情境是那种与利益冲突明显不同的职责冲突的情境，这种职责冲突是一种机构忠诚与义务的冲突，明显不同于财务的或其他腐败形式的私利冲突。

伦理通过行政责任这一前门进来，并总是可能会再次从公众问责这一后门被显示出来。内部制度是：(1) 伦理守则，就像库姆斯对它们所理解的那样，这些守则主要是职业的自我规制形式；(2) 管理培训与公务行为指导原则中的伦理内容。外部监察包括议会监督和其他形式的对官员决定的行政复议，现在澳大利亚人把它与“新的行政法律”联系在一起（尤尔，1998：192－194）。

1979年联邦公共服务委员会首次通过《联邦公务员公务行为指南》（休斯，1980：195－200）对库姆斯做出其回应。该指南自从多次修订以来，已经由“公共服务专员”来负责，并且“旨在通过清楚阐明配套的三个根本原则来确保澳大利亚公共服务中的公众信任被维持”。第一，公务员应该“以职业标准与诚信”来“有效地”服务“当今政府”；第二，公务员应注重公平与公正；第三，人员应避免“真正的或明显的利益冲突”（PSC，1995：1）。

该指南坦承公共部门雇员是政治系统的一部分，并且行为准则受官员在管理公务中承担的政治角色的影响。在该指南的前两页上，人们读懂的是所渴望的“职业的、严格的公共服务”模式是不能与公共权力上的政治冲突隔离开来，特别是与立法与行政官员之间在官员问责义务上的争议隔离开来，这有助于在面对议会和相关质询时解释配套的《官方证人指南》的目的。承认官僚机构潜在的、有争议的所有权之后，《联邦公务员公务行为指南》规定了官员的主要职责，作为诚实和坦率的政策建议（不同于只是为了讨好的建议）的条款，并且规定“认真地、充分考虑到政府政策地”实施政府计划（PSC，1995：2-3，12）。

值得称赞的是，该指南拒绝了任何职业中立性工具主义意向：两种主要的职责
738 都需要做出判断，这种判断本身就呼吁“公务员自己的价值观”。这种对个人价值的求助是合法的，除非这些价值观“取代了政府政策中的隐含内涵”。该指南在职业伦理方面提供了相当实用的建议，即使这个术语实际上没有被使用过。关于机构负责人应当如何和部长一起来管理政策与价值观分歧的章节有助于为负责任的政治管理设置基调，它包含一种可认可的职业精神，即使在伦理明确不是主题的组成部分的地方。官员以这种方式来行动，这种行为方式是不同观点、利益和价值观之间冲突与妥协的结果。官员不是中立的，因为他们做出价值判断，他们应该仅仅是和符合“在政府政策范围内”行动一样的中立者——虽然“公正应该是在做出这些判断时的目标和承诺”，无论当时政府的政策是什么（PSC，1995：3-5，63）。这样理解的公正可以被视为是一种基本的宪法或政体的价值观，是重要价值观共识的一部分，政治争议被包含在这种共识中。

在官员责任的两个方面，公共服务的职业特征特别明显：他们对公众意见的责任和对公正的承诺。他们有助于公共政策辩论的积极职责被限制于“理性的公共讨论”，没有像在他们的“事实性技术背景”上那么多一样被限制在建议的政策优缺点上（PSC，1995：14-17）。限制的确主要运用在公众意见可能会损害在公共服务职业精神与诚信方面的公众信任的地方。至于职业精神的意义，该指南指出其性质随就业岗位变化而变化，虽然“技能、谨慎、勤勉和公正性”是其共同的元素（PSC，1995：52）。

该指南对第二个公正承诺主题做了总结。这涉及对“决策中的公平性和计划管理中的公正性”的责任。这里的公平性涉及对自然正义规则的遵守；公正性涉及官

员行使的自由裁量权，这些官员有责任尽量兑现一系列相互矛盾的目标——对政府的政策、效率、法律、公正的责任，有时“这些责任会互相冲突”。调和的原则是在政府政策范围内行事的义务（PSC，1995：58-63）。

33.8　结论

作为一个民族国家的澳大利亚正进入第二个世纪。当代澳大利亚的经验提供了一个有趣的拥有一套不断发展的政体价值的民主国家的例子。与共和主义和种族方面的全国性争论有关的政治动荡是难以解释的。国家政体价值的新兴特征可以被看作要么是没有固定限度的、要么是严重碎片化的。对包括核心公共服务的传统公共部门结构的系列配套改革必须被看作属于这种更大背景下的社会变革。注意警惕的是不要去否认对公共服务体制的创新性重新设计的前景。未来的工作是要留住职业公共行政旧世界的最优秀部分，同时努力去迎接有希望的“新公共管理”的新世界的挑战，就像内阁总理已经清楚确定的那样（坎普，1998；霍华德，1998）。至少相关各方都同意伦理是这一任务的核心，即使有关整修过的公共行政系统的理想政治框架存在分歧。

致　谢

我要感谢特里·库珀、德尔·邓恩和约翰·罗尔，他们慷慨而关键的意见极大地完善了本章原有内容。

参考文献

请从中国人民大学出版社官网（www.crup.com.cn）下载，或者用微信扫描下方二维码获取。

索　引

请从中国人民大学出版社官网（www. crup. com. cn）下载，或者用微信扫描下方二维码获取。

人大版公共管理类翻译（影印）图书

公共行政与公共管理经典译丛

书名	著译者	定价
公共管理名著精华："公共行政与公共管理经典译丛"导读	吴爱明　刘晶　主编	49.80元
公共管理导论（第四版）	［澳］欧文·E. 休斯　著 张成福　马子博　等　译	48.00元
政治学（第三版）	［英］安德鲁·海伍德　著 张立鹏　译	49.80元
公共政策分析导论（第四版）	［美］威廉·N. 邓恩　著 谢明　等　译	49.00元
公共政策制定（第五版）	［美］詹姆斯·E. 安德森　著 谢明　等　译	46.00元
公共行政学：管理、政治和法律的途径（第五版）	［美］戴维·H. 罗森布鲁姆　等　著 张成福　等　译校	58.00元
比较公共行政（第六版）	［美］费勒尔·海迪　著 刘俊生　译校	49.80元
公共部门人力资源管理：系统与战略（第六版）	［美］唐纳德·E. 克林纳　等　著 孙柏瑛　等　译	58.00元
公共部门人力资源管理（第二版）	［美］埃文·M. 伯曼　等　著 萧鸣政　等　译	49.00元
行政伦理学：实现行政责任的途径（第五版）	［美］特里·L. 库珀　著 张秀琴　译　音正权　校	35.00元
民治政府：美国政府与政治（第23版·中国版）	［美］戴维·B. 马格莱比　等　著 吴爱明　等　编译	58.00元
比较政府与政治导论（第五版）	［英］罗德·黑格　马丁·哈罗普　著 张小劲　等　译	48.00元
公共组织理论（第五版）	［美］罗伯特·B. 登哈特　著 扶松茂　丁力　译　竺乾威　校	32.00元
公共组织行为学	［美］罗伯特·B. 登哈特　等　著 赵丽江　译	49.80元
组织领导学（第七版）	［美］加里·尤克尔　著 丰俊功　译	78.00元
公共关系：职业与实践（第四版）	［美］奥蒂斯·巴斯金　等　著 孔祥军　等　译　郭惠民　审校	68.00元
公用事业管理：面对21世纪的挑战	［美］戴维·E. 麦克纳博　著 常健　等　译	39.00元
公共预算中的政治：收入与支出，借贷与平衡（第四版）	［美］爱伦·鲁宾　著 叶娟丽　马骏　等　译	39.00元
公共行政学新论：行政过程的政治（第二版）	［美］詹姆斯·W. 费斯勒　等　著 陈振明　等　译校	58.00元
公共部门战略管理	［美］保罗·C. 纳特　等　著 陈振明　等　译校	49.00元
公共行政与公共事务（第十版·中文修订版）	［美］尼古拉斯·亨利　著 孙迎春　译	68.00元
案例教学指南	［美］小劳伦斯·E. 林恩　著 郄少健　等　译　张成福　等　校	39.00元
公共管理中的应用统计学（第五版）	［美］肯尼思·J. 迈耶　等　著 李静萍　等　译	49.00元
现代城市规划（第五版）	［美］约翰·M. 利维　著 张景秋　等　译	39.00元
非营利组织管理	［美］詹姆斯·P. 盖拉特　著 邓国胜　等　译	38.00元

书名	著译者	定价
公共财政管理：分析与应用（第九版）	［美］约翰·L. 米克塞尔 著 苟燕楠 马蔡琛 译	138.00元
公共行政学：概念与案例（第七版）	［美］理查德·J. 斯蒂尔曼二世 编著 竺乾威 等 译	75.00元
公共管理研究方法（第五版）	［美］伊丽莎白森·奥沙利文 等 著 王国勤 等 译	79.00元
公共管理中的量化方法：技术与应用（第三版）	［美］苏珊·韦尔奇 等 著 郝大海 等 译	39.00元
公共部门绩效评估	［美］西奥多·H. 波伊斯特 著 肖鸣政 等 译	45.00元
公共管理的技巧（第九版）	［美］乔治·伯克利 等 著 丁煌 主译	59.00元
领导学：理论与实践（第五版）	［美］彼得·G. 诺斯豪斯 著 吴爱明 陈爱明 陈晓明 译	48.00元
领导学（亚洲版）	［新加坡］林志颂 等 著 顾朋兰 等 译 丁进锋 校译	59.80元
领导学：个人发展与职场成功（第二版）	［美］克利夫·里科特斯 著 戴卫东 等 译 姜雪 校译	69.00元
二十一世纪的公共行政：挑战与改革	［美］菲利普·J. 库珀 等 著 王巧玲 李文钊 译 毛寿龙 校	45.00元
行政学（新版）	［日］西尾胜 著 毛桂荣 等 译	35.00元
比较公共行政导论：官僚政治视角（第六版）	［美］B. 盖伊·彼得斯 著 聂露 李姿姿 译	49.80元
理解公共政策（第十二版）	［美］托马斯·R. 戴伊 著 谢明 译	45.00元
公共政策导论（第三版）	［美］小约瑟夫·斯图尔特 等 著 韩红 译	35.00元
公共政策分析：理论与实践（第四版）	［美］戴维·L. 韦默 等 著 刘伟 译校	68.00元
公共政策分析案例（第二版）	［美］乔治·M. 格斯 保罗·G. 法纳姆 著 王军霞 贾洪波 译 王军霞 校	59.00元
公共危机与应急管理概论	［美］迈克尔·K. 林德尔 等 著 王宏伟 译	59.00元
公共行政导论（第六版）	［美］杰伊·M. 沙夫里茨 等 著 刘俊生 等 译	65.00元
城市管理学：美国视角（第六版·中文修订版）	［美］戴维·R. 摩根 等 著 杨宏山 陈建国 译 杨宏山 校	56.00元
公共经济学：政府在国家经济中的作用	［美］林德尔·G. 霍尔库姆 著 顾建光 译	69.80元
公共部门管理（第八版）	［美］格罗弗·斯塔林 著 常健 等 译 常健 校	75.00元
公共行政学经典（第七版·中国版）	［美］杰伊·M. 沙夫里茨 等 主编 刘俊生 译校	148.00元
理解治理：政策网络、治理、反思与问责	［英］R. A. W. 罗兹 著 丁煌 丁方达 译 丁煌 校	69.80元
政治、经济与福利	［美］罗伯特·A. 达尔 等 著 蓝志勇 等 译	待出
新公共服务：服务，而不是掌舵（第三版）	［美］珍妮特·V. 登哈特 罗伯特·B. 登哈特 著 丁煌 译 方兴 丁煌 校	39.00元
议程、备选方案与公共政策（第二版·中文修订版）	［美］约翰·W. 金登 著 丁煌 方兴 译 丁煌 校	49.00元

书名	著译者	定价
政策分析八步法（第三版）	[美] 尤金·巴达克　著 谢明 等　译　谢明 等　校	48.00 元
新公共行政	[美] H. 乔治·弗雷德里克森 丁煌　方兴　译　丁煌　校	23.00 元
公共行政的精神（中文修订版）	[美] H. 乔治·弗雷德里克森　著 张成福 等　译　张成福　校	48.00 元
官僚制内幕（中文修订版）	[美] 安东尼·唐斯　著 郭小聪 等　译	49.80 元
民营化与公私部门的伙伴关系（中文修订版）	[美] E.S. 萨瓦斯 周志忍 等　译	59.00 元
行政伦理学手册（第二版）	[美] 特里·L. 库珀　主编 熊节春　译　熊节春　熊碧霞　校	168.00 元
政府绩效管理：创建政府改革的持续动力机制	[美] 唐纳德·P. 莫伊尼汗　著 尚虎平　杨娟　孟陶　译　孟陶　校	69.00 元
后现代公共行政：话语指向（中文修订版）	[美] 查尔斯·J. 福克斯 等　著 楚艳红 等　译　吴琼　校	38.00 元
公共行政的合法性：一种话语分析（中文修订版）	[美] O.C. 麦克斯怀特　著 吴琼　译	45.00 元
公共行政的语言：官僚制、现代性和后现代性（中文修订版）	[美] 戴维·约翰·法默尔　著 吴琼　译	56.00 元
领导学	[美] 詹姆斯·麦格雷戈·伯恩斯　著 常健　孙海云 等　译　常健　校	69.00 元
官僚经验：后现代主义的挑战（第五版）	[美] 拉尔夫·P. 赫梅尔　著 韩红　译	39.00 元
制度分析：理论与争议（第二版）	[韩] 河连燮　著 李秀峰　柴宝勇　译	48.00 元
公共服务中的情绪劳动	[美] 玛丽·E. 盖伊 等　著 周文霞 等　译	38.00 元
预算过程中的新政治（第五版）	[美] 阿伦·威尔达夫斯基 等　著 苟燕楠　译	58.00 元
公共行政中的价值观与美德：比较研究视角	[荷] 米歇尔·S. 德·弗里斯 等　主编 熊缨　耿小平 等　译	58.00 元
公共决策中的公民参与	[美] 约翰·克莱顿·托马斯　著 孙柏瑛 等　译	28.00 元
再造政府	[美] 戴维·奥斯本 等　著 谭功荣 等　译	45.00 元
构建虚拟政府：信息技术与制度创新	[美] 简·E. 芳汀　著 邵国松　译	32.00 元
突破官僚制：政府管理的新愿景	[美] 麦克尔·巴泽雷　著 孔宪遂 等　译	25.00 元
政府未来的治理模式（中文修订版）	[美] B. 盖伊·彼得斯　著 吴爱明 等　译　张成福　校	38.00 元
无缝隙政府：公共部门再造指南（中文修订版）	[美] 拉塞尔·M. 林登　著 汪大海 等　译	48.00 元
公民治理：引领 21 世纪的美国社区（中文修订版）	[美] 理查德·C. 博克斯　著 孙柏瑛 等　译	38.00 元
持续创新：打造自发创新的政府和非营利组织	[美] 保罗·C. 莱特　著 张秀琴　译　音正权　校	28.00 元
政府改革手册：战略与工具	[美] 戴维·奥斯本 等　著 谭功荣 等　译	59.00 元

书名	著译者	定价
公共部门的社会问责：理念探讨及模式分析	世界银行专家组　著 宋涛　译校	28.00 元
公私合作伙伴关系：基础设施供给和项目融资的全球革命	［英］达霖·格里姆赛 等　著 济邦咨询公司　译	29.80 元
非政府组织问责：政治、原则与创新	［美］丽莎·乔丹 等　主编 康晓光 等　译　冯利　校	32.00 元
市场与国家之间的发展政策：公民社会组织的可能性与界限	［德］康保锐　著 隋学礼　译校	49.80 元
建设更好的政府：建立监控与评估系统	［澳］凯思·麦基　著 丁煌　译　方兴　校	30.00 元
新有效公共管理者：在变革的政府中追求成功（第二版）	［美］史蒂文·科恩 等　著 王巧玲 等　译　张成福　校	28.00 元
驾御变革的浪潮：开发动荡时代的管理潜能	［加］加里斯·摩根　著 孙晓莉　译　刘霞　校	22.00 元
自上而下的政策制定	［美］托马斯·R. 戴伊　著 鞠方安 等　译	23.00 元
政府全面质量管理：实践指南	［美］史蒂文·科恩 等　著 孔宪遂 等　译	25.00 元
公共部门标杆管理：突破政府绩效的瓶颈	［美］帕特里夏·基利 等　著 张定淮　译校	28.00 元
创建高绩效政府组织：公共管理实用指南	［美］马克·G. 波波维奇　主编 孔宪遂 等　译　耿洪敏　校	23.00 元
职业优势：公共服务中的技能三角	［美］詹姆斯·S. 鲍曼 等　著 张秀琴　译　音正权　校	19.00 元
全球筹款手册：NGO 及社区组织资源动员指南（第二版）	［美］米歇尔·诺顿　著 张秀琴 等　译　音正权　校	39.80 元

公共政策经典译丛

书名	著译者	定价
公共政策评估	［美］弗兰克·费希尔　著 吴爱明 等　译	38.00 元
公共政策工具——对公共管理工具的评价	［美］B. 盖伊·彼得斯 等　编 顾建光　译	29.80 元
第四代评估	［美］埃贡·G. 古贝 等　著 秦霖 等　译　杨爱华　校	39.00 元
政策规划与评估方法	［加］梁鹤年　著 丁进锋　译	39.80 元

当代西方公共行政学思想经典译丛

书名	编译者	定价
公共行政学中的批判理论	戴黍　牛美丽 等　编译	29.00 元
公民参与	王巍　牛美丽　编译	45.00 元
公共行政学百年争论	颜昌武　马骏　编译	49.80 元
公共行政学中的伦理话语	罗蔚　周霞　编译	45.00 元

公共管理英文版著作

书名	作者	定价
公共管理导论（第四版）	［澳］Owen E. Hughes （欧文·E. 休斯） 著	45.00 元
理解公共政策（第十二版）	［美］Thomas R. Dye （托马斯·R. 戴伊） 著	34.00 元
公共行政学经典（第五版）	［美］Jay M. Shafritz （杰伊·M. 莎夫里茨）等 编	59.80 元
组织理论经典（第五版）	［美］Jay M. Shafritz （杰伊·M. 莎夫里茨）等 编	46.00 元
公共政策导论（第三版）	［美］Joseph Stewart，Jr. （小约瑟夫·斯图尔特）等 著	35.00 元
公共部门管理（第九版·中国学生版）	［美］Grover Starling （格罗弗·斯塔林） 著	59.80 元
政治学（第三版）	［英］Andrew Heywood （安德鲁·海伍德） 著	35.00 元
公共行政导论（第五版）	［美］Jay M. Shafritz （杰伊·M. 莎夫里茨）等 著	58.00 元
公共组织理论（第五版）	［美］Robert B. Denhardt （罗伯特·B. 登哈特） 著	32.00 元
公共政策分析导论（第四版）	［美］William N. Dunn （威廉·N. 邓恩） 著	45.00 元
公共部门人力资源管理：系统与战略（第六版）	［美］Donald E. Klingner （唐纳德·E. 克林纳）等 著	48.00 元
公共行政与公共事务（第十版）	［美］Nicholas Henry （尼古拉斯·亨利） 著	39.00 元
公共行政学：管理、政治和法律的途径（第七版）	［美］David H. Rosenbloom （戴维·H. 罗森布鲁姆）等 著	68.00 元
公共经济学：政府在国家经济中的作用	［美］Randall G. Holcombe （林德尔·G. 霍尔库姆） 著	62.00 元
领导学：理论与实践（第六版）	［美］Peter G. Northouse （彼得·G. 诺斯豪斯） 著	45.00 元

更多图书信息，请登录 www. crup. com. cn 查询，或联系中国人民大学出版社政治与公共管理出版分社获取

地址：北京市海淀区中关村大街甲 59 号文化大厦 1202 室　　邮编：100872
电话：010－82502724　　传真：010－62514775
E-mail：ggglcbfs@vip. 163. com　　网站：http：//www. crup. com. cn

Handbook of Administrative Ethics, Second Edition edited by Terry L. Cooper
ISBN: 9780824704056
Copyright © 2001 by Marcel Dekker, Inc.
Authorized translation from English language edition published by Routledge Press, part of Taylor & Francis Group LLC; All rights reserved. 本书原版由 Taylor & Francis 出版集团旗下 Routledge 公司出版，并经其授权翻译出版，版权所有，侵权必究。

China Renmin University Press is authorized to publish and distribute exclusively the Chinese (Simplified Characters) language edition. This edition is authorized for sale throughout Mainland of China. No part of the publication may be reproduced or distributed by any means, or stored in a database or retrieval system, without the prior written permission of the publisher. 本书中文简体翻译版权授权由中国人民大学出版社独家出版并仅限在中国大陆地区销售，未经出版者书面许可，不得以任何方式复制或发行本书的任何部分.

Copies of this book sold without a Taylor & Francis sticker on the cover are unauthorized and illegal. 本书封面贴有 Taylor & Francis 公司防伪标签，无标签者不得销售。

北京市版权局著作权合同登记号：01-2013-2357

图书在版编目(CIP)数据

行政伦理学手册：第二版/(美)特里·L. 库珀主编；熊节春译. --北京：中国人民大学出版社，2020.7

(公共行政与公共管理经典译丛)

“十三五”国家重点出版物出版规划项目

ISBN 978-7-300-27868-1

Ⅰ.①行… Ⅱ.①特… ②熊… Ⅲ.①行政学-伦理学-手册 Ⅳ.①B82-051

中国版本图书馆 CIP 数据核字（2020）第 054312 号

“十三五”国家重点出版物出版规划项目

公共行政与公共管理经典译丛

行政伦理学手册（第二版）

[美] 特里·L. 库珀（Terry L. Cooper） 主编

熊节春 译

熊节春 熊碧霞 校

Xingzheng Lunlixue Shouce

出版发行	中国人民大学出版社		
社　　址	北京中关村大街31号	**邮政编码**	100080
电　　话	010－62511242（总编室）		010－62511770（质管部）
	010－82501766（邮购部）		010－62514148（门市部）
	010－62515195（发行公司）		010－62515275（盗版举报）
网　　址	http://www.crup.com.cn		
经　　销	新华书店		
印　　刷	北京东君印刷有限公司		
规　　格	185 mm×260 mm　16 开本	**版　　次**	2020 年 7 月第 1 版
印　　张	40.5 插页 2	**印　　次**	2020 年 7 月第 1 次印刷
字　　数	884 000	**定　　价**	168.00 元

版权所有　侵权必究　　　印装差错　负责调换